地球の歩き方 C10 ● 2024〜2025年版

# ニュージーランド New Zealand

OVER STORY

ニュージーランドの最大の魅力は、雄大な自然風景。表紙は南島にあるニュージーランドの最高峰アオラキ／マウント・クックとサザンアルプスの山々。氷河に覆われた峰を眺めながらのハイキングは旅の醍醐味です。同じく南島にはミルフォード・サウンドを代表とするフィヨルドランド国立公園があり、深い入江へと進むクルーズも観光のハイライト。さあ、今こそニュージーランドの大自然の中で深呼吸をしてみませんか。

ミルフォード・サウンド

地球の歩き方編集室

NEW ZEALAND  CONTENTS

## 基本情報



## 37 南島

出発前に必ずお読みください！ 旅のトラブルと安全対策…487

233 北島

MAP

**外務省 海外安全ホームページ**
渡航前に必ず外務省のウェブサイトにて最新情報をご確認ください。
URL www.anzen.mofa.go.jp

# 歩き方の使い方

## 本書で用いられる記号・略号

| | |
|---|---|
| i SITE | 観光案内所 アイサイト |
| i | 観光案内所、DOCビジターセンター |
| 住 | 住所 |
| ☎ | 電話番号 |
| FREE | ニュージーランド国内の無料通話の電話番号 |
| 📱 | 携帯電話の番号 |
| FAX | ファクス番号 |
| 無料 | 日本の無料通話の電話番号 |
| URL | インターネットのウェブサイト |
| e-mail | eメールアドレス |
| 開 | 開館時間 |
| 営 | 営業時間 |
| 運 | 運行時間 |
| 催 | 催行時間 |
| 休 | 定休日、休館日 |
| 料 | 料金 |
| 交 | 交通アクセス |
| Ave. | Avenue |
| Blvd. | Boulevard |
| Cnr. | Corner |
| Cres. | Crescent |
| Dr. | Drive |
| Hwy. | Highway |
| Rd. | Road |
| Sq. | Square |
| St. | Street |
| Pde. | Parade |
| Pl. | Place |
| Tce. | Terrace |
| E. | East |
| W. | West |
| S. | South |
| N. | North |

### オークランド
Auckland

オークランド

人口：166万人
URL www.aucklandnz.com

在オークランド日本国総領事館
Consulate-General of Japan in Auckland
Map P.246-D2
住 Level 15 AIG Building 41 Shortland St.
☎ (09) 303-4106
URL www.auckland.nz.emb-japan.go.jp
開 9:00～17:00
休 土・日、祝
領事部
開 9:00～12:00、13:00～15:30
休 土・日、祝

オークランド国際空港
Map P.245-D2
☎ (09) 275-0789
FREE 0800-247-767
URL www.aucklandairport.co.nz

帆を模したオークランド国際空港

国際線到着出口

人口約166万人、国内の約3分の1の人々が暮らすオークランドは、ニュージーランド経済・商業の中心地にして、国内最大の都市。

オークランドはニュージーランドを代表する商業タウン

1841年から1865年までは首都に定められていた歴史もあり、文化的な施設も多い。都会でありながら、緑豊かな景観や美しいビーチに恵まれているのもオークランドの魅力のひとつ。一帯はオークランド火山帯に位置しており、マウント・イーデンをはじめ約50の火山が点在しているが、その多くは休火山となっている。また、北はワイテマタ湾、南はマヌカウ湾に面していることから、マリンスポーツが非常に盛んなのも特徴だ。ヨットやボートなど小型船舶を所有する市民の人口比率は世界一といわれており、「シティ・オブ・セイルズ（帆の町）」の愛称をもつ。おしゃれな町と美しい海、緑の公園など町歩きの楽しみは尽きないだろう。

#### オークランドへのアクセス Access

##### 飛行機で到着したら

オークランド国際空港Auckland International Airportはニュージーランド国内で最も乗降客の多い空港だ。日本からオークランドへは、成田国際空港からニュージーランド航空と全日空の共同運航便がある（→P.453）。空港はシティ・オブ・セイルズをテーマに設計されたモダンなデザイン。1階は到着ロビーとチェックインカウンター、2階は出発ロビーになっている。国内線ターミナルは1kmほど離れた所にある（→P.239欄外）。

オークランド国際空港 国際線ターミナル
Auckland International Airport International Terminal

1階: 入国審査口、手荷物受取所、レンタカー会社、税関、ニュージーランド航空国内線乗り継ぎカウンター、チェックインカウンター、到着出口、到着ロビー、空港案内所、2階へ、バス乗り場、タクシー&シャトルバス乗り場、レンタカー乗り場、エレベーター

2階: ラウンジ/レストラン、免税店/ショップ、国際線搭乗ゲートへ、エレベーター、免税エリア、出国・検疫、1階へ、1階(屋外)へ

238

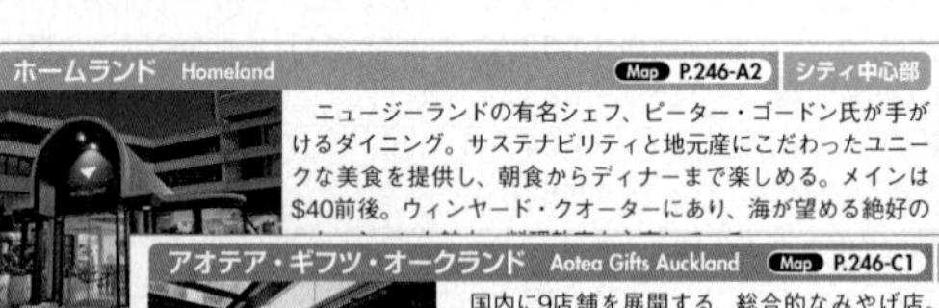

レストラン

**ホームランド** Homeland　Map P.246-A2　シティ中心部

ニュージーランドの有名シェフ、ピーター・ゴードン氏が手がけるダイニング。サステナビリティと地元産にこだわったユニークな美食を提供し、朝食からディナーまで楽しめる。メインは$40前後。ウィンヤード・クオーターにあり、海が望める絶好の

ショップ

**アオテア・ギフツ・オークランド** Aotea Gifts Auckland　Map P.246-C1　シティ中心部

国内に9店舗を展開する、総合的なみやげ店。限定ブランド「Avoca」は健康食品やハチミツ、「Kapeka」は上質のメリノファッションなどを展開。マヌカハニーやスキンケア商品は種類も豊富で、品質にもこだわっている。日本語を話すスタッフが勤務し

アコモデーション（宿泊施設）

**ヒルトン・オークランド** Hilton Auckland　Map P.247-A3　シティ中心部

ワイテマタ湾に突き出したプリンセス・ワーフの先端にあり、全室にバルコニーが付く。ハーバービュールームからの眺めはすばらしく、シーフードレストラン「Fish」やスタイリッシュなバー「Bellini Bar」なども完備。水中展望窓付きの屋外プールも人気。

住 Princes Wharf, 147 Quay St.　☎ (09) 978-2000
URL www.auckland.hilton.com
料 ⓈⒹⓉ$468～　室数 187　CC ADJMV

上から島名、都市名になっています。

北島

オークランド

読者投稿

紹介している地区についての読者からの投稿です。

**地図中のおもな記号**

- Ⓢ ショップ
- Ⓡ レストラン
- Ⓗ アコモデーション
- ホリデーパーク
- 山小屋
- ゴルフ場
- シェルター
- キャンプ場
- 郵便局
- 銀行
- 公衆トイレ
- スキー場
- …… ウオーキングルート

CC クレジットカード

| | |
|---|---|
| A | アメリカン・エキスプレス |
| D | ダイナースクラブ |
| J | ジェーシービー |
| M | マスターカード |
| V | ビザ |

アコモデーションの説明

| | |
|---|---|
| Ⓢ | シングルルーム |
| Ⓓ | ダブルルーム |
| Ⓣ | ツインルーム |
| Camp | キャンプ |
| Dorm | ドミトリー |
| Share | シェアルーム |
| Lodge | ロッジ |

## ■本書の特徴

本書は、ニュージーランドを旅行される方を対象に各都市のアクセス、アコモデーション（宿泊施設）、レストランなどの情報を掲載しています。

## ■掲載情報のご利用に当たって

編集部ではできるだけ最新で正確な情報を掲載するよう努めていますが、現地の規則や手続きなどがしばしば変更されたり、またその解釈に見解の相違が生じることもあります。このような理由に基づく場合、または弊社に重大な過失がない場合は、本書を利用して生じた損失や不都合について、弊社は責任を負いかねますのでご了承ください。また、本書をお使いいただく際は、掲載されている情報やアドバイスがご自身の状況や立場に適しているか、すべてご自身の責任でご判断のうえご利用ください。

## ■現地取材および調査時期

本書は2022年11月から2023年3月の取材調査データを基に編集されています。また、追跡調査を2023年4月上旬まで行いました。しかしながら時間の経過とともにデータの変更が生じることがあります。特に、レストランや宿泊施設などの料金は、旅行時点では変更されていることも多くあります。したがって、本書のデータはひとつの目安としてお考えいただき、現地では観光案内所などでできるだけ新しい情報を入手してご旅行ください。

## ■発行後の情報の更新と訂正について

本書に掲載している情報で、発行後に変更されたものや、訂正箇所は『地球の歩き方』ホームページの「ガイドブック更新・訂正情報」で可能な限りご案内しています（レストラン、ホテル料金の変更などは除く）。出発前に、ぜひ最新情報をご確認ください。

URL **www.arukikata.co.jp/travel-support**

## ■投稿記事について

投稿記事は、多少主観的になっても原文にできるだけ忠実に掲載してありますが、データに関しては編集部で追跡調査を行っています。投稿記事のあとに（東京都　○○　'22）とあるのは寄稿者と旅行年度を表しています。ただし、追跡調査によって新しいデータに変更している場合は、寄稿者データのあとに調査年度を入れ['23]としています。

※皆さんの投稿を募集しています(→P.438)。

## ■定休日について

本書では、年末年始、祝祭日(→P.9)を省略しています。

# ジェネラルインフォメーション

## ニュージーランドの基本情報

▶旅の英会話→P.491

**国　旗**
ロイヤルブルーの地にユニオンジャック、南十字星をかたどった4つの星。

**正式国名**
ニュージーランド
New Zealand

**国　歌**
「神よ国王を守り給えGod Save the King」と「神よニュージーランドを守り給えGod Defend New Zealand（マオリ名E Ihoa Atua）」のふたつ。

**面　積**
約27万534㎢（日本の約4分の3）。うち北島が11万6000㎢、南島が15万1000㎢、周辺の島々4000㎢。

**人　口**
約515万1600人（2022年12月推計）
（出典URL www.stats.govt.nz）

**首　都**
ウェリントンWellington
人口54万2000人

**元　首**
英国王チャールズIII世であるが、ニュージーランド政府の進言により任命された国家元首の代理人として、総督が任務を引き受ける。任期は5年で、2023年3月現在、シンディ・キロ。

**政　体**
立憲君主制。国会は一院制で、議院は3年に1度改選される。2023年3月現在、首相はクリス・ヒプキンス。

**民族構成**
ヨーロッパ系約70%、マオリ約16.5%、ポリネシア系約8%、その他アジア系など（2022年12月推計）。

**宗　教**
約44%がキリスト教。英国国教会、ローマカトリックなどの信者が多い。

**言　語**
公用語は英語とマオリ語とニュージーランド手話。マオリの人々も英語を話せるので、どこでも英語が通用する。

## 通貨と為替レート

▶旅の予算とお金
→P.448

ニュージーランド・ドル(100¢＝$1、$1≒82.4円、2023年4月28日現在)。紙幣の種類は$5、10、20、50、100の5種類。2015～2016年にかけて新紙幣が発行された。硬貨の種類は10、20、50¢と$1、2の5種類。ひとりで1万ドル以上の現金を所持する場合は、出入国時に現金報告書（Border Cash Report）を提出する。

5ドル

10ドル

20ドル

50ドル

100ドル

※写真は新紙幣。旧紙幣も使用することができる。

10セント

20セント

50セント

1ドル

2ドル

## 電話のかけ方

▶電話→P.484

**日本からニュージーランドへかける場合**　例 ニュージーランドの(09) 123-4567へかける場合

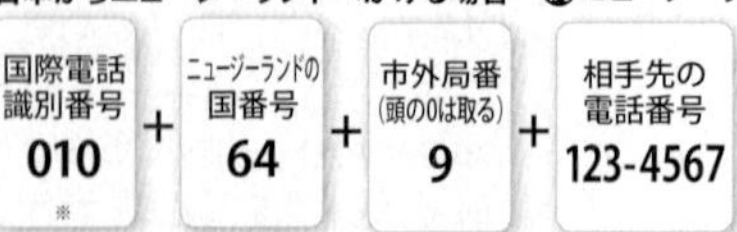


※携帯電話の場合は010のかわりに「0」を長押しして「+」を表示させると、国番号からかけられる。
※NTTドコモ（携帯電話）は事前にWORLD CALLの登録が必要

## 祝祭日（おもな祝祭日）

（※印）は移動祝祭日。新年およびクリスマスが土日に重なる場合、基本的に週明け振り替えとなる。なお、祝日は公共機関や商店などのほとんどが休みとなるので注意。

|  |  | |  |
|---|---|---|---|
| 1月 | 1/1〜2 | | 新年　New Years Day |
| 2月 | 2/6 | | ワイタンギデー（建国記念日）　Waitangi Day |
| 3月 | 3/29（'24） | ※ | グッドフライデー　Good Friday |
| 4月 | 4/1（'24） | ※ | イースターマンデー　Easter Monday |
| | 4/25 | | アンザックデー　ANZAC Day |
| 6月 | 6/3（'24） | ※ | 国王の誕生日　King's Birthday |
| 7月 | 7/14（'23） | ※ | マタリキ（マオリの新年）　Matariki |
| 10月 | 10/23（'23） | ※ | レイバーデー（勤労感謝の日）　Labour Day |
| 12月 | 12/25 | | クリスマス　Christmas Day |
| | 12/26 | | ボクシングデー　Boxing Day |

## ビジネスアワー

▶ショッピングの基礎知識→P.474

以下は一般的な営業時間の目安。店舗によって30分〜1時間前後の違いがある。イースター、クリスマス前後〜新年の休暇は、観光スポットのほかショップ、レストランなども休業するところが多い。

**銀行**

月〜金曜の平日9:30〜16:30が一般的。土・日曜、祝日は休業。主要な銀行は、オーストラリア・ニュージーランド銀行ANZやキーウィ・バンクKiwi Bankなど。また、町なかではいたるところにATMが普及しており、銀行の営業時間外でも24時間利用することができて便利。なお、路上に設置されているATMを利用する際は後ろに人がいないかなど確認すること。

**デパートやショップ**

店の種類や季節によって異なるが、月〜金曜の平日9:00〜17:00、土曜10:00〜16:00、日曜11:00〜15:00。週に1日（たいてい木曜あるいは金曜）、21:00まで開店しているところもある。冬季（4〜9月）は夏季よりも早く閉める店が多い。オークランドやクライストチャーチなど大都市にある観光客相手の店は22:00頃まで営業。

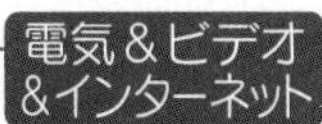

▶インターネット→P.486

**電圧とプラグ**

標準電圧は230/240V、50Hz。プラグは3極式のフラットタイプ。プラグ横にはスイッチがあり、コンセントを差し込み確認後ONにして使う。日本の電化製品を使用する場合は、その製品の電圧範囲を調べ240Vまで対応していなければ変圧器を用意する。O型変換プラグは常に必要。

**DVD、ブルーレイ、ビデオ方式**

DVDのリージョンコードは4、ブルーレイ・リージョンコードはBで、テレビ・ビデオはPAL方式。

**インターネット事情**

都市の中心部や多くの宿泊施設、カフェで無料Wi-Fiに接続できる。ただし速度が遅かったり、容量が少ないこともあるので、頻繁に使いたいならプリペイドSIMやレンタルWi-Fiを利用しよう。

**ニュージーランドから日本へかける場合**　例 日本の（03）1234-5678または（090）1234-5678へかける場合

国際電話識別番号 **00**（※1） ＋ 日本の国番号 **81** ＋ 市外局番と携帯電話の最初の0を除いた番号 **3 または 90** ＋ 相手先の電話番号 **1234-5678**

※1　固定電話から日本へかける場合は左記のとおり。ホテルの部屋からは、外線につながる番号を頭に付ける。

▶**ニュージーランド国内通話**　国内の市外局番は5種類（北島04、06、07、09。南島03のみ）。ごく近いエリア以外は同じ局番同士でも市外局番からプッシュする。市内通話は1分につき24¢〜。

▶**携帯電話**　携帯電話で日本へかける場合、Wi-Fiに接続してFaceTime、LINEといった通話アプリを利用するのが便利。

## チップ

ニュージーランドにはチップを渡す習慣はないが、特別なサービスを受けたと感じたときは渡したほうがスマート。

▶チップについて
→ P.482

## 飲料水

水質は弱アルカリ性で水道水はそのまま飲める。しかし、近年ではミネラルウオーターを購入して飲む人が増えている。ミネラルウオーターにはStill Water（炭酸なし）とSparkling Water（炭酸入り）があるので、炭酸が苦手な人は確認してから購入すること。また、ペットボトルの飲み口はこぼれにくいピストン型が多い。値段は国産ブランドのPump 750mlで$2.5程度。

## 気　候

▶旅のシーズン
→ P.442

南半球にあるため日本とは気候が真逆。南に行くほど寒くなり、地域による差も大きい。四季があり、1年のうちで最も暑いのが1～2月、最も寒いのは7月。しかし、年間の気温差は8～9℃と日本ほど大きくはない。ただし、「1日のなかに四季がある」といわれるほど1日の間の気温差が激しい。特に南島では、夏でも朝夕は肌寒く感じることがある。山歩きやクルーズを計画している人は、それなりの防寒対策が必要。また、紫外線が日本の約7倍と強いため、日焼け防止対策を忘れずに。

**ニュージーランドと日本の気温と降水量**

気　温

℃
30
25
20
15
10
5
0
オークランド　平均最高気温　平均最低気温
クライストチャーチ
東京
1 2 3 4 5 6 7 8 9 10 11 12月

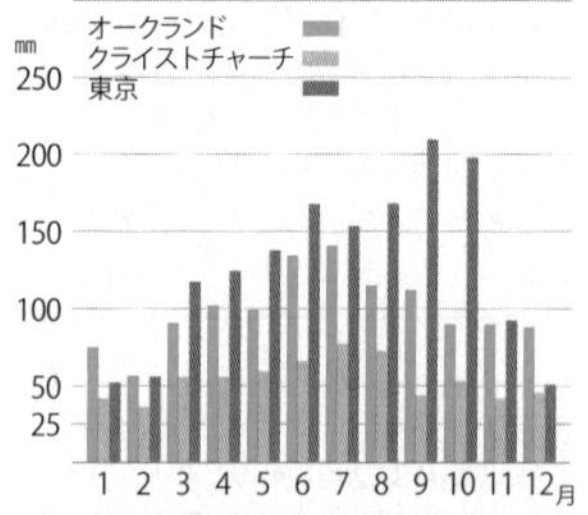


## 日本からのフライト時間

▶航空券の手配
→ P.453

ニュージーランド航空と全日空（ANA）の共同運航で、成田国際空港からオークランドまで直行便がある。所要は約10時間40分。韓国ソウル経由オークランド行きもある。また、カンタス航空が成田・羽田・関空・名古屋・福岡などからオーストラリア経由でオークランドやウェリントン行きの便を運航している。

## 時差とサマータイム

日本より3時間早い。つまり日本時間に3時間プラスするので、日本の午前8:00がニュージーランドでは午前11:00。サマータイム（Daylight Saving）制度を導入しており、本年度のサマータイムの実施期間は2023年9月24日から2024年4月7日まで。1時間進めるので時差は4時間となる。

※本項目のデータは在日ニュージーランド大使館、ニュージーランド観光局、日本外務省などの資料を参考にしています。

## 郵　便

▶郵便→ P.485

ニュージーランドの郵便事業は国営のNew Zealand PostのほかにAramex New Zealandという民間会社も参入している。郵便局の営業時間は一般的に月～金曜の8:00～17:30と土曜の9:00～12:00。ショッピングセンターの中にも郵便局があり、数が多いので便利だ。

**郵便料金**

日本へのエアメールの場合、はがき$2.3、封書（大きさ13cm×23.5cm、厚さ1cm、重さ100g以内）$3.8。国際郵便小包を航空便で送る場合、料金は荷物の形状や重さ、内容によって変わる。1～2週間ほどで日本に届く。

## 出入国

▶出入国の手続き
→ P.455

※ビザは不要だが、電子渡航認証NZeTAの取得が必要（→P.451）

**ビザ**

3ヵ月以内の観光・短期留学などの滞在であれば日本国民はビザは必要ない。

**パスポート**

残存有効期間は、ニュージーランド滞在日数プラス3ヵ月以上必要。

入国手続きの際は機内で記入した入国審査カードと一緒に提出。

▶長期滞在に必要なビザ→ P.483

## 税　金

TAX

ニュージーランドでは、GST（Goods and Services Tax）と呼ばれる税金が商品やサービスに対してかけられている。税率は15%。これは日本の消費税のようなもので、旅行者でも返還はされない。特別に表示がない限り、正札などにはこの税が含まれた金額が記載されている。

## 安全とトラブル

▶旅のトラブルと安全対策→ P.487

安全な国というイメージがあるニュージーランドでも犯罪は起こっている。日本人を含む旅行者の置き引き、スリなどの被害報告も多数ある。また、日本人女性を狙った性犯罪も増加している。さらに、旅行者などによる交通事故も起こっているので、十分に注意したい。**警察・救急車・消防**☎**111**

## 年齢制限

ニュージーランドでは18歳未満の飲酒とたばこの購入は不可。酒類の購入は18歳以上と制限がある。レンタカーは空港や主要観光地のどこでも借りることができるが、21歳以上（一部25歳以上）の年齢制限を設けている。パスポートなどの本人確認書類やクレジットカードの提示を求められる。

## 度量衡

日本と同じく、長さはメートル、重さはグラム、液体の量はリットルで表す。

## その他

▶レストランの基礎知識
→ P.476
▶マナーについて
→ P.482

**喫煙マナー**

禁煙環境改正法が施行されており、屋内の公共施設は全面禁煙。喫煙をするときは屋外の灰皿が設置されている場所に行く。宿泊施設は基本的に全館禁煙だ。

**トイレ**

観光地や主要な都市には必ずといっていいほど公衆トイレがあり、ほとんどが無料で利用できる。設備も日本と変わらず、衛生面も良好。

また、デパートやショッピングセンターなどのトイレは、掃除も行き届いており気軽に利用できる。

**レストランのライセンスとBYO**

ニュージーランドでは、レストラン内で酒類を提供するにはライセンスが必要で、そうした店は"BYO"あるいは"Fully Licensed"と表示している。"BYO"とは、"Bring Your Own"の略で、客が酒類を持ち込んで飲食できる店のこと。また、"Fully Licenced"は、アルコールを注文して飲食できる店を指す。このほか、ワインやシャンパンの持ち込みは可能だがビールの持ち込みは不可という"BYOW（Bring Your Own Wine）"という表示もある。

# ニュージーランド

# 見どころダイジェスト

南北の主要なふたつの島と、多くの小さな島からなるニュージーランドは
山岳、氷河、地熱地帯、美しい海岸線など魅力がぎっしりつまっている。

世界最大級の
星空保護区
## レイク・テカポ ➔P.77

湖畔の景勝地。南十字星をはじめ、数え切れないほどの星を観賞できる。星空を世界遺産に登録するという試みも進行中。

クジラやオットセイが
見られる
## カイコウラ ➔P.180

海洋生物の宝庫として知られ、ネイチャーアクティビティが盛ん。ホエールウオッチングでのクジラの遭遇率も高い。

ニュージーランド最高峰
## アオラキ／マウント・クック国立公園 ➔P.84

標高3724mのアオラキ/マウント・クックや、3000mを超える山がそびえる。フィヨルドランド国立公園などとともにテ・ワヒポウナムとして世界遺産に登録されている。

フィヨルドランド国立公園の最大の見どころ
## ミルフォード・サウンド ➔P.132

氷河の侵食によって形成された断崖をぬってのクルーズが人気の景勝地。国立公園内にはダウトフル・サウンドやダスキー・サウンドなどもある。

写真協力／
©Real NZ

ネルソン
Nelson
ネルソン
ブレナム
タスマン
Tasman
マールボロ
Marlborough
ウエスト・コースト
West Coast
カンタベリー
Canterbury
クイーンズタウン
オタゴ
Otago
サウスランド
Southland
ダニーデン
インバーカーギル

南島

南島の中心都市
## クライストチャーチ ➔P.40

市内には700以上の公園があり、ガーデンシティの愛称をもつ緑豊かな都市。2011年の震災を乗り越え、商業施設などが次々にオープンしている。

世界最小のペンギンがいる
## オアマル ➔P.151

歴史的建造物が多く残る町で、世界最小のブルー・ペンギンやイエロー・アイド・ペンギンのコロニーがある。

世界最南端の国立公園
## スチュワート島 ➔P.176

人が居住する国内最南端の島で、豊かな自然が残る。2002年に国立公園に指定され、ニュージーランド固有の鳥が多く生息している。

ペンギンや
アルバトロスとの出合い
## オタゴ半島 ➔P.166

ダニーデンから延びるオタゴ半島には、ロイヤル・アルバトロス・センターやペンギン・プレイスがあり、生き物たちと触れ合える。

南島のイントロダクション P.38

カウリの巨木に出合える
### カウリ・コースト ➜P.351

北島固有の木、カウリの森林保護区がある。19世紀に乱伐されたが、わずかに残る樹齢1000年以上の巨木を見ることができる。

コロニアルな町並みと自然
### コロマンデル半島 ➜P.353

約3分の1が森林保護区になっており、カウリの大木が見られる場所もある。温暖な気候でビーチもあり、リゾート地として人気。

マオリ文化と地熱地帯
### ロトルア ➜P.296

タウポ湖に次ぐ国内第2の大きさを誇るロトルア湖周辺は大地熱地帯。先住民マオリの人口が多く、伝統文化も保存されている。

ニュージーランドのゲートウエイ
### オークランド ➜P.238

ニュージーランド最大の都市で、"シティ・オブ・セイル"と呼ばれる港町。ヨットや小型船舶の保有数は世界一。緑豊かな公園やビーチも。

『ロード・オブ・ザ・リング』と『ホビット』のロケ地
### マタマタ ➜P.289

大ヒット映画のロケ地がある小さな町。映画のシーンがよみがえるロケ地は整備され、世界中からファンが集まる聖地となっている。

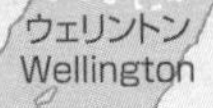

マオリの聖地の活火山
### トンガリロ国立公園 ➜P.327

1894年に制定されたニュージーランド最古の山岳国立公園。古くからマオリの聖地であり、夏はトレッキング、冬はスキーと観光客が訪れる世界遺産。

ニュージーランドの首都
### ウェリントン ➜P.390

北島の南部に位置する世界最南端の首都。貿易の中心地としても栄える港町だ。南島のピクトンへの拠点でもある。

北島のイントロダクション P.234

# ニュージーランドの
# 世界遺産と国立公園

自然が豊かなニュージーランドでは、3つある世界遺産のうちふたつが自然遺産、もうひとつは自然と文化の複合遺産だ。そして南島、北島合わせて13もの国立公園がある。

ファンガレイ
オークランド
タウランガ
ハミルトン
ロトルア
ニュー・プリマス
ギズボーン
3
ネイピア
ヘイスティングス
2
ワンガヌイ
A 1
パーマストン・ノース
4
5
ネルソン
ウエリントン
6
7
B 9
カイコウラ
8
クライストチャーチ
B 10
B 12
B 11
クイーンズタウン
ダニーデン
インバーカーギル
13
スネアーズ諸島
バウンティ諸島
オークランド諸島
C
アンティポデス諸島
キャンベル島


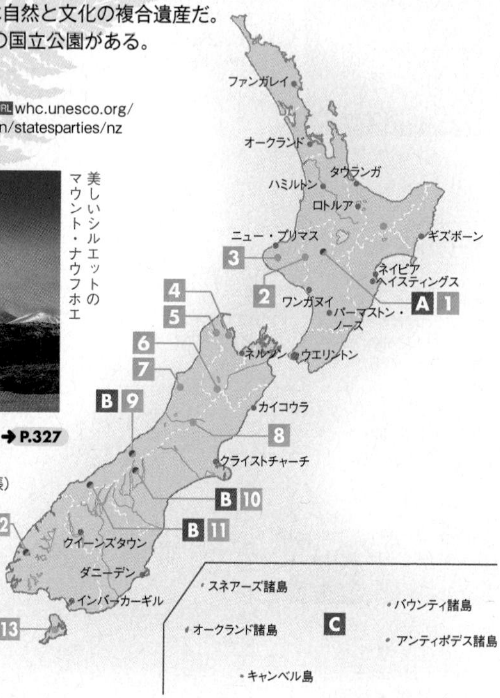

## 世界遺産
World Heritage

URL whc.unesco.org/en/statesparties/nz

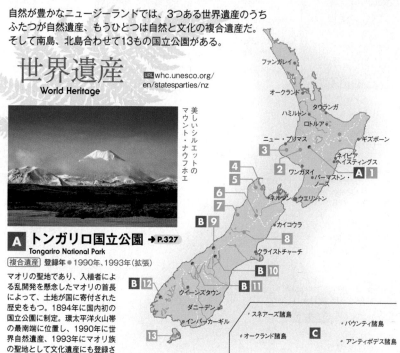

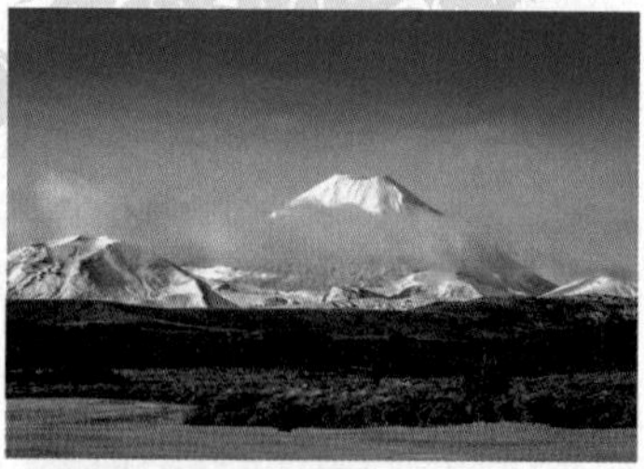

美しいシルエットのマウント・ナウフホエ

### A トンガリロ国立公園 ➔P.327
Tongariro National Park

複合遺産 登録年 ● 1990年、1993年（拡張）

マオリの聖地であり、入植者による乱開発を懸念したマオリの首長によって、土地が国に寄付された歴史をもつ。1894年に国内初の国立公園に制定。環太平洋火山帯の最南端に位置し、1990年に世界自然遺産、1993年にマオリ族の聖地として文化遺産にも登録され、複合遺産となった。

### B テ・ワヒポウナム-南西ニュージーランド
Te wahipounamu-South West New Zealand

自然遺産 登録年 ● 1990年

テ・ワヒポウナムとは、マオリ語でヒスイの産地を意味。⑨ウエストランド／タイ・ポウティニ国立公園（→P.222）、⑩アオラキ／マウント・クック国立公園（→P.84）、⑪マウント・アスパイアリング国立公園、⑫フィヨルドランド国立公園（→P.130）の4つの国立公園を包括した、総面積2万6000k㎡にも及ぶ広大な世界遺産だ。

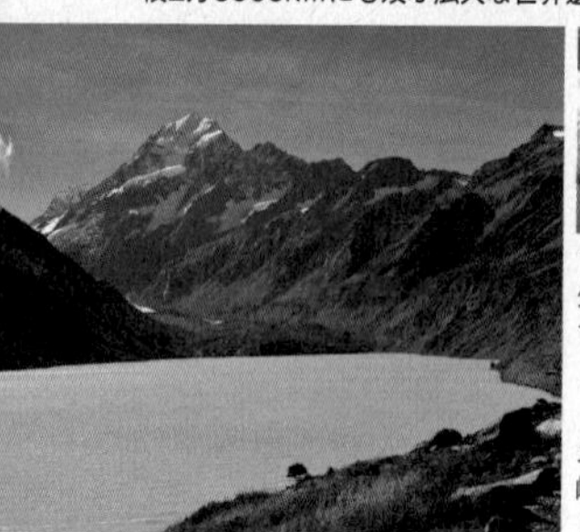

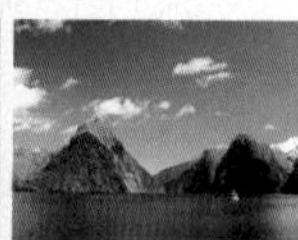

フィヨルドランド国立公園のミルフォード・サウンド

ニュージーランド最高峰のアオラキ／マウント・クック

### C ニュージーランドの亜南極諸島
New Zealand Sub-Antarctic Islands

自然遺産 登録年 ● 1998年

南極に近い、アンティポデス諸島、オークランド諸島、キャンベル島、スネアーズ諸島、バウンティ諸島の南緯50度付近に位置する島からなる自然遺産。厳しい自然環境下で多様な生物が生息している。生態系保護のため立ち入りは制限されている。

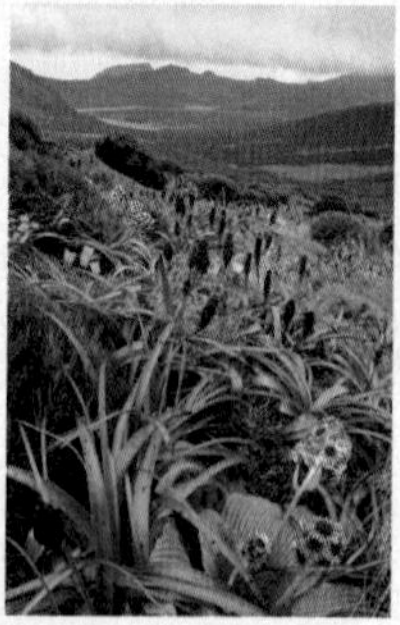

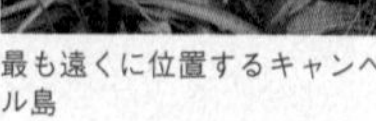

最も遠くに位置するキャンベル島

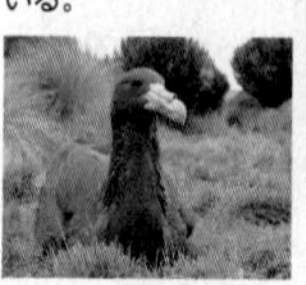

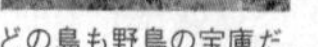

どの島も野鳥の宝庫だ

# 国立公園

**National Park**

URL www.newzealand.com/jp/national-parks/

## 北島

### 1 トンガリロ国立公園 →P.327

Tongariro National Park

ニュージーランド最初の国立公園で世界遺産。3つの火山とトンガリロ山が含まれる。絶景の中を縦走するトンガリロ・アルパイン・クロッシング（→P.330）が人気。

標高1725m地点にある火口湖ブルー・レイク。写真協力／Destination Lake Taupo

### 2 ファンガヌイ国立公園

Whanganui National Park

タスマン海へ注ぐファンガヌイ川の上・中流域に広がり、この川を下るカヌーやカヤックを楽しめる。

### 3 エグモント国立公園

Egmont National Park

標高2518mの高さを誇る火山、タラナキ山を含む国立公園。左右対称の山の形が美しく、公園内では多様な植生を見ることができる。

三角錐の山容が美しいタラナキ山

## 南島

### 4 エイベル・タスマン国立公園

Abel Tasman National Park →P.208

南島の北端にある、国内最小の面積の国立公園。ニュージーランドを見つけたオランダ人エイベル・タスマンにちなんでいる。シーカヤックやトレッキングで複雑な海岸線を楽しめる。

波の穏やかな湾になっている

### 5 カフランギ国立公園

Kahurangi National Park

かつてマオリがヒスイを運ぶために使用した、全長約78kmのトレッキングルート、ヒーフィー・トラックが人気。カフランギはマオリ語で「かけがえのない財産」を意味する。

### 6 ネルソン・レイクス国立公園

Nelson Lakes National Park →P.202

ロトイチ湖とロトロア湖というふたつの氷河湖が中心となる、サザンアルプス最北端に位置する国立公園。キャンプやトレッキングのほか、冬はスキーも楽しめる。

### 7 パパロア国立公園

Paparoa National Park

南島西海岸に位置し、公園のほとんどが石灰岩層の上にある。岩が層をなして形成されたパンケーキ・ロックなどが見どころ。

岩が層になった独特な景観が広がる

### 8 アーサーズ・パス国立公園

Arthur's Pass National Park →P.212

南島最初の国立公園で、サザンアルプスの北側に位置。山脈を横断する道路の建設に活躍したアーサー・ダッドレー・ドブソンの名前にちなんでいる。トレッキングやマウンテンバイクなどが楽しめる。

### 9 ウエストランド／タイ・ポウティニ国立公園

Westland／Tai Poutini National Park →P.222

海岸線からわずか10kmしか離れていないのに、2000mを超える氷河を抱いたダイナミックな山岳風景が見られる。フランツ・ジョゼフ氷河とフォックス氷河のふたつの氷河がある。

### 10 アオラキ／マウント・クック国立公園

Aoraki／Mount Cook National Park →P.84

ニュージーランド最高峰アオラキ／マウント・クックがそびえる。クックはジェームズ・クックから、マオリ語のアオラキはマオリの伝説の少年の名前にちなむ。マウント・クック・ビレッジを拠点にトレッキングが楽しめる。

### 11 マウント・アスパイアリング国立公園

Mount Aspiring National Park

サザンアルプスの南端に位置し、3027mのアスパイアリング山をはじめ高峰が並ぶ。ルートバーン・トラックなどバラエティに富んだトレッキングコースがあり、ワナカやクイーンズタウンからアクセスできる。

トラックを歩いて自然を体感できる

### 12 フィヨルドランド国立公園

Fiordland National Park →P.130

ニュージーランド最大の面積を誇る国立公園。テ・ワヒポウナム世界遺産の大部分を占める。氷河期に形成されたフィヨルド景観が美しい。ミルフォード・サウンド、ダウトフル・サウンドなどがある。

### 13 ラキウラ国立公園

Rakiura National Park

ニュージーランドの南端、スチュワート島のおよそ8割を占める国立公園。2002年に制定され、希少な野生動物を観察できる。スチュワート・アイランド・キーウィの生息地にもなっている。

カメラを持って出かけよう！

# 絵になる絶景巡り

大自然の宝庫、ニュージーランドには
思わずカメラに収めたくなる絶景がいっぱい。
無数にあるフォトジェニックなスポットのなかから、
まだ日本人観光客の少ない穴場を厳選してご紹介！

絶景スポット1

## ロイズ・ピーク

Roy's Peak

南島ワナカにあるトレッキングコース。ワナカ湖とサザンアルプスの山々の眺めは言葉を失うほどの美しさ。トレイルは私有地の牧場内にあるため、羊を間近に見られるのも魅力。中腹にフォトスポットがあり、混雑時は並ぶので譲り合って撮影を。頂上はそこからさらに1.5kmほど（所要約30分）登った所にある。

P.93

## 撮影のヒント

- 中腹のフォトスポットではなるべく突端で記念撮影するのがお約束！ただし足元には注意を。
- ここの牧場の羊たちは人慣れしているため、近寄ってもあまり逃げない。羊を入れ込んだ絶景写真もぜひ！

急勾配続きで心が折れそうになるが、がんばって登った先にはご褒美の絶景が待っている

絶景スポット2

## クレイ・クリフス

Clay Cliffs

南島オマラマにある奇岩群。氷河によって造られた地形で、天に向かって無数のピナクル（小尖塔）が伸びている。異世界に迷い込んだような、不思議な感覚が味わえる場所だ。

➔P.155

撮影のヒント

●ピナクルの大きさがわかるよう、人を入れ込んで撮影しよう。

足場が悪いので滑らないよう注意

氷河が造った神秘的な地形

撮影のヒント

●太陽が真上にあるトップ光の時間帯は湖と青空がきれいに写る。夕暮れを狙うのもドラマティック。

これほど眺望のよいワイナリーはそうそうない

ワインの試飲と購入ができるセラードア

絶景スポット3

## リッポン・ヴィンヤード

Rippon Vineyard

南島ワナカの高台にある老舗ワイナリー。灌漑を行わず、有機農法でブドウを育てている。おすすめはピノ・ノワール。セラードアから望むブドウ畑の美景は感動的！

MAP P.94-A2　住246 Wanaka-Mt Aspiring Rd. Wanaka　電(03)443-8084　URL www.rippon.co.nz　開セラードア12:00～17:00（要予約）　休無休　CC AJMV

絶景スポット4

## エグリントン・バレー

Eglinton Valley

ミルフォード・サウンドへ行く途中に現れる大平原。氷河によって削られたU字谷で、その壮大なスケールに圧倒される。ツアーバスも立ち寄るので穴場というほどではないが、セルフドライブでもぜひ車を停めて楽しみたい絶景だ。

➔P.135

撮影のヒント

●カメラに収まりきらないほどのスケールなので、ぜひパノラマで押さえておこう。動画で表現するのもよい。規模が伝わるよう、フレーム内に人や車を入れたい。

広大過ぎて距離感がわからなくなるほど

パノラマ写真がおすすめ

絶景スポット5

## レッドウッド・ツリーウオーク

**Redwoods Treewalk**

北島ロトルアに広がるレッドウッド（セコイア杉）の森で、木々に架けられた28のつり橋を渡るアトラクションが人気。日中も美しいが、夜は34個のランタンでライトアップされて幻想的。

➔P.304

森の精霊に出会えそうな神々しい雰囲気

34個のランタンに明かりが灯される

**撮影のヒント**

- ランタンがあるとはいえ、夜の森はかなり暗いのでなるべく暗所に強いカメラ機種を用意し、ISO感度を上げて手ブレを防ごう。

絶景スポット6

## マウアオ（マウント・マウンガヌイ）

**Mauao（Mount Maunganui）**

北島マウント・マウンガヌイのシンボルである標高232mの山。特別な装備は不要で30分ほどで登れ、山頂から外海・内海それぞれのビーチとリゾートタウンが一望できる。➔P.364

海の絶景を眺めながら登ろう

町を挟んで両側に海がある独特な地形

**撮影のヒント**

- 頂上へ行く途中にもビューポイントがあり、町の反対側の景色もすばらしい。休憩がてら撮影しながら歩こう。

### 四季の絶景もフォトジェニック！

**春 クライストチャーチの桜並木**

北ハグレー公園（→P.52）の桜並木は9月頃満開に。クライストチャーチ植物園（→P.53）で水仙やバラを愛でるのもいい。写真協力／ChristchurchNZ

**夏 ワナカ・ラベンダー・ファーム パーマストン・ノースのひまわりファーム**

ワナカ・ラベンダー・ファーム（→P.92）のラベンダーは12月中旬～2月中旬、パーマストン・ノース郊外マンガマイレのひまわりは1～2月が見頃（→P.389）。

**秋 アロータウンの黄葉**

4月頃、黄金に染まるアロータウン（→P.110）のポプラ並木の美しさは格別。ほかにワナカ湖畔（→P.91）などでも黄葉が楽しめる。写真協力／Destination Queenstown

**冬 スキー場**

コロネット・ピーク（→P.111）など全国のスキー場は6月頃からオープン。銀世界の美しさはこのシーズンならではだ。写真協力／Destination Queenstown

**豆知識**

### ドローンについて

ニュージーランド航空はドローンの持ち込み可能。ただし携帯電子機器扱いとなるので受託手荷物にする場合はバッテリーを取り外すなど受け入れ要件を満たすことが必要だ。

また、ニュージーランドでドローンを使用する場合、25kg以下であること、120m以上高く飛ばさないこと、私有地の上では許可なく使用しないことなどのルールがある。詳細は事前に民間航空局CAAやドローン運営会社AirShareのウェブサイトで確認を。

- CAA URL www.aviation.govt.nz/drones
- Air Share URL www.airshare.co.nz/rules

特集2

賢くお得に旅を楽しむ

# 円安に負けない コスパ旅行術

世界的な物価高騰の波はニュージーランドにも到来。さらに円安の影響で旅行費用もグッと膨れがちに。そんな中、少しでもお得に旅を楽しむためのコツを伝授！

グルメも！おみやげ探しも！

## スーパーマーケットを活用

広い店内に、日本とはちょっと違うさまざまな商品が並び、見ているだけでも心躍るニュージーランドのスーパーマーケット。紹介するTipsを実行すれば、節約旅行の力強い味方に！

お買い得の商品はわかりやすく表示されている

### Tips1 量り売りで無駄なく購入！

野菜やフルーツは基本的にすべて量り売り。必要な分だけ購入できるので無駄がない。シリアル、ナッツ、スナック、スパイスなどが多種多様に並ぶバルクコーナーも要チェック。

バルクコーナーは種類豊富で迷いそう！

野菜と果物売り場には重さを測るスケールがある

### Tips2 特売品を狙え！

随時店内セールが開催され、賞味期限が近くなった食品以外にも、日用品からコスメまでさまざまお買い得の商品が出る。ハチミツやチョコレートといったおみやげアイテムが割引価格で手に入ることも！

## 知っておきたい、スーパーの基本ルール

### 1 買い物はエコバッグ持参で

レジ袋は有料なのでエコバッグを持参しよう。ない場合はその場で購入可能。不織布バッグ、保冷・保温バッグなど数種類あり、デザイン性の高いおしゃれなタイプもラインアップ。

### 2 レジはベルトコンベア式

レジでは買い物する本人がカゴやカートから商品を出し、ベルトコンベアに乗せるのが主流。袋詰めはレジ打ちとは別のスタッフが行ってくれることが多い。購入点数が少ない場合はセルフレジも使える。

### 3 子供にフルーツを提供！

カウントダウンだけの特別サービス。買い物中、大人が同伴している子供は備え付けのバナナやリンゴなどのフルーツを無料で食べることができる所も。もちろん持ち出しは不可なのでマナーを守って利用しよう。

## Tips 3 PBをハント！

各スーパーが独自に企画・開発したPB（プライベートブランド）は、アイテム数が豊富なうえ、一定の品質を保ちながらも比較的リーズナブル。カウントダウンのPBは生活必需品のessentials、自然派アイテムのmacroなど。ニューワールド（→右記）系列には食品ラインのPams、ワンランク上のPams Finest、手頃なValueなどがある。

## Tips 4 夕方はデリで見切り品を探せ！

サラダや総菜、サンドイッチなどすぐに食べられるものが並ぶデリは旅行者にも便利。店内で調理されたものも多く、夕方近くに行くと見切り品が半額近くで見つかる場合も。

## Tips 5 お得な会員カードをゲット！

大手スーパーでは無料の会員制度を設けており、入会すると会員価格で買い物ができたり、購入金額に応じてポイントが貯まったりする。スーパーチェーンのニューワールドには旅行者向け会員システム「ツーリスト・クラブ・ディールズ・カードTourist Club Deals Card」があり、ポイントは貯まらないものの、会員価格が適用されるので入会するとお得。入会後の有効期限は3ヵ月。

## Tips 6 アルコール売り場が充実

ワインとビールを中心としたアルコール売り場は圧巻の品揃え。ワインは1本$9〜と手頃なものも多く、ホテルの部屋飲み用やおみやげにもってこい。ビールは基本的に6本入りからだが、クラフトビールなら1本から購入可。

## ニュージーランドのおもなスーパーマーケット

今回取材したのはオークランド店！

### ウールワース Woolworths →P.280

ニュージーランド全土に194店舗以上を展開する大手チェーン。2023年7月にカウントダウンからウールワースに名称変更。手頃な価格と幅広い品揃えが特徴。薬局を併設する店舗も多い。

URL www.countdown.co.nz

### ニューワールド New World

1960年代に創業したニュージーランド生まれのチェーン。全国に140店舗以上を展開し、やや高級志向だが品質のよさに定評がある。品揃えのセンスも秀逸。

URL www.newworld.co.nz

### パックンセーブ Pak'nSave

ニュージーランド最安値を謳う格安スーパー。倉庫風の店内や梱包箱をそのまま使った商品ディスプレイなど、とことん無駄を省いてその分、安さを追求している。ガソリンスタンドを併設している店もある。運営会社はニューワールドと同じ。

URL www.paknsave.co.nz

### フォースクエア Four Square

ニューワールド系列の小規模スーパー。全国展開しているが、比較的地方都市に多い。同店のオリジナルキャラクターMr. Four Squareのロゴで知られている。

URL www.foursquare.co.nz

そのほか、日本でもおなじみの会員制スーパー、コストコや、自然派スーパーのコモンセンス・オーガニクス（→P.278、P.409）などがある。

**コストコ Costco**

URL www.costco.co.nz

入館料無料で楽しめるクライストチャーチ・アートギャラリー（→P.50）

利用しないとソン！
# お得に楽しむ裏ワザ

ニュージーランドには無料もしくは割安で楽しめるスポットやサービスがいっぱい。丸ごと駆使すればトータルに大きな違いが！

## 裏ワザ1 公共交通機関はオフピーク運賃で！

バスやフェリーといった公共交通機関では、ラッシュアワーを外したオフピークタイム（平日の早朝・日中・夜間および週末）に割引運賃を適用している。例えばオークランドでは平日6:00以前・9:00〜15:00・18:30以降および週末にバス、電車、フェリー（ワイヘキ島行きは除く）を利用すると、運賃が通常の10%オフになる。ICカード乗車券での支払いが条件。時間をずらしてお得に移動しよう。

**そのほかのオフピーク割引例**

●ウェリントン(→P.390)の市バスは平日7:00以前・9:00〜15:00・18:30以降および週末は運賃が半額になる(一部路線を除く)。

オークランド市内の移動にはバスの利用が便利

## 裏ワザ2 無料で利用できるスポットがたくさん！

ニュージーランド国内にある公園、植物園、ビーチ、ハイキングコースは、一部を除いて基本的に無料。公園に設置されている公共BBQグリルもそのほとんどが無料で使える。

ウェリントンの国立博物館テ・パパ・トンガレワ（→P.396）やウェリントン博物館（→P.400）、クライストチャーチのアート・ギャラリー（→P.50）、ダニーデンのオタゴ入植者博物館（→P.161）やダニーデン市立美術館（→P.161）なども入館料無料（特別展は有料の場合あり）で楽しめる。

無料で使える公園の電気式BBQ台。予約も不要

ハイキングは無料で楽しめるアクティビティ

## 裏ワザ3 レストランやバーへ行くならハッピーアワーに！

レストランやバーの忙しくない時間帯に設けられたハッピーアワー制度。少し時間をずらすだけでフードやドリンクがお得になるから見逃せない。行きたい店がある場合はハッピーアワーの有無をチェックしておこう。

店先の看板にハッピーアワーの情報が掲載されていることも

## 裏ワザ4 レンタカーを無料で使える「トランスファーカー」

レンタカーを無料で借りられるトラスファーカーTransfercarというサービスがある。ニュージーランドでは車を借りた都市とは別の都市の営業所に返却する乗り捨てプランを利用する人が多く、乗り捨てられたレンタカーを元の営業所に戻すためのリロケーション作業が必要となる。この作業をスタッフの代わりに行うのがトランスファーカー。訪問都市や日程が合えばかなりお得なのでチェックしてみよう。なお、このサービスを利用できるのは基本的に25歳以上。車種は通常のセダンのほか、ワゴンやキャンピングカーもある。検索・申し込みはトランスファーカーのウェブサイトから。

URL www.transfercar.co.nz

キャンピングカーが格安で借りられるかも!?

特集③

ファンタジーの世界へダイブ！

# 主人公になりきって映画のロケ地へ

ニュージーランド出身のピーター・ジャクソン監督が手がけた映画『ホビット』『ロード・オブ・ザ・リング』の名シーンを巡る！

丸い扉がかわいいホビット穴

## ホビット庄

映画で登場するホビットが暮らす村、ホビット庄（シャイア）が撮影当時のまま残されており、ツアーで見学することができる。細かい部分まで丁寧に作り込まれており、臨場感たっぷり！➔P.289

### シャイアーズ・レスト

ツアーの出発地点であるカフェ兼ギフトショップ。ここからツアーバスに乗り込んでホビット庄へ。

### やさい畑

ガンダルフがホビット庄を訪ねてくる場面に登場した石垣を抜けるとホビット庄が！農耕種族であるホビットの畑が広がり、その周囲にホビット穴が点在。

洗濯物など生活感がリアル！

### ホビット穴

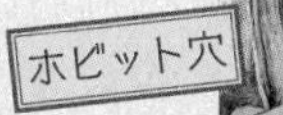

大小44のホビット穴のうち、実際に中に入れるものが１つだけある。ホビット気分で記念撮影を！

### サムの家

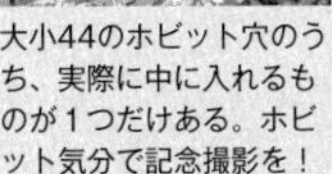

『ロード・オブ・ザ・リング』のラストシーンに登場。ロージーが子供と幸せに暮らす姿が目に浮かぶ。

### ビルボとフロドの家

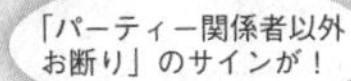

「パーティー関係者以外お断り」のサインが！

高台に立つ袋小路屋敷。家の上にあるカシの木は原作の挿絵を再現するため、本物の木から型を取り、シリコンで造られたもの。

### グリーン・ドラゴン

ホビットたちが集まるパブとして登場。ツアー参加者はアンバーエールなどが選べるワンドリンク付き。パイなど軽食もおいしい。

もうひとつのロケ地

# ヘアリー・フィート・ワイトモ

壮大な石灰岩の岩壁はまさに中つ国

撮影の様子を見せながら案内してくれるスージーさん

ビルボの立ち位置の印が残る

『ホビット』のトロルが登場した森があるピオピオPiopio村の美しいファーム、ヘアリー・フィート・ワイトモ。切り立った岩壁や奇岩、緑豊かな森などがあり、「中つ国」のさまざまなシーンの撮影がここで行われた。

雨で侵食され奇怪な形になった岩

## ガンダルフの登場

映画と同じ場所にガンダルフの人形がある

ビルボ達がトロルにつかまり食べられそうになっていたところを、ガンダルフが大きな岩を杖で割り、太陽の光を浴びせ、トロルを石に変えて助けた。

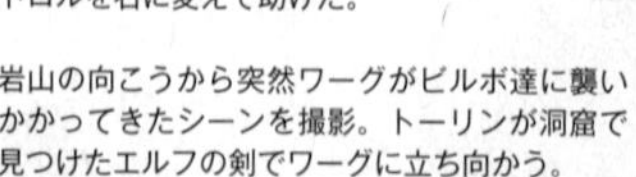

## トロルの洞窟で剣を発見

ビルボが剣を受け取ったときのポーズで撮影しよう

岩と地面の隙間で撮影、実際は洞窟ではない

ビルボ達がトロルの洞窟を発見した際、洞窟内にあったエルフが鍛えた剣を、ガンダルフがビルボに手渡した。オークなどが近づくと青く光る。後にスティングと呼ばれる。

## ワーグの襲撃

岩山の向こうから突然ワーグがビルボ達に襲いかかってきたシーンを撮影。トーリンが洞窟で見つけたエルフの剣でワーグに立ち向かう。

今にも森の奥からワーグが飛び出してきそう

### ヘアリー・フィート・ワイトモ
Hairy Feet Waitomo

**折り込みMap①** 住1411 Mangaotaki Rd. 電(07)877-8003 URL hairyfeetwaitomo.co.nz 営10:00(要予約) 料大人$70、子供$40(14歳以下、所要約2時間) 交公共交通機関はないので、レンタカーかツアーに参加。

### ワイトモ1日ツアー
Waitomo Full Day Tours

ヘアリー・フィート・ワイトモやブッシュウオーク、ワイトモ洞窟などを訪ねるツアー。ワイトモ・ビレッジ8:30発。周辺の宿泊施設からの送迎も可能。ハミルトン発着プランもある。

BL Tourism Group 電(07)878-7580 URL www.bltourismgroup.com/waitomofulldaytours 料$434(各施設の入場料、ランチ込み)〜

コスプレもできる！

# ロケ地の宝庫 グレノーキーを訪ねる

グレノーキーの「パラダイス」で記念撮影

　クイーンズタウン郊外グレノーキー（→P.110）は、『ロード・オブ・ザ・リング』と『ホビット』のほか、『ウルヴァリン:X-MEN ZERO』や『ナルニア国物語』など数々の大作映画の撮影地。グレノーキーの奥には、その雄大な自然景観から「パラダイス」と名づけられたといわれる集落もあるほど。ロード・オブ・ザ・リング・シーニックツアーに参加すると私有地にも入れるうえ、コスプレして記念撮影ができてなりきり度もMAXに！

オリファントが現れた場所

ワカティプ湖畔沿いの景勝道路グレノーキー・クイーンズタウンロードGlenorchy-Queenstown Rd.を走り、一路グレノーキーへ。途中、サムとフロドがオリファントを見ているうちにファラミアにつかまったシーンが撮影されたトゥエルブ・マイル・デルタTwelve Mile Deltaにも立ち寄る。

ロスローリエンの森

パラダイスにあるブナの森はエルフ国ロスローリエンのロケ地。ほかに、アモン・ヘンとファンゴルンの森もここ。

要塞アイゼンガルド

ダート・リバー沿いに広がるパラダイス・バレーではサルマンが住むアイゼンガルドの背景として使われた山々の壮大な風景が見られる。このエリアのロケ場所は私有地のため、ツアー参加者のみアクセスできる。

**ロード・オブ・ザ・リング・シーニックツアー**
Lord of the Rings Scenic Tour
**Pure Glenorchy**
電(03)441-1079　URL pureglenorchy.com　催通年、クイーンズタウン8:00、13:45発　料大人＄180、子供＄90(所要約4時間30分、ドリンク&スナック付き)
そのほかの映画ロケ地ツアー→**P.61、P.112**

映画の裏側へ潜入！
## ウェタ・ワークショップへ

『ロード・オブ・ザ・リング』、『ホビット』、『キングコング』など、さまざまな映画・TV番組の制作実績を誇るウェタ社が運営。オークランドとウェリントンに施設があり、ツアーやワークショップを開催。ショップも併設し、世界中から映画ファンが訪れる。

ウェタ・ワークショップ・ウェリントン
Wētā Workshop Wellington → **P.401**
ウェタ・ワークショップ・アンリーシュド・オークランド
Wētā Workshop Unleased Auckland
**MAP P.246-D1**
住Level 5, 88 Federal St. Auckland　電なし
URL tours.wetaworkshop.com　営10:00〜18:00　休無休
料ツアー大人＄55、子供＄30(所要約1時間30分)

ウェリントンではエントランスで巨大なトロルと記念撮影ができる。写真協力／WellingtonNZ

オークランドではエイリアンの秘密にも迫れる

絶景のなかでアルパカに合える「シャマラ・アルパカ」

特集4

羊も！アルパカも！

# モフモフと触れ合って癒される♥

酪農大国のニュージーランドには、
モフモフの動物に合えるスポットがいっぱい！
羊やアルパカと触れ合って癒しのひとときを。

CHU♡

仲よしなアルパカたちにほっこりする

にこにこと笑っているような表情がキュート！

約160頭のアルパカがお出迎え

## シャマラ・アルパカ

Shamarra Alpacas

クライストチャーチ郊外アカロアにあるアルパカ牧場。アカロア湾を一望できる高台に位置し、美景とアルパカの両方が堪能できる。アルパカは人懐こく、ハグしたり、餌をあげたりすることも可能。ガイドがアルバカの生態について説明してくれる。ツアーはドリンクと自家製クッキー付き。併設のショップでアルパカニット製品を購入するのもおすすめ。 ➔P.61

珍しいハイランド牛に合える！

## ウォルター・ピーク高原牧場

Walter Peak High Country Farm

クイーンズタウンから蒸気船TSSアーンスロー号に乗ってアクセスする牧場で、場内の見学ツアーが行われている。見どころはニュージーランドでは珍しいスコットランド原産のハイランド牛。毛がもこもこしていてユーモラスな人気者だ。そのほか、羊の毛刈りショー、ガイドツアー、カントリースタイルのティータイムなどお楽しみがいっぱい！

➔P.105

ハイランド牛は大形で貫禄十分でも優しい性格

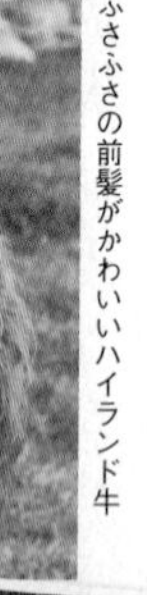

ふさふさの前髪がかわいいハイランド牛

牧場までは蒸気船で！

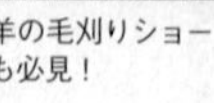

羊の毛刈りショーも必見！

牧場内には羊、アルパカ、鹿などさまざまな動物がいる

ファームショーのラストは
仔羊への授乳体験

## 仔羊にミルクをあげよう！

## アグロドーム

**Agrodome**

40年以上の歴史を誇るファームショーで知られるロトルアの牧場。350エーカーの敷地内に19種の羊をはじめ、アルパカ、牛、ラマ、馬、ヤギ、鹿などが飼育されている。哺乳瓶で仔羊にミルクをあげたり、牛の乳搾りやファームアニマルの餌やりなど、さまざまなファーム体験が可能。牧羊犬のデモンストレーションも一見の価値あり！

➔P.307

モフモフで
かわいすぎ！

仔羊を抱っこできる

牛の乳絞り
に挑戦！

ファームツアーで
ヤギに餌やり体験

## 小動物もモフモフできる！

## シープワールド

**Sheepworld**

オークランド郊外にある牧場アトラクション。木～日曜に開催される牧羊犬と羊のショーのほか、敷地内で飼育されている動物たちと触れ合えるのが魅力。羊、アルパカ、ヤギ、牛といったおなじみのファームアニマル以外にポッサムやウサギ、インコといった小動物とも合える。動物への餌やりもOK！

**Map P.261-A1**

住324 State Hwy. 1, Warkworth 電(09)425-7444 URL www.sheepworldfarm.co.nz 営10:00～16:00(ショーは木・金11:00、土・日11:00、14:00、餌やりは毎日12:30～) 休無休 料大人$16～35、子供$12～20 交オークランドから国道1号線を北へ約65km(有料道路を利用)。インターシティ(→P.496)のファンガレイ行き長距離バスでもアクセス可能(シープワールドで下車する旨をドライバーに伝えておくこと)。

見応えたっぷりな牧羊犬と羊のショー

1オーストラリア原産のポッサム 2ウサギとも触れ合える 3愛らしいロバ。ほかにエミュー、豚、鹿などもいる

牛もとってもフレンドリー

### もっとモフモフしたいなら ファームステイにトライ！

ファームステイとは、農場や牧場に滞在する宿泊スタイル。ニュージーランドの田舎暮らし体験もできる。 ➔P.479

### モフモフをお持ち帰り！

ニュージーランドのギフトショップでは羊や野鳥などのぬいぐるみを豊富に扱っている。

2023年9～10月 特集5

ラグビーワールドカップ

# 強豪国ニュージーランドのチームを徹底分析！

2023年9月8日から10月28日にかけてラグビーワールドカップ2023フランス大会が開催される。日本で行われた前大会では日本代表の活躍が世界でも話題となった。オリンピックやサッカーワールドカップとともに世界3大スポーツイベントのひとつである今大会に向け、ラグビー大国ニュージーランドの強さの秘密に迫ろう。

写真協力／©Getty Images

フルバック
最後列でゴールラインを敵チームから守る

スリークウォーターバックス
バックスラインの後方の攻撃陣。ウイングとセンター

ハーフバックス
フォワードが奪ったボールをバックスへ送るポジション

サードロー
スクラム後ろから押し込むナンバーエイトとフランカー

フロントロー
フォワードの最前列、フッカーとプロップ。

セカンドロー
フロントローを支えるロック2人。長身選手が多い

ハーフウェイライン

フォワード(FW)
前方でスクラムを組む8人

バックス(BK)
フォワードの後ろの7人

ゴールライン

ゴールポスト
トライになると追加得点のチャンスが与えられ、キックしたボールがクロスバーより上を通過すれば得点が入る

インゴール
ゴールラインより外側のエリア。インゴールの地面にボールがつくとトライとなり、得点が入る

## ラグビーのルール

フォワードというスクラムを組む8人と、バックスというフォワードの後ろでトライを狙う7人からなる1チーム15人制。ボールを持って相手の陣地に攻め込んで前進していくため「陣取りゲーム」とも呼ばれている。

| | フォワード（FW） | | | バックス（BK） | |
|---|---|---|---|---|---|
| 背番号 | ポジション | 役割 | 背番号 | ポジション | 役割 |
| 1・3 | プロップ(PR) | スクラムの最前列で敵味方の圧力をすべて受け止める力を持つ巨漢 | 9 | スクラムハーフ(SH) | 常にボールとともに走り回り、素早いパス回しが求められるポジション |
| 2 | フッカー(HO) | プロップの間、最前列の中央。スクラムの舵取りをする器用な選手が多い | 10 | スタンドオフ(SO) | フォワードとバックスの中心で的確な判断力が求められるチームの司令塔 |
| 4・5 | ロック(LO) | 空中戦でボールを奪い合う、ニュージーランドの子供たちの憧れの存在 | 12・13 | センター(CTB) | 第二の司令塔と呼ばれ、冷静な判断力と高度なパス回しが求められる |
| 6・7 | フランカー(FL) | スピードや持久力が求められ、激しいタックルでボールを奪うためフェッチャーとも呼ばれる | 11・14 | ウイング(WTB) | トライを決めることが求められ、相手チームを振り切る足の速さが必要。190cm以上の大きな選手が多い |
| 8 | ナンバーエイト(No.8) | スクラムの最後列で攻守の中心を担う。総合的なスキルが必要とされる | 15 | フルバック(FB) | 一番後ろでゴールラインを守る最後の砦。攻撃に参加することもある |

## オールブラックス
All Blacks

ニュージーランド代表チーム。試合前に選手達が披露する「ハカ」という先住民マオリに伝わる戦士の踊りが有名。部族のプライドと強さを見せつけ、相手を威嚇するための伝統が、現在は国の名誉を担う勇敢な選手らに引き継がれている。6・11月は北半球のチームとテストマッチ、8～10月はラグビー強豪国のオーストラリアや南アフリカと対戦する「ザ・ラグビー・チャンピオンシップ」が行われ、真冬のニュージーランドは熱狂の渦に包まれる。

URL www.allblacks.com

## スーパーラグビー・パシフィック
Super Rugby Pacific

ニュージーランド、オーストラリア、フィジーの3ヵ国12チームが参加する国際プロリーグ。2月から7月まで変則総当たり戦で行われ、上位8チームが決勝トーナメントに進出。

URL superrugby.co.nz

### ニュージーランドの参加チーム

**ブルース Blues**
URL blues.rugby
**チーフス Chiefs**
URL www.chiefs.co.nz
**ハリケーンズ Hurricanes**
URL www.hurricanes.co.nz
**クルセイダーズ Crusaders**
URL crusaders.co.nz
**ハイランダーズ Highlanders**
URL thehighlanders.co.nz
**モアナ・パシフィカ Moana Pasifika**
URL moanapasifika.co.nz

## バニングスNPC
Bunnings NPC

国民に親しまれている全国地域代表試合。地域密着型で、スーパーラグビーの選手も試合がなければ地元のバニングスNPCに加勢する。次期オールブラックス選手が発掘されるのはバニングスNPCともいわれるほどレベルの高いリーグだ。各チーム10試合のリーグ戦で、上位4チームがプレーオフへ進む。

URL www.provincial.rugby

## ニュージーランドが強いワケ

ニュージーランドラグビーの強さの秘密は、地域に深く根付いたピラミッド形のシステムにある。国内各地にあるクラブチームは誰でも参加でき、年齢やレベルによって細かくチーム分けされている。そのトップチームで好成績を残した選手は、各地区の代表リーグ戦「バニングスNPC」へ進むことができる。さらにバニングスNPCの優秀選手はプロリーグ「スーパーラグビー」へ。

この世界最高レベルのリーグ戦で活躍すれば、ニュージーランド代表チームの「オールブラックス」入りが認められるのだ。

### ■チケットの購入方法

ラグビーのシーズンは、例年2～8月まで。スーパーラグビーに始まり、6月のオールブラックス、8～10月のバニングスNPCへと続き、シーズンは終了する。各試合のスケジュールは、ラグビー協会や各チームのウェブサイトで確認できる。基本的にチケットはオンラインで購入する。オールブラックスの試合は入手困難のため、早めの確保が必要。

**ラグビー協会** URL www.nzrugby.co.nz

### ■試合が開催される各地のスタジアム

オークランド **Map P.244-B1**
**Eden Park** イーデン・パーク
住 Reimers Ave. Kingsland　☎ (09)815-5551
URL www.edenpark.co.nz

クライストチャーチ **Map P.46-B2**
**Orangetheory Stadium** オレンジセオリー・スタジアム
住 95 Jack Hinton Dr.　☎ (03)339-3599
URL www.venuesotautahi.co.nz

ウェリントン **Map P.394-A2**
**Sky Stadium** スカイ・スタジアム
住 105 Waterloo Quay　☎ (04)473-3881
URL www.westpacstadium.co.nz

### ラグビーファン必訪のアトラクション All Blacks Experience

45分間のガイドツアーを通してオールブラックスの歴史やラグビーの魅力を体験できる、オークランドのアトラクション施設。参加者がチームに分かれて行う対戦ゲームや大迫力のハカ映像、バーチャル選手とのキック対決など五感で感じられる内容。公式ショップも併設（→P.279）。　**Map P.246-D1**
住 88 Federal St.　FREE 0800-2665-2239
URL www.experienceallblacks.com
営 9:30～17:00　休 無休　料 大人＄50、子供＄30　CC MV

上／大興奮のハカ体験
右／ゴールキックに挑戦！

特集6 ほっぺたが落ちる！

# Kiwiグルメに舌鼓

近海で取れる魚介類、農業大国自慢の肉類など、地元の食材を使った料理が味わえる。移民が多いため世界各国の料理に加え、フュージョン料理などもあって食べ歩きが楽しい！

## ミート

### ポークベリー
**Porkbelly**

豚バラ肉のブロックをじっくりローストし、アップルソースなどをかけた一品。パリッとした皮部分もおいしい。

### シカ脚肉のロースト
**Denver Leg of Venison**

表面をサッとあぶったシカ肉はとても軟らかく人気が高い。脂肪分が少なく、ローカロリーなのも魅力。

### ラム・ラック
**Lamb Rack**

仔羊のあばら肉をローストして食べる、ニュージーランドの定番料理。臭みが少なく、羊独特の風味がクセになる。

## シーフード

### ブラフ・オイスター
**Bluff Oyster**

南島南端の町ブラフ（→P.174）で取れるカキは濃厚でミルキーな味わいが楽しめる高級食材。旬の時季は4～8月頃。

### クレイフィッシュ
**Crayfish**

カイコウラ（→P.180）の名物、イセエビの仲間のクレイフィッシュは高級食材。旬の時季は9～3月だが通年提供するレストランもある。

### ムール貝の蒸し煮
**Steamed Mussels**

ニュージーランド沿岸で養殖されているムール貝（グリーンマッスル）は、粒が大きくてプリプリした食感が楽しめる。

## マオリ

### ハンギ料理
**Hangi**

マオリの伝統料理。野菜やクマラ(サツマイモ)、肉類を地熱の蒸気を利用して蒸し焼きにする。地中に埋めて蒸したり、噴気孔で蒸すスタイルがある。

## 地ビール

ニュージーランドでは醸造所やブリューパブが各地に点在し、200種類以上の銘柄が造られている。その土地ならではの風土が育んだ地ビールをおいしい食事と一緒に味わってみよう。

### スタインラガー
**Steinlager**

ドライな味わいとのど越しで、国内では一番人気。海外にも輸出されており、さまざまな賞を受賞している。

### スパイツ
**Speight's**

南島のダニーデンで醸造されているビール。独特の苦味と香りがあり、根強い人気を誇っている。

### カンタベリー・ドラフト
**Canterbury Draught**

南島のみで販売されている地場産ビール。カンタベリー地方のモルトやサザンアルプスの水を使用している。

### トゥイ
**Tui**

ほんのりとした甘味がありまろやか。ラベルにニュージーランドの固有の鳥、トゥイがあしらわれている。

### マックス・ゴールド
**Mac's Gold**

クセのないすっきりとしたあと味が特徴のモルトラガー。どんな料理とも相性がよい。

## B級グルメ

### フィッシュ&チップス
Fish&Chips

カラリと揚げた魚と、ポテトフライが付く。魚はホキ（タラの一種）、タラヒキ（シマグロダイ）、スナッパー（鯛）、ガーナード（カサゴ）などから選べる。

### ミンスパイ
Mince Pie

ニュージーランド人が大好きなパイで、カフェやパン屋などによくある。牛肉のひき肉がたっぷり入っていて食べ応えがある。

## スイーツ

### キャラメルスライス
Caramel Slice

クッキー生地の上にコンデンスミルクとゴールデンシロップ、さらにチョコレートがかけられている。

### ホーキーポーキー
Hokey Pokey

ニュージーランドを代表するアイスのフレーバー。バニラアイスに濃厚なキャラメルの粒が入った甘い味わい。

### パブロバ
Pavlova

オーブンで焼いたふわふわのメレンゲに、クリームやフルーツを添えた伝統的な焼き菓子。

### クランブル
Crumble

甘く煮込んだリンゴやルバーブなどの上にバターや小麦粉、砂糖、シナモンなどを混ぜた生地をのせて焼いたもの。

### キャロットケーキ
Carrot Cake

ニュージーランドのカフェやケーキ屋には必ずある定番スイーツ。ほどよい甘さのスポンジの上にバタークリームがかかっている。

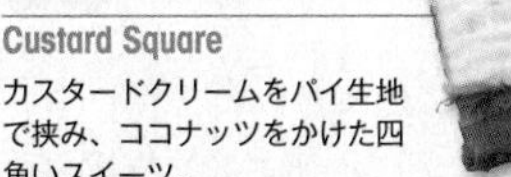

### カスタード・スクエア
Custard Square

カスタードクリームをパイ生地で挟み、ココナッツをかけた四角いスイーツ。

### レミントンケーキ
Lamington Cake

オーストラリア発祥のケーキで、四角いスポンジをチョコレートやジャムでコーティングし、ココナッツをまぶしたケーキ。

## カフェ

ニュージーランドには独自のコーヒー文化が根付いている。見た目は似ているが味は微妙に違うのでお気に入りを見つけよう。町なかにはバリスタのいるカフェが数多くある。

### フラット・ホワイト
エスプレッソにほぼ同量のフォームミルクを加えたもの。ミルクが平ら（フラット）で白いのが名前の由来。

### モカチーノ
エスプレッソにスチームミルクとココアを加えたもの。濃厚な甘味。

### カプチーノ
エスプレッソ、スチームミルク、フォームミルクがほぼ同量で層になっている。最後にココアパウダーをひと振り。

### ラテ
エスプレッソにほぼ倍量のスチームミルクを加えたもので、ミルクの味が濃い。

### アメリカーノ
ショート・ブラックに同量のお湯を加えたもの。日本のブラックコーヒーに近い。

特集7

# ニュージーランドのマストみやげ特集！

マオリグッズやウール製品、グルメみやげなどニュージーランドらしいおみやげをジャンル別にピックアップ。植物や動物モチーフのかわいいアイテムもたくさんあるので要チェック！

## シープスキン＆ポッサムメリノ

羊の国ニュージーランドらしいウール製品が豊富。なかでもメリノ種の羊毛とポッサムの混合は軽くて暖かく人気が高い。

### ポッサムメリノ

**ポンチョ**
メリノウール＆ポッサムのポンチョ。ハイネックで首回りまで暖かい

**マフラー＆手袋**
メリノウール、ポッサム、シルクの混合の手袋とマフラー。通気性に優れ、軽くて暖かい。優しい色合いに羊の模様がポイント

### シープスキン

モコモコで保温性に優れた人気のシープスキンブーツ

**シープスキンブーツ**
ニュージーランドでは冬に、スリッパ代わりに履くのが流行っている

## 雑貨＆マオリモチーフ

おみやげとしても人気のキッチン用品やアクセサリー、オールブラックスグッズ、先住民マオリ伝統のデザインアイテムなど、ニュージーランドらしい商品が豊富。

**ティータオル**
ニュージーランドでは「ティータオル」という大判のふきんを使う。柄のデザインも豊富

**野鳥モチーフ**
キーウィのオーナメントや鳴き声がするコカコのぬいぐるみなど。オーケー・ギフト・ショップ（→P.119、277）

**オールブラックスグッズ**
ニュージーランドのラグビー代表チーム、オールブラックスにちなんだグッズは豊富。オールブラックス・エクスペリエンス・ストア（→P.279）などで

**マオリ語のクレヨン**
色の名前がマオリ語で書かれている。ペパ・ステーショナリー（→P.67）

**ヒスイのカービングアクセサリー**
マオリ語でポウナム、英語でジェイドやグリーンストーンと呼ばれるヒスイは、パワーストーンとして人気

### マオリのカービングに込められた意味

**ティキ Tiki（全能の神）**
全能の神「ティキ」をモチーフにしたもの。意味は土地の安全や豊穣、幸運のシンボル、内なる強さなど。

**コル Koru（新たな始まり）**
シダの新芽が芽吹く様子を表している。新たな生命の始まりや再生、成長などの意味をもつ。

**フィッシュ・フック Fish Hook（旅行安全）**
旅行の安全や繁栄、権力などを意味する。さまざまな形にアレンジされたものがあり、若者の人気が高い。

**マナイア Manaia（調和）**
守り神を表す。頭部は鳥、体は人間の形をしている。3本の指は、誕生、生、死を表し、世界の調和を意味する。

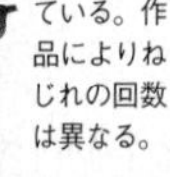

**ツイスト Twist（融合）**
立体的に絡み合った形は、生命と愛が永遠に続いていく様子を表している。作品によりねじれの回数は異なる。

## グルメ&アルコール

地元で愛されるお菓子や調味料、アルコールはスーパーのほか、おみやげ店でも手に入る。こだわりワインはワイナリーやワイン専門店でゲット！

### ワイン

赤・白・ロゼのほか、マヌカハニーのスパークリングミードなど変わり種も

### アイオリソース

ニンニクを使ったマヨネーズのようなもの

### ホットソース

ノースランド（→P.335）のカイタイアで作られるキーウィフルーツ＆ハバネロのホットソース

### スプレッド

地元産フルーツを使ったジャムやピーナッツバターがおすすめ

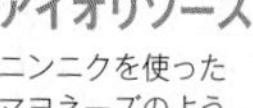

### シリアル

ニュージーランドの朝食の定番。

ウィートビックスはバー状に固めた全粒小麦シリアルに牛乳をかけて食べる

### バター

酪農大国らしい缶入りの濃厚バター

### チョコレート

ニュージーランドらしいパッケージのものもある

ニュージーランドの2大チョコレートブランド「Cadbury」と「Whittaker's」

### クッキー

キーウィフルーツやハチミツクッキーなどはおみやげ店が品揃え豊富

## ハチミツ関連商品

ニュージーランドの名産品といえばハチミツ。マヌカハニーのほかにもさまざまな種類があり、それぞれ個性豊か。プロポリスを使った製品にも注目！

### マヌカハニー

マヌカハニーはスーパーで購入するのがおすすめ。人気ブランドの「Arataki」$9〜

### ラベンダーハニー

ワナカ・ラベンダー・ファーム（→P.19、92）のハチミツは芳醇な香りが魅力

### ポフツカワハニー

ポフツカワの花から採れる白いハチミツ。クリーミーで繊細な味わい

### プロポリス歯磨き

プロポリス配合。歯周病や口臭予防に役立つといわれている。スーパーや薬局で

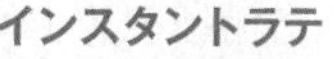

## コーヒー&紅茶

カフェ文化が発達したニュージーランド。地元ご用達ブランドでKiwi流ブレイクタイムを！

ウェリントン発コーヒースープリーム（→P.404）のコーヒー豆はスーパーでも購入できる

オーガニックタウン、マタカナ（→P.249）で焙煎された香り豊かなコーヒー豆

### ニュージーランド・ブレックファスト・ティー

世界的な紅茶ブランド、トワイニングのニュージーランド限定ブレンド

### インスタントコーヒー

ダニーデン発のコーヒーメーカー「Gregg's」のインスタントコーヒー

### インスタントラテ

ニュージーランドの定番アイス、ホーキーポーキー味のラテもある

＼ニュージーランド発／

# 自然派コスメで自分磨き！

ニュージーランドには良質なマヌカハニーなどの天然由来成分を含んだコスメが豊富。
体に優しい高品質コスメで美に磨きをかけよう！

## 代表的コスメ

デパートなどで見かける定番ブランドはこちら！

### Manuka Doctor
マヌカ・ドクター

プレミアムマヌカハニーのブランドが展開するコスメライン。UKビューティー・アワードのベストニューブランドに選ばれた。デパートやドラッグストアなどで購入できる。

URL www.manukadoctor.co.nz

クランベリー、バオバブなど厳選された植物オイルにマヌカハニーと24Kゴールドを配合したベストセラーのフェイスオイル

### Trilogy
トリロジー

2002年に設立。オーガニック認定されたローズヒップオイルを使ったスキンケアのパイオニア的存在。世界各地のコスメアワードを受賞している。

URL www.trilogyproducts.jp

看板商品のローズヒップオイル（左）と乾燥肌に水分を与えるウルトラ・ハイドレーティング・フェイスクリーム（右）

### Living Nature
リビング・ネイチャー

自然由来の成分を使い、安全で効果的な自然化粧品を開発。人工的な合成成分は一切使わないなどのこだわりがある。

URL www.livingnature.com

マヌカハニーとマヌカオイルが肌を整えてくれる、マヌカハニーインテンシブジェル

### Great Barrier Island Bee
グレート・バリア・アイランド・ビー

オークランドの沖合に浮かぶグレート・バリア島（→P.265）は、島の約80％がマヌカに覆われている。その高品質なマヌカハニーと、アーモンドオイルやシアバターなどを使用したナチュラル・ボディケア・シリーズ。

URL www.greatbarrierislandbeeco.co.nz

ニュージーランド原産の花であるポフツカワとポーポーのエキスが入ったハンド＆ボディクリームは肌をしっかり保湿してくれる

### Apicare
アピケア

マヌカハニーやアクティブ・マヌカハニーをスキンケアに取り入れたパイオニア。ラインアップが豊富で値段も手頃なのが人気。

URL www.apicare.co.nz

マヌカハニー由来のビタミンが唇や肌に潤いを与えてくれる。リップバーム（左）とボディバター（右）

### Antipodes
アンティポディース

ニュージーランドのピュアな天然素材を使ったブランド。エコロジーとオーガニックがコンセプト。効果を科学的に実証することに力を入れている。

URL jp.antipodesnature.com

スーパーフルーツのライムキャビア抽出成分をふんだんに配合。ほどよくリッチな使い心地のクリーム

### Aotea
アオテア

グレートバリア島のマヌカハニー＆スキンケアブランド。カワカワ、ハラケケといったマオリのハーブを原料としていることが特徴。敏感肌にもやさしい。

URL aoteamade.co.nz

ハラケケ・シードオイルとマヌカウオーターのハンド＆ボディクリーム。100ml・300ml・500mlの3サイズが揃う

### Evolu
エヴォル

1997年に創業した自然派コスメブランドの先駆け。キーウィフルーツや緑茶成分、シアバターなどを使ったエイジングケアアイテムが充実している。

URL evolu.com

ジンク（酸化亜鉛）を配合。環境と肌にやさしくSPF30の紫外線カット効果が期待できるデイクリーム

## 新進コスメ

話題の新ブランドも見逃せない！

### No.8 Essentials
ナンバーエイト・エッセンシャルズ

ウェリントンを拠点に、少数精鋭で商品を開発。デオドラント、アクネケア、保湿、フレグランス、リップバームの5ラインを展開。

URL no8essentials.co.nz

ほんのり色づくリップバーム。マカダミアオイルやビーワックスなどを配合し、原料は100%ナチュラル

### Eko Hub
エコ・ハブ

ファンガレイ在住の母娘が2018年に設立。原料はアボカドオイル、ココナッツオイルなど食べられるものが多く、母親と子供のためのアイテムも扱う。

URL ekohub.co.nz

ウィッチヘーゼルウオーター、ネロリ、アロエベラなどを使ったフェイシャルトナー（化粧水）

### Ethique
エティーク

プラスチック撤廃をテーマに掲げるエコなブランド。シャンプー、コンディショナー、洗顔料、保湿ケアアイテムなど、商品のほとんどが固形なのが特徴。

URL ethiqueworld.com

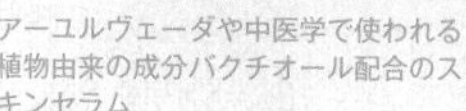


洗顔料を固形にしたフェイスクレンジングバー。普通～乾燥肌用、普通～オイリー肌用と、肌タイプ別に2種類が揃う

### Frankie Apothecary
フランキー・アポセケリー

マオリのハーブ、カワカワを使った湿疹ケア用バームで知られ、敏感肌向けのアイテムを多数開発。赤ちゃんから年齢肌まで幅広く使用できる。

URL frankieapothecary.com

アーユルヴェーダや中医学で使われる植物由来の成分バクチオール配合のスキンセラム

## プチプラコスメ

ニュージーランドのデイリーコスメは、この5つのキーワードから探せば間違いなし！　ナチュラルでお手頃なコスメをGetしよう♪

### Manuka Honey
マヌカハニー

保湿など美容効果のある蜂蜜。希少性のあるマヌカハニー製品の多さはニュージーランドならでは。

Wild Fernsのマヌカハニーのフェイシャルスクラブ$19.8

### Kiwi Fruit
キーウィフルーツ

ニュージーランドの特産物であるキーウィフルーツをコスメにも使用。ビタミンCが豊富に含まれている。

キーウィフルーツの種、アロエベラ、キュウリエキス入りのハンドクリーム$9.9

### Rosehip
ローズヒップ

野バラの実ローズヒップはビタミンCが豊富。抽出したオイルは肌に潤いを与え、肌トーンを明るくする効果があるといわれている。

スーパーで買えるローズヒップ配合ブランド、エッサノessanoのデイクリーム$26.99（左）とミストトナー$13.99（右）

### Lanolin
ラノリン

羊の毛から採れる保湿効果の高いラノリンクリーム。コラーゲン入りやオイル入りなど種類も豊富にある。

抗菌作用のあるアロエベラやビタミンが含まれたモイスチャークリーム$12.9（左）とラノリンにビタミンC、ビタミンEを加えた洗顔料$17（右）

### Rotorua Mud
ロトルアの泥

温泉地ロトルアの天然泥には、ミネラル成分がたっぷりと含まれており、肌の汚れを取り除く効果があるといわれる。

グリーンティーとカモミールを配合したハンドクリーム$16.9（左）とアロエベラとキュウリのエキスを加えたフェイスパック$27.5（右）

特集 8

# New Zealand Bird

## ニュージーランドで見られる珍しい鳥たち

ニュージーランド固有の鳥は空を飛ぶことができない。なぜなら鳥の天敵となる生物がおらず、空を飛ぶ必要がなかったためだ。代わりに地を歩くための足が太く短く進化した。

### Pukeko プケコ

体長 約51cm
生息地 国内全域

タカヘによく似ており、湖畔の周りなど湿地で見られる。1000年以上前にオーストラリアから飛んできたのが起源とされている。

### Kaka カカ

体長 約45cm
生息地 スチュワート島など

オウムのマオリ語名。ブラシ状の舌でコーファイやラタの花蜜を吸い、木々の受粉にもひと役買っている。足で器用に餌を食べる姿がユーモラス。

### Kiwi キーウィ

体長 30～45cm(種類による)
生息地 スチュワート島(野生)など

ニュージーランドの国鳥で、ニュージーランド人をキーウィという愛称で呼ぶのもこの鳥に由来。現在、野生は少なく各地で保護されている。

### Takahe タカヘ

体長 約63cm
生息地 フィヨルドランド地方

赤いくちばしが特徴的なタカへ。20世紀初頭には絶滅したとされていたが、1948年に生息を確認。発達した足で植物をつかんで食べる。

### Kea ケア

体長 約50cm
生息地 アオラキ／マウント・クック周辺

世界で唯一、標高の高い森林地帯で生息する好奇心が強いオウム。「キィア～」という甲高い鳴き声から名付けられた。

### Weka ウェカ

体長 約53cm
生息地 ネルソンなど

かつて狩猟者によって大量に捕らえられ、一時絶滅しかけたことがある。好奇心旺盛で山歩き中にひょっこり見かけることも。

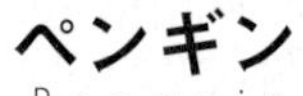

## ペンギン Penguin

ニュージーランドには7種類と、世界で最も多種のペンギンが生息している。コロニーを観察できるツアーもあるので、ぜひ訪れてみよう。

### Yellow Eyed Penguin イエロー・アイド・ペンギン

黄色い眼をした世界で3番目に大きい固有種。頭部も黄色く、和名はキンメペンギンという。営巣地となる森林の減少や外来種の影響により絶滅危惧種に指定されている。

### Fiordland Crested Penguin フィヨルドランド・クレステッド・ペンギン

目の上の黄色の冠羽が特徴的なニュージーランドの固有種。かつて野鳥のウェカに卵やヒナを捕らえられたため数が激減し、現在は絶滅危惧種に指定されている。フィヨルドランドからスチュワート島にかけて生息する。

### Blue Penguin ブルー・ペンギン

体長30～40cmほどの世界最小のペンギン。ニュージーランド全域に生息。オアマルにあるコロニーでは海から帰ってくるかわいらしい姿が見学できる(→P.152)。

# 南島
# South Island

ワナカのロイズ・ピークの羊

# 南島 INTRODUCTION のイントロダクション

国内最高峰のアオラキ／マウント・クックに代表されるサザンアルプスの山並みやフィヨルド、そしてさまざまな動物に出合える深い森など、南島の魅力は何といっても美しい自然風景が広がっているということ。多彩なアクティビティで大自然に触れてみたい。また、クライストチャーチやダニーデンなど、入植者たちによって築かれた歴史的な町並みにも注目だ。

**1 クライストチャーチ** P.40

南島最大の都市で、南島の玄関口でもある。大都市ながら町のあちこちに美しい庭園や公園が広がっており、"ガーデンシティ"と呼ばれている。

**2 アカロア** P.74

フランス系の移民によって拓かれた町。ドルフィンウオッチングやサーモンの養殖でも有名。

**3 レイク・テカポ** P.77

サザンアルプスの山裾に位置し、湖畔に開けた小さな町。天体観測のベストスポットでもある。

**4 アオラキ／マウント・クック国立公園** P.84

「テ・ワヒポウナム」の名で周辺の国立公園とともに世界遺産に登録されている。ハイキングやトランピング、遊覧飛行などのアクティビティが人気。

**5 ワナカ** P.91

ワナカ湖の湖畔に広がるリゾートタウン。冬は近郊にあるふたつのスキー場の拠点としてにぎわう。

**6 クイーンズタウン** P.100

サザンアルプスの山々に囲まれ、ワカティプ湖のほとりに広がる国内屈指の人気観光地。ショッピングやワイナリー巡りなどグルメの楽しみも尽きない。

**7 テ・アナウ** P.124

南島最大の湖のテ・アナウ湖を有し、ミルフォード・サウンドへの拠点として観光客でにぎわう。

**8 フィヨルドランド国立公園** P.130

ニュージーランド最大の国立公園。入り組んだフィヨルド、氷河に削られた山々、大きなU字谷、そして湖と、変化に富んだ風景が展開する。

**9 オアマル** P.151

古くからオアマル・ストーンと呼ばれる石灰石の産地であり、石造りの歴史的建造物が見どころとなっている。近くにペンギンの営巣地があり、ブルー・ペンギンやイエローアイド・ペンギンを観察できる。

**10 ティマル** P.156

カンタベリー地方南部の都市。キャロライン・ベイという美しいビーチがあり、夏は海水浴客でにぎわう。

**11 ダニーデン** P.158

オタゴ地方の中心都市。近郊のオタゴ半島にはロイヤル・アルバトロスやペンギンの希少な生息地があり、エコツアーで訪れることができる。

**12 インバーカーギル** P.171

南島南部にある静かな町。インバーカーギルとバルクルーサ間の海岸線はケトリンズ・コーストと呼ばれ、有数のドライブルートになっている。

**13 スチュワート島** P.176

フォーボー海峡を隔てて南島最南端に浮かぶ島。島の約85%がラキウラ国立公園に指定されており、野生のキーウィをはじめ、希少な動物が生息する。

**14 カイコウラ** P.180

マッコウクジラを船やヘリコプターから観察するホエールウオッチングの聖地として人気がある。イルカや、オットセイのコロニーを見ることもできる。

**15 ブレナム** P.188

マールボロ地方の最大都市。ワインの生産が盛ん。

**16 ピクトン** P.191

南北島間のフェリーが発着する港町。マールボロ・サウンズと呼ばれる深い入江の奥に位置する。

**17 ネルソン** P.197

周辺にある3つの国立公園の拠点となり、温暖な気候から果樹栽培が盛んなことでも知られている。

**18 ゴールデン・ベイ** P.205

ニュージーランドの先住民、マオリの聖地として知られるププ・スプリングスなどの見どころがある。

**19 エイベル・タスマン国立公園** P.208

南島北部に位置し、観光客に人気の国立公園。海岸線沿いのトレッキングルートにはビーチや奇岩など変化に富んだ風景が展開。シーカヤックも盛ん。

**20 アーサーズ・パス国立公園** P.212

サザンアルプスの北端に位置し、観光列車トランツ・アルパイン号が運行する。比較的平坦なショートコースから本格的な登山まで、さまざまなルートがある。

**21 ウエストコースト** P.216

南島西海岸一帯は、断崖の続く切り立った岩壁と山並みが迫る険しい地形が続く。中心になる町はエリア内の交通の要衝となるグレイマウス。

**[おもな都市]** ウエストポート／グレイマウス

**22 ウエストランド／タイ・ポウティニ国立公園** P.222

氷河や尖峰などダイナミックな景観美が広がる。フランツ・ジョセフ氷河やフォックス氷河で、氷河ウオークや遊覧飛行などのアクティビティを楽しもう。

南島のモデルルート→P.444
現地での国内移動→P.459～473

シーカヤックや森の中のトレッキングも楽しめる

マールボロ・サウンズの景観美を堪能できるクイーン・シャーロット・ドライブからの眺め

セアリー・ターンズ・トラックからアオラキ／マウント・クックの勇姿を望む

静寂に包まれたテ・アナウ湖

四季を通じて人気のホエールウオッチング

ペンギンが見られるのは、おもに夕方以降

ミルフォード・サウンドではクルーズが人気

スコティッシュ様式の歴史建築を探訪するのも楽しい

クライストチャーチ

人口：40万2910人
URL www.christchurchnz.com

# クライストチャーチ

## Christchurch

南島最大の人口を擁するクライストチャーチは、南北に細長い南島中央部のカンタベリーCanterbury地方に位置するニュージーランド第3の都市。島内観光の拠点として、国内各地とのアクセスを網羅した南島の玄関口でもある。

市内中心部の大聖堂を中心にゴシック様式の建物や美しい公園が点在するこの町には、ガーデニングやパンティング（船遊び）といった英国文化が色濃く根付いている。町の随所に緑が生い茂る美しい風景は「イギリス以外で最もイギリスらしい町」と称されるほど。2011年に起きた地震によって大きな被害を受けたが、12年たった現在は復興が進み、新しい商業施設が次々とオープンしている。町は近代的なビルが建設されている一方で、古くからの愛称である“ガーデンシティ”の美しさも保っている。

1934年にシドニーで製造された青いトラム

在クライストチャーチ領事事務所
Consular Office of Japan in Christchurch
**Map P.48-B-3**
住172 Hereford St.
☎(03) 366-5680
URL www.nz.emb-japan.go.jp/itpr_ja/consular_office_j.html
開9:00～12:30、13:30～17:00
休土・日、祝
**領事事務受付**
開9:15～12:15、13:30～16:00
休土・日、祝

ユースフルインフォメーション
病院
Christchurch Hospital
**Map P.48-B・C1**
住Riccarton Ave.
☎(03) 364-0640
警察
Christchurch Central Police
**Map P.48-C2**
住40 Lichfield St.
☎105
レンタカー会社
Hertz
空港
☎(03) 358-6730
Avis
空港
☎(03) 358-9661

空港内にあるレンタカー会社

## クライストチャーチへのアクセス Access

### 飛行機で到着したら

日本からクライストチャーチへの航空便はオークランドでの乗り継ぎが必要となる。オークランドからクライストチャーチへは所要約1時間25分。また、オーストラリアやシンガポール経由で入る方法もある。クライストチャーチ国際空港Christchurch International Airportは、国内ではオークランド国際空港の次に乗降客の多い空港だ。

空港ターミナルは2階建てで、1階は到着ロビー、2階は出発ロビー。空港内には免税店やオールブラックスの公式ストア、レンタカー会社のカウンターなどがある。

日本からの直行便はないが、多くの国際便が発着するクライストチャーチ国際空港

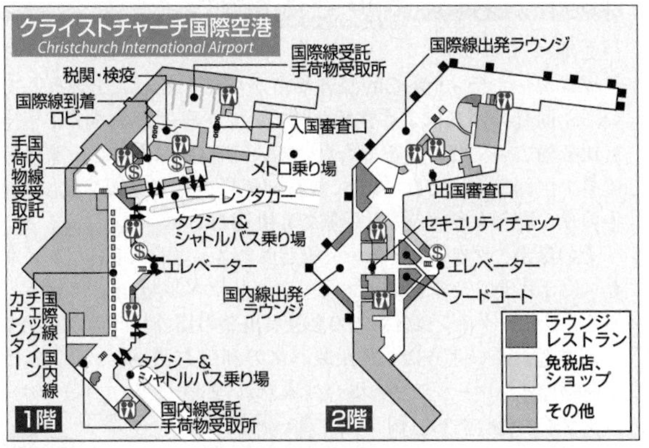


クライストチャーチ国際空港
**Map P.46-A1**
☎(03)358-5029
☎(03)353-7777(24時間)
URL www.christchurchairport.co.nz

1階にある両替所とATM

## 空港から市内へ

ヘアウッドHarewood地区に位置するクライストチャーチ国際空港は市内中心部まで約12kmと近く、車を使えば約20分の距離だ。料金を一番安く上げる交通手段はメトロと呼ばれるバスだが、停留所から目的地までは自力でたどり着かねばならない。時間に余裕があれば、人数が多いほど料金がお得になる乗合バスのエアポートシャトルを利用するのも手だ。また、タクシーなら最短時間で目的地に向かうことができる。

### メトロ　Metro

空港から市内中心部にあるバスターミナルのバス・インターチェンジBus Interchange（**Map P.48-C2**）まで、メトロMetroと呼ばれるバスが運行している。バス・インターチェンジ経由サムナーSumner行きのパープルライン、フェンダルトンFendalton経由バス・インターチェンジ行きの#29の2ルートがあり、それぞれ1時間に1～2本の運行。どちらも各停留所に停まりながら、市内中心部へは所要30分程度。チケットは乗車時にドライバーから購入する。ICカード乗車券のメトロカードでも可。

メトロ
☎(03)366-8855
URL www.metroinfo.co.nz
**パープルライン（バス・インターチェンジ経由サムナー行き）**
運 月～金　6:35～23:37
土　6:05～23:39
日　6:37～22:39
**#29（フェンダルトン経由バス・インターチェンジ行き）**
運 月～金　6:22～22:32
土　6:42～23:32
日　7:12～22:32
料 空港↔市内中心部
**現金**
片道大人$4、25歳以下$2
**メトロカード**
片道大人$2、25歳以下$1

安く手軽に市内まで行ける

### エアポートシャトル　Airport Shuttle

タクシーよりも低料金で、タクシー並みに便利なのがスーパー・シャトルSuper Shuttle社が運行するエアポートシャトル。行き先や目的地によって料金・所要時間が異なるが、24時間利用することができ、人数が多いほどひとり分の料金は安くなっていく。基本的に公式サイトもしくは電話で要事前予約。自転車など大きな荷物の持ち込みには追加料金がかかることもある。

エアポートシャトル会社
スーパー・シャトル
FREE 0800-748-885
URL www.supershuttle.co.nz
料 空港↔市内中心部
1人　$25
2人　$30
3人　$35

ドア・トゥ・ドアで便利なエアポートシャトル

### タクシー　Taxi

国際線、国内線ターミナルの外に1ヵ所ずつタクシー乗り場がある。料金はメーター制で、市内中心部までなら$45～65くらい。乗り降りの際には自分でドアを開けるようになっている。

主要都市間のおもなフライト(→P.460)

おもなバス会社(→P.496)
インターシティ
アトミック・トラベル

長距離バス発着所
インターシティのバスはリッチフィールド・ストリートとコロンボ・ストリートの角にある、バス・インターチェンジ(**Map P.48-C2**)のインターシティのオフィス前から発着する。

インターシティには2階建てバスもある ©InterCity

## 国内各地との交通

### 長距離バス

インターシティInterCityが各都市から長距離バスを運行している。同社のバスはよく整備されていて、座席が大きく、車内も比較的広い。どの路線でもたいてい毎日1便はあるし、旅行者の多い区間については、1日に複数便運行されていることも。途中停まる場所も多いので、長旅でも快適だ。

そのほか、クライストチャーチとウエストコーストのグレイマウス、ホキティカを結ぶアトミック・トラベルAtomic Travelもある。チェックインはどちらの会社も出発の15分程度前から始まるので遅れないように（長距離バスの利用方法→P.465)。預ける荷物はインターシティの場合、1人2個各25kgまで、アトミック・トラベルの場合、1人1個23kgまで無料。それ以上は追加料金がかかり、事前に申し込みも必要なので要注意。預ける荷物のほかに小さな手荷物の持ち込みは可能。

インターシティの車内
©InterCity

インターシティのバス

### クライストチャーチとおもな観光地を結ぶ長距離バスの所要時間と便数

| 都市名／観光地名 | 所要時間 | 便数 |
|---|---|---|
| ハンマー・スプリングス | 2時間10分 | 2便 |
| レイク・テカポ | 3時間40分～4時間10分 | 1便 |
| アオラキ/マウント・クック国立公園 | 5時間30分 | 1便 |
| クイーンズタウン | 8時間30分 | 2便 |
| ダニーデン | 6時間 | 1～2便 |
| カイコウラ | 2時間40分 | 1～2便 |
| ピクトン | 5時間30分 | 1～2便 |
| ネルソン | 7時間 | 1～2便 |
| ブレナム | 5時間 | 1～2便 |
| オアマル | 4時間15分 | 1～2便 |
| インバーカーギル | 10時間 | 1便 |

※所要時間・便数はおよその目安で日によって異なる。

### 長距離列車

クライストチャーチと各都市を結ぶ長距離列車は、キーウィ・レイルKiwi Railによって2路線が運行されている。

コースタル・パシフィックCoastal Pacific号は、夏の間のみ運行される、海岸を北上していく列車だ。終点ピクトンまでは、所要約5時間40分、ピクトンには南島と北島を結ぶフェリーターミナルがあり、ちょうどよい時刻設定なので、北島への旅行者はここでフェリーに乗り継げばウェリントンに行くこともできる(南北島間の移動→P.230)。

もうひとつは、トランツ・アルパインThe TranzAlpine号だ。クライストチャーチ～グレイマウスを結ぶ列車で、サザンアルプスを横断してアーサーズ・パス国立公園にも停車する。所要約4時間50分。途中車窓からの景色を目のあたりにすれば、この列車が世界的に有名なのも納得がいくだろう。どちらの列車にもカフェ車両があり、美景を眺めながら食事が楽しめる。1日1往復しか運行しないので、出発時刻には十分気をつけよう。出発20分前までに必ずチェックインを済ませよう(長距離列車の利用方法→P.467)。

郊外にあるクライストチャーチの駅

鉄道会社(→P.496)
**キーウィ・レイル**
FREE 0800-872-467
**トランツ・アルパイン号**
運 通年
クライストチャーチ8:15発
グレイマウス 13:05着
グレイマウス 14:05発
クライストチャーチ19:00着
料 片道$219
**コースタル・パシフィック号**
運 9月下旬～4月末

**クライストチャーチ駅**
**Map P.46-B2**
住 35 Troup Dr. Addington
交 中心部から南西に約4km離れた場所にあり、列車の発着に合わせて乗合タクシーなどが待機している。また、スーパー・シャトルは低額で市内中心部へアクセスできる。予約をすれば市内から駅まで各アコモデーションへピックアップに来てくれる。予約は直接電話するか、公式サイトからオンラインでも可能。
**スーパー・シャトル**
FREE 0800-748-885
料 駅↔市内中心部
1人 $15
2人 $20
3人 $25

## クライストチャーチの市内交通 Traffic

### メトロ Metro

30近くのバス路線がある

クライストチャーチでは、メトロと呼ばれるバスが市内広範囲をカバーしている。路線によって運行会社が異なるが、料金や乗り方などの基本システムはまったく同じ。市の外側を一周するオービターを除き、イエロー、ブルー、オレンジ、パープルなど色の名前がついた路線があり、市内中心部のバス・インターチェンジを経由する。

**メトロ**
☎ (03)366-8855
URL www.metroinfo.co.nz

**メトロの運賃**
距離に応じて1～3ゾーンに分かれているが、運賃は一律で、現金の場合大人$2、25歳以下$1、5歳未満無料。市内の見どころの多くはゾーン1に収まっている。同ゾーン内の乗車であれば2時間有効で、1回目の乗り換えは無料。チケットは、ドライバーから直接購入する。ICカード乗車券のメトロカードなら現金よりも安い運賃で乗車できる(→P.44)

### メトロでアクセスできる郊外の見どころ

| 目的地 | メトロNo. | 所要時間 | 目的地 | メトロNo. | 所要時間 |
|---|---|---|---|---|---|
| モナ・ベイル | ㉙ | 12分 | サムナー・ビーチ | Ⓟ | 40分 |
| トラビス・ウェットランド・ネイチャー・ヘリテージ・パーク | Ⓞ | 35分 | フェリミード歴史公園 | ㉘ | 35分 |
| 空軍博物館 | Ⓨ | 36分 | クライストチャーチ・ゴンドラ／リトルトン | ㉘ | 30分 |
| 国際南極センター | Ⓟ㉙ | 36分 | クライストチャーチ・ファーマーズ・マーケット | ⓅⓎ | 30分 |
| ウィロウバンク動物公園 | Ⓑ→⑩⑦ | 50～61分 | クッキータイム・ファクトリー・ショップ | Ⓨ | 45分 |
| ニュー・ブライトン | Ⓨ | 30分 | リカトン・マーケット | Ⓨ | 45分 |

Ⓨ＝イエローライン Ⓟ＝パープルライン Ⓑ＝ブルーライン Ⓞ＝オレンジライン
(所要時間はバス・インターチェンジから乗車したおよその目安で、停留所から目的地までの徒歩での所要時間も含む)

## <バス・インターチェンジ>

大型バスステーションのバス・インターチェンジ

市内中心部のリッチフィールド・ストリートLichfield St.沿いにあるバスターミナル。建物内のインフォメーションでメトロカードの購入やチャージができる。オービターをはじめ、中心部を通らない便を除くすべてのメトロはここを経由するので、乗り換えにとても便利だ。インフォメーションスクリーンに行き先とバスの発着時刻が表示されるので、確認して乗車しよう。建物内にはコンビニや軽食の店があるので、食事を取りながらバスを待つこともできる。

## <オービターThe Orbiter>

メトロの1路線で、クライストチャーチの郊外を環状に走っている。時計回り、および反時計回りに走り、一周するのにほぼ1時間20分かかる。ウエストフィールド・リカトン、ノースランズ・プラットホームやカンタベリー大学、病院などに停車するため、おもに市民の利用が多い。

## <イエローラインYellowline、ブルーラインBlueline>

同じくメトロの1路線で､イエローラインは市内を東西に縦断し、ニュー・ブライトンとロールストンを結ぶライン。ただし、ロールストン手前のザ・ハブ・ホーンビーまでの便が多い。また、ブルーラインは市内を南北に縦断しており、ベルファストBelfastとランギオラRangioraなどを結んでいる。

観光に便利なイエローライン

市民の足になっているブルーライン

## <メトロの乗降の仕方>

乗車は基本的に前のドアからだが、下車は前後どちらからでも可。料金は前払いで乗車の際ドライバーに行き先を告げ、言われた料金を現金またはメトロカードで支払う。現金の場合、トランスファーチケットTransfer Ticketと呼ばれるレシートがもらえる。このチケットは2時間有効で、同一ゾーン内なら1回の乗り換えが無料。メトロカードの場合、同一ゾーン内なら2時間乗り放題となる。目的の停留所が近づいたら車内の赤いボタンを押して降りる意思を表す。乗降者がいない停留所は通り過ぎてしまうので注意。また日本のバスと違い、停留所に名前がなく車内アナウンスなども流れないため、目的地がわかるか不安な場合は、あらかじめドライバーに「〇〇に着いたら教えてください」と頼むとよい。

**メトロカード**

現金での支払いよりも安い運賃で乗車できるカード。バス・インターチェンジでカード$5を購入し、チャージ$5～する(再チャージはバス乗車時にも可能)。購入の際にはパスポートが必要。メトロカードを使用すれば、2時間以内の乗車運賃大人$2、25歳以下$1になる。何度も利用する人にはお得。

便利なカード

**バス・インターチェンジのインフォメーション**
**Map P.48-C2**
住Colombo St.& Lichfield St.
開月～金　9:00～17:30
土・日　9:00～17:00

バス・インターチェンジ内にあるインフォメーション

**オービター**
運月～土　6:00～23:30
日　7:00～22:30
15～30分ごとの運行。

**イエローライン**
**ニュー・ブライトン／ロールストン**
どちらの方面行とも平日と土曜は5:00台～23:00台、日曜は7:00台～22:00台の運行。

**ブルーライン**
**カシミア／ランギオラ**
どちらの方面行とも平日は5:00台～22:00台、土・日曜は6:00台～23:00台の運行。

クライストチャーチの中心部では、Limeと呼ばれるスクーターレンタル（$1.38～※料金は都市や時期によって異なる）が人気。専用アプリをスマホにダウンロードして利用できる。
URL www.li.me/en-nz

### タクシー　Taxi

原則として流しのタクシーはないので、電話で呼ぶのが一般的。配車アプリのUberも利用できる。

おもなタクシー会社
Corporate Cabs
☎(03)379-5888
Gold Band Taxis
☎(03)379-5795
Blue Star Taxis
☎(03)379-9799

運賃は会社によって異なる

### クライストチャーチ・トラム　Christchurch Tram

クライストチャーチの中心部を走る赤いトラム

市内を観光するのに便利なトラム。運行区間はカセドラル・ジャンクションからカセドラル・スクエア、ウスター・ブルバードを通り、オックスフォード・テラス、キャシェル・ストリート、ハイストリートへ。ハイストリートで折り返し、カセドラル・スクエアを通って、カンタベリー博物館へ。そこから右折し、さらにアーマーストリートを通って、ニューリージェント・ストリートからカセドラル・ジャンクションに戻る。チケットはトラムの運転手から直接購入し、購入当日は何度でも乗り降りが可能。運転手による観光案内のアナウンスを聞きながら町の中心部を回ることができる。

クライストチャーチ・トラム
☎(03)366-7830
URL www.christchurchattractions.nz
運 9:00〜18:00
（時季によって異なる）
料 大人$30、3歳以下は大人同伴の場合1人まで無料
（メトロカードは利用不可）

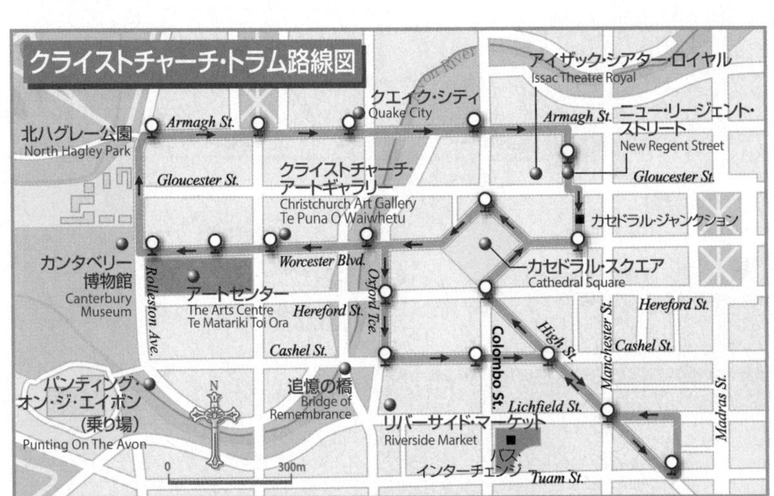


## クライストチャーチの現地発着ツアー　Tours

### <市内観光周遊バスツアー>

クライストチャーチ・サイトシーイング・ツアーではクライストチャーチ植物園など中心部の見どころをはじめ、郊外にある石造りの洋館サイン・オブ・ザ・タカへ（Map P.47-C3）、サムナー・ビーチやリトルトンなどをバスで巡るツアーが催行されている。午前発のツアーには国際南極センターと組み合わせたプランもある。

地元住民に人気のサムナー・ビーチにも立ち寄る

ツアー催行会社
Leisure Tours
FREE 0800-484-485
URL www.leisuretours.co.nz
Christchurch Sightseeing Tour
催 9:00、13:30発
（所要約3時間）
料 大人$80〜、子供$40〜
CC AMV

1 2

ハンマー・スプリングス・サーマル・プール&スパ P.59 へ
カイコウラ
マルイア・スプリングス
Clearwaterへ
ウィロウバンク動物公園
Willowbank Wildlife Reserve
P.57
Hussey Rd.
MacLeans Island Rd.
MacLeans Island Rd.
Johns Rd.
STYX
オラナ・ワイルドライフ・パーク P.56
Orana Wildlife Park
ヘアウッド
HAREWOOD
Main North Railway
クライストチャーチ国際空港
A
Harewood Rd.
Gardiners Rd.
74
Winters Rd.
BISHOPDALE
NORTHCOTE
P.56 国際南極センター
International Antarctic Centre
Orchard Rd.
Russley Golf Course
Sudima Christchrch Airport
P.70
PAPANUI
BRYNDWR
Main North Rd.
Wairakei Rd.
MERIVALE
Roydvale Ave.
Memorial Ave.
1
BURNSIDE
ヤルドハースト
YALDHURST
Burnside Park
FENDALTON NTH.
Papanui Rd.
Russley Rd.
The Chateau on the Park
P.69
Fendalton Rd.
Merivale Mall
P.70 Pavilion
73
Yaldhurst Rd.
RUSSLEY
AVONHEAD
P.55
FENDALTON モナ・ベイル
Mona Vale
中心部
P.54 クライストチャーチ・ファーマーズ・マーケット
Christchurch Farmer's Market
B
Buchanans Rd.
ILAM
Kahu Rd.
カンタベリー大学
University of Canterbury
Riccarton Bush
ハグレー公園
Racecource Rd.
Riccarton Rd.
リカトン・マーケット
P.65 サスケ
Clarence St.
Mandeville St.
Deans Ave.
ISLINGTON
HEI HEI
Main South Rd.
RICCARTON
Waterloo Rd.
Blenheim Rd. クライストチャーチ駅
Main South Railway
P.56 空軍博物館
Air Force Museum
Addington Raceway
P.71
Jailhouse Accommodation
76
Curletts Rd.
Lincoln Rd.
Broughan St.
Jones Rd.
Wigram Rd.
Orangetheory St.
1
HORNBY
Wigram Aerodrome
SPREYDON
Barrington St.
アッシュバートン、ダニーデンへ
Shands Rd.
Hoon Hay Rd.
Canterbury Agricultural Park
C
Halswell Rd.
Hendersons Rd.

クライストチャーチ ⟷ アカロア

1
クライストチャーチ
Christchurch
1
アカロアへの景勝ルート
S Cookie Time Bakery Shop
P.68
サムナー
Sumner
リトルトン
Lyttelton
バンクス半島
P.76 オケインズ湾マオリと入植者博物館
Okains Bay Maori and Colonial Museum
アカロアへの最短ルート
75
75
Lake Ellesmere
Kaitorete Spit
バリーズ・ベイ・チーズ工場
Barry's Bay Cheese Factory
P.75
アカロア
Akaroa
P.74
0 10km

OAKLANDS
SOMERFIELD
Cashmere Rd.
CASHMERE
Sparks Rd.
HOON HAY
ハルスウェル
Halswell
75
D
Tai Tapu Rd.
LANSDOWNE
サイン・オブ・ザ・ベルバード
Sign of The Bell Bird
アカロアへ

1 2

# クライストチャーチ広域

クライストチャーチの
ストリートアート
URL smartview.ccc.govt.nz/play/streetart

リトル・ハイ・イータリー（→P.66）にある黒猫の壁画

## クライストチャーチの 歩き方

2011年2月に発生したカンタベリー地震により、カセドラル・スクエアCathedral Squareを中心とするクライストチャーチ中心部は、壊滅的な被害を受けた。大聖堂はいまだに再建途中だが、市民の意見を取り入れた復興案により、町全体の再開発が着々と進み、新しい見どころが続々と誕生。伝統ある英国スタイルと現代的な都市デザインが融合し、ニュージーランドのほかの都市にはない魅力にあふれている。壁画やオブジェといったストリートアートも多く、遊び心のある町づくりを感じられるのもクライストチャーチならでは。中心部はフラットで歩きやすく、徒歩で巡るほか自転車を借りて回るのも楽しい。

町中には重厚で美しいネオゴシック様式のアートセンターや、“ガーデンシティ”とたたえられるクライストチャーチを象徴するような植物園などもあり、南島最大の人口を有する都市とは思えないほど、優雅で落ち着いた雰囲気が漂っている。郊外の見どころへはバス・インターチェンジからメトロでアクセスできる。

## クライストチャーチの見どころ

### カードボード・カセドラル（仮設大聖堂）
Cardboard Cathedral

Map P.48-B3

カラフルなステンドグラスが印象的

2011年の地震により町の象徴であったカセドラル・スクエアの大聖堂が崩壊したため、仮設の大聖堂として建てられた。設計は日本人建築家の坂（ばん）茂氏が手がけた。坂氏は建築家として国内外で活躍するかたわらで、震災で被害を受けた地域への紙素材を使用した建造物の提案、建設を行うなど、災害支援活動にも積極的に取り組んだ。その功績がたたえられ、建築界のノーベル賞と称されるプリツカー賞を受賞した。

屋根には表面に特殊加工が施されたボール紙製のチューブを使用しているほか、内部の祭壇や椅子、正面に飾られた十字架なども紙素材でできている。工事には多くのボランティアが参加し、着工から約2年を経た2013年8月にオープン。館内は700人ほど収容することができ、礼拝はもちろん、コンサートやイベントの会場としても利用されている。耐用年数は50年とされており、新たな大聖堂の再建まで利用される見通しだ。

**カードボード・カセドラル**
住 234 Hereford St.
電 (03) 366-0046
URL cardboardcathedral.org.nz
開 月～土 9:00～16:00
日 7:30～17:00
（時季によって異なる）
休 無休
料 無料（寄付程度）

装飾などはなく、シンプルなデザインが目をひく

### カセドラル・スクエア
Cathedral Square

Map P.48-B2

再建が進む大聖堂

クライストチャーチのかつてのシンボルで、高さ63mの尖塔をもつ美しいゴシック様式の教会だった大聖堂。その大聖堂が立つカセドラル・スクエアは町の中心に位置し、多くの観光客が集まる場としてにぎわっていた。しかし、2011年の地震によって大聖堂は崩壊。以降そのままになっていたが、2020年より本格的な再建工事がスタート。2027年末までに修復されることが決定した。メインとなる大聖堂とタワーに加え、北側にはビジターセンター、カフェ、コートヤード、ギフトショップができる予定。また、旧郵便局はレストラン、バー、観光案内所アイサイトなどが入る多目的施設The Grandとしてオープンする計画が進んでいる。2018年には大聖堂の場所の北側ライブラリー・プラザLibrary Plazaに中央図書館チュランガTūrangaが完成した（→P.54）。

聖杯をモチーフにしたモニュメント

中央図書館チュランガ

**The Grand**
URL www.thegrand.co.nz

## クライストチャーチ・アートギャラリー

Christchurch Art Gallery Te Puna O Waiwhetū

Map P.48-B2

クライストチャーチ・アートギャラリー
住Worcester Blvd.& Montreal St.
☎(03)941-7300
URL christchurchartgallery.org.nz
開木～火　10:00～17:00
　水　10:00～21:00
休無休
料無料
**無料ガイドツアー**
催毎日11:00、14:00に実施（水曜のみ19:15の回あり）

館外に飾られているオブジェ「Chapman's Homer」

曲線を描くガラス張りのモダンな建築が目を引くアートギャラリー。国内アーティストの現代美術をメインに展示し、無料の美術館としてはオセアニア最大級。内容は約3ヵ月ごとに変わるのでリピーターにも新鮮だ。大きな荷物は入館時に受付で預けるのがルール。絵画、オブジェ、デジタル作品など多彩なアートが楽しめる。

ガラス張りの建物も一見の価値あり

## アートセンター

The Arts Centre Te Matatiki Toi Ora

Map P.48-B1~2

アートセンター
住2 Worcester Blvd.
☎(03)366-0989
URL www.artscentre.org.nz
開10:00～17:00（施設によって異なる）
休無休

毎週日曜はマーケットも開催

大聖堂の正面からトラム線路沿いに西へ真っすぐ歩くと、5分ほどの場所に位置するネオゴシック様式の建物群。1877年に建設後、1976年までカンタベリー大学の校舎として使われていたものだ。2011年の震災で大きな被害を受けたが、復旧工事が進み、2016年6月から段階的にオープン。まだ一部は工事中だが、映画館やギャラリー、カンタベリー大学のアートスクールなどがあり、芸術家たちの創作活動の場として人気を博している。コンサートやオペラ、映画祭といったイベントが開催されることも。毎週日曜10:00～15:00に開催されるマーケットはおみやげ探しにもぴったり。また、おしゃれなカフェやワインバーがあり、天気のいい日はオープンカフェになるので、食事をしに行くのもおすすめ。新しくできたホテルもある。

アートセンター内にはショップやカフェなども入っている

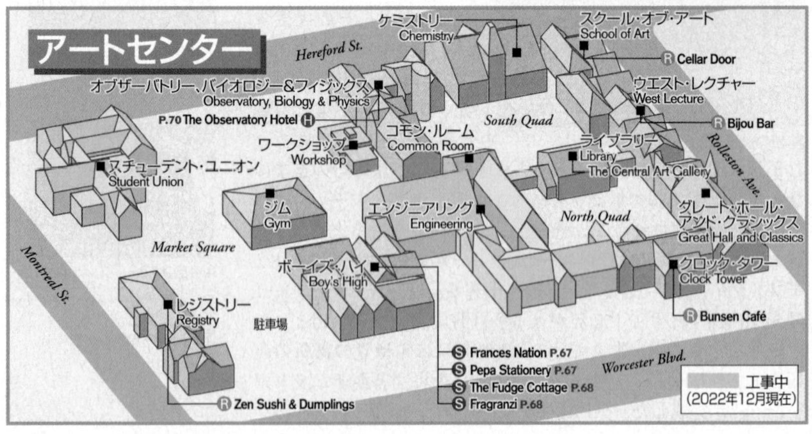

## カンタベリー博物館

Canterbury Museum

Map P.48-B1

ハグレー公園の一角にたたずむこの博物館は、1867年に建てられたネオ・ゴシック建築の建物で、館内にはマオリ文化を代表する彫刻やクラフト、入植時代に使用されていた家具や乗り物などが展示されている。自然科学の分野では、ニュージーランドにかつて生息していた巨鳥モアの卵や骨格の標本をはじめ、キーウィなどのニュージーランド固有種の鳥たちの剥製が多く、見応えがある。また、雪上車やアムンゼン、スコットら探検家の装備など、南極探検に関する展示も興味深い。建物の老朽化にともなう改装および展示スペース拡張工事のため、2023年4月より休館中。工事には約5年かかる見込みで、2028年頃に再オープンの予定。

マオリにまつわる展示が充実している

カンタベリー博物館
住Rolleston Ave.
☎(03)366-5000
FAX(03)366-5622
URL www.canterburymuseum.com

建物自体も見応えがある

## クエイク・シティ

Quake City

Map P48-B2

クライストチャーチで2010年9月、11年2月、6月と複数回発生した大地震の記録を残す地震博物館。カンタベリー博物館が運営しており、2013年にキャシェル・ストリートCashel St.沿いに期間限定の展示施設として造られたが、再開発にともない、2017年9月に現在の場所に移転、オープンした。

地震に関するマオリの神話の映像から始まり、地震当時のビデオや、被害者のインタビューなどが放映されているほか、崩壊前の建物の模型や崩壊した大聖堂の窓や尖塔の一部、クライストチャーチ鉄道駅の時計、テコテコ像（マオリの集会所を飾る伝統的な像）など、地震で被害を受けた歴史的建造物の一部が数多く展示されており、地震被害に関するさまざまな展示や日本の救助隊についても紹介されている。

クエイク・シティ
Quake City
住299 Durham St.
☎(03)365-8375
URL quakecity.co.nz
営10:00〜17:00
休無休
料大人$20、学生・シニア$16、子供$8（大人同伴の場合は無料）

大地震の記録を残す博物館

重さ300キロ以上もある教会の鐘

崩壊した大聖堂の十字架

ハグレー公園のアクティビティ
**Antigua Boatsheds**
☎(03)366-5885
URL boatsheds.co.nz
営9:00〜17:00
休無休
料シングルカヤック $17／1時間
ダブルカヤック $34／1時間
パドルボート $30／30分
ローボート $25／30分
カナディアンカヌー $30／30分
レンタルバイク $15／1時間
$45／1日

ファミリーでの利用も人気

## ハグレー公園

Hagley Park

Map P.48-A~C1

市民の憩いの場として親しまれている

“ガーデンシティ”と呼ばれるクライストチャーチには、いたるところに美しい公園がある。そのなかでもひときわ大きいのが、このハグレー公園。総面積約165ヘクタール、東京の日比谷公園の約15倍という広さで、緑豊かなクライストチャーチを象徴している。公園を横切るリカトン・アベニューRiccarton Ave.を境にして北ハグレー公園North Hagley Park、南ハグレー公園South Hagley Parkと呼び分けている。1813年、並木を保存するため、公衆の緑地にすることが州法によって決定された。

園内にはスポーツ施設も多く、ゴルフやテニス、そしてニュージーランドの国民的スポーツのラグビーやクリケットもよく行われている。週末ともなると、それぞれのユニホームに身を包んだ人や、散歩やジョギングを楽しむ人々、ピクニックの家族連れなどの姿も多い。園内を流れるエイボン川では、澄み切った水面に浮かぶカモたちも見られ、ゆったりとした雰囲気を味わえる。

また、公園内にあるクライストチャーチ植物園では、ニュージーランドの固有種や海外の植物など、季節の花を観賞できる。

パンティング・オン・ジ・エイボン
住2 Cambridge Tce.
☎(03)366-0337
URL www.christchurchattractions.nz
催10〜3月 9:00〜18:00
4〜9月 10:00〜16:00
休無休
料大人$35、子供$15
（所要約30分）

緑と白のストライプが目印のボート乗り場

ボート乗り場にはカフェも併設。ボート・シェッド・カフェ（→P.66）

## パンティング・オン・ジ・エイボン

Punting On The Avon

Map P.48-B・C1

市内を蛇行するエイボン川で人気なのがパンティングと呼ばれる舟遊びだ。棒を櫓にして漕ぐイギリス独特の小舟のことで、操るにはかなりの技術を要する。船頭の漕ぐ小舟に乗って、ポプラ並木や美しい花々の咲き乱れる風景のなか流れを下れば、クライストチャーチのもつイギリスらしい一面を見ることができる。出発はケンブリッジ・テラスにあるボートシェッドから。2番目の橋を通過した辺りで折り返し、乗り場へ戻る。

船頭の衣裳もおしゃれ

グループでも乗ることができる舟は手造り

## クライストチャーチ植物園

Christchurch Botanic Gardens

Map P.48-B1

ハグレー公園の一角を占める、面積約21ヘクタールの植物園。1863年、イギリスのビクトリア女王の長男のアルバート・エドワード王子とデンマークのアレクサンドラ王女の婚礼を祝してイングリッシュ・オーク（オウシュナラ）を植えたことがはじまりで、年間を通じてさまざまな植物や花が楽しめる。250種類以上ものバラが咲き乱れるバラ園のほか、スイセンや桜の花も見られる。園内には世界平和を願って2006年に設置された「世界平和の鐘」がある。これは1954年に日本人がニューヨークの国連本部に寄贈したのと同様のもので、世界21ヵ所にある鐘のひとつだ。

園内には美しい色とりどりの花が咲き誇る

園内のボタニック・ガーデン・ビジターセンターでは観光案内のほか、展示コーナーやカフェ、図書館、ギフトショップを併設。

また、いも虫をデザインした緑色の電動車に乗って、ガイドの説明を受けるボタニック・ガーデンツアーも行われている。所要約1時間。

**クライストチャーチ植物園**
☎(03)941-7590
URL ccc.govt.nz/parks-and-gardens/christchurch-botanic-gardens
開 ビジターセンター
9〜5月 9:00〜17:00
6〜8月 9:00〜16:00
休 無休
料 無料
**ガイドウオーク**
催 10月中旬〜4月
13:30発
料 $10（所要約90分）
**ボタニック・ガーデン・ツアー**
☎(03)366-7830
URL www.christchurchattractions.nz
催 10〜3月 10:00〜15:30
4〜9月 11:00〜15:30
休 無休
料 大人$25、子供$10
トラム、ボタニック・ガーデン・ツアー、パンティング・オン・ジ・エイボン、クライストチャーチ・ゴンドラの4つがセットになった、クライストチャーチ・パスは、大人$90、子供$25。大人だけなら$10、大人と子供を合わせると$20割引きになる。またトラムとパンティング・オン・ジ・エイボンの組み合わせは大人$60、子供$15。

## 追憶の橋

Bridge of Remembrance

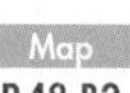

Map P.48-B2

エイボン川に架かる橋のなかでひときわ美しく有名なのがこの追憶の橋。大きなアーチ形の門をもつ橋だ。第1次世界大戦当時、兵士たちは市内にある兵舎から、家族や友人に見送られながらこの橋を渡って駅までの道を行進し、アジアやヨーロッパの戦場へと旅立っていった。兵士たちが戦場で故郷を振り返ったとき、懐かしく思い出されたことが命名の由来となっている。現在の立派な橋は、戦場で命を失った多くの兵士を追悼して1923年に架けられたもの。ニュージーランド国内の歴史的建造物として保護されている。

さまざまな思いが込められた石造りの橋

## ニュー・リージェント・ストリート

New Regent Street

Map P.48-B3

スペイン風のカラフルな建物が並ぶ商店街。もともと1932年にオープンした歴史ある通りで、ニュージーランド国内では、テーマ性をもつショッピングモールの先駆け的存在だった。通りにはレストランやカフェほか、みやげ物店やブティック、アクセサリーショップなどおしゃれな店が軒を連ねており、ウィンドーショッピングにもおすすめ。

かわいらしいカラフルな外観の建物が並ぶ

**ニュー・リージェント・ストリート**
URL newregentstreet.co.nz

通り沿いにはトラムが走る

チュランガ
住60 Cathedral Square
URL my.christchurchcitylibraries.com/turanga
営月～金　9:00～20:00
　土・日　10:00～17:00
休無休

展望デッキから市内を見渡す

## チュランガ
Tūranga

Map P.48-B2

2018年にオープンした中央図書館。約18万冊の蔵書を誇り、書籍のほか、町にまつわる歴史的資料も充実。ソファやデスクも多く、Wi-Fi無料なので情報収集の場所としても最適。各階のロッカーは2時間まで無料で利用できて便利だ。展望デッキから町の眺めを楽しむのもよい。

5階建ての近代的なデザイン

クライストチャーチ・ファーマーズ・マーケット
住16 Kahu Rd. Riccarton
URL www.christchurchfarmersmarket.co.nz
催土　9:00～13:00頃
交市内中心部からイエローライン、またはパープルラインで約15分、下車後徒歩約10分。

リカトン・マーケット
**Map P.46-B1**
住Riccarton Park, 165 Racecourse Rd.
☎(03) 339-0011
URL riccartonmarket.co.nz
催日　9:00～14:00頃
交市内中心部からメトロイエローラインで約25分、下車後徒歩約20分。

## クライストチャーチ・ファーマーズ・マーケット
Christchurch Farmer's Market

Map P.46-B2

クライストチャーチ市内では、週末に各地域でのみの市が開催されている。そのなかでも比較的観光客が行きやすいのが、リカトン・ブッシュRiccarton Bush内で毎週土曜に開かれるクライストチャーチ・ファーマーズ・マーケット。野菜や果物といった生鮮食品のほか、パンや軽食を扱う店がずらりと並び、ブランチを楽しむ人々でにぎわう。

また、市内中心部から離れていて交通の便はよくないものの、リカトン・パークRiccarton Parkで毎週日曜に開催されるリカトン・マーケットRiccarton Marketも、地元の人からの人気が高い。市場には300店以上が集まり、一見の価値がある。

スムージーやを扱う屋台も

クライストチャーチ・カジノ
住30 Victoria St.
☎(03) 365-9999
URL christchurchcasino.nz
営月～水・日 12:00～24:00
　木～土　12:00～翌2:00
休無休
交市内中心部からメトロ＃20で約7分、下車後徒歩約3分。
※カメラやビデオ、大きい荷物は受付で預ける。パスポートなど身分証を用意しておこう。入場は20歳以上。ラフな服装は控えたい。

## クライストチャーチ・カジノ
Christchurch Casino

Map P.48-A2

1994年にオープンしたニュージーランド初のカジノ。ブラックジャックやルーレット、ポーカーやスロットマシンなど多彩なゲームを楽しむことができる。32台のテーブルではアメリカン・ルーレット、ブラックジャック、バカラ、カリビアン・スタッド・ポーカー、ラピッド・ルーレット、マネー・ホイールなどのゲームで遊ぶことができ、スロットマシンは450台以上から選べる。曜日や季節ごとにさまざまなイベントが開催されているので、事前にチェックしてから訪れるといいだろう。館内にはレストランやバーも併設しており、こちらも日によってイベントが行われる。

カジノで運試しをしてみては？

## モナ・ベイル

Mona Vale

Map P.46-B2

市内中心部から西へ約2km、エイボン川のほとりにたたずむ屋敷がモナ・ベイル。19世紀末に建てられたビクトリア様式の個人邸宅で、現在は結婚式などのイベント会場として一般に公開されている。屋敷の一角にはザ・パントリーThe Pantryというカフェがあり、営業時間は水～日曜9:00～15:00。ブランチおよびランチメニューのほか、ハイティー$45～のオーダーも可能。窓からはエイボン川が流れる英国風の美しいガーデンが望め、ゆったり優雅な時間が過ごせる。

手入れが行き届いた庭園に咲く花々

モナ・ベイル
住40 Mono Vele Ave.
☎(03)341-7450
URL www.monavale.nz
開7:00～日没の1時間前まで

ザ・パントリー
営水～日　9:00～15:00
（時季によって異なる）
休月・火
交市内中心部からメトロ#29で約12分。

## アイザック・シアター・ロイヤル

Isaac Theatre Royal

Map P.48-B2

1863年にオープンした歴史ある劇場。初代、二代目と改築を繰り返し、三代目の建物が現在の場所にオープンしたのが1908年のこと。優美な装飾が施されたフレンチ・ルネッサンス様式の建物で、観客席にドーム型の天井画が設けられるなど、空間自体が芸術的な価値を持っていた。2011年の大地震で建物は半壊したが、内部、外観ともに修復され、公演を再開。現在はミュージカルやコンサートなどさまざまな催しが開催されている。

ニュー・リージェント・ストリートの近くにある

アイザック・シアター・ロイヤル
住145 Gloucester St.
☎(03)366-6326
URL isaactheatreroyal.co.nz
ウェブサイトからチケットの購入が可能。

## Column グルメ＆ショッピングの最旬スポット

クライストチャーチで今一番人気のスポットといえるのが、2019年10月、オックスフォード・テラスにオープンしたリバーサイド・マーケット。2フロアからなる本館には30以上のグルメ店が並び、日本のデパ地下を思わせる美食が集結。チーズやスイーツなどはおみやげにもぴったりで、試食も可能だ。2階はビアパブやモダンアジア料理店といったレストランフロアになっている。

さらに、マーケットから続くレーンウエイズLanewaysにはファッション、コスメ、デザイン雑貨などのショップがずらり。買い物にも食事にもおすすめだ。

リバーサイド・マーケット Map P.48-C2
住Cnr. Lichfield St. &Oxford Tce.
URL riverside.nz
営月～木　8:00～18:00、金・土　8:00～21:00、日　9:00～17:00（店舗によって異なる）
休無休（店舗によって異なる）

室内型ファーマーズ・マーケットがコンセプト

地ビールやワインも楽しめる

## クライストチャーチ郊外の 見どころ

空軍博物館
住45 Harvard Ave. Wigram
電(03)343-9532
URL www.airforcemuseum.co.nz
開9:30～16:30
休無休
料無料
**ガイドツアー**
毎日11:00、13:30、15:00に実施。大人$2、12歳以下無料(所要45分)
交市内中心部からメトロイエローラインで約30分、下車後徒歩約6分。

### 空軍博物館
Air Force Museum

Map P.46-C1

ニュージーランド空軍発足の地である、郊外のウィグラム空軍基地に隣接する航空博物館。まるで格納庫のような広大なホールに、初期のレシプロ複葉機から1970年代のジェット戦闘機まで大小さまざまな航空機を展示している。1923年に始まったニュージーランドにおける空軍の歩みを映像や実物展示で紹介するコーナーもある。

航空機ホールの内部。手前は1950年代に使用されていたムスタング機

国際南極センター
住38 Orchard Rd.
電(03)357-0519
FREE 0508-736-4846
URL www.iceberg.co.nz
開9:00～16:30
休無休
料大人$59、子供$39
交市内中心部からメトロパープルラインまたは#29で約25分、下車後徒歩約5分。クライストチャーチ国際空港から徒歩約5分。

愛らしいブルー・ペンギンの餌やりは10:30、15:00

### 国際南極センター
International Antarctic Centre

Map P.46-A1

ニュージーランドと南極は距離的にも近く、クライストチャーチ国際空港は南極への輸送・通信基地として使われるなど、深いつながりがある。ここでは南極探検の歴史資料や、ペンギンなどの生物について展示している。南極の気候や四季を体験できるコーナーは、できるだけ南極に近い状態を作り出す工夫がなされており、体感しながら南極について深く知ることができる。マイナス20℃に達する室内で南極の凍えるような寒気を疑似体験できるストーム・ドームStorm Domeは人気のアトラクション。また4Dシアター4D Theatreでは、3Dで撮影された南極の映像に合わせてシートが揺れたり水しぶきが飛んできたりと、迫力満点のバーチャル体験ができる。

南極探検の気分を味わおう

オラナ・ワイルドライフ・パーク
住793 McLeans Island Rd.
電(03)359-7109
URL www.oranawildlifepark.co.nz
開10:00～17:00(最終入園は～16:00)
休無休
料大人$39.5、シニア・学生$33.5、子供$12.5
交市内中心部から車で約25分。送迎シャトルSteve's Shuttleを利用(有料)。
Steve's Shuttle
✆021-232-4294

ドキドキしてしまうライオンとの出合い

### オラナ・ワイルドライフ・パーク
Orana Wildlife Park

Map P.46-A1

約80ヘクタールの広大な敷地をもつサファリパーク。柵などがあまりなく、70種以上の動物が野生に近い状態で飼育されている。園内は広いので、ガイド付きの巡回バスが運行しており、バスに乗ったままライオンやチーター、シマウマ、ラクダ、キリンなどを見て回ることができる。ニュージーランド固有のキーウィや、"生きた化石"といわれるトゥアタラも見られる。

1日を通してイベントもいろいろ行われるので、到着したらまず何がいつ始まるのかチェックしておこう。なかでも、14:30から行われるライオン・エンカウンターThe Lion Encounterは、エキサイティングな体験。これはオリのようになった車に乗り込み、ライオンたちと間近に触れ合うというもの。1日20人の限定で、$52.5(ただし、身長140cm以上)。

## ウィロウバンク動物公園
Willowbank Wildlife Reserve

Map P.46-A2

自然に近い環境に整えられた広い園内には、ワラビー、クニクニピッグ、トゥアタラ、ウナギ、ケア、カカ、タカヘ、カピバラなどが飼育されている。キーウィハウスはガラス越しでなく、息づかいまで聞こえてきそうなほど接近して見られる貴重な場所だ。カピバラやレムール（キツネザル）に手から餌をあげられるエンカウンタープログラムも人気がある。1日4〜6人限定なので、早めの予約がおすすめ。

マオリに飼われていたクニクニピッグ

**ウィロウバンク動物公園**
住60 Hussey Rd. Harewood
☎(03) 359-6226
URL www.willowbank.co.nz
開9:30〜17:00
休無休
料大人$32.5、子供$12
**カピバラ・エンカウンター**
毎日14:00に実施、所要20分
大人$40、子供$17.5
**レムール・エンカウンター**
毎日13:30に実施、所要20分
大人$35、子供$17.5
交市内中心部からメトロブルーラインでノースランドへ。そこから＃107に乗り換え。所要時間1時間。

## ニュー・ブライトン
New Brighton

Map P.47-B4

クライストチャーチの市街地から東へ約8km、車で15分ほどの所にある人気のビーチがニュー・ブライトン。夏には海水浴やサーフィンを楽しむ人たちでにぎわう。周辺にはレストランやカフェが立ち並び、ちょっとしたリゾート気分も味わえそう。週末は混雑するので、のんびりくつろぎたいのなら平日に行くのがおすすめ。特に、海沿いにある図書館は人気で、館内では海を望むソファシートでゆっくりと音楽を聴いたり、本を読んだりすることができる。図書館の前には300mほど海に突き出た造りの巨大な桟橋Pierがあり、名所のひとつになっている。桟橋から釣りを楽しむ人もいる。

桟橋の上から眺めるビーチは絶景

**ニュー・ブライトンへの行き方**
市内中心部からメトロイエローラインで約30分。

長さ約300mの桟橋。周辺の地面には桟橋建設費用の寄付者名が刻まれている

ビーチの前には公園があり、夏は無料の子供用プールがオープン

**ニュー・ブライトン図書館**
住213 Marine Pde. New Brighton
☎(03) 941-7923
URL my.christchurchcitylibraries.com/locations/NEWBRIGHTN
開月〜金　9:00〜18:00
　土・日　10:00〜16:00
休無休

雰囲気のいいカフェを併設する海辺の図書館

図書館ではソファに座って海を眺めるのもおすすめ

## サムナー・ビーチ
Sumner Beach

Map P.47-C4

市街地から南東へ10km余り、リトルトン・ハーバーLittelton Harbourの北東にある。ニュー・ブライトン同様、シティから近いビーチとして親しまれ、夏の週末は海水浴を楽しむ市民でにぎわう。また、南東へ少し離れた場所にあるテイラーズ・ミステイク・ビーチTaylors Mistake Beachは、サーファーたちの間で人気の高いビーチ。ビーチ沿いには雰囲気のいいレストランやカフェが並び、すがすがしい海の風景を眺めながらの食事も最高。

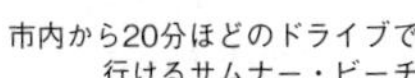

市内から20分ほどのドライブで行けるサムナー・ビーチ

**サムナー・ビーチへの行き方**
市内中心部からメトロパープルラインで約40分。

## フェリミード歴史公園

Ferrymead Heritage Park

Map P.47-C3

40ヘクタールに及ぶ広大な敷地に商店や工場、郵便局、学校など19〜20世紀前半の町並みが再現されている大規模な歴史公園。各展示室には展示物とともに人間の精巧な模型が置かれ、往時にタイムスリップしたような気分が味わえる。また、この地は1863年にニュージーランドで初めて公営鉄道の線路が敷かれた場所でもあり、蒸気機関車、自動車など交通関係の展示が充実している。古いトラムは土・日曜および祝日に園内を走り、蒸気機関車が運行されることも。どちらにも乗車が可能だ。

広い園内をクラシックなトラムが走る

フェリミード歴史公園
住50 Ferrymead Park Dr. Heathcote
☎(03)384-1970
URL www.ferrymead.org.nz
開10:00〜16:30
休無休
料大人$15、シニア・学生$12.5、子供$10
トラム
大人$5.5、子供$3.5
蒸気機関車
大人$5、子供$3
交市内中心部から#28で約25分、下車後徒歩約8分。

## トラビス・ウェットランド・ネイチャー・ヘリテージ・パーク

Travis Wetland Nature Heritage Park

Map P.47-A3

湿地帯を含む約116ヘクタールの敷地に約55種類の野鳥が生息する野鳥の保護区。ニュージーランド固有の鳥プケコやサギ、シギ、ミヤコドリ、黒鳥などが生息している。敷地内は遊歩道が整備されているので、のんびりと歩きながらバードウオッチングを楽しむことができる。野鳥の観察小屋もあり、鳥の解説ボードも設置されているので、双眼鏡を持って訪れたい。

ニュージーランド固有の植物が生い茂る

トラビス・ウェットランド・ネイチャー・ヘリテージ・パーク
住280 Beach Rd., Burwood
☎(03)941-8999
(Christchurch City Council)
URL traviswetland.org.nz
開8:00〜20:00
(ビーチロード側ゲート開門時間)
休無休
料無料
交市内中心部からメトロオレンジラインで約25分、下車後徒歩約10分。

愛嬌たっぷりのプケコ

## ザ・タナリー

The Tannery

Map P.47-C3

クライストチャーチ郊外のウールストンは、1800年代後半から羊毛加工で栄えた町。当時、町で最大の規模を誇った皮なめし工場(Tannery)がウールストン・タナリーだ。その後、この場所は買い取られ、クライストチャーチで人気の地ビール「カッスルズ&サンズ」のマイクロ・ブリュワリーが設けられた。2011年の地震後、復興・再開発され、現在は個性的なショップが集まるショッピングモールとなっている。カッスルズ&サンズのパブをはじめ、ブティックやインテリアショップ、アンティークショップ、カフェ、レストランなどが揃う。

昔の工場を思わせるれんが作りのショッピングモール

ザ・タナリー
住3 Garlands Rd.Woolston
URL thetannery.co.nz
開10:00〜17:00
(店舗によって異なる)
休無休
交市内中心部からメトロ#28、またはパープルラインで約20分、下車後徒歩約10分。

The Brewery
「カッスルズ&サンズ」のパブ
☎(03)389-5359
営8:00〜Late
休無休

店の奥にマイクロ・ブリュワリーがある

## クライストチャーチ・ゴンドラ
Christchurch Gondola

Map P.47-C3

市内と港町リトルトンとの間に位置する標高400mの小高い丘が、マウント・キャベンディッシュ Mt. Cavendish。その麓から山頂まで4人乗りのゴンドラがかけられ、約10分間の空中散歩が楽しめる。眼下にリトルトン・ハーバー、反対側には市街からカンタベリー平野、さらにサザンアルプスまで、360度のパノラマビューが広がる。山頂にはレストランやみやげもの屋もある。マウンテンバイクや徒歩で山を下りるのも楽しい。

## リトルトン
Lyttelton

Map P.47-D3・4

クライストチャーチ中心部から、車で30分ほど。バンクス半島にある港町のひとつが、人口約3000人のリトルトンだ。バス・インターチェンジからはメトロ＃28で約40分。坂が多いが、こぢんまりとしていて歩きやすい。メインストリートのロンドン・ストリートLondon St.にはレストランやカフェ、雑貨店などが並んでいる。毎週土曜10:00～13:00に開催されるリトルトン・ファーマーズマーケットLyttelton Farmers Marketを訪れるのも楽しい。

こぢんまりとした港町

また、フェリーを利用すると10分ほどでアクセスできる、対岸のダイヤモンド・ハーバーDiamond Harbour（Map P.47-D4）へ足を延ばすのもおすすめ。海沿いのクリフトラックCliff Trackを歩くほか、美しいビーチでのんびりと過ごせる。

**クライストチャーチ・ゴンドラ**
住10 Bridle Path Rd.
☎(03)366-7830
URL www.christchurchatractions.nz
開10:00～17:00
休無休
料大人$35、子供$15
交市内中心部からメトロ＃28で約30分。

ゴンドラから市内を一望できる

**リトルトンへの観光情報**
URL lytteltoninfocentre.nz

野菜や果物など幅広く扱うファーマーズ・マーケット

**ダイヤモンド・ハーバー**
URL diamondharbour.info
交リトルトン港からフェリーで約10分。6時台～22時台の30分～1時間ごとに運航。片道乗船料は現金大人$6、子供$3。メトロカード大人$4、子供$2。

## Column 南島のおすすめ温泉スポット

クライストチャーチから車で北へ約1時間30分。国道1号線をワイパラWaiparaまで北上し、7号線に入って約25分ほど行くと、リゾート地として人気のあるハンマー・スプリングスHanmer Springs（折り込みMap①）の町に到着する。マオリの伝説にも登場する由緒ある温泉地だ。観光の中心はスパ施設のハンマー・スプリングス・サーマル・プール＆スパ Hanmer Springs Thermal Pools & Spaで、趣向や湯温（28～42℃）の異なる露天風呂や、大きなウオータースライダーが設置された遊園地のような施設。海抜350mの高さにあり、豊かな自然に覆われた一帯はトランピングやゴルフ、バンジージャンプなどができることでも人気。ハンマー・スプリングスから車で約1時間の所にも温泉施設「Maruia Springs」がある。

**ハンマー・スプリングス・サーマル・プール＆スパ**
**Map P.46-A2外**
住42 Amuri Ave. Hanmer Springs
☎(03)315-0000　FREE 0800-442-663
URL hanmersprings.co.nz
営10:00～21:00(時季によって異なる)
休無休　料大人$38、子供$22

**おもなアクセス**
**Hanmer Connection**
☎(03)382-2952　FREE 0800-242-663
URL www.hanmerconnection.co.nz
運クライストチャーチ（カンタベリー博物館正面）9:00発
料片道大人$35、子供$25

各種アクティビティが楽しめる温泉リゾート

## Column マウント・ハット・スキー・エリア

上級者はもちろん、初心者も楽しめる

標高2086mのマウント・ハットMt.Huttの斜面に広がり、南島最大規模のスキー場であるマウント・ハット・スキー・エリア。クライストチャーチから車で1時間45分ほどの距離で、日帰りもできるため観光客の利用も多い。雪質や積雪量、バラエティに富んだゲレンデ構成に定評があり、例年だいたい6月上旬〜10月上旬までスキーやスノーボードを楽しむことができる。

マウント・ハット・スキー・エリアには宿泊施設はなく、ベースタウンとしてはメスベンMethvenが挙げられる。大都市のクライストチャーチに比べるととても小さな町だが、冬季はにぎわいを見せる。ゲレンデまでは車で35分とアクセスがよく、各種宿泊施設やスキー・スノーボードショップもあるので、長期滞在者に人気が高い。

スキーリゾート地メスベン

### ゲレンデへのアクセス

メスベンからゲレンデまでは、メスベン・トラベルMethven Travelのマウント・ハット・スキー・バスが運行している。シーズン中は毎日運行しており、メスベン7:45、9:45、帰りはゲレンデ15:00、16:15発の便がある。ウェブサイトやトラベルオフィスで予約。メスベン内にあるホテルからのピックアップやドロップオフも可能。運賃は往復$25（10歳以下は無料）。ゲレンデまでの道のりは険しく、ガードレールもない峠道なので、レンタカーよりもバスを利用するほうが望ましい。また、クライストチャーチ空港とゲレンデを運行するシャトルバスもある。クライストチャーチ空港10:00発、片道$47（10歳以下は無料）。

### ゲレンデについて

標高が高いため、水分の少ないパウダースノーで雪質は最高。ただし、気象が変化しやすく、強風でリフトが止まったり、ひどいときにはスキー場自体がクローズしたりすることもある。風の強さでは「マウント・シャット」という別名をもつほどだ。防寒装備を用意し、できればスケジュールにも余裕をもたせておこう。

すり鉢状になった山の斜面を利用してゲレンデが広がっている。リフトは全部で4種類。緩斜面や迂回コースなど初心者でも楽しめるコースがある一方で、中級者や上級者が挑むような急斜面やコブ斜面もあり、各レベルにバランスがとれたコース構成となっている。

また、メインの建物には、手軽に素早くおなかを満たせるスカイ・ハイ・カフェSky High Cafeとシックスティーンテン・エスプレッソバーSixteen10 Espresso Bar、ゆっくりとくつろぎながら食事ができるレストラン、オプケ・カイOpuke Kaiがある。すべて朝食と昼食を提供している。

---

**Mt. Hutt Ski Area** Map 折り込み ①
電(03) 308-5074（降雪情報）
URL www.nzski.com
営6月上旬〜10月上旬　9:00〜16:00
料**リフト1日券**
大人$159、子供$99（10歳以下無料）
**レンタル**
1日大人$60〜、子供（18歳以下）$50〜

**マウント・ハット・スキー・バス ＆ シャトルバス**
**Methven Travel**
電(03) 302-8106
FREE 0800-684-888
URL www.methventravel.co.nz

# クライストチャーチのエクスカーション

Excursion

クライストチャーチ郊外にはさまざまな見どころが点在しており、各方面へのツアーが行われている。サザンアルプスの絶景を訪ねるツアーのほか、牧場体験、映画のロケ地巡り、ワイナリー探訪などバリエーションも豊富。好みのものを探してみよう。

## アカロア日帰りツアー

アカロアへの道中では、ドライバーが地域の歴史などをガイドしてくれるほか、古い鉄道駅「リトルリバー」や、アカロア湾を見渡すヒルトップ・タバーン、バリーズ・ベイのチーズ工場などにも立ち寄る。アカロアでは自由行動となり、出発は16:00。

**Akaroa French Connection**
FREE 0800-800-575 URL www.akaroabus.co.nz
催 通年　クライストチャーチ9:00発 料 大人$55、子供$35 CC AMV

## アーサーズ・パス国立公園日帰りツアー

人気の山岳列車、トランツアルパイン号とバスを利用して、アーサーズ・パス国立公園を訪れる。トランツアルパイン号の乗車は2時間程度。オリタ峡谷を訪ね、ランチ後は国立公園内での散策の時間も取られている。帰り道にはワイマカリリ川でのジェットボート（別料金）、ファーム訪問もあり、盛りだくさんの内容だ。

**Leisure Tours**
FREE 0800-484-485 URL www.leisuretours.co.nz 催 通年　7:30～8:00出発（ホテルでのピックアップあり） 料 大人$395～、子供$262.5～ CC AMV

## アオラキ／マウント・クック国立公園日帰りツアー

日本での教師経験があり、流暢な日本語を話すクレイグさんが催行する個人ガイドツアー。レイク・テカポを経由し、アオラキ／マウント・クック国立公園では手軽なショートコースを歩く。手作りピクニックランチ付きで、所要約12時間。2人以上で催行。

**CanNZ Tours** 021-1811-1570
URL cannewzealandtours.co.nz/ja/mtcook-tours-2 E-mail info@cannztours.com
催 通年 料 $525（2人参加の場合の1人あたりの料金） CC MV 日本語OK

## ワイナリーツアー

ワイパラ・バレーWaipara Valleyにある3～4のワイナリーを訪れるガイドツアー。20種類以上の銘柄のなかからテイスティングができる。ランチ付き。宿泊先への送迎もあるので、酔っぱらってしまっても大丈夫。最少催行人数は2人。

**Discovery Travel**
027-557-8262
URL www.discoverytravel.co.nz
催 通年　11:00発（所要約6時間）
料 $195～ CC MV

## アルパカファームツアー

クライストチャーチからアカロア湾沿いをドライブしながら、約160頭のアルパカが待つプライベートファームへ。ツアーでは、アルパカの生態や習性に関する解説はもちろん、大自然が広がる牧場でアルパカと触れ合うことができる。アカロアからの送迎プランもある。

**Shamarra Alpacas**
電 (03) 304-5141
URL www.shamarra-alpacas.co.nz
催 通年　11:00発、13:00発、16:00発（所要約1時間）
料 大人$50、子供$25 CC MV

## 映画『ロード・オブ・ザ・リング』ロケ地巡り

映画『ロード・オブ・ザ・リング』の第2、3部で登場した「エドラスの丘」のロケ地を4WDで駆け抜ける。撮影が行われた場所は私有地で、ツアーでしか入ることができないため、貴重な体験となること間違いなし。クライストチャーチ市内からの送迎付き。

**Global Net NZ**
電 (09) 281-2143
URL www.globalnetnz.com
催 通年　9:00発（所要約8時間30分）
料 大人$299、子供$199
CC MV 日本語OK

# クライストチャーチの アクティビティ

Activity

ガーデンシティの落ち着いた雰囲気とは別に、クライストチャーチではアクティビティも充実。そのほとんどが周囲の自然を満喫できる内容だ。自然とスリルの両方を求めるなら、ジェットボードなどのドキドキ系アクティビティに挑戦してみよう！

## ジェットボート

クライストチャーチ中心部から車で約50分、ワイマカリリ川Waimakariri Riverでのジェットボート体験は、ハイスピードで川を疾走するアクティビティ。訓練を受けたドライバーが運転するので、安心してスリルを味わえる。各ツアー会社により異なるが、たいていが市内送迎（別料金）を行っている。

**Alpine Jet Thrills**
FREE 0800-263-626 URL www.alpinejetthrills.co.nz 催 通年
料 Braided Blast 大人$80、子供$60（所要約20分、送迎代別） CC MV

## サーフィン

メローな波が立つサムナー・ビーチで開催されるサーフレッスン。大人向けグループレッスンからプライベートレッスン、子供向けレッスンなど内容はさまざま。プロコーチが指導するので初心者でも安心。サーフボードとウェットスーツのレンタル料込み。

**Learn to Surf** 021-030-7231 FREE 0800-807-873
URL surfcoach.co.nz 催 通年 大人向けグループレッスン土・日13:00～（所要約2時間） 料 大人$89～、子供$55～ CC MV

## 熱気球

早朝にクライストチャーチを出発し、天候や参加人数に適した場所へ移動。熱気球の準備を手伝いながら上空の旅へ。美しい日の出や、畑や牧場がパッチワークのように広がるカンタベリー平野、サザンアルプスの山並みなどを一望できる。

**Ballooning Canterbury** 電 (03)318-0860
FREE 0508-422-556 URL ballooningcanterbury.com 催 通年
料 大人$395、子供$250（12歳以下、身長110cm以上が条件） CC AMV

## ホーストレッキング

クライストチャーチから車で約50分、ルビコン・バレーRubicon Valley周辺でホーストレッキングが楽しめる。馬に乗って広大な牧場やワイマカリリ渓谷、ワイマカリリ川沿いのエリアなどをガイドとともに散策する。所要2時間の手軽なコースから半日コースまでコースの種類が豊富。市内送迎は要相談。

**Rubicon Valley Horse Treks**
電 (03)318-8886
URL rubiconvalley.co.nz
催 通年
料 2時間$130、3時間$160 CC MV

## ラフティング

クライストチャーチから車で約2時間のランギタタ川を、ときに激しく、ときにのんびりとボートで下るアクティビティ。自らパドルを持ち操縦するが、ガイドのていねいなレクチャーがあるので初心者でも安心して楽しめる。タオルと水着は持参すること。

**Hidden Valleys**
027-292-0019
URL www.hiddenvalleys.co.nz/rangitata-river-rafting.html
催 9～5月
料 $260 CC MV

## ツーリング

町や大自然のなかをマウンテンバイクで爽快に駆け抜けるツーリング。コースやツアー内容もさまざまで、ハグレー公園やエイボン川週辺を巡る初心者でも気軽に体験できるものから数日間かけて走る本格的なものまである。フル装備のマウンテンバイクを借りていざ出発！

**Explore New Zealand by Bicycle**
電 (03)377-5952 FREE 0800-343-848
URL www.cyclehire-tours.co.nz 催 通年
料 マウンテンバイク1日$35～60（レンタル）、ゴンドラMTBライド$80
CC MV

# クライストチャーチの新旧カフェでひと休み♪

南島一のビッグシティはおしゃれカフェがいっぱい。地元で愛される老舗や注目の新店をチェック！

## チューブを伝ってグルメが届く！

シーワン・エスプレッソ

### C1 Espresso Map P.48-C3

1996年に創業した地元で人気のカフェ。天井や柱にはチューブが張り巡らされており、筒状のボックスに入ったグルメがチューブを通ってテーブルに届くという斬新なデリバリーが楽しめる。「空気圧の」を意味するニュマティックメニューは、7:00～16:30まで注文可能だ。

住185 High St.
電なし URL www.c1espresso.co.nz
営7:00～17:00
休無休
CC ADJMV

1店内のチューブに注目 2ニュマティックバーガー$22.9、カーリーフライ$9.9 3コーヒー豆は購入可能

サンドイッチや卵料理など、コーヒーに合うメニューが多い
地元kiwiが集まる！


## コーヒー好きにはたまらない♪

ブラック ベティ カフェ

### Black Betty Cafe Map P.48-C3

黒い外観と倉庫風のインテリアがおしゃれな店。エスプレッソのほか、ニュージーランドでは珍しいサイフォンやハンドドリップ、エアロプレスなどさまざまなタイプのコーヒーが楽しめる。ブランチは14:00まで注文可。

住3/165 Madras St.
電(03)365-8522
URL www.switchespresso.co.nz/pages/black-betty
営月～金 7:30～15:00
　土・日 8:30～15:00
休祝 CC MV

## 朝食からカクテルまでメニュー豊富

マジェスティック・アット・メイフェア

### Majestic at Mayfair Map P.48-A2

2022年7月にオープンしたブティックホテル、メイフェア（→P.69）内のおしゃれな店。日中はカフェ、夕方以降はバーとして営業。卵料理やグラノーラのほか、ボリューミーな和牛バーガーやカレーもおすすめ。

住155 Victoria St.
電(03)595-6335
URL mayfairluxuryhotels.com
営月～金 6:30～Late
　土・日 7:00～Late
休無休 CC ADJMV
日本語メニュー 日本語OK

シグネチャーのフレンチトースト$24など料理もインテリアもスタイリッシュ

# クライストチャーチのレストラン

Restaurant

グルメコンプレックスのリバーサイド・マーケットがオープンするなど、クライストチャーチのレストラン事情は日々刻々と変化し、活気を増している。特にビクトリア・ストリート、ニュー・リージェント・ストリートなどは、レストランやカフェが充実しているエリアだ。



## クックン・ウィズ・ガス Cook'n' with Gas

Map P.48-B2　シティ中心部

19世紀後半の建物を利用しており、エントランスには柔らかなガス灯の光が揺れて、内装も雰囲気抜群。料理にも定評があり、1999年にオープンして以来、数々の賞を受賞している。メインはシーフードやラム、ポーク、ビーフなどから選べ、$40〜48。※2024年5月現在、クローズ。

住23 Worcester Blvd.　電(03)377-9166
URL www.cooknwithgas.co.nz
営月〜土17:00〜23:00　休日　CC ADMV

## 50ビストロ 50 Bistro

Map P.48-A1　シティ中心部

ジョージ（→P.69）内にあるカジュアルダイニング。新鮮な地元産の食材を使い、遊び心たっぷりの料理を提供する。朝から夜まで終日オープンしていて便利。朝食$22〜、ランチとディナーは前菜$14〜でメイン$38〜。ハグレー公園の緑を眺めながら、優雅なハイティーも楽しめる。

住50 Park Tce.　電(03)371-0250
URL www.thegeorge.com　営6:30〜22:00　休無休　CC ADJMV

## フィデルスティックス Fiddelsticks

Map P.48-B2　シティ中心部

ウースター・ブルバードに面するレストラン。シカ肉やビーフ、ラム、シーフードなど、ニュージーランドならではの食材をおしゃれに味わえるメニューが揃う。ディナーの人気はグリーントマトのチャツネを添えたフライドチキン。パイやパン、スープなど日替わりメニューも多いので、気軽なランチにもおすすめ。

住48 Worcester Blvd.　電(03)365-0533
URL fiddlesticksbar.co.nz　営月〜金8:00〜23:00　土・日、祝9:00〜23:00
休無休　CC AMV

## ストロベリー・フェア Strawberry Fair

Map P.48-A1　シティ中心部

地元で長年愛されるレストラン。素材のよさとていねいな調理法にこだわったメニューはどれもボリューム満点。ハグレー公園の近くに位置し、窓から緑が望めるのも魅力だ。ケーキ、プディング、ムースなどデザートが充実しており、特に数人でシェアできる日替わりのシェフズ・テイスティング・プレート$25.9がおすすめ。

住19 Bealey Ave.　電(03)365-4897
URL www.strawberryfare.com
営月〜金7:00〜Late、土・日8:30〜Late　休無休　CC AJMV

## ソルト・オン・ザ・ピア Salt on the Pier

Map P.47-B4　ニュー・ブライトン

ニュー・ブライトン図書館（→P.57）内のダイニング。海に面した絶好の立地で、1階がカフェ、2階がレストランになっている。スタインラガー、スパイツなどニュージーランド産ビールをタップで楽しめるほか、ワインの種類も充実。アカロアサーモン$35.5、カンタベリー産ラム・ラック$34.5などディナーは$30前後。

住Pier Terminus, 195-213 Marine Parade, New Brighton
電(03)388-4493　URL saltonthepier.co.nz　営カフェ8:30〜16:00、レストラン火〜金16:00〜Late、土・日11:00〜Late　休月（カフェは無休）　CC MV

西欧料理

## トゥエンティ・セブン・ステップス Twenty Seven Steps

Map P.48-B3 シティ中心部

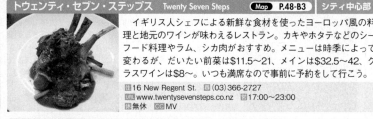

イギリス人シェフによる新鮮な食材を使ったヨーロッパ風の料理と地元のワインが味わえるレストラン。カキやホタテなどのシーフード料理やラム、シカ肉がおすすめ。メニューは時季によって変わるが、だいたい前菜は$11.5～21、メインは$32.5～42、グラスワインは$8～。いつも満席なので事前に予約をして行こう。

住16 New Regent St. 電(03)366-2727
URL www.twentysevensteps.co.nz 営17:00～23:00
休無休 CC MV

中国料理

## サンパン・ハウス Sampan House

Map P.48-B3 シティ中心部

ニュー・リージェント・ストリート近くにある大衆向けレストラン。麺類は$16～18、一品メニューは$20前後と、手頃な価格で本格的な中華料理が味わえる。前菜、メイン、デザートなどのセットメニューは$27～。またサテーやタイカレーなどアジアン料理もあり、テイクアウエイも可能。

住168 Gloucester St. 電(03)372-3388
営11:00～15:00、16:30～21:00
休月・火 CC MV

スペイン料理

## ペドロス・ハウス・オブ・ラム Pedro's House of Lamb

Map P48-A1 シティ中心部

貨物コンテナを利用したテイクアウエイ専門店。商品はグルテンフリーのラム・ショルダー$60（2～3人分）とコールスロー$12などのサイドメニューのみ。子羊の肩肉をローズマリーとガーリックで味付け、オーブンで5～6時間焼いたもの。電話予約がおすすめ。付け合わせにポテトがついてくる。

住17b Papanui Rd. 電(03)387-0707 URL www.pedros.co.nz
営16:00～20:00 休無休 CC ADJMV

日本料理

## サスケ Sasuke

Map P.46-B2 シティ周辺部

リッカートン・ロード沿いにあるウインドミル・ショッピングセンター内にある日本食の店。ラーメンやたっぷりの玉ねぎを炒めて甘味を出した日本風のカレーが人気。醤油ラーメンは$16.5、味噌ラーメンとスパイシー味噌は$19。化学調味料は使わず、煮干など天然素材でだしを取るヘルシー志向の店でもある。

住Windmill Shopping Centre, cnr of Riccarton Rd. & Clarence St.
電(03)341-8935 営12:00～14:30、17:00～20:00(金・土～21:00)
休水のランチ・日 CC MV 日本語メニュー 日本語OK

## サキモト・ジャパニーズ・ビストロ Sakimoto Japanese Bistro

Map P.48-B3 シティ中心部

カセドラル・ジャンクション内にあるカジュアルな雰囲気の日本食ビストロ。居酒屋形式の小皿料理のほか、弁当スタイルのメニューが人気。グルテンフリーの醤油のみを使用し、新鮮な刺身から餃子、から揚げまで多彩に揃う。日本酒の種類が多いことも特徴。ほかにニュージーランドワインやジン、ウイスキーもある。

住119 Worcester St.(16A Cathedral Junction) Central City
電(03)379-0652 営17:00～21:00 休無休(時季によって異なる)
CC MV 日本語メニュー 日本語OK

カフェ

## ビックス・カフェ Vic's Cafe

Map P.48-A2 シティ中心部

週末には長蛇の列ができる人気カフェ。国内の品評会で何度も金賞を受賞しているベーカリーと同系列であるため、パンのおいしさには定評がある。サンドイッチやトーストなどパンがメインのメニューが多い。ベーコンや卵料理、トマトにポテトなどがセットのビッグ・ブレックファスト$25.9はボリューム満点だ。

住132 Victoria St. 電(03)963-2090 URL vicscafe.co.nz
営月～金7:00～14:30、土・日7:30～14:30
休無休 CC MV

## ボート・シェッド・カフェ　Boat Shed Café

Map P.48-B1　シティ中心部

エイボン川のほとり、歴史的なボート小屋を改築した緑と白のストライプの外観が印象的。14:30までオーダーできる朝食とランチにはオムレツ$23、パンケーキ$22.5、チキン・スブラキ$23.5などがあり、$20前後のメニューが中心。テラス席では真下を流れる川を眺めながらロマンティックな時間が過ごせそう。

住2 Cambridge Tce.　電(03)366-6768
URL boatsheds.co.nz　営7:00～17:00（時季によって異なる）
休無休　CC AJMV

## レモンツリー・カフェ　Lemon Tree Cafe

Map P.48-C3　シティ中心部

一見すると花屋と間違えるほど、たくさんの緑と花であふれたカフェ。フル・ブレックファスト$25、チキン&ワッフル$20、ベネディクト$17～などのほか、焼き菓子も充実。店内はオーナーがフリーマーケットなどで買い集めたコレクティブルズの食器や雑貨が並び、エレガントな雰囲気が漂う。

住234 St Asaph St.　電(03)379-0949
営火～金8:00～14:30、土・日9:00～14:30　休月
CC MV

## ファンデーション　Foundation

Map P.48-B2　シティ中心部

中央図書館チュランガ（→P.54）内のカフェ。ガラス張りの開放感あふれる空間で、旅行者も入りやすい雰囲気。軽食のほか、ステーキサンドイッチ$25、韓国風フライドチキンタコス$22.5などグルメも充実しているので食事利用にもおすすめ。旅行中の野菜不足解消には日替わりサラダ$10～がぴったり。

住60 Cathedral Square　電(03)365-0308
URL www.foundationcafe.co.nz
営月～金7:30～17:00、土・日8:30～17:00　休無休　CC MV

## ハロー・サンデー・カフェ　Hello Sunday Cafe

Map P48-C2外　シティ周辺部

19世紀に建てられ、教会のサンデースクールとして使用されていた歴史的建造物を利用したかわいらしいブランチカフェ。休日のようなリラックスした雰囲気とおいしいフードメニューが好評で地元でも人気が高い。ベジタリアンやグルテンフリーにも対応。おすすめはビーフチークハッシュ$28、エッグベニー$26.5～など。

住6 Elgin St.　電(03)260-1566　URL www.hellosunday.co.nz
営月～金7:30～15:00、土・日8:30～15:00
休無休　CC MV

## Column　地元で人気のフードコートへ♪

手頃でおいしいものが食べたいならここへ。ショッピングセンターなどに入っているフードコートとは違い、ハンバーガーショップをはじめ、ピザや寿司、タイ料理などの人気ショップ9店舗が集まっていて、ワンランク上のフードコートといった雰囲気だ。会計を済ませ、呼び出しレシーバーを受け取り、音が鳴ったら料理を受け取りに行くシステム。

クライストチャーチ・ファーマーズ・マーケットから始まった「Bacon Brothers」は、フリーレンジの卵を使用するなど素材にもこだわる。四角いバンズに野菜がたっぷりのグルメバーガーは15種類。ベーコン以外に、ビーフやチキンのバーガーもある。ランチタイムには長蛇の列ができることもあるほどの人気ぶりだ。

**リトル・ハイ・イータリー**　Map P.48-C3
住181 High St.
☎021-0208-4444　URL www.littlehigh.co.nz
営11:00～22:00（店舗によって異なる）
休無休　CC 店舗によって異なる

# クライストチャーチの ショップ

Shop

市内中心部のショップは、キャッセル・ストリートに集中しておりショッピングモールなどの施設が続々とオープン。アートセンター内にもおみやげ探しにぴったりなショップが数店舗あり便利。郊外には個性豊かなショップもあるのでドライブがてらに訪れるのもおすすめ。

おみやげ

## アオテア・ギフツ・クライストチャーチ Aotea Gifts Christchurch

Map P.48-B2 シティ中心部

主要都市で展開するおみやげチェーン店。2011年の地震後、クライストチャーチ店は2019年に再オープン。日本人に喜ばれるさまざまな種類のギフトが豊富に取り揃えてある。限定ブランド「Avoca」は健康商品やハチミツ、「Kapeka」は上質のメリノファッションなどを展開。

住99 Cashel St. 電(03)925-8997
URL jp.aoteanz.com URL www.aoteanz.com
営9:30〜17:30(変更の可能性あり) 休無休 CC AJMV 日本語OK

## ギフト・ショップ The Gift Shop

Map P48-B~C2 シティ中心部

ショッピングモールのクロッシング内にあるギフトショップ。ギャラリーのような店内にはかわいらしい雑貨やアクセサリーが並ぶ。クライストチャーチで作られたオーガニック石鹸$12.9〜やティキやポフツカワ、キーウィのビーズ刺繍ポーチ$25.9〜、動物をモチーフにしたピローケース$55前後なども。

住7/166 Cashel St. 電(03)366-5802
営月〜金9:00〜18:00、土・日10:00〜17:00
休無休 CC MV

雑貨

## ショポロジー Shopology

Map P.48-B2 シティ中心部

ニュージーランドのメーカーやブランドのみを取り扱うセレクトショップ。100%天然ハチミツを取り扱うビー・マイ・ハニーやローカルメイドのヘーゼルナッツバター、オアマルの人気レストラン、リバーストーン・キッチンの自家製ジャムなどニュージーランドならではといった商品が揃う。

住Little Riverside Lane, 6/86 Cashel St. 電(03)365-9059
URL www.shopology.co.nz 営夏季10:00〜17:00、冬季10:00〜16:00
休無休 CC MV

## フランシス・ネイション Frances Nation

Map P48-B1~2 シティ中心部

オーナーのテサさんがニュージーランド各地から集めたえりすぐりのホームウエアや雑貨が並ぶ。オーガニックや職人による手作りのアイテムが多く、センスの光る品揃え。手織りのメリノスカーフやおしゃれなキャンドル、石鹸、園芸用品、食器など、ほかにはないニュージーランド産のおみやげ探しにピッタリ。

住28 Worcester Blvd. 022-383-2545
URL francesnation.co.nz 営10:00〜17:00
休無休 CC MV

文房具

## ペパ・ステーショナリー Pepa Stationery

Map P48-B1~2 シティ中心部

アートセンター（→P.50）内にある文房具のセレクトショップ。世界中から集められたおしゃれなデザインのノートや鉛筆などをはじめ、バッグやアクセサリーなども販売。キュートなイラストのはがき$7.5やデザイン豊富なラッピングペーパーブック$38がおすすめ。店内にはペンの試し書きができるスペースもある。

住28 Worcester Blvd. 電(03)365-0423
URL pepastationery.co.nz 営10:00〜17:00
休無休 CC MV

アート

## デザイン・ストア Design Store

Map P48-B2 シティ中心部

クライストチャーチ・アートギャラリー（→P.50）内にあるショップ。商品はアートギャラリーの展示内容に合わせて毎回替わるので、いつ来ても新しいものに出合える。アクセサリーやバッグ、お菓子、ポップアートやマオリに関する本などさまざま。ハイセンスな雑貨はプレゼントにもおすすめ。

住Cnr Worcester Blvd. and Montreal St.　☎(03)941-7370
URL christchurchartgallery.org.nz　営10:00～17:00(水曜～21:00)
休無休　CC MV

食料品

## ファッジ・コテージ The Fudge Cottage

Map P48-B1~2 シティ中心部

アートセンター（→P.50）内にある手作りファッジ専門店。おみやげにもぴったりな箱入りのファッジ・バー$6.5（115g）はホーキーポーキーやマヌカハニーなど約20種類。なかでも人気はチョコレート、ロシアン、ベイリーズ。3つセットは$18。店内では試食もできる。ほかにも動物を型どったかわいいチョコレートなども。

住28 Worcester Blvd.　FREE 0800-132-556　URL fudgecottage.co.nz
営10:00～17:00　休無休
CC MV

香水

## フラグランジ Fragranzi

Map P.48-B1~2 シティ中心部

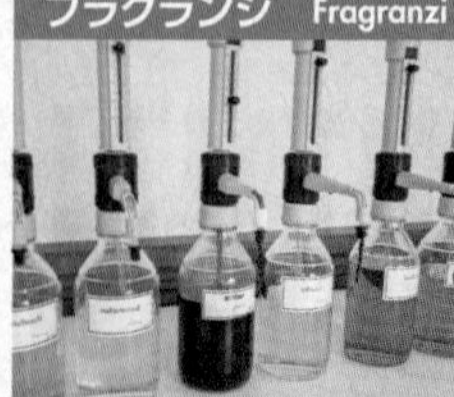

約25種類のフレグランスベースを使ってオリジナルの香水が作れるショップ。スタッフがアドバイスしてくれるから初めてでも安心。15mlボトルと名前入りのラベルが付いて$65。50mlは$90。所要45分程度で完成するので旅の記念にももってこい。店内ではほかにも約800種類もの香水を扱っている。

住28 Worcester Blvd.　✆021-4081-4558
URL fragranzi.co.nz　営10:00～17:00
休無休　CC MV

ファッション

## キルト Kilt

Map P.48-C3 シティ中心部

100%ニュージーランドメイドのレディスファッションを扱うブティック。着心地がよくてキュートなアイテムが多く、ワンピース$129～299、コート$300、ジャンプスーツ$179～など季節ごとに新作が登場。靴、バッグといった小物も揃い、ここだけでトータルコーデが完成。ザ・タナリー（→P.58）にも支店がある。

住205 High St.　☎(03)365-0696　URL www.kiltonline.co.nz
営月～金10:00～17:00、土9:00～17:00、日10:00～16:00
休無休　CC AMV

## Column ニュージーランドの名物クッキー

ニュージーランド国内のスーパーやコンビニで販売されている、クッキー・タイムCookie Time社のクッキー。大ぶりなクッキー生地にチョコやナッツがたっぷり入った、キーウィお気に入りスイーツのひとつだ。2013年には海外初出店として、東京の原宿に店舗がオープンしたことで日本でも話題に。クイーンズタウンにも店舗があるほか、クライストチャーチの郊外には工場に併設されたベーカリーショップがある。ここでは通常商品のほか、ベーカリーショップ限定で、製造の際に割れてしまったクッキーを安く購入することができる。

ブランドキャラクター、クッキー・マンチャーがお出迎え

**Cookie Time Bakery Shop**
**Map P46-C1**
住789 Main South Rd., Templeton
☎(03)349-3523
URL cookietime.co.nz
営月～金9:00～17:00
土・日9:30～16:30
祝9:00～16:30
休無休
交市内中心部から車で約20分。メトロのイエローラインで約45分。

定番商品のオリジナル・チョコレート・チャンク

# クライストチャーチの アコモデーション

Accommodation

町の中心部にはホテルやユースホステルが、ビーリー・アベニューBealey Ave.沿いにはモーテルやB&Bが比較的多い。市内周辺部のアコモデーションでは送迎サービスを行っていることもあるので、事前に確認をしておこう。

高級ホテル

## ジョージ The George

Map P.48-A1 シティ中心部

ハグレー公園に隣接するスモールラグジュアリーホテル。温かいサービスとプライベート感のある雰囲気で、ゆったりとした時間を満喫できる。1950年代に建てられた邸宅を利用した別館「ザ・レジデンス」もあり、こちらは1棟まるごと借り切ることも可能。

住50 Park Tce. 電(03)379-4560 FREE 0800-100-220
URL www.thegeorge.com
料Ⓓ①$307～ 室数52 CC ADJMV

## メイフェア The Mayfair

Map P.48-A2 シティ中心部

親日家のオーナーが2022年7月にオープン。ミニマルで居心地のよい客室は32㎡～とゆったりサイズ。日本流おもてなしをコンセプトに、細部まで行き届いたサービスを堪能できる。電動自転車のレンタルが無料なのも便利。館内にカフェ&バー（→P.63）もある。

住155 Victoria St. 電(03)595-6335
URL mayfairluxuryhotels.com 料ⓈⒹ$268.2～、①$310.5～
室数67 CC ADJMV 日本語OK

## ディスティンクション・クライストチャーチ Distinction Christchurch

Map P48-B2 シティ中心部

カセドラル・スクエアにあった旧ミレニアム・ホテルを改装した11階建てのホテル。客室は広々としており落ち着いた雰囲気。3タイプのクラシックルームはバスタブ付き。館内にはサウナやフィットネスセンター、レストラン&バーなど施設も充実。

住14 Cathedral Square 電(03)377-7000
URL www.distinctionhotelschristchurch.co.nz 料ⓈⒹ①$179～
室数179 CC MV

## ノボテル・クライストチャーチ・カセドラル・スクエア Novotel Christchurch Cathedral Square

Map P.48-B2 シティ中心部

カセドラル・スクエアに面した現代的なホテル。客室はスタンダード、スーペリア、エグゼクティブの3タイプ。一部客室はバスタブ付き。館内にはニュージーランド料理が楽しめるレストランとバー、ジムを併設している。観光にも便利。

住52 Cathedral Sq. 電(03)372-2111
URL www.novotel.com 料Ⓓ①$237～
室数154 CC ADMV

## シャトー・オン・ザ・パーク The Chateau on the Park

Map P.46-B2 シティ周辺部

ハグレー公園の西側に位置し、古城を思わせる建物と、ほとんどの客室から望める手入れの行き届いたガーデンが美しい。キングやクイーンサイズのベッドを配したデラックスルームをはじめ、客室はどれも広々。レストランやバー、ジムと館内施設も充実。

住189 Deans Ave. Riccarton 電(03)348-8999
URL www.hilton.com/en/hotels/chcnzdi-chateau-on-the-park-christchurch
料Ⓓ①$226～ 室数192 CC AMV

## スディマ・クライストチャーチ・エアポート Sudima Christchurch Airport

Map P.46-A1　シティ周辺部

クライストチャーチ国際空港から車で2分ほど。空港からの送迎シャトルも24時間運行する。ゆとりある館内の広さと上品なインテリアはフライト前後の滞在におすすめ。客室は全室カードキーで防音仕様、空調管理がなされている。

住550 Memorial Ave.　電(03)358-3139　FREE 0800-783-462
URL www.sudimahotels.com
料Ⓓ Ⓣ $220〜　室数246　CC ADMV

## パビリオンズ Pavilions

Map P.46-B2　シティ周辺部

中心部からは少し離れているが、カジノやハグレー公園へは歩ける距離。客室はスタンダードタイプのステュディオ、ミニキッチンが付いたアパートメントタイプ、さらにコテージタイプの客室がある。スパプールやフィットネスセンターなどの施設も充実。

住42 Papanui Rd.　電(03)355-5633
URL www.pavilionshotel.co.nz
料Ⓢ Ⓓ Ⓣ $177〜　室数90　CC ADMV

## オブザーバトリー・ホテル The Observatory Hotel

Map P.48-B1〜2　シティ中心部

アートセンター内に2022年5月にオープン。外観は重厚だが、ロビーや客室のインテリアはビビッドカラーをほどよく取り入れ、ユニークかつエレガント。全室にエスプレッソマシンが用意され、スイートルームにはバスタブもある。館内のバーもおすすめ。

住9 Hereford St.　電(03)666-0670
URL observatoryhotel.co.nz　料Ⓢ Ⓓ Ⓣ $299〜
室数33　CC ADJMV

## イビス・クライストチャーチ Ibis Christchurch

Map P.48-B2　シティ中心部

市内中心部にあり、カセドラル・スクエアやバス・インターチェンジもすぐそば。スタンダードルームは19㎡とコンパクトだが、モダンですっきりとしたデザイン。ダブルベッドが2台あり、快適に過ごせる。またレストランやバーも完備している。

住107 Hereford St.　電(03)367-8666　URL www.ibis.com
料Ⓓ Ⓣ $203〜　室数155
CC AJMV

## ブレイクフリー・オン・キャシェル BreakFree on Cashel

Map P.48-B3　シティ中心部

スタイリッシュな黄色い外観が目印のホテル。現代的なデザインながら宿泊費は手頃。そのぶん、建物内部の客室は10㎡〜とコンパクトだ。冷蔵庫やテレビ、ポットなどの備品は充実しており、Wi-Fiは1泊2GBまで無料。

住165 Cashel St.　電(03)360-1064　FREE 0800-448-891
URL www.breakfree.com.au　料Ⓢ Ⓓ $112〜　室数263　CC AMV

## ホテル・ギブ Hotel Give

Map P.48-B1　シティ中心部

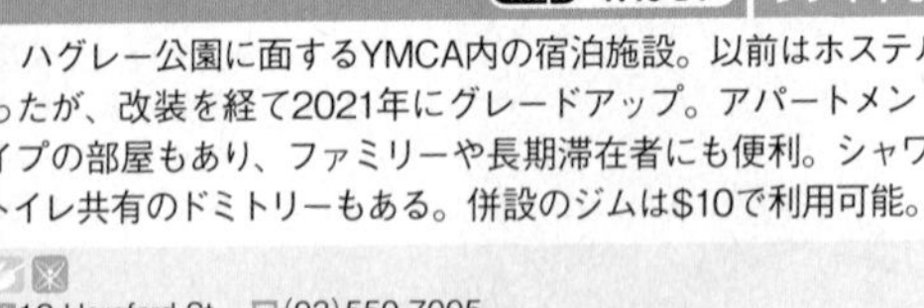

ハグレー公園に面するYMCA内の宿泊施設。以前はホステルだったが、改装を経て2021年にグレードアップ。アパートメントタイプの部屋もあり、ファミリーや長期滞在者にも便利。シャワー、トイレ共有のドミトリーもある。併設のジムは$10で利用可能。

住12 Hereford St.　電(03)550-7005
URL hotelgive.nz　料Dorm $45〜、Ⓢ$75〜、Ⓓ$110〜
室数92　CC AMV



キッチン(全室)　キッチン(一部)　キッチン(共同)　ドライヤー(全室)　バスタブ(全室)
プール　ネット(全室／有料)　ネット(一部／有料)　ネット(全室／無料)　ネット(一部／無料)

モーテル

## サザン・コンフォート・モーテル　Southern Comfort Motel　Map P.48-A1　シティ中心部

ハグレー公園の北端近くのビーリー・アベニュー沿いにあるモーテル。各ユニットはキッチンや衛星放送も視聴できるテレビなど、充実の設備。また、共用のランドリーやスパバスなども完備しているので、長期滞在にも最適だ。

住53 Bealey Ave.　電(03)366-0383
URL southerncomfort.co.nz
料ⓈⒹⓉ$125～　室数22　CC MV

## センターポイント・オン・コロンボ・モーテル　CentrePoint on Colombo Motel　Map P.48-A2　シティ中心部

カセドラル・スクエアから北へ徒歩10分ほど。全室に簡易キッチンがあり、26～32インチの液晶TV付きの部屋では50以上の衛星放送が楽しめる。1～2人用の客室にもスパバス付きの部屋があるのもうれしい。最大5人まで泊まれる部屋がある。

住859 Colombo St.　電(03)377-0859　FREE 0800-859-000
FAX(03)377-1859　URL centrepointoncolombo.co.nz
料ⓈⒹⓉ$109～　室数12　CC AJMV　日本語OK

B&B

## グランジ・ブティック・B&B・アンド・モーテル　The Grange Boutique B&B and Motel　Map P.48-B2　シティ中心部

1874年に建てられたビクトリア様式の邸宅を、モダンな設備を整えたB&Bに改装。全室バスルーム付きで、3人まで泊まれる大きめサイズの部屋もある。館内は美しい調度品で飾られており、ゆったりとした時間を過ごせる。

住56 Armagh St.　電(03)366-2850
URL thegrange.co.nz
料Ⓢ$120～　Ⓓ$165～　室数14　CC ADMV

## オーラリ B&B　Orari B&B　Map P.48-B2　シティ中心部

町の中心部に位置しており、ハグレー公園から徒歩約3分の立地。1890年代に建てられた古い家を改装して使用しており、随所にヨーロッパ風の装飾がなされている。全室薄型テレビと専用バスルーム付き。1室最大4人まで宿泊可能。

住42 Gloucester St.　電(03)365-6569
FREE 0800-267-274　URL www.orari.net.nz
料Ⓢ$170～　Ⓓ$190～　室数10　CC VM

ホステル

## アーバンズ　Urbanz　Map P.48-B3　シティ中心部

ニュー・リージェント・ストリート近くにあるホステル。市内中心部のバス・インターチェンジまで徒歩約10分で、アクセスも抜群。ドミトリーや共同バスルーム使用のシングルルーム、ファミリールームと、人数や予算に合わせた部屋が揃う。

住273 Manchester St.
電(03)366-4414　URL urbanz.net.nz
料Dorm$30～　Ⓢ$60～　Ⓓ$75～　室数170ベッド　CC MV

## ジェイルハウス・アコモデーション　Jailhouse Accommodation　Map P.46-B2　シティ周辺部

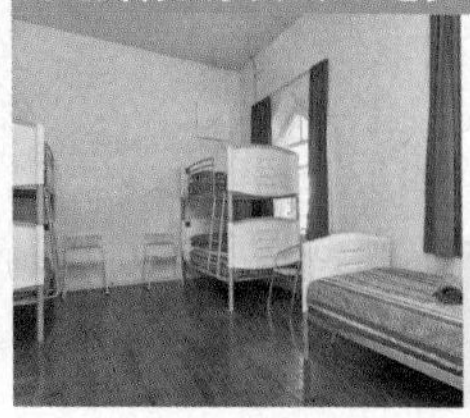

1874年に建てられ、1999年まで刑務所として使用されていた建物を改装。館内には当時の写真や資料も残され、ユニークな宿泊体験ができる。10人が泊まれるドミトリーのほか、個室の用意も。共有のシネマルームでNetflixも見られる。タオルのレンタルは$3。

住338 Lincoln Rd., Addington　電(03)982-7777
URL www.jail.co.nz　料Dorm$33～　Ⓢ$69～　Ⓣ$78～　Ⓓ$80～
Family Room $160～　室数81ベッド　CC AMV

# クライストチャーチからアカロアへ

1日目は南島の拠点となるクライストチャーチの見どころをたっぷり巡り、2日目はバンクス半島にある小さな港町、アカロアへ。短時間でいいとこ取りのおすすめプラン。

クライストチャーチからアカロアへ向かう途中に見られる絶景

## 1日目

Start

### 町歩きの第一歩はココから
## カセドラル・スクエア
Cathedral Square →P.49

スタートは町の中心にある広場、カセドラル・スクエアから。高さ63mの聖杯のモニュメントがシンボル。地震で崩壊した大聖堂も柵越しに見ることができる。現在は再建工事中で、2027年末までに修復されることが決まっている。

近くで見るとその大きさに驚き

着々と修復が進む大聖堂

### トラムでの観光もおすすめ

トラムに乗って市内を観光できる。カセドラル・スクエアからアートセンター、ニュー・リージェント・ストリートなどを周遊するので、上手に利用すればラクに観光できる。→P.45参照。

伝統的なトラムに気分も盛り上がる

青いトラムもレトロでかわいい

徒歩約10分

### 紙素材とは思えない大聖堂
## カードボード・カセドラル
Cardboard Cathedral →P.49

崩壊したカセドラル・スクエアの仮設大聖堂へ。日本人建築家が手がけており紙素材でできている。外観は三角屋根でカラフルなステンドグラスが使われているが、中に入るといたってシンプルな造りが印象的だ。

シンプルで美しい教会内

大聖堂の再建まで使用される

▶ 徒歩約5分

古き良きクライストチャーチ

## ニュー・リージェント・ストリート

New Regent Street →P.53

カラフルに塗られたコロニアルな建物が並ぶ一角。おみやげショップやおしゃれなカフェ、レストラン、バーが軒を連ね、昼も夜もそぞろ歩きが楽しい。カラフルな通りをトラムが走る様子はぜひ写真に収めたい。

目の前すれすれをトラムが走る

徒歩約10分

ギャラリーやカフェなどもある

よみがえった町のシンボルへ

## アートセンター Arts Centre →P.50

2011年の地震により、工事中のエリアもあるが、ワインバーやホテル、映画館、おみやげ探しにぴったりな店も入っており、注目度大。施設内のマップを確認しながら、ショップやギャラリーを見て回ろう。

老舗のファッジ専門店ファッジ・コテージ（→P.68）

日曜のマーケットでは羊の形のソープ$8などが販売される

徒歩約1分

広大な面積を誇る美しい公園

## ハグレー公園 Hagley Park →P.52

市民のみならず観光客にも人気のガーデンスポット。広い園内には美しいバラ園や冬でも花が見られる温室、ニュージーランドの固有種が見られるニュージーランド・ガーデンなど。カフェもあるのでひと休みにもおすすめ。

色とりどりのバラが咲くバラ園

徒歩約10分

最旬グルメが集まる新名所

## リバーサイド・マーケット

Riverside Market →P.55

市民にも観光客にも人気の都市型マーケット。地元の美食が集まり、グルメみやげの調達にも食事にもぴったり。周囲にはブティックやアート雑貨店、ギフトショップなどが軒を連ね、エリア全体は「シティ・モール」と呼ばれている。

室内マーケットなので雨の日も快適

# 2日目 クライストチャーチ

バスで約1時間30分

フランスのような美しい港町

## アカロア

Akaroa →P.74

クライストチャーチからバスでアカロアへ。中心の広場にはフレンチコロニアルなかわいらしい家が並ぶ。カフェやレストランもあり、のんびり町歩きが楽しめる。

車窓からの景色も楽しめる

町のいたる所にフランスにトリコロールカラーが

景色を眺めながら散歩

## アカロア湾

Akaroa Harbour →P.75

美しいアカロア湾ではクルーズが楽しめ、運がよければイルカも見られる。観光案内所アイサイトからメイン・ストリートのビーチ・ロードを南へ進むとクルーズの船が発着するエリア。観光案内所アイサイトからは徒歩約10分。

火山噴火によってできたカルデラ湖

徒歩約20分

ユニークなオブジェがいっぱい

## ジャイアンツ・ハウス

The Giant's House →P.75

ニュージーランド人デザイナーが手がける、タイルモザイクのオブジェが置かれたガーデン。歌を歌っていたり、泳いでいたり、楽器を演奏している様子の作品など、カラフルで見ていて楽しくなるアートに出合える。

ピアノのオブジェが出迎えてくれる

人物や天使などさまざまなオブジェがある

# アカロア

## Akaroa

人口：780人

URL www.akaroa.com

風光明媚なアカロア・ハーバー

バンクス半島にある港町アカロアは、イギリス人がリトルトンに到着する前に、フランス系移民によって開拓された町だ。1840年、ワイタンギ条約の締結によりニュージーランドはイギリスの属領になってしまったが、ここアカロアだけは捕鯨拠点を目的にフランス人移住者が多く住み着いた。そのため現在でも町のいたるところにフランス文化の香りが色濃く残っている。

クライストチャーチ中心部からは車で南東へ約1時間30分。バンクス半島を走ってアカロアにいたるドライブルートは、ニュージーランドならではの牧歌的な風景が見られる景勝ルートだ。

**アカロアへのシャトルバス**

**アカロア・フレンチ・コネクション**
FREE 0800-800-575
URL www.akaroabus.co.nz
運 クライストチャーチ　9:00発
　アカロア　16:00発
料 往復$55

**アカロアへの景勝ルート**
**Map P.46-C・D1**
レンタカーでアカロアを訪れる場合、クライストチャーチから山を越えてかなり曲がりくねった道を走ることになるので、運転には十分注意したい。

## アカロアへのアクセス Access

クライストチャーチからは車で1時間30分〜2時間。1日1便と便数は少ないが、アカロア・フレンチ・コネクションAkaroa French Connectionがクライストチャーチとアカロアを結ぶシャトルバスを運行している。

眼下に美しい湾が広がる

**観光案内所 i-SITE**
**Akaroa i-Site Visitor Information centre**
**Map P.75**
住 61 Beac Rd.
電 (03) 304-7784
URL www.visitakaroa.com
開 9:00〜17:00
（時季によって異なる）
休 無休

## アカロアの歩き方

町は湾に面してこぢんまりとまとまっているため、日帰りで十分回ることができる。人気のアクティビティはヘクターズ・ドルフィンと出合えるハーバークルーズ。船が発着する桟橋周辺にはおしゃれなカフェやショップが軒を連ねており、トリニティ教会Trinity Churchやセント・パトリック教会St. Patrick's Church、コロネーション・ライブラリーCoronation Libraryといった19世紀の建築物にも立ち寄りたい。またリゾート地として人気が高く、ハーバービューを楽しめるホテルやモーテルなども充実している。

近郊にはチーズ工場をはじめ、ワイナリー、名高いアカロア・サーモンの養殖場、果樹農園などがあり、レストランでは新鮮な食材を使った料理を味わうことができる。

トリコロールカラーをよく目にする

セント・ピーターズ・アングリカン教会

## アカロアの見どころ

### アカロア・ハーバー・クルーズ
Akaroa Harbour Cruise

Map P.75

バンクス半島はかつて巨大な火山錐で、およそ1200万年前には南島から50kmほど離れた所に位置していた。この火山が噴火したことによって形成されたのが現在のアカロア湾とリトルトン湾（→P.59）だ。ブラック・キャット・クルーズBlack Cat Cruisesが催行するクルーズでは、アカロア湾から外洋付近まで1周約2時間で周遊。湾内に広がる荒々しい段崖に、歴史の面影を見て取ることができるだろう。

アカロア湾は世界最小の希少なイルカ、ヘクターズ・ドルフィンと出合えることでも有名だ。そのほかにもブルー・ペンギンや海鳥など、多種の海洋生物が生息している。また、クルーズではサーモンの養殖池の前を通り、給餌の様子が見られることも。イルカと一緒に泳ぐツアー、スイミング・ウィズ・ドルフィンズSwimming With Dolphinsも人気が高い。

ダイナミックな海食崖が続く

**アカロア・ハーバー・クルーズ**
**ブラック・キャット・クルーズ**
電(03)304-7641
URL blackcat.co.nz
**アカロア・ネイチャー・クルーズ**
催11:00、13:30発
料大人$99、子供$40
**スイミング・ウィズ・ドルフィンズ**
催6:30、9:30、12:30発
（時季によって異なる）
料大人$210、子供$180

### ジャイアンツ・ハウス
The Giant's House

Map P.75外

アカロア中心部から徒歩10分ほど、リュー・バルゲリーRue Balguerieの奥に位置する。ニュージーランド国内外で活躍するアーティスト、ジョシー・マーティンJosie Martinが手がけた庭園で、1880年に建てられたフランス風建築の家を中心に、カラフルなオブジェが立ち並ぶ。モザイクタイルで飾られた人型の像や噴水はとてもユニーク。

庭園内にはピアノのオブジェもある

**ジャイアンツ・ハウス**
住68 Rue Balguerie
電(03)304-7501
URL thegiantshouse.co.nz
開夏季　11:00～16:00
冬季　11:00～14:00
休無休
料大人$25、子供$10

### バリーズ・ベイ・チーズ工場
Barry's Bay Cheese Factory

Map P.46-D1

自然の素材だけを使用して昔ながらの方法で約40種類のチーズを作っている。9～5月の月～金曜はガラス越しに製造作業を見学できるほか（スケジュールは要確認）、各種チーズの試食も楽しめる。チェダー、エダム、ゴーダ、フレーバーチーズなどのほか、チーズによく合うローカルワインも販売している。

人気はフルーティな味わいのマースダムMaasdam

**バリーズ・ベイ・チーズ工場**
住5807 Christchurch Akaroa Rd.Duvauchelle 7582
電(03)304-5809
URL www.barrysbaycheese.co.nz
開9:00～17:00
休無休

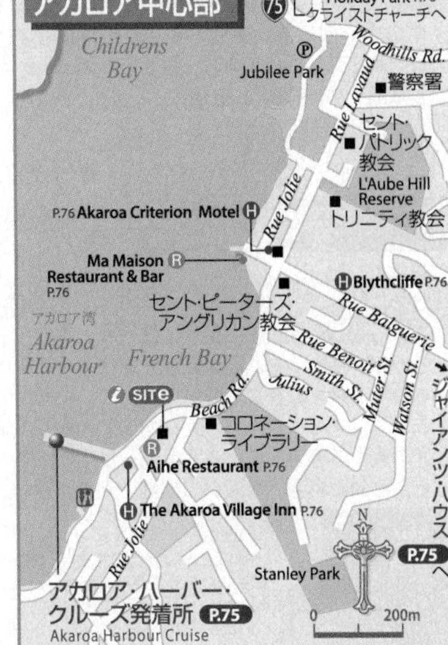
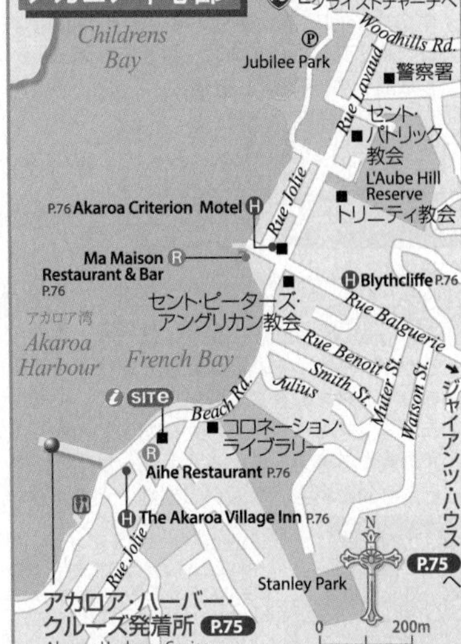

オケインズ湾マオリと入植者博物館
住1146 Okains Bay Rd. Okains Bay
☎(03)304-8611
URL okainsbaymuseum.co.nz
開10:00～16:00
休月・火(12月下旬～1月上旬は無休)
料大人$15、子供無料

## オケインズ湾マオリと入植者博物館

Okains Bay Maori & Colonial Museum

Map P.46-D1

アカロア中心部から車で25分ほど、バンクス半島の北東部に位置するオケインズ湾には、マオリの一部族であるナイタフNgai Tahu族のカヌーが1680年頃にたどり着いたとされる。この博物館ではマオリの釣り具やカヌー、入植者たちが持ち込んだ生活用品や航海模型図など、貴重な資料を展示している。

マオリの集会場マラエもある

## アカロアのレストラン Restaurant

### マ・メゾン・レストラン&バー
Ma Maison Restaurant & Bar Map P.75

アカロア湾に面した店内からの眺めはロマンティックで、ウエディングに使われることも。ランチの人気はシーフードチャウダー$24など。ディナーは予約がベター。

住6 Rue Balguerie
☎(03)304-7668
URL www.mamaison.co.nz
営8:00～22:00
休無休 CC MV

### アイヘ・レストラン
Aihe Restaurant Map P.75

クルーズ発着所が目の前という好立地。美しい海を眺めながらモダンヨーロッパ料理が楽しめる。人気は本日の魚料理$39などの新鮮なシーフード。グルテンフリーやビーガンにも対応可能。

住75 Beach Rd.
☎(03)304-7173
URL www.aiherestaurant.co.nz
営8:30～21:00
休無休 CC MV

## アカロアのアコモデーション Accommodation

### アカロア・クリテリオン・モーテル
Akaroa Criterion Motel Map P.75

町の中心部にあり便利。ほとんどの客室はアカロア湾に面したバルコニー付きで見晴らしがよい。液晶TVや床暖房も完備。

住75 Rue Jolie ☎(03)304-7775
FREE 0800-252-762
URL holidayakaroa.com 料ⓈⒹⓉ$190～ 室数12 CC MV

### ブライズクリフ Blythcliffe
Map P.75

国の歴史的建造物に指定された1857年建設の邸宅を利用したB&B。朝食には季節のフルーツのほか、アカロアサーモン、アカロア産ハムなど地元の味覚が並ぶ。手入れの行き届いた庭園も美しい。

住37 Rue Balguerie
✆021-527-184
URL www.blythcliffe.co.nz
料ⓈⒹ$199～ 室数3 CC MV

### アカロア・ビレッジ・イン
The Akaroa Village Inn Map P.75

海が望めるペントハウスから天蓋付きベッドのあるロマンティックスイート、ファミリー向けヴィラなど、アパートメントタイプの建物内にスタイルの異なる客室を揃える。おしゃれなインテリアと良心的な料金、海沿いの立地で人気が高い。

住81 Beach Rd. ☎(03)304-1111
FREE 0800-695-2000 URL www.akaroavillageinn.co.nz 料ⒹⓉ$160～
室数15アパートメント CC MV

### アカロア・トップ10ホリデーパーク
Akaroa Top 10 Holiday Park Map P.75外

プール、BBQ、トランポリンなど子供が喜ぶ設備が整い、ファミリーに人気。ステュディオユニットからキッチン付きのファミリーユニット、キャビン、キャンプサイトなど宿泊スタイルはさまざま。

住96 Morgans Rd. ☎(03)304-7471 FREE 0800-727-525
URL akaroatop10.co.nz 料Camp$40～ Cabin$105～ Unit$145～ 室数13 CC MV


キッチン(全室) キッチン(一部) キッチン(共同) ドライヤー(全室) バスタブ(全室) プール ネット(全室／有料) ネット(一部／有料) ネット(全室／無料) ネット(一部／無料)

# レイク・テカポ
## Lake Tekapo

クライストチャーチ
レイク・テカポ

人口：558人
URL www.laketekaponz.co.nz

湖面の色は天気によって変わる

レイク・テカポを含む、サザンアルプスの東に広がる高地は、マッケンジー・カントリーMackenzie Countryと呼ばれる。レイク・テカポは南北に約30kmと長く、最大水深は120mほど。独特の色合いは、氷河から融け出した水に、岩石の粒子が混ざり込み造り出されたものだ。深いターコイズブルーをたたえた湖に、サザンアルプスから連なる山々の姿が反射する。湖畔には、まるで絵本から抜け出してきたかのような小さな教会がひっそりとたたずみ、春には紫やピンクのルピナスの花に彩られる、ニュージーランドを代表する美景が広がる。

また、レイク・テカポを含む周辺のエリアは、晴天率が高く星空が美しいことからアオラキ・マッケンジー・インターナショナル・ダークスカイ・リザーブ（→P.80·81）に認定されている。さらに、星空を世界遺産にする動きも高まっており、登録されれば世界初の星空世界遺産になる。町の明かりをできるだけ抑えたレイク・テカポからは、晴れていれば、感動的な星空を望むことができる。また星空ツアー（→P.79）も人気だ。

## レイク・テカポへのアクセス Access

クライストチャーチとクイーンズタウン間を結ぶ長距離バスが停車し、たいていここでランチ休憩を取る。インターシティのバスが1日1便運行、所要約3時間35分。クイーンズタウンからも1日1便、所要約4時間。グレートサイツのバスもある。夏季はアオラキ／マウント・クック国立公園を結ぶザ・クック・コネクションというシャトルバスも運行する（→P.84）。長距離バスはダークスカイ・プロジェクト（→P.79）前から発着する。

## レイク・テカポの歩き方

ビレッジ・センターと呼ばれる町の中心部の狭いエリアにみやげ屋、レストラン、宿泊施設が密集している。とても小さな町なので見どころというほどのものはあまりないが、刻々と表情を変える湖や周辺のウオーキングトラックからの眺めなど、ニュージーランドらしい景観を堪能したい。町から車で約35分の所にはラウンドヒル・スキー場Roundhill Ski Areaもある。約50km離れたプカキ湖（**Map P.78-B1外**）へ足を延ばすのもおすすめ。

おもなバス会社（→P.496）
インターシティ
グレートサイツ

湖から流れ出るテカポ川に架かる橋

長距離バス発着所
**Map P.78-B2**
住 1 Motuariki Lane

レイク・テカポ近郊のスキー場
ラウンドヒル・スキー場
**Map P.78-A2外**
電 (03)680-6977（降雪情報）
URL www.roundhill.co.nz
開 6月下旬～9月中旬 9:00～16:00
料 リフト1日券 大人$99、子供$48
交 ベースタウンになるレイク・テカポから、湖に沿って国道8号線を北東へ約32km行った所にある小規模なスキー場。湖を見下ろすようにゲレンデが広がり、ファミリーでの利用も多い。レンタルはフルセット（1日）が大人$58、子供$42。

レイク・テカポのショップ
アオテア・ギフツ・テカポ
Aotea Gifts Tekapo
**Map P.78-B2**
住 State Hwy. 8
電 (03)971-5264
URL jp.aoteanz.com
営 9:30～17:00（時季によって異なる）
休 無休

善き羊飼いの教会
☎(03)685-8389
URL www.churchofthegood shepherd.org.nz
開 外からの見学は自由。内部の見学はツアーのみ。詳細は要問合せ。教会の外門は夏季8:00～20:00、冬季9:00～17:00にオープン。
休 無休(冠婚葬祭時を除く)

## 善(よ)き羊飼いの教会

Church of the Good Shepherd

Map P.78-A2

湖畔にたたずむ小さな石造りの教会は、1935年にヨーロッパからの開拓民らが周辺の石を集めて建てたもの。最初はゴシック様式で設計されたが、レイク・テカポの風景にマッチするようによりシンプル、かつ素材の持ち味を生かすようなデザインに変更されて造られた。周囲の岩の間からはマタゴウリやタソックといった自生植物が顔をのぞかせている。

この教会の最大の特徴は、祭壇の向こうに大きな窓があり、ガラス越しにレイク・テカポとサザンアルプスが織りなす風景を眺められることだ。大自然が造り上げた絵画のような光景は、しみじみと美しい。

ここで結婚式を挙げるカップルもいる

けなげな牧羊犬の像

## バウンダリー犬の像

Boundary Dog Statue

Map P.78-B2

教会のすぐそばには牧羊犬の像が立っている。これは、開拓時代の放牧地で柵のない境界線（バウンダリーBoundary）を守った犬たちの働きをたたえて、1968年に作られたものだ。

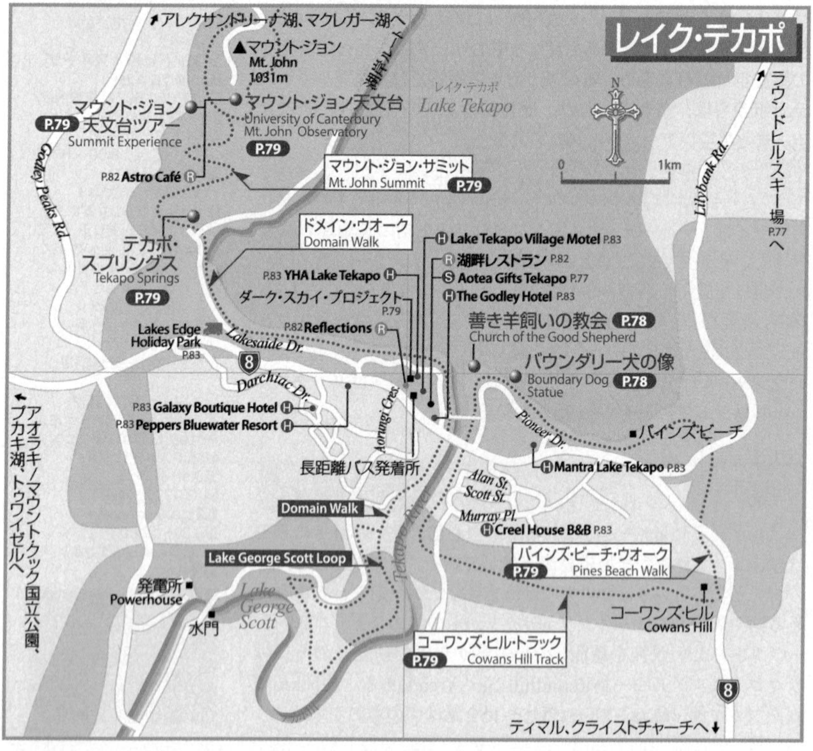

レイク・テカポ

アレクサンドリーナ湖、マクレガー湖へ
マウント・ジョン Mt. John 1031m
湖岸ルート
マウント・ジョン天文台ツアー Summit Experience P.79
マウント・ジョン天文台 University of Canterbury Mt. John Observatory P.79
レイク・テカポ Lake Tekapo
N 0 1km
ラウンドヒル・スキー場 P.77へ
Godley Peaks Rd.
P.82 Astro Café
マウント・ジョン・サミット Mt. John Summit P.79
Lilybank Rd.
テカポ・スプリングス Tekapo Springs P.79
ドメイン・ウオーク Domain Walk
Lake Tekapo Village Motel P.83
湖畔レストラン P.82
P.83 YHA Lake Tekapo
Aotea Gifts Tekapo P.77
The Godley Hotel P.83
ダーク・スカイ・プロジェクト P.79
善き羊飼いの教会 P.78 Church of the Good Shepherd
P.82 Reflections
Lakes Edge Holiday Park P.83
Lakesaide Dr.
8
バウンダリー犬の像 Boundary Dog Statue P.78
Darchiac Dr.
Aorangi Cres.
P.83 Galaxy Boutique Hotel
P.83 Peppers Bluewater Resort
Pioneer Dr.
パインズ・ビーチ
アオラキ/マウント・クック国立公園、プカキ湖、トゥワイゼルへ
長距離バス発着所
Mantra Lake Tekapo P.83
Alan St.
Scott St.
Domain Walk
Murray Pl.
Creel House B&B P.83
Lake George Scott Loop
パインズ・ビーチ・ウオーク P.79 Pines Beach Walk
発電所 Powerhouse
Tekapo River
Lake George Scott
水門
コーワンズ・ヒル Cowans Hill
コーワンズ・ヒル・トラック P.79 Cowans Hill Track
8
ティマル、クライストチャーチへ

A A
B B
1 2

## レイク・テカポ周辺のウオーキングトラック

Walking Tracks around Lake Tekapo

Map P.78

### コーワンズ・ヒル・トラック〜パインズ・ビーチ・ウオーク Cowans Hill Track ~ Pines Beach Walk（1周約2時間30分）

テカポ川に架かる橋からスタート。川沿いに登って森を抜け、コーワンズ・ヒルの展望地まで所要約1時間。ここからパインズ・ウオーク・ビーチに入り、牧場の柵を越え、パインズ・ビーチ沿いを歩いて、善き羊飼いの教会まで約1時間。

### マウント・ジョン・サミット Mt. John Summit（往復2時間〜4時間）

湖に沿って歩いていくとある、テカポ・スプリングスが起点。真っすぐ山頂を目指すルートは所要時間は往復で2時間ほどで、少々急な登りが続く。湖岸ルートは緩やかな道だが、相当大回りするため、片道3時間〜3時間30分ほどかかる。山頂にはマウント・ジョン天文台があり、カフェやトイレが利用できる。

マウント・ジョン・サミットのウオーキングトラック

## マウント・ジョン天文台

University of Canterbury Mt. John Observatory

Map P.78-A1

レイク・テカポの中心部から車で約15分のマウント・ジョン山頂にある天文台。ニュージーランドのカンタベリー大学と、日本の名古屋大学などにより共同研究が行われている。2004年には、ニュージーランド最大の口径1.8mの天体望遠鏡MOAが設置され、4基の天体望遠鏡による天体観測が続けられている。ダーク・スカイ・プロジェクト（下記）のツアーで天候状況により見学することもある。

マウント・ジョン山頂からの眺め

## マウント・ジョン天文台ツアー

Summit Experience

Map P.78-A1

満天の星空を見上げてみよう

ダーク・スカイ・プロジェクトのツアー。バスでマウント・ジョン天文台に向かい、星空ガイドの解説を聞きながら、南十字星など南半球の星空を裸眼や望遠鏡で観察。一眼レフカメラ持参の場合、天体写真ガイドがいれば、撮影してくれることもある。コーワンズ天文台での星空ツアー、クレーター・エクスペリエンスCrater Experienceなども催行。

## テカポ・スプリングス

Tekapo Springs

Map P.78-A1

28〜38.5℃に設定された温度の異なる3つの屋外温水プールがあり、レイク・テカポや山並みを眺めながらくつろげる。マッサージ&スパメニューも充実。冬季はチューブに乗って約150mのスロープを滑るスノー・チューブ・パークSnow Tube Parkも登場。

**ダーク・スカイ・プロジェクト**
**Dark Sky Project**
**Map P.78-B2**
住 1 Motuariki Lake
電 (03)680-6960
URL darkskyproject.co.nz

**マウント・ジョン天文台ツアー（サミット・エクスペリエンス）**
催 通年（ツアーの出発時間と本数は時季によって異なるので要確認）
料 大人$179〜、子供$99〜
出発はビレッジ・センターにあるオフィス前から。所要約1時間45分。参加は7歳以上。山頂は冷えるので夏でも暖かい格好をしていこう。ダウンジャケットは貸してくれる。

**コーワンズ天文台星空ツアー（クレーター・エクスペリエンス）**
催 要問い合わせ
料 大人$115、子供$70
出発は、同じくオフィス前から。所要時間は75分。参加は5歳以上。14インチの大型天体望遠鏡を使って星を見られる。

**テカポ・スプリングス**
住 6 Lakeside Dr.
電 (03)680-6550
FREE 0800-2353-8283
URL tekaposprings.co.nz
営 10:00〜20:00（時季によって異なる）
休 無休
**ホットプール**
料 大人$35、子供$20
**スノー・チューブ・パーク**
料 大人$32、子供$22

ウオーキングのあとにぴったり

レイク・テカポが誇る

# 世界一の星空を見に行こう

レイク・テカポは星空を守るための町づくりを徹底している。そのため人工の明かりが少なく、どこの町よりも美しく輝く世界一と称される星空が見られる。

レイク・テカポのマウント・ジョンから見た星空

## 世界最大級の星空保護区

人口わずか560人ほどの町レイク・テカポ。南緯44度と緯度が高く、さらに晴天率が高く、空気が澄んでいるなど、天体観測に適した場所であることから、世界最南端の天文台が据えられている。2012年6月にはレイク・テカポの町を含む、アオラキ／マウント・クック国立公園とマッケンジー盆地周辺の約4300km²の広大なエリアが、アオラキ・マッケンジー・インターナショナル・ダークスカイ・リザーブ（星空保護区）に認定された。星が空を覆い尽くす様子は、銀河を旅しているかのような錯覚を覚えるほど。星空ウオッチングが目的なら、新月を狙って行こう。

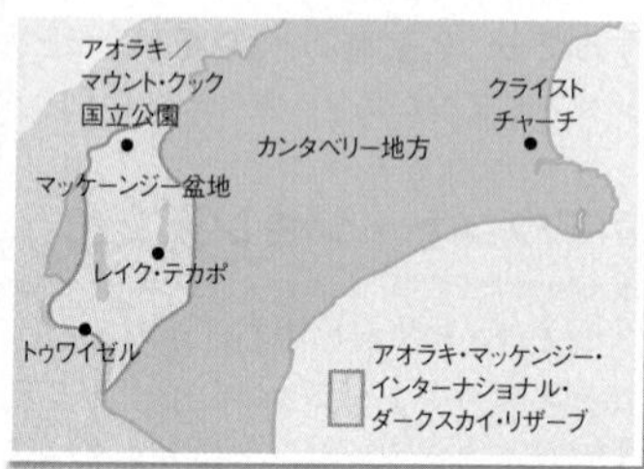


## 星空ウオッチングQ&A

### Q ▶観察のポイントは？

A 南半球に位置するニュージーランドでは、星座の見え方が日本とは異なる。日本では冬の星座として有名なオリオン座も、観察できるのは真夏。さらに、星座の向きも逆さまで左右も逆になる。通年観測できる南十字星や、向きが変わってもあまり見た目が変わらないオリオン座など、わかりやすい星座を基準にして見るのがコツ。ただし、夏季でも気温が下がるので、防寒対策は万全に。

南十字星

南十字星の左にはふたつのポインターと呼ばれる星が並ぶ

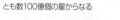

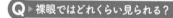

大マゼラン雲、小マゼラン雲とも数100億個の星からなる

### Q ▶南半球でしか見られない星や星座は？

A 代表的なのは南十字星（サザンクロス）。南の空に光る4つの星で十字架を描く星座だが、すぐそばにはニセ十字星もある。天の川銀河の外側に位置する小さな銀河、大小マゼラン雲も南半球ならではの天体だ。

山の上から見れば星がより近くに感じられる

### Q ▶裸眼ではどれくらい見られる？

A 時季や天候にもよるが、アオラキ・マッケンジー・インターナショナル・ダークスカイ・リザーブでは、数千個の星を裸眼で観測することができる。東京では300個ほどしか見えないことを考えると、どれほどきれいな夜空が見られるか想像がつくだろう。

### 各地の星空観察スポット

**スタードーム天文台／オークランド** （→P.256）

オークランド市内からほど近い天文台。500mmの天体望遠鏡を備え、都心部にいながら星空を満喫できる。

**カーター天文台／ウェリントン** （→P.397）

ニュージーランド最大級の天体観測施設。天気がよければ、数台の望遠鏡を使って観測ができる。

### 日中&雨天はここへ！

**町中の星空スポット**

レイク・テカポの目の前にある

ダーク・スカイ・プロジェクトのオフィス内には室内天文施設があり、日中や雨天でもテカポの星空を体験できる。ツアーは所要45分で大人$40、子供$20。ショップやレストランも併設され、時間のない人にもおすすめ。

写真提供：ダーク・スカイ・プロジェクト

満天の星が360度広がる

# 星空ツアーに参加しよう！

持ち物＆注意事項

**持ち物**
- 夏季でも暖かい服装で！　帽子や手袋があると安心
- 歩きやすい靴を履いて行こう
- 一眼レフカメラ（カメラマンがいれば撮影してくれる）

**注意事項**
- カメラや携帯のフラッシュなど、白い光が出るものは禁止
- 大量に飲酒しているとツアーに参加できない場合がある
- ツアー中は禁煙

アオラキ・マッケンジー・インターナショナル・ダークスカイ・リザーブ（星空保護区）に認定されているレイク・テカポ。日本では見られない南十字星や大小マゼラン雲などの天体が見られる。ほかの都市と比べて晴天率が高いので星を見られる確率も高い。星座の向きが違うことから、ガイドの説明を聞きながら観察できる星空ツアーに参加すればより楽しめる。

南半球特有の星を観察できる

標高の高い山頂から肉眼で星空探す

肉眼では見られない星雲などは大型望遠鏡で

**マウント・ジョン・天文台ツアー（サミット・エクスペリエンス）→P.79**

もうひとつの天文台ツアー

## コーワンズ天文台星空ツアー
Crater Experience

マウント・ジョンに比べると標高が低い場所にあるが、人工の光が一切ない丘の上に作られている天文台。→P.79

コーワンズ・ヒルにある

## 夜空の四季

### 春
9~11月

春はマオリのカヌーの星座が見られる。昴からオリオン座までがカヌー、天の川が太平洋だ。船尾であるオリオン座からは錨綱が伸び、逆立ちした南十字星が海に下された錨の姿。11月頃になると南十字星は1年で一番低い位置に姿を現し、天の川も地平線に沿って横たわっている。天の川に沿って東の空へ目を向けると、一等星のシリウスやカノープスを見つけられる。

### 夏
12~2月

まずは北の空に浮かぶオリオン座を見つけよう。その左側には、日本では昴の名で親しまれているプレアデス星団が見えるはずだ。天の川はオリオン座の近くから南の空へと流れており、天の川に沿って目を移すと、全天で一番明るいシリウスを見つけることができる。さらにその先にはニセ十字星、南十字星が現れる。ふたつのポインターを目印にしよう。

### 秋
3~5月

夏の間見えていた星座たちは西の空へと沈んでいき、東の空には獅子座が昇ってくる。日本と同様に頭から昇り、頭から沈むが、その顔は日本とは逆の方向を向いている。4月になると、さそり座や射手座も姿を現し、さそり座の180度反対側にはオリオン座を見つけることができる。夏季には地平線近くにあった南十字星は徐々に空高く昇っていき、5月頃には天頂近くに見えてくる。

### 冬
6~8月

空気の澄んだ冬は星空観察のベストシーズン。この時季、南十字星は天頂から右に傾き出しており、白いちぎれ雲のような大小マゼラン星雲は地平線に近い位置にある。天頂を流れる天の川に目をやると、一番膨れているあたりにさそり座と射手座を見つけることができるだろう。北斗七星を小ぶりにしたような形の6つの星が、射手座の南斗六星だ。

## レイク・テカポの アクティビティ Activity

### 小型機での遊覧飛行エア・サファリ

レイク・テカポ発着の小型機で壮大なサザンアルプスの山岳風景を楽しめる。アオラキ／マウント・クック国立公園とウエストランド国立公園を巡るグランド・トラバースGrand Traverseは所要約1時間、$425。アオラキ／マウント・クック国立公園の入口にあるグレンタナー・パークやフランツ・ジョセフ飛行場からも発着。レイク・テカポのホテルから往復無料送迎も可能。

**Air Safaris**
電(03)680-6880 FREE 0800-806-880
E-mail sales@airsafaris.co.nz
URL airsafaris.co.nz/ja/ 催通年
料Grand Traverse
大人$425～、子供$325～
CC AJMV

### スタンド・アップ・パドルボード（SUP）／カヤック

テカポ湖で体験できるウオーターアクティビティ。大きなボードの上に立ち、パドルを漕いで進むSUPもしくはカヤックをレンタルして、絶景を眺めながらクルージングを楽しもう。ライフジャケットや財布などを入れるドライバッグの貸し出しもあるので安心。カヤックは初心者からスキルアップしたい経験者まで各種レッスンも受けられる。

**Paddle Tekapo**
✆027-668-5388
URL www.paddletekapo.co.nz
催夏季10:00～17:30（天候によって異なる）
料SUP／カヤックレンタル1時間$25～
CC MV

### ホーストレッキング

レイク・テカポ郊外にある乗馬施設。デイ・トレックは、気軽に楽しめる30分コースから、アレクサンドリーナ湖まで向かう4時間コースまであり、おすすめはマウント・ジョン周辺を散策する2時間30分コース。馬の背に揺られ、レイク・テカポやサザンアルプスの山並みが織りなす雄大な景色を堪能できる。レイク・テカポの宿から送迎あり。

**Mackenzie Alpine Horse Treks**
✆021-134-1105
FREE 0800-628-269
URL www.maht.co.nz
催夏季
料30分$70、1時間$140、2時間30分$210～、4時間$290 CC MV

## レイク・テカポの レストラン Restaurant

### アストロ・カフェ Astro Café

Map P.78-A1

マウント・ジョンの山頂にある展望カフェ。全面ガラス張りの店内やテラス席からは、レイク・テカポの町並みや湖を一望できる。メニューはベーグルや、地元のパンを使用した各種サンドイッチ、自家製スコーンなどの軽食が揃う。

住Mt. John Observatory
電(03)680-6960
営10:00～17:00（L.O.16:30）
休火～木
CC MV

### リフレクションズ Reflections

Map P.78-B1・2

昼はカフェ、夜はダイニングと、1日中利用できるカジュアルなカフェレストラン。天気のいい日はテラス席で食事を楽しむのもおすすめだ。ディナーは前菜$15～20、メイン$25～45程度。キッズメニューもある。人気はフライドチキンバーガー。

住16 Rupuwai Lane
電(03)680-6234
URL www.reflectionsrestaurant.co.nz
営11:00～14:30（土9:00～）、17:00～20:00 休日・月 CC MV

### Column レイク・テカポの名物サーモンを食べよう！

サーモンの養殖で有名なレイク・テカポ。地元の冷たい氷河水育ちのサーモンは日本のものに比べて脂がのっており肉厚。写真は人気No.1メニューのサーモン丼$27で、味噌汁と漬け物付き。酢飯の上に新鮮なサーモンがたっぷりのっている。そのほか弁当や寿司、カツ丼、うどんなど日本人シェフが作る本格和食が豊富に揃っている。

衣がサクサクの天ぷら弁当$45などもある

**湖畔レストラン Map P.78-B2**
住6 Rapuwai Lane
電(03)680-6688 URL www.kohannz.com
営11:30～14:00、17:30～20:00（時季によって異なる）
休木・日 CC ADJMV 日本語メニュー 日本語OK

## レイク・テカポのアコモデーション Accommodation

### ペッパーズ・ブルーウオーター・リゾート
Peppers Bluewater Resort Map P.78-B1

高級ホテルチェーン、ペッパーズグループのホテル。マウントビューとレイクビューの両方を楽しめる立地にあり、ほとんどの客室がテラス付き。バスタブやキッチン付きの部屋も。レストランではレイク・テカポを眺めながら食事ができる。

住State Hwy. 8　☎(03)680-7000
URL www.peppers.co.nz/bluewater/
料ⓈⒹⓉ$183～
室数142　CC ADJMV

### レイク・テカポ・ビレッジ・モーテル
Lake Tekapo Village Motel Map P.78-B2

ビレッジ・センター内にあり、アクセス便利な立地。内装はシンプルながらもレイク・テカポの眺望が楽しめる。ステュディオや6人まで泊まれるペントハウスなど、さまざまな客室のタイプがあり、長期滞在にも適した環境だ。

住State Hwy. 8　FREE 0800-118-666
URL www.laketekapo.com
料Studio$180～ Family Unit$230～
室数19　CC MV

### ギャラクシー・ブティック・ホテル
Galaxy Boutique Hotel Map P.78-B1

全室レイクビューでほとんどの部屋がバスタブ付き。12室あるデラックス・ルームは天窓付きで、ベッドに横になりながら星空を眺められる。キッチンを備えた2ベッドルームのスイートタイプもあり、家族やグループにもおすすめ。

住53 Darchiac Dr.
☎(03)680-6666　FREE 0800-270-270
URL www.galaxytekapo.co.nz
料ⒹⓉ$299～　室数15　CC MV

### ゴッドレー・ホテル
The Godley Hotel Map P.78-B2

レイク・テカポに面して立つ、2階建ての数棟からなるホテル。バスタブ付きのレイクビューの客室は人気なので、夏季は早めの予約がおすすめ。館内にはラウンジやレストラン、ジム、スキー乾燥室なども備えている。

住2-4 Rapuwai Lane　☎(03)680-6848　FAX(03)680-6873
URL godleyhotel.co.nz　料ⓈⒹⓉ$150～　室数58　CC ADJMV

### クリール・ハウスB&B
Creel House B&B Map P.78-B2

親切なホストと2匹の猫が迎えてくれるB&B。ノルウェーの山小屋をイメージした建物で、中心地からは徒歩12分。のんびり過ごしたい人やローカル気分を味わいたい人にうってつけ。バルコニーとバスタブ付きの専用バスルームが付いた部屋もある。

住36 Murray Pl.　☎(03)680-6516
URL www.creelhouse.co.nz
料ⓈⒹⓉ$195～
室数3　CC ADJMV

### レイクス・エッジ ホリデーパーク
Lakes Edge Holiday Park Map P.78-A1

レイク・テカポの湖畔にあり、キャンピングカーなどで利用できるホリデーパークやキャンプサイト、モーテル、キャビン、バックパッカーズなどからなる。モーテルの客室は小さめだが、バス、トイレ、簡易キッチン付き。共用のランドリーも利用できる。

住2 Lakeside Dr.　☎(03)680-6825
FREE 0800-853-853　URL lakesedgeholidaypark.co.nz　料Dorm$37～
Motel$257～ Cabin$155～　室数25　CC MV

### マントラ・レイク・テカポ
Mantra Lake Tekapo Map P.78-B2

ゆったり優雅に過ごせるアパートメントタイプのホテル。ベッドルームとラウンジ、キッチンが完備し、ファミリーやグループでの利用に最適。全室バルコニーもしくはパティオ付きで、プールやBBQの設備もある。

住1 Beauchamp Pl.　☎(03)680-6888　URL www.mantrahotels.com/mantra-lake-tekapo
料$385～　室数23　CC AMV

### YHA レイク・テカポ
YHA Lake Tekapo Map P.78-B2

レイク・テカポが目の前という好立地。湖を見渡せる2階ラウンジをはじめ、オーブンやワッフルメーカーを備えた共同キッチンや各種ツアーの予約受付、おしゃれなアメニティとサービスが充実する。自転車置き場あり。

住5 Motuariki Lane
✆021-221-7085　URL www.yha.co.nz　料Dorm$52～　Ⓓ$205～
Ⓣ$180～　室数144ベッド　CC MV

キッチン(全室)　キッチン(一部)　キッチン(共同)　ドライヤー(全室)　バスタブ(全室)
プール　ネット(全室／有料)　ネット(一部／有料)　ネット(全室／無料)　ネット(一部／無料)

URL mackenzienz.com

世界遺産

# アオラキ／マウント・クック国立公園

## Aoraki / Mount Cook National Park

おもなバス会社（→P.496）
グレートサイツ
運 通年
**クライストチャーチ～マウント・クック**
7:30発（12:50着）
料 片道$229～
**クイーンズタウン～マウント・クック**
7:30発（12:15着）
料 片道$189～

ザ・クック・コネクション
The Cook Connection
FREE 0800-266-526
URL www.cookconnect.co.nz
※2023年4月現在運休中。2023年10月頃に再開予定。詳細は公式サイトを要確認。

夕日に赤く染まるアオラキ／マウント・クック

標高3724m、ニュージーランドの最高峰がアオラキ／マウント・クックだ。アオラキとはマオリ語で“雲を突き抜ける山”を意味しており、一般的に英語名のマウント・クックと併記される。この山を中心に標高3000mを超える19のピークと、谷間を埋める数多くの氷河によって形成されるサザンアルプス山脈は、まさに“南半球のアルプス”の名にふさわしい。とはいえ、年平均降水量4000mm、降水日数149日という不安定な気象のため、マウント・クックの勇姿をはっきりと見られるかどうかは運次第。それだけに、待ち望んだ晴天の日に見上げる白くそそり立ったピークは感動的だ。

700km$^2$を超える面積のアオラキ／マウント・クック国立公園は、南へ連なるウエストランド、マウント・アスパイアリング、フィヨルドランドの3つの国立公園とともに、“テ・ワヒポウナム Te Wahipounamu”としてユネスコの世界遺産に登録されている。

### アオラキ／マウント・クック国立公園へのアクセス Access

国立公園の拠点となるアオラキ／マウント・クック・ビレッジAoraki/Mount Cook Villageはクライストチャーチ～クイーンズタウン間の長距離バスルートから、支線（80号線）に入り、プカキ湖沿いに約55kmの位置にある。道路標識はわかりやすく、迷う心配はほぼないだろう。

また、インターシティ系列のグレートサイツが運行する、クライストチャーチ～クイーンズタウン間を結ぶバスがマウント・クックまで運行。途中、レイク・テカポで15分ほど停車する。Wi-Fiが無料で使える快適なバスだ。

クライストチャーチからは1日1便、所要約5時間20分。クイーンズタウンからも1日1便、所要約4時間45分。ビレッジ内のハーミテージ（→P.90）前に発着。レイク・テカポからはザ・クック・コネクションのシャトルバスが10～5月の間1日1便運行。長距離バスは、分岐点への最寄りの町トゥワイゼルTwizelに停車。夏季はザ・クック・コネクションの接続便を利用できる。

豆知識
**拠点の町トゥワイゼル**
アオラキ／マウント・クック国立公園付近で宿泊する場合は、事前にトゥワイゼルに立ち寄ろう。小さな町だが、スーパーやレストラン、銀行など、ひととおりの施設が揃っている。アオラキ／マウント・クック・ビレッジまでは車で約1時間。

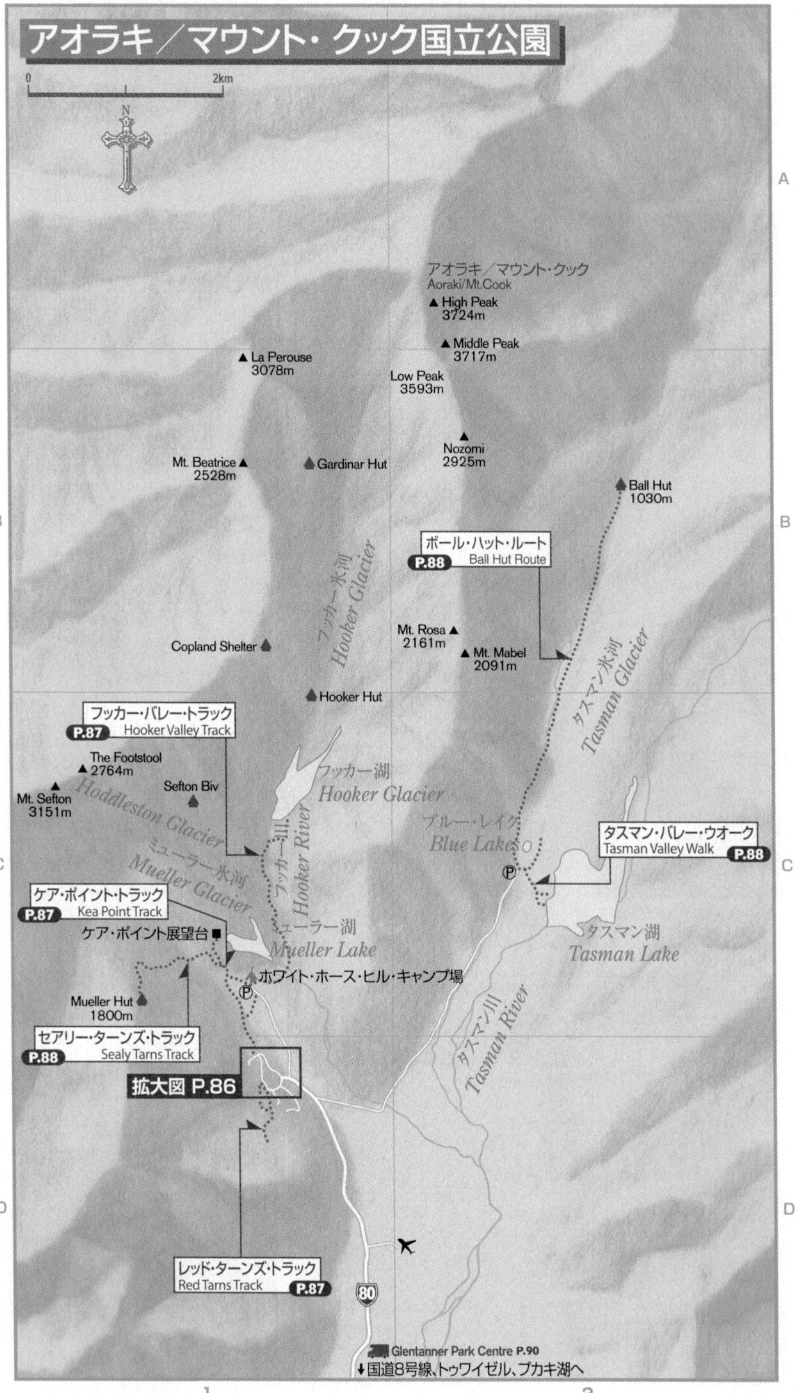
アオラキ／マウント・クック国立公園
0
2km
N
アオラキ／マウント・クック
Aoraki/Mt.Cook
High Peak
3724m
Middle Peak
3717m
La Perouse
3078m
Low Peak
3593m
Nozomi
2925m
Mt. Beatrice
2528m
Gardinar Hut
Ball Hut
1030m
ボール・ハット・ルート
P.88
Ball Hut Route
フッカー氷河
Hooker Glacier
Mt. Rosa
2161m
Mt. Mabel
2091m
Copland Shelter
Hooker Hut
タスマン氷河
Tasman Glacier
フッカー・バレー・トラック
P.87
Hooker Valley Track
The Footstool
2764m
Mt. Sefton
3151m
Sefton Biv
フッカー湖
Hooker Glacier
Hoddleston Glacier
フッカー川
Hooker River
ブルー・レイク
Blue Lakes
タスマン・バレー・ウオーク
Tasman Valley Walk
P.88
ミューラー氷河
Mueller Glacier
ケア・ポイント・トラック
P.87
Kea Point Track
ケア・ポイント展望台
ミューラー湖
Mueller Lake
タスマン湖
Tasman Lake
ホワイト・ホース・ヒル・キャンプ場
Mueller Hut
1800m
セアリー・ターンズ・トラック
P.88
Sealy Tarns Track
タスマン川
Tasman River
拡大図 P.86
レッド・ターンズ・トラック
Red Tarns Track
P.87
80
Glentanner Park Centre P.90
↓国道8号線、トゥワイゼル、プカキ湖へ

*i* 観光案内所
**DOC Aoraki Mount Cook National Park Visitor Centre**
**Map P.86**
住1 Larch Grove
電(03)435-1186
開10～4月　8:30～17:00
　5～9月　8:30～16:30
休無休

山歩き前にはDOCビジターセンターで情報収集を

## アオラキ／マウント・クック国立公園の 歩き方

観光の拠点となるのはアオラキ／マウント・クック・ビレッジ。ここにDOCアオラキ／マウント・クック国立公園ビジターセンターAoraki/Mount Cook National Park Visitor Centreや、ハーミテージ（→P.90）をはじめとした宿泊施設、レストランが点在する。ビジターセンターではウオーキングコースなどの情報を提供するほか、周辺の地理や歴史、動植物に関する展示が充実しているので、ぜひ散策前に立ち寄りたい。ビレッジ内に一般向けの商店などはなく、ハーミテージに食品・雑貨類を扱う売店がある程度。トラックを歩く予定があるなら、あらかじめ必要な持ち物や行動食は用意しておいたほうが無難だ。ビレッジ内の交通は徒歩、または車となる。

## アオラキ／マウント・クック国立公園の 見どころ

### サー・エドモンド・ヒラリー・アルパイン・センター
Sir Edmund Hillary Alpine Centre
Map P.86

**サー・エドモンド・ヒラリー・アルパイン・センター**
電(03)435-1809
FREE 0800-68-6800
URL www.hermitage.co.nz
開9:00～17:00
休無休
料大人$20、子供$10（マウント・クック・ミュージアム、2D&3Dムービーの共通）

ハーミテージ内にあり、ニュージーランド出身の登山家エドモンド・ヒラリー（1919～2008）の名を冠した施設。ギャラリーにはエベレストに初登頂したヒラリー卿の愛用の品々や雪上車などを展示。マウント・クックの歴史がわかる2D、3Dムービーと、プラネタリウムを上映する劇場もある。

マウント・クックを見上げるヒラリー卿の像

### アオラキ／マウント・クック国立公園のウオーキングトラック
Tracks in Aoraki / Mount Cook National Park
Map P.85、86

アオラキ／マウント・クック・ビレッジ周辺には、散歩程度の遊歩道から日帰りコースのハイキングまで、数本のウオーキングコースが整備されている。山並みや氷河を眺めながら歩くのは、この地ならではの楽しみ方といえるだろう。夏季の11～2月にかけては、マウント・クック・リリー（正式名ジャイアント・バターカップ）やルピナスなど、咲き誇る花々も美しい。

**アオラキ／マウント・クック・ビレッジ**
↑ケア・ポイント・トラックP.87へ
DOCアオラキ／マウント・クック国立公園ビジターセンター
The Hermitage Hotel P.90
The Old Mountaineers' P.90
Aoraki Alpine Lodge P.90
サー・エドモンド・ヒラリー・アルパイン・センター P.86
Sir Edmund Hillary Cafe & Bar P.90
グレンコー・ウオーク Glencoe Walk P.87
ボーウェン・ブッシュ・ウオーク Bowen Bush Walk P.86
ガバナーズ・ブッシュ・ウオーク Governors Bush Walk P.87
Mt Cook Motels P.90
Aoraki Court Motel P.90
YHA Aoraki Mt.Cook P.90
Terrace Rd.
Hokker Valley Rd.
Mount Cook Rd.
Bowen Dr.
0　200m

#### ボーウェン・ブッシュ・ウオーク
Bowen Bush Walk
（1周約10分）

ビレッジ内周遊道路の内側にある森の中を一周するコース。朝夕の軽い散歩にもおすすめ。

野鳥のさえずりを聞きながらのんびり歩けるトラック

## ガバナーズ・ブッシュ・ウオーク
## Governors Bush Walk（1周約1時間）

公共避難所の裏手からブナの森に入っていく。緩い上りで、見晴らし台に着くとビレッジ全体や山並みの展望もいい。

## レッド・ターンズ・トラック Red Tarns Track（往復約2時間）

ビレッジを出発後、小さな橋で川を越え、ジグザグの急坂の連続を登り詰めると山上池に出る。「tarn」とは山中にある池の意味。赤い水草が茂っておりこれが地名の由来となっている。

## ケア・ポイント・トラック
## Kea Point Track（往復約2時間）

ミューラー氷河とセフトン山、アオラキ／マウント・クックの姿を堪能できる、比較的楽に歩けるコースとして人気。大部分はほぼ平坦な草原だが、最後にやや急な坂を登るとそこが展望デッキだ。ホワイト・ホース・ヒル・キャンプ場の駐車場からスタートすれば片道約30分。正面にアオラキ／マウント・クック、左側にはマウント・セフトンの懸垂氷河が見える。目の前にはミューラー氷河末端部のモレーン（氷河によって運ばれた堆積物）が独特な色の水をたたえて横たわる。

湖とモレーンの向こうにマウント・クックが白く輝く

## フッカー・バレー・トラック
## Hooker Valley Track（往復約3時間）

一番人気のトラック。フッカー川に架かるつり橋を3回渡り、アオラキ／マウント・クックの姿を見ながら花畑や河原、草原と変化に富んだ地形を歩き、氷河がせり出したフッカー湖に到着する。特に、アオラキ／マウント・クックを眺めながら木道を歩くのは気持ちがいい。道はさらに氷河上方へと通じているが落石の危険もあるので一般ハイカーはここより先には行かないこと。トイレはホワイト・ホース・ヒル・キャンプ場のほか、ふたつ目のつり橋を渡って少し進んだ所にもある。

正面にアオラキ／マウント・クックを眺めながら高原を歩く

### グレンコー・ウオーク
### Glencoe Walk
（往復約30分）

ハーミテージの裏からスタート。急な坂を登ると視界が開け、アオラキ／マウント・クック・ビレッジとフッカー氷河、アオラキ／マウント・クックが一望できる。朝日や夕日の眺めも美しいビュースポット。

### トレッキングのシーズン

9～5月がベストシーズンだが、ビレッジ周辺のトラックであれば、まとまった積雪のあとでもない限り、冬でも歩くことができる。ただしセアリー・ターンズ・トラックなど標高の高い場所のトラックは雪が降ると歩くのが難しいので、事前にDOCビジターセンターで状況を確認のこと。コースのほとんどは一般向けのハイキングとして歩けるものだが、足場の悪い所もあるので軽登山靴の着用が望ましい。また、天候の変化や防寒対策も兼ねて雨具は必携。水や食料も忘れずに。もちろんすべてのゴミを持ち帰る、植物を一切取らないなどの、基本的なマナーは必ず守ろう。

### ウオーキングトラックへの行き方

フッカー・バレー・トラックやセアリー・ターンズ・トラックの始点となるのは、ビレッジからケア・ポイントに向かって整備された道を歩いて約30分（車で約5分）の所にあるホワイト・ホース・ヒル・キャンプ場White Horse Hill Camp Ground。コースを歩く前にここで食事やトイレを済ませておくとよい。

DOCのサイトからトレッキング&サイクリング用の英語版パンフレット（PDF）をダウンロードできる。地図も載っているので事前に入手しておくとよい。DOCビジターセンターでも手に入る。

**ケアに注意！！**

ケアKeaとはニュージーランド南島の山岳地帯にすむオウムの仲間(→P.36)。体長50cmほどで、全体は緑褐色をしている。“キィアァ～”という甲高い声で鳴くのですぐわかる。ケアの少々厄介なところは、人をあまり恐れず、イタズラ好きなところだ。荷物を持ち去られたり、引きちぎられたりという被害も多い。ケアがそばに寄ってきたとしても、餌づけは厳禁。そっと追い払い、静かに見守ろう。

「キィアァ～」という独特の鳴き声が耳につく

**冬季のアクティビティ ヘリスキー**

ヘリコプターで山上にフライトし、新雪の斜面をダイナミックに滑り降りるヘリスキー。スキーに自信があれば日本ではできない体験をしてみるのも。スタンダードは800～1000mの高度差を5本滑る。ランチや、ホテル～空港間の送迎も含まれる。

**マウント・クック・ヘリスキー**
囮(03)435-1834
運7～9月
URL www.mtcookheliski.co.nz
料$1425(追加1本$125)

**Ball Hut**
料大人$8、子供$2.5

山小屋の周囲にテントを張ってキャンプをする場合(夏季のみ)は$2.5。出発前に観光案内所(→P.86)で支払いを済ませること。予約不可で宿泊はその日の先着順。夏季はすぐに満員になるのでテントの用意がおすすめ。

## セアリー・ターンズ・トラック　Sealy Tarns Track

**(往復3～4時間)**

由来のとおりに“雲を突き抜ける山”を望める

ケア・ポイント・ウオークの途中から分岐したトラックを行く。大部分が階段になった急坂を登ると、小さな池が現れる。目の前にはフッカー・バレーの氷河が迫り、ときおり、氷河が崩落する音が雷のように聞こえてくる。アオラキ／マウント・クックの眺めもいい。トラックはこの先ミューラー小屋Mueller Hutへと続いているが、そこまで行くと往復8時間ぐらいかかるのでかなりの健脚向きだ。

## タスマン・バレー・ウオーク（ブルー湖とタスマン氷河） Tasman Valley Walk (Blue Lakes and Tasman Glacier View)

**(往復約40分)**

国道から分岐するタスマン・バレー・ロードTasman Valley Rd.を約8km行った、車道終点の駐車場がトラックのスタート地点となる。急な上り坂を行くと道がふた手に分かれ、一方はブルー湖の展望台へ、もう一方はタスマン湖の展望台に出る。最後まで上りが続くが、展望台からの眺めは壮観だ。遠くにタスマン氷河と眼下にグレーのタスマン湖。湖には大きな氷がいくつも浮いている。右側には氷河が削った谷がどこまでも広がり、目の前には山がそびえる。眺めを楽しみながら疲れを癒やそう。ビレッジからスタート地点までは車利用となる。

展望台からのタスマン湖の眺め

## ボール・ハット・ルート　Ball Hut Route

**(往復6～8時間)**

登山経験が豊富で体力があり、しっかりした装備を用意している人向けのルート。スタート地点はタスマン・バレー・ウオークと同じ駐車場。タスマン氷河へ向かって続く4WD専用道路を約5km進み、その先はバックカントリーエリアとなる。ここから先は標識もなく迷いやすいので、一般ハイカーは自身のスキルを考慮すること。氷河に削られた岩石や土砂が堆積したモレーンの壁が続くため、落石にも注意が必要。ゴール地点のボール・ハットBall Hut（山小屋）からはタスマン氷河湖とサザンアルプスの雄大な眺めが楽しめる。山小屋にはマットレス、トイレ、水道など最低限の設備しかないが、宿泊することも可能。水道水は飲む前に沸騰させることが推奨されている。

## アオラキ／マウント・クック国立公園のアクティビティ Activity

### 星空ウオッチング

日本語ガイドの解説とともに、アオラキ・マッケンジー・インターナショナル・ダークスカイ・リザーブ（星空保護区→P.80・81）に認定されている星空を天体望遠鏡や双眼鏡で観察できる。所要約1時間～1時間30分。

**Big Sky Stargazing**
(03) 435-1809 催通年、晴天時
料大人$109、子供$45 CC AJMV
※ハーミテージ（→P.90）のアクティビティデスクで申し込み可能

### 氷河湖でのカヤック

氷河の末端にあるタスマン湖やミューラー湖で楽しむカヤックツアー。サザンアルプスの雄大な景色や湖に浮かぶ氷山を眺めながらのんびりとパドルを漕ごう。ツアーの出発地点はオールド・マウンテニアーズ（→P.90）前。参加は13歳以上から。

**Glacier Sea Kayaking**
027-434-2277 URL www.mtcook.com/glacier-sea-kayaking
催通年 9:00発（タスマン湖ツアー）
料$275 CC MV

### スキープレーンでの遊覧飛行

セスナ機にスキーを装着したスキープレーンで、氷河上に着陸することができる。アオラキ／マウント・クック上部とタスマン氷河を眺められるGlacier Highlights（所要約45分）、さらにフォックス、フランツ・ジョセフなど周辺の氷河まで巡るGraund Circle（所要約60分）$649～などがある。

**Mt Cook Ski Planes and Helicopters**
(03) 430-8026 FREE 0800-800-702
URL www.mtcookskiplanes.com 催通年
料Glacier Highlights$599～ CC MV ※スキープレーンはヘリコプターに変更可。ハーミテージのアクティビティデスクで申し込み可能

### ヘリコプターでの遊覧飛行

グレンタナー・パークにあるヘリポートから発着。ゾディアック氷河に着陸するAlpine Vista（所要約20分）や、アオラキ/マウント・クックやフォックス、フランツ・ジョセフ氷河を一望できるMount Cook & The Glaciers（所要約55分）などがある。ホテルからの送迎あり。

**The Helicopter Line**
(03) 435-1801 FREE 0800-650-651
URL www.helicopter.co.nz 催通年 料Alpine Vista$300 Mount Cook & The Glaciers $695 CC AJMV ※ハーミテージのアクティビティデスクで申し込み可能

### グレイシャー・エクスプローラー

タスマン氷河末端の湖をガイドとともに遊覧ボートでクルーズする。300～500年もの時を経て形成された迫力の氷山を間近に望み、実際に触れることができる。日本語のガイド冊子あり。所要約2時間30分で、クルーズは約1時間。途中、タスマン・バレー国立公園内を30分ほど歩く。

**Glacier Explorers**
(03) 435-1809 FREE 0800-686-800
URL glacierexplorers.co.nz 催9月中旬～5月下旬 料大人$179、子供$79
CC AJMV ※ハーミテージのアクティビティデスクで申し込み可能

## Column 歴史のなかのアオラキ／マウント・クック

マウント・クックの名はイギリスの航海者キャプテン・クックにちなむ。ただし命名は、1851年にニュージーランドの測量に来たイギリス人J. L. ストークによる。クック自身は1770年の航海で高い山の連なりにサザンアルプスという名を付けたが、特定の山頂に注目することはなかったようだ。

マオリ名であるアオラキは伝説上の少年の名前だ。アオラキと彼の兄弟が乗ったカヌーが、暗礁に乗り上げてしまった。彼らはカヌーの海面に高く突き出た部分に避難して助けを待ったが、そのうち石となってしまう。そのときのカヌーが南島、兄弟はサザンアルプスの山々、一番背の高かったアオラキが主峰になったというわけだ。

アオラキ／マウント・クックの奥地まで人が入るようになったのは1860年代くらいから。1894年、アオラキ／マウント・クック初登頂を狙ってニュージーランドにやってきた、イギリス人 E. フィッツジェラルドとイタリア人M. ツルブリッゲン。これを聞いて、地元で山岳ガイドをしていたトム・ファイフ、ジャック・クラーク、ジョージ・グラハムのニュージーランド勢3人が奮起し、外国人による初登頂を阻止するべくアタックを開始する。そしてその年のクリスマスの日、ついにピークを踏むことに成功したのだった。

## アオラキ／マウント・クック国立公園のレストラン Restaurant

### オールド・マウンテニアーズ
The Old Mountaineers' Map P.86

有名なマウンテンガイドが経営する、景色のいいカフェ＆レストラン。店内の壁には山登りの道具や写真が飾られている。ハンバーガー$26～、ピザ$23～など、いずれもボリュームたっぷり。＋$3でグルテンフリーにも対応している。

住3.Larch Grove
027-434-2277
URL www.mtcook.com/restaurant
営11:00～14:30、17:30～19:00
休不定休（冬季休業あり） CC MV

### サー・エドモンド・ヒラリー・カフェ&バー
Sir Edmund Hillary Cafe & Bar Map P.86

ハーミテージ内にあるセルフサービスのカフェ。できたてのサンドイッチやパイなどの軽食が揃う。正面のガラス窓からはアオラキ／マウント・クックの壮大な景色を望むことができる。1階のバーとレストランもおすすめ。

住Aoraki/Mount Cook Village
(03) 435-1809 FREE 0800-686-800 URL www.hermitage.co.nz 営10:00～16:00（時季によって異なる） 休無休 CC AJMV

## アオラキ／マウント・クック国立公園のアコモデーション Accommodation

### ハーミテージ The Hermitage Hotel
Map P.86

1884年のオープン以来、登山家をはじめとする多くの人々に利用されてきた歴史ある大型ホテル。ほとんどの部屋からアオラキ／マウント・クックの姿を眺めることができる。さまざまなアクティビティ（→P.89）を催行している。

住Aoraki/Mount Cook Village
(03) 435-1809
FREE 0800-686-800
URL www.hermitage.co.nz 料ⒹⓉ$318～ 室数164 CC ADJMV

### アオラキ・コート・モーテル
Aoraki Court Motel Map P.86

モダンな内装のモーテル。スパバスが付いた2人用のエグゼクティブ・スパ・ステュディオや、5人まで泊まれるアパートメントタイプの部屋がある。冷蔵庫、テレビ、電子レンジなども備えている。朝食のオーダーも可能。

住26 Bowen Dr. (03) 435-1111 FREE 0800-435-333
URL www.aorakicourt.co.nz
料ⒹⓉ$185～ 室数25
CC MV

### マウント・クック・モーテルズ
Mt Cook Motels Map P.86

ハーミテージ系列のモダンなモーテル。全室にキッチンを備え、パティオもある。

住Bowen Dr. FREE 0800-686-800 (03) 435-1809
URL www.hermitage.co.nz
料ⓈⒹⓉ$220～
室数 111 CC AMV

### アオラキ・アルパイン・ロッジ
Aoraki Alpine Lodge Map P.86

木のぬくもりあふれるきれいなロッジ。広々とした共同キッチンや、ファミリールームがあり、全室専用バスルーム付き。フロントに小さな売店あり。

住101 Bowen Dr.
(03) 435-1860 FREE 0800-680-680 URL aorakialpinelodge.co.nz
料ⒹⓉ$199～ ファミリールーム$240～ 室数16 CC MV

### YHA アオラキ・マウント・クック
YHA Aoraki Mt. Cook Map P.86

夏季とスキーシーズンには混み合う人気のYHA。テレビラウンジ、乾燥室、サウナなどの共同設備も充実。タオルやドライヤーの貸し出しも行っている。

住4 Bowen Dr. 021-193-1150
URL www.yha.co.nz
料Dorm$46～ ⒹⓉ$170.2～
室数77ベッド CC MV

### グレンタナー・パーク・センター
Glentanner Park Centre Map P.85-D1外

ビレッジより約24km手前、マウント・クック周辺では唯一のホリデーパーク。夏季の予約は早めに。BBQスペースとレストランを併設。各種アクティビティの受け付けも行っている。

住3388 Mount Cook Rd.
(03) 435-1855
FAX (03) 435-1854
URL www.glentanner.co.nz
料Camp1人$25～ Dorm$45～ ⒹⓉ$160～ 室数14 CC MV



キッチン(全室) キッチン(一部) キッチン(共同) ドライヤー(全室) バスタブ(全室) プール ネット(全室／有料) ネット(一部／有料) ネット(全室／無料) ネット(一部／無料)

# ワナカ
Wanaka

人口：8890人
URL www.lakewanaka.co.nz

ワナカのシンボル「#ThatWanakaTree」

南北に細長いワナカ湖に面したワナカの町は、夏はマウント・アスパイアリング国立公園のゲートウエイとして、冬はトレブル・コーン・スキー場やカードローナ・アルパイン・リゾート（→P.95）のベースタウンとしてにぎわいを見せる。また、魅力的な自然に囲まれた環境から、近年は風光明媚なリゾート地としても脚光を浴びている。

## ワナカへのアクセス Access

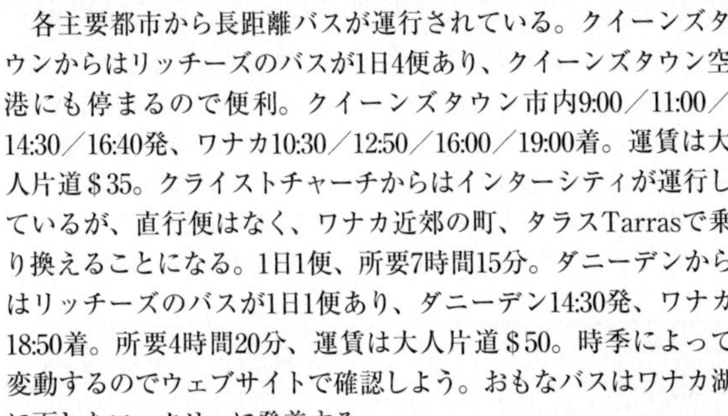

各主要都市から長距離バスが運行されている。クイーンズタウンからはリッチーズのバスが1日4便あり、クイーンズタウン空港にも停まるので便利。クイーンズタウン市内9:00／11:00／14:30／16:40発、ワナカ10:30／12:50／16:00／19:00着。運賃は大人片道＄35。クライストチャーチからはインターシティが運行しているが、直行便はなく、ワナカ近郊の町、タラスTarrasで乗り換えることになる。1日1便、所要7時間15分。ダニーデンからはリッチーズのバスが1日1便あり、ダニーデン14:30発、ワナカ18:50着。所要4時間20分、運賃は大人片道＄50。時季によって変動するのでウェブサイトで確認しよう。おもなバスはワナカ湖に面したロータリーに発着する。

おもなバス会社（→P.496）
インターシティ
グレートサイツ
リッチーズ

## ワナカの歩き方

ワナカ湖に面して広がるワナカは、こぢんまりとしたリゾートタウン。メインストリートは湖沿いを走るアードモア・ストリートArdmore St.で、ヘルウィック・ストリートHelwick St.と交わるあたりにレストランやみやげ物店が集まる。ヘルウィック・ストリート沿いには、アウトドアショップやスーパーなど各種ショップが立ち並び、必要な物はだいたい揃う。しかし、町なかを走るバスはないのでレンタカーもしくはタクシーを利用しよう。

観光案内所アイサイトは、アードモア・ストリートのアーケード内にあり、ワナカはもちろんウエストランド一帯に関する観光情報を提供している。湖畔からアードモア・ストリートを東に5分くらい歩いた所には、DOC自然保護省のティティテア／マウント・アスパイアリング国立公園ビジターセンターがある。

観光案内所 i SITE
Lake Wanaka i-SITE Visitor Centre
**Map P.92-A2**
住 103 Ardmore St.
電 (03) 443-1233
URL www.lakewanaka.co.nz
開 9:00～17:00
（時季によって異なる）
休 無休

長距離バス発着所からすぐ

i 観光案内所
DOC Tititea/Mount Aspiring National Park Visitor Centre
**Map P.92-A2**
住 Cnr. of Ardmore St. & Ballentyne Rd.
電 (03) 443-7660
URL www.doc.govt.nz
開 5～10月
月～金　8:30～17:00
11～4月　8:00～17:00
休 5～10月の土日

おもなレンタカー会社
Wanaka Rentacar
住 2 Brownston St.
電 (03) 443-6641
URL www.wanakarentacar.co.nz
料 1日＄55～

おもなタクシー会社
Yello Cabs
電 (03) 443-5555
FREE 0800-443-5555

パズリング・ワールド
住188 Wanaka Luggate Hwy. 84
電(03)443-7489
URL www.puzzlingworld.co.nz
開9:00～16:30
休無休
交中心部から約2km。
**ザ・グレート・メイズ**
料大人$18、子供$14
**イリュージョン・ルーム**
料大人$20、子供$16
**共通券**
料大人$25、子供$18

ワナカ・ラベンダー・ファーム
住36 Morris Rd.
電(03)443-6359
URL www.wanakalavenderfarm.com
営9～5月 9:00～17:00
6～8月 10:00～17:00
休無休
料12～3月大人$15、子供$7.5 4～11月大人$7、子供$3.5
交中心部から約4km。

ベストシーズンは12月中旬～3月中旬

# ワナカの見どころ

## パズリング・ワールド
The Puzzling World

Map P.94-A2

名前のとおりさまざまなパズルが楽しめるテーマパーク。アードモア・ストリートArdmore St.を東に進んだ84号線沿いにある。メインは何といっても総延長約1.5kmの巨大迷路ザ・グレート・メイズだ。長いうえに2階建てであるため、かなり複雑。脱出には30分～1時間かかるという。どうしても出られない人のためには、ゴール以外にも脱出口が用意されている。そのほか、53度傾斜して立っているタンブリングタワーやホログラム・ホール、トリックアートなど目の錯覚を利用した視覚に訴えるパズルを楽しめるイリュージョン・ルームもおもしろい。

個性的なテーマパークだ

## ワナカ・ラベンダー・ファーム
Wanaka Lavender Farm

Map P.94-A2

面積20エーカーのラベンダー農園。紫色のドアなどフォトスポットもあるラベンダー畑はフォトジェニックで、敷地内で飼育されているポニーや羊といった動物たちとも触れ合える。畑の散策には入場料が必要だが、併設のショップとカフェは入場料なしで利用可能。ラベンダーを使ったコスメや雑貨、ハチミツなどのオリジナルアイテムが販売され、おみやげ探しにおすすめ。

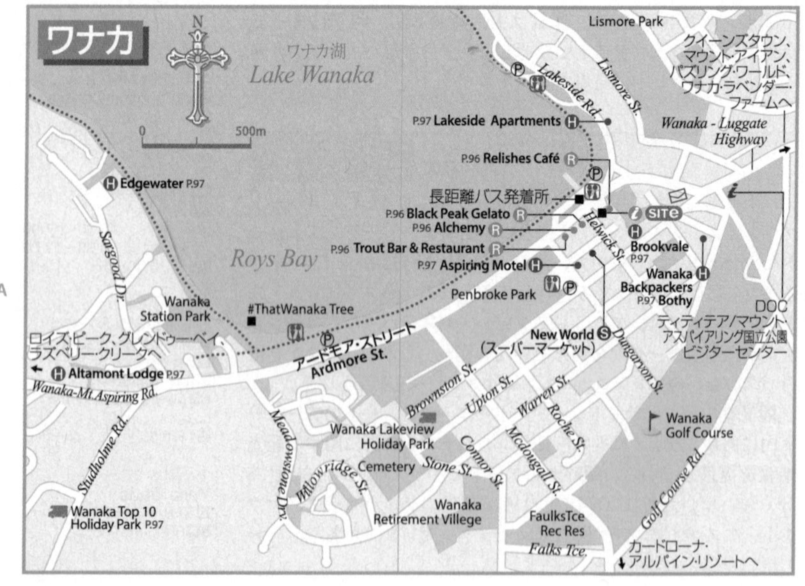

## 国土交通&おもちゃ博物館
National Transport & Toy Museum

Map P.94-A2

700台を超すクラシックカーをはじめ、ブリキのおもちゃやテディベア、バービー人形など、6万点以上をコレクション。一般公開されている個人コレクションとしては、ニュージーランド最大の規模を誇る博物館だ。屋外ではイスラエル製の戦車や高射砲、アメリカ軍の軍用トラックなどを見学できる。館内にワナカ・ビア・ワークスを併設。営業時間は10:00～18:00で、14:00からは見学ツアーも実施している。

クラシックカーやおもちゃがずらり

国土交通&おもちゃ博物館
住891 Wanaka Luggage Hwy.
電(03)443-8765
URL nttmuseumwanaka.co.nz
開8:30～17:00
休無休
料大人$20、子供$5
交中心部から約8km。

Wanaka Beer Works
電(03)443-1865
URL www.wanakabeerworks.co.nz

生ビールも注文可能。サンプラーは4種$19～

## ワナカ周辺のウオーキングトラック
Walking Tracks around Wanaka

Map P.94-A1・2

### マウント・アイアン　Mt. Iron（約4.5km、往復約1時間30分）

標高545mのマウント・アイアンは、ワナカ周辺にいくつかあるウオーキングトラックのなかで最も アクセスしやすい。町からスタート地点までは国道6号線を東へ向かい約2km。トラックの左側は牧場になっており、羊が放牧されている。山肌に延びるつづら折りの道を登ること約45分、周囲の風景が360度見渡せる頂上部にたどり着く。手前にはワナカの町並み、その向こうにはワナカ湖と背後にそびえる山々が一望できる。

手軽なハイキングで絶景が楽しめる

### ロイズ・ピーク　Roys Peak（約16km、往復5～6時間）

標高1578mと高さがあり、マウント・アイアンより長いトラックだが、眺めのすばらしさは上りの労力に十分見合うもの。

この山もマウント・アイアンと同じく全体が牧場になっており、最初に柵をはしごで越えてコースに入る。道を登るにつれ、細長く延びるワナカ湖のずっと先までもが視野に入ってくる。そして最後の稜線に出て、はるか遠くに万年雪を頂いたマウント・アスパイアリングが鈍く光るのを見るのは、感動的な瞬間だ。

### ダイヤモンド湖　Diamond Lake（約2km、往復約1時間）

ワナカの町から西へ約18kmの所にある小さな湖。湖畔の駐車場から登り始め、ワナカ湖を見渡す展望地までは往復約1時間ほどのトラックがついている。距離は短いが、スタート直後からかなり急な上りになるのでちょっと覚悟がいる。トラックはさらに上へと続き、最高地点のロッキー・マウンテン（775m）までは、1周約3時間の周回トラックとなっている。

**マウント・アイアンへの行き方**
中心部から約2kmほどの所に登山口があるので、歩いてアクセスすることもできる。マウント・アイアンはひと山まるごと私有の牧場地なので、コース以外には立ち入らないこと。また、牧場作業のある日には入れない。

標識の表示に従って進もう

**ロイズ・ピークへの行き方**
登山口はワナカから湖沿いに西へ約6km行った所。駐車場あり。入山料として1人$2を登山口のボックスに入れること。また、10/1～11/10と牧場作業のある日には入れない。

ロイズ・ピークの駐車場には駐輪場所もある

**ダイヤモンド湖**
交ワナカからワナカ・マウント・アスパイアリング・ロードを西に約18km進むと右側にダイヤモンド湖の駐車場へ続く道がある。ロイズ・ピークの登山口からは約12km。

ホリデーパーク
Glendhu Bay Motor Camp
(03)443-7243
URL glendhubaymotorcamp.co.nz
ワナカ中心部からMount Aspiring Rd.を北西へ約12km。

雪を頂いた山々を一望

ウエストコーストからのアクセス

グレートサイツ(→P.496)がフランツ・ジョセフ氷河(→P.224)・フォックス氷河(→P.226)～ワナカを結ぶ観光バスを運行。サーモンファームなど2カ所で休憩する。所要5時間50分～6時間5分、運賃は大人$116～。

## グレンドゥー・ベイ
Glendhu Bay

Map P.94-A1

ワナカの町から湖沿いの道を進むとグレンドゥー・ベイに着く。ここから湖越しに、ワナカの町なかからは見ることができないマウント・アスパイアリングの美しいシルエットが望める。町の喧騒から離れた静かな湖畔にはホリデーパークもあるので、キャンプを楽しみながら滞在してみるのもいい。

# ワナカ郊外の見どころ

## ロブ・ロイ氷河トラック
Rob Roy Glacier Track

Map P.94-A1

マウント・アスパイアリングMt. Aspiringの周辺にはいくつかのトレッキングルートがあるが、日帰りで往復できるものとしてはこのコースがポピュラーだ。比較的歩きやすいルートだが、スケールの大きい展望を楽しむことができる。

ルートの出発点は、ワナカから車で北西に約1時間のラズベリー・クリークRaspberry Creek。深い森の中を渓流に沿って登り続けると、2時間余りで突然視界が開ける。氷河の全貌が望める瞬間だ。ロブ・ロイ氷河が望める展望地へは、ラズベリー・クリークから往復で所要約4時間。登山靴を履き、水、食料の準備も忘れずに。

その他のラズベリー・クリークからのルートとしては、マトゥキトゥキ川に沿って西へと進み、フレンチ・リッジ小屋にいたる道もある(片道6～7時間)。

展望地からロブ・ロイ氷河を眼前に見上げる

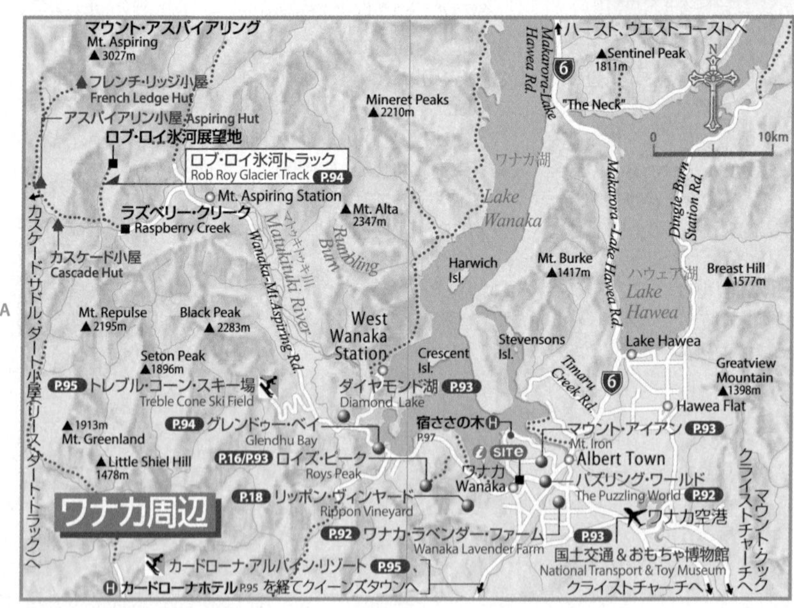

ただしアスパイアリング小屋Aspiring Hutから先は道が険しくなるため、相応の装備と経験、体力が必要。手軽に歩けるのは、アスパイアリング小屋までで、ここまでの往復はラズベリー・クリークから4時間くらい。なおこれらのトレッキングルートについては、マウント・アスパイアリング国立公園ビジターセンターで"マトゥキトゥキ・バレー・トラックMatukituki Valley Tracks"のパンフレット$2を入手しておくといい。

## トレブル・コーン・スキー場

Treble Cone Ski Field

Map P.94-A1

ワナカの約19km西、クイーンズタウンからは約70kmの距離に位置し、南島最大規模の滑走面積を誇るスキー場。ゲレンデの広さもさることながら、コース上部から見渡せる、ワナカ湖やマウント・アスパイアリングのすばらしい眺望が特徴だ。傾斜が最大で26度近くあり、中・上級者向けといえる。通常のコースのほか、自然の地形を利用したもの、および人工のハーフパイプがあり、スキーヤーやスノーボーダーがトリックを競っている。南アルプスの山々に囲まれている地形上、風の影響を受けにくく、天候・雪質とも安定しているので、シーズン中のクローズはほとんどない。年間の降雪量は十分だが、積雪の少ないシーズン初めには人工降雪機を使うこともある。

スノーボーダーからも人気の高いゲレンデ

## カードローナ・アルパイン・リゾート

Cardrona Alpine Resort

Map P.94-A2外

ワナカの南約34kmの所にあり、マウント・カードローナの東側斜面を利用したスキー場。ゲレンデは初心者にもやさしいコースが多く、家族連れにも人気だ。コースの特徴はオフピステのパウダースノーと広大なゲレンデ。特にゲレンデの広さでは群を抜く。すり鉢状の地形（ベイスン）が3つあり、地形を生かし、バラエティに富んだ滑走が楽しめる。ハーフパイプ（スノーボード・キャンプ中は一般客の使用制限あり）を含むスノーパークも整備されているので、スノーボーダーやフリースタイル・スキーヤーにも人気が高い。4人乗り高速リフトも整備されている。また、標高が高いのでシーズンを通して雪質がよく、ハードバーンになったり融けて緩い雪になったりすることはほとんどない。

ハーフパイプで連続エアをメイク！

**トレブル・コーン・スキー場**
☎(03)443-7443
URL www.treblecone.com
営6月下旬～9月下旬 8:30～16:00
料リフト1日券 大人$160、子供$83
交The Access Rd.（Mt. Aspiring Rd.から続く未舗装の道路）の入口からスキー場まで無料のシャトルバスが1時間ごとに運行。ワナカ中心部からもシャトルサービスあり（要問合せ）。

**カードローナ・アルパイン・リゾート**
☎(03)443-8880
FREE 0800-440-800
URL www.cardrona.com
営6月中旬～10月中旬 8:30～16:00
料リフト1日券 大人$160、子供$83 半日券
交Cardrona Valley Rd.からスキー場まで無料のシャトルバスが1時間ごとに運行。ワナカ中心部からも有料のシャトルサービスあり（要予約）。
料大人$35～（往復）、子供$30～（往復）

幅広のゲレンデで滑走を楽しみたい

**Cardrona Hotel カードローナ・ホテル**
Map P.94-A2外
☎(03)443-8153
住2312 Cardrona Valley Rd., RD2
URL cardronahotel.co.nz
営月～水 10:00～20:00 木～日 10:00～Late
休無休

スキー場近くにあるホテル。レストランとショップも併設

## ワナカの アクティビティ Activity

### 遊覧飛行

ワナカ空港から発着する、ヘリコプターによる遊覧飛行。地上からはなかなか全貌が把握できないマウント・アスパイアリングを、俯瞰（ふかん）して捉えることができる（所要1時間～1時間15分）。アオラキ／マウント・クック国立公園やミルフォード・サウンドへ飛ぶ便もある。フライトの催行は2名以上から。

**Wanaka Helicopters**
電(03)443-1085
FREE 0800-463-626
URL www.wanakahelicopters.co.nz
催通年
料アメイジング・アスパイアリング$595～、ワナカ・エクスペリエンス$295～ほか
CC MV

### ジェットボート／レイククルーズ

ワナカ湖に面するレイクランド・アドベンチャーズが、湖上での各種アクティビティを扱っている。「Clutha River Jet Boats」は9人乗りジェットボートでワナカ湖からクルサ川Clutha Riverの上流まで流れに逆らって進む、迫力満点のアクティビティ（所要約1時間）。カヤックやアクアバイク、マウンテンバイクの貸し出しも行っている。

**Lakeland Adventures**
電(03)443-7495
URL lakelandwanaka.com
催通年
料ジェットボート　大人$129、子供$75
シングルカヤック　$25(1時間)
CC MV

### トラウトフィッシング

ワナカ湖ではフィッシングも楽しみのひとつ。湖周辺の渓流は10～5月がシーズンで、特にマス釣りが有名だ。フィッシングガイドを扱っている会社は数社あり、コースをアレンジしてくれるところもある。料金やガイドの経験、釣りたい魚の種類などこだわりがあれば、観光案内所アイサイトで希望に合った会社を紹介してもらおう。

**Aspiring Fly Fishing (Paul Macandrew)**
021-500-669　URL www.aspiringflyfishing.co.nz
催10～5月　料1日ガイドツアー2名まで$950、ウェーダーとブーツのレンタル1人$50　CC MV

**Adventure Wanaka**
FREE 0800-555-700　URL www.adventurewanaka.com　催通年　料ワナカ湖3時間$200～　CC MV

## ワナカの レストラン Restaurant

### アルケミー Alchemy

Map P.92-A2

湖畔に面する居心地のいいビストロ。持続可能な地元産の素材を使った小皿・中皿・大皿のタパスメニューが中心で、季節で内容が異なる。ワナカの地ビールやワインもサーブ。お得なハッピーアワー16:30～18:00が狙い目。

住151 Ardmore St.
電(03)443-2040
URL www.alchemywanaka.nz
営11:00～15:00、16:30～Late(日によって異なる)　休月　URL MV

### トラウト・バー&レストラン Trout Bar & Restaurant

Map P.92-A2

ワナカ湖畔沿いに立つ地元の食材にこだわるレストラン。前菜は$10～20、メインは$22～42でブルーコッドやラム肉などがある。人気はオープン・フィッシュ・パイ$34。キッズメニューは$15で子供用チェアもある。

住151 Ardmore St.
電(03)443-2600
URL www.troutbar.co.nz
営10:00～22:00(日によって異なる)　休無休　CC AMV

### レリッシズ・カフェ Relishes Café

Map P.92-A2

地元の人もその味に信頼をおく町なかのカフェ。朝食、ランチのメニューは$15～26。フリーレンジの卵と放し飼いされた家畜の肉のみを使用しており、味わいはフレッシュ。ほとんどの料理にグルテンフリーオプションが用意されている。

住99 Ardmore St.
電(03)443-9018
URL www.relishescafe.co.nz
営7:00～15:00
休無休　CC MV

### ブラック・ピーク・ジェラート Black Peak Gelato

Map P.92-A2

地元産の牛乳や卵、フルーツなどを使ったイタリアン・ジェラートの店。80以上もある1950年代の伝統レシピを守り、日々手作りされている。店頭には常時18種類ほどがラインアップ。ソルベもフェイジョア、ボイズンベリーなど多彩だ。

住123 Ardmore St.
URL www.blackpeakgelato.co.nz
電夏季10:30～22:30、
冬季10:30～18:00
休無休　CC MV

## ワナカのアコモデーション Accommodation

### エッジウオーター Edgewater Map P.92-A1

ワナカ湖畔に立つ高級リゾートホテル。全室バルコニー（テラス）付きで、湖へ部屋から直接アクセスできる。ホテルルームのほか、リビング、ダイニング付きのアパートメントタイプもある。テニスコートやスパ、サウナも併設。

住54 Sargood Dr. 電(03)443-0011 FREE0800-108-311 URL www.edgewater.co.nz 料ⓈⒹⓉ$180～600 室数103 CC ADJMV

### アスパイアリング・モーテル Aspiring Motel Map P.92-A2

町の中心部にある便利な立地で値段も手頃なモーテル。客室はアパートメント、ステュディオ、6人まで泊まれるファミリータイプなど全7種類あり、山小屋風の客室もある。スキー、スノーボード用の乾燥室も完備。

住16 Dungarvon St. 電(03)443-7816 URL www.aspiringmotel.co.nz 料ⓈⒹⓉ$180～ 室数14 CC AMV

### レイクサイド・アパートメント Lakeside Apartments Map P.92-A2

ラグジュアリーなアパートメント。客室はかなりゆったりとした間取りで、各ユニットにあるバルコニーからは、ワナカ湖の眺望が楽しめる。スパプール付きの広いバルコニーデッキがある6人用のペントハウスも3室あり、グループでの滞在に人気。

住9 Lakeside Rd. 電(03)443-0188 FREE0800-002-211 FAX(03)443-0189 URL www.lakesidewanaka.co.nz 料Unit$245～ 室数21 CC AMV

### ブルックベイル Brookvale Map P.92-A2

雪を頂く山々が見渡せる抜群のロケーション。2階にある客室は全室バルコニー付き。1階の客室にはそれぞれ庭があり、内装もシンプルでありながらおしゃれ。夏季には庭でBBQも楽しめる。

住35 Brownston St. 電(03)443-8333 FREE0800-438-333 FAX(03)443-9040 URL www.brookvale.co.nz 料Unit$159～ 室数10 CC MV

### 宿ささの木 Yado Sasanoki Map P.94-A2

ワナカ在住日本人による小さな宿。暖炉を囲む吹き抜けのリビングや絶景が楽しめるダイニングルーム、日本式のお風呂（有料）がある。創作料理・和食もオーダー可能。湖に面した静かな住宅地に位置し、町からの送迎は往復1回が無料。連泊割引や暮らすように楽しむ滞在型プランも用意。

住22 Penrith Park Dr. 電(03)443-1232 ✆021-155-0213 URL sasanoki.co.nz 料ⓈⓉ$200～ 室数2 CC不可 日本語OK

### アルタモント・ロッジ Altamont Lodge Map P.92-A1

町の中心部から車で5分ほどに位置し、静かに過ごしたい人にぴったり。12室のゲストルームはすべて個室で、共有の男女別バスルームやキッチンは清潔で快適。屋外の屋根付きスパプールは12時から21時まで無料で使える。

住121 Wanaka Mount Aspiring Rd. ✆021-808-8151 URL altamontwanaka.co.nz 料Ⓢ$89～、ⒹⓉ$120～ 室数12 CC MV

### ワナカ・バックパッカーズ・ボシー Wanaka Backpackers Bothy Map P.92-A2

手頃でアットホームな宿。ドミトリーのベッドはカーテン、電源、ライトが付いたポッドタイプも選べる。アウトドア好きな家族が経営し、星空観測、釣りといったアクティビティやツアーの申し込みも可能。自転車のレンタルあり。

住21 Russell St. 電(03)443-6723 URL 21 Russell Street 営www.bothy.co.nz 料Dorm$34～42、Ⓓ$90～ 室数40ベッド CC MV 日本語OK

### ワナカ・トップ10・ホリデーパーク Wanaka Top 10 Holiday Park Map P.92-A1

キャンプ場からモーテル、キャビンまで多様なタイプを用意。有料の個室スパバス＆サウナ、レンタル自転車、スキー乾燥室、子供の遊び場、BBQなど設備も充実。ペット連れでも泊まれる。

住263 Studholme Rd. 電(03)443-7766 FREE 0800-229-8439 URL www.wanakatop10.co.nz 料Camp$58～ Cabin$105～ Motel$189～ 室数15 CC MV

キッチン(全室) キッチン(一部) キッチン(共同) ドライヤー(全室) バスタブ(全室)
プール ネット(全室／有料) ネット(一部／有料) ネット(全室／無料) ネット(一部／無料)

クイーンズタウンから

# 気軽にニュージーランドのワイナリーを巡る

セントラル・オタゴのギブストン・バレーの、3つのワイナリーを巡るツアー。世界的に高評価のピノ・ノワールのワインなどをテイスティングできる。

クイーンズタウン Queenstown
ギブストン・ハイウェ
カワラウ川
ギブストン・バレー
A チャード・ファーム Chard Farm
B マウント・ローザ・ワインズ Mt Rosa Wines
C ブレナン・ワ Brennan

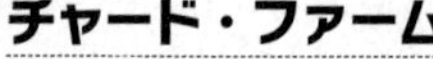

クイーンズタウンから車で約30分

セントラル・オタゴの老舗のワイナリー

## A チャード・ファーム Chard Farm

創業約35年のワイナリー。ギブストン・バレーを含め、環境の異なる3つのエリアで造られたブドウを使った、こだわりのワインを醸造。ピノ・ノワールは7種類あり、全体の生産量の約70%を占めている。

住205 Chard Rd.Gibbston
電(03)441-8452
URL www.chardfarm.co.nz
営12:00〜17:00
休無休

1口当たりのいいリバー・ラン・ピノ・ノワール　2ボードにはその日試飲できるワイン名が書かれている　3高台に位置しており、近くにはカワラウ・ブリッジがある

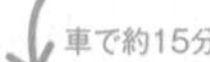

車で約15分

メリノ羊の牧場で造る個性的なワイン

## B マウント・ローザ・ワインズ Mt Rosa Wines

約1400ヘクタールの広大な羊牧場の中のブドウ畑を所有。ブレンドすることが多いピノ・ブランを、単一で使用したワインなど、ほかにはないワイン作りに挑戦している。

住47 Gibbston Back Rd.
電(03)441-2493
URL www.mtrosa.co.nz
営11:00〜17:15(要予約)
休無休

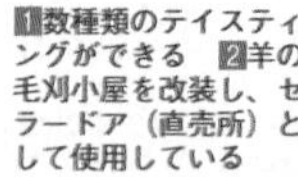

1数種類のテイスティングができる　2羊の毛刈小屋を改装し、セラードア（直売所）として使用している

徒歩すぐ

家族で経営するブティックワイナリー

## C ブレナン・ワインズ Brennan Wines

ブドウの栽培から醸造まで、できる限り手作業で行うワイナリー。徹底した管理のもとで造られるワインは数々の賞を受賞。小さなワイナリーならではのオーナーのアイデアが詰まった個性的なワインが揃う。

住88 Gibbston Back Rd.
電(03)442-4315
URL www.brennanwines.com
営11:00〜17:00
休火・水

1フルーティな味わいのB2 ピノ・ノワール　2暖炉やゆったりとしたソファがあるおしゃれなセラードア

## ワイナリー見学とテイスティングQ&A

**Q ワインに詳しくなくても楽しめる？**
A ワインについてあまり知識がなくてもガイドがワインの基礎知識から教えてくれるので十分楽しめる。

**Q ワインは全部飲まないとダメ？**
A 無理して飲まなくても大丈夫。ワイナリーにはワインを吐き出すスピットゥーンというつぼがあり、残ったグラスのワインも捨ててOK。

**Q 気に入ったワインが見つかったら購入できる？**
A 購入可能。3本（1本あたり760㎖）までなら関税なしで持ち帰ることができる。

**Q テイスティングは無料？**
A ワイナリーによって異なるが、基本的に有料。目安は$15〜20。ワインを1〜2本以上購入すると無料になる。

**セントラルオタゴ・ワイナリー訪問ツアー**

FREE 0800-946-327
URL www.yumelandnz.com/wine
催通年
料スタンダードツアー(3.5時間)は大人$160、子供$50　CC M V

# ニュージーランドのワイン

国際的に高い評価を受けているニュージーランド産のワイン。それはこの国が肥沃な大地と海洋性気候に恵まれたワイン造りに適した土地ということに由来する。朝晩の激しい寒暖の差がブドウの熟成を促し、夏の長い日照時間が芳醇な実を実らせる。そのため、酸味がほどよくのった上品な味わいのワインができる。各地のワイナリーで好みの味を見つけよう。

豊富に揃うワインのなかから好みのものを見つけ出そう

## おもなワイン生産地

北島 North Island

南島 South Island

### ノースランド

1819年に国内で最初にブドウが植えられた地域。通年温暖な亜熱帯気候に属し、高温を好むシラー（赤）の生産が盛ん。ワイナリーが多いのはベイ・オブ・アイランズ（→P.337）。

拠点都市●ファンガレイ（→P.346）

### オークランド地方

クミュKumeuやカベルネ・ソーヴィニヨンの生産地、ワイヘキ島（→P.264）など。

拠点都市●オークランド（→P.238）

### ワイカト/ベイ・オブ・プレンティ地方

肥沃な牧草地が広がる地域で、やや湿度が高い。シャルドネやカベルネ・ソーヴィニヨンなどが造られている。

拠点都市●タウランガ（→P.362）

### ネルソン地方

降雨量の多さと温暖な気候で、果樹園地帯としても有名。シャルドネやソーヴィニヨン・ブラン、リースリング、ピノ・ノワールなどを生産。

拠点都市●ネルソン（→P.197）

### マールボロ地方

国内で最も日照時間が長く生産量もトップ。シャルドネとソーヴィニヨン・ブランが多い。

拠点都市●ブレナム（→P.188）

### ギズボーン地方

「ニュージーランドのシャルドネの首都」と呼ばれるほど、シャルドネの栽培が盛んな地域。香りがよくすっきりした味わいのシャルドネが評判。

拠点都市●ギズボーン（→P.366）

### セントラル・オタゴ地方

世界最南のワイン産地。ハイウエイ6号線沿いにワイナリーが集まる。世界的なコンテストで入賞したピノ・ノワールで有名。

拠点都市●クイーンズタウン（→P.100）、ダニーデン（→P.158）

### ホークス・ベイ地方

国内で2番目に大きなワイン産地。シャルドネやカベルネ・ソーヴィニヨン、ピノ・ノワールなどさまざまな種類のワインが造られている。

拠点都市●ネイピア（→P.370）、ヘイスティングス

### カンタベリー地方

クライストチャーチとワイパラのふたつに分けられる。平原地帯で比較的涼しい気候から、シャルドネやリースリング、ピノ・ノワールなどに適している。

拠点都市●クライストチャーチ（→P.40）

### ワイララパ地方

夏は暑く秋になると乾燥する地区で、国土土壌局からもお墨付きのワイン造りに適した土壌をもつ。良質のピノ・ノワールが有名。

拠点都市●ウェリントン（→P.390）

## 代表品種はこちら！

### ソーヴィニヨン・ブラン（白）
Sauvignon Blanc

さわやかなハーブ系の香りとフルーティな香りが重なり合う繊細な風味。地域により少しずつ味わいが異なる。

### シャルドネ（白）
Chardonnay

ブドウ自体には香りはなく、産地の地質や気候により味わいが変わる。ふわっと香る樽の香りを存分に楽しめる品種だ。

### リースリング（白）
Riesling

甘口から酸の強いキリリとした辛口までいろいろ。若いものはフローラルな香りで、熟成するとガスっぽい独特の香りに変化。

### ピノ・ノワール（赤）
Pinot Noir

栽培が困難で成功例は世界でも数少ない。深い味わいながらタンニン（渋味）が強くないため、口当たりは軽くフルーティ。

### メルロー（赤）
Merlot

赤ワインのなかでも大人気の品種。まろやかで柔らかい口当たりとともに口の中に広がる果実の風味が楽しめる。

### カベルネ・ソーヴィニヨン（赤）
Cabernet Sauvignon

高級赤ワイン用の品種として世界各地で不動の人気を誇る。酸味やタンニンがしっかり感じられる濃厚な味わい。

クライストチャーチ
クイーンズタウン

人口：1万5800人
URL www.queenstownnz.co.nz

# クイーンズタウン

## Queenstown

山と湖の織りなす美しい景色を楽しみたい

風光明媚な南島のなかでも、特に1年を通して国内外の観光客が多く訪れるクイーンズタウン。荘厳にそびえる山々に囲まれ、美しくきらめくワカティプ湖畔に「ビクトリア女王にふさわしい」と名づけられた町が広がる。

1862年にショットオーバー川で金が発見されて以来、町は急速に発展した。一時は何千人という人口を抱えたものの、金脈が尽きた頃にはわずか190人ほどに落ち込んでしまったという。

現在では、高原の避暑地のようなたたずまいで、バラエティに富んだアクティビティの拠点となっている。また、近隣にはコロネット・ピークやリマーカブルスといった人気スキー場があり、冬はスキーやスノーボードを楽しむ人々でにぎわう。

## クイーンズタウンへのアクセス　Access

### 飛行機で到着したら

日本からの直行便はなく、ニュージーランド航空やジェットスター航空が国内各地からクイーンズタウン空港Queenstown Airportまでの直行便を運航している。ニュージーランド航空はクライストチャーチからは1日4便、所要55分～1時間10分。オークランドから1日6～9便、所要約1時間50分。スキーシーズンにはオーストラリアのシドニーなどからの直行便も増便される。

### 空港から市内へ

クイーンズタウン空港から西へ約8kmと市内中心部までは近く、車で25分ほど。中心部までなら市バスの利用が安くて便利だが、郊外の宿へ行く場合などはドア・トゥ・ドアのエアポートシャトルやタクシーの利用がおすすめ。

#### オーバス　Orbus

オーバスOrbusの#1が空港と町中を結んでいる。(→P.101)。空港発は6:15～翌0:15の30分間隔で運行している。中心部までは所要約25分。

航空会社(→P.496)
ニュージーランド航空
ジェットスター航空

**クイーンズタウン空港**
**Map P.108-B1**
電 (03) 450-9031
URL www.queenstownairport.co.nz

**オーバス #1**
運 クイーンズタウン発 6:25～翌0:25
料 空港↔市内中心部
現金
片道大人$10、子供$8
BeeCard
片道大人$5、子供$4

早朝から深夜まで運行しているバス

**オーバス**
FREE 0800-474-082
URL www.orc.govt.nz/public-transport/queenstown-buses-and-ferries
運 6:00台～翌0:00台
(路線によって異なる)
料 現金
片道$4
Bee Card
片道大人$2、子供$1.5
〈Bee Cardの購入方法〉
バスの運転手(現金のみ)、観光案内所アイサイト(→P.103)、リアル・ニュージー(P.105)のキオスクで、1枚$5で販売。チャージ(TOP UP)金額は$5～。

現金よりもお得なBee Card

### エアポートシャトル　Airport Shuttle

スーパー・シャトルSuper Shuttle社による運行。数人が1台のバンに乗り合い、それぞれの目的地を回る。個々の滞在先までの乗車が可能で、グループで利用すると割安になってお得。公式サイトもしくは電話で要事前予約。ほかの乗客の滞在先を回って少々時間がかかることもある。

### タクシー　Taxi

タクシーは空港の到着ロビーを出てすぐの所に待機している。料金は中心部まではおよそ$30。乗る前に行き先と料金をドライバーに確認しよう。配車アプリのUberも利用可能。

## 国内各地との交通

南島の主要各都市からインターシティ、リッチーズなどが長距離バスを運行。インターシティはクライストチャーチから1日1～2便の直行便を運行、所要8～11時間。ダニーデンからは1日1便の直行便があり、所要約4時間20分。ワナカからはリッチーズが1日4便運行。所要時間約1時間30分。

会社や目的地によってはバンになることも

## クイーンズタウンの市内交通　Access

町中と周辺部を結ぶオーバスは、観光客にもわかりやすく、本数も多いので便利。乗り方は前方のドアから乗車し、ドライバーに現金またはICカード乗車券Bee Cardで運賃を支払う。目的地が近づいたらボタンを押して知らせる。下車は前後どちらでもよい。路線は5線で、町の中心部スタンレー・ストリートStanley St.と空港近くのフランクトンFranktonが交通結節点(ハブ)となっている。

ほかに、ワカティプ湖を1日7便運航するフェリーの利用も可能。クイーンズタウン・ベイ(スティーマー・ワーフ) Queenstown Bay、ベイビューBayview、マリーナMarina、ヒルトンHiltonの4ヵ所を結び、自転車の持ち込みもできる。乗船料の支払いはBee Cardのみ。

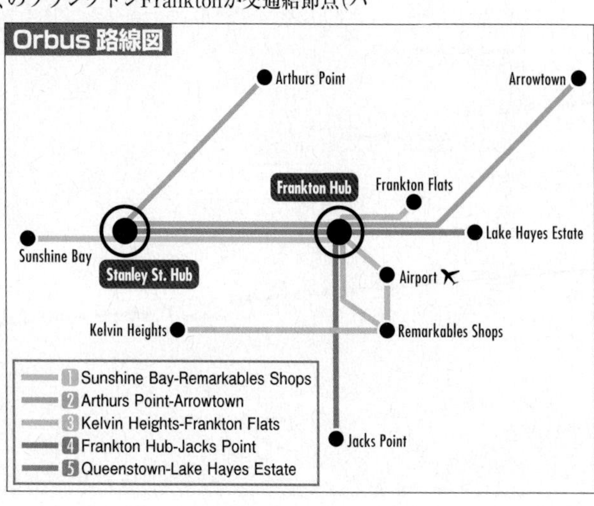


**エアポートシャトル会社**
**スーパー・シャトル**
FREE 0800-748-885
URL www.supershuttle.co.nz
料 空港↔市内中心部
1人　$24
2人　$30
3人　$36

**おもなタクシー会社**
**Blue Bubble Taxis**
FREE 0800-788-294
URL queenstowntaxis.com
**Green Cabs**
FREE 0800-767-673
URL www.greencabs.co.nz

**おもなバス会社**(→P.496)
**インターシティ**
**リッチーズ**
長距離バスの停留所はインターシティ、リッチーズともにアソール・ストリートAthol St.(**Map P.104-A2**)。

**クイーンズタウン・フェリー**
運 クイーンズタウン・ベイ発 8:45～17:45
ヒルトン発9:15～18:15
料 $5(Bee Cardのみ、現金不可)

O'Connells
**Map P.104-A2**
住30 Camp St.
☎(03) 441-0377
URL www.skylineenterprises.co.nz/en/oconnells
営11:00～20:00（Tギャラリアは～19:00）
休無休
改装を経て2022年10月に再オープンしたショッピングセンター。免税店TギャラリアやフードコートのEatspaceが入っている。

*i* The Station
**Map P.104-A2**
住Shotover St. & Camp St.
開8:00～16:00
（時季によって異なる）
休無休
冬季は館内に降雪情報などを提供するスノー・センターSnow Centreを併設。

## クイーンズタウンの歩き方

雄大なサザンアルプスの懐に抱かれ、ワカティプ湖Lake Wakatipuに寄り添うように広がっているのがクイーンズタウンの町。こぢんまりとしており、中心部なら徒歩で回ることができる。

まずはクイーンズタウンの中心部、キャンプ・ストリートCamp St.とショットオーバー・ストリートShotover St.の交差点から歩き始めよう。どちらの通りにも、周辺エリアやアクティビティの案内所が軒を連ねる。全般的な情報を扱う観光案内所アイサイトや、アクティビティの情報収集と予約ができるザ・ステーションThe Stationなどに立ち寄りたい。

### ザ・モール　The Mall

町のメインストリート。歩行者天国になっている通りの両側にはみやげ物店や、ブティック、おしゃれなカフェやレストランが立ち並び、華やいだ雰囲気だ。

ツアーの予約などができるザ・ステーション

### ビーチ・ストリート Beach St.～マリン・パレード　Marine Pde.

道沿いにワカティプ湖の姿を間近に眺められる

## クイーンズタウン広域

ベン・ローモンド景勝地
Ben Lomond Scenic Reserve
P.106 スカイライン・ゴンドラ・レストラン&リュージュ
Skyline Gondola Restaurant & Luge
Skyline Gondola Restaurant
Pinewood Lodge P.123
キーウィ・パーク
Kiwi Park
P.107
Ben Lomond Track
Fernhill Loop Track
ワン・マイル・クリーク・ウオークウエイ
One Mile Creek Walkway P.108
ファーンヒル
Fernhill
Steamer Wharf
中心部 P
ワカティプ湖 P.104
Lake Wakatipu
YHA Queenstown Lakefront
Heritage Queenstown P.121
クイーンズタウン・ガーデン
Queenstown Gardens
P.106
Reavers St. Huff St. Fryer St. Hylton St. Hamilton Rd. Gorge Rd. Robins Rd. Brecon St. Cemetery Rd. Isle St. Man St. Shotover St. Camp St. Beach St. The Mall Rees St. Marine Pde. Lake St. Thompson St. Glasgow St. Lomond St. トンプソン・ストリート Brunswick St. Lake Esplanade Wynyard Cres. Cameron Fernhill Rd. Sainsbury Rd.

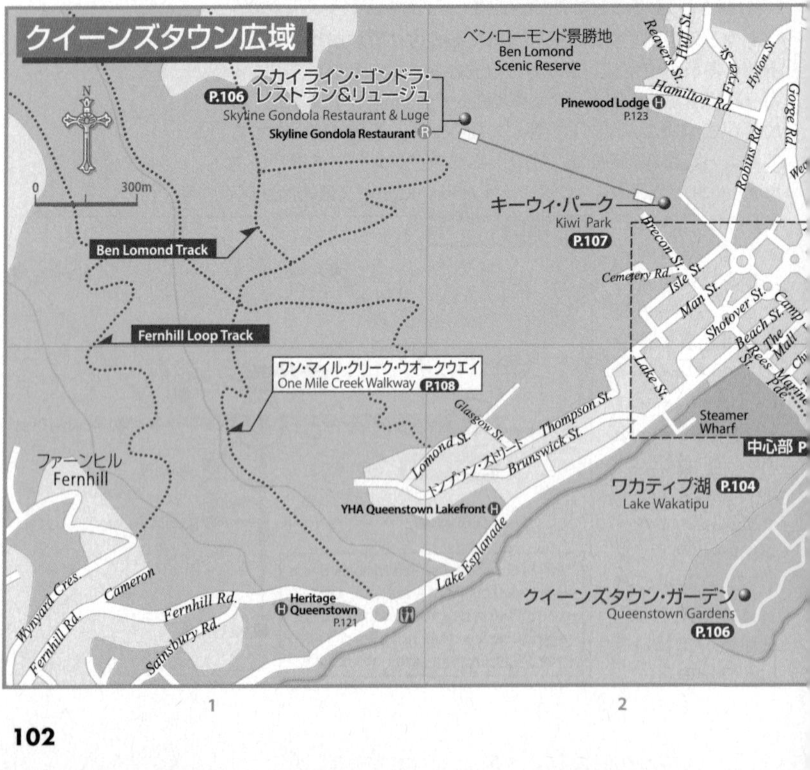

遊歩道が整備されている。スティーマー・ワーフSteamer Wharfから発着するTSSアーンスロー号TSS Earnslawがゆっくりと水面を進む姿や、サザンアルプスを映し込んだ神秘的なワカティプ湖に心が洗われるだろう。マリン・パレードをそのまま行くとクイーンズタウン・ガーデンQueenstown Gardensに行き当たる。

### ブレコン・ストリート　Brecon St.

キーウィ・パークのある緩やかな坂道で、このあたりで立ち止まって町の中心部の方向を振り返ると、セシル・ピークCecil Peakやコロネット・ピークCoronet Peak、リマーカブルス山脈The Remarkablesなど、美しい山並みがはっきりと見える。さらに、ゴンドラで**スカイライン・ゴンドラ・レストラン＆リュージュSkyline Gondola Restaurant & Luge**の展望台まで上がると、こうした周辺の山並みがクイーンズタウンの町の向こうに広がる光景を一望できる。

ザ・モールを歩きながらみやげを探そう

**観光案内所** SITE
Official & Visitor Information Centre Queenstown
**Map P.104-A2**
住 22 Shotover St.
☎ (03) 442-4100
URL www.queenstownisite.co.nz
開 9:00〜18:30（時季によって異なる）
休 無休

**ユースフルインフォメーション**

**病院**
Queenstown Medical Centre
**Map P.104-A1**
住 9 Isle St.
☎ (03) 441-0500

**警察**
Queenstown Police Station
**Map P.104-B2**
住 11 Camp St.
☎ 105

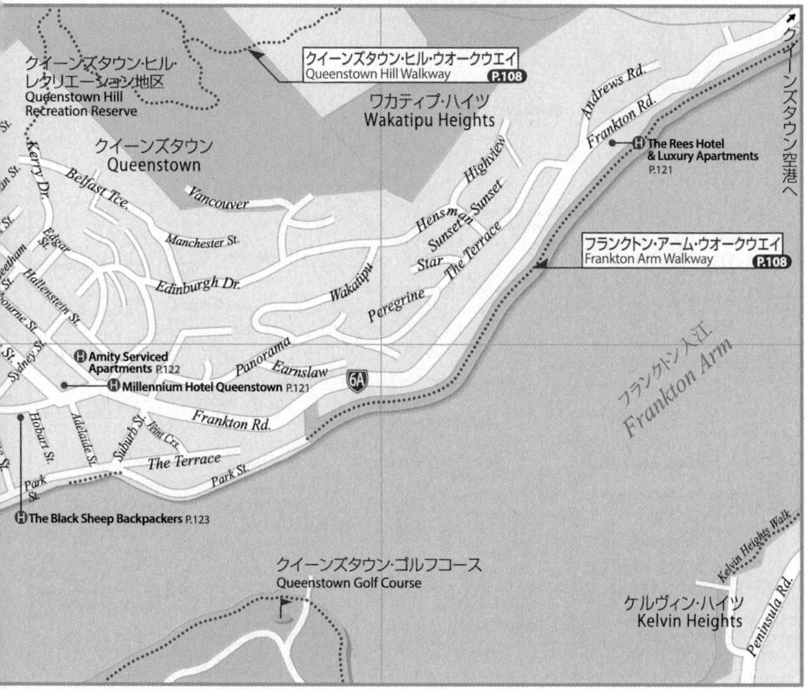

ワカティプ湖畔の
マーケット
Queenstown Market
URL www.queenstownmarket.nz
催土 9:00〜16:00

週末に湖畔で行われるマーケット。おもに雑貨や衣類を扱っている

# クイーンズタウンの見どころ

## ワカティプ湖
Lake Wakatipu

Map P.102-B2、104-B1〜2

　細長いSの字を描いたような氷河湖で、長さ約77km、面積約293km²、最大水深378m。1日に何度も潮の満ち引きのように水位が変わり、クイーンズタウン湾での水位の高低差は最大で12cmほどもあるといわれている。科学的には、気温と気圧の変化によるものとされているが、マオリの伝説では、グレノーキー（→P.110）を頭、クイーンズタウンをひざ、キングストンを足、ワカティプ湖底を体にもつ巨人の心臓の鼓動のためなのだとか。「ワカティプ」という名も、もともと「ワカ・ティプア・ワイ・マオリ（＝巨人の横たわる谷間水）」から来ている。ジェットボートなど、湖上での水上アクティビティも盛んだ。

ニュージーランドで3番目の大きさを誇る湖

## クイーンズタウン中心部

スカイライン・コンプレックス、キーウィ・パークへ
R.S.A. Memorial Hall
Robins Rd.
Turner St.
Henry St.
0 100m
ブレコン・ストリート Brecon St.
病院
消防署
Frank's Corner P.119
Isle St.
キャンプ・ストリート
Memorial St.
Gorge Rd.
Avis
P.123 Haka Lodge Queenstown
Cemetery
Cemetery Rd.
Southern Laughter P.123
The Dairy Private Hotel P.122
Outside Sports P.120
Shotover St.
Queenstown Lakeview Holiday Park P.123
Scout Hall
Reserve
Man St.
Duke St.
Snow Centre
The Station P.102
長距離バス発着所
ショットオーバー・ストリート
i-SITE
Athol St.
P.121 Sofitel Queenstown Hotel & Spa
Huffer P.120
Browns Boutique Hotel P.122
P.115 Bella Cucina
Info & Track
O'Connells P.102
Fergburger P.114
Fergbaker P.114
巽 P.116
Camp St.
Ballarat St.
P.117 Pig & Whistle
Hay St.
P.118 The Remarkable Sweet Shop
P.107 スカイシティ・クイーンズタウン・カジノ Skycity Queenstown Casino
Joe's Garage P.117
Cookie Time Cookie Bar P.118
楽 P.116
タクシーのりば
警察
Thrilzone
Fear Factory
P.115 The Cow
The Mall
ザ・モール
The Winery P.120
映画館
Nomads Queenstown P.123
P.116 Bombay Palace
Waka Gallery P.119
Rees St.
P.116 My Thai Lounge
P.117 Vudu Café & Larder
Te Huia P.120
Yonder P.117
P.120 Bonz in New Zealand
ビーチ・ストリート Beach St.
Devil Burger P.116
Hertz
Earl St.
Lake St.
Aotea Gifts Queenstown P.119
タイム・トリッパー Time Tripper P.105
Wilkinson's Pharmacy P.120
Church St.
P.115 Botswana Butchery
Erik's Fish & Chips P.114
Earnslaw Park
Patagonia Chocolates P.117
Real Journeys
スティーマー・ワーフ Steamer Wharf
Vesta P.119
TSSアーンスロー号の P.105 クルーズ発着所 Cruise by TSS Earnslaw
Pablic Kitchen & Bar P.115
Finz Seafood & Grill P.115
Saigon Kingdom P.116
Minus 5° Ice Bar P.117
マリン・パレード Marine Pde.
Novotel Queenstown Lakeside P.122
ワカティプ湖 P.104 Lake Wakatipu
Lake Esplanade

## タイム・トリッパー
Time Tripper

Map P.104-B2

ワカティプ湖の水面下に造られた施設で、自然のまま泳ぐ魚の姿を観察できる。

年間を通して約12℃の湖の水温はマスの生育に理想的ということもあって、多数のレインボートラウトやブラウントラウトが悠々と泳ぐ様子を見られる。ときおり水面から水中に潜ってくるニュージーランドスズガモが、魚を捕る様子もおもしろい。水深3mほど、最高で1分近く水の中に潜ることができるというニュージーランドの固有種だ。

映画のスクリーンもあり、自然史をテーマにした作品を公開。9000万年前からニュージーランドとサザンアルプスがどのように形作られたのかを楽しみながら学べる内容。迫力満点の恐竜も登場して子供たちに大人気だ。

タイム・トリッパー
住 Main Town Pier
☎ (03) 442-6142
開 9:30〜18:00
（時季によって異なる）
休 無休
料 大人$15、子供$8

魚たちが泳ぎ回る様子を見学

## TSSアーンスロー号のクルーズ
Cruise by TSS Earnslaw

Map P.104-B1

“湖上の貴婦人”と称されるTSSアーンスロー号は1912年に造られた二軸スクリューの蒸気船で、遠隔地に住む人々の交通手段や、荷物や家畜の輸送に使用されていた。全長51mで重量は約337トン、石炭が燃料の客船としては南半球で唯一の存在だ。現在は遊覧船となっており、昔と変わらない速度11ノットでクイーンズタウンと対岸のウォルター・ピークWalter Peakを往復している。船内ではデッキやブリッジを散歩したり、昔ながらに石炭を投げ込む火夫の姿を見学したり、船首ギャラリーで船の歴史を学んだりできる。ピアノの伴奏に合わせて、皆でフォークソングを歌うのも楽しいひとときだ。クルーズだけでも楽しいが、ウォルター・ピーク高原牧場（→P.26）での見学や乗馬、BBQダイニングなどの各種ツアーにも参加してみよう。

100年以上の歴史をもつTSSアーンスロー号

牧場見学ツアーでは、牧羊犬が羊を集める様子を見学したり、シカや羊、珍しいスコットランド原産のハイランド牛に餌をやったりして楽しめる。ハイライトは、鮮やかな手つきで行われる羊の毛刈りショーだ。そのあと、この地で牧場を経営していたマッケンジー一家が20世紀初頭に住んでいたカーネルズ・ホームステッドColonel's Homesteadで、優雅なアフタヌーンティータイム。古い写真や調度品が置かれており、開拓初期の様子を彷彿とさせる。カウリやオオカエデ、花々で飾られた庭も美しい。

ウォルター・ピーク高原牧場では動物たちと触れ合える

TSSアーンスロー号のクルーズ
リアル・ニュージー
Real NZ
住 Steamer Wharf
☎ (03) 249-6000
FREE 0800-656-501
URL www.realnz.com

ウォルター・ピーク高原牧場でのツアー
TSS Earnslaw Steamship Cruises
催 夏季　11:00、13:00、15:00、19:00発
　冬季　12:00、14:00、16:00発
※2023年5月15日〜6月26日はメンテナンスのため運休の予定。
料 大人$80、子供＄40（片道約45分、所要約1時間30分。乗船のみの場合は、ウォルター・ピーク高原牧場で下船できない）

Walter Peak Farm Tours
催 夏季　11:00、13:00、15:00発
　冬季　12:00、14:00発
料 大人＄130、子供＄55（所要約3時間30分）

Walter Peak Horse Trek
催 夏季　11:00、13:00、15:00発
　冬季　12:00、14:00発
料 大人＄179、子供＄139（所要約3時間30分）

Walter Peak Gourmet BBQ Dining
催 夏季　11:00、13:00、17:00、19:00発
　冬季　12:00、18:00発
料 大人＄165、子供＄75（所要約3時間30分）

## クイーンズタウン・ガーデン
Queenstown Gardens

Map P.102-B2

園内をのんびり散策する人々

園内にあるシダの葉のモニュメント

ワカティプ湖に突き出した半島にある約14ヘクタールの敷地をもつ公園。中心部から歩いて数分で、小川のせせらぎや鳥のさえずり、色とりどりの花々が迎えてくれる。1867年の開園時に植えられた2本のカシの木やニュージーランドの原生植物も見られる。湖畔の散策路はフランクトン・アーム・ウオークウエイ（→P.108）へと続く。また、園内ではフリスビーをターゲットにめがけて投げる、ディスク・ゴルフと呼ばれるゲームのコースが整備されている。

## スカイライン・ゴンドラ・レストラン&リュージュ
Skyline Gondola Restaurant & Luge

Map P.102-A2

ブレコン・ストリートの乗り場からゴンドラでボブズ・ピークにある展望台へ登る。展望台からは、コロネット・ピーク、リマーカブルス山脈、ワカティプ湖対岸にあるセシル・ピーク、ウォルター・ピークなどの崇高な姿が目の前に広がる。専用コースをソリのような乗り物で滑り下りるアクティビティのリュージュや、ジップトレック（→P.113)、マウンテンバイクなど、さまざまなアクティビティも楽しむことができる。周辺のトラックを徒歩で散策することも可能。展望台内にはみやげ物屋やセルフサービス方式のカフェ、マーケット・キッチン、レストランを併設している。

レストランには床から天井まで広がる一面の窓があり、湖を正面に見下ろしながらビュッフェスタイルの食事が楽しめる。サーモンやムール貝、ラム肉、シカ肉などあらゆるニュージーランドの名物料理が揃い、絶景とともに味わう料理はおいしさもひとしお。

また、秋から冬にかけては星空観賞ツアーもある（所要約1時間15分)。開始時間は時季によって異なるので確認を。展望台から徒歩数分の場所で、南半球の星空を堪能できる。

壮大な眺めと町並みを一望

標高795mにある展望レストラン

**スカイライン・ゴンドラ・レストラン&リュージュ**
住Brecon St.
電(03) 441-0101
URL skyline.co.nz
営9:30〜20:30
休無休
交中心部からブレコン・ストリートBrecon St.を上り、徒歩約5分。

**ゴンドラ**
運木〜月　9:30〜20:30
　火・水　9:30〜18:30
料往復大人$46、子供$32
**レストラン**
営月・木・金 17:00〜20:00
　土・日　12:30〜20:00
休火・水
**ゴンドラ+ランチ**
料大人$109〜、子供$75〜
**ゴンドラ+ディナー**
料大人129〜、子供$90〜

美しい景色を見ながらの食事はいっそう楽しくなる

**ゴンドラ+星空観賞**
料大人$129、子供$85
（要予約）
**ゴンドラ+ディナー+星空観賞**
料大人$199、子供$139
（要予約、防寒具の無料レンタルあり）

望遠鏡を使った天体観測も

**ゴンドラ+リュージュ2回**
料大人$71、子供$49
**ゴンドラ+リュージュ3回**
料大人$73、子供$51

スリル満点のリュージュ

## スカイシティ・クイーンズタウン・カジノ
Skycity Queenstown Casino

Map P.104-B2

町の中心部にあるコンプレックスビルの2階にあるカジノ。ブラックジャック、ミニバカラ、カリビアン・スタッド・ポーカーなどを楽しむことができる。ゲームをしなくても、食事やお酒と一緒にカジノの雰囲気を味わうのもいい。

深夜までにぎわう

## キーウィ・パーク
Kiwi Park

Map P.102-A2

飛べない鳥のキーウィをはじめ、絶滅の危機に瀕しているニュージーランド固有種の鳥たちを観察できる。本来は、傷ついた鳥の保護や、貴重な種の育成を目的に造られた施設だ。

坂を上るとユニークな建物が見える

キーウィは夜行性なので、暗く保たれた小屋の中で観察する。室内の暗さに目が慣れるのに少々時間がかかるが、動き回るキーウィの姿が徐々に見えてくるだろう。キーウィの餌づけは、夏季は1日5回、冬季は1日4回行われており、間近でその愛らしい姿を観察することができる。"恐竜時代からの生き残り"といわれている爬虫類のトゥアタラも興味深い。

小屋を出るとニュージーランドの原生林が広がり、そこかしこに鳥小屋が点在する。トゥイ、モアポーク・オウル、パラキート、ブラウンテール・ダックなど、貴重な鳥ばかりだ。

また、園内にはマオリ・ハンティング・ビレッジがあり、かつてのマオリの人々の暮らしについて知ることができる。鳥に関するコンサベーションショー（所要約30分）は夏季は1日3回、冬季は1日2回行われている。日本語のオーディオガイド（無料）あり。

原生林の中に鳥たちの鳴き声が響く

## オンセン・ホット・プールズ
Onsen Hot Pools

Map P.108-B1

日本の温泉文化にヒントを得たホットプール施設。ヒマラヤ杉で造られた全14のプールが用意され、目の前に広がるショットオーバー川とサザンアルプスの絶景を眺めながら、のんびりとバスタイムが楽しめる。

すべて貸し切りタイプで、大人4名まで一緒に入浴可能。夜はランタンの明かりが灯されてロマンティック。併設のスパで受けるマッサージと組み合わせたプランもある。町の中心部から無料の送迎サービスあり。大人が同伴する子供は5歳以上から、9:00～16:30まで入場できる。

**スカイシティ・クイーンズタウン・カジノ**
住16-24 Beach St.
☎(03)441-0400
URL www.skycityqueenstown.co.nz
営11:00～24:00
休無休

**カジノ入場時の注意点**
- 20歳以上であること
- 身分証明書（パスポートや運転免許証など）
- 身だしなみがきちんとしていること（Tシャツやジーンズ、汚れた運動靴などは不可）
- ゲーム中は帽子をかぶらないこと
- 写真撮影は禁止
- ビデオ、コンピューター、計算器、携帯電話、mp3プレーヤー、ゲーム機などの使用不可

**キーウィ・パーク**
住Brecon St.
☎(03)442-8059
URL kiwibird.co.nz
開9:00～17:30（時季によって異なる）
休無休
料大人$49、子供$24

**キーウィの餌づけ**
10～4月　10:00、12:00、14:00、15:00、17:00
5～9月　10:00、12:00、13:30、16:30

**コンサベーションショー**
10～4月　11:00、13:30、16:00
5～9月　11:00、15:00

2億2000万年以上もの間その姿形を変えていないといわれているトゥアタラ

**オンセン・ホット・プールズ**
住162 Arthurs Point Rd, Arthurs Point
☎(03)442-5707
FREE 0508-869-463
URL www.onsen.co.nz
営9:00～21:00
休無休
料大人1時間$87.5～（2人で利用の場合$145～）、子供$20
CC MV

ウオーキングでの注意点
・なかには私有地を通るものもあるので注意
・動植物を大切にし、触れたりしないように
・ゴミは必ず持ち帰る
・河川にゴミを投げ捨てたりしない
・トラックによっては犬の出入りが禁止されている所もある

その他のウオーキングトラック
クイーンズタウン・ヒル・ウオークウエイ
Queenstown Hill Walkway
**Map P.103-A3**
原生植物が生える森林を通り約500mを登る往復約3時間のトラック。マヌカやフィジョアといったニュージーランドならではの木々の間を抜けていくと、リマーカブルス山脈、セシル・ピークなどを見渡せる地点にたどり着く。

# クイーンズタウン郊外の見どころ

## クイーンズタウン周辺のウオーキングトラック
Walking Tracks around Queenstown

Map P.102〜103

クイーンズタウンの周辺には簡単なものから、ある程度の体力を要求されるものまで、約10のウオーキングトラックが点在する。

### フランクトン・アーム・ウオークウエイ Frankton Arm Walkway
**(片道約1時間30分)**

フランクトン入江の湖畔に沿って歩く平坦なトラック。スタート地点はパーク・ストリートPark St.の突き当たり。小さいが木々に囲まれたきれいなビーチが数多くある。山々の眺めも最高。

### ワン・マイル・クリーク・ウオークウエイ One Mile Creek Walkway
**(片道約1時間30分)**

ファーンヒル・ロードFernhill Rd.のラウンドアバウト手前が出発点。クイーンズタウンから最も近い天然のブナ林を歩き、野鳥たちの姿も観察できる。途中からパイプラインを通って、国内最大の水力発電所だったワン・マイル・ダムまで通じている。

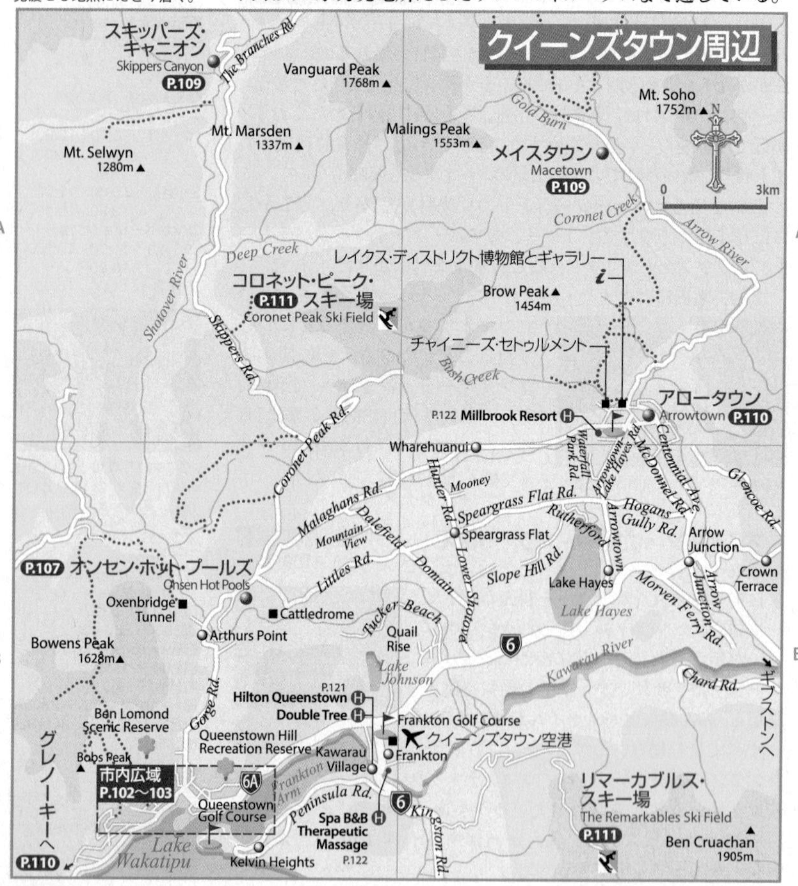

## スキッパーズ・キャニオン
Skippers Canyon

Map P.108-A1

曲がりくねった山道を進むと絶景が広がる

ターコイズブルーに輝くショットオーバー川Shotover River沿いに、壮大な景観が広がるのがスキッパーズ・キャニオン。大自然に驚異と畏敬の念を抱かずにはいられないこの大渓谷は、氷河期に押し寄せたワカティプ氷河によって、何百万年という年月をかけて浸食された地層が地表に露出してできあがったものだ。

南島のほかのいくつかの町と同様にこの土地にもゴールドラッシュの波が訪れたのは1862年。ふたりのマオリがショットオーバー川に流された飼い犬を助けようとしたとき、思いがけず金を発見。その後、4000人以上の人々が金を求めてこの地へ入り、1863年までには商店やパブ、学校、裁判所といった施設が次々とできていった。現在もその跡が各スポットに残されている。

スキッパーズ・キャニオンは4WD以外の車での通行は難しく、レンタカーの使用も制限されているので、ツアーを利用するのがおすすめだ。渓谷の入口付近にある、ふたつの切り立った岩の間を通るヘルズ&ヘブンズ・ゲートHells & Heavens Gateや、曲げたひじのように切り立った崖から渓谷を見晴らすデビルス・エルボーDevil's Elbow、標高1748mのベン・ローモンドを含め一帯を見渡すことができるマオリ・ポイント・サドル・ルックアウトMaori Point Saddle Lookoutなどの渓谷スポットのほか、随所に見られるパブやホテルの跡、修復された学校など、かつての歴史を物語る見どころも興味深い。

**スキッパーズ・キャニオンのツアー**
4WDで見どころを回るツアー、ヘリハイクやジェットボートと組み合わせたツアー、歩いて金鉱跡を巡るツアーなどがある。

4WDで切り立つ崖沿いの道を走る人気のツアー

**Nomad Safaris**
☎(03)442-6699
FREE 0800-688-222
URL www.nomadsafaris.co.nz
**Skippers Canyon 4WD**
催 8:15、13:30発
料 大人$245、子供$125
（所要約4時間）

**Skippers Canyon Jet**
☎(03)442-9434
FREE 0800-226-966
URL www.skipperscanyonjet.co.nz
**Jet Boat Tour**
催 10〜4月
8:30、12:00、15:30発
5〜9月　9:00、13:00発
料 大人$189、子供$89
（所要約3時間）

## メイスタウン
Macetown

Map P.108-A2

アロータウンの北にあり、19世紀の金と石英の発見により発展した場所。名前は1860年代に活躍した坑夫3兄弟から付けられたものだ。現在はいくつかの建物跡を残すのみの豊かな自然が広がっており、DOC自然保護省の保護区になっている。アクセスは悪く、アロータウンから4〜5時間かけて歩くか、4WDのツアーに参加する（レンタカーは走行禁止）。ツアーでは金探しに翻弄された人々のエピソードを聞きながら、わずかに残る町の跡を巡ることができる。アロー川Arrow Riverの浅瀬を走るドライブや、砂金探しも楽しめる。

アロー川沿いに豊かな自然が広がる

**メイスタウンのツアー**
**Nomad Safaris**
問い合わせ先は上記
**Macetown 4WD**
催 8:00、13:30発
料 大人$295、子供$149
（所要約4時間30分）

## グレノーキー
Glenorchy

Map P.108-B1外、131-B2

クイーンズタウンから車で北西へ約45分、距離にして約46kmの所にある。1000年ほど前、最初にこの土地にやってきたのは巨鳥モアを追ってきたマオリだったという。ここはマウント・アスパイアリング国立公園への入口であり、ルートバーン・トラック（→P.144）、ケイプレス・トラック（→P.147）、グリーンストーン・トラック（→P.147）などのスタート地点でもある。多くの旅行者はここを通過するだけだが、心が洗われるような自然の美しさと静けさを楽しまないのはもったいない。人口400人ほどしかいないのんびりとした町を散策するほか、各種アクティビティに挑戦してみたい。おすすめはダート川やワカティプ湖でのジェットボート、カヌー、乗馬、フィッシング、ニュージーランドの動植物について学ぶことができるエコツアーなどだ。また、映画『ロード・オブ・ザ・リング』でアイゼンガルドやロスロリアンのロケ地として使われた場所を巡るツアーも行われている。

壮大な自然をバックにアクティビティを楽しもう

## アロータウン
Arrowtown

Map P.108-A2

クイーンズタウンから北東へ約21kmの所にあるゴールドラッシュの歴史に彩られた町。1862年に金が発見されてから町は急激に発展、最盛期には人口が7000人を超えるほど膨れ上がったこの町は、ホテル、酒場、ギャンブル場、ダンスホール、学校、市民ホールまで備えていた。

バッキンガム・ストリートBuckingham St.沿いには、古い石造りの建物を利用したカフェやショップが並び、ところどころに当時の面影を見て取れる。通りの西端には、ゴールドラッシュ時代について知ることができる**レイクス・ディストリクト博物館とギャラリーLakes Discrict Museum and Gallery**や、当時の中国人労働者たちの居住区だった**チャイニーズ・セトゥルメントChinese Settlement**も残っている。また、アクティビティでおすすめなのが、今も金が産出されるというこのエリアで砂金取りに挑戦すること。川床の砂利を根気よくさらっていると、本当に砂金が見つかることもある。

また、アロータウンは鮮やかな黄色に彩られるポプラ並木でも有名。毎年4月下旬には、アロータウン・オータム・フェスティバルが開催され、人々はゴールドラッシュ時代の衣裳を身にまとい、コンサートやパレードなどを楽しむ。

映画のセットの中を歩いているような気分に

**グレノーキーの観光情報**
URL www.glenorchycommunity.nz

**グレノーキーへの行き方**
クイーンズタウンのInfo & Trackからシャトルバスがある（要予約、片道$29）。また、アクティビティ料金に交通費が含まれている場合もある。所要約50分。

**Info & Track**
Map P.104-A2
住 37 Shotover St.
電 (03) 442-9708
FREE 0800-462-248
URL www.infotrack.co.nz
開 夏季 7:00～17:00
冬季 7:00～20:00
5～6月初旬・10月 8:00～19:30
休 無休
トランピングの装備レンタル、ツアーや交通の案内を行う。

**グレノーキーのアクティビティ**
**ジェットボート、カヤック**
**Dart River Adventures**
電 (03) 442-9992
FREE 0800-327-853
URL www.dartriver.co.nz
**Wilderness Jet**
料 大人$259～、子供$169～
**Funyaks**
料 大人$379～、子供$285～
クイーンズタウンからの送迎込み。

ジェットボートでグレノーキーの自然を満喫しよう

**アロータウンの観光情報**
URL www.arrowtown.com

**アロータウンへの行き方**
クイーンズタウン中心部から車で北東へ約25分。またはキャンプ・ストリートからオーバス#2で行くことができる。本数は1時間に約1本。時刻表を要確認。
料 現金 片道$4
Bee Card 大人$2、子供$1.5

**レイクス・ディストリクト博物館とギャラリー**
Map P.108-A2
住 49 Buckingham St.
電 (03) 442-1824
URL www.museumqueenstown.com
開 9:00～16:00
休 無休
料 大人$12、子供$5
博物館の館内に、観光案内所を併設している。

## コロネット・ピーク・スキー場

Coronet Peak Ski Field

Map P.108-A1

クイーンズタウンの北にあるコロネット・ピークCoronet Peakの頂上部から南側の斜面にかけてゲレンデが広がる。地形に恵まれており、シーズンを通して天候は安定していてクローズすることはめったにない。コースは中・上級者向けが中心の構成。とはいえ、ロープ・トゥ・リフトが設置された緩斜面もあるので、初心者でも心配はない。リマーカブルス・スキー場と比べると、心持ち固めの締まったバーンになることが多く、エッジを使って滑る上級ボーダーやレーサータイプのスキーヤーにはもってこいのゲレンデだ。

広大なスキーフィールドが広がるコロネット・ピーク・スキー場

コロネット・ピーク・スキー場における醍醐味のひとつがナイターだ。南島のスキー場のなかでは唯一となるナイター照明を備えており、期間限定で水・金・土曜のみ、16:00～21:00の間リフトが運転し照明が点灯する。ライトに照らされ、一面の輝きを放つゲレンデは昼間とはまったく異なる景色になるので、日中滑った人も新鮮な滑走感覚が味わえる。ただし、ゲレンデの標高が高いので、日が沈むと急に冷え込む。防寒対策はしっかりとしていこう。

**コロネット・ピーク・スキー場**

電(03)442-4620(降雪情報)
FREE 0800-697-547
URL www.nzski.com
営6月中旬～9月下旬
9:00～16:00
(6月下旬～9月初旬の水・金曜および7月とスクールホリデー期間中の土曜は16:00～21:00も営業)
料リフト1日券
大人$159
子供$99(6～15歳)
交シーズン中は、クイーンズタウンからスキー場まで毎日シャトルバスSki Busが運行される。発着場所は観光案内所The Station内にあるSnow Centre(デューク・ストリートDuke St.)前。チケットの購入もここでできる。水・金・土曜の夕方には、ナイターに合わせた便もある。

**Ski Bus**

運クイーンズタウン
7:30～11:00発
(シーズン中。30分ごとに出発、ナイター時は15:00～18:00の1時間ごとに運行。所要約25分)
復路は13:00～。バスが満席になり次第出発。ナイターの復路は17:30～21:30の1時間ごとに運行。
料往復$25

## リマーカブルス・スキー場

The Remarkables Ski Field

Map P.108-B2

パウダースノーを満喫するならこのスキー場。スキー場のコース構成は、中斜面が比較的少なく、ほぼ平地というような緩斜面とエクストリームな急斜面とにコースが分かれる。なかでもオフピステのパウダースノーを"ヘリスキー感覚"で滑ることができるホームワード・バウンドが人気だ。初心者向きのコースやスノーパークは駐車場からゲレンデに出て左側のリフトでアクセスする。

ゲレンデ上部には上級者向けの急斜面が多い

急斜面の難コースがひしめくスキー場内に、ゲレンデマップの右端まで延びる上級者コースがある。パウダースノーを味わうには絶好の"ホームワード・バウンド"と呼ばれるこのコース、実は終わりまで行くとスキー場へ向かう道路に出てしまう。リフトはないのだが、1日数回、道路まで出てしまったスキーヤー、スノーボーダーのためにスキー場のトラックがピックアップに来てくれるので、その時間に合わせて滑るのがコツ。

**リマーカブルス・スキー場**

電(03)442-4615(降雪情報)
FREE 0800-697-547
URL www.nzski.com
営6月中旬～10月上旬
9:00～16:00
料リフト1日券
大人$159
子供$99(6～15歳)
交シーズン中はシャトルバスSki Busが毎日運行されるのでクイーンズタウン市内からのアクセスは良好。所要約40分。バスの停留所はSnow Centre。

**Ski Bus**

運クイーンズタウン
7:30～9:00発
フランクトン
7:30～11:00発
(シーズン中。30分ごとに出発)
復路は13:30～。バスが満席になり次第出発。
料往復$25

# クイーンズタウンの エクスカーション

Excursion

クイーンズタウンの周辺には、豊かな自然やゴールドラッシュ時代の名残をとどめる町など、魅力的な観光スポットが多い。近年では近郊のワイナリー巡りのツアーや、観光名所として知られるミルフォード・サウンドを訪れる日帰りツアーなどが人気だ。

## トランピングツアー

有名なトランピングルートの一部を、日本語ガイドの説明を受けながら歩いてみよう。ルートバーン・トラック1日体験はクイーンズタウンを8:00に出発、所要約9時間、最少催行人数は2人。所要約4時間のクイーンズタウン半日ハイキングでは、近郊の自然を眺めながら気軽にハイキングを楽しめる。最少催行人数は2人。そのほかツアーも多数あり。

**Tanken Tours** 電(03)442-5955 FAX(03)442-5956
URL nzwilderness.co.nz 催通年 料ルートバーン・トラック1日体験$230
クイーンズタウン半日ハイキング$150 CC AMV 日本語OK

## ミルフォード・サウンドへの遊覧飛行ツアー

フィヨルドランド国立公園のなかでも特に人気の高いミルフォード・サウンドを、軽飛行機を利用して遊覧飛行。堂々とそびえ立つフィヨルドの山並み、豪快に流れ落ちる滝の数々に、手つかずのブナの原生林。大空からの大パノラマ景色はまさに圧巻だ。クルーズと組み合わせ、往路をバスにするなどいくつかのプランから選べる。

**Real NZ**
電(03)249-6000 FREE 0800-656-501
URL realjourneys.co.nz 催10〜4月
料大人$429〜、子供$260〜 CC AJMV

## 湖畔ウオーキングツアー

2〜5kmほどの湖畔の道を歩く初心者でも気軽に参加できるウオーキングツアー。道中、小鳥のさえずりや植物など、さまざまな自然に関する説明を聞きながら、絶景ポイントを目指して歩く。8:00と13:30の出発。料金は参加人数により異なり、宿泊先からの送迎可能。

**Guided Walks New Zealand**
電(03)442-3000 FREE 0800-832-226 URL www.nzwalks.com 催通年 料湖畔の森と野鳥ツアー4人まで$790、追加1人につき大人$129、子供$90(所要約4時間) CC AMV

## 映画ロケ地ツアー

グレノーキー、パラダイス・バレーを訪れ、『ロード・オブ・ザ・リング』や『ホビット』のロケ地を巡る。撮影秘話などを聞きながら、映画の世界にどっぷりとつかりたい。映画のコスチュームやレプリカの小道具を使って、記念写真も撮影可能。アロータウン周辺のロケ地を巡るツアーもある。

**Nomad Safaris**
電(03)442-6699 FREE 0800-688-222
URL www.nomadsafaris.co.nz 催通年
料グレノーキーツアー大人$245、子供$125(所要約4時間15分) CC MV

## ワイナリーツアー

クイーンズタウン周辺は国内有数のワイン産地。特にピノノワールが有名なエリアだ。このツアーでは、地下のワインケーブを要するセントラル・オタゴの3つのワイナリーを訪れ、見学やワインテイスティングを行う。ワインは購入可。チーズショップも訪れる。市内の宿泊施設から送迎あり。

**Wine Trail**
電(03)441-3990
FREE 0800-827-8464
URL www.queenstownwinetrail.co.nz
催通年 料$175(所要約4時間30分)
CC MV

# クイーンズタウンの アクティビティ

Activity

クイーンズタウンは世界でも有数の一大アクティビティタウン。クイーンズタウン近郊が発祥のバンジージャンプをはじめ、ここではありとあらゆるエキサイティングな体験が待っている。どれも初心者でも挑戦できるので、いろいろとチャレンジしてみよう。

## バンジージャンプ

世界初のバンジーサイトとして知られるカワラウ・ブリッジ（43m）は、ジャンプを見学できるバンジーセンターも併設。スカイライン・ゴンドラ隣接のリッジ（47m）は、夕方16:30まで行っている。高さを求めるなら国内で最も高いネビス（134m）へ！

**AJ Hackett Bungy**
電(03)450-1300 FREE 0800-286-4958 URL www.bungy.co.nz 催通年
料カワラウ$220、リッジ$205、ネビス$290 CC AJMV

## ジェットボート

ワカティプ湖からクイーンズタウン近郊を流れるカワラウ川やショットオーバー川を、ジェット噴射式のボートで疾走！ 迫力の360度スピンに最高時速95キロの爽快なスリルが味わえる。メインタウンピアのほか、マリーナやヒルトンからも発着する。

**KJet**
電(03)409-0000 FREE 0800-529-272
URL www.kjet.co.nz 催通年 料大人$129、子供$69 CC AMV

## ジップトレック

ボブズピークの斜面の木々の間に張られたワイヤーをターザンのように滑り渡る爽快なアクティビティ。最大速度70キロで滑っていくスリルとともにワカティプ湖の絶景を満喫できる。環境保護について知識を高めるエコツアーとしても人気。

**Ziptrek Ecotours**
電(03)441-2102 FREE 0800-947-873 URL www.ziptrek.co.nz 催通年
料大人$159～、子供$109～ CC ADJMV

## スカイダイビング

高度約2700m、3700m、4500mの上空から飛び降りる体験は、きっと何かを変えてくれそう。最終到達速度はなんと時速200キロ。最新式素材のハーネスを使用しており、経験豊富なスタッフと結びつけられて飛ぶタンデム・スカイダイビングなら、初めての人でも安心。所要約3時間30分。

**NZONE Skydive**
電(03)442-5867 FREE 0800-376-796
URL nzoneskydive.co.nz 催通年
料高度約2700m（落下時間25秒） $299
高度約3700m（落下時間45秒） $379
高度約4500m（落下時間60秒） $479
CC MV

## キャニオン・スイング

クイーンズタウンから車で約15分。ショットオーバー川の上空109mの高さで、渓谷を豪快に空中ブランコ！ 渓谷間に橋渡しされたワイヤーを使ったちょっと変わったバンジージャンプだ。さまざまなジャンプスタイルでスリルをコントロールしよう。＋$50で写真とビデオの撮影が可能。

**Shotover Canyon Swing**
電(03)442-6990
FREE 0800-279-464
URL www.canyonswing.co.nz
催通年 料ソロ$249、タンデム$458
CC MV

## パラグライダー＆ハンググライダー

ボブズピークからパラグライダーでの空中散歩を楽しもう。飛行時間は8～12分あり、ゆったりとクイーンズタウンの町やワカティプ湖、周辺の山々を一望できる。よりアクロバティックなフライトが希望なら、インストラクターに伝えよう。ゴンドラのチケットは別料金。朝一番なら料金もお得。

**GForce Paragliding**
電(03)441-8581
FREE 0800-759-688
URL www.nzgforce.com 催 通年
料タンデム・パラグライド$269～
CC MV

絶対食べたい！

# クイーンズタウンのB級グルメ

ニュージーランドで一番おいしいといわれるグルメバーガーや、ソウルフードのパイなど、クイーンズタウンに行ったら食べておきたい名物グルメをご紹介。

## グルメバーガー

素材や味にこだわり、本格的に調理されたワンランク上のハンバーガー。

A

MENU

ファーグ・デラックス
Ferg Deluxe $17.9

歯ごたえのあるバンズにビーフパテや厚切りベーコン、チェダーチーズなどが入ってボリューム満点。

お待たせしました！

## パイ

→P.31

ニュージーランドの国民食。コンビニやパン屋で気軽に買うことができる。

B

MENU

ポークベリーパイ
Pork Belly Pie
$7.9

サクサクのパイ生地の中には、角煮のように柔らかい豚肉がゴロゴロと入っておりボリューム満点。アツアツのうちにいただこう。

## フィッシュ&チップス

→P.31

イギリスからの入植者が多いことからニュージーランドでも名物になった。

C

MENU

ホキ Hoki $8.3
チップス Chips $4.9～
トマトソース
Tomato Sauce $1.5

選ぶ魚の種類によって値段が異なり、$8.3～12.9。定番はフライに合う白身魚のホキ。油は米ぬか油を使用しており、カラッとしている。

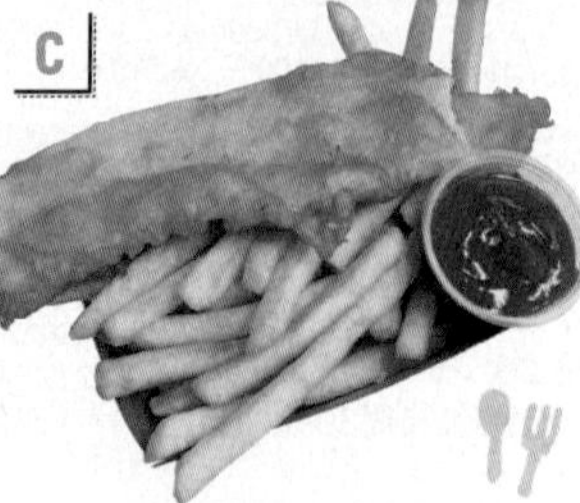

デザートはコレ！

ニュージーランドの代表的な果物・キーウィフルーツ。
12～4月が旬。

MENU

ディープ・フライド・キーウィフルーツ$4.5
Deep Fried Kiwifruit

キーウィフルーツにシナモンの衣を付けて揚げたもの。キーウィフルーツの酸味とシナモンの甘さがよく合う新感覚スイーツ！

### A 国内人気No.1のグルメバーガー！

**Fergburger**
ファーグバーガー　**Map P.104-A2**

行列が絶えないハンバーガーの人気店。アロータウン近郊で育った牛肉をフレッシュなまま加工したパテを使用。約20種類のグルメバーガーがあり、定番のファーグバーガーは$14.9。パテ300gにベーコンやチーズ、目玉焼きなどが入った特大サイズのビッグ・オールは$20.9。

住42 Shotover St.　☎(03)441-1232　URL fergburger.com
営10:00～22:00　休無休　CC AMV

### B 人気ベーカリーの焼きたてパンをGet

**Fergbaker**
ファーグベイカー　**Map P.104-A2**

ファーグバーガーの隣にある系列店のベーカリー。店内に工房があり、クロワッサンやデニッシュなど毎日できたてのパンが並ぶ。ベーグルやパニーニなどのお総菜パンも豊富。スイーツ系ではクリームドーナツ$4.9が人気。店内にはスタンディングテーブルのみ。

住40 Shotover St.　☎(03)441-1206　URL fergbaker.com　営6:00～Late　休無休　CC AMV

### C フィッシュ&チップスをテイクアウエイ

**Erik's Fish & Chips**
エリックス・フィッシュ&チップス **Map P.104-B2**

人気のフィッシュ＆チップスのフードトラック。テーブル席もあるので、揚げたてをその場で食べることもできる。魚はホキ$8.3～、ブルーコッド$12.9～。カラマリ$9.3、ブラフオイスター$4.1なども選べる。お得なセットもあり、軽く済ませるなら子供用セット$7.3でも十分。

住13 Earl St.　☎(03)441-3474
URL www.eriksfishandchips.co.nz
営11.30～21:30　休無休　CC MV

# クイーンズタウンのレストラン

Restaurant

南島を代表する観光地だけあって、カジュアルなカフェやファストフードから高級レストランまで豊富に揃う。豪快な肉料理に新鮮なシーフード、各国料理などバラエティに富んでいるので、何日滞在しても飽きることがない。

●ニュージーランド料理

## パブリック・キッチン&バー Public Kitchen & Bar

Map P.104-B1 タウン中心部

スティーマー・ワーフ内のレストラン。地元産の食材をふんだんに使用したニュージーランド料理に定評があり、人気はラム肉をメインにしたシェフおすすめの3コースディナー1人$88。メニューは1品$18～55。デザートにはパブロバ$18をぜひ。ワカティプ湖畔を見渡せるテラス席もある。

住GF. Steamer Wharf,88 Beach St. 電(03)442-5969
URL www.publickitchen.co.nz 営12:00～22:00 休火・水
CC ADJMV

## ボツワナ・ブッチャリー Botswana Butchery

Map P.104-B2 タウン中心部

ラム肉やアンガスビーフを使用した肉料理に定評があり、常に満席の人気店。歴史的なコテージを改装し、店内はモダンな雰囲気。12:00～16:45にはお得なランチがあるほか、肉や魚介類などの季節変わりの料理を楽しめる。ランチもディナーも予約が望ましい。写真はスロークックド・ビーフ・ショートリブ（500g）$54.95。

住17 Marine Pde. 電(03)442-6994
URL www.botswanabutchery.co.nz
営12:00～Late 休月・火 CC ADJMV

●シーフード

## フィンズ・シーフード&グリル Finz Seafood & Grill

Map P.104-B1 タウン中心部

スティーマー・ワーフ内にあるレストラン。新鮮な魚介を使用したメニューが人気で、マグロやサーモン、ホタテなどの刺身プレート$27や、ガーリックプラウン$24、サーモンと野菜のグリル$42、フィッシュ&チップス$33～のほか、肉料理やサラダなども揃う。メインは$30～49.5。

住GF. Steamer Wharf 電(03)442-7405
URL www.finzseafoodandgrill.co.nz 営17:00～Late
休無休 CC ADJMV

●イタリア料理

## カウ The Cow

Map P.104-B2 タウン中心部

ビクトリア女王時代の1860年代から搾乳小屋として使用されていた古い建物を利用したピザ&パスタの店。濃茶色の木製のテーブルや石壁にキャンドルライトが揺れ、いい雰囲気。ピザはスモールかラージが選べ、$25.9～。パスタは6種類あり、ボロネーゼ$27.9。テイクアウエイも可。ワナカにも店舗がある。

住Cow Lane 電(03)442-8588 URL www.thecowpizza.co.nz
営17:00～20:30（時季により異なる）
休無休 CC ADJMV

## ベッラ・クッチーナ Bella Cucina

Map P.104-A1 タウン中心部

雰囲気のいいイタリアンレストラン。メニュー表は毎日変わり、毎朝、店内で作られるフレッシュパスタや薪の釜で焼かれるピザなどは$29～39、前菜は$16～36、その他のメインディッシュは$38前後。料理によく合うイタリア産ワインも豊富に取り揃えている。ティラミスなどスイーツは$10前後。

住6 Brecon St. 電(03)442-6762
URL www.bellacucina.co.nz
営17:00～Late 休無休 CC AJMV

日本料理

## 楽 Tanoshi
Map P.104-B2 タウン中心部

カウ・レーンにある隠れ家的鉄板居酒屋。手羽先、餃子、焼きそば、お好み焼きなどのほか、タパス・スタイルの小皿料理$16〜も充実している。仲間と訪れて料理をシェアするのに便利だ。ランチタイムにはサーモン丼やラーメンなども提供。ビールや焼酎、ウイスキーのほか、日本酒は9種類もある。

住Cow Lane 電(03)441-8397 URL tanoshi.co.nz
営12:00〜14:30、17:00〜21:30
休無休 CC AMV

## 巽 Tatsumi

2007年にクライストチャーチで創業した人気店がクイーンズタウンへ移転。フランスやイタリア料理の経験を持つ日本人オーナーシェフによるモダンジャパニーズが味わえる。アラカルトは$20〜、メインは$30〜。100種類以上取り揃えるオタゴ産ワインや日本酒も合わせて楽しみたい。人気店なので、予約をして行こう。

住9 Beach Street 電(03)442-5888
URL tatsumi.co.nz 営17:00〜Late
休月・祝 CC AMV 日本語メニュー 日本語OK

タイ料理

## マイ・タイ・ラウンジ My Thai Lounge
Map P.104-B1 タウン中心部

ビーチ・ストリートに面したビルの2階にあり、窓際の席からはワカティプ湖が望める。タイ料理を現代風にアレンジ。人気はマイ・タイ・フライドライス$27やトムヤムクン$15など。前菜の小皿料理は$9〜20、メインの大皿料理は$28〜40。店内にバーカウンターがあり、カクテルも楽しめる。写真はラムシャックカレー$38。

住69 Beach St. 電(03)441-8380
URL mythai.co.nz 営12:00〜14:30、17:30〜21:30
休水・木 CC AJMV

ベトナム料理

## サイゴン・キングダム Saigon Kingdom
Map P.104-B1 タウン中心部

スティーマー・ワーフ内にあるおしゃれなベトナム料理店。生春巻き$9.5、チキンやビーフのフォー$18といった伝統的メニューが楽しめる。豆腐生春巻きなどビーガン向け料理も充実。デザートにはユニークな揚げアイスクリーム$12がおすすめ。食後にはベトナムコーヒー$5をぜひ。

住Steamer Wharf, 88 Beach St. 電(03)442-4648
URL www.saigonkingdom.co.nz 営16:00〜21:30
休月 CC MV

ハンバーガー

## デビル・バーガー Devil Burger
Map P.104-B2 タウン中心部

地元で人気のグルメバーガー店。ニュージーランド産プライムビーフパテにトマトやチーズが入ったデビル・バーガー$12.5〜のほか、チキン、ラム、ベニスン、フィッシュなど種類が豊富。ほとんどのメニューでレギュラー、ラージの2種類からサイズが選べる。ラップ、ポークリブ、キッズメニューもある。

住5/11 Church St. 電(03)442-4666
URL www.devilburger.com 営12:00〜21:00
休無休 CC MV

インド料理

## ボンベイ・パレス Bombay Palace
Map P.104-B1 タウン中心部

2階建ての店内は広々としており、明るく入りやすい雰囲気。カレーは約40種類、ベジタリアン用のカレーメニューも14種類とバラエティ豊富。すべてのカレーにライスがついてくる。定番のバターチキン$23.9、辛口のチキン・ビンダール$23.9などが人気。肉はチキンのほか、ラム、エビに変更することも可能。

住66 Shotover St. 電(03)441-2886
URL www.bombaypalacequeenstown.co.nz
営12:00〜14:00、17:00〜22:00 休無休 CC AJMV

## ブードゥ・カフェ&ラーダー　Vudu Café & Larder

Map P.104-B2　タウン中心部

早朝から多くの人でにぎわうカフェ。ガラスケースの中には各種サンドイッチやパン、マフィン、焼き菓子などがずらりと並び、注文するのに迷ってしまうほど。人気はエッグベネディクト$23～27やビーガンのレモン・ココナッツ・パンケーキ$23など。料理のオーダーは15:00まで。

住16 Rees St.　電(03) 441-8370
URL www.vudu.co.nz　営7:30～16:00(時季によって異なる)
休無休　CC MV

## ジョーズ・ガレージ　Joe's Garage

Map P.104-B2　タウン中心部

コーヒーがおいしいと地元で評判のカフェで、バリスタの入れる本格コーヒーは$4.5～。店名のとおり、ガレージ風の店内には絶えず音楽がかかり活気のある雰囲気。スコーンやパンなど軽食のほか、卵やソーセージがのったボリューム満点のオープンサンドイッチ「Joker」$19などのメニューもある。

住Searle Lane　電(03) 442-5282
URL www.joes.co.nz　営7:00～14:00
休無休　CC ADJMV

## ヨンダー　Yonder

Map P.104-B2　タウン中心部

ポップなインテリアが楽しいカフェ。多国籍のスタッフが働いており、さまざまな国の食文化を取り入れたメニューを提供。地元産と旬の素材にこだわり、季節ごとに内容が変わる。おすすめは卵の調理方法が選べるボリューミーなブランチ「ザ・フル・ヨンダー」$27。隣にある同経営の「ワールドバー」も人気。

住14 Church St.　電(03) 409-0994
URL www.yonderqt.co.nz　営水・木・日8:00～15:00、金・土8:00～Late
休月・火　CC AJMV



## パタゴニア・チョコレート　Patagonia Chocolates

Map P.104-B2　タウン中心部

アルゼンチン出身のオーナーが開いたチョコレート専門店。カカオ58%のチョコレートドリンクはチリやジンジャーなど3種類あり$6～。チョコレート味を中心に20種類ほどのフレーバーが揃うアイスクリームは1スクープ$7～。ナッツやフルーツを混ぜ込んだチョコレートも絶品。チーズケーキ$15もおすすめ。

住2 Rees St.　電(03) 409-2465　URL patagoniachocolates.co.nz
営12:00～22:00(時季によって異なる)
休無休　CC AJMV



## ピッグ&ホイッスル　Pig & Whistle

Map P.104-A2　タウン中心部

小川沿いに立つ石造りの英国風パブ。ビールはギネスのほか、スパイツやトゥイなどニュージーランド産を多数揃える。ディナーにはメインをステーキやバーガー、フィッシュ&チップスなどから選べる2コースメニュー$35が人気。金・土曜の夜には音楽ライブも行われ、深夜までにぎわう。

住41 Ballarat St.　電(03) 442-9055
URL thepig.co.nz　営月～金15:00～24:00、土日12:00～24:00
休無休　CC AMV

## マイナス・ファイブ・アイス・バー　Minus 5°Ice Bar

Map P.104-B1　タウン中心部

入口で防寒具を借りて中へ入ると、そこは幻想的な氷の世界。バーエリアはマイナス5℃からマイナス10℃に保たれ、氷の彫刻や氷のバーカウンターが目を楽しませてくれる。飲み物は氷で作られたグラスで供される。大人の入場料はカクテル付きで$35。ソフトドリンク1杯付きは大人$30、子供$20。

住Steamer Wharf 88 Beach St.　電(03) 442-6050
URL www.minus5icebar.com　営14:00～22:00
休無休　CC ADJMV

## Kiwiも大好き♡

# ニュージーランドの甘〜いお菓子をおみやげに！

ニュージーランド航空の機内でも配られる国民的お菓子の「クッキー・タイム」と、日本にはあまりなじみのないファッジ。パッケージもかわいいのでおみやげにピッタリ！

### 種類豊富なスイーツショップ

## The Remarkable Sweet Shop

リマーカブル・スイート・ショップ Map P.104-B2

ガラスケースに並ぶカラフルなものは、バターにクリームや砂糖を加えて作るファッジ。常時約24種類のファッジ各100g$8.8のほか、ヌガー各100g $8.8〜などを取り扱う。おみやげには4種類入りのセット$32がおすすめ。ほかにも1500種類以上のスイーツがある。アロータウンと空港にも支店がある。

住23 Beach St.　電(03) 409-2630
URL www.remarkablesweetshop.co.nz
営10:00〜18:00、金・土・日10:00〜19:00（時季によって異なる）
休無休　CC MV

1人気のクリームブリュレ、パッションフルーツ、キャラメル、ダーク・キャラメル・シーソルトのファッジ　2小さいサイズのファッジが24種類入ったボックス$50もある　3ファッジやヌガーを試食したいならスタッフに尋ねてみて　4グミやキャンディーの量り売りコーナーも　5ビーチ・ストリートにある店は外観もかわいらしい

### ニュージーランドを代表するお菓子

## Cookie Time Cookie Bar

クッキー・タイム・クッキーバー Map P.104-B2

ニュージーランドの国内のスーパーやコンビニなどでもおなじみのクッキー、「Cookie Time」の直営店。店内のオーブンで焼いており、しっとりとした食感のクッキーをイートインもできる。クッキーはオリジナル・チョコレート・チャンクやクランベリー＆ホワイトチョコレートなど各$4。

住18 Camp St.
URL www.cookietime.co.nz
営9:00〜21:00
休無休　CC MV

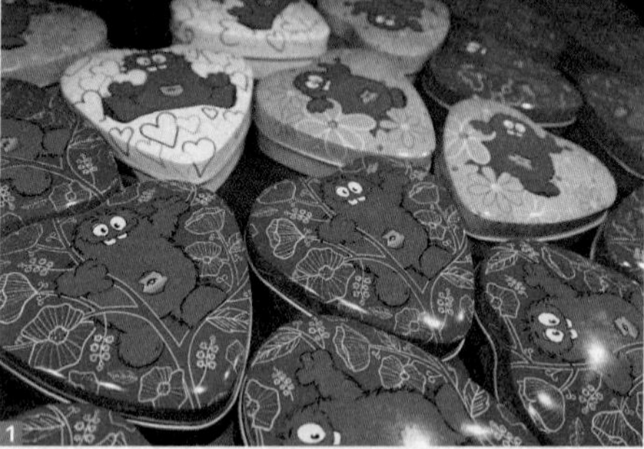

ニュージーランドの
代表的なお菓子です

1かわいいパッケージがおみやげにピッタリ　2焼きたてのクッキーがずらりと並ぶ　3店内にはクッキー・タイムのカラフルな車を展示　4スタッフの制服もおしゃれ　5シェイクやドリンクなども店内で販売

# クイーンズタウンのショップ

Shop

ザ・モールを中心に、ありとあらゆるショップがずらりと並び、いつでもにぎわっている。一般的なニュージーランドのおみやげはもちろん、すぐに使える洋服からアウトドア用品、そこでしか買えないアーティストの作品など、何でも揃う。

おみやげ

## アオテア・ギフツ・クイーンズタウン Aotea Gifts Queenstown

Map P.104-B1 タウン中心部

日本人に喜ばれるギフトが充実している。人気は限定ブランド「Avoca」、「Kapeka」。寒い日にピッタリのポッサム＆シルク入りのメリノシルクやアルパカ、カシミヤファッションもある。軽くて暖かく、手袋からセーターまで種類も豊富だ。日本語を話すスタッフがいることも多い。

住87 Beach St. 電(03)442-6444 URL jp.aoteanz.com URL www.aoteanz.com 営10:00～18:00(時季によって異なる) 休無休 CC AJMV 日本語OK

## オーケー・ギフト・ショップ OK Gift Shop

Map P.104-B1 タウン中心部

日本人スタッフがいて安心して買い物ができるショップ。商品の品揃えもウールの手袋やマフラーなど手頃なものから、ポッサムの毛を混ぜた軽くて暖かいメリノミンクのセーターなど防寒具も充実。小物やコスメも豊富で、民芸品などが大人気だ。
※2024年5月現在、クローズ。

住Steamer Wharf Building, 88 Beach St. 電(03)409-0444 URL okgiftshop.co.nz 営10:00～18:00(時季によって異なる) 休不定休 CC ADJMV 日本語OK

雑貨

## ヴェスタ Vesta

Map P.104-B2 タウン中心部

1864年に建てられたクイーンズタウン最古の歴史的建造物、ウィリアム・コテージを利用している。当時の内装がそのまま残されている各部屋に、家具やキャンドル、食器類、ガラス製品、陶器、絵画、カード、スキンケア用品など、ニュージーランドメイドのデザイン雑貨やアートが置かれている。

住19 Marine Pde. 電(03)442-5687 URL www.vestadesign.co.nz 営10:00～16:00(時季によって異なる) 休日・月 CC MV

雑貨

## フランクズ・コーナー Frank's Corner

Map P.104-A1 タウン中心部

センスのよさで知られるセレクトショップ。"Artisans of New Zealand"をコンセプトに、ウール製品やアクセサリー、ハチミツなどローカルメイドの生活雑貨と食品が揃う。クイーンズタウンをはじめ、国内各地で作られたおしゃれなグッズはみやげにも最適。グレノーキーにも店舗がある。

住58 Camp St. 携027-452-8662 URL www.frankscorner.co.nz 営10:00～17:00 休無休 CC MV

宝石

## ワカ・ギャラリー Waka Gallery

Map P.104-B2 タウン中心部

クイーンズタウンで約45年の歴史をもつ宝石店。オーストラリア産のオパールやニュージーランド産のグリーンストーンのほか、パウア貝から取れる貴重なブルーパールなど上質なジュエリーを扱う。オーナーのロブ・ライン氏はアーティストとしても活躍中で、店内2階は絵画や彫刻が飾られたギャラリーとなっており、見ているだけでも楽しい。

住Cnr. Beach St. & Rees St. 携021-835-889 URL www.wakagallery.com 営9:00～19:00 休無休 CC ADJMV

コスメ

## ウィルキンソンズ・ファーマシー Wilkinson's Pharmacy

Map P.104-B2 タウン中心部

ザ・モールにある薬局。体調不良のときに安心なのはもちろん、日焼け止めや歯磨きなども調達できる。虫除けスプレーもあるので、サンドフライ対策は万全に。またトリロジーやアンティポディースなどのニュージーランドのナチュフルコスメのほか、雑貨も揃うのでおみやげ探しにもおすすめ。

住Cnr The Mall & Rees St. 電(03) 442-7313
URL www.wilkinsonspharmacy.co.nz
営8:30～22:00 休無休 CC ADJMV

ワイン

## ワイナリー The Winery

Map P.104-B2 タウン中心部

チャージ式のプリペイドカードを使い、好きなワインを、1杯25㎖$2.4～(銘柄で異なる)で試飲できるという画期的なシステムのワイン専門店。セントラル・オタゴ地方をメインに約200のワイナリーから約800本のワインを厳選。そのうち80本ほどの試飲が可能だ。ワインに合うチーズ&サラミ$29～などのフードもある。

住9 Ballarat St. 電(03) 409-2226
URL www.thewinery.co.nz 営14:00～Late
休無休 CC JMV

ファッション

## ハファー Huffer

Map P.104-A2 タウン中心部

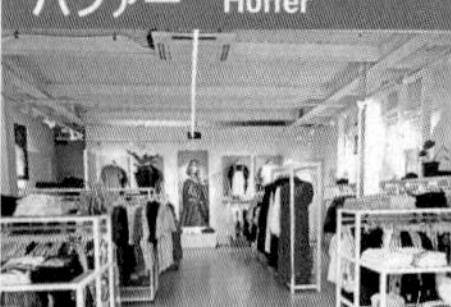

ニュージーランド発のカジュアル・ブランドのショップ。シンプルなデザインで手頃な値段のため、幅広い年代に愛されている。もともとはスキーヤーとスノーボーダーの男性2人がクイーンズタウンで企画を始めたストリート・ファッションのブランドだったこともあり、ダウンジャケットの品質には特に定評がある。

住36B Shotover St. 電(03) 442-6673
URL www.huffer.co.nz 営9:00～18:00
休無休 CC MV

## ボンズ・イン・ニュージーランド Bonz in New Zealand

Map P.104-B1 タウン中心部

メリノウールやアルパカを使用したスカーフ$96～や、カラフルな手編みベスト$490～をはじめ、ニュージーランドならではの楽しさあふれるオリジナル商品が揃う。人気は手編みの、羊の絵柄が入ったセーター$998～で色やデザインが豊富にある。また、ベビーラムスエードの革製品などもおすすめ。

住85 Beach St. 電(03) 442-5398
URL bonz.com 営9:00～19:00 休無休
CC AJMV

## テ・フイア Te Huia

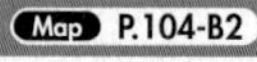

Map P.104-B2 タウン中心部

機能性に富み、シンプルながらも洗練されたデザインが魅力。すべての商品がオーガニックコットンで、フェルト地の定番ジャケット$749、メリノウールとポッサムの毛を使ったメリノミンクの手袋$30～や靴下$51.9～など。ジッパーの引き手部分にあしらわれたマオリの凧をモチーフにしたショップのロゴも印象的。

住1 The Mall 電(03) 442-4992
URL www.tehuianz.com 営10:00～18:00
休無休 CC MV

アウトドア

## アウトサイド・スポーツ Outside Sports

Map P.104-A2 タウン中心部

町の中心部にあり、夜までにぎわう大型のアウトドアスポーツ用品専門店。登山やマウンテンバイク、スキーにスノーボード、フィッシング、キャンピングなど、季節を問わずアウトドアで必要なものは何でも揃う。夏はレンタルバイク$39～、冬はスキーやスノーボードのレンタル$39～あり。

住9 Shotover St. 電(03) 441-0074
URL www.outsidesports.co.nz 営8:00～20:00
休無休 CC AMV 日本語OK

# クイーンズタウンの アコモデーション

Accommodation

屈指の観光地であるクイーンズタウンには、あらゆる種類のアコモデーションが揃っている。しかし料金はやや高め。旅行者の数も多く、特にスキーシーズンは非常に混み合うので、早めに予約をしたほうがいい。周辺の宿を利用するなら送迎サービスの有無を確認しよう。

●高級ホテル

## ソフィテル・クイーンズタウン・ホテル&スパ Sofitel Queenstown Hotel & Spa

Map P.104-A1 タウン中心部

町の中心部にあるラグジュアリーな一流ホテル。スタッフのきめ細かなサービスはもちろん、広々とした客室にはエスプレッソマシンなど充実の設備を配し、スイートルームも完備する。館内にはレストランやフィットネスセンター、スパ、バーなども併設している。

住8 Duke St. 電(03)450-0045 FAX(03)450-0046
URL www.sofitel.com
料ⒹⓉ$298～ 室数82 CC ADJMV

## ヘリテージ・クイーンズタウン Heritage Queenstown

Map P.102-B1 タウン周辺部

ヨーロピアンスタイルのリゾートホテルで、ロビーラウンジには暖炉がある。シックなインテリアの客室は、広々としている。プールやジムもレイクビューで爽快だ。ヴィラやステュディオタイプの客室もある。バス停がホテルの前にあり、中心部からのアクセスも良好。

住91 Fernhill Rd. 電(03)450-1500 FREE 0800-368-888
URL www.heritagehotels.co.nz 料ⓈⒹⓉ$195～
室数175 CC ADJMV

## リーズ・ホテル&ラグジュアリー・アパートメンツ The Rees Hotel & Luxury Apartments

Map P.103-A4 タウン周辺部

ワカティプ湖畔に立つラグジュアリーなアコモデーション。キッチン付きのアパートメントタイプが90室、レジデンスが5室あり、グループでの利用、長期滞在にも便利。中心部からは少し離れているが、ゲストのための無料シャトルバスが運行している。

住377 Frankton Rd. 電(03)450-1100
URL www.therees.co.nz
料ⓈⒹⓉ$445～ 室数155 CC ADJMV

## ミレニアム・ホテル・クイーンズタウン Millennium Hotel Queenstown

Map P.103-B3 タウン周辺部

日本人ハネムーナーの利用も多い豪華ホテル。客室は落ち着いた色調に統一され、エレガントな雰囲気が漂う。広々として明るいロビーラウンジのほか、レストラン、ジムなどの施設も整っている。町の中心部から徒歩圏内。パーキングは1日$10。

住32 Frankton Rd. 電(03)450-0150
URL www.millenniumhotels.com/en/queenstown/millennium-hotel-queenstown 料ⒹⓉ$194～ 室数220 CC ADJMV

## ヒルトン・クイーンズタウン Hilton Queenstown

Map P.108-B1 タウン周辺部

空港から車で約5分、リゾートエリアのカワラウ・ビレッジKawarau Village内のホテル。全室に暖炉が付いており、レイクビューやマウントビューを満喫できる客室もある。隣接の「Double Tree」も同系列で、全室簡易キッチンが付き長期滞在に便利。

住Kawarau Village, 79 Peninsula Rd. 電(03)450-9400
URL www.hilton.com 料ⒹⓉ＄311～ 室数220
CC ADJMV

高級ホテル

## ミルブルック・リゾート Millbrook Resort

Map P.108-A2 タウン周辺部

ニュージーランドのセレブ御用達の5つ星大型リゾート。バルコニーやキッチン付きのヴィラスイートやファミリー向けコテージなど、どの部屋もゆったりとしてプライベート感たっぷり。洗練されたスパやゴルフ場も完備。市内への無料シャトルバスもある。

住1124 Malaghans Rd. Arrowtown 電(03)441-7000 FREE 0800-645-527
URL www.millbrook.co.nz 料ⒹⓉ$433～
室数160 CC ADJMV 日本語OK

中級ホテル

## ノボテル・クイーンズタウン・レイクサイド Novotel Queenstown Lakeside

Map P.104-B2 タウン中心部

ワカティプ湖やクイーンズタウン・ガーデンにほど近く、眺めのいいホテル。客室やバスルームはコンパクトだが、設備は十分整っている。館内にはモダンなダイニングレストラン「Elements」も併設。町の中心部に位置するので何かと便利だ。

住Earl St. & Marine Pde. 電(03)442-7750
FAX(03)442-7469 URL www.novotel.com 料ⒹⓉ$247～
室数298 CC ADJMV

## デイリー・プライベート・ホテル The Dairy Private Hotel

Map P.104-A1 タウン中心部

町の中心部から徒歩3分ほど、ブレコン・ストリート沿いに立つホテル。1920年代の歴史的建造物を利用しており、客室はレトロモダンな雰囲気。ラウンジとライブラリー、屋外ホットバスを併設している。

住21 Brecon St. 電(03)442-5164
URL naumihotels.com/thedairyhotel 料ⓈⒹⓉ $299～
室数13 CC ADMV

モーテル

## アミティ・サービスド・アパートメンツ Amity Serviced Apartments

Map P.103-B3 タウン周辺部

なだらかな坂道を上った高台に位置する。少し町から離れているが、周辺は住宅街なので騒音を気にすることなくゆっくりと過ごせる。客室はアパートメントタイプ。冷蔵庫や電子レンジなど、自炊できる機能も整い、自転車の貸し出しは無料。

住7 Melbourne St. 電(03)442-7288 FREE 0800-556-000
URL www.amityqueenstownaccommodation.co.nz
料ⓈⒹⓉ$248.05～ 室数16 CC ADJMV

B&B

## ブラウンズ・ブティック・ホテル Browns Boutique Hotel

Map P.104-A1 タウン中心部

町の中心部からは徒歩約3分、スカイゴンドラ乗り場までは徒歩約5分と、町歩きにも観光にも便利な立地。ヨーロピアン調のラウンジには暖炉があり、DVDライブラリーも備える。一部客室はバスタブ付き。バルコニーからはサザンアルプスの山々やワカティプ湖を見渡せる。

住26 Isle St. 電(03)441-2050
URL brownshotel.co.nz 料ⓈⒹⓉ $319～480
室数10 CC MV

## スパ・B&B・セラピューティック・マッサージ Spa B&B Therapeutic Massage

Map P.108-B1 タウン周辺部

ワカティプ湖を見下ろす高台に立つB&B。オーストラリア人と日本人の夫婦が経営しており、日本語できめこまやかなサービスが受けられる。現在、食事の提供はなく宿泊のみだが、同じ建物内にスパがあり、ベテランセラピストによるマッサージが可能。

住23 Douglas St. Frankton 電(03)451-1102
URL spabb.web.fc2.com 料Ⓢ$125～145 ⒹⓉ$145～185
室数5 CC MV

ホステル

## ノマズ・クイーンズタウン Nomads Queenstown

Map P.104-B2 タウン中心部

ワカティプ湖まで徒歩すぐのホステル。レセプションは24時間オープンで安心だ。併設のインフォメーションセンターでアクティビティやツアーの予約が可能。隣にはコンビニもある。客室はキーレスで、コードもしくはアプリを使ってドアを開ける仕組み。

住5/11 Church St. 電(03) 441-3922 FREE 0800-100-066
URL nomadsworld.com/new-zealand/nomads-queenstown
料Dorm$40～ ⓈⒹⓉ$180～ 室数386ベッド CC MV

## ハカ・ロッジ・クイーンズタウン Haka Lodge Queenstown

Map P.104-A2 タウン中心部

共同キッチンやバスルームは清潔で機能的。町の中心部からも近く、アクセスに便利な立地。ドミトリーのベッドは鍵を付けられる引き出しとカーテンが備わっている。個室はパネルヒーターや薄型テレビを完備。4人で泊まれるアパートメントタイプの部屋もある。

住6 Henry St. 電(03) 442-4970
URL www.hakalodge.com 料Dorm $44～ Ⓓ$125～ Ⓣ$135～
室数15 CC MV

## サザン・ラフター Southern Laughter

Map P.104-A1 タウン中心部

町の中心部からは徒歩2分ほど、若者の利用客への人気が高いホステル。施設に古さは感じられるものの、清潔に保たれており快適だ。ランドリー、BBQ施設を備えており、屋外にはスパバスもある。

住4 Isle St. 電(03) 441-8828
URL www.stayatsouthern.co.nz
料Dorm $37～ Ⓓ$110～ Ⓣ$95～ 室数100ベッド CC MV

## パインウッド・ロッジ Pinewood Lodge

Map P.102-A2 タウン周辺部

町の中心部から歩いて約10分の距離。スタッフはフレンドリーでアクティビティの予約なども受け付けている。ドミトリーやダブルルームなど客室タイプも豊富。デラックスルームは専用のバスルーム付き。すべての客室に暖房があり、共用スペースなどの設備も充実。

住48 Hamilton Rd. 電(03) 442-8273
URL www.pinewood.co.nz 料Dorm$34～ ⓈⒹ$89～
室数27 CC AMV

## ブラック・シープ・バックパッカーズ The Black Sheep Backpackers

Map P.103-B3 タウン周辺部

中心部から徒歩5分ほど。館内にはテレビラウンジやPCなどがあり、ゆったりと過ごせる。レセプションは8:00～21:00のオープン。女性用のバスルームにはドライヤーを完備。無料で使えるスパバス、サウナ、レンタサイクルあり。

住13 Frankton Rd. 電(03) 442-7289
URL blacksheepbackpackers.co.nz
料Dorm$79～ ⒹⓉ$269～ 室数23 CC MV

ホリデーパーク

## クイーンズタウン・レイクビュー・ホリデーパーク Queenstown Lakeview Holiday Park

Map P.104-A1 タウン中心部

ゴンドラ乗り場の手前という、町の中心部に近い場所に位置する。キャンプサイトから、バスルームおよびテレビ付きのキャビン、さらにキッチンが完備されたフラットタイプまで、広い敷地内に複数のカテゴリーがある。4～6人での利用もおすすめ。

住4 Cemetery Rd. 電(03) 442-7252 FREE 0800-482-735
URL holidaypark.net.nz 料Camp $50～ Studio$170～ Cabin$205～
Motel$250～ 室数44 CC MV

キッチン(全室) キッチン(一部) キッチン(共同) ドライヤー(全室) バスタブ(全室)
プール ネット(全室／有料) ネット(一部／有料) ネット(全室／無料) ネット(一部／無料)

# テ・アナウ

## Te Anau

クライストチャーチ
テ・アナウ

人口：2760人
URL www.fiordland.org.nz

テ・アナウ湖Lake Te Anauは面積約342km²と南島で最大、ニュージーランド全土でも北島中央部に位置するタウポ湖Lake Taupoに次いで第2位の大きさを誇る美しい湖。その南端の湖岸にたたずむ静かな町がテ・アナウだ。Te Anauとはマオリ語の"テ・アナ・アウTe Ana-au"に由来し、"雨のように水がほとばしる洞窟"すなわち地底に地下水が流れるテ・アナウ・ツチボタル洞窟Te Anau Glowworm Cavesを指すとされる。また、この湖を見つけたマオリ女性の名前だとする説などもあり、定かではない。

テ・ワヒポウナムの一部として世界遺産にも登録されるフィヨルドランド国立公園へのゲートウエイでもあるテ・アナウ。夏季になるとにぎわいをみせるこの町には、ミルフォード・サウンド、ダウトフル・サウンドなどへのベースタウンとして、また、ミルフォード・トラックやルートバーン・トラック、ケプラー・トラックをはじめとしたトランピングの基地として長期滞在する旅行者も少なくない。宿泊施設や銀行、レストランやスーパーマーケットなど、必要なものはたいていこの町で揃うだろう。そのほかにも、テ・アナウ湖でのクルーズ、ジェットボートやフィッシングなど多彩なアクティビティを楽しむことができる。

また、見どころのひとつに前述のテ・アナウ・ツチボタル洞窟がある。ここでは神秘的に光るツチボタルを観察することができる。

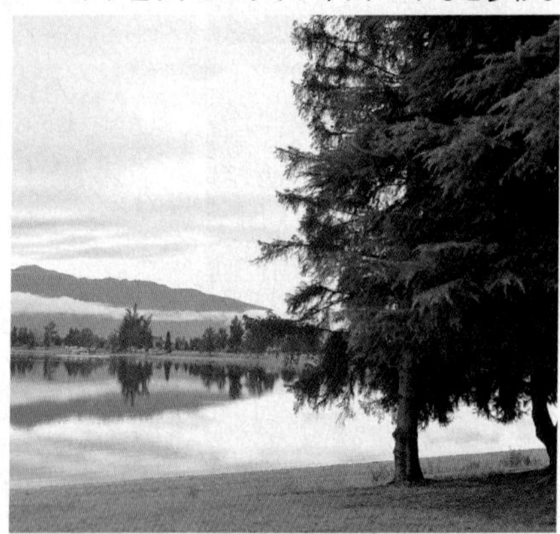

澄んだ水をたたえるテ・アナウ湖

## テ・アナウへのアクセス Access

クイーンズタウンからミルフォード・サウンド行きのグレートサイツの便が1日1〜2便あり、所要約2時間30分。バスはミロ・ストリートMiro St.沿いに発着する。

クライストチャーチからはインターシティの長距離バスでクイーンズタウンまで行き、グレートサイツに乗り換える。

そのほか、テ・アナウとミルフォード・サウンド、クイーンズタウン、ルートバーン・トラック（→P.144）、ケプラー・トラック（→P.148）などを結ぶトラックネットTracknetといったローカルシャトルも運行されており、夏季は増便されることが多い。

おもなバス会社（→P.496）
インターシティ
グレートサイツ

長距離バス発着所
**Map P.125-A1**
住2 Miro St.

Tracknet
☎(03)249-7777
FREE 0800-483-262
URL www.tracknet.net

観光案内所 i-SITE
Fiordland Visitor Centre
**Map P.125-A1**
住85 Lakefront Dr.
☎(03)249-8900
開8:30〜18:00
（時季によって異なる）
休無休

i 観光案内所
DOC Fiordland National Park Visitor Centre
**Map P.125-B1**
住Lakefront Dr.
☎(03)249-7924
開夏季　8:30〜16:30
冬季　月〜土9:00〜12:00、13:00〜16:00
休冬季の日

DOCビジターセンターではグレートウオーク（→P.419）の予約もできる

i 観光案内所
Southern Discoveries
**Map P.125-B1**
住80 Lakefront Dr.
☎(03)249-7516
FREE 0800-264-536
URL southerndiscoveries.co.nz
開9:00〜17:00
（時季によって異なる）
休無休

## テ・アナウの　歩き方

### タウン・センター　Town Centre

町自体は小さいので徒歩で十分回ることができる。メインストリートの湖から北東に延びる**タウン・センターTown Centre**には、各種レストランやアウトドア用品のショップ、スーパーマーケットなどが並んでいる。この通りの湖側の端には観光案内所アイサイトがあり、フィヨルドランド全般の観光情報や宿泊予約などを扱っている。併設するリアル・ニュージーReal NZ社のオフィスでは、テ・アナウ・ツチボタル洞窟やミルフォード・サウンド、ダウトフル・サウンドなどのツアー予約を受け付けており、ツアーの出発場所にもなっている。

リアル・ニュージー
Map P.125-A1
住85 Lakefront Dr.
☎(03)249-6000
FREE 0800-656-501
URL www.realnz.com
営8:30～18:00
（時季によって異なる）
休無休

観光案内所も併設

### レイクフロント・ドライブ　Lakefront Dr.

湖沿いに延びる道に、ホテルやモーテルが多く立ち並ぶ。この通りの南端にはDOCフィヨルドランド国立公園ビジターセンターFiordland National Park Visitor Centreがあり、トランピングに関する情報があるほか、ハットパス（山小屋の利用券）の購入もできる。周辺にあるコースのマップや天候などの最新情報を入手できるので立ち寄り、登山届けを出そう。

ビジターセンター近くの湖畔には、クインティン・マッキノンQuintin Mackinnon（1851～92年）の像が立っている。1888年10月に彼が拓いたミルフォード・トラックは、テ・アナウ湖からミルフォード・サウンドにいたるルートが起源だ。

湖畔に立つ探検家クインティン・マッキノン像

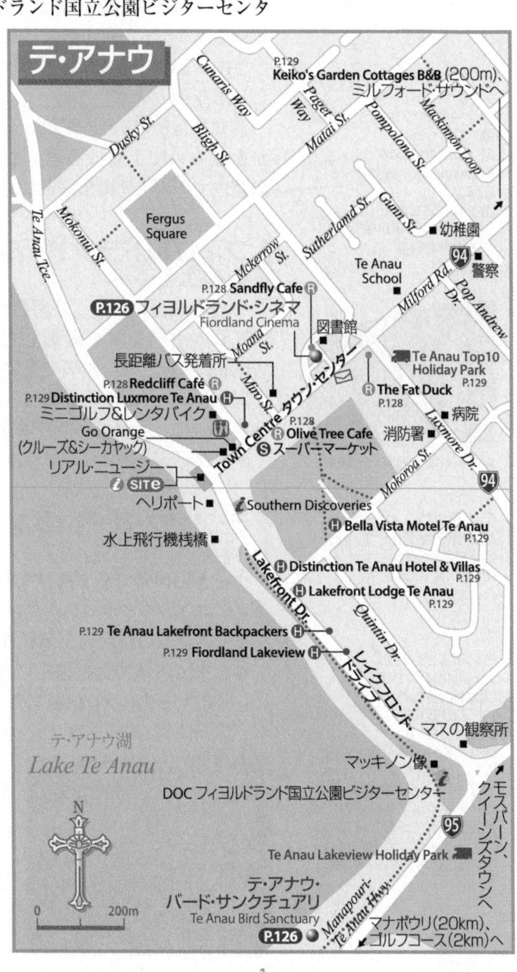

## テ・アナウの見どころ

### テ・アナウ・ツチボタル洞窟
Te Anau Glowworm Caves

Map P.131-C2

テ・アナウ湖の西岸に位置する、全長約6.7kmの巨大な洞窟。地底にある石灰岩層の裂け目や小さな穴が大量の地下水の力で広げられたもので、今もなお浸食活動が続く洞窟内には弱酸性の水質を保つトンネルバーン（川）が流れている。

洞窟内にはグロウワームと呼ばれるツチボタル（→P.295）が生息しており、洞窟の一部とあわせて見学するツアーをリアル・ニュージーReal NZが催行している。参加者はリアル・ニュージーのオフィス裏にある桟橋から高速船に乗り、洞窟入口に立つキャバーン・ハウスへと向かう。しばらく地底の滝や鍾乳石を見ながら歩いたあとにボートに乗って洞窟内を進んでいくと、やがて暗闇に無数の青緑色の光点が輝き始める。地底に星空が広がっているような不思議な感覚と光の美しさに、しばし言葉を忘れてしまうことだろう。

洞窟内は8～12℃と肌寒く、水滴がかかるので上着は必携。また、洞窟内でのカメラ撮影は厳禁だ。

暗闇に輝くツチボタルを見学する

テ・アナウ・ツチボタル洞窟のツアー
リアル・ニュージー
（→P.125）
催通年
夏季
10:15、14:00、16:30、17:45、19:00発
冬季
10:15、14:00、16:30発
（所要約2時間15分。スケジュールは時季によって異なる）
料大人$99～、子供$40～

### フィヨルドランド・シネマ
Fiordland Cinema

Map P.125-A1

一般の映画のほか、映画館のオーナー自らがヘリコプターでフィヨルドランドを撮影した32分間の『アタ・フェヌアAta Whenua』を上映。四季や天候によりさまざまな表情を見せるフィヨルドランドの風景を美しい音楽とともに楽しめる。映画館にはバーが併設されており、購入した飲み物の持ち込みも可能。上映スケジュールはウェブサイトをチェック。

フィヨルドランド・シネマ
住7 The Lane
電(03)249-8844
URL fiordlandcinema.co.nz
休無休
料アタ・フェヌア
大人$12、子供$6
その他の映画
大人$11～、子供$9～

おしゃれな雰囲気の映画館

### テ・アナウ・バード・サンクチュアリ
Te Anau Bird Sanctuary

Map P.125-B1

クイナの仲間で空を飛べない鳥のタカヘや森林地帯に生息するフクロウのモアポーク、アンティポデス諸島に生息するインコなどの絶滅危惧種が人工飼育されている施設。

特にタカヘは20世紀前半には絶滅したと考えられていたが、1948年にマーチンソン山脈で発見され、以来大事に保護されている。現在はフィヨルドランドのほか、天敵となる動物を排除した離島などの保護区域で440羽程度が飼育されるのみ。このセンターのケージ内には常時数羽のタカヘがいるが、奥の林に隠れて見えないこともある。

絶滅に瀕している鳥タカヘを間近に観察できる貴重な施設

テ・アナウ・バード・サンクチュアリ
開日中随時入場可
料無料（寄付程度）

そのほかの見どころ
**Te Anau Trout Observatory（マスの観察所）**
**Map P.125-B1**
開日中随時入場可
料$2（自動改札式）
うっそうとした緑に覆われたガーデンの地下に大型の水槽が設置されており、薄暗い闇のなかで泳ぐブラウントラウトを間近に観察することができる。

## テ・アナウからの日帰りトランピング

Day Trip from Te Anau

Map P.145-A1

テ・アナウ周辺にはいくつものトランピングルートが存在する。日帰りで楽しめるコースもあり、初心者でも十分歩けるのでぜひチャレンジしてみよう。ガイド付きツアーに申し込めば、より安心だ。ただし、登山靴、食料、水、雨具など基本的な装備は用意すること。一般的には11～4月がトランピングのシーズン。

### キー・サミット・トラック Key Summit Track （往復約3時間）

ルートバーン・トラックの途中にあるキー・サミット（標高919m）は、2000m級の山々に周囲を囲まれ大パノラマが楽しめる展望地。日帰りハイキングとして手軽に行くことができる。

まずテ・アナウからミルフォード・サウンド方面へ向かうシャトルバスで約1時間20分の所にあるディバイドThe Divideへ。駐車場脇からルートバーン・トラックを歩き始める。うっそうとしたブナの森をしばらく歩くと、やがてメインのトラックから分岐してキー・サミットへの上り道へ。短いが急なつづら折りの区間を通り抜けると急に展望が開け、池塘群の中を木道で進むなどの変化が楽しめる。

### レイク・マリアン・トラック Lake Marian Track （往復約3時間）

キー・サミットから正面に見えるマウント・クリスティーナ西側の深いU字谷の中にある湖、マリアン湖を目指すトラック。ここにいたる細いトラックは大部分が深い森の中なので展望が利かないが、湖岸に出たとたん、西側に迫る絶壁と氷河の雄大な景色が広がる。

トラックの出発地は、ディバイドからさらにミルフォード・ロードを1kmほど下り、ホリフォード・ロードHollyford Rd.に入った場所。ここから湖岸までの道は部分的にやや急で、特に雨のあとなどはぬかるんで歩きづらいことも多い。

**テ・アナウからの日帰りトランピングへの行き方**

キー・サミット、マリアン湖とも、テ・アナウから運行するトランピング用のシャトルバス（夏季のみ運行）を利用するのが便利。DOCビジターセンターなどで予約できる。マリアン湖へは、ホリフォード・ロードの分岐点Hollyford Turnoffで下車し、20分ほど車道を歩いた所にトラックの起点がある。

キー・サミット頂上からのマウント・リトル

**トランピング用シャトルバス**
**Tracknet**（→P.124）
料テ・アナウ～ディバイド
大人片道$48
運10月下旬～4月

**日本語ガイド付きトレッキング**
**Tutoko Outdoor Guides**
☎(03)249-9029（10～4月）
✆027-210-5027（10～4月）
FAX(03)249-9029（10～4月）
E-mail office@tutokoguides.co.nz（通年）
URL tutokoguides.co.nz
催10月中旬～4月中旬
料キー・サミット$310
マリアン湖$315
各コース日本語ガイド、送迎、昼食代、国立公園利用料込み。

### Column サンドフライ対策を忘れずに

サンドフライとはニュージーランド各地に出没するブユのような虫。体長1～2mmと小さいわりに、刺されたあとのかゆみは強烈で、大きく腫れ、ときには何週間もかゆみが続くこともある。18世紀にニュージーランドを訪れたジェームス・クックもサンドフライには相当悩まされたようで、「最も有害な生き物」と書き残しているほどだ。

水辺を好むため、とりわけフィヨルドランド国立公園はサンドフライが多い。特にミルフォード・サウンドやテ・アナウ湖の湖畔などは、サンドフライの名所と言っていいだろう。逆に山の中に入ってしまえば意外に少ないので、トランピングの最中にずっとつきまとわれるようなことはあまりない。また、どちらかといえば晴れよりは曇りの日、日中よりは朝夕に出没することが多く、夜になると鳴りを潜める。

対策としてはなるべく肌を出さず、黒の服装を避けること、そして虫除けの薬（Insect Repellent）も忘れずに塗っておくことだ。虫除け薬は現地の薬局などで買える。

小さいけれど刺されると痛い。虫除け薬は必携だ

## テ・アナウの アクティビティ Activity

### ジェットボート

ジェットボートでワイアウ川上流から出発し、マナポウリ湖を疾走。途中、映画『ロード・オブ・ザ・リング』のロケ地にも立ち寄る。所要約2時間。夏季は10:00、14:00、17:00または18:00の1日3回、冬季は10:00、14:00の1日2回催行。水上飛行機による遊覧飛行とジェットボートを組み合わせたプランもある。

**Fiordland Jet**
FREE 0800-253-826 URL www.fjet.nz 催 通年
料 Pure Wilderness 大人$169～、子供$84～ CC MV

### 水上飛行機での遊覧飛行

ダイナミックな山々や複雑なフィヨルド地形を空中から満喫する。気軽に楽しめる「Lakes Explorer」（所要15分）やテ・アナウからダウトフル・サウンドの上空を遊覧する「Doubtful Sound」（所要40分～）、ミルフォード・サウンドへ飛ぶ「Milford Sound」（所要1時間～）など、コースは多彩。

**Fiordland By Seaplane**
☎ (03) 249-7405 URL www.wingsandwater.co.nz 催 通年 料 Lakes Explorer大人$165、子供$115 Doubtful Sound 大人$385、子供$235 Milford Sound大人$583、子供$350 CC MV

### 小型船での湖上クルーズ

小型船で南フィヨルドランドをクルーズする「Discovery Cruise」（1日1便、所要約3時間）や、14:30に出発し、湖畔の夜景や満天の星の下をクルーズする「Overnight Private Charter」（1日1便、所要約19時間）など、幅広いクルーズを用意している。最少催行人数は2人。

**Cruise Te Anau**
☎ (03) 249-8005
URL cruiseteanau.co.nz
催 通年 料 Discovery Cruise大人$105、子供$45 Overnight Private Charter2人貸し切りは$1100 料 MV

## テ・アナウの レストラン Restaurant

### レッドクリフ・カフェ Redcliff Café

Map P.125-A1

テ・アナウで一番のレストランと評判のカジュアルダイニング。旬のローカル食材を使った創作料理を提供し、シカ肉や野ウサギなどのジビエ料理も人気。店内は落ち着いた雰囲気で、バーのみの利用もできる。予算は$60程度。

住 12 Mokonui St.
☎ (03) 249-7431
URL theredcliff.co.nz
営 16:00～Late
休 無休(7～8月は休業) 休 AMV

### ファット・ダック The Fat Duck

Map P.125-A1

人気メニューは、ポークベリー$38.5やフィッシュ&チップス$31.5など。ポップコーンチキンボウル$25.5などの軽食やキッズメニューも充実。16:00～18:00はハッピーアワー。

住 124 Town Centre
☎ (03) 249-8480
URL www.thefatduck.co.nz
営 水・木17:00～Late、金～日11:30～Late 休 月・火
CC MV

### オリーブ・ツリー・カフェ Olive Tree Cafe

Map P.125-A1

暖炉やソファ席のある居心地のいいカフェ。ハンバーガー$24～やワッフル$18～、ランチはローストラム$28が人気。黒板に並ぶ日替わりメニューも要チェック。グルテンフリーやベジタリアンメニューもある。

住 52 Town Centre ☎ (03) 249-8496 URL www.facebook.com/olivetreecafetenau
営 8:00～16:30
休 無休 休 MV

### サンドフライ・カフェ Sandfly Cafe

Map P.125-A1

町の中心部にあるカフェ。コーヒーや各種ジュースなどの飲み物と、ベーグルサンド$14～やトースト$8、サンドフライパンケーキ$16などの軽食を一緒にいかが。営業時間が早く朝食メニューもあるのでツアー前の利用にも便利。

住 9 The Lane
☎ (03) 249-9529
営 7:00～16:30
休 無休
CC MV

## テ・アナウの アコモデーション Accommodation

### ディスティンクション・テ・アナウ・ホテル&ヴィラ
Distinction Te Anau Hotel & Villas Map P.125-B1

湖に面した絶好のロケーションにある大型リゾートホテル。レイクビュー、ガーデンビューのホテルルームと、ガーデンヴィラなどがあり、いずれもゆったりとした造りで落ち着ける。サウナやスパ、屋外プールを完備するほか、カフェバーも併設している。

住64 Lakefront Dr. 電(03)249-9700 URL www.distinctionhotelsteanau.co.nz 料ⒹⓉ$149～ 室数112 CC ADJMV

### レイクフロント・ロッジ・テ・アナウ
Lakefront Lodge Te Anau Map P.125-B1

ウッディなコテージ風の建物で、おしゃれな外観が特徴のモーテル。室内は広々としており、リラックスした滞在が楽しめる。スパバス付きのユニットもある。スタッフは親切で、観光についての相談にも乗ってくれる。

住58 Lakefront Dr. 電(03)249-7728 FREE 0800-525-337 URL www.lakefrontlodgeteanau.com 料ⓈⒹⓉ$165～ 室数13 CC AMV

### フィヨルドランド・レイクビュー
Fiordland Lakeview Map P.125-B1

湖に面して立つ、家族経営のきれいなロッジ。全室レイクビューで、バルコニーからの眺望がすばらしい。室内はベッドルームとラウンジが別になった広々とした造りで快適に過ごせる。

住42 Lakefront Dr. 電(03)249-7546 FREE 0800-249-942 URL www.fiordlandlakeview.co.nz 料ⓈⒹⓉ$225～550 室数23 CC AJMV

### ベラ・ビスタ・モーテル・テ・アナウ
Bella Vista Motel Te Anau Map P.125-B1

ニュージーランド各地にあるベラ・ビスタ・ホテルチェーンのひとつ。町の中心から近く、部屋はこぢんまりとしているが、比較的新しく使い勝手がいい。室内には冷蔵庫やポットが用意されている。コンチネンタルの朝食も可。オフシーズンの料金プランあり。

住9 Mokoroa St. 電(03)249-8683 FREE 0800-235-528 URL www.bellavista.co.nz 料ⓈⓉⒹ$185～ 室数18 CC AMV

### ケイコズ・ガーデン・コテージズ B&B
Keiko's Garden Cottages B&B Map P.125-A1外

日本人のケイコさんとニュージーランド人のケヴィンさん夫婦が経営するB&B。1850年代風の建物を自分たちで造り、細部にまでこだわっている。朝食（ランチ弁当に変更可）と湯ハウス（スパバス）はオーダーで別料金。春や夏には花いっぱいに包まれるガーデンも人気。観光やツアーについて、日本語で相談できるのも心強い。冬季休業あり。

住228 Milford Rd. 電(03)249-9248 FAX(03)249-9247 URL keikos.co.nz 料Ⓢ$155～ ⒹⓉ$205～ 室数4 CC MV 日本語OK

### テ・アナウ・レイクフロント・バックパッカーズ
Te Anau Lakefront Backpackers Map P.125-B1

湖に面した好立地にあるホステル。キッチンやラウンジは広々としており、使い勝手がよい。全室暖房設備が整い、レセプションにはツアーやトランピングのパンフレットがたくさん置いてある。冬季休業あり。

住48-50 Lakefront Dr. 電(03)249-7713 FREE 0800-200-074 URL www.teanaubackpackers.co.nz 料Dorm$39～ ⒹⓉ$98～ 室数110ベッド CC MV

### ディスティンクション・ラックスモア・テ・アナウ
Distinction Luxmore Te Anau Map P.125-A1

館内にレストランが2軒あり、手頃なスタンダードルームからスパバス付きのスイートまでカテゴリが豊富。朝食付きプランや、アクティビティと組み合わせたお得なパッケージあり。

住41 Town Centre 電(03)249-7526 URL www.distinctionhotelsluxmore.co.nz 料ⓈⒹⓉ$160～ 室数180 CC AJMV

### テ・アナウ・トップ 10 ホリデーパーク
Te Anau Top 10 Holiday Park Map P.125-A1

敷地はさほど広くはないものの、キャンプサイトからキャンピングカー用のサイト、キャビン、キッチン付きのモーテルなどさまざまな宿泊施設が揃う。町に近いので車がない人でも利用しやすい。スパバスやランドリールームも利用できる。BBQの設備や子供の遊び場あり。

住15 Luxmore Dr. 電(03)249-8538 URL www.teanautop10.co.nz 料Dorm$35～ Cabin$105～ Motel$175～ 室数31 CC MV

# フィヨルドランド国立公園

## Fiordland National Park

URL www.fiordland.org.nz

クルーズでは大自然をより間近に体感できる

約121万5000ヘクタールとニュージーランドでも最大の面積をもつフィヨルドランド国立公園は、太古より変わらない自然景観を残す貴重なエリア。フィヨルドランドのほかに、ウエストランド／タイ・ポウティニ、アオラキ／マウント・クック、マウント・アスパイアリングといった南島南西部にある3つの国立公園と合わせて、テ・ワヒポウナムTe Wahipounamuとしてユネスコの世界遺産にも登録されている（→P.14）。

フィヨルドランドという名前は、西海岸に切り込まれた14ものフィヨルド地形に由来する。氷河が削ったU字谷に海水が入り込んでできたもので、海からそそり立つ急峻な山々が特徴。深い原生林はキーウィやタカへといった希少な種のすみかとしても知られる。年間で7000mmを超えるという降水量が、これら豊かな自然を育んでいるのだ。

世界中の旅行者をひきつけるアクティビティも多彩だ。有名なミルフォード・トラックやルートバーン・トラックのトレッキングをはじめ、ミルフォード・サウンドのクルーズやダウトフル・サウンドでのシーニックフライトなど、さまざまな楽しみ方がある。

ニュージーランド最大の自然公園

*i* 観光案内所
DOC Fiordland National Park Visitor Centre
（→P.124欄外）

### フィヨルドランド国立公園の 歩き方

観光の拠点となるのは、湖畔の小さな町テ・アナウTe Anau（→P.124）だ。クイーンズタウンから長距離バスの便があり、地域やアクティビティの情報、宿泊施設、ショップなどが十分に揃う。日帰りから数日間のコースまで、日程に応じたトランピングの拠点としても便利だ。

テ・アナウから南西に20kmほど離れたマナポウリManapouriにも数軒の宿泊施設があり、ここからダウトフル・サウンド行きのクルーズツアーが発着する。より静かな滞在ができるものの、定期バスなどがないため車がないとアクセスは不便だ。

クイーンズタウンからの日帰りバスツアーでミルフォード・サウンドのクルーズのみ参加するという人も多いが、可能であればゆっくり滞在して、豊かな大自然を全身で感じ、ここでしかできない体験を味わいたい。

自分の足で自然の壮大さを体感するミルフォード・トラック

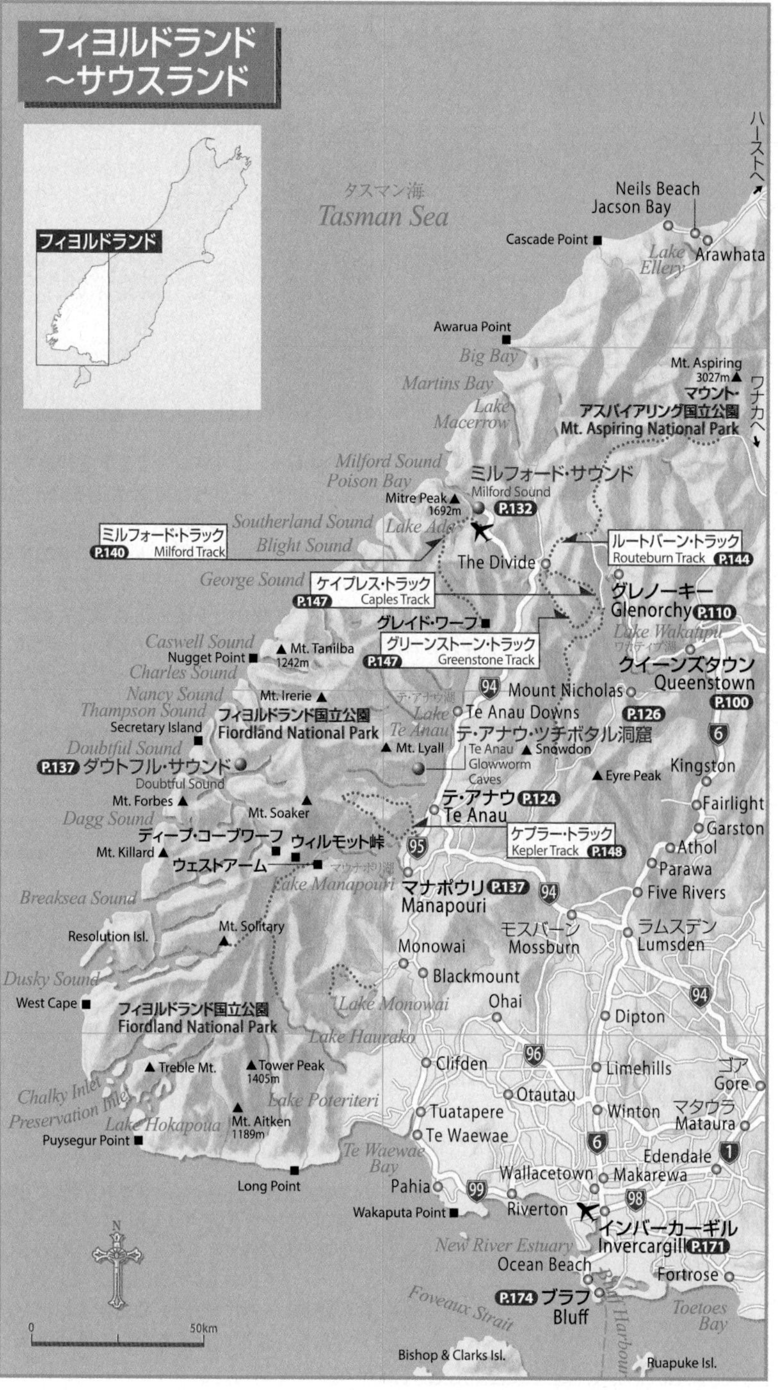

フィヨルドランド～サウスランド
フィヨルドランド
タスマン海
Tasman Sea
Neils Beach
Jacson Bay
ハーストへ
Cascade Point
Lake Ellery
Arawhata
Awarua Point
Big Bay
Martins Bay
Lake Macerrow
Mt. Aspiring 3027m
マウント・アスパイアリング国立公園
Mt. Aspiring National Park
ワナカへ
Milford Sound
Poison Bay
ミルフォード・サウンド
Milford Sound P.132
Mitre Peak 1692m
Southerland Sound
Lake Ada
Blight Sound
ミルフォード・トラック P.140 Milford Track
ルートバーン・トラック Routeburn Track P.144
The Divide
George Sound
ケイプレス・トラック P.147 Caples Track
グレノーキー Glenorchy P.110
グレイド・ワーフ
Caswell Sound
Mt. Tanilba 1242m
Nugget Point
グリーンストーン・トラック P.147 Greenstone Track
Lake Wakatipu ワカティプ湖
クイーンズタウン Queenstown P.100
Charles Sound
Nancy Sound
Mt. Irerie
テ・アナウ湖 Lake Te Anau
Mount Nicholas
Thompson Sound
フィヨルドランド国立公園 Fiordland National Park
Te Anau Downs
P.126
Secretary Island
テ・アナウ・ツチボタル洞窟
Doubtful Sound
Mt. Lyall
Te Anau Glowworm Caves
Snowdon
P.137 ダウトフル・サウンド Doubtful Sound
Eyre Peak
Kingston
Mt. Forbes
Mt. Soaker
テ・アナウ P.124 Te Anau
Fairlight
Dagg Sound
Garston
ディープ・コーブワーフ
ウィルモット峠
ケプラー・トラック Kepler Track P.148
Athol
Mt. Killard
ウェストアーム
マナポウリ湖 Lake Manapouri
Parawa
マナポウリ P.137 Manapouri
Five Rivers
Breaksea Sound
モスバーン Mossburn
ラムズデン Lumsden
Mt. Solitary
Resolution Isl.
Monowai
Blackmount
Dusky Sound
Ohai
West Cape
Lake Monowai
Dipton
フィヨルドランド国立公園 Fiordland National Park
Lake Hauroko
Clifden
Limehills
ゴア Gore
Treble Mt.
Tower Peak 1405m
Chalky Inlet
Lake Poteriteri
Otautau
Preservation Inlet
Lake Hokapoua
Mt. Aitken 1189m
Tuatapere
Winton
マタウラ Mataura
Puysegur Point
Te Waewae
Te Waewae Bay
Edendale
Long Point
Pahia
Wallacetown
Makarewa
Wakaputa Point
Riverton
インバーカーギル Invercargill P.171
New River Estuary
Ocean Beach
Fortrose
P.174 ブラフ Bluff
Foveaux Strait
Bluff Harbour
Toetoes Bay
Bishop & Clarks Isl.
Ruapuke Isl.
N
0 50km

# ミルフォード・サウンド

## Milford Sound

おもなバス会社（→P.496）
グレートサイツ

Tracknet
電(03)249-7777
FREE 0800-483-262
URL tracknet.net
運テ・アナウから（夏季）
7:15、9:45、13:25発
料片道大人$62、子供$45

ミルフォード・サウンドへのバス＋クルーズツアー
リアル・ニュージー
電(03)249-6000
FREE 0800-656-501
URL www.realnz.com
催通年
料テ・アナウ発
大人$169～
子供$105～
（所要6時間40分～8時間30分）
クイーンズタウン発
大人$219～
子供$119～
（所要約13時間）

フィヨルドランドで最も人気のある見どころのひとつであるミルフォード・サウンド。サウンドとは“入江”という意味。氷河によって垂直に削り取られた周囲の山々が、1000m以上にわたり海に落ち込んでいる壮大な眺めは、ニュージーランドを代表する風景としてしばしば紹介される。とりわけ海面から1683mの高さでそそり立つマイター・ピークは印象的だ。

切り立ったフィヨルド地形が感動的

入江に沿った道路はまったくないため、クルーズに参加するのが一般的。原生林の中から勢いよく流れ落ちてくる滝や、オットセイやイルカなどの野生動物などを間近に見ることができる。天気がよければ小型飛行機で遊覧観光するのもいい。ほかに、船内で1泊するクルーズやシーカヤックなどのアクティビティも人気が高い。

また、フィヨルドは豊富な雨が海中に流れ込み、淡水と海水の2層を造ることから、水深の浅い場所でも深海生物を観察できる珍しい場所でもある。ハリソン・コーブに設けられた海中展望台で神秘的な深海の世界を堪能したい。

ミルフォード・サウンド
タスマン海
Tasman Sea
セント・アン ポイント灯台
St. Anne Point
航路はクルーズの種類によって異なることがある。
Anita Bay
ミルフォード・サウンド
Milford Sound
Thurso River
0 3km
ピオピオタヒ海洋保護区
Piopiotahi Marine Reserve
ペンブローク山
Mt.Pembroke ▲2015m P.134
P.132
フェアリー・フォール
P.134 Fairy Falls
Sinbad Gully
マイター・ピーク
Mitre Peak ▲1683m
スターリン・フォール
Stirling Falls P.134
ライオン・マウンテン
Lion Mountain
グレーシャル・ストリエーション
Gracial Striations
Footstool ▲841m
海中展望台
Underwater Observatory P.134
Harrison Cove
ミルフォード・サウンドのクルーズ P.133
Milford Sound Cruises
Cascade ▲1221m
Bowen River
サンドフライ・ポイント
Sandfly Point
ボーウェン・フォール
Bowen Falls P.133
遊覧船桟橋
Mitre Peak Lodge P.136
P.136
Milford Sound Lodge
テ・アナウへ

### ミルフォード・サウンドへのアクセス Access

アクセスの拠点となるのはテ・アナウ、またはクイーンズ・タウン。グレートサイツの長距離バスが運行しており、テ・アナウからは1日1便、所要約3時間30分。クイーンズタウンからも同様で、所要約6時間5分。トラックネットTracknetも同区間を運行している。いずれも天候による変動あり。

またリアル・ニュージーReal NZなどからバスとクルーズ船をセットにしたパッケージプランがあるので、これらに申し込むのもいい。テ・アナウあるいはクイーンズタウンへの帰路に、小型飛行機を利用するパッケージもある。遊覧飛行で空からの眺めを楽しめるのが魅力だ。

## ミルフォード・サウンドの歩き方

ミルフォード・サウンドでは、観光船のターミナルが唯一の大きな建物で、ここに各クルーズ会社のカウンターがある。

フィヨルドランド一帯は、ニュージーランド国内でも最も雨の多い地域であり、年間降水量は7000mmを超える。テ・アナウとミルフォード・サウンドで天気が異なることも珍しくなく、全般に天気は変わりやすいので、雨具の用意は忘れずに。快晴に恵まれることはまれだが、雨のミルフォードにも雨ならではのよさがある。サウンド沿いの急峻な山は岩がちで、土壌が水を含みにくいため、降った雨はたちまち岩山のあちこちで滝となって激しく流れ落ち、水煙が幻想的に舞う。数百mもの高さの滝が随所に現れ、海に落ち込む壮観なさまは雨の日ならではだ。

## ミルフォード・サウンドの見どころ

### ミルフォード・サウンドのクルーズ

Milford Sound Cruises

Map P.132

ミルフォードに来た旅行者がほぼ例外なく参加するのが、サウンド内を周遊するクルーズだ。各クルーズ会社のコース内容はほぼ同様だが、船の種類などにバリエーションがある。小さな船なら滝や野生動物により近づけるため迫力倍増のクルーズが、大きな船なら快適な船内でゆったりとクルーズが楽しめる。所要約2時間。ランチ付きなどのオプションも選べる。

**ボーウェン・フォール　Bowen Falls**

観光船ターミナルを出るとすぐに眺めることができるサウンド内最大の滝。水辺に設けられた遊歩道からは160mもの高さを落ちる滝を間近に見上げることができ、迫力満点。入植当時のニュージーランド総督夫人が名前の由来となっている。

**デイクルーズ**

リアル・ニュージー（→P.132）
ミルフォード発
催1日2～6便～
料大人$109、子供＄45

**Southern Discoveries**
☎(03)441-1137
FREE 0800-264-536
URL www.southerndiscoveries.co.nz
催1日2便
料大人$109～129　子供$49～59

**Mitre Peak Cruises**
☎(03)249-8110
FREE 0800-744-633
FAX (03)249-8113
URL www.mitrepeak.com
催1日4便（時季によって異なる）
料大人$109、子供$40（早割りあり）

**Jucy Cruize**
☎(03)442-4196
FREE 0800-500-121
FAX (03)442-4198
URL www.jucycruize.co.nz
催1日2～3便
料大人$109～119、子供＄40～

船が並ぶ観光船ターミナル

入江の入口セント・アン・ポイント

## ミルフォード・サウンドのアクティビティ　オーバーナイトクルーズ

リアル・ニュージー（→P.132）では9～5月に限り、船内で1夜を過ごすクルーズを行っている。多くの船や遊覧飛行機が行き交う日中と違い、夕方、早朝の静まり返ったフィヨルドの景観を見られるのが最大の魅力だ。キャビン（客室）はすべてバス・トイレ付きで、ダブルとツイン（ほかの旅行者とのシェア可）の2タイプ。船上からシーカヤックを下ろして漕いだり、ボートで岸に上陸して自然観察ウオークをしたりというアクティビティも楽しむことができる。人気が高いので、特に年末年始から3月にかけてのハイシーズンは早めに予約をする必要がある。

催9月下旬～5月中旬　毎日1便
料Ⓢ$999～1099　ⒹⓉ大人$499～599、子供$249～299
（いずれも1名分。夕・朝食、カヤックもしくはテンダーボート代込み。ファミリールームあり。船内のバーはカード不可）　CC ADMV
※上記料金はミルフォード・サウンド発着。テ・アナウ、クイーンズタウンから送迎バスが運行（有料）。

船内の客室

美しい夕日が見られる

これぞミルフォード・サウンドといった光景だ

### フェアリー・フォール Fairy Falls

ミルフォード・サウンド・クルーズの見どころのひとつ。崖から流れ出る滝がいくつも並び、幻想的な風景を造り出している。天候によって異なるが、水量が多い日には虹が見えることもある。しかし、これだけ水量が多いにもかかわらず、2、3日雨が降らないだけで水が流れ落ちないことも。

### ペンブローク山 Mt. Pembroke

ミルフォード・サウンドで最も高い山。かつてフィヨルド全体を覆っていた氷河の一部が残っている。

ダイナミックな滝フェアリー・フォール

### スターリン・フォール Stirling Falls

フィヨルドランド内でも屈指の水量を誇る落差155mの滝。しぶきと水煙が混ざり合い、周辺には轟音が響く。その景色は見る者を圧倒し、自然への畏怖を感じさせる。クルーズ船のほとんどはスターリン・フォールに近寄ってしばらく停泊する。小さな船は限界まで接近するので、間近で滝を眺めることが可能だ。デッキに出ることもできるが、しぶきで体がぬれてしまう場合が多いのでレインコートなどを用意しておくと便利。

滝ギリギリまで船を近づけるキャプテンの腕にも感心

海中展望台
☎(03) 441-1137
FREE 0800-264-536
URL www.southerndiscoveries.co.nz
Discover More Cruise
催1日1〜2便、所要約3時間
料大人$129、子供$59

### 海中展望台 Underwater Observatory

ハリソン・コーブHarrison Coveという入江に設けられた海面下12mの展望室から、神秘的な海中の風景を見ることができる。フィヨルドは多量の雨と周囲の山が造る日陰のため、深海に似た環境が形成される珍しい場所なのだ。水族館のような華やかさが期待される施設ではないが、フィヨルドの海の不思議さを十分に理解することができる。サザン・ディスカバリーズSouthern Discoveries（→P.133）にはクルーズと海中展望台の見学を組み合わせたプランがある。

ミルフォード・ロード
FREE 0800-444-449
URL www.nzta.govt.nz
（NZ Transport Agency）

ミルフォード・サウンドへの道

## ミルフォード・ロード
Milford Road

Map P.135

テ・アナウからミルフォード・サウンドにいたる119kmの区間は、深い山あいをぬって進む変化に富んだ山岳路。路線バスも、途中にある多くの見どころに停まりながら行くので、約2時間の行程を存分に楽しむことができる。

テ・アナウを出て最初の20分ほどは湖沿いの道。ミルフォード・トラック出発地へのボート乗り場であるテ・アナウ・ダウンズ

鏡のように山が映り込むミラー湖

崖にトンネルの穴が見える
ホーマー・トンネル

**ドライブのヒント**

●朝9:00〜10:00前後の時間帯は、テ・アナウを観光バスが出発するピークタイム（特に夏季）。できればこの時間帯は避けたほうがいい。また観光バスの多くは往路に途中の見どころに寄り、帰りはノンストップで戻るので、その逆を行けば各見どころでの混雑は避けられる。
●途中にガソリンスタンドはないので注意。
●冬は降雪や雪崩の危険のため、まれに通行止めになることがある。またチェーンが必要な場合もあるので、最新の道路情報をチェックしてから出かけよう。

Te Anau Downsを過ぎてからは湖と別れ、エグリントン川Eglinton Riverの広い河川敷に沿って進む。ここから道路は国立公園の内部へ。

しだいに山が近づき道路脇に深いブナの森林が迫ってくると、このあたりが**“山が消えていく道 Avenue of Disappearing Mountains”**と呼ばれる一帯。進むに従って道の正面、森の上に顔を出した山頂が、森の中に沈んでいくように見えることからこの名が付いている。

この森を抜けた所にあるのが、**ミラー湖Mirror Lakes**だ。何の変哲もない小さな湖に過ぎないが、わざわざ観光バスが停まっていくのは、鏡のように周囲の山が水面に映り込んで見えるからだ。もっとも本当に鏡のように映し出すには晴天、無風などの条件が必須となる。やがて道はガン湖Lake Gunn、ファーガス湖Lake Fergusの間を抜けて、ルートバーン・トラックの起点である**ディバイドThe Divide**へ。キー・サミットKey Summitへのハイキングもここからスタートする。

ディバイドを過ぎて周囲の山々はしだいに険しさを増す。フィヨルドならではのU字谷と切り立った岩肌が眼前に迫ってくると、そこが**ホーマー・トンネル Homer Tunnel**の入

シダが茂るザ・キャズム

ミルフォード・サウンドのアコモデーション
Milford Sound Lodge
**Map P.132、P.142-A1**
住Hwy. 94, Milford Sound
☎(03)249-8071
URL www.milfordlodge.com
料パワーサイト$70〜
Ⓓ$695〜
国道94号沿いに立つアコモデーション。クルーズやカヤックと組み合わせたパッケージあり。

口だ。ダーラン山脈を貫く長さ1219mのトンネルは、18年にも及ぶ工事を経て1953年に開通した。トンネル内はミルフォードに向かってかなり急な下り坂になっている。大型バスの通行も多いので、レンタカーを運転する場合は気をつけよう。

奇岩が連なる

ホーマー・トンネルを抜けてしばらく下った所にあるのがザ・キャズム The Chasm。ここでは1周20分ほどの遊歩道を歩いて滝を見に行く。途中、急流による浸食で曲線的に削られた奇岩の連なる不思議な景観を楽しむことができる。

## ミルフォード・サウンドのアクティビティ Activity

### 小型機での遊覧飛行

小型飛行機による遊覧飛行でもフィヨルドランドを楽しむことができる。クルーズ船とは異なる視点から、ミルフォード・サウンドの手つかずの大自然を堪能しよう。遊覧飛行のみの「Scenic Flight」や、クイーンズタウン発の遊覧飛行と約2時間のクルーズがセットになった「Fly Cruise Fly」などもある。

**Milford Sound Scenic Flights** ☎(03)442-3065 FREE 0800-207-206
URL www.milfordflights.co.nz 催通年 料Scenic Flightクイーンズタウン発大人$415〜、子供$255〜(所要約1時間) Fly Cruise Flyクイーンズタウン発$515〜、子供$315〜(所要約4時間) CC AMV

### シーカヤック

ミルフォード・サウンドでのシーカヤックも人気。水面の高さから仰ぎ見る風景は、晴れの日は神々しく、曇りの日はミステリアスに映り、観光船からとはまた印象が異なる。イルカやアザラシなどに出合えることも。初心者でもOK。複数のクルーズ会社がデイクルーズと組み合わせたプランを催行している。

**Cruise Milford**
☎(03)398-6112 URL www.cruisemilfordnz.com
催11〜4月 料ミルフォード・サウンド発カヤック＆クルーズコンボ大人$250、子供$119(所要6時間) CC AJMV

## Column ミルフォード小史

1878年、いまだ内陸との道路も通じないミルフォード・サウンドにただひとり住み始めた人物がいた。ドナルド・サザーランドというスコットランド出身の男である。彼は鉱山師、アザラシ猟師、兵士などの職を経てこの地に住み着き、"ミルフォード仙人Milford Hermit"と呼ばれていた。彼が山中に入って発見した大きな滝が、現在ミルフォード・トラックの途中で見られるサザーランド・フォールSutherland Fallsだ。このミルフォード・トラックの原形となるルートが拓かれたのは1888年で、これ以後少しずつ観光客も増えていく。当時の旅行客の多くは山越えを避け、船で外洋から入るのが普通だった。サザーランドはこの頃に結婚した妻エリザベスとともに小さなロッジを営み、そうした旅行者を迎えていた。

ミルフォード・サウンドが手軽な観光地となるのはそれよりずっと先の1953年、ホーマー・トンネルが開通して以後のことだ。トンネルの掘削は18年間を要する難工事だったが、あえて着工が決断されたのは世界的不況下での景気刺激策としてだった。

# ダウトフル・サウンド

## Doubtful Sound

ダウトフル・サウンドへの拠点となる町は、テ・アナウの南西に位置するマナポウリManapouriだ。1770年にイギリス人探検家キャプテン・クックの船はダウトフル・サウンドの深い入江を見つけたが、ここに入り込んだら再び出られるかは“疑わしい”と考え、作成した地図に“ダウトフル・ハーバーDoubtful Harbour（疑わしい湾）”と書き込んだという。以来、ダウトフル・サウンドと呼ばれるようになった。

両側にそそり立つ崖がいくつもの入江を造り、進むにつれ展開する景色は神秘的だ。

スケールの大きなダウトフル・サウンド

マナポウリのアコモデーション

**Freestone**
住270 Hillside Rd.
☎(03)249-6893
✆021-0865-0530
URL freestone.co.nz
料Ⓓ Ⓣ$85～

**Manapouri Motels & Holiday Park**
住86 Cathedral Dr.
☎(03)249-6624
URL manapourimotels.co.nz
料Motel$110～
Cabin$80～

**Manapouri Lakeview Motor Inn**
住68 Cathedral Dr.
☎(03)249-6652
FREE 0800-896-262
URL www.manapouri.com
料Ⓢ Ⓓ Ⓣ$105～

## ダウトフル・サウンドへのアクセス Access

ダウトフル・サウンドへは一般の道路が通じていないため、マナポウリからマナポウリ湖をクルーズで横断しなければならない。マナポウリへはテ・アナウから車で約30分だが路線バスはないため、レンタカーを利用するか、テ・アナウとクイーンズタウン発着のツアーを利用しよう。

ツアーはマナポウリへのバスのほかマナポウリ湖とダウトフル・サウンドのクルーズも含まれた周遊ルートになっている。ダウトフル・サウンドのクルーズ時間は約3時間。ツアーの所要時間は、テ・アナウ発着は往復約9時間、クイーンズタウン発着は往復約12時間。

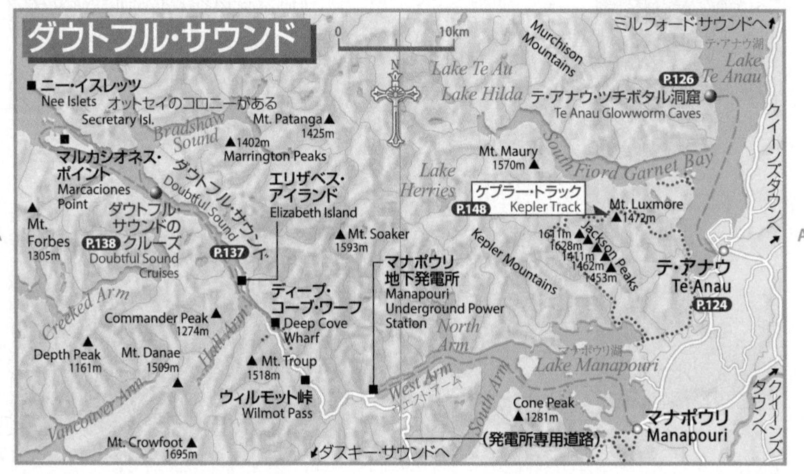

**ダウトフル・サウンドへのツアー**
**リアル・ニュージー**(→P.132)
マナポウリ発
催1日1〜2便
料大人$229〜、子供$99(所要約7時間)
テ・アナウ発
催1日1便
料大人$249〜、子供$119(所要約9時間)
クイーンズタウン発
催1日1便
料大人$289〜、子供$159(所要約12時間)
**オーバーナイトクルーズ**
マナポウリ、テ・アナウ、クイーンズタウンそれぞれからダウトフル・サウンドで一夜を過ごすオーバーナイトクルーズが出ている(→P.133も参照)。
催1日1便
料テ・アナウ発着
大人$619〜、子供$319〜

## ダウトフル・サウンドの 歩き方

マナポウリの町は小さく、湖岸にモーテルとホリデーパークが並ぶのみ。ここでの過ごし方は、トランピングを楽しむか、あるいはただ静かな湖畔でひたすらリラックスするか、という選択になる。周辺には、いくつかのトランピングルートが設けられ、いずれのルートも町外れにあるワイアウ川の河口、パール・ハーバーPearl Harbourからスタート。

テ・アナウやクイーンズタウンからダウトフル・サウンドへのツアーは、バスでマナポウリまで行き、クルーズ船でマナポウリ湖を東から西へと横断。再びバスに乗り、標高670mのウィルモット峠Wilmot Passからダウトフル・サウンドの展望を楽しみ、ダウトフル・サウンドの出発点となるディープ・コーブ・ワーフDeep Cove Wharfに到着する。ここから船でダウトフル・サウンドをクルーズする。マナポウリからのツアーもある。

マナポウリ湖のクルーズも楽しい

## ダウトフル・サウンドの 見どころ

### ダウトフル・サウンドのクルーズ
Doubtful Sound Cruises

Map P.137-A1

ダウトフル・サウンドの入江は、海岸線の長さが160kmにも及び、フィヨルドランド国立公園内で2番目の大きさをもつフィヨルドだ。周囲にはフィヨルド特有の、水際まで垂直に切り立った岩肌が迫っている。ミルフォード・サウンドのおよそ3倍の大きさがあり、風景に広がりが感じられ、美しい水と山々の織りなす風景が美しい。ダウトフル・サウンドにはバンドウイルカ(ボトルノーズドルフィン→P.187)が生息し、運がよければ見ることができる。また海に面したニー・アイレッツの小島群の岩の上には年間を通じてオットセイ(ニュージーランド・ファーシール)を見ることがで

フィヨルドにせり出す山の尾根が幻想的

ダイナミックな自然美が魅力

エンジンを止めると水が鏡のようになり、静寂に包まれる

ニー・アイレッツのオットセイ

きる。さらに、フィヨルドランド・クレステッド・ペンギンやブルー・ペンギンといったペンギン（→P.36）を見られることもある。

クルーズは、ディープ・コーブの港から入江の間に横たわる島をよけながら、約3時間かけて外洋の入口付近まで行って戻ってくる。美しいフィヨルドの風景と、運がよければ動物たちを見られるほか、途中、入江の中で船のエンジンを止め、自然の音に耳を傾ける楽しみも用意されている。

リアル・ニュージーのツアーでその神秘に触れよう

オーバーナイトクルーズならサンセットも楽しめる

オーバーナイトクルーズでカヤック体験

## ダウトフル・サウンドの アクティビティ Activity

### シーカヤック

夏季のみ催行のカヤックツアー。早朝にテ・アナウを出発し、マナポウリ湖のクルーズやウィルモット峠からの眺めを楽しみながらダウトフル・サウンドへ。ガイドの案内で約5時間たっぷりとカヤックを堪能できる。途中、キャンプ場のあるホール・アームHall Armに上陸してランチ休憩あり（ランチは要持参）。

**Doubtful Sound Kayak and Cruise**
電(03)249-7777
FREE 0800-452-9257
URL www.doubtfulsoundkayak.com
催11～4月 料$429～（テ・アナウからの送迎込み） CC MV

### 遊覧飛行

テ・アナウやクイーンズタウンから、ダウトフル・サウンドの上空をフライトする遊覧飛行を各社が行っている。所要1時間程度でダウトフル・サウンドの雄大な光景を堪能することができる。天候に左右されることが多く、事前に予約しても欠航する日もある。クルーズと組み合わせたプランあり。

**Southern Lakes Helicopters** 電(03)249-7167 URL southernlakeshelicopters.co.nz
催通年 料$845～（所要約70分） CC MV
**Air milford** 電(03)442-2351
URL airmilford.co.nz 催夏季
料$960～（所要約9時間30分） CC MV

## Column ダム建設から守られたマナポウリ湖

マナポウリの名は、ニュージーランドにおける環境保護運動の象徴としても知られている。発端はここでのダム、発電所建設計画から。マナポウリ湖の豊富な水量を発電に使おうとの発想は古くからあった。その発電所建設の計画が1940年代に入りにわかに具体化したのは、ニュージーランドの会社によってオーストラリア・クイーンズランド州でアルミニウムの原料となるボーキサイトの大きな鉱床が発見されたことに端を発する。このボーキサイトをニュージーランドに輸送し、アルミニウムの精錬を行うというプロジェクトが持ち上がった。しかしアルミニウムの精錬には非常に大きな電力を必要とするため、まずは電力の確保がプロジェクト推進の課題となった。そこで着目されたのがマナポウリ湖だ。

計画はダムによって湖の水位を約30m上げ、そこから水を落として発電を行うというものだった。これによれば周辺の森や湖上の島の多くは水没してしまう。当然のように景観保全の立場から反対の声が上がり、1960年代後半には国中の世論を巻き込む運動へと発展した。最終的には全国で約26万5000人（当時のニュージーランド総人口の約8％）もの反対署名を集め、ダム建設計画は地下に水路を造る方式へと大幅に変更され、湖は守られたのである。

現在のように環境や自然保護が意識されるずっと以前に、すでに国の南端の僻地での開発計画がこれほど国民の関心を集め、反対派の勝利に終わったという事実。ニュージーランド国民の環境への意識レベルの高さを示しているといえるだろう。

フィヨルドランド国立公園

# ミルフォード・トラック

## Milford Track

DOCのウェブサイト
URL www.doc.govt.nz

いろいろな国からトレッカーがやってくる

**日帰りウオーク**
**フィヨルドランド・アウトドアーズ**
**Fiordland Outdoors**
☎021-197-4555
FREE 0800-3474-538
URL www.fiordlandoutdoors.co.nz
催 10月下旬～4月末
テ・アナウ11:00発、
クイーンズタウン8:00発
料 テ・アナウから大人$187、子供$121　クイーンズタウンから大人$283、子供$189
テ・アナウから日帰りで、ミルフォード・トラックのスタート地点から約5kmを歩くツアーを催行。時間がない人や、体力に自信がないけれどトレッキングをしてみたいという人におすすめ。所要約6時間30分で、そのうちトレッキングは4～5時間ほど。クイーンズタウンからの日帰りも可能。ミルフォード・サウンドから歩くプランもある。

**個人ウオークと**
**ガイド付きウオーク**
「個人ウオーク」と「ガイド付きウオーク」では料金も大きく異なる。個人ウオークは3泊の山小屋使用料が合計で$330で、前後の交通機関を入れても$450～530余りなのに対し、ガイド付きは大人$2495～、子供$1875～。ロッジでは個室も利用できる。決して安くはないが、洗練された設備とシステムは、その値段にふさわしいものだろう。特に、山歩きに慣れていない人は、料金は高くとも、ガイド付きのほうが安全に楽しく歩けることは間違いない。

色鮮やかな森と透き通る水が美しい

**ミルフォード・サウンドとテ・アナウ湖を結ぶ全長約53.5kmのトラック。今から100年以上も前に開拓された山道だが、数あるトレッキングルートのなかでも変化に富んだ景観や展望、さらにいくつもの滝や湖などを結び、“世界一美しいトラック”といわれるほど。人気が高く、年間7000人以上もの人々が訪れる。シーズンは10月下旬から4月末まで。ただし、入山制限があるので、この時季に歩きたいなら早めの予約が好ましい。スタートは南側のテ・アナウ・ダウンズからと決められており、全行程は山小屋をつないで3泊4日で歩くこととなっている。**

### ミルフォード・トラックへのアクセス Access

テ・アナウ・ダウンズTe Anau Downsは、テ・アナウから約27km北上したテ・アナウ湖の湖畔にある。ここまではバスか、各自車で行くことになる。シーズン中は予約が必要なのと、集合時間が決まっているので注意。テ・アナウ・ダウンズからは専用の船に乗り、対岸にあるスタート地点となる**グレイド・ワーフGlade Wharf**へと向かう。帰路はミルフォード・サウンドから空路やバスでテ・アナウや各地へ戻る。

### ミルフォード・トラックの 歩き方

ミルフォード・トラックを歩くにはふたつの方法がある。**個人ウオークIndependent Walk**は3泊4日の決められた行程で、文字どおり個人で歩くもの。行程中の食料や装備などはすべて自分で携帯しなければならない。雨が多く、変化の大きいフィヨルドランドの気象条件下での行動を考えると、山歩きの初心者だけで歩くのは避けたほうがいい。ウオーキングのシーズンは10月下旬～4月末。シーズン以外の予約は不要だが、ハットパス（山小屋利用券）を購入する必要がある（1泊$15)。

これに対して**ガイド付きウオークGuided Walk**は、クイーンズタウンまたはテ・アナウ発着で、実質的な歩行3日間にトレッキング後のホテル1泊も加えた4泊5日のパッケージ。行程中の食事や寝具も提供されるのでわずかな荷物で歩くことができ、基礎的な体力さえあれば参加できる。

ガイド付きウオークが催行される期間は11月中旬～4月上旬まで。混雑を避け、自然への影響を最小限に抑えるために、11～4月にかけてはガイド付きウオークは1日各50人まで、個人ウオークは1日各40人までと入山制限がある。予約をしたうえで現地に行き、テ・アナウ・ダウンズ～ミルフォード・サウンド間を、1日20km以内で歩くことになる。

## 予約方法と宿泊券の購入について

個人ウオークは4月から、ガイド付きウオークは1月下旬から予約受け付けを開始する。クリスマス前から1月初旬の休暇時季は最も混み合う時季なので、早めに予約しよう。

●個人ウオーク

予約を扱っているのはDOC（Department of Conservation＝自然保護省）の専用デスクだ。ミルフォード・トラックの場合、個人ウオークでも必ず決まったスケジュールで歩くため、予約のリクエストはシンプルで、単に出発日ごとに空席があるかどうかの確認となる。まずDOCのウェブサイトで希望の出発日に空席があるか確認しよう。空席があればウェブサイトに無料アカウントを作成し、予約・支払いに進む。支払いにはクレジットカードが利用でき、3泊分で$330が自動的に引き落とされるので、あとは出発前にテ・アナウのDOCビジターセンターでハットパスを受け取るだけだ。この際に天候や注意点などの情報収集もしておこう。

山小屋の予約が取れたら、トレッキング前後の交通機関も予約する。予約なしでは利用できないので忘れないように。DOCのウェブサイトを使った場合、eメールで送られてくる確認証に交通機関のリンクが貼られているのでクリックして予約・支払いに進めばOKだ。

●ガイド付きウオーク

ガイド付きウオークは、個人ウオークとは運営主体が異なり、クイーンズタウンとテ・アナウにあるオフィスUltimate Hikes Centreで予約を受けている。手続きの流れは基本的に個人ウオークと同じで、まずはオフィスにコンタクトすることから始まる。

## 山小屋／ロッジの設備と装備

●個人ウオーク

山小屋は質素だが、調理用ガスコンロ、水道、トイレなど基本的な設備は備えている。夏季は管理人が常駐。食材、食器は自分で用意する。ベッドにはマットレスが用意されているので寝袋だけを持参すればよい。明かりは一部、共同スペースに電灯があるだけなので、懐中電灯（ヘッドランプ）もあるとよい。

●ガイド付きウオーク

ロッジには電気、温水が通っている。シャンプーやコンディショナー、ヘアドライヤー、そしてもちろん寝具も完備。行動中のランチも含めてすべての食事が提供されるので、食料はおやつ程度を好みに応じて持参する。衣類、洗面道具、水筒などごく軽い荷物で歩くことができる。

**個人ウオークの予約申し込み先**
**Department of Conservation**
FREE 0800-694-732
URL www.doc.govt.nz

**ウェブサイトでの予約**
個人ウオークの場合、DOCの下記ウェブサイトから予約可能。ニュージーランド全土の山小屋の予約ができる。空室状況や値段などがすぐわかるので便利。ウェブ上での予約には無料アカウントが必要だが、名前、住所、eメールアドレスなどの基本情報を記入するだけですぐに作成できる。予約後の変更やキャンセルも可能。
URL booking.doc.govt.nz

**ガイド付きウオークの予約申し込み先**
**Ultimate Hikes Centre**
☎ (03) 450-1940
FREE 0800-659-255
URL www.ultimatehikes.co.nz
（日本語サイトあり）

**コロミコ・トレック横浜事務所**
住 〒221-0811
神奈川県横浜市斎藤分町43-9
☎ (045) 481-0571
URL www.koromikotrek.com
e-mail koromiko@pop07.odn.ne.jp
現地で30年以上のガイド経験がある代表の平野さん。各種ガイド付きウオークの日本語での申し込み代行はもちろん、1～3月にはミルフォード・トラックのほか、フィヨルドランドの大自然を歩くハイキングツアーも行っている。ハイキングについてのアドバイスなども受けられるので、申し込み以外でも問い合わせてみよう。

マナポウリ湖の眺め

簡素な個人ウオークの山小屋

クリントン川に架かる長いつり橋を渡る

## 個人ウオークの行程

Map P.142

**●1日目　グレイド・ワーフ→クリントン小屋**
**（約5km、所要1 時間～1時間30分）**

テ・アナウ・ダウンズから船でグレイド・ワーフに上陸、グレイド・ハウスがトレッキングのスタート地点となる。出発して間もなくクリントン川に架かる長いつり橋を渡ると、その後はずっと川沿いの静かな森林浴ウオークが続く。平坦な区間の短い歩きのみで、軽いウオームアップといったところ。

**●2日目　クリントン小屋→ミンタロ小屋**
**（約17.5km、所要約6時間）**

出発後しばらくは深い森の中を歩く。ポンポローナ・ロッジPonporona Lodge（ガイド付きウオーク専用）を過ぎたあたりからしだいに山が迫ってきて、道は急な上り坂になる。40分ほど坂道を上ったところでミンタロ小屋Mintaro Hutに到着する。

**●3日目　ミンタロ小屋→ダンプリン小屋**
**（約13km、所要6～7時間）**

この日はトラックの最高地点であるマッキノン峠Mackinnon Passを越える。山小屋を出発してすぐにジグザグの登りが始まり、約2時間でピークに立つ。晴れていればテ・アナウ、ミルフォード両方向の展望がすばらしい。峠からは2時間余りの急な下りでクインティン・ロッジQuintin Lodge（ガイド付き
A ウオーク専用）に到着。国内最大のサザーランド・フォールSutherland Fallsを見に行く。落差580mというだけあって、滝つぼの近くから見上げるとすごい迫力だ。サザーランド・フォールまでの往復1時間30分ほどのサイドトリップを終え、再びメイントラックを歩き、約1時間でダンプリン小屋Dumpling Hutに到着。

**●4日目　ダンプリン小屋→サンドフライ・ポイント**
**（約18km、所要5時間30分～6時間）**

歩行距離は長いが道は緩やかな
B 下り。ただし終点のサンドフライ・ポイントSandfly Pointからの船に間に合うよう、8:00～9:00の間にはダンプリン小屋を出発する必要がある。前半はアーサー川沿いの谷間を、後半には幅の広い川といった感じのエイダ湖に沿った道を進む。

## ガイド付きウオークの行程

Map P.142

グレイド・ハウスには小さな展示室もある

●出発前日

出発前日の14:45、クイーンズタウンの「ザ・ステーション」に集合してミーティングが開かれ、コース説明と参加者の顔合わせを行う。必要な人はここでバックパックや雨具も借りる。

●1日目　グレイド・ワーフ→グレイド・ハウス
（約1.6km、所要約20分）

「ザ・ステーション」に9:15集合、チェックイン手続き後、バスが出発。テ・アナウのカフェで昼食を取ったあとバスでテ・アナウ・ダウンズへ。そこから船でトラックの出発地グレイド・ワーフへ渡る。この日は宿のグレイド・ハウスまでの約1.6kmを歩くだけ。

●2日目　グレイド・ハウス→ポンポローナ・ロッジ
（約16km、所要5〜7時間）

この日が実質的なトレッキングのスタート。クリントン川に沿った森林の中を歩く。ごく緩やかな上りだが、後半ではしだいに峡谷の展望が開けてきて山らしい雰囲気が広がる。

国内最大、落差580mのサザーランド・フォール

●3日目　ポンポローナ・ロッジ→クインティン・ロッジ
（約15km、所要6〜8時間）

行程中最大の上り、マッキノン峠へのジグザグ道

マッキノン峠を越えてクインティン・ロッジへ。行程中のハイライトであり、最も体力を要する区間だ。ロッジに到着後、サザーランド・フォールを見に行く（往復約1時間30分）。

雨の多いミルフォード・トラックにはシダが繁茂している

●4日目　クインティン・ロッジ→ミルフォード・サウンド
（約21km、所要6〜8時間）

距離は長いが、ほぼ平坦な道をエイダ湖に沿って終点サンドフライ・ポイントまで進み、トレッキング終了。小船で対岸のミルフォード・サウンドへ。マイターピーク・ロッジMitre Peak Lodgeにチェックインし夕食。

●5日目　ミルフォード・サウンドのクルーズ

午前中は約2時間のミルフォード・サウンドのクルーズ。バスの中で昼食を取りテ・アナウ経由でクイーンズタウンへ帰る。クイーンズタウン着は16:00頃。

豆知識

**サンドフライに注意！**
ミルフォードのサンドフライ（→P.127）は予想以上の数の多さで、トイレにまで侵入するほど。頭にネットをかぶるなどの対策が必要。

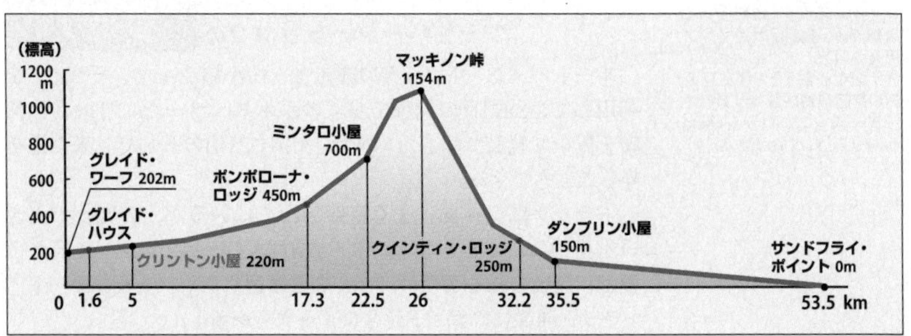

フィヨルドランド国立公園

# ルートバーン・トラック

## Routeburn Track

DOCのウェブサイト
URL www.doc.govt.nz

おもなバス会社
Tracknet
☎(03)249-7777
FREE 0800-483-262
URL tracknet.net
テ・アナウ～ディバイド
運夏季
7:15、9:45、13:25発の1日3便
料片道大人$38、子供$35
Info & Track
**Map P.104-A2**
住37 Shotover St. Queenstown
☎(03)442-9708
FREE 0800-462-248
URL infotrack.co.nz
クイーンズタウン～ルートバーン・シェルター
運夏季
8:00、11:15、16:00発の1日3便
料片道大人$52、子供$41

*i* Info & Track
開夏季　7:00～17:00
冬季　7:00～20:00
（時季によって異なる）
ルートバーンなど周辺のトラックに関するさまざまな手配を行っている。

グレノーキーのホリデーパーク
Mrs Woolly's Campground
住64 Oban St. Glenorchy
☎021-0889-4008
URL www.mrswoollyscampground.co.nz
料Camp $40～、パワーサイト$65～

キャンプサイトに隣接する店舗では、食料品やキャンプ用具の販売、アクティビティの手配などを行う。隣に同系列の高級宿泊施設ヘッドウオーターズ・エコロッジHeadwaters Eco Lodgeがある。

コニカル・ヒルからの展望。正面はダーラン山脈の山並み

フィヨルドランド国立公園と、マウント・アスパイアリング国立公園の境界に位置し、ミルフォード・トラックとともに人気の高いトレッキングルート。年間約1万6000人もの登山客が訪れる。全長約33kmあり、南でグリーンストーン・トラック、ケイプレス・トラックとつながっている。ルートバーン・トラックは双方向から歩くことができるほか、最高地点まで行って同じ道を戻ることも可能。縦走は2泊3日が一般的だ。トラック中には4つの山小屋とふたつのキャンプサイトがある。比較的平坦な森林を歩くミルフォード・トラックと比べ、標高458mと532mのスタート地点から短い距離で1255mの最高地点まで登り詰めるため、起伏があり、展望も変化に富んでいる。最高地点から眺望する山岳景観は圧巻だ。

## ルートバーン・トラックへのアクセス Access

クイーンズタウン側のスタート地点ルートバーン・シェルターRouteburn Shelterは、クイーンズタウンから約73km、車で約1時間30分の距離にある。この区間には夏の間、トレッカー用のバスが運行している。テ・アナウ側のスタート地点ディバイドThe Divideは、テ・アナウから約85km、車で約1時間15分。シャトルバスの便がある。クイーンズタウンからルートバーン・シェルターへ向かう途中、約47km地点のグレノーキー（→P.110）という小さな町には、ホリデーパークもあり、ここに滞在するのもいい。

## ルートバーン・トラックの 歩き方

ルートバーン・トラックの縦走は、山小屋やキャンプサイトを利用して、2泊3日の行程で歩くのがポピュラーだ。町の宿に荷物を置いて軽装で歩きたい人は、山中で1泊のみして、来た道を帰ることもできる。

トラックは全体的によく整備されてはいるが、高度差の大きい本格的な山歩きとなる。水や食料などを含む十分な装備が必要で、登山の初心者だけで歩くことは避けたい。ミルフォード・トラック同様に、ガイド付きウオークもある。

### 予約方法と宿泊券の購入について

ルートバーン・トラックを、11月1日〜4月30日までの夏季に個人ウオークで歩く場合、コース上にある3つの山小屋とふたつのキャンプ指定地は、事前の予約が必要となる。山小屋はひとり1泊大人$102、子供$51。ひとつの山小屋に連泊できるのは原則として2泊まで。キャンプはひとり大人$32、子供$16。5月1日〜10月31日は予約は不要だが、1泊につき$15〜25のハットパスを出発前にDOCビジターセンターで購入する。ただし山小屋は無人となりガスなどもない。気象条件は厳しく、上級者向け。

予約に当たっては、DOCのウェブサイトからオンラインで行うのが便利。無料のアカウントを作成し、山小屋名・宿泊希望日・日数・人数を入力して予約に進もう。ログインなしでも希望日に山小屋に空きがあるかどうかのチェックは可能。支払いにはクレジットカードが利用できる。予約が済んだらトレッキング出発前に、クイーンズタウンもしくはテ・アナウのDOCビジターセンターでハットパスを受け取る。

**●ガイド付きウオーク**

個人ウオークとは別に上級グレードのロッジに泊まるパッケージもある。ルート上2ヵ所のロッジは、個人ウオークのルートバーン・フォールズ小屋、マッケンジー湖小屋にそれぞれ近接して立っている。ガイド付きウオークはこの2ヵ所を使い、クイーンズタウン発着の2泊3日の行程で歩く。ガイド付きウオークが催

**山小屋の予約申し込み先**
Department of Conservation
FREE 0800-694-732
URL www.doc.govt.nz
E-mail greatwalksbookings@doc.govt.nz
下記ウェブサイトで申し込み可能。
URL booking.doc.govt.nz

**キャンプサイト**
マッケンジー湖、ルートバーン・フラッツの2ヵ所の山小屋では、山小屋付近の指定地でキャンプも可能。山小屋と同様に事前予約制。

**山小屋の設備**
3つの山小屋はいずれも、夏季は管理人が常駐する。調理用ガスコンロ、ベッドのマットレスが備わっているので、個人用装備を持参する必要はない。食材、調理器具、食器、寝袋などは自分で用意すること。キッチン以外に水道、水洗トイレも完備。

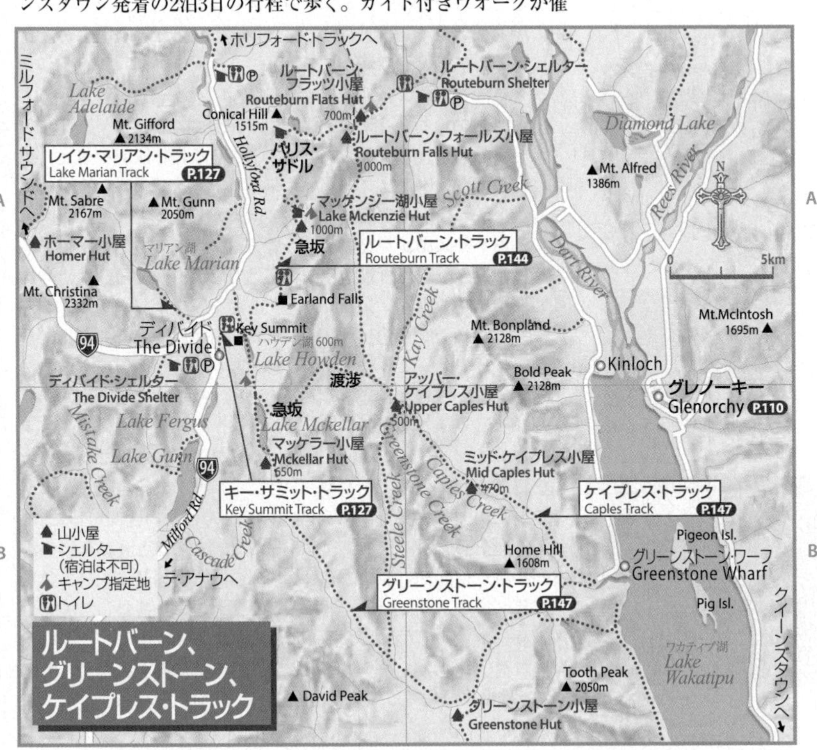

ガイド付きウオークの予約申し込み先
Ultimate Hikes Centre
（→P.141欄外）

コロミコ・トレック横浜事務所
（→P.141欄外）

歩き方のアドバイス
　P146で紹介している個人ウオークの行程はクイーンズタウン側から歩いた場合のルート。
テ・アナウ発着2泊3日の場合
1日目：テ・アナウ発～ディバイド着。マッケンジー湖小屋泊
2日目：ルートバーン・フォールズ小屋またはルートバーン・フラッツ小屋泊
3日目：ルートバーン・シェルター発～テ・アナウ着
　2日目にハリス峠～コニカル・ヒルを往復するのもおすすめ。

スタート地点のルートバーン・シェルター

ルートバーン・フォールズ小屋下からの展望。山の間に広がる平地がルートバーン・フラッツ

ハリス・サドルのシェルター。背後はコニカル・ヒル

マッケンジー湖畔からエミリーピークの展望。氷河によって削られたU字谷がわかる

行されるシーズンは11月中旬～4月上旬で、1日40名まで。料金は大人$1720～、子供（10～16歳）$1295～。客室は4～6人のシェアタイプのほか、シャワーとトイレが付いた個室も選べる。行程中に必要となる交通機関、すべての食事費用を含む。

## 個人ウオークの行程

Map P.145

### ルートバーン・シェルター→ルートバーン・フラッツ小屋
**（約7.5km、所要1時間30分～2時間30分）**

　駐車場脇からスタートし、すぐにつり橋を渡る。この川がトラックの名の由来であるルートバーンRoute Burnだ。“burn”とは、スコットランドの言葉で小川を意味するという。豊かな水量をもつ流れに沿い、道は緩やかに上っていく。周囲をブナの森に囲まれた、とても気持ちのよい道だ。2番目のつり橋を渡って間もなく急に視界が開け、それまでの狭い川筋と打って変わった広大な平地ルートバーン・フラッツRouteburn Flatsが開ける。

### ルートバーン・フラッツ小屋→ルートバーン・フォールズ小屋
**（約2.3km、所要1時間～1時間30分）**

　フラッツ小屋への分岐を過ぎるとやや急な上りが始まる。道は樹林に囲まれているが、途中、地滑り跡を横切る区間があり、眼下の風景を広く見渡すことができる。エミリー・クリーク橋が見えると、ルートバーン・フォールズ小屋までは、残りあと半分だ。そして、さらに上っていくと、小屋が目の前に現れる。付近にはその名のとおり滝がある。

### ルートバーン・フォールズ小屋→マッケンジー湖小屋
**（約11.3km、所要4時間30分～6時間）**

　ルートバーン・フォールズ小屋のあたりで森林限界を越え、風景は岩交じりのタソック（低い草地）へと変わる。すっかり細くなったルートバーンの流れに沿って緩やかに上ると、この沢の水源であるハリス湖が見えてくる。標高約1200mの高さにある、意外なほど大きな湖だ。水辺に沿って進むと、やがて最高地点のハリス・サドルに到着。シェルター（避難小屋）が立っている。悪天候でなければ、背後の岩山、コニカル・ヒルConical Hillに登ろう。シェルターに荷物を置いて1時間半ほどで往復できる。標高1515mのピークからは360度の展望が広がり、タスマン海まで見えることも。

　再びメイントラックに戻り、次はホリフォードの谷に面した大きな斜面をトラバースするルートとなる。眼下の谷を隔て、氷河を抱いた山並みを見ながら高低差のほとんどない区間を1時間ほど歩く。やがて眼下にマッケンジー湖と、そのほとりに立つ山小屋が小さく見えてくる。このあたりから再び樹林帯に入り、急なジグザグ道を下りていく。下りきってブナの森と苔むした美しい“岩石庭園”を抜けると、マッケンジー湖小屋に到着。この山小屋のロケーションは実にすばらしい。目の前に湖が広がり、その向こうにはエミリーピーク（1815m）がそそり立つ。

### マッケンジー湖小屋→ハウデン湖（約8.6km、所要3～4時間）

この区間はおおむねなだらかな道で、静かな山歩きが楽しめる。途中のアーランド・フォールは全長174mの滝。豪雨のあとは水勢が増し、下側に迂回しなくてはならないこともある。やがてかつて山小屋があった小さな湖、ハウデン湖に着く。ここからケイプレス・トラック、グリーンストーン・トラック（→下記）が南に分岐しており、ここを歩いてグレノーキーに戻ることも可能。

### ハウデン湖→ディバイド（約3.4km、所要1時間～1時間30分）

ハウデン湖からは緩やかではあるが、再び上りが始まる。15分ほど登り返して、キー・サミットへの分岐点に出る。テ・アナウから日帰りのハイキングにもポピュラーな展望地で、往復1時間～1時間30分ほど。標高は919mと低いが、眺めはすばらしい。大きな荷物は分岐付近にデポして登ろう。

キー・サミット往復後、再びメインのトラックに戻り、ブナの森の中をどんどん高度を下げながら進む。久しぶりに車の音が聞こえてきたと思ったら、終点ディバイドに到着する。

ハリス・サドル南側のトラバース。山並みを見ながら歩く

キー・サミットから見るクリスチナ山

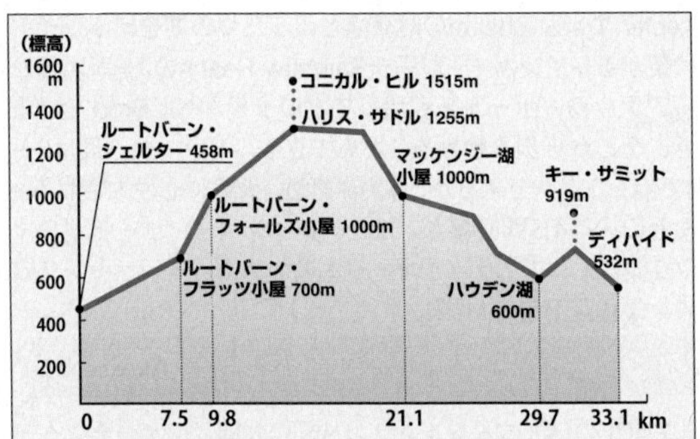

## ケイプレス・トラック／グリーンストーン・トラック

Caples Track/Greenstone Track

Map P.145

このふたつのトラックは、ともにルートバーン・トラックのハウデン湖付近で分岐して、ワカティプ湖畔にいたるルートだ。どちらも比較的高低差は少ないぶん、雄大な山岳景観は望めない。ふたつを組み合わせて周回するには4日間かかる。

### ケイプレス・トラック　Caples Track
### （約27km、所要9時間30分～13時間30分）

トラック内にふたつの山小屋がある。途中のマッケラー・サドル（峠）越えはかなり急で悪路が続くため、山慣れた人向きのコースといえる。

### グリーンストーン・トラック　Greenstone Track
### （約36km、所要9～14時間）

ケイプレス・トラックと同様にハウデン湖付近から南に下がるが、途中山越えはなく、ほぼ全行程が緩やかな下りとなる。

**ケイプレス、グリーンストーンの山小屋**

各山小屋は1泊大人$20、子供$10。事前にDOC国立公園ビジターセンターでハットパスを買っておく。予約制ではなく、ベッドは先着順。山小屋には水道、トイレ、石炭ストーブはあるが、ガスはないので、調理用に自分のストーブが必要。

アッパー・ケイプレス小屋とミッド・グリーンストーン小屋のみNZディアストーカーアソシエイションNZ Deerstalkers Association（URL www.southernlakesnzda.org.nz/Huts/）にて予約。

**シャトルバス**（→P.144欄外）
**Info & Track**

グリーンストーン・ワーフからは上記の会社がシャトルバスで、グレノーキー、クイーンズタウンを片道$39～で結んでいる。トレッキング出発前に予約を。

**その他のトラック**

グレノーキーのエリアではほかにリース／ダート・トラック Rees / Dart Trackがある。全行程4～5日間。トラックの起点のひとつはパラダイスという名の小さな集落。

フィヨルドランド国立公園

# ケプラー・トラック
## Kepler Track

DOCのウェブサイト
URL www.doc.govt.nz

おもなバス会社
Tracknet
☎(03)249-7777
FREE 0800-483-262
URL tracknet.net
テ・アナウ〜
ケプラー・トラック・シェルター駐車場
運 夏季　9:30、14:20発の1日2便(リクエストによっては8:45、15:40発もあり)
料 片道$9
テ・アナウ〜
レインボー・リーチ
運 夏季 9:30、14:20発の1日2便(リクエストによっては15:40発もあり)
料 片道$17

ブロッド・ベイのボート
Kepler Water Taxi
運 夏季　8:30、9:30、10:30発の1日3便
料 $25
チケットはTracknet(上記)またはFiordland Outdoors(→P.140)で購入可能。

トラックのスタート地点

壮大な景観が楽しめる約60kmのルート
写真提供／©Tourism New Zealand

ケプラー・トラックは、テ・アナウ湖と、その南に位置するマナポウリ湖との間にそびえる山々の連なりを巡る約60kmの周回ルート。氷河や広大なU字谷、ブナの森など、バラエティに富んだ風景、高度感、そしてテ・アナウの町からのアクセスの便利さなどから人気は高い。

スタート地点はテ・アナウ湖畔のケプラー・トラック・シェルターKepler Track Shelterの駐車場と、ふたつの湖を結ぶワイアウ川に架かるレインボー・リーチRainbow Reachの2ヵ所。ほかにテ・アナウからボートを利用してブロッド・ベイBrod Bayまで行き、そこから歩き始めることもできる。トラック一周は3〜4日間で歩くことができるが、体力や経験、天候にも左右される。ほとんどの人は4日間必要だ。また、レインボー・リーチからマナポウリ湖に沿ってのデイウオークも楽しめる。トレッキングのシーズンは10月下旬〜4月末。

### ケプラー・トラックへのアクセス Access

テ・アナウのDOCフィヨルドランド国立公園ビジターセンター(→P.124欄外)から約5kmの所にあるケプラー・トラック・シェルターの駐車場から歩き始めるのが一般的。夏季はトラックネットTracknet社がシャトルバスを運行。テ・アナウから約12km離れたレインボー・リーチまで行く便もある。

### ケプラー・トラックの歩き方

全長約60kmのトラックのうち、ブロッド・ベイBrod Bayからマウント・ラクスモアMt. Luxmoreを経てアイリス・バーン小屋Iris Burn Hutまでの約22.8kmの区間は、累積高度差1400m近くを登ったあと、すぐに1000mを下るというハードな行程だ。その後の約35kmは高度差がわずか300mほどと、ペース配分が極端に異なるルートとなっている。なかでも最も急なのは、ハンギン・バレー・シェルターからアイリス・バーン小屋までの区間。ここの上りを避けるため、ケプラー・トラック・シェルターの駐車場から反時計回りに歩く人が多い。この場合1泊目はラクスモア小屋、2泊目はアイリス・バーン小屋に泊まる2泊3日、あるいはそれにモトゥラウ小屋泊を加えた3泊4日で、トラックが一周できる。

ケプラー・トラックのガイド付きウオーク
Trips & Tramps
☎(03)249-7081
URL tripsandtramps.com
料 日帰りハイク大人$340〜、子供$250〜
ジェットボートと組み合わせた日帰りハイクなど初心者でも気軽に参加できるプランが豊富。

## 個人ウオークの行程

Map P.149

ケプラー・トラックには、3ヵ所の山小屋が設けられている。夏季は管理人常駐で、ガスコンロなどがある。10月下旬〜4月末の夏季ウオーキングシーズンは予約制。料金は1泊につき$102。ブロッド・ベイとアイリス・バーンではキャンプも可（$32）。夏季は混雑気味なので早めの到着を。

**ケプラー・トラック・シェルター（駐車場）→ブロッド・ベイ→ラクスモア小屋**
**（約13.8km、所要5〜6時間）**

テ・アナウ湖沿いに北上する。ブロッド・ベイからはうっそうとした森に入り、しだいに高度が上がる。途中では大きな石灰岩の絶壁も見ることができる。やがて森林限界に出ると、突然視界が開け、晴れた日ならテ・アナウ、マナポウリのふたつの湖を眼下に望むことができる。ここから緩やかな広い稜線上を45分ほど登り、ラクスモア小屋へ。立派な造りの山小屋で、テラスから望むテ・アナウ湖の眺めもすばらしい。山小屋の近くには鍾乳洞があるので、立ち寄ってみるのもいい。ただし全長は1km近いといわれるほど長く真っ暗なので、安易に奥深くまで入るのは危険だ。懐中電灯が必要。

**ケプラー・トラックの山小屋**
冬季の山小屋の利用は予約不要。料金は1泊$15〜25、キャンプの場合は$5かかる。

石灰岩の絶壁を見上げる

ケプラー・トラック
South Fiord Garnet Bay
テ・アナアウ洞窟へ
Dome Isl.
Hidden Lakes
テ・アナウ湖
Lake Te Anau
Forward Peak 1361m
ラクスモア小屋
Luxmore Hut 1085m
ハンギン・バレー・シェルター
Hanging Valley Shelter
1390m
鍾乳洞
1472m
マウント・ラクスモア
Mt. Luxmore
森林限界
急坂
森林限界
テ・アナウ湖の展望
細い稜線上を進む。一部階段もあり
フォレスト・バーン・シェルター
Forest Burn Shelter 1270m
Brod Bay
Brod Bay Camp
テ・アナウ
Te Anau
P.124
ボート
497m
アイリス・バーン小屋 / キャンプ
Iris Burn Hut / Camp
1611m
1628m
1411m
Jackson Peak
1462m
1453m
石灰岩の絶壁
DOCフィヨルドランド国立公園ビジターセンター
Dock Bay
モスバーン、クイーンズタウンへ
ケプラー・トラック・シェルター
Kepler Track Shelter
Kepler Mountain 1451m
ロッキー・ポイント・シェルター
Rocky Point Shelter
アイリス・バーン
Iris Burn
フォレスト・バーン
Forest Burn
Harts Hill 655m
モトゥラウ小屋
Motūrau Hut
185m
レインボー・リーチ
Rainbow Reach
つり橋
Calm Bay
マナポウリ湖
Lake Manapouri
Shallow Bay
Rona Isl.
Te Anau Rd.
Waiau River
マナポウリへ
山小屋
シェルター（宿泊は不可）
キャンプ指定地
0 3km

ハンギン・バレー・シェルター。ここも眺めがいい

ラスクモア小屋からはテ・アナウ湖の展望がいい

細い稜線上をアップダウンを繰り返しながら進む

稜線上の一部にはかなり急で長い階段がかけられている

**ラクスモア小屋→アイリス・バーン小屋　(約14.6km、所要5～6時間)**

マウント・ラクスモアの山頂は、メインのトラックを外れ、岩がちな斜面を10分ほど登った所にある。再びメインのトラックに戻り、しばらく下るとフォレスト・バーン・シェルターに到着。ここを過ぎるとケプラーのハイライトともいえる細い稜線の区間が始まる。稜線上に連なるアップダウンが続くため楽ではないが、高度感のある眺めがすばらしい。好展望を楽しみながらハンギン・バレー・シェルターへ。この区間の狭い稜線は完全な吹きさらしのため、風雨が強いとつらい歩行となる。

やがてアイリス・バーンの谷を見下ろす展望地を最後に、道は樹林帯に向かって急降下していく。森の中を急なジグザグで一気に下っていくとアイリス・バーン小屋に到着だ。

**アイリス・バーン小屋→モトゥラウ小屋　(約16.2km、所要5～6時間)**

アイリス・バーン小屋を出てすぐ、小さな尾根を越える区間があるが、あとはおおむね森の中を緩やかに下る道。途中の平地からは1984年に起きた地滑り跡を見ることができる。やがてマナポウリ湖の水辺近くに立つモトゥラウ小屋へ。山小屋から約6.2km進んだレインボー・リーチRainbow Reachでは、テ・アナウ行きのシャトルバスに乗れるため、ここで2泊3日の行程を終わらせる人も多い。しかし、モトゥラウ小屋は湖に面した快適なロケーションにあるので、できればここで1泊の余裕をもちたい。

**モトゥラウ小屋→レインボー・リーチ→ケプラー・トラック・シェルター(駐車場)　(約15.5km、所要4～5時間)**

ワイアウ川に沿ったフラットな森林ウオークで、ルート一周を完歩。コントロール・ゲートからテ・アナウの町へは徒歩約50分。

## 日帰り～1泊トレッキング

Map P.149

テ・アナウからのショートトレックとしては、ラクスモア小屋への往復がおすすめ。所要8～10時間で日帰りも可能だが、ラクスモア小屋に1泊するプランもいい。日帰りの場合、時間を短縮するため、往路（または復路も）にテ・アナウの町からブロッド・ベイまでボートを利用するといい。ブロッド・ベイから山小屋へは往復7～9時間ほどかかる。山小屋からさらにラクスモア山頂を目指すには、往復で1時間ほど必要となる。もうひとつのルートはレインボー・リーチからモトゥラウ小屋までの往復コース。片道約6kmで、往復3～4時間ほどの行程だ。

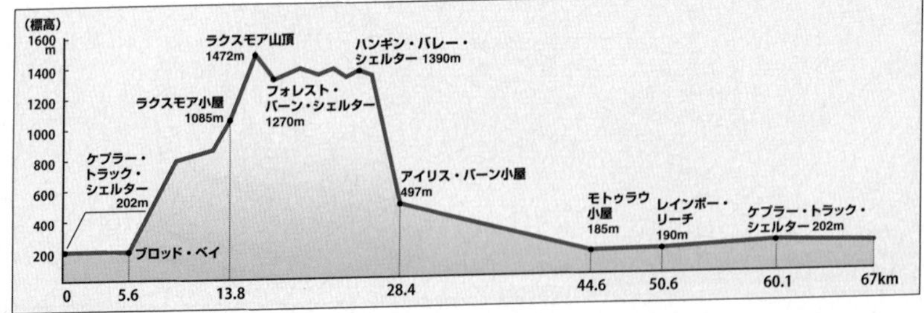

# オアマル

## Oamaru



人口：1万3900人
URL waitakinz.com

オアマルはオタゴ地方北部、ダニーデンの北約116kmの海沿いに位置する町。1870年代に貨物船が安全に寄港できるよう港が整備され、1882年には冷凍肉の輸出が始まり町は急成長を遂げた。この頃、地元で産出される良質の石灰岩「オアマルストーン」を使った壮麗な建築物が数多く建てられ、石材の産出も一大産業へと育っていった。オアマルストーンはニュージーランド各地の名だたる歴史的建築物にも使われているが、白い建物がずらりと並ぶこの町の景色は壮観だ。毎年11月に行われるビクトリアン・ヘリテージ・セレブレーションVictorian Heritage Celebrationsでは、まるでビクトリア時代がよみがえったかのように町全体が19世紀そのままの雰囲気に染められる。

歴史的な建物が集まる一角は、映画やテレビのロケ地としても人気

また、町の近くに希少なペンギンのコロニーが2ヵ所あり、手軽に観察できるのもオアマルの魅力のひとつだ。

### オアマルへのアクセス Access

長距離バスではインターシティのダニーデンまたはインバーカーギルへ向かう便がオアマルを経由する。クライストチャーチから1日2～3便、所要3時間30分～4時間15分。ダニーデンからは1日2～3便、所要約1時間40分。バスはイーデン・ストリートEden St.沿いにあるカフェ「Lagonda Tea Rooms」のそばの公衆トイレ前に発着し、チケットは店内で購入できる。

### オアマルの歩き方

町のメインストリートはホテル、銀行などが並ぶテームズ・ストリートThames St.。この通りには歴史的建築物も多い。また、タイン・ストリートTyne St.や、港湾地区に延びるハンバー・ストリートHumber St.にも19世紀後半に建てられた石造りの美しい建物が並ぶ。こぢんまりとした町なので、見どころはいずれも歩いて回れる範囲だ。

町の郊外にはふたつのペンギンのコロニー（営巣地）や、ユニークな自然景観を楽しめるスポットがある。また、SFのジャンルのひとつであるスチームパンクをテーマにしたギャラリーや、スチームパンク風の遊具が並ぶフレンドリーベイ・プレイグラウンドFriendly Bay Playgroundという公園もあり、近年では、スチームパンクの町としても人気を集めている。

おもなイベント
Victoria Heritage Celebrations
URL www.vhc.co.nz
催 11/15～19['23] 毎年11月の第3週に行われる。

コロニー周辺ではペンギンに遭遇することも

おもなバス会社(→P.496)
インターシティ

長距離バス発着所
**Map P.152-A2**
住 Eden st.

観光案内所
Oamaru & Waitaki Visitor Information Centre
**Map P.152-B2**
住 12 Harbour St.
☎ (03) 431-2024
URL waitakinz.com
開 10:00～16:30（時季によって異なる）
休 無休

おもなレンタカー会社
Smash Palace
021-501-494
URL www.spo.co.nz

**オアマル・パブリック・ガーデン**
開日中随時入場可

**ブルー・ペンギン・コロニー**
住17 Waterfront Rd.
☎(03)433-1195
URL www.ponguins.co.nz
開10:00～観察終了時間まで（終了時間は時季によって異なる）
料セルフガイド（日中）
大人$20、子供$10
ナイトツアー
大人$43、子供$28
交中心部から徒歩約20分。

## オアマルの 見どころ

### オアマル・パブリック・ガーデン
Oamaru Public Gardens

Map P.152-A1

市内に広がる約13ヘクタールの美しい公園。1876年に造成されたもので、東西に長く延びる敷地内にはバラ園や噴水、温室が設けられ散策にちょうどいい。また、園内を流れる小川にいくつかの橋が架けられているが、そのうちのひとつに日本の日光をイメージしたという朱塗りの橋もある。遊具の置かれた公園やピクニックに最適な芝生広場などがあるほか、園内のいたるところでニュージーランドのさまざまな鳥を見られる。

### ブルー・ペンギン・コロニー
Blue Penguin Colonies

Map P.152-B2

町の南にあるブルー・ペンギン（→P.36）の営巣地。ブルー・ペンギンは日本語でコガタペンギンといわれ、体長はわずか30～40cmほどの世界一小さなペンギン。ビジターセンターでは180個以上の巣箱を設置し、夕方になると巣箱に戻ってくるペンギンたちを観察スタンドから見ることができる。ペンギンたちが戻り始める前にはペンギンについての解説もある（英語）。また、巣箱に取り付けられたライブカメラを通して、ペンギンの様子を知ることができる。季節ごとの観察時間は公式サイトで要確認。日中はフラッシュなしの撮影可だが、観察室からは禁止。

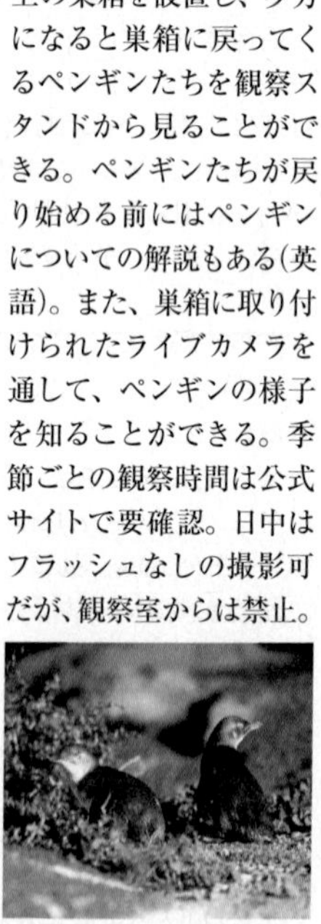

ブルー・ペンギンが戻ってくるのは日が暮れてから

## 歴史的建築物の集まる地区

Oamaru's Victorian Precinct

Map P.152-A2

ハンバー、タインの両ストリート沿いは、19世紀のビクトリアン建築が数多く残っており、歴史的な建物を利用したギャラリー、ショップが多く連なる。また、スチームパンク（ビクトリア朝時代の人が思い描いた未来世界を表現したSFのジャンル）の作品を集めた**スチームパンクHQ Steampunk HQ**もぜひ訪れたい。鉄屑で造られたアートや鍵盤を押すとさまざまな音が鳴るパイプオルガン、音楽とともに光の渦を楽しめる暗室「The Portal」などユニークな展示が目白押しだ。また、おみやげを探すならタイン・ストリートから続く小道ハーバー・ストリートHarbour St.にある**プレセンス・オン・ハーバー Presence On Harbour**へ。アートギャラリーも兼ねていて、センスのいいニュージーランドメイドのアイテムが揃う。

鉄屑で造られたものものしいオブジェが目を引くスチームパンクHQ

スチームパンクHQ
住1 Humber St.
☎027-778-6547
URL www.steampunkoamaru.co.nz
開10:00～16:00
休無休
料大人$10、子供$2

Presence On Harbour
住1 Hourbour St.
☎027-349-0865
URL presenceonharbour.co.nz
営9:30～17:00
休無休

地区の裏手にある公園には写真撮影用の額縁がある

## Column オアマルストーンを使った美しいビクトリアン建築

オアマルの町にはオアマルストーンで造られた歴史的建築物が立ち並び、その多くは徒歩で巡ることができる。観光案内所で『Historic Oamaru』というパンフレットをもらっておくとよい。waitakinz.comからダウンロードも可能。

### 旧郵便局 Map P.152-A1
First Post Office

テームズ・ストリートでひときわ目立つかつての郵便局。隣には1864年築の初代郵便局があり、現存するオアマルの歴史建築のなかで最も歴史のある建物。現在はレストラン「The Last Post」として営業している。

### ナショナル・バンク Map P.152-A2
National Bank

向かって右隣に立つフォレスター・ギャラリー(現在はアート・ギャラリー)と同じくダニーデンの建築家、ロバート・ローソンによる設計。1871年にオタゴ銀行のオフィスとして建てられたが、1875年よりナショナル・バンクの所有となった。

### セント・ルークス英国国教会 Map P.152-A1
St. Luke's Anglican Church

テームズ・ストリートの南端、観光案内所アイサイトの斜め向かいに立つ教会。1865年に建設が始まり、1922年に現在の姿になった。印象的なシルエットの尖塔の高さは38.7m。

### セント・パトリック教会 Map P.152-A1
St. Patrick's Basilica

リード・ストリート沿い。1893年に着工し、最終的な完成は1918年。豪華な装飾が施されたオアマルストーンの天井は一見の価値あり。

### オアマル・オペラ・ハウス Map P.152-A1・2
Oamaru Opera House

1907年築、庁舎兼劇場として使われていた。現在もバレエや映画、コンサートなどさまざまな催し物が行われており、夜間はライトアップされる。

イエロー・アイド・ペンギン・コロニー
開夏季
休冬季
料無料
交中心部から約3km。
※カメラのフラッシュ撮影は禁止。
※ペンギンの保護のため、観察は崖の上の観察小屋からに限定されている。また夕方以降、海に近づくことも禁止されている。

## イエロー・アイド・ペンギン・コロニー

Yellow Eyed Penguin Colonies

Map P.152-B2

海岸の上の遊歩道から茂みをのぞいてみよう

オアマルの町から約3kmの場所にあるブッシー・ビーチBushy Beachには、イエロー・アイド・ペンギン（→P.36）が生息している。観察は季節によっても異なるが、海に出る日の出頃と、巣に戻る15:00～日没までが適している。ただし、近年はペンギンの数が減っていて、観察しにくい日もあるようだ。

エレファント・ロック
料無料
交中心部から約48km。国道1号線を北上、Pukeuriで左折し83号線へ。西へ走り、Duntroonの手前の橋は渡らず、黄色い看板が見えたら左折。

# オアマル郊外の見どころ

## エレファント・ロック

Elephant Rocks

Map P.152-A1外

国道83号線から脇道に入り、しばらく走ると牧草地帯に突如現れる奇岩群。映画『ナルニア国物語／第1章ライオンと魔女』の撮影で使用されたことで一躍有名となった。天から降ってきたかのような巨岩が造り出す風景は圧巻だ。この巨岩は石灰岩で2400万年以上前に海の中で堆積し、硬化した石灰がもととなっている。そして、300～200万年前その石灰は海面上昇とともに地上に隆起し、風や雨などに削られて現在のような奇怪な形に変化したというわけだ。一般開放はしているが、この場所は私有地なので勝手にキャンプなどをしないように。

牧場の中に巨石が転がっている

モエラキ・ボルダー
URL www.moerakiboulders.com
開随時見学可
料$1（近道の私道を通る場合のみ）
交中心部から約40km。国道1号線上にMoeraki Bouldersの看板が見えたら左折、駐車場から海に向かい下ること徒歩5～10分。

Katiki Point Historic Reserve
交モエラキ半島のLighthouse Rd.（一部未舗装）を直進。

カティキ・ポイントの灯台

Fleurs Place
住169 Haven St.
電(03)439-4480
URL fleursplace.com
※2023年4月現在、休業中。2023年中に再オープン予定。

## モエラキ・ボルダー

Moeraki Boulders

Map 折り込み①

オアマルの南約40kmにあるモエラキと呼ばれる海岸地帯には、直径1m以上、重さ2トンほどの奇妙な球形の岩がゴロゴロ転がっている。マオリの伝説では「沖に沈んだカヌーから流れ着いた食料の籠」と語られるこの巨岩は、自然界の化学作用によってできたものだ。海底に沈殿する化石や骨のかけらなどに、海中の鉱物の結晶が均等に付着して凝固。それが約6000万年も続き現在の大きさにまで生成された。かつて海底であったこの場所の地形が変わり、姿を現したのだという。

波に洗われる丸い岩

またモエラキ・ボルダーの南に位置するモエラキ半島には、1878年に建てられた歴史的な灯台があり、灯台周辺は「カティキ・ポイント・ヒストリック・リザーブ」として保護されている。このエリアにはイエロー・アイド・ペンギン（→P.36）やニュージーランド・ファーシールも生息しているので観察してみよう。さらに、モエラキ半島にはニュージーランドの著名な料理研究家、フルー・サリバンの人気レストラン「フルーズ・プレイス」もある。

## クレイ・クリフス
Clay Cliffs

Map 折り込み①

　オアマルから内陸方面へ約120kmのオマラマにある奇岩群。数100万年前、古代の氷河によって造られた地形で、粘土質の土壌と砂が堆積し、それらが侵食して現在のような姿となった。ピナクル(小尖塔)のようにとがった無数の岩が空を突き刺すようにそびえ、迷路のように連なる様は圧巻。距離は短いが、足場が悪いのでトレッキングシューズで出かけるのがおすすめ。オアマルと同じワイタキ地区に属しているが、トゥワイゼルから車で30分ほどなので、アオラキ／マウント・クック観光の際に寄るのも便利。入口の駐車場までは未舗装道路が続くので、運転には十分注意を。

クレイ・クリフス
住Henburn Rd., Omarama
URL waitakinz.com/clay-cliffs
開随時見学可
料車1台につき$5をゲートの箱に入れる。現金のみ
交国道83号線を約100km進み、オマラマで国道8号線を右折。Quailburn Rd.を左折して約4km先のHenburn Rd.を左折。道なりに進んだ突き当たりにゲートがある。

ギザギザした奇岩が集まる景勝地

## オアマルの レストラン Restaurant

### ホワイトストーン・チーズ
Whitestone Cheese　Map P.152-A2

　オーガニック中心のチーズが揃うショップに併設されたカフェ。人気は6種類のチーズにクラッカーが付いたテイスティング・プラッター$14.5。月～金曜の10:00に工場見学ツアーを催行（要予約）。大人$35～。

住3 Torridge St.　☎(03) 434-0182　FREE 0800-892-433　URL www.whitestonecheese.com　営月～金 9:00～17:00　土10:00～16:00（時季によって異なる）　休日　CC AMV

### ギャレー
The Galley　Map P.152-A・B2

　歴史的建築物の集まる地区の海側にあるカフェ。スチームパンクがテーマの公園の脇にあり、外観はスチームパンクを取り入れたデザイン。海を眺めながら、ボリュームたっぷりのバーガー類やフィッシュ＆チップスを楽しもう。

住1 Esplanade　☎(03) 434-0475　営9:00～16:00（時季によって異なる）　休無休　CC MV

## オアマルの アコモデーション Accommodation

### ブライドン・ホテル・オアマル
Brydone Hotel Oamaru　Map P.152-A2

　1881年の建造。建築資材にはオアマルストーンが使われ、歴史を感じさせる。全室バスタブ付きで、バーやレストランも併設している。

住115 Thames St.　☎(03) 433-0480　URL brydonehotel.co.nz　料ⓈⒹⓉ$155～　室数50　CC ADMV

### ハイフィールド・ミューズ
Highfield Mews　Map P.152-A2

　テームズ・ストリート沿いにある小ぎれいなモーテル。18室中16室にバスタブがある。レンタルの自転車も備えており、朝食$15の注文も可能。

住26 Exe St.　☎(03) 434-3437　FREE 0800-843-639　URL www.highfieldmews.co.nz　料ⓈⓉⒹ$140～　室数18　CC MV

### オアマル・バックパッカーズ
Oamaru Backpackers　Map P.152-B1

　メールで送られてくるPINを使って客室の鍵を開けるシステムのため、チェックイン時間がフレキシブル。共有ラウンジにマッサージチェアあり。

住47 Tees St. South Hill　021-190-0069　URL oamarubackpackers.co.nz　料Dorm$44～　Ⓢ$69～　Ⓓ$89～　Ⓣ$114～　室数22ベッド　CC MV

### エンパイア・バックパッカーズ
Empire Backpackers　Map P.152-A2

　かつてのエンパイア・ホテルを全面改装したバックパッカーズホステル。暖炉を囲むリビングや各フロアにラウンジ、キッチンがあり便利。

住13 Thames St.　☎(03) 434-3446　URL empirebackpackersoamaru.co.nz　料Dorm$30　ⒹⓉ$75　室数38ベッド　CC MV

キッチン(全室)　キッチン(一部)　キッチン(共同)　ドライヤー(全室)　バスタブ(全室)　プール　ネット(全室／有料)　ネット(一部／有料)　ネット(全室／無料)　ネット(一部／無料)

# ティマル

## Timaru

人口：2万9000人
URL www.southcanterbury.org.nz

航空会社（→P.496）
ニュージーランド航空

リチャード・パース空港
**Map P.156外**
交空港から中心部までは約8km。移動はタクシーを利用する。

おもなタクシー会社
Timaru Taxis
☎(03)688-8899

おもなバス会社（→P.496）
インターシティ

ℹ観光案内所
Timaru Visitor Centre
**Map P.156**
住2 George St.
☎(03)688-4452
URL www.southcanterbury.org.nz
開火～金　10:00～16:00
　土　10:00～15:00
休日・月

石造りの観光案内所

町の中心部にあるセント・メアリー教会

クライストチャーチとダニーデンのほぼ中間地点、カンタベリー地方の南端に位置し、この地方で2番目に大きな町であるティマル。町の名前はマオリ語のTe Maru（風雨を避ける避難場所）に由来するという説があり、波が穏やかで、実際にマオリの人々はカヌーで外洋を行き来する際の休息所としてこの地を利用していたという。

19世紀に入ると捕鯨によって採取した鯨油をオーストラリアに輸出する港町として順調に発展し、当時の鯨油輸送船キャロライン号の船名は、今も町に面した湾の名前として残っている。

## ティマルへのアクセス　Access

ニュージーランド航空が、最寄りのリチャード・パース空港Richard Pearse Airportまでウェリントンからの直行便を運航。1日1～2便、所要約1時間20分。

長距離バスはインターシティが運行。クライストチャーチからは1日1～2便ずつ、所要2時間30～40分。ダニーデンからも1日1～2便、所要3時間15～25分。クイーンズタウンからの直行便はなく、ダニーデンで乗り換える。バスは鉄道駅前に発着する。

## ティマルの歩き方

ティマルのメインストリートはスタフォード・ストリートStafford St.および駅付近で交差するジョージ・ストリートGeorge St.。スタフォード・ストリート北側の港を見下ろす一角はピアッツァPiazzaと呼ばれ、雰囲気のいいレストランやカフェが多い。

ティマル
警察署
↑リチャード・パース空港、ジェラルディン P.157、クライストチャーチへ
Anchor Motel & Timaru Backpackers P.157
Evans St.
木造灯台
Maori Park
キャロライン・ベイ Caroline Bay P.157
Marine Parade
Comfort Hotel Benvenue P.157
Selwyn St.
Wai-iti Rd.
エグアンターイ・アートギャラリー P.157 Aigantighe Art Gallery
0　500m
Boat Harbour
Preston St.
Avenue Rd.
Wilson St.
Theodosia St.
ピアッツァ
Port Loop Rd.
Elizabeth St.
Stafford St.
Sophia St.
鉄道駅
長距離バス発着所
Church St.
セント・メアリー教会
George St.
ℹ観光案内所
Arthur St.
1
テ・アナ Te Ana P.157
サウス・カンタベリー博物館 P.157 South Canterbury Museum
↓ダニーデンへ

歴史的な建物が軒を連ねる町の中心部

# ティマルの見どころ

## テ・アナ
Te Ana

Map P.156

観光案内所に併設されている資料館。先住民マオリの一部族であるナイ・タフNgai Tahu族の岩絵や伝説、芸術文化などを所要1時間のツアーに参加して見学できる。11～4月は火～土の14:00からマオリのガイドによる、岩絵の保存現場を訪れるツアーも催行（大人$130、子供$52、要予約）。

テ・アナ
住2 George St.
☎(03)684-9141
FREE 0800-468-3262
URL www.teana.co.nz
開10:00～15:00
休無休
料大人$22、子供$11

岩絵は洞窟の天井に描かれている

## キャロライン・ベイ
Caroline Bay

Map P.156

観光案内所からビーチまでは徒歩20分ほど。湾に面したビーチとその周囲に広がる緑地帯が市民の憩いの場となっている。毎年クリスマスの翌日から2週間ほどにわたってキャロライン・ベイ・カーニバルCaroline Bay Carnivalが開催される。

キャロライン・ベイ・カーニバル
☎(03)688-0940
URL carolinebay.org.nz
催12/26～1/7['23～'24]

夏季は遊泳客でにぎわうビーチ

## サウス・カンタベリー博物館
South Canterbury Museum

Map P.156

ティマルや周辺地域の歴史を写真や資料とともにわかりやすく展示。企画展や子供向けプログラムなども随時開催している。

サウス・カンタベリー博物館
住Perth St.
☎(03)687-7212
FAX(03)687-7215
URL museum.timaru.govt.nz
開火～金　10:00～16:30
　土・日、祝 13:00～16:30
休月　料無料（寄付程度）

## エグアンターイ・アートギャラリー
Aigantighe Art Gallery

Map P.156

アーチボルド・ニコールArchibald Nicollやコリン・マッカンColin McCahonなど、ニュージーランドの著名作家のコレクションが多数ある。館外に広がる美しい庭園には国内外の作家による彫刻作品も設置されている。

エグアンターイ・アートギャラリー
住49 Wai-iti Rd.
☎(03)688-4424
URL www.aigantighe.co.nz
開火～金　10:00～16:00
　土・日、祝 12:00～16:00
休月　料無料

## ジェラルディン
Geraldine

Map P.156外

ティマルから車で約30分。小さな町だが、オラリ渓谷Orari Gorgeや、食品・ジャムの有名メーカー「バーカーズ・オブ・ジェラルディンBarker's of Geraldine」直営ショップ＆カフェ、ジン蒸留所ハムディンジャーHumdingerのテイスティングなど見どころが多い。

ジェラルディン
URL geraldine.nz
Barker's of Geraldine
URL barkers.co.nz
Humdinger
URL www.humdinger.nz

# ティマルのアコモデーション Accommodation

### コンフォート・ホテル・ベンベニュー
Comfort Hotel Benvenue Map P.156

エヴァンズ・ストリート沿いに位置するチェーン系ホテル。全室ミニバーとエアコン、フラットスクリーンTVを備え、館内にはフィットネス設備も完備。バルコニー付きの客室もある。

住16-22 Evans St.　☎(03)688-4049　URL www.benvenuehotel.co.nz
料ⓈⒹⓉ$170～　室数31　CC AMV

### アンカー・モーテル&ティマル・バックパッカーズ
Anchor Motel & Timaru Backpackers Map P.156

モーテルの全客室はキッチン付きで広々としており、ホステルの客室もシンプルな造りだが清潔で過ごしやすい。モーテルとホステルのレセプションは共通。レストランも徒歩圏内にある。

住42 Evans St.　☎(03)684-5067　FREE 0508-227-654　FAX(03)684-5706
URL anchormotel.co.nz　料Ⓢ$40～　Ⓓ$60～　室数20　CC MV

キッチン(全室)　キッチン(一部)　キッチン(共同)　ドライヤー(全室)　バスタブ(全室)
プール　ネット(全室／有料)　ネット(一部／有料)　ネット(全室／無料)　ネット(一部／無料)

クライストチャーチ
ダニーデン

人口：12万6255人
URL www.dunedinnz.com

# ダニーデン
## Dunedin

南島南東部の沿岸に位置するダニーデンは、オタゴ地方の中心都市。この町を特徴付けているのが、19世紀末期から20世紀初頭にかけて建てられたスコットランド風の建築群だ。

ダニーデン駅をはじめとする歴史的建築物が町の見どころ

1860年代、中央オタゴ地方で金鉱が発見されゴールドラッシュが巻き起こり、町は急速に発展していった。その中心となったのがスコットランドからの移民たちだ。彼らは、自分たちが築いた都市にダン・エデン（ケルト語でエデンの城）という名前を付け、故国の建築を再現し故郷の文化を持ち込んだ。そのため現在でも1年を通じて、スコットランドをテーマにしたイベントが開催されている。また、ダニーデンは国歌の作詞者トーマス・ブラッケンをはじめ、多くの作家を輩出していることから、ユネスコが制定する、創造都市ネットワークの文学都市にも認定されている。さらにニュージーランドで最初に設立された大学、オタゴ大学があり、若者が多い学生の町という一面ももっている。近郊のオタゴ半島では、イエロー・アイド・ペンギンやロイヤル・アルバトロスなど希少な野生動物を観察することができる。

## ダニーデンへのアクセス　Access

飛行機はクライストチャーチやオークランド、ウェリントンからダニーデン国際空港Dunedin International Airportまで、ニュージーランド航空の直行便が運航されている。クライストチャーチからは1日2〜4便、所要約1時間5分。オークランドからはジェットスター航空の直行便もある。所要約1時間50分。便数は少ないが、ジェットスター航空を使ってオーストラリアから入国することも可能だ。

長距離バスは南島主要都市からインターシティをはじめ数社が運行している。クライストチャーチからは1日2〜3便、所要約6時間。クイーンズタウンからは1日1〜2便、所要約4時間25分。バスはモーレイ・プレイスMoray Pl.の停留所に発着する。

航空会社（→P.496）
ニュージーランド航空
ジェットスター航空

ダニーデン国際空港
**Map P.164-A1外**
☎(03)486-2879
URL dunedinairport.co.nz
交 ダニーデン中心部から南へ約30km。空港〜市内間はシャトルバス、タクシー、またはレンタカーを利用。

オーストラリアからの便も発着する空港

エアポートシャトル会社
Super Shuttle
FREE 0800-748-885
URL www.supershuttle.co.nz
料 空港↔市内中心部
1人　$27
2人　$40
3人　$53

おもなタクシー会社
Dunedin Taxis
☎(03)477-7777
URL www.dunedintaxis.co.nz
配車アプリのUberも利用可能。

おもなバス会社（→P.496）
インターシティ
アトミック・トラベル
リッチーズ

長距離バス発着所
**Map P.160-C2**
住 331 Moray Pl.

Catch-A-Bus South
✆027-4497-994
URL catchabussouth.co.nz
ダニーデン〜インバーカーギル間など、南部エリアを運行。

## ダニーデンの 歩き方

夜のオクタゴン。市議会議事堂はライトアップされる

ダニーデンの町は起伏に富んだ地形上にあるため市街地でも坂道が多い。郊外にはギネスブックにも認定されていた世界有数の急勾配ボルドウィン・ストリートBaldwin St.（→P.164）があるほどだ。

セント・ポール大聖堂

### オクタゴン　The Octagon

町の中心はオクタゴンThe Octagonと呼ばれる八角形の広場で、中心部のバスロータリーを囲むようにしてレストランやカフェが立ち並ぶ。ファースト教会First Churchや市議会議事堂などの主要な歴史建築をはじめ、博物館、美術館のほとんども、オクタゴンから徒歩圏内にある。"スコットランド以外で最もスコットランドらしい町"といわれるダニーデンの町並みを歩こう。

### ジョージ・ストリート　George St.とプリンシズ・ストリート　Princes St.

町を南北に貫くメインストリート。オクタゴンを境に名前を変える大通りだ。オタゴ博物館のある北部はオタゴ大学生をはじめ学生の姿が多く、学生街としての雰囲気が濃い。南部に向かうと数多くのレストラン、ショップ、銀行のほか、オフィスビルも立ち並んでにぎやかになってくる。

野生動物の観察はエコツアーが盛んなダニーデンの醍醐味

### オタゴ半島　Otago Peninsula

ダニーデンの東、太平洋に突き出た半島で、貴重な野生動物の宝庫だ。都市とはまったく異なった自然環境が保たれており、羽を広げた長さが3mにも達する世界最大級の鳥、ロイヤル・アルバトロス（シロアホウドリ）やイエロー・アイド・ペンギンの営巣地があるほか、イルカやニュージーランド・ファーシール（オットセイ）などニュージーランドの代表的な海洋生物も多く生息している。野生動物の観察には各社が行っているツアーを利用するのが一般的。

---

**ユースフルインフォメーション**

**病院**
**Map P.160-B1~2**
**Dunedin Hospital**
住201 Great King St.
電(03)474-0999

**警察**
**Map P.160-C2**
**Dunedin Central**
住25 Great King St.
電105

**おもなレンタカー会社**
**Hertz**
**空港**
電(03)477-7385
**Avis**
**空港**
電(03)486-2780
**ダウンタウン**
**Map P.160-C1**
住97 Moray Place
電(03)486-2780

**観光案内所 i-SITE**
**Dunedin Visitor Centre**
**Map P.160-C1**
住50 The Octagon
電(03)474-3300
URL www.dunedin.govt.nz/isite
開8:30～17:00
休無休

**ダニーデンの市内交通**
**オーバス**
FREE 0800-672-8736
URL www.orc.govt.nz/public-transport/dunedin-buses
料現金　$3
Bee Card 大人$2、子供$1.2
オクタゴン近くのGreat King St.沿いにあるセントラルシティ・バスハブを起点に、リッチーズが運営する市バスのオーバスOrbusが中心部と周辺を結んでいる。運賃は乗車時に現金またはICカード乗車券のBee Cardで支払う。Bee Cardは1枚$5で$5～をチャージ(Top Up)して使う。購入はバスの運転手から。またはオタゴ大学内の書店などで。

黄色い車体のオーバス

**ダニーデンのカジノ**
**Map P.160-D1**
住118 High St.
電(03)477-4545
URL grandcasino.co.nz
営12:00～24:00
（時季によって異なる）
休無休
シーニック・ホテル・サザン・クロス（→P.170）内にカジノがある。ポーカーやバカラといったカードゲームやルーレット、スロットマシンなどひととおりのギャンブルが揃っている。20歳未満は入場不可。

ダニーデン
オアマル、クライストチャーチへ
Howe St.
ダニーデン植物園 P.162、Dunedin Leisure Lodge P.170へ
Prospect Park
Lachlan Ave.
Lothian St.
Cosy Dell Rd.
Queens Drv.
500m
Queen St.
ジョージ・ストリート
Cumberland St.
Castle St.
Dundas St.
Lovelock St.
Leith St.
Clyde St.
Forth St.
St.David St.
Drivers Rd.
オタゴ大学
Great King St.
P.170 Sahara Guest House
Union St.
オタゴ博物館 P.161
Otago Museum
Albany St.
P.170 Alexis Motor Lodge
Pitt St.
Heriot Row.
George St.
Malcolm St.
Gowland St.
P.162
オルベストン邸
Olveston Historic Home
ノックス教会
Frederick St.
Harrow St.
Anzac Ave.
病院
Hanover St.
Sturdee St.
Royal Tce.
London St.
Filleul St.
Littlebourne Rd.
New World (スーパーマーケット)
Meridian Mall
Wall Street Mall
P.170 The Victoria Hotel Dunedin
St. Andrew St.
Ward St.
モアナ・プール
P.168 Granny Annie's Sweet Shop
警察署
i-SITE
セントラル・シティ・バスハブ
長距離バス発着所
オタゴ・ファーマーズ・マーケット
Stuart St.
P.170 On Top Backpackers
Cargill St.
York Pl.
Countdown (スーパーマーケット)
ダニーデン駅舎
市議会議事堂
セント・ポール大聖堂
オクタゴン
The Octagon
オタゴ男子高校
P.161
ダニーデン市立美術館
Dunedin Public Art Gallery
Avis
Moray Pl.
P.170 Chapel Apartments
Guild P.168
P.169 Morning Magpie
P.169 Best Cafe
P.168 Koru NZ Art
ザ・インランダー (タイエリ峡谷鉄道) P.165
The Inlander (Taieri Gorge Railway)
スポーツ・ホール・オブ・フェーム P.161
New Zealand Sports Hall of Fame
ファースト教会
P.169 Etrusco
P.169 Mazagran
Rattray St.
オタゴ入植者博物館 P.161
Toitū Otago Settlers Museum
Dunedin Chinese Garden
Queens Gardens
P.162
Elm Row
スパイツ醸造所
Speight's Brewery
P.169 The Speight's Ale House
Scenic Hotel Southern Cross P.170
カジノ
モナーク・ワイルドライフ・クルーズ発着場 P.167
Monarch Wildlife Cruise
Arthur St.
Vogel St Kitchen P.169
Jetty St.
Birch St.
Plato P.169
Serpentine Ave.
Jubilee Park
教会
Hope St.
High St.
Stafford St.
プリンシズ・ストリート
Princes St.
Crawford St.
Wharf St.
Roberts St.
Kitchener St.
モスギル、インバーカーギルへ
A
B
C
D
1
2

## ダニーデンの 見どころ

### オタゴ入植者博物館
Toitū Otago Settlers Museum

Map P.160-D2

19世紀中頃から始まったヨーロッパ人入植者たちの初期の生活、金鉱が発見されゴールドラッシュに沸いた時代、そして近代への町の移り変わりなど、オタゴ地方の入植の歴史を展示する。

乗合馬車や市電、さらに衣類や生活道具にはじまり、戦後の家電やコンピューターまで、さまざまなジャンルの展示が楽しめる。また、ガラス張りの展示室には蒸気機関車が置かれているが、これは方向転換することなく両方向に進むことができるよう2台の機関車を背中合わせに合体させた珍しい構造のものだ。

**オタゴ入植者博物館**
住31 Queens Garden
☎(03) 477-5052
URL www.toituosm.com
開10:00～17:00
休無休
料無料

初期の入植者たちの写真が並ぶ部屋は圧巻だ

豆知識
**チャイニーズ・ガーデンも必見**
オタゴ入植者博物館に訪れたら、その裏手にあるダニーデン・チャイニーズ・ガーデンという中国式庭園にも立ち寄ろう。立派な門や建物、ティーハウスなどがあり、散策におすすめだ。開園時間は毎日10:00～17:00、入園料大人$10。
URL www.dunedinchinesegarden.com

### オタゴ博物館
Otago Museum

Map P.160-B2

オタゴ大学近くに立つ大型博物館。マオリの伝統文化を紹介するタンガタ・フェヌア・ギャラリーや、すでに絶滅した飛べない巨鳥モア、ペンギンなど国内の野生生物の生態に関する展示を行う動物展示室がある。2階のタフラ・オタゴ・コミュニティ・トラスト・サイエンス・センターTuhura Otago Community Trust Science Centreでは、約20種の蝶を飼育展示するタフラ・トロピカル・フォレストやテレビモニター式の顕微鏡など体験できる展示で人体や自然科学、宇宙に関する知識を深められる。

絶滅した巨鳥、モアの骨格標本もある

**オタゴ博物館**
住419 Great King St.
☎(03) 474-7474
URL otagomuseum.nz
開10:00～17:00
休無休
料無料(寄付程度)
(タフラ・オタゴ・コミュニティ・トラスト・サイエンス・センターは大人$15、子供$10)

### ダニーデン市立美術館
Dunedin Public Art Gallery

Map P.160-C1

創設は1884年、ニュージーランドで最も古く内容も充実した美術館。19世紀から現代までの幅広いニュージーランドにおける美術の展示のほか、葛飾北斎など日本の浮世絵も所蔵する。ギャラリーショップも併設している。同じ建物内にあるカフェ「ノヴァ」(→P.169)もおすすめ。

**ダニーデン市立美術館**
住30 The Octagon
☎(03) 474-3240
URL dunedin.art.museum
開10:00～17:00
休無休
料無料(企画展は別途)

企画展も随時開催している

### スポーツ・ホール・オブ・フェーム
New Zealand Sports Hall of Fame

Map P.160-C2

ダニーデン駅舎の2階にある、ニュージーランドにおける“スポーツの殿堂”。オールブラックスで有名なラグビーのほか、クリケットやゴルフなど国内で盛んな競技を中心にスポーツに関するいろいろな資料が展示されている。1953年に人類初のエベレスト登頂に成功したイギリス隊のメンバーだったニュージーランド人、エドモンド・ヒラリー卿の登頂記録もあり見応えがある。

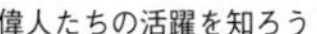
偉人たちの活躍を知ろう

**スポーツ・ホール・オブ・フェーム**
住Railway Station, Anzac Ave.
☎(03) 477-7775
URL nzhalloffame.co.nz
開10:00～15:00
休月・火
料大人$6、シニア・学生$4、子供$2

スパイツ醸造所
住200 Rattray St.
☎(03)477-7697
URL www.speights.co.nz
開12:00、14:00、16:00発
休冬季の月・火
料大人$30、シニア・学生$27
年齢確認のため、チェックイン時にパスポートの提示を求められることがある。

テイスティングを楽しもう

## スパイツ醸造所
Speight's Brewery

Map P.160-D1

歴史ある工場を見学できる

ダニーデンの地ビールとして誕生し、今やニュージーランドを代表するビールのひとつに成長したスパイツSpeight'sの醸造所が見学できる。同社のビール工場は1876年創業という歴史を誇る。見学はガイドツアー形式で、スパイツの歴史の解説を交えつつ、最新のビール工場における製造過程を見て回る（所要約1時間15分）。ツアー後の試飲は18歳以上のみ。6種類のビールと3種類のサイダーが試せるので、ビール好き、サイダー好きの人にはおすすめだ。また、オリジナルグッズが手に入るショップも併設。

オルベストン邸
住42 Royal Tce.
☎(03)477-3320
FAX(03)479-2094
URL www.olveston.co.nz
開ツアーは9:30、10:45、12:00、13:30、14:45、16:00発（要予約）
休無休
料大人$25、子供$14
交オクタゴンから徒歩約20分。

アクセサリーなども販売している

## オルベストン邸
Olveston Historic Home

Map P.160-B1

1967年に開館した邸宅博物館

19世紀後半から20世紀初めにかけてダニーデンで貿易商として成功した、デビッド・セオミンDavid Theominの住居が一般に公開されている。ロンドンの建築家アーネスト・ジョージ卿が設計し、1904～06年にかけて建築されたこの建物は、ジェームズ1世時代のスコットランド建築の特徴である壮麗で優美な外観が印象的。各部屋には豪華なアンティーク家具や、食器、絵画、武具が並ぶ。なかには日本の古美術品もあり、当時の氏の潤沢な財力をうかがわせる。館内は各種ガイドツアー（所要約1時間）によってのみ見学が可能。

ダニーデン植物園
住36 Opoho Rd.
☎(03)477-4000
URL www.dunedinbotanicgarden.co.nz
開日中随時入園可（案内所、温室は10:00～16:00）
休無休
料無料
交セントラルシティ・バスハブのD乗り場からオーバス#8Normanby行きで約15分。

温室があるロウアーガーデン

## ダニーデン植物園
Dunedin Botanic Garden

Map P.160-A2外

東のアッパーガーデンThe Upper Gardenと、西のロウアーガーデンThe Lower Gardenからなる、ニュージーランド最古の植物園。広大な敷地に約6800種類の植物が見られ、特に春に咲く3000本以上のシャクナゲが見事。ロウアーガーデンにはバラ園や、姉妹都市である北海道小樽市によってデザインされた日本庭園の池があり、休日には地元の人々が散策やピクニックを楽しんでいる。丘陵地にあるアッパーガーデンは、自然の地形を生かした森林公園。ラブロック・アベニューLoverock Ave.を挟んで展望台のブラッケンズ・ビューBracken's Viewがあり、市街地を一望できる。そのほか、園内には、カフェやショップなどもある。

## Column ダニーデンに点在するスコティッシュ建築

ゴールドラッシュ時にスコットランド移民によって造られた町であるダニーデンには、19世紀後半から20世紀初頭にかけて建てられたスコットランド風の教会や駅舎、大学など、歴史的建築物が今なお市内各所に残されている。そのほとんどが町の中心オクタゴンから歩いて回れる範囲内にあるので、気軽にスコティッシュ建築巡りを楽しめる。

### セント・ポール大聖堂 Map P.160-C1
St. Paul's Cathedral

オクタゴンに立つアングリカン(英国国教)教会。1915～19年にネオゴシック様式で建設されたもので、オアマルOamaru(→P.151)産の石材を使用している。

### 市議会議事堂 Map P.160-C1
Municipal Chambers

オクタゴンの北側、セント・ポール大聖堂と隣り合って立つ議事堂。現在の建物は1880年に建築され、1989年に修復されたもの。

### ファースト教会 Map P.160-C2
First Church of Otago

ネオゴシック様式のプレズビテリアン(長老派)教会。1873年に完成した。美しいシルエットをもつ高さ54mの尖塔やバラ窓がある。

### ダニーデン駅舎 Map P.160-C2
Dunedin Railway Station

タイエリ峡谷鉄道が発着する鉄道駅は、まるで城塞のような重厚さをもつ。1903～06年に建てられたもので、外観もさることながら、内部の美しい造りは一見の価値がある。

### オタゴ大学 Map P.160-A2
University of Otago

1869年開学という、ニュージーランドで最初に創られた由緒ある大学。時計塔を含む校舎の最も古い部分は、1878年にゴシック様式で建築されたもの。キャンパス内の時計塔は必見だ。

### オタゴ男子高校 Map P.160-C1
Otago Boys High School

オクタゴンの西、坂を登った場所にある、1884年に建てられた歴史ある男子高校。入口には立派な門があり、まるで城のような造りになっている。敷地内の見学はできないが、外部からでも一見の価値がある。

### ノックス教会 Map P.160-B1
Knox Church

1876年に建てられたゴシック様式の教会。週末にはコンサートなども開かれる。教会内には美しいステンドグラスがある。

**ボルドウィン・ストリートへの行き方**
セントラルシティ・バスハブのD乗り場からオーバス＃8 Normanby行きで約20分。

## ボルドウィン・ストリート
Baldwin St.

Map P.164-A1

ノース・ロードNorth Rd.から住宅地に入るボルドウィン・ストリートは、坂の町ダニーデンを象徴するような急勾配。長さにすると約100mだが、実際に歩いてみると斜度のきつさにあらためて驚く。ここは最大勾配35度にもなる、世界屈指の角度がきつい坂道なのだ。沿道の家屋は地形に合わせ地面にへばりつくように立ち、通行する車はアクセルをふかしながら上ってくる。急勾配を利用しておもしろい写真が撮れるのでぜひ訪ねてみよう。

まるでスキー場のゲレンデに立っているかのような感覚に陥る

**シグナル・ヒルへの行き方**
セントラルシティ・バスハブのE乗り場からオーバス＃110poho行きで約20分、下車後徒歩約30分。車の場合、オクタゴンから約15分。

## シグナル・ヒル
Signal Hill

Map P.164-A1

シグナル・ヒル展望台に据えられたエジンバラの石

ダニーデン植物園から約3km北上した郊外にある標高393mの丘。頂上部が展望台になっており、起伏に富んだ地形の上に広がる市街地や、オタゴ湾とそこから延びる半島が織りなす複雑な海岸線を眼下に見ることができる。展望台の中ほどに設置された自然石は、イギリスによるニュージーランド統治100周年を記念して、はるばるスコットランドのエジンバラから運ばれたものだ。

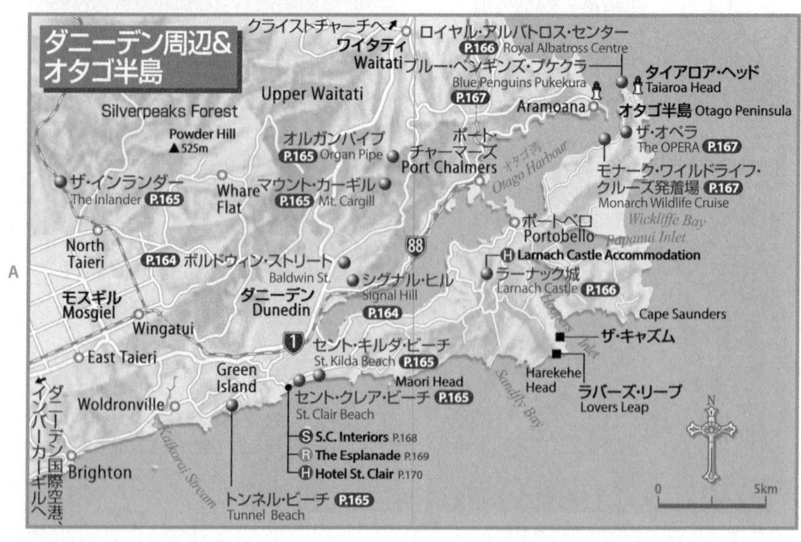

## マウント・カーギル&オルガンパイプ

Mt. Cargill & Organ Pipe

Map P.164-A1

頂上に巨大なアンテナが立つマウント・カーギル。その周りは展望地になっていて、市街地のほか周囲の山の斜面に連なる特殊な岩の造形を見ることができる。"オルガンパイプ"と呼ばれるこの岩の形は柱状節理といい、溶岩がゆっくり冷却され体積の収縮にともないひび割れが入った結果できたもの。

マウント・カーギル頂上部の展望台まではコーワン・ロードCowan Rd.から車でアクセスが可能。また、周辺のウオーキングトラックを歩くのもおすすめだ。トラック入口から頂上部までは徒歩約2時間、頂上部からオルガンパイプまでは徒歩約30分。

まるで巨大なパイプオルガンのように見える

### マウント・カーギルとオルガンパイプへの行き方

マウント・カーギルのトラック入口はCowan Rd.とNorwood St.の2ヵ所。オルガンパイプのトラック入口はMt. Cargill Rd.にあり、トラック自体はつながっているのでどこからでもアクセスできる。駐車場あり。レンタカーかタクシーを利用。

### 豆知識 ダニーデンのオーロラ

海が多い南半球で観測が難しいオーロラを、ダニーデンで見ることができる。セント・ギルダ&セント・クレア・ビーチ、トンネル・ビーチなど、南向きで町明かりの少ない場所で赤いオーロラを楽しもう。
オーロラ予報サイト
URL www.aurora-service.net

## セント・キルダ&セント・クレア・ビーチ

St. Kilda & St. Clair Beach

Map P.164-A1

市中心部から南に約5kmの所に遊泳できるふたつのビーチが広がっている。セント・クレア・ビーチには西側に海水を使った温水プール「St. Clair Hot Salt Water Pool」もあり、周辺のカフェやショップもおしゃれで散策が楽しい。

### St. Clair Hot Salt Water Pool

電 (03) 455-6352
開 月～金 6:00～19:00
土・日 7:00～19:00
休 4～9月頃
料 大人$7.4、子供$3.4
交 セントラルシティ・バスハブのI乗り場からオーバス#8St. Clair行きで約20分。終点下車すぐ。

セント・クレア・ビーチ沿いにセンスのいい店が並ぶ

## トンネル・ビーチ

Tunnel Beach

Map P.164-A1

切り立った崖が続くセント・クレア・ビーチ西岸部。その断崖の一部に掘られたトンネルを抜けると、箱庭のようなビーチに下りることができる。スタート地点からビーチまで歩いて往復1時間ほどのウオーキングトラックが続いている。

### トンネル・ビーチ

開 入場自由
交 スタート地点まではセントラルシティ・バスハブのH乗り場からオーバス#33 Corstorphine行きで約25分。終点で下車、徒歩約35分。車の場合はオクタゴンから約15分。駐車場あり。

## ザ・インランダー(タイエリ峡谷鉄道)

The Inlander(Taieri Gorge Railway)

Map P.160-C2

1879年から1990年まで人々の足として活躍した峡谷鉄道が、ダニーデン～ヒンドンHindonの区間を観光列車として現在も運行しており、ダイナミックな岩肌を見ながら鉄道の旅が楽しめる。景観のいい所では、写真撮影できるように一時停車してくれるのも観光列車ならでは。スケジュールはダニーデン10:00発、ヒンドン11:20着、ヒンドン12:30発、ダニーデン13:30着。ほかに、ダニーデン～ワイタティWaitati(Map P.164-A1)を走るザ・シーサイダーThe Seasider、ダニーデン～オアマルを往復するザ・ビクトリアンThe Victorian、夕方からサンセットや夜景を楽しむトワイライト・トレインTwilight Trainもある。それぞれ夏季(11～4月)に月1便程度の運行なので、事前に確認を。早めの予約がおすすめ。

左右どちらの車窓でも景観を楽しめる

### ダニーデン・レイルウェイズ

022-436-9074
URL dunedinrailways.co.nz
料 ザ・インランダー
大人$60、子供$32
ザ・シーサイダー
大人$42、子供$22
ザ・ビクトリアン
大人$79、子供$49
トワイライト・トレイン
大人$42、子供$22

オタゴ半島の観光情報
URL otago-peninsula.co.nz
オタゴ半島の巡り方
ダニーデンからオタゴ半島の町ポートベロPortobelloまでオーバス#18が運行しているが、ポートベロからラーナック城、ペンギン・プレイスなどへは、かなりの距離を歩かなくてはならない。そのため、オタゴ半島の見どころを巡るにはレンタカーを借りるか、ツアーへの参加(→P.168)がおすすめ。

ラーナック城
住 145 Camp Rd. Otago Peninsula
☎ (03)476-1616
URL www.larnachcastle.co.nz
開 10月～3月6日
8:30～17:00
3月7日～9月
9:00～17:00
(10～3月の夏季のみガーデンは19:00までオープン)
休 無休
料 大人$39、子供無料
(庭園のみの場合、大人$19.5)
交 ダニーデン中心部から約15km。

美しい自然に囲まれたラーナック城

ロイヤル・アルバトロス・センター
住 1260 Harington Point Rd.
☎ (03)478-0499
URL www.albatross.org.nz
開 10:15～16:30
ツアー開始は11:00～
(時季によって異なる)
休 無休
交 ダニーデン中心部から約32km。
クラシック・アルバトロスツアー
料 大人$52、子供$15
要塞のツアー
料 大人$26、子供$10

ヒナを見るなら4～9月、飛ぶのを見るなら12～3月がおすすめ

# オタゴ半島の見どころ

## ラーナック城
Larnach Castle

Map P.164-A2

当時の富豪の暮らしぶりが感じられる城内

ニュージーランド国内に存在する唯一の城。とはいうものの、実は19世紀後半に銀行業で財をなしたウィリアム・ラーナックの邸宅で、数百人もの労働者を使い1871年から3年以上の歳月を費やして建てられた。中世ヨーロッパの城を模して造られた外観に負けず劣らず、内部も豪華な装飾であふれており、一流バンカーとして成功した大富豪の優雅な生活が想像できる。しかし、成功を謳歌し政界への進出も果たしたラーナックも晩年は事業に失敗し、邸宅を手放さざるを得なかった。1967年にはバーカー家がオーナーとなり、荒れ果てた城は修復され、現在は一般公開されている。敷地内には宿泊施設「Larnach Castle Accomodation」もある。

## ロイヤル・アルバトロス・センター
Royal Albatross Centre

Map P.164-A2

ロイヤル・アルバトロスの生態について学ぼう

オタゴ半島の先端にあるタイアロア・ヘッドTaiaroa Headと呼ばれる岬に、ロイヤル・アルバトロス（シロアホウドリ）の営巣地がある。市街地に近いものとして非常に希有な場所だ。かつては人間や野犬などにその存在を脅かされていたが、現在では保護活動が行われており、レインジャーの案内付きのツアーでその生態を詳しく観察できる。ただし繁殖期に当たる9月中旬～11月下旬は通常とは違う場所からの観測となるため、アルバトロスを見られるという保証はない。

ロイヤル・アルバトロスはアホウドリのなかでも大きく、両翼を広げると3m以上にもなる。空中ではほとんど羽ばたくことなく、グライダーのように翼に受けた風の揚力で飛行する。コロニー付近には観察小屋が設置され、30～100mくらいの距離でロイヤル・アルバトロスを観察できる。ただし、前述したとおり彼らは風を受けないと飛べないため、いつでも飛ぶ姿が見られるわけではない。空での華麗な姿からはアホウドリなどという失礼な名前は想起しようもないが､地上に下りた彼らを見れば思わず納得。あまりの飛行スピードのためか着地は前につんのめり、歩く足取りもよろよろと実に鈍重でユーモラスなのである。

タイアロア・ヘッドには、戦時中に造られた要塞があり、1888年に設置された地中収納型のアームストロング砲を見ることができる。

## ザ・オペラ
The OPERA

Map P.164-A2

ニュージーランドに数ヵ所あるペンギンのコロニー（営巣地）のなかでも、間近に観察できる数少ない場所のひとつ。野生のイエロー・アイド・ペンギンが生息するこのコロニーでは、1984年からペンギンの巣箱を設置したり害獣を駆除したりするなどの保護活動が行われており、公的な援助を一切受けることなく、訪問者からの入場料収入によってその活動資金を賄っている。

ツアー参加者はペンギンの観測ポイントである海岸まで車で移動。コロニー近くで下車したあと、ガイドに従って十数人のグループで見学コースを回る（所要約1時間30分、要予約）。コロニー周辺には、ペンギンにストレスを与えないようにカムフラージュされた塹壕状の観察小屋と、それらをつなぐ半地下通路が設けられており、観察用の窓からは運がよければ数mの至近距離でペンギンを見ることができる。

ペンギンを驚くほどの至近距離から見ることができる

**ザ・オペラ**
住 45 Pakihau Rd. Harington Point
☎ (03) 478-0286
URL penguinplace.co.nz
催 4～9月 15:45発のみ
10～3月 10:15、11:45、13:15、15:00、16:45発
※出発時間は要確認。
休 無休
料 大人$65、子供$25
※フラッシュ撮影は禁止。

## モナーク・ワイルドライフ・クルーズ
Monarch Wildlife Cruise

Map P.164-A2

オタゴ半島の先端近く、ウェラーズ・ロックWellers Rockから発着する所要約1時間のボートクルーズ。地上からは接近できない崖の周りを巡り、海上から多くの野生動物を観察できる。翼を広げたロイヤル・アルバトロスの雄大な飛行や、海に潜って魚を捕るペンギン、シャグ（鵜の仲間）の営巣コロニーなど、自然のままに動き回る動物たちの姿が盛りだくさんのツアーだ。ときにはイルカやニュージーランド・ファーシールも見られる。ロイヤル・アルバトロスの繁殖シーズンである9月中旬～11月下旬の期間でも、このクルーズではアホウドリを見ることができる。

ダニーデン市街近くから出発し（Map P.160-D2）船と車で半島を巡る半日ツアー、1日かけてクルーズと陸上を満喫するペニンシュラ・エンカウンターなどのパッケージもある。

海上から野生動物を観察しよう

**モナーク・ワイルドライフ・クルーズ**
住 Wellers Rock Wharf, 813 Harington Point Rd.
☎ (03) 477-4276
FREE 0800-666-272
URL www.wildlife.co.nz
催 夏季 13:30、15:30、17:00発
冬季 14:30発
休 無休
料 大人$58、子供$23

## ブルー・ペンギンズ・プケクラ
Blue Penguins Pukekura

Map P.164-A2

ロイヤル・アルバトロス・センターの直下にあるパイロットビーチ・リザーブでは、日没後に海から戻ってくるブルー・ペンギンを観察するツアーが行われている。観察用のデッキからわずか数mの距離で愛らしいペンギンたちを眺められるのが魅力。

**ブルー・ペンギンズ・プケクラ**
住 1260 Harington Point Rd.
☎ (03) 478-0499
URL bluepenguins.co.nz
催 夏季は 19:00以降、冬季は18:00以降。時季によって異なる。
休 無休（冬季は週3～5回ほどの開催）
料 大人$45、子供$25
ダニーデンからの送迎付きプランあり。大人$80、子供$65。

日によっては100羽以上のペンギンが見られることも

## ダニーデンの エクスカーション Excursion

### オタゴ半島ワイルドライフ・ツアー

ダニーデンを代表するアクティビティのひとつ。ロイヤル・アルバトロス・センター（→P.166）やペンギン・プレイス（→P.167）をはじめとする野鳥の生息地を巡るほか、海鳥やニュージーランド・ファーシールなど多くの野生動物を間近に観察できる。各ツアー会社により観察地や内容は多少異なるが、IS GLOBAL SERVICESは日本人ガイドによる案内のため、野生動物の生態がよくわかると評判。

**IS GLOBAL SERVICES** 027-372-0942 URL isglobalnz.com 催通年 料大人$140、子供$80（所要約4時間） CC MV 日本語OK

**Elm Wildlife Tours** (03)477-4276 FREE 0800-356-563 URL elmwildlifetours.co.nz 催通年 料$130～（所要約6時間30分～） CC MV

### ホース・トレッキング

オタゴ湾の北側、デボラ湾に位置するヘア・ヒルHare Hill牧場を起点に、港や海岸沿いの景観を眺めながら乗馬を楽しめるツアー。ビーチ・ライドコースでは、アラモアナ・ビーチを散策しながら、アザラシやペンギンなどの野生動物を観察することも可能。所要約2時間のハーバー・トレックや牧場内で行われる乗馬レッスンなどもある。

**Hare Hill Horse Treks**
(03)472-8496
FREE 0800-437-837
URL www.horseriding-dunedin.co.nz
催通年 料ライディング・レッスン$45～（所要約1時間）、ビーチライド$240（所要約3時間） CC MV

## ダニーデンの ショップ Shop

### ギルド Guild
Map P.160-C1

ダニーデン出身のアーティストの作品を中心に、メイド・イン・ニュージーランドの雑貨や衣類、コスメなどを集めたショップ。デザイナーが当番制で店員になっているので、話を聞くのも楽しい。

住145 Stuart St. 027-270-0171 URL www.guilddunedin.co.nz 営月11:00～14:00、火・金・土11:00～15:00、水・木10:00～17:00 休日 CC MV

### グラニー・アニーズ・スウィート・ショップ Granny Annie's Sweet Shop
Map P.160-C1

ジョージ・ストリートにある小さなスイーツショップ。グミやキャンディーのパックは100gで$3.50～。手作りのファッジ$3.95～はミントチョコレートやクレームブリュレなどが人気で約20種類ある。

住117 George St. (03)470-1236 URL www.grannyannies.co.nz 営9:00～18:00、土・日10:00～18:00 休無休 CC MV

### コルー・ニュージーランド・アート Koru NZ Art
Map P.160-C2

ダニーデン駅の正面にあるこの店では、ニュージーランドのアーティスト約75人の作品を扱う。$6のアートカードから数千ドルのアートまで品揃えも幅広い。グリーンストーンのアクセサリーも充実。

住2 Castle St.
(03)477-2138
URL www.korunzart.com
営月～金10:00～17:00、土10:30～15:00 休日 CC MV

### S.C.インテリアズ S.C. Interiors
Map P.164-A1

セント・クレアのインテリアショップ。雑貨や食器、バッグ、小物、ジュエリーなど幅広いジャンルのアイテムを揃え、どれもデザイン性が高くギフト探しにもぴったり。ベビー&キッズ用品も充実。

住1 Bedford St., St. Clair
(03)455-7106
URL scinteriors.co.nz
営9:30～16:30
休土～月 CC MV

### Column ダニーデンのストリートアート

町なかに約30のストリートアートが点在するダニーデン。イギリスのPhlegm、イタリアのピクセル・パンチョといった世界的アーティストの作品もあるのでぜひ巡ってみよう。作品が多いのは市内中心部の南側、ボーゲル・ストリートVogel St.やボンド・ストリートBond St.周辺。
URL dunedinstreetart.co.nz

12 Manse St.にあるPhlegmの作品

## ダニーデンの レストラン Restaurant

### プラート Plato
Map P.160-D2

新鮮な地元産の食材を使い、ハーブや野菜はオーガニックというこだわりの老舗レストラン。特に近海産のシーフード料理が豊富に揃う。メニューは季節ごとに変わり、前菜$20前後、メイン$40前後。セントラル・オタゴ産のワインも充実。自家製ビールも楽しめる。

住2 Birth St.
電(03)477-4235
URL www.platocafe.co.nz
営18:00〜Late
休日・月 CC MV

### エトラスコ Etrusco
Map P.160-C1

サヴォイ・ビルの2階にあるレストラン。歴史ある建物を改装したレトロな雰囲気の店内で、ピザやパスタなどのイタリア料理が食べられる。トマトとアンチョビがベースのスパゲティ、プッタネスカ$21.5〜などがおすすめ。ピザは16種類と種類豊富で$21.5〜。

住8A Moray Pl.
電(03)477-3737
URL www.etrusco.co.nz
営17:30〜Late
休無休 CC MV

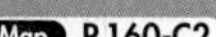

### モーニング・マグパイ Morning Magpie
Map P.160-C2

通称マギーズMaggiesと呼ばれる人気カフェ。店内はアンティーク家具や古いゲーム機が配されたレトロモダンな雰囲気。卵料理やベーグルをおいしいコーヒーとともに味わえる。看板犬のジョンをモデルにしたオリジナルグッズもかわいい。

住46 Stuart St. 電なし
URL www.morningmagpie.co.nz
営月〜金7:30〜15:00、土・日8:00〜15:00
休無休 CC MV

### スパイツ・エールハウス The Speight's Ale House
Map P.160-D1

ダニーデンに本工場をもつビールメーカーのスパイツが展開するビアレストラン。8種類あるオリジナルのビールを楽しめるほか、フードも充実。工場に併設されているので、ツアーに参加した際に寄ってみよう。

住200 Rattray St. 電(03)471-9050 URL www.thealehouse.co.nz 営月〜木・日11:30〜23:00、金・土11:30〜23:30
休無休 CC AMV

### ベスト・カフェ Best Cafe
Map P.160-C2

1932年創業のフィッシュ&チップスの老舗。定番はブルーコッドやソール（舌平目）などだが、イカやマッスル、オイスターなどのさまざまな魚介が楽しめるベスト・カフェ・オールド・スクール$55もおすすめ。3月から冬にかけてはブラフオイスターも人気だ。

住30 Stuart St. 電(03)477-8059
URL bestcafe.co.nz
営11:30〜14:00、17:00〜20:00
休日 CC MV

### ボーゲル・ストリート・キッチン Vogel St Kitchen
Map P.160-D2

かつて倉庫として使われていた建物を利用したカフェ。薪で焼かれるピザ$22.9〜はいずれも大人気。朝食には季節のフルーツ入りのグラノーラ$13.9もおすすめ。エッグベネディクト$24.9、サンドイッチ$18.9など。グルテンフリーのメニューもある。

住76 Vogel St. 電(03)477-3623 URL www.vogelstkitchen.nz 営月〜金7:30〜14:30、土・日8:30〜15:00 休無休
CC MV

### マザグラン Mazagran
Map P.160-C1

コーヒー好きはぜひ訪れたい老舗エスプレッソバー。シングルオリジンの豆を自家焙煎し、香り高いエスプレッソメニューを提供。コーヒーに合うケーキやタルトもある。コーヒー豆も購入できる。

住36 Moray Pl.
電(03)477-9959
営月〜金7:00〜15:30、土10:00〜14:00
休日 CC MV

### エスプラナード The Esplanade
Map P.164-A1

セント・クレア・ビーチに面した眺望抜群のイタリアンレストラン。朝食からディナーまで1日中利用できて便利。おすすめは種類豊富な窯焼きピザとパスタ各$26〜。ワインのおつまみにぴったりな小皿料理アンティパスト$10〜20も充実。

住2 Esplanade, St. Clair
電(03)456-2544
URL www.esplanade.co
営月〜木8:00〜21:00、金〜日8:00〜21:30 休無休 CC MV

## シーニック・ホテル・サザン・クロス
Scenic Hotel Southern Cross Map P.160-D1

町の中心部にある便利なホテル。かつてはグランド・ホテルとして1883年からの歴史を重ねてきたが、改装されて快適な設備が整っており充実。客室にはコーヒーメーカーなどもある。館内にはジムやカジノもありのんびり滞在できる。

住118 High St.
☎(03)477-0752
URL www.scenichotelgroup.co.nz
料Ⓓ①$179～ 室数178
CC AMV

## ダニーデン・レジャー・ロッジ
Dunedin Leisure Lodge Map P.160-A2外

町の中心部から車で約5分。ダニーデン植物園に隣接しており、広々とした庭園を有する。客室はスタンダード、スーペリア、スイートの3タイプがあり、全室バルコニーまたはパティオ付き。

住30 Duke St.
☎(03)477-5360
URL www.dunedinleisurelodge.nz
料Ⓓ① $135～
室数76 CC AMV

## ビクトリア・ホテル・ダニーデン
The Victoria Hotel Dunedin Map P.160-C2

アクセスのよさとリーズナブルな価格が魅力。キッチン付きの客室やファミリータイプの客室などがあり、ほとんどの客室にバスタブが付いている。ゲスト用のランドリーも完備。レストラン、バー、ジムもある。

住137 St. Andrew St.
☎(03)477-0572 FREE 0800-266-336
URL www.victoriahoteldunedin.com
料ⓈⒹ①$200～
室数72 CC ADMV

## オン・トップ・バックパッカーズ
On Top Backpackers Map P.160-C1

オクタゴンから徒歩2分ほど。受付は1階のプールバー内にあり、2階が宿泊施設になっている。バーが深夜まで営業しているため少々騒がしいが、セキュリティに配慮した館内は過ごしやすい。ドミトリーは女性専用の部屋もある。

住12 Filleul St.
☎(03)477-6121
URL www.ontopbackpackers.co.nz
料Dorm$34～ Ⓢ$73～
Ⓓ①$93～ 室数95ベッド CC MV

## アレクシス・モーター・ロッジ
Alexis Motor Lodge Map P.160-B1

オクタゴンから徒歩約10分の所にあるきれいなモーテル。スパバス付きの部屋も9室ある。全室にテレビとDVDプレーヤーがあり、設備も充実。キッチンには電子レンジも完備している。部屋は全室禁煙。

住475 George St.
☎(03)471-7268 FREE 0800-425-394 URL www.alexismotelaccommodation.co.nz 料ⓈⒹ①$145～ 室数18 CC MV

## チャペル・アパートメンツ
Chapel Apartments Map P.160-C1

1863年に建てられた教会を改装したユニークなホテル。食洗機も付いたフルキッチンや洗濯機などを備えたアパートメントタイプで、7人まで宿泊できる部屋もある。設備はモダンで快適。オクタゴンへは徒歩数分と、アクセスも至便。

住81 Moray Pl.
✆021-296-4255
URL www.chapelapartments.co.nz
料ⓈⒹ①$395～
室数7 CC AMV

## サハラ・ゲスト・ハウス
Sahara Guest House Map P.160-A1

敷地内に4棟の建物が並び、手頃なゲストハウスとキッチン付きのステュディオ、モーテル、1棟まるごと借りられるホリデーホームに分かれている。レセプションは7:30～21:00とオープン時間が長く、観光の相談にも応じてくれる。

住619 George St. ☎(03)477-6662 FAX(03)479-2551
URL www.dunedin-accommodation.co.nz 料Ⓢ$80～Ⓓ①$125～ Motel$130～ 室数28 CC MV

## ホテル・セント・クレア Hotel St. Clair Map P.164-A1

セント・クレア・ビーチの目の前に立つスタイリッシュなホテル。ほとんどの部屋がオーシャンビューで、広いバルコニーやバスタブが付いたゆったりタイプも多い。地下にある駐車場が無料で使えるのでレンタカー派にもおすすめ。

住24 Esplanade St., St. Clair
☎(03)456-0555
URL hotelstclair.com
料ⓈⒹ①$239～
室数26 CC AMV

 キッチン(全室) キッチン(一部) キッチン(共同) ドライヤー(全室) バスタブ(全室) プール ネット(全室／有料) ネット(一部／有料) ネット(全室／無料) ネット(一部／無料

# インバーカーギル

## Invercargill

クライストチャーチ
インバーカーギル

人口：5万7100人
URL www.invercargillnz.com

ニュージーランド南島の最南端部に位置するインバーカーギルは、ダニーデンと同様にスコットランド人によって拓かれた町だ。大きな建物は少ないが、ところどころに石造りのスコットランド風の歴史的な建物を見ることができる。また町の名も地元ではスコットランドなまりの名残で"インバカーゴ"と発音される。

サザン・シーニック・ルートと名づけられたケトリンズ・コーストや、スチュワート島へのゲートウエイとしてこの町を訪れる旅行者が多い。また、近郊のブラフ産が有名なカキやトラギスの一種であるブルーコッドなどの海産物が取れることでも知られている。

町のいたるところで歴史的建築物を見つけることができる

## インバーカーギルへのアクセス Access

空路ではクライストチャーチからインバーカーギル空港Invercargill Airportまで、ニュージーランド航空が1日5～7便運航している。所要約1時間30分。ウェリントンからも1日1～2便あり、所要約2時間5分。オークランドからは1日1便、所要約2時間。空港から中心部までは約4km。

長距離バスはインターシティが主要都市から運行。クライストチャーチから1日1便、所要約10時間30分。途中、オアマルやダニーデン、バルクルーサなどを経由する。クイーンズタウンからはダニーデンで乗り換えて約10時間30分。バスはトゥアタラ・ロッジ（→P.173）前に発着する。

## インバーカーギルの歩き方

インバーカーギルの市街中心部は、平坦な土地に広がるおよそ1km四方の範囲にある。なかでもテイ・ストリートTay St.とディー・ストリートDee St.の交差するあたりには、町の主要な機能が集まっている。おもな見どころは町の中心部に多く、徒歩や6路線ある市バスBus Smartでアクセス可能。郊外の観光スポットも回るならレンタカーやツアーを利用しよう。

テイ・ストリートとディー・ストリートの交差点

航空会社（→P.496）
ニュージーランド航空

インバーカーギル空港
Map P.175
TEL (03)218-6920
URL invercargillairport.co.nz
空港から中心部まではタクシーやレンタカーを利用する。

おもなタクシー会社
Blue Star Taxis
TEL (03)217-7777
URL bluestartaxis.co.nz

おもなレンタカー会社
AVIS
TEL (03)218-7019
URL www.avis.co.nz
Hertz
TEL (03)218-2837
URL www.hertz.co.nz
RaD Car Hire
TEL (03)214-4820
URL www.radcarhire.co.nz

おもなバス会社（→P.496）
インターシティ

ピラミッド型のサウスランド博物館

インバーカーギルの市内交通
Bus Smart
FREE 0800-287-7628
URL www.bussmart.co.nz
運 月～金7:20～17:20、土10:20～16:20の30分～1時間間隔で運行
休 日・祝
料 現金 $3
Bee Card $2

インバーカーギルの **見どころ**

## クイーンズ・パーク
Queens Park

Map P.172-A1~2

サウスランド博物館の背後に広がる公園。広さ約80ヘクタールという広大な園内にはローズガーデン、子供用プレイグラウンドなどがあり、小さなティールームでひと休みもできる。公園の北側はゴルフコースになっている。

ジャパニーズガーデンもある

クイーンズ・パーク
☎(03)211-1777
（インバーカーギル市役所）
URL icc.govt.nz/parks-and-reserves/queens-park
開散策自由（施設による）

無料のアニマルパークもある

## 水道塔
Water Tower

Map P.172-A2

ビクトリア調の美しい装飾が施されたこの水道塔は1889年に建てられたもの。高さは42.5m。高所が少ない市内に、くまなく水を配水するために建てられた。2012年以降、安全上の問題から塔内に入ることは禁止されている。

水道塔
住101 Doon St.

インバーカーギルのランドマーク

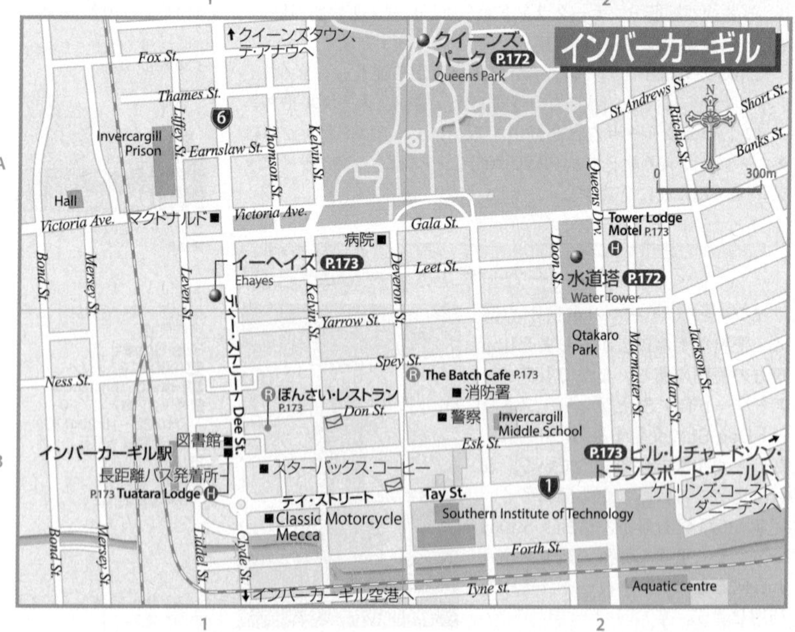

## イーヘイズ
Ehayes

Map P.172-A1

2005年に公開された映画『世界最速のインディアン』で知られる、1000cc以下のオートバイ最速記録保持者バート・マンローに関する展示がホームセンター内にある。マンローはインバーカーギル郊外の出身。1967年にアメリカで開催された大会に参加し、改良を加えた1920年型の600ccのインディアン型バイクで、時速308キロの世界記録をたたきだした。博物館内には、スピードを追求するために何度も作られた部品がずらりと並んだ棚や、実際に使用されたバイクなどが展示されており見応えがある。博物館前には彼の銅像があり、彼が今も町の英雄であることを伝えている。

イーヘイズ
住168 Dee St
電(03)218-2059
URL www.ehayes.co.nz
開月～金　8:00～17:30
土　9:00～16:00
日　10:00～16:00
料無料

1920年製のインディアン・スカウト

## ビル・リチャードソン・トランスポート・ワールド
Bill Richardson Transport World

Map P.172-B2外

300台以上のクラシックカーが並ぶ博物館。特にビンテージトラックのコレクションは世界的にも有名。町の中心部にはビンテージバイクの博物館クラシック・モーターサイクル・メッカ Classic Motorcycle Mecca（**Map P.172-B1**）もある。

ビル・リチャードソン・トランスポート・ワールド
住491 Tay St.
電(03)217-0199
FREE 0800-151-252
URL www.transportworld.co.nz
開10:00～17:00　休無休
料大人$40、子供$20、シニア$35

## インバーカーギルのレストラン Restaurant

### バッチ・カフェ
The Batch Cafe

Map P.172-B2

オフィス街にあり、近隣のサラリーマンやOLから人気の高いカフェ。ランチメニューは$20前後で、パンケーキやスープなど、内容は日替わり。マフィンやブラウニーといったスイーツも扱う。

住173 Spey St.　電(03)214-6357
URL www.facebook.com/batchcafe
営月7:00～16:00、火～金7:00～15:00、土・日8:00～15:00
休無休　CC ADMV

### ぼんさい・レストラン
Bonsai Restaurant

Map P.172-B1

オセアニア最南端の日本料理店。新鮮なサーモンを使った握りや、テリヤキサーモン弁当$16.9～が人気。おすすめは寿司、刺身、照り焼きチキン、天ぷらうどんなど。目安は$11～16と、リーズナブル。

住Shop 7, 25 Don St.
電(03)218-1292
営11:30～19:00
休日　CC ADJMV
日本語OK

## インバーカーギルのアコモデーション Accommodation

### タワー・ロッジ・モーテル
Tower Lodge Motel

Map P.172-A2

水道塔の近くにあるモーテル。クイーンズ・パークや町の中心部にも近く、観光にも便利。グループ向けや、スパバス付きの客室もある。ほとんどの客室がキッチン完備だが、調理器具がない客室もあるので、予約時に確認を。

住119 Queens Dr.　電(03)217-6729　FREE 0800-802-180
URL www.towerlodgemotel.co.nz
料ⓈⒹⓉ$125～160
室数17　CC AMV

### トゥアタラ・ロッジ
Tuatara Lodge

Map P.172-B1

ディー・ストリートに面し、長距離バスも目の前に停まる何かと便利な立地。1階にインフォメーションサービスを備えておりカフェも併設している。シャワー、トイレ、TVが付いた個室や、女性専用のドミトリーもある。

住30-32 Dee St.　電(03)214-0954
FREE 0800-4882-8272　FAX(03)214-0956　URL tuataralodge.co.nz
料Dorm$40～　Ⓢ$60～　Ⓓ$90～　Ⓣ$75～　室数128ベッド　CC MV

キッチン(全室)　キッチン(一部)　キッチン(共同)　ドライヤー(全室)　バスタブ(全室)　プール　ネット(全室／有料)　ネット(一部／有料)　ネット(全室／無料)　ネット(一部／無料)

ブラフの観光情報
URL www.bluff.co.nz

ブラフへの行き方
　インバーカーギル中心部とブラフとの間をシャトルバスが1日1～4往復運行しており、所要約30分。スチュワート島～ブラフのフェリーに接続する。シャトルバスは市内主要ポイントでの乗降が可能なので、予約時に確認しておくとよい。

インバーカーギル～ブラフのシャトルバス
Catch-A-Bus South
☎027-4497-994
URL www.catchabussouth.co.nz
料 片道大人$30～50、子供$20～40

ブラフ海洋博物館
住 241 Foreshore Rd.
☎(03)212-7534
URL www.bluff.co.nz/museum
開 月～金　10:00～16:30
土・日　12:30～16:30
（時季によって異なる）
休 無休　料 大人$5、子供$1

シャーク・ケージ・ダイビング
Shark Experience
☎(03)212-7112
URL www.sharkexperience.co.nz
催 12～6月　料 $549～

## インバーカーギル郊外の 見どころ

### ブラフ
Bluff

Map P.174

インバーカーギルから南へ約27km、本土最南端の町ブラフは、インバーカーギルの外港であり、スチュワート島への中継地として利用されている。国内有数のカキの産地で、毎年5月下旬にはブラフ・オイスター&シーフード・フェスティバル(→P.443)も開催される。

高級食材ブラフ・オイスター

南島南端から、クック海峡を越えて北島の北端部までを結んでいる国道1号線。その最南端となる**スターリング・ポイント Stirling Point**には、世界各地の主要都市までの距離を示した看板が立っており、旅行者の記念写真スポットにもなっている。そこから北へ、フォーショア・ストリートForeshore St.沿いには**ブラフ海洋博物館 Bluff Maritime Museum**があり、かつての捕鯨船やブラフ港の発展の様子や、特産品ブラフ・オイスター養殖に関する展示が見られる。

散策を楽しみたい人は、**ブラフ・ヒル Bluff Hill**へ。丘の頂上からスチュワート島までも見渡すことができる。12～6月はホオジロザメを間近で観察できる迫力満点のシャーク・ケージ・ダイビングも楽しめる。

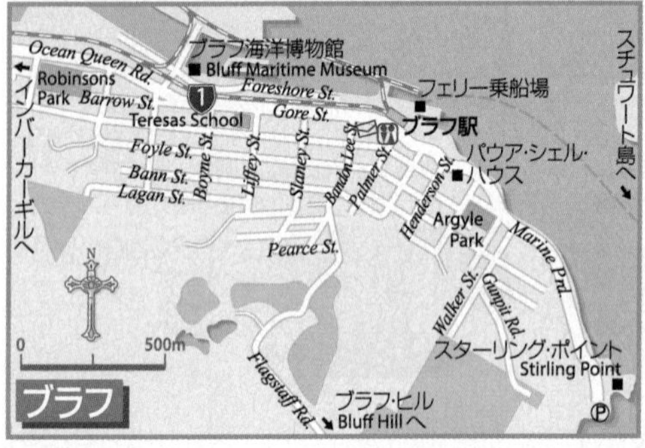


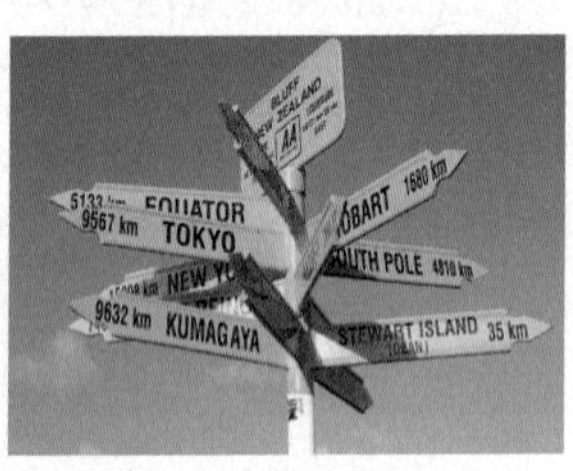

東京までは9567kmあるらしい

ℹ観光案内所
Catlins Information Centre
住 10 Campbell St., Owaka
☎(03)415-8371
URL catlins.org.nz
開 8:30～17:00
休 無休
　オワカOwakaの美術館内に観光案内所がある。

ツアー会社
Catlins Tours
✆021-1217-028
URL www.catlinstours.co.nz
料 サンライズ・ツアー大人$150、子供$75（所要3～4時間）ほか
※最少催行人数は2人。

## ケトリンズ・コースト
Catlins Coast

Map P.175

インバーカーギルから東の、**バルクルーサBalclutha**にいたる長さ50kmほどの海岸線は、ケトリンズ・コーストと呼ばれている。幹線道路から離れるため､海岸沿いは交通量が少なく人家もまばら。切り立った断崖とそこに迫る深い森は、ニュージーランドの素朴な原風景ともいえるものだ。**サザン・シーニック・ルートSouthern Scenic Route**という名称で観光客へのPRも行われている。

このエリアの観光には､バルクルーサに拠点を置くケトリンズ・ツアーズ社のツアーが便利。アットホームな少人数制でフレキシブルな対応も可能だ。海岸線には未舗装の区間も多いのでレンタカーでの運転は慎重に。

## ケトリンズ・コーストの 見どころ

### ナゲット・ポイント
Nugget Point

Map P.175

オワカOwakaから約20km離れた、小さな岬の先端に灯台が立っている。この灯台は1869年に建てられ、ニュージーランドで最も古い灯台のひとつだ。高く切り立った断崖に打ち寄せる荒波や、海から突き出している数々の岩が印象的。灯台が立つ高台からは南北に延びる険しい断崖の海岸線を一望できるだろう。

ナゲット・ポイントの付近は、ゾウアザラシやイエロー・アイド・ペンギンなど、野生動物の生息地としても知られる。足元にはオットセイの群れが、海を見渡せばイルカが泳ぐ様子が見られるだろう。

ナゲット・ポイントまでは未舗装の道もあるので運転は要注意

### ジャックス・ブロウホール
Jack's Blowhole

Map P.175

海岸線から200m近くも入った草原に、ぽっかりと開いた直径数十mの巨大な穴が姿を見せる。穴は55mの深さがあり、底は海になっている。海岸の断崖に深い洞窟が開いていて、それがこの穴とつながっているのだ。波の荒い満潮時には、陸上までしぶきが吹き上がってくる。ジャックス・ベイJack's Bayの駐車場から牧草地を歩いて約45分。

### カセドラル・ケーブ
Cathedral Caves

Map P.175

海岸の断崖に高さ30mほどある大きな洞窟がふたつ開いている。その様子は、名前のとおり天然の大聖堂のようだ。恐るおそる入っていくとふたつは奥でつながっていて、別の洞窟から出てこられるという、ちょっとスリリングなスポットだ。駐車場から森の中を進んでいくと、海岸に出る。海に向かって左の断崖へ30分ほど砂浜を歩くとたどり着く。

ただし、洞窟まで歩けるのは干潮時の2時間前後に限られるので、事前にチェックしてから行くのがいい。

**ジャックス・ブロウホール**
開通年　休無休　料無料

**カセドラル・ケーブ**
開7:30～21:00
潮の満ち引きによって異なる。
※干潮の2時間前～1時間後。
料大人$10、子供$2
休6～10月中旬
URL www.cathedralcaves.co.nz

**キュリオ・ベイ**
**Curio Bay**
**Map P.175**
一帯の水中には1億7000万年前(ジュラ紀)のものと推定される化石化した巨木群があり、干潮時に姿を現す。同種のものとして世界最大級で、学術的にも貴重だという。

# スチュワート島

## Stewart Island

クライストチャーチ
スチュワート島

人口：450人
URL www.stewartisland.co.nz

航空会社
スチュワート・
アイランド・フライト
☎(03)218-9129
URL stewartislandflights.co.nz
運 通年
料 片道大人$140、子供$95
スチュワート島上空を遊覧するシーニックフライトも催行している。

フェリー会社
Real NZ
Stewart Island
Experience
☎(03)212-7660
FREE 0800-000-511
URL www.realnz.com/en/experiences/ferry-services/stewart-island-ferry-services
運 通年
ブラフ〜スチュワート島のフェリー
料 片道大人$99、子供$49
インバーカーギル〜スチュワート島のシャトルバス+フェリー
料 片道大人$129、子供$64

観光案内所
DOC Rakiura National Park Visitor Centre
Map P.177下図
住 15 Main Rd.
☎(03)219-0009
e-mail stewartisland@doc.govt.nz
開 1月　8:30〜16:00
4〜6月　8:30〜16:30
7〜9月
月〜金　9:00〜16:00
土・日　10:00〜14:00
10・11月
月〜金　8:30〜16:30
土・日　9:30〜14:30
12月　8:30〜17:00
年末年始は9:00〜16:00
休 不定休

観光案内所
Oban Visitor Centre
Map P.177下図
住 12 Elgin Tce.
☎(03)219-0056
FREE 0800-000-511
URL www.stewartislandexperience.co.nz
開 時季によって異なる。要電話問い合わせ。
休 不定休

天敵の少ない島に多く生息するカカ

スチュワート島は、人が定住する島としてはニュージーランド最南端の島。南島最南端の町であるブラフBluffからフォーボー海峡Foveaux Straitを隔てて南西約32kmに位置する。面積は約1680km$^2$、新潟県佐渡島の2倍ほどだ。マオリの人々は古くからこの島を光り輝く空という意味の“ラキウラRakiura”と呼んで定住していたが、1770年のジェームス・クックによる探検以後はヨーロッパの捕鯨業者らが基地として利用するようになった。19世紀後半に金や錫が発見されたが、ゴールドラッシュを招くほどではなく、現在も手つかずの豊かな自然環境が残っている。2002年には総面積の約85%が世界最南端の国立公園に指定された。

ハーフムーン・ベイHalfmoon Bayに面したスチュワート島の唯一の町であるオーバン Obanには、ホテルやレストランなどの主要施設も集約されており、オーバン以外の島の大半は、人家も道路もほとんどない自然のままの姿を保っている。また、数少ないキーウィの生息地としても知られており、ほかにもカカやウェカ、カカポなどニュージーランド固有種の鳥が数多くすんでいる。

## スチュワート島へのアクセス Access

インバーカーギルからスチュワート・アイランド・フライトStewart Island Flightsの小型機が、毎日3便運航、所要約20分。発着に合わせて空港〜市内間の接続シャトルバスも運行する。

フェリー利用の場合、拠点となるのはブラフ。ブラフとスチュワート島のオーバンとの間をリアル・ニュージー社が運営するスチュワート・アイランド・エクスペリエンスの高速フェリーが毎日2〜3便運航、所要約1時間。インバーカーギルからブラフまでは、同社がフェリーの出発1時間前に合わせてシャトルバスを運行している。

何隻もの船がゆらゆらと停泊する
ハーフムーン・ベイ

## スチュワート島の 歩き方

島で唯一の町はオーバンOban。フェリーや飛行機の発着所があり、当然ここが唯一の観光の拠点となる。島内にある道路はオーバンの町から20kmほどしか延びておらず、それ以外の地域へ行くには、トレッキングルートを歩くよりほかに方法はない。旅行者はツアーに参加したり、本格的なトレッキングに挑戦するのが一般的だ。

観光案内所はフェリー埠頭のすぐ近く。ほかに、メイン・ロードMain Rd.沿いにはDOCのビジターセンターがある。島の自然に関する展示もあるので見ておきたい。また、雑貨・食料品店、カフェ、郵便局など、旅行者に必要な機能はオーバンにひととおり揃っている。ただし銀行はない。スーパーマーケットにATMがあるほか、主要ホテル、ショップなどではクレジットカードが通用するのでさほど不便ではないが、外貨の両替が必要であれば島に渡る前に済ませておこう。町に見どころは少ないが、展望のよいレストランや宿泊施設からの眺めを楽しめるほか、周辺には徒歩約10分で行ける小さなビーチや、約1時間で歩けるウオーキングトラックなどがある。

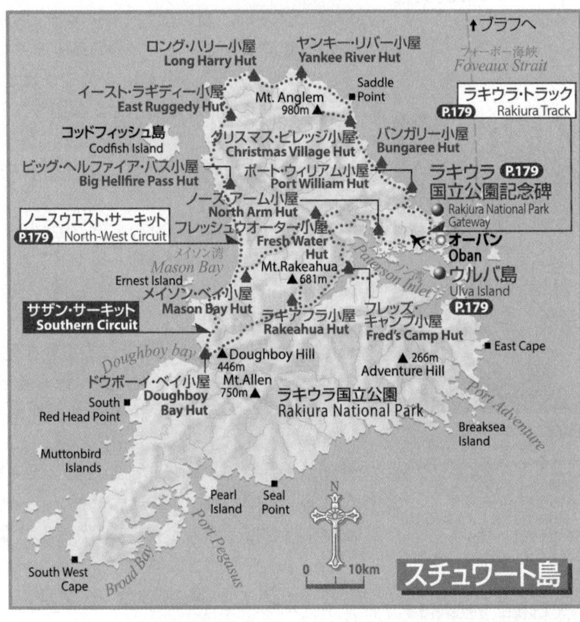


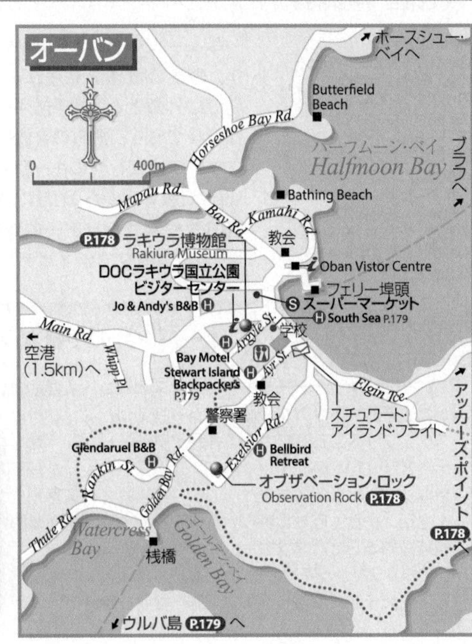

ジャングルのような森が広がる

## スチュワート島の 見どころ

### ラキウラ博物館
Rakiura Museum

Map P.177下図

ガラス張りのモダンな博物館。島の歴史を知るうえで興味深い展示が多い。島には古くからマオリの人々が住んでいたが、後に捕鯨業者やオットセイの猟師がヨーロッパから来るようになり、当時の遺品は今も島に多数残されている。博物館では、こうした歴史にまつわる展示品が公開されている。

ラキウラ博物館
住11 Main Rd.
電(03)219-1221
開夏季
月～金　10:00～16:00
土・日・祝 10:00～15:00
冬季
10:00～15:00
料大人$10、16歳以下無料
※ギフトショップあり。

### オーバンからのウオーキングトラック
Walking Tracks from Oban

Map P.177下図

スチュワート島の素朴な自然に触れるには、まず歩くこと。オーバン周辺にも手軽なウオーキングトラックがある。

**オブザベーション・ロック　Observation Rock（往復約30分）**

町から徒歩15分ほどで登れる手軽な見晴らし台。南側のゴールデン・ベイからパターソン湾一帯を見下ろせる。

**アッカーズ・ポイント　Ackers Point（往復約3時間）**

町から海岸に沿って2.5kmほど歩くと、灯台のある岬に着く。外洋に面したこのポイントからは、大海原を滑空する海鳥が見られる。途中にはブルー・ペンギン（→P.36）の生息地もあり、運がよければその姿を見られるかもしれない。

ペンギンやキーウィの道路標識を探してみよう

目印となる白い灯台

### キーウィ・スポッティング
Kiwi Spotting

ニュージーランドの国鳥であるキーウィも今ではその数が減り、野生の個体を見られる機会は非常に少ない。スチュワート島では外敵となる動物を排除した環境でキーウィの保護活動が行われており、彼らの自然に近い姿を観察することができる。

ツアーは夜行性のキーウィの行動に合わせて夜間に出発する。日程は1夜のみから2泊3日までと幅広く、宿泊をともなうツアーは、宿泊費や食費がツアーの費用に含まれており、ガイド付きのトレッキングやアクティビティも楽しめる。

キーウィ・スポッティングを行うツアー会社
Ruggedy Range Wilderness Experience
電(03)219-1066
URL www.ruggedyrange.com
催通年
料2時間ツアー
大人$125、子供$85ほか

Real NZ Stewart Island Wild Kiwi Encounter
電(03)219-0056
FREE 0800-000-511
催11～5月
料$199（所要約4時間）
※参加は15歳以上のみ。
夏でも夜は冷えるので暖かい服装を。懐中電灯があると便利だ。荒天時は催行中止。また、催行日が限られているので必ず予約をしよう。

## スチュワート島の エクスカーション　オーバン発の手軽なツアー

スチュワート・アイランド・エクスペリエンスを運航するリアル・ニュージー社では、スチュワート島を満喫できる各種アクティビティを行っている。

**Village & Bays Tour**

名所、史跡を回りながら、島の歴史や自然環境を知るミニバスツアー。オブザベーション・ロックや、ラキウラ国立公園記念碑などを地元ガイドの解説で巡る。1日1～2便、所要約1時間。大人$49、子供$29。

**Ulva Island Explorer**

オーバンの南に入り組んだパターソン湾をクルーズ船で回る。途中、ウルバ島にも立ち寄り、ウオーキングルートを歩く。1日1便、所要約2時間15分。大人$109、子供$45。

リアル・ニュージー（→P.176）

## ラキウラ国立公園記念碑
Rakiura National Park Gateway

Map P.177上図

2002年3月のラキウラ国立公園制定を記念し、リー・ベイLee Bayにあるラキウラ・トラックの入口に、大きな鎖をかたどったモニュメントが設けられた。これはマオリの伝説的航海者マウイが、スチュワート島を錨にしてカヌーをつないだという言い伝えにちなんでいる。オーバンから片道約5km。

島にかけられた巨大な鎖!?

## ウルバ島
Ulva Island

Map P.177上図

島の中央部パターソン湾Paterson Inletに浮かぶこの島には外来動物がほとんど持ち込まれていないため、野鳥のサンクチュアリとなっている。ウェカ、カカ、ベルバード、ニュージーランド・ピジョンなどの野鳥を間近に見られることだろう。島にはよく整備されたトラックが設けられており、3時間ほどで島全体をのんびり歩き回ることができる。島への定期的な船はないので、ウオータータクシーを手配する。発着はゴールデン・ベイの桟橋からで、所要約10分。ウルバ島には設備は一切ないため食料、飲料水などを忘れずに用意しておこう。

ウルバ島への
ウオータータクシー会社
Aihe Eco Chaters &
Water Taxi
☎(03)219-1066
✆027-478-4433
URL aihe.co.nz
料 大人$30～、子供$20～

Rakiura Chaters &
Water Taxi
☎(03)219-1487
FREE 0800-725-487
URL www.rakiuracharters.co.nz
料 大人$25～、子供$10～

人を恐れないウェカだが餌を与えるのは厳禁

## 山小屋泊まりの本格的トレッキング
Overnight Trek

Map P.177上図

島には整備されたトラックと、そのルート上に十数ヵ所の山小屋がある。いずれも設備は簡素なので寝袋、調理道具、食器、食料などの装備が必要。山歩きの初心者には向かない。出発前にDOCのビジターセンターで詳しい情報を仕入れ、ハットパスを購入することを忘れずに。

### ラキウラ・トラック　Rakiura Track（2泊3日）

オーバンからパターソン湾 Paterson Inlet沿いに周遊するルート。山間部の森林や海沿いを歩き、島の代表的な景観に触れられる。1日のトレッキングは約12kmずつで、ポート・ウィリアム、ノースアームのふたつの山小屋を使う2泊3日が標準。

### ノースウエスト・サーキット　North-West Circuit(9～11日)

島の北半分を周回する全長約125kmのルート。おのずと体力、持久力が必要となる。島の最高峰マウント・アングレムMt. Anglem（標高980m）へは途中、クリスマス・ビレッジ小屋からサイドトラックに入り、往復約6時間。

DOCのウェブサイト
URL www.doc.govt.nz

ツアー催行会社
Rakiura Chaters &
Water Taxi
（→上記参照）
Guided Walk
催 通年
料 大人$145～、子供$70～

Ulva's Guilded Walks
✆027-688-1332
URL www.ulva.co.nz
催 通年
料 半日ツアー
大人$145、子供$70ほか

## スチュワート島の アコモデーション　Accommodation

### サウス・シー
South Sea Hotel

Map P.177下図

ハーフムーン・ベイに面して立つ老舗ホテル。シーフード料理を堪能できるレストランを併設する。

住 26 Elgin Tce.　☎(03)219-1059　URL www.stewart-island.co.nz
料 Ⓢ Ⓓ $90～　室数 27　CC MV

### スチュワート・アイランド・バックパッカーズ
Stewart Island Backpackers

Map P.177下図

キャンプサイトを併設するバックパッカーズホステル。ドライヤーは無料にて貸し出している。

住 18 Ayr St.　☎(03)219-1114　URL www.stewartislandbackpackers.co.nz　料 Dorm$45～　Ⓢ Ⓓ Ⓣ $96～　室数 28　CC MV

# カイコウラ

## Kaikoura

カイコウラ★
クライストチャーチ

人口：3900人
URL www.kaikoura.co.nz

名物クレイフィッシュを食べたい

おもなバス会社（→P.496）
インターシティ

鉄道会社（→P.496）
キーウィ・レイル

カイコウラは年間を通してクジラやイルカ、オットセイなど多様な海洋生物を観察することができる、世界的に見ても貴重な場所だ。ホエールウオッチングをはじめとするネイチャーアクティビティが盛んで、多くの旅行者が訪れる。

なぜカイコウラが海洋生物に恵まれているかというと、沖合で暖流と寒流がぶつかり合うため、プランクトンが発生し、それらを餌とする魚が集まり、さらに魚を食べる大型生物や鳥類が集まってくる。また、カイコウラは大陸棚の端が近接している世界でもまれな場所で、海底が急激に1000mもの深さまで落ち込んでいることも、豊かな生物相を形成する理由となっている。

また、この町の名前はマオリ語のカイ（食べる、食物）とコウラ（クレイフィッシュCrayfish、伊勢エビの仲間）の組み合わせからできている。名物のクレイフィッシュをはじめ、豊富なシーフードを味わえるのも町の魅力のひとつだ。

国内有数のホエールウオッチングポイントとして知られる

## カイコウラへのアクセス Access

2016年に起きた地震の影響により、クライストチャーチとピクトンを結ぶ国道1号線（SH1）が一時閉鎖されていたが、2017年12月から日中のみ道路が開通。2018年5月には夜間も通行できるようになったが、場所によっては復旧作業中の道路もあり、大雨などの悪天候の際には通行止めになる場合もある。クライストチャーチからカイコウラまでは内陸道路の70号線でアクセスも可能。また、1日2便、インターシティの長距離バスが運行しており、クライストチャーチから所要約2時間50分。バスはWest End沿いのThe Fish Tank Lodge前に発着する。沿岸線に沿って走る鉄道のコースタル・パシフィック号も利用できる。

コースタル・パシフィック号が停まるカイコウラ駅

**カイコウラの市内交通**
カイコウラの町はこぢんまりとしているので徒歩で回ることができるが、周辺の見どころへのアクセスや荷物が多い場合にはシャトルバスを活用するのが便利。
Kaikoura Shuttle
☎(03)319-6166
URL www.kaikourashuttles.co.nz
料カイコウラ内でタクシーとしての利用も可能。料金は要問合せ。
2時間ツアー-$60（2人以上で催行・13:30～・要予約）
オットセイのコロニー、ファイフ・ハウス、サウス・ベイなどを回る。

## カイコウラの歩き方

カイコウラの町は半島の付け根の北側部分に広がっており、それほど広くない。海岸沿いに延びるウエスト・エンドWest Endと、この通りを半島の先端に向かって進むとエスプラネードThe Esplanadeと名前が変わり、これがメインストリート。突き当たりは半島の先端で、その先はカイコウラ半島ウオークウエイ（→P.183）と呼ばれる遊歩道が設けられている。

## カイコウラの見どころ

### ホエールウオッチング・クルーズ
Whale Watching Cruise

Map P.181-A1

双胴船のカタマランでホエールウオッチング

巨大なマッコウクジラ（スパーム・ホエール）を観察するホエールウオッチング・クルーズは、季節を問わずに楽しむことができるカイコウラ観光のハイライト。高い確率でクジラを見ることができる人気のアクティビティだ。鉄道駅内に併設するオフィスで手続きをしてから、バスでサウス・ベイにある桟橋へ移動し、ボートに乗り込む。外洋に向かいながら、船内のモニターでボートの航路、海底地形、さまざまな海洋生物の生態などを3D映像で詳しく説明してもらえる。その間、外部との通信や巨大ソナーを利用してクジラの位置を探索し、効率的に移動する。

マッコウクジラは1回の潜水時間が約40分間、呼吸のために海面に出てくるときだけ姿を現す。大きいものでは18mにまでなる巨体の一部が波間に見え隠れし、海面でわずかに背中が曲がると、アッと思う間に尾を振り上げて潜水していく。運がよければ1度のツアーで数回、クジラに遭遇できる。

クジラだけではなく、アルバトロス（アホウドリ）などの海鳥、ダスキー・ドルフィンの群れやニュージーランド・オットセイが見られるチャンスが高い。ただし、天候や海の状態によってはクルーズがキャンセルになることも珍しくない。その場合は翌日に振り替えてもらえるので、余裕をもった日程で滞在するのがおすすめだ。

**ホエールウオッチング・クルーズ**
**Whale Watch Kaikoura**
住The Whaleway Station
☎(03)319-6767
FREE 0800-655-121
FAX (03)319-6545
URL www.whalewatch.co.nz
催通年
運7:15、10:00、10:30、12:45、15:30発
冬季は1日に1～2便（10:00または12:45）となるので注意。
休無休
料大人$165、子供$60
（所要約3時間30分、うちクルーズは所要約2時間20分）

船を先導するように泳ぐイルカ

**ホエールウオッチ・フライト**
空からマッコウクジラやイルカの群れを観察。ヘリコプターは駅のそばから発着。申し込みは観光案内所アイサイトでも受け付けており、最少催行人数が集まり次第実施。
**Kaikoura Helicopters**
☎(03)319-6609
URL www.kaikourahelicopters.com
催通年
料$315～（所要約30分、3名乗車時の1人の料金）
CC MV
**Wings Over Whales**
FREE 0800-226-629
URL whales.co.nz
催通年
料大人$190、子供$95
（所要約30分）
CC MV

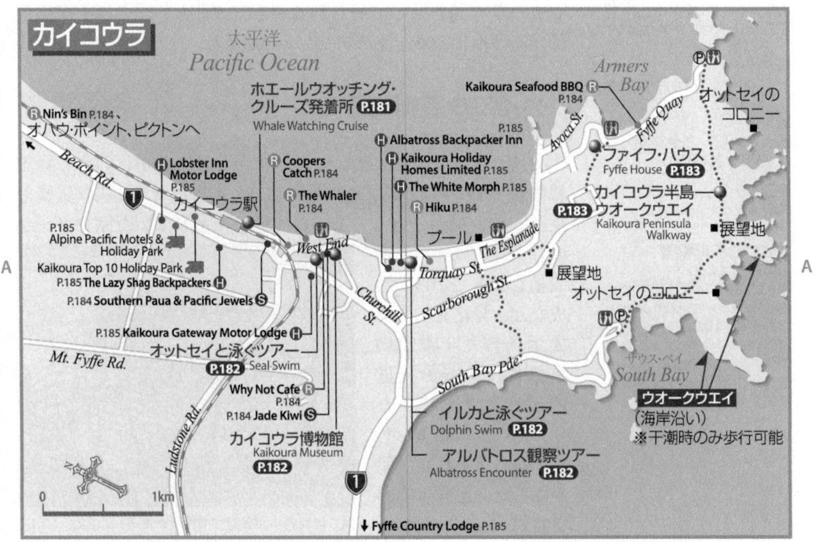

## イルカやオットセイと泳ぐツアー
Dolphin & Seal Swim

Map P.181-A1、2

野生のイルカと一緒に泳ぐという夢のようなツアーが人気。ボートに併走したりジャンプしたりとフレンドリーなダスキードルフィンは、多いときで500頭もの群れをつくる。ウエットスーツとスノーケル装備を着けて海に入ると、すぐそばまでやってきて遊んでくれるだろう。遭遇率が高いベストシーズンは、夏季の2～3月。それ以外の時季も予約は必須だ。

また、愛嬌のあるニュージーランド・ファーシール（オットセイ）と泳ぐツアーも独特の体験となるはず。岸から近い浅瀬にいるので、ボートでなく岸から海に入ることも可能。

かわいいイルカたちと泳ごう

## アルバトロス観察ツアー
Albatross Encounter

Map P.181-A2

専門の野鳥ガイドと一緒にボートで沖合へ出て海鳥を間近に観察しよう。アルバトロス（アホウドリ）が大きな翼を広げて優雅に滑空するさまは印象的。そのほか、ウミウ、ウミツバメ、ミズナギドリなども見ることができる。餌をまいて鳥を招き寄せるため、至近距離から観察できるのが魅力。ツアーは年間を通して行われるが、5～9月の冬季のほうが比較的多くの種類の鳥を見るチャンスがあるという。

悠々としたアルバトロスの姿が眼前に

## カイコウラ博物館
Kaikoura Museum

Map P.181-A1

カイコウラの地域について多岐にわたる展示が行われている博物館。950年ほど前にこの地に移住してきたマオリ族の伝統や生活、19世紀から盛んになった捕鯨で使われていた銛やクジラの骨、ヨーロッパ人が入植してきてからの歴史など、見応えのある展示内容だ。本館の裏側には、昔の拘置所が移築されていたり、古い道具がぎっしりと詰め込まれた小屋があったりと展示物が豊富。

同じ建物内に図書館や市役所がある

イルカと泳ぐツアー
Dolphin Encounter
**Map P.181-A2**
住96 The Esplanade
電(03)319-6777
FREE 0800-733-365
URL www.dolphinencounter.co.nz
催11～4月　8:30、12:30発
5～9月　10:00発
10～11月初旬　8:30発
休無休
**ウオッチング**
料大人$110、子供$70
（所要約3時間30分）
※3歳未満は参加不可。
**スイミング**
料大人$220、子供$205
（所要約3時間30分）
※8歳未満は参加不可。

オットセイと泳ぐツアー
Seal Swim Kaikoura
**Map P.181-A1**
住58 West End
電(03)319-6182
FREE 0800-732-579
URL www.sealswimkaikoura.co.nz
催12～3月
9:30、11:00、12:30、14:00発（11・4月は要確認）
休5～10月
**ウオッチング**
料大人$60、子供$40
（所要約2時間30分）
**スイミング**
料大人$120、子供$80
（所要約2時間30分）

アルバトロス観察ツアー
Albatross Encounter
**Map P.181-A2**
住96 Esplanade
電(03)319-6777
FREE 0800-733-365
URL www.albatrossencounter.co.nz
催11～4月
6:00、9:00、13:00発
5～10月　10:00発
休無休
料大人$165、子供$70
（所要約2時間30分）

DOCのウェブサイト
URL www.doc.govt.nz

カイコウラ博物館
住96 West End
電(03)319-7440
URL kaikoura-museum.co.nz
開10:00～16:00
休無休
料大人$12、子供$6
交The Fish Tank Lodgeから徒歩すぐ。

## ファイフ・ハウス

Fyffe House

Map P.181-A2

漁港の近くにあるファイフ・ハウスは、クジラの骨が土台に使われている、カイコウラで最も古い建物だ。1842年、ロバート・ファイフによってこの場所にワイオプカ捕鯨基地が設置された折に、鯨油を入れる桶職人のために建てられたのが始まり。その後ロバートの跡を継いだいとこのジョージ・ファイフによって増築され、1860年頃にほぼ現在の姿が完成したという。内部の部屋は、ファイフの時代の様子を再現して一般に公開されている。

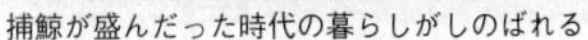

捕鯨が盛んだった時代の暮らしがしのばれる

大きなクジラの骨

ファイフ・ハウス
住62 Avoca St.
☎(03)319-5835
開10～4月　10:00～17:00
休5～9月
料大人$10、学生$5、子供無料

かわいらしいピンク色の建物

## カイコウラ半島ウオークウエイ

Kaikoura Peninsula Walkway

Map P.181-A2

カイコウラ半島の先端部分、海岸沿いに整備された遊歩道。海と海岸、波風の浸食で削られた断崖などの眺めを楽しみながら散歩が楽しめる。また沿岸にはニュージーランド・ファーシール（オットセイ）のコロニーがあり、いたるところにオットセイの姿が見られる。町の中心部から遊歩道の入口にある駐車場まで約50分。そこから坂を上ると展望台に出る。1kmほど歩いた所で、海岸に下りる階段がある。ただし、満潮時や波が高い日は注意。海岸では寝そべっているオットセイが見られるが、10m以内には近づかない、触らない、驚かせないこと。野鳥も同様だ。遊歩道はその先、サウス・ベイ沿いの車道へと続いており、歩いて町に戻ることもできるが、かなりの距離がある。

海岸線の壮大な風景

遊歩道にある展望スポット

遊歩道から見た海岸

駐車場付近でもオットセイと合える

## カイコウラの ショップ Shop

### サザン・パウア&パシフィック・ジュエルズ
Southern Paua & Pacific Jewels Map P.181-A1

パウア貝の色とペイントが目を引く倉庫のようなショップ。パウア貝細工の工房をもち、オリジナルのアクセサリーや雑貨を販売。ペンダントは$50前後。牛の骨やグリーンストーンを加工した商品も豊富に揃う。

住2 Beach Rd.
電(03)319-6871
URL southernpaua.co.nz
営9:00〜18:00
休日 CC ADMV

### ジェイド・キウイ
Jade Kiwi Map P.181-A1

メイン通りのウエスト・エンドにある緑の外観が印象的なギフトショップ。店内の商品はすべてニュージーランドで作られたもの。雑貨やアクセサリーなど幅広く取り扱っている。

住78 West End
電(03)319-5060
URL jadekiwi.myshopify.com
営9:00〜17:00
休無休 CC AMV

## カイコウラの レストラン Restaurant

### ヒク
Hiku Map P.181-A2

新鮮なシーフードに定評のあるレストラン。パティオやコートヤードで山と海が織りなす美景が楽しめるのも魅力だ。朝食はクレイフィッシュのオムレツ$26が人気。アンガス牛のトマホークステーキ$90など、肉料理も充実している。

住114 Esplanade
電(03)975-0920
URL www.hiku.co.nz
営6:00〜22:00 休無休 CC MV

### カイコウラ・シーフード・バーベキュー
Kaikoura Seafood BBQ Map P.181-A2

トレーラーを改装した屋台。店主は漁師でもあり、新鮮なクレイフィッシュは半身で$25〜、1匹$50〜、クレイフィッシュ・フリッターは$12。その日のおすすめを聞いてみよう。グリルしたパウア貝、ムール貝各$11〜なども人気。

住Fyffe Quay 携027-376-3619
営日〜金10:00〜17:00、
土10:00〜15:00
営無休 CC 不可

### ウェイラー
The Whaler Map P.181-A1

豪快なステーキが味わえる人気店。おすすめはサラダとポテト付きのポーターハウスステーキ$31.9。前菜はマールボロ産のムール貝のワイン蒸しなど$10.9〜21。ラム肉や、自家製ビーフパテを使ったグルメバーガー$26.9はボリュームたっぷり。

住49-51 West End
電(03)319-3333
営15:00〜Late
URL www.thewhaler.co.nz
休火 CC AJMV

### ニンズ・ビン
Nin's Bin Map P.181-A1外

カイコウラから車で北へ20分ほどの海沿いにあるクレイフィッシュの名店。キャンパーバンを利用したアイコン的な店で、サステナブルな漁による新鮮な魚介類が比較的手頃に楽しめる。

住State Hwy. 1 Rakautara
携020-486-3474
URL www.ninsbin.co.nz
営月〜金9:00〜17:00、
土・日9:00〜19:00
休無休
CC MV

### ワイ・ノット・カフェ
Why Not Cafe Map P.181-A1

ウエスト・エンドで朝早くからオープンしているカフェ。朝食やランチメニューをはじめ、パイやサンドイッチ、サラダなどを提供する。テラス席でのんびりと休憩するのもいい。写真はサーモンのエッグベネディクト$22。

住66 West End
電(03)319-6486
営7:00〜16:00
休無休 CC MV

### クーパーズ・キャッチ
Coopers Catch Map P.181-A1

フィッシュ&チップスの人気店。その日に取れた魚は黒板をチェックしよう。定番はスタンダードフィッシュ$5。チップスは種類や量が選べて、$4〜。ほかにバーガー$8〜もあり、イートインもテイクアウエイも可。

住9 Westend
FREE 0800-319-6362
URL cooperscatch.co.nz
営10:00〜21:00
休無休 CC MV

## カイコウラのアコモデーション Accommodation

### カイコウラ・ホリデー・ホームズ・リミテッド
Kaikoura Holiday Homes Limited Map P.181-A1

町の中心部にあるラグジュアリーなアパートメント。最大5名まで宿泊できる客室にはベッドルームとバスルームがふたつ。全ユニットがキッチン付きでほとんどがオーシャンビュー。ダイニングとリビングルームは広々としている。

住78 The Esplanade
電(02)2089-5233
URL www.kaikouraapartments.co.nz
料ⓈⒹⓉ$230～ 室数7 CC MV

### ホワイト・モーフ
The White Morph Map P.181-A1

3階建ての高級感のあるモーテル。海が見えるスパバス付きの部屋や、ファミリー向きの2ベッドルームの部屋などがある。全室バルコニーとキッチン付き。スパバス付きの客室もある。

住92-94 The Esplanade
電(03)319-5014 FAX(03)319-5015 URL www.whitemorph.co.nz 料ⓈⒹⓉ$175～
室数31 CC ADJMV

### ロブスター・イン・モーター・ロッジ
Lobster Inn Motor Lodge Map P.181-A1

カイコウラ中心部から約1km北。部屋は少人数向けからファミリータイプまで4種類。バスタブ付きの部屋もある。名前のとおり、併設のレストランではクレイフィッシュが自慢。キャンピングカー用のホリデーパークもある。

住115 Beach Rd. 電(03)319-5743
FREE 0800-562-783 FAX(03)319-6343
URL www.lobsterinn.co.nz
料ⓈⒹⓉ$150～ 室数24 CC AJMV

### アルバトロス・バックパッカー・イン
Albatross Backpacker Inn Map P.181-A1

歴史ある邸宅を改装したバックパッカーズホステル。ギターやウクレレなどの楽器があるゲストラウンジは広々としており、居心地がいい。客室やキッチン、トイレなども清掃が行き届いておりきれい。レンタル自転車は無料。

住1 Torquay St.
✆020-4177-2309
URL albatross-kaikoura.co.nz
料Dorm$28～ ⒹⓉ$74～
室数40ベッド CC MV

### ザ・レイジー・シャグ・バックパッカーズ
The Lazy Shag Backpackers Map P.181-A1

大きなガーデンを備え、ゆったりとくつろげるホステル。ドミトリーはグループ予約のみで、6～8人で男女混合、全室シャワーとトイレ付き。無料のパーキングもある。中心部まで徒歩約5分。

住37 Beach Rd.
電(03)319-6662
料Ⓢ$75 ⒹⓉ$85
室数54ベッド
CC MV

### ファイフ・カントリー・ロッジ
Fyffe Country Lodge Map P.181-A1外

カイコウラの町から約6km南、牧場に囲まれた静かな環境にたたずむB&B。古い木材をリサイクルして使っており、ほっと落ち着ける雰囲気。エレガントな雰囲気の客室でのんびりとくつろぎたい。併設のレストランは10～4月のディナーのみ営業している。

住458 State Hwy. 1
電(03)319-6869 FAX(03)319-6865
URL fyffecountrylodge.com
料ⓈⒹⓉ$395～750
室数6 CC MV

### アルパインパシフィック・モーテルズ&ホリデーパーク
Alpine Pacific Motels & Holiday Park Map P.181-A1

中心部から約500m。客室からは美しい山々が眺められる。客室はキャビンやステュディオ、キッチン付きアパートメント、モーテルなど種類豊富。温水プールやBBQスペースもある。

住69 Beach Rd.
電(03)319-6275
URL alpine-pacific.co.nz
料ⓈⒹⓉ$84～
室数24 CC MV

### カイコウラ・ゲートウエイ・モーター・ロッジ
Kaikoura Gateway Motor Lodge Map P.181-A1

全室キッチン付き、12室はスパバスを備えており、快適なモーテルとして人気が高い。1号線から坂道を階段で上り、公園の中を抜ければ、町の中心へも簡単にアクセスできる。追加料金で朝食の用意もしてくれる。

住18 Churchill St.
電(03)-319-6070 FREE 0800-226-070 URL www.kaikouragateway.co.nz 料ⓈⒹⓉ$145～
室数20 CC MV

キッチン(全室) キッチン(一部) キッチン(共同) ドライヤー(全室) バスタブ(全室)
プール ネット(全室／有料) ネット(一部／有料) ネット(全室／無料) ネット(一部／無料)

# ニュージーランドの海の生き物

Wildlife in New Zealand

**ニュージーランドの太平洋沿岸は、大型海洋哺乳類の宝庫。約40種類のクジラやイルカが回遊してくるといい、カイコウラのホエールウオッチングを筆頭に、各地でクジラやイルカに触れ合えるエコツアーが開催されている。また沿岸にはニュージーランド・ファーシール（オットセイ）のコロニーや、ペンギンの生息地がある。**

## クジラ【カイコウラ ➡ P.180】

DATA

体長：オス15～18m、メス11～12m

体重：20～50トン

群れの規模：1～100頭

### スパームホエール

Sperm Whale／和名マッコウクジラ

ニュージーランドの近海には、約40種類のクジラやイルカが回遊してくる。特に南島の東海岸に位置するカイコウラは、海底の地形や海流などの独特な環境によって、大型のハクジラであるマッコウクジラを非常に高い確率でウオッチできる場所として知られている。

マッコウクジラは、イカなど魚介類を主食とするハクジラの仲間で、平均寿命は50～70年。外見上では角張った箱型の頭部が特徴的で、全長の3分の1にも当たる長い頭をもつ。日本では古来、腸内から分泌される香料の一種を珍重したことから“抹香鯨”の名が付けられた。英語名のスパームとは精液のことだが、これは古来、このクジラの巨大な頭部には精液が蓄えられていると信じられていたことに由来する。もちろん実際に頭部を満たしているのは精液でなく、脳油と呼ばれる油だ。油の量は、大きなオスで1900ℓにも及ぶという。この脳油は機械油として優れた性質をもっていたため、マッコウクジラは捕鯨の対象となり、多数が捕獲された。捕獲が世界的に禁止されるのは、ようやく1988年になってからである。

現在生息するマッコウクジラは数十万頭と推測され、大型のクジラとしては個体数が多い。南極から北極まで、日本近海を含む地球上の広い範囲に分布している。

マッコウクジラのメスは仔クジラたちとともに群れをつくって暖かい海域で暮らし、大人のオスは繁殖行動の機会を求めて単独で、広い範囲を泳ぎ回って暮らす。オスが群れを離れるのは14～20歳で、カイコウラで通常見られるのはこの年代の若いオスたちだ。その数は常時60～80頭と推測され、群れとして結びつくことはなく、それぞれ個体同士の交流もほとんどないらしい。

マッコウクジラは餌を求めて600～1600mの深さにまで潜り、1回の潜水時間は40分前後に及ぶ。潜水の間隔は10～12分で、これがすなわち、われわれがマッコウクジラを見ることのできるタイミングだ。この間マッコウクジラはほとんど動かず、海面にゆったりと浮かんでいる。1分間に3～4回のペースで吹き上げる「潮吹き」は音が大きく、離れた場所でも聞くことができる。

# イルカ【アカロア➡P.74、カイコウラ➡P.180、パイヒア➡P.337 など】

DATA
体長：1.6〜2.1m
体重：50〜90kg
群れの規模：6〜500頭

## ダスキードルフィン

Dusky Dolphin／和名ハラジロカマイルカ

小さめサイズのイルカで、短く薄いくちばしをもつ。ボートのそばまで来て、ジャンプや宙返りなどを見せてくれることが多い。ニュージーランドでは本島最東端のイースト・ケープ以南の海域でよく見られる。群れをつくって行動するが、冬（おおむね6〜11月）の間は沖合に移動し、群れも分散して、見にくくなる。

DATA
体長：1.9〜4m
体重：150〜650kg
群れの規模：1〜25頭

## ボトルノーズドルフィン

Bottlenose Dolphin／和名ハンドウイルカ

ニュージーランド北部沿岸に比較的多い種類。名前のとおり長い鼻面ととがったくちばしをもつ愛らしい顔だ。人なつっこく芸達者なこともあって水族館のショーにも用いられる。体の大きさや色といった形態は、生息海域や個体による差が大きい。

## コモンドルフィン

Common Dolphin／和名マイルカ

ダスキードルフィンよりやや大きく、体の側面に薄茶色から黄色っぽい帯があるのが特徴。

ニュージーランドではおもに北島で見られることが多い。2〜3月の真夏にはカイコウラ近海まで南下し、10〜30頭の群れでダスキードルフィンと一緒に行動しているのが見られる。

DATA
体長：2〜2.5m
体重：70〜110kg
群れの規模：10〜500頭

## ヘクターズドルフィン

Hector's Dolphin／和名セッパリイルカ

イルカのなかでは最も小さい種類で、ずんぐりとした体型。世界でもニュージーランド沿岸だけにすむ希少種。丸く大きな背びれの形から、ミッキーマウスとあだ名される愛嬌者でもある。海岸から数km程度の近海にすみ、カイコウラやアカロア湾などに生息する。

DATA
体長：1.2〜1.5m
体重：35〜60kg
群れの規模：2〜10頭

# 海辺の生き物

### ニュージーランド・ファーシール

New Zealand fur seals

オタゴ半島➡P.166
カイコウラ➡P.180
ウエストコースト➡P.216

マオリ語でケケノkekenoと呼ばれ、ニュージーランドには約10万頭が生息するといわれ、沿岸各地にコロニーがある。オスは体長2.5m、メスは1.5mほど。

### ペンギン ➡P.36

Penguin

オアマル➡P.151
オタゴ半島➡P.166
スチュワート島➡P.176

ニュージーランドの南島には、世界最小のブルー・ペンギン、イエロー・アイド・ペンギン、フィヨルドランド・クレステッド・ペンギンのおもに3種類のペンギンが生息している。オアマルやオタゴ半島にはペンギン・ウオッチングスポットが点在。

### ロイヤル・アルバトロス

Royal Albatross

オタゴ半島➡P.166

翼を広げると約3mにもなるロイヤル・アルバトロス（シロアホウドリ）。ダニーデン郊外のタイアロア・ヘッドにコロニーがある。ロイヤル・アルバトロスの繁殖地としては世界最大。ほかにもニュージーランドには10種類以上のアルバトロスが飛来する。

イラスト／鴨下速人

# ブレナム

## Blenheim

ブレナム

クライストチャーチ●

人口：2万9280人
URL marlboroughnz.com

南島の北東端部分を占めるマールボロ地方Marlboroughは、ワイン好きなら誰しも訪れたい国内最大のワインの生産地。特にソーヴィニヨン・ブランやシャルドネなどの白ワインで有名だ。長い日照時間と豊かな土壌、そして人々の真摯な情熱が、最高のワインを生み出している。

ワイナリー巡りの拠点となるのが、マールボロ地方の最大都市ブレナムだ。町自体には特に見どころといえるものはないが、ここから西へ約11km離れたレンウィックRenwickの町にかけて、周辺に40以上のワイナリーが点在している。また、毎年2月に行われるマールボロ・ワイン＆フード・フェスティバルThe Marlborough Wine & Food Festival（→P.443）にも、多くの人々が集まる。

郊外にはブドウ畑が広がる

航空会社
ニュージーランド航空（→P.496）
サウンズ・エア（→P.230）

マールボロ空港
Map P189-A1外
電(03)572-8651
URL www.marlboroughairport.co.nz
交ブレナム中心部から西へ約7km。空港から中心部へは市バス＃4またはタクシーかシャトルバスを利用。ただし、シャトルバスは要予約。

ブレナムの市内交通
URL www.marlborough.govt.nz/services/bus-services
リッチーズ運営の市バスが4路線ある。空港から町の中心地までは＃4で、火・木・土の1日2便。町の中心部を走る＃1と＃2は日曜以外の毎日運行。運賃の支払いは現金のみで、片道大人$2～4。

シャトルバス会社
Executive Shuttle
電(03)578-3136
FREE 0800-777-313
URL www.executiveshuttle.co.nz
Blenheim Shuttles
電(03)577-5277
URL blenheimshuttles.co.nz

おもなバス会社（→P.496）
インターシティ

鉄道会社（→P.496）
キーウィ・レイル

観光案内所 i-SITE
Blenheim i-SITE Visitor Information Centre
Map P.189-A2
住8 Sinclair St.
電(03)577-8080
URL marlboroughnz.com
開月～金　10:00～16:00
　土　10:00～14:00
休日

## ブレナムへのアクセス　Access

ニュージーランド航空がマールボロ空港Marlborough Airportまで、オークランドやウェリントンからの便を運航。オークランドからは1日4便程度、所要約1時間25分。サウンズ・エアはマールボロ空港とウェリントンの間を運航。ウェリントンから1日5～6便、所要約30分。

長距離バスは、インターシティのクライストチャーチからブレナムを経由してピクトンへ向かう便が1日2便運行している。ブレナムまでは所要約5時間25分。また、鉄道では海岸線に沿ってクライストチャーチとピクトン間を結ぶキーウィ・レイルのコースタル・パシフィック号があり、通常9月下旬～3月まで運行。

## ブレナムの歩き方

鉄道駅に観光案内所アイサイトが隣接しており、長距離バスもそこから発着する。観光案内所アイサイトから町の中心マーケット・ストリートMarket St.までは徒歩で10分ほど。噴水と戦争記念碑の時計塔のある公園、シーモア・スクエアSeymour Squareは市民の憩いの場だ。公園の正面にはミレニアム・アートギャラリーMillennium Art Galleryもある。中心部に宿泊施設は少なく、主要道路沿いにモーテルやホステルが点在している。ブレナムに来たからには欠かせないのが周辺のワイナリー巡りだ。レンタカーで好きなように回るのもいいし（運転する場合は試飲禁止）、ツアーに参加するのもいい。

## ブレナムの見どころ

### マカナ・チョコレート・ファクトリー
Makana Chocolate Factory

Map P.189-A2外

町の郊外にある小規模なチョコレート・ファクトリー。保存料や人工着色料を使わず、すべて手作りされており、チョコレートの試食や購入もできる。地元のピノ・ノワールを混ぜたトリュフ(130g $27)は、ブレナムのおみやげにおすすめだ。

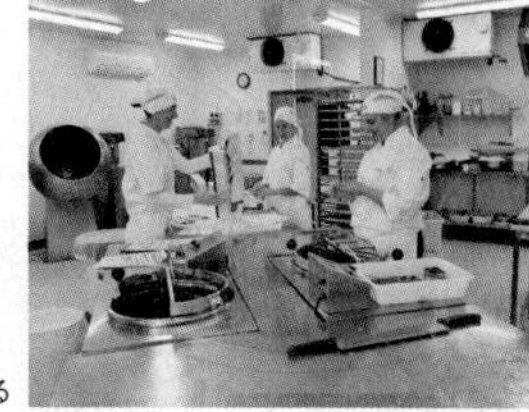
工場の作業風景も見学できる

時計塔は16.5mの高さ

**マカナ・チョコレート・ファクトリー**
住Rapaura Rd. & O' Dwyers Rd.
電(03)570-5370
FAX(03)570-5360
URL makana.co.nz
開9:00〜17:30
休無休
交ブレナム中心部から約10km。国道1号線を北上し、スプリング・クリークSpring Creekを左折。国道62号線を進み、3kmほど進むと左側に建物が見える。

### マールボロ博物館
Marlborough Museum

Map P.189-A1外

この地方の歴史について知ることができる博物館。数々の文書や写真、実際に使用されていた道具、オーディオビジュアルシアターの映像などで、19世紀半ばのヨーロッパ人入植時代の暮らしを想像してみたい。

またマールボロ地方のワイン産業に関する展示も充実。ワイン造りの歴史や害虫との闘い、古い機械など興味深い展示が見られる。

マールボロ地方の歴史を学ぼう

**マールボロ博物館**
住Brayshaw Park, 26 Arthur Baker Pl.
電(03)578-1712
URL marlboroughmuseum.org.nz
開10:00〜16:00
休無休
料大人$10、子供$5
交ブレナム中心部から約3km。Maxwell Rd.を南西に直進する。

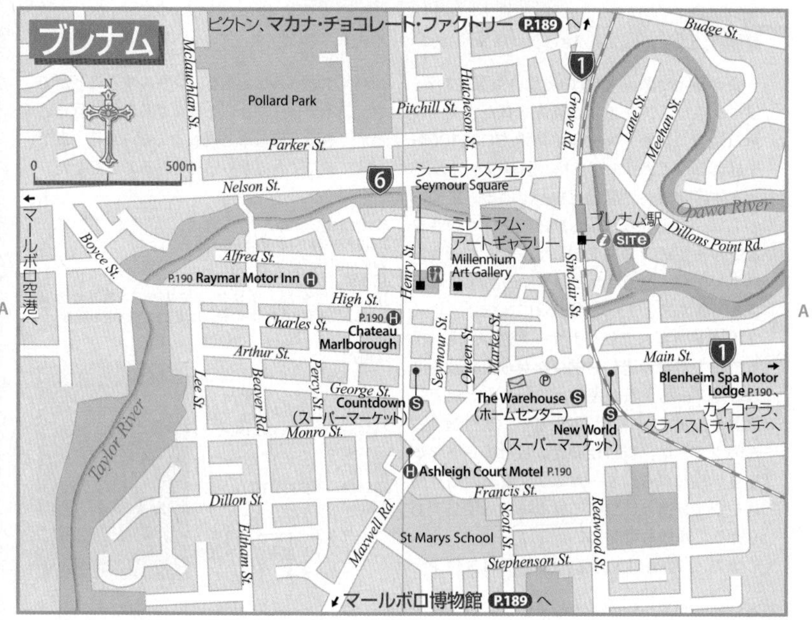

## ブレナムの アコモデーション Accommodation

### シャトー・マールボロ
Chateau Marlborough　Map P.189-A1

とんがり屋根とれんが積みの壁がかわいらしいホテル。駅からは徒歩10分ほどの距離。モダンかつ洗練された館内はプールやジムなどの設備も充実。全室キングサイズのベッドに、スパバス付きのエグゼクティブスイートも。

住Cnr. High St. & Henry St.
電(03)578-0064
FREE 0800-752-275
URL marlboroughnz.co.nz
料ⓈⒹⓉ$210〜
室数80　CC AMV

### ブレナム・スパ・モーター・ロッジ
Blenheim Spa Motor Lodge　Map P.189-A2外

町の中心部から徒歩15分ほど。比較的新しいモーターロッジで、シックな色合いのファブリックでまとめられた室内は広くて快適。一部の客室にはスパバスも付いている。すぐ隣にレストランもあって便利。

住68 Main St.　電(03)577-7230
FREE 0800-334-420
FAX (03)577-7235　URL blenheimspamotorlodge.co.nz
料ⒹⓉ$160〜
室数10　CC AJMV

### アシュリー・コート・モーテル
Ashleigh Court Motel　Map P.189-A2

町の中心部まで徒歩5分ほど。各ユニット前の駐車スペースも広く、レンタカーでの旅行に便利なモーテル。キッチン、テレビなどの設備に加えて、屋外にはプールも備わり、長期滞在にも最適だ。朝食サービスあり。4室のみスパバス付き。

住48 Maxwell Rd.　電(03)577-7187　FREE 0800-867-829
URL ashleigh-court-motel.co.nz
料ⓈⒹⓉ$180〜
室数12　CC MV

### ライマー・モーター・イン
Raymar Motor Inn　Map P.189-A1

駅や町の中心部まで徒歩約10分の清潔感あるモーテル。客室は全室ステュディオタイプで簡易キッチン、冷蔵庫、電子レンジがある。また、共用ランドリーや2つのキッチンなど設備が充実。シャトルの手配も可能。

住164 High St.
FREE 0800-361-362
URL www.raymar.co.nz
料ⓈⒹⓉ$120〜
室数9　CC MV

## Column ブレナム発ワイナリーツアー

長い日照時間に、昼夜の激しい気温差など、ワイン造りに欠かせない条件を満たすマールボロ地方。現在、マールボロ地方には100軒を超えるワイナリーがあり、国産ワインの75%を生産する一大産地となっている。生産の中心は、すっきりとした飲み口で、さまざまなフルーツのアロマを放つソーヴィニヨン・ブランだが、そのほかにも多くの品種が栽培され、個性的なワインが造られている。

ガイドの案内でワイナリーを巡り、それぞれの魅力や味の違いを学びながら、試飲を楽しむツアーも人気が高い。ブレナムを拠点に活動する日本人ワインメーカー、木村滋久さんのツアーは、1日1組限定。自社のブドウ畑を見学しながら、オーガニック栽培の取り組みやワイン造りについて日本語で説明してもらえる。試飲も可能だ。

また、「Wine Tours by Bike」ではマウンテンバイクとヘルメットをレンタルすることができ、ワイナリーマップを見ながら自由に回ることができる。自転車で帰れなくなったら、車で迎えに来てくれるサービスもあるので安心だ。

**Kimura Cellars**
E-mail wine@kimuracellars.com
URL kimuracellars.com
催通年
料$40(2名参加の場合の1名の料金。1名の場合は$60、所要約1時間30分。片道$20で送迎も可能)
CC 不可
日本語OK

**Wine Tours by Bike**
電(03)572-7954
URL www.winetoursbybike.co.nz
催通年
料$50〜(所要約6時間)
CC MV

キムラ・セラーズのオーナー木村滋久さん・恵美子さん夫妻


キッチン(全室)　キッチン(一部)　キッチン(共同)　ドライヤー(全室)　バスタブ(全室)
プール　ネット(全室／有料)　ネット(一部／有料)　ネット(全室／無料)　ネット(一部／無

# ピクトン

## Picton

人口：4790人
URL www.marlboroughnz.com

深い入江の奥にある港を中心にピクトンの町が広がる

南島の北部に位置する小さな港町ピクトンは、南北島間のクック海峡を渡るフェリーが発着する海上交通の要衝だ。一帯はマールボロ・サウンズ海洋公園Marlborough Sounds Maritime Parkに指定されており、数多くの入江や島々が点在する美しい海岸線をもつ。ピクトンの町はそれらの入江のひとつ、クイーン・シャーロット・サウンドQueen Charlotte Soundの奥に位置し、町のウオーターフロントから望む海は、まるで湖のように小さく見える。狭い水面を大きなフェリーがゆっくりと慎重に進んでくるのは、この町ならではの眺めだろう。変化に富んだ地形を生かし、静かな海でのクルージングやシーカヤック、入江沿いのトランピングなどアクティビティも豊富だ。

## ピクトンへのアクセス Access

サウンズ・エアの小型飛行機がウェリントンから運航されている（→P.230）。ピクトン空港Picton Airport（コロミコ空港Koromiko Airport）までは市内中心部から5kmほど。空港から町まではシャトルバスを利用できる。要事前予約。

長距離バスでは、インターシティが主要都市から便を運行している。クライストチャーチからは1日2便運行、所要約5時間55分。ブレナムからは1～2便あり、所要時間は、25～30分。

ネルソンからは週に5便あり、所要約2時間15分。ピクトンからネルソン方面に向かう海沿いの道、クイーン・シャーロット・ドライブQueen Charlotte Driveは風光明媚な自然を堪能できる景勝ルートとして知られるが、インターシティのバスはここを通らずにブレナム経由の国道で行くのが残念。車で移動する人にはおすすめのルートだ。なお、ブレナムの市バス#3もブレナムからピクトン郊外のワイカワ・ベイまで、火・木曜に各1便運行。大人片道$4とお得なので時間が合えば利用したい。

クライストチャーチ～カイコウラ～ブレナムなどを経由してピクトンに着く鉄道コースタル・パシフィック号（→P.466）も利用できる。また、ピクトンと北島ウェリントン間には海峡を渡るフェリー、インターアイランダーInterislanderとブルーブリッジBluebridgeも運航している（→P.230）。

インターアイランダーフェリーターミナル

南北島間の移動（→P.230）

**航空会社**
サウンズ・エア（→P.230）
FREE 0800-505-005（予約）
URL www.soundsair.com
観光案内所アイサイトの斜め向かいのピクトン駅舎内にオフィスがあり、フライトに合わせてシャトルバス（片道$10、要予約）を運行する。

オフィスはピクトン駅に併設されている

**おもなバス会社**（→P.496）
インターシティ

**長距離バス発着所**
**Map P.192-A1**
住 Interislander Ferry Terminal

**鉄道会社**（→P.496）
キーウィ・レイル

**フェリー会社**（→P.230）
インターアイランダー
FREE 0800-802-802
URL www.interislander.co.nz
交 観光案内所アイサイトから徒歩約4分。
ブルーブリッジ
☎ (04) 471-6188
FREE 0800-844-844
URL www.bluebridge.co.nz
交 観光案内所アイサイトから約1km。観光案内所前から便に合わせて無料シャトルバスが出ている（要予約）。

港沿いに遊歩道が整備されている

観光案内所 i SITE
Picton i-SITE Visitor Centre
**Map P.192-A1**
住 The Foreshore
☎ (03) 520-3113
URL www.marlboroughnz.com
開 月～金　10:00～16:00
　日　　10:00～14:00
休 土

ハブロックのクルーズ会社
Marlborough Tour Company
☎ (03) 577-9997
FREE 0800-990-800
URL www.marlboroughtour company.co.nz

ムール貝の養殖場を訪ねるクルーズ

## ピクトンの 歩き方

こぢんまりとした町なので、旅行者でも歩きやすい。インターシティのバスはインターアイランダーのターミナル正面に、ブレナムからの市バス#3は道を挟んで駅の斜め向かいにある観光案内所アイサイトにも停車する。

海を望む**ロンドン・キーLondon Quay**には、雰囲気のいいレストランやカフェがいくつかある。通りの北側は緑地の公園で、海を見ながらのひと休みにもいい。町のメインストリートは**ハイ・ストリート High St.**で、この通り沿いにはショッピングセンターのマリナーズ・モールMariners Mallがある。

宿泊施設は町の中心部に多数あるほか、市街地から東のワイカワ・ベイWaikawa Bayにいたるワイカワ・ロードWaikawa Rd.沿いにもモーテルやホリデーパークなどが多い。

ピクトンから西、約33kmに位置するハブロックHavelockは、グリーンマッスル（ムール貝）の一大産地。夏の間、マールボロ・サウンズ内のマッスルの養殖場を訪れ、取れたての貝料理と白ワインを味わうクルーズも行われている。

## ピクトンの見どころ

### エドウィン・フォックス海洋博物館

Edwin Fox Maritime Museum

Map P.192-A1

現存するなかでは世界で9番目に古い大型木造帆船、エドウィン・フォックス号が修復された姿で展示されている。船は1853年、インドのカルカッタからイギリスのロンドンへ紅茶を運んだ初航海を皮切りにニュージーランドへの入植者などを運んだ。1897年、ピクトンが最後の寄港地となり、長らく朽ちるがままとなっていたが、1965年にわずか10セントで有志保存会が買い取ったという。博物館には当時の実用品も展示されている。

博物館の隣に展示された木造船

**エドウィン・フォックス海洋博物館**
住Picton Foreshore
☎(03)573-6868
URL www.edwinfoxship.nz
開月～木・土　9:00～15:00
　金・日　9:00～17:00
休無休
料大人$15、子供$5

### ピクトンのウオーキングトラック

Walking Tracks in Picton

Map P.192-A2

ビクトリア・ドメインVictoria Domainに10コース以上のウオーキングトラックが整備されている。ボブズ・ベイへは片道30分、先端のThe Snoutへは片道40分。ピクトンが一望できるティロハンガ・トラックス（**Map P.192-B2**）もおすすめ。

**ピクトンのウオーキングトラック**
URL www.marlborough.govt.nz/recreation/cycling-and-walking

**Lower Bob's Bay Track**
駐車場のあるシェリー・ビーチShelly Beach(Map P.192-A2)からボブズ・ベイまで約1km。

**Tirohanga Tracks**
トレイルの入口からHilltop View（展望台）まで約2km。

ティロハンガ・トラックスからピクトンの美景が望める
© MarlboroughNZ

### ピクトン遺産&捕鯨博物館

Picton Heritage & Whaling Museum

Map P.192-A1

かつて捕鯨基地として栄えた時代についての展示をする小さな博物館。捕鯨船で実際に使われた砲台もある。埋め立てによって造られてきた市街地の発展の様子を伝える写真も興味深い。

**ピクトン遺産&捕鯨博物館**
住9 London Quay
☎(03)573-8283
URL www.pictonmuseum-newzealand.com
開10:00～15:00
休無休
料大人$5、学生$3、子供$1

**おもなクルーズ会社**
**マオリ・エコ・クルーズ**
☎(03)573-6901
URL maoriecocruises.nz
催 通年
料 1日クルーズ$1200(2人)〜ほか

**The Cougar Line**
☎(03)573-7925
FREE 0800-504-090
URL www.cougarline.co.nz
Cruise to Motuara Island
催 10〜4月　8:00発
料 大人$98、子供$65

**Beachcomber Cruises**
☎(03)573-6175
FREE 0800-624-526
URL www.beachcombercruises.co.nz
The Mail Boat Cruise
催 月〜土13:30発
料 大人$112、子供$68
入江に点在する民家へ郵便物を配達する船を利用。曜日によってコースは異なる。

**ドルフィンウオッチ&ネイチャーツアー**
☎(03)573-8040
URL www.e-ko.nz
Motuara Island Sanctuary & Dolphin Cruise
催 8:00、13:30発
料 大人$129、子供$65
Dolphin Swim
催 9:00発
料 大人$180、子供$155

船上からイルカの優雅な泳ぎを眺める

**シーカヤックツアー会社**
**Marlborough Sounds Adventure Company**
☎(03)573-6078
FREE 0800-283-283
URL www.marlboroughsounds.co.nz
Half Day Guide
催 8:30、12:30発
料 $110
1 Day Guide
催 8:30発
料 $150

## クイーン・シャーロット・サウンドのクルーズ
Queen Charlotte Sound Cruises

Map P.193-A2

マールボロ・サウンズのなかでもクイーン・シャーロット・サウンドには深く入り組んだ入江が数多くあり、それらはウオーキングトラックの拠点や隠れ家的なリゾートホテルへの玄関口として、格好の船着地になっている。数社が催行する周遊クルーズでは､クック海峡にせり出したジャクソン岬Cape Jacksonを越え、マオリに伝わる航海者クペの伝説ゆかりの地Kupe's Footprintを訪ねたり、シップ・コーブShip Coveにあるキャプテン・クックの記念碑を見学したり、クイーン・シャーロット・トラックのショートウオークと組み合わせたりと、それぞれ趣向が凝らされている。

なかでもマオリ・エコ・クルーズMaori Eco-Cruisesでは、代々この地に暮らすマオリのスタッフが土地の歴史や天地創造の神話などを詳しく解説してくれる。1日クルーズは2人以上からの催行で、食事やドリンク代込み。船内に泊まるオーバーナイト・エコ・クルーズなども用意されている。

## クイーン・シャーロット・サウンドのドルフィンウオッチ
Dolphin Watching in Queen Charlotte Sound

Map P.193-A2

入江内の穏やかな海には、ボトルノーズドルフィンやダスキードルフィンなど何種類ものイルカやニュージーランド・ファーシール(オットセイ)、ペンギンやウミウなどの海鳥がすんでいる。モツアラ・アイランド・サンクチュアリ&ドルフィンクルーズMotuara Island Sanctuary & Dolphin Cruiseが催行するツアーでは、シップ・コーブ近くのモツアラ島Motuara Islandに上陸し、頂上部まで歩く（所要約4時間)。運がよければイルカたちがボートの近くまでやってくることも。

イルカともっと触れ合いたい人は、ドルフィンスイム・ツアーへ。愛嬌たっぷりのダスキードルフィンと一緒に泳ぐ体験は、特別な思い出となるだろう。遭遇率は季節や天候によるが、11〜4月の夏季にチャンスが多くなる。

## クイーン・シャーロット・サウンドのシーカヤック
Sea Kayaking in Queen Charlotte Sound

Map P.193-A2

深い入江の連なるマールボロ・サウンズは、常に海が穏やかでシーカヤックを漕ぐのに適したコンディション。手軽な半日ガイドツアーから、ゆったり1日かけてクイーン・シャーロット・サウンドの美しい自然を楽しむ1日ガイドツアーのほか、2〜4日間のキャンピングツアーなども行われている。

美しい自然を眺めながらのカヤッキング

## クイーン・シャーロット・トラック
Queen Charlotte Track

Map P.193-A1～2

マールボロ・サウンズの景勝ルートであるクイーン・シャーロット・トラックは、外洋側のシップ・コーブShip Coveからピクトンの北西アナキワAnakiwaまでを結ぶ全長約74kmのコース。比較的起伏のなだらかな森林道と海岸線沿いのルートで構成され、静かな入江と豊かな深緑が美しいウオーキングトラックだ。

全行程の所要日数は徒歩なら3～5日、マウンテンバイクなら2～3日。ボートでシップ・コーブまで行き、そこから日帰りまたは1～2泊程度のコースを歩くのもいい。ボートで荷物を次の宿泊先の最寄りの港まで運んでくれるサービス（有料）があるので、身軽に歩くことができる。ガイドウオークの場合、通常どこから出発してもピクトン方向を目指して南下のルートをたどる。DOCのキャンプサイトが計6ヵ所あるほか、ロッジやコテージ、リゾートホテルなど多様な宿泊施設も点在する。なお、トラックは途中いくつかの私有地を通るため、該当地区を歩く場合は、道路使用パス（$12～）を購入する必要がある。

### ピクトンからの日帰りトレッキング

**シップ・コーブ　Ship Cove→レゾリューション・ベイ Resolution Bay　（約4.5km、所要約2時間）**

モツアラ島やクイーン・シャーロット・サウンドを一望。

**レゾリューション・ベイ　Resolution Bay→エンデバー・インレット　Endeavour Inlet（約10.5km、所要約3時間）**

起伏があり、若者や経験者向き。

**テ・マヒア・サドルTe Mahia Saddle→アナキワ　Anakiwa（約12.5km、所要約4時間）**

年配者や初心者向きの緩やかなコース。

クイーン・シャーロット・トラックの観光情報
URL www.qctrack.co.nz

ボートでのアクセス
**Beachcomber Cruises**
（→P.194）
The Great Track & Pack Pass
催5～9月　9:00発
10～4月　8:00、9:00発
料大人$114、子供$66

1日ガイドウオーキング
**Wilderness Guides**
☎(03)573-5432
FREE 0800-266-266
URL www.wildernessguidesnz.com
1 Day Guided Walk
催7:30発
料大人$395、子供$185
（所要約10時間）
シップ・コーブからエンデバー・インレットまで歩くコース。ウオータータクシー代、ランチ、ドリンク込み。4日ツアー、5日ツアーもある。

複雑に入り組んだ海岸線の景色が美しい

※シップ・コーブからキャンプ・ベイの区間は、毎年12～2月の間、マウンテンバイクでの立ち入りが禁止されているので注意。

### Column クック船長も訪れたマールボロ・サウンズ

マールボロ・サウンズ一帯の海は、18世紀にニュージーランド沿岸を探検した英国人航海者ジェームス・クック（→P.368）に縁の深い海域でもある。クックは1769年10月、ヨーロッパ人として初めてニュージーランドの土地への上陸に成功したあと、沿岸の探索を行いながら船を進め、1770年1月、マールボロの海域にやってきた。ここでクック一行は南島、北島間の海峡を通過し、その海峡に彼自身の名を付けてクック海峡Cook Straitとした。深く入り組んだ入江をもつこの海岸は、船の補修や食料の補給にも好都合だったようで、クックは入江のひとつを当時の王妃の名にちなんでクイーン・シャーロット・サウンドと名づけ、およそ3週間を過ごしている。土地のマオリはおおむね友好的で、物々交換によって食料の補給を行うこともできた。エンデバー入江Endeavour Inletとは、一行の乗った船、エンデバー号にちなむ命名。クックはその後の第2、3回の太平洋航海においても、この地に立ち寄っており、レゾリューション・ベイResolution Bayは、やはりそのときの船の名にちなんだ命名だ。クックにとってマールボロ・サウンズは南太平洋における、お気に入りの拠点だったようで、航海に備えて彼は、船に積んできた羊を放し（このとき持ち込んだ羊こそニュージーランドで最初の羊である）、野菜作りなども試みたという。

## ピクトンの レストラン Restaurant

### シーブリーズ・カフェ&バー
Seabreeze Cafe & Bar Map P.192-A1

ロンドン・キーに面しており、テラス席からは港の風景を望める。フレンチトーストやパンケーキといった朝食メニューは$20前後。新鮮なマッスル貝や魚を使用したメニューが人気で、ディナーの予算は$40ほど。ブレナム産ワインも扱う。

住24 London Quay
電(03)573-6136
URL www.seabreezecafe.co.nz
営7:00～14:00(夏季～Late)
休無休 CC MV

### ピクトン・ビレッジ・バッカライ
Picton Village Bakkerij Map P.192-B1

開店から客が途切れることのない大人気のベーカリー。国内のベーカリー・オブ・ザ・イヤーにも選ばれたこともある実力派だ。ミートパイ$4.6～やクリームドーナツ$3.5のほか、サンドイッチや総菜パンなども人気。

住46 Auckland St.
電(03)573-7082
営月～土6:00～15:30
休日、冬季に2週間の休みあり(要確認) CC MV

## ピクトンの アコモデーション Accommodation

### ベイ・オブ・メニー・コーブス
Bay of Many Coves Map P.193-A2

ピクトンから船で約30分。全室から入江の眺望が楽しめる。アパートメントタイプの室内は自然素材を生かしたデザインで居心地がいい。レストランも人気。

住Bay of Many Coves, Queen Charlotte Sound 電(03)579-9771
FREE 0800-579-9771
URL www.bayofmanycoves.co.nz
料ⓈⒹⓉ$1085～
室数11 CC ADJMV

### エスケープ・トゥ・ピクトン
Escape To Picton Map P.192-A1

町の中心部にあり、観光にも便利な立地。インテリアはヨーロッパの伝統スタイルで、全室バスタブ付き。朝食やフルーツの無料サービスあり。ワイナリーツアーも主催している。

住33 Wellington St.
電(03)573-5573
URL www.escapetopicton.com
料ⓈⒹ$350～
室数3 CC AMV

### ピクトン・ヨット・クラブ
Picton Yacht Club Hotel Map P.192-B2

港を見下ろす好立地のホテル。町の中心部に近く使い勝手がいい。ミニバーがついており、ほとんどの客室からオーシャンビューを楽しむことができる。

住25 Waikawa Rd.
電(03)573-7002
URL www.cpghotels.com
料ⓈⒹ$187～
室数48 CC AJMV

### アトランティス・バックパッカーズ
Atlantis Backpackers Map P.192-A1

町にも港にも近い好立地。客室はカラフルな内装で、飲み物やデザートが無料。キッチン付きで、2ベッドルームのアパートメントもあり、グループでの旅行にもおすすめ。

住42 London Quay. 電(03)573-7390 FREE 0800-423-676
URL www.atlantishostel.co.nz
料Dorm$20～ Ⓢ$46～ ⒹⓉ$50～ 室数60ベッド CC MV

### ゲートウエイ・モーテル・ピクトン
Gateway Motel Picton Map P.192-A1

町の中心部にあるモーテル。部屋のタイプが豊富で全室に簡易キッチン付き。Wi-Fi環境もよく、備品も充実していて、快適に過ごせる。ファミリータイプの部屋は最大6人まで宿泊可能。

住32 High St. 電(03)573-6398 FREE 0800-104-104 FAX(03)573-7892 URL www.gatewaypicton.co.nz 料ⓈⒹⓉ$140～
室数27 CC MV

### ヴィラ・バックパッカーズ・ロッジ
The Villa Backpackers Lodge Map P.192-A1

100年以上前の建物を改装したYHAホステル。中庭には、BBQエリアや自由に入れるスパプールがある。夕食後はデザートのサービスもある(冬季のみ)。自転車や釣り道具などのレンタル無料。

住34 Auckland St.
電(03)573-6598
URL www.thevilla.co.nz
料Dorm$25～ Ⓓ$70～ Ⓣ$85～ 室数62ベッド CC MV



キッチン(全室) キッチン(一部) キッチン(共同) ドライヤー(全室) バスタブ(全室) プール ネット(全室/有料) ネット(一部/有料) ネット(全室/無料) ネット(一部/無料

# ネルソン

## Nelson

ネルソンは南島の北端に位置する中都市。町の興りは古く、1840年代前半にイギリスで興されたニュージーランド会社により南島では最初の組織移民が送り込まれて開拓が始まり、これが現在の町の基礎へとつながっている。

この地域は国内でも指折りの高い晴天率に恵まれていることから“サニー・ネルソン”と呼ばれ、周辺部では、フルーツや野菜の栽培が盛ん。また、個性的なショップやギャラリーが点在するアーティストの町としても知られている。

ネルソン周辺には、エイベル・タスマン国立公園Abel Tasman National Park（→P.208）とネルソン・レイクス国立公園Nelson Lakes National Park（→P.202）、カフランギ国立公園Kahurangi National Parkの3つの国立公園があり、中継地としてネルソンを訪れる観光客も多い。

ギャラリーを巡るのも楽しい

## ネルソンへのアクセス Access

ネルソン空港Nelson Airportへ、クライストチャーチやオークランド、ウェリントンからニュージーランド航空の直行便がある。クライストチャーチからは1日5〜7便、所要約55分。ウェリントンとの間にはサウンズ・エアとオリジン・エアも運航している。1日1〜3便、所要約45分。

長距離バスはインターシティが、クライストチャーチからブレナムで乗り換える便を1日1便運行。所要約7時間45分。また、フォックス氷河からも週に4便ほど運行、所要約10時間45分。バスはブリッジ・ストリートBridge St.のネルソン・トラベルセンター（Map P.198-A・B1）に発着する。

バス発着所のネルソン・トラベルセンター

## ネルソンの歩き方

ネルソン市街地で中心となるのは、大聖堂の立つ広場、トラファルガー・スクエアTrafalgar Square。ここから北に向かって延びるトラファルガー・ストリートTrafalgar St.、その中ほどに交わるブリッジ・ストリートBridge St.が繁華街だ。トラファルガー・ストリートとハリファクス・ストリートHalifax St.との角にはDOCのビジターセンターがある。

---

ネルソン
クライストチャーチ

人口：5万2900人
URL www.nelsontasman.nz

**航空会社**
ニュージーランド航空（→P.496）
サウンズ・エア（→P.230）
オリジン・エア（→P.230）

**ネルソン空港**
**Map P.199-A1**
☎(03)547-3199
URL www.nelsonairport.co.nz
交 ネルソン中心部から約9km。空港〜市内間はシャトルバス、またはタクシーを利用する。タクシーは約$27〜。

**エアポートシャトル会社**
**Super Shuttle**
FREE 0800-748-885
URL www.supershuttle.co.nz
料 空港↔市内中心部
最大11人まで$58〜

**おもなタクシー会社**
**Nelson City Taxis**
☎(03)548-8225
FREE 0800-108-855
URL www.nelsontaxis.co.nz
配車アプリのUberも利用可能。

**おもなバス会社**（→P.496）
インターシティ

**観光案内所**
**DOC Nelson Visitor Centre**
**Map P.198-A1**
住 Millers Acre/Taha o te Awa, 79 Trafalgar St.
☎(03)546-9339
開 月〜金 8:30〜17:00
土・日 9:00〜16:00
休 無休

**ネルソンの市内交通**
**NBus**
URL www.nelson.govt.nz/services/transport/nbus
ネルソン・トラベルセンターから、ネルソン中心部と郊外を結ぶ市バスが8路線運行。土・日は運休する路線が多い。運賃は距離に応じて3段階に変動するゾーン制で、大人$1.25〜1.75。現金でも支払えるが、ICカード乗車券Bee Cardを利用すると大人$1〜1.4に割引きされる。

## クライストチャーチ大聖堂

Christ Church Cathedral

Map P.198-B1

クライストチャーチにある大聖堂はあまりにも有名だが、ここネルソンの大聖堂もまた、町のシンボルとなっている。初代の教会の建物は1851年に完成し、現在のものは3代目に当たる。その工事は1925年に始まったが、近郊で起きた地震や、外観を巡る議論、さらには資金の問題によって何度も設計変更を余儀なくされ、1972年にようやく完成した。大聖堂の内部は一般に公開されており、大理石やリム材の調度品、美しいステンドグラスなどを見ることができる。

**クライストチャーチ大聖堂**
住 Trafalgar Sq.
電 (03) 548-1008
URL nelsoncathedral.nz
開 夏季　月〜金・日8:30〜19:00　土8:30〜18:00
冬季8:30〜18:00
料 無料(寄付程度)

大聖堂の入口は塔とは反対の南側にある

ステンドグラスから差し込む光が幻想的な空間を造り出す

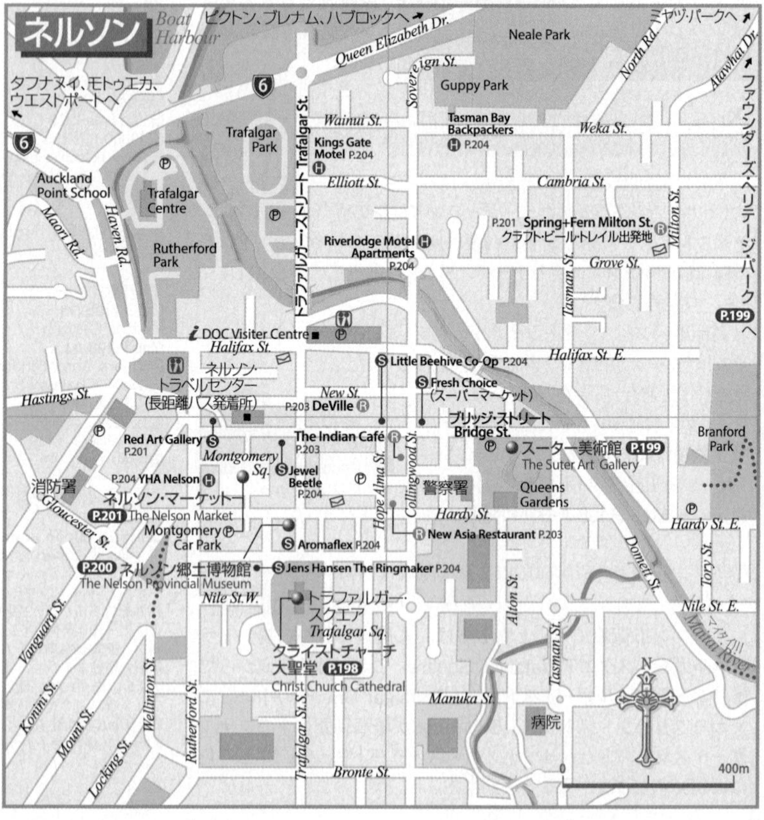

ネルソン

Boat Harbour
ピクトン、ブレナム、ハブロックへ
ミヤツ・パークへ
タフナヌイ、モトゥエカ、ウエストポートへ
ファウンダーズ・ヘリテージ・パーク P.199へ
Queen Elizabeth Dr.
Neale Park
Guppy Park
Sovereign St.
North Rd.
Atawhai Dr.
Trafalgar Park
Trafalgar Centre
Rutherford Park
Auckland Point School
Maori Rd.
Haven Rd.
トラファルガー・ストリート Trafalgar St.
Wainui St.
Kings Gate Motel P.204
Tasman Bay Backpackers P.204
Weka St.
Elliott St.
Cambria St.
P.201 Spring+Fern Milton St. クラフト・ビール・トレイル出発地
Milton St.
Riverlodge Motel Apartments P.204
Grove St.
Tasman St.
DOC Visiter Centre
Halifax St.
Halifax St. E.
Hastings St.
ネルソン・トラベルセンター(長距離バス発着所)
New St.
P.203 DeVille
Little Beehive Co-Op P.204
Fresh Choice (スーパーマーケット)
ブリッジ・ストリート Bridge St.
Red Art Gallery P.201
The Indian Café P.203
スーター美術館 P.199 The Suter Art Gallery
Branford Park
Montgomery Sq.
Jewel Beetle P.204
P.204 YHA Nelson
消防署
警察署
Queens Gardens
ネルソン・マーケット P.201 The Nelson Market
Hope Alma St.
Collingwood St.
Hardy St.
Hardy St. E.
Gloucester St.
Montgomery Car Park
Aromaflex P.204
New Asia Restaurant P.203
P.200 ネルソン郷土博物館 The Nelson Provincial Museum
Jens Hansen The Ringmaker P.204
Nile St.W.
トラファルガー・スクエア Trafalgar Sq.
Alton St.
Domett St.
Tory St.
Nile St. E.
マイタイ川 Maitai River
Vanguard St.
クライストチャーチ大聖堂 P.198 Christ Church Cathedral
Konini St.
Mount St.
Wellinton St.
Rutherford St.
Trafalgar St.S.
Manuka St.
病院
Locking St.
Bronte St.
0　400m
A
B
1
2

## スーター美術館
The Suter Art Gallery

Map P.198-B2

町の中心部にほど近い閑静なクイーンズ・ガーデン。そのブリッジ・ストリート側に立つ、瓦屋根のこぢんまりした建物が美術館になっている。展示の内容は1〜2ヵ月ごとに変わり、テーマはさまざま。併設のシアターでは、サラウンド音響を使った映画上映やライブパフォーマンスも行われる。

国内外のアーティストの絵画や工芸品が展示されている

併設のショップには、地元のアーティストによる作品が置かれている。また、ガーデンを眺められるスーターカフェも人気。

**スーター美術館**
住208 Bridge St.
☎(03)548-4699
URL thesuter.org.nz
開9:30〜16:30
休無休
料無料

ミュージアムショップも併設

## ファウンダーズ・ヘリテージ・パーク
Founders Heritage Park

Map P.199-A2

銀行や商店など19世紀後半の建物が並び、昔の町並みをそっくり再現した大がかりな展示が一番の見もの。なかには建物を利用した古本売店やカフェもあり、タイムスリップしたような気分が味わえる。ほかにも昔のバスや飛行機などが公開されており、この地における産業や技術の進歩を見ることができる。

パークでは年間を通じてさまざまなイベントを開催しているのでいつ訪れても楽しめる。

まるで映画のセットのような町並みが続く

**ファウンダーズ・ヘリテージ・パーク**
住87 Atawhai Dr.
☎(03)548-2649
URL www.founderspark.co.nz
開10:00〜16:30
休無休
料大人$11、子供$5
交DOCビジターセンターから徒歩約15分。または、ネルソントラベルセンターからNBus＃3で約5分。入口はAtawhai Dr.側にある。

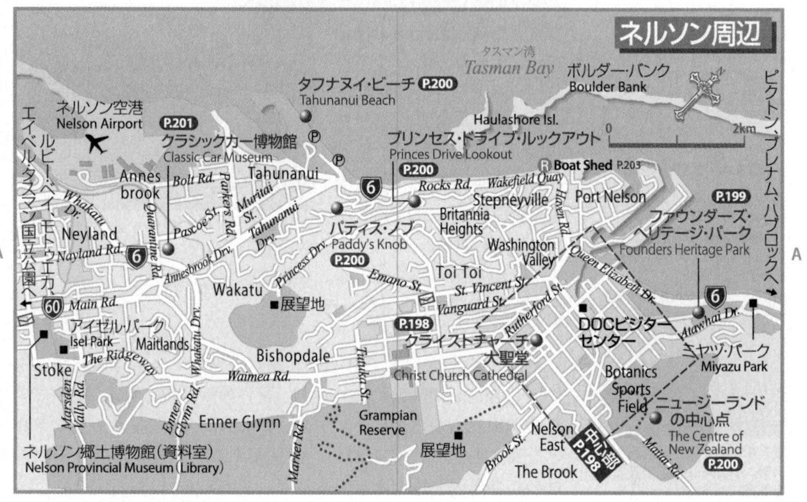

**ネルソン郷土博物館**
住270 Trafalgar St.
電(03)548-9588
URL www.nelsonmuseum.co.nz
開月～金　　10:00～17:00
土・日・祝 10:00～16:30
料大人$5、子供$3
（エキシビションは料金別途）

**ニュージーランドの中心点への行き方**
Milton St.沿いのBotanics Sports FieldやMaitai Rd.沿いのBranford Parkから遊歩道がある。どちらから歩いても往復1時間ほど。森の中を歩くので歩きやすい服装と靴、飲料水の携帯を忘れずに。

モニュメントのある展望台からは町を一望できる

**プリンセス・ドライブ・ルックアウト**
**Map P.199-A2**
交ネルソン中心部からRocks Rd.を南西に進み、Richardson St.を左折。その後Princes Dr.を右折して車で5分ほど。または、ネルソン・トラベルセンターからNBus＃6で約7分。

**パディス・ノブ**
**Map P.199-A1**
交ネルソン中心部からRocks Rd.を南西に進み、Bisley Ave.を左折。その後、最初のラウンドアバウトを右折してすぐ。または、ネルソン・トラベルセンターからNBus#6で約20分。

**タフナヌイ・ビーチへの行き方**
ネルソン・トラベルセンターからNBus＃2で約10分、Tahunanui下車。

晴天率が高く地元の人からも人気。ジョギングをする人の姿も見られる

## ネルソン郷土博物館
The Nelson Provincial Museum
Map P.198-B1

ヨーロッパ人入植当時の様子を伝える資料を揃えるほか、エイベル・タスマン国立公園の成り立ちを写真などで詳しく紹介している。なかでも、19世紀のネルソンの様子を伝えるモノクロ映像「Town Warp」が興味深い。またマオリの工芸品については、簡単な体験展示もある。

常設展示のほか地元作家によるギャラリーも

## ニュージーランドの中心点
The Centre of New Zealand
Map P.199-A2

オーストラリアのアリススプリングス、北海道なら富良野と、地理上の中心点を名所にしているところは多いが、ニュージーランドの中心点は、実はここネルソン市内にある。場所は市の中心部の東側にある森林公園Botanical Reserveの中。小高い丘を20～30分ほど登った頂に、中心点を指し示すモニュメントが立っている。ネルソン市街地の展望もいい。

## ネルソンの展望地
Lookouts
Map P.199-A1～2

ネルソン市街地の沖合にはボルダー・バンクBoulder Bankと呼ばれる砂州が延びており、市内西側の高台からこの風景を見渡すことができる。ポピュラーな展望地としてはプリンセス・ドライブ・ルックアウトPrinces Drive Lookout、パディス・ノブPaddy's Knobがある。ボルダー・バンクの先に浮かぶハウラショア島Haulashore Islandは、こんもりと木が茂った様子がネルソンの姉妹都市である京都府宮津市の“天橋立”に似ているとか……。両展望地とも市街中心部から車で5～6分程度。バスでも行ける。

プリンセス・ドライブ・ルックアウトからの眺め。天橋立に似ている……？

## タフナヌイ・ビーチ
Tahunanui Beach
Map P.199-A1

町の中心部から西に5kmほど離れたタフナヌイ（地元ではタフナTahunaと呼ばれている）は、長い砂浜の続く明るいビーチ。夏の週末ともなるとピクニックや海水浴、ウインドサーフィンなどを楽しむ人々でにぎわい、活気がある。ミニゴルフや子供向けの小さな動物園などもあるので、ファミリーにもおすすめ。

## クラシックカー博物館
Classic Cars Museum

Map P.199-A1

1908年製ルノーAXから、1950年代のヴォークスホール、トライアンフ、ジャガー、フェラーリまで、150台以上ものクラシックカーが一堂に会する博物館。車好きやビンテージ好きにはたまらない空間だ。館内にヘルシーフードを提供するカフェ、おしゃれなアート雑貨を揃えたショップもある。

## クラフト・ビール・トレイル
Nelson Craft Beer Trail

Map P.198-A2

ネルソンはビールづくりに欠かせないホップの名産地。それを利用したクラフト・ビールづくりが盛んで、14もの地元ブランドを有し、ニュージーランドのクラフト・ビールの首都と呼ばれているほど。公式サイトからブリュワリーやアウトレット、ビアバーなどの地図がダウンロードできるので、ビール好きならぜひ巡ってみよう。

**クラシックカー博物館**
住1 Cadillac Way Annesbrook
電(03) 547-4573
URL nelsonclassiccarmuseum.nz
開10:00〜16:00
休無休
料大人$19、子供$8
交ネルソン・トラベルセンターからNBus＃２で約20分、Annesbrook下車、徒歩約5分。

貴重なクラシックカーがずらり

**クラフト・ビール・トレイル**
URL www.craftbrewingcapital.co.nz

## Column 芸術家が集う町ネルソン

### ギャラリーやショップを巡ろう

温暖な気候で、フルーツの産地としても知られるネルソンは、その明るい雰囲気にひかれてか、芸術家が多く集まるアートの町としても有名だ。絵画やガラス、彫金など幅広いジャンルが揃い、ギャラリーのほか、工房と一緒になったショップなどで、制作の様子も見学できる。工房が多く集まっているのは、ネルソンの西約30kmに位置するルビー・ベイRuby Bay（Map P.199-A1外）。公式サイト（URL www.rubycoastarts.co.nz）のマップを参照して巡ってみよう。約11の工房が通年オープンしているほか、毎年国王の誕生日(6月第1月曜)の連休にはアート・トレイルArts Trailというイベントが開催され、さらに多くの工房を見学できる。

工房巡りのヒントにしよう

ジュエル・ビートル（→P.204）での制作風景

### レッド・アート・ギャラリー
Red Art Gallery

**Map P.198-B1**
住1 Bridge St. 電(03)548-2170 営月〜金8:30〜16:30、土8:30〜15:30、日9:00〜15:00（時季によって異なる）
休無休 URL redartgallery.com

キャロラインさんとサラさんが経営するギャラリー。30人以上のアーティストのユニークな作品がある。落ち着いた雰囲気のカフェを併設している。

### マーケットで作品を見つけよう

毎週土曜の朝、モンゴメリー・スクエアで開かれるネルソン・マーケット。35年以上続く、歴史のあるマーケットだ。地元アーティストたちの作品を見つけることができる。

**The Nelson Market**
**Map P.198-B1** 住Montgomery Sq. 電(03)546-6454
URL www.nelsonmarket.co.nz 開土8:00〜13:00

## ネルソン・レイクス国立公園
Nelson Lakes National Park

Map P.202

ロトイチ湖畔のトラックからの眺め

ネルソンから車で約1時間30分ほどの内陸に位置する国立公園。サザンアルプスの北の外れに近く、約8000年前に後退した氷河の跡が変化に富んだ風景を見せている。中心となるのは美しいふたつの氷河湖、ロトロア湖 Lake Rotoroaとロトイチ湖 Lake Rotoiti。キャンピング、トレッキング、水上タクシーなどのレジャーも盛んだ。周辺にはレインボー・スキー場Rainbow Ski Area、マウント・ロバート・スノースポーツ・クラブMt. Robert Snow Sports Clubのふたつのゲレンデがあり、スキーも楽しめる。

拠点となる町は、ロトイチ湖畔にあるセント・アーナウドSt. Arnaud。一方のロトロア湖畔には、ロトロアRotoroaという小さな集落があり、それぞれネルソンやその周辺の町からシャトルバスが運行されている。

自然の景観を残す国立公園だけに、観光用の施設は簡素だ。町の機能をもつセント・アーナウドには、宿泊施設のほか、雑貨・食料品店もある。ロトロアの宿泊施設は、登山者向けの質素なキャンプ場か高級なロッジと両極端だ。

国立公園内には整備されたトラックが多く、セント・アーナウドからも手軽に歩くことができる。数日間かけてふたつの湖を周遊するコースや、本格的な山岳ルートもある。

**i 観光案内所**
DOC Rotoiti / Nelson Lakes Visitor Centre
Map P.202
住 View Rd. St. Arnaud
電 (03) 521-1806
開 8:00～16:30
(冬季は9:00～16:00)
休 無休

天気に関する情報も手に入る

**ネルソン・レイクス国立公園への行き方**
ネルソン中心部から国道6、63号線で約85km。ネルソンからロトイチ湖畔の拠点の町、セント・アーナウドまでシャトルバスが運行されており、所要約2時間(要予約)。基本的にリクエストベースのチャーター制で、個人や少人数で利用する場合でも約5人分の料金が必要。ほかのグループにジョインする割安プラン(下記)もある。エイベル・タスマン国立公園など周辺エリアもカバーしている。

**シャトルバス会社**
Nelson Lakes Shuttles
電 (03) 547-6869
URL www.nelsonlakesshuttles.co.nz
運 要問合せ
料 ネルソン～セント・アーナウド 片道$50(要予約)

**シャトルバスの割安プラン**
Trek Express
電 (03) 540-2042
URL www.trekexpress.co.nz/trips.html
公式サイトにジョイン可能なシャトルバスの一覧を掲載しており、オンラインで予約可能。

**周辺のスキー場**
Rainbow Ski Area
電 (03) 521-1861
URL www.skirainbow.co.nz
セント・アーナウドから約34kmで、シーズン中(7～9月、要予約)はセント・アーナウドからシャトルが運行する。

## スプリット・アップル・ロック
Split Apple Rock

Map P.209-B1

エイベル・タスマン国立公園（→P.208）のゲートウェイであるマラハウとカイテリテリの中間付近タワーズ・ベイTowers Bayの沖合約50mに浮かぶ奇岩。リンゴをナイフでぱっくりとふたつに切ったような、不思議な形をした花崗岩だ。

人工物のようにきれいに割れているが、自然に形成されたもの。氷河時代、丸い岩の亀裂に入り込んだ水が凍り、膨張したために割れたと考えられている。また、マオリの伝説では、2人の神様が揉めて喧嘩別れしたために割れたとされる。

タワーズ・ベイのビーチから眺められるが、より近くで見学したいならカヤックがおすすめ。レンタルして自力でアクセスするほか、ガイドツアーに参加するのもよい。ほかに、クルーズも利用できる。

まるで人工のオブジェのよう。
© Kaiteriteri Kayaks

ガイドツアーに参加するのもおすすめ。
© Kaiteriteri Kayaks

**スプリット・アップル・ロックへの行き方**
ネルソン中心部から国道6、60号線で約60km。Riwakaを過ぎたらRiwaka-Sandy Bay Rd.に入り、約10km進むとビーチへ続くトレイルの入口がある。ビーチまでは徒歩約15分。

**カヤックレンタル会社**
**Kaiteriteri Kayak**
電(03)527-8383
FREE 0800-252-925
URL seakayak.co.nz
**ガイドツアー**
催通年
料大人$94、子供$68

**クルーズ会社**
**Split Apple Rock Cruises**
☎027-261-0031
URL splitapplerockcruise.com
催通年 10:45、12:30、14:30発
料大人$50、子供$20

## ネルソンのレストラン Restaurant

### デヴィル DeVille
Map P.198-A1

内装、庭ともにアートな空間。客の年齢層も幅広く庭園では家族連れの姿も。ヘルシーメニューが中心で、朝食$14.5～やランチは$19.5～。チキンやポークのタコス$26.5も大人気。

住22 New St.
電(03)545-6911
URL www.devillecafe.co.nz
営火～金8:00～15:00、土・日9:00～15:00 休月・祝 CC DMV

### インディアン・カフェ The Indian Café
Map P.198-B2

インド出身のオーナーが経営。カレーはチキンだけでも10種類あり、テイクアウエイも可能。まろやかな辛さが際立ったバターチキンカレーは$22.98。カレーにライスがついたランチセットは$11.98。ベジタリアンのメニュー$19.98～もある。

住94 Collingwood St.
電(03)548-4089 URL www.theindiancafe.co.nz 営月～金12:00～14:00、17:00～22:00、土・日17:00～22:00 休無休 CC AMV

### ニュー・アジア・レストラン New Asia Restaurant
Map P.198-B2

揚州炒飯$17～やワンタンスープ$11.4など比較的さっぱりした味付けの料理がメニューに並ぶ。人気は酢豚$18.7、牛肉と野菜のブラックビーンソース炒め$17など。

住279 Hardy St.
電(03)546-6238
営月～金11:30～14:30、16:30～22:00、土・日16:30～21:30
休無休 CC AJMV

### ボート・シェッド Boat Shed
Map P.199-A2

水上に突き出した造りのレストラン。タスマン湾を眺めながら新鮮なシーフードを使った地中海料理を楽しめる。シェフおまかせのコースはランチが4品で$65、ディナーは6品で$95。ビーフフィレステーキ$40などの肉料理もある。

住350 Wakefield Quay
電(03)546-9783
URL www.boatshedcafe.co.nz
営月～金11:30～Late、土・日9:00～Late 休無休 CC AMV

## ネルソンの ショップ Shop

### リトル・ビーハイブ・コープ Little Beehive Co-Op

Map P.198-B1

ネルソン在住作家のポーラさんとレイチェルさんが2014年にオープン。店内には地元アーティストの作品が並び、バッグ、ジュエリー、雑貨のほか、ネルソンで作られた自然派コスメも充実。オリジナルなセンスのおみやげが見つかる。

住123 Bridge St.
021-177-4940
URL littlebeehive.shop
営月～金9:30～17:00、土9:30～16:00 休日
CC AMV

### アロマフレックス Aromaflex

Map P.198-B1

国内初のアロマショップで、オーガニックにこだわったエッセンシャルオイルを豊富に扱う。オイルは100種類以上、5mlの小瓶入りで$8～。

住280 Trafalgar St.
電(03)545-6217
URL aromaflex.co.nz
営月～金9:00～17:00、土10:00～15:00 休日 CC MV

### ジェンス・ハンセン・リングメーカー Jens Hansen The Ringmaker

Map P.198-B1

映画『ロード・オブ・ザ・リング』や『ホビット』で使われた指輪をデザインし、一躍有名店になったジュエリーショップ。映画に登場するThe One Ringのレプリカはゴールドで$199～。

住320 Trafalgar Sq.
電(03)548-0640
URL www.jenshansen.com
営月～金9:00～17:00(夏季～17:30)、土9:00～14:00、夏季のみ日10:00～13:00 休日
CC AJMV

### ジュエル・ビートル Jewel Beetle

Map P.198-B1

ふたりの女性作家の作品がメインで、甲虫の形をした色鮮やかなジュエリーが揃う。野鳥モチーフのアクセサリーもキュート。値段は$55～。

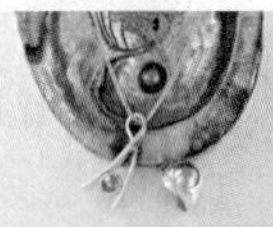

住56 Bridge St. 電/FAX(03)548-0487 URL jewelbeetle.co.nz
営月～金10:00～17:00
休土・日 CC AMV

## ネルソンの アコモデーション Accommodation

### キングス・ゲート・モーテル Kings Gate Motel

Map P.198-A1

町の中心部まで徒歩5分ほどの便利な場所にある。全室にDVDプレーヤーと40インチのスマートTVが備わり、Netflixも見られる。BBQ設備があり、夏季は温水プールが使用できる。

住21 Trafalgar St. 電(03)546-9108 FREE 0800-104-022
URL kingsgatemotel.co.nz
料ⒹⓉ$130～
室数11 CC MV

### リバーロッジ・モーテル・アパートメント Riverlodge Motel Apartments

Map P.198-A2

町の中心部まで徒歩約5分。白を基調にした客室は、コンパクトながら手入れが行き届き快適に過ごせる。新鮮な野菜や季節の果物をたっぷり使用した朝食$12が好評。4室のみキッチン付き。

住31 Collingwood St. 電(03)548-3094 FREE 0800-100-840
URL www.riverlodgenelson.co.nz
料ⓈⒹⓉ$99～ 室数11 CC MV

### タスマン・ベイ・バックパッカーズ Tasman Bay Backpackers

Map P.198-A2

庭に木々が生い茂り、隠れ家のような雰囲気。館内は明るく、内装もとてもおしゃれ。毎夜20:00には手作りチョコレートプディングが供される。共同バスルームも清潔で使いやすい。

住10 Weka St.
電(03)548-7950
FREE 0800-222-572
URL www.tasmanbaybackpackers.co.nz 料Dorm$28～ ⒹⓉ$78～ 室数65ベッド CC MV

### YHA ネルソン YHA Nelson

Map P.198-B1

町の中心部にありながらリーズナブルな料金が魅力。キッチンやリビングルームは広々としている。卓球やダーツができるプレイルーム、サウナ、BBQ設備なども揃う。レンタルサイクル$25～。

住59 Rutherford St.
電(03)545-9988 URL www.accentshostel.nz 料Dorm$24～ Ⓢ$59～ ⒹⓉ$75～
室数32 CC MV


キッチン(全室) キッチン(一部) キッチン(共同) ドライヤー(全室) バスタブ(全室) プール ネット(全室／有料) ネット(一部／有料) ネット(全室／無料) ネット(一部／無料

# ゴールデン・ベイ

## Golden Bay



1642年、オランダの航海者エイベル・タスマンによって"Murderer's Bay（殺人者の湾）"と命名されたが、1843年に内陸部で金が発見されたため、現在の美しい名前に変わった。1850年代には、コリンウッドCollingwood（当時の名前はギブズタウンGibbstown）を首都にしようという動きもあったほど栄えたが、ほどなくして金は枯渇してしまった。現在は国立公園に囲まれた、手つかずの自然があふれるエリアになっている。

### ゴールデン・ベイへのアクセス Access

ネルソンからタカカTakaka行きのゴールデン・ベイ・コーチラインズGolden Bay Coachlinesのバスが月・水・金に1日1往復運行されている。夏季は増便あり。所要時間はタカカまで約2時間15分。タカカには空港もあり、ゴールデン・ベイ・エアがウェリントンから8月を除いて1日1便、ネルソンからは1日2便運航している。

### ゴールデン・ベイの 歩き方

このエリアの中心となる町はタカカTakaka。観光案内所をはじめ、銀行や各種商店などが揃っている。

国道60号線の末端にあるコリンウッドCollingwoodはタカカより小さな町だが、レストラン、スーパーマーケットなどがあり滞在に不便はない。町の郵便局が観光案内所の機能を兼ねている。

南島最北端に位置するコリンウッドは小さくて静かな町

**おもなバス会社**
**ゴールデン・ベイ・コーチラインズ**
☎(03)525-8352
URL www.goldenbaycoachlines.co.nz
運 ネルソン 12:00発
タカカ 9:00発
（時季によって異なる）
料 ネルソン～タカカ片道大人$45、子供は半額

**航空会社**
**ゴールデン・ベイ・エア**
☎(03)525-8725
FREE 0800-588-885
URL goldenbayair.co.nz
運 ウェリントン発 月・火・土9:00、水～金・日16:30発（時季によって異なる）、所要約1時間10分
ネルソン発 9:40、15:20発、所要約30分

**観光案内所**
**Golden Bay Visitor Centre**
**Map P.209-A1**
住 Willow St. Takaka
☎(03)525-9136
URL www.goldenbaynz.co.nz
開 月～金
10:00～14:00
（時季によって異なる）
休 土・日

青い外観が特徴のタカカの観光案内所

**ププ・スプリングスへの行き方**
ププ・スプリングスへ行くには車を利用。タカカの町から国道60号線を北西へ進み、タカカ川を過ぎた所で左折、さらに約3km進んだ所に駐車場がある。

水鳥を至近距離で観察できる

## ププ・スプリングス

Pupu Springs

Map P.205

正式名称は、テ・ワイコロププ・スプリングスTe Waikoropupu Springsというが、地元の人々にはププ・スプリングスと呼ばれ親しまれている。この泉は1日の湧出量が国内最大であるだけでなく、透明度もすばらしい。湧き上がる水に砂が踊るさまは実に美しく、しばし見とれてしまうことだろう。泉はタカカ川を水源としており、上流の川床から地下を通る水流がある。それを証明するために、夏にタカカ川が涸れるのを見計らって上流のダムから放水し、泉の水位変化を測る大がかりな実験が行われたという。

ふたつの大きな泉の周囲に設置された遊歩道を散策でき、メインの泉を見るだけなら往復30分、両方見るなら45分程度。

どこまでも澄み切っているププ・スプリングス

**フェアウェル・スピットへのツアー催行会社**
**Farewell Spit Eco Tours**
☎(03)524-8257
FREE 0800-808-257
FAX (03)524-8939
URL www.farewellspit.com
Farewell Spit Tour
催 通年(潮汐による)
料 大人$175、子供$65
(所要約6時間30分)

フェアウェル・スポットへ向かうツアーバス。
© www.nelsontasman.nz

## フェアウェル・スピット

Farewell Spit

Map P.205

見るからに不思議な地形だが、この砂嘴(さし)は西海岸の岩盤が浸食されてできる砂が海流によって運ばれ、堆積してできあがった。長さ約35km、幅は平均で約800m。17世紀のオランダ人航海者エイベル・タスマンもこの場所を認めているが、命名者はジェームス・クックだ。彼の一行は1770年の航海で、ここを最後にニュージーランドを離れるにあたり、この岬に“Farewell（お別れ、さようなら！）”の名を付けた。

低く長い砂嘴は、船から見えづらく海難事故が多発したため、1870年、砂嘴の先端部に灯台が建てられた。かつては灯台守が住んでいたが、1984年に自動化されて無人となった。周辺の木は、少しでも陸地が見えやすくなるよう、灯台守が地道な努力で育てたものだ。砂嘴の内側は、遠浅で潮の干満の差が大きいため、クジラの群れが浅瀬で動けなくなる事故もたびたび起きている。砂嘴の先端部は海鳥の生息地でもあり、90種類以上が観察されているが、なかでも最も多いのはシギの仲間。9〜3月の間をここで過ごし、南半球に冬が近づくとシベリアのツンドラ地帯やアラスカなどの北方へと旅立っていく。

砂嘴の先端に立つ灯台

**ゴールデン・ベイで潮干狩りツアー**
エイベル・タスマン国立公園からゴールデン・ベイ一帯の海は遠浅で、干潮になると広大な干潟が現れる。沖のほうで砂を20〜30cm掘ってみると、大きなアサリのような貝がざくざくと、おもしろいように取れる。砂抜き不要で、そのままゆでて食べると非常においしい。とはいえ、たくさん取れるからといって取り過ぎないように。

## ヒーフィー・トラック
Heaphy Track

Map P.207

ゴールデン・ベイとウエストコーストとを結ぶトラック。全長約78.4kmで、カフランギ国立公園Kahurangi National Park内を通る。ブナの森林が主体だが、湿原や海岸など変化に富んだ景色が楽しめる。古くはマオリ族によって、ウエストコーストで採れるヒスイを運ぶルートとして使われていた。

トラック上には山小屋とキャンプサイトがあり、それらを使って4～6日で歩くのが一般的。コリンウッドからウエストコースト方面へ向かうのがポピュラーで、それによってルート上一番の上りであるブラウン小屋からペリー・サドル小屋Perry Saddle Hutまでの比較的高低差のある区間を最初に踏破し、美しい海岸沿いの平坦な区間を歩いてフィニッシュすることができる。全体的に急な上りは多くなくコース自体は簡単なほうだが､距離が長い縦走路なので装備は十分に。

山小屋やキャンプサイトの利用には予約が必要なので、出発前にハットパスをネルソンのビジターセンターやDOCの公式サイトから申し込み、購入しておくこと。トラックの東端はコリンウッドから約28km、西端はカラメアKarameaから約15kmの位置にあり、それぞれバスやタクシーが利用できる。おすすめはネルソンをベースとするシャトルバス会社トレック・エクスプレス（→P.202欄外）。ネルソンからは東端・西端のどちらへも便があり、東端へはモトゥエカ、タカカ、ワイヌイ、コリンウッドなどからも利用できる。

DOCのウェブサイト
URL www.doc.govt.nz

山小屋の予約申し込み
Nelson Visitor Centre
☎(03)546-8210
URL booking.doc.govt.nz
料 小屋 $56
キャンプサイト$16
※ヒーフィー小屋からコハイハイ・シェルターまでは、事前に潮汐情報を確認しておくこと。

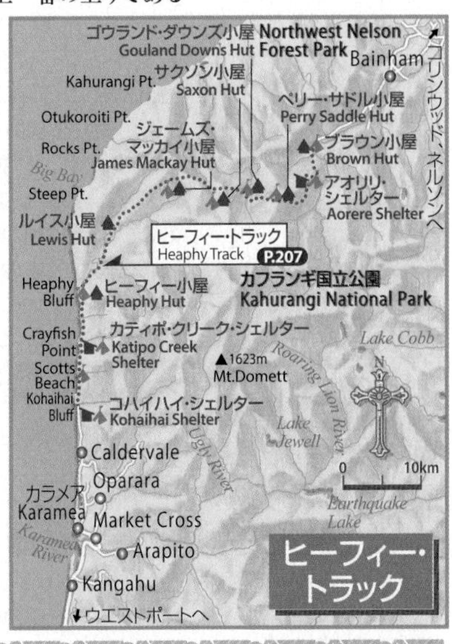


## ゴールデン・ベイの アコモデーション Accommodation

### タカカ

#### アニーズ・ニヴァーナ・ロッジ Annie's Nirvana Lodge
Map P.209-A1

タカカの市街地にあるアットホームなYHA。ププ・スプリングスまで無料貸し出しの自転車で行くことができる。BBQ設備あり。

住 25 Motupipi St. Takaka ☎(03)525-8766
URL www.nirvanalodge.co.nz 料 Dorm$30～ Ⓢ$50～ ⒹⓉ$70～ 室数 8 CC MV

#### モフア・モーテルズ Mohua Motels
Map P.209-A1

タカカ中心部に位置する、最新の設備を整えた4つ星モーテル。広い芝生の庭でBBQもできる。

住 22 Willow St. Takaka ☎(03)525-7222 FREE 0800-664-826 URL mohuamotels.com 料 ⓈⒹ$140～ 室数 20 CC MV

### コリンウッド

#### インレット The Inlet
Map P.205

コリンウッドの町から約10km北にあるアパートメント&コテージ。ビーチまでは200mほど。近くにはウオーキングトラックもある。

住 839 Collingwood-Puponga Main Rd. Collingwood ☎(03)524-8040 📱021-0279-9718 URL www.theinnlet.co.nz 料 Ⓢ$70～ ⒹⓉ$90～ 室数 9 CC MV

#### サマセット・ハウス Somerset House
Map P.205

コリンウッド中心部にあり日本人経営。最大5人まで宿泊可。自転車やカヤックのレンタルは無料。

住 12 Gibbs Rd. Collingwood 📱027-618-7779
料 2人$180～
室数 1 CC 不可 日本語OK

キッチン(全室) キッチン(一部) キッチン(共同) ドライヤー(全室) バスタブ(全室) プール ネット(全室／有料) ネット(一部／有料) ネット(全室／無料) ネット(一部／無料)

# エイベル・タスマン国立公園

## Abel Tasman National Park

エイベル・タスマン国立公園 ★
クライストチャーチ

URL www.abeltasman.co.nz

南島の北端近くにあるエイベル・タスマン国立公園は、美しい海でのカヤッキングと、海岸線沿いを歩く景色のいいコースト・トラックで非常に人気が高い。面積は約225km²でニュージーランドの国立公園のなかでは最小だが、訪問者数は最大。気候が温暖なので、ほぼ1年中アクティビティを楽しめるのも魅力だ。

グラデーションを描く海が美しいテ・プカテア・ベイ

この国立公園の名前は、1642年にヨーロッパ人として初めてニュージーランドを見つけたオランダの探検家エイベル・タスマン（→P.211）の名前にちなんだもの。

### エイベル・タスマン国立公園へのアクセス Access

国立公園のベースとなるマラハウMarahau近くの町モトゥエカMotuekaへは、ネルソンからタカカTakaka行きのゴールデン・ベイ・コーチラインズのバスでアクセスできる。運行は月・水・金曜に1日1便、所要約1時間。夏季は増便される。ほかに、トレック・エクスプレス社など数社がネルソンからマラハウや国立公園北端のワイヌイWainuiへシャトルバスを運行している。

おもなバス会社
シーニックNZ・エイベル・タスマン
TEL (03) 548-0285（ネルソン）
URL www.scenicnzabeltasman.co.nz
ゴールデン・ベイ・コーチラインズ（→P.205）

トレック・エクスプレス
（→P.202欄外）

観光案内所 i-SITE
Motueka i-SITE Visitor Centre
**Map P.209-B1**
住 20 Wallace St. Motueka
TEL (03) 528-6543
URL motuekaisite.co.nz
開 月～金 9:00～16:00
土・日・祝 9:00～14:00
休 無休
モトゥエカの町なか、国道60号線からWallace St.を入ってすぐ。ハットパスの予約、販売も行っている。

おもなウオータータクシー会社
Marahau Water Taxis
TEL/FAX (03) 527-8176
FREE 0800-808-018
URL www.marahauwatertaxis.co.nz

### エイベル・タスマン国立公園の 歩き方

マラハウMarahauという小さな村がエイベル・タスマン国立公園におけるベースとなる。また、マラハウから車で南へ約20分の所にあるモトゥエカMotuekaの町は、ショップやレストラン、宿泊施設が揃っていて便利なので、ここを拠点としてもいい。

コースト・トラックを全行程歩くには数日間かかるが、ウオータータクシーを利用すれば、ビーチや景色を楽しんだり、トラックの一部分を歩いたりできる。ウオータータクシーはマラハウから通年運行しており、発着時刻はネルソンやモトゥエカからのバス到着時間とリンクしている。事前に予約しておこう。

トランピングと組み合わせて使うと便利

ウオータータクシーからは公園内の変化に富んだ地形を間近に見られる

## エイベル・タスマン国立公園の見どころ

### シーカヤック
Sea Kayak

愛くるしい動物の姿も見逃せない

エイベル・タスマン国立公園を訪れたなら必ず体験したいのが、美しい海岸線沿いに漕ぎ進むシーカヤック。海と一体化したような爽快さが味わえる。ガイド付きツアーなら、パドルの握り方から教えてもらえるので、まったくの初心者でもOK。過去の日本人参加者の最高齢は82歳だとか。年間を通して楽しめるが、夏から秋にかけてがベストシーズン。

多くのツアーは、早朝マラハウからウオータータクシーに乗り、国立公園中央部で降りてカヤッキングをスタート。1日ツアーだけでなく、キャンプやロッジで宿泊する2～3日ツアーもある。海洋保護区となっているトンガ島Tonga Islandの周りでニュージーランド・ファーシール（オットセイ）を観察したり、人の少ないビーチで食事を楽しんだり、コースト・トラックでのウオーキングと組み合わせたりと、さまざまな過ごし方があるので、自分の希望と体力に合ったコースを選択しよう。コースによっては出発日が限られているものもあり、ネルソンやモトゥエカからの送迎も手配可能なので、予約時に確認を。

シーカヤックのツアー会社
Marahau Kayaks
☎(03)527-8176
FREE 0800-529-257
URL www.msk.co.nz
催 通年（一部のツアーは10～4月）
料 1日ツアー＄160～、2日ツアー＄280～

すがすがしい潮風を感じながら漕ぎ進もう

世界中からカヤッカーが訪れる

エイベル・タスマン国立公園

ゴールデン・ベイ Golden Bay
ファリファランギ・ベイ小屋 Whariwharangi Bay Hut
Taupo Point
Separation Point
Mutton Cove
Anapai Bay
Wainui Bay
Rangihaeata
Tata Beach
Tarakohe
Golden Bay Visiter Centre
コリンウッドへ
タカカ Takaka
Clifton
Wainui River
トタラヌイ Totaranui
Awaroa Bay
Awaroa Head
Awaroa Lodge P.211
干潮時のみ通行可
アワロア小屋 Awaroa Hut
Annie's Nirvana Lodge P.207
エイベル・タスマン国立公園 Abel Tasman National Park
Mohua Motels P.207
アワポト小屋 Awapoto Hut
エイベル・タスマン コースト・トラック Abel Tasman Coast Track P.210
Onetahuti
トンガ島 Tonga Island オットセイ生息地
Wainui Track
East Takaka
ワイヌイ小屋 Wainui Hut
バーク・ベイ小屋 Bark Bay Hut
Bark Bay
Sandfly Bay
Torrent Bay
Rameka Track
Moa Park Shelter
Canaan Downs Campsitte
Harwoods Hole
Mt.Evans 1156m
インランド・トラック Inland Track
Harwoods Hole Track
アンカレッジ小屋 Anchorage Hut
キャッスル・ロック小屋 Castle Rock Hut
Holyoake Shelter
アデール島 Adele Island
Pikikiruna 1054m
P.211 The Barn
Ocean View Chalets P.211
Sandy Bay
Uruwhenua
Otuwhero River
マラハウ Marahau
Otuwhero Inlet
Ngarua Cave
P.211 Marahau Beach Camp
Abel Tasman Centre
スプリット・アップル・ロック Split Apple Rock P.203
Upper Takaka
Kaiteriteri
Dummy Bay
山小屋
シェルター（宿泊は不可）
キャンプ指定地
Riwaka
SITE
0 10km
モトゥエカ Motueka
Avalon Manor Motels P.211
King Edward St.
Happy Apple Backpackers P.211
Mariri
Moutere Inlet
ネルソンへ

DOCのウェブサイト
URL www.doc.govt.nz

山小屋の予約申し込み
Nelson Visitor Centre
(→P.207欄外)
料 山小屋　　　　$56
キャンプサイト$24

おすすめショートコース
メインルートのほかに、ちょっとしたショートコースもいろいろある。なかでもおすすめは、ウオータータクシーが発着するアンカレッジ小屋前のビーチから、半島の先端Pitt Headを巡る約1時間20分のコース。途中、風光明媚なテ・プカテア・ベイTe Pukatea Bayを通る。

砂浜と森歩きの両方を楽しめるトラック

*i* マラハウの観光案内所
エイベル・タスマン・センター
Abel Tasman Centre
Map P.209-B1
住 229 Sandy Bay-Marahau Rd.
電 (03)527-8176
FREE 0800-808-018
URL www.abeltasmancentre.co.nz
開 8:00～17:00
(時季によって異なる)
休 無休

## エイベル・タスマン・コースト・トラック
Abel Tasman Coast Track

Map P.209-A1～B1

グレートウオーク（→P.419）のうちのひとつで、南のマラハウMarahauから北のワイヌイWainuiまで、全長約60kmのトラックを3～5日かけて歩く（→P.419)。森と海岸が織りなす景色の美しさで人気が高い。全体的になだらかで歩きやすく、ウオータータクシーを利用して一部だけ歩くということもできるため、ガイドなしでも気軽にトライできる。

このトラックの特徴のひとつに、潮位差が大きいため干潮時の前後数時間だけ渡れる干潟があげられる。ひざ下を濡らして歩くのも気持ちがいい。事前に潮汐を調べておくことを忘れずに。

コースト・トラック上には、4つの山小屋と18ヵ所のキャンプサイトがある。事前にハットパスやキャンプパスを購入すること。調理器具はないので持参しなければならない。アワロア・ロッジ（→P.211）などに滞在するのもいい。

**マラハウ　Marahau→アンカレッジ小屋　Anchorage Hut
(約12.4km、所要約4時間)**

**アンカレッジ小屋　Anchorage Hut→バーク・ベイ小屋　Bark Bay Hut　(8.4～11.5km、所要3～4時間、潮位差による)**

干潮時の前後それぞれ2時間はトレント・ベイTorrent Bayを渡ることができる。それ以外の時間は、山回りのルート（4km）をたどるため、1時間ほどよけいにかかる。

**バーク・ベイ小屋　Bark Bay Hut→アワロア小屋　Awaroa Hut
(約13.5km、所要約4時間30分)**

**アワロア小屋　Awaroa Hut→ファリファランギ・ベイ小屋
Whariwharangi Bay Hut　(約16.9km、所要約5時間35分)**

アワロア・ベイAwaroa Bayは、干潮前の1時間30分、干潮後の2時間に限って渡れる。

**ファリファランギ・ベイ小屋　Whariwharangi Bay Hut
→ワイヌイ　Wainui　(約5.7km、所要約2時間)**

## エイベル・タスマン国立公園の アクティビティ Activity

### マジカル・マリン・リザーブ

マラハウからウオータータクシーで出発し、北へ約25km進んだ所にあるオネタフチビーチへ。ビーチに着くとカヤックに乗り換え、トンガ島周辺を探索開始だ。パドルを漕ぎながらオットセイやブルー・ペンギンを観察しよう。ビーチでランチ休憩をとったあとは、カヤックでアンカレッジへ。そこからウオータータクシーでマラハウへ戻る。

Marahau Sea Kayaks
電 (03)527-8176
FREE 0800-529-257
URL www.msk.co.nz
催 10～4月8:30発
料 1日$260～(年齢制限14歳以上)
CC MV

### カイトサーフィン

セーリングのような爽快感とサーフィンの躍動感を併せもつカイトサーフィンは、カイト（凧）を上げ、その力を利用して海面を自由自在に疾走する。インストラクターのていねいな指導と道具の貸し出しがあるので初めてでも安心だ。

Kitescool　✆021-354-837
URL www.kitescool.co.nz　催 9～5月
料 初心者向けレッスン$170(所要3時間)
CC MV

## エイベル・タスマン国立公園のアコモデーション Accommodation

### マラハウ

#### オーシャン・ビュー・シャレー Ocean View Chalets

Map P.209-B1

マラハウ中心部から小高い丘を徒歩4分ほど登った、海を見渡せる最高のロケーションに位置する。ユニットはそれぞれ独立した造りで、ゆったりとした山小屋風。ゲスト用ランドリーあり。

住305 Sandy Bay Rd. Marahau 電(03)527-8232 URL www.accommodationabeltasman.co.nz 料ⓈⒹⓉ$205～ 室数10 CC MV

#### バーン The Barn

Map P.209-B1

カヤックツアー会社に近い便利な立地。広い芝生のグランピングサイトには、シービューの場所もある。ドミトリー棟を新設。共同キッチンは広々として使いやすい。

住14 Harvey Rd. Marahau 電(03)527-8043 URL www.barn.co.nz 料Camp$60～ Dorm$32～ Cabin$105～ 室数32 CC MV

#### マラハウ・ビーチ・キャンプ Marahau Beach Camp

Map P.209-B1

観光案内所エイベル・タスマン・センターに併設されており、ビーチからは100mほど。キャビンとホステルがある。レストランも併設している。

住229 Sandy Bay-Marahau Rd. 電(03)527-8176 FREE 0800-808-018 URL www.abeltasmancentre.co.nz 料Camp$40～ Dorm$35～ Ⓓ$75～ Cabin$85～ 室数5(Cabin) CC MV

### モトゥエカ

#### アバロン・マナー・モーテルズ Avalon Manor Motels

Map P.209-B1

中心部から徒歩5分。全室にパティオまたはバルコニーが付き、ゆったり過ごせる。併設のツアーデスクでツアー予約も可能。スパバス付きの部屋もある。

住314-316 High St. Motueka 電(03)528-8320 FREE 0800-282-566 URL avalonmotels.co.nz 料ⓈⒹ$135～ 室数16 CC MV

#### ハッピー・アップル・バックパッカーズ Happy Apple Backpackers

Map P.209-B1

ドミトリー、個室、テントサイト、パワーサイトと、さまざまな宿泊スタイルが選べる。広いガーデンがあり、BBQ設備のほか、バレーボールコートやバスケットボール用ゴール、卓球台なども用意。宿でもアクティブに過ごしたい人にぴったり。

住500 High St. Motueka 電(03)528-8652 URL www.happyapplebackpackers.co.nz 料Dorm$30～ Ⓢ$79～ Ⓣ$95～ Ⓓ$120～ 室数19 CC MV

### コースト・トラック

#### アワロア・ロッジ Awaroa Lodge

Map P.209-A1

アワロア・ベイに位置する高級ロッジ。各ユニットはそれぞれ独立した造りで、6人まで泊まれるファミリーユニットもある。併設のレストランも本格的。

住11 Awaroa Bay. Motueka 電(03)528-8758 URL www.awaroalodge.co.nz 料ⒹⓉ$459～ 室数26 CC MV

### Column オランダ人航海者エイベル・タスマン

エイベル・ジャンツーン・タスマンAbel Janszoon Tasman（1603～59）は、オランダ生まれの探検家。オランダ語ではアベル・ヤンスゾーン・タスマンと読む。南方の大陸を探し、まずオーストラリアでタスマニア島を“発見”。その後ニュージーランド南島の西海岸に到着し、1642年12月18日、現在のワイヌイ付近の沖合に2隻の帆船の錨を下ろした。事件が起きたのは翌朝のこと。無数のマオリのカヌーに襲われ、4人が殺されたのだ。タスマンはすぐに退散し、この地に「殺人者の湾」という恐ろしげな名をつけた。これが後のゴールデン・ベイである。その後タスマンは北島東海岸を北上して再度の上陸を試みるが、またも住民の襲撃に遭う。結局タスマン自身はこの土地に足跡を印さないまま、帰途についた。タスマンはこの国をスターテンランドと名づけたが、いつしかオランダの地名ゼーランドにちなんだノヴォ・ゼーランディアという呼び名が生まれた。しかし、この地を実際に訪れたヨーロッパ人は、127年後のジェームス・クックが最初となる（→P.368）。

# アーサーズ・パス国立公園

## Arthur's Pass National Park

アーサーズ・パス国立公園
★
クライストチャーチ

URL www.arthurspass.com

すがすがしい山岳国立公園に到着したトランツ・アルパイン号

南島に横たわるサザンアルプスの山並みの、北の端に位置する峠がこのアーサーズ・パスだ。南島を東西に横断するこの峠道は、古くはマオリの人々がヒスイ（マオリ語名ポウナム）を求めてウエストコーストへと通っていたルート。1864年に測量士で土木技師のアーサー・ドブソンArthur Dobsonが開削し、その名にちなんだ地名となった。1866年には馬車が通れる道路が開通したが、険しい山中のルートは大変な難所だった。こうした輸送のネックを解消するため、山岳地帯を長さ8.5kmのトンネルで貫くという当時としては画期的な鉄道プロジェクトが構想され、着工から15年もの歳月を経て1923年に完成。これによってアーサーズ・パスは山岳観光地として知られるようになった。

国立公園内には標高2000m以上のピークが名前の付くものだけで16もある。ベースタウンのアーサーズ・パス・ビレッジArthur's Pass Villageを起点に、いくつかのトラックが設けられている。クライストチャーチからの日帰りでも手軽に山の雰囲気を味わうことができるとあって、訪れる旅行者が多い。

おもなバス会社(→P.496)
アトミック・トラベル
運クライストチャーチ　8:00発
グレイマウス　13:45発
休水（時季によって異なる）
イースト・ウエスト・コーチス
運クライストチャーチ　14:00発
ウエストポート　7:00発

長距離バス発着所
Map P.213
住85 West Coast Rd.

鉄道会社(→P.496)
キーウィ・レイル
運クライストチャーチ　8:15発
グレイマウス　14:05発

i 観光案内所
DOC Arthur's Pass National Park Visitor Centre
Map P.213
住104 West Coast Rd.
☎(03)318-9211
開8:30〜16:30
休無休

山歩きに関する資料も展示する

テンプル・ベイシン・スキー場
Map P.214-A2
幹線道路から山道を約1時間30分登った所にあるロッジ＆スキー場。車でのアクセスは不可だが、スキー道具など大きな荷物は登山口のグッズリフトに積んで上げることができる。2棟あるロッジには最大120人まで宿泊でき、共同キッチンなど設備も充実している。
☎(03)377-7788
URL www.templebasin.co.nz
料1泊大人＄140（リフト券なし）、＄260（リフト券込み）

## アーサーズ・パス国立公園へのアクセス Access

クライストチャーチからグレイマウスやウエストポートへ向かうアトミック・トラベルAtomic Travelとイースト・ウエスト・コーチスEast West Coachesのバスが途中でアーサーズ・パス国立公園を経由する。1日1便、所要約2時間〜3時間15分。グレイマウスからは所要約1時間45分〜2時間30分。

列車ではクライストチャーチ〜グレイマウス間を走るキーウィ・レイルのトランツ・アルパイン号が1日1便往復しており、クライストチャーチからの日帰り観光も可能だ。所要約2時間40分。

## アーサーズ・パス国立公園の歩き方

観光の拠点となるアーサーズ・パス・ビレッジの中心、DOCビジターセンターは、駅から約300mの地点にある。長距離バスが発着するのは、食料雑貨店アーサーズ・パス・ストアArthur's Pass Store前。その周辺に宿泊施設やレストランなどが点在する。DOCビジターセンターには周辺のトラックに関する詳しい情報があるので、歩く前に立ち寄っておくのがおすすめだ。

## アーサーズ・パス国立公園の見どころ

### アーサーズ・パス国立公園のショートウオーク
Short Walks in Arthur's Pass National Park

Map P.213、214

以下のコースは所要時間が短く、ジーパンにスニーカー程度の軽装でも歩くことができるので、クライストチャーチからの日帰りでも十分に楽しめるだろう。

#### デビルス・パンチボウル・ウオーターフォール Devil's Punchbowl Waterfall（往復約1時間）

豪快な水しぶきを上げるデビルス・パンチボウル・ウオーターフォール

この一帯では最大の高さ131mの滝を見に行くコース。スタート地点はアーサーズ・パス・ストアから北へ約450mの所に駐車場があり、そこから表示に沿って進む。滝の下までは30分余り、部分的にやや急な所もある。新しく整備された展望台から滝が激しく流れ落ちる、迫力ある光景を眺められる。滝つぼ周辺は立入禁止となっている。

足場の悪い所は舗装されているので歩きやすい

#### ブライダル・ベール（アーサーズ・パス・ウオーキング・トラック）Bridal Veil（Arthur's Pass Walking Track）（往復約40分）

スタート地点がデビルス・パンチボウル・ウオーターフォールと同じなので、組み合わせて歩くのに適している。ほぼ全行程が森林の中を行く平坦な道で、特別な見どころはないが、美しい森の中の静かな散歩を楽しむのにちょうどいい。"花嫁のベール"というロマンティックで美しい名前の、コース半ばにある小さな沢を越える1ヵ所だけ短いが急なアップダウンがある。スタートから1時間弱歩くと国道に出て、コースは終わる。国道を歩くのは危険なため、帰り道は行きと同じ。

#### オティラ・バレー　Otira Valley（往復1時間20分～6時間）

アーサーズ・パス・ビレッジから北へ約7km、アーサーズ・パスの峠を越えた所にある駐車場がスタート地点。オティラ川が流れる谷に沿って、タソックや灌木が茂る森の中を進んでいく。厳しいアップダウンはないが、一部足場が悪い所があるので注意。氷河に削られてできた開放感のある谷の風景が見られる。ルート最終に古い橋が架かっており、先へ進むには、あらかじめきちんとした装備が必要。冬は雪崩が発生する可能性があり危険。

高山植物を愛でながら歩こう

## アーサーズ・パス国立公園のトランピングトラック

Tramping Tracks in Arthur's Pass National Park

Map P.213、214

### アバランチ・ピーク　Avalanche Peak

**(往復6〜8時間)**

アバランチ（崖崩れ、雪崩）という名前のとおり、大きく崩れたガレ場をもつ荒々しい山容が目立ち、標高1833mのピークからは、アーサーズ・パス国立公園の主峰マウント・ロールストンMt. Rolleston（標高2275m）と、その南斜面にある氷河を間近に望むダイナミックな山岳景観が広がる。それだけに人気も高いが、決して初心者が手軽に登れる山ではない。特に山頂直下の稜線はルートが不明瞭なうえ、不安定な岩場が続いており、視界不良時や悪天候下では危険が高い。

スタートはDOCビジターセンターのすぐ裏側で、最初からかなり急な上りだ。森林の中で視界はあまり開けないが、どんどん小さくなっていくビレッジの風景が木々の間に見え隠れする。1時間30分ほどで標高約1200mの森林限界を越える。ここで初めて展望が開け、眼下の南北方向に延びるビーリー川の深い谷間を見渡すことができる。ここからの地形はタソックと岩場が主で、斜度はやや緩くなる。ルートは20m程度の間隔で立つポールによって示されているので、これに従って

アバランチ・ピーク頂上。足元には十分な注意を

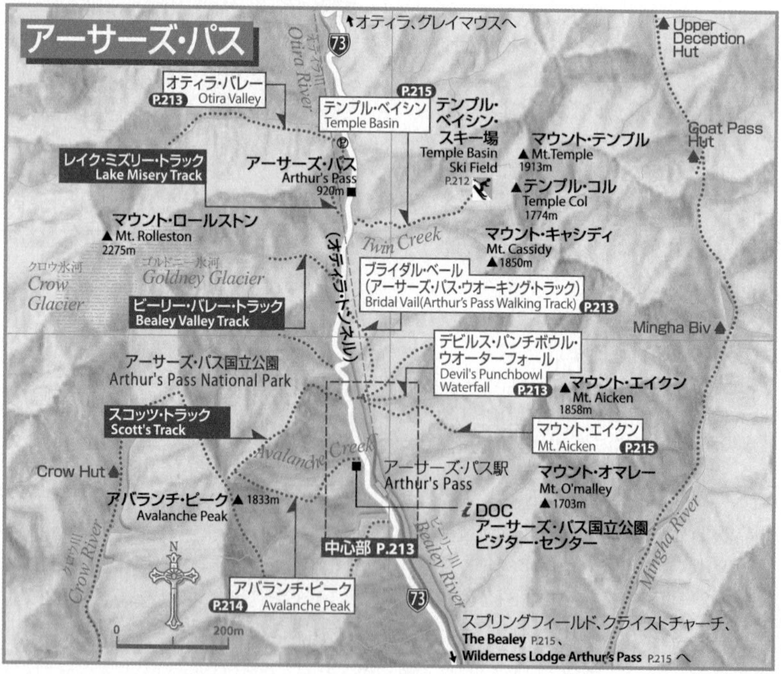

進む。頂上直下、最後の100mほどは非常に幅の狭い岩場で、慎重に登らねばならない。そして頂上へ。最高地点を示す標識類は何もないが、期待どおりの展望が迎えてくれる。

帰路は往路と同じでもいいが、北側のスコッツ・トラックScott's Trackから下るのもポピュラーだ。これは山頂直下で、アバランチ・ピークをやや戻ってから始まるルートで、往路に比べると全般に斜度は緩やかだ。もちろんこれを往路に利用することもできる。正面にデビルス・パンチボウル・ウオーターフォールを見ながら下り、最後はビレッジの北端で国道脇に下り、全行程が完了する。

### テンプル・ベイシン　Temple Basin

**(往復約3時間)**

ビレッジから北へ約5km行った国道73号線沿いにある駐車場がスタート地点。スキー場へ向かう林道を、歩いて登っていく。1時間30分ほどでたどり着くスキークラブの山小屋を終点にして往復する。天気がよい日は、マウント・ロールストンを一望できる。山小屋から最終リフト終点のテンプル・コルまではルートの目印もなくなるので上級者向け。

### マウント・エイクン　Mt. Aicken

**(往復6〜8時間)**

マウント・エイクンはアバランチ・ピークとはビレッジを隔てて向かい合う位置にある標高1858mの山。トラックはデビルス・パンチボウル・ウオーターフォールの駐車場から始まり、途中、トンネル工事に使用された古い発電所前を通過する。

**登山届けを忘れずに**

アバランチ・ピークなど本格トレッキングコースを歩いたり山小屋を使用する登山者は、事前に登山届けを出すこと。必要事項をeメールで送るか、ウェブサイトから専用フォームをダウンロードし、必要事項を記入する。詳細は下記ウェブサイトを参照。

URL www.adventuresmart.org.nz/outdoors-intentions

**読者投稿**

山頂での
スコッツ・トラックの探し方

2019年2月にアバランチピークから上り、スコッツ・トラックから下る登山をしました。山頂到着後、来た道(アバランチピーク)を少し戻るとスコッツ・トラックへの分岐点が見つかりました。山頂ではポールなどの案内が見当たらず、勘違いしてルートから外れる旅行者もいるようなので注意が必要です。

(神奈川県　匿名　'19)['23]

## アーサーズ・パス国立公園のアコモデーション　Accommodation

### ビーリー　The Bealey　Map P.214-B2外

アーサーズ・パスから国道73号線を南へ12kmほど行った所にある閑静なホテル。5人まで泊まれるヴィラもあるのでグループでの宿泊にもおすすめ。レストランも併設する。

住12858 West Coast Rd.
電(03)318-9277　FAX(03)318-9014
URL thebealeyhotel.co.nz
料Studio $195〜　Villa $265〜
室数17　CC MV

### アーサーズ・パス・アルパイン・モーテル　Arthur's Pass Alpine Motel　Map P.213

国道73号線沿い、鉄道駅より少し南に位置するモーテル。少々古びているが、メンテナンスが行き届いた内部は清潔。すべてのユニットにバスルーム、トイレが付いており、冷蔵庫や電子レンジ、食器などのキッチン設備も完備。モーテル初心者でも安心。

住52 Main Rd. State Hwy.73
電(03)318-9233
FREE 0800-900-401
URL www.apam.co.nz
料ⒹⓉ$120〜　室数9　CC MV

### ウェルネダス・ロッジ・アーサーズ・パス　Wilderness Lodge Arthur's Pass　Map P.214-B2外

アーサーズ・パスから73号線を南へ約16km、コーラリンロードを南へ約1km行った先にあるオールインクルーシブのホテル。豊かな自然に囲まれており、客室からは美しい風景を眺めながら過ごすことができる。タイプの異なる2種類の客室がある。

住State Hwy. 73　電(03)318-9246
URL www.wildernesslodge.co.nz
料Ⓢ$625〜　ⒹⓉ$515〜
室数24　CC MV

### マウンテン・ハウス　Mountain House　Map P.213

ビレッジの中心部にあるバックパッカーズホステル。山歩きについての情報を豊富にもつ。ドミトリーは寝具付きで、タオルの貸し出し可(有料)。個室はバス、トイレ共用。

住84 West Coast Rd.
電(03)318-9258
URL mountainhouseap.mydirectstay.com　料Dorm$35〜　ⓈⒹⓉ$99〜　室数65ベッド　CC MV

キッチン(全室)　キッチン(一部)　キッチン(共同)　ドライヤー(全室)　バスタブ(全室)
プール　ネット(全室／有料)　ネット(一部／有料)　ネット(全室／無料)　ネット(一部／無料)

# ウエストコースト

## West Coast

ウエストコーストの観光情報
URL www.westcoast.co.nz

航空会社(→P.496)
ニュージーランド航空

ホキティカ空港
**Map P.216-B1**
☎(03)755-6318
URL hokitikaairport.co.nz
交 ホキティカの長距離バス発着所から約2km、グレイマウスからは約38km。タクシーもしくはレンタカーを利用。

おもなタクシー会社
Greymouth Taxis
☎(03)768-7078
URL greymouthtaxis.co.nz

おもなバス会社(→P.496)
インターシティ
イースト・ウエスト・コーチス

鉄道会社(→P.496)
キーウィ・レイル

タスマン海に面した南島の西海岸は、ニュージーランドの"僻地"といった印象が強い。断崖の続く切り立った海岸線と、そのすぐ近くまで迫る山並みのために交通事情が悪く、大きな町が発展することはなかったからだ。国内有数の降水量をもつ地域でもあり、豊かな水量に育まれた深い森が一帯を覆う。

奇岩が連なるプナカイキのパンケーキ・ロック

この地は、古くからニュージーランドヒスイの産地であった。この宝石をマオリの人々は「ポウナム」と呼び、霊力の宿るものとして装飾品あるいは武器の材料として珍重していた。

その後ヨーロッパ人の入植とともに発達した産業は、19世紀末に始まった石炭と金の採掘だ。ウエストポートの北側で1878年に始まった石炭採掘は1910年代に産出量のピークを迎え、現在でも採掘は続いている。金が発見されたのはグレイマウスからホキティカにかけての一帯で、1865年のこと。しかし埋蔵量はさほど多くなく、幸運を手に入れた者はごくわずかだったという。

### ウエストコーストへのアクセス Access

ニュージーランド航空がクライストチャーチからホキティカ(→P.221)まで1日2便運航。所要約45分。

長距離バスはインターシティがネルソン～フォックス氷河間を1日1便運行、グレイマウスで乗り換え、フランツ・ジョセフ氷河を経由する。イースト・ウエスト・コーチスはクライストチャーチ～ウエストポートを1日1便運行、グレイマウスを経由する。

また、鉄道ならクライストチャーチからアーサーズ・パス国立公園を経てグレイマウスまでを走るキーウィ・レイルのトランツ・アルパイン号を利用することもできる。

ウエストコースト
カラメアへ
ネルソンへ
ネルソンへ
ウエストポート Westport P.217
イナンガフア Inangahua
ファウルウインド岬＆シール・コロニー P.218
Cape Foulwind & Seal Colony
Larrys Creek
Charleston
メトロ/テ・アナヌイ洞窟 P.218
Metro/Te Ananui Caves
Mt. Faraday ▲1485m
リーフトン Reefton
Maruia
カイコウラ、クライストチャーチへ
Tiromoana
パパロア国立公園 Paparoa National Park
Maimai
ビクトリア・フォレスト・パーク Victoria Forest Park
DOCパパロア国立公園ビジターセンター
Springs Junction
プナカイキ Punakaiki
Ikamatua
Barrytown
Totara Flat
Mt. Pameses 1478m
パンケーキ・ロック P.218
Pancake Rocks
Lake Hochstetter
Grey River
0 20km
Nelson Creek
Rapahoe
Stillwater
Lake Ahaura
Cobden
グレイマウス P.219 Greymouth
Lake Haupiri
Moana
Paroa
Lake Brunner
Lady Lake
Kangaroo Lake
Mt. Elizabeth ▲1737m
シャンティ・タウン Shanty Town P.220
Rotomanu
Kumara Junction
Mitchells
アーサーズ・パス国立公園 Arthur's Pass National Park P.212
Jacsons
Chesterfield
Taramakau River
Seaview
Otira
▲2145m Mt. Franklin
ホキティカ空港
クライストチャーチへ
ハーストへ
ホキティカ Hokitika P.221
i SITE
Lake Kaniere
アーサーズ・パス Arthur's Pass
トランツ・アルパイン号
ホキティカ渓谷へ
A
B
1

ウエストコースト

# ウエストポート

## Westport

人口：4660人
URL westport.nz

ウエストポートはその名が示すとおり、西海岸では数少ない港町として発展してきた町。西海岸ではグレイマウスに次ぐ大きさで、ブラー川Buller Riverの大きな流れに面し、古くは石炭、現在はおもにセメントを積んだ船が行き交っている。石炭の採掘は全盛期の勢いはないものの、現在も続いており、町の北約30kmのグラニティGranity周辺にはいくつかの炭鉱がある。

タスマン海を見渡すファウルウインド岬

## ウエストポートへのアクセス Access

インターシティなどが1日1便運行するネルソン〜フォックス氷河間のバスがウエストポートを経由する。ネルソンからは所要約3時間40分、グレイマウスからは約2時間20分、フォックス氷河からは約7時間。また、ほとんどのバスはパンケーキ・ロック(→P.218) で有名なプナカイキPunakaikiを経由する。バスの発着所はパーマストン・ストリートPalmerston St.沿いにあるガソリンスタンド、カルテックスCaltexの前。または観光案内所アイサイト前に停まる。

おもなバス会社(→P.496)
インターシティ
イースト・ウエスト・コーチス

長距離バス発着所
**Map P.217-A2**
住 197 Palmerston St.

大通りパーマストン・ストリート

観光案内所 i SITE
Westport i-SITE Visitor Centre
**Map P.217-A1**
住 123 Palmerston St.
☎ (03)789-6658
URL westport.nz
開 12月16日〜3月14日 9:00〜17:00
3月15日〜12月15日
月〜金 9:00〜16:30
土・日・祝 10:00〜16:00
休 無休

## ウエストポートの歩き方

商店やレストランなどは、ブラー川に並行して走るパーマストン・ストリート Palmerston St. 沿いに集中。観光案内所アイサイトもこの通り沿いにあり、バスの発着所からは3ブロックほど。

## ウエストポートの 見どころ

### コールタウン博物館
Coaltown Museum

Map P.217-A1

石炭や金鉱をテーマとする博物館。炭鉱での採掘風景を実物大で再現した展示は臨場感がある。展示室には約8トンの石炭を積む大型の貨車があるが、これはウエストポートより内陸の鉱山デニストンで使われていたもの。標高600mの地点から石炭を運び下ろすため、最大47度の急斜面を走っていた様子を表している。

**コールタウン博物館**
住123 Palmerston St.
☎(03)789-6658
開12～3月　9:00～17:00
4～11月
月～金　9:00～16:30
土・日　10:00～16:00
休無休
料大人$10、子供$2

### メトロ／テ・アナヌイ洞窟
Metro/Te Ananui Caves

Map P.216-A1

ツチボタルが生息する洞窟。アンダーワールド・アドベンチャーズ社が洞窟を訪れるツアーを催行している。洞窟内の川を下るラフティングと組み合わせたプランも人気。

**アンダーワールド・アドベンチャーズ**
住7368 State Hwy. 6, Charleston
☎(03)788-8168
FREE 0800-116-686
URL caverafting.com
催通年
料グロウワーム・ケーブ・アドベンチャー大人$145、子供$110
アンダーワールド・ラフティング大人$215、子供$170

### ファウルウインド岬 & シール・コロニー
Cape Foulwind & Seal Colony

Map P.216-A1

ファウルウインド岬とは、"暴風の岬" の意で、キャプテン・クックが命名したものだ。岬の先端周辺には遊歩道（全長約3.4km）があり、終着点近くのニュージーランド・ファーシール（オットセイ）のコロニーでは、崖の上に設けられたデッキからファーシールの群れを観察できる。

荒々しい海岸とコロニーを見学

**ファウルウインド岬&シール・コロニーへの行き方**
ウエストポートから国道67号線を西へ約15km進んだ所に駐車場がある。ここから徒歩で灯台まで約15分、コロニーまで約1時間。コロニー近くにも駐車場があるので逆ルートも可。

### パンケーキ・ロック
Pancake Rocks

Map P.216-A1

グレイマウスとのほぼ中間にあるプナカイキPunakaiki。ここの海沿いでは石灰質の岩が層をなして重なり、パンケーキを高く積み重ねたような姿を見せている。近くにはブロウホール（潮吹き穴）もあり、満潮時には打ち寄せる波が岩盤に開いた穴から勢いよく吹き出す様子を見ることができる。国道沿いから遊歩道を歩いて1周約30分。

**パンケーキ・ロックへの行き方**
ウエストポートから国道6号線を南へ約56km。グレイマウス行きの長距離バスがプナカイキに停車する。

パンケーキを何百枚も積み重ねたような不思議な岩

## ウエストポートの アコモデーション Accommodation

### アシュレ チェルシー・ゲートウエイ・モーター・ロッジ
ASURE Chelsea Gateway Motor Lodge　Map P.217-A2

メインストリートに面した立派な構えのモーテル。部屋は広くて清潔。ステュディオユニットにテラスとガーデンが設けられくつろげる。6室はスパバス付き。最大6人まで泊まれる部屋がある。

住330 Palmerston St.　☎(03)789-6835　FREE 0800-660-033
URL www.chelseagateway.co.nz　料ⓈⒹⓉ$150～　室数20　CC ADJMV

### ベイジル・ホステル
Bazil's Hostel　Map P.217-A1

観光案内所アイサイトからすぐ近く。ドミトリールームには共用のキッチン、シャワー、トイレ、テレビラウンジが備えられている。サーフィンのレッスンも行っている。

住54-56 Russell St.　☎(03)789-6410　URL www.bazils.com　料Dorm$32～　ⒹⓉ$90～　室数20　CC MV


キッチン(全室)　キッチン(一部)　キッチン(共同)　ドライヤー(全室)　バスタブ(全室)
プール　ネット(全室／有料)　ネット(一部／有料)　ネット(全室／無料)　ネット(一部／無料)

# グレイマウス

## Greymouth

人口：1万4200人
URL greydistrict.co.nz



小規模ながらもウエストコースト一帯では最大の町。かつては周辺で金が採れ、それ以後はウエストコースト一帯における酪農や林業の中心地、陸海の交通の要衝として栄えてきた。

その名が示すとおり、グレイ川Grey Riverの河口の平地に広がるグレイマウスは、地元ではグレイという略称で呼ばれることが多い。かつてマオリの人々はここを“広がった河口の地”という意味のマウェラMawheraと呼び、パ（要塞をもつ集落）を設けて住み着いていた。

河口の町グレイマウスは、過去に幾度となく水害に見舞われた歴史をもつ。1988年の5月と9月にも、立て続けに大規模な洪水が発生し、それをきっかけにようやく The Great Wall of Greymouthと呼ばれる大堤防が完成。町の主要部分は完全に防護され、堤防の上は遊歩道としても利用されている。

堤防の上からグレイ川を望む

## グレイマウスへのアクセス Access

クライストチャーチからグレイマウス郊外の町ホキティカ（→P.221）まで、ニュージーランド航空の直行便がある（→P.216）。

長距離バスは、インターシティが運行するネルソン〜フォックス氷河の便がウエストポート経由でグレイマウスに停車する。ネルソンからは所要約6時間、ウエストポートからは約2時間15分。フォックス氷河からは約4時間45分。また、イースト・ウエスト・コーチスはクライストチャーチからアーサーズ・パス国立公園経由ウエストポート行きのバスを運行。グレイマウスにも停まる。クライストチャーチから所要約3時間45分。バスは鉄道駅に発着する。

鉄道ではクライストチャーチから1日1便運行されているキーウィ・レイルのトランツ・アルパイン号を利用。クライストチャーチを8:15に出発、グレイスマウスには13:05に到着。

おもなバス会社（→P.496）
インターシティ
イースト・ウエスト・コーチス

鉄道会社（→P.496）
キーウィ・レイル

観光案内所 i-SITE
Greymouth i-SITE Visitor Information Centre
Map P.220
住 164 Mackay St.
☎ (03) 768-7080
FREE 0800-473-966
URL www.westcoasttravel.co.nz
開 9:00〜17:00
休 無休

町のどこからでも見える時計台は町歩きの目印に便利

## グレイマウスの歩き方

鉄道駅はグレイマウスの中心部の北側、マッカイ・ストリートMackay St.に面している。観光案内所アイサイトは駅構内にある。インターシティ、イースト・ウエスト・コーチスなどのバスが発着するのもこの駅前だ。駅前の通りを西側に歩いていくとしだいに商店の数が増え、アルバート・モールAlbert Mallあたりが最もにぎわいを見せるエリアとなる。中心部に見どころは少ないので車があると便利。

市街地にはいくつかの遊歩道が設けられている。手軽に歩くならグレイ川に沿った堤防上の道フラッドウォール・ウオークFloodwall Walkがおすすめ。外海に突き出た防波堤の上からは、晴れた日には海越しにサザンアルプスの山並みが見えるすばらしい眺望が楽しめる。

## グレイマウスの 見どころ

モンティース醸造所
住Turamaha St. & Herbert St.
電(03)768-4149
URL www.monteiths.co.nz
営11:00～21:00
催見学ツアー　16:00発
休無休
料$35(所要約45分、要予約)

### モンティース醸造所
Monteith's Brewery

Map P.220

モンティースは、ウエストコーストのビールとして古くから親しまれているブランドだ。今ではニュージーランド各地で飲まれるほどポピュラーだが、もともとの醸造所はグレイマウスにある。

醸造所では1日4回ツアーを行っており、醸造所の歴史や醸造工程の解説、テイスティングなどができる。テイスティングのみは3種$15～。

150年以上の歴史がある老舗

シャンティ・タウン
住316 Rutherglen Rd. Paroa
電(03)762-6634
FREE 0800-742-689
URL www.shantytown.co.nz
開9:00～16:00
(時季によって異なる)
休無休
料大人$38、子供$19
(パニング体験$7)
交グレイマウスから国道6号線を約8km南下、パロアParoaという町を過ぎたら内陸に入り約3km。

砂金探しを楽しもう

### シャンティ・タウン
Shanty Town

Map P.216-B1

グレイマウス周辺で初めて金が発見されたのは1865年のことだった。ここシャンティ・タウンは、そのゴールドラッシュ当時の町並みを再現したもの。鍛冶屋、銀行、牢獄など内部まで忠実に造られており、タイムスリップ感覚が味わえる。園内には当時の蒸気機関車が、往復20分ほどの線路を走っている。ゴールドパニング(砂金探し)の体験ができるのも楽しい。

施設内には地ビールが味わえるホテル(酒場)もある

グレイマウス
コブデン島 Cobden Island
大堤防 "The Great Wall of Greymouth" (Floodbanks)
Mclean Domain
グレイ川 Grey River
Nimmo Park
プナカイキ、ウエストポートへ
リーフトンへ
Cobden Bridge
Copthorne Hotel Greymouth P.221
グレイマウス駅
Mackay St.
Duke Hostel P.221
Guinness St.
Albert Mall
警察署
ヒストリーハウス博物館
Arthur Fong Park
タスマン海 Tasman Sea
Countdown (スーパーマーケット)
The Warehouse (ホームセンター)
Victoria Park Grandstand
Messenger Park
P.220 モンティース醸造所 Monteith's Brewery
Global Village Backpackers P.221
カロロ湖 Lake Karoro
Anzac Park
Coleraine Suites+ Apartments P.221
グレイマウス空港 Greymouth Airport
New World (スーパーマーケット)
プール
病院
滑走路
Perotti Park
ホキティカ、フランツ・ジョセフへ
400m

## グレイマウス郊外の 見どころ

### ホキティカ
Hokitika

Map P.216-B1

グレイマウスから南へ40kmほど行った海沿いの町。町の北に流れるアラフラ川流域は、ウエストコースト一帯におけるヒスイ（グリーンストーン、マオリ語ではポウナム）の一大産地として知られ、かつてポウナムを売るマオリの商人たちが、このホキティカから国内各地へ行商に出かけていった。町には、ヒスイ製のアクセサリーを売るショップや工房もあり、カービング（彫刻）の制作体験が楽しめる。また、東へ25kmほど行くとホキティカ渓谷Hokitika Gorgeがある。エメラルドブルーに輝く水が最大の魅力で、橋から眺める風景はすばらしい。往復15分の簡単なウオーキングコースがある。

水の神秘的な青さにうっとり

ウエストコースト沿いの町だけに年間降水量は多いが、晴れた日にはもくもくとした雲に覆われたアオラキ／マウント・クックの稜線が眺められ、アクティビティも盛んに行われている。

**ホキティカの観光情報**
URL hokitika.org

**ホキティカへの行き方**
クライストチャーチからホキティカまでニュージーランド航空が運航。グレイマウスからの場合、インターシティ系列グレートサイツのフォックス氷河行きのバスがホキティカに停車する。所要40分。

**観光案内所 i-SITE**
**Hokitika i-SITE Visitor Information Centre**
**Map P.216-B1**
住 36 Weld St.
TEL (03)755-6166
URL hokitikainfo.co.nz
開 12～2月
月～金 8:30～18:00
土・日・祝 9:00～17:00
3～11月
月～金 8:30～17:00
土・日・祝 10:00～16:00
休 無休

**ポウナム・カービング体験**
**Bonz 'N' Stonz**
住 16 Hamilton St. Hokitika
TEL (03)755-6504
URL www.bonz-n-stonz.co.nz
営 予約制
休 無休
料 $100～（素材によって異なる）

**ホキティカ渓谷**
**Map P216-B1外**

## グレイマウスの アコモデーション Accommodation

### コプソーン・ホテル・グレイマウス
Copthorne Hotel Greymouth Map P.220

鉄道駅に近く、アクセスに便利。客室はゆったり落ち着いた雰囲気で、グレイ川の眺望を楽しめる客室も。バーやレストランも併設。

住 32 Mawhera Quay
TEL (03)768-5085
URL www.millenniumhotels.com
料 Ⓢ Ⓓ Ⓣ $234～
室数 53
CC AMV

### コールレーン・スイーツ&アパートメンツ
Coleraine Suites & Apartments Map P.220

町の中心部から徒歩で20分ほど、ハイ・ストリート沿いに立つアパートメント。2ベッドルームは最大5人まで泊まることが可能。客室はソファやテーブルが配され広々。

住 61 High St. TEL (03)768-0077 FREE 0800-270-077 URL colerainegreymouth.nz 料 Ⓢ Ⓓ Ⓣ $220～ 室数 22 CC AJMV

### デューク・ホステル
Duke Hostel Map P.220

1874年創業の歴史ある宿泊施設。ラベンダーカラーの外観が目を引き、客室内もカラフル。洗面所付きのドミトリーには女性専用ルームもある。コーヒー、紅茶、朝食のトーストとジャムは無料。

住 27 Guinness St.
☎ 021 0237-5428
URL www.duke.co.nz
料 Dorm$29～ Ⓢ $55～ Ⓓ Ⓣ $60～ 室数 50ベッド CC V

### グローバル・ビレッジ・バックパッカーズ
Global Village Backpackers Map P.220

鮮やかな色合いのアフリカとアジアンアートで囲まれたユニークな内装。スパバスやサウナ、ジムなど施設も充実している。カヤック、レンタサイクル、釣り竿などを無料で利用できる。

住 42-54 Cowper St.
TEL (03)768-7272 URL www.globalvillagebackpackers.co.nz
料 Dorm$30～ Ⓢ Ⓓ Ⓣ $74～
室数 15 CC MV

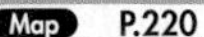

キッチン(全室) キッチン(一部) キッチン(共同) ドライヤー(全室) バスタブ(全室) プール ネット(全室／有料) ネット(一部／有料) ネット(全室／無料) ネット(一部／無料)

ウエストランド／タイ・ポウティニ国立公園

クライストチャーチ

URL www.glaciercountry.co.nz

# ウエストランド／タイ・ポウティニ国立公園

## Westland Tai Poutini National Park

ダイナミックな氷河ウオークを体験しよう

南島の西海岸の中ほどにあるウエストランド／タイ・ポウティニ国立公園は、国内最高峰アオラキ／マウント・クックの西側が急激に海に落ち込む所である。温暖なこの国にあって、海岸線から直線距離でわずか10km余りしか離れていないのに、氷河を抱いたダイナミックな山岳風景が展開する変化の大きさには驚くばかりだ。最大の見どころは、何といってもフランツ・ジョセフ、フォックスのふたつの氷河。アオラキ／マウント・クック国立公園周辺に140近く残る氷河のなかでもこのふたつはアクセスが容易で、誰もが手軽に氷河観光を楽しめる魅力的な場所。ヘリコプターや小型飛行機でのフライト、あるいは氷河上を歩くアクティビティを、ぜひ体験したい。

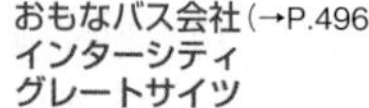
おもなバス会社(→P.496)
インターシティ
グレートサイツ

鉄道会社(→P.496)
キーウィ・レイル

## ウエストランド／タイ・ポウティニ国立公園へのアクセス Access

グレートサイツの長距離バスは2路線あり、それぞれ1日1便運行。北からはグレイマウス13:30発、フランツ・ジョセフ氷河を経由してフォックス氷河に17:40着。所要時間は約4時間10分。南からはクイーンズタウン8:10発、ワナカやフォックス氷河を経由してフランツ・ジョセフ氷河に16:15着。所要時間は約8時間5分。クライストチャーチから鉄道トランツ・アルパイン号に乗り、グレイマウスで氷河行きのバスに乗り継ぐ手もある。

ワナカからハースト峠Haast Passを越えて氷河にいたるドライブルートは、車窓風景も楽しみだ。ワナカの町から北へ向かい、ハウェア湖、ワナカ湖とふたつの湖沿いに進んだあと、ハースト峠へ。標高564mのこの峠を境に草原から深い森へと風景が変わっていくのも興味深い。やがて海沿いに出て、断崖の連なる海岸線を見ながら北上していく。

ところでウエストランド／タイ・ポウティニ国立公園はアオラキ／マウント・クック国立公園のすぐ西側に位置し、両ビレッジ間の直線距離はわずか50km程度。しかし陸路の最短ルートはワナカ、ハースト峠を経由するほかになく、その距離は470kmにも及ぶ。徒歩ではコプラン・トラックCopland Trackと呼ばれる唯一のルートがあるが、氷雪登山の技術が必要とされる上級者オンリーの山越えだ。

サザンアルプスへと向かうドライブ

## ウエストランド／タイ・ポウティニ国立公園の歩き方

ウエストランド／タイ・ポウティニ国立公園では、フランツ・ジョセフ氷河、フォックス氷河のふたつが一般観光客にもアクセス可能で人気が高い。それぞれ最寄りの集落（ビレッジ）が、氷河と同じ名で呼ばれており、どちらのビレッジにも、宿泊施設、アクティビティ会社など観光の機能が揃っている。規模としてはフランツ・ジョセフ氷河ビレッジのほうがフォックス氷河よりもやや大きく、DOCのビジターセンターもこちらにある。フォックス氷河ビレッジはこぢんまりとしているものの機能に遜色はなく、行われるアクティビティの内容もまったく同じだ。

ハイライトはヘリコプターや小型飛行機での遊覧飛行。フライトには氷河上の雪原に着陸するものと、氷河上空を飛ぶだけのものがある。いずれのフライトも頻繁に行われるが、最低2～4人が集まらないと催行しない。また悪天候でフライトできないこともしばしばある。逆に悪天候が続いたあとの晴れの日は観光客が集中し、早々に全便満席ということも。天気予報を確認して、到着前に予約しておくほうがいい。

またヘリハイクと呼ばれるトリップは、ヘリコプターからの景観を楽しんだあとに氷河に着陸し、そこからガイドとともに氷河の上を歩いて回るもの。遊覧飛行と氷河ウオーク、ふたつの要素が楽しめて非常に人気の高いアクティビティだ。あるいはヘリコプターを使わずに、ガイドとともに氷河の末端部近くまで歩くウオークツアーもある。氷河上部に比べれば景観の規模はやや劣るが、手軽に氷河の景色を楽しむことができる。

**ふたつの氷河の違い**

あえて言えば、フランツ・ジョセフのほうが氷河の表面に大きなクレバスが多く荒削りな感じ。フォックスのほうは比較的平坦な部分が多い。もっとも一般人にはその違いを実感することは難しい。

人気の高いヘリハイク

**i 観光案内所**
**DOC Westland Tai Poutini National Park Vistor Centre**
**Map P.224**
住69 Cron St.
☎(03)752-0796
開11～3月　8:30～18:00
　4～10月　8:30～16:45
休無休

**ヘリコプター会社**
**Heli Services NZ Fox & Franz**
☎(03)752-0793
FREE 0800-800-793
URL www.heliservices.nz
**Glacier Helicopters**
☎(03)752-0755
FREE 0800-800-732
URL www.glacierhelicopters.co.nz
**Mountain Helicopters**
☎(03)751-0045
FREE 0800-369-423
URL mountainhelicopters.co.nz
**The Helicopter Line**
☎(03)752-0767
FREE 0800-807-767
URL www.helicopter.co.nz

# フランツ・ジョセフ氷河

**Map P.224**

Franz Josef Glacier

フランツ・ジョセフの名は、1865年に当地を探査したオーストリアの地理学者ユリウス・フォン・ハーストJulius von Haastが、自国のフランツ・ヨーゼフ皇帝の名を付けたもの。観光の拠点となるビレッジからはすぐ背後に氷河の姿が見え、山岳リゾート的な雰囲気が漂う。

人口約480人の小さなビレッジ

ビレッジの規模は小さく、メインストリートである国道にツアー、アクティビティ関係のオフィスのほか、レストランや食料品店などが並び、長距離バスの発着もこの通り沿い。

宿泊施設は国道から東へ1本入ったクロン・ストリートCron St. 沿いに多い。DOCウエストランド・タイ・ポウティニ国立公園のビジターセンターは、この通り沿いに立派な建物を構えており、温水プール施設やアクティビティのオフィスも同じ建物内にある。周辺のウオーキングルートに関する情報が入手でき、地図なども揃うので足を運んでみよう。

## フランツ・ジョセフ氷河の見どころ

### ヘリコプターでの遊覧飛行

Scenic Flights by Helicopter

**Map P.224**

**フランツ・ジョセフ氷河ビレッジ**

グレイマウスへ↑
Franz Josef Hwy.
Wallace St.
Cron St.
6
0 100m
N
i DOC ウエストランド・タイ・ポウティニ国立公園ビジターセンター
Franz Josef Glacier Guides
Ⓗ Rainforest Retreat P.228
Ⓗ Punga Grove P.228
Ⓗ Bella Vista
Franz Josef Glacier (Douglas Graham Wings)
Cowan St.
Glacier Helicopters
Air Safaris
West Coast Wildlife Centre
Fox & Josef Franz Heliservices
Mountain Helicopters
Ⓗ Glow Worm Cottages
バス発着所
Ⓢ スーパーマーケット
i スコットベース・インフォメーション・センター
ガソリンスタンド
The Helicopter Line
Condon St.
フォックス氷河、ハーストへ↓
Ⓗ Chateau Backpackers & Motels P.228
↓Ⓗ YHA Franz Josef Glacier P.228 へ

フランツ・ジョセフ氷河では数社のヘリコプター会社が遊覧飛行を行っており、ほとんどのコースは氷河上に着陸するが、短いフライトでは着陸なしのものもある。氷河を間近に見るには、やはり着陸ありのコースがおすすめだ。フォックス氷河にもオフィスを持つ会社も多い。いずれも飛行時間20分$300程度で、各社で料金に大差はない。

ヘリコプターで爽快な遊覧飛行

## 小型飛行機での遊覧飛行
Scenic Flights by Plane

ビレッジから西へ約8kmの所にある飛行場を発着。小型飛行機でフランツ・ジョセフ氷河をはじめ、フォックス氷河、アオラキ/マウント・クック国立公園を巡る。氷河着陸はないが、ヘリコプターより高い視点から、広大な展望を得られるのが魅力だ。

## ヘリハイク&アイスクライミング
Heli-Hike & Ice Climbing

ヘリハイクでは、ヘリコプターで氷河中央部に着陸し、さらに上部を目指して2時間ほど歩いて上っていく。ヘリコプターでの遊覧飛行もあわせて楽しむことができるので人気が高い。

また、ヘリコプターで着陸後、専門家による指導のもと、大きな氷の壁を上るアイスクライミングなどもある。難易度は高いが初心者（16歳以上）でも参加でき、用具なども貸してくれる。

## フランツ・ジョセフ氷河周辺のウオーキングトラック
Walking Tracks around Franz Josef Glacier

Map P.223-A2

### フランツ・ジョセフ・グレイシャー・ウオーク　Franz Josef Glacier Walk
**（往復約1.7km、所要約30分）**

フランツ・ジョセフ氷河末端部へ続くグレイシャー・ロードGlacier Rd.の終点の駐車場から、森林の中の遊歩道を歩き、氷河のビューポイントまで続くショートトラック。近年は温暖化の影響で氷河の氷が溶けているため、ヘリハイク以外では氷河上を歩くことはできない。駐車場まではグレイシャー・バレー・エコツアーズGlacier Valley Eco Toursがガイドツアーを運行している。また駐車場付近にはセンティネル・ロックSentinel Rockという氷河の見晴らし台がある。トラックは雪崩や落石で閉鎖されることもあるので、事前にDOCのビジターセンターで確認すること。

グレイシャー・バレー・ウオーク終点

### ロバーツ・ポイント　Roberts Point
**（往復約11km、所要約5時間20分）**

グレイシャー・ロードに入り、国道から約2km進んだ所がスタート地点。滑りやすい岩肌が多く、急な区間もあるので、雨のあとは要注意。

### アレックス・ノブ　Alex Knob
**（往復約17.2km、所要約8時間）**

標高1303mの高さだけに健脚向き。ピークからは氷河の全容、反対側にはタスマン海まで望むことができる。町から往復約8時間かかるので晴れた日を選び、水、食料、雨具などの装備を調えたうえ、早めの出発を心がけたい。トラックのスタート地点はロバーツ・ポイントと同じ場所の道を隔てた反対側。ここから1時間ほど森を歩くとウォンバット湖Lake Wombatに出る。その後3時間余りでアレックス・ノブのピークへ到着する。

---

小型飛行機の催行会社
**Air Safaris**
**Map P.224**
☎(03)752-0716
FREE 0800-723-274
URL www.airsafaris.co.nz
（日本語対応）
料 遊覧飛行のグランド・トラバースは約50分間のフライトで大人$425、子供$325（こちらはスキープレーンではなく、雪上着陸はない）

眼下に広がる氷河を楽しもう

ヘリハイク&アイスクライミング
**Franz Josef Glacier Guides**
**Map P.224**
☎(03)752-0763
FREE 0800-484-337
URL www.franzjosefglacier.com
**ヘリハイク**
料 $585
（所要約4時間）
**アイスクライミング**
料 $670
（所要約8時間）

ガイドが足場を整えながら歩く

氷河通行情報
URL www.glaciercountry.co.nz

ガイドツアー催行会社
グレイシャー・バレー・エコツアーズ
FREE 0800-925-586
URL glaciervalley.co.nz
料 大人$90、子供$45
所要約3時間。ピックアップは各宿泊施設。要予約。ほかに各種ガイドツアーも扱っている。

センティネル・ロックへは駐車場から10分ほど

ヘリコプター会社
Heli Services NZ
Fox & Franz
☎(03)751-0866
FREE 0800-800-793
URL www.heliservices.nz
Glacier Helicopters
☎(03)751-0803
FREE 0800-800-732
URL www.glacierhelicopters.co.nz
Mountain Helicopters
☎(03)751-0045
FREE 0800-369-423
URL mountainhelicopters.co.nz
The Helicopter Line
☎(03)751-0767
FREE 0800-807-767
URL www.helicopter.co.nz

# フォックス氷河

Map P.226

Fox Glacier

小さなフォックス氷河ビレッジ

フォックス氷河ビレッジは、フランツ・ジョセフ氷河ビレッジから南西へ約25km離れた所にある。地名は1869～72年までニュージーランドの首相を務めたウィリアム・フォックスWilliam Fox卿の名にちなんで付けられたものだ。

フォックス氷河のベースタウンはフランツ・ジョセフのそれよりさらに小さく、人口は約280人。町並みは"街道筋の集落"といった趣で質素な雰囲気。

ビレッジの中心にあり長距離バスの発着所を兼ねているのが、フォックス・グレイシャー・ガイディングFox Glacier Guiding、フォックス氷河の主要なアクティビティを取り扱っている。その他のヘリコプター会社など観光関係のオフィスやレストラン、宿泊施設も、同じ通りに集まっている。フォックス氷河ビレッジに観光案内所やスーパーはないので、情報収集や買い出しはフランツ・ジョセフで行うのがおすすめ。食料品や日用品を扱う商店はフォックス・グレイシャー・ガイディングの向かいにある。

## フォックス氷河の見どころ

### ヘリコプターでの遊覧飛行

Map P.226

Scenic Flights by Helicopter

フォックス氷河ビレッジ
滑走路
ヘリポート
N
0 200m
←マセソン湖へ
→フランツ・ジョセフ、グレイマウスへ
Cook Flat Rd.
6
Lake Matheson Motel
Rainforest Motel
P.228 The Westhaven Motel
Fox Glacier Top10 Holiday Park P.228
The Helicopter Line
Sullivans Rd.
Glacier Helicopters
Main Highway
長距離バス発着所
食料品店
フォックス・グレイシャー・ガイディング
Fox & Josef Franz Heliservices
Heartland
Ivory Towers Backpackers Lodge P.228
Mountain Helicopters
P.228 Fox Glacier Lodge
↓フォックス氷河、ハースト、ワナカへ

フォックス氷河からも、フランツ・ジョセフ氷河と同じく数社のヘリコプター会社がフライトを行っている。内容、料金はおおむね同じで、フォックス氷河への約20分間のフライトで$300程度。ふたつの氷河を巡る約30分のフライトは$385程度、アオラキ／マウント・クック国立公園まで行くフライトもある。

ヘリコプターでの氷河着陸はぜひ体験したい

## ヘリハイク
Heli-Hike

足場が悪いので注意しながら歩こう

フォックス氷河でのヘリハイクは、フォックス・グレイシャー・ガイディングFox Glacier Guidingが催行している。オフィスで専用のスパイクシューズを借りて、町外れにあるヘリポートを出発。上空からの展望を楽しんだあと、氷上のわずかな平地に慎重に着陸。ここで靴に簡易アイゼンを付け、スティックを持ってハイクに出発だ。足場の悪い所ではガイドがピッケルを使ってステップを刻んでくれる。氷河を横断して歩く途中では、青白い氷のトンネルを抜けたり、深いクレバスをのぞき込んだりと、冒険気分も味わえる。所要約4時間。

ハイクのほかには、ピッケルやアイゼンを使って氷壁をよじ登るアイスクライミングなどもある。所要8〜9時間。

ヘリハイク＆氷河ウオーク催行会社
**フォックス・グレイシャー・ガイディング**
**Map P.226**
住44 Main Rd. State Hwy. 6
電(03)751-0825
FREE 0800-111-600
URL www.foxguides.co.nz
料ヘリハイク
$599〜
アイスクライミング
大人$670

青色に光る氷河は幻想的

## フォックス氷河周辺のウオーキングトラック
Walking Tracks around Fox Glacier

Map P.223-A1

### フォックス・グレイシャー・サウス・サイド・ウオーク　Fox Glacier South Side Walk
**（往復約6.4km、所要約2時間）**

フォックス氷河末端部への道

フォックス川に架かる橋を過ぎた先にある駐車場から氷河の末端部へ続く森林道を、氷河のビューポイントまで歩くコース。マウンテンバイクでもアクセス可能。近年は温暖化の影響で末端部付近では氷河崩落の危険があるため､氷河上を歩くことは禁止されている。氷河上を歩くにはヘリハイクなどへの参加が必須｡グレイシャー・バレー・エコツアーズGlacier Valley Eco Toursがガイドツアーを催行している。所要時間は約3時間30分。

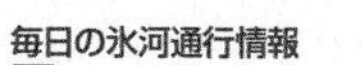

毎日の氷河通行情報
URL www.glaciercountry.co.nz

ガイドツアー催行会社
**グレイシャー・バレー・エコツアーズ**
FREE 0800-925-586
URL www.glaciervalley.co.nz
料大人$90、子供$45

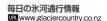

### モレーン・ウオーク　Moraine Walk
**（往復約4km、所要約1時間30分）**

フォックス・グレイシャー・サウス・サイド・ウオークからアクセスするショートコース。ただしマウンテンバイクでの通行は不可。古いモレーンに植物が茂り、森となっていく様が観察できる。

### マセソン湖　Lake Matheson（約4.4km、1周約1時間30分）

トラックの入口は町から西へ約6km。そこから静かな湖を一周できる。見どころは何といっても湖面に映るサザンアルプスの山並みで、ぜひ晴れた日を狙って行きたいもの。また、湖から見る夕日の風景も美しい。ただしその場合、帰りは暗い道を歩くことになるので注意が必要だ。

夕暮れ時のマセソン湖

## フランツ・ジョセフ氷河

### プンガ・グローブ Punga Grove
Map P.224

上級クラスのモーテル。背後に森が広がる静かな立地だ。客室には簡易キッチンが付いており5人まで宿泊できるユニットも。エグゼクティブ・ステュディオにはスパバスや暖炉がある。

住40 Cron St.
電(03)752-0001
URL www.pungagrove.co.nz
料ⓈⒹⓉ$120～
室数20
CC MV

### レインフォレスト・リトリート Rainforest Retreat
Map P.224

コーン・ストリートに面しており、さまざまな客室タイプがある。熱帯雨林に囲まれた豪華なツリーハウスにはキッチン、洗濯機など設備も充実。そのほかロッジやコテージ、ハットタイプの客室やバックパッカーズもある。

住46 Cron St.
電(03)752-0220
FREE 0800-873-346
URL rainforest.nz
料ⒹⓉ$175～　室数19　CC ADMV

### YHA フランツ・ジョセフ・グレイシャー YHA Franz Josef Glacier
Map P.224外

比較的大きいホステルだが、夏のハイシーズンは混み合うので早めの予約を。奥行きのある広めの共同キッチンや、ラウンジにある暖炉がうれしい。無料で利用できる駐車場やBBQ設備もある。

住2-4 Cron St.　021-081-10850
URL www.yha.co.nz
料Dorm$38.64～
Ⓢ$78.2～　ⒹⓉ$124.2～
室数103ベッド　CC MV

### シャトー・バックパッカーズ & モーテルズ Chateau Backpackers & Motels
Map P.224外

共同キッチン、ランドリー、テレビ・ビデオルームなどの施設が揃うほか、周辺でのツアー、アクティビティに関する情報も豊富。専用キッチンが付いたモーテルタイプの部屋もある。スパプールや国際電話は無料で利用できる。

住8 Cron St.　電(03)752-0738
FAX (03)752-0743
URL www.chateaunz.co.nz
料Dorm$22～　ⒹⓉ$65～
室数43　CC MV

## フォックス氷河

### フォックス・グレイシャー・ロッジ Fox Glacier Lodge
Map P.226

木の質感を生かした造りで、明るく落ち着いた雰囲気。ほとんどのユニットに無料のスパバスを備えている。自転車の貸し出しやツアーのアレンジも行っている。B&Bタイプのスイートルームも。

住41 Sullivan Rd.　電(03)751-0888　FREE 0800-369-800
FAX (03)751-0026
URL www.foxglacierlodge.com
料ⓈⒹⓉ$175～　室数6
CC MV

### ウエストヘイブン・モーテル The Westhaven Motel
Map P.226

フォックス氷河ビレッジ中心部の便利な場所にあるモーテル。質の高いサービス、施設を提供する。広々とした部屋はシンプルでモダンな内装。

住29 Main Rd.　電(03)751-0084
FREE 0800-369-452
URL www.thewesthaven.co.nz
料ⓈⒹⓉ$100～
室数23　CC AMV

### アイボリー・タワーズ・バックパッカーズロッジ Ivory Towers Backpackers Lodge
Map P.226

町の中心部にあるホステル。3棟からなり、それぞれにキッチン、シャワーなどの設備がある。サウナやスパプールの利用は無料。

住33/35 Sullivans Rd.
電(03)751-0838
URL ivorytowers.co.nz
料Dorm$29～　Ⓢ$62～　ⒹⓉ$83～　室数85ベッド　CC MV

### フォックス・グレイシャー・トップ 10 ホリデーパーク Fox Glacier Top10 Holiday Park
Map P.226

中心部からクック・フラット・ロードCook Flat Rd.を西へ徒歩約10分。テントサイトからモーテルユニットまで、いろいろなタイプの宿泊施設が揃う。街灯が周りにないため夜は注意しよう。

住Kerr Rd.　電(03)751-0821
FREE 0800-154-366
URL www.fghp.co.nz
料Cabin$65～　Motel$125～
室数33　CC MV


キッチン(全室)　キッチン(一部)　キッチン(共同)　ドライヤー(全室)　バスタブ(全室)
プール　ネット(全室／有料)　ネット(一部／有料)　ネット(全室／無料)　ネット(一部／無

## Column 氷河の成り立ちと活動の不思議

ヘリコプターなどで氷河を上空から見ると、谷を流れる文字どおりの"氷の河"だと実感できる。しかしその氷はもとをただせば高山に降り積もった雪が、長い年月をかけて氷に変わったものだ。

ニュージーランドのサザンアルプスの山並みには、いくつものとがったピークが連なるが、その直下には比較的なだらかな平原状の部分があって万年雪を蓄えている。これが**ニーヴェ Névé**と呼ばれる部分で、氷河はここを源として谷間を下り落ちる。ニーヴェに次々と降り積もる雪は自らの重みで圧迫され、空気を押し出し、さらに夏の間に生じる雪解け水や雨水が、冬に再び凍ることで、しだいに硬い氷へと変化していく。積雪はおおむね20mの深さになると、もはや雪の姿をとどめずに完全な氷となる。そしてゆっくりと流れ落ちるに従って平らだった雪面に無数の亀裂が生じ、それが氷河上の深い**クレバスCrevasse**となる。

フォックスおよびフランツ・ジョセフ氷河では、ニーヴェの深さは最大300mにも達するといわれており、これが巨大な氷河の"原料"供給源となっている。サザンアルプス一帯に数多く点在する大小の氷河のなかで、これらふたつの氷河が標高わずか300mという際立って低い位置まで下っているのは、広大なニーヴェと狭く急峻な谷間という条件が揃ったためである。

この地の氷河の観察は19世紀末から行われているが、その当時と比べて現在の氷河末端部分は数kmも後退しているという。このような氷河の大きさの変化は、気象条件と密接な関連をもっている。氷河は、まさに河のように流れ、前進を続けている。しかし融ける氷の量が、前進する量を上回れば、氷河の末端部は後退するわけだ。このことからすると、この100年間での氷河の後退は地球温暖化の影響かとも思われる。

長い時間をかけて流れる氷河

しかし氷河の動きは、そう単純なものでもないようだ。1960年代には再び前進が始まり、特に1965年から1968年の間でフランツ・ジョセフ氷河は180mも前進、1966年4月には1日7mという記録的な速さの進行が観察されている。

この急激な前進運動はいったん収束したが、1985年から動きが再び活発化。それ以来、かなり速いペースでしかもコンスタントな前進が、現在でも続いている。

この理由については、過去の冷夏や大雪の影響、また降雨量が多く、氷河の底で"潤滑剤"となる水の流れが増えたことなどが挙げられているが、氷河のメカニズムには未解明な部分も多い。

なおこれら氷河の活動については、フランツ・ジョセフ氷河のDOCビジターセンターに詳しい展示がある。

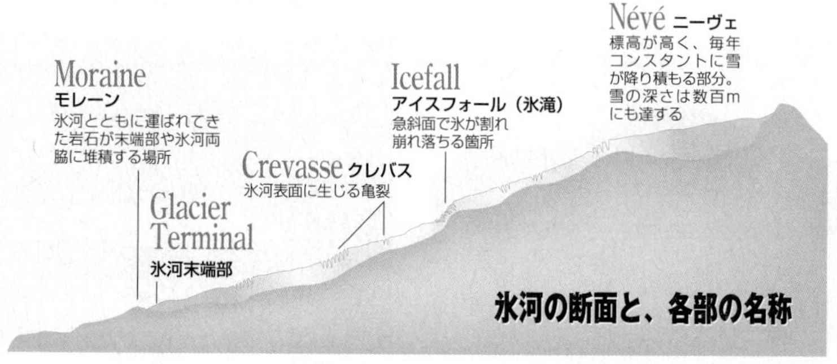
Névé ニーヴェ
標高が高く、毎年コンスタントに雪が降り積もる部分。雪の深さは数百mにも達する
Moraine
モレーン
氷河とともに運ばれてきた岩石が末端部や氷河両脇に堆積する場所
Icefall
アイスフォール（氷滝）
急斜面で氷が割れ崩れ落ちる箇所
Crevasse クレバス
氷河表面に生じる亀裂
Glacier Terminal
氷河末端部
氷河の断面と、各部の名称

# 南北島間の移動

南北ふたつの島からなるニュージーランドは、両島の間をクック海峡によって隔てられている。南北島間を移動するには、飛行機やフェリーでこの海峡を渡らなくてはならない。

## 飛行機の場合

サウンズ・エアSounds Airとオリジン・エアOrigin Airがクック海峡間を運航。前者はウェリントン〜ピクトン間を1日2往復。ブレナム、ネルソンからも運航。後者はウェリントン〜ネルソンを1日1往復。パーマストン・ノース、ハミルトンからも便がある。

**サウンズ・エア**
☎(03)520-3080　FREE 0800-505-005（予約）
URL www.soundsair.com
**オリジン・エア**
FREE 0800-380-380　URL originair.co.nz
※ウェリントン〜ピクトンは所要約30分

## フェリーの場合

インターアイランダー InterislanderおよびブルーブリッジBluebridgeの2社がウェリントン〜ピクトン間を運航しており、所要時間は、インターアイランダー、ブルーブリッジともに、約3時間30分。バイクや自動車をフェリーに乗せることが可能（予約時に申し出ること）。

悪天候時には2社間での振り替え輸送が行われることもある。

### フェリー時刻表

**インターアイランダー**

| | | | | | | |
|---|---|---|---|---|---|---|
| ウェリントン発 | 2:00 | 6:15 | 8:45 | 13:00 | 15:45 | 20:30 |
| ピクトン着 | 5:30 | 9:45 | 12:15 | 16:30 | 19:15 | 24:00 |
| ピクトン発 | 7:30 | 11:00 | 14:15 | 18:30 | 20:35 | |
| ウェリントン着 | 11:00 | 14:30 | 17:45 | 22:00 | 23:59 | |

**ブルーブリッジ**

| | | | | |
|---|---|---|---|---|
| ウェリントン発 | 2:30 | 8:15 | 13:30 | 20:30 |
| ピクトン着 | 5:45 | 11:45 | 17:15 | 24:00 |
| ピクトン発 | 2:30 | 7:45 | 14:00 | 19:15 |
| ウェリントン着 | 6:00 | 11:30 | 17:30 | 23:00 |

※シーズンで便数は異なるので予約時に確認を。

### 問い合わせ先

**インターアイランダー**
**Interislander**
FREE 0800-802-802
URL www.interislander.co.nz
料 大人$75〜、子供$38〜、自転車は$20
※上記は便の変更やキャンセルの場合は払い戻しが可能なRefundableの運賃。Saverのほうが低料金だが、変更の際に手数料が$20〜かかり、キャンセルは不可。変更時の手数料は無料だが、キャンセル不可なFlexibleもある。

**ブルーブリッジ**
**Bluebridge**
☎(04)471-6188
FREE 0800-844-844
URL bluebridge.co.nz
料 大人$62〜、子供$29〜
※上記はSuper Sailの運賃。予約した便の1時間前までなら手数料なしで変更できる。払い戻しは不可。変更時に手数料$20〜がかかり、キャンセルもできないが料金の安いSaver Sail、手数料なしでの変更および払い戻し可能なFlexi Sailもある。

インターアイランダー

ブルーブリッジ

## 発着ターミナルへの行き方

### インターアイランダー

#### ●ウェリントン

ウェリントン駅から1kmほど離れた場所にある(Map P.393-A1)。駅〜ターミナル間を無料シャトルバスが運行しており、所要約5分。バスは各便の50分前に駅を出発。

#### ●ピクトン

ピクトン駅から徒歩で約4分ほど(Map P.192-A1)。フェリー到着後、長距離バスに乗り継ぐ人のために、バスはターミナル正面から発着する。

### ブルーブリッジ

#### ●ウェリントン

ウェリントン駅から徒歩2分ほどのウオータールー・キー・ターミナルWaterloo Quay Terminalにある(Map P.394-B2)。

#### ●ピクトン

ピクトン駅から1kmほど離れた場所にある(Map P.192-A1)。観光案内所アイサイト前から、便に合わせてシャトルバスが出ている(要予約)。

## 乗船手続きの方法

ここでは、インターアイランダーのピクトン/ウェリントン便を例にとり、乗船手続きの方法を紹介。逆も基本的には同じだ。

### ①出発前日までに予約を入れる

なるべく事前に予約しておこう。各町の観光案内所、旅行会社、インターアイランダーの予約センター、公式ウェブサイトから予約できる。希望する日時、行き先、片道か往復か、人数、名前、車やバイクの有無なども伝える。観光案内所、旅行会社の場合は、その場で代金を支払う。オンライン予約、電話予約の場合はクレジットカードのナンバーと有効期限が必要だ。予約が完了すると確認番号としてリファレンス・ナンバーが伝えられるので、控えておく。

### ②窓口でチケットを受け取る

出航の45分前までにフェリーターミナルのチケットカウンターに行き、リファレンス・ナンバーを伝え、乗船券をもらう。

チケットカウンターで乗船手続き

### ③大きな荷物を預ける

大きな荷物はバゲージ・チェックインのカウンターで預け、荷物の引換券をもらう。

荷物はここで。下船後はターンテーブルで出てくる

### ④ゲートから乗船する

ターミナルの2階に移動し、ゲートから乗船する。2階にはカフェテリアがあり、食事も取れる。悪天候の日は遅延や運休、他社便に振り替えになることもあるので、館内放送には注意を払おう。

ブリッジを渡っていよいよ船内へ

### ●レンタカー利用の場合

フェリーターミナル前には、大手レンタカー会社のオフィスが並んでいる。レンタカー会社によってはフェリーに乗せることはなく、フェリーターミナルでいったん車を返却し、下船後にあらためて別の車を借りる(→P.470)。

## 船内での過ごし方(インターアイランダー編)

モダンなデザインの船内には、売店とカフェテリアがあり、軽食からワインまで楽しめる。船尾部分にはガラス張りの展望室もある。海鳥が多いエリアなので、バードウオッチングを楽しむことも。船内ではWi-Fiを利用できる。

座席は自由席のほか団体客用のスペース、幼児同伴者向けのキャビン、ベッド付きキャビンなどがある。また、カイタキ号、カイアラヒ号、アラテレ号にある有料ラウンジの「プレミアム・ラウンジ」は新聞や雑誌も用意されており、ワイン、ビール、コーヒー、紅茶などが飲み放題。便の時間帯によって、朝食、ランチ、夕食のいずれかが料金に含まれている。利用料は1人$80。チケットは予約時に公式ウェブサイトや観光案内所アイサイトなどで購入可能。

眺めのいい展望室はクルーズ気分

さまざまなタイプのシートがある

船内で朝食

マールボロ・サウンドの美しい海と海岸線

「地球の歩き方」公認

# 地球の歩き方 オンラインショップ

スーツケース・キャリーバッグはもちろ
旅行用バッグやトラベル便利グッズ、デ
イン雑貨などを豊富に取り揃え、あなた
「快適な旅」をサポートします。

## 環境に優しいサステナブルなスーツケース

TIERRAL

今まで無意識に使っていたスーツケー
「TIERRAL（ティエラル）」に替えて旅に出
それが環境配慮への小さな第一歩。
ボディの外装素材にリサイクルP
樹脂を使用した環境に優しい、2つのタイ
「TIERRAL」誕生！

スライド操作でトマル

## TOMARU

伸縮ハンドルのベース部分に設置されたスライドスイッチで背面2輪が固定できる「キャスターストッパー」機能を搭載。しゃがみこんだり、足で踏んだりせずに、ワンタッチでのロックが可能に。信号待ちや傾斜のある場所、揺れる電車・バスでの不用意な動き出しを防げるストレスフリーなスーツケース【TOMARU】。

## TORERU

旅から帰ったら、すぐに汚れたキャスター
簡単に"トレル"。清潔にスッキリと収納でき
スーツケース【TORERU】。別売りのリペア
スターを使用すれば擦り減ったキャスター
を自分で簡単に交換することも可能。長く
続けてもらうこと、それも「TIERRAL」が提案
サステナビリティ。

5,500円以上 送料無料

平日12時までのご注文で当日発送可能

各種ブランド・メーカー正規販売店

当店だけのお得なイベントやセール情報も満載

楽天市場店

Yahoo!ショッピング店

地球の歩き方オンラインショップ　検索

<運 営> TTC株式会

# 北島
North Island

タウポのフカ・フォールズでジェットボートを楽しむ

# 北島のイントロダクション
INTRODUCTION

首都ウェリントン、そして国内最大の都市オークランドなど、主要都市を擁する北島。国内総人口の約4分の3を抱え、それぞれの町には歴史や文化にまつわる興味深い見どころがある。活発な火山活動を続けるトンガリロ国立公園、世界有数の地熱地帯であるロトルア やタウポなど、ユニークな景観も見逃せない。

## 1 オークランド P.238

ニュージーランド最大の都市であり、国際色豊かな経済の中心地。港に面し、湾内に多数のヨットが浮かぶ様子からシティ・オブ・セイルズCity of Sails（帆の町）の愛称でも呼ばれている。坂が多く、小高い場所からは美しい港の景色が望める。

## 2 ハミルトン P.287

北島の中央部に位置し、国内最長のワイカト川流域に位置する。国内第4位の人口を抱える都市であり、ハミルトンを中心とするワイカト地方は肥沃な大地を生かした有数の酪農地帯として知られる。

## 3 ワイトモ P.292

小さな町だが、ワイトモ洞窟に生息するグロウワーム（ツチボタル）を見るために年間を通じて多数の観光客が詰めかける。幻想的な洞窟探検を楽しもう。

## 4 ロトルア P.296

北島で最もポピュラーな観光地。温泉につかったり、地熱地帯を散策したりするほか、羊が草を食む雄大なニュージーランドの風景も堪能できる。先住民マオリの文化に触れられるスポットも数多く点在し、マオリ村を訪問するツアーも催行されている。

## 5 タウポ P.317

国内最大の湖であるタウポ湖のほとりに開けたリゾート地。湖ではウオータースポーツやクルーズが楽しめる。タウポの郊外、地熱地帯のワイラケイ・パークでは大地のエネルギーを感じられる壮観な景色を堪能したい。

## 6 トンガリロ国立公園 P.327

北島の中央にそびえる山々と、その周辺が国立公園になっている。また、マオリが先祖伝来の聖地である土地を国に寄進したという歴史的な背景も相まって、複合遺産としてユネスコの世界遺産に登録されている。コニーデ型の山容が美しいマウント・ルアペフやマウント・ナウルホエの活火山を眺めながら、トランピングを楽しもう。

## 7 ノースランド P.335

オークランド以北、北島の最北部に細長く延びるエリア。島内最北端のレインガ岬やニュージーランドの国家誕生の地であるワイタンギ条約グラウンド、巨木カウリが生い茂るワイポウア・フォレストなど、数々の見どころがある。

**［おもな都市］**
パイヒア／ケリケリ／ファンガレイ／カイタイア／ダーガビル

## 8 コロマンデル半島 P.353

ハウラキ湾を挟んでオークランドの対岸に位置する。半島内には自然が多く残り、美しいビーチが点在する。メインとなるのはフィティアンガをはじめとするリゾート地としてにぎわう東海岸一帯。

**［おもな都市］** コロマンデル・タウン／フィティアンガ＆ハーヘイ／テームズ／タイルア＆パウアヌイ

## 9 タウランガ P.362

国内最大規模の商業港をもつ港町。マリンスポーツに適した環境で、ニュージーランド人に人気の保養地となっている。対岸のマウント・マウンガヌイとはハーバー・ブリッジで行き来できる。

## 10 マウント・マウンガヌイ P.362

美しい砂浜のビーチが約22kmも延びるビーチリゾートとして人気のエリア。サーファーも多く訪れる。

## 11 ギズボーン P.366

イーストランド地方最大の町。日付変更線に最も近い「世界最初の日の出」が見られることで知られる。

## 12 ネイピア P.370

日照時間が長く穏やかな気候であることから、ネイピアをはじめとしたホークス・ベイ地方ではワインの生産が盛んに行われている。町にはカラフルなアールデコ様式の建物が多く、町歩きが楽しい。

## 13 ニュー・プリマス P.378

タラナキ地方の中心都市。町の東には富士山に似たマウント・タラナキがそびえ、映画『ラスト サムライ』のロケが行われたことでも知られる。

## 14 ワンガヌイ P.383

大河ファンガヌイの水上交通で栄えた歴史をもち、かつての繁栄を物語る古い町並みが静かにたたずんでいる。川で楽しむアクティビティも充実している。

## 15 パーマストン・ノース P.387

ウェリントンから北へ約143km、マナワツ地方の中心で、酪農の拠点として発展してきた文教都市。マッセイ大学などの大きな大学があり、学生の町でもある。

## 16 ウェリントン P.390

北島の南端に位置し、ニュージーランドの首都として政治の中枢を担う都市。港に面し、背後には丘陵地帯が立ち上がっているため坂が多く、真っ赤なケーブルカーが市民の足として活躍している。

## 北島のモデルルート→P.446
## 現地での国内移動→P.459〜473

イギリスとの条約が結ばれたワイタンギ条約グラウンドはパイヒアの近郊にある

ホット・ウオーター・ビーチでは自分で掘った天然温泉に入ることができる

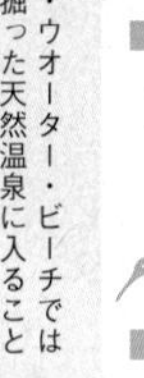


1年を通して温暖な気候が続く港町

ークランドのシンボ、スカイ・タワー

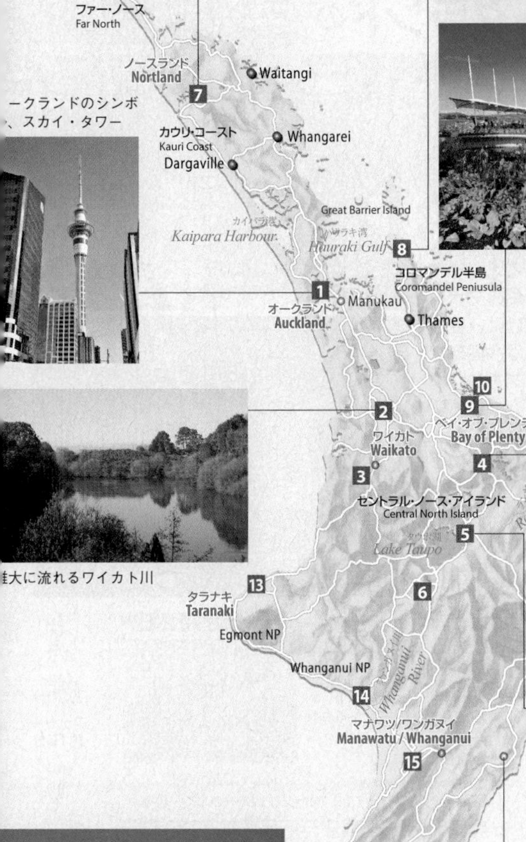


雄大に流れるワイカト川

ロトルアではマオリショーも必見

タウポ湖の向こうに雪をかぶったトンガリロの山々を望む

Taumatawhakatangihangakoauau otamateaturipukakapikimaunga horonukupokaiwhenuakitanatahu
(世界最長の地名)

“ビーハイブ”の愛称をもつ国会議事堂

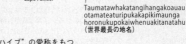

港にはたくさんのヨットが停泊している

# 1Day 港町オークランドのおさんぽコース

シティ・オブ・セイルズといわれるオークランドらしい風景をベイエリアと対岸のデボンポートで満喫。国内最大の都市だけに、目抜き通りのクイーン・ストリートには多国籍な飲食店が揃い、おしゃれなショップも多い。

可動橋を渡った先にある

## 1 吹き抜ける潮風がきもちいい ウィンヤード・クオーター

*Wynyard Quarter*

P.251

市内にはたくさんのヨットが停泊し「シティ・オブ・セイルズ＝帆の町」を感じられる。特に港の西側にあるウオーターフロントの人気スポット、ウィンヤード・クオーターにはおしゃれなレストランやバー、フィッシュマーケットなどがある。

Start

1 ウィンヤード・クオーター

2 デボンポート

3 マウント・ビクトリア

4 デボンポート・ストーン・オーブン・ベーカリー

5 クイーン・ストリート

6 スカイ・タワー

7 オービット

### Pick Up フィッシュ・マーケット

Map P.246-A2

*Fish Market*

ウィンヤード・クオーターの一角にある魚市場。刺身にもできる新鮮な魚介類が揃い、シーフードレストランも入っている。

シーフード好きは必訪！

URL www.afm.co.nz

営 月～水11:00～17:00、木～日11:00～20:00 休 無休

徒歩約20分＋フェリー約15分

## 2 クルーズ気分で対岸へ デボンポート

*Devonport*

P.260

オークランドのダウンタウンの対岸へ。晴れた日のクルーズは潮風が気持ちいい。ダウンタウンと比べのんびりとした雰囲気。歴史的な建物や博物館、おしゃれなカフェなどもあるのでゆっくり散策したい。

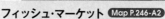

メインストリートのビクトリア・ロード

市民の足にも利用されているフェリー

徒歩約7分

## 3 デボンポートのランドマーク マウント・ビクトリア

*Mt. Victoria*

Map P.260-A2

フェリー埠頭から真っすぐ延びるメインストリートのビクトリア・ロードを進むとウオーキングコースが見えてくる。山頂までは約15分と気軽に登れて、デボンポートの町並みやダウンタウンを一望できる。

頂上にはキノコのモニュメントがある

町からもすぐ近くなので気軽に登れる

天気のいい日はスカイ・タワーもはっきり見える

徒歩約5分

### Pick Up オークランドを代表するチョコレート店 デボンポート・チョコレート

*Devonport Chocolates*

P.278

手作りチョコレートショップ。ショーケースには厳選した素材を使った上品なチョコレート$3～が並ぶ。季節限定の味も。

キウイが描かれた板チョコ$13.9

マンゴーパッションフルーツ

キャラメル

フラットホワイト

## 4 いつもにぎわう大人気カフェ デボンポート・ストーン・オーブン・ベーカリー

*Devonport Stone Oven Bakery*

P.275

キャビネットにはたくさんのパイやデザートが並び、テイクアウエイしていく人も多い。人気は自家製ロスティや卵料理、ベーコンなどがセットになったビッグ・ブレックファスト$27。雑穀トーストも付いてボリューム満点。

ロスティはジャガイモで作るスイス料理

三角屋根のベーカリー&カフェ

徒歩約4分+フェリー約15分

## 5 メインストリートでショッピング クイーン・ストリート

*Queen St.*

Map P.247-A~C3

道の両側にギャラリー・パシフィック（→P.277）、セフォラ（→P.279）や、ハイブランドのブティックなど、さまざまなショップが並ぶ目抜き通り。グルメスポットや新しいショッピングコンプレックスのコマーシャル・ベイ（→P.280）も要チェック。

何でも揃うメインストリート

徒歩約8分

## 6 一度は訪れたい展望タワー スカイ・タワー

*Sky Tower*

P.250

町の中心にそびえ立ち、オークランドを象徴するタワー。1997年に完成した観光名所のひとつだ。すばらしい眺めはもちろん、レストランやバー、スカイジャンプ（→P.268）などアクティビティも楽しめる。

1展望フロアから眺める市街の風景　2夜景も美しい　3展望フロアの一部がガラス張りに！

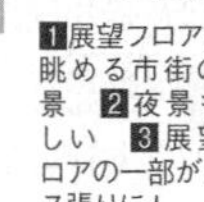
3

1

2

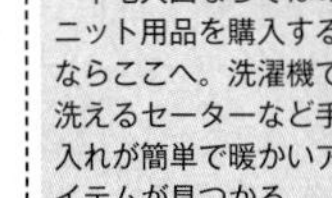

### Pick Up 質の確かなニットウエアが揃う グレート・キーウィ・ヤーンズ

*Great Kiwi Yarns*

P.279

羊毛大国ならではのニット用品を購入するならここへ。洗濯機で洗えるセーターなど手入れが簡単で暖かいアイテムが見つかる。

世界の要人への贈答品にも選ばれている

## 7 絶景レストランでディナー オービット

*Orbit*

Map P.246-D1

52階に位置する回転展望レストラン。オークランドのパノラマ風景を堪能しながら、地元産の旬の食材を使った美食が楽しめる。

ディナーは3コース$95～で展望台への入場料$35込み。

電(09)363-6000　URL www.skycityauckland.co.nz　営月～土17:00～21:00、日11:30～14:00、17:00～21:00　休無休　CC ADJMV

# オークランド

## Auckland

オークランド

人口：166万人
URL www.aucklandnz.com

在オークランド
日本国総領事館
Consulate-General of
Japan in Auckland
**Map P.246-D2**
住 Level 15 AIG Building 41 Shortland St.
☎ (09) 303-4106
URL www.auckland.nz.emb-japan.go.jp
開 9:00～17:00
休 土・日、祝
**領事部**
開 9:00～12:00、13:00～15:30
休 土・日、祝

**オークランド国際空港**
**Map P.245-D2**
☎ (09) 275-0789
FREE 0800-247-767
URL www.aucklandairport.co.nz

帆を模したオークランド国際空港

国際線到着出口

オークランドはニュージーランドを代表する商業タウン

人口約166万人、国内の約3分の1の人々が暮らすオークランドは、ニュージーランド経済・商業の中心地にして、国内最大の都市。

1841年から1865年までは首都に定められていた歴史もあり、文化的な施設も多い。都会でありながら、緑豊かな景観や美しいビーチに恵まれているのもオークランドの魅力のひとつ。一帯はオークランド火山帯に位置しており、マウント・イーデンをはじめ約50の火山が点在しているが、その多くは休火山となっている。また、北はワイテマタ湾、南はマヌカウ湾に面していることから、マリンスポーツが非常に盛んなのも特徴だ。ヨットやボートなど小型船舶を所有する市民の人口比率は世界一といわれており、「シティ・オブ・セイルズ（帆の町）」の愛称をもつ。おしゃれな町と美しい海、緑の公園など町歩きの楽しみは尽きないだろう。

## オークランドへのアクセス

### 飛行機で到着したら

オークランド国際空港Auckland International Airportはニュージーランド国内で最も乗降客の多い空港だ。日本からオークランドへは、成田国際空港からニュージーランド航空と全日空の共同運航便がある（→P.453）。空港はシティ・オブ・セイルズをテーマに設計されたモダンなデザイン。1階は到着ロビーとチェックインカウンター、2階は出発ロビーになっている。国内線ターミナルは1kmほど離れた所にある（→P.239欄外）。

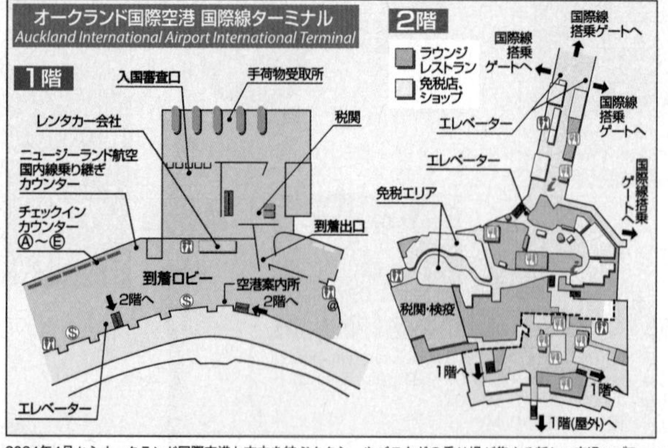


2024年4月からオークランド国際空港と市内を結ぶタクシーやバスなどの乗り場が集まる新しい交通ハブTransport Hubが、ターミナル前にオープン。

## 空港から市内へ

オークランド国際空港は市内中心部から南へ約22kmのマンゲレMangere地区に位置する。交通手段はいくつかあり、空港バスのスカイドライブ・エクスプレスSkyDrive Expressの利用が最も一般的。空港から市内中心部のスカイシティまでノンストップで運行されている。長距離バスのインターシティ（→P.496）も同じルートを通る。最も経済的なのは、エアポート・リンクもしくは市バス#38と鉄道を乗り継ぐ方法。運賃の支払いにはICカード乗車券AT HOPカード（→P.243）が必要だが、国内線ターミナルの停留所にある自動販売機で、クレジットカードで購入できる。荷物や人数が多いときは、エアポートシャトルやタクシーも便利だ。

### スカイドライブ・エクスプレス　SkyDrive Express

国際線ターミナルから国内線ターミナルを経て、スカイ・タワー（→P.250）の西側にあるスカイシティ・トラベル・センター（→P.240）へ向かう空港直通バス。チケットは公式サイトから乗車日時を選んでクレジットカードで購入するほか、運転手から直接買うことも可能。その場合も支払いの際に現金は不可。荷物の個数・重量に制限はなく、自転車やサーフボードといった大きな荷物もバッグに入っていれば持ち込める。

### インターシティ　Intercity

ハミルトン（→P.287）発オークランド行きの長距離バスが国内線ターミナル、国際線ターミナルを経由してスカイシティ・バスターミナルまで運行している。大きな荷物は各25kg・計2個まで持ち込み可能。

### エアポート・リンクAirport Link

市バスのメトロMetroが運営するエアポート・リンクが、国内線ターミナル、国際線ターミナル、プヒヌイPuhinui駅を経て終点のマヌカウManukau駅まで運行。中心部へはプヒヌイ駅もしくはマヌカウ駅でブリトマート駅行きの列車、東線（イースタンラインEastern Line）に乗り換える。メトロ#38でオネハンガOnehanga駅へアクセスし、そこからニューマーケットNewmarket駅行きの列車、オネハンガ線Onehunga Lineに乗り換えることもできる。

### エアポートシャトル　Airport Shuttle

乗客の人数がある程度揃ったら出発する、乗合タクシーのようなもの。公式サイトからの事前予約がおすすめ。

### タクシー　Taxi

国際線ターミナルを出てすぐにタクシー乗り場がある。市内中心部まで所要約40分。日本と同じメーター制で、料金の目安は$75～90ほど。配車アプリのUber、DiDiも利用可能。

**国内線の乗り継ぎ**

国際線ターミナルと国内線ターミナルは約1km離れており、無料シャトルのインターターミナル・バスInterterminal Busが運行している。運行は5:00～23:00まで15分間隔。歩く場合は、表示に従って10分ほど進めばいい。ニュージーランド航空の国内線に乗り継ぐ場合は、国際線到着ゲート脇の国内線乗り継ぎカウンターで荷物のチェックインができる。ただし、受付は出発時刻の1時間前まで。

国内線ターミナルのウオークウエイの表示

**スカイドライブ**
FREE 0800-759-374
URL www.skydrive.co.nz
運 空港発5:30～22:30、スカイシティ発5:00～22:00のおよそ30分ごとの運行。
料 片道大人$17、子供$8、シニア$12.5

**インターシティ**
☎ (09)583-5780
URL www.intercity.co.nz
運 1日1～2便
料 片道$10～

**エアポート・リンクおよびメトロ#38**
運 エアポート・リンクは空港発4:53～翌1:03、マヌカウ駅発4:30～24:40のおよそ10分ごとの運行。
#38は空港発月～金4:51～24:56、土・日・祝5:04～23:56、オネフンガ駅発月～金4:42～24:14、土・日・祝4:47～23:59の15～20分ごとの運行。
料 AT HOPカード　片道大人$5.4、子供$3.1

エアポート・リンクと#38の停留所

**エアポートシャトル会社 Super Shuttle**
☎ (09)522-5100
FREE 0800-748-885
URL www.supershuttle.co.nz
料 空港↔市内中心部
1人　$45
2人　$55
3人　$65
空港へ向かう場合、事前に予約を入れれば、指定の場所と時刻に迎えに来てくれる。

主要都市間のおもなフライト(→P.460)

おもなバス会社(→P.496)
インターシティ
グレートサイツ
URL www.greatsights.co.nz

インターシティのチケットオフィス
スカイシティ・トラベル・センター
Map P.246-D1
住 102 Hobson St.
☎ (09) 583-5780
URL www.intercity.co.nz
営 月～木・日 7:00～15:30
金 7:00～17:30
土 7:00～14:30
休 無休

ブリトマート駅
Map P.246-C1～2

ブリトマート駅

駅構内の案内所
Customer Service Centres
☎ (09) 366-6400
開 月～金 6:30～20:00
土 8:00～19:00
日 8:00～18:00
休 無休

鉄道会社(→P.496)
キーウィ・レイル

テ・フイア
FREE 0800-205-305
URL www.tehuiatrain.co.nz
運 月～金1日2便、土1日1便の運行。
料 オークランド～ハミルトン
現金 片道$30
Bee Card 片道$18

オークランド・トランスポート
☎ (09) 366-6400
URL at.govt.nz
料 大人運賃(右はAT HOPカード)

| | | |
|---|---|---|
| 1ゾーン | $4 | ($2.2) |
| 2ゾーン | $6 | ($3.9) |
| 3ゾーン | $8 | ($5.4) |
| 4ゾーン | $10 | ($6.8) |
| 5ゾーン | $11.5 | ($8) |
| 6ゾーン | | ($9.2) |
| 7ゾーン | | ($10.4) |
| 8ゾーン | | ($11.6) |
| 9ゾーン | | ($12.6) |

駅の自動改札機

## 国内各地との交通

### 長距離バス

**インターシティIntercity Coachlines**が北島のほぼ全域をカバーしている。オークランドを発着するバス会社には、ロトルア、ワイトモなどへのツアーバスを運行している**グレートサイツGreat Sights**などがある(長距離バスの利用方法→P.465)。

バスは、スカイ・タワーの西側のホブソン・ストリートHobson St.沿いにある**スカイシティ・トラベル・センターSkycity Travel Centre**に発着する。このトラベル・センターから鉄道駅やフェリー乗り場までは徒歩でも十分歩ける距離だが、目抜き通りのクイーン・ストリートから巡回バスのシティ・リンクCity Linkを利用することもできる。

スカイシティ・トラベル・センターにあるインターシティの発着場

### 長距離列車

中心部と近郊を結ぶオークランド・トランスポートAuckland Transportの列車はクイーン・ストリートQueen St.に面したブリトマート駅Britomart Stationに停車する。駅周辺には市内バスの発着所も集中しており、一帯は**ブリトマート・トランスポート・センターBritomart Transport Centre**と呼ばれている。路線はブリトマート駅を起点にスワンソンSwanson方面行きの西線、プケコヘPukekohe行きの南線、マヌカウManukau行きの東線、ニューマーケットNewmarketを起点とするオネハンガOnehunga方面行きのオネハンガ線の4本。切符は乗車前に自動券売機か窓口で購入し、改札を通って乗車する。事前に購入していないと無賃乗車とみなされ、罰金を徴収されるので要注意。また、ICカード乗車券のAT HOPカードを利用すれば割引運賃になる。AT HOPカードはフェリーやバスでも利用できる。運賃はゾーンに応じて変動。ブリトマート駅から徒歩15～20分の場所にあるオークランド・ストランド駅Auckland Strand Stationにはオークランド～ウェリントンを結ぶキーウィ・レイルKiwi Railの長距離列車、ノーザン・エクスプローラーNorthern Explorer号と、オークランド～ハミルトンを結ぶテ・フイアTe Huia号が発着する(長距離列車の利用方法→P.467)。テ・フイア号ではクイーンズタウン、ダニーデン、ロトルアなど10地域共通のICカード乗車券Bee Cardが利用できる。

オークランドの列車

ブリトマート駅のホーム

## オークランドの市内交通

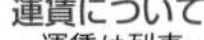


### リンクバス　Link Bus

オークランド市内を走るバスのなかで、シンプルな路線とわかりやすい料金形態で観光客でも利用しやすいのが3種類のリンクバスLink Busだ。リンクバスを上手に活用すれば、市内のほとんどの見どころを回ることができる。また、郊外まで足を延ばすならメトロMetro（→P.242）も便利だ。運賃はいずれもバスやフェリーなど各交通機関で共通利用できるICカード乗車券のAT HOPカードで支払う。

#### 〈シティ・リンク　City Link〉

目抜き通りのクイーン・ストリートを中心に、市内中心部を走る循環バス。ウィンヤード・クオーターから、ブリトマート駅、クイーン・ストリートを経由し、カランガハペ・ロードに停車する。

#### 〈インナー・リンク／アウター・リンク　Inner Link/Outer Link〉

ダウンタウンからパーネルやニューマーケットまで、人気の観光エリアをカバーする。インナー・リンクは緑色、アウター・リンクはオレンジ色の車体と色分けされていてわかりやすい。ほとんどの観光エリアはインナー・リンクで行くことができるが、オークランド大学や郊外へはアウター・リンクが便利。それぞれ1本のルートを時計回りと反時計回りで走っているので、路線が複雑なメトロと比べて利用しやすいのが特徴だ。

#### 〈タマキ・リンク　Tamaki Link〉

ブリトマート駅からケリー・タールトンズ・シーライフ水族館（→P.258）やミッション・ベイ（→P.258）などを経由してグレン・インズGlen Innesへ向かう。

**運賃について**

運賃は列車・バス共通。バスでの支払いはAT HOPカードのみ。5ゾーン以上を乗り換えなしで運行するバス、列車はない。AT HOPカードを使ってオフピーク時（月～金の6:00以前、9:00～15:00、18:30以降および土・日・祝の終日）に乗車する場合、運賃が10%割引きされる。

**AT HOPカード**

URL at.govt.nz/bus-train-ferry/at-hop-card/

改札はICカード専用の自動改札機にかざして通る。購入方法はP.243参照。

**シティ・リンク**

☎(09)366-6400
URL at.govt.nz
運 6:00～24:00
7～8分ごとの運行。
料 $0.6

真っ赤な車体が目立つシティ・リンク

**インナー・リンク／アウター・リンク**

運 6:00～24:00
料 $2.2（インナー・リンク）
$2.2～3.9（アウター・リンク）
10～15分ごとの運行。

**タマキ・リンク**

運 ブリトマート駅
月～土　5:30～23:15発
日、祝　6:40～23:15発
毎日15分ごとの運行。金・土曜減便。
料 $2.2～3.9

リンクバスでアクセスできる
オークランド中心部のおもな見どころ

①ニュージーランド海洋博物館
②スカイ・タワー
③ビクトリア・パーク・マーケット
④ポンソンビー
⑤アオテア・スクエア
⑥アルバート公園／オークランド美術館
⑦オークランド大学
⑧オークランド・ドメイン
⑨オークランド戦争記念博物館
⑩ニューマーケット
⑪パーネル

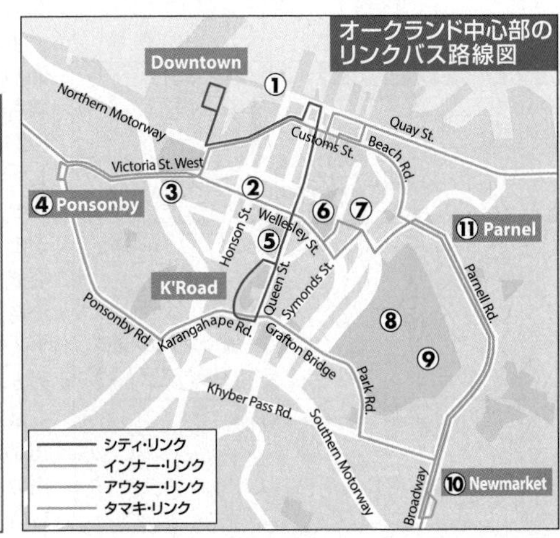


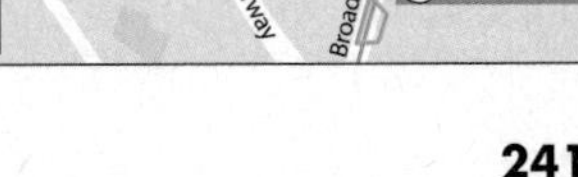

**メトロ**
※運賃はP.240のオークランド・トランスポートを参照。

## メトロ Metro

市民の足としてオークランド全域に路線を張り巡らせているバス。エリア別に数社が運行しているが、利用方法はすべて同じ。中心部では、ブリトマート・トランスポート・センターの周辺にバス乗り場が点在している。運賃は距離に応じて変動するゾーン制を採用。

行動範囲が広がるメトロのバス

### 〈バスの乗降の方法〉

バスは前方から乗車する。運賃の支払いはAT HOPカードのみ。乗車時に車内の読み取り機にカードをタップする。多くのバスで各バス停に停まる前に車内アナウンスがあり、モニターにはどこを走行しているのか表示される。目的地が近づいたら赤いストップボタンを押す。降車は前後どちらのドアからでもよく、乗車時と同様、読み取り機にカードをタップする。降りる際に「Thank you, Driver！」とひと声かけよう。

降りるときはバーに付いたボタンを押す

**バスに乗るときは**
目的地へ行くバスが見えたら手を水平に出し運転手に乗る意思があることをアピールしよう。また、乗降者がいないバス停は通過するため早く来ることも。少し早めにバス停で待機するのが無難だ。

**おもなタクシー会社**
**Auckland Co-Op Taxis**
☎(09)300-3000
URL www.cooptaxi.co.nz

**ホップ・オン・ホップ・オフ エクスプローラーバス**
FREE 0800-439-756
URL www.explorerbus.co.nz
料 24時間券
大人$50、子供$25
48時間券
大人$60、子供$30

ダブルデッカーからの景色を楽しもう

## タクシー Taxi

基本的に流しのタクシーはないのでクイーン・ストリートやカスタムズ・ストリートCustoms St.などの大通りにあるタクシースタンド、または大型ホテルから乗車する。電話や公式サイトから予約もできる。料金はメーター制で、初乗り料金は会社によって異なるが$3前後が一般的。配車アプリのUber、DiDiも利用可能。

タクシーではチップは不要

## エクスプローラーバス Explorer Bus

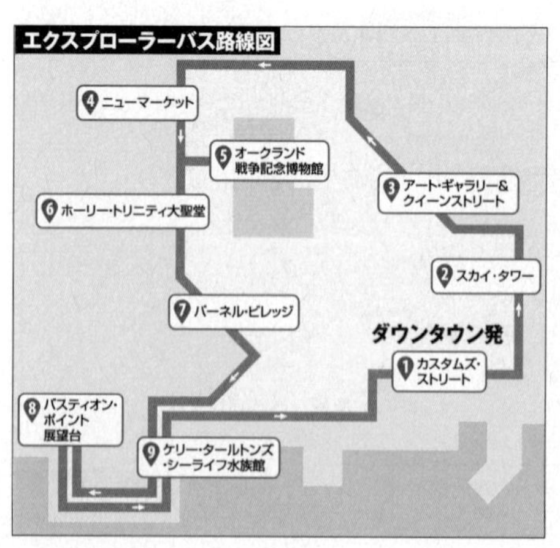


市内の主要な見どころ9ヵ所を回る観光バス。乗り降り自由で、どちらの路線も1周約1時間。24時間券・48時間券の2タイプがあり、それぞれ最初に乗車した時間からカウントされる。オプションで博物館や水族館などの施設入場券がセットになったパスもある。パスは公式サイトのほか、スカイ・タワー前で待機しているスタッフや観光案内所アイサイトから購入可能。ダウンタウンのカスタムズ・ストリートCustom St.から最初のバスは9:00に、最終バスは16:00に出発し、30分おきの運行。バス内では英語の解説アナウンスがあり、Wi-Fiも使える。

## AT HOP（エーティー・ホップ）カード

市内観光には、AT HOPカードというリンクバスやメトロ、列車、フェリーなどで使用できる共通ICカード乗車券が便利。現金を持ち歩く必要がなく、割引きが適用される。また、バスではAT HOPカード以外で運賃の支払いができないので、バスに乗る場合は必須だ。列車はゾーンごと、フェリーは行き先によって割引価格が決まっている。

AT HOPカードを利用すると、バスと列車を1日にどれだけ使っても残高から最大$20までしか引かれないため、実質$20で1日乗り放題となる。この料金にはデボンポート（→P.260）、ベイズウオーターBayswater、バーケンヘッドBirkenhead、ノースコート・ポイントNorthcote Point行きのフェリーも含まれる。

**〈AT HOPカードの購入方法〉**

ブリトマート駅構内のカスタマー・サービス・センターやコンビニなどで1枚＄15で販売。このうちカード代は$5で、$10分が運賃として使用できる。残額が減ったらTop Up（チャージ）して繰り返し使用できる。

**〈Top Up（チャージ）方法〉**

カスタマー・サービス・センター、一部のコンビニなどでもTop Up可能。駅やフェリー乗り場にあるTop Upマシーンならいつでも自分でTop Upができるので便利。

①Top UpマシーンのリーダーにAT HOPカードを入れる。
②画面が切り替わり、残高が表示される。画面内のHOP money Top Upを選択。
③Top Upする金額を選択。
④支払方法を現金（Cash）またはカードから選択。

現金の場合は画面右上に硬貨、AT HOPカード挿入口の右に紙幣を入れる場所がある。クレジットカードの場合は硬貨挿入口の下に精算機があるのでクレジットカードを挿入し、クレジットを選択。暗証番号を入力する。

⑤レシートのプリント画面が表示され、レシートが出てきたら完了。

**〈AT HOPカードの使い方〉**

バスの場合は前方の扉付近に専用の読み取り機があるので、そこにカードをタッチすると「ピッ」という音が鳴る。残高が不足している場合は「ブブッ」という音が鳴る。降りる際は前方、後方どちらかの読み取り機に再度タッチして降りる。乗車時に読み取り機にタッチすることをTag on、降車時はTag offという。Tag on/Tag offを忘れた場合は無賃乗車になってしまうので気をつけよう。

## Eスクーター E-Scooter／Eバイク E-Bike

オークランド中心部では電動のスクーターやバイク（自転車）のレンタルが人気。専用アプリで最寄りのポートを探し、QRコードを読み取って利用する。料金は距離や時間に応じて異なり、$1.65～。おもな会社はLimeとBeamの2社。

AT HOPカードは車内の専用読み取り機にタッチするだけでOK

キータグ型もある

ブリトマート駅のカスタマー・サービス・センター

乗車券の購入やTop Upができるマシーン

Lime
FREE 0800-467-001
URL www.li.me
Beam
FREE 0800-507-676
URL www.ridebeam.com

ちょっとした移動に便利

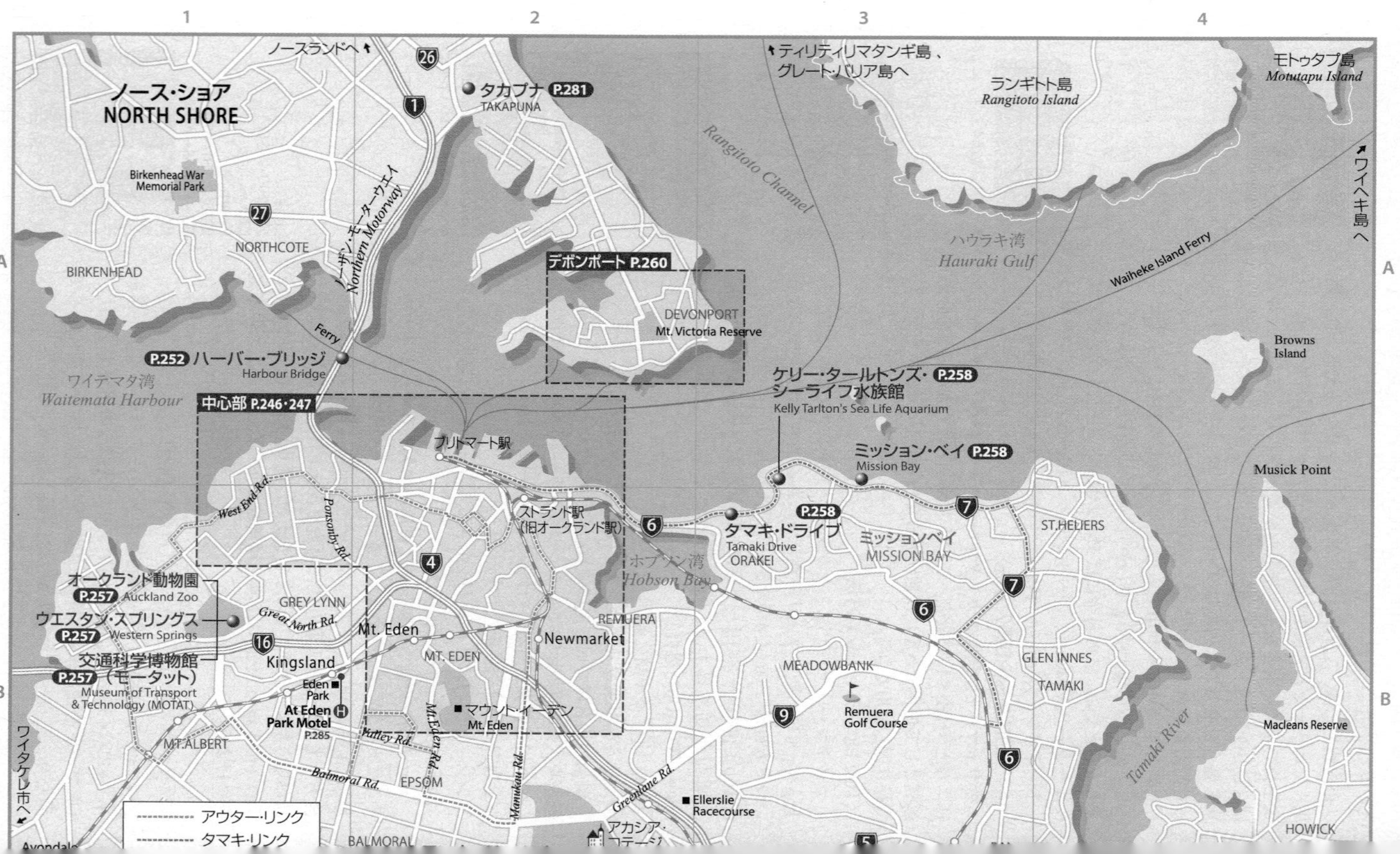

ノース・ショア
NORTH SHORE
ノースランドへ
タカプナ P.281
TAKAPUNA
Birkenhead War Memorial Park
NORTHCOTE
BIRKENHEAD
ノーザン・モーターウエイ
Northern Motorway
Ferry
P.252 ハーバー・ブリッジ
Harbour Bridge
ワイテマタ湾
Waitemata Harbour
中心部 P.246・247
デボンポート P.260
DEVONPORT
Mt. Victoria Reserve
Rangitoto Channel
ティリティリマタンギ島、グレート・バリア島へ
ランギトト島
Rangitoto Island
モトゥタプ島
Motutapu Island
ワイヘキ島へ
ハウラキ湾
Hauraki Gulf
Waiheke Island Ferry
Browns Island
ケリー・タールトンズ・シーライフ水族館 P.258
Kelly Tarlton's Sea Life Aquarium
ミッション・ベイ P.258
Mission Bay
Musick Point
ブリトマート駅
ストランド駅（旧オークランド駅）
タマキ・ドライブ P.258
Tamaki Drive
ORAKEI
ミッションベイ
MISSION BAY
ST.HELIERS
ホブソン湾
Hobson Bay
West End Rd.
Ponsonby Rd.
オークランド動物園
P.257 Auckland Zoo
ウエスタン・スプリングス
P.257 Western Springs
交通科学博物館（モータット）
P.257 Museum of Transport & Technology (MOTAT)
GREY LYNN
Great North Rd.
Mt. Eden
Kingsland
Newmarket
REMUERA
MT. EDEN
Eden Park
At Eden Park Motel
P.285
マウント・イーデン
Mt. Eden
Mt.Eden Rd.
Valley Rd.
Manukau Rd.
Balmoral Rd.
EPSOM
BALMORAL
MT.ALBERT
ワイタケレ市へ
Avondale
MEADOWBANK
Remuera Golf Course
GLEN INNES
TAMAKI
Tamaki River
Macleans Reserve
HOWICK
Greenlane Rd.
Ellerslie Racecourse
アカシア・コテージ
アウター・リンク
タマキ・リンク

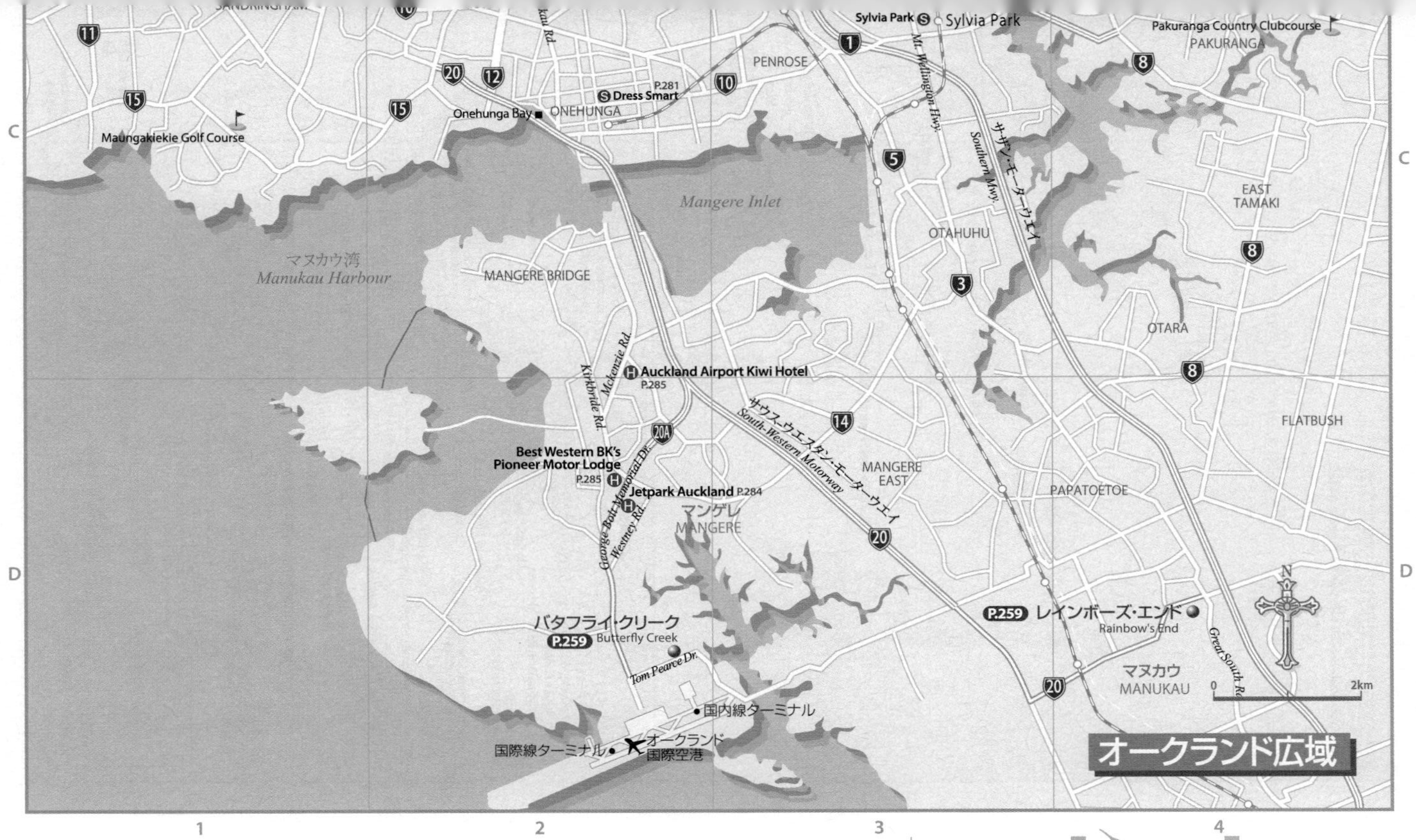
オークランド広域
Sylvia Park
Sylvia Park
Pakuranga Country Clubcourse
PAKURANGA
PENROSE
P.281
Dress Smart
Onehunga Bay
ONEHUNGA
Maungakiekie Golf Course
Mt. Wellington Hwy.
Southern Mwy.
サザン・モーターウエイ
EAST TAMAKI
Mangere Inlet
OTAHUHU
マヌカウ湾
Manukau Harbour
MANGERE BRIDGE
OTARA
Mckenzie Rd.
Kirkbride Rd.
Auckland Airport Kiwi Hotel
P.285
サウス・ウエスタン・モーターウエイ
South-Western Motorway
FLATBUSH
Best Western BK's Pioneer Motor Lodge
P.285
MANGERE EAST
Jetpark Auckland P.284
PAPATOETOE
マンゲレ
MANGERE
George Bolt Memorial Dr.
Westney Rd.
P.259
レインボーズ・エンド
Rainbow's End
Great South Rd.
バタフライ・クリーク
P.259
Butterfly Creek
Tom Pearce Dr.
マヌカウ
MANUKAU
0
2km
国内線ターミナル
オークランド国際空港
国際線ターミナル
C
D
1
2
3
4

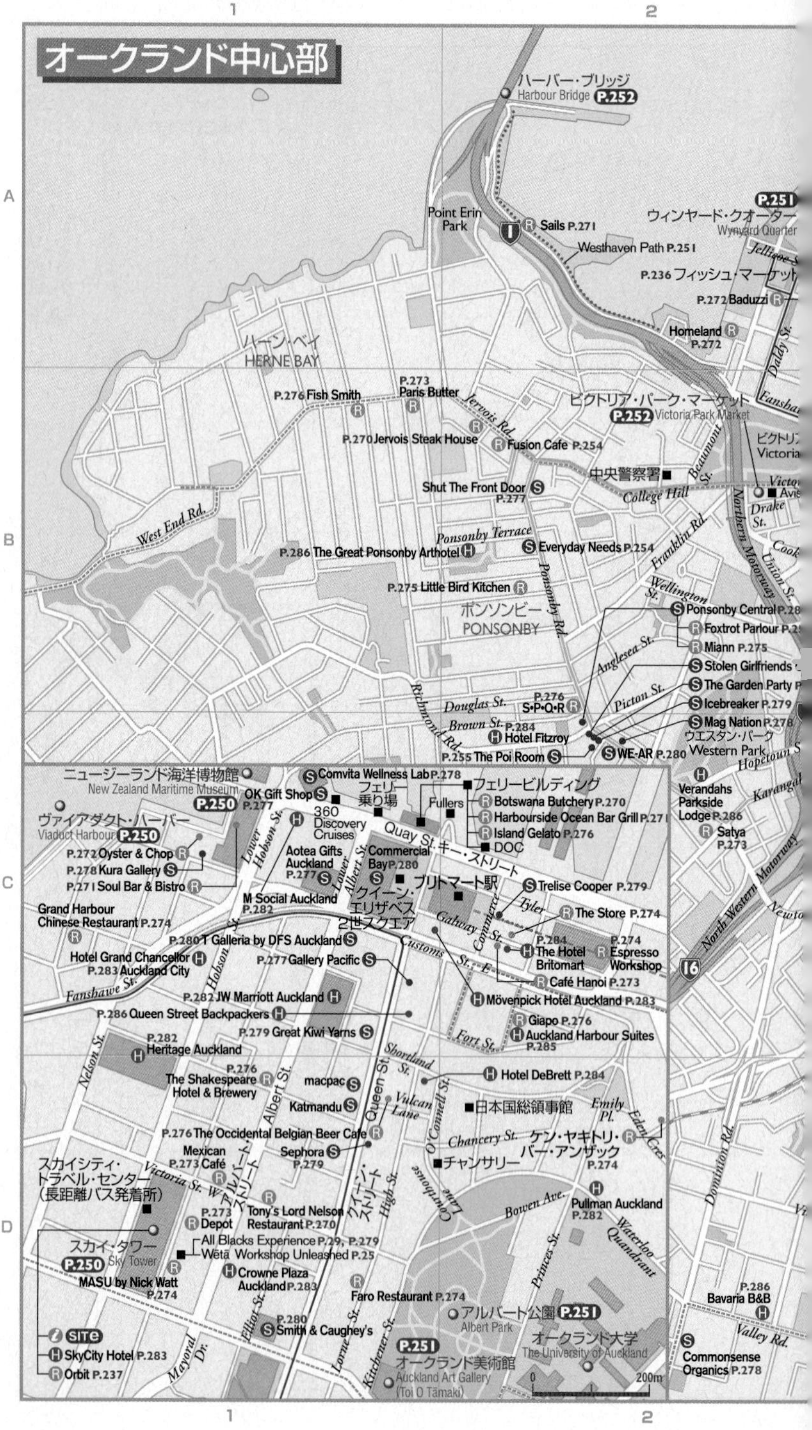

# オークランド中心部

ハーバー・ブリッジ Harbour Bridge P.252
Point Erin Park
Sails P.271
Westhaven Path P.251
ウィンヤード・クオーター Wynyard Quarter P.251
P.236 フィッシュ・マーケット
P.272 Baduzzi
Homeland P.272
ハーン・ベイ HERNE BAY
P.276 Fish Smith
P.273 Paris Butter
P.270 Jervois Steak House
Fusion Cafe P.254
ビクトリア・パーク・マーケット P.252 Victoria Park Market
中央警察署
Shut The Front Door P.277
P.286 The Great Ponsonby Arthotel
Everyday Needs P.254
P.275 Little Bird Kitchen
ポンソンビー PONSONBY
Ponsonby Central P.28
Foxtrot Parlour P.2
Miann P.275
Stolen Girlfriends
The Garden Party
Icebreaker P.279
Mag Nation P.278
ウエスタン・パーク Western Park
WE-AR P.280
S・P・Q・R P.276
Hotel Fitzroy P.284
P.255 The Poi Room
Verandahs Parkside Lodge P.286
Satya P.273
ニュージーランド海洋博物館 New Zealand Maritime Museum P.250
Comvita Wellness Lab P.278
OK Gift Shop P.277
フェリー乗り場
フェリービルディング
Fullers
Botswana Butchery P.270
Harbourside Ocean Bar Grill P.271
Island Gelato P.276
DOC
360 Discovery Cruises
ヴァイアダクト・ハーバー Viaduct Harbour P.250
P.272 Oyster & Chop
P.278 Kura Gallery
P.271 Soul Bar & Bistro
Aotea Gifts Auckland P.277
Commercial Bay P.280
ブリトマート駅
クイーン・エリザベス2世スクエア
M Social Auckland P.282
Trelise Cooper P.279
The Store P.274
Grand Harbour Chinese Restaurant P.274
P.280 T Galleria by DFS Auckland
P.284 The Hotel Britomart
P.274 Espresso Workshop
Hotel Grand Chancellor P.283 Auckland City
P.277 Gallery Pacific
Café Hanoi P.273
P.282 JW Marriott Auckland
Mövenpick Hotel Auckland P.283
P.286 Queen Street Backpackers
Giapo P.276
P.279 Great Kiwi Yarns
Auckland Harbour Suites P.285
P.282 Heritage Auckland
P.276 The Shakespeare Hotel & Brewery
macpac
Hotel DeBrett P.284
Katmandu
日本国総領事館
P.276 The Occidental Belgian Beer Cafe
Mexican Café P.273
Sephora P.279
ケン・ヤキトリ・バー・アンザック P.274
チャンサリー
スカイシティ・トラベル・センター（長距離バス発着所）
P.273 Depot
Tony's Lord Nelson Restaurant P.270
Pullman Auckland P.282
スカイ・タワー Sky Tower P.250
All Blacks Experience P.29, P.279
Wētā Workshop Unleashed P.25
MASU by Nick Watt P.274
Crowne Plaza Auckland P.283
Faro Restaurant P.274
アルバート公園 Albert Park P.251
P.280 Smith & Caughey's
オークランド大学 The University of Auckland
i-SITE
SkyCity Hotel P.283
Orbit P.237
P.251 オークランド美術館 Auckland Art Gallery (Toi O Tāmaki)
P.286 Bavaria B&B
Commonsense Organics P.278
0 200m

West End Rd. / Jervois Rd. / Ponsonby Terrace / Ponsonby Rd. / College Hill / Beaumont St. / Franklin Rd. / Wellington St. / Anglesea St. / Picton St. / Douglas St. / Brown St. / Richmond Rd. / Northern Motorway / Union St. / Drake St. / Cook / Jellicoe St. / Daldy St. / Fanshawe St. / Hopetoun St. / Karangahape / North Western Motorway / Newton / Quay St. キー・ストリート / Lower Hobson St. / Lower Albert St. / Hobson St. / Customs St. E / Galway St. / Commerce / Tyler / Fort St. / Shortland St. / Nelson St. / Albert St. アルバート・ストリート / Queen St. クイーン・ストリート / Vulcan Lane / O'Connell St. / Emily Pl. / Eden Cres. / Chancery St. / Victoria St. W / High St. / Courthouse Lane / Bowen Ave. / Princes St. / Waterloo Quadrant / Dominion Rd. / Elliot St. / Lorne St. / Kitchener St. / Mayoral Dr. / Valley Rd.

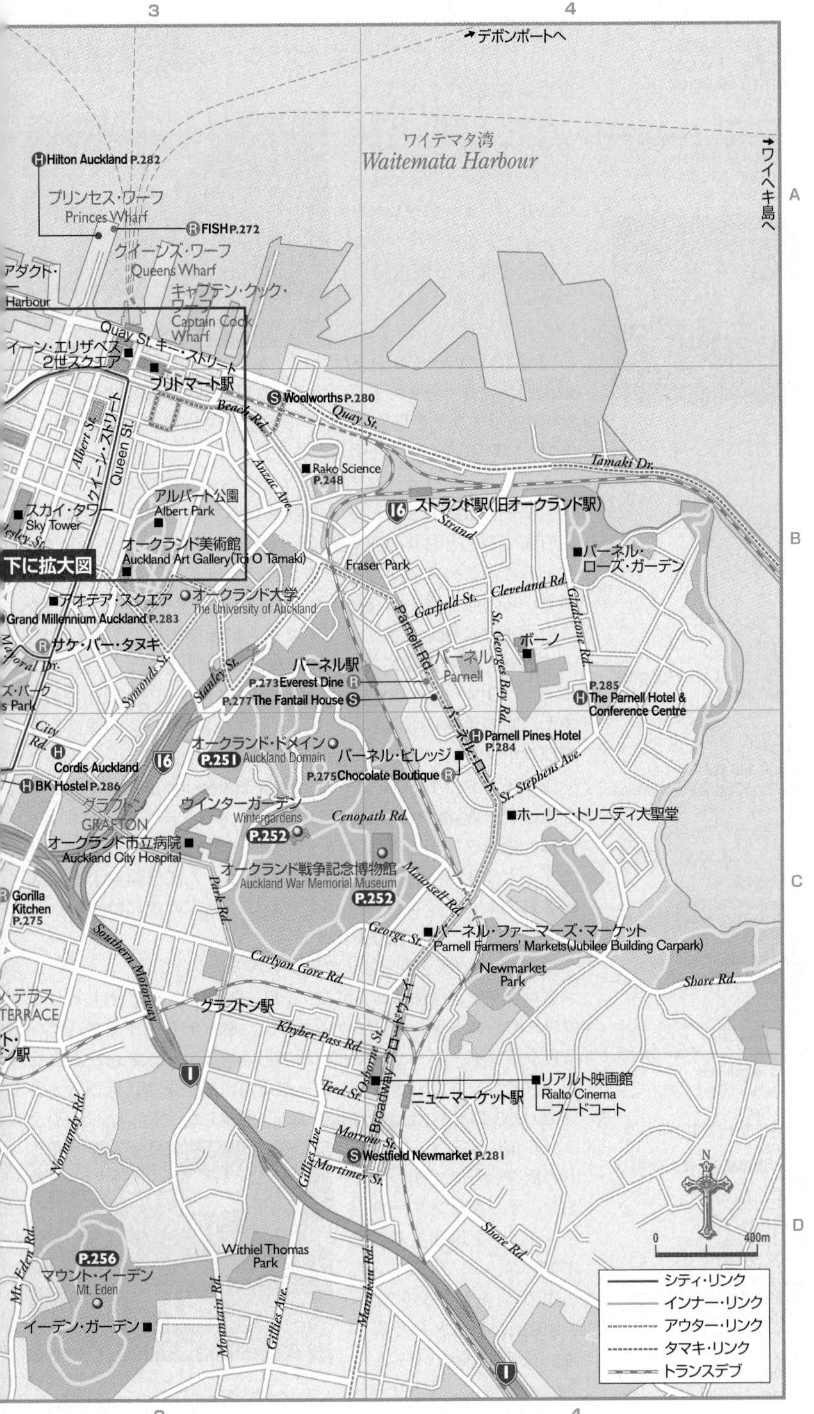

デボンポートへ
ワイテマタ湾
Waitemata Harbour
ワイヘキ島へ
Hilton Auckland P.282
プリンセス・ワーフ
Princes Wharf
FISH P.272
クイーンズ・ワーフ
Queens Wharf
キャプテン・クック・ワーフ
Captain Cook Wharf
Quay St. キー・ストリート
ブリトマート駅
Woolworths P.280
Rako Science P.248
ストランド駅(旧オークランド駅)
アルバート公園
Albert Park
スカイ・タワー
Sky Tower
オークランド美術館
Auckland Art Gallery(Toi O Tāmaki)
下に拡大図
パーネル・ローズ・ガーデン
Fraser Park
アオテア・スクエア
オークランド大学
The University of Auckland
Grand Millennium Auckland P.283
サケ・バー・タヌキ
ボーノ
パーネル駅
パーネル
Parnell
P.273 Everest Dine
P.277 The Fantail House
P.285 The Parnell Hotel & Conference Centre
Parnell Pines Hotel P.284
オークランド・ドメイン
P.251 Auckland Domain
パーネル・ビレッジ
P.275 Chocolate Boutique
Cordis Auckland
BK Hostel P.286
グラフトン
GRAFTON
ウインターガーデン
Wintergardens
P.252
ホーリー・トリニティ大聖堂
オークランド市立病院
Auckland City Hospital
オークランド戦争記念博物館
Auckland War Memorial Museum
P.252
Gorilla Kitchen P.275
パーネル・ファーマーズ・マーケット
Parnell Farmers' Markets(Jubilee Building Carpark)
Newmarket Park
グラフトン駅
リアルト映画館
Rialto Cinema
フードコート
ニューマーケット駅
Westfield Newmarket P.281
Withiel Thomas Park
P.256
マウント・イーデン
Mt. Eden
イーデン・ガーデン
シティ・リンク
インナー・リンク
アウター・リンク
タマキ・リンク
トランスデブ
0
400m

スカイ・タワー内の観光案内所 i SITE
Auckland Visitor Centre Skycity Atrium
**Map P.246-D1**
住Cnr.Victoria & Federal St.
電(09)365-9918
開10:00～15:00
休火・水

ユースフルインフォメーション
病院
Auckland City Hospital
**Map P.247-B3**
住2 Park Rd. Grafton
電(09)367-0000
警察
**Map P.246-B2**
Auckland Central Police Station
住13-15 College Hill, Freemans Bay
電105
新型コロナウイルス感染症検査場
Rako Science
空港(国際線ターミナル内)
電(09)930-8119
URL www.rakoscience.com
営7:00～23:00
休無休
ダウンタウン
**Map P.247-B3**
住Level 3, Quay Park Centre, 68 Beach Rd.
営月～金9:00～17:30
休土・日
レンタカー会社
Hertz
空港(国際線ターミナル内)
電(09)256-8692
ダウンタウン
**Map P.247-B3**
住154 Victoria St.
電(09)367-6350
Avis
空港(国内線ターミナル内)
電(09)256-8366
ダウンタウン
**Map P.246-B2**
住206 Victoria St.
電(09)379-2650

# オークランドの 歩き方

## ダウンタウン

にぎやかな目抜き通りのクイーン・ストリート

町の中心部は、高層ビルが立ち並ぶニュージーランド経済の中枢エリアであり、ショップやレストラン、エンターテインメント施設が集まる国内最大の文化発信地にもなっている。

まずは、オークランド最大のランドマークである**スカイ・タワーSky Tower**に上って、360度のパノラマを堪能しよう。展望台から眼下に広がるオークランドの町並みを一望できるだろう。

クイーン・エリザベス2世スクエアから南へ延びる**クイーン・ストリートQueen St.**は、みやげ物店から、レストラン、映画館、銀行までひととおりの商業施設が揃うオークランドのメインストリートだ。この大通りをそぞろ歩けば、行き交う人々の人種の多さから国際色豊かな移民の町であることが実感できるだろう。この大通りに面して立つブリトマート駅は市内交通の拠点となっており、駅の正面には2020年6月にオープンしたショッピングモール、**コマーシャル・ベイCommercial Bay**（→P.280）が立つ。また、駅の東側にもおしゃれなショップやレストランが並び、夜遊びスポットとしても人気だ。

**ヴァイアダクト・ハーバーViaduct Harbour**や**ウィンヤード・クオーターWynyard Quarter**といったウオーターフロントエリアには、豪華クルーズ船やカラフルなヨットが停泊し、"シティ・オブ・セイルズ"らしい光景が楽しめる。入江を囲むように洗練されたレストランやバーが立ち並び、週末の夜にはオークランダーたちでおおいに盛り上がる。

## ダウンタウン周辺部～オークランド郊外

ダウンタウン西側にある**ポンソンビーPonsonby**は、おしゃれなカフェやレストランが見つかるエリア。個性的な店が集まっている**ビクトリア・パーク・マーケットVictoria Park Market**とあわせて訪れたい。また、ポンソンビーや市内南部を東西に延びる**カランガハペ・ロードKarangahape Rd.**（通称Kロード）はバーやクラブが集中するオークランドの歓楽街として知られており、オークランダーのナイトライフを垣間見ることができる。

パーネルはこぢんまりとしたショップが軒を連ね情緒あふれる町並み

ダウンタウンから東へ約2.5km、しっとりと落ち着いた町並みの**パーネルParnell**はメインストリートのパーネル・ロードParnell Rd.沿いに、雰囲気のいいレストランや雑貨店、アンティークショップが軒を連ねる。また、アートギャラリーが点在しているのもパーネルの特徴だ。ニュージーランドのアーティストたちによる作品を鑑賞したあとは、オープンカフェでお茶を楽しもう。

パーネル・ロードを南へ進むと、ブロードウエイBroadwayと通りの名前が変わる。パーネルの落ち着いた雰囲気とは打って変わって、都会的なショップがずらりと並ぶのがニューマーケットNewmarketだ。ブロードウエイを挟んだ両側にはショップが立ち並んでおり、一大ファッションエリアになっている。

郊外エリアで足を延ばしてみたいのが、市内中心部から車で東へ6kmほど行ったミッション・ベイMission Bay。小粋なカフェやレストラン、緑豊かな公園と美しいビーチが揃ったこのエリアは、老若男女を問わずキーウィたちに非常に人気がある。

フェリービルディングからフェリーで12分ほど、車だとハーバー・ブリッジを渡った先がデボンポートDevonportだ。ヨーロッパ人が最初に定住を始めた地域のひとつで、ビクトリア調の建築物が数多く残る。ビュースポットとして知られるマウント・ビクトリアMt.Victoriaに登ったあとは、19世紀そのままの雰囲気を醸し出す町並みを散策したい。居心地のいいB&Bも多いので、滞在地としてもおすすめだ。

ニューマーケットでショッピングを楽しもう

### オークランド周辺の島々

オークランド周辺には約50の島々が点在している。なかでも、フェリーで40分ほどの所に位置するワイヘキ島Waiheke Islandは、良質のワインや、アーティストが多く住むことで知られている人気のリゾート地だ。ティリティリマタンギ島Tiri Tiri Matangi Islandで、絶滅の危機に瀕する鳥たちなど希少な野生動物を観察して1日過ごすのもおすすめ。自然が残されたウエストコーストをツアーで訪れるのもポピュラーだし、アクティビティの種類も豊富なのでさまざまな過ごし方で楽しむことができる。

**おもなイベント**

Auckland Arts Festival
☎(09)309-0101
URL www.aaf.co.nz
催3/7～24['24]

Fine Food New Zealand Auckland
☎(09)976-8300
URL www.finefoodnz.co.nz
催6/25～27['23]

ASB Auckland Marathon
☎(09)601-9590
URL aucklandmarathon.co.nz
催10/29['23]

**オークランド市内ツアー Auckland City Highlights Tour**

ウオーターフロントやミッション・ベイ、オークランド・ドメイン、オークランド戦争記念博物館、マウント・イーデンなど、市内のおもな見どころを回るアットホームな少人数制ツアー。英語ガイドのみ。

Cheeky Kiwi Travel
☎(09)390-7380
FREE 0800-252-65
URL www.cheekykiwitravel.com/auckland-city-highlights-tour/
催通年9:00もしくは10:00発
料4時間大人$99～、子供$80～
CC MV

## Column 郊外の人気タウン、マタカナ

オークランドから北へ車で約1時間のマタカナは、オーガニック&ナチュラルなライフスタイルが根付いた人気タウン。毎週土曜の朝はファーマーズ・マーケットが開催され、新鮮な地元産食材やグルメが集まり、大盛況。近くにある白砂のビーチを訪ねたり、ワイナリーを巡ったりするのも楽しい。オークランドからKikorangi（→P.267）などが催行するツアーを利用すると便利。

**マタカナ・ファーマーズ・マーケット**
Map P.261-A1
住2 Matakana Valley Rd., Matakana
URL www.matakanavillage.co.nz/market/
催土8:00～13:00

オーガニック食材や地元グルメが並ぶ

## スカイ・タワー
Sky Tower

Map P.246-D1

地上328mの南半球で最も高いタワー。年間75万人以上の観光客が訪れる、オークランドのシンボルとなっている。高さの異なる3つの展望フロアが設けられ、高さ186mのメイン展望フロアからは、オークランド市内を一望できるほか、ガラスの床を通して地上が見下ろせてスリリング。さらに220mのスカイデッキからは、一面に設けられた大きなガラス越しにはるか80km先まで見えるという大パノラマが広がる。タワー内には、景色を眺めながら食事ができるレストランやカフェ、バーなどの飲食店も充実している。

オークランドきっての観光名所

タワーの下に広がる**スカイシティSkycity**には、スカイシティ・カジノSkycity Casinoや、スカイシティ・ホテル（→P.283）、劇場、レストラン、バーなどの商業施設が入っている。

## ヴァイアダクト・ハーバー
Viaduct Harbour

Map P.246-C1

ヨットが行き交う風景を眺めながら、"シティ・オブ・セイルズ"という言葉を実感できる場所がここ。港を取り囲むようにおしゃれなカフェやレストラン、バーが立ち並び、クルーズの発着地でもある。ヨットレースの最高峰のひとつアメリカズ・カップにちなみ、アメリカズ・カップ・ビレッジとも呼ばれていた。オークランドで開催された2021年の第36回大会では、ニュージーランドは3度目の優勝を果たした。

港にはたくさんのヨットが停泊

## ニュージーランド海洋博物館
New Zealand Maritime Museum

Map P.246-C1

ヴァイアダクト・ハーバー近くの港に面して立つ博物館。ポリネシアの人々が用いたカヌーからヨーロッパ人の大航海時代、ニュージーランドへの移民船、豪華客船、さらに現代のマリンレジャーのヨットまで幅広い種類の船を展示する。毎週火〜日曜には1日2回、歴史的な船テッド・アシュビーTed Ashby号に乗船してクルーズ体験することもできる。

**スカイ・タワー**
住 Cnr. Victoria St. & Federal St.
☎ (09) 363-6000
FREE 0800-759-2489
URL www.skycityauckland.co.nz
開 月・火
9:30〜18:00
水〜日
9:30〜20:00
（最終入場は30分前まで）
休 無休
料 大人$35、子供$18
交 シティ・リンク、アウター・リンクを利用。

**スカイシティ・カジノ**
営 24時間
休 無休
※入場は20歳以上、短パン・サンダルなどの軽装は不可。場内は撮影禁止。

新年のカウントダウンイベントには花火が上がる

**スカイ・タワーのアクティビティ**
**Sky Jump**（→P.268）
**Sky Walk**
地上192mの高さに設けられた、幅1.2mのタワー外周のデッキをハーネスを付けてガイドとともに歩くというアクティビティ。360度のパノラマビューを楽しめる。所要約1時間15分。
☎ (09) 368-1835
FREE 0800-759-925
URL skywalk.co.nz
催 通年10:00〜17:00間の計3〜4回（天候による）
料 大人＄160
子供＄120（10〜15歳）
CC MV

**ニュージーランド海洋博物館**
住 Cnr. Quay St. & Hobson St.
☎ (09) 373-0800
URL www.maritimemuseum.co.nz
開 10:00〜17:00
（最終入館は〜16:00）
料 大人$20、シニア・学生$17、子供$10
交 シティ・リンクを利用。

**クルーズ**
催 火〜日11:30、13:30発
料 大人$53、子供$27
（入館料込み）

## ウィンヤード・クオーター
Wynyard Quarter

Map P.246-A2

ヴァイアダクト・ハーバーの西側、ウィンヤード・クロッシングWynyard Crossingと呼ばれる可動橋の先に広がるウオーターフロントエリア。オークランド・フィッシュ・マーケットAuckland Fish Marketやさまざまな催しが行われる多目的公園サイロ・パークSilo Parkのほか、倉庫風の建物におしゃれな飲食店が軒を連ね、オークランダーに人気を博している。ハーバー・ブリッジのたもとまでのびるボードウオーク、ウエストヘブン・パスWesthaven Pathを散歩するのもおすすめ。

潮風を浴びてのんびり散策しよう

## ブリトマート
Britomart

Map P.246-C1～2

ダウンタウンのワーフ近くにあるブリトマート駅一帯は、ニュージーランドでラグビーワールドカップが開催された2011年前後に再開発が進んだエリア。元中央郵便局など歴史的な建築物とモダンな建物が共存する中に、トランスポート・センター、スタイリッシュなカフェやショップ、ブティック、アートギャラリーなどが連なり、独特の雰囲気を醸し出している。駅は地下にあるため喧騒とも無縁。おしゃれな雰囲気を味わいに出かけてみよう。

## アルバート公園／オークランド美術館
Albert Park / Auckland Art Gallery (Toi O Tāmaki)

Map P.246-D1～2

ダウンタウンの中心部にあり、緑の芝生に大きな木々、噴水、色鮮やかな花時計が映える公園。天気のいい日には、読書を楽しむオークランド大学の学生や市民が集う。

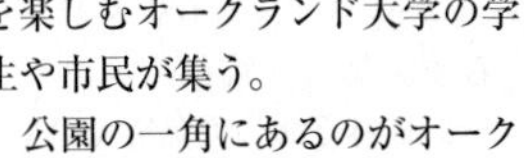

緑豊かなアルバート公園

公園の一角にあるのがオークランド美術館だ。マオリの工芸品から国際的な現代アートまで、1万5000点を超す作品を所蔵、国内最大規模を誇る。館内では無料のギャラリーツアーも催行される。

## オークランド・ドメイン
Auckland Domain

Map P.247-C3

オークランド中心部を見下ろす小高い丘に広がる巨大な公園。火山活動によって形成され、その火口は現在、円形劇場として使われている。園内にはクリスマスツリーとも呼ばれるニュージーランド原産のポフツカワがたくさん植えられ、12月頃に花を咲かせる。

オークランド市内で最も古い公園

ウィンヤード・クオーター
電(09) 336-8820
URL wynyard-quarter.co.nz
Westhaven Path
Map P.246-A2

ウエストヘブン・パス

ブリトマート・トランスポート・センター
住12 Queen St.
電(09) 366-6400
ブリトマートグループ
URL britomart.org

おしゃれなショップが連なる

オークランド美術館
住Cnr. Kitchener & Wellesley Sts.
電(09) 379-1349
URL www.aucklandartgallery.com
開10:00～17:00
休無休
料無料(特別展は別途)
交シティ・リンク、アウター・リンクを利用。
ギャラリーツアー
催予約制
料無料
※最少催行人数6名、E-mail gallerytours@aucklandartgallery.comで要予約。

さまざまな作品が展示されている

オークランド・ドメイン
住Park Rd. Grafton
交インナー・リンク、アウター・リンクを利用。
無料コンサートなどの野外イベントが随時開催されている。情報は観光案内所アイサイトで確認を。毎年クリスマスの時季にはコカ・コーラ・クリスマス・イン・ザ・パークも催される(→P.259)。

## オークランド戦争記念博物館

Auckland War Memorial Museum

Map P.247-C4

1階はマオリや南太平洋諸島の歴史コレクション、2階はニュージーランドの自然に関する展示、3階は第1次・第2次世界大戦に関するギャラリーというテーマで、膨大な量のコレクションを誇るニュージーランド最古の博物館。日本の戦闘機や原爆に関する資料も展示され、じっくり鑑賞すると半日以上かかる。

また、マオリによるショーやギャラリーツアーでは、マオリ文化に触れることもできる。

高台にそびえる重厚な建物

## ウインターガーデン

Wintergardens

Map P.247-C3

広大な敷地をもつオークランド・ドメイン（→P.251）内にあり、1913年のオープン以来、市民の憩いの場として親しまれている植物園。敷地内にあるふたつの温室には、熱帯植物やニュージーランドの草花が栽培されており、何十種類もの色とりどりの花々が年間を通して咲き誇る。ニュージーランドの森林をそのまま都会の真ん中に再現したような100種類ものシダが生い茂るエリアは必見！　無料で楽しめる隠れた穴場だ。ニュージーランドのシンボルマークである葉裏が白いシダSilver Fernもある。

## ハーバー・ブリッジ

Harbour Bridge

Map P.246-A2

シティとノース・オークランドを結ぶ全長1020m、高さ43mの橋。1959年にこの橋が完成したことにより、北側エリアの発展は目覚ましいものとなった。当初は4車線だったが、交通量の増加により8車線に変更されている。近年は朝晩の渋滞がひどく、橋の老朽化も懸念されることから建て直しの議論も行われているが、美しい橋は今もオークランドの交通の大動脈であり、町の象徴であることに変わりはない。

ハーバー・ブリッジにはブリッジクライムやバンジージャンプなどのアクティビティがあるので、ぜひ挑戦してみよう。

上下8車線ある自動車専用の橋

## ビクトリア・パーク・マーケット

Victoria Park Market

Map P.246-B2

かつて清掃工場だったれんが造りの建物に、国内のアート作品を扱うショップや各国料理レストラン、カフェ、バーなど、約40店が軒を連ねているマーケット。1905年に建築がスタートし、1908年に完成した歴史ある建造物であることにも注目したい。

**オークランド戦争記念博物館**
住 Auckland Domain Parnell
☎ (09) 309-0443
URL www.aucklandmuseum.com
開 10:00～17:00、火10:00～20:30、土・日・祝9:00～17:00
休 無休
料 大人$28、子供$14
交 インナー・リンク、アウター・リンクを利用。
1日2回、11:00と13:00に行われる館内のハイライトツアーは大人$20、子供$10。マオリショーは1日2回、11:45と13:45に開催され、大人$30、子供$15。そのほか、期間限定のツアーやイベントも実施。詳細はウェブサイトで確認を。予約はオンラインで可能。

**ウインター・ガーデン**
住 20 Park Rd. Grafton
開 11～3月
月～土　9:00～17:30
日　9:00～19:30
4～10月　9:00～16:30
休 無休
料 無料
交 インナー・リンク、アウター・リンクを利用。

色鮮やかな花々が咲き誇る

**ハーバー・ブリッジのアクティビティ催行会社**
**AJ Hackett Bungy**
☎ (09) 360-7748
FREE 0800-462-8649
URL www.bungy.co.nz
CC ADMV
**ブリッジクライム**
→P.268
**バンジージャンプ**
催 通年
料 大人$175、子供$145（10歳以上）
※オークランド中心部からピックアップバスあり。詳細は要問合せ。

**ビクトリア・パーク・マーケット**
住 210-218 Victoria St.
☎ (09) 309-6911
URL victoriaparkmarket.co.nz
交 インナー・リンク、アウター・リンクを利用。

煙突がマーケットの目印

## パーネル&ニューマーケット
Parnell & Newmarket

Map P.247-B〜D4

ノスタルジックな雰囲気が漂うパーネル・ビレッジ

オークランドの中心部から約1km東にあるパーネル・ロード**Parnell Rd.**。ヨーロッパの町角を思わせるオークランドで最も古い住宅地で、19世紀後半に建てられたビクトリア様式の建築物が保存されている。パーネル・ロードのなかでも特に目を引くのが**パーネル・ビレッジParnell Village**。白壁がまぶしい建物にブティックが集まったショッピングコンプレックスになっている。

パーネルをそぞろ歩けば、地元アーティストの作品を揃えたギャラリーやハンドクラフトのアクセサリー店など、カラフルで個性的なショップに目を引かれるだろう。そのほか、西洋とマオリ文化の融合が見て取れる**ホーリー・トリニティ大聖堂Holy Trinity Cathedral**や、パーネル・ロードと並行して延びるグラッドストーン・ロードGladstone Rd.に面した**パーネル・ローズ・ガーデンParnell Rose Gardens**など、周辺の見どころも見逃せない。

パーネルをさらに南下するとニューマーケット地区へいたる。ニューマーケットといっても市場があるのではなく、パーネル・ロードから続く大通り、**ブロードウエイBroadway**を中心とした商業地域を指す。店舗が密集し、特にデザイナーズブランドなどファッション関係のショップが充実している。カジュアルで実用性の高い品揃えが特徴だ。

カフェやブティックが並ぶナッフィールド・ストリート

ニューマーケットの中心は、ショッピングコンプレックスの**ウエストフィールド・ニューマーケットWestfield Newmarket**（→P.281）。トレンドのファッションをはじめ、日用品から雑貨、スポーツ用品、コスメまで品揃えが豊富で、スーパーマーケットやフードコートも入っている。また、ニューマーケット駅周辺の**ナッフィールド・ストリートNuffield St.**にもおしゃれな店が並び、ウインドーショッピングするだけでも楽しい。

**パーネル**
URL www.parnell.net.nz
交 インナー・リンク、アウター・リンクを利用。

**ホーリー・トリニティ大聖堂**
**Map P.247-C4**
住 446 Parnell Rd.
☎ (09) 303-9500
URL www.holy-trinity.org.nz
開 10:00〜13:00
休 金〜日

マオリや動植物が描かれた大聖堂のステンドグラスはこの国の歴史そのもの

2017年にオークランド建築賞を受賞したガラスのチャペル

**パーネル・ローズ・ガーデン**
**Map P.247-B4**
住 85 Gladstone Rd.
☎ (09) 301-0101
開 24時間
休 無休
料 無料

**ニューマーケット**
URL newmarket.co.nz
交 インナー・リンク、アウター・リンクを利用。また、ブリトマート駅からニューマーケット駅まで鉄道のサザン・ライン、ウエスタン・ラインを利用することもできる。

ニューマーケット駅

### Column 週末はイタリアン・マーケットへ

パーネルで毎週末開催されているイタリアン・マーケット。イタリアンデリのボーノBouno周辺に市が立ち、生鮮食品のほか、焼きたてのフォカッチャやボリューミーな肉料理、パスタ、ピザなどの屋台がずらりと並んでおり、ブランチにおすすめのスポットだ。また、ここで食材を買って、ピクニックに出かけるのもおすすめ。オリーブオイルなどのイタリアン食材も幅広く販売されているので、おみやげ探しにもぴったり。

**ボーノ**
**Map P.247-B4**
住 69 St.Georges Bay Rd.
✆ 022-551-4444
URL parnellmarkets.co.nz
催 土8:00〜13:00

イタリアンハムやレリッシュは試食もできる

## オークランドの人気エリア

# ポンソンビーでカフェ&ショップ巡り

ポンソンビー・ロードPonsonby Rd.沿いには洗練されたレストランやショップが軒を連ねている。「カフェ激戦区」とも呼ばれ、雰囲気のいいカフェが数メートルおきに点在している。

## ポンソンビー Ponsonby

市内を巡回するインナー・リンクのルート上に約1kmにわたって続くポンソンビー・ロード。この通りはパーネル・ロードParnell Rd.やハイ・ストリートHigh St.と並ぶオークランドきってのおしゃれストリートとして知られている。 URL iloveponsonby.co.nz 交インナー・リンクを利用

ネオゴシック調の歴史ある建物が残る町並み

オークランド西側のエリア

Jervois Rd.
A
Shut The Front Door Ⓢ
Redmond St.
Prosford St.
Blake St.
Sheehan St.
The Great Ponsonby Arthotel
B
Pompallier Tce.
Cowan St.
Ponsonby Tce.
Ⓗ

**A**

東洋と西洋が融合した目と舌で楽しむ創作料理

### フュージョン・カフェ
Fusion Cafe Map P.246-B2

ベトナム人オーナーが手がける店。ニュージーランドらしいカフェメニューのほかに創作アジア料理も楽しめる。人気はエッグベネディクト、フレンチトースト、ベトナム風サンドイッチのバインミーなど。キッズメニューあり。

暖炉がある店内。夏は裏庭のテラス席がおすすめ

住32 Jervois Rd.
電(09)378-4573
URL www.fusioncafe.co.nz
営月～金7:00～15:00、土・日8:00～15:00
休無休 CC MV

旬の食材を使うのでメニューは毎回替わるんです♪

季節のフルーツとベリーコンポートがたっぷり乗ったシナモンブリオッシュのフレンチトースト、ココナッツヨーグルト添え$24

**B**

オーナーのセンスが光る！NZメイドの雑貨がズラリ

### エブリデイ・ニーズ
Everyday Needs Map P.246-B2

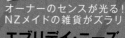

おしゃれな店が並ぶポンソンビー・ロードで、特にセンスのよさが光る生活雑貨店。洗練されたデザインはもちろん、長く愛用できるサステナビリティを意識した商品を厳選。地元の陶芸家によるディナーウェアやアクセサリーなど、自分へのみやげを選びたい。

住270 Ponsonby Rd. 電(09)378-7988
URL www.everyday-needs.com
営9:30～17:00
休無休 CC AMV

センスが光る品揃えで、人が吸い込まれるように店内へ

1 食器や文房具、ベッドリネンが並ぶ。充実した品揃えで、思わず時間を忘れて見入ってしまう
2 手書きのポップで商品の詳細をチェックできるのもうれしい
3 ユニークなデザインのキャンドルスタンド$145
4 かわいいネイルブラシ$28も

C

斬新スイーツならここ！
食材にこだわる人気カフェ

注射器に入った
クリームを
自分で入れる
ホイヨドーナツ$6.5
が名物です

## フォックストロット・パーラー

Foxtrot Parlour Map P.246-C2

「料理がおいしい場所は笑い声が大きい」をモットーに、サンドイッチやオムレツなどの自家製ブランチを提供。毎朝焼くパンやパイ、キッシュ、スイーツもいろいろ。カフェには珍しく、えりすぐりの地ビールとシードル、ワインの用意もある。

住Ponsonby Central, 7 Richmond Rd.
☎(09) 378-7268
URL www.foxtrotparlour.co.nz
営7:00～16:00
休無休　CC MV

ポンソンビーセントラル(→P.281)内にある

1 ヘンハウスレイド$14.5。クリーミーなスクランブルエッグ、自家製チャツネ添え。写真は$6でアボカドをトッピング　2 週末は週替わりのかわいいケーキが並ぶ

D

NZみやげなら何でも揃う
マストで訪れたい雑貨店

## ガーデン・パーティ

The Garden Party Map P.246-C2

ニュージーランドらしいモチーフを中心に、リーズナブルな雑貨を扱う店。野鳥が描かれたティータオル$15～は人気が高い。地元アーティストが手がけたかわいいデザインのアクセサリーやキッチン、ベビー用品も豊富に揃う。

店内にはコスメや雑貨などさまざまな名商品が

住130 Ponsonby Rd.
☎(09) 378-7799
URL www.thegardenparty.co.nz　営月～金10:00～18:00、土・日10:00～17:00　休無休　CC MV

1 野鳥ファンテイルとポフツカワの花をプリントしたティータオル$15　2 アクリルをカットしたピアス$54　3 光沢のある生地を使ったポーチ$35

Franklin Rd.
Collingwood St.
Anglesea St.
Paget St.
Picton St.
Ponsonby Rd.
Mag Nation Ⓢ
Stolen Girlfriends Club
Lincoln St.
S・P・Q・R Ⓡ
Icebreaker Ⓢ
WE-AR
Pollen St.
Ponsonby Central
Norfolk St.
Douglas St.
Brown St.
Richmond Rd.
Mackelvie St.
C
D
E

E

ハイセンスな雑貨がみつかる
ギャラリーでお買い物

## ポイ・ルーム

The Poi Room Map P.246-C2

ニュージーランド出身の現代アーティスト50人以上による作品を取り扱うギャラリーショップ。マオリのモチーフを現代風にアレンジした雑貨などが多く、おみやげ探しにぴったり。おすすめはハンドジュエリー$85～やティータオル$25～。

住Shop 10, 130 Ponsonby Rd.　☎(09) 378-4364
URL www.thepoiroom.co.nz　営月～金9:30～17:30、土9:30～17:00、日10:00～16:00　休無休　CC ADJMV

フィッシュ&チップス柄のティータオル$25～30

ウールで作られたポキドール$69

バッグやファッションのアクセントに！猫のピンバッジ$120

ニューマーケットにも店舗がある

ユニークな手刺繍の壁飾り$120。裏に丸いリングが付いている

## マウント・イーデン
Mt. Eden

Map P.247-D3

オークランド市街地に残る50余りの死火山のひとつで、噴火口跡にできた小高い丘。標高196mほどだが、頂上からはオークランド市街と海が一望のもとに見渡せる絶好のビューポイントだ。噴火口跡はアリ地獄のような逆円錐形になっており、その周囲にボードウオークが設けられている。イーデン・ガーデンEden Gardenは、マウント・イーデンの東側斜面の地形を生かしたこぢんまりとした公園。1000本以上の木が植えられ、花に囲まれたイギリス式庭園で、地元の人々がベンチでくつろいだり読書を楽しんだりしている。

広々とした眺めは気持ちがいい

マウント・イーデン
住250 Mt. Eden Rd. Mt.Eden
開夏季 7:00～20:30
冬季 7:00～19:00

イーデン・ガーデン
住24 Omana Ave. Epsom
電(09)638-8395
URL www.edengarden.co.nz
開9:00～16:00
（カフェは9:00～15:00）
休月
料大人$12、子供無料
交市内中心部からメトロリンク#27H、27Wなどで約25分。アウター・リンクも利用可。

## ワン・トゥリー・ヒル
One Tree Hill

Map P.244-B2

塔の高さは33m

コーンウォール公園Cornwall Park内にあるマウント・イーデンと同じ死火山で、標高は183m。頂上にはオークランド市の創始者であるジョン・ローガン・キャンベル卿が、先住民マオリへ敬意を表して建てた塔があり、町を象徴するシンボルとして知られている。敷地内には羊や牛が放牧され、現存するオークランド最古の建物、アカシア・コテージAcacia Cottageも保存されている。オークランド郊外を一望する景色はすばらしい。

コーンウォール公園
住Green Lane West Greenlane
電(09)630-8485
URL cornwallpark.co.nz
開7:00～21:00
（時季によって異なる）
休無休
交ブリマート駅から車で約15分、グリーンレーン駅下車後徒歩約15分。市内中心部からメトロリンク#70Hで約30分、アウター・リンクも利用可。

アカシア・コテージ
開7:00～日暮れ
休無休

オークランド市内と放牧された羊や牛が見える

## スタードーム天文台
Stardome Observatory

Map P.245-C2

ワン・トゥリー・ヒルの南側斜面に位置する天文台で、360度のパノラマで輝く星を観測し、南十字星をはじめとする南半球ならではの星空について学べる施設。夜間はさまざまなプラネタリウムショーを開催。プログラムは時季によって異なるのでウェブサイトで確認を。天候がよければ、ショーのあとに望遠鏡で天体観測できるプログラムもある。星をテーマにしたさまざまなグッズを販売するギフトショップも併設されている。

星を頼りにニュージーランドにたどり着いたというマオリの伝説も聞ける

スタードーム天文台
住670 Manukau Rd. One Tree Hill Domain
電(09)624-1246
URL www.stardome.org.nz
開月 9:30～17:00
火～日 9:30～17:00
18:00～22:30
休無休
料大人$2、子供$1
（プラネタリウムショーは大人$15、シニア・学生・子供$12）
交市内中心部からメトロリンク#30で約40分、下車後徒歩約6分。アウター・リンクも利用可。

## オークランド動物園

Auckland Zoo

Map P.244-B1

町の中心部から南西にある国内最大級の動物園で、135種、1400匹以上の動物を飼育している。広い園内は動物の種類によって区分けされ、大人でも十分に楽しめる内容だ。おなじみのゾウ、キリン、ライオンに加え、ニュージーランドの国鳥であるキーウィ、"恐竜の生き残り"といわれるトゥアタラなど、ニュージーランド特有の動物の生態を観察することができる。キーウィは夜行性のため、昼夜逆転して暗くした小屋の中で活発に動く姿を見ることができる。

悠々と歩くキリンの姿も見られる

**オークランド動物園**
住99 Motions Rd. Western Springs
☎(09)360-3805
URL www.aucklandzoo.co.nz
開9:30～17:30（最終入場は～16:30）
休無休
料大人$24、子供$13
交市内中心部からメトロリンク#18、110、195で約20分、下車後徒歩約6分。

## ウエスタン・スプリングス

Western Springs

Map P.244-B1

オークランド動物園と交通科学博物館に隣接する、芝生に覆われた広大な公園。湖の水面には、日本ではあまり見られないブラックスワンが優雅に泳いでいる。そのほかにも園内にはあちこちに鳥に関する情報が書かれた掲示板があり、バードウオッチングが楽しめる。休日にはピクニックを楽しむ家族連れやカップル、スポーツをする若者たちでにぎわっている。

**ウエスタン・スプリングス**
住731 Great North Rd. Grey Lynn
交市内中心部からメトロリンク#18、134で約20分。

散歩やピクニックに最適

## 交通科学博物館（モータット）

Museum of Transport & Technology (MOTAT)

Map P.244-B1

ニュージーランドの交通機関、農業、医療などの歴史を、当時のまま保存された車や機関車、医療器具、機械などを見ながら学ぶことができる。ライト兄弟よりも早く動力飛行に成功したといわれるリチャード・ピアスや、世界で初めて英国とニュージーランド間を飛んだことで知られるジーン・G・バッテンの貴重な資料や遺品も保存されている。敷地はメインの本館と軍用機などの飛行機を展示したアビエーション・ホールAviation Hallの2ヵ所に分かれている。2ヵ所間の移動は路面電車のトラムを利用。オークランド動物園前で途中下車することも可能。

**交通科学博物館**
住805 Great North Rd. Western Springs
☎(09)815-5800
URL www.motat.org.nz
開10:00～16:00（最終入館は～15:30）
休無休
料大人$19、子供$10
交市内中心部からメトロリンク#18、134で約20分。

**路面電車**
運10:00～16:00
料無料（博物館の入館料に運賃が含まれている）

屋外にある展示物

### Column コースト・トゥ・コースト・ウオークウエイ

オークランドの北に広がるワイテマタ湾と、南にあるマヌカウ湾とを結ぶルートが、コースト・トゥ・コースト・ウオークウエイCoast to Coast Walkwayだ。まずヴァイアダクト・ハーバー（→P.250）から出発。オークランド・ドメイン、マウント・イーデン、ワン・トゥリー・ヒルを抜け、オネハンガ・ベイOnehunga Bay（Map P.245-C2）にいたる行程は約16km、所要4時間～。案内図は観光案内所アイサイトなどで手に入る。南から北へ向かうルートも可能だ。南の終点オネハンガからブリトマート駅までは、メトロリンクのバス#30や、ローカル列車のオネハンガ線を利用できる。

黄色の矢印をたどればいい

## ミッション・ベイ
Mission Bay

Map P.244-A3

オークランドの町の中心部から東へ約6kmのミッション・ベイは高級住宅が立ち並ぶ市内でも屈指の人気エリア。海水浴にうってつけのビーチもあり、沖にはランギトト島の姿が望める。夏になるとカヤック、スタンドアップ・パドル・サーフィンなどマリンスポーツの楽園となり、たくさんの人々でにぎわう。ビーチ沿いに延びる公園を散策するのも気持ちいい。おしゃれなレストランやカフェが多いので、食事に出かけるのもおすすめだ。

穏やかなビーチを散策

**ミッション・ベイ**
URL www.missionbay.co.nz
交 市内中心部からタマキ・リンクで約15分。

ビーチ沿いに並ぶカフェで午後のひとときを過ごそう

## タマキ・ドライブ
Tamaki Drive

Map P.244-B3

タマキ・ドライブはホブソン湾に造られた堤防の上の道路。中心部から東へ向かって海沿いに延びており、風に吹かれて歩いていると両側の視界が開け、とても気持ちがいい。海にはヨットやボードセーリング、道にはジョギングやサイクリング、インラインスケートを楽しむ人々、釣り糸をたれる人などが多く、それぞれがのびのびと好きなことをして過ごしている。途中のオラケイ埠頭からの夕暮れや夜景も美しい。

対岸のランギトト島も望める

**タマキ・ドライブへの行き方**
市内中心部からQuay St.を東へ進む。タマキ・リンクで約15分。

**タマキ・ドライブのアクティビティ**
**Fergs Kayaks**
カヤック、スタンドアップ・パドル・サーフィンのレンタル、カヤックツアー、レッスンなどを行っている。
住 12 Tamaki Dr. Orakei
☎ (09) 529-2230
URL fergskayaks.co.nz
営 9:00～17:00
休 無休
**カヤックレンタル**
料 1時間$28～
**ランギトト島カヤックツアー**
料 6時間$160

## ケリー・タールトンズ・シーライフ水族館
Kelly Tarlton's Sea Life Aquarium

Map P.244-A3

ミッション・ベイから近く、ウオーターフロントに位置する人気の水族館。巨大な水槽とそれを貫く110mの海底トンネルが圧巻。動く歩道に乗って、周囲を泳ぎ回るサメやエイ、無数の魚たちを眺めていると、まるで海の中にいるような気分が味わえる。また、南極に関する展示も多く、南極探検の基地の様子が復元されているほか、キング・ペンギンやジェンツー・ペンギンも観察できる。水槽へダイブして、サメと間近に触れ合えるシャーク・ケージShark Cageなどのアクティビティ（有料）もある。

サメを間近に見ることができる

**ケリー・タールトンズ・シーライフ水族館**
住 23 Tamaki Dr. Orakei
☎ (09) 531-5065
FREE 0800-446-725
URL www.kellytarltons.co.nz
開 9:30～17:00
（最終入場は～16:00）
休 無休
料 大人$32.8、子供$23.3
（公式サイトのオンライン割引き）
交 市内中心部からタマキ・リンクで約15分。
**シャーク・ケージ**
催 土・日10:00、11:30
（年末年始は毎日催行、要予約）
料 $99

## レインボーズ・エンド

Rainbow's End

Map P.245-D4

国内唯一の本格的アミューズメントパーク。バラエティ豊かな約20種類のアトラクションを備えている。人気アトラクションのフィアーフォールFearfallは、地上18階にあたる高さまで上った所でいったん停止し、そこから最大時速80キロの速さで一気に降下する。ねじれたコースを突進するコークスクリュー・コースターCorkscrew Coaster、金鉱の中をカートで走り抜けるゴールド・ラッシュGold Rushなど、エキサイティングなアトラクションが目白押し。また、ドーム型の180度スクリーンシアター、スペクトラSpectraでは、スクリーンの3D映像と座席が連動し、迫力満点。

スリル満点のコークスクリュー・コースター

**レインボーズ・エンド**
住2 Clist Cres. Manukau
☎(09)262-2030
URL rainbowsend.co.nz
開月～金　10:00～16:00
土・日、祝 10:00～17:00
休無休
料スーパーパス(入場料＋乗り放題)大人$67.99、子供$57.99
交市内中心部から南東へ約20kmのマヌカウ・シティManukau Cityにある。ブリトマート駅から列車でマナカウ駅まで約40分、下車後徒歩約10分。

## バタフライ・クリーク

Butterfly Creek

Map P.245-D2

空港の国際線ターミナルから車で約2分。アジアやアメリカなど各地から収集したユニークな蝶を飼育するバタフライ・ハウスButterfly Houseでは、温室内を飛び交う色とりどりの蝶の様子を見ることができる。水族館やウサギなどの小動物と触れ合えるコーナーなど、ファミリー向けのアトラクションが充実。

**バタフライ・クリーク**
住10 Tom Pearce Dr.
☎(09)275-8880
URL www.butterflycreek.co.nz
開水～金　9:30～16:00
土・日　9:30～17:00
(時季により変動あり)
休月・火
料大人$29、子供$16
交オークランド空港から徒歩約15分。無料シャトルバスが運行、空港内の観光案内所アイサイトで予約可。

### Column 真夏のメリークリスマス

南半球のニュージーランドは、日本と季節が逆になる。そのことを特に実感させられるのがクリスマス・シーズンだ。町のあちこちにクリスマスツリーやサンタクロースをモチーフにした飾りつけが行われるものの、町行く人は皆半袖。日没も遅いので、イルミネーションが見られる時間が非常に短い。

しかし、真夏だからこそ盛り上がるクリスマスイベントも催されている。クライストチャーチとオークランドの2大都市では、コカ・コーラ・クリスマス・イン・ザ・パークCoca Cola Christmas in the Parkと題して、大規模な野外イベントを開催。ニュージーランドを代表するアーティストによるクリスマスソングのコンサートや、花火の打ち上げなどが行われ、町はおおいににぎわいを見せる。ただし12月25日は家族と過ごすのが一般的で、ほとんどの施設、レストランやショップが休みとなるので気をつけよう。

真夏の夜空をクリスマスを祝う花火が彩る

**コカ・コーラ・クリスマス・イン・ザ・パーク**
URL www.coke.co.nz/christmas-in-the-park
【クライストチャーチ】
北ハグレー公園(→P.52)
催11/26['22]('23は未定)
【オークランド】
オークランド・ドメイン(→P.251)
催12/10['22]('23は未定)

デボンポートへのフェリー
Fullers
**Map P.246-C1**
住Pier1 99 Quay St.
☎(09) 367-9111
URL www.fullers.co.nz
運オークランド→デボンポート
月～木　5:45～23:30
金　5:45～翌0:00
土　6:15～翌0:00
日・祝　6:15～22:00
デボンポート→オークランド
月～木　6:00～23:45
金　6:00～翌0:30
土　6:30～翌0:30
日・祝　7:30～22:15
30～45分ごとに運航。
料片道
**現金**　大人$8、子供$4.5
**AT HOPカード**
大人$5.4、子供$3.1

デボンポート博物館
**Map P.260-A2**
住33A Vauxhall Rd.
☎(09) 445-2661
URL www.devonportmuseum.org.nz
開火～木　10:00～12:00
土・日　14:00～16:00
休月・金
料無料（寄付程度）

トーピードウ湾海軍博物館
**Map P.260-A2**
住64 King Edward Pde. Tropede Bay
☎(09) 445-5186
URL navymuseum.co.nz
開10:00～17:00
休無休
料$10

## デボンポート

Devonport

Map P.244-A2～3、P.260

マウント・ビクトリアの山頂までは徒歩15分ほど

ブリトマート駅近くにあるクイーンズ・ワーフQueens Wharfから、フェリーで約12分の対岸に位置するのがデボンポート（車でハーバー・ブリッジを利用して行く場合、所要約20分）。古くからヨーロッパ人の入植が始まった場所で、ビクトリア調のクラシカルな建物が多く残る美しい町だ。**デボンポート博物館Devonport Museum**や**トーピードウ湾海軍博物館Torpedo Bay Navy Museum**で周辺の歴史を学んだり、小さなB&Bも点在しているので、のんびり滞在するのもおすすめ。メインストリートであるビクトリア・ロードVictoria Rd. にはしゃれたアンティークショップやレストラン、カフェが並ぶ。

ビクトリア・ロードを北に進むと、**マウント・ビクトリアMt. Victoria**がある。手軽に登ることができる標高80.69mの頂上からは、海を隔てたダウンタウンのビル群や、無数のヨットの帆が浮かぶワイテマタ湾のパノラマが開けている。

また、海沿いを東へ進む**ノース・ヘッドNorth Head**へと続く道も散歩するのに気持ちいい。フェリー埠頭からノース・ヘッドまでは徒歩15分ほど。夏になると、ビーチは海水浴を楽しむ人々でにぎわう。

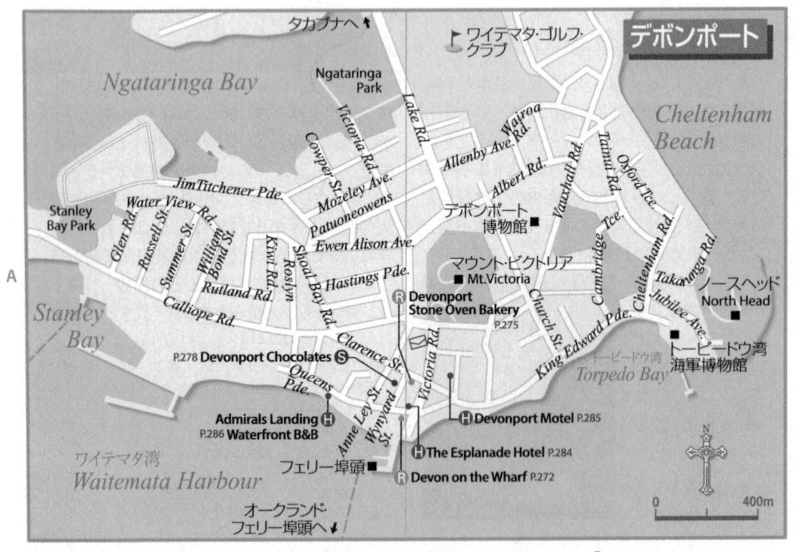

## オークランド周辺の島々の 見どころ

入り組んだ美しい海岸線を持つオークランドと、その周辺の近海には約50の島々が点在する。ここで紹介するのはいずれの島もシティから日帰り可能な距離にある5つの島だ。豊かな自然に囲まれ、トレッキングやサイクリング、マリンスポーツなどのアクティビティも楽しめる。シティから最も近いランギトト島（→P.265）はフェリーで約25分。ランギトト島の隣には陸続きになったモトゥタプ島（→P.265）も。ティリティリマタンギ島（→P.262）ではタカヘやコカコなどニュージーランドでしか見られない貴重な鳥たちにも出合える。ワイヘキ島（→P.264）やグレート・バリア島（→P.265）には宿泊施設もあるので時間に余裕を持って島に滞在すれば、最高のリフレッシュになるだろう。

オークランドから一番遠いグレート・バリア島

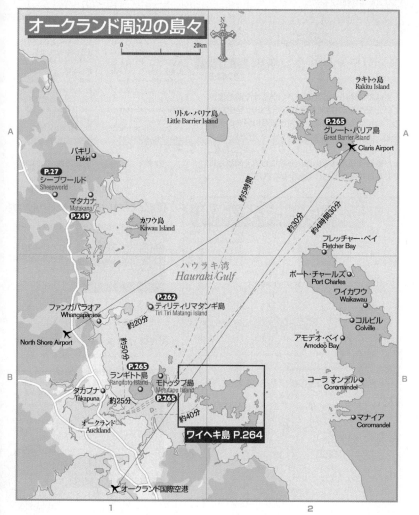

### オークランド周辺の島々

0 20km
N
A
B
1
2
ラキトゥ島 Rakitu Island
リトル・バリア島 Little Barrier Island
P.265 グレート・バリア島 Great Barrier Island
Claris Airport
パキリ Pakiri
P.27 シープワールド Sheepworld
マタカナ Matakana
P.249
カワウ島 Kawau Island
約5時間
約30分
約4時間30分
フレッチャー・ベイ Fletcher Bay
ハウラキ湾 Hauraki Gulf
ポート・チャールズ Port Charles
ワイカワウ Waikawau
P.262 ティリティリマタンギ島 Tiri Tiri Matangi Island
ファンガパラオア Whangaparaoa
約20分
コルビル Colville
North Shore Airport
アモデオ・ベイ Amodeo Bay
約50分
P.265 ランギトト島 Rangitoto Island
モトゥタプ島 Motutapu Island
P.265
コーラ マンデル Coromandel
タカプナ Takapuna
約25分
約40分
マナイア Coromandel
オークランド Auckland
ワイヘキ島 P.264
オークランド国際空港

鳥の楽園

# ティリティリマタンギ島でバードウオッチング

オークランドの北東約30kmに位置する

ティリティリマタンギ島には絶滅危惧種の珍しい鳥が生息し、太古のニュージーランドの姿を垣間見られる。鳥のさえずりに耳を傾けながら散策してみよう。

## ティリティリマタンギ島

Tiritiri Matangi Island

Map P.261-B1

島は牧草地にするため、いったんは全島を覆っていた原生林の94%を伐採したという歴史がある。現在は森林の回復、絶滅危惧種の野鳥の保護など、DOC自然保護省とボランティア団体、サポーターズ・オブ・ティリティリマタンギSoTMにより徹底管理されている。一般にも広く開放されている自然保護区として希少な存在だ。

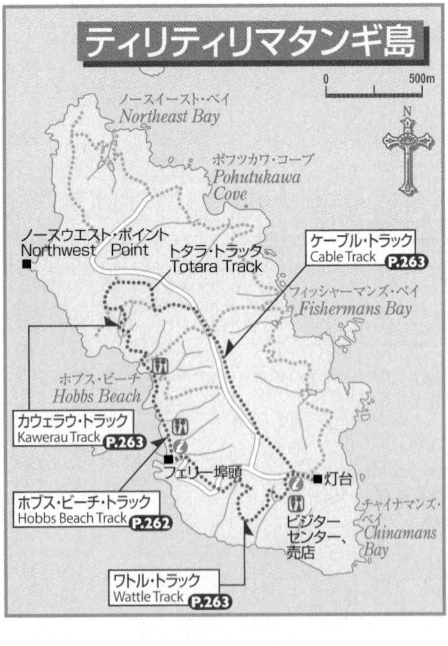

### アクセス

オークランドからフェリーで約1時間20分。水～金9:00発、土・日・祝8:30発(オークランド帰着は16:00～17:20頃)

フェリー会社エクスプロ－Explore

URL www.exploregroup.co.nz/auckland/tiritiri-matangi-island/tiritiri-matangi-island-ferry/

料 往復大人$95、子供$50

### 持ち物

- ランチや飲み物は持参しよう。島内にはガイドウオークのゴール地点となる灯台付近にDOCのオフィス兼ショップがあるのみ。
- 靴は歩きやすい靴ならOK。コースは整備されているので登山靴は不要。
- 急な雨対策にレインジャケットがあれば便利。

**ティリティリマタンギ島**

0 500m

N

ノースイースト・ベイ Northeast Bay

ポフツカワ・コーブ Pohutukawa Cove

ノースウエスト・ポイント Northwest Point

トタラ・トラック Totara Track

ケーブル・トラック Cable Track P.263

フィッシャーマンズ・ベイ Fishermans Bay

ホブス・ビーチ Hobbs Beach

カウェラウ・トラック Kawerau Track P.263

フェリー埠頭

灯台

ホブス・ビーチ・トラック Hobbs Beach Track P.262

ビジターセンター、売店

チャイナマンズ・ベイ Chinamans Bay

ワトル・トラック Wattle Track P.263

START **9:00** オークランド出発

フェリー 約1時間20分

### 10:20 ティリティリマタンギ島到着

島のフェリー埠頭から3つのルートごとに何組かのグループに分かれてガイドウオークがスタートする。

夏はオークランドから多くの人が訪れる

所要約10分

### 10:30 ホブス・ビーチ・トラック

Hobbs Beach Track

フェリー埠頭から島唯一の砂浜ビーチ、ホブス・ビーチへつながるトラック。コース上にはいくつかのブルーペンギン用の人工巣箱がある。

ブルーペンギンは夜行性なので日中は巣箱の中にいる

静かに蓋を開けてみて

所要約40分

## 11:10 カウェラウ・トラック
Kawerau Track

本島では絶滅してしまったスティッチバード

ホブス・ビーチから少し山を登ると、うっそうと茂る原生林が現れる。ポフツカワの大木や珍しい鳥が最も多く見られる場所だ。

島にわずかに残る原生林

美しい鳴き声のベルバード

所要約40分

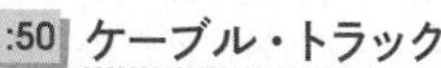

## 11:50 ケーブル・トラック
Cable Track

ボランティアの手によって木が植えられ、新しくできた森。木々はまだ若く、背丈が低い分、鳥が近くで見られる。

ニュージーランドの固有種で絶滅危惧種のコカコ

所要約2時間

シャイですぐ隠れてしまうタカヘ

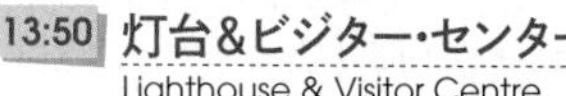

## 13:50 灯台&ビジター・センター
Lighthouse & Visitor Centre

ビジターセンター内ではおみやげも販売

灯台のあるこのエリアは芝生になっており、タカヘがこの芝生を食べに現れる。タカヘは島で一番人気のあるニュージーランドの固有種の鳥だ。

のど元に白い羽がついているニュージーランドの固有種トゥイ

所要約40分

## 14:30 ワトル・トラック
Wattle Track

鳥用の水浴び場がコース上に点在している。ベンチなどもあり、トゥイやベルバードなどが水浴びする様子を見られる。

体力に自信がない人にはワトル・トラックの往復がおすすめ

GOAL 14:40 オークランドへ

## ティリティリマタンギ島に生息する鳥たち

ニュージーランドの固有種はもちろんティリティリマタンギ島でしか見られない貴重な鳥もいる。

### ケレル
Kereru

ニュージーランド・ピジョンとも呼ばれる、全長約50cmの大きなハト。美しいエメラルドグリーンの羽が特徴。

### サドルバック
Saddleback

茶色い背中の羽が馬のサドルに似ていることが名前の由来。本島では一度絶滅してしまった貴重な鳥。

### ホワイトヘッド
Whitehead

北島にしか生息していないニュージーランドの固有種。頭の部分が白いのが特徴。小さい体で動きが素早い。

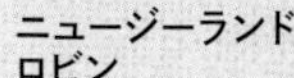

### ニュージーランドロビン
New Zealand Robin

国内全土の深い森林地帯に住んでおり、長い足が特徴。人が歩いたあとをついてくるほど好奇心旺盛。

### ファーンバード
Fern bird

和名はシダセッカ。飛ぶことが苦手なニュージーランドの固有種で、茂みに隠れておりなかなか見つけられない。

Column

### ガイドウオークの利用方法

ボランティア団体が催行するガイドウオーク。少人数のグループで島の歴史や独自の生態系、鳥や植物にまつわる興味深い話を聞きながら歩く。コースはワトル・トラック、カウェラウ・トラック、モアナ·ルア·ルートの3つで、所要1時間30分～2時間30分。予約はエクスプロー社のウェブサイトから可能。ガイドウオークは午後早めには終わるので、フェリー出発まで島を自由に散策できる。

URL www.exploregroup.co.nz/auckland/tiritiri-matangi-island/tiritiri-matangi-island-walking-tracks/
ガイドウオーク 料 大人$10、子供$2.5

# ワイヘキ島

Waiheke Island

Map P.264

島内にはブドウ畑が点在する

シティからフェリーで約40分、人口8000人余りの豊かな自然に恵まれた島。身近なリゾート地として、シーズン中の観光客は1日3万人に達する。居心地のいいビーチで海水浴や、ピクニックやマウンテンバイクで島内を巡るのも楽しい。島の中心オネロアOneroaの町にはカフェやショップが並ぶ。またオネロアの東隣のリトル・オネロアLittle Oneroa、パームビーチPalm Beachは静かでくつろげる場所だ。

島内の交通はフェリーの到着時間に合わせて出発する循環バスか、レンタカー、レンタサイクルを利用する。いくつかのワイナリーを巡るならフェリー会社が催行するツアーに参加するとよい。トレッキングやシーカヤックなどを楽しむには、島に宿泊することをおすすめする。

### ワイヘキ島のワイナリー

ワイヘキ島はタンニンや色素が豊かで酸味がある最高級の赤ワイン、カベルネ・ソーヴィニヨンや、同じく高級赤ワインだがタンニンは控えめなメルローの適地として注目され、島内にはワイナリーが20ヵ所以上点在。なかにはレストランや宿泊施設を併設しているところもある。ワイナリーの多くは島の西側に集中しているが、島の各地に点在するワイナリーを回るには島内を巡回しているバスやタクシー、ツアーを利用しよう。夏季の11～3月は、どこのワイナリーも観光客向けにオープンしており、テイスティングやレストランで食事ができる。シーズンオフはクローズしているところもあるので、ウェブサイトなどで事前に確認しよう。フェリー埠頭にはワイナリーマップも設置されている。

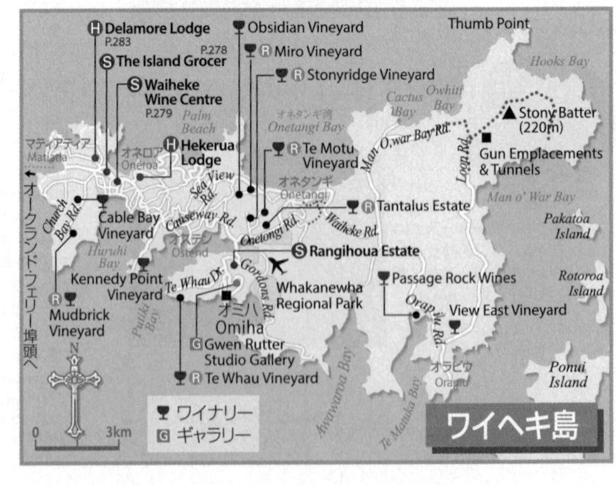


**ワイヘキ島へのフェリー**
**Fullers**(→P.260)
運オークランド→ワイヘキ島
月～土 6:00～23:45
日 7:00～22:15
ワイヘキ島→オークランド
月～金 6:00～翌0:30
土 7:00～翌0:30
日 8:00～23:00
30分～1時間30分ごとに運航。
料往復大人$46、子供$23

**ワイヘキ島の島内バス**
**メトロ**(→P.242)
フェリー埠頭があるマティアティアから、オネタンギ行きなど5ルートを運行。

ワイナリー自慢のワインを飲み比べてみよう

**Hop-On Hop-Off Explorer Buse**
マティアティアを起点にオネロアやワイナリーなどワイヘキ島の見どころ17ヵ所を回る乗り降り自由な観光バス。
催金～日 9:00～19:00
(所要 1周約1時間30分)
料大人$75、子供$39(フェリーと観光バスのデイパスが含まれる)

**上記観光バスで行けるおもなワイナリー**
**Mudbrick Vineyard**
URL www.mudbrick.co.nz
**Cable Bay Vineyards**
URL cablebay.nz
**Te Motu Vineyard**
URL www.temotu.co.nz
**Tantalus Estate**
URL tantalus.co.nz
**Stonyridge Vineyard**
URL www.stonyridge.com

**ワイヘキ島のアコモデーション**
**Hekerua Lodge**
住11 Hekerua Rd.
☎(09)372-8990
URL www.hekerualodge.co.nz
料Dorm$40～ Ⓢ$65～ ⒹⓉ$86～
室数27ベッド
CC MV

## ランギトト島
Rangitoto Island

Map P.261-B1

シティからフェリーで約25分。約600年前の噴火によって現れた比較的新しい火山島。島内にはウオーキングトラックがいくつかあり、海抜259mの山頂は片道1時間ほどで登ることができる。ルート上には溶岩が露出して足場の悪い部分もあるが、たいていの所には遊歩道が整備されているので安心だ。山頂からはオークランド市街から遠くコロマンデル半島まで見渡すことができる。島内に店はなく、環境保護の観点から食べ物はすべて密封できる容器に入れて持ち込むのがルールとなっている。また、ごみはすべて持ち帰ること。宿泊施設は一切ないが、半日あれば十分トレッキングを楽しめる。

360度見渡せる山頂展望台

## モトゥタプ島
Motutapu Island

Map P.261-B1

ランギトト島のすぐ東側に位置する島。このふたつの島は、第2次世界大戦中に建設された道で陸続きになっており、歩いて渡ることができる。ランギトト島のフェリー埠頭から歩くと約6km、所要1時間40分ほど。広々としたキャンプ場もあるが、たき火は禁止なので調理用ストーブが必要。施設は水場とトイレのみ。ランギトト島、モトゥタプ島のいずれへ行く場合も、水や食料は持参すること。

## グレート・バリア島
Great Barrier Island

Map P.261-A2

ハウラキ湾に浮かぶ島のなかではシティから一番離れているが、フェリーで約4時間30分、飛行機なら約30分でアクセス可能。かつて銀の採掘やカウリ材の生産で栄えたが、今では人口800人ほど。島の総面積の約60%が自然保護区になっており、豊かな自然が広がっている。サーフィンやシーカヤックなどアクティビティの選択肢も豊富で、島の中央の森林にはいくつものトレッキングルートがあり、日帰りから本格的なコースまでさまざま。特に湿原や森を越えて、川に湧く温泉を目指すホット・スプリング・トラックHot Spring Trackが人気。ダークスカイ・サンクチュアリ(星空保護区)の認定を受けており、天体観測スポットとしても知られている。宿泊施設はバックパッカー向けから高級ロッジまで幅広く、ポート・フィッツロイPort Fitzroyやトゥリフィナ Tryphenaに滞在するのが便利。また、島にはたくさんのマヌカが自生しており、養蜂が盛ん。島で作られたハチミツをおみやげにするのもいい。

美しい海岸線が続くメッドランド・ビーチMedland Beach

**ランギトト島へのフェリー**
Fullers(→P.260)
運オークランド→ランギトト島
月〜金　10:00発
土・日　9:15発
ランギトト島→オークランド
月〜金
12:30、14:30、15:30発
土・日
12:30、14:30、16:00発
※すべての便はデボンポートを経由する。
料往復大人$43、子供$22

**モトゥタプ島への行き方**
ランギトト島のフェリー埠頭から徒歩1時間10分ほど。

**グレート・バリア島への飛行機**
Barrier Air
☎(09)275-9120
FREE 0800-900-600
URL www.barrierair.kiwi
料片道
$99〜(所要約30分)

**フェリー会社**
Sea Link
☎(09)300-5900
FREE 0800-732-546
URL sealink.co.nz
料片道
大人$99.5〜、子供$73〜
(月〜日週3〜5便程度運航)

**グレート・バリア島の観光案内所**
Great Barrier Information Centre
住Claris Airport
URL www.greatbarrier.co.nz
開時季により異なる
休不定休

**島内の交通機関**
月〜土曜はトゥリフィナ〜ポート・フィッツロイ間のシャトルバスがあるが、利用者が少ないと運行されない場合もある。レンタカーやツアーも利用可。

**レンタカー会社**
Aotea Car Rentals
FREE 0800-426-832
URL aoteacarrentals.co.nz

**シャトルバス会社**
People & Post
運月〜土
トゥリフィナ発　10:00
ポート・フィッツロイ発
11:00
料片道
$25、荷物1個につき$12
☎(09)429-0474
FREE 0800-426-832
URL www.greatbarrier.co.nz/transport-directory/listing/people-post/

## Column 羊大国ニュージーランド

### ニュージーランドが誇る羊も今は減少

ニュージーランドといえば真っ先に羊が連想されるほど、この国と羊との縁は深い。バスや車に乗ってちょっと都市部を離れれば、行けども行けども羊の群れが視界に入る……といった経験をした旅行者も多いだろう。

ニュージーランドにおける羊の歴史は、150年以上前、イギリス人の入植時代に遡る。新天地を求めてやってきた開拓者たちが連れてきた羊がルーツだ。以来、彼らは荒れた土地を地道な作業で切り開き、緑の牧場へと変えていった。国土の半分近くに及ぶ牧草地は、そうした努力のたまものなのだ。

最高級ウールが取れるメリノ種

しかし、近年では羊の数が減っているという。統計では1982年の7030万匹をピークに減少傾向が始まり、畜産業者の発表によると現在では約2583万匹にまで落ち込んでいる。この原因は羊毛の消費量の減少とそれにともなう価格の低迷、また欧州の連合により欧州向け輸出市場での競争力が低下したことなどがある。また、羊よりお金になる牛やアルパカ牧場に転向するという傾向もあるという。とはいえ、人口ひとり当たりの羊の数は今でも5匹程度という計算になるから、私たちから見たら十分多く感じられる。

### 羊の品種はロムニーが主流

ニュージーランドで飼われている羊の種類は各農家によってさまざまだが、主流になっているのはロムニー種で、羊毛も採れるし食肉にもなるという優れものだ。最も質の高い羊毛が取れるメリノ種は、最初にニュージーランドに導入され19世紀後半までは主流であったが、現在では全体の1割にも満たないほど激減してしまった。近年では、メリノウールと有袋類の小動物ポッサム混紡のニットが軽さや手触りのよさで人気を博している。

また、湿度の低いニュージーランドで人気のラノリンを使用したハンドクリームなどの保湿剤などが人気。ラノリンとは、羊の毛に付いている油を精製したもので、人間の皮脂油にも近く、抱水力が高いことで知られている。自然由来で再生可能なため体にも環境にも優しい。

保湿性に優れたラノリンのハンドクリーム

### ファームステイという貴重な体験

農家のなかにはファームステイ(→P.479)としてゲストを受け入れてくれるところもあるので、滞在してみるとニュージーランドらしい体験ができるに違いない。

夏から秋にかけて、シェアリングという毛刈り作業が行われる。こればかりは機械化はできず、1匹ずつの手作業だ。暴れる羊を押さえ込み電気バリカンで刈り取っていくのはハードな作業だが、熟練した人はものの1～2分で丸裸にしてしまう。毛を刈られた羊はいかにも寒そうだが、刈られてから短期間で皮下脂肪が厚くなるのだそうだ。

また、7～9月にかけては仔羊の誕生シーズン。食肉（ラム）となるのは生後1年未満の仔羊のみで、あとは羊毛を取るために5～8年ほど飼われたあと、最終的にはペットフードの材料になる運命なのだという。

見渡す限り羊、羊、羊……

# オークランドの エクスカーション

Excursion

オークランド近郊の見どころを効率よく回るには、ツアーを利用するのが一番。手つかずの大自然が残るウエストコーストや郊外に点在するワイナリーも巡ってみたい。2人以上からの催行がほとんどなので、事前にツアー会社に問い合わせてみよう。

## マタカナワイナリーとカウリの巨木1日ツアー

オークランド郊外にあるカウリの巨木を観賞し、30分ほどのブッシュウオークでリフレッシュ。その後はマタカナ散策。土曜はマーケットも楽しめる。ラストにワイナリーでプラッターをつまみながら3種類のワインを試飲する、盛りだくさんなプラン。

**Kikorangi New Zealand**
021-157-2347 URL kikoranginz.com 催通年 料$340(日本語ガイド、送迎、ワインテイスティング、軽食込み) CC ADJMV 日本語OK

## オークランド市内観光

帆の町オークランドのハイライトを効率よく楽しめるツアー。羊が放牧されている公園やおしゃれなギャラリーやカフェが集まるパーネル通り、ミッション・ベイ、ハーバー・ブリッジなど見どころ満載の3時間。出発時間は9:00と13:00から選べる。

**MYDO NEW ZEALAND LTD.**
(09)475-9777 URL www.mydo.co.nz e-mail akl@mydo.co.nz
催通年 料$120(日本語ガイド、送迎込み) CC MV 日本語OK

## 遊覧飛行

水上に着陸できるフロート・プレインによる遊覧飛行。出発はノースショア空港から。ランギトト島の上空を巡るシー・ニックフライト$219〜(所要約45分)やワイヘキ島での食事&ワインテイスティングと組み合わせたプラン$499〜(所要1日)など。オークランド中心部からの送迎あり。

**Auckland Seaplanes**
(09)390-1121 URL aucklandseaplanes.com E-mail info@aucklandseaplanes.com
催通年 料料金は搭乗人数によって異なる CC AMV

## ツチボタルの撮影可能なエクスプローラーツアー

オークランド郊外の洞窟へツチボタルを見に行くツアー。ワイトモ洞窟(→P.293)は撮影禁止だが、ここは可能なのでぜひ一眼レフカメラ持参で。ほかに、ハチミツ専門店でマヌカハニーアイスクリーム、ランチはファンガレイでチャウダーが楽しめ、カウリの巨木も観賞する。

**Kikorangi New Zealand**
021-157-2347 URL kikoranginz.com 催通年 料$360(日本語ガイド、送迎、ランチ、アイスクリーム込み) CC ADJMV 日本語OK

## ウエストコーストのブッシュ&ビーチ・ツアー

オークランド近郊のネイティブブッシュとウエストコーストを探索する。半日ツアーは毎日12:30出発、所要約5時間。オークランド市内観光と組み合わせた1日ツアーは毎日9:00出発で、所要約8時間30分。どちらも送迎付き。

**Bush & Beach**
(09)837-4130 FREE 0800-423-224
FAX (09)837-4193 URL www.bushandbeach.co.nz 催通年 料半日ツアー$175、1日ツアー$255 CC MV

## ワイトモ&ホビットツアー

オークランドを出発し、ワイトモと映画のロケ地として知られる「ホビット庄」(→P.23)を1日で巡るツアー。ツチボタルの光が幻想的なワイトモ洞窟およびホビット庄への入場料、ランチ、英語ガイド、ホテル送迎込み。

**Global Net New Zealand Ltd.**
(09)281-2143
URL www.globalnetnz.com
催通年
料$346
CC MV 日本語OK

# オークランドの アクティビティ

Activity

刺激的なスカイ・タワーでのスカイジャンプから、湾に囲まれたオークランドならではのマリンスポーツまで、体験できるアクティビティにもさまざまな種類がある。また、少し郊外まで足を延ばせば、豊かな大自然との触れ合いを楽しむことも可能だ。

## スカイジャンプ

国内で最も高い建造物、スカイ・タワー（→P.250）から地上にジャンプするアクティビティ。ハーネスを着け、タワーの上からワイヤーでつり下げられた状態でのジャンプだが、高さ192mから落下するスピードは時速85キロと超高速。都会のビル群に飛び降りるスリルを楽しもう。

**Sky Jump**
電(09) 360-7748　FREE 0800-759-925
URL skyjump.co.nz　催通年　料大人$235、子供$185　CC MV

## ブリッジクライム

オークランドのアイコンのひとつ、ハーバー・ブリッジのアーチ部分を歩くアクティビティ。約1時間30分かけて、橋の建築様式や歴史などの解説を聞きながら歩く。最高地点は海面から約65mに達し、たくさんのヨットが浮かぶワイテマタ湾とオークランドの町が一望できる。

**AJ Hackett Bungy**
電(09) 360-7748　FREE 0800-286-4958　URL www.bungy.co.nz　催通年
料大人$135、子供$95　バンジージャンプとのコンボ$230　CC ADMV

## クジラとイルカのウオッチングクルーズ

ヴァイアダクト・ハーバーからハウラキ湾までのクルーズ。「Whale & Dolphin Safari」では、コモンドルフィンやボトルノーズドルフィンといった中型のイルカを見られるほか、季節によってオルカやザトウクジラに出合えるチャンスもある。ツアー出発は10:30。所要約4時間30分。

**Auckland Whale And Dolphin Safari**
電(09) 357-6032　FREE 0508-365-744　URL whalewatchingauckland.com
催通年　料大人$165、子供$109　CC MV

## スカイスライド

地上186mのスカイタワーの展望台で、VRヘッドセットを装着して楽しむバーチャルリアリティ・アトラクション。オークランドの町並みを眺めながら、スカイタワーの周りに巡らされたスライダーをハイスピードで滑り降りるというスリリングな体験ができる。

**SkySlide**
電(09) 363-6000　FREE 0800-759-2489　URL skycityauckland.co.nz/sky-tower/skyslide　催通年　料$15（展望台入場料は別途必要）　CC MV

## ジェットボート

ヴァイアダクト・ハーバーからジェットボートで出発。ハーバー・ブリッジの下をくぐり、ミッション・ベイ方面へ疾走し、シティビューを楽しみながら高速スピンを決める爽快なマリンアクティビティ。撮影ポイントでは、ランギトト島をバックに記念写真も撮れる。海ならではの開放感が心地いい。

**Auckland Adventure Jet**
電(09) 217-4570　FREE 0800-255-538　URL www.aucklandadventurejet.co.nz　催通年　料大人$98、子供$58　CC DJMV

## Column 見どころ満載のウエストオークランドへ

### 美しい森と神秘的なビーチを訪れて

オークランドのダウンタウンから車で西へ向かうこと約1時間。緑豊かなウエストオークランドは、ハイキングやワイナリー巡りで人気を集めるエリアだ。ウエストオークランドは約160km²の面積を擁するワイタケレ・レインジ・リージョナル・パークをはじめ、オークランド・センテニアル・メモリアル・パークなどの森林保護区が点在しており、ショートハイキングが楽しめる。従来は、公園内に生息する巨木・カウリを見学するハイキングツアーが行われてきたが、近年、カウリの立ち枯れの被害が見られることから、カウリ保護のため立ち入りが制限されているエリアもある。出発前に状況を確認しておくといいだろう。

引き潮のベルス・ビーチ

西海岸には鉄分を多く含んだブラックサンドのビーチが広がっており、独特の雰囲気を漂わせている。波が引いたあとの砂浜は特に美しい。日差しが当たると美しい陰影が一面に広がり、風をはらんだ布を思わせる。映画『ピアノレッスン』のロケ地となったカレカレ・ビーチやサーフィン・スポット、ピハ・ビーチは特に有名だ。また、ムリワイ・ビーチでは海から突き出た巨岩の上にカツオドリが営巣しており、毎年8月から3月までの間、岩の上部を埋め尽くす数千羽のカツオドリを見ることができる。

### ワイナリー巡りも楽しみのひとつ

さらに忘れてはいけないのがワイナリー巡りだ。ウエストオークランドはワイン産地としても有名で、ソルジャンズ・エステートやクーパーズ・クリークなど多くのワイナリーで試飲や食事が楽しめる。ブドウ畑ののびやかな風景とともに、各ワイナリーが誇る自慢の1本を味わおう。そのほか

ムリワイ・ビーチにあるカツオドリのコロニー

ウエストオークランドには、多くのアートギャラリーやカフェ、レストランなどの見どころもあり、B&Bやロッジなどの宿泊施設も多い。ダウンタウンのブリトマート駅から鉄道のウエスタン・ライン、あるいは路線バスでもアクセスできるが、見どころを効率よく回りたいなら、ツアーへの参加がおすすめだ。

周囲にはさまざまなハイキングコースがある

**ワイナリー巡り**

ウエストオークランドのブラックサンド・ビーチとカツオドリのコロニー、クメウ地区のワイナリーを巡るツアー。所要約4時間。日本語ガイドが同行する。

**Navi Outdoor Tours NZ**

☎(09) 826-0011
URL navi.co.nz　E-mail info@navi.co.nz　催 通年
料 ワイナリー巡りツアー-$185　CC MV　日本語OK

その他、ブッシュ＆ビーチ、MYDOなどが催行(→P. 267)。

写真協力／©Auckland Tourism. Events and Economic Development Ltd.

北島 オークランド アクティビティ

# グルメ天国オークランドで「肉料理」vs「シーフード」

ニュージーランドの大都市オークランドはグルメ激戦区。ビーフやラムなどボリュームたっぷりの肉料理と、海に囲まれた島国ならではの新鮮なシーフードの両方が楽しめる。

## ハーバーを眺めつつ ボリューム満点の肉料理をいただく

### Botswana Butchery

ボツワナ・ブッチャリー MAP P.246-C1

地元誌「Metro」でオークランドのベストレストラン50に選ばれた実力派。リッチな雰囲気の店内や、潮風が心地よいテラス席で食事ができる。旬のローカル食材を使ったメニューが揃い、メインはランチ$28～、ディナー$43～。予約がベター。

住99 Quay St.
電(09) 307-6966
URL www.botswanabutchery.co.nz
営12:00～Late
休無休
CC ADJMV

1 1羽丸ごと使用したケンブリッジ・ローステッド・ハーフダック$41.95～　2 じっくり焼いたアンガス牛のボーン・イン・リブアイ450g $65　3 フェリービルディング内にあるレストラン

1 重厚感あふれるインテリア。ヨーロッパの邸宅を訪れたような気分に　2 人気メニューのラック・オブ・ラム$44。サラダとチップス付きでボリューム満点

## 趣あるれんが造りのレストランで ボリューミーな肉料理を堪能

### Tony's Lord Nelson Restaurant

トニーズ・ロード・ネルソン・レストラン MAP P.246-D1

創業45年の老舗ステーキハウス。エントランスは小さいが2フロアの店内はプライベートブースもあり、ゆったりと落ち着ける雰囲気。サーロイン、Tボーン、アイフィレなどのステーキとラムが人気。メインは$40～50程度。

住37 Victoria St.　電(09) 379-4564　URL www.lordnelson.co.nz　営17:00～22:00(金のみランチ12:00～14:30営業あり)　休無休　CC ADJMV

## 長期熟成肉が食べられるステーキ専門店

### Jervois Steak House

ジェーボイス・ステーキ・ハウス MAP P.246-B2

最高級の牛肉のみを使用する、地元でも評判のステーキハウス。ニュージーランド国内に数台しかない特別なボイラーを使用し、高温で一気に焼き上げるため、肉のうま味が凝縮されたワンランク上の味が楽しめる。おすすめはアンガスビーフステーキ。ウェブサイトからも予約できる。

住70 Jervois Rd.　電(09) 376-2049
URL www.jervoissteakhouse.co.nz　営17:30～Late(金のみ12:00～)　休無休　CC AJMV

1 ニュージーランド産グラスフェッドのアンガスビーフ・ステーキ180g $44～。　2 赤れんが造りの店内は落ち着いた雰囲気　3 料理はオープンキッチンで調理される

## たっぷり魚介が味わえる
## ハーバービューレストラン

## Soul Bar & Bistro

ソウル・バー&ビストロ　MAP P.246-C1

外光が差し込む明るく開放的な店内やテラス席で、シーフードを中心としたニュージーランド料理が味わえる。前菜は$23～、シーフードのほかロースト・ラム・ラック$52やパスタ$30～もある。カクテルも種類豊富でバーのみの利用も可。

住 Viaduct Harbour
電 (09) 356-7249
URL www.soulbar.co.nz
営 11:00～Late
休 無休
CC ADJMV

1 ホワイトベイトのフリッター$32はお店の看板メニュー　2 注文後に店内のオイスターバーからサーブされる生ガキ1個$6～　3 花と緑があふれるテラス席

## 世界中の有名人も来店する
## 豊富な新鮮魚介が自慢の店

## Harbourside Ocean Bar Grill

ハーバーサイド・オーシャン・バー・グリル　MAP P.246-C1

オークランド近海のものを中心にサーモンやエビ、カキ、ムール貝などシーフードを豊富に揃えており、刺身やグリル、フライなどの調理法が選べる。ランチはフィッシュパイ$28.95～が人気。ディナーのメインは$42.95～。

住 99 Quay St.　電 (09) 307-0556
URL www.harbourside.co　営 12:00～Late
休 無休　CC ADJMV

1 フィヨルドランド産のクレイフィッシュ時価。調理法はスチーム、グリル、モルネー（グラタン風）　2 ウオーターフロントのフェリービルディング内にある　3 店内にはバーカウンターもある

## ハーバーの美景を眺めて
## エレガントなひとときを

## Sails

セイルズ　MAP P.246-A2

南半球最大規模のヨットハーバー、ウエストヘブン・マリーナにあるダイニング。約30年にわたって愛され続ける名店で、おしゃれをして出かけたい優雅な雰囲気。クレイフィッシュ、カラマリ、ホタテといったシーフードのほか、ホークス・ベイ産ラム$44、ダック$46など肉料理も揃える。

住 103-113 Westhaven Dr.
電 (09) 378-9890
URL sailsrestaurant.co.nz
営 18:30～21:30（木～日はランチ12:00～14:00営業あり）
休 月・火
CC AMV

1 前菜で人気の高いスナッパー（鯛）のセビーチェ$25　2 大きな窓から望む景色もごちそう　3 ドリンクはカクテルが充実　4 これを目当てに訪れる人も多いというメインのクレイフィッシュ時価

# オークランドの レストラン

Restaurant

国際色豊かな大都市オークランドには世界各国料理のレストランが揃っている。ウオーターフロントには海を眺めながら食事できるシーフードレストランが、ブリトマート駅の裏手には洗練された雰囲気のレストランやバーが多い。

ニュージーランド料理

## ホームランド Homeland

Map P.246-A2 シティ中心部

ニュージーランドの有名シェフ、ピーター・ゴードン氏が手がけるダイニング。サステナビリティと地元産にこだわったユニークな美食を提供し、朝食からディナーまで楽しめる。メインは$40前後。ウィンヤード・クオーターにあり、海が望める絶好のロケーションも魅力。料理教室も主宰している。

住Pier 21, 11 Westhaven Dr. 電(09)869-7555
URLhomelandnz.com 営水・日9:30～15:00、木～土9:30～Late
休月・火 CCMV

## バドゥーチ Baduzzi

Map P.246-A2 シティ中心部

ウィンヤード・クオーターに位置するおしゃれなダイニング。ロンドンやフランスのミシュラン星付きレストランで活躍したシェフによるモダンイタリア料理とニュージーランド料理が楽しめる。看板メニューは自家製のシチリアンミートボール。数種類あり、特にホークスベイ産のシカ肉ミートボール$24がおすすめ。

住North Wharf, Unit 2, Cnr. Jellicoe St. & Fish Ln.
電(09)309-9339 URLbaduzzi.co.nz
営11:30～Late 休無休 CCMV

## オイスター&チョップ Oyster & Chop

Map P.246-C1 シティ中心部

ヴァイアダクト・ハーバーに位置し、ヨットを眺めながら新鮮なオイスターとステーキが楽しめるダイニング。ニュージーランドの各地から仕入れる3～4種類のカキはフレッシュで、生はもちろん、フリッターなど調理したメニューでいただくのもおすすめ。15:00～18:00のハッピーアワーは生ガキが1個$2とお得。

住Market Square, Viaduct Harbour
電(09) 377-0125 URLoysterandchop.co.nz
営11:30～23:00(L.O.21:00) 休無休 CCAMV

地中海料理

## デボン・オン・ザ・ワーフ Devon on the Wharf

Map P.260-A1 デボンポート

デボンポートのフェリー乗り場にあり、海を眺めながら食事ができるカジュアルダイニング。トルコ風の朝食$29、スパニッシュ・オクトパス$32、アサリのフィットチーネ$32など地中海にインスパイアされた多国籍料理を提供。12:00から注文できるピザ$16～もおすすめ。種類豊富なカクテル$18も楽しみたい。

住Devonport Wharf, Queens Pde. 電(09)445-7012
URLwww.devononthewharf.nz 営月～木7:00～21:00、金7:00～21:30、土8:00～21:30、日8:00～21:00 休無休 CCAMV

## フィッシュ Fish

Map P.247-A3 シティ中心部

ヒルトン・オークランド（→P.282）の2階にあり、大きな窓からワイテマタ湾の美景が望める。カキ、カニ、エビ、クレイフィッシュ、タイなどニュージーランド産のフレッシュな魚介類メニューが自慢。おすすめはブラック・フット・パウア（アワビ）のフリッター$38、マウント・クック産サーモン$26など。

住Princes Wharf, 147 Quay St. 電(09)978-2015 URLwww.fishrestaurant.co.nz
営月・火6:30～10:30、水・木6:30～10:30、17:30～21:00、金12:00～14:30、17:30～21:00、土・日7:00～11:00、12:00～14:30、17:30～21:00 休無休 CCADJMV

シーフード

## デポ　Depot
Map P.246-D1　シティ中心部

スカイ・タワーの足元、スカイシティの一角にあるオイスターバー。マールボロ地方や北オークランドなど、国内各地の新鮮なカキを1個$7.5程度で提供する。カキによく合う国産ワインも充実しており、グラス$14〜29。人気店だが予約を受け付けていないので、時間帯によっては待つこともある。

住86 Federal St.　021-954-132　URL eatatdepot.co.nz
営火〜金8:00〜21:30、土11:00〜21:30
休日・月　CC ADMV

フランス料理

## パリス・バター　Paris Butter
 P.246-B1　ハーン・ベイ

東京やパリの有名店でも働いた経験を持つ世界的シェフのニック・ハニーマン氏が腕を振るうモダンフレンチダイニング。旬の地元産食材をメインに使い、プレゼンテーションも美しい彼の料理を存分に堪能したいなら、6コースのセットメニュー$170〜がおすすめ。ワインとのペアリングは+$125。予約がベター。

住166 Jervois Rd. Herne Bay
電(09) 376-5597　URL parisbutter.co.nz
営18:00〜23:00　休日・月　CC AMV

メキシコ料理

## メキシカン・カフェ　Mexican Café
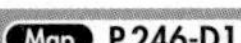 P.246-D1　シティ中心部

陽気でカラフルな内装が印象的なメキシコ料理店。ディナーメニューはブリトーやエンチラーダなどのメインが$25〜。ワカモレ、ビーン、チーズなどディップも充実し、マルガリータをはじめとするお酒と一緒にいただくのもおすすめ。日曜・平日の17:00〜18:00と金・土曜の16:00〜17:30にはお得なハッピーアワーを実施。

住67 Victoria St. W.　電(09) 373-2311　URL mexicancafe.co.nz
営月17:00〜22:00、水・木17:00〜21:30、金11:30〜22:30、土12:00〜22:30、日12:00〜21:30　休火　CC ADJMV

インド料理

## サティヤ　Satya
Map P.246-C2　ポンソンビー

地元で20年以上愛される南インド料理の名店。前菜のおすすめはマサラ・ドーサ$16やダヒ・プリ（写真）$10。辛さのレベルが選べるカレー$16〜は、チキン、ラム、ゴート、シーフードなど50種類以上も揃う。ベジタリアンやビーガン向けメニューも豊富。Kロードなどオークランド市内にほかに3店舗あり。

住17 Great North Rd.　電(09) 361-3612　URL www.satya.co.nz
営月〜土12:00〜13:30、18:00〜21:30、日18:00〜21:00
休日のランチ　CC MV

ネパール料理

## エベレスト・ダイン　Everest Dine
Map P.247-B4　パーネル

2015年にオープンしたネパール料理レストラン。オーナーは20年以上前から日本でもレストランを経営しており、日本語堪能。料理は現地のテイストにあわせてあるのでマイルド。スパイシーなラムの焼肉、ラム・セクワが$21、ティミュー・チキン・ティッカが$22、餃子のようなモモは$20〜。

住193 Parnell Rd.　電(09) 303-2468
URL www.everestdine.co.nz　営12:00〜23:00
休月　CC MV

ベトナム料理

## カフェ・ハノイ　Café Hanoi
Map P.246-C2　シティ中心部

店内は倉庫を改装したようなモダンな造り。北ベトナムの食堂や屋台で提供される大衆料理をベースにしたメニューが揃い、大皿をテーブルでシェアして食べるスタイルが好評。1皿$15〜40程度。4人からオーダーできる4コースメニューは1人$65。プラントベースセットメニュー$60もある。

住Cnr. Galway St. & Commerce St.　電(09) 302-3478
URL cafehanoi.co.nz　営月〜金12:00〜15:00、17:00〜Late、土12:00〜Late、日17:00〜Late　休無休　CC AMV

韓国料理

## ファロ・レストラン Faro Restaurant

Map P.246-D1 シティ中心部

モダンでおしゃれな雰囲気のなか、韓国の伝統料理や焼肉をリーズナブルに味わえるとあって地元でも人気。焼肉はカルビ$41～。スンドゥブ$20.5も定番。サラダからデザートまで含んだお得な焼肉セットAra$55やMiru$65もある。ニューマーケットに支店あり。

住5 Lorne St. 電(09)379-4040 URL faro.co.nz
営月～木11:30～14:30、17:30～21:30、金・土11:30～14:30、17:30～22:30
休日 CC ADJMV

中国料理

## グランド・ハーバー・チャイニーズ・レストラン Grand Harbour Chinese Restaurant

Map P.246-C1 シティ中心部

ヴァイアダクト・ハーバーの近くにある高級中華レストラン。香港の一流ホテルで20年以上修業したシェフが腕を振るう料理を楽しむことができ、ランチでは80種類以上ある飲茶が人気。ディナーでは蒸しエビのニンニク風味$52や北京ダック$85～などをぜひ。ディナーコースは$60～。ランチ、ディナーとも要予約。

住Cnr. Pakenham St. & Customs St. W. 電(09)357-6889
URL grandharbour.co.nz 営月～金11:00～15:00、17:30～22:00、土・日10:30～15:00、17:30～22:00 休無休 CC ADJMV

日本料理

## ケン・ヤキトリ・バー・アンザック Ken Yakitori Bar Anzac

Map P.246-D2 シティ中心部

1997年創業の焼き鳥屋。本格的な炭火焼き鳥を中心に、ビールや日本酒にあう居酒屋メニューを提供する。焼き鳥は2本で$6.5～。おすすめはモモやつくねなど5本のコンボ$19.5。キャベツが無料で食べられるのも嬉しい(味噌やマヨネーズは各$3.5)。ビールは$10～、焼酎や日本酒は140ml$9.5～。店内はいつも活気がある。

住55 Anzac Ave. 電(09)379-6500
URL kenyakitori.co.nz 営18:00～翌1:00
休月・火 CC MV 日本語メニュー 日本語OK

## マス・バイ・ニック・ワット MASU by Nick Watt

Map P.246-D1 シティ中心部

有名レストランターのニック・ワット氏がプロデュースするモダンな炉端焼きレストラン。カニ、ハマチ、銀ダラ、クレイフィッシュなど魚介類メニューが豊富で、寿司や天ぷらも楽しめる。コースメニューは$99～。クイーンズタウンにある酒造・全黒とコラボしたオリジナルの日本酒もある。

住90 Federal St. 電(09)363-6278 URL www.masu.co.nz
営火～土17:00～21:00(時季によって異なる)
休日・月 CC ADJMV

カフェ

## エスプレッソ・ワークショップ Espresso Workshop

Map P.246-C2 シティ中心部

オークランドでおいしいコーヒーを飲むならここ。契約農園から直接仕入れ、生産工程にもこだわったシングルオリジンコーヒーが味わえる。オリジナルブレンドの「ミスター・ホワイト」や オーガニックの「ミスター・グリーン」などをラテで飲むのもおいしい。パイやサンドイッチなども充実。

住11 Britomart Pl. 電(09)302-3691 URL www.espressoworkshop.co.nz
営月7:00～15:00、火～金7:00～15:30、土・日8:00～15:00
休無休 CC AMV

## ストア The Store

Map P.246-C2 シティ中心部

ブリトマート地区にあるおしゃれカフェ。持ち帰り部門と店内での飲食が分れている。おすすめは店内で焼かれるパンやペストリー、ベリーとマスカルポーネを添えたホットケーキ$20、種類豊富なエッグベネディクト$26など。食材はすべて自社栽培の野菜や果物を使用しており、メニューは季節ごとに変わる。

住5B Gore St. 電(09)575-0500
URL savor.co.nz/the-store
営7:00～14:00 休無休 CC AJMV

## チョコレート・ブティック Chocolate Boutique

Map P.247-C4 パーネル

クリントン元アメリカ大統領が訪れたこともある有名店で、こぢんまりとした店内はいつも混み合っている。おすすめはホット・チョコレート$5～やチョコレート・ブラウニー$8.95。ティラミスやチーズケーキ各$9.95、クリーム・ブリュレ$10.5などチョコレート以外のスイーツも充実。おみやげ探しにも重宝する。

住1/323 Parnell Rd. 電(09)377-8550
URL www.chocolateboutique.co.nz
営月18:00～21:50、火～日11:00～21:50 休無休 CC MV

## ミアン Miann

Map P.246-C2 ポンソンビー

ポンソンビー・セントラル内にあるデザート専門店。旬のフルーツや自家製チョコレートを使ったプチ・ガトー$13～は見た目も美しく、繊細な味わい。ジェラートやソルベ$9～も種類豊富。カカオの産地や配合率の異なるチョコレートバー$11～はおみやげにもぴったりだ。ブリトマートなどにも店舗がある。

住136 Ponsonby Rd. ✆021-261-8172
URL miannchocolatefactory.com 営月9:00～21:00、火～土12:00～22:00、日12:00～21:00 休無休 CC AMV

## リトル・バード・キッチン Little Bird Kitchen

Map P.246-B2 ポンソンビー

ビーガン&オーガニックのフードメーカー、リトル・バード・オーガニクスの直営カフェ。れんが造りのおしゃれな店内で、スムージー$13～やコールドプレスジュース$8～、アサイボウル$19.5、抹茶ワッフル$24といったヘルシーメニューが楽しめる。コーヒー$4.5～に入れるミルクもすべてプラントベースというこだわりぶり。

住1 Summer St. ✆021-648-4757
URL littlebirdorganics.co.nz 営8:00～16:00
休無休 CC MV

## デボンポート・ストーン・オーブン・ベーカリー Devonport Stone Oven Bakery

Map P.260-A2 デボンポート

昔ながらの製法で作るパンやケーキが豊富に並ぶ。どれも人工的な添加物は使わないヘルシーなパン。朝食やランチは$12～。ベジタリアンメニューも充実。人気はエッグベネディクト$21.5～や、卵料理、ベーコン、ポーク・ソーセージといった朝食の定番がセットになったビッグブレックファスト$26など。

住5 Clarence St. 電(09)445-3185
営8:00～16:00 休無休 CC MV

## Column プラントベースが増加中！

健康志向とサステナビリティへの意識が高まるニュージーランドで、現在注目を集めているのがプラントベースフード。植物由来の原材料のみを使用した食品のことで、以前は味気ないイメージだったが、最近はレベルがぐんぐん上がり、本物の肉と遜色ない大豆ミートも登場している。

スーパーマーケットにも専用コーナーが設けられ、選択肢はますます増加中。プラントベースフード専門のレストランもあるので、その実力を試してみてはいかが？

オークランドの人気プラントベースレストラン
**ゴリラ・キッチン Gorilla Kitchen**
**Map P.247-C3**
住159 Symonds St. Eden Terrace ✆022-060-6763
URL www.gorillakitchen.nz 営11:00～21:30
休月 CC MV

スーパーマーケットの冷蔵プラントベースコーナー。圧巻の品揃え！

## フィッシュ・スミス　Fish Smith

Map P.246-B1　ハーン・ベイ

　週末の夜には行列もできる人気店。スナッパー$12、タラキヒ（タカノダイの一種）$9、ガーナード（ホウボウ）$9.5など好きな魚と調理法（揚げる、もしくはグリル）が選べ、お得な日替わりスペシャルも提供。チップスにはクマラ（サツマイモ）もあり、フィッシュタコスやフィッシュバーガーもおいしい。

住200 Jervois Rd., Herne Bay　電(09)376-3763
URL www.facebook.com/fishsmith.co.nz
営12:00～21:00　休月　CC MV

アイスクリーム

## アイランド・ジェラート　Island Gelato

Map P.246-C1　シティ中心部

　ワイヘキ島生まれのジェラートショップ。旬の素材を使って手作りするフレッシュなおいしさが自慢で、全フレーバーの種類は70以上。ジン&グレープフルーツ&ユズ、タマリロといったユニークなものも。アフォガートやシェイクもおすすめ。本店はワイヘキ島。ポンソンビー、ニューマーケットにも店舗あり。

住99 Quay St.　電なし　URL www.islandgelato.co.nz
営月～水7:00～22:30、木～日7:00～23:00（時季によって異なる）
休無休　CC MV

## ギアポ　Giapo

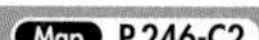
Map P.246-C2　シティ中心部

　行列のできる有名アイスクリームパーラー。人気の秘密はアイス、コーン、トッピングのすべてに工夫を凝らしたSNS映えするゴージャスなスイーツ。地元産のオーガニック食材を使ったフレーバーは日替わりで約10種類が揃い、トリュフやクマラ（サツマイモ）&パセリなど、ほかでは味わえないユニークなものも多い。

住12 Gore St.　021-412-402　URL www.giapo.com
営水・木14:00～22:00、金・土14:00～22:30、日14:00～21:30
休月・火　CC MV

ナイトスポット

## オキシデンタル・ベルジャン・ビア・カフェ　The Occidental Belgian Beer Cafe

Map P.246-D1　シティ中心部

　種類豊富なベルギービールが揃い、ホウレンソウとブルーチーズなどのソースをかけて食べる蒸しムール貝$27.9～が人気。ビールのほかマールボロや、ホークス・ベイ産を中心とした国内全土のワインも取り扱っており、ベルギーワッフル$15.5やベルギーチョコレートムース$13などのスイーツも充実している。

住6-8 Vulcan Lane　電(09)300-6226
URL www.occidentalbar.co.nz
営10:30～Late　休無休　CC AJMV

## シェイクスピア・ホテル&ブリュワリー　The Shakespeare Hotel & Brewery

Map P.246-D1　シティ中心部

　ホテルの1階にあり、カウンター越しにビールの醸造の様子が見える本格派のパブ。生ビールの銘柄は約7種類あり、グラス$10～。フィッシュ&チップス$24、ラムシャンク$31、種類豊富なハンバーガー$24～など食事メニューも充実。ラグビーなどの試合がある日はスポーツ中継も流れて盛り上がる。

住61 Albert St.　電(09)373-5396
URL shakespeare.nz　営日～木11:30～22:00、金・土11:30～22:30
休無休　CC MV

## エス・ピー・キュー・アール　S・P・Q・R

Map P.246-B2　ポンソンビー

　洗練された店が多いポンソンビーのなかでも、特におしゃれなオークランダーたちに人気の高いレストラン&バー。クレイフィッシュのラビオリ、エビとホタテのスパゲティなど種類豊富なパスタは$21～。イタリアン・フィッシュシチュー$42もおすすめ。ランチには2コース$50～、3コース$55～などお得なセットメニューもある。

住150 Ponsonby Rd.　電(09)360-1710
URL www.spqrnz.co.nz　営12:00～Late
休無休　CC AMV

# オークランドの ショップ

Shop

大都市だけに、ありとあらゆるショップが揃っているオークランド。個性的なニュージーランド製品やおしゃれな雑貨などよりどりみどり。ショップ巡りをするなら、ハイ・ストリートHigh St.やポンソンビー、パーネルなどがおすすめだ。

おみやげ

## アオテア・ギフツ・オークランド Aotea Gifts Auckland

Map P.246-C1 シティ中心部

国内に9店舗を展開する、総合的なみやげ店。限定ブランド「Avoca」は健康食品やハチミツ、「Kapeka」は上質のメリノファッションなどを展開。マヌカハニーやスキンケア商品は種類も豊富で、品質にもこだわっている。日本語を話すスタッフが勤務していることも多い。

住Lower Albert St. 電(09)379-5022
URL jp.aoteanz.com URL www.aoteanz.com
営10:00～18:00(時季によって異なる) 休無休 CC AJMV 日本語OK

## オーケー・ギフト・ショップ OK Gift Shop

Map P.246-C1 シティ中心部

往年の名司会者、故・大橋巨泉氏が創業したギフトショップ。日本人好みの商品を多彩に取り揃え、マヌカハニーはテーブル用$20.8～、高品質のものは250g$60。日本人向けに開発されたプラセンタ美白美溶液は$49.9。オリジナルのエコバック$9.9はバラマキみやげとしても人気。日本円も利用可。

住131 Quay St. 電(09)303-1951
URL okgiftshop.co.nz 営10～3月9:00～22:00、4～9月10:00～22:00
休無休 CC ADJMV 日本語OK

## ギャラリー・パシフィック Gallery Pacific

Map P.246-C1 シティ中心部

ニュージーランドヒスイ（グリーンストーン）や、カービングなどのマオリモチーフをはじめ、宝石やガラス製品を扱う店。1975年からオパールの専門家としてギャラリーを運営してきただけに、店内にある商品はどれも優れたものばかり。値は高価だが、それだけの価値があるだろう。

住34 Queen St. 電(09)308-9231 URL www.gallerypacific.co.nz
営月～金10:00～17:30、土10:00～16:30、日12:00～17:00
休無休 CC ADJMV

雑貨

## ファンテイル・ハウス The Fantail House

Map P.247-B4 パーネル

国内アーティスト約140人によるバラエティに富んだ工芸品を扱う。なかでもウッドクラフトが人気で、マオリによる木彫り作品やリム材のコースター8枚セット$49がおすすめ。フォトフレームや食器などの実用品もある。ニュージーランドならではのウール製品、グリーンストーンのアクセサリーやコスメも人気。

住237 Parnell Rd. 電(09)218-7645 URL www.thefantailhouse.co.nz
営10:00～17:00(時季によって異なる)
休無休 CC MV

## シャット・ザ・フロンドア Shut The Front Door

Map P.246-B2 ポンソンビー

インテリア雑貨やキッチン用品、リネン、ステーショナリーなど多彩なホームウエアを集めたライフスタイルショップ。いち押しはオリジナルのぬいぐるみ。ゆるいテイストがキュートで触り心地がよく、子供向けだが大人へのギフトにも人気。アパレルやジュエリーの扱いもあり、ニュージーランド製のアイテムも多い。

住275 Ponsonby Rd. 電(09)376-6244 URL www.shutthefrontdoor.co.nz
営月～土9:00～17:00、日10:00～16:00
休無休 CC MV

アート

## クラ・ギャラリー　Kura Gallery

Map P.246-C1　シティ中心部

マオリの伝統柄をモチーフにした作品や国内アーティストによる現代アート、デザイン雑貨を幅広く扱うギャラリーショップ。人気は南島で取れたグリーンストーンを使ったアクセサリー$80～。ニュージーランドの野鳥が描かれたキッチンタオル$20～やクッションカバー$60～もおすすめ。日本への郵送も受け付けている。

住95A Customs St. West　☎(09) 302-1151　URL www.kuragallery.co.nz
営月～金10:00～17.00、土11:00～16:00
休日　CC AMV

食料品

## アイランド・グローサー　The Island Grocer

Map P.264　ワイヘキ島

オーガニック＆フェアトレードの食品をメインに扱う店。野菜や果物などの生鮮食材のほか、ハチミツやオリーブオイル、コーヒーといった島のおみやげも豊富に揃う。クラフトビール、ワイヘキ島産ワインをはじめとするアルコール類も充実。デリとコーヒーショップを併設し、スムージーや軽食も楽しめる。

住110 Ocean View Rd., Oneroa, Waiheke Island　☎(09) 372-8866
URL www.theislandgrocer.co.nz　営月～土8:00～18:30、日8:00～18:00
休無休　CC MV

マヌカハニー

## コンビタ・ウェルネス・ラブ　Comvita Wellness Lab

Map P.246-C1　シティ中心部

マヌカハニーの大手ブランド、コンビタの直営店。ハチミツのほか、マヌカハニーを配合した抗菌ジェルなども扱う。買い物だけでなく、同社のさまざまな商品をテイスティングできる所要45分間の体験プログラムも実施。マヌカハニーについて深く知ることができる。体験料$20はミツバチの保護活動の資金として使われる。

住139 Quay St.　☎(09) 358-2523　FREE 0800-504-959
URL www.comvita.co.nz　営9:30～17:30
休月・火　CC ADJMV

チョコレート

## デボンポート・チョコレート　Devonport Chocolates

Map P.260-A1　デボンポート

チョコレートは店に隣接する工房で手作りされている。人気のトリュフ・スライス$3～はアプリコットやブランデージンジャーなど10～20種類のフレーバーが揃う。ニュージーランドの鳥をパッケージにプリントしたチョコレート・タブレットはおみやげにもぴったりだ。クイーン・ストリート沿いに支店あり。

住17 Wynyard St.　☎(09) 445-6001
URL www.devonportchocolates.co.nz
営月～木9:30～17:30、金～日9:30～17:00　休無休　CC MV

オーガニック

## コモンセンス・オーガニクス　Commonsense Organics

Map P.246-D2　シティ中心部

1991年にウェリントンにオープンした、ニュージーランドの自然派スーパーの先駆け的存在。“ナチュラル＆オーガニック”をテーマに地産地消を推奨し、地元産の商品を数多く取り扱っている。野菜や果物などの生鮮食材から加工食品、コスメ、ペット用品、アルコールまで幅広い品揃えで、おみやげ探しにも最適。

住284 Dominion Rd.　☎(09) 973-4133
URL commonsenseorganics.co.nz
営月～金9:00～19:00、土・日9:00～18:00　休無休　CC MV

本屋

## マグ・ネーション　Mag Nation

Map P.246-C2　ポンソンビー

雑誌好きが集まるマガジンショップ。ニュージーランドやオーストラリアをはじめ、世界各国から集めたさまざまなジャンルの雑誌を取り扱っている。なかでも若い人が好みそうなファッションやアート、カルチャー系の雑誌に注目したい。もちろんその他のジャンルも豊富に揃う。

住63 Ponsonby Rd.　☎(09) 376-6933
URL www.magnation.co.nz　営10:00～17:00
休無休　CC AJMV

コスメ

## セフォラ　Sephora

Map P.246-D1　シティ中心部

フランス生まれのコスメデパート。世界の最旬ブランドを揃え、日本未上陸アイテムやここだけの限定品、オリジナルライン、コラボ品なども多数。店の中央にミラースタンドが設置され、実際に試しながら自分に合う商品が選べる。スタッフからアドバイスを受けることも可能。ニューマーケットとシルビア・パークにも支店がある。

住152 Queen St.　☎(09)303-0482
URL www.sephora.nz　営月～土10:00～18:00、日10:00～17:00
休無休　CC AJMV

ワイン

## ワイヘキ・ワイン・センター　Waiheke Wine Centre

Map P.264　ワイヘキ島

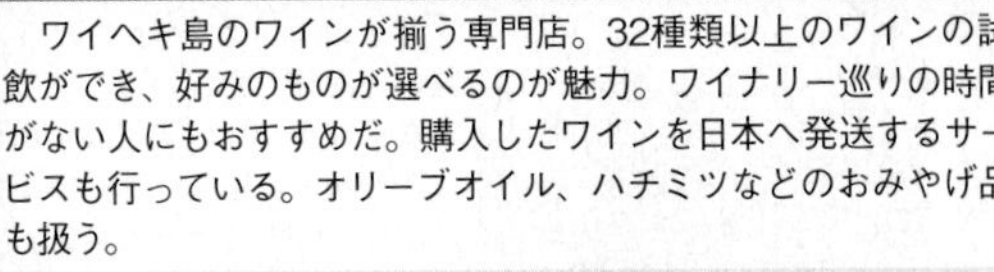

ワイヘキ島のワインが揃う専門店。32種類以上のワインの試飲ができ、好みのものが選べるのが魅力。ワイナリー巡りの時間がない人にもおすすめだ。購入したワインを日本へ発送するサービスも行っている。オリーブオイル、ハチミツなどのおみやげ品も扱う。

住153 Ocean View Rd., Waiheke Island　☎(09)372-6139
URL waihekewinecentre.com　営月～木9:30～19:00、金9:30～20:00、土10:00～20:00、日10:00～18:00　休無休　CC MV

スポーツウエア

## オールブラックス・エクスペリエンス・ストア　All Blacks Experience Store

Map P.246-D1　シティ中心部

オールブラックスのアトラクション施設（→P.29）内にあるオフィシャルストア。公式ジャージからTシャツ、キッズ用ウエア、小物まで幅広いラインアップで、国内有数の品揃えを誇る。日本人スタッフが勤務していることも多いので安心。この店で買い物するだけならアトラクション利用料は不要。入口はFederal St.沿いにある。

住88 Federal St.　FREE 0800-2665-2239
URL www.experienceallblacks.com
営10:00～17:30　休無休　CC MV

## アイスブレーカー　Icebreaker

Map P.246-C2　ポンソンビー

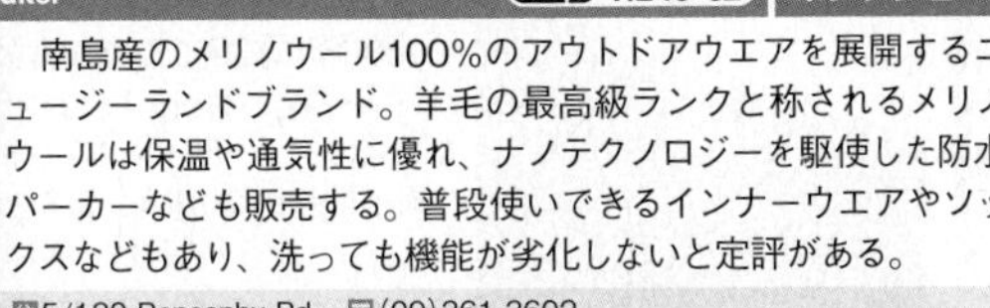

南島産のメリノウール100%のアウトドアウエアを展開するニュージーランドブランド。羊毛の最高級ランクと称されるメリノウールは保温や通気性に優れ、ナノテクノロジーを駆使した防水パーカーなども販売する。普段使いできるインナーウエアやソックスなどもあり、洗っても機能が劣化しないと定評がある。

住5/130 Ponsonby Rd.　☎(09)361-3602
URL www.icebreaker.com　営月～金9:30～17:30、土・日10:00～17:00
休無休　CC AJMV

ファッション

## トレリス・クーパー　Trelise Cooper

Map P.246-C2　シティ中心部

国際的にも活躍するオークランド生まれのファッションデザイナー、トレリス・クーパーの直営ブティック。フェミニンなシルエットのワンピースやジャケットなど、エレガントなアイテムが揃い、地元セレブの御用達ブランドになっている。オークランドではパーネルにも店舗があり、ポンソンビーにはアウトレットもある。

住2 Te Ara Tahuhu Walking St.　☎(09)366-1964
URL trelisecooper.com　営10:00～17:00
休無休　CC AMV

## グレート・キーウィ・ヤーンズ　Great Kiwi Yarns

Map P.246-C1　シティ中心部

ウール、アルパカ、カシミヤなどの上質なニットウエアを専門に扱うショップ。ニュージーランドのブランド、アンタッチド・ワールドの品揃えが豊富で、おすすめはメリノ・ポッサム・マルベリーシルクの混紡アイテム。肌触りがよくて軽く、温かいと評判だ。靴下は＄50前後、セーターは＄549程度。日本への発送も可能。

住107 Queen St.　☎(09)308-9013
URL www.greatkiwiyarns.co.nz　営10:00～21:00
休無休　CC ADJMV

ファッション

## ストーレン・ガールフレンズ・クラブ　Stolen Girlfriends Club
Map P.246-C2　ポンソンビー

ニュージーランドのデザイナーズブランド。ポップカルチャーやロックにインスパイアされたクールなストリートファッションを展開し、アイテムはすべてユニセックス。サングラスなどの小物やジュエリーも人気。価格帯は衣類が＄139～、アクセサリーが＄69～。ニューマーケットとウェリントンにも店舗がある。

住132 Ponsonby Rd.　電(09)948-1551
URL stolengirlfriendsclub.com　営月～金9:30～17:30、土10:00～17:30、日10:00～16:00　休無休　CC MV

## ウエア　WE-AR
Map P.246-C2　ポンソンビー

オーガニックコットンやバンブー生地など環境に優しい天然繊維のみを使ったヨガウエアブランド。質がよく、シンプルでクールなデザインなので普段使いにも最適。レディスがメインだがメンズも扱う。事前にオンライン登録したヨガインストラクターには20%の割引きサービスも。ワイヘキ島にも店舗がある。

住122 Ponsonby Rd.　電(09) 378-8140　URL we-ar.com
営月～金10:00～17:30、土10:00～17:00、日11:00～16:00(時季によって異なる)　休無休　CC MV

免税店

## T ギャラリア by DFS オークランド　T Galleria by DFS Auckland
Map P.246-C1　シティ中心部

かつて税関として使用され、現在は国の重要文化財に指定されているルネッサンス様式の建物「カスタムハウス」内にある免税店。売り場は4フロアからなり、1階はコスメを取り囲むようにブルガリ、シャネルといった高級ブランドが。ジュエリーや高級時計も数多く取り揃えている。購入商品は空港内で受け取る。

住Customs St. & Albert St.　電(09)308-0700　FREE 0800-388-937
URL www.dfs.com/jp/auckland　営11:00～18:00
休月　CC ADJMV

デパート

## スミス & コーウィーズ　Smith & Caughey's
Map P.246-D1　シティ中心部

1880年に創業した老舗高級デパート。ケイト・シルベスターやカレン・ウォーカー、トウェンティセブンネームズなどニュージーランド発のファッションブランドはもちろん、コスメ類も充実。メンズや子供服も取り揃え、毎年2月と7月のセール期間は要チェックだ。ニューマーケットの目抜き通りブロードウエイ沿いにも店舗がある。

住253-261 Queen St.　FREE 0508-400-500
URL www.smithandcaugheys.co.nz　営月～金10:00～18:30、日10:30～18:00　休無休　CC ADJMV

スーパーマーケット

## ウールワース　Woolworths
Map P.247-B3　シティ中心部

全国展開する大手スーパー。生鮮食材から日用品まで幅広いアイテムを扱い、デリやアルコール売り場も充実。おみやげ探しにもおすすめ。館内に薬局を併設している。狙い目はコスパのよいスーパー独自のブランド。オリジナルエコバッグ$1にはコンパクトに折りたためるタイプもある。

住76 Quay St.　電(09)373-5017
URL www.countdown.co.nz　営7:00～22:00
休無休　CC MV

ショッピングモール

## コマーシャル・ベイ　Commercial Bay
Map P.246-C1　シティ中心部

2020年にオープンしたショッピングモール。ケイト・スペード、カルバン・クライン、トミー・ヒルフィガーといった国際ブランドからH&Mなどのファストファッション、スポーツウエア、コスメ、雑貨、子供服まで幅広いラインアップ。おしゃれなフードコートやカフェ、バー、スイーツショップなどグルメも充実している。

住7 Queen St.　電なし　URL www.commercialbay.co.nz
営月～水10:00～18:00、木～土10:00～19:00、日10:00～17:00、レストラン月～土7:00～23:30、日8:00～23:30　休無休　CC 店舗によって異なる

## ウエストフィールド・ニューマーケット Westfield Newmarket Map P.247-D3 ニューマーケット

オークランド4ヵ所とクライストチャーチで展開するショッピングセンター。なかでもニューマーケット店は規模が大きく、ファーマーズやデビッド・ジョーンズなどのデパートから、ハイブランド、カジュアルファッション、コスメ、雑貨、スーパーマーケットまで、あらゆる種類の店舗がずらり。グルメスポットも充実している。

住Broadway 電(09)978-9400
URL www.westfield.co.nz 営月～水・土9:00～19:00、木・金9:00～21:00、日10:00～19:00 休無休 CC店舗によって異なる

## ポンソンビーセントラル Ponsonby Central Map P.246-C2 ポンソンビー

その名のとおりポンソンビーの中心部にある商業コンプレックス。リネンショップ、スマートフォンアクセアリーの店、キッズ服の専門店、タロット&手相占いショップなどがあり、アパレルのポップアップストアをのぞくのも楽しい。レストランとカフェも多く、食事に出かけるのにも最適。

住136 Ponsonby Rd. 電(09) 376-8300
URL www.ponsonbycentral.co.nz
営店舗によって異なる 休無休 CC店舗によって異なる

## シルビア・パーク Sylvia Park Map P.245-C3 郊外

ブリトマート駅から東線で約20分、シルビア・パークSylvia Park駅の目の前にあるニュージーランド最大級のショッピングモール。人気のファッションブランドをはじめとする200以上の店舗が揃い、大型スーパーマーケットやディスカウントストア、フードコート、巨大スクリーンを有する映画館など、施設も充実。

住286 Mt. Wellington Hwy. 電(09)570-3777 URL www.kiwiproperty.com 営ショッピングモール 土～水9:00～19:00、木・金9:00～21:00 休無休 CC店舗によって異なる

## ドレスマート Dress Smart Map P.245-C2 郊外

100店舗以上が揃う大型アウトレットモール。人気のファッションブランドや、アディダス、ナイキといった有名スポーツブランドなどを豊富に揃え、定価の30～70%オフとお買い得。館内にはカフェやファストフード店もある。車椅子とベビーカーの無料貸し出しあり（要パスポート）。館内の駐車場は180分まで無料。

住151 Arthur St. 電(09)622-2400
URL www.dress-smart.co.nz 営月～水・金10:00～17:00、木10:00～19:00、土・日9:00～18:00 休無休 CC店舗によって異なる

## Column おしゃれなビーチタウン、タカプナ

デボンポート（→P.260）の北隣にあるタカプナTakapunaは、洗練された雰囲気のおしゃれビーチタウン。メイン通りのレイク・ロードLake Rd.やビーチに向かって延びるザ・ストランドThe Strand、一方通行の小道ハーストメレ・ロードHurstmere Rd.沿いに雑貨店やブティック、カフェ、レストランが集まっているので散策してみよう。

美しいタカプナ・ビーチ

波の穏やかなタカプナ・ビーチTakapuna Beachも必訪。夏は海水浴も楽しめ、数々のイベントも行われる。日曜の午前中に開かれるマーケットをのぞくのも楽しい。

海に面したタカプナ・ビーチ・カフェ

タカプナ Map P.244-A2
URL www.ilovetakapuna.co.nz
交デボンポートからメトロ#814を利用。ブリトマートからはメトロ#NX1でアコランガAkoranga下車し、#814に乗り換える。

# オークランドの アコモデーション

Accommodation

市内中心部にある高級ホテルから、気軽なバックパッカーズホステルまでアコモデーションの選択肢は豊富。個性的な宿を探すなら、少し郊外に足を延ばしてベッド&ブレックファストをチョイスしたい。予算と希望に合ったところが必ず見つかるだろう。

高級ホテル

## ヒルトン・オークランド Hilton Auckland

Map P.247-A3 シティ中心部

ワイテマタ湾に突き出したプリンセス・ワーフの先端にあり、全室にバルコニーが付く。ハーバービュールームからの眺めはすばらしく、シーフードレストラン「Fish」やスタイリッシュなバー「Bellini Bar」なども完備。水中展望窓付きの屋外プールも人気。

住Princes Wharf, 147 Quay St. 電(09)978-2000
URL www.auckland.hilton.com
料ⓈⒹⓉ$468～ 室数187 CC ADJMV

## JWマリオット・オークランド JW Marriott Auckland

Map P.246-C1 シティ中心部

オークランドきっての高級ホテル。好立地にあり、観光やショッピングに便利。高級感のあるインテリアと、広々としたバスルームは、贅沢な気分に浸れる。館内にはカジュアルダイニングの「JWキッチン」とラウンジ&バーがある。

住22-26 Albert St. 電(09)309-8888
FAX(09)379-6445 URL www.marriott.com
料ⓈⒹⓉ$303～ 室数286 CC ADJMV

## ヘリテージ・オークランド Heritage Auckland

Map P.246-D・C1 シティ中心部

かつてデパートとして使われていた歴史的な建物を利用し、重厚な雰囲気を満喫できるホテル棟と近代的なタワー棟からなる。客室からはワイテマタ湾やヴァイアダクト・ハーバーを一望できる。屋外プールやサウナ、ジム、テニスコートなども完備。

住35 Hobson St. 電(09)379-8553 FREE 0800-368-888
URL heritagehotels.co.nz
料ⓈⒹⓉ$389～ 室数184 CC ADJMV

## プルマン・オークランド Pullman Auckland

Map P.246-D2 シティ中心部

アルバート公園近くの高台にあり、客室から港や公園、遠くはランギトト島まで一望できる。エレガントな調度品で整えられたヨーロピアンスタイルの部屋が多く、大きなバルコニーが付いたレジデンスルームもある。ウエディングプランにも対応する。

住Waterloo Quadrant & Princes St. 電(09)353-1000
FAX(09)353-1002 URL pullmanauckland.co.nz
料ⓈⒹⓉ$274～ 室数324 CC ADJMV

## エム・ソーシャル・オークランド M Social Auckland

Map P.246-C1 シティ中心部

コンテンポラリースタイルのモダンなホテル。全室がワイテマタ湾に面しており、大きな窓からハーバービューを楽しむことができる。レストラン「Beast & Butterflies」では世界各国料理をフュージョンしたメニューを堪能することができる。

住196-200 Quay St. 電(09)377-0349
URL msocial.co.nz 料ⓈⒹⓉ$359～ 室数190
CC ADJMV

● 高級ホテル

## モーベンピック・ホテル・オークランド Mövenpick Hotel Auckland Map P.246-C1 シティ中心部

2022年5月にオープンした国内初のモーベンピック・ホテル。毎日15:00からロビーで行われる1時間のチョコレート・アワーではさまざまなチョコ菓子が振舞われ、大人にも子供にも好評だ。ルームサービスでは24時間チョコレートサンデーの注文も可能。

住8 Customs St. 電(09)377-8920
URL www.movenpick.com 料ⒹⓉ$259〜 室数207
CC ADJMV

## デラモア・ロッジ Delamore Lodge Map P.264 ワイヘキ島

優雅な滞在が楽しめる豪華ロッジ。海との一体感が味わえるインフィニティプールが人気。毎夕、食前酒とカナッペがサーブされ、専任シェフによるランチ、ディナーのオーダーも可能。ジャクージ、サウナ、スパの用意も。フェリー乗り場からの送迎は無料。

住83 Delamore Dr., Oneroa, Waiheke Island 電(09)372-7372
URL www.delamorelodge.com
料$1334.5〜 室数6 CC AMV

● 中級ホテル

## スカイシティ・ホテル SkyCity Hotel Map P.246-D1 シティ中心部

町のシンボル、スカイ・タワーがあるスカイシティ内にあり、長距離バスのインターシティのバスターミナルに隣接する便利な環境だ。多くの部屋からはハーバービューが楽しめる。デイスパやレストラン、バー、さらにカジノやシアターまである。

住Cnr. Victoria St. & Federal St. 電(09)363-6000
FREE 0800-759-2489 URL skycityauckland.co.nz
料ⒹⓉ$299〜 室数323 CC ADJMV

## グランド・ミレニアム・オークランド Grand Millennium Auckland Map P.247-B3 シティ中心部

アトリウムスタイルの格調高いホテル。客室はすべて天井が高く造られ、床から天井まで全面が窓になっている。視界に広がる市街中心部の景色は抜群だ。人気の日本料理レストラン「桂」をはじめ、3つのレストランやラウンジが入っている。

住71 Mayoral Dr. 電(09)366-3000
URL millenniumhotels.com
料ⓈⒹⓉ$269〜 室数452 CC ADJMV

## クラウン・プラザ・オークランド Crowne Plaza Auckland Map P.246-D1 シティ中心部

中心部にあり、観光にショッピング、グルメにも便利な立地のホテル。ショッピングモール「Atrium on Elliott」とは階下でつながっている。フィットネススタジオがあり、スタイリッシュにコーディネートされた客室も人気の秘密。

住128 Albert St. 電(09)302-1111 FREE 0800-154-181
URL auckland.crowneplaza.com
料ⓈⒹⓉ$225.4〜 室数352 CC ADJMV

## グランド・チャンセラー・オークランド・シティ Hotel Grand Chancellor Auckland City Map P.246-C1 シティ中心部

ヴァイアダクト・ハーバーのそばに立つ、近代的なホテル。日本の「マンション」に当たるアパートメントとフロアを共有しており、都心住まいのオークランダーたちとともに、暮らすような感覚で滞在できる。館内にはプールやジム、スパ、サウナもある。

住1 Hobson St. 電(09)356-1000 FREE 0800-275-337
FAX (09)356-1001 URL grandchancellorhotels.com
料ⓈⒹⓉ$195〜 室数78 CC AJMV

キッチン(全室) キッチン(一部) キッチン(共同) ドライヤー(全室) バスタブ(全室)
プール ネット(全室/有料) ネット(一部/有料) ネット(全室/無料) ネット(一部/無料)

## ホテル・デブレット　Hotel DeBrett

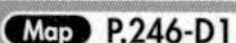

Map P.246-D1　シティ中心部

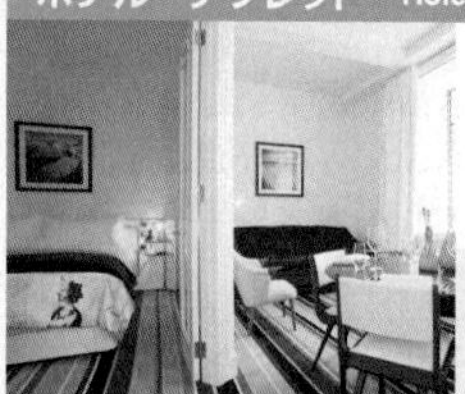

ハイ・ストリートにあるブティックホテル。ニュージーランドの現代アートが飾られた客室はポップでスタイリッシュ。全室に深めのバスタブが用意されている。館内のレストランでは1920年代をイメージした優雅なハイティーも提供。朝食付きプランもある。

住2 High St.　電(09)925-9000
URL hoteldebrett.com
料ⓈⒹⓉ$390～　室数 25　CC MV

## ホテル・ブリトマート　The Hotel Britomart

Map P.246-C2　シティ中心部

サステナビリティを認められた宿泊施設に与えられる5グリーンスターをニュージーランドで初めて獲得し、2020年10月にオープン。スタイリッシュなデザインで、100%オーガニックコットンを使ったリネンなど快適な設備が整っている。

住29 Galway St.　電(09)300-9595
URL thehotelbritomart.com
料ⓈⒹ $390～　室数99　CC ADJMV

## パーネル・パインズ　Parnell Pines Hotel

Map P.247-C4　パーネル

パーネルの中心部に位置するホテルで、パーネル・ビレッジすぐそばで便利。スタンダードルームから大勢で泊まれるファミリールームがある。ゲスト用のランドリー設備やコネクティングルームもある。

住320 Parnell Rd.　電(09)358-0642　FREE 0800-472-763
URL www.parnell-pines-hotel.nz　料ⓈⓉⒹ$179～
室数16　CC MV

## ホテル・フィッツロイ　Hotel Fitzroy

Map P.246-C2　ポンソンビー

高級ブティックホテルチェーンのファブル系列。全室にキングベッドが置かれ、バスローブ、スリッパ、ダイソン製ドライヤーなど設備も充実。朝食、ミニバー、ライブラリーで提供されるオードブル&ドリンクは無料。ポンソンビー・セントラルからは徒歩約4分。

住43 Richmond Rd.　電(09)5581-955
URL www.fablehotelsandresorts.com/hotels/hotel-fitzroy
料 $450～　室数10　CC AJMV

## エスプラネード　The Esplanade Hotel

Map P.260-A2　デボンポート

1903年に建てられた当時の外観を維持したまま、快適に改装された格式高いホテル。客室や館内のインテリアはエレガントだ。客室からはハーバーの向こうに広がるオークランドの町やマウント・ビクトリアが望める。最上階はペントハウスになっている。

住1 Victoria Rd.　電(09)445-1291　FAX(09)445-1999
URL esplanadehotel.co.nz
料ⓈⒹ$129～　室数16　CC AJMV

## ジェットパーク・オークランド　Jetpark Auckland

Map P.245-D2　郊外

空港から無料のシャトルバスが運行され、エクスプレス・チェックアウトも可能なので早朝の便を利用するときにも便利。プール、ジム、子供向け遊戯場、レストラン、バーなど館内設備が充実。ペット連れで泊まれる部屋や、アパートメントタイプも用意。

住63 Westney Rd. Mangere　電(09)275-4100　FREE 0800-538-466
URL www.jetparkauckland.co.nz　料ⓈⒹⓉ $212～
室数221　CC AMV

## オークランド・ハーバー・スイーツ　Aukland Harbour Suites　Map P.246-C2　シティ中心部

界隈でもひときわ目立つ、アパートメントタイプの高層ホテル。ランドリーにフルキッチンなど設備が充実。長期滞在利用者にも人気。高層階のテラスからはスカイ・タワーやワイテマタ湾が望める。玄関はオートロック、フロントは24時間オープン。

住16 Gore St.　☎(09)909-9999　FREE 0800-565-333
URL www.oakshotels.com
料ⒹⓉ$188～　室数150　CC ADJMV

## ザ・パーネル・ホテル&カンファレンス・センター　The Parnell Hotel & Conference Centre　Map P.247-B4　パーネル

客室は日当たりが抜群で、ほとんどの客室がワイテマタ湾を一望できるハーバービュー。またキッチンやバルコニーの付いたスイートなどさまざまなタイプの部屋があり、目的に合わせた利用ができる。ウエディングプランにも対応している。

住10-20 Gladstone Rd.　☎(09)303-3789　FREE 0800-504-466
FAX (09)377-3309　URL theparnell.co.nz
料ⒹⓉ$170～　室数101　CC ADJMV

## オークランド・エアポート・キーウィ　Auckland Airport Kiwi Hotel　Map P.245-C2　郊外

大きなキーウィのオブジェが目印。空港から車で約5分という好立地で、24時間送迎もOKなのでフライト時間を気にせず利用できる。ホテル内にバー＆レストランがあり、一部の客室で朝食が無料。ジムも完備している。

住150 McKenzie Rd. Mangere　☎(09)256-0046　FREE 0800-801-919
FAX (09)256-0047　URL kiwiairporthotel.co.nz
料ⒹⓉ$89～　室数52　CC ADJMV



## アット・イーデン・パーク・モーテル　At Eden Park Motel　Map P.244-B1　マウント・イーデン

ラグビーの聖地イーデン・パークの近くにあり、試合観戦に便利なヴィラタイプのモーテル。鉄道の駅やバス停が目の前で、周囲にはレストランやカフェも多い。マネジャーは日本人で言葉の面でも安心。駐車場にあるレンタカーを借りることも可能（要予約）。

住36 Sandringham Rd.　☎(09)846-4919　URL www.edenparkmotel.co.nz
FREE 0800-283-336　料Ⓓ$159～
室数10　CC AMV　日本語OK

## デボンポート・モーテル　Devonport Motel　Map P.260-A2　デボンポート

デボンポートに位置し、フェリー乗り場やビクトリア・ロード、ビーチへは徒歩3分ほどでアクセスできる便利なロケーション。1ベッドルームのユニットはゆったりとした広さで、窓が多くプライベートガーデンが付いている。

住11 Buchanan St.　☎(09)445-1010
URL devonportmotel.co.nz
料Ⓓ $235～　室数2　CC MV

## ベストウエスタン・ビーケーズ・パイオニア・モーター・ロッジ　Best Western BK's Pioneer Motor Lodge　Map P.245-D2　郊外

空港から車で約5分の便利なロケーションなのでフライト前の宿泊によい。敷地内には無料駐車場、無料のランドリー設備がある。レセプション、空港送迎シャトルサービスも24時間対応しており、朝はウェイクアップコールも頼める。部屋は広々として清潔。

住205 Kirkbride Rd.　☎(09)275-7752　FREE 0800-222-052
FAX (09)275-7753　URL bkspioneer.com
料ⒹⓉ$144.5～　室数37　CC AJMV

B&B

## グレート・ポンソンビー・アートホテル The Great Ponsonby Arthotel

Map P.246-B2 ポンソンビー

19世紀末の建物を改装したラグジュアリーなB&B。各部屋は、地元アーティストによる絵画や、太平洋の島々のデザインが飾られている。朝食はメインが選べ、オムレツやクレープのメニューもある。天気のいい日は庭でのんびりするのもおすすめ。

住30 Ponsonby Tce. 電(09)376-5989 FREE 0800-766-792
URL greatpons.co.nz 料ⓈⒹⓉ$260〜
室数11 CC MV

## バヴァリア B&B Bavaria B&B

Map P.246-D2 マウント・イーデン

マウント・イーデンの近くに位置するB&B。築100年以上の建物を改装して使っており、客室に古さが感じられるものの清潔に保たれている。ゲストラウンジではコーヒー、紅茶、クッキーの無料サービスのほか、電子レンジや冷蔵庫が使えるのがうれしい。

住83 Valley Rd. 電(09)638-9641
URL bavariabandbhotel.co.nz
料Ⓢ$150〜 ⒹⓉ$205〜 室数11 CC MV

## アドミラルズ・ランディング・ウオーターフロントB&B Admirals Landing Waterfront B&B

Map P.260-A1 デボンポート

フェリーターミナルから徒歩約2分。アットホームな雰囲気のB&B。旅好きのニュージーランド人ホストが暖かく迎えてくれる。ホスト自慢のウオーターフロントルームは、ハーバービューでオークランドシティーが一望できる。朝食が無料なのがうれしい。

住11 Queens Pde. 電(09)445-4394
URL www.admiralslanding.co.nz 料ⓈⓉⒹ$210〜
室数2 CC MV

ホステル

## ビーケー・ホステル BK Hostel

Map P.247-C3 シティ中心部

町の中心部とおしゃれなポンソンビーエリアまで徒歩約5分という好立地のホステル。入口はマーキュリー・レーンMercury Laneにある。周辺には食料品店やレストラン、バー、銀行、郵便局などが揃っており、長期滞在にも便利な環境だ。

住3 Mercury Lane Newton 電(09)307-0052
URL www.bk-hostel.co.nz 料Dorm$20〜 Ⓢ$40〜 ⒹⓉ$60〜
室数90ベッド CC MV

## クイーン・ストリート・バックパッカーズ Queen Street Backpackers

Map P.246-C1 シティ中心部

日本人のリピーターが多いバックパッカーズ。町の中心部に位置し、スーパーマーケットやコンビニにも近い。バーやビリヤード台などもあり、宿泊者同士でも気軽に楽しめる。女性専用ドミトリーもあり、共有TVでNetflixも見られる。

住4 Fort St. 電(09)373-3471 FREE 0800-899-772
URL qsb.co.nz 料Dorm$44〜 ⓈⒹⓉ$170〜
室数157ベッド CC MV

## ベランダーズ・パークサイド・ロッジ Verandahs Parkside Lodge

Map P.246-C2 ポンソンビー

カウリの木で建てられた歴史ある民家を利用。広いベランダからはオークランドの町並みや隣接する公園を望むことができ、その眺望が抜群。共同キッチンや広々としたラウンジ、ランドリー、BBQなどの設備も整っている。ドライヤーのレンタルも可能。

住6 Hopetoun St. 電(09)360-4180 URL verandahs.co.nz
料Dorm$49〜 Ⓢ$88〜 ⒹⓉ$130〜 バスルーム付き個室$154〜
室数48ベッド CC AMV

# ハミルトン

## Hamilton

人口:16万5400人
URL www.visithamilton.co.nz

ニュージーランドで4番目に大きな都市ハミルトンは、タウポ湖に源を発しオークランド南に位置するワイカト港に流れ込む、国内最長のワイカト川に貫かれている。そのため、内陸でありながら水上交通の要衝として繁栄してきた。この地を含むワイカト地方は肥沃な平野で、国内有数の農業、酪農地帯が広がる。その中心として機能してきたハミルトンは歴史的に見ると、先住民マオリの部族間の戦いや、1860年代のマオリ戦争での入植者とマオリ間の戦いなど、土地をめぐる争いが頻繁に起こった場所である。

町の中心部を雄大に流れるワイカト川

## ハミルトンへのアクセス Access

飛行機はウェリントン、クライストチャーチなどから直行便が出ている。ハミルトン国際空港Hamilton International Airportは、市街地の南約14kmに位置し、市内へはエアポートシャトルを利用する。

長距離バスは、インターシティの便数が多く便利。オークランドからは1日9便程度、所要1時間55分〜2時間20分。ロトルアからは1日3〜4便、所要1時間30〜55分。発着は市内中心部にあるトランスポートセンター Transport Centre。

鉄道はオークランドからバスイット系列のテ・フイアTe Huia号が月〜金曜に1日２便、土曜に１日１便運行、所要約2時間36分。また、キーウィ・レイルのノーザン・エクスプローラー号が週3便運行している。所要約2時間30分（→P.466）。

## ハミルトンの歩き方

ハミルトンの町は、町のほぼ中心を流れるワイカト川によって、レストランやショップが集まる西側と、大部分が住宅地の東側に分かれる。メインストリートは、ビクトリア・ストリートVictoria St.。町全体を網羅するようにバスイットBUSITの市内バスが通っており、おもな観光スポットを巡ることができる。

ガーデン・プレイスでは無料のWi-Fiが使える

航空会社(→P.496)
ニュージーランド航空

ハミルトン空港
Map P.288-B2外

エアポートシャトル会社
Flex
URL busit.co.nz/flex
料 空港⇔市内中心部 片道＄3
バスイットが運営するオンデマンドのサービス。アプリから要事前予約。

おもなタクシー会社
Hamilton Taxis
☎(07)847-7477
FREE 0800-477-477
URL hamiltontaxis.co.nz
タクシー配車アプリUberも利用可能。

おもなバス会社(→P.496)
インターシティ

長距離バス発着所
Map P.288-A1
住 Bryce St. & Anglesea St.

鉄道会社(→P.496)
キーウィ・レイル

テ・フイア
URL www.tehuiatrain.co.nz

ハミルトン駅
Map P.288-B1
中心部までは徒歩約20分。

観光案内所 i-SITE
Hamilton Visitor Centre
Map P.288-B2
住 ArtsPost Galleries & Shop 120 Victoria St.
☎(07)958-5960
URL www.visithamilton.co.nz
開 9:00〜17:00
休 無休

ハミルトンの市内バス
バスイット
FREE 0800-205-305
URL busit.co.nz
料 距離に応じて運賃が変動するゾーン制。現金またはICカード乗車券Bee Cardで支払う。
現金
＄1.5〜＄15
Bee Card
＄0.5〜＄9

ハミルトン近郊の町ティラウ
URL tirauinfo.co.nz
　ハミルトンから国道1号線を南東へ約50km行ったティラウTirauは、トタンで造られたアートが並ぶ小さな町。トタン製の大きな牧羊犬の建物は観光案内所アイサイトで、その隣には羊の形をした建物のおみやげショップが立っている。おしゃれなカフェもあるのでドライブの休憩がてら立ち寄ってみよう。アイサイトではホビット庄ツアーの申し込みも可能。

牧羊犬の形をした観光案内所アイサイト

ハミルトンの 見どころ

## ハミルトン湖（ロトロア湖）
Hamilton Lake (Lake Rotoroa)

Map P.288-B1

　ハミルトン湖はマオリ語で“長い湖”を意味するロトロア湖とも呼ばれる。市中心部から歩くと30分ほど。ヨットやボート、ミニゴルフなどが楽しめ、コンサートやボート・カーニバルが随時開催される、市民の憩いの場だ。湖の周りは1周約4kmの平坦で楽な遊歩道となっていて、湖を眺めながらウオーキングを楽しめる。

湖のほとりは市民の憩いの場

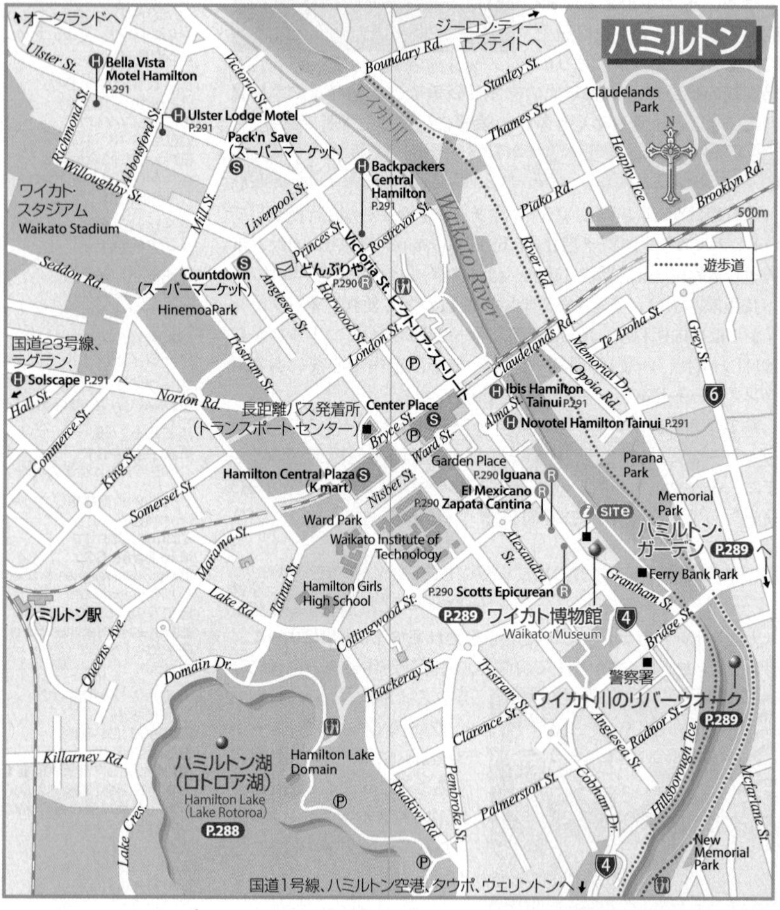

ハミルトン

↑オークランドへ
ジーロン・ティー・エステイトへ
Bella Vista Motel Hamilton P.291
Ulster Lodge Motel P.291
Pack'n Save（スーパーマーケット）
Backpackers Central Hamilton P.291
ワイカト・スタジアム Waikato Stadium
Countdown（スーパーマーケット）
どんぶりや P.290
Victoria St. ビクトリア・ストリート
HinemoaPark
国道23号線、ラグラン、Solscape P.291へ
長距離バス発着所（トランスポート・センター）
Center Place
Ibis Hamilton Tainui P.291
Novotel Hamilton Tainui P.291
Hamilton Central Plaza（K mart）
Garden Place
P.290 Iguana
El Mexicano
P.290 Zapata Cantina
Ward Park
Waikato Institute of Technology
Hamilton Girls High School
ハミルトン駅
P.290 Scotts Epicurean
P.289 ワイカト博物館 Waikato Museum
ハミルトン・ガーデン P.289へ
Ferry Bank Park
警察署
ワイカト川のリバーウオーク P.289
Claudelands Park
Parana Park
Memorial Park
遊歩道
ワイカト川 Waikato River
ハミルトン湖（ロトロア湖） Hamilton Lake (Lake Rotoroa) P.288
Hamilton Lake Domain
New Memorial Park
国道1号線、ハミルトン空港、タウポ、ウェリントンへ↓
Ulster St. Victoria St. Boundary Rd. Stanley St. Richmond St. Abbotsford St. Thames St. Willoughby St. Mill St. Liverpool St. Princes St. Rostrevor St. Piako Rd. Heaphy Tce. Brooklyn Rd. River Rd. Seddon Rd. Anglesea St. Harwood St. London St. Claudelands Rd. Te Aroha St. Grey St. Memorial Dr. Opoia Rd. Tristram St. Norton Rd. Hall St. Commerce St. Bryce St. Ward St. Alma St. King St. Somerset St. Nisbet St. Alexandra St. Marama St. Tainui St. Lake Rd. Collingwood St. Grantham St. Bridge St. Queens Ave. Domain Dr. Thackeray St. Clarence St. Radnor St. Killarney Rd. Ruakiwi Rd. Pembroke St. Palmerston St. Cobham Dr. Hillsborough Tce. Mcfarlane St. Lake Cres.
0 500m

## ハミルトン・ガーデン
Hamilton Gardens

Map P.288-B2外

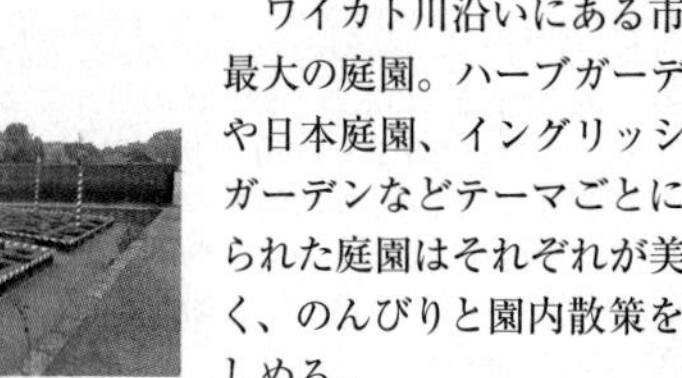
イギリスのチューダー様式庭園

ワイカト川沿いにある市内最大の庭園。ハーブガーデンや日本庭園、イングリッシュガーデンなどテーマごとに造られた庭園はそれぞれが美しく、のんびりと園内散策を楽しめる。

**ハミルトン・ガーデン**
住Cobham Dr.
☎(07)838-6782
URL hamiltongardens.co.nz
開9:00～17:00(最終入園16:30)、駐車場のゲートは6:15～21:00
**ビジターセンター**
9:00～17:00
休無休
料無料(園内マップは$2、ガーデンツアーは大人$20、子供$13)
交町の中心部からリバーウオークを南下して、徒歩約30分。またはガーデン前のバス停で停まるバスイット#17を利用。

## ワイカト川のリバーウオーク
Waikato River Walk

Map P.288-B2

川沿いには公園や遊歩道が設けられているので、散歩やピクニックを楽しみたい。ビクトリア・ストリートの南の端にあるフェリーバンクFerrybank、その対岸のパラナ・パークParana Parkは自然が多く気持ちがいい。第1次世界大戦の戦没者を追悼するメモリアル・パークMemorial Parkもある。

緑豊かな散策路を歩こう

## ワイカト博物館
Waikato Museum

Map P.288-B2

ワイカト地方のマオリの歴史や装飾品などの展示が充実した博物館。150年以上前の戦闘に使用されたTe Winikaという巨大な木彫りのカヌーは、迫力ある彫刻がすばらしい。また、博物館の隣には地元アーティストの作品を展示するギャラリー「Arts Post」や、ミュージアムショップもある。

斬新なデザインの建物

**ワイカト博物館**
住1 Grantham St.
☎(07)838-6606
URL waikatomuseum.co.nz
開10:00～17:00
休無休
料無料(寄付程度、企画展は有料)

精巧な彫刻が施されている

### Column 映画『ホビット』のロケ地ホビット庄へ

ニュージーランドを代表する映画『ホビット』と『ロード・オブ・ザ・リング』の、ホビットたちの村のロケ地となったホビット庄(シャイア)。ハミルトンの東約37kmにあるマタマタMatamataから、さらに車で30分ほどのアレキサンダー牧場にある。一帯はアレキサンダー一家の所有地のため、見学はホビトン・ムービー・セット・ツアーへの参加が必須。オークランドなどから各社がツアーを出している。各自で行く場合は、公式サイトからオンライン予約するほか、マタマタのアイサイトやホビット庄敷地内のシャイアーズ・レストThe Shire's Rest(要事前予約)で申し込む。

**Matamata** i SITE
折り込みMap①
住45 Broadway
☎(07)888-7260
営9:00～15:00
休無休
URL matamatanz.co.nz

マタマタのアイサイト

**Hobbiton Movie Set Tours**
住501 Buckland Rd.
☎(07)888-1505 URL www.hobbitontours.com
催8:30～16:30の30分ごと(時季によって異なる)。ツアーは所要約2時間。ドリンク付き。 休無休
**マタマタ、シャイアーズ・レスト発**
料大人$89～、9～16歳$44～ ランチ付きプランや、ディナー付きのEvening Banquest Tourも開催。
**ハミルトン発ツアー**
**Plantinum Transfer and Tours**
URL ptt.nz/hobbiton-tour-package
料大人$245、子供$155

## ハミルトンの エクスカーション Excursion

### キーウィ・バルーン

夜明け前にロトロア湖そばのインズコモンを出発し、約1時間の空中散歩を楽しむ。朝日に照らされるワイカト川や広大な農場、緑豊かなハミルトンの町を一望できる、爽快感たっぷりのツアーだ。着陸後にはシャンパンや軽食も提供され、特別な朝になること間違いなし。ツアーの所要時間は4時間程度。

**Kiwi Balloon**
電(07)843-8538 携021-912-679 URL www.kiwiballooncompany.co.nz
催9～7月 料大人$400、子供$320 CC MV

### ジーロン・ティー・エステート

ハミルトンから車で約12分の郊外にある茶園。農薬による土壌汚染がない大地でオーガニック栽培された茶葉は、「世界で一番ピュアなお茶」と称されるほど。敷地内には茶園を望むレストランとショップがあり、食事や買い物のほか、彫刻作品が配されたガーデンを散策することもできる。ランチやハイティーも人気。

**Zealong Tea Estate** 電(07)854-0988 URL zealong.com 住495 Gordonton Rd. 営10:00～16:30(時季や天候によって異なる) 休無休 料ハイティー$68～ CC AJMV

### ワイカトリバー・クルーズ

ハミルトン郊外の町ケンブリッジ発着のワイカト川クルーズ。船上から川沿いに生息する野鳥や滝、ケンブリッジ渓谷の美しい景色が眺められ、リラックスムード満点だ。猛スピードで川を疾走し、360度のスピンを決めるスリリングなジェットボートツアー（大人$121、子供$55）も行っている。

**Camjet**
携027-7758-193
URL www.camjet.co.nz
催通年(所要約1時間)
料大人$121、子供$55
CC AMV

## ハミルトンの レストラン Restaurant

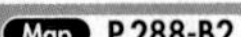

### イグアナ Iguana Map P.288-B2

雰囲気のいい広々としたバー&レストラン。おすすめは、グループでシェアできるプラッター$38.5や、種類豊富なピザ（Lサイズ$30）など。ウェブには曜日別のお得なプランが出ている。火曜のデザートデーが特に人気がある。

住203 Victoria St. 電(07)834-2280 URL iguana.co.nz
営11:30～Late
休無休 CC AMV

### どんぶりや Donburi-Ya Map P.288-A1

オーナーはニュージーランド在住歴約25年という日本人。チキンカツ丼$18.5やサーモン照り焼き丼$20.5のほか、うどんや寿司などが味わえる。日本酒や日本のビールもあり、豚骨と鶏ガラでだしをとった本格的なラーメンもおすすめ。

住789 Victoria St.
電(07)838-3933
営10:00～14:30
休土・日
CC MV 日本語メニュー 日本語OK

### スコッツ・エピキュリアン Scotts Epicurean Map P.288-B2

ビクトリア・ストリート沿いにある地元客に人気のカフェ。築100年以上の建物を改装し、天井には美しい彫刻が見られる。サンドイッチやデザートまで味に定評があるフードメニューが充実。ランチは$14～28。ケーキ$6.5～もおいしい。

住181 Victoria St. 携027-839-6688 URL scottsepicurean.co.nz
営月～金7:00～14:30
土・日8:00～15:00
休無休 CC MV

### エル・メキシカーノ・ザパタ・カンティーナ El Mexicano Zapata Cantina Map P.288-B2

カラフルなインテリアが楽しいメキシコ料理店。タパス$17～、エンパナーダ$18、タコス$17など、本場の味が堪能できると評判。マルガリータをはじめ、アルコールも充実。

住211 Victoria St.
電(07)210-0769
URL elmexicanozapata.com
営火～日17:00～21:00
休月 CC MV

## ハミルトンのアコモデーション Accommodation

### ノボテル・ハミルトン・タイヌイ
Novotel Hamilton Tainui Map P.288-A2

町の中心部に位置し、バスターミナルから近い便利なロケーションにありながら、ワイカト川に面した気持ちのいい環境が人気のホテル。リバービューの客室もあるので、予約の際にリクエストしてみよう。館内にレストランやバーもある。

住7 Alma St. 電(07)838-1366
FAX(07)838-1367
URL www.accorhotels.com
料ⓈⒹⓉ$265～
室数177
CC ADJMV

### アルスター・ロッジ・モーテル
Ulster Lodge Motel Map P.288-A1

清掃が行き届いた客室内は非常にきれい。スパバス付きのユニットも4室あるので、予約時にリクエストしてみるといい。敷地内に食料品や日用雑貨などを扱う小さな売店を併設しており、ちょっとした買い物にも便利。

住211 Ulster St.
電(07)839-0374
URL ulsterlodge.co.nz
料ⒹⓉ$150～
室数17 CC AMV

### バックパッカーズ・セントラル・ハミルトン
Backpackers Central Hamilton Map P.288-A1

町の中心部にあり、部屋は清潔で居心地がいい。ドミトリーには鍵付きのロッカーがあるので貴重品の管理も安心。コーヒー、紅茶は無料。オークランドやラグラン、ロトルア、ホビット庄などへ有料シャトルを運行している。

住846 Victoria St. 電(07)839-1928 URL www.backpackerscentral.co.nz 料Dorm $38～ Ⓢ$94～ ⒹⓉ$89～ Family Room $185～
室数41 CC MV

### イビス・ハミルトン・タイヌイ
Ibis Hamilton Tainui Map P.288-A2

ワイカト川沿いに立つ、夜景がきれいなシティホテル。ホテル内にはニュージーランド料理が楽しめるレストランやバーもあるので、のんびり滞在したい人におすすめ。

住18 Alma St. 電(07)859-9200
FAX(07)859-9201
URL ibis.accorhotels.com
料ⓈⒹⓉ$217～
室数126
CC ADJMV

### ベラ・ビスタ・モーテル・ハミルトン
Bella Vista Motel Hamilton Map P.288-A1

フレンドリーなオーナーが経営するモーテル。部屋のタイプはさまざまだがゆったりとした造りでスパ付きのユニットも。庭にはBBQエリアもある。

住1 Richmond St.
電(07)838-1234
URL www.bellavistahamilton.co.nz
料ⓈⒹⓉ$188～
室数18 CC ADJMV

### ソルスケープ
Solscape Map P.288-A1外

ハミルトン郊外ラグランにあるエコロッジ＆ホステル。キャンプサイトや古い鉄道車両を使ったドミトリーなど、さまざまな滞在スタイルが可能。ヨガセンター、サーフスクールを併設し、マッサージも受けられる。高台に位置し、広いガーデンから海が望めるのも魅力。

住611 Wainui Rd., Raglan
✆027-825-8268
URL solscape.co.nz
料Camp$26～ Dorm$43～ ⓈⒹ$111～
室数14
CC MV

### Column ヒップなサーフタウン、ラグラン

ハミルトンの西約50kmに位置するラグランRaglanは、海沿いにある小さな町。ビーチリゾートして人気が高く、特にプロも集まるサーフィンの名所として有名だ。中・上級者向けのポイントは、町の中心部から西へ8～9km離れたマヌ・ベイManu Bayやホエール・ベイWhale Bay。初心者や海水浴をしたい人は、町寄りのメインビーチへ行くとよい。町自体もおしゃれで、散策も楽しい。

Raglan
Map 折り込み①
URL raglan.net.nz

長いレフトの波が割れるマヌ・ベイ

サーフィンレッスンを受けてみよう(→P.425)

# ワイトモ
## Waitomo

人口：9490人
URL www.waikatonz.com/destinations/waitomo-caves-and-surrounds

豆知識
**ジブリアニメのモデル？**
ワイトモ洞窟のツチボタルは、ニュージーランドの観光地のなかでも特に人気。ジブリのアニメ『天空の城ラピュタ』の飛行石のモデルになったとも言われている。暗闇の中に幻想的な光が放たれる様子を間近で観賞しよう。

おもなバス会社（→P.496）
**インターシティ**
**グレートサイツ**

オークランド発着のツアー会社
**グレートサイツ**
**GreatSights**
ホビット庄とワイトモ洞窟を訪ねる1日ツアー。日本語ガイドの手配も可能で、オークランド市内のアコモデーションとスカイシティのバスターミナルを発着。入場料や昼食込み。
☎(09)583-5790
FREE 0800-744-487
URL www.greatsights.co.nz
**ホビトン&ワイトモ・エクスペリエンス**
催 オークランド6:15〜7:15発（所要約12時間）
料 大人$349、子供$173

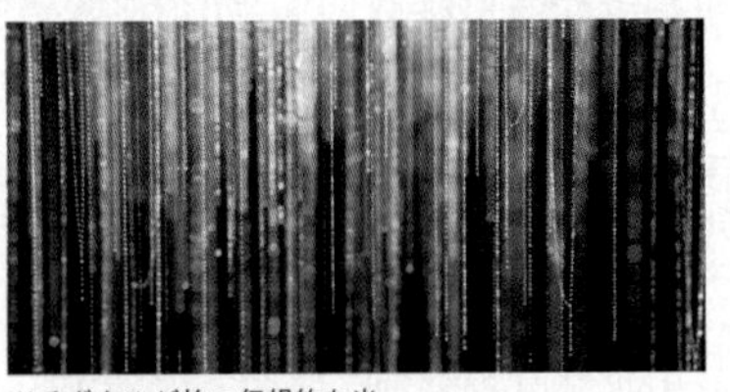
ツチボタルが放つ幻想的な光

ワイトモ地方最大の観光スポットは、年間25万人以上の観光客が訪れるというワイトモ洞窟（別名グロウワーム・ケーブGlowworm Caves）だ。付近にはアラヌイ洞窟Aranui Cave、ルアクリ洞窟Ruakuri Caveもあり、一部の洞窟内では発光性の虫、ツチボタルの神秘的な光を見ることができる。ツチボタルはニュージーランドに生息するたいへん珍しい生物。国内各地で見られるが、ここには大きな洞窟の天井一面を埋め尽くすほどの数がおり、その美しさをひとめ見ようと訪れる人があとを絶たない。

1887年、マオリの首長タネ・ティノラウTane Tinorauとイギリス人調査員フレッド・メイスFred Maceによって、初めてツチボタルの洞窟の探検が行われた。幾度となく探検を重ねたあと、タネ・ティノラウはこの洞窟を一般公開した。1906年に洞窟の所有権はいったん政府に移ったが、1989年、この洞窟と周りの土地は当初の所有者の子孫たちに返還され、現在でも彼らが管理、運営にたずさわっている。

## ワイトモへのアクセス Access

オークランドとパーマストン・ノースを結ぶインターシティの長距離バスがワイトモに停車する。週5便ほどの運行で、オークランドから所要約3時間40分、ハミルトンからは約1時間15分。オークランドを9:00頃に出発し、ワイトモへは12:40頃に到着。パーマストン・ノースからオークランドへ向かうバスは夕方16:05頃ワイトモに着くので、少し慌ただしいが日帰りも可能だ。バスは観光案内所アイサイト前に発着し、ワイトモ洞窟までは徒歩約10分。アイサイトからワイトモ洞窟へのシャトルバスも運行されている（要予約）。

日帰りでワイトモ洞窟を観光する場合、グレートサイツの観光バスツアーを利用するのも便利だ。オークランドからは1日1便、ホビット庄とワイトモ観光を組み合わせたツアーを催行。ロトルアからホビット庄とワイトモに停車してオークランドへ向かうプランもある。

## ワイトモの 歩き方

観光の起点になるのは、観光案内所アイサイト。ワイトモ洞窟ディスカバリー・センター（→P.294）を併設、近郊のアクティビティやアクセス情報、地図などもここで入手できる。周辺には小さな店やカフェがあり、品数は多くないが日用品はここで買うことができる。

ツチボタルが見られるワイトモ洞窟の入口へは、ここから西へ徒歩10分ほど登った所にあり、ツアーバスなら入口まで直行する。

このエリアには、ほかにアラヌイ洞窟とルアクリ洞窟があり、これらの洞窟内で行われる、ブラック・ウオーター・ラフティング（→P.294）などのアクティビティもエキサイティングだ。洞窟周辺の広大な原生林ではハイキングも楽しめる。

**観光案内所 SITE**
**Waitomo Caves Visitor Information Centre**
**Map P.293**
住21 Waitomo Village Rd.
☎(07)878-7640
URL www.waitomocaves.com
開9:30〜15:30
休無休

観光案内所アイサイト



## ワイトモの 見どころ

### ワイトモ洞窟
Waitomo Cave

Map P.293

ワイトモにある3つの大きな洞窟のうち、最も多くの観光客が訪れるのが、ワイトモ洞窟（別名グロウワーム・ケーブ）。ツチボタル（グロウワームGlowworm）の見学ツアーは、ワイトモ観光のメインアクティビティだ。

長い時間をかけて形成された美しい鍾乳洞を眺めながら洞窟内をガイドとともに進み、途中からはボートに乗ってツチボタルの見学へと出発する。天井一面に星のように散りばめられた、青白くミステリアスなツチボタルの光は、訪れた人の心を捉える美しさだ。

神秘的なツチボタルの光は満天の星のよう

所要時間は約45分。洞窟内は個人で立ち入ることはできず、ツアーでのみ見学可能となっている。ツチボタルは非常にデリケートな生物なので、くれぐれも手で触れたり、洞窟内で喫煙したりしないように。また、撮影は禁止なので注意。なお、まれにではあるが、大雨のあとの増水時などにはボートが使えず、入口から内部をのぞき込むだけになることもある。

**ワイトモ洞窟**
住39 Waitomo Village Rd.
FREE 0800-456-922
URL www.waitomo.com
催9:00〜17:00
（ツアーは10:00〜15:30）
（30分ごとに出発）
休無休
料大人$61、$28
※アラヌイ洞窟、ルアクリ洞窟との共通チケット大人$94〜98、子供$40〜44。

ワイトモ洞窟の入口

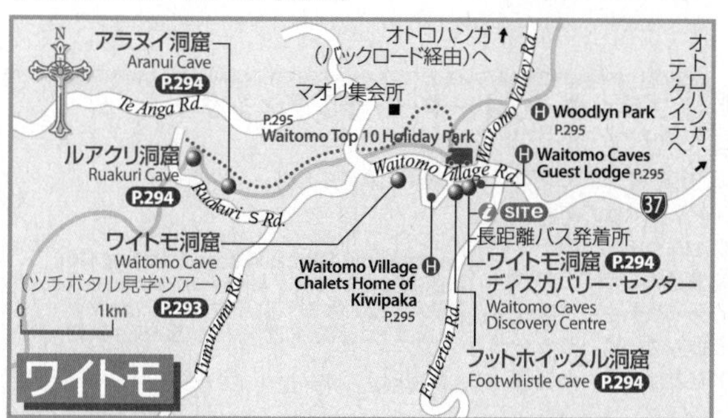


**ワイトモ周辺のウオーキングトラック**

洞窟周辺には、珍しい植物があふれる原生林が広がっている。森林内や川沿いには、しっかり整備された遊歩道（Map上の赤い点線）が設けられているので、気軽に散策を楽しむことができる。

**ワイトモ周辺のレストラン**
**Waitomo Homestead**
**Map P.292**
住584 Main South Rd.
☎(07)873-7397
営8:00〜16:00
（夏季は延長あり）
休無休
CC MV

国道3号線沿いにあるビュッフェ形式のレストラン。グレートサイツなどの長距離バスの停留所でもある。

アラヌイ洞窟
☎(07)878-8228
FREE 0800-456-922
URL www.waitomo.com
催 金～日11:00、13:30発（時季によって異なる）
休 月～木(時季によって異なる)
料 大人$61、子供$28

ルアクリ洞窟
☎(07)878-8228
FREE 0800-456-922
URL www.waitomo.com
催 夏季　9:00～最終16:30発
冬季 11:00～最終15:30発
（時季によって異なる）
休 無休　料 大人$87、子供$33

フットホイッスル洞窟
☎(07)878-6577
FREE 0800-228-338
URL www.caveworld.co.nz
催 9:00～14:00(日によって異なる)
※2人以上で催行、夕方からのサンセットツアーもある。
休 不定休　料 大人$64、子供$39

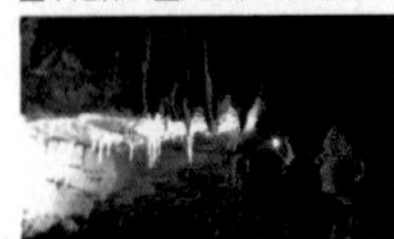

ガイドが光を当てて、写真撮影をサポート

ペッパーツリーと呼ばれるカワカワの葉を使った紅茶

ワイトモ洞窟ディスカバリー・センター
☎(07)878-7640
URL www.waitomocaves.com
開 9:30～15:30　休 無休
料 博物館は大人$5、子供無料

博物館やショップもある

## アラヌイ洞窟 & ルアクリ洞窟

Aranui Cave & Ruakuri Cave

Map P.293

ワイトモ洞窟から約3km離れた所にあるのがアラヌイ洞窟。ツチボタルはいないが、ピンク、白、薄茶色とさまざまな色が美しいつらら石や石筍（せきじゅん）の鍾乳石は見応えがある。ツアーでのみ内部を見学することができ、所要時間は1時間ほど。

アラヌイ洞窟より奥にあるルアクリ洞窟は、内部での撮影が可能で、プロ写真家と回るツアーも開催。ツチボタルが生息する洞窟内を約1時間30分かけて見学するツアーでは、鍾乳石など神秘の世界を探検できる。

幻想的なルアクリ洞窟

## フットホイッスル洞窟

Footwhistle Cave

Map P.293

ワイトモ洞窟ディスカバリー・センター横にある受付から、シャトルバンに乗って洞窟へ。地元ガイドの解説を聞きながら、地底に広がる約3kmの鍾乳洞を歩く。頭上近くにツチボタルの糸が垂れ下がり、間近で幻想的な光を観賞できるのが最大の魅力だ。フラッシュなしなら、写真撮影もOK。道中には、巨鳥ジャイアント・モアの化石や洞窟の名前の由来になった足形の岩なども。ツアーの最後には、マオリが自然療法に用いるカワカワ茶のふるまいが楽しめる。所要約1時間15分。

ツチボタルの光が手に届きそう！

## ワイトモ洞窟ディスカバリー・センター

Waitomo Caves Discovery Centre

Map P.293

観光案内所アイサイトに併設されている博物館。ツチボタルをはじめとする洞窟内の生物、鍾乳洞の成り立ち、1886年に発見されたあとの洞窟探検などについて展示。実物大の洞窟模型をくぐることもできる。

### ワイトモのアクティビティ

### ブラック・ウオーター・ラフティング

Black Water Rafting

19世紀のツチボタル洞窟探検ツアーを再現した、ニュージーランドならではのアドベンチャー「ブラック・ウオーター・ラフティング」。ウエットスーツを着込んでライト付きのヘルメットをかぶり、タイヤチューブを浮き袋にして洞窟内の川を進んでいく。ラフティングといっても急流下りではなく、大部分が緩い流れの中を進んでいく。

ブラック・ウオーター・ラフティングを行うツアー会社
**Legendary Black Water Rafting Co.**
FREE 0800-924-866　URL www.waitomo.co.nz
催 通年　料 大人$170、子供$130　CC MV
（所要約3時間、12歳未満、体重45kg未満は参加不可）
※洞窟内のジップラインと組み合わせたプランもある。

# ワイトモのアコモデーション Accommodation

## テ・ティロ・アコモデーション Te Tiro Accommodation

Map P.292

ワイトモ中心部から車で約15分に位置するB&B。パイオニアスタイルのキャビンが2棟あり、どちらもキッチン付きで4人まで宿泊可能。敷地内には快適なベッドを備えたグランピングテントもひとつ用意され、こちらも4人まで泊まれる。高台に立ち、眺めもよい。

住970 Te Anga Rd. 027-379-2356 URL www.waitomocavesnz.com 料Cabin$200～、Glamping $300～ 室数3 CC不可

## ウッドリン・パーク Woodlyn Park

Map P.293

ユニークな滞在ができると評判のモーテル。1950年代に使用された電車の車両や、ベトナムで軍機として使われていた飛行機をアコモデーション用に改造しており、外観からは宿泊施設とは想像しがたい。レセプションエリアでのみインターネットが無料で利用できる。敷地内のウッドリン・パークではキーウィ・カルチャーショーなどが楽しめる。

住1177 Waitomo Valley Rd.
電(07)878-6666
URL www.woodlynpark.co.nz
料Ⓓ$200～
室数10 CC MV

## ワイトモ・ケーブス・ゲスト・ロッジ Waitomo Caves Guest Lodge

Map P.293

客室はそれぞれ独立したコテージ風となっており、テレビやティーセットなどの設備も充実。眺めのいいダイニングルームがあり、コンチネンタル・ブレックファストが付くのもうれしい。

住7 Waitomo Village Rd.
電(07)878-7641 URL waitomo-caves-guest-lodge.business.site
料ⓈⒹⓉ$150～ 室数8 CC MV

## ワイトモ・ビレッジ・シャレー・ホーム・オブ・キーウィパカ Waitomo Village Chalets Home of Kiwipaka

Map P.293

観光案内所アイサイトから徒歩圏内。キッチンやシャワーなどの共用スペースは広くて清潔。

住Access Rd. 電(07)878-3395 027-850-6582
URL waitomokiwipaka.co.nz 料ⓈⒹⓉ$143～
室数117ベッド CC MV

## ワイトモ・トップ10ホリデーパーク Waitomo Top 10 Holiday Park

Map P.293

モーテルは全室キッチン、トイレ、シャワー、テレビ付き。キャビンは共用施設を利用する。

住12 Waitomo Village Rd.
FREE 0508-498-666
URL www.waitomopark.co.nz 料Camp$27～
Cabin$126～ Motel$174～ 室数18 CC MV

## Column 不思議なツチボタルの生態

ニュージーランドのツチボタル(グロウワーム Glowworm、学名Arachnocampa Luminosa)は、蚊に似た2枚羽の昆虫の幼虫で、日本のホタルとはまったくの別種だ。生息環境は特殊で、洞窟や森の中など体が乾燥しないような湿度の高い場所、でこぼこした壁面など餌を捕らえるネバネバした糸を垂らすことができる場所、また食物になる小さな虫が集まる川の近くで、垂らした糸が絡まないように風があまり吹かない場所、放った光がわかるような暗い場所などのさまざまな条件が揃っていることが必要である。

ツチボタルのライフサイクルは、卵から孵化するまでに約3週間、幼虫でいるのは6～9ヵ月、サナギで約2週間、そして成虫の命はわずか2～3日間。幼虫は2mmからマッチ棒くらいの長さと形になるまでゆっくりと成長を続ける。幼虫は横糸と数本の垂れ下がった縦糸からなる罠のような巣を作り、獲物を待つ。縦糸には粘液が付いていて、獲物がかかると横糸上を移動し、餌の付いた縦糸の所で顔を出して獲物の体液を吸い取るというから、少々グロテスクだ。美しい光は、獲物をおびきよせるためなのである。やがてサナギから脱皮すると、蚊よりひと回り大きい成虫が誕生する。羽化する前の雌のサナギは一段と明るい光を放つが、これはひと足先に羽化してパートナーを探している雄虫を引きつけるためといわれている。

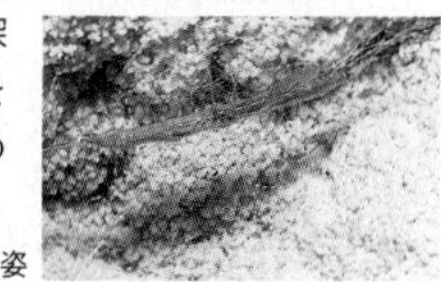

これが幼虫の姿

# ロトルア

## Rotorua

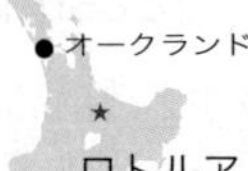


人口：7万7300人
URL www.rotoruanz.com

ロトルアは北島中央部に位置する島内最大の観光地。マオリ語で「第2の湖」という意味の地名が表すとおり、美しいロトルア湖は、北島ではタウポ湖に次ぐ大きさを誇る。

ロトルア湖沿いでのんびりと時間を過ごす人々

ロトルアからタウポにかけての一帯は世界的にも珍しい大地熱地帯にあり、ロトルア湖をはじめとする火山湖やテ・プイアにあるポフツ間欠泉など、複雑でユニークな景観が大きな見どころとなっている。温泉を利用したスパや治療院、ミネラルプールを求めて、休養に訪れるリピーターも多い。町のいたるところから白い湯煙が出ており、温泉地ならではの独特な硫黄の臭いが漂っている。

またロトルアは古くから先住民マオリの人口が多く、特に勢力の大きかったテ・アラワ族Te Arawaの中心地であったため、その伝統文化やゆかりの場所がよく保存されているという一面もある。ロトルア郊外にあるマオリ村など、マオリの人々の生活や伝統文化を見られる貴重な機会も多い。

## ロトルアへのアクセス Access

### 飛行機で到着したら

ニュージーランド航空が主要都市からの国内線を運航。オークランドからは1日1〜2便、所要約40分。ウェリントンからは1日2〜3便、所要約1時間10分。クライストチャーチからは1日1〜3便、所要約1時間45分。ロトルア空港Rotorua Airportから市中心部までは約8km。空港からはベイ・バスBay Busが運行する市内巡回バスのシティライドCityrideのルート10で約20分。スーパー・シャトルSuper Shuttle社が運行するエアポートシャトルやタクシー、レンタカーを利用することもできる。

### 国内各地との交通

インターシティ、グレートサイツなどの長距離バスが運行している。オークランドから1日4〜5便、所要4時間9分〜7時間39分。ウェリントンからはパーマストン・ノースやタウポ経由で1日4〜5便、所要7時間20分〜12時間45分。バスの発着は観光案内所アイサイト前。

---

**ロトルア空港**
**Map P.297-A1**
住 State Hwy. 30
電 (07) 345-8800
URL www.rotorua-airport.co.nz

**ベイ・バス**
**空港線(ルート10)**
運 空港→市内中心部
月〜土　6:50〜17:53
日　7:53〜16:53
市内中心部→空港
月〜土　7:05〜18:05
日　7:35〜16:35
月〜土曜は30分ごと、日曜は1時間ごとの運行。
料 現金
大人$2.8、子供$1.7
Bee Card
大人$2.24、子供$1.34

**エアポートシャトル会社**
**Super Shuttle**
FREE 0800-748-885
URL www.supershuttle.co.nz
料 空港↔市内中心部
11人まで$93

**おもなタクシー会社**
**Rotorua Taxis**
電 (07) 348-1111
FREE 0800-500-000
URL www.rotoruataxis.co.nz
配車アプリのUberも利用可能。

**おもなバス会社**(→P.496)
**インターシティ**
**グレートサイツ**

**グレートサイツのツアー**
グレートサイツはオークランドを出発し、観光スポットに立ち寄りながらロトルアへ向かうツアーバス。マタマタのホビット庄、ワイトモ・ケーブなどのプランがあり、観光と移動が効率よくできるのが魅力だ。料金には観光地への入場料やランチ代などが含まれている。宿泊先への送迎も可能。
URL www.greatsights.co.nz

## ロトルアの市内交通 Traffic

見どころは広範囲に点在。中心部なら徒歩で十分だが、車がない人はシティライドCityrideの利用がおすすめ。シティライドには1～12番（2番はない）の11ルートがあり、市内と郊外を結んでいる。乗り場は観光案内所アイサイトのメインオフィス前。長距離バスの発着するフェントン・ストリート側ではなく、アラワ・ストリートArawa St.側に乗り場がある（Map P.299-B2）。ICカード乗車券のBee Cardで支払うと運賃が割引きされる。

郊外の見どころをいくつか組み合わせるなら、ロトルア発着の観光ツアーに参加するのも手だ。Japan Tourist Servicesの半日ツアーでは3～4ヵ所の見どころを巡り、13:30頃には町に戻る（→P.308）。ある程度人数の多いグループやファミリーならチャーターのできる観光シャトルサービス会社にプライベートツアーを依頼するのもいいだろう。

| バスで行ける見どころ | | | |
|---|---|---|---|
| シティライド | ルート1 | スカイライン・ロトルア | P.306 |
| | | アグロドーム | P.307 |
| | 3 | レッドウッド・ファカレワレワ・フォレスト | P.304 |
| | 11 | テ・プイア／テ・ファカレワレワ・サーマル・バレー | P.304 |

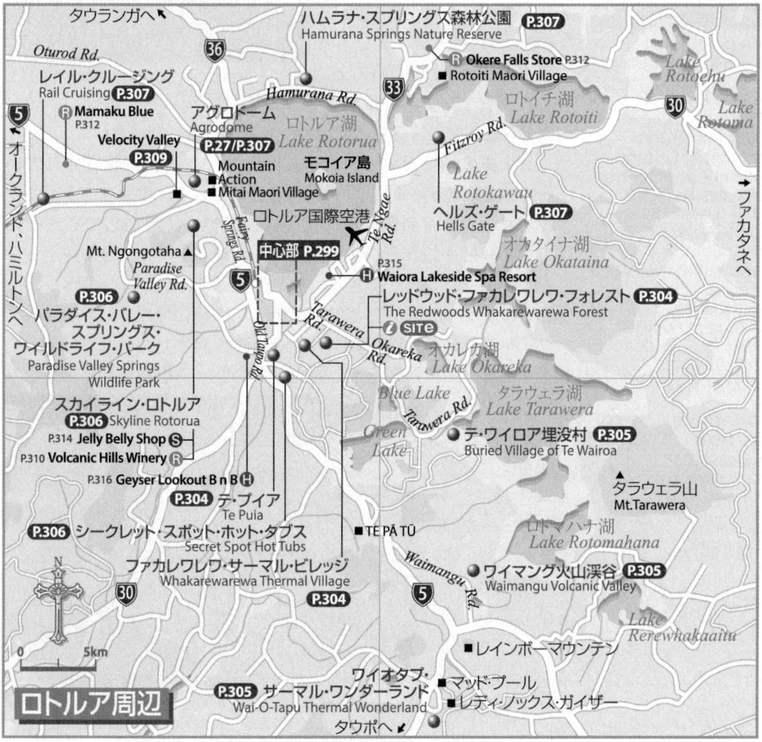

ロトルアの市内交通
Bay Bus
FREE 0800-422-9287
URL www.baybus.co.nz
運 6:40～18:50の ほぼ30分～1時間おきに運行。
料 現金
片道　大人$2.8
　　　子供$1.7
Bee Card
片道　大人$2.24
　　　子供$1.34
Bee Cardはバス車内などで購入（$5）し、$5～チャージをして使用する。

ロトルアのシャトル＆ツアー会社
レディ・トゥ・ロール・シャトルズ
Ready 2 Roll Shuttles
✆021-258-9887
URL ready2roll.co.nz

観光案内所i-SITE
Tourism Rotorua
**Map P.299-B2**
住1167 Fenton St.
☎(07) 348-5179
FREE 0800-474-830
URL www.rotoruanz.com
開8:30〜17:00
休無休

観光案内所アイサイトの前に無料の足湯もある(夏季限定)

Redwoods i-SITE Visitor Centre
**Map P.297-A1**
住Titokorangi Dr.
☎(07) 350-0110
開夏季 9:30〜22:30
冬季 9:30〜21:30
休無休

ツタネカイ・ストリートにあるイートストリート

ユースフルインフォメーション
病院
Lakes PrimeCare Accident & Urgent Medical Care Centre
**Map P.299-B1**
住1165 Tutanekai St.
☎(07) 348-1000
警察
Rotorua Central Police Station
**Map P.299-B2**
住1190-1214 Fenton St.
☎105
レンタカー会社
Hertz
**空港**
☎(07) 348-4081
**ダウンタウン**
**Map P.299-C1**
住1233 Amohau St.
☎(07) 348-4081
Avis
**空港**
☎(07) 345-7133

## ロトルアの歩き方

### フェントン・ストリートFenton St.とツタネカイ・ストリートTutanekai St.

ロトルアの中心部は、**フェントン・ストリートFenton St.**沿いにある観光案内所アイサイトを中心とした半径500mほどの範囲なので、基本的に徒歩で巡ることができる。碁盤の目のように道が整備されているので、迷うことはないだろう。おもな長距離バスやツアーのシャトルバス、市内と郊外を結ぶベイ・バスはこの建物の周辺から発着する。館内には両替所やみやげ屋も併設している。

町のメインストリートは、フェントン・ストリートと、レストランやショップが軒を連ねる**ツタネカイ・ストリートTutanekai St.**。このふたつの通り沿いには世界各国の料理が楽しめるレストランやカフェが集中している。

温泉を気軽に楽しむことができるのもロトルアの魅力のひとつ。米国の旅行誌で世界のスパ10選にも選ばれたことのある**ポリネシアン・スパ Polynesian Spa**(→P.301)をはじめとする温泉施設が充実しており、モーテルやB&Bなどのアコモデーションでも温泉施設を備えているところが少なくない。

赤れんがと白壁の美しい建物。営業時間内なら$5で荷物を預けることができる。

### オヒネムツ・マオリ村　Ohinemutu Maori Village

ロトルア湖に面する村(→P.300)で、この地に保存されているマオリ文化の一端を垣間見ることができる。マオリのショーやハンギ(マオリ料理)ディナーは、ツアーに参加してそれぞれのマオリ村を訪れるか、市内の中・高級ホテルのディナーショーなどで楽しむことができる。ロトルア湖では、マリンスポーツやヘリコプターツアーなどでアクティブに過ごすのもいい。さらにワイルドな地熱地帯やユニークな自然を満喫したいなら郊外へ。ダイナミックな景観を楽しんだり羊のショーを見たりと、楽しみは尽きない。

宿泊施設が多く立ち並ぶのは、レイクビューを楽しめるロトルア湖畔沿いと中心部から南へ延びるフェントン・ストリート沿い。

テ・プイア内にある鉱泥泉「カエル池」。熱泥がピョンピョンと飛び跳ねる様子からこの名がつけられたという

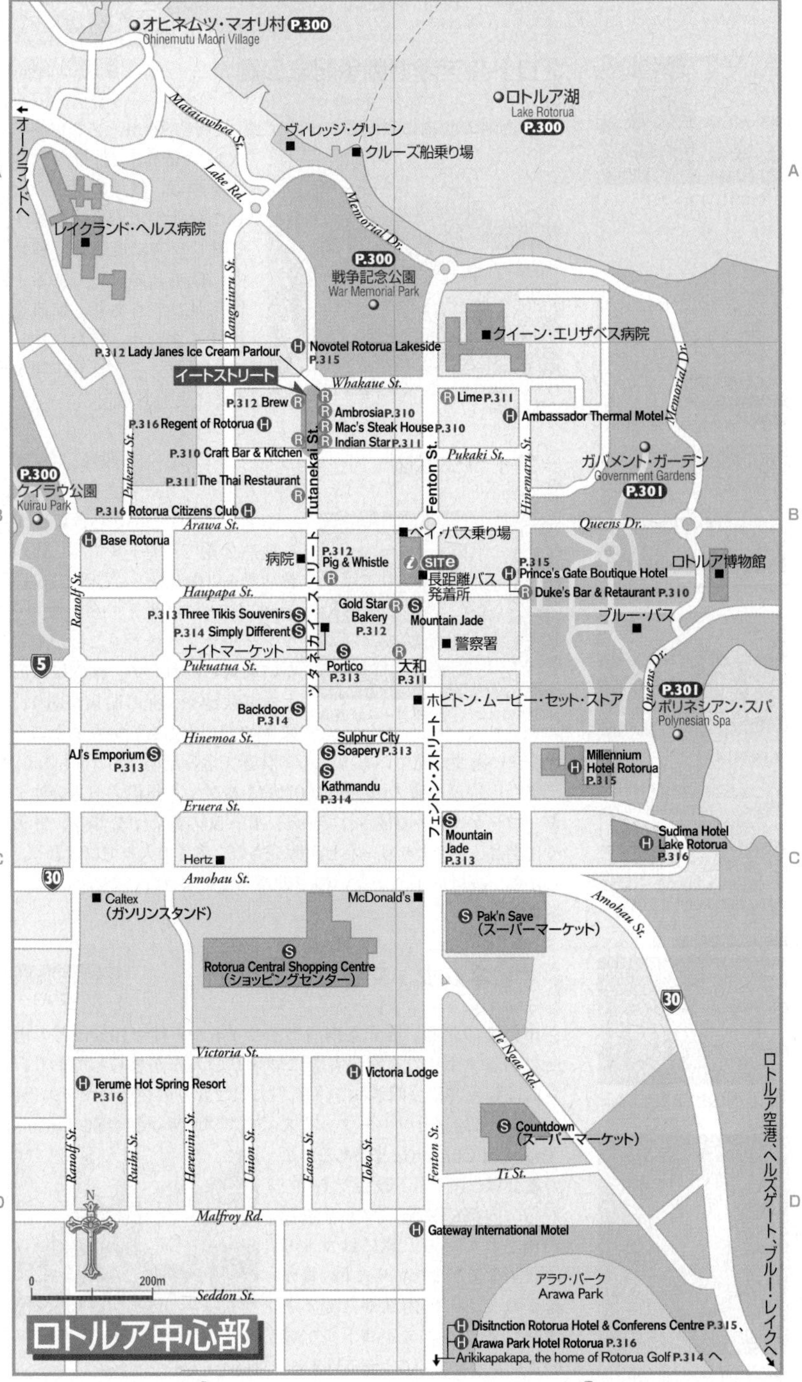
ロトルア中心部
オヒネムツ・マオリ村 P.300
Ohinemutu Maori Village
ロトルア湖
Lake Rotorua
P.300
ヴィレッジ・グリーン
クルーズ船乗り場
オークランドへ
Mataiawhea St.
Lake Rd.
Memorial Dr.
レイクランド・ヘルス病院
P.300
戦争記念公園
War Memorial Park
Ranguiuru St.
クイーン・エリザベス病院
Novotel Rotorua Lakeside P.315
P.312 Lady Janes Ice Cream Parlour
イートストリート
Whakaue St.
P.312 Brew
Ambrosia P.310
Mac's Steak House P.310
Indian Star P.311
Lime P.311
Ambassador Thermal Motel
P.316 Regent of Rotorua
P.310 Craft Bar & Kitchen
P.311 The Thai Restaurant
P.316 Rotorua Citizens Club
Pukaki St.
Fenton St.
Tutanekai St.
Hinemaru St.
Pukeroa St.
ガバメント・ガーデン
Government Gardens
P.301
P.300
クイラウ公園
Kuirau Park
Arawa St.
Queens Dr.
Base Rotorua
ベイ・バス乗り場
病院
P.312 Pig & Whistle
i SITE
長距離バス発着所
P.315 Prince's Gate Boutique Hotel
Duke's Bar & Retaurant P.310
ロトルア博物館
Haupapa St.
Ranolf St.
P.313 Three Tikis Souvenirs
P.314 Simply Different
ナイトマーケット
Gold Star Bakery P.312
Mountain Jade
警察署
ブルー・バス
Pukuatua St.
Portico P.313
大和 P.311
ツタネカイ・ストリート
ホビトン・ムービー・セット・ストア
Queens Dr.
P.301
ポリネシアン・スパ
Polynesian Spa
Backdoor P.314
Hinemoa St.
AJ's Emporium P.313
Sulphur City Soapery P.313
Kathmandu P.314
Millennium Hotel Rotorua P.315
Eruera St.
フェントン・ストリート
Mountain Jade P.313
Sudima Hotel Lake Rotorua P.316
Hertz
Amohau St.
Caltex
（ガソリンスタンド）
McDonald's
Pak'n Save
（スーパーマーケット）
Amohau St.
Rotorua Central Shopping Centre
（ショッピングセンター）
Te Ngae Rd.
Victoria St.
Victoria Lodge
Terume Hot Spring Resort P.316
Countdown
（スーパーマーケット）
Ranolf St.
Ruihi St.
Herewini St.
Union St.
Eason St.
Toko St.
Fenton St.
Ti St.
Malfroy Rd.
Gateway International Motel
N
0
200m
Seddon St.
アラワ・パーク
Arawa Park
Disitnction Rotorua Hotel & Conferens Centre P.315、
Arawa Park Hotel Rotorua P.316
Arikikapakapa, the home of Rotorua Golf P.314 へ
ロトルア空港、ヘルズゲート、ブルー・レイクへ
A
B
C
D
1
2

夕暮れ時はロマンティック

## ロトルア湖と戦争記念公園
Lake Rotorua, War Memorial Park

Map P.299-A1〜2

市街地の北東に広がるロトルア湖は1周約40km、タウポ湖に次いで北島で2番目の大きさを誇る。湖岸には広々とした緑地が広がり、散歩やピクニックに最適だ。緑地内には遊具の置いてある子供用エリアもあり、家族連れでにぎわう。また、休日になるとマーケットが開かれることもある。

ロトルア湖に面している戦争記念公園は市民の憩いの場

**クイラウ公園**
住Kuirau St.
料無料

園内北側の温泉池の上を歩こう

足湯も楽しめる

## クイラウ公園
Kuirau Park

Map P.299-B1

公園内にはハイキングコースが整備されている

ロトルアの中心部から西に広がる地熱公園で、ロトルアらしい地熱活動を自由に見ることができる。テ・プイアやワイオタプ・サーマル・ワンダーランドへ行くことができない場合に訪れたい。園内には広大な温泉池や、泥の温泉があり、硫黄の匂いとともにいたるところから白い湯煙が出ている。のんびり休憩できる足湯スポットもある。

また、毎週土曜の6:00〜13:00はロトルアでも規模の大きいサタデーマーケットが開催されている。40〜50の露店が登場し、野菜や工芸品、アクセサリーなどが販売され、多くの人々でにぎわう。しかし、夜は人通りがないので近寄らないように。なるべく昼に散策しよう。

**オヒネムツ・マオリ村**
URL www.stfaithsrotorua.co.nz(教会)
住Tunohopu St. Ohinemutu.
開年中無休(教会は月〜土10:00〜12:00に一般公開。日の9:00と13:00はミサが行われる)
料無料(寄付程度)

村内各所に温泉池や間欠泉がある

教会内では美しい窓に注目

## オヒネムツ・マオリ村
Ohinemutu Maori Village

Map P.299-A1

市街地の北側、観光案内所アイサイトから徒歩10分ほどの場所にあるマオリの集落。実際にマオリの人々が暮らしており、昼間は観光客に公開されている。村にはマオリの住居やマラエ(集会所)、墓地、セント・フェイス・アングリカン教会St. Faith's Anglican Churchなどがある。この教会は、キリスト教会でありながら、内部の装飾にマオリ彫刻が施されている。窓にはマオリの衣装をまとったキリストの姿が描かれており、内部から見ると湖を借景にイエスがロトルア湖の水面を歩いているように見える。

ヨーロッパ人が持ち込んだ文化をマオリの人々が受け入れ、ふたつの文化が融合した象徴的な建造物

## ガバメント・ガーデン
Government Gardens

Map P.299-B2

1890年代にカミル・マルフロイCamille Malfroyによって造られた、優雅な雰囲気の漂う美しい庭園。マオリの彫刻が施された大きな門が目印だ（ポリネシアン・スパ側にも入口がある）。

園内にある**ロトルア博物館Rotorua Museum**は、1908年にニュージーランド政府が観光業における最初の投資として、ヨーロッパの温泉施設にならって建てた歴史ある建物だ。館内では、当時の浴場やユニークな治療法の様子、地下ではかつての泥風呂のシステムを見学することができ、どちらもおもしろく見応えがある。ほかに、ロトルアの火山と温泉、ヨーロッパ人とマオリの関係などの歴史をマオリの伝説にからめた映像（予約すれば日本語可）や、1886年のタラウェア火山の大噴火の様子なども必見だ。ガイドツアーも行っている。また、屋上には展望台があり、ロトルア湖や庭園を一望できる。

温泉療養施設として使われていたロトルア博物館

ロトルア博物館手前には、1933～82年に使用されていたレクリエーション施設**ブルー・バス The Blue Baths**があり、現在は結婚式などのイベント会場になっている。

ガバメント・ガーデンの入口

**ロトルア博物館**
住 Oruawhata Dr. Governmment Gardens
電 (07) 350-1814
URL www.rotoruamuseum.co.nz
※耐震工事のため休館中。2025年末に再オープン予定。

**ブルー・バス**
URL www.bluebaths.co.nz

美しいブルー・バスの外観

## ポリネシアン・スパ
Polynesian Spa

Map P.299-C2

ロトルア湖畔にある代表的なレジャー温泉施設。硫黄泉とアルカリイオン泉の温泉があり、館内にはファミリープールや個室スパ、大人のみ利用できるパビリオン・プールズなどもある。夜間も営業しているので星空を眺めながらの入浴もおすすめだ。タオルや水着はレンタル可（各$5）、鍵付きロッカー（$5）もある。

ロトルア湖を眺めながらゆったりくつろげる

スパテラピーのメニューも充実しており、人気はロトルアの温泉の泥を使ったボディラップのエイックス・マッド・ラップAix Mud Wrap（1時間$179～）や、ハーブのボディポリッシュとフェイシャルトリートメントを組み合わせたネリー・ティア・ボディポリッシュ＆ミニフェイシャルNellie Tier Body Polish & Mini Facial（1時間$179～）など。トリートメントにはデラックス・レイクスパの入場料も含まれているので、予約をしたら早めに来て温泉でリラックスしておくのがお得。

**ポリネシアン・スパ**
住 1000 Hinemoa St.
電 (07) 348-1328
URL www.polynesianspa.co.nz
営 9:00～23:00（最終入場は～22:15）スパセラピーは10:00～19:00
休 無休
**パビリオン・プールズ**
料 $33.95～
**ファミリープール**
料 大人$22.95～ 子供$9.95～
**個室プール**
料 大人$24.95～ 子供$9.95～
**デラックス・レイクスパ**
料 $49.95～
CC ADMV

ヘルシーなメニューが揃うカフェやショップもある

1日で見どころを巡るツアー

# ロトルア＆タウポ満喫プラン

ロトルアからタウポにかけてはダイナミックな観光スポットが点在。しかし、自力で巡るのは容易ではないので、リクエストにも対応してくれる個人ツアーが便利。

噴出する温泉の高さは最大20mにもなる

1日1回限定！ 人工的な噴出を見る

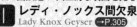

## 1 レディ・ノックス間欠泉

Lady Knox Geyser →P.305

ワイオタプ・サーマル・ワンダーランドの一部で、約1.5kmの場所に位置する間欠泉。1日1回開催される間欠泉ショーは石鹸を投げ入れることで人工的に間欠泉を吹き上げさせる。

国内最大級の地熱地帯を散策

## 2 ワイオタプ・サーマル・ワンダーランド

Wai-O-Tapu Thermal Wonderland

→P.305

広い地熱地帯には自然界の化学物質によって、さまざまな色に変化した温泉池やクレーターが見られる。3つの散策路があり、所要30分～1時間15分程度。

硫黄などの天然物質により変色している

ところどころに熱湯注意の看板が！

ぐつぐつ煮えたぎるシャンパン池

黄緑色をしたデビルズバス

悪魔の家と呼ばれる大きなクレーター

### ワイオタプ／タウポ／フカ滝観光

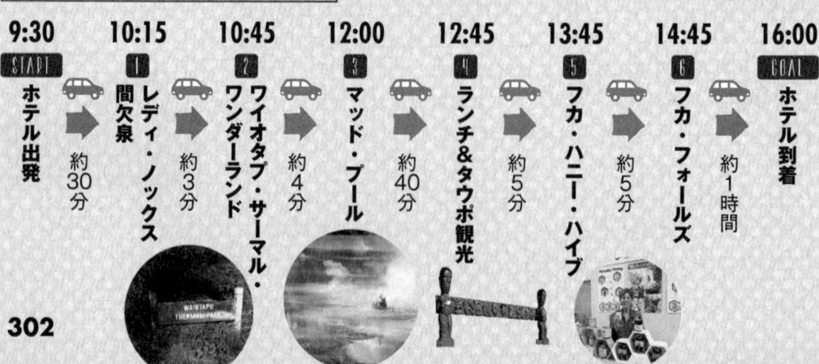

- 9:30 START ホテル出発
- 🚗 約30分
- 10:15 1 レディ・ノックス間欠泉
- 🚗 約3分
- 10:45 2 ワイオタプ・サーマル・ワンダーランド
- 🚗 約4分
- 12:00 3 マッド・プール
- 🚗 約40分
- 12:45 4 ランチ&タウポ観光
- 🚗 約5分
- 13:45 5 フカ・ハニー・ハイブ
- 🚗 約5分
- 14:45 6 フカ・フォールズ
- 🚗 約1時間
- 16:00 GOAL ホテル到着

煮えたぎる大きな泥温泉

## マッド・プール

Mud Pools →P.305

地熱地帯ではよく見られる泥温泉だが、マッド・プールはほかの泥温泉に比べてスケールが大きいことで有名。泥がまるで生き物のように勢いよく池から噴き出している様子は、ずっと見ていても飽きないほど。

ワイオタプ・サーマル・ワンダーランドの一部だが1.7km離れている

### タウポで自由にランチタイム！

湖沿いにあるレストランや天気のよい日はパイやサンドイッチを買って湖を眺めながらのランチもおすすめ。

ウオーターサイド・レストラン&バー →P.325

⬆ランチメニューのステーキ$20～

➡タウポ湖を望むテラス席がある

タウポ湖を望むのどかな町

## タウポを自由散策

Taupo →P.317

国内最大級の湖であるタウポ湖の湖畔に位置する町。観光案内所アイサイト周辺の大通りにはレストランやショップ、湖沿いにはレイクビューのカフェなどがある。

タウポ湖のクルーズ船が停泊するマリーナ

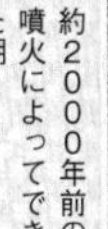

約2000年前の噴火によってできた湖

北島最高峰のマウント・ルアペフ

ハチミツ工房でショッピング

## フカ・ハニー・ハイブ

Huka Haney Hive →P.321

ニュージーランド産のハチミツを使ったコスメや石鹸、ワインやウイスキーまで豊富な種類の商品を取り扱うハチミツ専門店。いろいろなハチミツをテイスティングしてみて。ハチの巣の展示もある。

店内には大きなハチのモニュメント

店内にはハチミツがずらりと並ぶ

ニュージーで最も人気がある滝

## フカ・フォールズ

Huka Falls →P.321

ニュージーランド屈指の人気の自然観光スポット。タウポ湖を水源とし、狭い川を勢いよく流れる水は、毎秒22万リットルに達することも。ミントブルーの水が滝つぼへと流れ落ちる様子に圧倒される。

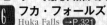

滝つぼに水が勢いよく流れ落ちる

川の上に架かる橋から眺められる

タウポからレンタサイクルで訪れる人も

Huka Falls Viewpoints

### このツアーに参加

**Japan Tourist Services**
(→P.308)

参加者の希望に合ったツアーを組んでくれるので、立ち寄る場所の変更もできる。また、ロトルア半日観光なども催行。

催 通年
料 大人$285、子供$180（ワイオタプ・サーマル・ワンダーランドの入場料込み）
CC 不可

## ロトルアの郊外の見どころ

テ・プイア
住Hemo Rd.
☎(07)348-9047
URL tepuia.com
開9:00〜16:00(夜のツアーは16:00〜22:00)
休無休　交観光案内所アイサイトから約3km。ベイ・バスのルート11を利用。
**ガイドツアー**
催9:00〜16:00
(30分〜1時間ごとに出発、最終15:00発、所要約90分)
料大人$75、子供$37.5
**ガイドツアー&マオリのショー**
催10:00、12:15発
料大人$100、子供$52.5
**ナイト・エクスペリエンス**
催ディナー&マオリショー17:30、20:15発(所要約2時間30分)、ガイザー・バイ・ナイト木〜日20:45発(所要約2時間15分)
料ディナー&マオリショー大人$146、子供96.5
ガイザー・バイ・ナイト大人$75、子供37.5

### テ・プイア
Te Puia

Map P.297-A1

テ・プイアはマオリ文化の伝承を目的にファカレワレワ地熱地帯に創設された文化センター。広大な敷地内にはさまざまな施設があり、1967年に作られたニュージーランド・マオリ美術工芸学校New Zealand Māori Arts & Crafts Instituteでは作品の制作風景を一般に公開している。この学校に入学できるのはマオリの男性のみ、修業年数3年で、1学年5名程度が在籍する。

一度に吹き出す湯量が世界一を誇る間欠泉、ポフツ間欠泉Pohutu Geyserでは間近でダイナミックな景観を眺められる。国鳥キーウィを飼育するキーウィ保護センターなど、見応えたっぷりだ。夜はディナー付きプランもある。

ときには30mも吹き上げるポフツ間欠泉

ファカレワレワ・サーマル・ビレッジ
住17 Tryon St.
☎(07)349-3463
URL www.whakarewarewa.com
開9:00〜16:00
(マオリショーは11:15)
休無休
料大人$30〜、子供$15〜(マオリショー含む。ガイドツアーは大人+$10、子供+$2)
交観光案内所アイサイトから約3km。

### ファカレワレワ・サーマル・ビレッジ
Whakarewarewa Thermal Village

Map P.297-A1

中心部からフェントン・ストリートを3kmほど南下した所にあるマオリ村の復元施設。マオリのパフォーマンス見学、ファカレワレワ地熱地帯のウオーキングなど、マオリ文化を堪能できる。電動自動車のレンタルも可能。

レッドウッド・ファカレワレワ・フォレスト
住Long Mile Rd.
☎(07)350-0110
URL redwoods.co.nz
開5:30〜Late ビジターセンター(→P.298)は夏季9:30〜22:30、冬季9:30〜21:30
休無休　料無料
交観光案内所アイサイトから約6km。ベイ・バスのルート3を利用。

レッドウッド・ツリーウオーク
✆027-536-1010
URL www.treewalk.co.nz
営9:00〜22:30(時季によって異なる)　休無休
料大人$37、子供$22

コースは全長700mで所要約40分

### レッドウッド・ファカレワレワ・フォレスト
The Redwoods Whakarewarewa Forest

Map P.297-A1

レッドウッドとは外来種セコイア杉のこと。園内には巨大なカリフォルニア・レッドウッドや高さ20mにも達するシダ類が生育し、ニュージーランド固有種の鳥たちなど森のユニークな生態系を観察することができる。また、30分からのウオーキングコースをはじめ、マウンテンバイクや乗馬を楽しめるコースも整備されている。

レッドウッド・ツリーウオークRedwoods Treewalkはハーネスなどは付けず、木に架けられたつり橋を渡るアトラクションで、一番高い所は地上から約20m。

森林浴が楽しめる静かな森

## テ・ワイロア埋没村
Buried Village of Te Wairoa

Map P.297-B2

1886年に起きたタラウェラ山 Mt. Taraweraの大噴火は、150人以上の犠牲者を出した。ここでは灰や岩、泥に埋もれ、その後掘り出されたテ・ワイロア村の跡を展示。敷地内の博物館では、当時の生活用品なども見られる。噴火前の村に住んでいたマオリ族の子孫がガイドをするツアーも行われている。

## ワイマング火山渓谷
Waimangu Volcanic Valley

Map P.297-B2

1886年のタラウェラ山の噴火で、美しい丘陵地帯から様相を変えた地熱地帯。この噴火によって7つの火口が形成され、現在の景観ができあがった。敷地内には1.5〜4.5kmまでのウオーキングコースがあり、湯気が立ち上るフライパン湖Frying Pan Lakeや、神秘的なミルキーブルーをたたえたインフェルノ火口湖Inferno Crater Lakeなどの、ユニークな景観を楽しめる。終点のロトマハナ湖Lake Rotomahanaまでの所要時間は約2時間。湖では遊覧船でクルーズもできる。

世界最大級の間欠泉が湖底にあるというインフェルノ火口湖

## ワイオタプ・サーマル・ワンダーランド
Wai-O-Tapu Thermal Wonderland

Map P.297-B2

景観保護区でもある周辺一帯の熱水循環系において最大規模の地熱活動エリア。国内で最もカラフルな地熱地帯といわれており、硫黄、酸化鉄、ヒ素などの熱泉に含まれる化学物質によって変化する、淡黄色、赤銅色、緑色といった美しい天然の色合いには驚かされる。クレーターにはそれぞれ「悪魔のインク壺」「レインボークレーター」などの名前が付いている。炭酸ガスを含んだ泡が湧き出している最大の温泉「シャンパン池」をはじめ、ヒ素によって不思議な色をした「デビルズバス」、鉱物が混ざり合ってさまざまな色を見せる「画家のパレット」、その名に納得する「ブライダルベール滝」は必見だ。また、1.7km離れた所にマッド・プールMud Pools、1.5km離れた所には、レディ・ノックス間欠泉Lady Knox Geyserという人工の間欠泉がある。毎朝10:15に石鹸を投げ入れて、10〜20mの高さに勢いよく温泉を噴出させる光景が見られる。

炭酸ガスが湧き出している「シャンパン池」

**テ・ワイロア埋没村**
住 1180 Tarawera Rd.
電/FAX (07) 362-8287
URL www.buriedvillage.co.nz
開 10〜2月
9:00〜16:00
3〜9月
9:00〜最終入場15:45
休 月・火
料 大人$30、子供$10
交 観光案内所アイサイトから約17km。

復元された家

**ワイマング火山渓谷**
住 587 Waimangu Rd.
電 (07) 366-6137
FAX (07) 366-6607
URL www.waimangu.co.nz
開 8:30〜17:00(最終入場は〜15:30)(時季によって異なる)
休 無休
交 観光案内所アイサイトから約25km。国道5号線を南へ約19km進み、左のWaimangu Rd.に入り約6km。ロトルアからの送迎付きプランあり。

**ウオーキング&ハイキング**
料 大人$44、子供$15

**遊覧船クルーズ**
料 大人$47、子供$15

**ウオーキングツアー&クルーズ**
料 大人$89、子供$30

**ラウンド・トリップ**
ワイマング火山渓谷、タラウェラ湖クルーズ、テ・ワイロア埋没村の見学を組み合わせた1日ツアー。ロトルア中心部からの送迎とランチ込み。所要約7時間30分。
料 大人$245、子供$165

**ワイオタプ・サーマル・ワンダーランド**
住 201 Waiottapu Loop Rd.
電 (07) 366-6333
URL www.waiotapu.co.nz
開 8:30〜16:30
(最終入場〜15:00)
休 水・木
(時季によって異なる)
料 大人$32.5、子供$11
交 観光案内所アイサイトから約30km。

デビルズバス

## パラダイス・バレー・スプリングス・ワイルドライフ・パーク
Paradise Valley Springs Wildlife Park

Map P.297-A1

ニュージーランドの野生動物の保護区。天然の森に生息するマスや鳥類などを観察することができる。羊やワラビー、クネクネピッグなど、飼育されているニュージーランドの動物たちと触れ合うこともでき、毎日14:30にはライオン、15:00にはケアとポッサムの餌づけの様子が披露される。敷地内にはミネラルたっぷりの湧き水もある。

迫力満点のライオンの姿

**パラダイス・バレー・スプリングス・ワイルドライフ・パーク**
住467 Paradise Valley Rd.
電(07)348-9667
URL www.paradisev.co.nz
開8:00～日没
(最終入場は～17:00)
休無休
料大人$34、子供$17
交観光案内所アイサイトから国道5号線へ入りParadise Valley Rd.を西へ約18km。

## スカイライン・ロトルア
Skyline Rotorua

Map P.297-A1

ノンゴタハ山 Mt. Nongotahaを上るゴンドラで、市街地とロトルア周辺を見渡すことができる展望スポットへ。標高487mの終点エリアには展望ビュッフェレストラン「ストラトスフェア・レストラン」があり、各種料理を味わえる。湖を一望できるウオーキングコースや、山の斜面を滑り下りるスリル満点のリュージュLugeをはじめ、振り子のように揺れ落ちるスカイスイングSky swing、ジップラインZiplineなど、各種アクティビテ ィも充実。

ロトルア周辺を一望しよう

**スカイライン・ロトルア**
住178 Fairy Springs Rd.
電(07)347-0027
URL www.skyline.co.nz
**ゴンドラ**
運9:00～22:00
(時季によって異なる)
料大人$37、子供$24
**リュージュ**
催9:00～17:00
(時季によって異なる)
料ゴンドラ+1ライド
大人$52、子供$34
交観光案内所アイサイトから約4.5km。ベイ・バスのルート1を利用。

リュージュはスリル満点！

夏季はナイトルージュも開催

## シークレット・スポット・ホット・タブス
Secret Spot Hot Tubs Rotorua

Map P.297-A1

鬱蒼としたファカレワレワの森の中にある温泉施設。ヒマラヤ杉製のホット・タブはすべて45分間の貸し切り制で、家族や友人同士などと6人まで一緒に入浴できる。緑に囲まれ、癒やし効果は抜群だ。併設のカフェバーでは軽食のほか、ボリューミーなバーガーも提供。足湯につかりながら食事やドリンクが楽しめる。マウンテンバイクコースのすぐ近くなので、サイクリングのあとに寄るのもおすすめ。タオルや水着はレンタル可能。

森林浴と温泉で癒やしのひととき
© Graeme Murray

足湯が楽しめるカフェバー
© Graeme Murray

**シークレット・スポット・ホット・タブス**
住13/33 Waipa State Mill Rd.
電(07)348-4442
FREE 0800-737-768
URL secretspot.nz
営9:00～22:00
休無休
料大人$39～、子供$14～

## レイル・クルージング
Rail Cruising

Map P.297-A1

廃線を再利用したユニークなアトラクション。ロトルア近郊の村ママクMamakuから、往復約20kmの行程を4人乗りのハイブリッドカーでセルフドライブする。所要約1時間30分。車窓には美しい田園風景が広がり、鉄道ファンならずとも楽しめるだろう。

## アグロドーム
Agrodome

Map P.297-A1

ロトルア湖西岸の広大な敷地内に、牧場やシープショーの施設、アクティビティが楽しめるエリアがある。シープショーでは、羊たちがステージに登場し、毛刈りなどが行われる（所要約1時間）。希望者は仔羊への授乳、牛の乳搾りなども体験できる。牧羊犬のデモンストレーションも必見だ。牧場ではファームツアーも行われている。羊や鹿、アルパカなどに餌やりができるほか、果樹園やオリーブ畑の散策、新鮮なキウイジュースやハチミツを味わうことができる。所要は約1時間。

ウールでおなじみのメリノ種をはじめ、19種の羊たちが登場

## ハムラナ・スプリングス森林公園
Hamurana Springs Nature Reserve

Map P.297-A1

市街地から車で約20分、車があればぜひ訪れたい穴場のスポットだ。ロトルア湖の北側に位置する豊かな湧き水の湧出ポイントであり、透明度の高い泉をたたえている。もともとは地元マオリの私有地だったが、DOC自然保護省によって管理され手軽な散策路が整備されている。駐車場から小さな橋を渡って園内へ入ると3つのルートがある。おすすめはレッドウッドの森を歩く所要約20分のコース。高さ50mにも及ぶ木々の間をくぐり、泉にたどり着けば神聖な気分に浸れるだろう。

## ヘルズ・ゲート
Hells Gate

Map P.297-A2

約20ヘクタールもの広大な地熱地帯に、「悪魔の温泉」と名づけられた活発に沸騰する泥池などが点在。ウオーキングトラックに沿って見学できる（所要約1時間、ガイドツアーあり）。

敷地内にあるスパ施設は、かつてマオリの人々が戦いのあとに傷を癒やしていたという温泉。園内から採取したミネラルたっぷりの天然泥を用いた泥風呂や硫黄温泉があり、水着のレンタルもある。なめらかな泥の手ざわりを感じながら入浴してみては？

ミネラルたっぷりの泥風呂

---

**レイル・クルージング**
住11 Kaponga St.
FREE 0800-724-574
URL railcruising.com
催11:00、13:00発
（夏季は15:00も催行）
料大人$76、子供$38
（人数によって異なる）
交観光案内所アイサイトから約20km。

勾配のある区間を走るおもしろさもある

**アグロドーム**
住141 Western Rd.
☎(07)357-1050
URL www.agrodome.co.nz
開9:00～17:00　休無休
交観光案内所アイサイトから約10km。ベイ・バスのルート1を利用。
料大人$39、子供$20
**ファームショー**
催9:30、11:00、14:30
**ファームツアー**
催10:40、12:10、13:30、15:40

**ハムラナ・スプリングス森林公園**
住773 Hamurana Rd.
FREE 0800-426-8726
URL hamurana.co.nz
開9:00～16:00
（最終入場は1時間前）
休月～水
（時季によって異なる）
料大人$18、子供$8
交観光案内所アイサイトから約17km。

**ヘルズ・ゲート**
住351 State Hwy. 30, Tikitere
☎(07)345-3151
URL www.hellsgate.co.nz
開10:00～18:00
（時季によって異なる）
休無休
料ウオーキングトラック
大人$42、子供$21
ウオーキングトラック＋硫黄風呂
大人$65、子供$32.5
ウオーキングトラック＋泥風呂＋硫黄風呂
大人$105、子供$52.5
泥風呂＋硫黄風呂
大人$85、子供$42.5
硫黄風呂
大人$35、子供$17.5
タオルと水着は各$5でレンタル可
交観光案内所アイサイトから約16km。予約時に無料送迎シャトルの手配可（2023年4月現在運休中）。

# ロトルアのエクスカーション

Excursion

マオリの文化に触れるチャンスの多いロトルアでは、マオリショーは見逃せない。また、ロトルア湖や地熱地帯を舞台にした遊覧飛行やカヤックなどアクティブなツアーが盛りだくさん。郊外にある映画のロケ地へ足を延ばすツアーもおすすめだ。

## ロトルア半日観光

ロトルア在住10年の日本人ガイドの野崎さんが行うツアー。テ・プイアやアグロドーム、クイラウ公園、レッドウッド・フォカレワレワ・フォレストなど定番スポットから3～4ヵ所を選んで観光する。所要約4時間。そのほかパワースポットツアーやワイオタプやタウポを観光するツアー（→P.302）も催行。

**Japan Tourist Services**
電(07)346-2021 URL rotoruaguidejp.com Email rotoruainfojts@gmail.com
催通年 料大人$195～、子供$120～ CC不可 日本語OK

## ロトマハナ湖のカヤックツアー

水面から湯気が立ち上るロトマハナ湖のカヤックツアー。大地熱地帯ならではの不思議な景観を眺めながら水上散歩を楽しもう。出発はワイマング火山渓谷（→P.305）だが、ロトルアからの送迎も可能。カヤックからツチボタルを観察できるイブニングツアーなど、ほかにも多彩なツアーを催行している。

**Kayak Rotorua**
✆022-427-9136 URL www.kayakrotorua.com 催通年 夏季9:00、13:30発、冬季12:45発 料大人$130、子供$65 CC MV

## タラウェラ山ランディング&ガイドウオーク

ロトルア湖畔発着のヘリツアー。ロトルアの美景を眺めながらタラウェラ山の頂上までヘリコプターで一気にアクセス。1886年の大噴火によって形成されたクレーターは圧巻のひと言だ。山頂に着陸したあとはガイドウオークも楽しめる。ワイマング火山渓谷やタラウェラ滝と組み合わせたツアーもある。

**Volcanic Air**
電(07)348-9984 URL www.volcanicair.co.nz
催通年 料大人$535、子供$401.25（所要約40分） CC MV

## 『ロード・オブ・ザ・リング』ロケ地巡り

ロトルアから約54km、映画のセットが残るマタマタ（→P.23、289）の牧場を訪れガイドの説明を聞きながら見学。映画に登場したホビットたちの集まるパブ「グリーン・ドラゴン・イン」でランチをとり、ロトルアに14:15頃に戻る半日ツアー。ロトルア出発は7:45～8:00頃で、中心部のホテルからの送迎あり。

**Great Sights**
電(09)583-5790 FREE 0800-744-487 URL www.greatsights.co.nz
催通年 料大人$169、子供$99 CC MV

## テパトゥ

先住民マオリの暮らしを再現した村で、迫力のマオリショーを鑑賞しよう。所要約4時間で、伝統的なハンギ料理のディナーも楽しめる。市内中心部から少し距離があるが、市内中心部の集合場所から送迎がある（17:15集合、21:30帰着予定）ので簡単にアクセスできる。ツアーの予約は公式サイトから可能だ。

**TE PĀ TŪ**
電07-349-2999 URL te-pa-tu.com
催通年 料大人$250、子供$105 CC MV

# ロトルアのアクティビティ

Activity

ロトルアの大自然を目の前にしたら、アクティブにチャレンジせずにはいられない！　郊外にあるおもな見どころでも、手軽にできるアクティビティを併設しているところが多いので、観光ついでにチャレンジしてみよう。

## ラフティング

ラフティングが盛んなロトルア周辺のなかでも、カイツナ川Kaituna Riverを下る人気のコース。高さ7mから落ちるスリル満点の滝を含む数ヵ所の滝と10ヵ所以上の早瀬があり、緑深い渓谷を流れる変化に富んだコースをラフティングできる。レクチャーも含めて所要約2時間半。水着とタオルは要持参。カヤックもある。

**Kaituna Cascades**
027-276-5457　FREE 0800-524-8862　URL kaitunacascades.co.nz
催 通年　料 カイツナ川$115（13歳以上）　CC MV

## スウープ

郊外のアドベンチャーパーク、ベロシティ・バレー（Map P.297-A1）で楽しめる、地上40mから猛スピードでスウィングするスリル満点のアクティビティ。3人まで一緒に体験可能（3人の合計体重270kg以下）。ほかにもフリーフォール・エクストリーム、フリースタイル・エアバッグなどアクティビティが豊富に揃っている。

**Velocity Valley**
住 1335 Paradise Valley Rd.　電 (07)357-4747　FREE 0800-949-888
URL velocityvalley.co.nz　催 通年　料 1人$55（参加は身長1m以上）　CC AMV

## キャノピーツアー

エコツーリズムに根差したアクティビティ。ロトルアの原生林の森の中、大きな木々を結ぶワイヤーをハーネス付きのスライダーで滑空する。10人以下のグループに専用ガイドが付くので初心者でも安心して参加できるのがうれしい。眼下に広がる森を眺めながらスリルと爽快感を味わおう。所要約3時間。

**Rotorua Canopy Tours**
電 (07)343-1001　FREE 0800-226-679　URL canopytours.co.nz
催 通年　料 大人$169、子供$139　CC MV

## ゾーブ

ニュージーランド発信の新感覚アトラクション、ゾーブZorbは、透明な巨大ボールの中に入って斜面を転がり落ちるというもの。水を入れたボールの中に水着を着用して入るH²OGOと、水なしで通常の服のまま楽しめるDRYGOの2種類がある。エキサイティングな体験ができること間違いなし。

**ZORB Rotorua**
電 (07)343-7676
FREE 0800-646-768
URL zorb.com　催 通年
料 各$40～　CC MV

## ホワイトウオーター・スレッジング

ウエットスーツ、ブーツ、ライフジャケット、ヘルメット、フィンを着けてプラスチック製ビート板のようなスレッジに上半身を乗せて激流を下る。ガイドが付いて教えてくれるので、経験がなくてもOK。アコモデーションからの送迎あり。水着とタオルは要持参。

**Kaitiaki Adventures**
電 (07)357-2236
FREE 0800-338-736
URL www.kaitiaki.co.nz　催 通年
料 カイツナ川$135（13歳以上）　CC MV

## 4WDブッシュサファリ

4WDを自ら運転し、森の中のオフロードを走り抜ける。坂を上ったり下ったり、狭い道を通過したり、沼にはまったりと、なかなかスリリングだ。運転ができない人はガイドの運転する車に乗って、同じようにスピードとスリルを体感できる。

**OFF ROAD NZ**
電 (07)332-5748
URL www.offroadnz.co.nz　催 通年
料 大人$114～、子供$42～　CC DMV

# ロトルアのレストラン

Restaurant

レストランやカフェの多くは町の中心部に、特にツタネカイ・ストリート沿いに集中している。観光地だけに、ラム肉やビーフを中心とするニュージーランド料理はもちろん、ヨーロッパからアジア、中近東まで、世界各国の味が楽しむことができる。

## ニュージーランド料理

### アンブロシア　Ambrosia

Map P.299-B1　タウン中心部

白を基調とした店内には絵が飾られ、おしゃれな雰囲気。旬の食材をふんだんに使用したニュージーランド料理が味わえる。スモークドチキン$18やフィッシュ＆チップス$26などランチのメインは$16.5～。ディナーのメインは$30前後。17:00～19:00の3コーススペシャル$29.99がお得でおすすめ。

住Lake End 1096 Tutanekai St.　☎(07)348-3985
URL www.ambrosiarotorua.co.nz
営11:30～Late　休無休　CC AMV

### クラフト・バー&キッチン　Craft Bar & Kitchen

Map P.299-B1　タウン中心部

ツタネカイ・ストリートにあるカジュアルなレストラン。好みのシーフードやラム肉、シカ肉などを選んで、熱した石の上でじっくりと焼くストーングリル料理$12.9～42.9が看板メニューで、地元客にも人気がある。ワインとシーフードはすべてニュージーランド産だ。フィッシュ&チップスは$27.9。

住1115 Tutanekai St.　☎(07)347-2700
URL www.cbk.nz　営9:00～Late
休無休　CC ADJMV

### デュークス・バー&レストラン　Duke's Bar & Restaurant

Map P.299-B2　タウン中心部

高級ホテル（→P.315）のメインダイニングで、国内のレストランアワードを受賞している実力派。有名シェフ、ディグラージ・シン氏による繊細な美食を堪能できる。ここでの自慢はビーフやラムなどの肉料理。ランチタイムには優雅なハイティー$22～を毎日提供している。ハイティーとディナーは要予約。

住1057 Arawa St.　☎(07)348-1179　FREE 0800-500-705
URL www.princesgate.co.nz/dine　営7:00～10:00、ハイティー12:00～14:00、16:00～20:00（最終予約）　休無休　CC AJMV

## ワインバー

### ボルケニック・ヒルズ・ワイナリー　Volcanic Hills Winery

Map P.297-A1　郊外

スカイライン・ロトルアにあるワイナリー。テイスティングルームが設けられており、3～5種類のワインテイスティング$13～が可能。フードメニューは、チーズ、ソーセージ、ディップなどワインにあうおつまみがセットになったプラッター数種類。大きな窓の外に広がるロトルアの絶景を楽しみつつ、ワインをいただこう。

住176 Fairy Springs Rd.　☎(07)282-2018
URL www.volcanichills.co.nz　営11:00～18:00
休無休　CC MV

## ステーキ

### マックス・ステーキ・ハウス　Mac's Steak House

Map P.299-B1　タウン中心部

数々の受賞歴をもつ人気のレストラン。冷凍肉を一切使わず、こまやかな品質管理のもとに提供される肉料理はどれも美味。料金はシーズンにより変わるが、ニュージーランド産ビーフのアイフィレは約$38.9。ランチが$8.9～22.9、ディナーは$40が目安。シーフード料理もあり、ワインも充実している。

住1110 Tutanekai St.　☎(07)347-9270　URL macssteakhouse.co.nz
営月～金11:30～14:30、17:00～Late　土・日10:00～Late
休無休　CC ADJMV

インド料理

## インディアン・スター Indian Star

Map P.299-B1 タウン中心部

地元の人気レストランとしてさまざまな受賞歴をもち、本格的なインド料理が味わえる。味だけではなく、ホスピタリティも評判が高い。カレーのメニューは34種類以上あり、値段は$14.5～22.9。料理選びに迷ったらコースもおすすめ。辛さは好みに応じて選ぶことができる。テイクアウエイは10%オフ。

住1118 Tutanekai St. 電(07)343-6222 URL indianstar.co.nz
営月～木11:30～14:00、17:00～21:30、金～日11:30～14:00、17:00～22:00
休無休 CC ADJMV

タイ料理

## タイ・レストラン The Thai Restaurant

Map P.299-B1 タウン中心部

本場のタイ料理が食べたくなったらこの店へ。店内はカラフルなパラソルや紙のオーナメントが飾られたユニークな内装。人気はトムヤムクン$15.5～30.5や、まろやかな味わいのグリーンカレー$27.5～など、定番メニューが揃う。ランチは$13.5～20.5。テイクアウエイもOK。写真はチキン&カシューナッツ$13.5。

住1141 Tutanekai St. 電(07)348-6677
URL thethairestaurant.co.nz 営12:00～14:30、17:00～Late
休木 CC ADJMV

日本料理

## 大和 Yamato Japanese Restaurant

Map P.299-B2 タウン中心部

夜になると赤提灯に明かりがともる和風の店構え。カウンター席とテーブル席の内装は、まるで日本にいるかのような気分になれる。近郊のタウランガから仕入れる魚を使った握り寿司$6～や刺身のほか、丼物、うどんなど、メニューは幅広い。4種のおかずを選べるランチボックス$21も人気。日本酒も揃う。

住1123 Pukuatua St. 電(07)348-1938 URL www.yamatojapaneserestaurantrotorua.com 営火～土12:00～14:00、18:00～21:00L.O. 休月・日・祝日(5～6月の期間中約2週間の定休日あり) CC ADJMV 日本語メニュー 日本語OK

カフェ

## ライム Lime

Map P.299-B2 タウン中心部

明るい店内は、白と黒のインテリアでまとめられたモダンな雰囲気。ベストカフェの受賞歴があり、ランチタイムや週末は非常に混み合う。すべてのメニューで手作りにこだわっている。ケースに並んだ見た目もかわいい手作りケーキ$5.5～や、15:00までオーダーできるランチメニューは$23～28で種類も豊富。

住1096 Whakaue St. 電(07)350-2033
URL www.limecafe.co.nz 営7:30～15:30
休無休 CC AMV($30以上で利用可)

## Column 木曜の夜はナイトマーケットへ

レストラン選びに迷ったときにおすすめなのが、ナイトマーケットだ。毎週木曜の夜に、ツタネカイ・ストリートの一角(→Map P.299-B1)で開催されており、パイや肉料理、スイーツに点心など多くの屋台が並んでいる。少しずつ好きなものが食べられるだけでなく、野菜や果物のほか、手作り石鹸やアクセサリー、工芸品などの販売も行われているので、そぞろ歩きながら、おみやげ探しも楽しめる。音楽ライブも行われ、お祭り的な雰囲気だ。

また、ロトルアでは土・日曜に各地でマーケットが開かれる。土曜の朝のクイラウ公園(→P.300)でチャリティーマーケットが開催されており、たくさんの人でにぎわう。

ローカルに人気のマーケット

カフェ

## ママク・ブルー　Mamaku Blue

Map P.297-A1　郊外

ロトルア近郊の村ママクにあるブルーベリーファーム併設のカフェ。スムージー、ジュース、マフィン、クレープなどブルーベリーを使ったメニューが豊富に揃う。スイーツ以外にベニスン（シカ肉）&ブルーベリーパイ$17.5といった食事系も充実。人気はブルーベリーがたっぷりのったパンケーキ$15～。ショップで買い物もできる。

住311 Maraeroa Rd., Mamaku　電(07)332-5840
URL www.mamakublue.co.nz　営9:00～17.00
休無休　CC MV

## オケレ・フォールズ・ストア　Okere Falls Store

Map P.297-A2　郊外

ラフティングの名所オケレ滝のそばにあるエコフレンドリーなカフェ&ビアガーデン。1950年代のカントリーストアをイメージしたレトロかわいい店で、グルテンフリー、ビーガンなどヘルシーなメニューが多いことが特徴。クラフトビールも充実し、生は9種類、缶や瓶を入れると200種類以上も揃える。朝食とランチは$20前後。

住757A State Hwy. 33, Okere Falls　電(07)362-4944
URL okerefallsstore.co.nz　営月～木7:00～16:00、金・土7:00～20:00（時季によって異なる）　休無休　CC MV

パイ

## ゴールド・スター・ベーカリー　Gold Star Bakery

Map P.299-B1・2　タウン中心部

パイ・アワードの金賞に輝く、ロトルアで最も人気のベーカリー。常時約30種類のパイが並び、香ばしい匂いが食欲をそそる。受賞したベーコンエッグパイ$4.9、スイートラムカレーパイ$5.5のほか、ハンギ料理には欠かせないクマラとポークのパイなど、変わり種もある。またサンドイッチ類も豊富。閉店間近は品薄になる。

住1114 Haupapa St.　電(07)347-9919
営月～金7:30～15:45、土8:00～14:30
休日　CC MV

アイスクリーム

## レディ・ジェーンズ・アイスクリーム・パーラー　Lady Janes Ice Cream Parlour

Map P.299-B1　タウン中心部

ハチミツ&キーウィフルーツ、フィジュアフルーツ、ホーキー・ポーキーなど、約50種類のフレーバーが揃うアイスクリームのほか、カップとシュガーワッフルコーンから選べるソフトクリームサンデー$6.2～12.2、ミルクシェイク$6.9～8.9なども魅力的。シングルスクープ$4.2～。

住1092 Tutanekai St.　電(07)347-9340
営日～火10:00～18:00、水～土10:00～Late
休無休　CC MV

ナイトスポット

## ピッグ&ホイッスル　Pig & Whistle

Map P.299-B1　タウン中心部

1940年に警察署として建てられたクラシカルな建物を利用。国内外の酒類を豊富に取り揃えるシティパブ。マックスやエマーソンズなど12種類の樽生ビールは$10～。芳醇な味わいのダークエールにはオーブンでカリッと焼いたポークスペアリブ$33.7～がよく合う。金・土曜の夜にはバンドの演奏も行われる。

住Cnr. Haupapa St. & Tutanekai St.　電(07)347-3025
URL pigandwhistle.co.nz　営11:30～22:00
休無休　CC ADMV

## ブリュー　Brew

Map P.299-B1　タウン中心部

ロトルアの地ビール「クロウチャー」をはじめ「エピック」、「ハッピーキャンパー」など、全国の地ビールを数多く揃えるパブ。小さなグラスで好きなビール4種類が味わえるテイスティングラック$18がおすすめ。ピザやステーキなどの食事も充実しており、店で焙煎するコーヒーやスイーツもおいしいと評判。

住1103 Tutanekai St.　電(07)346-0976
URL www.brewpub.co.nz　営火～木16:00～Late、金～日12:00～Late
休月　CC AMV

# ロトルアの ショップ

Shop

マオリの伝統文化が根付いているロトルアでは、彼らが昔ながらの手法で手作りした木彫りやヒスイ、ボーンカービングなどの工芸品が人気のみやげ物だ。シープグッズや、温泉の泥（サーマルマッド）を使ったスキンケア用品も要チェック。

●おみやげ

## マウンテン・ジェイド Mountain Jade

Map P.299-C2 タウン中心部

ニュージーランド産のネフィライトとジェダイトというヒスイを使い、店内の工房で加工したアクセサリーを中心に扱う。マオリの伝統的なデザインを取り入れたペンダントヘッドや指輪、置物などが豊富。工房で職人が作業する様子を見学するツアーも開催。所要30分で参加費は$35（ウェブサイトから要予約）。

住1288 Fenton St. 電(07)349-1828
URL www.mountainjade.co.nz
営9:00～17:00 休無休 CC ADJMV

## スリー・ティキズ・スーベニアーズ Three Tikis Souvenirs

Map P.299-B1 タウン中心部

メリノポッサムのニットウエアからTシャツ、グリーンストーンのアクセサリー、キーホルダー、羊のぬいぐるみまで、多彩なおみやげを扱うショップ。ツタネカイ・ストリートに位置し、ロケーションも便利。ナイトマーケットが開催される木曜日は夜遅くまで営業することも。

住1193 Tutanekai St. 電(07)348-9020
営9:00～18:00 休無休
CC ADJMV

●雑貨

## サルファ・シティ・ソーパリー Sulphur City Soapery

Map P.299-C1 タウン中心部

「硫黄の町の石鹸工場」を意味する店名のとおり、すべて店内で手作りした自然派ソープやバス＆ボディケアアイテムが種類豊富にラインアップ。カラフルで香りもよい石鹸は1個$8で、4個まとめ買いすると$30とお得。1箱$10で詰め放題のワックスメルトもおすすめ。クリスタルやラバストーンのアクセサリーもある。

住1/1252 Tutanekai St. 022-671-2899
URL www.sulphurcitysoapery.co.nz
営月～金9:00～17:00、土・日10:00～15:00 休無休 CC AMV

## AJ's エンポリウム AJ's Emporium

Map P.299-C1 タウン中心部

文房具や料理道具などの日用雑貨から、仮装用のウィッグにパーティ用品、釣り道具、レジャー用品、手芸用品などありとあらゆるものが並ぶショップ。無秩序な陳列が楽しく、宝探しの気分が味わえる。地元の人の生活が見えてくるだけでなく、手頃でユニークなおみやげを探せるので、ぜひのぞいてみよう。

住1264 Hinemoa St. 電(07)350-2476
営月～金8:30～17:00、土9:00～16:00、日10:00～16:00
休無休 CC MV

## ポルティコ Portico

Map P.299-B1 タウン中心部

フレームや雑貨を扱う店。ニュージーランドの地図やビンテージ、アートポスターや、メリノウールの靴下$32などが人気。ローカルアーティストの商品では木製品、アクセサリー（ブローチ、イヤリング、ネックレス）、バンブープレートなどを扱っていてオーナーのセレクトセンスが光る。

住1155 Pukuatua St. 電(07)347-8169
URL www.facebook.com/PorticoGallery
営月～金9:30～17:00 休土・日 CC AMV

雑貨

## シンプリー・ディファレント Simply Different

Map P.299-B1 タウン中心部

ニュージーランドのみならず、ヨーロッパなど世界各国から集めた魅力的な商品がところ狭しと並べられている。キッチングッズ、ハンドペイントの陶器、リビング雑貨、キャンドル、ソープ、アクセサリー、ストールなど、センスのいいアイテムがたくさん。ギフト用のラッピングサービスも行っている。

住1199 Tutanekai St. 電(07)347-0960
営月〜金9:00〜17:00、土10:00〜16:00
休日 CC AMV

スイーツ

## ジェリー・ベリー・ショップ Jelly Belly Shop

Map P.297-A1 郊外

ゴンドラの終点にあるジェリー・ビーンのショップ。壁一面に並ぶカラフルなジェリー・ビーンは約100種類あり、果汁や蜜蝋などから作られている。ビーンズは10gで$1。また1万7000個のジェリー・ビーンを使用して作られたモナリザの肖像画や2万5000個を使ったキャプテングラビティの立像も必見。

住178 Fairy Springs Rd. Skyline Rotorua内 電(07)347-0027
URL www.skyline.co.nz
営9:00〜17:00 休無休 CC MV

スポーツウエア

## バックドア Backdoor

Map P.299-C1 タウン中心部

ニュージーランド国内で19店舗展開するサーフ&スケートショップ。ロトルア店はスケートグッズが充実しており、店内にぎっしり並ぶスケートボードの数は圧巻。有名ブランドを網羅し、知識豊富なスタッフが商品選びのアドバイスもしてくれる。ストリート系ファッションも多彩に揃う。

住1243 Tutanekai St. 電(07)348-7460
URL www.backdoor.co.nz 営月〜土9:00〜17:30、日10:00〜16:30
休無休 CC ADJMV

アウトドア

## カトマンドゥ Kathmandu

Map P.299-C1 タウン中心部

国内に40店舗以上展開するアウトドア用品の専門店。広い店内ではテントや寝袋などの本格的なトレッキング器具から、カジュアルなカットソーまで幅広く取り扱い、防寒性に優れたメリノ素材のアウターなどの種類も豊富。年に数回バーゲンセールを行っている。

住1266 Tutanekai St. 電(07)349-2534 URL www.kathmandu.co.nz
営月〜金9:00〜17:30、土9:00〜17:00、日10:00〜16:00
休無休 CC AMV

Column

## ロトルア・ゴルフクラブのカフェ&ホテル

1906年にオープンしたアリキカパカパ・ロトルア・ゴルフクラブは、国内3番目の歴史を誇る由緒あるゴルフ場だ。グリーンの脇に温泉が湧いていたり、地面や池から湯気が噴き出していたりと地熱帯特有の風景が楽しめるのも特徴で、地熱活動によりグリーンの地形も少しずつ変化しているという。またゴルフ場の歴史を伝えるクラブハウスのカフェは、知る人ぞ知るグルメスポットとしても有名。場内に3ベッドルームのコテージがあり、6人まで宿泊可能なのでゴルフ好きはステイしてみては？　料金は2名1泊$200〜で、フルキッチンやランドリー設備を有し、BBQもできるので長期滞在にもおすすめ。道路を挟んだ所にテ・プイアもある。ゴルフ以外にフットゴルフも楽しめる。

Arikikapakapa, the home of Rotorua Golf
Map P.299-D2外
住399 Fenton St. 電(07)348-4051
URL arikikapakapagolfrotorua.co.nz
料グリーンフィー$95 ゴルフクラブレンタル$35
ゴルフカート$50 CC MV

# ロトルアのアコモデーション

Accommodation

町の中心部にはホステルなどが点在し、南へ延びるフェントン・ストリートからファカレワレワ地熱地帯の周辺にはモーテルが集中する。レイクビューやマオリショーを楽しめる大型ホテルや温泉付きの宿など、ロトルアならではの滞在を楽しもう。



高級ホテル

## ミレニアム・ホテル・ロトルア Millennium Hotel Rotorua

Map P.299-C2 タウン中心部

ロトルア湖畔に位置し、ポリネシアン・スパの目の前にある。湖の見える部屋はやや割高になる。館内にはレストラン、バーがあるほか、スパ、フィットネスセンターなども完備。朝食付きの宿泊プランもある。

住1270 Hinemaru St. 電(07)347-1234 FAX(07)348-1234
URL www.millenniumhotels.com 料ⓈⒹⓉ$179～
室数227 CC AMV

## プリンスズ・ゲート・ブティックホテル Prince's Gate Boutique Hotel

Map P.299-B2 タウン中心部

1897年に建てられた歴史ある建造物を利用した由緒あるホテル。1901年に当時の英国皇太子ジョージ5世夫妻が宿泊したことからその名が付いた。客室はクラシックな調度でまとめられ、優雅な滞在ができる。アワード受賞歴を持つレストラン(→P.310)もある。

住1057 Arawa St. 電(07)348-1179 FREE 0800-500-705
URL www.princesgate.co.nz 料ⓈⒹⓉ $193～
室数52 CC AJMV

## ディスティンクション・ロトルア・ホテル&カンファレンス・センター Distinction Rotorua Hotel & Conference Centre

Map P.299-D2外 郊外

上品な造りが印象的な4つ星ホテル。ファカレワレワ地熱地帯に近い静かな環境にあり、のんびりとくつろげそう。バルコニー付きの客室もある。館内にはハイティーが楽しめるレストランや焼き鳥バーを併設するほか、マオリのディナーショーも行われる。

住390 Fenton St. 電(07)349-5200 FREE 0800-654-789
URL www.distinctionhotelsrotorua.co.nz
料ⓈⒹⓉ$169～ 室数133 CC MV

## ワイオラ・レイクサイド・スパ・リゾート Waiora Lakeside Spa Resort

Map P.297-A1 郊外

市街地から車で約7分、ロトルア湖畔に位置するスパ付きリゾートホテル。2009年のオープン以来、ベスト・スパホテルとして数々の受賞歴を誇る。本格的なトリートメントが受けられるスパやレストランも併設しているので、のんびり滞在するのにうってつけだ。

住77 Robinson Ave. 電(07)343-5100
FAX(07)343-5150 URL www.waioraresort.co.nz
料ⒹⓉ$159～ 室数30 CC AMV

中級ホテル

## ノボテル・ロトルア・レイクサイド Novotel Rotorua Lakeside

Map P.299-B1 タウン中心部

戦争記念公園の隣に建つ近代的なホテル。目の前にはロトルア湖が広がり、クルーズ船乗り場も近い。また、ツタネカイ・ストリートに面しているので食事に出かけるのにも便利なロケーションだ。スパやサウナなどを完備し、マオリのディナーショー「マタリキ」も行う。

住Lake End Tutanekai St. 電(07)346-3888 FAX(07)347-1888
URL www.novotel.com 料ⒹⓉ$179～
室数199 CC ADMV 日本の予約先電(03)4455-6404

中級ホテル

## スディマ・ホテル・レイク・ロトルア Sudima Hotel Lake Rotorua

Map P.299-C2 タウン中心部

ロトルア湖やポリネシアン・スパの近くにある環境のいいホテル。中心部へも徒歩数分と便利。客室の一部は湖に面し、多くの部屋から湖を望むことができる。敷地内には温泉が湧いていて、小さいがスパもある。レストランではマオリのコンサートを開催。

住1000 Eruera St. 電(07)348-1174 FREE 0800-783-462
FAX(07)346-0238 URL www.sudimahotels.com
料ⓈⒹⓉ$127～ 室数247 CC ADJMV

## リージェント・オブ・ロトルア Regent of Rotorua

Map P.299-B1 タウン中心部

町の中心部から歩いて数分という便利なロケーション。白と黒、グリーンを基調にしたスタイリッシュなデザインが特徴だ。レストランやバー、温水プール、屋内のミネラル温水プール、ジムや全室に電子レンジも完備しており、快適に過ごせる。

住1191 Pukaki St. 電(07)348-4079
URL regentrotorua.co.nz
料ⓈⒹⓉ$158～ 室数35 CC ADJMV

## アラワ・パーク・ホテル・ロトルア Arawa Park Hotel Rotorua

Map P.299-D2外 郊外

フェントン・ストリート沿いにあり、中心部からは徒歩15分ほどのロケーション。館内にはレストランやバー、ジムなどを備えており、建物中央吹き抜け部分にある「アトリウム・レストラン」も人気。90室あるデラックスルームはスパとバルコニー付き。

住272 Fenton St. 電(07)349-0099
URL rydges.com 料ⓈⒹⓉ$169～
室数135 CC ADJMV

モーテル

## テルメ・ホット・スプリング・リゾート Terume Hot Spring Resort

Map P.299-D1 タウン中心部

オーナーは親日家の中国人夫婦。硫黄泉をかけ流しにした日本風の露天岩風呂があり、男女入れ替え制で裸で入浴できる。明かりを消して星空を眺めながら湯浴みするのもおすすめ。長期滞在者にはディスカウントあり。

住88 Ranolf St. 電(07)347-9499 FAX(07)347-9498
URL terumeresort.co.nz 料ⓈⒹⓉ$170～
室数12 CC MV

B&B

## ガイザー・ルックアウトB&B Geyser Lookout BnB

Map P.297-A1 郊外

バルコニーからファカレワレワの森とガイザー（間欠泉）が望めるB&B。料理上手なホストが作る朝食$20～が評判で、3コース+ワイン付きのディナーも注文できる。BBQ設備やホットタブあり。3泊以上は15%の割引きが受けられる。+$35でペット連れの宿泊可能。

住17 Kerswell Terrace, Tihiotonga ✆027-552-2044
URL www.geyserlookout.co.nz 料ⓈⒹⓉ$150～300
室数3 CC MV

ホステル

## ロトルア・シティズンズ・クラブ Rotorua Citizens Club

Map P.299-B1 タウン中心部

湖と町の間にあってロケーションがよい。リーズナブルな料金で宿泊できる。内装は清潔感があり、快適に過ごせる。ホテルの1階にあるバーとレストランはいつも地元の人々でにぎわっている。宿泊の際にNZクラブメンバーに入会すれば、ニュージーランドにあるほかの加盟ホテルやレストランなどで割引きが受けられる（1年間有効）。

住1146 Rangiuru St. 電(07) 348-3066 URL www.rotoruacitizensclub.co.nz
CC MV 料Dorm $35～ ⓈⓉⒹ $95～ 室数15、ドミトリー2部屋



キッチン(全室) キッチン(一部) キッチン(共同) ドライヤー(全室) バスタブ(全室)
プール ネット(全室／有料) ネット(一部／有料) ネット(全室／無料) ネット(一部／無料)

# タウポ

Taupo

人口：3万7203人
URL www.greatlaketaupo.com



北島の中央部に位置し、約616km²の面積を誇る国内最大の湖、タウポ湖Lake Taupoの北東の湖岸に開けたのどかな町がタウポだ。火山の噴火によって誕生した淡水湖であるタウポ湖は、先住民マオリの伝説では北島の心臓とされている。湖ではウオータースポーツのほか、トラウトフィッシングが盛んに行われる。

タウポからロトルアにかけては地熱地帯であり、多くの間欠泉や温泉が湧き出るエリア。町は同じ温泉地である日本の神奈川県箱根町と姉妹協定を結び、近郊のワイラケイ・ツーリスト・パークには地熱を利用した発電所や養殖場がある。冬季にはファカパパ・スキー場の利用客も多い。

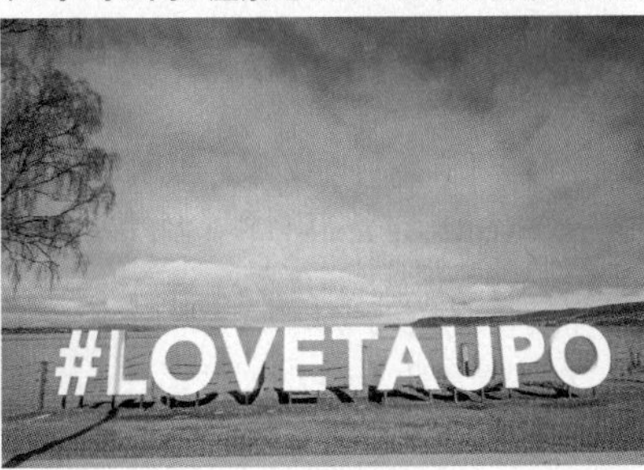

国内最大の大きな湖。天気がよければマウント・ルアペフが見られる

## タウポへのアクセス Access

飛行機はニュージーランド航空がオークランドから直行便を運航。1日1～2便、所要約50分。サウンズ航空がウェリントンから直行便を運航。1日1～2便、所要約1時間。タウポ空港Taupo Airportは町の南約8kmにあり、中心部まではエアポートシャトルを利用できる。

オークランド～ウェリントンを結ぶインターシティなどの長距離バスがタウポを経由する。オークランドから1日3便、所要4時間50分～5時間15分。ウェリントンから1日3便、所要6時間19分～7時間10分。バスはタウポ・カスタマー&ビジター・センター前に発着する。

航空会社（→P.496）
ニュージーランド航空
サウンズ航空
URL www.soundsair.com

タウポ空港
Map P.320-B2
☎(07)378-7771
URL taupoairport.co.nz

エアポートシャトル会社
Great Lake Taxis
☎(07)377-8990
URL www.greatlaketaxis.co.nz

おもなバス会社（→P.496）
インターシティ

i 観光案内所
Taupo Customer & Visitor Centre
Map P.318-B1
住 30 Tongariro St.
☎(07)376-0027
FREE 0800-525-382
URL www.lovetaupo.com
開 月～金 9:00～16:30
土・日 10:00～13:00
休 無休

タウポ・カスタマー&ビジター・センター

## タウポの歩き方

タウポ・カスタマー&ビジター・センターの周辺が町の中心部。メインストリートのトンガリロ・ストリートTongariro St.やそれに交わるホロマタンギ・ストリートHoromatangi St.、ヒュウヒュウ・ストリートHeuheu St.沿いにレストランやショップが多い。中心部だけなら徒歩で回ることも可能だが、ほとんどの見どころは周辺に点在しているので、車がないと観光に不便。宿泊施設は湖岸に面したレイク・テラスLake Terraceにモーテルが集中しているが、レイクビューを楽しめるぶん値段はやや高め。比較的安めの宿を探すならヒュウヒュウ・ストリート周辺を探すとよい。

タウポの市内交通

町なかを走るバスイット系列タウポ・コネクタTaupo Connectorのバスが1路線、郊外行きのバスが5路線を運行しているが、便数が少ない。運賃は現金もしくはICカード乗車券Bee Cardで支払う。タウポ周辺の観光にはレンタカーやタクシーの利用が必須。

タウポ・コネクタ
FREE 0800-205-305
URL www.busit.co.nz/regional-services/taupo-connector
料 現金 $4～
Bee Card $2～

## タウポ博物館
Taupo Museum

Map P.318-B1

地熱地帯についての表示

町の歴史やマス養殖などの産業に関する資料、火山の仕組みなどを紹介する。目玉は、現在もタウポを中心に暮らすマオリの一部族、トゥファレトアTuwharetoa族に関する展示。トタラの木で作られたマオリのカヌーは重さ約1.2トンとこのエリア最大のものとされ、非常に貴重なものだ。マオリアートで作られた庭園オラ・ガーデンOra Gardenにも立ち寄りたい。

**タウポ博物館**
住4 Story Pl.
電(07)376-0414
URL www.taupodc.govt.nz
開10:00～16:30
休無休
料大人$5、シニア・学生$3 子供無料

マラエ（集会所）の装飾は見事。中にも展示がある

## A.C.バス
A.C. Baths

Map P.318-A2

タウポ・イベントセンターTaupo Events Centre内にあるスパ施設。中心部からは車で5分ほど。広々としたレジャープールをはじめ、個室温泉プール、サウナ、ウオーター・スライダー（$7）などが揃っており、1日楽しめる。

家族連れの利用も多い

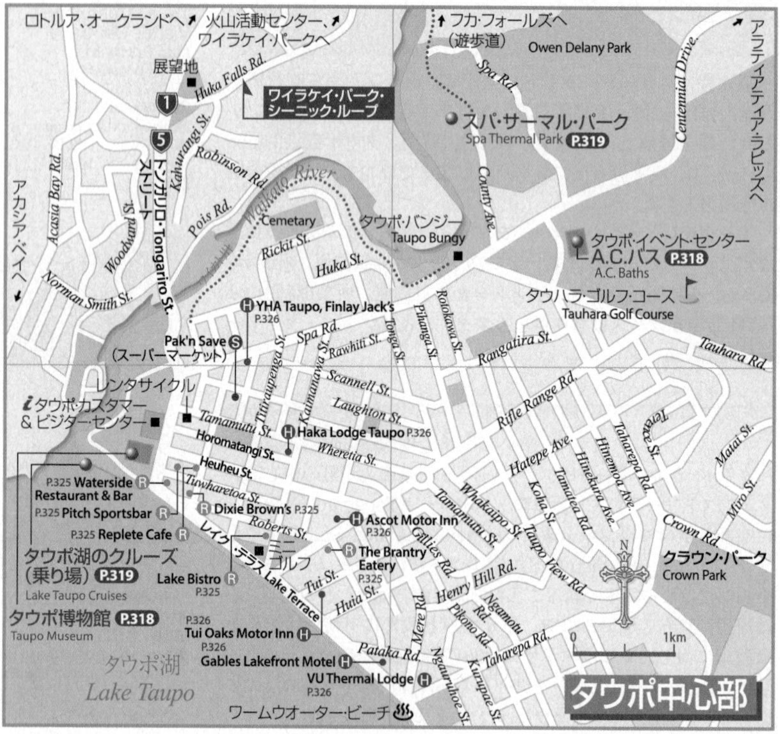

**A.C.バス**
住26 A.C.Baths Ave.
電(07)376-0350
URL www.taupodc.govt.nz
営6:00～21:00
休無休
料大人$9.5～、シニア$5.5～、子供$4.5～
交中心部から約3km。

### タウポ中心部

ロトルア、オークランドへ
火山活動センター、ワイラケイ・パークへ
フカ・フォールズへ（遊歩道）
Owen Delany Park
アラティアティア・ラピッズへ
展望地
Huka Falls Rd.
ワイラケイ・パーク・シーニック・ループ
Spa Rd.
Centennial Drive
スパ・サーマル・パーク Spa Thermal Park P.319
Kahurangi St.
Robinson Rd.
トンガリロ・ストリート Tongariro St.
Acacia Bay Rd.
アカシア・ベイへ
Woodward St.
Waikato River
Pois Rd.
Cemetary
タウポ・バンジー Taupo Bungy
County Ave.
Rickit St.
Huka St.
タウポ・イベント・センター A.C.バス P.318 A.C. Baths
タウハラ・ゴルフ・コース Tauhara Golf Course
Norman Smith St.
YHA Taupo, Finlay Jack's P.326
Rotokawa St.
Tonga St.
Pihanga St.
Pak'n Save（スーパーマーケット）
Spa Rd.
Rawhiti St.
Rangatira St.
Tauhara Rd.
Titiraupenga St.
Kaimanawa St.
Scannell St.
レンタサイクル
Laughton St.
Rifle Range Rd.
タウポ・カスタマー＆ビジター・センター
Tamamutu St.
Haka Lodge Taupo P.326
Horomatangi St.
Wheretia St.
Heuheu St.
Taharepa Rd.
Terrace St.
Matai St.
Hatepe Ave.
Hinekura Ave.
Hinemoa Ave.
Tamatea Rd.
P.325 Waterside Restaurant & Bar
Tuwharetoa St.
Whakaipo St.
Tamamutu St.
Koha St.
P.325 Pitch Sportsbar
Dixie Brown's P.325
Roberts St.
Ascot Motor Inn P.326
Crown Rd.
Miro St.
P.325 Replete Cafe
Gillies Rd.
Taupo View Rd.
タウポ湖のクルーズ（乗り場）P.319 Lake Taupo Cruises
ミニゴルフ
The Brantry Eatery P.325
クラウン・パーク Crown Park
レイク・テラス Lake Terrace
Lake Bistro P.325
Tui St.
Huia St.
Henry Hill Rd.
Ngamotu Rd.
タウポ博物館 P.318 Taupo Museum
Mere Rd.
Pikono Rd.
Taharepa Rd.
Tui Oaks Motor Inn P.326
0 1km
タウポ湖 Lake Taupo
Gables Lakefront Motel P.326
Pataka Rd.
Ngauruhoe St.
Kurupae St.
VU Thermal Lodge P.326
ワームウオーター・ビーチ

## タウポ湖のクルーズ

Lake Taupo Cruises

Map P.318-B1

ゆったりと水をたたえるタウポ湖を思う存分満喫できるクルーズ。乗り場はボート・ハーバー（Map P.318-B1）にある。特に人気が高いのは、湖上遊覧を楽しみながらマイン・ベイMine Bayの南端にある岩に彫られたマオリの彫刻を見るコース。この彫刻は船からのみ見ることができるものだ。ボート以外にヨットセーリングでもマオリ彫刻を見に行ける。クルーズの所要時間は1時間30分～2時間30分。

のんびりクルーズを楽しもう

## スパ・サーマル・パーク

Spa Thermal Park

Map P.318-A2

スパ・ロードSpa Rd.からカウンティ・アベニューCounty Ave.を入ると公園の入口がある。ここからワイカト川に沿ってフカ・フォールズ（→P.321）まで続く遊歩道があり、片道約1kmの散策が楽しめる。雄大に流れる川や断崖など、美しい景色が続くコースだ。歩き始めて10分ほどで、小川に架かる橋にたどり着く。この橋の下には温泉が湧いており、無料で楽しめる天然温泉としてにぎわっている。脱衣所、トイレ、コーヒースタンドがあるが、貴重品はなるべく持たずに行くのがおすすめ。

体力がある人は、トンガリロ・ストリートTongariro St.から続く、川沿いの遊歩道を歩いてみるのもいい。タウポ・バンジーTaupo Bungy（→P.324）まで30分程度。

温泉を目当てに行く人も多い

## タウポ・デブレッツ・スパ・リゾート

Taupo Debretts Spa Resort

Map P.320-B2

ネイピア方面に向かう国道5号線から左に曲がった所にあるスパ・リゾート。レセプションの左横にある坂道を下っていくと、森に囲まれたプールとチケット売り場が見えてくる。ウオータースライダー付きのメインプールのほか、湯温が38～42℃から選べる個室温泉がいくつか揃い、観光客でにぎわっている。マッサージやトリートメントコースも充実しているので、1日ゆっくり過ごすのもおすすめだ。

温泉を利用した屋外プール

**おもなクルーズ会社**

**Chris Jolly Outdoors**

電(07)378-0623

FREE 0800-252-628

URL chrisjolly.co.nz

**Scenic Cruise**

料 大人$45、シニア$40、子供$20

**Taupo Sailing Adventures**

携 022-697-1586

URL www.tauposailingadventures.co.nz

**Morning Escape**

料 大人$59、子供$49

マリーナに並ぶクルーズボート

**温泉を楽しむときの注意点**

温泉につかる際には、絶対に顔に水をつけてはいけない。鼻から入った温泉水を介して髄膜炎になり、死にいたる危険性があるからだ。また、荷物の管理など治安には十分注意すること。

橋の下に適温の湯浴みスポットがある

**タウポ・デブレッツ・スパ・リゾート**

住 76 Hwy. 5

電 (07)378-8559

URL www.taupodebretts.co.nz

営 8:30～21:30（施設によって異なる） 休 無休

料 大人$24、子供$13
ウオータースライダーは$6

交 中心部から約4km。

出口がユニークなデザインのウオータースライダー

# ワイラケイ・ツーリスト・パーク
## Wairakei Tourist Park

タウポ周辺のツアーバス
グレート・レイク・エクスプローラー
Great Lake Explorer
観光案内所前から1時間ごとに出発し、フカ・フォールズ(→P.321)やクレーター・オブ・ザ・ムーン(→P.321)などの観光スポットを巡るシャトルバス。1日乗り降り自由。
☎(07)377-8990
URL www.greatlaketaxis.co.nz
料$30

Wairakei Tourist Park
URL www.wairakeitouristpark.co.nz

タウポから北へワイカト川を下った一帯はワイラケイ・ツーリスト・パークと呼ばれ、タウポ観光のハイライトといえるエリア。有名なフカ・フォールズやアラティアティアの急流があるほか、国内有数の地熱地帯として、火山活動に関する見どころが多い。地熱を利用し、1958年に稼働した国内最古の発電所であるワイラケイ地熱発電所Wairakei Geothermal Power Stationは、世界史上2番目の地熱発電所としても知られている。周辺は各ポイントが線状に連なっているので、効率よく見て回れる。車がない人は現地発着のツアー（→P.325）などを利用するといい。ワイカト川沿いには遊歩道も設けられている。

## ワイラケイ・ツーリスト・パークの見どころ

### フカ・フォールズ
Huka Falls

Map P.320-A2

ニュージーランド国内で最も訪問者数の多い自然観光スポットといわれているフカ・フォールズ。Hukaの名は本来のマオリ語の地名"huka-nui"を縮めたもので、もとの意味は「巨大な泡・飛沫」。タウポ湖を水源としており、狭い峡谷を流れてきたワイカト川の青く澄んだ水の色が、ミントブルー色の白い泡となって広い滝つぼに広がっていく様子には圧倒される。高さこそ10m余りに過ぎないが、多いときには毎秒22万リットルにもなる水量、その水音とスピード感は、恐れさえ感じさせるほどの迫力だ。

フカ・フォールのダイナミックな景観は必見！

フカ・フォールズ
URL hukafalls.com
開 駐車場
夏季 8:00～18:30
冬季 8:00～17:30
料 トイレは50¢
交 タウポ中心部から約4.8km。バスイットの＃38が観光案内所の前から月～金のみ1日2便運行。月・水・木9:35、13:30発、火・金7:00、12:15発。帰りはワイラケイを月・水・木10:00、13:55発、火・金7:25、12:40発。

橋の上から眺める人々

### クレーター・オブ・ザ・ムーン
Craters of the Moon

Map P.320-A2

その名のとおり月面のクレーターを思わせる、広く荒涼とした地熱地帯。ウオーキングトラックを自由に歩きながら、地面のあちこちから立ち上る噴煙や、泥の中から湧き上がる温泉を見学できる。ここはタウポ周辺にある地熱地帯のなかでも、最も活発なもののひとつであり、数年前に噴火したばかりの大きな穴も残る。駐車場からゆっくり歩くと、1周1時間ほどで見学できるだろう。サイクリングは不可。

大地からもうもうと湯気が噴き出す迫力の風景が広がる

クレーター・オブ・ザ・ムーン
☎027-6564-684
URL cratersofthemoon.co.nz
開 9:30～17:00（最終入場16:00）
休 無休
料 大人$10、子供$5
交 タウポ中心部から約5km。フカ・フォールズから約3km。徒歩で片道約45分。

地熱地帯に生える植物にも注目しながら歩こう

### フカ・ハニー・ハイブ
Huka Honey Hive

Map P.320-A2

ニュージーランド産のハチミツや、ハチミツを利用した石鹸、クリームなどの製品を販売している。種類豊富なハチミツやハニーワインなどを無料で試食、試飲できるので、自分のお気に入りの味を探してみよう。また、ガラスで囲まれたハチの巣を見学したり、ビデオによってハチの生活を学んだりすることも可能。併設のカフェでは人気の食品ブランド、カピティKapitiのハニーアイスクリームを販売している。

人気のマヌカハニーなど試食もできる

フカ・ハニー・ハイブ
住 65 Karetoto Rd.
☎(07)374-8553
URL www.hukahoneyhive.com
営 9:00～17:00
休 無休
交 タウポ中心部から約5km。フカ・フォールズから約2km、徒歩で片道約30分。

ハチミツを使ったスキンケアグッズは売れ筋商品

## フカ・プロウン・パーク

Huka Prawn Park

Map P.320-A2

**フカ・プロウン・パーク**
住 Karetoto Rd.
☎ (07) 374-8474
URL hukaprawnpark.co.nz
開 金～月　9:30～15:00
（時季によって異なる）
休 火～木
**ガイドツアー**
料 大人$27.5、子供$15
（アクティビテイ含む）
**フカ・プロウン・パーク・レストラン**
営 金～火9:00～16:00
休 水・木
交 タウポ中心部から約8km。フカ・フォールズから約3.6km、徒歩で約45分。

レストランではエビ料理が楽しめる

地熱を利用した温水で車エビを飼養している、ユニークな養殖場。エビはマレーシア原産のもので、この施設で産卵から、飼養、出荷まで行っている。ガイドツアーに参加して、養殖場の見学や稚エビの給餌などを楽しもう。アクアサイクル、SUPなどのアクティビティも充実。また、レストランを併設しており、ワイカト川を眺めながら味わう各種エビ料理は絶品。チリソースなどが付いたエビ蒸し1/2キロ$58.9が人気。

屋根付きの養殖場

グッズショップもある

## ワイラケイ・テラス

Wairakei Terraces

Map P.320-A2

**ワイラケイ・テラス**
☎ (07) 378-0913
URL wairakeiterraces.co.nz
開 10～3月　8:00～21:00
4～9月　8:00～20:30
（木曜のみ19:00まで）
カフェ　9:00～16:30
休 無休
**ウオークウエイ入場料**
料 大人$15、子供$7.5
**マオリカルチャー体験**
料 大人$110、子供$55
**サーマル・プール**
料 大人$25
（入浴は14歳以上）
**スパ・トリートメント**
料 ホットストーン・マッサージ30分$100～、スポーツマッサージ30分$90～ほか
交 タウポ中心部から約7.5km。

1886年にタラウェラ山Mt. Taraweraの噴火によって消えてしまった段丘を人工的に再現したもの。ウオークウエイでは泥温泉や足湯、間欠泉を見学できる。敷地内には温度の異なる4つのサーマルプールがあり、14歳以上のみ水着着用で入浴が可能。シリカ（二酸化ケイ素）、ナトリウム、マグネシウム、カルシウムなどが含まれた温水は、疲労回復や美肌効果が高いと評判だ。併設のスパではホットストーン・マッサージやスポーツマッサージといったトリートメントが受けられる（要予約）。サンドイッチやスイーツ、コーヒー、アルコール飲料を提供するカフェもある。

見事な段丘を堪能しよう

## ワイラケイ・ナチュラル・サーマル・バレー

Wairakei Natural Thermal Valley

Map P.320-A1

自然のなかに木道が走っており、ワイラケイ地熱地帯を間近に見ることができる。1周約30分の遊歩道を歩きながら、地下から噴き出した温泉が、岩や泥をピンクやグレーの不思議な色に染めてボコボコと煮え立つ様子が見学できる。それぞれの場所には"魔王の庭園""魔女の大釜"などユニークな名前が付けられている。園内は崖が崩れているような箇所もあり、誰もが歩きやすいとはいえない。アルパカやニワトリと触れ合えるアニマルパークもある。

温泉が噴き出す様子を間近で観察できる

**ワイラケイ・ナチュラル・サーマル・バレー**
電(07)374-8004
URL www.wairakeitouristpark.co.nz
開9:00～16:00頃
休無休
料大人$12、子供$6
キャンプ場
大人$30～35
(人数によって異なる)
交タウポ中心部から約10km。

## オラケイ・コラコ・ケーブ&サーマル・パーク

Orakei Korako Cave & Thermal Park

Map P.320-A2外

国内最大級の地熱地帯。オラケイ・コラコとはマオリ語で「崇拝する場所」を意味し、その名のとおり自然の神秘と偉大さを感じられるスポットだ。エメラルド色の湖をボートで渡り、蒸気が立ち昇る地熱帯に入ると、段丘の色に驚かされる。ここの段丘はシリカでできており、白い岩肌に鮮やかなオレンジ色の泥が流れ込む。ブツブツと気体を発する泥のプールやシリカがまるで氷河のようになったテラス、小さな温水を底にたたえた洞窟など見どころが多い。園内には木道が整備されており、1時間ほどで回ることができる。ボートの発着場にはオープンエアのカフェもあり、湖を眺めながらゆっくりするのもいい。

岩肌のオレンジとブラウンのコントラストが見事

**オラケイ・コラコ・ケーブ・&サーマル・パーク**
住494 Orakei Korako Rd.
電(07)378-3131
URL www.orakeikorako.co.nz
開8:00～16:00
(最終ボートの出発時間)
休無休
料大人$45、子供$19
交タウポ中心部から約36km。

氷河のようにも見えるシリカのテラス

## アラティアアティア・ラピッズ

Aratiatia Rapids

Map P.320-A2

ワイカト川沿いに延びているワイラケイ・ツーリスト・パークの最北にある見どころが、アラティアアティアのダム。毎日10:00、12:00、14:00(夏季は16:00も)にダムの水門が開放され、それまで少量の水が流れていた渓谷にみるみるうちに水が満たされてゆき、最後には激流となってワイカト川に注がれる。多くの観光客の目が釘付けになる人気のスポットだ。ダム上の車道から見るほか、川沿いの遊歩道を10分ほど歩くと展望台もある。

毎秒9万リットルもの水が放流されている

**ワイラケイ・ツーリスト・パークへの遊歩道**

市街地の外れ(タウポ・バンジーの先)からアラティアアティアのダムまで、ワイカト川の右岸沿いに遊歩道が設けられており、途中フカ・フォールズなどに寄ると往復約4時間の行程となる。しかし片道ならともかく、往復を歩くとなるとちょっときつい。市中心部のスポーツ店やホステルでマウンテンバイクをレンタルすれば、比較的楽に回ることができるだろう。ただし山道で、アップダウンも激しいので、慣れていない人は注意。ワイカト川沿いだけでなく、タウポ全エリアを網羅したウオーキングマップはタウポ・カスタマー&ビジター・センターで手に入る。

# タウポの アクティビティ

## バンジージャンプ

タウポは北島で最もポピュラーなバンジージャンプ・スポット。エメラルドグリーンに輝くワイカト川の水面から47mの高さにせり出したジャンプ台から飛び込む。景色もいいことから見物人も絶えない。10歳以上、体重35kg以上が体験できる条件だ。

**Taupo Bungy**
☎(07)376-5682 FREE 0800-888-408 URL www.taupobungy.co.nz
催通年 営月～金9:30～16:00、土・日9:30～17:00 休無休
料ソロ$185～、タンデム$370～（要予約） CC ADJMV

## ホール・イン・ワン・チャレンジ

タウポ湖に浮かぶグリーンに、見事ホールインワンしたら1万ドルの賞金が手に入る！ グリーンまでの距離は102m、1ボール$3からチャレンジが可能で、15ボールで$25、30ボールで$35。外れて湖に落ちたボールは、ダイバーが拾い集めている。

**Hole in One Challenge**
☎(07)378-8117
URL www.holein1.co.nz 催通年
営9:00～17:00(時季や天候によって異なる)
休荒天時休業 CC MV

## ジェットボート

Hukafalls Jetはジェットボートに乗ってフカ・フォールズの間近まで行くツアーを催行。Rapids Jetではアラティアティア・ラピッズで、毎秒9万ℓというダムの放流に乗る迫力満点のコースが人気。滝や急流のダイナミックな景観とジェットボートならではの急旋回、360度ターンなどを満喫できる。所要約30分。ラフティングなど、ほかのアクティビティと組み合わせたお得なコンボ料金もある。

**Hukafalls Jet** ☎(07)374-8572 FREE 0800-485-253
URL www.hukafallsjet.com 催通年 料大人$129、子供$89 CC ADJMV
**Rapids Jet** ☎(07)374-8066 FREE 0800-727-437
URL rapidsjet.com 催通年 料大人$129、子供$75 CC MV

## スカイダイビング

ニュージーランドのさまざまな場所で体験できるスカイダイビングだが、タウポは国内でも有名なスポット。高度1万2000フィートや1万5000フィートからの飛行時間は40秒～1分。わずかな時間ではあるが、タウポ湖やトンガリロ国立公園のパノラマを望め、爽快な気分が味わえる。天候に左右されやすいので旅程に余裕があるときに挑戦しよう。

**Taupo Tandem Skydiving**
☎(07)377-0428 FREE 0800-826-336
URL www.taupotandemskydiving.com
催通年 料9000フィート$199～ 1万2000フィート$279～ 1万5000フィート$359～ 1万8500フィート$399～
CC MV

## フライフィッシング

トラウトフィッシングで有名なタウポ周辺では、フライフィッシングを教えてくれるガイドも多い。渓流沿いの風景も楽しめるので、おすすめのアクティビティだ。ちなみに、タウポ周辺のフライフィッシングの中心はトンガリロ川。ベースは、タウポから約50km離れたトゥランギTurangiの町となる。タウポで釣りをするときは専用のフィッシングライセンス（→P.429）が別途必要となる。

**Chris Jolly Outdoors**
→P.319
催通年 料$890～1710
CC MV

**Fly Fishing Ninja**
✆022-034-2007 URL www.flyfishingninja.com 催通年 料半日$500、1日$750
CC ADMV 日本語OK

## ヘリコプターや水上飛行機での遊覧飛行

ワイラケイ・ツーリスト・パークやタウポ湖を、ヘリコプターや水上飛行機などで上空から遊覧。10～30分の気軽なフライトから、トンガリロ国立公園などを巡る約1時間コースなどがある。

**Taupo's Floatplane** ☎(07)378-7500 URL www.tauposfloatplane.co.nz 催通年（天候によって催行されない場合あり）
料大人$125～、子供$62.5～ CC MV
**Inflite Taupo** ☎(07)377-8805 FREE 0800-435-488
URL www.infliteexperiences.co.nz 催通年 料要問合せ CC MV

## タウポの レストラン Restaurant

### ウオーターサイド・レストラン&バー Waterside Restaurant & Bar
Map P.318-B1

タウポ湖を眺めるロケーション。店内にはソファ席や暖炉が配されて、アットホームな雰囲気。ポークリブの煮込み$36やラザニア$19（ランチのみ）、チーズケーキ$16など幅広いメニューが揃う。

住3 Tongariro St.
電(07)378-6894
URL waterside.co.nz
営11:00～22:00
休無休 CC AMV

### ブラントリー・イータリー The Brantry Eatery
Map P.318-B1

65年以上前のタウンハウスを利用したレストラン。ビーフやラム、シーフードなど、国産の食材を使ったニュージーランド料理に定評がある。コースメニューは$80～。

住45 Rifle Range Rd.
電(07)378-0484
URL brantryeatery.co.nz
営火～日17:30～20:30
休月 CC AJMV

### ディキシー・ブラウン Dixie Brown's
Map P.318-B1

レイクフロントにある。朝はエッグベネディクト$22～がおすすめ。昼と夜はハンバーガー$27.9～やサンドイッチ$13.5～（ランチのみ）、ピザ$25.9（ランチは$19.5～）、魚料理など。特に人気はステーキ$41とデザートのバナナ・スプリット$17.5。

住38 Roberts St.
電(07)378-8444
URL www.dixiebrowns.co.nz
営6:00～22:00
休無休 CC AMV

### リプリート・カフェ Replete Cafe
Map P.318-B1

ヒュウヒュウ・ストリートにあるかわいらしい雰囲気のカフェ。メニューはパスタやサンドイッチが中心。朝食は$9～23.5、ランチは$12～21。キッチン雑貨のショップを併設している。

住45 Heuheu St.
電(07)377-3011
URL replete.co.nz
営8:00～16:00
休水 CC MV

### ピッチ・スポーツバー Pitch Sportsbar
Map P.318-B1

広々としたスポーツバー。ラグビーや競馬などの賭けも可能。国産ビールは約15種類。スコッチ・フィレ350g$26や、ステーキン・エール・スペシャル$20などと楽しもう。土曜の夜は音楽のライブもある。

住38-40 Tuwharetoa St.
電(07)378-3552
営月～土10:00～翌3:00、日11:00～22:00
休無休 CC MV

### レイク・ビストロ Lake Bistro
Map P.318-B1

サンコート・ホテル内にあるカジュアルダイニング。朝食からディナーまで営業し、自家製パンがおいしいカフェや、バーとしても利用できる。ディナーはスコッチフィレ$42、ポークベリー$46.5など肉料理が充実。

住14 Northcroft St.
電(07)378-8265
URL suncourt.nz/lake-bistro
営火～土7:00～Late、日7:00～15:00 休月 CC MV

## タウポの エクスカーション

### ワイラケイ・パークへのツアー

パラダイス・ツアー社はタウポ湖、タウポ・マリーナ、フカ・フォール、クレーター・オブ・ザ・ムーン、フカ・ハニー・ハイブ、アラティアティア・ラピッズなど、ワイラケイ・パークを効率よく回る約3時間30分のツアーなどを催行している。毎日10:00発。宿泊施設からピックアップしてもらえるので安心だ。また、ガイドのリチャードさんは、タウポ育ちの元消防士。写真撮影のスポットを含め、タウポとその周辺を熟知しており、詳しいガイディングに定評がある。ツアーはリクエストによってアレンジもしてもらえるので、予約時に相談してみよう。

**Paradise Tours**
電(07)378-9955 携027-490-4944
URL paradisetours.co.nz 催通年
料タウポ周辺の観光ツアー
大人$109、子供$50
CC MV

## タウポの アコモデーション Accommodation

### ヒルトン・レイク・タウポ
Hilton Lake Taupo　Map P.320-B2

空港から車で約15分、中心部へのアクセスもよく、タウポ湖とトンガリロの山並みを見渡せる。19世紀に建てられたホテルを改装したヘリテージウイング、マウンテンウイングからなり、一流レストラン「ビストロ・ラーゴ」を併設。

住80-100 Napier Rd.　☎(07)376-2301　URL www.laketaupo.hilton.com　料ⒹⓉ$274～　室数113　CC ADJMV
日本の予約先　☎(03)6864-1633

### アスコット・モーター・イン
Ascot Motor Inn　Map P.318-B1

町の中心部からは徒歩約7分、閑静な住宅街にあるが、送迎サービスがあり便利。広々とした客室はくつろげる雰囲気でバスタブ付きの客室も多い。カフェやレストランまでは徒歩数分。

住70 Rifle Range Rd.　☎(07)377-2474　FREE 0800-800-670　FAX(07)377-2475　URL www.ascotattaupo.co.nz　料ⓈⒹⓉ$160～　Family Room$240～　室数15　CC AJMV

### トゥイ・オークス・モーター・イン
Tui Oaks Motor Inn　Map P.318-B1

タウポ湖に面しており、町歩きにも便利な立地。半数以上の客室から湖を見渡すことができる。BBQ設備あり。

住84-86 Lake Tce.
☎(07)378-8305
URL www.tuioaks.co.nz
料ⓈⒹⓉ$169～
室数18　CC AMV

### VU サーマル・ロッジ
VU Thermal Lodge　Map P.318-B2

町の中心部から徒歩15分ほど。温泉が引かれており、スパプールや個室温泉、ジャクージの付いた部屋が多いのが魅力だ。滞在は10歳以上から。40～42℃の温泉風呂も使用可能。全室エアコン完備。

住2 Taharepa Rd.
☎(07)378-9020
URL www.thermal-lodge.co.nz
料ⓈⒹⓉ$199～
室数17
CC JMV

### ゲーブルズ・レイクフロント・モーテル
Gables Lakefront Motel　Map P.318-B1

タウポ湖に面したモダンなデザインのモーテル。客室は1ベッドルームから3ベッドルームまであり、キッチンが充実しているのが特徴。家族やグループでの滞在にも便利。スパバス付きの客室もある。

住130 Lake Tce.
☎(07)378-8030
URL gableslakefrontmotel.co.nz
料ⓈⒹⓉ$223～　Family Room $328～　室数15　CC AMV

### ブルバード・ウオーターズ・モーテル
Boulevard Waters Motel　Map P.320-B2

町の中心部から約3km。タウポ湖畔に立つきれいなモーテル。全室キッチンとスパバス付きで、自転車も無料でレンタルできる。バルコニーのある部屋も多く、50以上のチャンネルが見られる衛星放送付き。すぐ隣に湖が望めるカフェがあるのもいい。

住215 Lake Terrace　☎(07)377-3395　FREE 0800-541-541
URL boulevardwaters.co.nz
料Ⓢ$189～ ⒹⓉ$259～
室数10　CC ADMV

### YHAタウポ・フィンレイ・ジャックス
YHA Taupo, Finlay Jack's　Map P.318-A1

ドミトリーにはポッドルームと呼ばれるタイプがあり、ブラインドスクリーン付きの階段式2段ベッドが備わっている。プライバシーが気になる人はこちらがおすすめ。共有スペースはきれいで、ドライヤーも借りられる。アクティビティの予約も可能。

住20 Taniwha St.　☎(07)378-9292　URL finlayjacks.co.nz
料Dorm $47～、Pod $49～、Ⓢ$70～、ⒹⓉ$100～
室数60ベッド　CC MV

### ハカ・ロッジ・タウポ
Haka Lodge Taupo　Map P.318-B1

オークランドやクイーンズタウンにも支店があるホステルチェーン。共有施設も清潔で、ドミトリーのベッドにはカーテンが付いている。屋外のパティオやBBQ設備も用意。貴重品はレセプションのセーフティボックスに預けられる。

住56 Kaimanawa St.
☎(07)377-0068
URL hakalodges.com/taupo
料Dorm $40～、ⓈⒹⓉ$105～
室数120ベッド　CC MV


キッチン(全室)　キッチン(一部)　キッチン(共同)　ドライヤー(全室)　バスタブ(全室)　プール　ネット(全室／有料)　ネット(一部／有料)　ネット(全室／無料)　ネット(一部／無料)

世界遺産

# トンガリロ国立公園

## Tongariro National Park

雄大なトンガリロ国立公園の3ピーク。左からトンガリロ、ナウルホエ、ルアペフ

北島中央部に位置する山岳国立公園トンガリロは1887年に制定されたニュージーランド最古の国立公園で、年間約100万人もの観光客が訪れる。北島の最高峰であるマウント・ルアペフMt. Ruapehu（標高2797m）を筆頭に、マウント・ナウルホエMt. Ngauruhoe（標高2287m）、マウント・トンガリロMt. Tongariro（標高1967m）などの山々がそびえる。これらの山々は、古くからマオリの聖地であり、当時の首長のホロヌク・テ・ヘウヘウ・トゥキノ4世 Horonuku Te Heuheu Tukino Ⅳは、ヨーロッパ人入植者たちによる乱開発を防ぐべく、国家による管理を求めて土地を寄進した。現在は、さらに周辺地域も加えた7万ヘクタール以上もの土地が国立公園になっている。トンガリロ国立公園がユネスコの世界遺産に登録されているのは、こうした歴史的、文化的意義と、火山活動による自然景観の貴重さという両面の価値が認められているからなのだ。

一帯は火山活動が盛んなため、周囲の森林は未発達で、クレーターや火口湖が点在するユニークな風景を造り出している。この山岳風景を楽しめるトレッキングコース、トンガリロ・アルパイン・クロッシング（→P.330）は、ニュージーランドを代表する観光ルートだ。また、荒涼とした火山独特の景観は、映画『ロード・オブ・ザ・リング』や『ホビット』のロケ地として使われた。

主峰マウント・ルアペフにファカパパ Whakapapa、トゥロア Turoaの2大スキー場があるスキーエリアでもある。

### トンガリロ国立公園へのアクセス Access

観光の拠点となるのは、トンガリロ国立公園の中心であるファカパパ・ビレッジWhakapapa Village。目の前にマウント・ルアペフがそびえ、周辺にいくつかのトレッキングルートが設けられている。ナショナル・パーク駅National Park Station周辺や、トゥランギTurangi、タウポ（→P.317）も拠点となる。長距離バスではオークランド～パーマストン・ノースを結ぶインターシティの便がナショナル・パークとオハクニOhakuni（→P.333）に停車する。ナショナル・パークへは所要約6時間10分、オハクニへは約6時間40分。ウェリントンからはパーマストン・ノースで乗り換え、所要約6時間。それぞれ週5便程度の運行（時季によ

オークランド
トンガリロ国立公園

URL www.tongariro.org.nz
URL www.nationalpark.co.nz

DOCトンガリロ・ナショナル・パーク・ビジターセンターにあるマオリの首長の胸像

おもなバス会社（→P.496）
インターシティ

鉄道会社（→P.496）
キーウィ・レイル

ファカパパ・ビレッジへのバス
Tongariro Crossing Shuttle
☎07-892-2870
027-257-4323
URL tongarirocrossingshuttles.co.nz
**ナショナル・パーク駅～ファカパパ・ビレッジ**
料片道$25（要予約）

トンガリロ・アルパイン・クロッシングのバス
→P.330

ナショナル・パークを走るノーザン・エクスプローラー号

って異なる)。バスはナショナル・パーク駅前に発着する。

鉄道では最寄りのナショナル・パーク駅National Park Stationに、キーウィ・レイルのノーザン・エクスプローラー号が、オークランドから月・木・土曜、ウェリントンからは水・金・日曜のそれぞれ1日1便運行（→P.468）。駅からトンガリロ・アルパイン・クロッシングへのバスも運行されている。

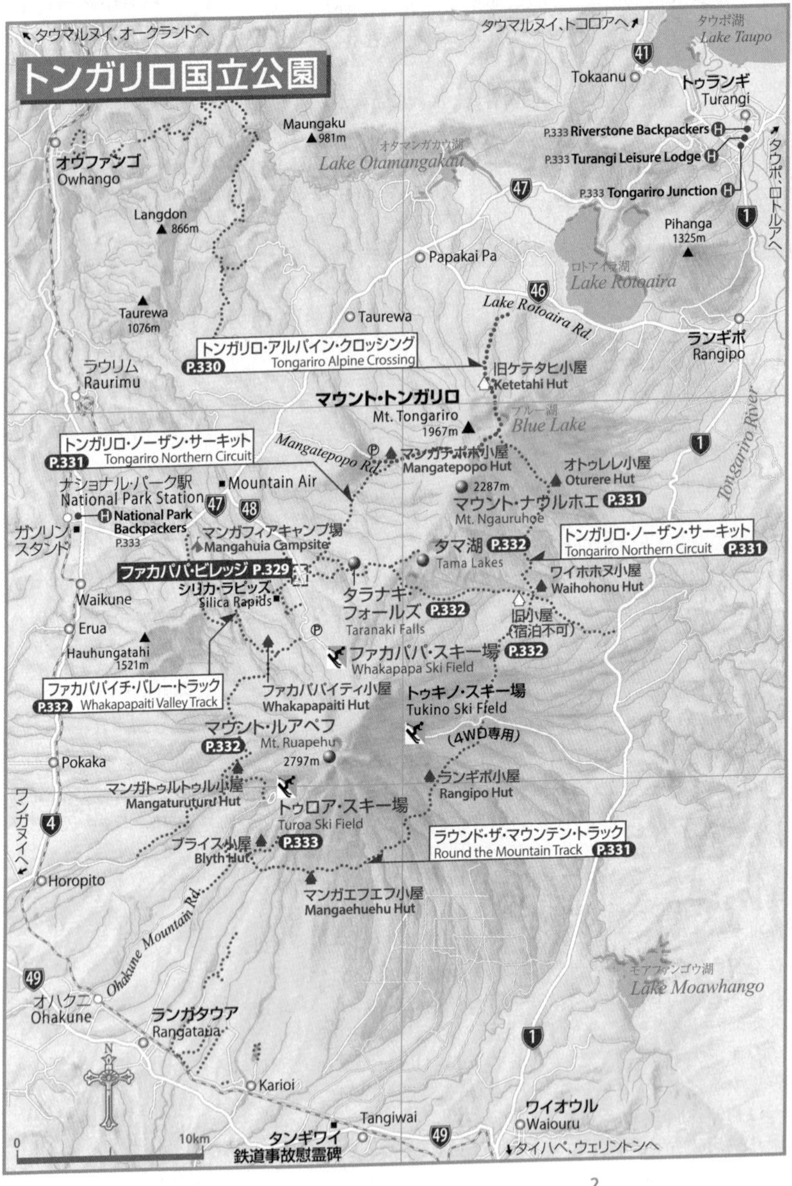

## トンガリロ国立公園

タウマルヌイ、オークランドへ
タウマルヌイ、トコロアへ
タウポ湖 Lake Taupo
41
Tokaanu
トゥランギ Turangi
P.333 Riverstone Backpackers
P.333 Turangi Leisure Lodge
P.333 Tongariro Junction
タウポ、ロトルアへ
Maungaku 981m
オタマンガカウ湖 Lake Otamangakau
47
オウファンゴ Owhango
A
Langdon 866m
1
Pihanga 1325m
Papakai Pa
ロトアイラ湖 Lake Rotoaira
46
Lake Rotoaira Rd.
Taurewa 1076m
Taurewa
ランギポ Rangipo
トンガリロ・アルパイン・クロッシング P.330 Tongariro Alpine Crossing
ラウリム Raurimu
旧ケテタヒ小屋 Ketetahi Hut
マウント・トンガリロ Mt. Tongariro 1967m
ブルー湖 Blue Lake
Tongariro River
トンガリロ・ノーザン・サーキット P.331 Tongariro Northern Circuit
Mangatepopo Rd.
マンガテポポ小屋 Mangatepopo Hut
1
オトゥレレ小屋 Oturere Hut
ナショナル・パーク駅 National Park Station
Mountain Air
2287m
マウント・ナウルホエ P.331 Mt. Ngauruhoe
47
48
National Park Backpackers P.333
ガソリンスタンド
マンガフィアキャンプ場 Mangahuia Campsite
トンガリロ・ノーザン・サーキット Tongariro Northern Circuit P.331
タマ湖 P.332 Tama Lakes
ファカパパ・ビレッジ P.329
ワイホホヌ小屋 Waihohonu Hut
シリカ・ラピッズ Silica Rapids
B
Waikune
タラナキ・フォールズ P.332 Taranaki Falls
旧小屋（宿泊不可）
Erua
ファカパパ・スキー場 P.332 Whakapapa Ski Field
Hauhungatahi 1521m
ファカパパイチ・バレー・トラック P.332 Whakapapaiti Valley Track
ファカパパイティ小屋 Whakapapaiti Hut
トゥキノ・スキー場 Tukino Ski Field
マウント・ルアペフ P.332 Mt. Ruapehu 2797m
(4WD専用)
Pokaka
ランギポ小屋 Rangipo Hut
マンガトゥルトゥル小屋 Mangaturuturu Hut
ワンガヌイへ
4
トゥロア・スキー場 Turoa Ski Field
ラウンド・ザ・マウンテン・トラック Round the Mountain Track P.331
ブライス小屋 P.333 Blyth Hut
Horopito
マンガエフエフ小屋 Mangaehuehu Hut
Ohakune Mountain Rd.
C
49
オハクニ Ohakune
モアファンゴウ湖 Lake Moawhango
ランガタウア Rangataua
1
Karioi
ワイオウル Waiouru
Tangiwai
49
タンギワイ鉄道事故慰霊碑
タイハペ、ウェリントンへ
0 10km
1
2

## トンガリロ国立公園の歩き方

まず立ち寄りたいビジターセンター

観光のベースとなるのは、ファカパパ・ビレッジ。DOCトンガリロ・ナショナル・パーク・ビジターセンターやいくつかの宿泊施設が集まっている。国立公園の西側を通る国道47号線から分岐する48号線に入って、広大な裾野の上り坂をしばらく進むと、DOCのトンガリロ・ナショナル・パーク・ビジターセンターがある。山岳国立公園だけに、メインのアクティビティは、やはり歩くこと。ビジターセンターでは、周辺でのウオーキングや登山に関する情報を揃えている。手軽なウオーキングトラックから、数日間かかるトンガリロ一周の本格的トレッキングまで、簡単な地図入りのパンフレットが用意されているので入手しておこう。また、国立公園全域のジオラマや地図もあるので、地形のイメージをつかんでおくといい。宿泊施設情報や、山小屋を使用するためのハットパス、防寒具の販売も行っている。

ビレッジ自体が標高1157mの高い位置にあるため、夏でもフリースや風を遮るジャケットなど、防寒着は必需品だ。

ファカパパ・ビレッジ内で食事ができるのは、スコーテル・アルパイン・リゾート Skotel Alpine Resort (→P.333) 内のレストランくらいで、ホテル内のレストランは値段もやや高めとなっている。ファカパパ・ホリデーパーク・ストアでは雑貨、食料品、サンドイッチなどの軽食が買える。

ファカパパ・スキー場 (→P.332) は、ビレッジから山に向かってさらに6kmほど登った所にあり、スキーシーズンにはシャトルバスが運行する。トンガリロ国立公園は冬季（だいたい7～10月頃）はスキー客で混み合うので、特に週末の宿泊予約は早めに行うのがおすすめだ。

ファカパパ・ビレッジの背後にそびえるマウント・ルアペフ

**観光案内所**
Tongariro National Park Visitor Centre
**Map P.329**
電 (07) 892-3729
URL www.doc.govt.nz/tongarirovisitorcentre
開 8:00～16:30
休 無休

**ファカパパ・ビレッジの売店**
**ファカパパ・ホリデーパーク・ストア**
**Whakapapa Holiday Park Store**
**Map P.329**
住 State Hwy. 48, Whakapapa Village
電 (07) 892-3897
URL whakapapa.net.nz
営 8:00～18:00
休 無休
CC MV

ファカパパ・ビレッジ唯一のショップ。水やジュース、インスタント食品、スナックなどの食料が揃う。閉まる時間が早いので、必要な物があるなら早めに行っておこう。約16km離れたナショナル・パーク駅の周辺にはスーパーマーケットがある。

## トンガリロ・アルパイン・クロッシング

Tongariro Alpine Crossing

Map P.328-A～B2

日帰りで歩けるトレッキングコースとして人気が高く、このトンガリロ・アルパイン・クロッシングを歩くためにニュージーランドのみならず海外からも、年間約8万人もの観光客が訪れる。夏季（10～5月）の週末はピーク時で1日およそ500～600人もの観光客がトレッキングルートを歩く。片道縦走のコースであるため、標高が変わるにつれて、風景の彩りに変化が見られ、さまざまな景観を楽しめるのが人気の理由のひとつだ。

マンガテポポ小屋側からトンガリロ・アルパイン・クロッシングに出発

### トンガリロ・アルパイン・クロッシングへのアクセス

夏季にはトレッキングを楽しむ観光客向けの日帰りバスが数多く運行されるので、これらを利用すると便利。バスはファカパパ・ビレッジ、ナショナル・パーク駅周辺、トゥランギ、タウポなどの各宿泊施設から**マンガテポポ小屋Mangatepopo Hut**近くのコース入口まで送ってくれ、終点の**ケテタヒKetetahi**の駐車場で同じ会社のバスが待っているというシステムになっている。

どの町を起点にするにしても出発の時間は早朝。特にタウポからのバスは5:00～7:00と早い。トゥランギからは5:30～9:30にピックアップとなる。帰りの出発時刻は、バス会社により異なるが、だいたい15:00～17:00の間で決められているので、それまでにコース終点の駐車場にたどり着く必要がある。

途中でトレッキングを断念する場合、携帯電話でコース入口の駐車場に迎えに来るよう頼むことになっている。終点ではすべてのバス利用者が乗車したかチェックしているので、集合の時間に間に合わない場合は早い段階で電話で連絡を入れるか、同じバスだった人に言づけを頼んだほうがいい。バスを利用する場合は、前日までに予約が必要。

トンガリロ・アルパイン・クロッシングは、山岳地帯を縦走するコースであるため、夏でも登山をするための十分な装具が必要だ。また天候が非常に変わりやすいので、すべての天候に対応できる衣類を準備しよう（出発前の装備について→P.417）。

また、天候不良の際は、無理せず中止も検討したほうがいい。送迎バスはかなりの荒天の場合以外は運行するので、天候が心配な場合は前日にビジターセンターに問い合わせを。

### トンガリロ・アルパイン・クロッシングの行程

約19kmの行程。**マンガテポポ**の駐車場を出発後、川沿いの広々とした草地へ。右側前方にはマウント・ナウルホエがはっきり見

**トンガリロ・アルパイン・クロッシング**

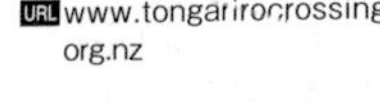

URL www.tongarirocrossing.org.nz

**トンガリロ・アルパイン・クロッシング（マンガテポポ）へのバス**

**Tongariro Expeditions**

☎(07)377-0435

FREE 0800-828-763

URL www.tongariroexpeditions.com

料 片道 ケテタヒ駐車場から$45
往復 トゥランギから$100
タウポから$120

**Summit Shuttles**

✆021-784-202

URL www.summitshuttles.co.nz

料 往復 ナショナル・パークから大人$55、子供$30

**持ち物リスト**

①十分な食料、水
②レインウエア
③ウインドブレーカー
④履き慣れた登山靴
⑤ウールかポリプロピレンの上着
⑥ウールの帽子
⑦グローブ
⑧日焼け止め
⑨簡単な救急用具
⑩地図、方位磁針
⑪携帯電話
※冬季はピッケル、アイゼン、ゲータ（登山用スパッツ）なども用意のこと。

**車上荒らしに注意**

ニュージーランドではトンガリロ国立公園に限らず、人里離れた場所で車を狙う窃盗事件が非常に多い。マンガテポポ、ケテタヒの駐車場に長時間車を置くのは、防犯上避けたほうがいい。どうしても駐車するという場合も、貴重品は絶対に車内に残さないこと。

**トレッキングのシーズン**

通常、10～5月がトレッキングのベストシーズンだが、通年で歩くことができ、冬季もガイドツアーは行われている。ただし、冬季は氷点下となり、雪や強風などの厳しい気象条件となることから、十分に装備を整えた経験者にしかおすすめできない。

える。川の源流部に近づく頃からは急な登り坂になり、岩の多いジグザグ道を登り切ると**サウス・クレーター South Crater**へ。ナウルホエに登る場合、ここで右側に分岐。

最高地点を過ぎると見えるエメラルド湖の姿は感動もの

平坦なサウス・クレーターを横切ると再び急な登りで、噴煙を上げる**レッド・クレーター Red Crater**へ。登り切った所がトラックの最高地点の**レッド・クレーターRed Crater**で、好展望が広がる。この手前からはトンガリロ山頂への道が分岐する(往復約2時間)。トラックはこのあと、**セントラル・クレーター Central Crater**に向かって緩やかに下る。足元には**エメラルド・レイクEmerald Lake**。下り切って振り返ればレッド・クレーターとナウルホエの整った姿が並び、いかにも火山地帯といった風景だ。少し登り返すと、周辺の火口湖のなかで最大の**ブルー・レイク Blue Lake**が間近に見える。これらの湖が最大の見どころだ。

このあと急な坂を下って**旧ケテタヒ小屋**を通過、高度を下げるにつれ、風景にも緑が戻ってくる。ケテタヒ・スプリングス Ketetahi Springs(温泉だが私有地のため一般の利用は不可)を過ぎ、最後の急坂を過ぎればほどなくトラック終点だ。

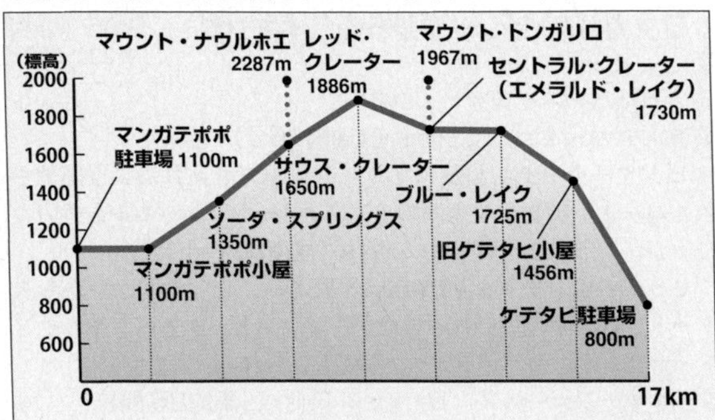


## マウント・ナウルホエの登山
Mt. Ngauruhoe Climb

Map P.328-B2

マウント・ナウルホエは、2500年ほど前にできた山と推定され、トンガリロ3峰のなかで最も若い。どこか富士山にも似た円錐形をした美しい姿だ。トンガリロ・アルパイン・クロッシング縦走とあわせて登ることができ、標高2287mの頂上からは北側にブルー湖、南側の足元にはタマ湖とマウント・ルアペフ、はるか西のかなたにはマウント・タラナキまで見える。所要時間は、サウス・クレーターから往復で約3時間。砂礫と岩石だらけの急斜面でかなり歩きにくい。ルートを示すものは皆無なので要注意。落石にも注意が必要。マンガテポポからナウルホエ山頂への往復は6〜7時間。ただしバス利用には時間的に不向きなので、自分の車、あるいはマンガテポポ小屋での1泊が必要となる。ファカパパ・ビレッジからの日帰り徒歩往復は不可能。

**山小屋の利用**
トンガリロ・アルパイン・クロッシングのコース上には、マンガテポポ小屋がある。ピーク時は1泊$28、それ以外は$15。予約はDOCのウェブサイトからできる。夏季(10月下旬〜4月)は、ガスコンロの利用も可能だ。ベッドの利用は予約制ではなく先着順。以前オープンしていたケテタヒ小屋は噴火の影響で宿泊不可。

月面のような光景が広がる



**そのほかのトラック**
山小屋に泊まりながら数日かけて歩く、長いトランピングとしてポピュラーなトラックをふたつ挙げる。トラックに関してのパンフレットやハットパスはビジターセンターで入手しておこう。

**トンガリロ・ノーザン・サーキット**
Tongariro Northern Circuit
**Map P.328-B1〜2**
DOCの定めるグレートウオークのひとつ。マウント・ナウルホエの周りをぐるりと巡る。マンガテポポ、ワイホホヌ、オトゥリリ、マンガテポポの山小屋を経て、3〜4日で一周する。

**ラウンド・ザ・マウンテン・トラック**
Round the Mountain Track
**Map P.328-C1**
マウント・ルアペフを大きく一周。完歩には4〜6日かかる。

## マウント・ルアペフの登山
Mt. Ruapehu Climb

Map P.328-B1

マウント・ルアペフの標高は2797m。スカイ・ワカ・ゴンドラSky Waka Gondolaを利用すると標高2020mにまで行くことができ、天気がよければ壮大な景色を期待できる。サマーリフトの終点から頂上を目指すことになる。往復約5時間。防寒装備、食料、地図などは必携。全行程が、目印の乏しい岩場や砂礫帯にあり、山頂へのコースを歩けるのは、山歩きに慣れ体力に自信のある上級者限定だ。ガイド付き登山も行われているので、初心者はこれに参加しよう。

マウント・ルアペフ山頂では、巨大なクレーターが眼下に広がり"地球離れ"した光景を見られる

上部には1995、96年の噴火の際の泥流の跡が残る。頂上部は直径1km近い巨大なクレーターが広がり、まるで月面にいるかのような光景だ。

## ファカパパ・ビレッジからのハイキング
Whakapapa Walks

Map P.328、329

### ファカパパ・ネイチャー・ウオーク Whakapapa Nature Walk（1周約15分）

ビジターセンター裏側にあり、車椅子でも通れるよう舗装されたコース。植物や生態系のインフォメーションパネルも多い。

### リッジ・トラック　Ridge Track（往復30～40分）

ビジターセンターより150mほど坂上の、売店の向かいからスタート。森の中の短いコースだが、マウント・ルアペフやマウント・ナウルホエのパノラミックな姿も見られる。

### タラナキ・フォールズ　Taranaki Falls（1周約2時間）

約1万5000年前にマウント・ルアペフが噴火したときの溶岩流の間から流れ落ちる、ダイナミックな滝を目指して歩く人気コース。特に雨の降った翌日は、水量も多く迫力満点だ。ファカパパ・ビレッジからは2本のルートがあり、滝付近で合流している。山側ルート「Upper Track」はおもに広々とした草原地帯、下側ルート「Lower Track」は涼しげな雰囲気の渓流沿いを進む。

## ファカパパ・スキー場
Whakapapa Ski Field

Map P.328-B1

マウント・ルアペフの北東側斜面に広がるスキー場。ニュージーランド国内でも屈指の滑走面積を誇り、標高差は実に675mもある。ゲレンデは、初・中級者に適した緩・中斜面が充実しており、ファミリー客にも好評。65本以上のバラエティに富んだコースがある。スキーシーズンにはファカパパ・ビレッジからマウンテン・シャトルMountain Shuttleのシャトルバスが運行している。

---

**マウント・ルアペフ中腹へのゴンドラ**
**The Sky Waka Gondola**
電(07)808-6151
URL www.mtruapehu.com
運12月中旬～4月下旬
9:00～16:00
(最終は15:30発)
料往復大人$39、子供$19
ゴンドラ乗り場はファカパパ・スキー場のベースステーションにある。

**ファカパパイチ・バレー・トラック**
**Whakapapaiti Valley Track**
**Map P.328-B1**
ファカパパ・ビレッジからファカパパイチ川、ファカパパイチ小屋を経てビレッジまで戻るコース。往復4～5時間。

**トレッキングの注意**
右記のトラックはいずれも運動靴で歩ける程度の気軽なコース。ただし長いルートの場合は防寒具、水・食料などを準備すること。出発前にDOCトンガリロ・ナショナル・パーク・ビジターセンターで天候やトラックの状況を十分確認しておくのを忘れずに。ビレッジ周辺のコース案内はDOCのウェブサイトでも入手できる。

高さ20mから落ちる豪快なタラナキ・フォールズ

**タラナキ・フォールズからのサイドトラック**
**タマ湖**
**Tama Lakes**
**Map P.328-B2**
マウント・ルアペフとマウント・ナウルホエとの中間に位置するふたつの火口湖を巡る、往復約17kmのコース。往復5～6時間。

**ファカパパ・スキー場**
電(07)808-6151
URL www.mtruapehu.com/whakapapa
営6月下旬～10月中旬の
9:00～16:00(天候による)
8～9月の土はナイター(16:30～19:30)営業あり
料リフト1日券
平日
大人$84、子供$54
土・日
大人$129、子供$99

## トゥロア・スキー場
Turoa Ski Field

Map P.328-B・C1

マウント・ルアペフの南西斜面に広がるトゥロア・スキー場。幅約2kmにも及ぶワイドな滑走エリアが特徴。オセアニア地域で最も長い滑走距離で、雪質もベストコンディションに保たれている。また、コースの上部から見下ろす景色や、ゲレンデから見上げるマウント・ルアペフの稜線のシルエットが美しい。ベースタウンはゲレンデから約18km離れた小さな町オハクニになる。

トゥロアのゲレンデ。マウント・ルアペフの眺めがすばらしい

**トゥロア・スキー場**
電(06)808-6151
URL www.mtruapehu.com/turoa
営6月下旬〜10月中旬の9:00〜16:00(天候による) 8〜9月の土はナイター(16:30〜19:30)営業あり
料リフト1日券
平日
大人$74、子供$49
土・日
大人$129、子供$84

# トンガリロ国立公園のアコモデーション Accommodation

## ファカパパ・ビレッジ

### スコーテル・アルパイン・リゾート
Skotel Alpine Resort　Map P.329

ホテル棟のほか、バックパッカースタイルのホステル棟あり。ホテルは一部バスタブ付き。共同キッチンやシャワールームなども清潔で使いやすい。スパバス(予約制、30分1人$5)やジム、レストランとバーあり。

住Whakapapa Village, Mt. Ruapehu
電(07)892-3719　FREE 0800-756-835　URL www.skotel.co.nz
料ホテル棟　ⓈⒹ$140〜 Cabin$295〜　ホステル棟 ⓈⒹⓉ$85〜　室数48　CC MV

### ファカパパ・ホリデーパーク
Whakapapa Holiday Park　Map P.329

テントサイトやキャビン、ロッジがある。ランドリー、BBQ施設も完備。シーツやブランケットなどはないので要持参だが、予約時にリクエストすれば用意してくれる(有料)。売店を併設(→P.329欄外)。

住Whakapapa Village, Mt. Ruapefu
電(07)892-3897　FAX(07)892-3026
URL whakapapa.net.nz　料Camp$21〜 Dorm$30〜　Cabin/Lodge$76〜
室数Lodge32ベッド　Cabin5　CC MV

## ナショナル・パーク駅周辺

### ナショナル・パーク・バックパッカーズ
National Park Backpackers　Map P.328-B1

売店を併設しており便利。ほとんどの部屋がシャワーとトイレ付き。クライミングウオール($15)は宿泊者以外も利用でき、バスやツアーの予約も可。

住4 Findlay St. National Park　電/FAX(07)892-2870　URL www.npbp.co.nz
料Dorm$28〜　ⓈⒹⓉ$70〜　Camp$20(夏季のみ)　室数24　CC MV

## トゥランギ

### トゥランギ・レジャー・ロッジ
Turangi Leisure Lodge　Map P.328-A2

トンガリロ観光はもちろん、フライフィッシングをしたい人にも便利な立地。すべてキッチン付きのアパートメントタイプで、4〜6人まで泊まれるのでグループで利用するにもよい。BBQやスパプールなど設備も充実。2泊以上で宿泊料が20%割引きされる。

住Ngawaka Pl. Turangi
電(07)386-8988
URL www.turangileisurelodge.co.nz
料ⓈⒹⓉ$145〜　室数38　CC MV

### トンガリロ・ジャンクション
Tongariro Junction　Map P.328-A2

トゥランギの観光案内所アイサイトから徒歩約5分。テントサイトから手頃なロッジ、モーテルまでさまざまなタイプの客室があり、シンプルだが清潔で過ごしやすい。

住25 Ohuanga Rd. Turangi　電(07)386-7492
URL www.tongarirojunction.co.nz
料Camp$38〜　Lodge$80〜 Motel$155〜　室数44　CC MV

### リバーストーン・バックパッカーズ
Riverstone Backpackers　Map P.328-A2

トゥランギのきれいなバックパッカーとして評判。建物が緑に囲まれており、庭には広々としたデッキにハンモックがある。トンガリロ・アルパイン・クロッシングへのシャトルサービスやその他アクテビティ・ツアーも予約ができる。

住222 Te Rangitautahanga Rd.
☎027-2298-572　URL www.riverstonebackpackers.com
料Dorm$45〜　ⓈⓉ$80〜 Ⓓ$98〜　室数18　CC AMV

キッチン(全室)　キッチン(一部)　キッチン(共同)　ドライヤー(全室)　バスタブ(全室)
プール　ネット(全室／有料)　ネット(一部／有料)　ネット(全室／無料)　ネット(一部／無料)

## Column ニュージーランドの火山地帯

### 北島を貫くタウポ火山帯

ニュージーランドを巡っていて、湖の形状が北島と南島とで異なっているということに気づいただろうか。北島には火山の噴火によって生まれた円形の湖が多いのに対し、南島には氷河の浸食によってできた、水が流れ出たような複雑な形をしているものが多い。北島にある国内最大の湖、タウポ湖と南島最大のテ・アナウ湖を比較するとその差がよくわかる。

トンガリロ国立公園の約50km北東にあるタウポ湖は、紀元186年に起きた火山の大爆発によってできた。かつて地球上で起きた火山爆発のなかでも最大級と推定されるもので、この時代のローマや中国の古文書にも「日中に日が陰ったり異様に赤い夕日が見られた」と、この噴火の影響とみられる記述があり、そのすさまじさをうかがい知ることができる。

円を描いた湖の形が示すとおり、北島では多くの火山を見ることができる。それはニュージーランドという国が、太平洋プレートとオーストラリアプレートがちょうど互いに重なり合う上に位置しているからで、このプレート境界に近い北島に多くの火山が生まれたというわけだ。特に、トンガリロ国立公園を含む北島中央部は、今なお火山活動が活発なエリアで、この一帯はタウポ火山帯と呼ばれる。

このタウポ火山帯とは、トンガリロ国立公園のマウント・ルアペフ、マウント・ナウルホエ、マウント・トンガリロの3つの活火山を通って、タウポ、ロトルアの町を抜け、1886年に大噴火を起こしたマウント・タラウェラを経て、ベイ・オブ・プレンティの海上に浮かぶホワイト・アイランドまでの一帯のこと。マウント・ルアペフは、1995年、1996年、さらに2007年と噴火。さらに、2012年にはマウント・トンガリロも噴火しており、現在も火山活動は活発だ。

### 地熱の利用と火山の悲劇

タウポとロトルアでは火山帯特有の風景が連なり、さらにその火山活動を利用している地熱地帯としてよく知られている。温泉の利用も盛んに行われており、多くの旅行者たちを魅了している。また、タウポのワイラケイ地熱発電所も有名だ。地熱を利用した蒸気タービンによる発電で国内の電力消費量の5%をまかなっている。

しかし、火山は恩恵ばかりでなく悲劇を生んだこともあった。ロトルア近郊のマウント・タラウェラが1886年に噴火した際には、8000ヘクタールもの土地が溶岩流や火山灰の下に埋まり、153名もの命が奪われた。

また1953年のクリスマスイブの夜には、ニュージーランド歴史上、最悪の鉄道事故が起きた。トンガリロ周辺のタンギワイで、火口湖にたまっていた土砂があふれ、土石流となって鉄道橋を押し流したのだ。不幸にも数分後に通った列車が谷間に落ち、151人もの命が失われた。原因は、1945年のマウント・ルアペフ噴火の際にできた火口湖がこのとき決壊し、多量の火山灰や岩石、氷などを押し流したためだった。

### 北島に見られる火山活動の名残

そのほかにも、北島では過去から現在にいたるまでの火山活動の痕跡を、国内のあらゆる地域で見ることができる。例えば、ニュー・プリマス近郊に位置し、富士山そっくりの整った円錐形を見せるマウント・タラナキ（別名マウント・エグモント）。この山は2万年前に起こった火山活動によって今の形が造られたと推定される。最後の爆発は1775年だ。

トンガリロ国立公園から200kmほど北東のベイ・オブ・プレンティには、今も噴煙を上げ続ける火山島ホワイト・アイランドWhite Islandがある。ファカタネWhakataneの沖合約50kmに浮かぶこの島は個人の所有だが、ヘリコプターやボートを使って上陸するツアーや、遊覧飛行などでクレーターを上空から見るツアーなども行われている。このほかにも、オークランドでは市街地に60ほどの小さな火口跡が点在しているし（マウント・イーデンやワン・トゥリー・ヒルなどが有名）、首都のウェリントンが面する湾も、実は巨大な噴火口の跡なのだ。ニュージーランドの北島では、そこかしこに火山の影響を見ることができるのである。

# ノースランド

## Northland

オークランド以北、北島最北端であるレインガ岬までの縦に細長いエリアがノースランド地方と呼ばれている。入り組んだ海岸線と大小144の島々からなる南太平洋側の湾岸地帯、ベイ・オブ・アイランズ地方は年間を通じて温暖な気候でリゾートとして有名なエリアだ。

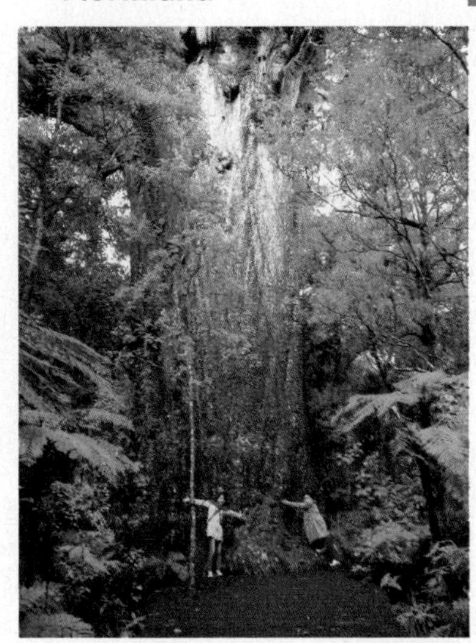
ワイポウア・フォレストに伸びるカウリの巨木

クルーズ船の発着する埠頭があり、観光の拠点として一番のにぎわいを見せるパイヒアをはじめ、最北部ファー・ノース地方は、約100kmにわたって延びる砂浜でのドライブや、砂丘をボディボードで滑り下りるツアーが人気。タスマン海に面した西海岸は、カウリ・コーストと呼ばれ、うっそうと茂る亜熱帯植物の森が続いている。なかでもワイポウア・フォレストでは、天高く伸びるカウリの巨木が見ものだ。

1000年以上も昔、マオリの祖先が伝説上の故郷ハワイキからカヌーで海を渡りたどり着いたのがファー・ノース地方だといわれている。マオリ文化が色濃く残るゆかりの地であることは、マオリ語の地名が目立つことからもわかるだろう。また、1840年にマオリの人々とイギリス女王との間で交わされたワイタンギ条約が結ばれたワイタンギなど歴史的に重要なスポットも多く、ニュージーランド建国の土地ともいえる。

### ノースランドへのアクセス Access

オークランドからノースランドのゲートウエイのファンガレイまでは約158km。インターシティの長距離バスが各町を経由して運行している（詳細は各都市のページを参照）。ノースランド北端のファー・ノース地方へは、カイタイアまでバスまたは飛行機でアクセスし、そこからツアーまたはレンタカーを利用する。カウリ・コーストの起点となるダーガビルへの直通バスは2023年4月現在運休中。オークランドやノースランド各地発着のツアーに参加するか、レンタカーを利用しよう。

**ノースランドの観光情報**
URL www.northlandnz.com

**おもなバス会社**（→P.496）
**インターシティ**

シーカヤックなどマリンスポーツが盛ん
© David Kirkland

**ノースランドの周遊について**

バスを使ってノースランドを周遊するなら、まずオークランドからファンガレイ経由で東海岸を北上し、パイヒアまたはカイタイアからファー・ノースへのツアーに参加。帰りは西海岸を南下するルートと、その反対回りが考えられる。1～3泊程度でベイ・オブ・アイランズとファー・ノースを巡るツアーも多くの旅行会社が催行しており、パイヒア発着の半日クルーズを楽しむだけなら日帰りツアーという選択肢もある。

**オークランド発着ツアー**
**Bay Of Islands Day Tour From Auckland**

オークランドを6:15に出発。パイヒアでホール・イン・ザ・ロックのクルーズに参加。そのあと、ワイタンギ条約グラウンドを見学する。オークランド帰着は19:15頃。

**Auckland Scenic Tours**
✆021-403-325
URL www.aucklandscenictours.co.nz
料 大人$375、8～15歳$230、4～7歳$159、3歳以下$95

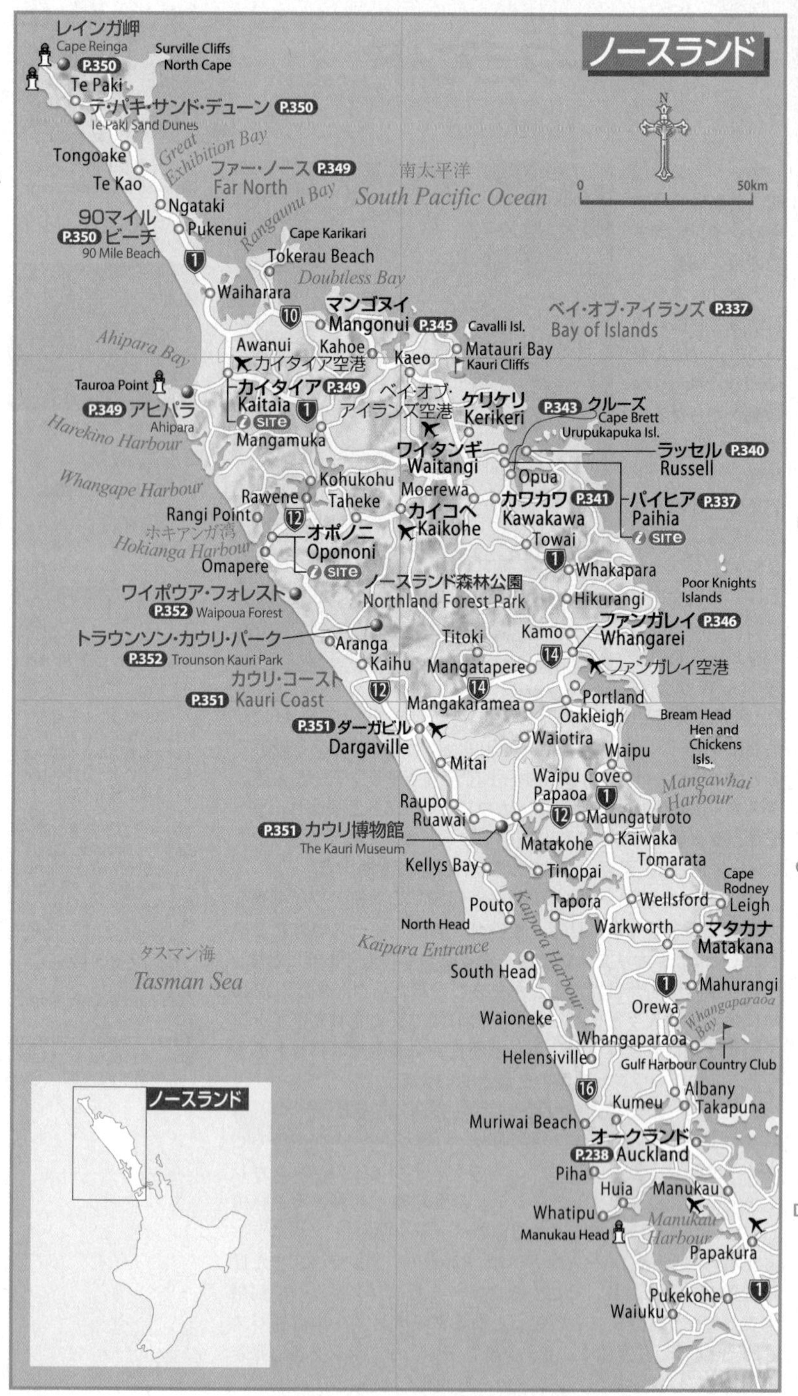
ノースランド
レインガ岬
Cape Reinga
P.350
Surville Cliffs
North Cape
Te Paki
テ・パキ・サンド・デューン P.350
Te Paki Sand Dunes
Great Exhibition Bay
Tongoake
Te Kao
ファー・ノース P.349
Far North
南太平洋
South Pacific Ocean
Rangaunu Bay
Ngataki
90マイル
P.350 ビーチ
90 Mile Beach
Pukenui
Cape Karikari
Tokerau Beach
Doubtless Bay
Waiharara
マンゴヌイ
Mangonui P.345
Cavalli Isl.
ベイ・オブ・アイランズ P.337
Bay of Islands
Ahipara Bay
Awanui
Kahoe
Kaeo
Matauri Bay
Kauri Cliffs
カイタイア空港
Tauroa Point
カイタイア P.349
Kaitaia
SITE
ベイ・オブ・アイランズ空港
ケリケリ
Kerikeri
P.343 クルーズ
Cape Brett
Urupukapuka Isl.
P.349 アヒパラ
Ahipara
Harekino Harbour
Mangamuka
ワイタンギ
Waitangi
ラッセル P.340
Russell
Opua
Whangape Harbour
Kohukohu
Rawene
Taheke
Moerewa
カワカワ P.341
Kawakawa
パイヒア P.337
Paihia
SITE
Rangi Point
カイコヘ
Kaikohe
ホキアンガ湾
Hokianga Harbour
オポノニ
Opononi
Towai
Omapere
SITE
Whakapara
ノースランド森林公園
Northland Forest Park
Poor Knights Islands
ワイポウア・フォレスト
P.352 Waipoua Forest
Hikurangi
ファンガレイ P.346
Whangarei
トラウンソン・カウリ・パーク
P.352 Trounson Kauri Park
Aranga
Titoki
Kamo
Kaihu
Mangatapere
ファンガレイ空港
カウリ・コースト
P.351 Kauri Coast
Mangakaramea
Portland
Oakleigh
Bream Head
Hen and Chickens Isls.
P.351 ダーガビル
Dargaville
Waiotira
Waipu
Mitai
Waipu Cove
Mangawhai Harbour
Papaoa
Raupo
Ruawai
Maungaturoto
P.351 カウリ博物館
The Kauri Museum
Matakohe
Kaiwaka
Tomarata
Kellys Bay
Tinopai
Cape Rodney
Pouto
Tapora
Wellsford
Leigh
North Head
Warkworth
マタカナ
Matakana
Kaipara Entrance
Kaipara Harbour
タスマン海
Tasman Sea
South Head
Mahurangi
Orewa
Whangaparaoa Bay
Waioneke
Whangaparaoa
Helensville
Gulf Harbour Country Club
ノースランド
Albany
Kumeu
Takapuna
Muriwai Beach
オークランド
P.238 Auckland
Piha
Huia
Manukau
Whatipu
Manukau Harbour
Manukau Head
Papakura
Pukekohe
Waiuku

# パイヒア

## Paihia

★ パイヒア
オークランド

人口：1710人
URL paihia.co.nz

名前の由来は、マオリ語で"よい"という意味のpai、英語で"ここ"を意味するhereを組み合わせて、"ここはよい所"と表したものだといわれている。ノースランドのなかで最もリゾート色が濃いベイ・オブ・アイランズBay of Islands地方の中心であり、さまざまなマリンアクティビティの拠点でもある。また、町の中心部から海岸沿いに北へ約2km行った所には、国立のワイタンギ自然保護地区がある。ワイタンギ条約グラウンドには、条約について、マオリの人々とイギリス人入植者それぞれの観点から学べる施設が整う。

夏は海水浴客でにぎわう

## パイヒアへのアクセス Access

飛行機はニュージーランド航空がオークランドから便を運航。1日2～5便程度、所要約50分。ベイ・オブ・アイランズ空港Bay of Islands Airportはケリケリの西に位置し、パイヒアまで約25km。

長距離バスはオークランドからはインターシティの便が1日3便程度あり、所要3時間50分～4時間15分。ファンガレイからは1日3便、所要1時間10～20分。バスはパイヒア埠頭の広場前に発着する。

## パイヒアの歩き方

海沿いに走るメインストリート、マーズデン・ロードMarsden Rd.を中心にしたにぎやかなリゾート地。この通り沿いにアコモデーションやレストランが軒を連ね、週末ともなると夜遅くまで観光客のにぎわいが絶えない。特に夏の週末はどのアコモデーションも満室になることが多いので、早めに予約をしたほうがいい。宿泊施設は高級ホテルだけでなく、エコノミーなホステルなども数多くあるので、予算に合わせた宿選びができる。みやげ物店やショップなどは、観光案内所アイサイトから西へ延びるウィリアム・ロードWilliams Rd.に多い。町の中心部は歩いて回れる。中心部から北へ2kmほどのワイタンギ条約グラウンドへは歩いて30分ほど。レンタサイクルで行くのもいい。

パイヒア埠頭Paihia Wharfには、多くのクルーズ船が発着する。観光案内所アイサイトやツアー会社のデスクも埠頭入口の建物内にある。各種アクティビティは各社のツアーデスクのほか、観光案内所アイサイトでも申し込みができる。

航空会社(→P.496)
ニュージーランド航空

ベイ・オブ・アイランズ空港
**Map P.336-B2**
住 218 Wiroa Rd. Kerikeri
☎ (09) 407-6133
URL www.bayofislandsairport.co.nz

空港からパイヒアへ
シャトルバスは最大11人までのチャーター制(要予約)。
スーパー・シャトル
FREE 0800-748-885
URL www.supershuttle.co.nz
料 空港↔市内中心部 11人まで$100

おもなバス会社(→P.496)
インターシティ
URL www.intercity.co.nz

長距離バス発着所
**Map P.338-B1**
住 Maritime Building, Paihia Wharf

観光案内所 i SITE
Bay of Islands Visitor Centre
**Map P.338-B1**
住 The Wharf, 101 Marsden Rd.
☎ (09) 402-7345
URL www.northlandnz.com
開 8:30～17:00
(時季によって異なる)
休 無休

埠頭にあるアイサイト

## ベイ・オブ・アイランズのクルーズ
Cruises in Bay of Islands

Map P.338-B1

おもなクルーズ催行会社
Fullers Great Sights Bay of Islands
☎(09) 402-7421
FREE 0800-653-339
URL www.dolphincruises.co.nz

**Hole In the Rock Dolphin Cruise**
催9〜5月　毎日
パイヒア8:30、14:00発
ラッセル8:40、14:10発
6〜8月
火・木・土・日・祝
パイヒア10:00発
ラッセル10:10発
料大人$145、子供$72.5

**The Cream Trip**
催10〜5月
火・木・土・日・祝
パイヒア10:00発
ラッセル10:10発
料大人$195、子供$97.5

**R. Tucker Thompson Full Day Sail**
催11〜4月　10:00発
料大人$159、子供$79.5

**Sundowner Sail**
催11〜4月　水・金・日・祝
16:00発
料大人$67.5、子供$33.75

### ホール・イン・ザ・ロック／ドルフィン・クルーズ Hole in the Rock ／Dolphin Cruise

大型のカタラマンに乗って近海をクルーズし、イルカたちを至近から観察する。年間を通じてイルカとの遭遇率は高く、ときにはクジラやシャチなどに出合えることもある。見られるイルカの種類はボトルノーズドルフィンやコモンドルフィンなど。パイヒア近海はイルカたちが子育てをする場所にもなっており、11〜4月には愛らしい赤ちゃんイルカの姿が見られることも。

また、ウルプカプカ島Urupukapuka Islandや、そそり立つ岸壁の上に立つブレット岬Cape Brettの灯台や岩場に開いた大きな穴、ホール・イン・ザ・ロックをくぐり抜けるなどパイヒア周辺の海の見どころも回る。

海にぽっかり開いたホール・イン・ザ・ロック

### クリーム・トリップ Cream Trip

ティティ湾内に浮かぶ島々への配達船「クリーム・トリップ」と観光クルーズがドッキングしたもの。船は配達先に近づくと汽笛を鳴らし、船のデッキから桟橋に立つ受取人に荷物を投げる。ここで80年以上も繰り返されている光景だ。また、前述のブレット岬やホール・イン・ザ・ロックにも立ち寄る。

### アール・タッカー・トンプソン R. Tucker Thompson

上記クルーズ会社（Fullers Great Sights）が、伝統的な大型帆船「R・タッカー・トンプソン号」でラッセル発着のセーリングを催行。100年以上の歴史をもつアメリカのスクーナーをモデルに造船されたもので、趣たっぷり。所要6時間のフルデイ・セイルと夕暮れ時のサンダウナー・セイルの2コースがある。

Full Day SailではBBQランチも楽しめる

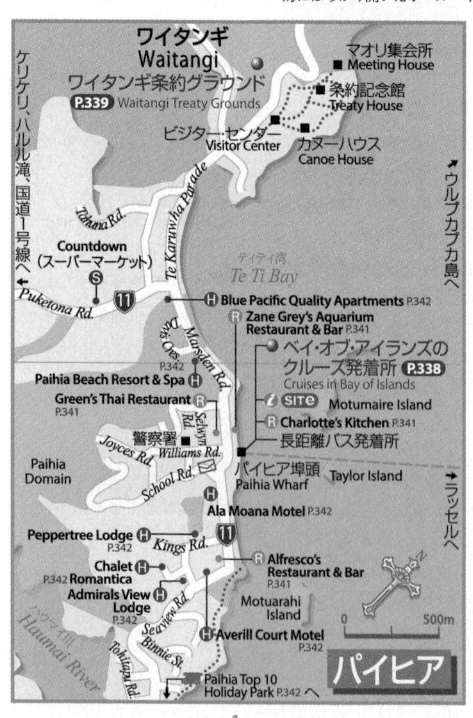

## パイヒア近郊の見どころ

### ワイタンギ条約グラウンド
Waitangi Treaty Grounds

Map P.338-A1

1840年、ここでイギリスとマオリの人々との間で結ばれた条約は、この地名を取って「ワイタンギ条約」と呼ばれている。これは、マオリの人々にイギリスの主権を認めさせ、ニュージーランドがイギリスの植民地となることを規定した契約。ワイタンギ自然保護区内にある見どころを訪ねるには、入口にあるビジターセンターへ行き、入場料を払う。まず、ミュージアムがあり、シダの茂る遊歩道を通って条約記念館へ。そのさらに奥には、マオリの人々の集会場。はためく3つの国旗、青々と広がる芝と海のコントラストを眺めながら海寄りの遊歩道を下ると、マオリの大型戦闘カヌーが飾られているカヌーハウスに到着。ゆっくり回れば、すべてを見学するのに半日はかかる。

現在の国旗と入植当時に作られた最初の国旗が掲げられている

#### ワイタンギ博物館　Museum of Waitangi

2016年にオープンした博物館。条約締結の文書のレプリカなど、歴史にまつわる貴重な資料が展示されている。

#### 条約記念館　Treaty House

1833年、イギリス公使ジェームズ・バスビーJames Busbyの公邸として建てられた屋敷で、現存する国内最古の民家とされている。海を見晴らす前庭で調印が行われた。1932年に土地の所有者が国に寄付したことにより、史跡となった。内部にはバスビー家の歴史やパイピア、ケリケリ、周辺にある島々の、当時の生活がわかる展示やパネルなどがある。

#### マオリ集会所　Meeting House

マオリの人々が集会を開く場所で、独特の力強い彫刻が柱や屋根に施されている。先祖の魂が集まる神聖な場所でもあり、昼間でも薄暗い内部へ入場するには、靴を脱ぐことが求められる。夜にはマオリショーの会場となり、マオリ文化を学びながら伝統的なパフォーマンスを楽しめる。

#### カヌーハウス　Canoe House

長さ約35m、80人乗りの大型戦闘用カヌーが展示されている。国民の祝日に指定されている2月6日のワイタンギデーには、式典の一環として実際に海へ漕ぎ出す様子を見られる。上記のマオリ集会所とともに、1940年に条約締結100周年を記念して造られた。

圧倒されるほど大きなカヌー

**Explorer NZ**
FREE 0800-397-567
URL www.exploregroup.co.nz
CC AMV

**Discover the Bay (Hole in the Rock & Dolphin Watching)**
催 9～5月
パイヒア8:30、14:00発
ラッセル8:40、14:10発
6～8月
火・木・土・日・祝
パイヒア　10:00発
ラッセル　10:10発
料 大人$145、子供$72.5

**ワイタンギ条約グラウンド**
住 1 Tau Henare Dr.
電 (09) 402-7437
FREE 0800-9248-2644
URL www.waitangi.org.nz
開 12月下旬～1月
9:00～18:00
2～12月下旬
9:00～17:00
休 無休
料 大人$60、子供無料（ミュージアム入館料、ガイドツアー、マオリショーの料金込み）

**ガイドツアー**
催 12月下旬～1月　10:00～16:30の30分ごとに出発
2月　10:00、11:00、12:00、13:00、14:00、15:00、15:30発
3～12月下旬　10:00、12:00、14:00、15:30発

**マオリショー**
催 12月下旬～1月
11:00、12:00、13:00
14:30、15:30、16:30
2月　11:00、12:00、13:00、15:00
3～12月下旬
11:00、13:00、15:00
交 パイヒア中心部からタクシーで約5分、あるいは海岸沿いを歩いて約30分。

雰囲気たっぷりのマオリショー

**ハンギ&コンサート**
催 12～1月の水・日および2月中旬～末の火・木18:00～（要予約）。パイヒアの宿泊施設からの送迎込み。
料 大人$120
子供$55（5～18歳）

**ラッセルの観光情報**
URL russellnz.co.nz

**ラッセルへの行き方**
パイヒア〜ラッセル間をフェリーが運航している。チケットはそれぞれの埠頭で購入できる。
運 10〜5月　7:00〜22:30
6〜9月　7:00〜21:30
料 往復大人$14、子供$6.5
30分に1便程度の運航。

**Northland Ferries**
FREE 0800-222-979
URL northlandferries.co.nz

**ラッセルへのツアー**
**Fullers Great Sights Bay of Islands**(→P.338)
**Russell Mini Tour**
催 通年10:00〜15:00の1時間ごと(12:00は除く)
料 大人$35、子供$17.5

**デューク・オブ・マールボロ・ホテル**
住 35 The Strand
電 (09)403-7829
URL www.theduke.co.nz

**ポンパリエ**
住 5 The Strand
電 (09)403-9015
URL www.visitheritage.co.nz
開 10:00〜17:00(フレンチコーヒーハウスは夏季9:00〜15:30)
休 無休
料 大人$10〜29.5、子供無料

**ラッセル博物館**
住 2 York St.
電 (09)403-7701
URL russellmuseum.org.nz
開 10:00〜16:00
(最終入館15:45)
休 無休
料 大人$12、子供無料

**クライスト教会**
住 1 Church St.
開 日10:30〜12:00
休 月〜土
料 寄付程度

# ラッセル
## Russell

パイヒアからフェリーで約15分の対岸にあるラッセルはかつて、マオリ語で“おいしいペンギン”を意味するコロラレカKororarekaという名前で、1800年代前半には捕鯨船の基地として栄えた。1840年にワイタンギ条約が締結され、約8km離れたオキアトOkiatoの町がラッセルと名を変えてニュージーランド最初の首都となるが、1842年の火事により全焼したため、コロラレカがラッセルの名を引き継いだのである。過去にはマオリの人々とヨーロッパ移民の間で数多くの衝突が起こったという複雑な歴史をもつこの町だが、国内で最初に酒類販売許可を得たバーをもつデューク・オブ・マールボロ・ホテルThe Duke of Marlborough Hotelや、現存する最古の教会など、歴史的建造物も少なくない。見どころはフェリー埠頭前に集中し、いずれも徒歩で回れる距離にある。

歴史的な建造物が集う小さな町

## ラッセルの見どころ

### ポンパリエ
Pompallier
Map P.340

1841年建造の2階建て木造一軒家。フランス人宣教師、フランシス・ポンパリエが、布教のために印刷技術を紹介し、ここでマオリ語が初めて活字になったといわれている。当時どのようなプロセスで本が作られていたか、ガイドの解説付きでじっくり学ぶことができる。

かわいい雑貨が並ぶミュージアムショップ

### ラッセル博物館
Russell Museum
Map P.340

1769年に周辺の海を航海したキャプテン・クックに関する資料が中心。彼の乗っていたエンデバー号5分の1サイズの模型は見事。

### クライスト教会
Christ Church
Map P.340

1836年に入植者らによって建造された、現存する最古の教会。マオリの人々と入植者の抗争の舞台となっていたことも。日曜の礼拝は一般公開されている。

**ラッセル**
Russell Top10 Holiday Park
フラッグスタッフ・ヒル・ヒストリック・リザーブ Flagstaff Hill Historic Reserve
Triton Suites Motel
The Commodore's Lodge
Duke of Marlborough Hotel
フェリー埠頭
(干潮時のみ歩行可)
コロラレカ湾 Kororareka Bay
パイヒアへ
Russell Heights St.
Oneroa Rd.
Pomare St.
Long Beach Rd.
James St.
Flagstaff Rd.
Wellington St.
Church St.
York St.
The Strand Rd.
Gould St.
Robertson Rd.
Brind St.
Florance Ave.
Hope Ave.
Matauwhi Rd.
Matauwhi Bay
Tahapuke Bay
オキアト港へ
0　250m
クライスト教会 Christ Church P.340
ポンパリエ Pompallier P.340
ラッセル博物館 Russell Museum P.340

## パイヒアのレストラン

### ゼングレイズ・アクアリウム・レストラン&バー
Zane Grey's Aquarium Restaurant & Bar Map P.338-B1

パイヒア埠頭に立つ六角形の建物は、かつて水族館だった建物。ベイ・オブ・アイランズで取れたオイスター$35〜やグリーンマッスル$17〜など、ヨーロッパの有名店で活躍したシェフによる新鮮なシーフードが味わえる。

住69 Marsden Rd.
☎(09) 402-6220
URL zanegreys.co.nz
営月〜金9:00〜Late、土・日8:30〜Late 休無休 CC MV

### アルフレスコス・レストラン&バー
Alfresco's Restaurant & Bar Map P.338-B1

地元で人気のオーシャンビューを堪能できるおしゃれなレストラン。メイン料理は$28〜で揃い、看板メニューのシーフードプラッター$85はグルテンフリーも選べるシェアサイズ。ベジタリアンメニューにも対応している。朝食は$12〜、ランチは$24〜。

住6 Marsden Rd.
☎(09) 402-6797
URL www.alfrescosrestaurantpaihia.com 営8:00〜21:00
休無休 CC AMV

### シャーロッツ・キッチン
Charlotte's Kitchen Map P.338-B1

パイヒア埠頭にあるウオーターフロントダイニング。新鮮な魚料理$46やスコッチフィレ$48、種類豊富なピザ$27〜などメニューはどれもボリューミー。毎週水・金・土曜には音楽ライブを開催。

住69 Marsden Rd.
☎(09) 402-8296
URL www.charlotteskitchen.co.nz
営日〜木11:30〜21:30、金・土11:30〜Late 休無休 CC MV

### グリーンズ・タイ・レストラン
Green's Thai Restaurant Map P.338-B1

比較的手頃な価格で本格的なタイ料理が楽しめるレストラン。人気はシズリング・ビーフ$28.5、具材が選べるカシューナッツ炒め$28.5〜、パッタイ$22.5〜、ハニーダック$32.5など。隣は同経営のインド料理店。ラッセルにも支店がある。

住78 Marsden Rd.
☎(09) 402-5555 URL www.greensnz.com/paihia-thai
営11:30〜14:00、16:30〜22:00
休無休 CC MV

## Column カワカワを有名にした公衆トイレ

カワカワKawakawa（**Map P.336-B2**）は、パイヒアとファンガレイの間にある小さな町。この町に世界的に有名な建築家、フリーデンスライヒ・フンデルトヴァッサーFriedensreich Hundertwasserがデザインした公衆トイレがある。ウィーン生まれのフンデルトヴァッサーは曲線を多用した独自の様式を編み出し、日本での作例では東京・赤坂にある「21世紀カウントダウン時計」などが知られている。

自然を愛した彼は晩年をカワカワで過ごし、町の要請に応えて「生きている財産」をコンセプトにこの公衆トイレをデザイン。タイルは地元の高校生によって作られ、れんがは解体した建物より再利用している。

彼はデザインの依頼を断ることで有名だったが、第二の故郷であるカワカワからの依頼は快く引き受け、町全体のデザインを申し出たといわれる。しかし町に予算がなく、実現したのはトイレのみ。この公衆トイレによりカワカワの町は、観光客が訪れる名所になった。この公衆トイレはメインストリートのほぼ中央に位置しており、使用は無料。また、2020年10月には彼の作品にインスパイアされた新施設Hundertwasser Memorial Parkがオープン。こちらには有料のシャワーやライブラリーなどが揃い、スマホなどの充電もできる。

空瓶を利用した窓が美しい

Hundertwasser Memorial Park

カラフルなトイレ

## パイヒアのアコモデーション Accommodation

### アラ・モアナ・モーテル
Ala Moana Motel
Map P.338-B1

パイヒア埠頭のすぐ近く、ウオーターフロントのモーテル。すべての客室にキッチンが付いているほか、BBQスペースやランドリー設備もある。

住52 Marsden Rd.
☎(09) 402-7745
URL www.alamoanamotel.co.nz
料ⒹⓉ$139～
室数9 CC MV

### アドミラルズ・ビュー・ロッジ
Admirals View Lodge
Map P.338-B1

比較的新しいモーテルで、白を基調とした明るいリゾート風の建物。緩やかな坂の中腹にあるので、2階にある客室からは一面のオーシャンビューを楽しむことができる。一部客室はスパバス付き。別料金で朝食のリクエストも可。

住2 MacMurray Rd. ☎(09) 402-6236 FREE 0800-247-234
URL www.admiralsviewlodge.co.nz
料ⒹⓉ$129～ 室数11
CC ADJMV

### シャレー・ロマンティカ Chalet Romantica
Map P.338-B1

急坂の頂上にある、スイス人夫妻の経営するかわいらしい雰囲気のB&B。全室にバルコニーが付いており、海を一望できる。3室にはキッチンも備えている。サンデッキの付いた屋内プールやスパも豪華。冬季休業あり。

住6 Bedggod Close
✆022-411-3935
URL www.chaletromantica.co.nz
料ⒹⓉ$450～
室数4 CC MV

### ブルー パシフィック クオリティ アパートメンツ
Blue Pacific Quality Apartments
Map P.338-A1

1～3ベッドルームの高級アパートメント。町の中心部から約1km、ワイタンギ・ゴルフ・クラブへも3km ほどと、周辺施設へもアクセス便利。薄型テレビ（デジタル放送付き）のほかに、キッチン（冷蔵庫付き）、電子レンジ、食器洗浄機などが備わっており、5室はスパバス付き。

住166 Marsden Rd.
☎(09) 402-0011
FREE 0800-86-2665 URL www.bluepacific.co.nz 料ⒹⓉ$270
室数10 CC ADJMV

### アヴリル・コート・モーテル Averill Court Motel
Map P.338-B1

ビーチまで徒歩約1分、町の中心部までも徒歩圏内という好ロケーション。客室は明るく広々としており、TVやキッチン、冷蔵庫、テーブルなど、十分な設備が整っている。屋外にはプールやジャクージ、BBQスペースもある。

住62 Seaview Rd. ☎(09) 402-7716 FREE 0800-801-333
URL www.averillcourtmotel.co.nz
料Ⓓ$75～ Ⓣ$90～
室数18 CC MV

### ペッパーツリー・ロッジ Peppertree Lodge
Map P.338-B1

ビーチから約80m、バス発着所からは約380mと便利なロケーション。BBQも楽しめる広い屋外ラウンジがあるほか、近くのテニスコートも無料で利用可能。ツアーやアクティビティの予約もできる。

住15 Kings Rd. ☎(09) 402-6122 FREE 0800-473-7737
URL peppertree.co.nz
料Dorm$30～ ⒹⓉ$99～
室数17 CC MV

### パイヒア・ビーチリゾート&スパ
Paihia Beach Resort & Spa
Map P.338-A1

海に面した優雅なたたずまいのリゾートホテル。全室オーシャンビューでスパバス付き。館内には本格的なダイニングバーとさまざまなトリートメントが受けられるスパを完備。アパートメントタイプの客室もある。

住130 Marsden Rd. ☎(09) 4020-111 FREE 0800-870-111
URL www.paihiabeach.co.nz
料ⓈⒹ$284.65～
室数21 CC MV

### パイヒア・トップ10・ホリデーパーク
Paihia Top 10 Holiday Park
Map P.338-B1外

ビーチが目の前のホリデーパーク。テント、キャンピングカー用サイト、キャビンの3タイプから宿泊スタイルが選べる。共同キッチンは広く、プールやBBQエリア、TVルーム、コインランドリーなど設備も充実。カヤックのレンタルあり（有料）。

住1290 Paihia Rd.
☎(09) 402-7678
URL www.paihiatop10.co.nz
料Camp$40～ Cabin$60～
室数14 CC MV


キッチン(全室) キッチン(一部) キッチン(共同) ドライヤー(全室) バスタブ(全室) プール ネット(全室／有料) ネット(一部／有料) ネット(全室／無料) ネット(一部／無料)

# ケリケリ

Kerikeri

人口：7520人
URL kerikeri.co.nz

ベイ・オブ・アイランズ地方のなかでも内陸の川沿いに開けた町で、ファー・ノース地方に含まれることもある。入植初期、耕作馬と鋤を使って畑を耕している宣教師サミュエル・マーズデンを見たマオリの少年が興奮し、"掘る"を意味する「ケリ」を連呼。それがそのまま町名となったとされている。

温暖な気候に加えて、ケリケリ川という水源もあるため、キーウィフルーツやオレンジ、レモンなどの果樹園が多いことで有名。華やかさには欠けるが、歴史的建造物、アーティストの工房など、のどかな風景の中に見どころは多い。

ケリケリ川に面して立つ、ストーン・ストア（手前）とミッション・ハウス（奥）

## ケリケリへのアクセス Access

飛行機はニュージーランド航空がオークランドから直行便を運航。1日2～5便程度、所要約50分。空港はケリケリの西約6kmにあるベイ・オブ・アイランズ空港Bay of Islands Airportを利用。

インターシティがオークランドから1日3便を運行している。所要4時間30～40分。ファンガレイからも1日2～3便が運行しており、所要1時間40～50分。

航空会社（→P.496）
ニュージーランド航空

ベイ・オブ・アイランズ空港
（→P.337）

空港からケリケリへ
シャトルバスは最大11人までのチャーター制（要予約）。
Super Shuttle
FREE 0800-748-885
URL www.supershuttle.co.nz
料 11人まで$69

おもなバス会社（→P.496）
インターシティ

長距離バス発着所
Map P.343
住 9 Cobham Rd.

## ケリケリの歩き方

見どころはケリケリ・ロードKerikeri Rd.とケリケリ川が交わる橋の周辺に集まっている。長距離バス発着所のあるエリアからストーン・ストアまでは歩いて20分ほどだが、坂が多く少々きつい。アーティストの工房やチョコレート工場などの見どころは広範囲に点在している。公共交通機関はないので、観光するにはレンタカーの利用がおすすめだ。川沿いから往復約3時間のウオーキングコース途中には、フェアリー・プールと名づけられたピクニックエリアや、美しいレインボー・フォールズなどがある。

ケリケリの 見どころ

## ストーン・ストア

Stone Store

Map P.343

マオリの伝統的なピューピュー（腰巻き）を着たスタッフ

ケリケリ川の橋のたもとにある、1835年建造という国内最古の石造建築物。1階部分には入植当時を再現したショップが開かれており、イギリスから輸入した陶器や布地、キャンディなどが実際に売られている。販売員も当時の宣教師やマオリの服を再現したユニホームを着ており、タイムスリップしたかのような気分を味わえる。2階部分には、当時使われていた用具や宣教師とマオリの開拓の歴史などが展示されている。

ストーン・ストア＆ミッション・ハウス
住246 Kerikeri Rd.
☎(09) 407-9236
URL visitheritage.co.nz
開10:00～17:00
休無休

ストーン・ストア(1階)
料無料

ミッション・ハウスの庭園(ガイドなし)
料大人$10

ストーン・ストアの2階ギャラリー＋ミッション・ハウス見学ツアー
料大人$20、子供無料
備夏季の10:30～16:00

ハニー・ハウス・カフェ(1階)
営火～日9:00～15:00(12月中旬～2月中旬は毎日営業)
休月(祝日の場合は営業)

すべてが当時のまま

## ミッション・ハウス

Mission House

Map P.343

建物前の庭園も入植当初から整備されていた

ストーン・ストアの隣に立つ白い2階建ての木造建築で、1822年に建てられたもの。国内に現存する最古のヨーロッパ式建造物である。宣教師として渡ってきたケンプ一家が住んでいたことから、別名「ケンプ・ハウスKemp House」とも呼ばれている。家具やリネン、食器などの細部にいたるまでほぼ完全に再現されている。建物内の損傷を防ぐため、玄関で靴を脱いで上がること。

## テ・アフレア

Te Ahurea

Map P.343

身をかがめないと入れないほどの小さな玄関

ストーン・ストアやミッション・ハウスから、橋を越えた対岸に位置する。今から200年ほど前に実在していたマオリの村を1969年に復元したもので、住居や食料貯蔵庫などから当時の生活の様子がわかるだろう。

テ・アフレア
住1 Landing Rd.
☎(09) 407-6454
URL teahurea.co.nz
開12～3月　10:00～17:00
　4～11月　火～日
　10:00～16:00
　ガイドツアー
　11:00、14:00発
休4～11月の月
料大人$10、子供$5

ガイドツアー(所要約40分)
大人$20、子供$10

## レインボー・フォールズ

Rainbow Falls

Map P.343

落差27mの美しい滝。ストーン・ハウスから遊歩道を歩くと約1時間だが、近くに駐車場があるので時間のない人は車でもアクセス可能。駐車場から滝までは約400m。車椅子やベビーカーでも入れる。滝は清涼感たっぷりで、その名のとおり午前中は虹が出ることも多い。滝つぼでは泳ぐこともできるが、大雨のあとなどは水質を事前にチェックすること。

Rainbow Falls
住Rainbow Falls Rd.
開24時間
料無料

虹が見られるかも！
© David Kirkland

## ケリケリの レストラン Restaurant

### プラウ&フェザー The Plough & Feather Map P.343

英国スタイルのガストロパブ。スナッパー、アンガス牛、ポークベリーなど、伝統的なパブ料理にノースランドのエッセンスをプラスしたメニューは、前菜$16～、メイン$32～。

住215 Kerikeri Rd.
TEL(09) 407-8479
URL ploughandfeather.co.nz
営水～月12:00～Late
休火 CC MV

### ブラック・オリーブ The Black Olive Map P.343

ケリケリ・ロード沿いに立つイタリアン&ニュージーランド料理のレストラン。豊富なメニューのなかでもとりわけピザ$14～34が人気。約10種類ある。テイクアウエイも可。

住308 Kerikeri Rd.
TEL(09) 407-9693
URL www.theblackolive.net
営16:00～23:45
休日・月 CC MV

## ケリケリの アコモデーション Accommodation

### アヴァロン・リゾート Avalon Resort Map P.343

緑豊かな7エーカーの敷地に広がるモーテル。客室はコテージとステュディオの2タイプ。亜熱帯をイメージして設計された屋外プールもある。

住340A Kerikeri Rd.
TEL(09) 407-1201 URL book-directonline.com/properties/AvalonResortDirect 料ⒹⓉ$140～ 室数8 CC ADJMV

### ストーン・ストア・ロッジ Stone Store Lodge Map P.343

ストーン・ストアの近くにあるおしゃれなB&B。窯で焼き上げるピザディナー1人$35（4名～）や屋外ジャクージ$38も好評（要予約）。

住201 Kerikeri Rd.
TEL(09) 407-6693
URL www.stonestorelodge.co.nz
料Ⓢ$190～ ⒹⓉ$198～
室数3 CC ADJMV

### ケリケリ・コート・モーテル Kerikeri Court Motel Map P.343

全室キッチンとパティオ付き。プールもあり、ゆったり過ごせる。併設のカフェでコーヒーや焼き立てパンが楽しめるのも魅力。

住93 Kerikeri Rd. TEL(09) 407-8867 FREE 0800-5374-5374
URL kerikericourtmotel.co.nz
料ⓈⒹⓉ$185～
室数15 CC AMV

### ウッドランズ Woodlands Map P.343

大通りから少し奥まった所にあり、周囲を原生林が覆う。一部客室はプライベートデッキ付き。バス、トイレ共同の客室は1泊$100～。

住126 Kerikeri Rd.
TEL(09) 407-3947
URL woodlandskerikeri.co.nz
料ⓈⒹ$100～
室数20 CC MV

## Column 小さなビーチリゾート、ダウトレス・ベイ

公共交通機関はないが、レンタカー派にぜひ足を延ばしてほしいのが、ケリケリから北へ約60km行った所にあるダウトレス・ベイDoubtless Bay。素朴で静かなビーチリゾートで、約70kmにわたって続く、弧を描くような海岸線が魅力だ。海外からの観光客はまだ少なく、穴場感も楽しめる。中心となる町マンゴヌイには国内有数のフィッシュ&チップスの店も。温暖な気候を生かし、ニュージーランドで初めてコーヒー豆の商業栽培を実現したイカロス・コーヒーも要チェック。

大人気のフィッシュ&チップス店

香り高いニュージーランド産コーヒー

**Doubtless Bay**
Map. P.336-A1
URL www.doubtlessbay.co.nz

**Mangonui Fish Shop**
住137 Waterfront Rd. Mangonui
営10:00～19:00 休無休
URL www.mangonuifishshop.com

**Ikarus Coffee**
URL www.ikaruscoffee.co.nz

ノースランド

# ファンガレイ

## Whangarei

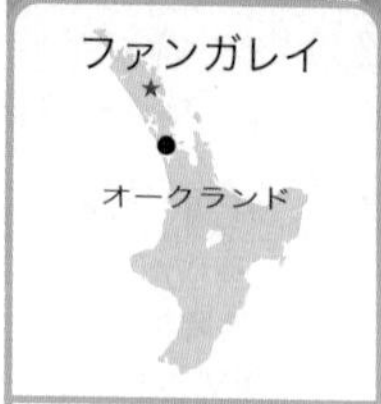

ファンガレイ
オークランド

人口：9万960人
URL whangareinz.com

航空会社(→P.496)
ニュージーランド航空

ファンガレイ空港
**Map P.336-B2**
URL whangareiairport.co.nz
　空港～市内間はタクシー利用が便利だが、市バスのシティリンク(→P.347)#2も利用できる(日曜、祝日運休)。

おもなバス会社(→P.496)
インターシティ
URL www.intercity.co.nz

長距離バス発着所
**Map P.346-A2**
住 91 Dent st.

Whangarei Art Museum
住 91 Dent St.
電 (09) 430-4240
URL whangareiartmuseum.co.nz　開 10:00～16:00
休 無休　料 無料

　オークランドから国道1号線を北上し、約160km。ノースランド最大の町で、天然の良港に恵まれた漁業と産業の中心地。火力発電所、石油精製基地があり、タウン・ベイスンのマリーナは、夏の間、南太平洋のハリケーンを避けて寄港する世界各国のヨットやクルーザーで埋め尽くされる。近海には有名なダイビングスポットもあり、マリンアクティビティを楽しむよい拠点となる町だ。

タウン・ベイスンに浮かぶ無数のヨット

## ファンガレイへのアクセス　Access

　飛行機はニュージーランド航空がオークランドから毎日4～5便を運航しており、所要時間は約40分。ファンガレイ空港Whangarei Airportから中心部までは7kmほど。インターシティの長距離バスがオークランドから1日2～3便あり、所要2時間40～55分。デント・ストリートDent St.沿いにあるファンガレイ・アート・ミュージアムWhangarei Art Museum前に発着する。

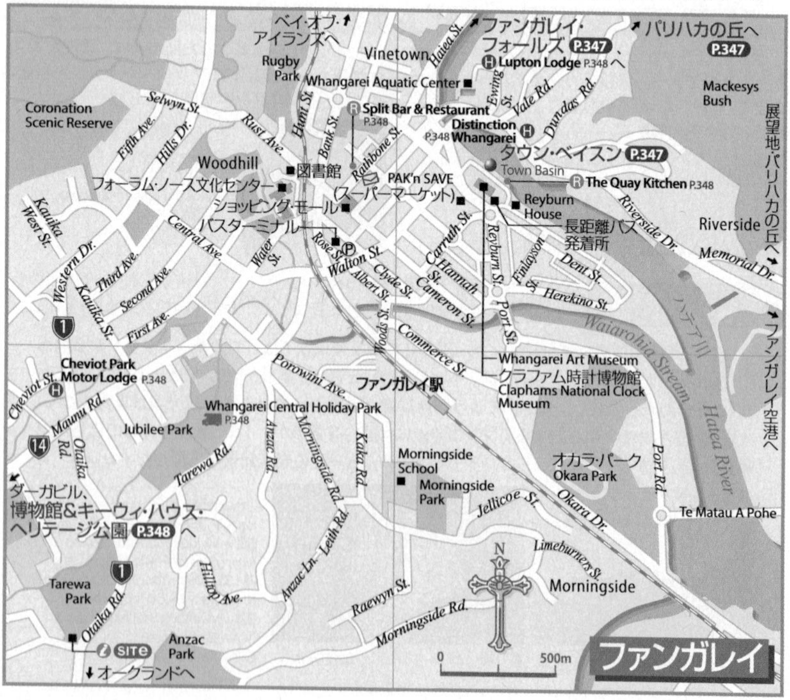

ファンガレイ
ベイ・オブ・アイランズへ
ファンガレイ・フォールズ P.347
パリハカの丘へ P.347
Vinetown
Rugby Park
Whangarei Aquatic Center
Lupton Lodge P.348へ
Mackesys Bush
Coronation Scenic Reserve
Split Bar & Restaurant P.348
Distinction Whangarei P.348
展望地・パリハカの丘へ
Woodhill
図書館
タウン・ベイスン P.347
Town Basin
The Quay Kitchen P.348
フォーラム・ノース文化センター
PAK'n SAVE (スーパーマーケット)
ショッピング・モール
Reyburn House
バスターミナル
長距離バス発着所
Riverside
Whangarei Art Museum
クラファム時計博物館 Claphams National Clock Museum
ファンガレイ空港へ
Cheviot Park Motor Lodge P.348
ファンガレイ駅
Whangarei Central Holiday Park P.348
Jubilee Park
Morningside School
Morningside Park
オカラ・パーク Okara Park
Te Matau A Pohe
ダーガビル、博物館&キーウィ・ハウス・ヘリテージ公園 P.348へ
Tarewa Park
Morningside
Anzac Park
オークランドへ
0　500m

## ファンガレイの 歩き方

見どころは広範囲に点在しているので、車での移動が便利。市内にはバスが運行しているが本数が少なく、日曜は運行しないルートもあるので注意。観光案内所アイサイトは中心部から離れたタレワ・パーク内にある。

## ファンガレイの 見どころ

### タウン・ベイスン

Town Basin

Map P.346-A2

町の中心部近く、ハテア川Hatea Riverのヨットハーバーを囲むエリアで、「ベイスン」とは係船地のこと。帆を休める無数のヨットやクルーザーを正面にして、テラス席がおしゃれなレストランやバー、インフォメーションセンター、雑貨店などが並ぶ。巨大な日時計の置かれた広場にあるのは、**クラファム時計博物館 Claphams National Clock Museum**。新旧、世界各国の時計、約1300個がテーマごとにずらりと展示されており、館員が解説をしながらユニークな仕掛け時計や優雅なオルゴール時計を動かしてくれる。

シーフードレストランなども集うウオーターフロント

### ファンガレイ・フォールズ

Whangarei Falls

Map P.346-A2外

町の中心部から北へ約5kmのティキプンガTikipunga地区にある滝で、落差は26mとなかなかの迫力。滝の周辺は公園になっており、遊歩道やピクニックエリアも整備されている。

滝つぼまでは遊歩道が整備されている

### パリハカの丘

Mt. Parihaka

Map P.346-A2外

ファンガレイの全景を見渡すことのできる標高241mの展望スポット。戦争記念碑が立つ頂上まで、徒歩ならタウン・ベイスンの対岸のダンダス・ロードDundas Rd.から遊歩道を通って登れる。車なら、メモリアル・ドライブMemorial Dr.を上がっていくと、頂上へ続く石段の手前に駐車場がある。ただし、夕方以降はあまり治安がよくないので注意。

天高くそびえる戦争記念碑

**観光案内所 i-SITE**
**Whangarei Visitor Centre**
**Map P.346-B1**
住 92 Otaika Rd.
☎ (09) 438-1079
URL whangareinz.com
開 9:00～16:30
休 無休

**ファンガレイの交通**
**Citylink Whangarei**
☎ (09) 438-7142
URL citylinkwhangarei.co.nz
料 現金
　大人$2、子供$1
開 月～土
　緑色の車体が目印のシティリンク・ファンガレイCitylink Whangareiが市内を網羅している。発着はRose St.のバスターミナル（Map P.346-A1）。路線は、ファンガレイ北のティキプンガTikipunga方面や、ヘリテージ公園を経由するマウヌMaunu方面など7路線。運行は平日の6:00～18:30頃で、土曜は減便。運賃は現金またはICカード乗車券Bee Cardで支払う。

**クラファム時計博物館**
住 Dent St. Quayside Town Basin
☎ (09) 438-3993
URL claphamsclocks.com
開 9:00～17:00　休 無休
料 大人$10、シニア・学生$8、子供$4

コレクションのなかで一番古いものは1720年に作られたもの

**ファンガレイ・フォールズへの行き方**
　ティキプンガ方面行きのシティリンク#3を利用。

**パリハカの丘**
住 Memorial Dr.

博物館&キーウィ・ハウス・ヘリテージ公園
住500 State Hwy. 14, Maunu
電(09) 438-9630
URL kiwinorth.co.nz
開10:00〜16:00
休無休
料大人$20、シニア・学生$15、子供$5
交マウヌ方面行きのシティリンク#6を利用。

## 博物館&キーウィ・ハウス・ヘリテージ公園
Museum & Kiwi House Heritage Park

Map P.346-B1外

約25ヘクタールの広大な敷地の中に、キーウィをガラス越しに見られるキーウィ・ハウスと、1886年に建てられた歴史的建造物ホームステッドHomesteadがある。開拓時代に使用されていた機関車を見ながら、その線路を横切って丘を登っていくと、マオリに関する展示やヨーロッパ移民入植当時の船の大型模型など、ニュージーランドの歴史的資料が充実した博物館がある。

# ファンガレイのレストラン Restaurant

### キー・キッチン The Quay Kitchen
Map P.346-A2

ハテア川沿いの好立地にあるレストラン。自家栽培の野菜と仕入れ先にこだわった肉やシーフードが自慢。ブランチは$12〜とリーズナブル。ノースランドのビーフ・アイフィレ$40などが人気だ。

住31 Quayside
電(09) 430-2628
URL www.thequaykitchen.co.nz
営9:00〜23:00(時季によって異なる) 休無休 CC MV

### スプリット・バー&レストラン Split Bar & Restaurant
Map P.346-A1

兄弟で運営しているレストラン。シーフードやラム肉といった、地元の食材を使った料理が味わえる。ランチは$16〜とリーズナブル。ディナーのメインは$27〜で、ボリューム満点のセットメニュー$46〜も人気だ。屋外のバーではニュージーランド産のワインも楽しめる。

住15 Rathbone St. 電(09) 438-0999
URL splitrestaurant.co.nz
営11:00〜Late 休日 CC AJMV

# ファンガレイのアコモデーション Accommodation

### ディスティンクション・ファンガレイ Distinction Whangarei
Map P.346-A2

タウン・ベイスンからハテア川を挟んだ対岸にある。ファンガレイ・フォール、パリハカの丘などへ行くにも便利。ほとんどの部屋にバスタブが付いており、冷蔵庫、TV、エアコン、コーヒーメーカーも完備している。

住9 Riverside Dr.
電(09) 430-4080
URL www.distinctionhotelswhangarei.co.nz 料ⓈⒹⓉ$170〜
室数115 CC AJMV

### ファンガレイ・セントラル・ホリデーパーク Whangarei Central Holiday Park
Map P.346-B1

町から徒歩約10分の場所にあるホリデーパーク。シンプルなキャビンからキッチン付きのアパートメントタイプまであり、料金もリーズナブル。キャンプサイトもあり、テントでの宿泊も可。夜はセキュリティゲートが閉まるので安心。

住34 Tarewa Rd. 電(09) 438-6600 FREE 0800-580-581
URL www.whangareicentral.co.nz
料Camp$19〜 Motel$138〜 Cabin$115〜 室数19 CC MV

### ラプトン・ロッジ Lupton Lodge
Map P.346-A2外

ファンガレイ・フォールの近くにあるラグジュアリーなB&B。もとは1896年に建築された名士の邸宅で、ファンガレイ地区の歴史的建造物にも指定されている。オムレツやイングリッシュマフィンが並ぶ朝食も人気。

住555 Ngunguru Rd. Glenbervie
電(09) 437-2989
URL luptonlodge.co.nz
料Ⓢ$175〜 ⒹⓉ$225〜
室数5 CC ADJMV

### チェビオット・パーク・モーター・ロッジ Cheviot Park Motor Lodge
Map P.346-B1

国道1号線沿いにあるきれいなモーテル。客室は広々としており、ソファ、テーブルを完備。キッチンに電子レンジもあり、長期滞在にもおすすめだ。朝食のリクエストもできる。

住1 Cheviot St.
電(09) 438-2341
URL cheviot-park.co.nz
料Motel$175〜 室数17
CC AJMV


キッチン(全室) キッチン(一部) キッチン(共同) ドライヤー(全室) バスタブ(全室) プール ネット(全室/有料) ネット(一部/有料) ネット(全室/無料) ネット(一部/無料)

ノースランド

# ファー・ノース
## Far North

ノースランドの北端部分はさらに細長い半島状になっており、付け根部分にある小さな町カイタイアKaitaiaから、北端のレインガ岬までをファー・ノースと呼んでいる。ニュージーランドの最北端となるこのエリアへは、国道1号線をひたすら北上する。しだいに民家が少なくなっていき、視界には木々のないなだらかな丘が続き、まさに地の果てに来たような気持ちになる。

レインガ岬には小さな白い灯台が立つ

## ファー・ノースへのアクセス Access

ファー・ノースへの起点となるのはカイタイア。飛行機はバリア・エアーがオークランドから直行便を土曜を除き1日1〜2便運航している。所要1時間5分。カイタイア空港Kaitaia Airportは町の北、約7kmの所に位置する。

長距離バスは、インターシティが運行している。オークランドからの直通バスはないため、ケリケリで乗り継ぎをすることになる。週4便程度あり、乗り換えも含めて所要は約6時間40分。カイタイアの長距離バス発着場所は観光案内所アイサイト前。本数は少ないが、市バスのファーノース・リンクFar North Linkもマンゴヌイ（→P.345）〜カイタイア間やカイタイア〜アヒパラ間などを運行。火・水・木曜のみカイタイア市内も走っている。また、カウリ・コーストからカイタイアへの陸路は、途中にホキアンガ湾Hokianga Harbourがあるため東へ回り道をしなければならないが、ホキアンガ・フェリーHokianga Ferryがホキアンガ湾沿いのラウェネRaweneとコフコフKohuKohuを結ぶフェリーを運航しており、このフェリーを利用すると1時間30分ほど時間を節約できる。

## ファー・ノースの見どころ

### アヒパラ
Ahipara

Map P.336-B1

ファーノースの西側にある人口1000人ほどの小さな町。国内では有名なサーフィンスポットで、町の西端にあるシップレック・ベイShipwreck Bayが人気。ほかに、ビーチでの乗馬や四輪バギーも楽しめる。

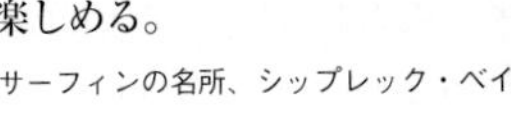
サーフィンの名所、シップレック・ベイ

航空会社（→P.496）
ニュージーランド航空

バリア・エアー
Barrier Air
☎(09) 275-9120
FREE 0800-900-600
URL www.barrierair.kiwi

カイタイア空港
**Map P.336-B1**
住 Quarry Rd.
空港からカイタイアまではタクシーを利用する。

おもなタクシー会社
Kaitaia Taxis Services
FREE 0800-829-4582
027-829-4582

おもなバス会社（→P.496）
インターシティ

長距離バス発着所
住 Cnr. Matthews Ave & South Rd. Kaitaia

観光案内所 i-SITE
Far North Visitor Centre
**Map P.336-B1**
住 Te Ahu Cnr. Matthews Ave. & South Rd. Kaitaia
☎(09) 408-9450
URL www.kaitaianz.co.nz/i-site
開 月〜金 8:30〜17:00
土 8:30〜13:00
休 日

ホキアンガ・フェリー
FREE 0800-222-979
URL northlandferries.co.nz/hokianga-ferry
運 ラウェネ発
月〜金 7:00〜19:30
土・日 7:30〜19:30
30分〜1時間おきに運航、所要約15分。
料 片道$1
車1台片道$20〜

Far Norh Link
☎(09) 408-1092
URL buslink.co.nz

アヒパラへの行き方
カイタイアからTwin Coast Discovery Hwy.を西へ約14km。ファーノース・リンクのバスは水曜のみ1往復運行。カイタイア発13:00、アヒパラ発9:20。

カイタイアの観光情報
URL www.kaitaia.co.nz

## 90マイルビーチ

90 Mile Beach

Map P.336-A1

アヒパラから北へ延々と続く広大なビーチはこの地方の観光名所でもある。実際の距離は64マイル（約100km）ほどだが、タスマン海に面した長い砂浜は公道を兼ねており、豪快に波しぶきを上げながら海辺を走るバスツアーが催行されている（レンタカーでの走行は禁止）。ツアーの出発はパイヒアやケリケリなど。多くのツアーがレインガ岬にも立ち寄る。

バスは波打ち際を勢いよく走る

## テ・パキ・サンド・デューン

Te Paki Sand Dunes

Map P.336-A1

レインガ岬に向かう途中にある巨大な砂丘。90マイルビーチから半島の少し内側に入った所にある。砂丘の高さは15m以上あり、砂丘の上に登るのもひと苦労だ。頂上までは10分ほど。丘の上からは青い海と砂丘の雄大なコントラストが眺められる。ボードやソリで砂丘の急斜面を下るアクティビティのサンドボーディングが人気で、ボードはカイタイアの観光案内所アイサイトでレンタルすることができる。初めは小さな斜面で練習しよう。

ビギナーはボードよりもソリのほうがおすすめ

## レインガ岬

Cape Reinga

Map P.336-A1

ニュージーランドの北端レインガ岬は、ファー・ノース観光のハイライト。レインガとはマオリ語で"飛び立つ場所"という意味。死者の魂が旅立つ神聖な場所とされる。先端部分の標高156mの高台には、小さな白い灯台と世界各国の都市への方角と距離を記した案内が立つ。一面に開ける海を眺めれば、太平洋とタスマン海の潮流がぶつかり合ってできる潮の目が見られる。

ちなみに、実際のニュージーランド本土最北端は、ここから東に約30km離れたサービル・クリフ Surville Cliffsという場所。道が悪いため一般人が立ち入ることは難しい。

岬の先に立つ灯台

---

**ファー・ノースのツアー**
**GreatSights Cape Reinga and Ninety Mile Beach**
FREE 0800-653-339
URL www.dolphincruises.co.nz
催 通年
10〜5月　毎日
パイヒア7:00、
ケリケリ7:50発
6〜8月　月・水・金・土
パイヒア7:00、
ケリケリ7:50発
料 大人$165、子供$82.5
90マイルビーチとテ・パキ・サンド・デューンを経由してレインガ岬を訪れるツアー。テ・パキ・サンド・デューンでのサンドボーディング、ランチ込み。事前クエストでマンゴヌイやカイタイアからのピックアップもアレンジ可能。所要約12時間。

**レインガ岬への行き方**
カイタイアから約110km。カイタイアから先は公共の交通機関はないため、ツアーに参加するかレンタカーの利用となる。道は国道1号線をひたすら北上するのみなので迷うことはないだろう。岬への入口を示す看板からさらに進むと駐車場がある。途中、ガソリンスタンドはないので、あらかじめ給油をしておこう。

**カイタイアのアコモデーション**
**Beachcomber Lodge & Backpacker**
カイタイアの目抜き通りに立つバックパッカーズ・ホステル。
住 235 Commerce St.
電 (09) 408-1275
URL www.beachcomberlodge.com
料 Dorm$35〜　ⒹⓉ$100〜
室数 16
CC MV

**アヒパラのアコモデーション**
**Ahipara Holiday Park**
90マイルビーチまで歩いて行ける好立地。キャンプ、キャビン、モーテルなど多彩なタイプが揃う。
住 168 Takahe Rd.
電 (09) 409-4864
URL ahiparaholidaypark.co.nz
料 Camp$24〜 Dorm$40〜
Cabin$80〜 Ⓓ$110〜
室数 18
CC MV

# カウリ・コースト

## Kauri Coast

国内で一番胴回りが太いワイポウア・フォレストのテ・マトゥア・ナヘレ

タスマン海に面したノースランド西海岸沿いには、細く曲がりくねった国道12号線が走っている。特に大きな町はなく、拠点となるのはダーガビルDargavilleという小さな町だ。この一帯はカウリ・コーストと呼ばれており、ニュージーランド北島固有の木、カウリの森林保護区が大部分を占めている。かつてはカウリの大木で覆われた深い森だったが、19世紀の開拓時代にヨーロッパ移民が乱伐し、その大半が失われてしまった。それでも樹齢2000年以上、円周10m以上に及ぶ貴重な巨木がかろうじて残り、幼木とともにゆっくりと成長を続けている。カウリとそれにまつわる歴史について深く学ぶには外せないエリアだ。

カウリ・コーストの観光情報
URL kauricoast.co.nz

おもなバス会社
Te Wai Ora Coachlines
URL www.tewaioracoachlines.com

観光案内所 SITE
Hokianga Visitor Centre
Map P.336-B1
住 29 Hokianga Harbour Dr. Opononi
電 (09) 405-8869
URL www.northlandnz.com/visit
開 8:30～17:00
休 無休

### カウリ・コーストへのアクセス Access

カウリ・コースト観光の玄関口となるダーガビルへはファンガレイ（→P.346 ）からテ・ワイ・オラ・コーチラインズTe Wai Ora Coachlinesのバスが結んでいたが、2023年4月現在は運休している。ほかに公共交通機関はなく、また、見どころが広範囲に点在しているので、レンタカーの利用かオークランド発のツアーに参加するのがおすすめ。宿泊施設はホキアンガ湾に面したオポノニOpononiやオマペレOmapereに多い。

オークランド発カウリ・コーストへのツアー(日本語催行)
Navi Outdoor Tours NZ
電 (09) 838-2361
URL navi.co.nz
カウリの森林ワイポウア・フォレスト
オークランド8:00発、所要約10時間。
催 通年
料 大人$345、子供半額（ホテル送迎、ピクニックランチ、日本語ガイド含む）、催行は2人以上から。

## カウリ・コーストの見どころ

### カウリ博物館

The Kauri Museum

Map P.336-C2

世界最大のカウリの平板。22mもの長さがある

マタコヘMatakoheという小さな町にある、カウリについてのすべてがわかる充実の博物館。

館内は広く、カウリの巨大さがわかる実物の展示から、カウリで作られた見事な家具、人形や機械を使っての伐採方法や運搬の様子など、いくつもの展示コーナーからなり、見応え満点。カウリの樹液が固まってできたカウリガム（琥珀）も、部屋全体を埋め尽くしている。

カウリ博物館
住 5 Church Rd. Matakohe
電 (09) 431-7417
URL www.kau.nz
開 9:00～17:00
休 無休
料 大人$25、シニア・学生$21、子供$8
交 ダーガビルからルアワイRuawaiという町経由で45km、国道12号線から4km入った所。

トラウソン・カウリ・パークへ
ダーガビルから国道12号を約30km行き、右側の山道へ約8kmほど入った所。キャンプサイトの先にループ状の遊歩道が設けられている。

ワイポウア・フォレストのイブニングツアー
マオリのガイドが案内する夕方からのツアー。土地に伝わる神話や歴史を聞きながら、幻想的な夜の森歩きが楽しめる。オマペレ発着。
Waipoua Forest Twilight Encounter Maori Cultural Eco Night Tour
(09) 4058-207
021-705-515
URL www.footprintswaipoua.co.nz
催 通年
10〜3月　18:00発
4〜10月　17:00発
料 大人$105、子供$45
（所要約4時間）

## トラウンソン・カウリ・パーク
Trounson Kauri Park

Map P.336-B1

ダーガビルの北西、ワイポウア・フォレストの南東に位置する国立自然保護区。1周40分ほどのウオーキングコースを歩けば、樹齢1000年を超えるカウリをはじめ、何本ものカウリの大木に出合える。野鳥保護区でもあり、国鳥キーウィも生息している。

## ワイポウア・フォレスト
Waipoua Forest

Map P.336-B1

カウリ・コースト内に数ヵ所ある、カウリの木に出合えるスポット。ハイライトはワイポウア・フォレスト北部。国道12号沿いの駐車場から木道を行くと、圧倒的な存在感をもつカウリがそびえ立つ。タネ・マフタは国内最大のカウリで、幹回り13.77m、総樹高51.2m。屋久杉と姉妹木提携を結んでいる。テ・マトゥア・ナヘレは国内2番目に大きなカウリで幹回り16.1m、総樹高は29.9m。樹齢は2000年を超える。4本のカウリが1ヵ所に集まるフォー・シスターズ（4姉妹）と7番目に大きなヤカス・カウリは保護のため2023年4月現在は立ち入り禁止。

マオリ語で"森の神"を意味するタネ・マフタ

## Column ノースランドに育つ巨木カウリ

カウリKauriとは、南太平洋一帯に生育するアガチス（ナンヨウスギ）の仲間。カウリという種は、ニュージーランドの北部、ノースランドとコロマンデル半島でしか見ることができない、世界でも最大級の巨木だ。過去には樹齢4000年、つまりこの国に人間が住み始めるより古い木も多数あった。カウリの太い幹が天を突くようにスッと立っている姿は実に印象的だが、若木のうちは幹にたくさんの枝をつけ、成長していくにつれ自然に枝を落として、上のほうにだけ枝葉を茂らせる。これは太陽光を存分に浴びるためだ。

これほど大きなカウリの木は材木として重用された。古く、マオリの人々は戦闘用の大きなカヌーを、カウリの木を彫って作っていた。しかし本格的な伐採が始まったのは、ヨーロッパ人の入植が盛んになってからのことだ。19世紀の間、カウリの木は造船、建築から家具まで多様な用途のためにどんどん伐採された。さらに森を切り開いて牧場に変えられていった。こうして20世紀初頭までに、カウリの森の多くは失われてしまったのだ。

1940年代に入ってようやく、カウリの伐採は許可制となったが、この時点で残されたカウリの森の面積は、往時の数%に過ぎなかったという。ノースランドはそうしたカウリの森が、かろうじて名残をとどめている貴重な場所である。

# コロマンデル半島

## Coromandel Peninsula

約400kmもの海岸線が続いている

オークランドの東、ハウラキ湾 Hauraki Gulf を挟んで対峙するコロマンデル半島は、全土の大部分が深い森に覆われた、この国の太古の姿を思わせる自然豊かな場所。約3分の1が森林保護区に指定されており、今では希少となったカウリの大木を間近に見られるエリアである。

半島の中央を貫くコロマンデル山脈を境に、西側と東側ではその趣もずいぶん異なる。19世紀後半に巻き起こったゴールドラッシュでおおいに沸いたコロマンデル・タウンやテームズがある西海岸は比較的山がちで、繁栄当時の面影が残る落ち着いた町並みが特徴だ。

一方、入り組んだ海岸線と美しい白浜が続く東海岸は、常に陽光が降り注ぐ明るいリゾート地といった雰囲気が強い。特にフィティアンガを中心とするマーキュリー・ベイ Mercury Bay 一帯はオークランドからも車で約3時間と手頃な距離にあり、国内屈指のホリデースポットとして知られている。

### コロマンデル半島へのアクセス Access

インターシティの長距離バスのオークランド発タウランガ(→P.362) 行きが、テームズ、パエロア、ワイヒなどに停車する。テームズまでは1日1〜2便、所要約1時間50分。ほかに、ゴー・キーウィ・シャトルズGo Kiwi Shuttles社がオークランドからシャトルバスを運行。テームズを経て東海岸を北上し、ホット・ウオーター・ビーチ、ハーヘイ、フィティアンガといった主要観光スポットに停まる。テームズまで所要約2時間、フィティアンガまでは約4時間30分。

フェリーではフラーズ360Fullers360がオークランドとコロマンデル・タウンを結んでいる。所要約2時間。(2023年4月現在運休中)

### コロマンデル半島の歩き方

コロマンデル半島観光のベースとなる町は西海岸のテームズ、北部のコロマンデル・タウン、東海岸のフィティアンガなど。いずれも海沿いに開けるリゾートムードたっぷりのエリアで、モー

**コロマンデル半島の観光情報**
URL www.thecoromandel.com

**おもなバス会社(→P.496)**
**インターシティ**

**オークランド〜コロマンデル半島のシャトルバス**
**ゴー・キーウィ・シャトルズ**
TEL (07)866-0336
FREE 0800-446-549
URL www.go-kiwi.co.nz
運 通年
オークランド市内 13:15発
オークランド国際空港 14:00発
料 片道
テームズまで$63〜
タイルアまで$71〜
フィティアンガまで$78〜
ハーヘイまで$91〜
ホット・ウオーター・ビーチまで$91〜
ドア・トゥ・ドアの料金プランもある。

**フェリー会社**
**フラーズ360**
TEL (09)367-9111
URL www.fullers.co.nz

**テームズ近郊の見どころ**
**ピナクルズ・ウオーク**
**Pinnacles Walk**
**Map P.354-B2**
URL www.thecoromandel.com/explore/kauaeranga-kauri-trail
ごつごつとした岩山ピナクルズの頂を目指すトレッキングルート。片道約6km、所要往復約6時間で日帰り可能だが、途中の山小屋Pinnacles Hut(1泊$25、要予約)で1泊し、山頂で朝日を望むコースが人気。テームズから登山口のカウアエランガ・バレー・ロードKauaeranga Valley Road駐車場まで車で行ける(所要約20分)。駐車場の8kmほど手前にDOCのビジターセンターがあるので情報を得ておこう。

**山小屋の予約申し込み先**
**DOC**
URL bookings.doc.govt.nz
i 観光案内所
DOC Kauaeranga Visitor Centre
**Map P.354-B2**
住 995c Kauaeranga Valley Rd.
TEL (07)867-9080

フィティアンガはキーウィにも人気のリゾートエリア

テルやホステルなどの宿泊施設も充実している。手つかずの自然が随所に残るこのエリアでは、森やビーチの散策が楽しめる。マーキュリー・ベイ一帯で盛んなマリンアクティビティに挑戦すれば、複雑に入り組んだ海岸線の景観美を海上から楽しむこともできる。半島内は交通機関の便数が少ないので、数ヵ所を巡りたいという人はやはりレンタカーがあると便利だ。ただし、一部、悪路のため乗り入れ禁止エリアがあるので要注意（→P.470）。

## コロマンデル半島

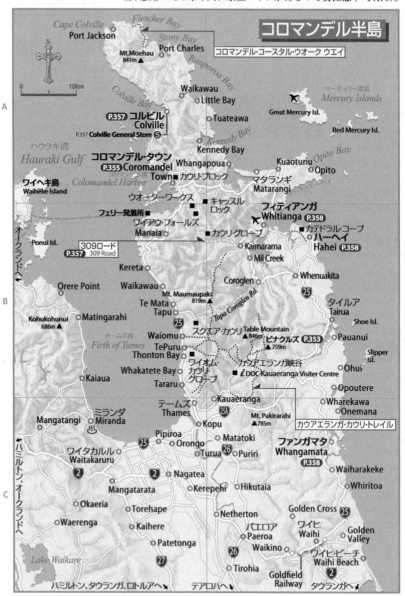

Cape Colville
Port Jackson
Fletcher Bay
Stony Bay
Port Charles
コロマンデル・コースタル・ウオーク ウエイ
Mt.Moehau 841m
Rauporoa Bay
Waikawau
Little Bay
Colville Bay
P.357 コルビル Colville
P.357 Colville General Store
Tuateawa
マーキュリー諸島 Mercury Islands
Great Mercury Isl.
Red Mercury Isl.
Kennedy Bay
ハウラキ湾 Hauraki Gulf
コロマンデル・タウン P.355 Coromandel Town
カウリ・ブロック
Whangapoua
Kuaotunu
Opito Bay
Opito
コロマンデル湾 Colomandel Harbor
マタランギ Matarangi
マーキュリー・ベイ
ワイヘキ島 Waiheke Island
ウオーターワークス
キャッスル・ロック
フェリー発着所
ワイアウ・フォールズ
フィティアンガ Whitianga P.358
カテドラル・コーブ
Manaia
カウリ・グローブ
ハーヘイ Hahei P.358
オークランドへ
Ponui Isl.
309ロード P.357 309 Road
Kaimarama
Mil Creek
Kereta
Whenuakita
Coroglen
Orere Point
Waikawau
Mt. Maumaupaki 819m
Tapa Coroglen Rd.
タイルア Tairua
Te Mata
Tapu
Kohukohunui 686m
Matingarahi
Shoe Isl.
スクエア・カウリ
Table Mountain 846m
テームズ湾 Firth of Tames
Waiomu
ピナクルズ P.353 759m
Pauanui
TePuru
Thonton Bay
Slipper Isl.
ワイオム・カウリ・グローブ
カウアエランガ峡谷
Whakatete Bay
DOC Kauaeranga Visiter Centre
Ohui
Kaiaua
Tararu
Opoutere
Kauaeranga
テームズ Thames
Wharekawa
Onemana
ミランダ Miranda
Mangatangi
Mt. Pakirarahi 785m
Kopu
カウアエランガ・カウリ・トレイル
Pipiroa
Matatoki
ファンガマタ Whangamata P.358
Orongo
ハミルトン、オークランドへ
ワイタカルル Waitakaruru
Turua
Puriri
Waiharakeke
Nagatea
Mangatarata
Kerepehi
Hikutaia
Whiritoa
Okaeria
Torehape
Netherton
Golden Cross
Waerenga
Kaihere
パエロア Paeroa
ワイヒ Waihi
Golden Valley
Patetonga
Waikino
ワイヒ・ビーチ Waihi Beach
Lake Waikare
Tirohia
Goldfield Railway
ハミルトン、タウランガ、ロトルアへ
テアロハへ
タウランガへ

# コロマンデル・タウン

## Coromandel Town

オークランド
コロマンデル・タウン

人口：1760人
URL www.thecoromandel.com

おもなバス会社（→P.496）
インターシティ

町の名は1820年、船のマストに使用するカウリ材を求めて寄港したヨーロッパの貨物船「H.M.S.コロマンデル号」に由来する。ここも、かつてはゴールドラッシュでおおいに栄えた町のひとつだ。1852年、製材業に携わっていたチャールズ・リングが、町の北部を流れるカパンガ・ストリーム近くで金を発見。以来、国内各地から人々が押し寄せ、現在のカパンガ・ロードKapanga Rd.を中心に教会や学校、銀行などができていった。現在でも当時の姿そのままの建造物が残り、今なお歴史ある町の風景を維持している。また、この町を拠点に活動する芸術家も多く、"アートタウン"としても知られる。

美しいコロマンデル湾の入江にあるコロマンデル・タウン

**観光案内所**
**Coromandel Town Information Centre**
**Map P.356-B1**
住 74 Kapanga Rd.
電 (07) 866-8598
URL www.coromandeltown.co.nz
開 10:00～15:00
休 無休

## コロマンデル・タウンへのアクセス Access

テームズから国道25号線を北に約55km。歪曲した海岸沿いの道を走るため多少の運転技術が必要だが、小さな入江や湾が次々と現れる風光明媚なドライブルートだ。

## コロマンデル・タウンの歩き方

町の中心は、カパンガ・ロード Kapanga Rd.周辺の小さなエリアのみ。観光案内所やカフェ、ショップなどもすべてこの通り沿いに集約されており、ぐるりと歩いても10分とかからない。しかし郊外へ足を延ばしてみれば、地元アーティストの工房やギャラリー、美しいビーチや庭園などが点在する。

毎年10月の第1・第2土・日には、コロマンデル・オープンスタジオズ・アートツアーという芸術イベントを開催。コロマンデル・タウン周辺に暮らす約40人のアーティストがそれぞれの工房を公開し、制作現場を見学できるほか、その場で作品の購入も可能。絵画、彫刻、陶磁器などジャンルやスタイルはさまざま。ロケーションマップは公式サイトからダウンロードできる。

かわいらしい建物

**コロマンデル・オープンスタジオズ・アートツアー**
URL www.coromandelartstour.co.nz

## コロマンデル・タウンの見どころ

### コロマンデル鉱業・歴史博物館

School of Mines & Historical Museum

Map P.356-B1

町の北東部、リングス・ロードRings Rd.沿いにたたずむ小さな博物館。カウリの伐採、搬出が経済の中心だった1800年代初期と、1870年代にピークを迎えたゴールドラッシュ時代を中心に、

**コロマンデル鉱業・歴史博物館**
住 841 Rings Rd.
☎ 021-160-2351
開 クリスマス～イースター 13:00～16:00
イースター～レイバーデー（10月下旬） 土・日 13:00～16:00
休 イースター～レイバーデーの月～金
料 大人$5、子供無料

この町がたどってきた変遷を如実に物語る貴重な写真が数多く展示されている。カウリの巨木を伐採した大きなノコギリや、金の採掘に使用したレトロな道具なども見応えがある。

ゴールドラッシュ時代の写真が多数展示されている

**ドライビング・クリーク鉄道**
住380 Driving Creek Rd.
FREE 0800-327-245
URL drivingcreek.nz
催鉄道は9:45～16:30の間で1日4～10便程度、ジップラインは8:00～17:00の間で1日2～9回出発、陶芸教室は夏季のみ。（時季によって異なる）
休無休
料鉄道ツアー
大人＄39、子供＄19
ジップライン
大人＄137、子供＄97
陶芸教室＄57

## ドライビング・クリーク鉄道
Driving Creek Railway

Map P.356-A1

町の名物アトラクションとして人気を博しているのが、レール幅わずか38cmというこのミニ鉄道。もともとは土地所有者である陶芸家のバリー・ブリッケルが、陶芸のための土やパイン材を工房へ搬送するために作った手作りのトロッコ列車で、1975年にスタートした線路の建設は徐々に延長され、現在は全長約6km。標高165mの所にある展望台アイフル・タワー Eyeful Towerまで、トンネルや鉄橋を通りながらシダの生い茂る森の中をくねくねと進む。敷地内ではほかにジップラインが楽しめ、陶芸教室も行っている。

### コロマンデル・タウン

A

B

1

↗コルビルへ
アイフル・タワー
P.356 ドライビング・クリーク鉄道
Driving Creek Railway
Driving Creek Rd.
Colville Rd.
Buffalo Rd.
Lillis Ln.
Rings Rd.
Whangarahi Stream
Coromandel Golf Club
Taumatawahine Stream
P.355 コロマンデル鉱業・歴史博物館
School of Mines & Historical Museum
リングス・ロード Rings Rd.
Oxford Tce.
Edward St.
Watt St.
Pagitt St.
教会
Coromandel Court Motel
警察署
カパンガ・ロード Kapanga Rd.
Victoria St.
Hauraki Rd.
フィティアンガへ
Coromandel Area School
Karaka Stream
ガソリンスタンド
Anchor Lodge Motel
Coromandel Information Centre
Wharf Rd.
ガソリンスタンド
消防署
Whangapoua Rd.
Tiki Rd.
25
Coromandel Harbour
309ロード P.357、テームズへ

3つのトンネルや10の鉄橋を走る人気のミニ鉄道

## 309ロード
309 Road

Map P.354-B1～2

コロマンデル・タウンから南東へ約3km、国道25号線と分岐して内陸へ進む**309ロード**は、野趣あふれる見どころが詰まったルート。マーキュリー・ベイ地方への近道であるこの道路は、ほとんどが未舗装のダートロードだが、寄り道したくなるスポットが道沿いに散りばめられている。

### ウオーターワークス　The Waterworks

国道25号線との分岐点から4.7kmほど進んだ所にある、ファミリー向けの遊園地。遊園地といっても広い庭園内に点在するのはすべて"水"にまつわる手作りの遊具だ。水力のみで動く大時計やメロディアスな曲を奏でる水のジュークボックスなど、遊び心たっぷりのアイテムがいっぱい。子供のためのプレイグラウンドや無料で使用できるBBQエリアのほか、カフェもある。

### キャッスル・ロック　Castle Rock

森林地帯にまるで城砦のようにそびえ立つ岩山は、半島随一の絶景を望める場所として有名。ウオーターワークスを過ぎた所で左折し、さらに2.6kmほど進むと山の麓にたどり着く。頂上へ続く2時間ほどのトラックはところどころ急な区間があり、特に頂上付近はかなり傾斜がきついので、雨のあとや風の強い日などは十分注意しよう。

### ワイアウ・フォールズ　Waiau Falls

国道25号線との分岐点から7kmほど走ると、向かって左側にごく小さな駐車スペースがある。ここから始まる遊歩道を歩き出して間もなく、階段状に流れ落ちる美しい滝が現れる。滝の高さは約10m。標識がわかりにくいので注意。

### カウリ・グローブ　The Kauri Grove

ワイアウ・フォールズへの入口からさらに1kmほど進むとカウリの森の中にトレイルが設けられている。双子のカウリ、サイアミーズ・カウリ Siamese Kauriで有名なカウリをはじめ、トレイル沿いにカウリの大木が天高くそびえ、カウリの群生が望める展望スポットもある。トラックはDOCによる整備が行き届いており、1周約30分。

ほとんど伐採され大きなカウリは少ない

## コルビル以北
Upper Area from Colville

Map P.354-A1

コロマンデル・タウンの北、約25kmの所にある**コルビル Colville**は、半島最北端に位置する町。とはいえ、商店「コルビル・ジェネラル・ストア Colville General Store」があるのみの小さな町だ。コルビルから半島最北端の湾、フレッチャー・ベイ Fletcher Bayまでは未舗装の道路が続く。ここから隣のストーニー・ベイStony Bayまでは約7kmのウオーキングコース、コロマンデル・コースタル・ウオークウエイCoromandel Coastal Walkwayが整備されている。

**ウオーターワークス**
住471 The 309 Rd.
☎(07)866-7191
URL thewaterworks.co.nz
開5～9月　金～月 10:00～16:00
10～4月　10:00～18:00
休5～9月の火～木
料大人$28、シニア・学生・子供$23

309ロードとキャッスル・ロック

夏は泳ぐ人もいるワイアウ・フォールズ

2本が1本になったサイアミーズ・カウリ

ファミリー・ツリーと名づけられたカウリの群生

**コルビル以北のツアー**
**Hike & Bike Coromandel**
✆027-337-7996
FREE 0800-287-432
URL www.hikeandbike.co.nz
催通年
料大人$140～、子供$80～
コルビルもしくはコロマンデル・タウンからウオーキングコースまで送迎。

# フィティアンガ&ハーヘイ

## Whitianga & Hahei

オークランド
フィティアンガ&ハーヘイ

人口：6420人
（フィティアンガ）
URL www.whitianga.co.nz

半島の東側、入り組んだ海岸線が続くこの地域はマーキュリー・ベイ Mercury Bayと呼ばれ、半島内でもひときわ明るくにぎやかな観光エリア。カヤックやダイビングなど、半島きってのマリンスポーツの盛んな土地でもある。その名は1769年にこの地を訪れたキャプテン・クックが、水星（マーキュリー）の観測をしたことに由来するという。

観光のベースとなるのが小さな町、フィティアンガ。大きなヤシの木が植えられたビーチ沿いに宿泊施設やレストランが林立し、リゾート気分も満点だ。

自然のなかで手軽にアクティビティを楽しめるのもマーキュリー・ベイの魅力

### フィティアンガ&ハーヘイへのアクセス Access

オークランドからフィティアンガまで約190km。ゴー・キーウィ・シャトルズGo Kiwi Shuttlesが毎日オークランドとフィティアンガを1往復している。シャトルバスの発着所は観光案内所アイサイト前。コロマンデル・タウンからは約45km。車の場合、半島を横断する309ロードで東海岸へ抜けるコースがあるが、途中未舗装の道を走る。

### フィティアンガ&ハーヘイの 歩き方

観光の拠点となるフィティアンガは、小規模ながら年間を通して陽気なリゾートムードが漂う町。フィティアンガ・ワーフ Whitianga Wharfから北へ延びるバッファロー・ビーチ Buffalo Beach沿いには、モーテルなどの宿泊施設が並ぶ。ショップや銀行、公共機関などは町の目抜き通り、アルバート・ストリート Albert St.を中心とする一角に集中している。フィティアンガ・ワーフの対岸へはフェリーで5分ほど。町にバスなどの公共交通機関はないので、ハーヘイ方面の見どころは、レンタカーやタクシー、もしくはツアーを利用することになる。

ハーヘイは、フィティアンガから東へ約35kmの所にある静かなリゾート地。町の中心を走るハーヘイ・ビーチ・ロードHahei Beach Rd.沿いに小さなB&Bやホステルが点在する。この道の突き当たりにあるのがハーヘイ・ビーチ。ビーチから徒歩1時間ほどでカセドラル・コーブへ行けるウオーキングトラックもある。カセドラル・コーブは映画『ナルニア国物語』のロケ地としても有名だ。ホット・ウオーター・ビーチへはハーヘイ・ビーチから約7km。

**ゴー・キーウィ・シャトルズ**
（→P.353）

| 運 | | |
|---|---|---|
| オークランド | 13:15発 |
| テームズ | 15:15発 |
| ハーヘイ | 17:00着 |
| フィティアンガ | 17:15着 |

料 オークランド～ハーヘイ　$91～
オークランド～フィティアンガ　$78～

**観光案内所 i-SITE**
**Whitianga i-SITE Visitor Information Centre**
**Map P.359-A1**
住 66 Albert St.
☎ (07)866-5555
URL www.thecoromandel.com
開 月～金　9:00～17:00
土　9:00～16:00
日　9:00～13:00
（時季によって異なる）
休 無休

**おもなタクシー会社**
**Whitianga Tours & Taxi**
✆ (021)155-5558
URL www.coromandel-nature-tours.com
運 月・火9:00～15:00、水・金9:00～21:00、木9:00～22:00、土16:00～翌1:00、日は要問合せ
休 不定休（通常月もしくは日）
専用配車アプリTaxiCallerの利用が便利。支払いは登録クレジットカードでの決済となる。そのほかにコロマンデル半島各地のツアーも主催。

**かわいいビーチタウン ファンガマタ**
**Map P.354-C2**
URL www.whangamatainfocentre.co.nz
フィティアンガから国道25号線を南に約75km下ったファンガマタは、のどかな雰囲気が魅力のビーチタウン。ファンガマタ・ビーチはサーフィンの名所として知られ、沖合に浮かぶバードサンクチュアリ（通称ドーナツ島）へカヤックでアクセスするのも楽しい。

## フィティアンガの 見どころ

### フェリー・ランディング
Ferry Landing

Map P.359-A1

フィティアンガ・ワーフの対岸、目と鼻の先に見えるフェリー・ランディングは、この地域一帯の地名。両岸を隔てるわずか100mほどの水路を乗客用のフェリーが行き来しており、これを利用しないと陸路で遠回りすることになるため、地元の人々の足として活躍している。フェリー乗り場の横には、1837年に建設されたオセアニアで最も古い石造りの波止場がある。

**フェリー会社**
**Whitianga Ferries Ltd.**
☎021-269-1136
URL whitiangaferry.co.nz
運7:30〜22:55
（時季によって異なる）
休無休
料片道大人$5.5、子供$3.5
往復大人$8、子供$3
10〜15分間隔で運航。

フィティアンガとハーヘイを行き来するフェリー

### マーキュリー・ベイ博物館
Mercury Bay Museum

Map P.359-A1

フィティアンガの埠頭の向かいにある1979年創設の博物館。年間入場者数は6000人を超え、周辺の博物館のなかでは屈指の人気を誇る。1840年に難破し、その後バッファロー・ビーチの名前の由来にもなった貨物船「H.M.S. Buffalo」の写真をはじめ、マオリの先祖ともいわれる航海者クペがこの地に上陸したという紀元800年から現在にいたる貴重な展示がある。

町の歴史を垣間見る博物館

**マーキュリー・ベイ博物館**
住11A The Esplanade, Whitianga
☎(07)866-0730
URL mercurybaymuseum.co.nz
開10:00〜15:00
（最終入館14:15）
（時季によって異なる）
休日
料大人$10、子供無料

### フィティアンガ・ロック
Whitianga Rock

Map P.359-A1

かつてこの地に住んでいたマオリの人々がパ(要塞)として利用していた場所。国内に数多く残る要塞跡地のなかでも、最も古いもののひとつとされており、ダイナミックな眺望が広がる頂上までは、看板がある岩山の麓から始まる遊歩道を歩いて約8分。山道のところどころで視界が開け、ビーチ沿いに広がるフィティアンガの町並みを眼下に望むことができる。

かつてマオリの人々により掘られた岩場を行く

**フィティアンガ・ロックへの行き方**
フェリー・ランディングの駐車場の脇から坂を登る。標識に従って進めば迷うことはないが、滑りやすいので足元に注意。フェリー・ランディングから小さな入江のバック・ベイBack Bayまでは徒歩約2分。

木の間からフィティアンガ方面が望める

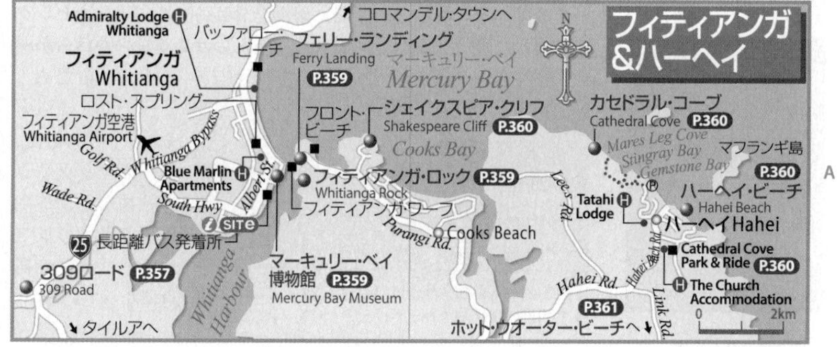

フィティアンガの
おすすめスポット
ロスト・スプリング
The Lost Spring
**Map P.359-A1**

フィティアンガの中心部にある温泉プール。温泉はオーナーが約20年の歳月をかけて地下644mから掘り当てたもので、湯温は38〜40℃とややぬるめ。野趣あふれる造りで、ラグジュアリーなリゾート気分を味わえる。レストランやスパ施設も併設している。

住121A Cook Dr.
☎(07)866-0456
URL www.thelostspring.co.nz
営金・土9:30〜21:00
(最終入場19:00)
日9:30〜19:00
(最終入場17:00)
(時季によって異なる)
休無休
料2時間$60〜、
4時間$100〜
(入場は14歳以上)

施設の入口

カセドラル・コーブへの行き方

車の場合、トレイル入口のGrabge Rd.に有料駐車場(4時間$15〜)がある。10月1日〜4月1日はこの駐車場が渋滞緩和のために閉鎖されるので、ハーヘイ・ビジター駐車場にとめ、そこからゴー・キーウィ・シャトルズが運行するシャトルバスを利用する。トレイルは歩きやすく整備されており、カセドラル・コーブまで約40分。

Cathedral Cove Park &Ride
**Map P.359-A2**
住90/94 Hahei Beach Road
URL www.cathedralcoveparkandride.co.nz
運9:00〜18:00
料往復大人$7、子供$4

トンネルの先に行く場合は、波にさらわれないよう注意

## シェイクスピア・クリフ
Shakespeare Cliff

Map P.359-A1

海に向かって右にロンリー・ベイLonly Bay、左にフラックスミル・ベイ Flaxmill Bayを望むこのシェイクスピア・クリフは、海へ突き出すようにそそり立つ白い岩の断崖がシェイクスピアの横顔に見えるということからこのように呼ばれるようになった。駐車場から坂を登ると、緩やかな曲線を描くマーキュリー・ベイの海岸線を一望できる岬の先端へ到着する。ここにはキャプテン・クックの水星観測を記念する石碑がある。

右奥にはクックス・ベイが広がる

# ハーヘイの見どころ

## カセドラル・コーブ
Cathedral Cove

Map P.359-A2

ハーヘイ市街から北の海岸線は、長年にわたる波の浸食により複雑な地形を形成している。断崖の上に遊歩道が整備されており、入江にある波の穏やかなビーチや、沖に浮かぶ島々を眺めながらの散策が楽しめる。長い階段を下りるとカセドラル・ビーチに到着。青い海とそそり立つ白い奇岩、サクラ貝の貝殻でピンクに染まるビーチが美しい景勝地だ。ビーチの左側のトンネル状になった岩がカセドラル・コーブで、トンネルの先にも小さなビーチがある。

ビーチとカセドラル・コーブ

## ハーヘイ・ビーチ
Hahei Beach

Map P.359-A2

海洋保護区域の先端に位置するハーヘイ・ビーチは、海水浴やマリンスポーツを楽しむ絶好のスポットとしてローカルにも愛されるビーチ。約1.5kmにわたって続く美しい海岸線は朝夕のビーチウオークにもぴったりだ。砂浜全体がふんわりとしたピンク色に輝いて見えるのは、白砂にたくさんのサクラ貝のかけらが混じっているため。ビーチ近くに栄えるハーヘイの町は、シーカヤックやクルーズなど、湾内を巡る各マリンアクティビティの拠点になっている。

緩やかな海岸線が続くハーヘイ・ビーチ

## ホット・ウオーター・ビーチ

Hot Water Beach

Map P.359-A2外

ハーヘイから7kmほど南下した所にあるこのビーチは、砂浜を掘ると天然の温泉が湧き出すことで有名。しかしこの天然温泉が実現するのは、干潮の前後1～2時間程度。ビーチを訪れる前に、フィティアンガの観光案内所アイサイトで干潮時刻を確認しておこう。砂を掘るためのスコップはビーチ入口のショップ兼レストランでレンタル可。簡素ではあるが着替えもできるトイレや足洗い場がある。サーフィンスポットでもあるが潮の流れが強く、泳ぐ際には注意が必要。周辺に駐車場は3ヵ所あり、Pye Pl.のメイン駐車場は有料。

海遊びと天然温泉を一度に楽しめる

ホット・ウオーター・ビーチのショップ&レストラン
Hotties
住29 Pye Pl.
☎(07) 866-3006
営10～6月　10:00～22:00
休7～9月
スコップのレンタル
料$10

海を眺めながらの食事は格別

## フィティアンガ&ハーヘイのエクスカーション Excursion

### 湾内クルーズ

フレンドリーなクルーが案内する、アットホームな湾内クルーズ。8～9人乗りのゴムボートで、鳥類の営巣地になっているモツエカ島やブロウホールなどの穴場を巡るワイルドなツアーだ。海洋保護区にも指定されるマーキュリー・ベイ一帯の魅力を堪能できる。所要約1時間。

**Hahei Explorer**
☎(07) 866-3910　FREE 0800-268-386
URL haheiexplorer.co.nz
催通年
料Hahei Explorer Tour 大人$115、子供$70
CC MV

### カセドラル・コーブ・ウオータータクシー

ハーヘイ～カセドラル・コーブを約10分で結ぶウオータータクシーが約30分ごとに運航されている。ハーヘイの出発場所はハーヘイ・ビーチ前のメイン駐車場。料金はボートの上で現金もしくはクレジットカードで支払う。時間がないがカセドラル・コーブへ行ってみたい人にぴったり。

**Cathedral Cove Water Taxi**
✆027-919-0563
URL www.cathedralcovewatertaxi.co.nz
催通年　運航時間は天候などによって異なる
料片道大人$20、子供$15
CC MV

### カセドラル・コーブ&アイランド・アドベンチャー

全長8.5mのボートに乗り、カセドラル・コーブや海洋保護区にある島々を訪れたあと、ハーヘイとホット・ウオーター・ビーチの間にある海岸沿いの個性的な風景を見学する。8:00、11:00、14:00出発で所要約2時間。夏季は16:30発もある。観光案内所アイサイトでも申し込み可。

**Sea Cave Adventures**
FREE 0800-806-060
URL www.seacaveadventures.co.nz
催通年
料大人$110、子供$65
CC MV

## フィティアンガ&ハーヘイのアクティビティ Activity

### シーカヤック

点在する小島や、波の浸食でできた奇岩が個性的なマーキュリー・ベイ一帯はシーカヤックに最適。経験豊かなスタッフが案内してくれるので、初心者でも安心だ。ハーヘイ・ビーチを出発し、近くの島々を巡ってからカセドラル・コーブへ向かう。コーブではホットドリンクとクッキーを楽しむこともできる。所要3時間。

**Cathedral Cove Kayak**
☎(07) 866-3877　FREE 0800-529-258
URL www.kayaktours.co.nz　催通年　料大人$145～、子供$95～　CC MV

# タウランガ&マウント・マウンガヌイ

## Tauranga & Mount Maunganui

オークランド
マウント・マウンガヌイ
タウランガ

人口：15万8300人
URL www.tauranga.govt.nz

オークランドから南東へ約204km、北島の東海岸部に位置するこの地域はベイ・オブ・プレンティ地方Bay of Plentyと呼ばれる国内屈指のキーウィ・リゾート地。ベイ・オブ・プレンティという地名は、古くからカヌーを使ったマオリによる海上交通の中継地として発展したこの地を1769年に航海者ジェームス・クックがヨーロッパ人として初めて訪れ、"豊穣の湾"という地名を付けたことに由来する。年間を通して温暖な気候が続き、ドルフィンスイムをはじめとしたさまざまなマリンアクティビティを楽しめる。

タウランガの海沿いのメインストリート

また、肥沃な土壌によってニュージーランドを代表する果物、キーウィフルーツの約80%がこの地方で生産されている。この地方最大の町、タウランガはマオリ語で「囲まれた水、カヌーを休める安全な場所」という意味。国内最大規模の天然港としてさまざまな商船が往来し、今もなお活気にあふれている。

タウランガの対岸、ハーバー・ブリッジでつながるマウント・マウンガヌイは細長い半島状の陸地をふちどる砂浜と、その先端にある火山マウアオ（マウント・マウンガヌイ）を有する美しい町。リタイアした人々の邸宅や別荘が多く、ニュージーランド人の憧れのスポットでもある。北東側のパパモア・ビーチは約20km以上も続き、国内屈指の長さを誇る。

### タウランガ&マウント・マウンガヌイへのアクセス Access

ニュージーランド航空がタウランガ空港Tauranga Airportまでオークランドからの直行便を運航しており、1日4～6便、所要約35分。ウェリントンからは1日2～3便、所要約1時間15分。クライストチャーチからは1日3～4便、所要約1時間50分。空港からタウランガ中心部までは5kmほど。

インターシティの長距離バスが各都市とタウランガを結ぶ。オークランド～タウランガ間は1日3～4便、所要約4時間。ハミルトン～タウランガ間も1日3～4便程度、所要約2時間。ウェリントン～タウランガ間が1日1便、所要約10時間45分。タウポなどを経由する便もある。各都市からマウント・マウンガヌイまでの直行便はなく、タウランガ中心部までアクセスし、市内巡回バスのベイ・バスBay Busが運行するベイ・ホッパーBay Hopperに乗り換える。

---

航空会社（→P.496）
ニュージーランド航空

タウランガ空港
**Map P.363-A1**
☎(07)575-2456
URL airport.tauranga.govt.nz
交 空港から中心部までは約5km。タクシー、シャトルバス、またはレンタカーを利用。

おもなバス会社（→P.496）
インターシティ

おもなタクシー会社
Tauranga Mount Taxis
FREE 0800-829-477
URL www.taurangataxis.co.nz
配車アプリのUberも利用可能。

マウント・マンガヌイまでのアクセス
ベイ・ホッパー
FREE 0800-422-9287
URL www.baybus.co.nz
運
6:00台～20:00台
料 現金大人$3.4 子供 $2
1日券大人$7.8
Bee Card
大人$2.72
子供$1.6

タウランガの観光案内所 i-SITE
Tauranga i-SITE
**Map P.363-B1**
住 103 The Strand
☎(07)578-8103
URL www.bayofplentynz.com
開 9:00～17:00
休 日・祝

ベイ・オブ・プレンティ全体の情報を扱う

## タウランガ&マウント・マウンガヌイの歩き方

タウランガとマウント・マウンガヌイは1988年に完成したハーバー・ブリッジ Harbour Bridgeによって楽に行き来できるようになっている。車がなくてもベイ・ホッパーBay Hopperと呼ばれる市バスの#2、#5がタウランガの中心部とマウント・マウンガヌイの麓のマウント・ホット・プール（→P.364）を行き来している。

タウランガの市街地は細長い半島内に収まっている。メインストリートは海沿いのデボンポート・ロードDevonport Rd.だ。デボンポート・ロードに交わるザ・ストランドThe Strandやワーフ・ストリートWharf St.周辺にも、レストランやショップが集まっている。ビーチを楽しみたいならマウント・マウンガヌイへ行こう。

マウント・マウンガヌイ市街地のメインストリートは、マウアオの麓から延びるマウンガヌイ・ロード Maunganui Rd.。特にマウアオ寄りがにぎやかで、リゾートホテル、レストラン、サーフショップなどが並ぶ。マウント・マウンガヌイの大きな魅力はどこからでも海とビーチが近いこと。宿泊施設もマウアオ寄りと、マリン・パレードMarine Pde.沿いに集中している。夏季や週末は早めの予約が望ましい。

町のシンボル、マウアオ

**ベイ・ホッパー**（→P.362）
現金またはICカード乗車券のBee Cardで支払う。
**〈Bee Cardの購入方法〉**
バスの運転手から購入可能。1枚$5でチャージ(Top Up)金額は$5～。
URL beecard.co.nz

便利なベイ・ホッパー

**ヒストリック・ビレッジ**
住 17 Ave. West
電 (07)571-3700
URL www.historicvillage.co.nz
開 ビレッジ　7:30～22:00
ショップ／カフェ
店舗によって異なる。
休 ビレッジは無休、ショップ／カフェは店舗によって異なる。
料 無料
交 タウランガ中心部からベイ・ホッパー＃59で約10分。＃55でもアクセスできる。

## タウランガの見どころ

### ヒストリック・ビレッジ
Historic Village
Map P.363-B1

19世紀の植民地時代、タウランガに建てられた銀行や歯科医院、住居などの建物を移築したり、復元したりした、かわいらしいミニビレッジ。各建物はすべてチャリティーショップとなっており、ポッサム製品やウールセーター、ウッドカービングやジュエリーなど、手作りの商品が並べられている。平日はひっそりとしているが週末は開けている店が多くにぎわいを見せる。

コロニアルな木造の建物がかわいらしい

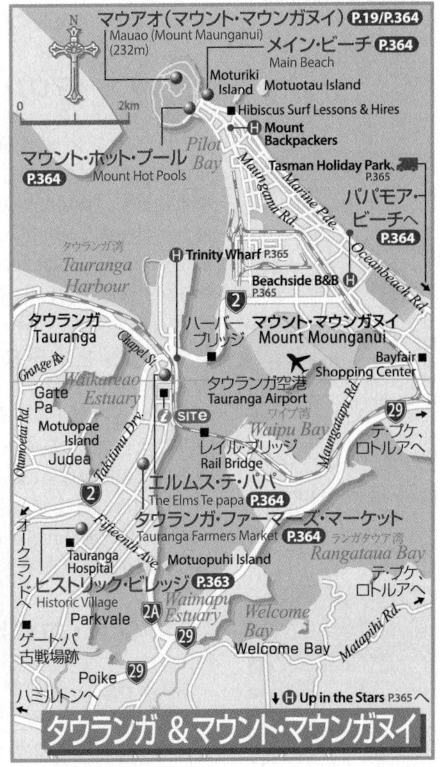

## タウランガ・ファーマーズ・マーケット
Tauranga Farmers Market

Map P.363-B1

小規模だがえりすぐりのベンダーが集まる

2023年に20周年を迎えた歴史ある人気ファーマーズ・マーケット。地元産のオーガニック野菜や果物が並ぶほか、ハチミツ、オリーブオイル、コーヒー豆といったグルメみやげも充実。サンドイッチ、クレープ、ハンバーガーなどその場で食べられるフード屋台も多く、朝食がてら出かけるのもおすすめ。音楽ライブも行われ、お祭りのような雰囲気が味わえる。

**タウランガ・ファーマーズ・マーケット**
住Tauranga Primary School, 31 Fifth Ave.
URL tgafarmersmarket.org.nz
催土　7:45〜12:00

タウランガ小学校の校庭で開催される

## エルムス・テ・パパ
The Elms Te Papa

Map P.363-A1

1838年、この地域に西洋人として最初に永住目的でやってきた、イギリス人伝道師の住居。ミッション・ハウスは1847年に建てられ、マオリ戦争中には、傷病者を収容する施設としても使われた。

**エルムス・テ・パパ**
住15 Mission St.
電(07)577-9772
URL www.theelms.org.nz
開10:00〜16:00
休無休
料大人$15、子供$7.5(館内ガイドツアー含む)

木々に囲まれた小さな建物

# マウント・マウンガヌイの見どころ

## マウアオ（マウント・マウンガヌイ）
Mauao (Mount Maunganui)

Map P.363-A1

“ザ・マウント”の愛称でも呼ばれるマウント・マウンガヌイの町の名所。海に突き出した円錐形の山で標高は232m。周囲は平坦な地形で、特別な装備の必要なく登ることができる手軽なハイキングコースとなっている。かつてはマオリの要塞として使用されていた。頂上へは歩いて約30分。海沿いを一周する約45分のコースもある。頂上から見る360度のパノラマは最高だ。

**マウアオへの行き方**
タウランガ中心部からはベイ・ホッパーの#5で約20分。マウント・マウンガヌイ中心部からは#5、#21を利用。

**パパモア・ビーチへの行き方**
タウランガ中心部からはベイ・ホッパーの#2B、#2Wで約50分。マウント・マウンガヌイ中心部からは#20、#21も利用できる。

## メイン・ビーチ&パパモア・ビーチ
Main Beach & Papamoa Beach

Map P.363-A1、P.363-A1外

町の北東に広がるメイン・ビーチは、外海側のためやや波があり、サーファーが多い。マウアオから離れたパパモア・ビーチは人も比較的少なく、のんびりできる。町の反対側のパイロット・ベイは内海、遠浅で海水浴にも適している。メイン・ビーチからモトゥリキ島Moturiki Islandまでは徒歩10分ほど。波の荒いときは岩間から海水の噴き上がるブロウホールが見られる。

## マウント・ホット・プール
Mount Hot Pools

Map P.363-A1

海水をろ過し、地下からの温水を用いた屋外温水プール。マウアオの山麓にあり、ウオーキング後にくつろぐのもおすすめ。個室プールもあり、マッサージも受けられる。

**マウント・ホット・プール**
住9 Adams Ave.
電(07)577-8551
URL mounthotpools.co.nz
営月〜土　7:00〜22:00
　日・祝　8:00〜22:00
休無休
料大人$20〜、子供・シニア$13.5〜
交タウランガ中心部からはベイ・ホッパーの#5で約20分。マウント・マウンガヌイ中心部からは#5、#21を利用。

ウオーキング後のプールは気分爽快

## タウランガ&マウント・マウンガヌイの エクスカーション Excursion

### ワイルド・ドルフィン・エンカウンター

ボートで野生のイルカの群れに接近し、一緒に泳ごう。移動中にブルー・ペンギンやニュージーランド・ファーシールが見られることも。ウエットスーツ、スノーケルなど装備の一式はレンタルできる。

**Dolphin Seafaris**
電 (07) 577-0105 FREE 0800-326-8747
URL www.nzdolphin.com
催 11～5月 料 大人$139、子供$99
CC MV

## タウランガ&マウント・マウンガヌイの アクティビティ Activity

### タンデム・スカイダイビング

小型飛行機から飛び出し、パラシュートでビーチに着陸するまで、ガイドと一緒で安心のタンデム・スカイダイビング。飛ぶ高さは高度1万2000と1万5000フィートから選ぶことができ、それによって料金も異なる。空を飛びながらマウント・ルアペフ、ホワイト・アイランドなどを眺められる。

**Skydive Tauranga**
電 (07) 574-8533
URL www.skydivetauranga.com 催 通年
料 1万2000フィート$379～
1万5000フィート$479～
CC MV

### サーフィン

ビギナーでも乗りこなしやすいように角が丸く危険の少ないサーフボードを使用して、わかりやすくレッスンしてくれる。初心者レッスンは毎日11:00～と13:30～、所要約2時間。ウエットスーツなどはレンタルできる。

**Hibiscus Surf Lessons & Hires**
電 (07) 575-3792
URL surfschool.co.nz 催 通年
料 初心者レッスンは$79～、プライベートレッスン$159～ CC MV

## タウランガ&マウント・マウンガヌイの アコモデーション Accommodation

### マウント・マウンガヌイ

#### ビーチサイドB&B Beachside B&B
Map P.363-A1

ラウンジから海が一望できる眺めのいいB&B。3種類の部屋があり、各部屋には専用のシャワールームがあるのもうれしい。親切なホストのジムとロレーヌが迎えてくれる。町の中心部までは約3km。空港やバス停から無料送迎あり。

住 21B Oceanbeach Rd.
電 (07) 574-0960
URL www.beachsidebnb.co.nz
料 Ⓢ$105～ Ⓓ$125～
室数 3 CC MV

#### タスマン・ホリデーパーク Tasman Holiday Park
Map P.363-A1外

パパモア・ビーチに面したホリデーパーク。キャンプサイトからヴィラまで、さまざまな滞在スタイルが可能。客室や共用入浴施設はとてもきれい。町の中心部までは約10km。

住 535 Papamoa Beach Rd. FREE 0800-232-243 URL tasmanholidayparks.com/nz
料 Camp$50～ Cabin$99～ Unit$149～ Villa$199～
室数 45 CC MV

### タウランガ

#### トリニティ・ワーフ Trinity Wharf
Map P.363-A1

タウランガ湾に面しており、海側の部屋からの景色は別格。ホテルには、イタリアンレストランも併設されており、タウランガ湾を眺めながら朝食からディナーまで楽しめる。

住 51 Dive Crescent, Tauranga
電 (07) 577-8700
URL www.trinitywharf.co.nz
料 ⓈⓉⒹ $260～
室数 123 CC ADJMV

#### アップ・イン・ザ・スターズ Up in the Starts
Map P.363-B1外

親切な夫妻とかわいいトイプードルが迎えてくれるB&B。高台にあり、ラウンジからタウランガの景色が望める。共同のバスルームはスパバス付き。周囲は閑静な住宅街で、のんびりできる。

住 34 Galaxy Pl.
027-438-1557
料 ⓈⒹ$134～
室数 2
CC 不可

キッチン(全室) キッチン(一部) キッチン(共同) ドライヤー(全室) バスタブ(全室) プール ネット(全室／有料) ネット(一部／有料) ネット(全室／無料) ネット(一部／無料)

# ギズボーン

## Gisborne

オークランド
ギズボーン

人口：3万6100人
URL gdc.govt.nz

航空会社(→P.496)
**ニュージーランド航空**

**ギズボーン空港**
**Map P.367-A1外**
住 Aerodrome Rd.
電 (06) 867-1608
URL www.eastland.nz
　空港から町の中心部へはタクシーを利用する。

おもなタクシー会社
**Gisborne Taxis**
電 (06) 867-2222
FREE 0800-468-294

おもなバス会社(→P.496)
**インターシティ**

観光案内所 i-SITE
**Gisborne Visitor Centre**
**Map P.367-A1**
住 209 Grey St.
電 (06) 868-6139
FAX (06) 868-6138
URL tairawhitigisborne.co.nz
開 9:00～17:00
休 無休

温暖な気候が魅力的な海沿いの町

　北島の東岸、半島のように突き出た一帯はイーストランド地方Eastlandと呼ばれ、入り組んだ海岸線沿いにのどかな風景がどこまでも続くエリアだ。このイーストランド地方で最大の都市がギズボーン。都市としては国内で最も東端に位置しており、「世界最初の日の出」が見られる町でもある（ただしさらに日付変更線に近い太平洋の島国はある）。豊かな日照に恵まれ、良質なワインの産地としても有名だ。また、いい波が立つためサーファーたちにも人気が高い。

　1769年10月、イギリス人航海者ジェームス・クックが、初のヨーロッパ人としてギズボーンに上陸した。しかし一行とマオリの人々との交流はうまくいかず、クックは期待した水や食料の補給ができなかった。そのときに付けられたポヴァティ・ベイPoverty Bay（不毛な湾）という名前が現在も残っている。

### ギズボーンへのアクセス　Access

　飛行機はニュージーランド航空などが主要都市からギズボーン空港Gisborne Airportまで、直行便を運航している。オークランドから1日3～5便程度、所要約1時間。ウェリントンからは1日1～3便ほど、所要約1時間5分。空港は市街地の西約5kmに位置する。

　長距離バスはインターシティがオークランドから直行便を運行。1日1便、所要約9時間15分。ウェリントンからは途中ネイピアを経由する便があり、1日1便、所要約9時間35分。バスは観光案内所アイサイト前に発着する。

イーストランド地方内の交通
　ギズボーンから海岸線を北上したヒックス・ベイHicks Bayまで、シャトルバスが運行している。出発は観光案内所アイサイト前から。要予約。
**Cooks Passenger Courier Services**
☎ 021-371-364
運 月～金　13:15発
　（時季によって異なる）
休 日

高台に立つクック上陸記念碑

### ギズボーンの歩き方

　グラッドストーン・ロードGladstone Rd.がにぎやかなメインストリートであり、この通りと交差するピール・ストリートPeel St.周辺にレストランやショップが集中する。グラッドストーン・ロード沿いの町の北西部にはモーテルが多く、ポヴァティ湾Poverty Bayに臨むワイカナエ・ビーチWaikanae Beach沿いにもホリデーパークとモーテルが点在する。

　また、町なかにはジェームス・クックに由来するモニュメントなど、歴史にまつわるスポットが点在している（→P.368）。観光案内所アイサイトで配布している「A Historic Walk」を手に、散策してみるのもおもしろい。

## ギズボーンの 見どころ

### タイラフィティ博物館
Tairawhiti Museum

Map P.367-A2

タルヘル川Taruheru River沿いに立つ博物館。この地域の地学、マオリ文化、ヨーロッパからの入植の歴史などを紹介している。ほかにもイギリス人航海者ジェームス・クックのギズボーン来訪に関するコーナーが充実。博物館の後ろには、1912年にギズボーン沖で沈んだ大型船、スター・オブ・カナダ Star of Canadaのブリッジなど、一部を引き揚げたものが展示されている。博物館前庭には、1872年の開拓時代に建てられた住居、ウィリー・コテージWyllie Cottageも公開されている。

**タイラフィティ博物館**
住Kelvin Rise, Stout St.
電(06)867-3832
URL www.tairawhitimuseum.org.nz
開月～土　10:00～16:00
　日　13:30～16:00
休無休
料大人$5、子供無料(12歳以下)

マオリ文化が色濃く残る町の歴史を展示する

### ギズボーン・ワイン・センター
Gisborne Wine Centre

Map P.367-B2

「ニュージーランドのシャルドネの首都」と称されるほど、国内有数のワインの生産地として知られるイーストランド地方。ギズボーン周辺には16軒ほどのワイナリーがあり、センターではワイナリー価格で地域のワインを販売。レストランも併設しているので、飲み比べて気に入ったものを購入することができる。

**ギズボーン・ワイン・センター**
住Shed 3, 50 Esplanade St.
電(06)867-4085
URL gisbornewinecentre.co.nz
営火～土　15:00～21:00
　(時季によって異なる)
休日・月

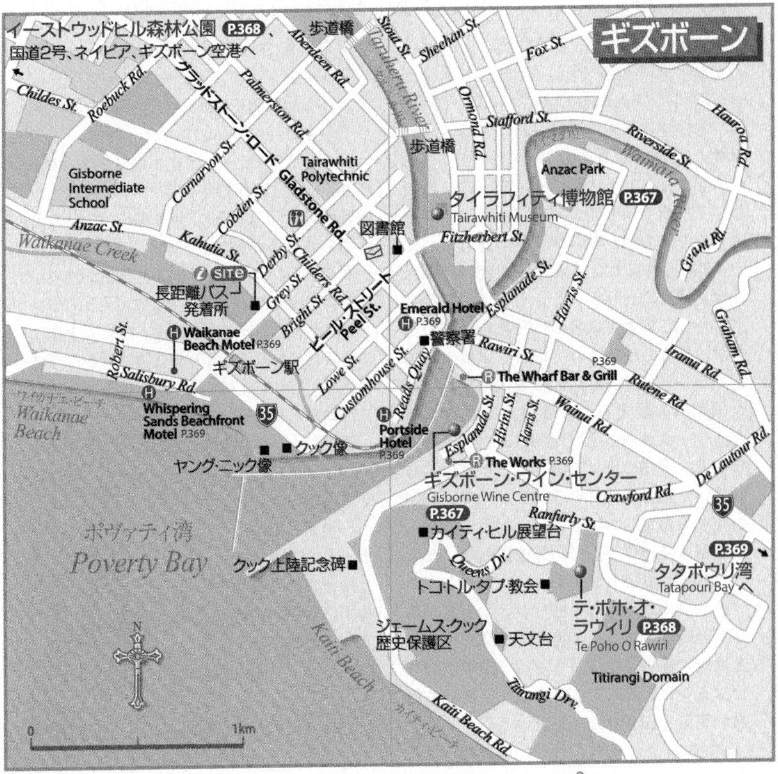

**ギズボーン**

イーストウッドヒル森林公園 P.368、国道2号、ネイピア、ギズボーン空港へ
歩道橋
Tairawhiti Polytechnic
Gisborne Intermediate School
タイラフィティ博物館 P.367 Tairawhiti Museum
図書館
Anzac Park
長距離バス発着所
Emerald Hotel P.369
Waikanae Beach Motel P.369
警察署
ギズボーン駅
The Wharf Bar & Grill P.369
Whispering Sands Beachfront Motel P.369
Portside Hotel P.369
クック像
ヤング・ニック像
The Works P.369
ギズボーン・ワイン・センター Gisborne Wine Centre P.367
カイティ・ヒル展望台
ポヴァティ湾 Poverty Bay
クック上陸記念碑
トコ・トル・タプ教会
タタポウリ湾 Tatapouri Bayへ P.369
テ・ポホ・オ・ラウィリ P.368 Te Poho O Rawiri
ジェームス・クック歴史保護区
天文台
Titirangi Domain
ワイカナエ・ビーチ Waikanae Beach
Kaiti Beach カイティ・ビーチ
グラッドストーン・ロード Gladstone Rd.
ピール・ストリート Peel St.
Childes St. Roebuck Rd. Palmerston Rd. Aberdeen Rd. Stout St. Sheehan St. Fox St. Ormond Rd. Stafford St. Riverside St. Hawroa Rd. Carnarvon St. Cobden St. Anzac St. Kahutia St. Derby St. Childers Rd. Grey St. Bright St. Lowe St. Customhouse St. Reads Quay Fitzherbert St. Esplanade St. Harris St. Grant Rd. Graham Rd. Rawiri St. Iranui Rd. Rutene Rd. Wainui Rd. Hirini St. De Lautour Rd. Crawford Rd. Ranfurly St. Queens Dr. Titirangi Dr. Kaiti Beach Rd. Robert St. Salisbury Rd.
Waikanae Creek Taruheru River Waimata River
0 1km

**テ・ポホ・オ・ラウィリ**
住Queens Dr.
開内部見学は要予約、観光案内所アイサイトで予約可。
料無料

**イーストウッドヒル森林公園**
住2392 Wharekopae Rd. RD2, Ngatapa
☎(06)863-9003
FAX(06)863-9093
URL eastwoodhill.org.nz
開8:30〜16:30
休無休
料大人$15、子供$2
交ギズボーン中心部から国道2号線を南へ進み、Wharekopae Rd.に入り、そこから約23km。

レレ・ロック・スライド。近くのレレ滝も必見
© BackpackGuide.NZ

## テ・ポホ・オ・ラウィリ
Te Poho O Rawiri

Map P.367-B2

カイティ・ヒルの北側にあるマラエ（マオリの集会所）。1930年に建てられた、国内最大級のものだ。近くにはマオリの小さな教会であるトコ・トル・タプ教会Toko Toru Tapu Churchもある。

芸術性の高い彫刻が見られる

## イーストウッドヒル森林公園
Eastwoodhill Arboretum

Map P.367-A1外

ギズボーンから車で約30分、北アメリカやヨーロッパのオークから原生種まで、4000種ものさまざまな木々や低木、ツタ類を有する広大な公園。その種類の豊富さと広さで世界的にも名が知られており、四季を通してすばらしい景観を誇る。夏季は近くにあるレレ・ロック・スライドRere Rock Slideへも足を延ばしたい。全長約60mある天然のウオータースライダーで、ボディボードで滑り降りるのが人気だ。

## Column 太平洋の探検家ジェームス・クック

### 偉大なる航海者としての功績

キャプテン・クックとして知られるジェームス・クックJames Cook（1728〜79年）は、太平洋の探索に尽力したイギリス人航海者。1768年に帆船エンデバー号でイギリスをたち、1769年10月にヨーロッパ人として初めて現在のニュージーランドに上陸した。その地がギズボーンの海岸だ。その後約6ヵ月にわたる入念な調査の結果、ほぼ正確なニュージーランドの地図を作り上げた。このときに名づけられた地名の多くが、現在も使用されている。以後ニュージーランドはイギリスの植民地となり、近代国家への歴史を歩み始めることとなった。クックはおよそ10年間にわたる3度の航海で太平洋の島々を調査し、当時信じられていた南方大陸「テラ・アウストラリス」の存在を否定した。しかし、補給のために立ち寄ったハワイ島で、先住民と争いが起こり殺害されてしまった。

クックの功績としてもうひとつ有名なのが、当時深刻だった壊血病の予防だ。船内を清潔に保ち、酢漬けキャベツや果物からビタミンCを摂取することで、ひとりも壊血病患者を出さなかったという。

### クックにまつわる記念碑

ギズボーンには、ジェームス・クックにまつわる記念碑や像がいくつかあるので巡ってみよう。

ワイカナエ・ビーチに立つクック像（Map P.367-B1）は1999年に造られたもので、地球儀のような球形の台座裏に、3度の大航海のルートが刻まれている。

同じくワイカナエ・ビーチに立つのはヤング・ニックYoung Nick像。最初にニュージーランドの陸地を見つけた乗組員は、12歳の少年ニコラスだったのだ。この像は彼にちなんで名づけられたヤング・ニックス・ヘッドを指さして「陸地だ！」と叫んだ様子を表している。

実際にクックが上陸したのはカイティ・ビーチ Kaiti Beachで、湾内にエンデバー号を停泊し、ボートで上陸したと推測されている場所には記念碑が立つ（Map P.367-B1）。

ワイカナエ・ビーチにたたずむクック像

## タタポウリ湾
Tatapouri Bay

Map P.367-B2外

ギズボーンから車で約15分のタタポウリ湾で、野生のエイを観察するツアーが行われている。ガイドから土地の歴史やマオリの神話などを聞きながら干潮時のリーフに入ると、好奇心旺盛なエイが近づいてくる。エイを間近で見られ、餌やりも可能だ。

エイと触れ合える貴重体験

タタポウリ湾
Dive Tatapouri
住532 Whangara Rd., State Hwy. 35
電(06)868-5153
URL www.divetatapouri.com
催通年(要予約)
料リーフ・エコロジー・ツアー大人$60、子供$20(所要約1時間)

---

## ギズボーンのレストラン Restaurant

### ザ・ワーフ・バー&グリル The Wharf Bar & Grill
Map P.367-A2

マリーナに面し、天気のよい日は屋外席が爽快。シーフード、肉料理、パスタ、バーガーなど豊富なメニューを揃え、メインは$21.5〜。13歳未満がオーダーできるキッズミールもある。

住60 The Esplanade
電(06)281-0035
URL wharfbar.co.nz
営火〜金11:00〜21:00、土10:00〜21:00、日10:00〜15:00
休月 CC MV

### ワークス The Works
Map P.367-B2

インナーハーバーに面した歴史的な建物を利用し、盛りつけも洗練されたニュージーランド料理を提供する。ディナーのメイン料理は$40前後。シャルドネをはじめ、料理によく合うローカルワインも取り揃えている。

住41 Esplanade St.
電(06)868-9699
FAX(06)868-9897
URL www.theworksgisborne.co.nz
営10:00〜Late
休無休 CC MV

---

## ギズボーンのアコモデーション Accommodation

### エメラルド・ホテル Emerald Hotel
Map P.367-A2

町の中心部にあり、食事や買い物に便利なロケーション。客室はシンプルながら高級感のある造りで、専用バルコニーが付いたリバービューの部屋も。スパ、レストランもある。

住13 Gladstone Rd. 電(06)868-8055 FREE 0800-363-7253 FAX(06)868-8066 URL emeraldhotel.co.nz 料ⒹⓉ$199〜 室数49 CC ADMV

### ウィスパリング・サンズ・ビーチフロント・モーテル Whispering Sands Beachfront Motel
Map P.367-A・B1

全室ビーチに面しており、2階の客室はバルコニー付き。1階からはビーチまでそのまま歩いていける。全室に冷蔵庫、キッチン、テレビ完備で長期滞在にもおすすめ。

住22 Salisbury Rd. 電(06)867-1319 FREE 0800-405-030 FAX(06)867-6747 URL www.whisperingsands.co.nz 料ⒹⓉ$230〜330 室数14 CC ADJMV

### ポートサイド Portside Hotel
Map P.367-B1

ポヴァティ湾を望む静かな立地。半数以上の客室がハーバービューになっており、シングルから広々としたリビングとキッチンの付いたスイート、2ベッドルームのペントハウスまでさまざま。ジムやプールも完備している。ロビーはラグジュアリーな雰囲気。

住2 Reads Quay 電(06)869-1000 FREE 0800-767-874 URL www.heritagehotels.co.nz/hotels/portside-hotel-gisborne 料ⓈⒹⓉ$180〜650 室数56 CC AJMV

### ワイカナエ・ビーチ・モーテル Waikanae Beach Motel
Map P.367-A1

モーテルが立ち並ぶソールズベリ・ロードSalisbury Rd.にあり、ワイカナエ・ビーチまでは徒歩約1分。シンプルな客室は落ち着いた雰囲気。リクエストすれば、ベーコンエッグなどの朝食$10〜も作ってくれる。

住19 Salisbury Rd. 電(06)868-4139 FREE 0800-924-526 FAX(06)868-4137 URL www.waikanaebeachmotel.co.nz 料ⓈⒹⓉ$109〜304 室数15 CC ADJMV

キッチン(全室) キッチン(一部) キッチン(共同) ドライヤー(全室) バスタブ(全室)
プール ネット(全室/有料) ネット(一部/有料) ネット(全室/無料) ネット(一部/無料)

オークランド

ネイピア

人口：6万5000人
URL www.hawkesbaynz.com

# ネイピア

## Napier

美しい海岸沿いに開けたネイピアは開放的な雰囲気が漂う明るい町だ。アールデコ様式の建築物が軒を連ね、独特の美しさを誇っている。これは、1931年2月3日にこの地域一帯に大地震が発生し、町が壊滅的な打撃を受けたあと、当時流行していたアールデコ様式を取り入れた町造りが進められたためだ。現在でも「アールデコの首都」と呼ばれており、毎年2月には「アールデコ・ウイークエンド」が開催され、1920〜30年代のファッションに身を包んだ人であふれかえる。また、木材、羊毛、食料品などの世界的な積み出し港があり、日本の製紙会社のパルプ供給基地でもある。この町の名前に由来したティッシュペーパーの商品名を、聞いたことがあるのではないだろうか。さらに、ネイピアを中心とした東海岸ホークス・ベイHawke's Bay地方は、ニュージーランドきっての良質なワイン産地。ぜひ数多くあるワイナリー巡りを楽しみたい。

アールデコ様式の建物が軒を連ねるクラシックな町並み

### ネイピアへのアクセス Access

飛行機はニュージーランド航空が国内のおもな都市から運航しており、オークランドからは1日7〜10便、所要約1時間。ウェリントンから1日3〜5便、所要約1時間。クライストチャーチからは1日3〜4便、所要約1時間30分。最寄りのホークス・ベイ空港Hawkes Bay Airportは市街地の北、約7kmに位置する。

バスはインターシティが運行。経由便を含めオークランドから1日2便、所要7時間30分〜8時間20分。ウェリントンから1日2〜3便、所要6時間〜8時間30分。

### ネイピアの歩き方

町の中心はエマーソン・ストリート Emerson St.。この通りを中心に、アールデコ様式の建物が多数立っている。海岸沿いのマリン・パレードMarine Pde.は、風光明媚で散歩するのに最適。再開発されたアフリリAhuriri地区にはおしゃれなレストランが多い。見どころを回るにはレンタカーやツアーが便利だが、中心部と郊外を走る8路線の市バスGo Bay Busも利用可能。ネイピア市内はDalton St.（Map P.372-B1）から発着する。

航空会社（→P.496）
ニュージーランド航空

**ホークス・ベイ空港**
**Map P.371-A2外**
☎(06)834-0742
URL hawkesbay-airport.co.nz
空港から中心部まではエアポートシャトルやタクシーを利用できる。

**おもなエアポートシャトル会社**
**Super Shuttle**
FREE 0800-748-885
URL www.supershuttle.co.nz
料 空港↔市内中心部
1人 $23
2人 $29
3人 $35

**おもなタクシー会社**
**Hawkes's Bay Combined Taxis**
☎(06)835-7777
FREE 0800-627-437
URL hawkesbaytaxis.nz
配車アプリのUberも利用可。

**おもなバス会社**（→P.496）
**インターシティ**

**長距離バス発着所**
**Map P.372-A1**
住 12 Carlyle St.

**観光案内所 i SITE**
**Napier i-SITE**
**Map P.372-A1**
住 100 Marine Pde.
☎(06)834-1911
FREE 0800-847-488
FAX (06)835-7219
URL www.napiernz.com
開 9:00〜17:00
（時季により異なる）
休 無休

**Go Bay Bus**
☎(06)835-9200
URL www.gobay.co.nz
運 月〜金6:00台〜18:00台、土8:00台〜17:00台 休 日
料 距離によって運賃が変わるゾーン制。現金またはICカード乗車券Bee Cardで支払う。
現金 $1〜1.5
Bee Card $0.5〜1

## ネイピアの見どころ

### アールデコ・ウオーク
Art Deco Walk

1931年の大地震によって町が崩壊し、復興に当たり当時流行していたアールデコ様式の建築物が多く建てられたことから、ネイピアは別名アールデコ・シティと呼ばれる。町歩きには、観光案内所アイサイトで無料のシティマップを入手できる。アールデコ・トラストThe Art Deco Trustが行うガイド付きツアーもおすすめ。アールデコ・ショップThe Art Deco Shop（Map P.372-A1）では、グッズや書籍などの販売も。

また毎年2月の第3週目の週末に開催されるアールデコ・フェスティバルでは、ジャズコンサート、クラシックカー・パレードなどでにぎわう。1920～30年代のファッションで参加する人々も多い。期間中の宿の予約はお早めに。

ビデオを見たあとでの学習とウオーキングのツアー

**アールデコ・ツアー**
**アールデコ・トラスト**
☎(06)835-0022
FREE 0800-427-833
URL www.artdeconapier.com

**モーニング・ウオーク**
催 アールデコ・ショップ前から10:00発、（所要約1時間30分）
料 大人$29.5、子供$5

**アフタヌーン・ウオーク**
催 アールデコ・ショップ前から14:00発（夏季は所要約2時間20分、冬季は所要約1時間30分）
料 大人$31.5、子供$5

**イブニング・ウオーク**
催 アールデコ・ショップ前から16:30発（夏季のみ、所要約2時間）
料 大人$30.1、子供$5

**アールデコ・ショップ**
**Map P.372-A1**
住 7 Tennyson St.
☎(06)835-0022
営 夏季9:00～17:00
冬季9:30～14:30　休 無休

#### ネイピア広域

ホークス・ベイ空港、タウポ、ギズボーンへ
ネイピア港
Port of Napier
Navigate Seaside Hotel & Apartments P.377
ブラフ・ヒル
Bluff Hill
P.373
AHURIRI
旧ナショナル・タバコ・カンパニー
Marine Parade
P.372ネイピア中心部
Puketitiri Rd.
Park Island Recreation Ground
Taradale Rd.
P.375
ミッション・エステート・ワイナリー
Mission Estate Winery
Mission Estate Winery Restaurant P.376
Church Rd.
Riverbend Rd.
Willowbank Ave.
Art Deco on Corbett 1930's Design P.377
Anderson Park
TARADALE
チャーチ・ロード・ワイナリー
Church Road Winery
P.375
Puketapu Rd.
Napier Hastings Expressway
AWATOTO
Ballina Motel P.377
Meeanee Rd.
Papakura Domain
Links Rd.
P.375
シルキー・オーク・チョコレート・カンパニー
The Silky Oak Chocolate Company
ケープ・キッドナッパーズ P.374、
アラタキ・ハニー・ビジターセンター P.375へ
ヘイスティングスへ

ニュージーランド
国立水族館
住Marine Pde.
☎(06) 834-1404
URL www.nationalaquarium.co.nz
開9:00〜17:00
（最終入場は〜16:30）
休無休
料大人$25、子供$12.5
**ペンギン餌やりショー**
催9:30、13:30、15:30
**ダイバーによる餌やりショー**
催14:00
**リトル・ペンギン・クロース・エンカウンター**
催13:00
料$140（要予約）

## ニュージーランド国立水族館

National Aquarium of New Zealand

Map P.372-B1

さまざまな角度から魚の観察ができる

魚はもちろん、トゥアタラやキーウィといったニュージーランドならではの動物も見られる水族館。一番の見どころは、全長50mのガラス張りのトンネルが設けられた、深さ3mの大水槽。大きなサメやエイが頭上を泳ぐ様子を、動く歩道に乗って見学できる。ダイバーが水槽の中で魚たちに餌をやるショーや、愛らしいペンギンに餌をあげ、間近で触れ合えるプログラム、リトル・ペンギン・クロース・エンカウンター Little Penguins Close Encounterも実施している。

ホークス・ベイ博物館&
劇場&美術館
住1 Tennyson st.
☎(06) 835-7781
URL www.mtghawkesbay.com
開9:30〜17:00
休無休
料無料

## ホークス・ベイ博物館&劇場&美術館

Museum, Theatre, Gallery Hawke's Bay

Map P.372-A1

観光案内所アイサイトの近くにあり便利

美術館、劇場、ギャラリーの複合施設。マオリの装飾品、地元アーティストの作品、近代の工業デザインなど幅広いジャンルの作品が展示されている。また、1931年2月3日の大地震に関する貴重な記録も必見だ。そのほか劇場も併設している。

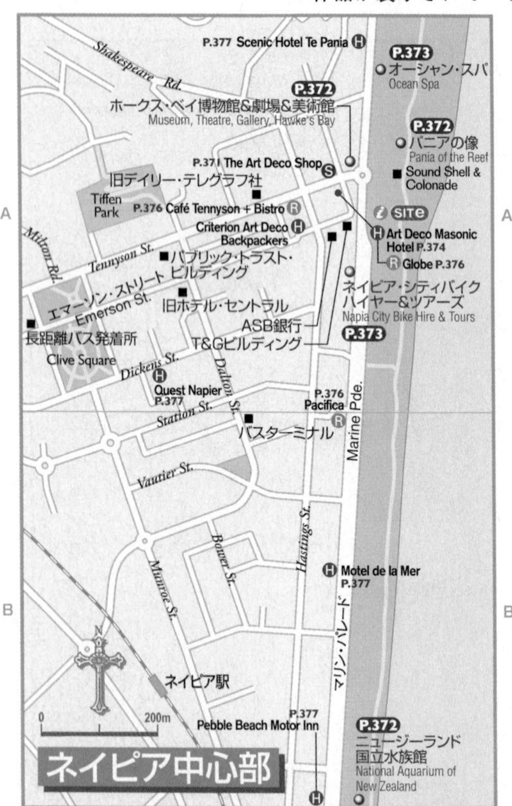


## パニアの像

Pania of the Reef

Map P.372-A1

マリン・パレード沿いに立つのが、マオリの首飾りを付けた美しい少女パニアの像。この像には悲しい恋の伝説がある。海の民の娘パニアはマオリ族の青年カリトキと恋に落ち、陸で暮らすことにした。しばらく時がたち、夫が長く戦争に出ている間にパニアは一度海に戻る。しかしもう一度陸に上がろうとしたところ海の王の怒りを買ってしまい、岩棚に姿を変えられて二度と愛する人のもとに帰れなくなってしまったのだ。

マリン・パレード沿いの公園にたたずむパニアの像

## ホークス・ベイ・トレイル
Hawke's Bay Trails

Map P.372-A1

ネイピア周辺に設けられた全長200km以上に及ぶサイクリングロード。ワイナリーを巡る36〜47kmのコースやケープ・キッドナッパーズ（→P.374）へ続く海沿いのルートなど、ホークス・ベイの絶景と見どころを押さえた道が整備されている。自転車のレンタルスポットや休憩できるカフェ、公衆トイレの場所などが記載された無料のルートマップは右記の公式サイトからダウンロード可能。アプリもある。

©Hawkes Bay Tourism
自転車でのツアーなどもある

## オーシャン・スパ
Ocean Spa

Map P.372-A1

マリン・パレード沿いに立つスパ施設。ふたつの大きなレジャープールや25mプールがあり、家族連れでも楽しめる。スチームルームやサウナなども揃うので、のんびり過ごしたい人にもおすすめだ。

海を眺めながら楽しめる

## ブラフ・ヒル
Bluff Hill

Map P.371-A2

市街地の北側にある丘が展望地となっており、丘の頂上からは、足元にネイピア港とホークス・ベイの長い海岸、そして遠く青い海の奥にはケープ・キッドナッパーズ（→P.374）も望むことができる。晴れた日の景色は、非常にすばらしい。

丘の上周辺一帯には、イギリス人入植者たちの建てた木造の家が地震の被害を免れて多く残っているので、地震以前のネイピアの町並みが想像できるだろう。

ブラフ・ヒルからネイピア港を見下ろす

**Hawkes's Bay Trails**
URL www.hbtrails.nz

**ネイピア・シティバイクハイヤー&ツアーズ**
住 117 Marine Pde.
☎ 027-8959-595
FREE 0800-245-344
URL www.bikehirenapier.co.nz
開 10:00〜17:00
（時季によって異なる）
料 自転車レンタル1時間$20〜
CC MV

平坦で走りやすい道が多い

**オーシャン・スパ**
住 42 Marine Pde.
☎ (06) 835-8553
URL www.oceanspanapier.co.nz
営 月〜土 6:00〜22:00
日・祝 8:00〜22:00
休 無休
料 大人$10.7、子供$8

町の中心部からアクセスしやすい

**ブラフ・ヒルへの行き方**
徒歩の場合、マリン・パレード北側からクート・ロードCoote Rd.に入り、トンプンソン・ロードThompson Rd.で右折、案内標識に従って道なりに約30分。後半はかなりの急坂になる。途中から森の中を通る歩道もある。日没以降は、展望台へのゲートが閉められるので注意。

**Napier Prison Tours**
住 55 Coote Rd.
☎ (06) 835-9933
URL www.napierprison.com
開 9:00〜17:00
料 大人$30、子供$15
ブラフ・ヒルにある元刑務所では、オーディオガイドと地図を借りて、独房や牢屋などを個人で回るツアーが催されている。囚人番号を持って撮る顔写真も人気。

ケープ・キッドナッパーズへのツアー
Gannet Beach Adventures
☎(06)875-0898
FREE 0800-426-638
URL www.gannets.com
催10〜4月
料大人$48、学生$37、子供$26
※落石と地すべりの影響により、2023年はツアーを休止中。再開時期は公式サイトで随時発表。詳細は e-mail info@gannets.comに要問合せ。

大きなトレーラーで浜辺を進んでいく

## ケープ・キッドナッパーズ
Cape Kidnappers

Map P.371-B2外

マリン・パレードからも望むことができるケープ・キッドナッパーズは、ネイピア市街から30kmほど南にある岬。この地は、ガネット（カツオドリ）の繁殖地として保護されている。カツオドリが見られるベストシーズンは、11月上旬にヒナが産まれてから2月下旬までの子育ての時季。7月から10月までは、営巣期のため立ち入り禁止になるので注意。

カツオドリが見られるコロニー（営巣地）は岬の手前と、岬の先端の休憩所から徒歩20分ほどの所にある。ツアーに参加して見るのが一般的だが、道路の終点クリフトンから約8kmの砂浜を片道約2時間かけて歩くことも可能だ。クリフトンからコロニーまで歩けるのは干潮時のみなので、必ず観光案内所アイサイトで満潮時刻の確認と出発時間の相談をしておこう。

## Column アールデコ・シティ、ネイピア

大地震の災害のあと、人々が協力し合って復興を遂げたネイピアの町。一つひとつの建物を眺めながら、散策を楽しもう。

### T&Gビルディング
T&G Building

Map P.372-A1

1935年の建築。銅製のドームと時計台が美しい。当初は禁酒者用の保険を扱う会社が所有していたが、現在はレストランや宿泊施設として利用されている。

### 旧ナショナル・タバコ・カンパニー
National Tabacco Company Building

Map P.371-A2

徒歩で30分ほどの市街地から少し離れた所に立っている。内部の装飾も美しい。

### ASB銀行
ASB Bank

Map P.372-A1

1932年建造。以前はニュージーランド銀行、現在はASB銀行のネイピア支店として利用されている。マオリのモチーフとアールデコが絶妙に融合しており、内部も必見。

### 旧ホテル・セントラル
The Former Hotel Central

Map P.372-A1

エマーソン・ストリート沿いにあり、ネイピアでも指折りの規模を誇るアールデコ建築。現在は店舗が入っている。

### アールデコ・マソニック・ホテル
Art Deco Masonic Hotel

Map P.372-A1

1932年に建て替えられ、現在もホテルとして営業している（→P.377）。モダンな外観が印象的。趣のあるロビーには当時の調度品が数多く残されている。

### 旧デイリー・テレグラフ社
The Daily Telegraph Building

Map P.372-A1

かつて新聞社デイリー・テレグラフの社屋として使用されていた。典型的なアールデコ様式を取り入れている。

## ミッション・エステート・ワイナリー&チャーチ・ロード・ワイナリー

Mission Estate Winery & Church Road Winery

Map P.371-A1～B1

ホークス・ベイ地方に70軒以上点在するワイナリーのなかでも、特に有名なのがミッション・エステート・ワイナリーMission Estate Winery。1851年にフランス人宣教師によって設立されたニュージーランド最古のワイナリーだ。数々の受賞歴を誇るワインは、併設のセラードアで試飲（有料）できる。庭から眺めるブドウ畑の風景や、レストラン（→P.376）も評判がいい。また、600mほど南には、国内で2番目に古いチャーチ・ロード・ワイナリーChurch Road Wineryがある。ここではワイナリーツアーを開催しており、スタッフの解説を聞きながら、ワイン醸造所やブドウ畑、熟成樽倉庫、地下のワイン博物館などを見学することができる。

神学校としても使われてきたミッション・エステート・ワイナリーの建物

## シルキー・オーク・チョコレート・カンパニー

The Silky Oak Chocolate Company

Map P.371-B1

チョコレートについて楽しく学べる

ベルギーからチョコレートを輸入して加工製造している、チョコレート工場。敷地内には、南半球で唯一のチョコレート博物館があり、チョコレートの歴史などを紹介している。また、ショップではさまざまなチョコレートを販売しているほか、隣にはカフェもある。おすすめのメニューは、ものすごく濃いホットチョコレートにチリパウダーのかかったホットチョコレート・エクストリーム・ウィズ・チリHot Chocolate Extreme with Chilli＄7。

## アラタキ・ハニー・ビジターセンター

Arataki Honey Visitor Centre

Map P.371-B2外

アラタキ・ハニーはニュージーランド随一のシェアを誇るハチミツメーカー。ホークス・ベイ地方で生産しており、中心部から南へ約22kmの所にビジターセンターがある。ハチの生態や花の種類、生産工程などについての展示があるほか、実際に生きたハチのいる巣から女王バチを探したり、蜜ろうを顕微鏡で見たりと、感覚的にも学ぶことができる。また、約10種類のハチミツを試食できるコーナーが人気。ショップも併設している。

マヌカやクローバーなどさまざまな味が楽しめる

**ミッション・エステート・ワイナリー**

住198 Church Rd.,Taradale
電(06)845-9353
URL missionestate.co.nz
開月～土　9:00～17:00
　日　10:00～16:30
休無休
交市バスGo Bay Bus#13で約30分。

**試飲**

料$15(6種類、スタッフの解説付き、2～12人まで)
$10(4種類のセルフテイスティング、1～6人まで)
ミッション・エステート特製グラス付き。

**チャーチ・ロード・ワイナリー**

住150 Church Rd.,Taradale
電(06)833-8225
URL www.church-road.co.nz
開木～月10:30～16:30
休火・水
交市バスGo Bay Bus#13で約30分。

**エクスペリエンス&テイスティング**

料$10～

**シルキー・オーク・チョコレート・カンパニー**

住1131 Links Rd.,Hastings
電(06)845-0908
URL silkyoakchocs.co.nz
開月～木　9:00～17:00
　金～日　10:00～16:00
(博物館とカフェは夏季16:00まで、冬季15:00まで営業)
休祝
交市バスGo Bay Busの#12で所要約30分。

**博物館**

料大人＄8.5、子供＄5

**アラタキ・ハニー・ビジターセンター**

住66 Arataki Rd., Havelock North
電(06)877-7300
URL aratakihoneyhb.co.nz
開9:00～17:00
休無休
料無料
交市バスGo Bay Bus＃10または＃11でHavelock North へ。＃21に乗り換えて2 Arataki Rd.下車、徒歩約7分。

1944年創業の老舗

## ネイピアの エクスカーション Excursion

### ホークス・ベイ・ワイナリー・ツアー

ニュージーランドの一大ワイン産地、ホークス・ベイで人気のエクスカーションのひとつ。各ワイナリーでの所要時間は約40分。ワイナリーだけでなく、地元のクラフトブリュワリーやチーズメーカーにも立ち寄る。

**Bay Tours & Charters**
電(06)845-2736 FREE 0800-868-742 URL www.baytours.co.nz
催通年 料1～4人のプライベートツアー1時間$150、4～16人のグループツアー1時間$200(いずれも最短3時間) CC MV

### ネイピア・ローカルツアー

自転車に乗り、ガイドの案内でネイピアの見どころを巡るツアー。アールデコ様式の町並み、美しいコースタルエリアのアフリリ、ストリートアートなどを見学する。走行距離は約12km。電動自転車も$40～でレンタル可能。

**FISHBIKE**
住26 Marine Pde. 電(06)833-6979
FREE 0800-131-600 URL fishbike.co.nz 催通年(10:30出発。以降は、応相談)
料$76、電動自転車(18歳以上)$105 CC MV

### ワイン&ビールツアー

ホークス・ベイの名ワイナリーやエールハウス、サイダー(リンゴ酒)ブリュワリー、ブティックワイナリー、老舗ワイナリー、ジンの試飲所を巡る4種類のツアーを催行。組み合わせは好みに合わせて選べる。所要4時間30分～6時間。

**Hawkes Bay Scenic Tours**
住2 Neeve Pl. 電(06)844-5693 URL www.hbscenictours.co.nz
催通年(12:00出発、冬季に1週間程度の休みあり)
料$150～ CC MV

## ネイピアの レストラン Restaurant

### パシフィカ Pacifica Map P.372-B1

数々の受賞歴をもつ、おしゃれなレストラン。ホークス・ベイで捕れた新鮮な魚介を無国籍風にアレンジした料理が自慢。セットメニューは5品で$95。ワインリストも豊富。こぢんまりとした店なので予約が望ましい。

住209 Marine Pde.
電(06)833-6335
URL pacificarestaurant.co.nz
営18:00～23:00 (時季によって異なる) 休日～火 CC ADMV

### カフェ・テニソン+ビストロ Café Tennyson + Bistro Map P.372-A1

アールデコ風のインテリアがおしゃれな店内。アオラキサーモンのエッグベネディクト$22.9が人気。コーヒーや紅茶はオーガニック。

住28 Tennyson St.
電(06)835-1490
URL www.cafe-tennyson.com
営7:00～15:30
休無休 CC MV

### ミッション・エステート・ワイナリー・レストラン Mission Estate Winery Restaurant Map P.371-A1

ワイナリー(→P.375)に併設のレストラン。ラム肉やシカ肉をメインにした料理はどれもワインによく合う。メイン料理の予算はランチ$32～ディナー$39～。セットメニューあり。

住198 Church Rd. 電(06)845-9354 FAX(06)844-6023
URL missionestate.co.nz
開11:30～14:15、17:30～Late
休無休 CC MV

### グローブ Globe Map P.372-A1

ホテル内にある多国籍料理レストラン。ボリュームたっぷりな朝食は$9～。ランチはシェアプレートが中心で、1品$11～26。

住Tennyson St. & Marine Pde.
電(06)835-0013
URL globerestaurant.co.nz
営7:00～14:00
休無休 CC MV

## シーニック・ホテル・テ・パニア
Scenic Hotel Te Pania Map P.372-A1

マリン・パレード沿いに曲線を描くようにして立つ、全面ガラス張りの近代的な外観の高級ホテル。全室エアコンを完備しており、ほとんどの客室からはホークス・ベイを望める。

住45 Marine Pde.
電(06)833-7733
FREE 0800-696-963
URL www.scenichotelgroup.co.nz
料ⓈⒹⓉ$213〜
室数109 CC ADJMV

## ペブル・ビーチ・モーターイン
Pebble Beach Motor Inn Map P.372-B1

国立水族館近くにあるスタイリッシュなモーテル。全室にスパバスを完備。ストゥディオもキングサイズのベッドで快適に過ごせる。バルコニーからは海が見渡せ、爽快感も抜群。

住445 Marine Pde. 電(06)835-7496 FREE 0800-723-224
FAX(06)835-2409
URL pebblebeach.co.nz
料ⓈⒹⓉ$229〜 Family Unit $249〜 室数25 CC ADMV

## アールデコ・マソニック・ホテル
Art Deco Masonic Hotel Map P.372-A1

観光案内所アイサイトからすぐの所に立つ、アールデコ様式のホテル（→P.374）。客室ごとに異なるインテリアで、どれもモダンな雰囲気。共同のバルコニーは広々として気持ちいい。レストランやアイリッシュパブを併設。

住Tennyson St. & Marine Pde.
電(06)835-8689
URL masonic.co.nz
料ⓈⒹⓉ$179〜1299
室数43 CC AMV

## バリーナ・モーテル
Ballina Motel Map P.371-B1

ワイナリーが点在するエリアにある、ラグジュアリーなモーテル。中心部からは車で10分ほど。アメニティや寝具にもこだわっており、快適に過ごせる。オーナーは周辺の観光に精通しているので気軽に相談してみよう。高速Wi-Fiも完備。

住393 Gloucester St. 電(06)845-0648 FREE 0508-225-542
URL www.ballinamotel.co.nz
料ⒹⓉ$195〜 室数16
CC ADJMV

## ナビゲート・シーサイド・ホテル&アパートメント
Navigate Seaside Hotel & Apartments Map P.371-A2

アフリリ地区にできた新しいホテル。客室は広々としており、最新の設備を備える。1階は中庭、2階以上は海の見えるバルコニー付き。周辺にはカフェやギャラリーなどがある。

住50 Waghorne St. 電(06)831-0077 FAX(06)831-0079
URL navigatenapier.co.nz
料ⒹⓉ$239〜
室数28 CC AMV

## アールデコ・オン・コーベット1930'sデザイン
Art Deco on Corbett 1930's Design Map P.371-A2

アールデコ様式のインテリアでまとめられたエレガントな2ベッドルームのアパートメント。ホストは親切で、ガーデンテーブルを備えたかわいらしい庭もある。4人まで宿泊可能。

住12 Corbett Pl.
☎021-239-4156
URL www.facebook.com/artdecooncorbett
料$170〜 室数1 CC 不可

## モーテル・ド・ラ・メール
Motel de la Mer Map P.372-B1

客室ごとに異なる豪華なインテリアと、広々とした造りが魅力。ほとんどがスパバス付きで、海を望むバルコニー付きの部屋もある。ファミリータイプやバリアフリーの客室も備える。

住321 Marine Pde.
電(06)835-7001
FREE 0800-335-263
FAX(06)835-7002
URL www.moteldelamer.co.nz
料ⒹⓉ$185.25〜 室数11 CC MV

## クエスト・ネイピア
Quest Napier Map P.372-A1

アパートメントタイプのホテル。キチネット付きステュディオから5人まで泊まれる2ベッドルームまで部屋のカテゴリはさまざま。周囲にスーパーやレストランもあって便利。

住176 Dickens St.
電(06)833-5325
URL www.questapartments.co.nz
料ⓈⒹ$199〜
室数50 CC AMV

キッチン(全室) キッチン(一部) キッチン(共同) ドライヤー(全室) バスタブ(全室) プール ネット(全室／有料) ネット(一部／有料) ネット(全室／無料) ネット(一部／無料)

# ニュー・プリマス

New Plymouth

オークランド
ニュー・プリマス

人口：8万679人
URL www.newplymouthnz.com

航空会社（→P.496）
ニュージーランド航空

ニュー・プリマス空港
**Map P.379-A2外**
☎(06)759-6594
URL www.nplairport.co.nz
空港から中心部まではエアポートシャトルを利用。

エアポートシャトル会社
Scott's Airport Shuttle
☎(06)769-5974
FREE 0800-373-001
URL www.npairportshuttle.co.nz

おもなバス会社（→P.496）
インターシティ

長距離バス発着所
**Map P.379-A1**
住 19 Ariki St.

観光案内所 i-SITE
New Plymouth i-SITE
**Map P.379-A1**
住 Puke Ariki, 65 St. Aubyn St.
☎(06)759-0897
FREE 0800-639-759
URL pukeariki.com/isite
開 10:00～17:00
休 無休

長さ45mもあるウインド・ワンド。風向きに合わせて動く

やわらかな陽光が心地よい海沿いの遊歩道

ニュー・プリマスは北島南西部、タスマン海に突き出た半島上に位置する。その恵まれた地形により、一帯のいくつかのポイントに年間を通して常時高い波があり、サーファー、ウインドサーファーの憧れの地とされている。また、多くのプロ級ライダーのベースにもなっており、世界的にも知られている場所だ。

町の南方には、北島第2の高峰マウント・タラナキMt. Taranaki（別名マウント・エグモントMt. Egmont）がそびえている。日本の富士山に似た美しい形をしており、登山やスキーの対象としても人気が高く、周辺はエグモント国立公園に指定されている。一帯のタラナキ地方は、トム・クルーズ主演の映画『ラスト サムライ』のロケ地としても注目を集めた。

ニュー・プリマスはこの地方の中心都市であるほか、国内のエネルギー資源の中心地という顔ももつ。

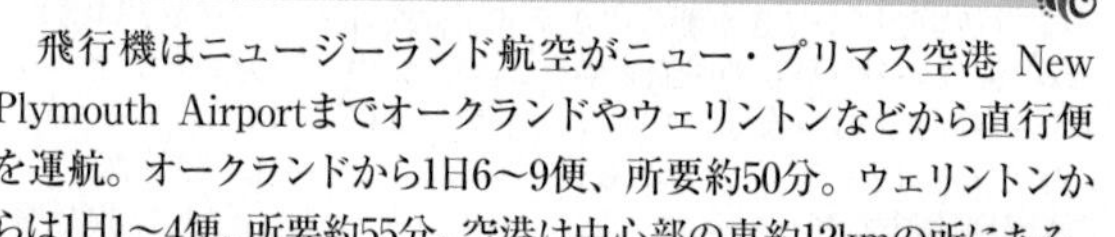

## ニュー・プリマスへのアクセス　Access

飛行機はニュージーランド航空がニュー・プリマス空港 New Plymouth Airportまでオークランドやウェリントンなどから直行便を運航。オークランドから1日6～9便、所要約50分。ウェリントンからは1日1～4便、所要約55分。空港は中心部の東約12kmの所にある。

長距離バスはインターシティのバスが運行している。オークランドからは1日1～2便、所要約6時間20分。ウェリントンからは1日1～2便、所要6時間40分～7時間。バスは中心部にあるトラベルセンターに発着する。

## ニュー・プリマスの歩き方

町のシンボルは海沿いに立つウインド・ワンドWind Wand。すぐそばのプケ・アリキ内に観光案内所アイサイトがあり、市内観光やマウント・タラナキの登山情報が手に入る。周辺にはレストランやショッピングセンターなどが集まっており、海沿いには遊歩道が整備されている。モーテルを探すなら国道45号線沿いへ。スーパーマーケットなどもこの通りに多い。中心部は歩いて回れる広さだが、車があったほうが便利。

## ニュー・プリマスの見どころ

### プケ・アリキ
Puke Ariki

Map P.379-A1

博物館、図書館、観光案内所アイサイトの3つが融合した複合施設で、エアブリッジでつながったふたつの建物からなる。

ノースウイングには、タラナキ山のできた過程や、キーウィなど野生動物に関する展示、絶滅した幻の鳥モアの骨格標本のほか、マオリの文化を紹介するギャラリーなどがある。サウスウイングには、リサーチセンターや図書館が入っており、地域の資料が豊富に収蔵されている。カフェも併設。

見応えのある展示物が並ぶ

**プケ・アリキ**
住1 Ariki St.
☎(06)759-6060
URL pukeariki.com
開10:00～17:00
休無休
料無料

プケ・アリキとはマオリ語で“首長の山”の意

### リッチモンド・コテージ
Richmond Cottage

Map P.379-A1

プケ・アリキの隣にひっそりと立つ石造りの家は、1853年に開拓移民リッチモンド家の住居として海沿いに建てられたもの。1962年にこの地に移築されたときには、構成している石のひとつひとつに番号を付け解体したあと、再び正確に組み直すという手間のかかる作業が行われた。

**リッチモンド・コテージ**
住2-6 Ariki St.
開土・日　11:00～15:30
休月～金
料無料
※2023年4月現在、臨時休館中。

内部は当時の様子が再現されている

**ニュー・プリマス**

プール
P.382 Millennium Hotel New Plymouth Waterfront
P.382 Salt
i SITE
プケ・アリキ P.379 Puke Ariki
リッチモンド・コテージ P.379 Richmond Cottage
ウインド・ワンド
トラベルセンター（長距離バス発着所）
タラナキ・サーマル・スパ P.380 へ
病院
ゴベット・ブリュースター美術館 Govett Brewster Art Gallery P.380
センターシティ（ショッピングセンター）
Portofino Restaurant P.382
サーフ・ハイウエイ45 P.381 へ
時計塔
Distinction New Plymouth Hotel P.382
Brougham Heights Motel P.382
Pak'n Save（スーパーマーケット）
ニュー・プリマス空港、ハミルトン、オークランド、P.382 Northgate Motorlodge へ
タラナキ大聖堂聖メアリー教会 The Taranaki Cathedral Church of St. Mary P.380
P.382 Ducks & Drakes
マースランド・ヒル Marsland Hill P.380
噴水
プケクラ・パーク Pukekura Park P.380
New Plymouth Boys High School
ボート池
ラグビー・パーク Rugby Park
Egmont Eco Leisure Park P.382
野外ステージ
P.380 ブルックランズ動物園 Brooklands Zoo
P.381 マウント・タラナキ、ワンガヌイへ
ブルックランズ・パークへ
Hine St. / St. Aubyn St. / Queen St. / Egmont St. / Ariki St. / Buller St. / Molesworth St. / Hobson St. / Devon St. West / Powderham St. / Courtenay St. / Gover St. / Leach St. / Vivian St. / Lemon St. / Pendarves St. / Cutfield Rd. / Morley St. / Robe St. / Brougham St. / Gilbert St. / Barrett St. / Wallace Pl. / Rogan St. / Maratahu St. / Mill Rd. / Carrington St. / Victoria Rd. / Coronation Ave. / Clawton St. / Holsworthy St. / Timandra St. / Frankley Rd. / Glenpark Ave. / Tokomaru St.
0 200m

## プケクラ・パーク＆ブルックランズ動物園

Pukekura Park & Brooklands Zoo

Map P.379-B2

1876年に開園したプケクラ・パークは、もともと不毛な沼地だった所に人工的に造られたもの。約140年もたった今となれば、人工とは思えない自然の風景が気持ちいい。プケクラ・パークの奥にはブルックランズ・パークが続く。

ボート遊びができる池や、ツツジやベゴニアが咲く庭園などがあり、地元の人々の憩いの場になっている。野外劇場では、コンサートやオペラなどが上演されることも。また、ミーアキャットなどが飼育されているパーク内の動物園、ブルックランズ動物園Brooklands Zooもおすすめ。

半日以上かけてのんびり過ごしたい

## ゴベット・ブリュースター美術館

Govett Brewster Art Gallery

Map P.379-A1

ニュージーランド国内でも希少な、現代アートのみを集めた美術館。規模は小さいながらも、国内はもちろん、オーストラリア、アメリカなど環太平洋諸国のアーティストの作品が展示され、見応えがある。

斬新な外観が目を引く

## マースランド・ヒル

Marsland Hill

Map P.379-B1

丘の上に立つモニュメント

もともとマオリの砦があった場所。ロープ・ストリートRobe St.から緩やかな丘を上がると晴れた日にはタスマン海や、マウント・タラナキが展望できる。一角にはカリヨンや天文台もある。

## タラナキ大聖堂聖メアリー教会

The Taranaki Cathedral Church of St. Mary

Map P.379-A1

1846年に設立された国内最古の石造りの教会。道に面した壁はオリジナルのもの。毎週火曜の7:30～10:00は、大聖堂に付設するハザリー・ホールやメインエントランスの広場がコミュニティ・カフェとなり、人々の交流の場となっている。

## タラナキ・サーマル・スパ

Taranaki Thermal Spa

Map P.379-A1外

町の中心部に近く、気軽に行ける温泉施設。2万9000年もの歳月をかけた地層から湧き出る純度の高い鉱泉を満喫できる。温泉につかるのはもちろん、マッサージやフェイシャルパックなどと温泉を組み合わせたオプションメニューも豊富に揃うので、自分に合ったコースを選ぼう。旅で疲れた体を癒やしてくれるに違いない。

---

**プケクラ・パーク**
URL www.pukekura.org.nz
開 24時間
夏季（駐車場）6:00～20:30
冬季（駐車場）6:00～18:00
休 無休

**ブルックランズ動物園**
☎ (06)759-6060
開 9:30～16:00
休 無休
料 無料

**ゴベット・ブリュースター美術館**
住 42 Queen St.
☎ (06)759-6060
URL govettbrewster.com
開 10:00～17:00
休 無休
料 大人$15
海沿いの遊歩道にあるウインド・ワンドを創作したレン・ライの作品を集めたレン・ライ・センターが同館に隣接している。

**マースランド・ヒルの天文台**
開 火曜の夜のみ一般公開
夏季 20:30～22:00
冬季 19:30～21:00
（天候によって異なる）
料 大人$6、子供$4

**タラナキ大聖堂聖メアリー教会**
住 37 Vivian St.
☎ (06)758-3111
URL taranakicathedral.org.nz
開 月～土 8:30～18:00
日 7:30～20:30
休 無休
料 無料
※2023年3月現在、大聖堂の修理のため閉館中。

聖メアリー教会の祭壇

**タラナキ・サーマル・スパ**
住 8 Bonithon Ave.
☎ (06)759-1666
URL www.thermalspa.co.nz
営 火～金 10:00～20:00
土・日 12:00～20:00
休 月
料 施術によって異なる。

## サーフ・ハイウエイ45

Surf Highway 45

Map P.379-A1外

半島西海岸沿いをぐるっと105km以上も延びるサーフ・ハイウエイ45には、バック・ビーチBack Beach、フィッツロイ・ビーチFitzroy Beach、ステント・ロードStent Rd.などすばらしいサーフポイントが揃っている。観光案内所アイサイトには、ハイウエイ沿いのカフェやアコモデーション、ビーチの情報などを掲載したマップがある。

## マウント・タラナキ

Mt. Taranaki

Map P.379-B2外

日本の富士山を彷彿とさせる美しい姿でそびえるマウント・タラナキMt. Taranaki（別名マウント・エグモントMt. Egmont）は、標高2518m。独立峰ゆえに山頂からの展望もよく、夏には多くの登山者でにぎわう。10分ほどで歩ける遊歩道コースから、数日間かけて山の周辺を歩くコースなど、合計300km以上ものウオーキングトラックがある。

代表的なのは、ノース・エグモントNorth Egmontから出発するマウント・タラナキ・サミット・トラック。ニュー・プリマス市街から約30km、標高936mにある、DOCビジターセンターには出発前に必ず立ち寄ってコース状況を把握しておこう。ここから頂上への往復は所要8～10時間。近くに山小屋もあるので、ここに前泊して早朝に出発するのも一案だ。このコースは、険しい岩場や遅くまで雪渓の残る所もあり、特に視界の悪いときにはコースを見失う危険もある。標高が高いので気温が低く天候も急変しやすいため、十分な装備が必要だ。どんなに暑い夏の日でもTシャツと半ズボンというような軽装はやめよう。美しい山にも厳しい自然があることを忘れてはいけない。初心者だけでの登山は絶対に避けること。

朝日を浴びるマウント・タラナキ

**i 観光案内所**
**North Egmont Visitor Centre**
住 2879 Egmont Rd.
電 (06) 756-0990
開 11～3月 8:00～16:30
4～10月 8:30～16:00
休 無休

**ノース・エグモントまでのトランスポートサービス**
**Taranaki Tours**
FREE 0274-885-087
URL taranakitours.com
料 往復$75
2人以上で利用の場合は1人$50。ニュー・プリマスからビジターセンターまでは所要約30分。

### ニュー・プリマスのアクティビティ　ヘリコプターでの遊覧飛行

海も山も美しいニュー・プリマスの大自然を満喫するならヘリコプターでの遊覧飛行がおすすめ。ヘリコプターから眺める西海岸線や、マウント・タラナキは、言葉で説明できないほど美しい。

雪に覆われた頂上周辺を一周するルートなので、方角によって表情を変える山の姿を楽しみたい。所要45分～（飛行時間25分～）。

**BECK**
電 (06) 764-7073
URL www.heli.co.nz
催 通年（荒天時中止）
料 マウント・タラナキ$365～

空から眺める海岸線

## ニュー・プリマスのレストラン Restaurant

### ソルト Salt
Map P.379-A1

ミレニアム・ホテル・ニュープリマス・ウオーターフロントの2階、海が見えるおしゃれなレストラン。気持ちのいいオープンテラス席もある。スープやサンドイッチなどのランチは$10～45。ディナーはブルーコッドやサーモンなどの魚料理や、ステーキなど肉料理は$35～。

住1 Egmont St. 電(06)769-5304
URL www.millenniumhotels.com
営月～水 7:00～21:30
木～日 7:30～21:30
休無休 CC ADJMV

### ポルトフィーノ・レストラン Portofino Restaurant
Map P.379-A2

オークランドやウェリントンなどに展開し、本場の味を楽しめると評判のイタリアンレストラン。おすすめは窯焼きピザで、エビやスモークサーモンをトッピングしたシーフードピザは$27.5。パスタは$22.5～28.5。ワインも充実している。

住14 Gill St.
電(06)757-8686
URL www.portofino.co.nz
営17:00～Late 休日
CC ADMV

## ニュー・プリマスのアコモデーション Accommodation

### ミレニアム・ホテル・ニュー・プリマス・ウオーターフロント Millennium Hotel New Plymouth Waterfront
Map P.379-A1

観光案内所アイサイトを併設するプケ・アリキの隣という便利な場所にあるホテル。ほとんどの部屋からタスマン海が見えるのもうれしい。レストランとバーも併設している。

住1 Egmont St.
電(06)769-5301
URL www.millenniumhotels.com
料ⓈⒹⓉ$199～
室数42 CC ADJMV

### ディスティンクション・ニュープリマス・ホテル Distinction New Plymouth Hotel
Map P.379-A1

白と黒を基調にしたモダンな雰囲気の客室は、ほとんどがスパバス付き。全室にエアコン、アイロン、スカイTV、ミニバーなどを完備している。館内にはスポーツジムもある。

住42 Powderham St.
電(06)758-7495
URL www.distinctionhotelsnewplymouth.co.nz 料ⓈⒹⓉ$121～
室数60 CC ADJMV

### ブルーム・ハイツ・モーテル Brougham Heights Motel
Map P.379-A1

白壁にれんが色の屋根がひときわ目立つきれいなモーテル。ほとんどの客室にスパバスが付いており、用途によって選べる各ユニットは広々と快適。ゲストランドリーは24時間、無料で使える。

住54 Brougham St. 電(06)757-9954
FREE 0800-107-008 URL www.broughamheights.co.nz 料Studio$165～
Apartment$190～ 室数34 CC MV

### ダックス&ドレイクス Ducks & Drakes
Map P.379-A2

町の中心部にあり、プケクラ・パークからもほど近い。1920年代に建てられた2階建ての母屋と、離れにあるコテージルームで構成されている。BBQスペースやサウナ、ランドリーを完備。徒歩圏内にスーパーマーケットもある。

住48 Lemon St. 電(06)758-0404
URL ducksanddrakes.co.nz
料Dorm$32～36 Ⓢ$68～
ⒹⓉ$90～
室数50ベッド CC MV

### ノースゲート・モーターロッジ Northgate Motorlodge
Map P.379-A2外

中心部からのアクセスがよく、周辺にはスーパーやレストランなどが充実。モダンなインテリアでまとめられた客室には、それぞれキッチンが付いている。館内には、スパプールやバーベキューエリアを完備。アパートメントタイプの部屋もある。

住16 Northgate 電(06)758-5324 FREE 0800-668-357
URL www.northgatemotorlodge.co.nz 料ⓈⒹ$130～ Ⓣ139～
室数23 CC MV

### エグモント・エコ・レジャー・パーク Egmont Eco Leisure Park
Map P.379-B1

町の中心部から約1.5km、森に囲まれた7エーカーもの広い敷地に立つ、快適ホステル。BBQ設備などもあるので自然を満喫したい人にはうってつけの環境だ。

住12 Clawton St. 電(06)753-5720 URL www.egmont.co.nz
料Dorm$30～ ⓈⒹⓉ$75～
室数100ベッド CC MV


キッチン(全室) キッチン(一部) キッチン(共同) ドライヤー(全室) バスタブ(全室) プール ネット(全室／有料) ネット(一部／有料) ネット(全室／無料) ネット(一部／無料)

# ワンガヌイ

## Whanganui

人口：4万8100人
URL www.wanganuionline.com

繁栄の名残をとどめる町並み

北島西海岸南部のワンガヌイ地方は、トンガリロの山並みを水源とし、タスマン海に流れ込むファンガヌイ川Whanganui Riverを中心に広がる。このファンガヌイ川は航行可能流域が国内最長であり、比較的穏やかでありながら239もの早瀬を有している。流域は森林に囲まれ、ファンガヌイ国立公園に指定されている。カヌーをはじめ、ジェットボート、ラフティング、蒸気船など、ファンガヌイ川を満喫する方法は多いので、積極的にアクティビティを楽しみたい。

かつて川を交通の手段として繁栄したワンガヌイの町には、現在でも、当時の美しく古風な建物が残されている。

### ワンガヌイへのアクセス Access

飛行機はエア・チャタム（Air Chathams）がワンガヌイ空港Whanganui Airportまで運航している。オークランドからの直行便は1日1～3便。所要約1時間。空港は中心部の南、約7kmに位置する。

長距離バスはインターシティが各地から直行便を運行している。オークランドから1日1便、所要約8時間25分。ウェリントンから1日1～3便、所要3時間40分～4時間25分。ニュー・プリマスからは所要約2時間30分で1日1～2便ある。バスの発着は町の中心部にあるトラベルセンター。

### ワンガヌイの歩き方

メインストリートのビクトリア・アベニューVictoria Ave.には、古い石造りの建物が多く残っており、レストランやショップが軒を連ねる。石畳の舗道にガス灯がともされる趣ある町並みは、ゆっくり散策するのがおすすめ。

町の主要部分はファンガヌイ川に沿って西岸に集まっている。ビクトリア・アベニューには通りを挟んでふたつの公園があり、クイーンズ・パークQueen's Parkには博物館などの文化施設が集まる。ファンガヌイ川に架かる橋の近くに観光案内所アイサイトがある。橋を渡った東側にあるデュリー・ヒルからの眺めはすばらしい。

**ワンガヌイとファンガヌイ**
町の名前は、マオリの言葉で"大きな港""大きな湾"といった意味。町の名称は「ワンガヌイ」、川や国立公園については「ファンガヌイ」と呼ばれ、混乱してしまうが、もとの意味は同じ。地元マオリの方言では「whanga」をワンガと発音するため、ふたつの表記が混在することとなった。

**航空会社**
**エア・チャタム航空**
FREE 0800-580-127
URL www.airchathams.co.nz

**ワンガヌイ空港**
**Map P.384-B2外**
URL www.whanganuiairport.co.nz
空港から中心部まではタクシーを利用。

**おもなタクシー会社**
**Blue Bubble Taxi**
FREE 0800-228-294
URL www.bluebubbletaxi.co.nz

**おもなバス会社**(→P.496)
**インターシティ**

**長距離バス発着所**
**Map P.384-B2**
住 156 Ridgeway St.

**観光案内所 i-SITE**
**Whanganui Visitor Information Centre**
**Map P.384-B2**
住 31 Taupo Quay
FREE 0800-926-426
URL www.visitwhanganui.nz
開 月～金 9:00～17:00
土・日 9:00～16:00
休 無休

観光案内所アイサイトはトラベルセンターから徒歩約10分

## ファンガヌイ川
Whanganui River

Map P.384-A1~B2

ワンガヌイの町をゆったりと流れる全長約290km、国内第3位の長さを有するファンガヌイ川は、古くから内陸への重要な輸送ルートであり、マオリの人々もカヌーで行き来した川だ。ヨーロッパ人入植後も重要な水路として機能し続け、19世紀末には外輪の蒸気船が通るようになった。1900年代には「ニュージーランドのライン川」と呼ばれていたという。1908年にオークランドとウェリントン間に定期列車が運行を開始。当初は水上交通もさらに活発になったが、その後、鉄道や道路網が整備されるにともなって、水上輸送はしだいに下火になり、行き交っていた蒸気船も1950年代後半には姿を消した。

**ファンガヌイ川のリバークルーズ**
ファンガヌイ川でのリバークルーズも人気。クルーズ会社はいくつかあり、いずれも一定の人数が集まったときにのみ実施。前日までに観光案内所アイサイトなどで申し込んでおくといい。詳細はP.385。

ファンガヌイ川の雄大な流れ

## ワイマリー・センター
Waimarie Centre

Map P.384-A2

19世紀から1950年代まで続いたファンガヌイ川水上交通の歴史を伝える展示館。館内では、川を行き来した船舶に関する展示などを、パネルや写真を使って紹介している。また、1952年に一度は沈んだ外輪船、ワイマリー号Waimarieでファンガヌイ川を約13km上流まで遊覧する往復約2時間のクルーズも行っている（→P.385）。

ファンガヌイ川沿いに立つ

**ワイマリー・センター**
住 1A Taupo Quay
電 (06) 347-1863
FREE 0800-783-2637
URL waimarie.co.nz
開 10～4月　9:30～13:30（時季によって異なる）
休 火、5～9月
料 無料（寄付程度）

## ファンガヌイ地方博物館

Whanganui Regional Museum

Map P.384-B2

クイーンズ・パーク内にあるこの博物館は巨鳥モアに関するコレクションでは世界屈指を誇り、5個しか現存しない卵のひとつを展示する。1階では地域のマオリについて、2階ではヨーロッパ人の入植の歴史や自然科学についての展示も行う。

博物館の奥、丘を上がった所には絵画や彫刻など幅広い作品を収蔵するサージェント・ギャラリーSarjeant Galleryがある。

**ファンガヌイ地方博物館**
住Queens Park, Watt St.
電(06)349-1110
URL wrm.org.nz
開10:00～16:30
休無休
料無料（寄付程度）

**サージェント・ギャラリー**
住38 Taupo Quay
電(06)349-0506
URL sarjeant.org.nz
開10:30～16:30
休無休
料無料（寄付程度）

2023年4月現在、リニューアルのため閉館中。2023年末に完成予定。38 Taupo Quayにある仮施設にて展示を行っている（**MAP P.384-B2**）。

サージェント・ギャラリー

## モウトア・ガーデン

Moutoa Garden

Map P.384-A2

1995年2月、マオリの先住権に関わる事件によって有名になった場所。1840年代にワンガヌイに入植したヨーロッパ人がマオリの土地を接収したのは違法である、と抗議したマオリ人たちがこの公園を占拠。ウェリントンの高等裁判所で「接収は合法」と判決され、長時間の話し合い後、マオリの人々は約2ヵ月半に及んだ占拠に幕を閉じ、公園からの退去を承諾した。

## ワンガヌイのアクティビティ

### ジェットボート・ツアー

原生の低地林で覆われたファンガヌイ国立公園には、手つかずの自然が残されている。ジェットボート・ツアーではワンガヌイから約120kmの所にあるピピリキPipirikiを出発し、そこからマンガプルアMangapuruaまで、ファンガヌイ川をダイナミックに遡りながら原生林に囲まれたすばらしい風景が楽しめる。マンガプルアからは約40分間のウオーキングでブリッジ・トゥ・ノーウェアBridge to Nowhereへ。

**Whanganui River Adventures**
電/FAX (06)385-3246　FREE 0800-862-743
URL www.whanganuiriveradventures.com
催通年（冬季はチャーター利用）　料ブリッジ・トゥ・ノーウェア　大人$165、子供$80（所要4時間～4時間30分）　CC MV

### 蒸気船クルーズ

かつてファンガヌイ川における貴重な交通として活躍した1899年製の外輪船ワイマリー号が修復されて運航を再開したのは2000年のこと。約2時間のクルーズでは、ノスタルジックな情緒あふれるひとときを堪能できる。ワイマリー・センターで催行。

**Waimarie Centre**（→P.384）
電(06)347-1863　FREE 0800-783-2637
URL waimarie.co.nz
催11:00発（土は14:00発もあり）
料デイリー・クルーズ　大人$49、子供$19
休火、5～9月　CC MV

メモリアル・タワー
FREE 0800-92-6426
開 8:00～18:00
休 無休
デュリー・ヒル・エレベーター
FREE 0800-92-6426
開 月～金　8:00～18:00
　土・日　10:00～17:00
休 無休
料 片道$2

## デュリー・ヒル
Durie Hill

Map P.384-B2

　ビクトリア・アベニューからワンガヌイ・シティ・ブリッジを渡った、川の東岸にある丘陵。頂上には戦没者慰霊の塔**メモリアル・タワーMemorial Tower**が立っており、191段もの階段を上って展望台に上がると、ワンガヌイの町とファンガヌイ川、タスマン海が広がり、天気がよければタラナキやルアペフの山々までも望むことができる。

　丘の上へはエレベーターか、入口横の階段で上る。エレベーターは、1919年に丘の上の住宅地に住む人々の足として建設されたもので、南半球で唯一地中に設けられたエレベーターという珍しいもの。手動で開閉する木製のドアや、ゆっくりとした上昇速度などが歴史を感じさせる。高さ66m、所要約1分間のこのエレベーターは、丘の麓に真っすぐに205mも延びた長く狭いトンネルの終点にあり、初めて行く人は思わず立ちすくんでしまうだろう。

丘の上にそびえ立つメモリアル・タワー

メモリアル・タワーから望む見事な景色

## ワンガヌイの アコモデーション Accommodation

### アオテア・モーター・ロッジ Aotea Motor Lodge
Map P.384-B1

　メインストリートに位置するラグジュアリーなモーテル。全室スパバス、液晶テレビ、エアコンを完備している。スーパーマーケットやレストランが徒歩圏内にあり便利。睡眠の質にこだわって選ばれたベッドマットとシーツが快適と好評。

住 390 Victoria Ave.　☎ (06) 345-0303　FAX (06) 345-1088
URL www.aoteamotorlodge.co.nz
料 ⓈⒹⓉ$185～
室数 28　CC AMV

### リバービュー・モーテル Riverview Motel
Map P.384-A2

　川沿いにあり、町の中心部まで徒歩7～8分。レセプションではアイルランド人の元気な女性が迎えてくれる。各ユニットにはテレビなどの設備が整い、とても清潔。長期滞在にも最適。

住 14 Somme Pde.　☎ (06) 345-2888　FREE 0800-102-001
FAX (06) 345-2843
URL www.wanganuimotels.co.nz
料 ⓈⒹ$99～160　室数 15　CC MV

### ブレーマー・ハウス Braemar House
Map P.384-A1

　B&Bとバックパッカーズの2タイプある。テラス付きもあるB&Bの客室は、ビクトリアン調でかわいらしい雰囲気。リビングやバスルームはとても清潔。

住 2 Plymouth St.　☎ (06) 348-2301　URL braemarhouse.co.nz
料 バックパッカーズ　Dorm $30～　Ⓢ$60～　Ⓣ$80～
B&B　Ⓢ$90～　ⒹⓉ$110～
室数 22ベッド+8室　CC MV

### ブランズ・ブティックB&B Browns Boutique B&B
Map P.384-B1

　1910年に建てられた瀟洒な邸宅をリノベーション。2部屋のみの静かなB&Bで、1部屋はバスタブ付き。オムレツ、クレープ、自家製ミューズリーなど朝食も充実。日当たりのよい庭でまったりできるのも魅力。

住 34 College St.　📱027-3082-495　URL brownsboutiquebnb.co.nz　料 Ⓢ$200～　Ⓓ$230～
室数 2　CC MV


キッチン(全室)　キッチン(一部)　キッチン(共同)　ドライヤー(全室)　バスタブ(全室)
プール　ネット(全室／有料)　ネット(一部／有料)　ネット(全室／無料)　ネット(一部／無料)

# パーマストン・ノース

## Palmerston North

オークランド
パーマストン・ノース

人口：9万500人
URL www.manawatunz.co.nz

中心部にあるザ・スクエア

北島南部、マナワツ地方の中心都市であるパーマストン・ノースは、パーミー"Palmy"という愛称で親しまれている。一帯は、マナワツ川 Manawatu River流域に広がる肥沃な平野となっており、古くから酪農の盛んな都市として栄えてきた。

パーマストン・ノースには1927年にもともと農業大学として創設されたマッセイ大学Massey Universityがある。現在は総合大学となっているが、今でも農業関係の研究で有名だ。大学周辺には、ほかにも国立の研究機関があり、パーマストン・ノースはこの国の基幹産業である農業、酪農業の研究基地のひとつとして機能している。観光的な見どころが多い都市とはいえないが、明るい文教都市なのでのんびりとしたステイができるだろう。

## パーマストン・ノースへのアクセス Access

町の中心部から6kmほどの所にパーマストン・ノース国際空港 Palmerston North Airportがあり、ニュージーランド航空が国内各地から直行便を運航している。オークランドから1日7～11便ほど、所要約1時間10分。クライストチャーチからは1日4便、所要約1時間15分。空港からはエアポートシャトルを利用できる。

長距離バスはインターシティが各地から運行。オークランドから1日2～6便、所要9時間～10時間5分。ロトルアからは1日3～6便、所要約5時間25分で、タウポを経由する便もある。ウェリントンから1日1～9便、所要約2時間10～20分。バスは町の中心部にあるザ・スクエアに発着する。

鉄道ではウェリントンとオークランド間を結ぶキーウィ・レイルのノーザン・エクスプローラー号がパーマストン・ノースにも停車する。また、ウェリントンからはキャピタル・コネクション号も運行されている。鉄道駅は中心部から2.5kmほど。

## パーマストン・ノースの歩き方

町の中心はザ・スクエアThe Squareと呼ばれる広い緑地になっている。観光案内所アイサイトもザ・スクエア内にあり、市内やマナワツ地方一帯の観光情報を提供している。メイン・ストリートMain St.がスクエアを挟んで東西に延び、1本北側にあるブロードウエイ・アベニューBroadway Ave.とともにショッピングエリアになっている。

航空会社 (→P.496)
**ニュージーランド航空**

**パーマストン・ノース国際空港**
**Map P.388-A2外**

エアポートシャトル会社
**スーパー・シャトル**
電 (09)522-5100
FREE 0800-748-885
URL www.supershuttle.co.nz
料 空港↔市内中心部
1人　$21
2人　$26
3人　$31

おもなバス会社 (→P.496)
**インターシティ**

長距離バス発着所
**Map P.388-B1**
住 The Square

鉄道会社 (→P.496)
**キーウィ・レイル**

**パーマストン・ノース駅**
**Map P.388-A1外**
住 Mathew Ave.

観光案内所 i SITE
**i-SITE Palmerston North**
**Map P.388-B1**
住 The Square
電 (06)350-1922
FREE 0800-626-292
URL www.manawatunz.co.nz
開 月～金　9:00～17:00
　土・日　9:00～14:00
休 無休

観光の相談はここで

## パーマストン・ノースの見どころ

テ・マナワ
住326 Main St.
電(06)355-5000
URL www.temanawa.co.nz
開10:00～17:00
休無休
料無料

マオリの彫刻を施した赤いピアノは弾くこともできる

### テ・マナワ
Te Manawa

Map P.388-B1

ザ・スクエアから徒歩3分ほど、博物館や美術館などが集結した複合文化施設「テ・マナワ」。博物館ではパーマストン・ノースをはじめとするマナワツ地方の歴史や文化を紹介する資料が展示され、見応えたっぷり。館内には「ニュージーランド・ラグビー博物館」も併設している。また、美術館にはローカルアーティストの作品をはじめ、国内外のアートの数々を展示。常時さまざまな特別展を催しているので、いつ訪れても楽しむことができる。

印象的なオブジェがひときわ目を引く

ニュージーランド・ラグビー博物館
住326 Main St.
電(06)358-6947
URL rugbymuseum.co.nz
開10:00～16:00
休無休
料大人$15、子供$6

ラグビーファンは必見だ

### ニュージーランド・ラグビー博物館
New Zealand Rugby Museum

Map P.388-B1

パーマストン・ノースは、ニュージーランドにおけるラグビーの創始者、チャールズ・ジョン・モンローが45年にわたって住んだ土地。国内唯一のラグビー博物館では、ニュージーランドの代表チームであるオールブラックスはもちろん、国内でのラグビーの歴史に関する展示や、ジャージ、ボールなどが数多く展示されている。

## ビクトリア・エスプラネード・ガーデンズ

Victoria Esplanade Gardens

Map P.388-B1外

町の中心部から徒歩約20分の広大な緑地。ヤシの並木道やローズガーデン、さまざまな植物が育つ温室、子供用のミニ鉄道やプールなどがある。マナワツ川沿いに遊歩道が設けられ、散策するのにぴったり。特に週末は多くの市民が集う。ヤシの並木沿いにあるカフェの雰囲気もいいのでお茶やランチを楽しもう。

広大な敷地に豊かな緑があふれる気持ちのいい公園

ビクトリア・エスプラネード・ガーデンズ
住Manawaroa St. Fitzherbert Ave. & Park Rd.
開4～9月　9:00～18:00
10～3月　9:00～21:00
休無休
料無料

## ハーブファーム

The Herb Farm

Map P.388-A2外

ナチュラル志向の人におすすめのハーブ農園。園内には、ハーブガーデンや、ハーブを使って作られたスキンケア用品のショップ、雰囲気のいいカフェなどがある。また、観光案内所アイサイトでもソープやクリームなどの一部商品を購入できる。

ハーブファーム
住86 Grove Rd. RD10
電(06) 326-8633
FAX(06) 326-9650
URL www.herbfarm.co.nz
開10:00～16:30
休無休
料無料
園内の散策ができる(所要約20分)ほか、子供向けワークショップやライブイベントあり。
交中心部から約16km。Kelvin Grove Rd.を北上し、突き当たりのAshhurst Rd.を右折、さらに2kmほど進みGrove Rd.を左折して、約1.5km進んだ左側。

## パーマストン・ノースのアコモデーション Accommodation

### ローズ・シティ・モーテル Rose City Motel

Map P.388-B1

クォールマーク（→P.479）で4つ星のきれいなモーテル。中心部までは徒歩3分ほど。無料のDVDライブラリーや、スパプールなどの館内設備が充実。多くの部屋がバスタブ付き。

住120-122 Fitzherbert Ave.
電(06) 356-5388
FREE 0508-356-538
URL rosecitymotel.co.nz
料Ⓓ Ⓣ$155～
室数26　CC MV

### コーチマン Coachman

Map P.388-B1

市内でも高級クラスのコロニアルスタイルのホテル＆モーテル。バスタブ付きの部屋が多く、テレビやコーヒーメーカーなど設備も十分に整っている。屋外のプールやスポーツジムもある。

住140 Fitzherbert Ave.
電(06) 356-5065
URL www.distinctionhotelscoachman.co.nz
料Ⓓ Ⓣ$125～　Motel $120～
室数72　CC ADMV

### プリムローズ・マナー Primrose Manor

Map P.388-A1

キッチンやラウンジは共用ながら各客室や設備に清潔感があり、快適に過ごせる宿。インテリアもかわいらしく、女性の1人旅にもおすすめ。専用バスルームとトイレを完備。DVDプレーヤーやランドリー設備もある。

住123 Grey St.
027-465-4054
URL www.primrosemanor.co.nz
料Ⓢ Ⓓ Ⓣ$160
室数2　CC 不可

### Column 年2日オープンのひまわり畑

パーマストン・ノース郊外にあるひまわり畑は知る人ぞ知る写真映えスポット。毎年2月に2日間程度しか一般開放されないが、日程が合えばぜひ足を運んでみよう。

**マンガマイレ・サンフラワー・フィールド**
**Mangamaire Sunflower Field**
**Map P.388-B1外**
住239 Tutaekara Rd. Pahiatua　電非公開
URL www.sunflowerfield.co.nz　料大人$8、子供無料　交中心部から約35km。

オークランド

ウェリントン

人口：54万2000人
URL www.wellingtonnz.com

# ウェリントン

## Wellington

クイーンズ・ワーフからラムトン港を眺めよう

ニュージーランドの首都ウェリントンは、国家の首都としては世界最南端に位置する。都市としての歴史は比較的古く、イギリスの移民を送り出す組織であるニュージーランド会社New Zealand Company設立後、その最初の入植地となった場所である。1860年代初めにはオタゴ地方や西海岸で次々と金鉱が発見されたことにより、南島はゴールドラッシュに沸いた。そこで1865年、南島に近く、かつ国全体のほぼ中央に位置するウェリントンに、オークランドから首都が移転されたのだ。

町は港を囲むように広がっており、海峡から強風が吹き付けることも多いため“ウィンディ・ウェリントン（＝風の町）”とも呼ばれている。海外貿易の中心であるほか、南島ピクトンへのアクセス拠点でもある。

市内には国会議事堂や大企業のビル、大学や博物館、美術館、劇場などが集まり、まさに政治と芸術、そして文化の中心地といえる。特に質の高い劇場や映画館はウェリントンが文化都市として愛される理由のひとつであり、近年は映画産業でも世界の注目を集めている。

在ニュージーランド日本国大使館
The Embassy of Japan
**Map P.394-C1**
住 Level 18, Majestic Centre, 100 Willis St.
☎ (04) 473-1540
URL www.nz.emb-japan.go.jp
開 月～金 9:00～17:00
休 土・日、祝
**領事班**
開 月～金 9:00～12:00、13:30～16:00
休 土・日、祝

ウェリントンはコーヒーの町としても有名（→P.404）

## ウェリントンへのアクセス Access

### 飛行機で到着したら

日本からのウェリントンへの直行便はないが、オーストラリアのシドニーやメルボルン、ゴールドコーストなどからカンタス航空やニュージーランド航空が運航しているので、経由便を利用することができる。シドニーからは所要約3時間15分。フィジーのナンディからもフィジー・エアウェイズFiji Airwaysの直行便がある。所要約3時間50分。国内の主要都市からはニュージーランド航空、ジェットスター航空、サウンズ・エアのフライトがある。空港は1階が到着ロビー、2階が出発ロビーになっている。

航空会社
カンタス航空（→P.459）
ニュージーランド航空、
ジェットスター航空（→P.496）
サウンズ・エア（→P.230）
フィジー・エアウェイズ
URL www.fijiairways.com

ウェリントン国際空港
**Map P.393-C～D2**
☎ (04) 385-5100
URL www.wellingtonairport.co.nz

空港には巨大なワシに乗ったガンダルフが

## 空港から市内へ

ウェリントン国際空港Wellington International Airportは市内中心部から南東に約8kmほど行ったロンゴタイRongotai地区にある。市内への交通手段は市バスのエアポート・エクスプレス・バス Airport Express Busが安くて便利。乗り合いで目的地に行くエアポートシャトルなども利用できる。それぞれ乗り場は空港の到着ゲートを出てすぐの所にある。

### エアポート・エクスプレス・バス　Airport Express Bus

空港と鉄道駅間を結ぶ市バス。飛行機と電車の発着時間に合わせ、10～20分間隔で運行されている。車内には大きな荷物を置ける棚やUSBポート、Wi-Fiも備わっていて便利。運賃は現金、ICカード乗車券のスナッパー・カードSnapper、クレジットカードのいずれかで乗車時に支払う。ほかに、市バス#2でも市内へ行くことができるが、#2が停車するバス停は、空港から徒歩7分ほど離れたHobart St.にある。

### エアポートシャトル　Airport Shuttle

乗客の人数がある程度揃ったら出発するスーパー・シャトルSuper Shuttleが運行するシャトルバン。空港から市内へ行く際は予約なしで利用できるが、それぞれの目的地を回るのでほかの移動手段に比べると少々時間がかかる。確実に利用したい場合は電話や公式サイトで事前予約するのがおすすめ。

### タクシー　Taxi

市内中心部までの料金の目安は$40～50。所要約20分。クレジットカードでの支払いもできる。配車アプリのUberも利用可能。ドアの開閉は自動ではないので、自分でドアを開けて乗り降りする。

## 国内各地との交通

### 長距離バス

長距離バスはインターシティなどが主要都市間を運行している（長距離バスの利用方法→P.465）。インターシティのバスの発着所はウェリントン駅の10番プラットホームの横にある。夜行便も運行されている。

### 長距離列車

オークランドとウェリントンを結ぶキーウィ・レイルのノーザン・エクスプローラーNorthern Explorer号が運行している。オークランドのストランド駅からは、月・木・土曜の7:45発、ウェリントンからは水・金・日曜の7:55発。所要約10時間55分。パーマストン・ノースからはキャピタル・コネクションCapital Connection号もあり、所要約2時間5分（長距離列車の利用方法→P.467）。ウェリントン駅はバスターミナルと直結して

陸路の玄関口であるウェリントン駅

エアポート・エクスプレス・バス
FREE 0800-801-700
URL www.metlink.org.nz/getting-started/airport-express
運 空港→鉄道駅
月～金　5:30～22:50
土　5:30～22:44
日　7:00～22:49
鉄道駅→空港
月～金　5:20～20:00
土　4:53～19:00
日　4:53～20:21
料 現金・クレジットカード
片道大人$9.5、子供$5
スナッパー・カード
片道大人$7.51、子供$3.76

エアポートシャトル
Super Shuttle
FREE 0800-748-885
URL www.supershuttle.co.nz
料 空港↔市内中心部
1人　$18
2人　$24
3人　$30

24時間運行しているので深夜の到着にも便利

おもなバス会社（→P.496）
インターシティ
オークランドから
運 1日2便
所要11時間15～30分
ロトルアから
運 1日2便（直行便）
所要7時間20分～8時間55分
タウポから
運 1日2～3便
所要6時間～7時間5分

長距離バス発着所
Map P.394-B2
住 Railway Station

鉄道会社（→P.496）
キーウィ・レイル
ウェリントン駅
Map P.394-B2
住 Bunny St. & Thorndon Quay

ウェリントン駅構内

メットリンク
FREE 0800-801-700
URL www.metlink.org.nz

フェリー会社（→P.230）
インターアイランダー
**Map P.393-A1**
ブルーブリッジ
**Map P.394-B2**

メットリンク
(04)307-8700
URL www.metlink.org.nz
運 6:00〜23:00頃（ルートにより異なる）
料 ゾーン1（片道）
現金 $2.5
スナッパー・カード $1.71
スナッパーカードの場合30分以内の乗り換えは無料。オフピーク時（7:00以前、9:00〜15:00、18:30以降、および土・日、祝）は半額になる。販売はウェリントン空港1階のデリWhisboneやウェリントン駅、観光案内所アイサイトなどで。

スナッパー・カードはケーブルカーやフェリーにも利用できる

ケーブルカー乗り場はラムトン・キー沿いの少し奥まった所にあるので看板を目印にしよう

おもなタクシー会社
Kiwi Cabs
(04)389-9999
Hutt & City Taxis
(04)570-0057
Wellington Combined Taxi
(04)384-4444

主要バス路線
#1
#2
#3
#7
#21
#22
AX（エアポート・エクスプレス）

おり、ここから市内の各方面へと市バスを利用できる。

また、ウェリントン駅には都市部とワイララパWairarapa地方などの郊外を結ぶメットリンク社Metlink運営のローカル列車も発着する。

### フェリー

南島のピクトン間のクック海峡Cook Straitを運航している（南北島間の移動→P.230）。インターアイランダーは3時間30分、1日6便運航。ブルーブリッジは約3時間30分、1日2〜4便程度運航。インターアイランダーのターミナルは市中心部より約2km北にあり、ウェリントン駅の10番プラットホームから無料シャトルバスが運行されている。ブルーブリッジのターミナルはウェリントン駅付近。

## ウェリントンの市内交通 Traffic

### メットリンク Metlink

使いこなすと便利な市バス

ウェリントン駅に直結するバスターミナルを起点に、メットリンク社が運営する市バス。ほとんどのバスが主要通りを走り、郊外の見どころへもアクセスできるので上手に活用すれば観光の幅が広がるだろう。料金はゾーン制で、市内中心部なら大人＄2.5。現金のほか、バスやローカル列車、ケーブルカーで共通利用できるスナッパー・カードSnapper CardというICカード乗車券で支払う。

### ケーブルカー The Wellington Cable Car

ウェリントン名物の真っ赤な車体のケーブルカー（→P.398）。10分ごとにラムトン・キー沿いの乗り場から丘の上の住宅地ケルバーンKelburnまで運行し、市民の足としても活用されている。

### タクシー Taxi

日本と同じメーター制。主要ホテルやウェリントン駅などにあるタクシースタンドから乗車する。初乗り料金は会社によって異なるが＄3.5くらい。配車アプリを使うと便利。

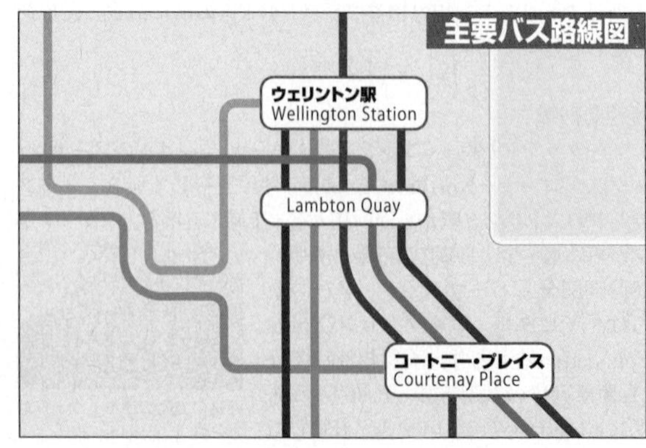

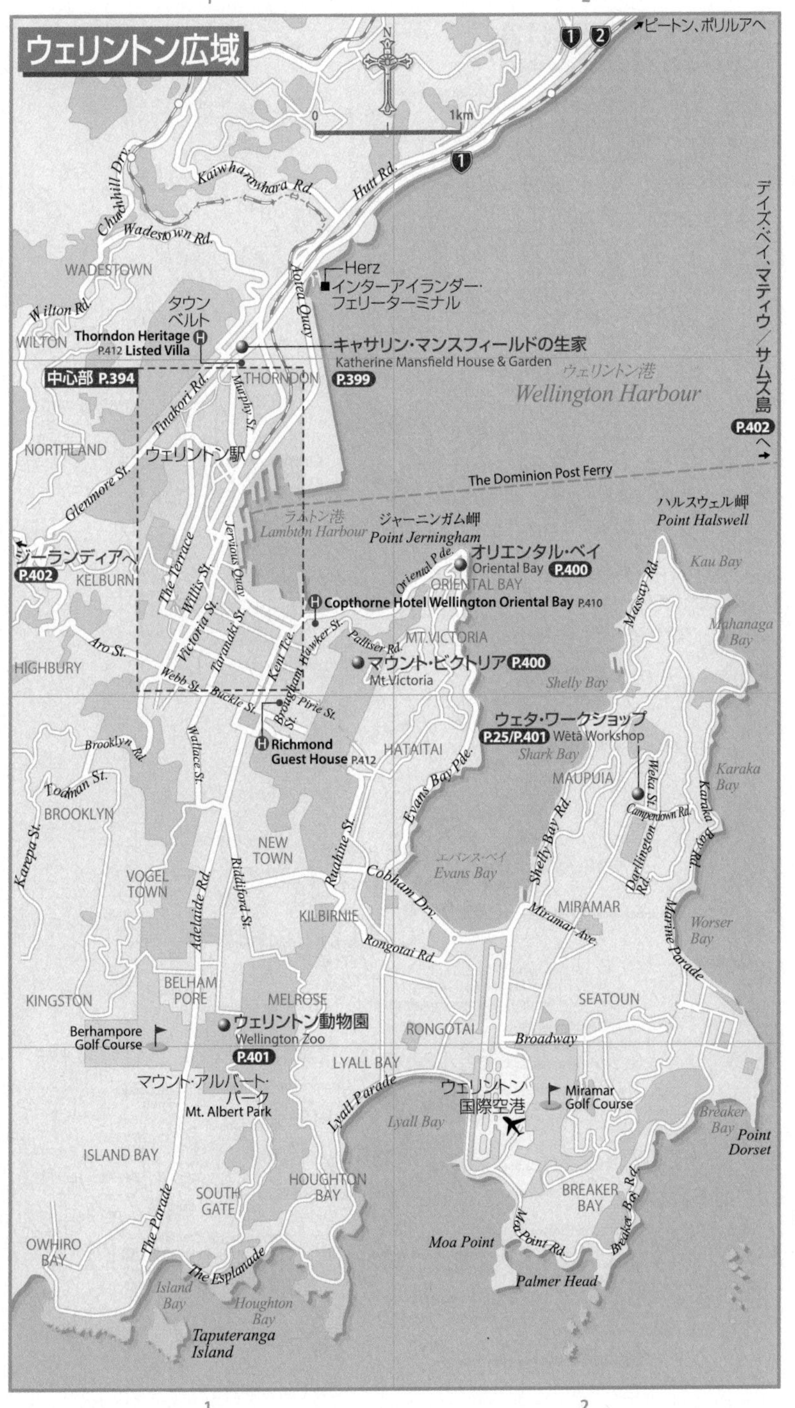
ウェリントン広域
ピートン、ポリルアへ
1km
Hutt Rd.
Kaiwharawhara Rd.
Churchill Dry.
Wadestown Rd.
WADESTOWN
Herz
インターアイランダー・フェリーターミナル
Aotea Quay
Wilton Rd.
WILTON
タウンベルト
Thorndon Heritage Listed Villa P.412
キャサリン・マンスフィールドの生家
Katherine Mansfield House & Garden P.399
中心部 P.394
THORNDON
ウェリントン港
Wellington Harbour
デイズ・ベイ、マティウ/サムズ島へ P.402
NORTHLAND
ウェリントン駅
Tinakori Rd.
Murphy St.
Glenmore St.
The Dominion Post Ferry
ラムトン港
Lambton Harbour
ジャーニンガム岬
Point Jerningham
ハルスウェル岬
Point Halswell
ジーランディアへ P.402
KELBURN
オリエンタル・ベイ
Oriental Bay P.400
ORIENTAL BAY
Oriental P.de.
Kau Bay
Copthorne Hotel Wellington Oriental Bay P.410
Massay Rd.
Mahanaga Bay
The Terrace
Willis St.
Jervious Quay
Victoria St.
Taranaki St.
Aro St.
HIGHBURY
Kent Tce.
Hawker St.
Palliser Rd.
MT.VICTORIA
マウント・ビクトリア P.400
Mt.Victoria
Shelly Bay
Webb St.
Buckle St.
Brougham St.
Pirie St.
ウェタ・ワークショップ
P.25/P.401 Wētā Workshop
Shark Bay
Brooklyn Rd.
Richmond Guest House P.412
HATAITAI
Wallace St.
MAUPUIA
Karaka Bay
Todman St.
Evans Bay Pde.
Weka St.
Camperdown Rd.
BROOKLYN
Shelly Bay Rd.
Karaka Bay Rd.
Karepa St.
NEW TOWN
Ruahine St.
エバンス・ベイ
Evans Bay
Darlington Rd.
VOGEL TOWN
Adelaide Rd.
Riddiford St.
Cobham Dry.
MIRAMAR
Worser Bay
KILBIRNIE
Miramar Ave.
Marine Parade
Rongotai Rd.
BELHAM PORE
KINGSTON
MELROSE
SEATOUN
ウェリントン動物園
Wellington Zoo P.401
Berhampore Golf Course
RONGOTAI
Broadway
LYALL BAY
マウント・アルバート・パーク
Mt. Albert Park
Lyall Parade
ウェリントン国際空港
Miramar Golf Course
Lyall Bay
Breaker Bay
Point Dorset
ISLAND BAY
HOUGHTON BAY
SOUTH GATE
BREAKER BAY
Breaker Bay Rd.
The Parade
Moa Point
Moa Point Rd.
OWHIRO BAY
The Esplanade
Palmer Head
Island Bay
Houghton Bay
Taputeranga Island

北島

ウェリントン

交通/広域MAP

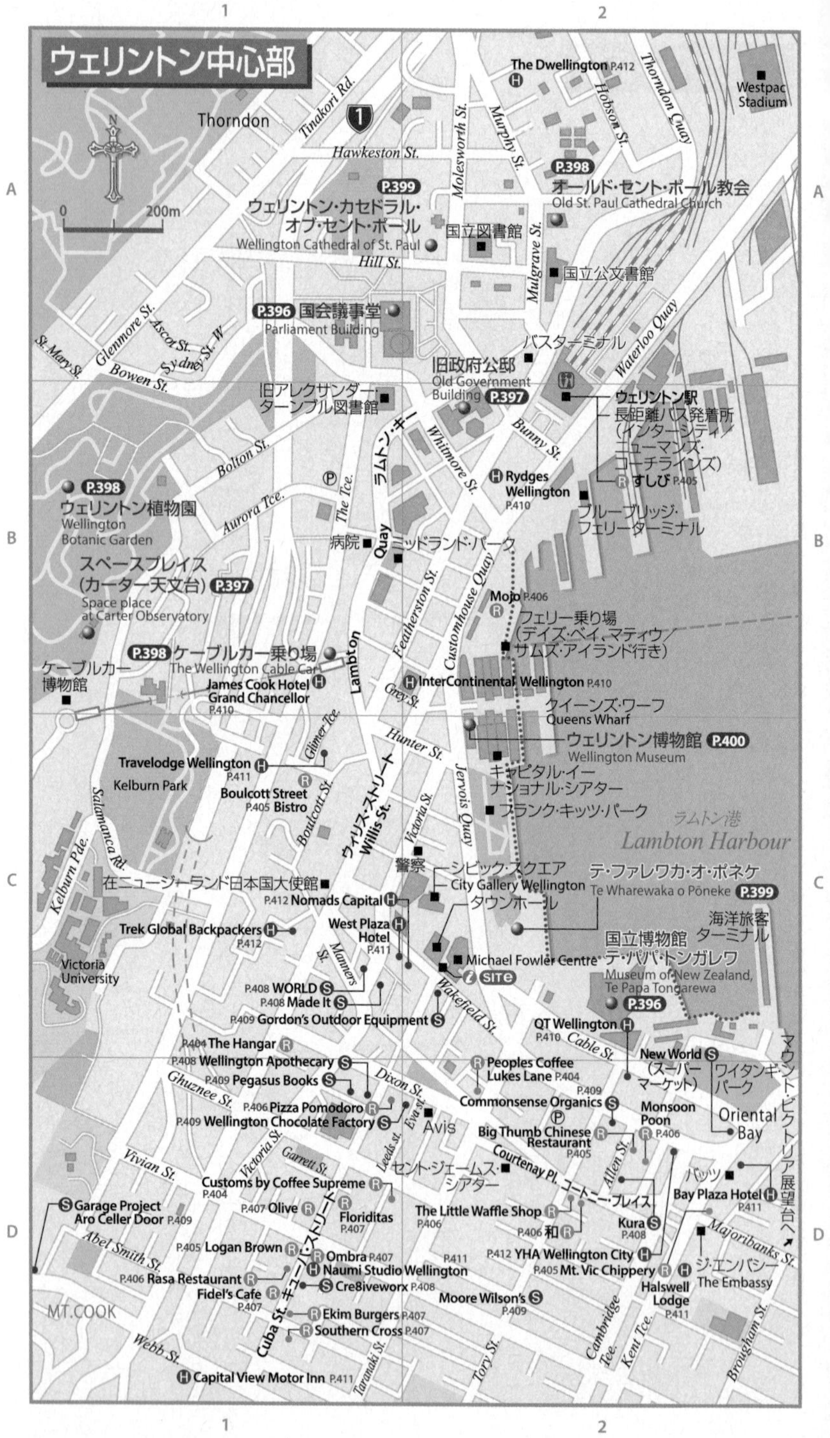

# ウェリントン中心部

1 2

A B C D

Thorndon
Tinakori Rd.
Hawkeston St.
Molesworth St.
Murphy St.
Hobson St.
Thorndon Quay
The Dwellington P.412
Westpac Stadium
0 200m

P.399
ウェリントン・カセドラル・オブ・セント・ポール
Wellington Cathedral of St. Paul
Hill St.
国立図書館
Mulgrave St.
P.398
オールド・セント・ポール教会
Old St. Paul Cathedral Church
国立公文書館

P.396 国会議事堂
Parliament Building
Glenmore St.
Ascot St.
Sydney St. W
St. Mary St.
Bowen St.
バスターミナル
Waterloo Quay
旧政府公邸
Old Government Building P.397
旧アレクサンダー・ターンブル図書館
ウェリントン駅
長距離バス発着所
(インターシティ/ニューマンズ・コーチラインズ)
すしび P.405
Bunny St.
Whitmore St.
ラムトン・キー
Bolton St.
Aurora Tce.
The Tce.
Rydges Wellington P.410
ブルーブリッジ・フェリーターミナル

P.398
ウェリントン植物園
Wellington Botanic Garden
病院
Quay
ミッドランド・パーク
スペースプレイス
(カーター天文台) P.397
Space place at Carter Observatory
Featherston St.
Customhouse Quay
Mojo P.406
フェリー乗り場
(デイズ・ベイ、マティウ/サムズ・アイランド行き)
P.398 ケーブルカー乗り場
The Wellington Cable Car
Lambton
ケーブルカー博物館
James Cook Hotel Grand Chancellor P.410
InterContinental Wellington P.410
Grey St.
クイーンズ・ワーフ
Queens Wharf
ウェリントン博物館 P.400
Wellington Museum
Glimer Tce.
Hunter St.
Travelodge Wellington P.411
Kelburn Park
Boulcott Street Bistro P.405
Boulcott St.
ウィリス・ストリート
Willis St.
Victoria St.
Jervois Quay
キャピタル・イー
ナショナル・シアター
フランク・キッツ・パーク
ラムトン港
Lambton Harbour
Salamanca Rd.
Kelburn Pde.

警察
シビック・スクエア
City Gallery Wellington
テ・ファレワカ・オ・ポネケ
Te Wharewaka o Pōneke P.399
在ニュージーランド日本国大使館
P.412 Nomads Capital
タウンホール
海洋旅客ターミナル
Trek Global Backpackers P.412
West Plaza Hotel P.411
国立博物館
テ・パパ・トンガレワ
Museum of New Zealand, Te Papa Tongarewa
P.396
Victoria University
Manners St.
Michael Fowler Centre
i-SITE
P.408 WORLD
P.408 Made It
Wakefield St.
P.409 Gordon's Outdoor Equipment
QT Wellington P.410
Cable St.
P.404 The Hangar
New World (スーパーマーケット)
ワイタンギ・パーク
マウント・ビクトリア展望台へ
P.408 Wellington Apothecary
Peoples Coffee Lukes Lane P.404
P.409 Pegasus Books
Dixon St.
Ghuznee St.
P.406 Pizza Pomodoro
Eva St.
P.409 Commonsense Organics
Monsoon Poon P.406
Oriental Bay
P.409 Wellington Chocolate Factory
Avis
Big Thumb Chinese Restaurant P.405
Victoria St.
Garrett St.
Leeds St.
セント・ジェームス・シアター
Courtenay Pl.
Allen St.
バッツ
Vivian St.
Customs by Coffee Supreme P.404
コートニー・プレイス
Bay Plaza Hotel P.411
Garage Project Aro Celler Door P.409
P.407 Olive
Floriditas P.407
The Little Waffle Shop P.406
Kura P.408
Majoribanks St.
Abel Smith St.
P.405 Logan Brown
P.406 和
キューバ・ストリート
Ombra P.407
P.411
P.412 YHA Wellington City
Naumi Studio Wellington
P.406 Rasa Restaurant
Cre8iveworx P.408
P.405 Mt. Vic Chippery
ジ・エンバシー
The Embassy
Fidel's Cafe P.407
Moore Wilson's P.409
Halswell Lodge P.411
MT.COOK
Ekim Burgers P.407
Southern Cross P.407
Cuba St.
Cambridge Tce.
Kent Tce.
Brougham St.
Tory St.
Webb St.
Capital View Motor Inn P.411
Taranaki St.

1 2

## ウェリントンの　歩き方

### 港に面した政治経済の中心地

レストランが並ぶコートニー・プレイス

町の中心部はウェリントン港を取り囲むように広がっており、直径は2kmほど。繁華エリアは端から端まで20分ほどで、徒歩でも十分に観光できる。

鉄道やバスでウェリントン駅に到着すると、付近には国会議事堂や旧政府公邸など、国家の首都であるウェリントンを代表する歴史的建物が点在している。ここから海岸まで出て港沿いに南下すると、ウオーターフロントの**クイーンズ・ワーフQueen's Wharf**に着く。このエリアにはしゃれたカフェやレストランが数軒あり、海の町らしい雰囲気を満喫することができるだろう。

クイーンズ・ワーフから少し内陸側に入ると、曲がりくねった**ラムトン・キーLambton Quay**という通りが延びる。この周辺は、スーツを着たビジネスパーソンたちが早足に歩く官庁、ビジネス街。都会的な雰囲気が漂うカフェやショップが多い。

ラムトン・キーを南下して**ウィリス・ストリートWillis St.**に入ると、**シビック・スクエアCivic Square**がある。ここは観光案内所アイサイトをはじめ、図書館や市役所、アートギャラリーなどの建物に囲まれた広場になっている。

### にぎやかなダウンタウンを歩く

シビック・スクエアから延びる**キューバ・ストリートCuba St.**は、若者の多いにぎやかな学生街で、一部歩行者天国になっている。また、1本入った小道のエヴァ・ストリートEva St.とリーズ・ストリートLeeds St.には個性的な店が多いので、要チェックだ。

週末や夜に最もにぎわう繁華街は、**コートニー・プレイスCourtenay Place**。各国料理のレストラン、バーなどのほか、フードコートも多く、食事をする場所には事欠かない。

### 足を延ばして町の南東へ

町の南東側には、**オリエンタル・パレードOriental Pde.**と呼ばれる気持ちのよい海沿いの道や、ウェリントンの町が一望できる**マウント・ビクトリアMt. Victoria**がある。さらに、ウェリントン出身の映画監督ピーター・ジャクソンが手がけた『ロード・オブ・ザ・リング』シリーズの大成功により、この町は「ウェリウッド」と呼ばれるほど映画産業の発展が目覚ましい。空港近くのミラマー地区にある「ウェタ・ワークショップ」(→P.401)では映画制作の現場が垣間見られ、世界中から映画ファンが訪れる。

図書館やギャラリーなどが立つシビック・スクエア

**観光案内所 SITE**
**Wellington Visitor Centre**
**Map P.394-C2**
住 111 Wakefield St.
☎ (04) 802-4860
URL www.wellingtonnz.com
開 月～金 8:30～17:00
土・日 9:00～17:00
祝 9:00～16:00
休 無休

**ユースフルインフォメーション**
**病院**
**City Medical Centre**
**Map P.394-B1**
住 Level 2 190 Lambton Quay
☎ (04) 471-2161
**警察**
**Wellinton Central Police Station**
**Map P.394-C2**
住 41 Victoria St.
☎ 105

**レンタカー**
**Hertz**
空港
☎ (04) 388-7070
インターアイランダー・フェリーターミナル
☎ (04) 384-3809
**Avis**
空港
☎ (04) 802-1088
ダウンタウン(25 Dixon St.)
☎ (04) 801-8108

**おもなイベント**
**New Zealand International Film Festival**
URL www.nziff.co.nz
催 7/19～9/10['23]
**Montana World of Wearable Art Awards Show**
南島ネルソン発祥の芸術イベント。身に着けることができるアート作品を発表するショー。
FREE 0800-496-974
URL www.worldofwearableart.com
催 9/21～10/8['23]

**ウェリントン・ウオーキングツアー**
**Walk Wellington**
毎日10:00に観光案内所アイサイトの前からスタートする約2時間のウオーキングツアー。ガイドの案内でシビックセンター、ウオーターフロントやラムトンキー周辺の見どころを巡る。また12～3月の月・水・金は17:00にスタートする1時間半のイブニングウオークも催行。
URL www.walkwellington.org.nz
E-mail information@walkwellington.org.nz
催 通年
料 大人$20
CC MV

## 国立博物館テ・パパ・トンガレワ

Museum of New Zealand, Te Papa Tongarewa

Map P.394-C2

1998年に完成した、ニュージーランドで唯一の国立博物館は、ウェリントンの文化的見どころとして見逃せない。6階からなる館内は、地理や歴史、マオリの文化など、フロアごとにテーマが異なる。展示内容も非常に充実していて大人から子供まで楽しめるので、半日以上かけてゆっくりと見てもよいだろう。

特に注目したいのが、2階にある「Te Taiao / Nature」。約1400㎡の空間に「Unique NZ」「Active Land」「Nest」「Guardians」の4つのコーナーが集まる。展示数は約1200点。かつてニュージーランドに生息していた鳥類最大種ジャイアントモアの卵をはじめ、ダイオウホウヅキイカの標本展示、地震の疑似体験ができるアトラクションの「The Earthquake House」など、見どころが多い。

マオリ文化の展示は、4階の「Mana Whenua」。現代風マオリ彫刻が施されたマラエは一見の価値ありだ。また、4・5階のアートギャラリー「Toi Art」ではさまざまな企画展を実施している。そのほか、施設内では洗練された雰囲気のカフェや港の見えるレストランなども利用できる。入口の左側にあるミュージアムショップはセンスのいいおみやげを探すのにおすすめだ。

1～2時間かけてじっくり見たい「Te Taiao / Nature」

**国立博物館テ・パパ・トンガレワ**
住55 Cable St.
電(04)381-7000
URL www.tepapa.govt.nz
開10:00～18:00
休無休
料無料(寄付程度)
※企画展などは一部有料。
**Introducing Te Papa Tour**
催10:15、11:00、12:00、13:00、14:00、15:00発(時季によって異なる)
料大人$20、子供$10(所要約1時間)

町の雰囲気に調和する外観

カラフルな現代風マラエ「Rongomaraeroa」

## 国会議事堂

Parliament Building

Map P.394-A1~2

国会議事堂は首都ウェリントンを象徴する建物。ウェリントン駅からほど近い、芝生と木々のある広場を囲むようにして、一連の議会ビル群が立ち、柵などはなくオープンな雰囲気だ。向かって左側の建物エグゼクティブ・ウイングExective Wingは、議事堂ではなく、閣僚の執務棟となっている。ハチの巣のようなユニークな外観で、議会ビル群のなかでもひときわ目立つため、ニュージーランドでは国会の代名詞として“ビーハイブBeehive(＝ハチの巣)”という愛称が使われている。ちなみに、右側の建物が議事堂。

議事堂内では、無料のガイド付きツアーを催行しているので、参加してみよう。ツアーは少人数制なので公式サイトもしくは電話での事前予約がおすすめ。ツアー出発時間の15分前に集合する。

**国会議事堂**
住Molesworth St.
**ビジターセンター**
電(04)817-9503
URL www.parliament.nz
開9:30～16:30
**ガイドツアー(所要約1時間)**
開10:00～15:00の毎正時発(日によって異なる)
料無料
議事堂の建築やアートコレクションに特化した所要約1時間30分のアートツアーも月に1回ほど開催している。

ウェリントンはニュージーランドの政治の中心都市

## 旧政府公邸
Old Government Building

Map P.394-B2

ニュージーランド最大の木造建築であるこの真っ白な建物は、1876年に政府の公邸として建てられ、1990年までの115年間実際に使われていた。1996年に約2500万ドルを費やして大がかりな修復作業が行われた。一般公開されているのは1、2階の一部のみとなっているが、古い建物の内部と、建物の構造や建築に関する展示を見学できる。現在は名門ビクトリア大学のロースクール（法科大学院）として利用されている。

石造りを模しており一見しただけでは木造とはわからない

**旧政府公邸**
住 55 Lambton Quay
電 (04) 472-4341
URL visitheritage.co.nz/visit/wellington/old-government-buildings
開 月～金　9:00～16:30
　土　10:00～16:00
休 日　料 無料
**ガイドツアー**
催 1～3月の土11:00～14:00間に随時出発
料 $15

夜も美しい旧政府公邸

## スペースプレイス（カーター天文台）
Space place at Carter Observatory

Map P.394-B1

巨大なトーマス・クック望遠鏡

ウェリントン植物園の中にある、ニュージーランド最大級の天文観測施設。数台の天体望遠鏡を備えており、見学することができる。

火・金・土曜の夜は、天気がよければ実際に天体望遠鏡を使って夜空の星を観測できる。観測見学の開催は、日没の1時間後から。事前に確認と予約をしよう。

たとえ天気が悪くても、館内のプラネタリウムでは南十字星など南半球の星空を見ることができる。

**スペースプレイス**
住 40 Salamanca Rd. Kelburn
電 (04) 910-3140
URL museumswellington.org.nz
開 月・水・木・日10:00～17:00
　火・金・土　10:00～23:00
　(最終入場は閉館時間の30分前)
休 無休
料 大人$14、シニア・学生$12、子供$9
交 ケーブルカー終点から徒歩約2分。中心部から市バス#2で約20分。Botanic Garden下車後徒歩約10分。

南半球の天体観測を楽しもう

### Column 週末はマーケットに出かけよう

毎週日曜の朝に国立博物館テ・パパ・トンガレワ（**Map P.394-C2**）の横の広場で開催されているのが、ハーバーサイド・マーケットHarbourside Market。野菜や果物のほか、漁船から直接仕入れた魚を売る店などもある。大道芸人やさまざまな屋台も出るので、訪れるだけでも楽しい。

また、1～2ヵ月に1度のペースで行われるアーティサン・クラフト・マーケットには、地元作家によるアート作品やアクセサリー、雑貨などが集結。ウェリントンとその周辺5ヵ所で開催され、中心部の会場はテ・ファレワカ・オ・ポネケTe Wharewaka o Pōneke（→P.399）のファンクションセンター。

ハーバーサイド・マーケットの様子

**ハーバーサイド・マーケット**
URL harboursidemarket.co.nz
催 夏季　日7:30～14:00　冬季　日7:30～13:00

**アーティサン・クラフト・マーケット**
URL artisancraftmarket.co.nz
催 指定月の最終土曜10:00～16:00

## ウェリントン植物園
Wellington Botanic Garden

Map P.394-B1

ケーブルカーの終点を降りてすぐ、ケーブルカー博物館の横から園内に入れる。面積約25ヘクタールの園内には、保護された原生林、ベゴニアハウス、300種類以上のバラが咲くノーウッド・ローズガーデン、水鳥の集まる池などが点在し、季節によって変化に富んだガーデン歩きが楽しめる。ケーブルカーの駅から町の中心部までは徒歩約30分。景色を眺めながら、のんびりと下っていくのもおすすめだ。

天気のいい日に散歩したい

## ケーブルカー
The Wellington Cable Car

Map P.394-B1

1902年に開通したウェリントン名物のケーブルカー。乗り場はラムトン・キー沿いにあり、市街地と急な斜面の上にある住宅地ケルバーンKelburnを5分ほどで結び、地元の人々の足として活躍している。運行は10分間隔で、ウェリントンの町に真っ赤に映えるケーブルカーは、車内から市街が一望できて観光客にも大人気。晴れた日に海と町を望む日中の鮮やかな景色もいいが、夕刻に住宅の明かりがともる頃の眺めも美しい。

上の駅には、昔のケーブルカーが展示されたケーブルカー博物館Cable Car Museumもあり、ちょっとしたおみやげなども販売されている。

真っ赤なケーブルカーは観光客に大人気

## オールド・セント・ポール教会
Old St. Paul Cathedral Church

Map P.394-A2

1866年に建てられた木造建築の真っ白な教会。内部はアーチ型の天井柱から、壁のステンドグラス、祭壇までシンプルであたたかみのある雰囲気。平日の昼間には、オルガンやフルートなどのコンサートが行われることも。結婚式会場としても人気がある。

物語に出てきそうなかわいらしい外観

**ウェリントン植物園**
住101 Glenmore St.
☎(04)499-1400
URL wellingtongardens.nz
開日の出から日没まで
休無休　料無料
交入口はGlenmore St.、Salamanca Rd.、Upland Rd.、ケーブルカーの終点のすぐ近くなどにある。中心部から市バス#2、#21などで約15分。

**ビジターセンター**
開月～金　9:00～16:00
土・日・祝　10:00～15:00

**ベゴニアハウス**
開9:00～16:00

**カフェ**
営8:30～16:00
休無休

**ケーブルカー**
住280 Lambton Quay
☎(04)472-2199
URL www.wellingtoncablecar.co.nz
運月～木　7:30～20:00
金　7:30～21:00
土　8:30～21:00
日・祝　8:30～19:00
料大人片道$6、往復$11、学生・子供片道$3、往復$5.5

**ケーブルカー博物館**
**Map P.394-B1**
住1A Upland Rd.
☎(04)475-3578
URL museumswellington.org.nz/cable-car-museum/
開10:00～17:00
休無休　料無料
交ケーブルカーの終点からすぐ。

ケーブルカー博物館

**オールド・セント・ポール教会**
住34 Mulgrave St.
☎(04)473-6722
URL visitheritage.co.nz/visit/wellington/old-st-pauls
開10:00～16:00　休無休
料寄付程度(ガイドツアーの詳細は要問い合わせ)
※日本語のパンフレットあり。
交ウェリントン駅から徒歩4分。

天井のアーチが見事

## キャサリン・マンスフィールドの生家

Katherine Mansfield House & Garden

Map P.393-A1

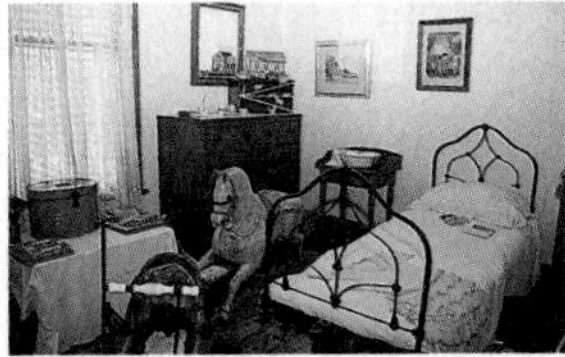
19世紀末の上流階級の家として、建築学的にも貴重な存在

世界的に知られる短編小説家のひとりで、ニュージーランドで最も有名な作家であるキャサリン・マンスフィールドの生家。1888年10月14日にこの家で生まれ、14歳までニュージーランドで教育を受けて19歳で渡英、1923年に34歳で亡くなるまで、100編以上の作品を残している。作品はフィクションだが、この家がモデルになっていると思われる箇所が見られ、特に『前奏曲』や『誕生日』の読者には、作品を通してなじみ深い家だろう。この地方原産のリムなどの木材で建てられた簡素な造りで、当時の典型的な上流階級の都市住宅である。

## ウェリントン・カセドラル・オブ・セント・ポール

Wellington Cathedral of St. Paul

Map P.394-A2

現在の建物は1998年に建て替えられた

国会議事堂の近くに位置する大聖堂。見どころは、内部の立派なインテリアで、天井まで続く高いステンドグラスや、3531本のパイプが並ぶパイプオルガンなどがある。建物の奥にある、リム材で造られたレディ・チャペルThe Lady Chapelは素朴な雰囲気。頻繁に聖歌隊の合唱も行われているのでウェブサイトで確認を。ギフトショップもある。

## テ・ファレワカ・オ・ポネケ

Te Wharewaka o Pōneke

Map P.394-C2

マオリ文化体験ができる施設。マオリ伝統のカヌーであるワカに乗り、パドルを漕いで海上からウェリントンの町並みを眺めるワカツアーや、ガイドと一緒に町を歩き、マオリの歴史や伝説について話を聞くウオーキングツアーを開催している。ふたつを組み合わせたプランもある。ワカツアーは8人、ウオーキングツアーは2人以上から催行。

テ・ファレワカ・オ・ポネケの建物前にはマオリの英雄クペの銅像がある
© WellingtonNZ

**キャサリン・マンスフィールドの生家**
住 25 Tinakori Rd.
電 (04)473-7268
URL www.katherinemansfield.com
開 火〜日　10:00〜16:00
休 月
料 大人$10、子供無料
交 中心部から市バス#1、#24、#83などで約10分。Thorndon Quay at Motorway下車後徒歩すぐ。

ミッドランド・パークのキャサリン・マンスフィールド像

**ウェリントン・カセドラル・オブ・セント・ポール**
住 Cnr. Molesworth St. & Hill St.
電 (04)472-0286
URL wellingtoncathedral.org.nz
開 月　9:00〜17:00
火〜金・日　8:00〜17:00
土　10:00〜17:00
(時季によって異なる)
休 無休

キリストのモザイク画

**テ・ファレワカ・オ・ポネケ**
住 Level 1, 2 Taranaki St., Taranaki Wharf
電 (04)801-7227
URL wharewakatours.maori.nz
催 通年(天候によって異なる)
ワカツアー9:00〜12:00間で随時出発
ウオーキングツアー10:00〜13:00間で随時出発
料 ワカツアー1時間$55、2時間$105
ウオーキングツアー1時間$30、2時間$40
ワカ&マオリ文化ウオーキングツアー3時間$140

ウェリントン博物館
住Queens Wharf, 3 Jervois Quay
電(04)472-8904
URL museumswellington.org.nz/wellington-museum/
開10:00～17:00
休無休
料無料

1階にはミュージアムショップがある

## ウェリントン博物館

Wellington Museum

Map P.394-C2

海洋関係の展示を行っている博物館。もともとは1890年代にクイーンズ・ワーフがウェリントン港の中枢だった頃、保税倉庫として使われていた歴史的にも貴重な建物。館内は、当時の倉庫内の様子が再現されているほか、1階の大スクリーンには1900年代のウェリントンの様子などが原寸大で映し出されている。3階にあるウェリントンのマオリの伝説を紹介したホログラムシアターのショーも人気だ。

クイーンズ・ワーフの一角にある

マウント・ビクトリアへの行き方
コートニー・プレイス沿いのバス停をはじめ、中心部から#20のバスで約15分。車や徒歩なら、Kent Tce.からMajoribanks St.を上がり、「Mt. Victoria」や「Look Out」という案内標識に従って、Hawker St.、Palliser Rd.と進む。帰路はPalliser Rd.から海沿いのOriental Pde.に下る道もある。

## マウント・ビクトリア

Mt. Victoria

Map P.393-B1

町の中心部から南東方面にある標高196mの丘。頂上の展望台からはウェリントンの市全体がぐるりと見渡せ、ウェリントンが海沿いに開けた町だということがよくわかる。車で行くのが便利だが、途中遊歩道もありハイキングも可能。オリエンタル・パレードから歩くと展望台までは約45分ほど。夜景はすばらしいが、暗くなってからのひとり歩きは避けよう。

マウント・ビクトリアからの眺め

オリエンタル・ベイへの行き方
中心部から市バス#14、#24で約10分。

海沿いに延びるオリエンタル・パレード

## オリエンタル・ベイ

Oriental Bay

Map P.393-B2

市街地から東南方向に広がるウオーターフロントの一帯で、オリエンタル・ベイと呼ばれている。東へ向かって海沿いに延びる通り、オリエンタル・パレードOriental Pde.には松の木が植えられ、ローラーブレイドやジョギングにいそしむ地元の人々の姿が絶えない。潮風を感じながら散歩し、点在するカフェやレストランで休憩するのがおすすめ。また、沖合にはカーター・ファウンテンCarter Fountainと呼ばれる噴水があり、月～金曜の7:30～9:00、12:00～14:00、16:30～18:00、19:30～22:30（金曜は～23:00）、土・日曜の8:30～16:30、19:00～23:00に稼働する。夜はライトアップされて美しい。

海水浴など夏は多くの人でにぎわう

## ウェリントン郊外の見どころ

### ウェタ・ワークショップ
Weta Workshop

Map P.393-C2

ミラマー地区にあるウェタ・ワークショップは、映画『ロード・オブ・ザ・リング』や『ホビット』、2017年に公開された『ゴースト・イン・ザ・シェル』などの特殊効果や小道具制作を手がけた「ウェタ」社が運営する複合施設。同社が携わった作品のグッズやフィギュアを販売するほか、撮影裏話をまとめたビデオも30分おきに上映されている。映画の世界をより深く楽しみたい人には、ビデオ鑑賞や小道具の制作現場見学も含めた約1時間30分の有料ツアーがおすすめ。そのほか、小道具作りの体験ができるワークショップも開催。観光案内所アイサイト前からの送迎付きプランや、カフェでのランチとセットになったコースもある。

巨大トロルが待ち構える入口

芸者ロボットのマスクの製作工程を展示

オリジナルグッズも販売しているショップ

**ウェタ・ワークショップ**
住Camperdown Rd. & 1 Weka St. Miramar
電(04)909-4035
URL www.wetaworkshop.com
営9:00～17:30
休無休
料無料
交市バス#2または#18で約30分。Darlington Rd.下車後、徒歩約4分。

**Weta Workshop Experience**
催9:30～16:00間の30分ごとに催行(所要約1時間30分)
料大人$50～、子供$26～(観光案内所アイサイト前からの送迎付きは大人$89～、子供$55～)

**Creative Workshop**
催金・土・日11:45、13:45、15:15(開催日時は内容・時季によって異なる、所要約1時間)
料大人$49～、子供$39～(参加は12歳以上)

グッズも豊富に揃う

### ウェリントン動物園
Wellington Zoo

Map P.393-C1

ニュージーランド最古の動物園。夜行性の動物を集めたドーム型のトワイライトゾーンは、長さ25mの真っ暗な通路の中に、キーウィや絶滅寸前の動物たちが飼育されている。暗いので目が慣れるまで待って、じっくりと探してみよう。毎日ガイドトークも行われているので、入口のボードで時間をチェックするといい。

愛らしいレッサーパンダ

**ウェリントン動物園**
住200 Daniell St. Newtown
電(04)381-6755
URL wellingtonzoo.com
開9:30～17:00(最終入場は～16:15)
休無休
料大人$27、子供$12
交中心部から市バス#23で約20分、下車後徒歩すぐ。

## ジーランディア

Zealandia

Map P.393-B1外

バードウオッチングはもちろん、展示室では鳥の生態について学ぶこともできる

原生林を再生させ、絶滅の危機にある鳥類を保護している美しいサンクチュアリ（旧カロリ野生鳥類保護区）。約2.25km²もの広大な再生森林に30km以上のトレイルが張り巡らされており、鳥図鑑入りのガイドマップに従って散策が楽しめる。またサンクチュアリ内には、19世紀の金を掘った跡やダムなど、歴史的な遺跡が点在する。キーウィやトゥアタラを見られる所要約2時間30分のナイトツアーなど各種ツアーもある。

## マティウ／サムズ島

Matiu / Somes Island

Map P.393-B2外

クイーンズ・ワーフから船で約20分の沖合に浮かぶ島。過去にはマオリの砦、入植時代以降は監獄や家畜検疫所などが置かれていたが、現在は自然保護区として管理されている。島内には遊歩道が延びており、海越しにウェリントンの町並みを見渡せる。また野鳥やウェタ、オットセイなどが観察でき、ハイキングにおすすめだ。島内に売店などはないので食事や飲み物は持参しよう。

イースト・バイ・ウエストのフェリー

## マーティンボロ

Martinborough

Map 折り込み①

ウェリントン中心部から約80km。ワイララパ地方に位置するワインの里がマーティンボロだ。人口2000人ほどの小さな町に20以上のワイナリーが集まり、そのほとんどへ徒歩や自転車でアクセス可能。ガイド付きのワインツアー（→P.403）に参加したり、自転車をレンタルして行ってみよう。毎年11月にはワイン祭りのトースト・マーテインボロToast Martinboroughが開催される。

レンタル自転車でワイナリーに行くこともできる © WellingtonNZ

**ジーランディア**
住 53 Waiapu Rd. Karori
電 (04)920-9213
URL www.visitzealandia.com
開 9:00～17:00（最終入場は～16:00）
休 無休
料 大人$24、子供$10（展示＋トレイル）
交 観光案内所アイサイトやケーブルカー終点から無料シャトルが運行(9:30～14:30)。

**ナイトツアー**
催 通年
料 大人$95、子供$47.5（参加は12歳以上）

**マティウ／サムズ島への行き方**
マティウ／サムズ島へは、クイーンズワーフからイースト・バイ・ウエストがフェリーを運航。所要約20分。

**イースト・バイ・ウエスト**
電 (04)499-1282
URL eastbywest.co.nz
運 クイーンズワーフ発
月～金9:15、10:45、12:15発
土・日9:15、11:15、13:15発
マティウ／サムズ島発
月～金12:05、13:35、15:30発
土・日12:25、14:25、16:15発
料 大人往復$12.5、子供$6.5

島の南側にある岩礁「シャグロック」。オットセイや鵜が見られる

**マーティンボロ**
URL www.martinborough-village.co.nz
交 ウェリントン駅から鉄道ワイララパ線で約1時間のフェザーストンFeatherston駅下車、市バス＃200に乗り換えて約20分。

**Toast Martinborough**
URL www.toastmartinborough.co.nz
催 11/19['23]
料 $95(7ヵ所のワイナリー会場入場料、会場循環シャトル、公式記念グラス込み)

## ウェリントンの エクスカーション Excursion

### マーティンボロ・ワイナリーツアー

ハットバレーの景色を楽しみながらワインの名産地マーティンボロを訪れるツアー。3ヵ所のワイナリーでテイスティングができるほか、チーズ専門店にも立ち寄る。発着は観光案内所アイサイト前。中心部のホテルからの送迎も可能。所要約5時間。

**Zozo Travel Ltd.**
022-134-5152
URL www.zozotravel.co.nz/martinborough-wine-tour
催 通年、ウェリントン10:00発
料 $150 CC MV

### クラフト・ブリュワリーツアー

ウェリントン各地のえりすぐりクラフトブリュワリーを4軒訪れ、試飲を楽しむ半日ツアー。市内中心部の有名メーカーのほか、郊外のハットバレーにある知る人ぞ知る名ブランドへも案内。出発は11:00もしくは16:00。2人以上で催行。

**Zozo Travel Ltd.**
022-134-5152 URL www.zozotravel.co.nz/taste-buds-tour-petone-1
催 通年、水～日 料 $150 CC MV

## ウェリントンの アクティビティ Activity

### サイクリング

自然の多いウェリントンには数々のマウンテンバイク用のトレイルがある。レンタルして気ままに楽しむのもいいが、観光ルートや、スリルたっぷりのトレイルなど個人のレベルに合わせたガイドサービスも充実。

**Mud Cycles**
住 424 Karori Rd. 電 (04)476-4961
URL www.mudcycles.co.nz 催 通年 料 半日$40～、1日$70～(レンタル) CC ADMV

### アスレチック

町の中心部から車で約20分、カピティ海岸の南端に位置する港町ポリルアPoriruaで、木々に張り巡らされたロープを伝って遊ぶ本格アスレチック体験ができる。難易度によって異なる7つのルートがあり、参加は身長140cm以上。

**Adrenalin Forest Wellington**
住 Okowai Rd. Porirua 電 (04)237-8553
URL www.adrenalin-forest.co.nz 催 通年
料 大人$47、子供$32～40 CC MV

## Column ウェリントンは劇場が充実

ウェリントンは劇場が多く、さまざまなジャンルのショーやライブが行われている。チケット予約会社「Ticketek」ではインターネット予約、クレジットカード払いもOK。観光案内所では、当日公演の格安チケットが見つかる可能性もあるので、要チェック。

Ticketek
URL premier.ticketek.co.nz

### セント・ジェームス・シアター St. James Theatre

Map P.394-D2

住 77/87 Courtenay Pl. 電 (04)801-4231
URL venueswellington.com

1912年に完成した歴史ある劇場。バレエやオペラ、演劇などの演目を上演。

### キャピタル・イー・ナショナル・シアター Capital E's National Theatre

Map P.394-C2

住 4 Queens Wharf 電 (04)913-3740
URL www.capitale.org.nz

おもに子供向け、ファミリーが楽しめる現代的なショーなどを上演している。

### バッツ Bats

Map P.394-D2

住 1 Kent Tce. 電 (04)802-4176
URL bats.co.nz

コメディなどの芝居が見られる小劇場。ローカルタレントの出演も多い。

# コーヒーの町ウェリントンで人気カフェ巡り

「角を曲がるたびにカフェがある」と言われるほどコーヒー文化が盛んなウェリントン。アメリカのCNNが行った「世界のコーヒーの町」で、トップ8に選ばれたことも。カフェが集まるキューバ・ストリートをはじめ、海辺や郊外にもおしゃれな店がたくさん！

ムード満点のサイフォンに注目！

ピープルズコーヒー ルークスレーン

## Peoples Coffee Lukes Lane

Map P.394-D2

オーガニック＆フェアトレードのコーヒーロースター。コロンビア、グアテマラ、エチオピアなどの契約農家から仕入れた最高級の豆を自家焙煎。エスプレッソメニューのほか、フィルターコーヒーでもサーブしている。店内はすっきりとシンプルなインテリアでスタイリッシュ。

住40 Taranaki St.　電なし
URL peoplescoffee.co.nz
営7:30～15:00　休無休
CC MV

1野菜がたっぷりのったトーストなどフードもヘルシー　2ミニマルなインテリアの店内でコーヒーを楽しもう　3町歩きの休憩にも便利なロケーション

1コンクリートやウッドを多用した店内は、インダストリアルな雰囲気　2フラットホワイト$5.5～　3マグカップはみやげに最適

バリスタチャンピオンを生んだ名店

ハンガー

## The Hangar

Map P.394-C1

ニュージーランド発のコーヒーブランドFlight Coffeeが手がける直営店。国内のバリスタチャンピオンを生むなど、質の高いコーヒーを味わうことができる。違う種類の豆を使ったフラットホワイトの飲み比べなどを試してみよう。

住119 Dixon St.　電(04) 830-0909
URL www.hangarcafe.co.nz　営月～金7:00～15:00、土・日8:00～15:00　休無休　CC MV

人気沸騰のスープリーム旗艦店

カスタムズ バイ コーヒー スープリーム

## Customs by Coffee Supreme

Map P.394-D1

1992年創業の小さなカフェからロースターカンパニーへと展開したウェリントン発のコーヒーブランド。ストリート風のロゴやグッズでトレンドスポットとしても注目を集め、2017年に東京へも進出。豆の種類が豊富で、購入もできる。

住39 Ghuznee St.　電(04) 385-2129
URL www.coffeesupreme.com　営月～金7:30～15:00、土・日8:30～15:00　休無休　CC MV

1幅広い年代のファンが訪れる　2新商品のインスタントコーヒーやマグカップが並ぶ　3フラットホワイト$4.5～

# ウェリントンの レストラン

Restaurant

クイーンズ・ワーフやオリエンタル・パレードには海が見える眺望のよさが自慢のカフェが、コートニー・プレイスにはエスニックグルメを堪能できるレストランが多い。キューバ・ストリート沿いには深夜まで営業するバーもあり、夜もにぎわう。

ニュージーランド料理

## ローガン・ブラウン Logan Brown

Map P.394-D1 シティ中心部

数々の受賞歴をもつウェリントン随一のファインダイニング。1920年代の建物を利用しており、内装はこのうえなく優雅だが、気取った店ではなくリラックスできる。17:00～のビストロメニュー$89は、前菜、メイン、デザートに、パンとコーヒーが付くお得な内容。

住192 Cuba St. 電(04)886-1985
URL www.loganbrown.co.nz 営水～日17:00～21:00
休月・火 CC ADJMV

## ボウルコット・ストリート・ビストロ Boulcott Street Bistro

Map P.394-C1 シティ中心部

フランス料理の手法をうまく取り入れた、ニュージーランド料理のレストラン。1870年代後半に建てられた民家を利用しており、サービス、雰囲気ともに洗練された空間で楽しむ料理は、ラムやシカなどの肉の料理をはじめ、どれも定評がある。3コースのセットメニュー$90も人気。

住99 Boulcott St. 電(04)499-4199 URL boulcottstreetbistro.co.nz
営月～金12:00～14:30、17:30～22:00、土17:30～22:00
休日 CC AMV

シーフード

## マウント・ビック・チップリー Mt. Vic Chippery

Map P.394-D2 シティ中心部

ジ・エンバシーの近くにあるフィッシュ＆チップスの人気店。取れたて、揚げたての魚を味わえるだけでなく、オーダーの手順が分かりやすく説明されており、ポテトやソースの見本もあるので、旅行者でも注文しやすい。ボリュームたっぷりなので、買い過ぎには注意。写真はフィッシュ・バーガー$16。

住5 Majoribanks St. 電(04)382-8713
URL www.thechippery.co.nz 営火～木16:00～20:00、金～日12:00～20:00
休月 CC DJMV

中国料理・飲茶

## ビッグ・サム・チャイニーズ・レストラン Big Thumb Chinese Restaurant

Map P.394-D2 シティ中心部

香港出身のシェフが用意するランチタイムの飲茶が人気。飲茶ひと皿が$8～で、約70種類のメニューから注文できるうえ、ワゴンで運ばれてくるできたての料理から好きなものを選べる。海老焼売や餃子、春巻、ちまき、ゴマ団子など、いずれもキッチンで作りたてのものが供されるので、満足度が高い。夜はアラカルトメニューが充実。

住9 Allen St. 電(04)384-4878 URL www.bigthumbchineserestaurant.co.nz 営水～月11:00～14:30、17:00～Late 休火 CC AMV

日本料理

## すしび Sushi Bi

Map P.394-B2 シティ中心部

巻き寿司のテイクアウエイ店。すべての商品が半額になる16:00以降は行列ができることも。巻き寿司は1切れ$1.2～1.8、稲荷や握りは$2～2.2で、目移りするほど種類も多彩だ。食材のよさには定評があり、2019年には野生のペンギンが店に忍び込んできたというエピソードも。ウッドワード・ストリートにも店がある。

住Wellington Railway Station, 2 Bunny St. 電(04)471-1007
URL www.sushibi.co.nz 営月～金9:30～18:00
休土・日 CC MV 日本語OK

日本料理

## 和　Kazu

Map P.394-D2　シティ中心部

ウェリントンで3店舗展開する和の焼き鳥バー。コートニー・プレイスでは建物の2階で営業しており、どこか隠れ家的な雰囲気がある。焼き鳥メニューは約20種類あり、おすすめは鶏のモモや、エビのベーコン巻きなどがセットになったマスターコンボ$18。ラーメンは$18～。日本のビールや日本酒も豊富に揃う。カウンター席とテーブル席がある。

住Level1 43 Cortenay Pl.　電(04)802-4868　URL www.fpcnz.co.nz/stores/kazu-yakitori-sake-bar-wellington　営火～木11:30～15:00、17:00～22:30、金11:30～15:00、17:00～23:00、土11:30～23:00、日11:30～22:30　休月　CC ADJMV　日本語OK

東南アジア料理

## モンスーン・プーン　Monsoon Poon

Map P.394-D2　シティ中心部

店内に仏像が置かれているなどユニークな内装のレストラン。広々としたオープンキッチンの厨房が豪快だ。マレーシア、タイ、ベトナム、インドなどのさまざまなアジア料理のメニューが楽しめる。ベトナム風生春巻き$14、インド風ラムカレー$28などがおすすめ。カクテルは各種$14～17。写真はイエローカレー$26。

住12 Blair St.　電(04)803-3555
URL www.monsoonpoon.co.nz
営月～金12:00～Late、土・日17:00～Late　休無休　CC AMV

## ラサ・レストラン　Rasa Restaurant

Map P.394-D1　シティ中心部

南インドとマレーシアの料理を供する人気のレストラン。マレーシアの麺料理ラクサはシーフード、チキン、ベジタブルなどの種類があり$16～。クレープ状にした生地に具材を巻く南インド料理ドーサ$15～は、ラムやチキン、さまざまなスパイスを混ぜたマサラの3種類がある。そのほかカレーなども味わえる。

住200 Cuba St.　電(04)384-7088　URL www.rasa.co.nz
営12:00～14:00、17:30～23:00　休火　CC MV

ピザ

## ピザ・ポモドーロ　Pizza Pomodoro

Map P.394-D1　シティ中心部

ナポリピザ協会認定の人気ピザ屋。週末は行列になることも。路地にある小さな店舗には小さなテーブルが2つあるだけ。ピザは23種類あり、基本のソースはトマト、クリーム、ガーリック。一番人気はマルゲリータ$20やマリナーラ$17。ファンタジスタ$16～はソースやトッピングを選んでオリジナルピザがオーダーできる。

住13 Leeds St.　電(04)381-2929　URL www.pizzapomodoro.co.nz
営12:00～21:00　休日・月　CC MV

ワッフル

## リトル・ワッフル・ショップ　The Little Waffle Shop

Map P.394-D2　シティ中心部

テイクアウエイのみのワッフル店。こぢんまりとした店舗は、水色の窓が印象的。ワッフルは11種類あり、各$9～。オーダーを受けてから作るので香ばしく、中はフワフワ。一番人気は自家製ホワイトチョコレートソースやオレオクッキー、生クリームなどをトッピングしたクッキー＆クリーム。週替わりのワッフルもある。

住53 Courtenay Pl.　電なし　URL www.thelittlewaffleshop.com
営日・月・火・木17:00～22:00、水・金・土17:00～24:00
休無休　CC ADJMV

カフェ

## モジョ　Mojo

Map P.394-B2　シティ中心部

ウェリントン発祥のカフェで、ウェリントンのほか、オークランドにも支店をもつ。市内に17もの店舗があり、フェリー乗り場近くにある焙煎所では中の見学もできる。自慢の香り高いコーヒーを、おしゃれな雰囲気とともに楽しみたい。軽食もあり、テイクアウエイもOK。オリジナルブレンドの豆も販売している。

住33 Customhouse Quay　電(04)473-6662　URL mojo.coffee
営月～金7:00～16:00、土・日8:30～15:00
休無休　CC ADJMV

カフェ

## フロリディータス Floriditas

Map P.394-D1 シティ中心部

ヨーロッパ調のインテリアが印象的なカフェレストラン。地元の旬の野菜を使った幅広いメニューが揃う。朝食とランチは＄10〜28、ディナーのメインは＄35〜。パスタ＄25〜も好評。デザートで人気のパブロバは$18。予約はbookings@floriditas.co.nzにメールしよう。

住161 Cuba St.　電なし　URL floriditas.co.nz
営7:00〜16:00、17:00〜Late
休無休　CC ADJMV

## サザン・クロス Southern Cross

Map P.394-D1 シティ中心部

ポップでおしゃれな内装と味に定評があり、地元の人で常ににぎわっているカフェ＆バー。子供が遊べるスペースもあり、ファミリーでの利用も多い。使用する食材にこだわりがあり、ビーガンやベジタリアン、グルテンフリーの料理も充実。メニューには料理の種類がひとめでわかるマークが付いている。

住39 Abel Smith St.　電(04)384-9085
URL thesoutherncross.co.nz　営火〜金11:00〜Late、土・日10:00〜Late
休月　CC AMV

## オンブラ Ombra

Map P.394-D1 シティ中心部

1922年に建てられた古い建物を利用したカフェレストラン。2面に取られた大きな窓から差し込む光が心地いい。食事はイタリア料理がベースで、クロワッサンやチャバタ、ゆで卵にサーモン、チーズなどが並ぶ、シカ肉やラム肉のひと口ミートボール$16〜18などの小皿料理や小ぶりのピザ$16〜18も人気。

住199 Cuba St.　電(04)385-3229　URL ombra.co.nz
営月・火16:00〜Late、水〜日12:00〜Late
休無休　CC MV

## オリーブ Olive

Map P.394-D1 シティ中心部

カフェやショップがひしめくキューバ・ストリートにある人気店。カントリー風のインテリアや緑豊かな中庭があり、自宅のようにくつろげる。種類豊富なコーヒーやスイーツだけでなく、地中海料理をベースにした料理やワインも好評。夜はおしゃれなレストランバーとして利用したい。

住170 Cuba St.　電(04)802-5266　URL www.oliverestaurant.co.nz
営火〜木10:30〜Late、金9:00〜Late、土8:30〜Late、日8:30〜14:30
休月　CC MV

## フィデルズ・カフェ Fidel's Cafe

Map P.394-D1 シティ中心部

キューバの革命家フィデル・カストロがモチーフとなった名物カフェ。1950年代のキューバをイメージした店内は、原色があふれているのに、なぜか落ち着ける不思議な空間。ランチタイムは満員になるほどの人気ぶりだ。コーヒーはハバナ社の豆を使用。ローストが強めで、濃い味がくせになる。

住234 Cuba St.　電(04)801-6868　URL www.fidelscafe.com
営月〜木8:00〜15:00、金8:00〜Late、土9:00〜Late、日9:00〜15:00
休無休　CC JMV

ハンバーガー

## エキム・バーガー Ekim Burgers

Map P.394-D1 シティ中心部

キューバ・ストリートとアベル・スミス・ストリートが交差する角で、キャラバンで営業するハンバーガー・ショップ。昼間から音楽を大音量でかけているので、個性的な店が集まるキューバ・ストリートの中でもひときわ目立つ。ハンバーガー$7〜は23種類あり、どれもボリューム満点。机や椅子があるのでイートインもできる。写真はベーコンとワカモレのビーフィーピート$10。

住257 Cuba St.　電なし　営日〜木11:30〜22:00、金・土11:00〜24:00　休無休　CC MV

# ウェリントンの ショップ

Shop

首都だけにショップのバリエーションが豊富。ラムトン・キー沿いには大小のショッピングモールが並び、衣類や靴などを探すには最適。通りのランドマークでもある老舗デパートにも立ち寄りたい。ギャラリーが多いのもウェリントンの特徴だ。

インテリア

## クラ Kura

Map P.394-D2 シティ中心部

ニュージーランドの現代アートやデザインが一堂に集められている。クラという店名は、マオリの言葉で“貴重な物”という意味。自然やマオリの伝統をモチーフにしたニュージーランドらしい品々のほか、陶器、ガラス器、アクセサリーなども豊富に揃っている。鉄や流木を組み合わせたオブジェも人気。

住19 Allen St. 電(04)802-4934
URL kuragallery.co.nz 営月～金10:00～18:00、土・日11:00～16:00
休無休 CC AJMV

雑貨

## メイド・イット Made It

Map P.394-C1 シティ中心部

個性的なショップが並ぶビクトリア・ストリート沿いにある小さな雑貨店。すべての商品がニュージーランドのアーティストによる手作りで、洋服や布小物、器、文房具など幅広い雑貨が並ぶ。ニュージーランドの鳥をモチーフにしたグッズやシンプルなアクセサリー、ポストカードなどは種類豊富で、おみやげにもおすすめ。

住103 Victoria St. 電(04)472-7442
URL madeitnz.co.nz 営月～金10:00～17:30、土10:00～17:00、日11:00～16:00 休無休 CC MV

## クリエイティブワークス Cre8iveworx

Map P.394-D1 シティ中心部

ニュージーランドメイドにこだわったギフトショップ。ホームウエア、食器、アクセサリー、文房具など幅広いジャンルの雑貨を揃え、洋服、靴、バッグといったファッションアイテムも豊富。1点モノも多く、センスのよいギフトが見つかる。カレン・ウォーカー、ケイト・シルバースターなどのブランドも扱っている。

住217 Cuba St. 電(04)384-2212
URL www.cre8iveworx.co.nz
営月～土10:00～18:00、日10:00～17:00 休無休 CC MV

コスメ・ファッション

## ワールド WORLD

Map P.394-C1 シティ中心部

約35年前にスタートしたニュージーランドのハイファッション・ブランド「WORLD」のショップ。シンプルながら洗練されたデザインのアイテムが充実。また、ヨーロッパやオーストラリアのコスメも販売。1643年創業、世界最古の蝋製品メーカーでルイ14世も愛したというシールトゥルードンのアロマキャンドルも販売。

住102 Victoria St. 電(04)472-1595
URL www.worldbrand.co.nz 営月～金10:00～18:00、土10:00～17:00、日11:00～16:00 休無休 CC ADMV

## ウェリントン・アポセカリー Wellington Apothecary

Map P.394-D1 シティ中心部

マオリのハーブを使ったオリジナルのスキンケアアイテムやハーバルレメディを扱うナチュラルコスメ専門店。クリニックを併設し、ボタニカルマッサージ、アーユルヴェーダなどのトリートメントも受けられる。フレグランスやハーブティのブレンド方法を学べるワークショップも開催。

住110A Cuba St. 電(04)801-8777
URL www.wellingtonapothecary.co.nz
営月～土10:00～17:00、日11:00～16:00 休無休 CC AMV

食品

## ムーア・ウィルソンズ Moore Wilson's

Map P.394-D2 シティ中心部

ウェリントンを中心に4店舗を展開するスーパーマーケット。もともと外食産業向けの卸問屋だったため、現在もプロ好みの上質な食材を扱う。店内では試飲や試食もあり、デパ地下の気分で買い物できるのが魅力。またウェリントンのコーヒーやショコラティエなどの商品も豊富。充実のワイン売り場は一見の価値あり。

住93 Tory St. 電(04)384-9906 URL moorewilsons.co.nz
営月～金7:30～18:30、土7:30～18:00、日8:30～18:00
休無休 CC MV

チョコレート

## ウェリントン・チョコレート・ファクトリー Wellington Chocolate Factory

Map P.394-D2 シティ中心部

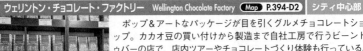

ポップ＆アートなパッケージが目を引くグルメチョコレートショップ。カカオ豆の買い付けから製造まで自社工房で行うビーントゥバーの店で、店内ツアーやチョコレートづくり体験も行っている。人気のチョコレートバーは＄10～。まとめ買いするとお得になる。ホットチョコレートが楽しめるカフェも併設。

住5 Eva St. 電(04)385-7555
URL www.wcf.co.nz 営火～日10:00～16:00 休月
CC MV

オーガニック

## コモンセンス・オーガニクス Commonsense Organics

Map P.394-D2 シティ中心部

国立博物館テ・パパ・トンガレワから徒歩約10分。ウェリントン周辺のオーガニックストアの先駆けとなったスーパーマーケット。ガレージ風の広々とした店内にはオーガニック農法で生産された新鮮な野菜が並び、世界各国の種類豊富な豆類や玄米、チアシードなども量り売りで販売している。

住147 Tory St. 電(04)384-3314
URL commonsenseorganics.co.nz
営月～金8:00～19:00、土・日9:00～18:00 休無休 CC AMV

書店

## ペガサス・ブックス Pegasus Books

Map P.394-D1 シティ中心部

キューバ・ストリートの脇道に入った所にある古本屋。店頭に「本日のポエム」が展示してあったり、いたるところに世界各国の置物が飾られていたりと、楽しそうな雰囲気が漂う。写真集や小説、世界各国の文学、実用書、雑誌、哲学書などジャンルも多彩で、LGBTQに関する書籍をまとめたコーナーもある。

住Left Bank, Cuba St. 電(04)384-4733
URL pegasusbooksnz.com
営月～木・土10:00～20:00、金10:00～22:00 休無休 CC MV

ビール

## ガレージ・プロジェクト・アロ・セラードア Garage Project Aro Cellar Door

Map P.394-D1 シティ中心部

ウェリントン発祥のクラフトビールメーカー、ガレージプロジェクト直営店。工場を併設し、造りたての生ビールを常時8種類、タップから容器に注いで購入できる。ビールの試飲も可能。Tシャツ、キャップ、ビアグラスといったオリジナルアイテムはおみやげに人気。

住68/70 Aro St. 電なし
URL garageproject.co.nz 営日・月12:00～19:00、火～木12:00～20:00、金12:00～21:00、土11:00～21:00 休無休 CC MV

アウトドア

## ゴードンズ・アウトドア・イクイップメント Gordon's Outdoor Equipment

Map P.394-C2 シティ中心部

1937年にウェリントンで創業した老舗アウトドアショップ。アイスブレーカーなど国産ブランドだけでなく、ノースフェイスやマーモット、ファウデ、キーンなど有名ブランドも多数販売。登山やクライミング、キャンプはもちろんスキー関連の商品も多彩。セールアイテムが充実しているのもうれしい。

住Cnr. Cuba St. & Wakefield St. 電(04)499-8894
営月～金10:00～18:00、土・日10:00～17:00
休無休 CC ADJMV

# ウェリントンの アコモデーション

Accommodation

町の中心部ならどこでも便利だが、ウェリントン駅近くよりは、ラムトン・キーの南からコートニー・プレイスにかけてのほうが食事や買い物へのアクセスがよい。高層ホテルの上層階の客室からはウェリントン港が見渡せるだろう。

## 高級ホテル

### インターコンチネンタル・ウェリントン InterContinental Wellington Map P.394-B2 シティ中心部

町のど真ん中にあり、観光にもビジネスにも便利な立地。目の前には港が広がり、上階からの眺めがいい。ゆったりとした広さの部屋は機能的で、ケーブルテレビやアメニティなど設備も充実。フィットネスやスパもあり、リラックスした滞在ができそう。

住 2 Grey St.　電 (04) 472-2722
URL www.ihg.com　料 ⒹⓉ$276～　室数 236
CC ADJMV

### QT ウェリントン QT Wellington Map P.394-D2 シティ中心部

一見ホテルらしからぬ真っ黒な建物で、ホテルの外やロビー、廊下はアーティスティックな雰囲気。客室からはウェリントンの港か市街が見渡せ、一部の部屋はバルコニーやバスタブを備えている。週末割引料金あり。併設のレストラン「Hippopotamus」もユニークな造り。

住 90 Cable St.　電 (04) 802-8900　FREE 0800-994-335
URL www.qthotelsandresorts.com　料 ⓈⒹ$259～　Ⓣ$359～
室数 180　CC ADMV

## 中級ホテル

### リッジズ・ウェリントン Rydges Wellington Map P.394-B2 シティ中心部

ウェリントン駅に近い便利な立地のホテル。部屋にはミニバーやSky TVなどのほか、電子レンジやトースター、コーヒーメーカーが備わり、機能性抜群。バルコニー付きの客室もある。併設のモダンなレストラン「Portlander Bar & Grill」も人気。

住 75 Featherston St.　電 (04) 499-8686
URL www.rydges.com　料 ⓈⒹⓉ$219～
室数 280　CC ADJMV

### ジェームス・クック・ホテル・グランド・チャンセラー James Cook Hotel Grand Chancellor Map P.394-B1 シティ中心部

ケーブルカー乗り場の近く。食事やショッピングに便利なラムトン・キー周辺の立地だが、車利用だとやや入りにくい。客室は白が基調の、すっきりとしたインテリア。併設のスパは、世界ラグジュアリースパ賞で国内1位に輝いた実績のある実力派だ。

住 147 The Tce.　電 (04) 499-9500　FREE 0800-275-337
FAX (04) 499-9500　URL www.grandchancellorhotel.com
料 ⓈⒹ$202～、Ⓣ$150～　室数 268　CC ADMV

### コプソーン・ホテル・ウェリントン オリエンタル・ベイ Copthorne Hotel Wellington Oriental Bay Map P.393-B1 シティ周辺部

オリエンタル・ベイの正面に位置するスタイリッシュなホテル。スーペリアルームなど4タイプの客室があり、すべてバルコニー付き。レストラン＆カクテルラウンジでは夜景を眺めながら、季節の食材を使った料理や種類豊富なカクテルが楽しめる。

住 100 Oriental Parade,Oriental Bay　電 (04) 385-0279
URL www.millenniumhotels.com　料 ⓈⒹⓉ$249～
室数 118　CC ADJMV

中級ホテル

## ベイ・プラザ Bay Plaza Hotel

Map P.394-D2 シティ中心部

オリエンタル・ベイの近くにあり、ビーチまで歩いてすぐというリゾート気分を満喫できるロケーション。部屋はシンプルですっきりとまとめられており機能的。目の前に大型スーパーマーケットがあるほか、周辺にはレストランが多く、食事に出かけるのに便利。

住40 Oriental Pde. 電(04)385-7799 FREE 0800-857-799
FAX(04)385-7436 URL bayplaza.co.nz
料ⓈⒹⓉ$155～ 室数76 CC ADMV

## ウエスト・プラザ West Plaza Hotel

Map P.394-C1 シティ中心部

観光案内所アイサイトのそばにあるビジネスタイプのホテル。部屋はベッドリネンやソファなど同系色でまとめられ、シンプルな造り。1階にはレストランとバーがあり、宿泊客以外の利用もできる。季節により、週末割引を行っている。

住110 Wakefield St. 電(04)473-1440
FREE 0800-731-444 URL westplaza.co.nz
料ⓈⒹ$160～、Ⓣ$165～ 室数102 CC ADJMV

エコノミーホテル

## ナウミ・スタジオ・ウェリントン Naumi Studio Wellington

Map P.394-D1 シティ中心部

キューバ・ストリート沿いにある、20世紀初頭の建物を利用した雰囲気のあるホテル。モダンな造りに改装された客室にはテレビやティーセットなどが備わり、快適に過ごせる。フィットネスルームなども併設する。敷地内に専用駐車場あり。

住213 Cuba St. 電(04)913-1800
FREE 0800-888-5999 URL naumihotels.com
料ⓈⒹⓉ$99～ 室数115 CC ADJMV

## トラベロッジ・ウェリントン Travelodge Wellington

Map P.394-C1 シティ中心部

ラムトン・キー側とグリマー・テラスGilmer Tce.側の2ヵ所にエントランスがある。各客室には液晶テレビやミニ冷蔵庫、電子レンジ、ケトルなどを完備。高層階からの眺望もよい。ビュッフェ形式の朝食を付けることもできる。駐車場は1泊$28。

住2-6 Gilmer Tce. 電(04)499-9911 FREE 0800-101-100
FAX(04)499-9912 URL www.travelodge.com.au
料ⒹⓉ $175～ 室数132 CC ADMV

モーテル

## ホールスウェル・ロッジ Halswell Lodge

Map P.394-D2 シティ中心部

コートニー・プレイスの外れに位置し、便利な立地ながら比較的静かな環境。客室はホテルタイプ、キッチンやダイニングがあるモーテルユニット、1920年代の家を改装したロッジなどさまざま。モーテルとロッジの一部はスパバス付き。共用のランドリーもある。

住21 Kent Tce. 電(04)385-0196
URL www.halswell.co.nz 料Motel$120～ Lodge$120～
室数36 CC MV

## キャピタル・ビュー・モーター・イン Capital View Motor Inn

Map P.394-D1 シティ中心部

町の中心部から徒歩約10分、小高い場所にある6階建てのモーテル。いずれのユニットも日当たりがよく、眺めがいい。部屋はゆったりとした造りで、長期滞在にも便利。5人で泊まれるペントハウスもある（$400～）。徒歩圏内にカフェも多く、便利。

住12 Thompson St. 電(04)385-0515 FREE 0800-438-505
URL www.capitalview.nz 料ⒹⓉ$130～260
室数21 CC JMV

キッチン(全室) キッチン(一部) キッチン(共同) ドライヤー(全室) バスタブ(全室)
プール ネット(全室／有料) ネット(一部／有料) ネット(全室／無料) ネット(一部／無料)

B&B

## ソーンドン・ヘリテージ・リステッド・ヴィラ Thorndon Heritage Listed Villa

シティ中心部

国会議事堂から徒歩約12分の閑静な住宅街にあるB&B。ベッドルーム、ラウンジ、バスタブ付きのバスルームが備わり、親切なホストから観光のアドバイスも受けられる。クイーンベッドとソファベッドがあり、3人まで宿泊可能。夜は静かに過ごしたい人向け。

住100 Hobson St.　電なし
URL thorndon-heritage-listed-villa.wellingtonnzhotels.com
料ⓈⒹ$288～　室数1　CC不可

## リッチモンド・ゲスト・ハウス Richmond Guest House

Map P.393-C1　シティ周辺部

コートニー・プレイスから徒歩10分ほど、マウント・ビクトリア地区の静かな環境にあるB&B。1881年に建てられた建物を改装しており、親切なホストによるアットホームな雰囲気が快適。部屋は清潔で、全室シャワールーム付き。共用のキッチンやダイニングルームなどもある。

住116 Brougham St.　電(04)939-4567
URL www.richmondguesthouse.co.nz
料Ⓢ$115～　ⒹⓉ$130～　室数10　CC MV

ホステル

## YHA ウェリントン・シティ YHA Wellington City

Map P.394-D2　シティ中心部

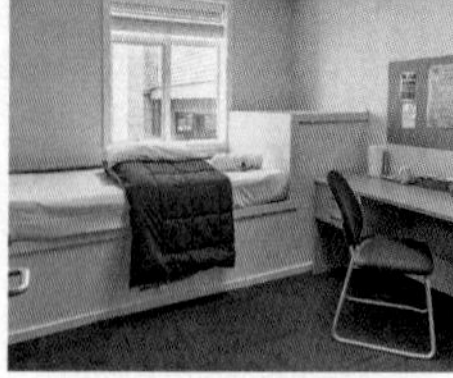

大型スーパーが目の前にあり、コートニー・プレイスにも近いという非常に便利なロケーション。館内には共用キッチンとラウンジがふたつずつある。レセプションの営業時間は8:00～17:00。Wi-Fiは1日5GBまで無料。

住292 Wakefield St.　021-223-5341
URL www.yha.co.nz　料Dorm$52.25～　Ⓢ$124.45～
ⒹⓉ$152.95～　室数320ベッド　CC MV

## トレック・グローバル・バックパッカーズ Trek Global Backpackers

Map P394-C1　シティ中心部

主要観光スポットが徒歩圏内にある便利な立地。バスルーム、ラウンジなど共有スペースはきれいで快適。3フロアの館内にキッチンが5ヵ所あるのも便利。任天堂のゲーム機Wiiやテーブルサッカーなどを備えたゲームルームも用意。ドライヤーのレンタルあり。

住9 O'Reily Ave.　電(04)471-3480　FREE 0800-868-735
URL trekglobalbackpackers.nz　料Dorm$31～　Ⓢ$75～
Ⓓ$110～　Ⓣ$140～　室数169ベッド　CC MV

## ドウェリントン The Dwellington

Map P.394-A2　シティ中心部

地元の一軒家に宿泊するような気分が味わえるスタイリッシュなホステル。ドミトリーやプライベートルームを完備し、毎朝7:00～10:00はシリアルやトーストなどの朝食が無料。Netflixが視聴できるシネマルームもある。

住8 Halswell St.　電(04) 550-9373　URL www.thedwellington.co.nz
料Dorm $47～　Ⓓ$130～　Ⓣ$130
室数13　CC MV

## ノマズ・キャピタル Nomads Capital

Map P.394-C2　シティ中心部

観光案内所アイサイトの近くで便利な立地。ドミトリーや個室、キッチンなどの共用スペースも清潔。ツアーデスクを設置しており、レセプションは24時間体制。毎日17:30～18:30にはスナックのサービスもある。エレベーターはキーを差し込むタイプになっている。

住118-120 Wakefield St.　電(04)978-7800　FREE 0800-100-066
URL nomadsworld.com　料Dorm$27～　ⒹⓉ$100～
室数181ベッド　CC AMV

# アクティビティ
Activity



ゴム製カヌーでグレノーキーのダートリバーを下る

とことん満喫！

# ニュージーランドアクティビティ

美しく豊かな自然に恵まれたニュージーランドは、世界屈指のアクティビティ大国。定番のアウトドアアクティビティから、ちょっと奇抜なアクティビティまで、ダイジェストでご紹介。陸に、海に、空にと、大自然を存分に楽しもう。

写真協力／©AJ Hackett Bungy

写真協力／©AJ Hackett Bungy

クイーンズタウン　タウポ

地上めがけて真っ逆さま！

## バンジージャンプ

AJ Hackett Bungy ➡P.113 / Taupo Bungy ➡P.324

高所から命綱1本で地上めがけて飛び降りる、まさに命知らずのアクティビティ。発祥国だけに、「発祥の場所で」、「夜景に向かって」など選択の幅もいろいろ。

スリリング度 ★★★★★
リピーター度 ★★★
パフォーマンス度 ★★★★

オークランド

高所恐怖症の人は要注意!?

## スカイウオーク

Sky Walk ➡P.250

高さ192mのスカイ・タワーのへりを歩くというとんでもないアクティビティ。慣れてくれば、360度視界に広がるオークランドの町並みを楽しめるかも。

スリリング度 ★★★★★
リピーター度 ★★★
パフォーマンス度 ★★★★★

オークランド

オークランドの真ん中へダイブ

## スカイジャンプ

Sky Jump ➡P.268

スリリング度 ★★★★★
リピーター度 ★
パフォーマンス度 ★★★★★

スカイ・タワーから高層ビルが立ち並ぶ町並みに向かってダイブする。頑丈なハーネスを装着した状態で飛ぶため、多少は恐怖心も薄れるかも!?

ぐるぐる回って大興奮

## ゾーブ

ZORB Rotorua ➡P.309

ロトルア

スリリング度 ★★★
リピーター度 ★★★
パフォーマンス度 ★★★

巨大な透明ボールの中に入り急斜面をぐるぐる転がり落ちるユニークなアクティビティ。なかでもボール内に入れた水を活用して滑り落ちるゾイドロがおすすめ。

時速130キロを肌で体感

## スウープ

Velocity Valley ➡P.309

ロトルア

芋虫のような袋に入り背中からつるされた状態で、高さ40mの場所から地上めがけて弧を描くように空中をスイング。最大時速はなんと130キロ！

スリリング度 ★★★ リピーター度 ★★★
パフォーマンス度 ★★★★★

クイーンズタウン

世にも恐ろしい空中ブランコ

## キャニオン・スイング

Shotover Canyon Swing ➡P.113

ショットオーバー川の109m上空から落下した後、時速150キロで渓谷の合間をスイング。椅子に乗りながら落下……なんていうまさかのパターンもある。

スリリング度 ★★★★
リピーター度 ★★★
パフォーマンス度 ★★★★

クイーンズタウン　ロトルア

木から木へ、気分はターザン♪

## ジップライン

Ziptrek Ecotours ➡P.113 / Rotorua Canopy Tours ➡P.309

湖を見下ろす高台で、木と木の間につながれたワイヤーを滑空。眼下に広がる絶景を見渡せば、スリルよりも感動が込み上げてくるはず。

スリリング度 ★
リピーター度 ★★★
パフォーマンス度 ★★★

風を捉えて空を舞う

## フリーフォール・エクストリーム

Velocity Valley ➡P.309

ロトルア

専用の吹き穴から出る風を利用して高さ4mまで飛ぶという笑撃アクティビティ。うまくメインストリームを捉えないともれなく派手に落下する！

スリリング度 ★★
リピーター度 ★★★
パフォーマンス度 ★★★★★

ベストシーズン
10月上旬〜4月下旬

## 豊かな自然のなかを歩いて楽しむ

Tramping

# トランピング（トレッキング）

大自然のなかを自分の足で歩くのがいい

ニュージーランドで国民的人気を誇るスポーツ、トランピング。コースはよく整備されており、本格的な「登山」よりも気軽に楽しめる所が多いので、ぜひ体験してみよう。

## トランピングとは

トランピングとは“てくてく歩く、旅行する”といった意味の英語から派生した、登山やハイキング、トレッキングなどを全部含めたニュージーランド流の言い回しだ。登山と聞くと敬遠しがちな人も多いかもしれないが、トランピングは頂上を目指すストイックなスポーツというより、自然のなかを歩き回り、その景観やプロセスを楽しむレジャーというほうが理解しやすいかもしれない。この国では国技といっても過言でないほど親しまれており、ファミリーから若いカップル、初老の夫婦まで、トランピングを楽しむ年齢層は幅広い。

ニュージーランドの山々には、世界でも類を見ないほど美しい木々や動物、植物、すばらしい自然の景観が広がり、キーウィ、タカへなど非常に特殊なかたちで進化した生き物たちが息づいている。こうした自然のありのままの姿を実感して楽しむには「歩く」というスタイルは最適である。

## 行き届いたニュージーランドのトランピング事情

ほとんどのトランピングコースが自然保護省（DOC=Department of Conservation）によって管理されており、山小屋Hutや標識など実に行き届いた整備、配慮がなされている。また、ニュージーランドには毒蛇がいない。クマなど大型の猛獣もいない。途中、草むらでガサゴソと物音がしても心配する必要はなく、それは飛べない鳥のウェカなどニュージーランド独特の鳥たちとの遭遇という程度。ヒヤッとするよりワクワクする体験となるはずだ。ユニークな生態系を育てた自然は、初心者から経験豊かなトランパーまで安心して歩ける環境となっているのである。

## トランピングのスタイル

トランピングは、大きく分けて個人ウオークとガイド付きウオークのふたつがある。個人ウオークは、自己責任のもとに歩くことから費用的には格段に安い。ただし、装備の用意や天候などの情報収集、山小屋や交通アクセスの手配まですべて自分で行う。対して、ガイド付きウオークは面倒な手配や準備を催行会社が行ってくれる。さらに道中では歴史や動植物の解説が付くという充実ぶり。費用は相応に高いが、万一のことを考えると未経験者にはこちらが安心だろう。

注意点として、ガイド付きウオークは早めの予約が必要。シーズン中は、現地に来てからでは締め切られていることも多く、半年前には予約を入れるのが望ましい。また、人気コースの予約は個人では難しいこともある。その場合、日本のトレッキング専門のツアー会社を利用するのも手だ。

## 山小屋に泊まるには

日帰りコースでない限り、DOC自然保護省の運営する山小屋に宿泊するのが一般的。山小屋は5つのカテゴリーに分かれており、料金も無料～$54程度と異なる。Great Walk Hutでは、マットレス付きベッド、石炭用のストーブ、トイレ、水場といった設備があり、夏季のみ管理人が駐在する。基本的に清潔で快適だが、宿泊予定の山小屋の設備は事前に確認しておこう。ガイド付きウオークでは、より設備が整ったロッジなどを利用できる。

出発前に、現地のDOCビジターセンターでハットパスHut Pass（山小屋の利用券）を購入しなければならない。また、1年を通じて、または夏季のみ事前予約が必要な山小屋もある。現地の予約オフィスへ電話またはメールするか、DOC自然保護省のウェブサイト（→P.418）からオンライン予約も可能。

同じ山歩きを楽しむ者同士、国籍や年齢を超えて山小屋で語り合う経験は、かけがえのない思い出となるに違いない。

## トランピングのシーズン

南半球にあるニュージーランドでは、一般的に10月上旬から4月下旬の夏季に当たる時季がトランピングのベストシーズン。トラックへの交通機関なども夏季のみ運行されるものが多い。なかでも12～3月のピーク時は予約を取るのもひと苦労だ。シーズンを過ぎると、標高の高いエリアでは積雪の可能性もあり注意が必要。気象条件などは年によって変動があるので、出発前の情報収集は忘れずに。

## 出発前の装備について

夏場に通常のトランピングを行うと想定して、必要な装備や服装について簡単にまとめておこう。ただし、氷河地帯などに行くような場合はこの限りでないので注意。

### ▶日帰りでトランピング

食料と水、防寒着とレインウエアが基本。山は天候や気温が変わりやすいので、寒暖の差に対応できるように。レインウエアは防寒着にもなる。

次に服装だが、ジーンズなど普段着でのトランピングは絶対に避けるべき。ぬれると、乾きにくい・重い・動きにくいと3拍子揃って最悪。水を吸いやすい木綿素材も避けよう。ポリプロピレン製またはウールのシャツや長ズボンなどが、乾きやすいうえ保温性に優れている。夏ならショートパンツでもいいが、サンドフライ用の虫除けを忘れずに（→P.127）。ゴミ袋やサングラス、日焼け止め、帽子も必携だ。

### ▶1泊以上で山小屋に泊まる

日帰り用の装備にプラスして持参すべきものを紹介する。ニュージーランドにはアウトドア専門店がたくさんあるので、使い慣れたもののみ日本から持参してもいい。食料に関しては、国外からの持ち込みに非常に厳しいので現地調達が無難。

| | |
|---|---|
| 服装 | 日帰りの場合よりしっかりとした物を準備しよう。加えてフリースやウールの薄手の上着、下着や靴下など。着用する衣類と同様の物をもうひと揃えは用意したい。雨具は、防寒着にもなる上下セパレート型の透湿防水素材（ゴアテックス製など）がベスト。 |
| 装備 | スリーピングバッグ（シュラフ、寝袋）、ヘッドランプ、フレーム内蔵型ザック、地図、調理道具、燃料、マッチ、ナイフ、食器、水筒、洗面道具、トレッキング用登山靴、サンダル（小屋利用時に館内を汚さないため）、カメラ、簡単な救急用具。 |
| 食料 | ニュージーランドのスーパーマーケットは、トランピングに向いたフリーズドライ商品が充実している。ゴミが出にくく、軽量で高エネルギー、日持ちして調理が簡単な物がベスト。米、パスタ、目の詰まったパン、サラミ、チーズ、ドライフルーツ、乾燥野菜、粉末ジュース、行動食として菓子類など。 |

## トランピングのマナーと注意点

ニュージーランドは、環境保全に対して非常に意識の高い国である。永久的にこの国の美しい自然を誰もが楽しめるよう細かくルールが設けられ、訪れるトランパーたちも厳密に従っている。どれも基本的な事項ばかりだが、この当たり前の常識を一つひとつ守ることこそが今日までニュージーランドの自然保護を支え、この国をトランピング天国と呼ぶにふさわしい環境にしてきた。訪れる前に注意点を一読し、以下の事項は必ず守るよう心がけたい。

- 植物を採取したり、鳥や動物に餌を与えたりしない。
- 貴重な植物を傷める恐れがあるので、トラックから外れて歩かない。
- ゴミはすべて持ち帰る。たばこの吸い殻、ティッシュなどのポイ捨ては厳禁だ。
- トイレは小屋でのみ行う。どうしても我慢できないときは、トラックや水場から離れた場所で。土を掘るなどして痕跡を残さないような配慮をすること。
- 川や湖を汚さないように注意する。洗剤などの使用は禁止。
- 水は必ず3分以上煮沸して飲むこと。
- 山小屋でのマナーを徹底する。汚れた靴やぬれたウエアは入口で脱ぎ、室内には持ち込まない。また、山小屋内は禁煙。飲食も決められた場所で行う。寝室で夜中に必要以上に物音を立てたりしない。早だちの予定があれば、外で静かにパッキングするなどの配慮を。
- キャンプは指定地のみで。キャンプに関しても山小屋同様にあらかじめDOCビジターセンターで利用券を購入すること。
- 火の取り扱いには十分気をつける。基本的にたき火は禁止されており、ストーブを使用する。

## トランピングを安全に楽しむために

「トランピングは特別な技術を必要としないスポーツ」と紹介したが、ある程度の知識や装備、そして体力は必要だ。初心者でも気軽に楽しめるが、危険が伴う場合もあるのだということを忘れないでほしい。

普通の観光と違うのは、大自然のなかで、大なり小なり自分の責任のもとに行うスポーツだということ。そのぶん、知識や技術が足りないと思う場合は、事前の情報収集と準備で補いたい。山歩きの経験の浅い人は特に、自分の実力を把握したうえでレベルに合ったコースを選び、単独行動を避けることが大切だ。パートナーがいないというときは、宿泊先で経験のあるトランパーに同行させてもらうのもひとつの方法。1泊以上のトランピングでは、DOCビジターセンターに予定および終了報告をするシステムがあるので、必ず行おう。

また、ニュージーランドでは、ツアーやアクティビティなどで何か事故が起きた場合、主催した会社が慰謝料の支払いをするという習慣がない。万一に備えて、海外旅行保険には必ず加入しておこう（→P.451）。トランピングを行う際の装備の状態によっては、保険の対象外になる場合もあるので注意が必要だ。

### 現地の情報はDOCビジターセンターで

トランピングをする際に欠かせないのが、DOCビジターセンターだ。主要なトランピングルートの拠点となる町には必ずあり、ガイドブック、ルートマップ、見どころや周辺の自然環境・動植物を紹介したパンフレットなど、必要な情報はすべてここで得られる。出発前には必ず立ち寄り、最新の気象やルートの情報なども忘れずにチェックしよう。

また、ハットパスの販売もここで行っており、出発前に購入しなければならない。なお、1泊以上のトランピングをする場合はDOCビジターセンターへコースや日程を届けること。終了後の報告も忘れずに行うことが義務付けられている。

URL www.doc.govt.nz

# ニュージーランドの トランピングルート・ガイド
Tramping Route Guide

数あるトランピングルートのなかから、DOCが選定した、景観が美しく歩行環境が整っている国を代表する10ヵ所のトランピングルート、グレートウオーク。ここでは、グレートウオークを中心に、おすすめしたいいくつかのルートを紹介しよう。

## 南島

### アオラキ／マウント・クック国立公園
Aoraki/Mount Cook National Park →P.84

国内最高峰を有する国立公園内に、日帰りの気軽なものから上級者向けまでさまざまなルートがある。なお、アオラキ／マウント・クックへの登頂は上級者のみ。

### ミルフォード・トラック
Milford Track →P.140

「世界一の散歩道」ともいわれる世界中のトレッカー憧れのルート。峠のあたりは急な登り坂だがおおむね谷間の穏やかな道が続く。夏季の入山は定員制なので早めの予約が必要。3泊4日の行程。

### ルートバーン・トラック
Routeburn Track →P.144

フィヨルドランド国立公園とマウント・アスパイアリング国立公園をつなぐ2泊3日のルート。うっそうとしたブナ林に澄んだ清流、湖や山岳風景など変化に富んだ景観が魅力だ。

### ケプラー・トラック
Kepler Track →P.148

拠点となるテ・アナウの町から徒歩でアクセスできるフィヨルドランド国立公園内のルート。氷河に育まれた地形とスケールの大きい山脈のパノラマを楽しめるのがこのトラックならではの見どころ。

### エイベル・タスマン・コースト・トラック
Abel Tasman Coast Track →P.210

年間を通して最も多くの人が訪れる人気ルート。ほかのトラックとは大きく趣を異にし、青く澄み切った海、緑濃い原生林など森歩きと海歩きの両方を楽しめる。

### アーサーズ・パス国立公園
Arthur's Pass National Park →P.212

クライストチャーチに近く日帰りで訪れる人も多い。数あるルートはレベルもさまざま。とりわけ中上級者向けではあるが、山岳風景がすばらしいアバランチ・ピークへのルート（→P.214）がおすすめ。

## 北島

### トンガリロ・アルパイン・クロッシング
Tongariro Alpine Crossing →P.330

トンガリロ・ノーザン・サーキットの一部分を1日かけて縦走するルート。噴煙を上げる活火山や、荒涼とした一面の大地、月面を思わせるクレーターなど、ほかでは見られないダイナミックな景観が広がる。

### ニュージーランドのグレートウオーク
※トランピングではなく、カヌーによる川下り

ベストシーズン
10〜4月

**雄大な景色のなか、風を切って走ろう！**

# Cycling サイクリング

ロトルアはマウンテンバイクのコースが充実している
© Joel McDowell

トランピングと並ぶ国民的アクティビティといえるのがサイクリング。国内各地にサイクルトレイルが整備され、ツアーも行われている。難関コースに挑戦したり、景色を眺めながらゆっくり走ったりと、自分のペースで楽しめるのも魅力だ。

## 魅力あふれるサイクルトレイルが充実

子供から大人まで年齢を問わず楽しめ、ファミリー向けアクティビティとしても人気のサイクリング。いわゆるママチャリはほとんど見かけることがなく、マウンテンバイクとロードバイクがメインだ。近年は渋滞緩和のため、都市部を中心に通勤・通学の交通手段としても推奨されており、電動自転車の普及も進んでいる。

国内各地に自転車専用のニュージーランド・サイクル・トレイルが設けられ、そのなかから特に厳選された23のルートはグレート・ライドと呼ばれている。走破するのに5〜6日かかるルートや、一般的なライダーには難しい難ルートもあるのでレベルや好みに合わせて選ぼう。マウンテンバイクが盛んなロトルアで、専用パークで遊ぶのもスリリングな体験になるだろう。

なお、ニュージーランドでは自転車の歩道走行は原則禁止で、ヘルメットの着用が義務付けられているので注意しよう。

## レンタルとツアーについて

自転車のレンタルは充実。ツアー会社やレンタルショップのほか、観光案内所アイサイトや宿泊施設で借りられることもある。自転車の種類などにもよるが、料金は半日（4時間）$25〜が目安。数日間利用したり、オフロードを走るなら、スペアチューブも借りておくと安心。オークランドでは専用アプリを使って利用する電動自転車レンタルサービス（→P.243）もあり、町なかのちょっとした移動に便利だ。

見どころを効率よく回りたいなら、ガイドが案内するツアーに参加するとよい。また、ツアー会社ではトレイルの入口まで自転車とともに運んでくれるシャトルサービスも実施している。クイーン・シャーロット・トラック（→P.195）ではトレッキングやカヤックと組み合わせたツアーもあるのでチェックしてみよう。

ニュージーランド・サイクル・トレイルの情報

**New Zealand Cycle Trails**
URL www.nzcycletrail.com

クイーン・シャーロット・トラックの現地ツアー

**Marlborough Sounds Adventure Company**→P.194

テカポ湖畔をのんびりとサイクリング

ベストシーズン
6月下旬～10月中旬

山々をバックに豪快な滑りを楽しもう

# パウダースノーを疾走する快感！
Ski & Snowboard
# スキー&スノーボード



山全体に広がるゲレンデ、極上の雪質を満喫しよう。そして、ヘリコプターで移動しパウダー&バージンスノーを滑るヘリスキーもぜひ体験してみたい。

## ニュージーランドのゲレンデはここが違う！

ニュージーランドのゲレンデの特徴といえば、何といってもコースのワイド感が挙げられる。日本と違い標高の高い場所にあるゲレンデが多いため、コース内に樹木がほとんどない。したがって、ほぼ山全体にピステ（圧雪車）が入るのでひと山どこでも滑れるといった印象だ。また、頂上部に近いコース上部に立つと、すばらしい眺望が楽しめる。滑り出す前に自然をバックにして記念写真を1枚撮っておくのもいい。

コースの長さは日本並みか、ややもすると日本の大規模スキー場のほうが長いくらい。週末やスクールホリデーなどには、ゲレンデやリフト乗り場が混雑することもある。雪量や雪質は、季節や天候のほかスキー場の立地条件に左右されるものの、シーズン中はおおむね安定していて良質といえる。

自己責任での滑走が基本のニュージーランドだが、初心者向け緩斜面にはロープトゥやマジックカーペット（ベルトコンベヤータイプのリフト）が設置されている。そういった場所にはスタッフが待機していて、転んでもすぐに助けてくれるので安心だ。たいていのスキー場には、ほぼ平面に近い超緩斜面もあるので初心者も一から始められる。また、スキー&スノーボードスクールには経験豊富な講師がいるので、参加してみるのもいいだろう。風の影響を受けやすい場所にはTバーリフト、規模の大きいスキー場にはコース上部まで高速でアクセスできる高速クワッドリフトもあり、設備的にも充実している。

## レンタルについて

場所にもよるが、レンタルは充実しているといっていい。スキー&スノーボードはもちろん、ブーツ、ウエア、ポール（ストック）など上級者でも満足できる品が揃う。レンタルはスキー場でもできるが、最新モデルやブランドなどにこだわるなら、町なかのショップのほうが選択肢は豊富。借りる際は、ショップに用意されているシートに自分の身長、体重、足のサイズを記入すれば、スタッフがビンディングの解放値やブーツとのサイズ調整を行ってくれる。板やブーツのグレードは、初心者（Beginner）、中級者（Middle-class/Standard）、上級者（Expert）などから選べる。一式セットのほか、板のみのレンタルも可能。数日間レンタルしたり、リフトやシャトルバスのチケットとセットにすると割引きになる場合が多い。ゴーグル、サングラス、帽子、グローブなどアクセサリーのレンタルは乏しい。これらはスキー場のショップでも購入できるが種類が限られるので、日本から持参するか町であらかじめ買っておいたほうがいい。

## 滑走中はここに注意！

ニュージーランドのスキー場では自己責任が大原則。日本のように滑走禁止エリアがしっかりと柵で囲われていないし、コース取りに関してはパトロールもうるさくないので、地元のスキーヤー&スノーボーダーはオフピステにもどんどん入っていくが、軽い気持ちでリスクの高い場所に挑まないこと。コースの幅が広く、日本のように樹木などもないためスピード感がつかみにくいが、速度超過もけがの要因だ。コース合流点やリフト乗り場近くなど「SLOW」の看板のある所では特にしっかり減速しよう。これらの場所は減速しないと危険なため、パトロールが監視しており看板を無視した滑りを行うスキーヤー&スノーボーダーに対し、1度目は注意、2度目はパスの没収を行っている。また、ゲレンデが広いとはいえリフト乗り場は混雑することも多い。近年各スキー場で人気のスノーパークではやはりけがにつながる事故や転倒が多い。自分のレベルを考慮するのはもちろん、ヘルメットやプロテクターを必ず装着することが大事。

リフトからゲレンデを見下ろすとその広大さがよくわかる

## もしけがをしてしまったら……

自力で動けない場合はコースを巡回しているパトロールか、リフトスタッフに助けを求める。付近に仲間や係員がいないときは、誰でもいいので周りの人に、手もしくはストックを左右に振るなどしてけがをしたとアピールする。無理をして自分で動くのは、ほかのスキーヤーやスノーボーダーとの接触を招く恐れもあるので非常に危険。また、外傷はなくとも、転倒して気分が悪くなったときは脳内出血の可能性もある。スキー場には必ず専門の医療スタッフがいるメディカルセンターがあるので、多少でも体の変調を感じたときは我慢せず相談しよう。

治療の際、海外旅行保険（→P.451）のコピーもしくは原本の提示を求められるのでスキー場には必ず持参すること。

## ヘリスキー&スノーボーディングとは？

圧雪されていない自然のままの滑走地にヘリコプターや小型飛行機で飛び、壮大な山々をバックにパウダースノーでの浮遊感を楽しみながら滑り込むヘリスキー&スノーボーディング。ゲレンデとはまったく違った、宙に浮くような独特の感覚は、一度やったらやみつきになるはず。ニュージーランド最高峰のアオラキ／マウント・クックエリアでは、標高3000mを超える山々をダイナミックに滑ることができる。そのほかのエリアとしては、クイーンズタウンの北にあるハリス・マウンテンやワカティプ湖西側に位置するサザン・レイクスなどが有名だ。

ヘリスキー&スノーボーディングに必要な滑走レベルだが、基本的には急斜面でも暴走せずスピードをコントロールできるレベル、すなわち一般的な中級者以上ならば問題はない。スキーよりもスノーボードのほうが雪面に接する面積が大きいぶん、雪からの揚力を得られるので滑りやすいといわれる。スキーヤーには、パウダースノー滑走用に従来のスキー板より幅を広くした“ファットスキー”という板があるので使ってみよう。ファットスキーはレンタルもあるので特に自前で用意する必要はない。

アオラキ／マウント・クック国立公園でのヘリスキー
**Mount Cook Heliski**→P.88欄外

# ニュージーランドの おもなスキー場ガイド

Ski Field Guide

## 南島

### マウント・ハット・スキー・エリア
Mt. Hutt Ski Area →P.60

クライストチャーチやメスベンから日帰りでアクセスできるスキー場。ゲレンデはマウント・ハットの斜面にあり、6月上旬～10月上旬とシーズンが長いのが特徴。コースは初心者から上級者まで楽しめるバランスの取れた構成だ。

### トレブル・コーン・スキー場
Treble Cone Ski Field →P.95

中上級者向けのコースが多い。ベースタウンはワナカ。山々に囲まれた立地なので、強風など悪天候の影響を受けにくい。比較的スノーボーダーよりもスキーヤーが多い。

### カードローナ・アルパイン・リゾート
Cardrona Alpine Resort →P.95

マウント・カードローナの東斜面を利用したスキー場。初心者にも適した緩・中斜面のコースが多く、雪質もシーズンを通して安定している。ベースタウンはワナカ。

### コロネット・ピーク・スキー場
Coronet Peak Ski Field →P.111

クイーンズタウンから車で30分足らずでアクセスできる。各レベルにバランスの取れたコース構成。通常のコースのほかに、各種セクションを揃えたスノーパークや、南島のスキー場では唯一のナイター設備も完備している。

### リマーカブルス・スキー場
The Remarkables Ski Field →P.111

クイーンズタウンがベースタウンとなる大規模スキー場。初心者向けの緩斜面や迂回コースがあるかと思えば、ゲレンデ上部には息をのむような急斜面があるなどバラエティに富んだコースが揃う。中上級者向けコースのホームワード・バウンドが特徴。

## 北島

### ファカパパ・スキー場
Whakapapa Ski Field →P.332

マウント・ルアペフの北東斜面に展開する、ニュージーランドで最大の滑走面積を誇るスキー場。スノーマシンも導入されている。トゥロア・スキー場と同じで標高が高いため、雪質はいい。ベースタウンはファカパパ・ビレッジ。

### トゥロア・スキー場
Turoa Ski Field →P.333

マウント・ルアペフの南西斜面に開かれたスキー場。標高1600～2300mはオセアニアで最も高いゲレンデで、良質のドライスノーに毎年多くのスキー&スノーボード客が集まる。コースは中級者向けで中斜面中心の構成。ベースタウンはゲレンデから約17km離れた所にあるオハクニ。

各スキー場のベースタウンには、たいていレンタルショップがある

ベストシーズン
10～4月

## 水面を滑るように漕ぎ進む

Canoe & Kayak

# カヌー&カヤック

澄んだ水と戯れるように、自分でパドルを操って進む手応えがカヤックの醍醐味

地元キーウィたちの多くが自分専用のカヤックを所有し、日常的なレジャーとして楽しむ。ニュージーランドと関わりが深いカヌー&カヤックは、全身で自然を感じるのにうってつけのアクティビティだ。

## キーウィはカヌー&カヤック好き

周りを海に囲まれ、たくさんの川や湖を有するニュージーランドでは、カヌー&カヤックの人気は絶大。大自然のなかで透明度の高い水と一体化する快感を味わってみたい。

カヌーののんびりとしたイメージとは裏腹に、山がちな国土を流れる川は流れが激しく、初心者がいきなりカヌーでの川下りに挑戦するのは難しい所が多い。キーウィたちは、白く泡立つ急流を下ったり、滝を落ちたりとエキサイティングなカヌーを楽しんでいるが……。初心者でもOKなのは、北島西部を緩やかに流れるファンガヌイ川（→P.384）。緑豊かな自然景観を楽しみながら、のんびり川下りができる。

北島ワンガヌイの現地ツアー

**Bridge To Nowhere Whanganui River Lodge**

(06) 385-4622　FREE 0800-480-308
URL www.bridgetonowhere.co.nz　CC MV

## 澄んだ海でシーカヤックに挑戦してみよう

初心者でも気軽にチャレンジできるニュージーランドのアクティビティといえば、安定性が高く小回りが利くシーカヤックだろう。ガイド付きツアーに参加すれば、パドルの持ち方から漕ぎ方まで教えてもらえるし、その日の状況に応じたコースを案内してもらえるので、安心して楽しむことができる。

北はベイ・オブ・アイランズ地方から南のスチュワート島まで、ニュージーランド国内のいたるところにカヤック会社があり、なかでも南島のエイベル・タスマン国立公園は有名。キャンプやウオーキングなどと組み合わせたツアーも出ており、多彩な楽しみ方ができる。陸からでは行けない場所へもアクセスできたり、船とは異なる高さから風景を眺めたりすることができるのはカヤックならでは。また、モーターボートなどと違ってゆっくり静かに動けるので野生動物たちを驚かせることも少なく、海鳥に近づいたり、イルカやニュージーランド・ファーシール、ペンギンなどに出合うチャンスが高いのもうれしい。

南島ミルフォード・サウンドのアクティビティ

**Cruise Milford**→P.136

南島ダウトフル・サウンドのアクティビティ

**Doubtful Sound Kayak and Cruise**→P.139

南島ピクトン発着の現地ツアー

**Marlborough Sounds Adventure Company**→P.194

南島エイベル・タスマン国立公園の現地ツアー

**Marahau Kayaks**→P.209

北島ハーヘイのアクティビティ

**Cathedral Cove Kayak**→P.361

Return to the Nature!

ベストシーズン
10～4月

# 海の中を散歩したい！ 波を感じたい！

Scuba Diving&Surfing

# スクーバダイビング&サーフィン

ニュージーランドの海中はとにかく魚影が濃い

まだあまり知られていないものの、ニュージーランドは世界のダイバー、サーファーたちの注目を集めつつあるエリア。海洋公園をはじめ、25を超える海洋保護区に囲まれ、自然色豊かでほかに類を見ないダイビングやサーフィンを楽しめる。

## ダイビングの魅力はその豊かな海中景観

ニュージーランドの周囲には、何百ものダイビングスポットが散らばる。

南島では、海岸線が入り組んだマールボロ・サウンズや、ダイビング中にイルカやニュージーランド・ファーシール（オットセイ）と出合えるカイコウラなど。フィヨルドランド国立公園周辺の海は、山々から多量の雨が流れ込むため、水面約10mが淡水という特殊な環境をもつ。黒サンゴの群生が見られるほか深海の生物に出合えることも珍しくない人気のポイントだ。

北島ノースランドの東海岸沖に位置するプア・ナイツ・アイランズ海洋保護区は、海洋探検家ジャック・クストーに「世界で10の指に入るダイビングスポット」と言わしめたポイント。ベイ・オブ・アイランズ周辺も格好のダイビングスポットとなっている。そのほか、100年以上前に沈んだ沈没船ダイブが楽しめるグレート・バリア島や、海中洞窟でゴールデンスナッパーに遭遇できるホワイト・アイランドもある。

ニュージーランドではダイビングによるハンティングが一部認められている。新鮮な魚や貝をダイビング後にいただくのも新たな楽しみ方のひとつといえるだろう。

プア・ナイツ・アイランズ海洋保護区への現地ツアー

**Dive! Tutukaka**

FREE 0800-288-882
URL diving.co.nz　CC MV

## 知られざる南半球のサーフィンパラダイス

ニュージーランドの特徴は、縦に細長い地形と複雑な海岸線。そこに太平洋側からの熱帯性低気圧とタスマン海側の南氷洋からの影響を受けたうねりが常に打ち寄せ、変化に富んだクオリティの高い波を生み出している。「波はワールドクラス！」と絶賛するサーファーも多いのだとか。

何百というサーフィンスポットがあるなかで、特に北島西海岸のラグラン（→P.291）は国内で1、2を争う人気のスポット。南からのグランドスウェル（低気圧などで生じる大きなうねり）がやってくると、国内外から多くのサーファーが訪れる。そのほか、北島ではオークランド、ニュー・プリマス、ギズボーン、南島ではクライストチャーチ、ダニーデン、ウエストポートが有名。

夏でも水温は全体的に低め。シーガル（半袖、長ズボン）か、南へ行くにつれ水温が下がるのでフルスーツ（長袖、長ズボン、ブーツ、手袋）を用意したい。

ラグランのサーフィンスクール

**Raglan Surf School**

☎ (07) 825-7327
URL raglansurfingschool.co.nz　CC MV

ベストシーズン
通年

## 船上で過ごす優雅な時間、野生動物たちとの触れ合い

Cruise

# クルーズ

手頃な値段で楽しめるランチクルーズやロマンティックな夕暮れ時などシチュエーションもさまざま

きれいな海や湖、川を満喫したいのなら、クルーズはいかが？　のんびりと波に揺られてリラックスした時間が過ごせる。また、海鳥やクジラ、イルカなど、たくさんの野生動物たちに出合えるのも魅力だ。

## 種類豊富なクルーズがよりどりみどり

北島から南島まで各地でクルーズが行われている。1時間程度の気軽なものから、丸1日かけるもの、さらには泊まりがけのツアーまで各種揃っている。船体も、かつて住民の移動や物資の輸送手段として使われていた船を転用したり、古風な外輪船を復元したりしたものがあって、バラエティに富んだ雰囲気を楽しめる。

南島では、何といってもミルフォード・サウンドでのクルーズが観光のハイライト。氷河に削り取られたフィヨルド地形は、息をのむほどの美しさだ。濃いブルーの水の色、途中で待ち受ける滝、切り立つ崖、密生した原生林、空に向かってそびえる山々……と見どころは尽きない。

また、クイーンズタウンのTSSアーンスロー号も人気が高い。風光明媚なワカティプ湖を走り、ウォルター・ピークに上陸してからはファームツアーやBBQを楽しめるコースがある。船内で昔ながらに石炭を燃やしている様子を見学できるのも興味深い。

北島のベイ・オブ・アイランズ地方では、ホール・イン・ザ・ロックを中心としたクルーズが人気。巨大な岩に開いた穴を通り抜けたり、エリア内の144にも及ぶ島々のなかでも最大のウルプカプカ島を訪れたりするツアーがある。

いずれも空きがあれば参加できるが、夏季は混み合うので事前の予約が必須だ。

南島クイーンズタウン発着の現地ツアー

**Real NZ** →P.105

南島テ・アナウ発着のアクティビティ

**Cruise Te Anau** →P.128

南島ミルフォード・サウンドの現地ツアー

**Real NZ, Southern Discoveries, Mitre Peak Cruises, Jucy Cruize** →P.133

南島ダウトフル・サウンドの現地ツアー

**Real NZ, Doubtful Sound Kayak and Cruise** →P.139

南島ピクトン発着の現地ツアー

**Maori Eco Cruises, The Cougar Line, Beachcomber Cruises** →P.195

北島オークランド発着のアクティビティ

**Auckland Harbour Sailing**

(09)359-5987
FREE 0800-397-567
URL exploregroup.co.nz
CC ADMV

北島タウポ発着の現地ツアー

**Chris Jolly Outdoors** →P.319

北島パイヒア発着の現地ツアー

**Fullers Great Sights Bay of Islands, Explorer NZ** →P.338

北島ハーヘイ発着のアクティビティ

**Hahei Explorer** →P.361

## 海上は珍しい野生動物の宝庫

動物観察をメインにしたエコクルーズも盛んに行われている。南島のカイコウラやオタゴ半島では、クジラやイルカ、ニュージーランド・ファーシール（オットセイ）、ブルー・ペンギン、ロイヤル・アルバトロスなど、実にさまざまな動物たちと出合うことができるだろう。

南島ダニーデン発着の現地ツアー
**Monarch Wildlife Cruise→P.167**

南島カイコウラ発着の現地ツアー
**Dolphin Encounter, Seal Swim Kaikoura, Albatross Encounter→P.182**

## 雄大なクジラとの出合い

ニュージーランド近海には、約40種類ものクジラがすんでいる（→P.186）。マオリ語でクジラを「パラオア」と呼ぶが、"クジラの湾"という意味の「ファンガ・パラオア」という地名が北島の何ヵ所かに今も残っていることから、昔からクジラが目撃されていたことがわかる。19世紀に入ると、捕鯨を目当てにヨーロッパ人が入植し、その流れは、ニュージーランドがイギリス植民地となるひとつのきっかけにもなった。

現在では捕鯨は禁止され、ホエールウオッチングが注目を集めている。南島のカイコウラは、体長11～18mと巨大なマッコウクジラ（スパームホエール）を高い確率で見られる場所として有名だ。ジャンプなどの派手なパフォーマンスはないが、波間から潮を噴く様子、潜水間際に尾を振り上げるフルークアップという動作が見られる。

マッコウクジラ（スパームホエール）が潜水する瞬間

南島カイコウラ発着の現地ツアー
**Whale Watch Kaikoura→P.181**

## 愛嬌たっぷりのイルカと一緒に泳ぎたい

ボートに併走してきたり、見事なジャンプを見せてくれたりする愛らしいイルカたち。大きな群れをつくって泳ぐダスキードルフィン、ニュージーランドだけでしか見られない小さなヘクターズドルフィン、ボトルノーズドルフィン、コモンドルフィンなどの種類がいる（→P.187）。イルカたちをボートの上から眺めるほか、ウエットスーツやスノーケルを着けて一緒に泳ぐのも楽しい。好奇心旺盛な彼らは、向こうから寄ってきて遊んでくれる。

ただし、状況によってはイルカがあまり現れないことや、天候が悪くてボートが出航しない場合もあるので、スケジュールに余裕をもったうえで参加したい。また、泳ぐ場合、ニュージーランドの海は水温が低めだというのも覚悟しておこう。

フレンドリーなダスキードルフィンは船のすぐそばまで寄ってくる

アクティビティ
クルーズ

ベストシーズン 11～4月

"釣り大国"の実力を堪能する！

Fishing

# フィッシング

広大な自然のなかでの釣りは心まで広々とさせてくれる

海での大物釣り、淡水でのトラウトフィッシング……ニュージーランドは、世界に名を轟かせる"釣り大国"。豊かな自然が守られた国ならではの釣りを思う存分楽しもう。

## ニュージーランドのフィッシング事情

ニュージーランドには、海や川、湖に手つかずの自然が多く残されている。そこに生息する魚たちの種類も驚くほど豊富で、しかもかなり大物が多いのが特徴だ。

この国でフィッシングといえば、海での豪快なトローリング（カジキやマグロ、ヒラマサを狙う）と、淡水湖や渓流でのトラウトフィッシングに人気が集まる。

## 盛んなトラウトフィッシングとは？

河川や湖ではレインボートラウト、ブラウントラウトの釣りが最も盛ん。これらは皆、もともとニュージーランドには生息していなかった種で19世紀末頃にイギリス、北米から人の手によって持ち込まれた魚たちの子孫ということになる。南島、北島両方で釣れるが、南島にはブラウントラウトが、北島にはおもにレインボートラウトが多く生息している。

スタイルではフライフィッシングが有名だが、ルアーを使う人もいる（ルアーフィッシングを指す言葉はSpinning）。餌釣りは許可されている水域が少ないこともあり少数派。また、日本から釣り具を持ち込む場合、生態系保護のため厳しくルールが設けられているので注意が必要。

## 頼もしいフィッシングガイドの存在

ニュージーランドでのフィッシングは、ガイドを雇うのが得策。釣り場への案内のみならず、各種ライセンスの確保、ランチや道具の用意とすべての環境を整えてくれる。レベルや釣り方に合わせて案内してくれるので、大物との遭遇率も高まる。

ガイドの手配は、直接連絡のほか現地の釣具店や観光案内所で。また、海釣りの場合ほとんどがチャーター船となるので事前予約が必須。交渉が不安だったり面倒な場合はツアーに参加するのが一番手軽だ。日本でツアーを申し込むことも可能。

## ベストシーズン

海釣りのベストシーズンは11～4月頃。大物のマダイを狙うなら産卵期の12～1月頃がいい。

トラウトフィッシングは、釣り方やその醍醐味によって人それぞれにベストシーズンは異なる。河川や湖には乱獲を防ぐために禁漁期（5月～9月末頃まで。北島では7月頃～）が設けられている。しかしすべてがオフとなるわけではないので、ほぼ1年中釣りができる。タウポ湖やロトルア湖の周辺などでは年間を通して楽しめる。

## 絶好の釣りスポット

### ▶海釣り

北島の北東海域での大物釣りが有名。ベイ・オブ・アイランズ地方、ツツカカなどを拠点としてメカジキやマカジキ、マグロ、サメなどを狙うトローリングが人気。また、ベイ・オブ・アイランズ地方は地形的に入り組んでおり魚影が濃く、ヒラマサやオオカサゴなど底物も狙える。西海岸ではヒラマサが、湾内や島などではほぼ国内全域でタイやシマアジなどが釣れる。特にマダイは気軽な海釣りの魚として人気。

ちなみに、ニュージーランドの魚は全体的にサイズが大きい。トローリングで釣り上げる大物もさることながら、磯からでもヒラマサ、マダイ、シマアジなど日本では記録に残るようなサイズの魚が揚がっている。

### ▶河川・湖釣り

南島ならマタラウ川、モトゥエカ川、クルーサー川など。北島のトンガリロ川が代表格。さらにタウポ湖やロトルア湖周辺、マナワツ川、ルアカトゥリ川なども有名。

また、サーモンが遡上するのは1～3月のシーズン。南島のラカイア川、ランギタタ川、ワイカマリリ川に押し寄せる大きく太ったサーモンは圧巻だ。

## フィッシングをする際の注意点

### ▶海釣り

各地で釣ってよい魚のサイズと尾数を定めた漁獲規定がある。釣った魚の売買は厳禁だ。罰則や罰金は実に厳しいので規定はくれぐれも守るように。また、自分で道具を用意する場合、ジグは日本製のもののほうがよいので持参するのが無難。マダイなら90g前後、ヒラマサだと200～400gクラスは必要。ニュージーランドの紫外線は強力なので、帽子や日焼け止め、サングラスは必携。

### ▶河川・湖釣り

河川や湖でフィッシングをする際は専用のライセンスが必要。ライセンスの種類にはシーズン中や24時間有効のものなどがあり、エリアによって料金が異なる。現地の観光案内所や釣具店、ウェブサイト（URL fishandgame.org.nz）で購入可。また、タウポではローカルのライセンスが必要だったり、国立公園や個人管轄の植林地に入る場合は別途「Forest Permit」と呼ばれる入林許可証がいるなど、管轄エリアによってルールが細かく異なっている。

また、漁場により持ち帰れる魚のサイズや量などにも明確なルールが決められている。規則に違反した場合、釣りに利用した財産のすべてを没収されることもある。フィッシングの理想ともいえるニュージーランドの自然は、厳しいルールとアングラー各人の責任によって守られていることを忘れてはならない。

**日本にあるフィッシングツアー取扱会社**

**トラウト アンド キング（海&河川釣り）**
住 東京都中央区銀座7-12-4 友野本社ビル6階
電 (03) 3544-5251　FAX (03) 3544-5532
URL troutandking.com　CC 不可

**ビックトラウト（海&河川釣り）**
住 東京都町田市上小山田町2356
電 (042) 738-7385
URL bigtrout.jp　CC MV

**南島ワナカ発着の現地ツアー**

**Aspiring Fly Fishing**→P.96

**南島クイーンズタウン発着の現地ツアー**

**River Talk Guiding New Zealand**
027-347-4045　URL rivertalkguiding.co.nz
CC AMV　日本語OK

**北島タウポ発着のアクティビティ**

**Chris Jolly Outdoors,**
**Fly Fishing Ninja**→P.324

ベストシーズン
通年

## アドレナリン全開！ 発祥の地で楽しもう

Bungy Jump

# バンジージャンプ

ニュージーランド発祥のアクティビティは数多いが、これほどユニークなものはない。人生観も変わるかも!?

今やニュージーランドを代表するアクティビティ、バンジージャンプ。これを目的にニュージーランドを訪れる観光客も少なくない。夜間に飛ぶタイプやパラセイルから行うバンジーなど、進化型も続々と登場している。

## バンジージャンプ発祥の地、ニュージーランド

もともとバンジージャンプは、バヌアツ共和国やニューカレドニア諸島の通過儀礼（成人の儀式）として行われていたものといわれている。それをヒントに、ニュージーランド人の起業家A. J. ハケット氏が1980年代にクイーンズタウン近郊カワラウ川で始めたのが、アクティビティとしての始まりである。今や、バンジージャンプはニュージーランドを代表するアクティビティとなっており、多くの人がその魅力に取りつかれている。

バンジージャンプの基本は、命綱であるバンジー（弾性ゴム）を足に装着し、飛ぶだけのいたってシンプルなもの。複数のゴムをより合わせ直径2.5cmに強化したコードと、度胸だけを携えてジャンプ！　このシンプルさゆえ、恐怖やスリル、快感などさまざまな感情が増幅され、ほかに類を見ない究極のアクティビティとなっている。

## バリエーション豊富なバンジーを楽しむ方法

バンジージャンプを体験できるのは、南島ではクイーンズタウン、北島ではオークランドやロトルア、タウポなど。ひと口にバンジージャンプといっても、そのバリエーションは実に豊富だ。

南島のクイーンズタウンには国内最高レベルの134m地点からのジャンプや、峡谷の中央のゴンドラから夜間に飛び下りるジャンプ、カワラウ・ブリッジから川に飛び込むジャンプなどがある。ロケーションだけでなく、飛び下りる高さもさまざま。

また、北島のタウポでは、47mの高さからワイカト川の澄んだ美しい水へと飛び下りる。オークランドでは、高さ192mのスカイタワーからジャンプして高層ビルを眺めながら落下する体験は、特別なものになるだろう。オークランドではほかに、高さ40mのハーバー・ブリッジからもジャンプできる。

バンジージャンプの記念に、自分がジャンプしたときの撮影ビデオや写真、Tシャツなどのグッズを買うこともでき、勇気の証しとして一生の思い出になりそうだ。

南島クイーンズタウン発着のアクティビティ
**AJ Hackett Bungy**→P.113

北島オークランド発着のアクティビティ
**Sky Jump**→P.268

北島ロトルア発着のアクティビティ
**Velocity Valley**→P.309

北島タウポ発着のアクティビティ
**Taupo Bungy**→P.324

エキサイティング How Exciting!

ベストシーズン 9〜12月

迫力満点の急流を自分の力で進んでいく感動

Rafting

# ラフティング

豪快な急流を下る南島ランギタタ川のラフティング



ニュージーランドの大自然をダイナミックに体感したいなら、ラフティングはまさにうってつけのアクティビティ。ガイドリーダーの指示に従ってパドルを漕ぎ、力を合わせて急流を越えていく。この達成感と感動はほかでは味わえない体験だ。

## 激流を下る！ ニュージーランドのラフティング

ラフティングは直訳すると“いかだ流し”。かつて山奥から切り出した丸太を組んで川に流していたのが、ゴムボートでの川下りへと受け継がれ、この急流下りを楽しむ現在のラフティングへと進化したというわけである。

ラフティングは、ガイドリーダーを中心に6〜8人で力を合わせてパドルを漕ぎ、ときに現れる大きな岩を避けたり、水をかぶりながら、激流を下るというスリリングなスポーツ。初めてでも大丈夫なのかと不安があるかもしれないが、もちろん安全が第一。天候や水位によってレベル調節があり、初心者は基礎を練習してから川へ出る。さらに、ヘルメットやライフジャケット、ウエットスーツなど用意された装備を身に着ける。ボートから転落したときの対応などのレクチャーも受けるので安心して臨もう。とはいっても、ラフティングはやはり危険をともなうアクティビティだ。日本とは違い、アクティビティでの事故はすべて自己責任。説明を念入りに聞くことは当然として、わからない場合には臆せず質問したい。

また、万一の場合に備えて、海外旅行保険には必ず入っておきたい（→P.451）。

ベストシーズンは9〜12月頃。ツアー料金は、数時間か半日程度のもので$115〜、数日間にわたる泊まりがけのもので$499〜が一般的。必要な装備はすべて貸してもらえるので、特別に用意する物はない。ただ日差しが予想以上に強いので、日焼け止め、サングラスなど日差し対策を忘れずに。

## ラフティングはどこで楽しめる？

国内各地でラフティングツアーが行われているが、南島カンタベリー地方にあるランギタタ川は国内屈指のラフティングの人気スポット。ランギタタ峡谷をスリル満点に通り抜けたり、10mも高さのある滝を落下したりと、かなりエキサイティングな体験ができるだろう。クイーンズタウン近郊では、変化に富んだショットオーバー川やカワラウ川で、ラフティングを楽しめるツアーもある。

北島のタウポ、ロトルア周辺は特に盛ん。最も人気があるコースは、高さ7mのオケレ滝を真っ逆さまに落ちるというお楽しみが付いた、カイツナ川でのラフティングだ。

南島クライストチャーチ発着のアクティビティ

**Hidden Valleys**→P.62

北島ロトルア発着のアクティビティ

**Kaituna Cascades**→P.309

ベストシーズン 10〜4月

**雄大な自然のなかを駆け抜ける！**
**スリル満点のアクティビティ**

Jet Boat

# ジェットボート

美しい峡谷の景色が飛ぶように過ぎていく

水しぶきを上げて豪快にターンしたり、時速80キロの猛スピードで駆け抜けたりと、スリリングなアクティビティ、それがジェットボートだ。ハラハラドキドキしながらも、何とも爽快！　ぜひ一度ニュージーランドで体験してみたい。

## ニュージーランド発信のアクティビティ

ジェットボートは、ニュージーランド人のC. W. F. ハミルトン卿によって、1957年にこの国で発明された。ボート内のエンジンで水を取り込み、船尾から勢いよく噴射させて、推進力を得るという仕組み。もともとカンタベリー地方によくある浅い川で利用できるボートとして作られたものなので、時速80キロという豪快なスピードを出しながら、わずか10cmの浅瀬でも走り抜けられるというのだから驚きである。そのジェットボートを、アクティビティ分野へとすぐに応用してしまうのが、ニュージーランド人の遊び上手なところだろうか。

ジェットボートはエキサイティングなアクティビティでありながら、年齢・体力を問わず、1年中楽しめるのも魅力だ（ただし、一部子供に対する年齢制限、身長制限がある）。座席に座って、手すりを握ったら、あとはアドレナリン全開の興奮を味わうだけ。自然いっぱいの美しい景観のなかを、ものすごいスピードで走り抜けることを想像してほしい。そして、岸壁すれすれの所まで迫ったかと思うと、川原まで数cmの所を滑り抜け、さらにターン！　ここまで読んで血が騒いでしまった人は、もう実際に体験するしかない。

操縦を担当するのは訓練に訓練を重ねたえり抜きのパイロットたちで、川のことを知り尽くしている。そのため安全に楽しむことができる。

## ジェットボートを満喫するなら

ジェットボートで有名なのは、南島では、クイーンズタウン、ウエストポート、カンタベリー地方の各所。ウエストポート近くのブラー川、クイーンズタウン近郊のショットオーバー川、カワラウ川、グレノーキーのダート川は絶好のスポットといえる。

北島ではランギタイキ川、ファンガヌイ川、ワイカト川など。なかでもワイカト川を下るツアーは特に人気で、1秒間に270トンもの膨大な水を落とすフカ・フォールズへジェットボートで間近に迫ることができる。白い水しぶきを上げる滝つぼは、言葉を失うほどの迫力だ。またこのツアーは、熟練パイロットによる360度のスピンも売り物のひとつ。さらにこれを上回るスリルを味わるのは、ダムの放水に合わせて川下りを行うラピッズ・ジェットだ。

南島ワナカ発着のアクティビティ
**Lakeland Adventures**→P.96

南島クイーンズタウン発着のアクティビティ
**KJet**→P.113

北島タウポ発着のアクティビティ
**Hukafalls Jet, Rapids Jet**→P.324

# エキサイティング How Exciting!

ベストシーズン 通年

## 澄んだ空を鳥のように飛べたなら

Paraglider&Skydiving

# パラグライダー＆スカイダイビング

丘を駆け下りてふわりと空中に舞い上がるパラグライダー

ニュージーランドの広大な大自然と真っ青な大空を、まるでひとり占めしているみたい……。そんな気分さえ起こさせるアクティビティが、パラグライダーとスカイダイビング。ダイナミックに空を舞い、鳥のように空中を駆ける！

## パラグライディングで空中を舞う、圧倒的な開放感

パラグライダーは、ハンググライダーとパラシュートを合わせたようなアクティビティ。パラパンティングParapentingとも呼ばれる。パラシュートを改良して作られたもので、もともと登山家たちが下山の手段として用いたのが始まりだ。

ひとりで飛ぶにはライセンスと経験が求められるが、タンデムフライト（インストラクターとのふたり乗り）なら初心者でも気軽に体験できる。初めて挑戦する場合は簡単な講習を受け、経験豊富なインストラクターとともに飛行する。15～30分のフライトの間、眼下に広がる美しい景色に心奪われるだろう。また、エンジンを用いないため比較的ゆっくりとした速度で飛行するのも魅力。聞こえるのは風の音だけ。鳥と一緒にフライト……というチャンスもある。

南島のクイーンズタウン、ワナカ、クライストチャーチがパラグライダーの盛んなエリア。特にクイーンズタウンでは、ゴンドラの丘からワカティプ湖の向こうにリマーカブルス山脈など2000m超級の山々を眺めながら飛ぶ。また、すでに経験豊富な人には、滑走に最適な場所や上昇温暖気流が多い中央オタゴ地方がおすすめだ。

南島クイーンズタウン発着のアクティビティ

**GForce Paragliding→P.113**

## スリルと浮遊感覚を同時に味わえるスカイダイビング

最初の30秒間は、時速約200キロのスピードで急降下！　そしてパラシュートが開いたあとは、地上に広がる風景を眺めつつ空中散歩を楽しむ……それが、スカイダイビングだ。ニュージーランドではメジャーなアクティビティのひとつで、インストラクターとともに飛ぶタンデムジャンプなら、初心者でも安心して参加できる。料金は高度によって変動し、9000フィート（約2700m）$299～程度。

南島ならクイーンズタウン、クライストチャーチ、ワナカ、北島ならタウポ、ロトルアなどで体験できる。

思いきって空に飛び出せば今まで経験したことのない感動が待っている

南島クイーンズタウン発着のアクティビティ

**NZONE Skydive→P.113**

ベストシーズン 通年

## 馬とともに大自然のただ中へ……

Horse Riding

# 乗馬

馬に乗って大自然を散歩！すがすがしい休日の過ごし方だ

広々とした自然のなかを、馬の背にまたがって颯爽と歩く……何とも気持ちのいい光景だ。ニュージーランドの乗馬は、自然を楽しむひとつのスタイルとして確立されている。初心者でも気軽に参加できる人気の高いアクティビティだ。

## ニュージーランドの自由な乗馬スタイル

体験乗馬というと、限られた敷地内で、馬につながれたロープを係員が引いて歩く姿を思い浮かべる人も多いのではないだろうか？

しかし、ニュージーランドでいうところの乗馬は、高原や山岳地帯、海岸などの美しい自然のなかを馬とともに進んでいくホーストレッキングのこと。歩きながら自然を楽しむのがトランピングなら、馬をパートナーに楽しむのが乗馬というわけだ。初心者も経験者に交じってひとりで乗ることができるのだが、心配は無用。必要最低限の馬のコントロール方法は教えてもらえるので、あとは自分で馬とスキンシップを取りながら会得できる。靴に関しては、自分の靴で参加できるところ、長靴を貸してくれるところがある。

国内の主要都市であれば、たいてい乗馬のツアーが行われているので、自分のレベルや予算に合ったコースを選ぼう。初心者向けの半日体験から宿泊をともなうツアーまで、さまざまな種類が用意されている。料金は1時間＄80～、1日ツアー＄390～が目安。

## どんな乗馬を楽しむか？

乗馬とひと口にいっても、ツアー内容は実に豊富だ。南島クイーンズタウンでは、牧場を周遊したあとサザンアルプスの山々を眺めるツアーが人気。氷河で削られた峡谷沿いを歩いたり、流れの速いリーズ川を越えたりと冒険心あふれる乗馬が楽しめるグレノーキーでの乗馬もおもしろい。北島オークランドの西海岸にあるムリワイ・ビーチでは、黒砂のビーチの波打ち際をのんびりと歩いたり、森林地帯を散策するツアーが行われている。

また、ニュージーランド独特の体験としてファームステイがある。言葉どおり農場にステイして、農家の生活を体験しながら乗馬、家畜の世話や農作物の収穫の手伝いなどを行うもので、乗馬も一緒に体験できるところもある。

馬は非常に賢い動物だ。それぞれに個性があって、旅先で出会った友人たちのように別れがたい思い出となるに違いないだろう。

南島クライストチャーチ発着のアクティビティ

**Rubicon Valley Horse Treks**→P.62

南島グレノーキー発着の現地ツアー

**High Country Horsess**

TEL (03) 442-9915
URL www.highcountryhorses.nz CC MV

北島オークランド発着の現地ツアー

**Muriwai Beach Horse Treks**

TEL (09) 871-0249
URL muriwaibeachhorsetreks.co.nz CC MV

リラックス Feeling Relaxed...

ベストシーズン 通年

# 恵まれた環境で、抜群のプレイを

Golf

# ゴルフ

雄大な景色を心ゆくまで満喫したい

ニュージーランドにあるゴルフコースは400以上。人口に対するゴルフ場の数としては世界一だ。そのスタイルも、仕事帰りにふらっと立ち寄れるカジュアルなものから、国際トーナメントが開かれる世界トップレベルまでさまざま。

## ニュージーランドのゴルフ事情

ニュージーランドにゴルフが持ち込まれたのは、開拓時代の1860年代。スコットランド系移民によって伝えられた。今では400を超えるゴルフ場が造られ、年間約500万ラウンドがプレイされている。

ほとんどのコースはキャディが付かず、自分たちでカートを引きながらラウンドする英国式スタイル。むろんセルフプレイなので、ディボット跡への目土、バンカーならし、グリーンでのボールマークなども各自行う。目土用のサンドバッグの携帯も義務付けられている。また、途中休憩を挟まない18ホールスルーでのプレイ方式が一般的で、1ラウンド約3時間30分が目安。

また料金が安い。パブリックコースで$20～、プライベートコースで$150前後～。パブリックコースは面倒な予約も必要なく、思い立ったときにプレイでき、しかもTシャツにジーンズ、スニーカーでも大丈夫という気軽さ。夏場なら朝5:30から夜21:00頃までプレイ可能だ。レンタル利用なら、手ぶらでも出かけられる。

## 優雅にプレイしたいなら有名ゴルフコースで

### クリアウオーター ●クライストチャーチ
**Clearwater** Map P.46-A2外

PGAトーナメントにも利用される国内屈指のコース。比較的新しく、プールやスパホテルなども併設しており、リゾート色が強い。

住40a Clearwater Ave. Christchurch
電(03)360-2146 FAX(03)360-2134
URL www.clearwatergolf.co.nz CC ADJMV

### ミルブルック・リゾート ●クイーンズタウン
**Millbrook Resort** Map P.108-A2

南島を代表する宿泊施設を備えた名門。コースはフェアウエイが狭く、ビーチ状のバンカーや湖があり、なかなかの難関。(→P.122)

### ガルフ・ハーバー・カントリー・クラブ ●ノースランド
**Gulf Harbour Country Club** Map P.336-C2

1998年にワールドカップが開催された。美しく刈られたフェアウエイや、海岸線の地形が起伏を生み出すタフなコースが自慢。

住180 Gulf Harbour Dr. Gulf Harbour Whangaparaoa 電(09)428-1380 URL www.gulfharbourcountryclub.co.nz CC ADJMV

### カウリ・クリフス ●ノースランド
**Kauri Cliffs** Map P.336-B2

国内NO.1の呼び声も高い、海岸線沿いの伸びやかな地形を取り入れたゴルフコース。抜群の展望が魅力だ。豪華なロッジを併設し、幅広いレベルのゴルファーが楽しめる。

住139 Tepene Tablelands Rd. Matauri Bay, Northland
電(09)407-0060
URL kauricliffs.com CC AMV

### パラパラウム・ビーチ・ゴルフ・クラブ ●ウェリントン
**Paraparaumu Beach Golf Club** Map 折り込み①

1929年設立の歴史あるコース。過去にアメリカの「ゴルフマガジン」誌で国内NO.1に輝いた。海風や起伏の多いフェアウエイが特徴的だ。

住376 Kapiti Rd. Paraparaumu Beach, Paraparamu
電(04)902-8200
URL www.paraparaumubeachgolfclub.co.nz CC MV

リラックス
Feeling Relaxed...

ベストシーズン
通年

## ニュージーランドならではの景色を楽しみたい
Scenic Flight & Hot Air Balloon

# 遊覧飛行&熱気球

氷河や火山地帯へもひとっ飛び

氷河や火山、美しい山々などバラエティに富んだ自然景観が魅力のニュージーランド。この大自然を自分の目で見たいなら、空から眺めるのが正解だ。地上からは想像もつかない、壮大な景色を見下ろせるだろう。

## 南島は氷河観光、北島は火山見物が人気

南島では、アオラキ／マウント・クック国立公園、ウエストランド／タイ・ポウティニ国立公園のフランツ・ジョセフ氷河とフォックス氷河、ミルフォード・サウンドなどへの遊覧飛行が人気。機上からは、氷河の割れ目をのぞいたり、サザンアルプスの雄大な山並みを一望できる。

また、カイコウラでは遊覧飛行でホエールウオッチングという選択肢もある。

北島のワイカト、ベイ・オブ・プレンティ地方では、ロトルア周辺に多く点在する火山湖、1886年に大爆発を起こしたマウント・タラウェラ、活火山のホワイト・アイランドなど、火山による独特の自然美が見られることで有名。火山のクレーターに、ヘリコプターで着陸するツアーもある。そのほか、農場見学やワイナリー訪問と組み合わせたツアーもある。

南島アオラキ／マウント・クック国立公園発着のアクティビティ
**Mt Cook Ski Planes and Helicopters, The Helicopter Line**→P.89

南島ウエストランド／タイ・ポウティニ国立公園発着のアクティビティ
**Heli Services NZ Fox & Franz, Glacier Helicoptersほか**→P.224, 226

南島ミルフォード・サウンド発着のアクティビティ
**Milford Sound Seanic Flights**→P.136

南島カイコウラ発着の現地ツアー
**Kaikoura Helicopters, Wings Over Whales**→P.181

北島ロトルア発着のアクティビティ
**Volcanic Air**→P.308

北島タウポ発着のアクティビティ
**Taupo's Floatplane, Inflite Taupo**→P.324

## 熱気球で優雅な空中散歩を堪能

空を飛ぶアクティビティのなかで、ロマンを感じたい人におすすめなのが熱気球だ。ツアーは大気の安定している夜明け前後に出発し、所要4時間程度。南島ではクライストチャーチ、北島ではハミルトンがおすすめの熱気球スポット。クライストチャーチでは壮大なサザンアルプスを背景に、パッチワークのような模様のカンタベリー平野の眺めが壮観。ハミルトンでは毎年熱気球フェスティバルも開催されている。

南島クライストチャーチ発着のアクティビティ
**Ballooning Canterbury**→P.62

北島ハミルトン発着のアクティビティ
**Kiwi Balloon**→P.290

# リラックス Feeling Relaxed...

ベストシーズン 通年

## 遊覧飛行とウオーキングで輝く氷河を堪能しよう
Heli Hike
# ヘリハイク

フォックス・グレイシャー・ガイディングのヘリハイク

ニュージーランドの氷河を存分に楽しみたい、そんな人にぴったりなのがヘリハイクだ。ヘリコプターで空から景色を味わったあと、氷河上をウオーキング。氷河に足を踏み入れたときの驚きと感動は、貴重な経験となるだろう。

## ヘリハイクの概要と注意点

ヘリハイクは、南島で注目のアクティビティで、ヘリコプターによるスリル抜群のフライトと、ウオーキングを組み合わせたものだ。フライトとウオーキングをあわせて楽しめ、特に氷河の上を歩けるプランは人気が高い。氷河のヘリハイクツアーは、一般的に所要3～4時間で、そのうちウオーキングは2～3時間ほど。ヘリコプターで景色を堪能したあと、氷河に着陸してウオーキングに出発する。氷でできた洞窟や、谷間を歩いて回るので冒険気分が味わえると同時に、氷河の透き通るような青さに魅了されることは間違いないだろう。ルートは、ガイドがピッケルで足場を削って整えてくれるので安心して歩くことができる。また、冬季はヘリスキーを行う会社もあり、ダイナミックな滑走を味わえる（→P.88欄外・422）。

ツアーは2～4人の場合が多い

ウオーキングのための用具は借りることができ、料金に含まれていることが多い。また多くの会社で8～10歳以上の年齢制限が設けられているので、子供を連れて参加する場合は注意が必要。天候によってツアーがキャンセルになる場合があるので、ツアー会社に事前確認しておこう。

## 南島でヘリハイクを楽しむなら

南島には数々の氷河があるが、氷河の上を歩くヘリハイクならフランツ・ジョセフ氷河とフォックス氷河がおすすめ。ツアー会社や宿泊施設も整っているので便利だ。

アオラキ／マウント・クック国立公園ではタスマン氷河へのヘリハイクツアーを催行。ワナカでは標高1000～2000mまで一気に飛び、絶景ハイキングが楽しめる。

南島ウエストランド／タイ・ポウティニ国立公園のアクティビティ

**Franz Josef Glacier Guides**→P.225

**Glacier Helicopters**→P.226

**The Helicopter Line**→P.226

**Fox Glacier Guiding**→P.227

南島アオラキ／マウント・クック国立公園のアクティビティ

**Southern Alps Guiding**
027-434-2277 URL www.mtcook.com

**Glentanner Park Centre**
(03)435-1855 FREE 0800-453-682
URL www.glentanner.co.nz

南島ワナカのアクティビティ

**Eco Wanaka Adventures**
(03)443-2869 FREE 0800-926-326
URL www.ecowanaka.co.nz

# あなたの**旅の体験談**をお送りください

「地球の歩き方」は、たくさんの旅行者からご協力をいただいて、
改訂版や新刊を制作しています。
**あなたの旅の体験や貴重な情報を、これから旅に出る人たちへ分けてあげてください。**
なお、お送りいただいたご投稿がガイドブックに掲載された場合は、
初回掲載本を1冊プレゼントします！

## ご投稿はインターネットから！

**URL www.arukikata.co.jp/guidebook/toukou.html**
**画像も送れるカンタン「投稿フォーム」**
※左記のQRコードをスマートフォンなどで読み取ってアクセス！

**または「地球の歩き方　投稿」で検索してもすぐに見つかります**

地球の歩き方　投稿

### ▶投稿にあたってのお願い

**★ご投稿は、次のような《テーマ》に分けてお書きください。**

**《新発見》**―――ガイドブック未掲載のレストラン、ホテル、ショップなどの情報
**《旅の提案》**―――未掲載の町や見どころ、新しいルートや楽しみ方などの情報
**《アドバイス》**――旅先で工夫したこと、注意したこと、トラブル体験など
**《訂正・反論》**――掲載されている記事・データの追加修正や更新、異論、反論など

※記入例「○○編20XX年度版△△ページ掲載の□□ホテルが移転していました……」

**★データはできるだけ正確に。**
ホテルやレストランなどの情報は、名称、住所、電話番号、アクセスなどを正確にお書きください。
ウェブサイトのURLや地図などは画像でご投稿いただくのもおすすめです。

**★ご自身の体験をお寄せください。**
雑誌やインターネット上の情報などの丸写しはせず、実際の体験に基づいた具体的な情報をお待ちしています。

### ▶ご確認ください

※採用されたご投稿は、必ずしも該当タイトルに掲載されるわけではありません。関連他タイトルへの掲載もありえます。
※例えば「新しい市内交通パスが発売されている」など、すでに編集部で取材・調査を終えているものと同内容のご投稿をいただいた場合は、ご投稿を採用したとはみなされず掲載本をプレゼントできないケースがあります。
※当社は個人情報を第三者へ提供いたしません。また、ご記入いただきましたご自身の情報については、ご投稿内容の確認や掲載本の送付などの用途以外には使用いたしません。
※ご投稿の採用の可否についてのお問い合わせはご遠慮ください。
※原稿は原文を尊重しますが、スペースなどの関係で編集部でリライトする場合があります。

# 旅の準備と技術

# 旅の情報収集

出発前にニュージーランドの情報を集めるなら、ニュージーランド政府観光局やニュージーランド大使館を利用しよう。同政府観光局、大使館の公式ウェブサイトで多くの情報が得られるので、まずはチェックしてみるのがおすすめ。現地では各地域の観光案内所が頼りになる。

ニュージーランド政府観光局
URL www.newzealand.com/jp/

在日ニュージーランド大使館
住 〒150-0047
東京都渋谷区神山町20-40
電 (03) 3467-2271
FAX (03) 3467-2278
URL www.mfat.govt.nz/jp/countries-and-regions/asia/japan/new-zealand-embassy
開 10:00～16:00
休 土・日、祝
（任意の休館日もあるので、ウェブサイトなどで確認のこと）

ニュージーランドビザ申請センター
住 〒105-0014
東京都港区芝1-4-3
SANKI芝金杉橋ビル4階
電 050-5578-7759
URL visa.vfsglobal.com/jpn/ja/nzl
開 8:00～15:00
休 土・日、祝
（時季によって異なる）

観光案内所アイサイトは観光の強い味方

ニュージーランド情報が満載のフリーペーパー

現地のレストランやショップなど、旅行者にも役立つ情報が豊富なフリーペーパー。日本人向けのものは日本大使館や観光案内所、空港などで入手できる。オンラインでもデジタル版の閲覧が可能。
URL www.gekkannz.net

## 日本での情報収集

### ニュージーランド政府観光局

ニュージーランドの情報を集めるなら、インターネットの利用が便利。ニュージーランド政府観光局のウェブサイトでは、歴史や基本情報、見どころ案内はもちろん、宿泊施設、交通、アクティビティや現地発のパッケージツアーをはじめとする観光情報など多岐にわたるコンテンツが揃う。また、空港や観光案内所アイサイトの情報、各都市間の距離や所要時間などが検索できる実用的な地図など盛りだくさんの内容。とにかく情報量の多い充実したサイトなので、まずはアクセスしてみよう。

日本にあるニュージーランド政府観光局では、インターネットの普及により、直接訪問できる資料閲覧室などは設けていない。旅の相談やホテル・アクティビティの予約手配は現地の観光案内所アイサイトが担っている。

また、ソーシャル・ネットワーキング・サービスのFacebookやTwitterでも旬な旅行情報を発信しているのでこちらも活用しよう。

### ニュージーランド大使館

ニュージーランド大使館のウェブサイトではニュージーランドの留学や起業に関する情報、入国に関する情報などを入手することができる。

ビザの問い合わせについてはビザ申請センターで対応している。ただし、ウェブサイトで詳しい情報が得られるので、事前にチェックしてからにしよう。

## 現地での情報収集

### 観光案内所 i-SITE

まず観光案内所へ行ってみよう。たいていの町の中心部に観光案内所が設けられているが、なかでも全国的なネットワークをもつ公共の観光案内所であるアイサイトがとても便利だ。アコモデーションやレストラン、交通機関、現地ツアー、アクティビティなどの情報が揃うだけでなく、無料の地図やパンフレットも用意されている。予算に合わせたホテルの予約や、交通機関の予約、発券（一部除く）などもしてくれるのでたいへん便利。開館時間はだいたい9:00～17:00だが、夏季は長く、冬季は短くなるところが多い。トランピングや自然についての情報なら、各地にあるDOC自然保護省のビジターセンターへ。そのほか、アクティビティなどに特化した私営の観光案内所もある。

# 便利なウェブサイト

インターネットを駆使すれば、事前にかなりの情報を入手することができる。またクチコミ情報がいっぱいの個人サイトも、旅行のツールとして積極的に活用しよう。

### 『地球の歩き方』

URL www.arukikata.co.jp（日本語）

「地球の歩き方」公式サイト。ガイドブックの更新情報や、海外在住特派員の現地最新ネタ、ホテル予約など旅の準備に役立つコンテンツ満載。海外旅行の最旬情報はここで！

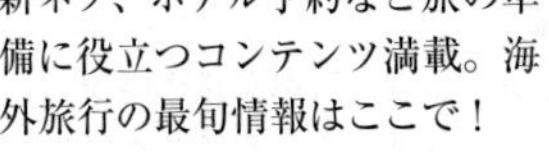

### 『ニュージーランド政府観光局』

URL www.newzealand.com（英語・日本語）

ニュージーランド政府観光局の公式ウェブサイト。渡航情報や観光情報が充実している。アクティビティやツアーを催行している会社へのリンクも数多い。

### 『ニュージー 大好きドットコム』

URL nzdaisuki.com（日本語）

ニュージーランドの生活、学校、就職、賃貸、移住、お金のことなど、あらゆる情報が満載。掲示板が充実しており、現地に住む人からの投稿が多く役に立つ。YouTubeチャンネルとポッドキャストもある。

### 『ニュージーワインズ』

URL www.nz-wines.co.nz（日本語）

ニュージーランド産ワインの総合サイト。品種やワイナリーなどを検索できる。日本国内でワインイベントも随時開催。

### 『Stuff』

URL www.stuff.co.nz/life-style/food-wine（英語）

ニュージーランドで人気のニュースサイト。最新トレンドを知りたい人に最適だ。レストラン情報、ワイナリー情報、国内旅行情報は、日本人旅行者にもすぐ役立つ。また、料理のレシピなど楽しめるページもある。

### 『Department of Conservation』

URL www.doc.govt.nz（英語）

DOC自然保護省のサイトは、トレッキングをする予定の人や、自然に興味がある人なら、のぞいておきたい。山小屋の検索・予約も可能。

### 『New Zealand Tourism Guide』

URL www.tourism.net.nz（英語）

旅行者にとって役立つ情報を紹介するサイト。掲載情報はアコモデーションからアクティビティ、ツアー、イベント、移動方法など幅広い。「ニュージーランドでやりたいこと」なども紹介しているのでチェックしよう。

### 『Japanese Downunder』

URL www.jdunz.com（日本語）

クライストチャーチで放送されているラジオ番組サイト。ニュージーランドの生活情報や旅行、留学などに役立つ情報が満載。日本語と英語のラジオ番組も要チェック。YouTubeチャンネルもある。

### 『ⒶKia Ora Media | ニュージーランドのまるごと』

URL akiaora-media.com（日本語）

現地在住の日本人フリーライターが運営するウェブメディア。観光情報からトレンド、文化などを幅広く紹介している。YouTubeチャンネルもある。

### 『Small is Beautiful』

URL www.tky15lenz.com（日本語）

ニュージーランド写真家トミマツタクヤさんのサイト。美しい写真が掲載され、旅情を誘う。マヌカハニーに関する情報も掲載。

旅の準備

# 旅のシーズン

南半球に位置するニュージーランドは日本と季節が正反対になり、日本の夏に当たる6月下旬から9月上旬にニュージーランドでは真冬を迎える。ただし、四季それぞれの魅力があるのは日本と同じ。旅の目的に合わせて訪れる季節を選ぼう。

## 南のほうが寒い!?　日本と逆の気候

### 日本の冬はニュージーランドの夏

日本が冬の時季はニュージーランドは夏、日本が夏の時季はニュージーランドは冬になる。しかし、日本のように夏と冬の平均気温の差が20℃を超えるということはなく、せいぜい10℃程度。むしろ「1日のなかに四季がある」といわれるほど、1日の気温差が日本よりも激しいのが特徴だ。気温の変化に備えて着脱しやすい重ね着にしたり、羽織り物を持参するといいだろう。また、南北に長い国のため、国内での気温の差は大きい。南半球に位置しており、南に行くほど寒くなることも覚えておきたい。

## 四季それぞれの魅力を知ろう

### 春はガーデン巡りのベストシーズン

ニュージーランドの春は9～11月頃。おすすめなのがガーデン巡り。ウェリントンからニュー・プリマスにいたる火山地帯の「庭園街道」や、“ガーデンシティ”と呼ばれるクライストチャーチなどで、ガーデナーのセンスと愛情あふれる庭園を満喫しよう。

### 快適な夏は最も混雑する季節

ニュージーランドの夏は12～2月頃。北半球の国々が寒い冬の間、避寒を兼ねて多くの観光客がニュージーランドを訪れる。この時季、平地では気温がおおむね20℃台、最高でも30℃ちょっとという適度な暖かさとなり、同時に日照時間も長くなる。真夏では21:00を過ぎても明るいのだ。ただし、ベストシーズンゆえ観光施設や宿泊施設、交通機関の混雑度はアップする。予約は早めに行ったほうがいいだろう。

### ゴールデンカラーの秋を楽しむ

ニュージーランドの秋は3～5月頃。日本の春休みやゴールデンウイークに当たり、旅行に最適のシーズンといえる。この季節は「黄葉」のシーズンで、ポプラなどの葉がゴールデンカラーに染まる。特に美しいのは、ワナカやアロータウンなど南島南部だ。

### リーズナブルに楽しむ冬の旅

ニュージーランドの冬は6～8月頃。冬といっても山間部や南島の一部地域を除けば、大雪に見舞われることはまずない。7月のオークランドの平均最低気温は7.1℃で凍えるような寒さもない。スキーリゾート地を除けば全般に旅行者が少ないため宿の予約などが取りやすく、航空運賃も低め。また、冬季割引を実施する宿泊施設も多い。

**現地の天気をチェック**

インターネットなら、当日の天気や予報もチェックできる。

MetService

URL www.metservice.com

Weather From NZCity

URL home.nzcity.co.nz/weather

**アウトドアスポーツのシーズン**

アウトドアスポーツを旅のメインにするならば、その内容によって行く季節を選ぶ必要がある。スキーシーズンはだいたい6月上旬～10月下旬。トレッキングでは、南島のフィヨルドランド国立公園周辺の場合、10月下旬～4月下旬くらいを目安に。

**スキーリゾートは別格**

冬は予約が取りやすい、といっても、もちろんスキー関係は別。スキーリゾート地ではシーズン中の週末は予約が取りにくく、料金も高い。人気の高い宿泊施設では、半年前には予約がいっぱいなんてことも。拠点となる町から離れれば宿が取れないということはないが、なるべく事前に予約をして行こう。

**服装**

1年を通じて比較的気温差はないが、1日のうちで寒くなったり、暑くなったりする。昼間は半袖でも朝夕は長袖やセーターが必要となるので、どんな季節でも着脱の容易なジャケットかパーカーは必要。また、氷河ウオークやホエールウオッチングを予定している人は、夏の気候でもかなり寒いので、長袖やジャケットを持っていこう。軽い防水ジャケットやレインコートもあると便利。また、機内や車中などでは冷房の設定温度が低いため、クーラー対策を。さらに、夏でなくても日中の日差しが強いので、サングラスや帽子、日焼け対策も欠かせない。

花の盛りも日本とは逆の10～1月頃になる

## ニュージーランド各地の気温と降水量

| 地名 | | 1月 | 2月 | 3月 | 4月 | 5月 | 6月 | 7月 | 8月 | 9月 | 10月 | 11月 | 12月 | 年間平均 |
|---|---|---|---|---|---|---|---|---|---|---|---|---|---|---|
| クライストチャーチ（南島東海岸中部） | 平均最高気温（℃） | 22.7 | 22.1 | 20.5 | 17.7 | 14.7 | 12.0 | 11.3 | 12.7 | 15.3 | 17.2 | 19.3 | 21.1 | 17.2 |
| | 平均最低気温（℃） | 12.3 | 12.2 | 10.4 | 7.7 | 4.9 | 2.3 | 1.9 | 3.2 | 5.2 | 7.1 | 8.9 | 11.0 | 7.3 |
| | 平均降水量（mm） | 38.3 | 42.3 | 44.8 | 46.2 | 63.7 | 60.9 | 68.4 | 64.4 | 41.1 | 52.8 | 45.8 | 49.5 | 51.5 |

| 地名 | | 1月 | 2月 | 3月 | 4月 | 5月 | 6月 | 7月 | 8月 | 9月 | 10月 | 11月 | 12月 | 年間平均 |
|---|---|---|---|---|---|---|---|---|---|---|---|---|---|---|
| クイーンズタウン（南島内陸南部） | 平均最高気温（℃） | 21.8 | 21.8 | 18.8 | 15.0 | 11.7 | 8.4 | 7.8 | 9.8 | 12.9 | 15.3 | 17.1 | 19.7 | 15.0 |
| | 平均最低気温（℃） | 9.8 | 9.4 | 7.2 | 4.3 | 2.3 | -0.3 | -1.7 | 0.2 | 2.5 | 4.3 | 6.0 | 8.3 | 4.4 |
| | 平均降水量（mm） | 64.7 | 50.3 | 53.4 | 56.2 | 68.5 | 71.5 | 50.3 | 66.2 | 62.4 | 66.4 | 63.6 | 75.3 | 62.4 |

| 地名 | | 1月 | 2月 | 3月 | 4月 | 5月 | 6月 | 7月 | 8月 | 9月 | 10月 | 11月 | 12月 | 年間平均 |
|---|---|---|---|---|---|---|---|---|---|---|---|---|---|---|
| ミルフォード・サウンド（南島西海岸南部） | 平均最高気温（℃） | 18.9 | 19.3 | 17.8 | 15.5 | 12.4 | 9.6 | 9.2 | 11.4 | 13.1 | 14.5 | 16.0 | 17.5 | 14.6 |
| | 平均最低気温（℃） | 10.4 | 10.3 | 8.8 | 6.6 | 4.5 | 2.2 | 1.3 | 2.4 | 4.1 | 5.7 | 7.5 | 9.3 | 6.1 |
| | 平均降水量（mm） | 722.0 | 454.7 | 595.1 | 533.2 | 596.6 | 487.1 | 423.7 | 463.5 | 551.4 | 640.3 | 548.0 | 700.1 | 559.6 |

| 地名 | | 1月 | 2月 | 3月 | 4月 | 5月 | 6月 | 7月 | 8月 | 9月 | 10月 | 11月 | 12月 | 年間平均 |
|---|---|---|---|---|---|---|---|---|---|---|---|---|---|---|
| インバーカーギル（南島南端） | 平均最高気温（℃） | 18.7 | 18.6 | 17.1 | 14.9 | 12.3 | 10.0 | 9.5 | 11.1 | 13.1 | 14.4 | 15.8 | 17.5 | 14.4 |
| | 平均最低気温（℃） | 9.6 | 9.3 | 7.9 | 5.8 | 3.8 | 1.9 | 1.0 | 2.2 | 4.0 | 5.4 | 7.0 | 8.6 | 5.5 |
| | 平均降水量（mm） | 115.0 | 87.1 | 97.4 | 95.9 | 114.4 | 104.0 | 85.2 | 75.6 | 84.2 | 95.0 | 90.4 | 105.0 | 95.7 |

| 地名 | | 1月 | 2月 | 3月 | 4月 | 5月 | 6月 | 7月 | 8月 | 9月 | 10月 | 11月 | 12月 | 年間平均 |
|---|---|---|---|---|---|---|---|---|---|---|---|---|---|---|
| オークランド（北島北西部） | 平均最高気温（℃） | 23.1 | 23.7 | 22.4 | 20.1 | 17.7 | 15.5 | 14.7 | 15.1 | 16.5 | 17.8 | 19.5 | 21.6 | 19.0 |
| | 平均最低気温（℃） | 15.2 | 15.8 | 14.4 | 12.1 | 10.3 | 8.1 | 7.1 | 7.5 | 8.9 | 10.4 | 12.0 | 14.0 | 11.3 |
| | 平均降水量（mm） | 73.3 | 66.1 | 87.3 | 99.4 | 112.6 | 126.4 | 145.1 | 118.4 | 105.1 | 100.2 | 85.8 | 92.8 | 101.0 |

| 地名 | | 1月 | 2月 | 3月 | 4月 | 5月 | 6月 | 7月 | 8月 | 9月 | 10月 | 11月 | 12月 | 年間平均 |
|---|---|---|---|---|---|---|---|---|---|---|---|---|---|---|
| ロトルア（北島中央部） | 平均最高気温（℃） | 22.8 | 22.9 | 20.9 | 18.0 | 15.1 | 12.6 | 12.0 | 12.8 | 14.6 | 16.4 | 18.6 | 20.8 | 17.3 |
| | 平均最低気温（℃） | 12.6 | 13.0 | 11.1 | 8.5 | 6.3 | 4.3 | 3.5 | 4.1 | 5.8 | 7.6 | 9.2 | 11.5 | 8.1 |
| | 平均降水量（mm） | 92.7 | 93.9 | 99.2 | 107.2 | 116.9 | 136.1 | 134.5 | 131.4 | 109.3 | 112.3 | 93.8 | 114.2 | 118.1 |

| 地名 | | 1月 | 2月 | 3月 | 4月 | 5月 | 6月 | 7月 | 8月 | 9月 | 10月 | 11月 | 12月 | 年間平均 |
|---|---|---|---|---|---|---|---|---|---|---|---|---|---|---|
| ウェリントン（北島南部） | 平均最高気温（℃） | 20.3 | 20.6 | 19.1 | 16.6 | 14.3 | 12.2 | 11.4 | 12.2 | 13.7 | 14.9 | 16.6 | 18.5 | 15.9 |
| | 平均最低気温（℃） | 13.5 | 13.8 | 12.6 | 10.7 | 9.1 | 7.2 | 6.3 | 6.7 | 7.9 | 9.0 | 10.3 | 12.2 | 9.9 |
| | 平均降水量（mm） | 75.7 | 69.8 | 87.1 | 83.6 | 112.9 | 132.8 | 137.5 | 113.7 | 97.8 | 114.9 | 97.0 | 84.4 | 100.5 |

※出典はNational Institute of Water & Atmospheric Research

## 2023～2024年のイベントカレンダー

**マタリキ・フェスティバル**
7/11～22('23)　北島 オークランド
URL www.matarikifestival.org.nz

**ウインター・プライド**
8/25～9/3('23)　南島 クイーンズタウン
URL winterpride.co.nz

**インターナショナル・ホビット・デー**
9/22('23)　北島 マタマタ
URL www.hobbitontours.com/en/experiences/hobbitday

**ワールド・オブ・ウエアラブルアート**
9/20～10/8('23)　北島 ウェリントン
URL www.worldofwearableart.com

**オークランド・マラソン**
10/29('23)　北島 オークランド
URL aucklandmarathon.co.nz

**アイアンマン70.3 タウポ**
12/9('23)　北島タウポ
URL www.ironman.com/im703-taupo

**マールボロ・ワイン&フード・フェスティバル**
2/10('24)　南島 ブレナム
URL marlboroughwinefestival.com

**ワイルドフーズ・フェスティバル**
3/9('24)　南島 ホキティカ
URL wildfoods.co.nz

**バルーンズ・オーバー・ワイカト**
3月中旬('24)　北島 ハミルトン
URL balloonsoverwaikato.co.nz

**アロータウン・オータム・フェスティバル**
4/24～25('24)　南島 アロータウン
URL arrowtownautumnfestival.org.nz

**ブラフ・オイスター&フード・フェスティバル**
5月下旬('24)　南島 ブラフ
URL bluffoysterfest.co.nz

**フィールデイズ**
6/12～15('24)　北島 ハミルトン
URL fieldays.co.nz

# 旅のモデルルート

豊かな自然を満喫するアクティビティがいっぱいのニュージーランドだからこそ、短期間で北島から南島へと走り抜ける忙しい旅よりも、じっくりスローな旅をおすすめしたい。そこで南島、北島それぞれに絞って周遊するモデルルートをご紹介。

## 南島のモデルルート

### 南北両ループをつなぐと驚きの超ロングルートに!?

南島へのアクセスは、北島のオークランドから飛行機で各都市にアプローチするのが一般的。ニュージーランド第3の都市であるクライストチャーチから南島の旅を始めるパターンが多い。南島で最も大きな都市であり、人気のアオラキ／マウントクック国立公園やクイーンズタウンへも移動しやすいからだ。

南北に細長い南島のほぼ真ん中に位置するクライストチャーチがゲートウエイになるため、そこからの旅行ルートは南北ふたつの大きなループとなる(下図参照)。このうちの南ループには、アオラキ／マウント・クック国立公園、クイーンズタウン、フィヨルドランドエリア、ウエストランドの氷河地帯など、国を代表するメジャーな見どころがすっぽり入ってしまう。一方の北ループのポイントは南に比べると数も知名度も劣るが、トランピングやシーカヤックが人気のエイベル・タスマン国立公園など、見どころがある。

しかし、南北ふたつのループをつなぐと、南島をほぼ一周する超ロングルートとなり、日数は相当長くなってしまう。南に集まるメジャーな見どころを押さえつつ、北側のポイントも見たい、というのはかなり難しい。時間を有効に使うために、例えばクイーンズタウンからネルソンへ飛行機で飛ぶといったプランも効率的だ。

あまり時間がなく、ニュージーランドが初めてという人なら、下図のクライストチャーチ～クイーンズタウンという中央メインルートがおすすめ。国内線は往路をオークランド→クライストチャーチ、復路をクイーンズタウン→オークランドで手配しよう（往路・復路を逆にするのもあり)。

### 南部では西海岸へ行くか、東海岸へ行くかが問題

見どころいっぱいの南島南部だが、ルーティング上、悩むのが西海岸へ行くか、東海岸へ行くか。例えば、クライストチャーチからアオラキ／マウント・クック国立公園を経てクイーンズタウン方面に入るメインルートを取ったあと、帰路にダニーデンのある東海岸ルートを使うか、それともウエストランド／タイ・ポウティニ国立公園など西海岸ルートを通るか、という選択だ。次ページにそれぞれのルーティング例を紹介するので参考にしてほしい。

## Plan 1 南ループの中央＋西海岸ルート

**標準的な所要日数＝7〜12日間**

クライストチャーチからアオラキ／マウント・クック国立公園を経てクイーンズタウンにいたるメインルートを行く。ミルフォード・サウンドへは単純往復のサイドトリップで。そのあとはクイーンズタウンからワナカ、ウエストランド（フランツ・ジョセフ、フォックスの氷河地帯）と回り、グレイマウスからは南島横断の人気列車トランツ・アルパイン号でクライストチャーチに帰ってくる。南島ならではの自然景観をたっぷり楽しめる。

## Plan 2 南ループの中央＋東海岸ルート

**標準的な所要日数＝7〜12日間**

クライストチャーチからアオラキ／マウント・クック国立公園を経てクイーンズタウンにいたるのは上記と同じだが、そのあとはテ・アナウへと進む。ここはフィヨルドランド国立公園の中心、トランピングの聖地だ（ただし本格的なトランピングに要する日数はここには入っていない）。そのあとは東海岸を通るバスに乗ってダニーデンへ。スコットランド風の町並みが美しい都市で、見どころも多い。時間があればオアマルなどにも行ってみよう。

## Plan 3 南島“北ループ”をぐるっと回る

**標準的な所要日数＝7〜10日間**

海が好きな人や、王道ではない場所へ行きたいリピーターにおすすめしたい北側ルート。カイコウラでホエールウオッチング、ブレナムでワイナリー巡りなど、バリエーションに富んだ旅が楽しめる。ネルソンからエイベル・タスマン国立公園、ゴールデン・ベイ一帯は道路が行き止まりのため、往復のサイドトリップとなる。ネルソンからウエストコーストへ足を延ばしたら、トランツ・アルパイン号でクライストチャーチへ戻ろう。

## Plan 4 ドーンと南島大周遊ルート

**標準的な所要日数＝12〜20日間**

南島の主要ポイントを網羅する例。といっても東海岸のダニーデンなどは入っていないし、フィヨルドランド国立公園は、ミルフォード・サウンドへの往復のみで考えている。このあたりに物足りなさを感じる人は、上の各プランを参考に、自分なりのアレンジを考えてみてほしい。なおここではクライストチャーチ発着の周遊コースとしたが、ピクトンで終わりにして北島へのフェリーに乗り継ぐプランも現実的だろう。

# 北島のモデルルート

### 東西方向の交通機関の少なさには注意が必要だ

旅のルーティングは、1度通った所を2度以上通らずに済むルートを考えるのが理想的。しかしニュージーランド北島では、なかなか理想どおりにいかないのだ。

北島でのメジャーな見どころといわれるロトルア、タウポなどは、中央部に直線的に並んでいる。これらを訪れるだけなら、2大都市であるオークランド〜ウェリントン間の南北ルートでカバーできるので好都合だ。しかしこれを外れ、ネイピアやニュー・プリマスといった東・西海岸のポイントを加えるとなると時間も移動距離も相当なものになる。

ここでネックとなるのが、主要なハイウエイはおもに南北方向に限られ、東西方向のものは少ないということ。当然長距離バスのルートも南北方向が中心で、例えばネイピアからニュー・プリマスへの移動は、パーマストン・ノースを経由する大回りしかなく、1日がかりの大移動となる（Plan 3参照）。

### 中央のメインルートと、東西のサブルートに分けてプランを練ろう

以上のような理由から北島での旅は、北島を南北方向に縦貫するルートをメインルートと考える。このルート周辺にはワイトモ洞窟があるワイトモ、ロトルア、タウポ、トンガリロ国立公園といった北島のハイライトとなる見どころが、ほぼ同一ルート上に並んでいて、比較的移動の効率がいい。

そしてこのルートの西側、東側のルートをそれぞれサブルートと考えよう。特に長距離バス利用の場合、メインルートから東西のサブルートに接続できるポイントは、ハミルトン、パーマストン・ノースなどに限られている。時刻表をじっくり見て、ていねいに計画を練ったほうがよさそうだ。

また、中央のルートから東西両方にアクセスする（つまりほとんど北島一周に近い）には、かなりの日数（最低でも2週間）が必要になるため、よほど日程に余裕のある人でない限りは事前に行きたい場所を考えて、西側中心で行くのか、それとも東側をメインに攻めるのか決めなくてはならない。

なお、北島最北部のノースランド地方もとても魅力的だが、細長い半島のためルートに組み込むのは不可能。周遊ルートとは切り離して、オークランドから数日をかけて単純往復するコースと考えるといいだろう。

車窓からの景色も楽しみたい

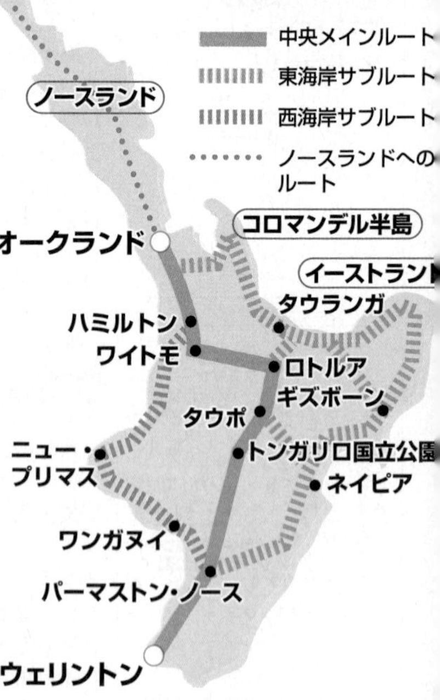

目的を絞り効率よいコース作りをしよう

## Plan 1 定番を押さえた南北縦断コース

**標準的な所要日数＝7～10日間**

北島では最もポピュラーなルーティング例。ノースランドはオークランドからの周回トリップで。この区間も距離はかなり長いので、2泊3日くらいを取りたい。その後はおもに南北方向だけの移動で、ポピュラーな見どころをカバーする。ただ、ネイピアを加えたのが、ちょっと寄り道。きれいな町なので、立ち寄る価値は大だが、もし時間的に厳しければこれを削り、タウポから真っすぐウェリントンに下ってしまう手もある。

## Plan 2 開放的な海沿い“夏向き”ルート

**標準的な所要日数＝5～10日間**

コロマンデル半島やタウランガ&マウント・マウンガヌイというビーチリゾートを入れた、どちらかというと夏向きのコース（ただし冬に不向きというわけではない）。これらのリゾート地では、のんびり過ごすのが理想的。後半のロトルア以降は、オーソドックスな南北メインルートに入っている。タウポ、トンガリロ国立公園は、日数と相談しながら選択することになるだろう（両方行くには全8日間では少々厳しい）。

## Plan 3 西メインに、中央部も加えた“ミニ一周”

**標準的な所要日数＝8～13日間**

ほか地域との接続に少々難ありの西海岸ルートに、多少ポピュラーな見どころを加えたルート。距離はやや長いが、回り方には無駄がない。北島を一周するだけの時間的余裕がない人にも、おすすめだ。なおニュー・プリマス、ワンガヌイから内陸メインルートへは、バスは走っていないが国道自体は通じている（左図の点線区間）。ちょっとした山越えではあるが、ドライブ旅行の場合はショートカットしていくことが可能だ。

## Plan 4 北島の主要部分を押さえる欲張りコース

**標準的な所要日数＝10～18日間**

北島の主要部分を海岸線伝いに一周する長いルート。ただしノースランド、コロマンデル、イーストランドといった半島部分や、内陸のタウポやトンガリロは入れていないので、好みや日程の余裕と相談しながら選択するといいだろう。左図に示したルートだけでも10日間はかなりハイペースの旅なので、特にバス利用の場合だと移動するのに精いっぱいという日程。できれば15日間、あるいはそれ以上あるに越したことはない。

# 旅の予算とお金

旅行するのにいったいどれくらいの予算が必要なのか、まずは見積もりを立ててみよう。滞在中のおもな出費は宿泊費と食費。ここをどう調整するかで予算取りがだいぶ変わってくる。また、持っていくお金の準備方法や、現地でのお金の持ち方も確認しておこう。

**スーパーマーケット**
→P.20

ニュージーランドの各都市には大型チェーンのスーパーマーケットがある。大都市では日本の食材を扱っているところもかなりあり、軽食や調味料類なども置いてあるので便利。コンビニエンスストアも増加中。都市部には日本や中国、韓国などアジア食材専門スーパーもある。

**物価の目安**

| | |
|---|---|
| 両替レート | $1=約82.4円 |
| ミネラルウオーター（750mℓ） | $3（約247円） |
| コカコーラ（600mℓ） | $3.5（約288円） |
| マクドナルドのハンバーガー | $4（約330円） |
| カプチーノ | $4.5（約371円） |
| タバコ（マルボロ1箱20本入り） | $36（約2966円） |
| カフェでのランチ | $15～（約1236円～） |

※2023年4月28日現在。

## 旅行費用を見積もってみる

### ひとり1日の生活費は最低$80必要

個人旅行で行く場合、航空運賃を除きニュージーランド国内での①宿泊費②交通費③現地のツアー、アクティビティ参加費④食費⑤おみやげなどの必要経費に加え、雑費や予備費が必要となる。

まず①の宿泊費だが、最も安いのは、バックパッカーズやYHAのホステルで、ドミトリー（大部屋）もしくはシェアルーム（2～4人での相部屋）利用でひとり1泊$25～50程度。中級クラスのホテル、モーテルならダブルまたはツイン1室$150～250の範囲。これらの料金は1室のもので、シングル利用でも値引きされないことが多い。

②の交通費や、③の現地でのツアー費などは、本書などを参考にして見積もることができる。旅行の楽しみの最も大事な部分なので、予算はしっかり取っておきたい。④の食費はちょっとしゃれたレストランでディナーを食べれば、ひとり$45～60くらいはかかる。安く上げたいならショッピングセンターのフードコートやテイクアウエイ（持ち帰り）店を利用しよう。ひとり$15～20ほどで十分おなかいっぱいになる。また、ホステルやモーテルにはキッチンが完備されているので、何泊かするなら食材だけ調達し、自分で料理すればリーズナブルだ。

最も安上がりな旅行スタイルで、ひとり1日の生活費が最低$80というのを一応の目安と考えておこう。それから⑤の雑費、予備費は、ショッピングの額によって変わってくるが、不測の事態に備えてある程度の予備費は持っていたいところだ。

なお、子供料金は、おもな交通機関ではおおむね4～15歳を子供とみなし、大人料金の半額ないし60％程度というケースが多い。観光施設などの入場料も、ほぼ同様。ファミリー料金を設定しているところも多い。

## お金の準備

### 持っていくお金

ニュージーランドの場合、銀行や町なかの両替所ならほぼどこでも日本円から両替ができるので、必ずしも出国前にニュージーランドドルに両替していく必要はない。銀行の営業時間は通常9:30～16:30、土・日曜、祝日は休み。町なかの両替所は曜日に関係なく換金できるメリットがあるものの、割高な手数料を取るところもあるので、両替後の金額がいくらになるのかを確認し、納得がいってからお金を渡すようにしよう。また、大都市を中心に治安は年々悪くなっており、置き引きやひったくりなどの犯罪被害も多発している。財布を紛失した場合、戻ってくることはほぼないので、旅行費用は1ヵ所にまとめず、分けて持つようにしたい。

安全面やレートのよさでおすすめなのは、国際キャッシュカードやクレジットカードでのキャッシング。どちらも手数料がかかるが、現金の両替よりもレートがいい場合が多い。国際キャッシュカードの場合、日本の口座にある預金から現地通貨で直接引き出しができる。ただし金融機関によっては専用の口座が必要となることがあるので、渡航前に確認をしておくこと。

また、ニュージーランドではクレジットカードやデビットカードの普及率が高く、コロナ禍以降、現金払い不可の店も増えているため、クレジットカードをメインにし、出国や帰国時に困らない程度の日本円と、現地で両替して使う分の日本円（または国際キャッシュカード）を組み合わせるのが理想的だ。

**クレジットカード**

クレジットカードは最低でも1枚は持っていきたい。というのも普及率の高さはもちろん、一種の身分証明書の役割も果たしてくれるからだ。ホテルやレンタカー、ツアーの申し込みの際にはデポジットとして提示を求められる場面が多いほか、多額の現金を持ち歩かなくて済むという安全面や、両替手数料がかからないぶん、現金の両替より割がいいというメリットもある。

ICカード（ICチップ付きのクレジットカード）で支払う際は、サインではなくPIN（暗証番号）が必要だ。日本出発前にカード発行金融機関に確認し、忘れないようにしよう。最近はスマートフォンを含むタッチ決済に対応している店も増えている。

新規に申し込むなら、出発の1ヵ月前くらいには海外でも使えるカードの加入手続きを済ませたい。ニュージーランドで通用度が高いのはMasterCard、VISAなど。

**国際キャッシュカード**

日本の口座に入金してあるお金を、海外にあるATMから引き出せるのが国際キャッシュカードだ。ATMはニュージーランドのたいていの都市に設置されている。

**デビットカード**

使用方法はクレジットカードと同じだが支払いは後払いではなく、発行金融機関の預金口座から即時引き落としが原則となる。口座残高以上に使えないので予算管理をしやすい。加えて、現地ATMから現地通貨を引き出すこともできる。

**海外専用プリペイドカード**

海外専用プリペイドカードは、外貨両替の手間や不安を解消してくれる便利なカードのひとつだ。

多くの通貨で日本国内での外貨両替よりレートがよく、カード作成時に審査がない。出発前にコンビニATMなどで円をチャージ（入金）し、入金した残高の範囲内で渡航先のATMで現地通貨の引き出しやショッピングができる。各種手数料が別途かかるが、使い過ぎや多額の現金を持ち歩く不安もない。おもに右記のようなカードが発行されている。

**カードのPIN(暗証番号)**

クレジットカードや国際キャッシュカードを申し込んだ際に設定したPIN(暗証番号)は、ATMなどでキャッシングをするときに必要となるので、出発前に確認しておこう。

**ATM(自動現金支払機)の操作方法**

①カードを挿入。
②暗証番号(PIN)を入力し、Enterを押す。
③手続きを選択。(引き出しならWithdraw)
④口座の種類を選択。(Credit Card)
⑤金額を指定しEnterを押す。
⑥現金を受け取る。
⑦続けて操作するならEnterを、終了するならClearを押す。
⑧カードとレシートを受け取る。マシンによっては、1回の引き出しに限度額があるので注意。

**カード払いは通貨とレートに注意**

クレジットカード払いをしたとき、現地通貨でなく日本円で決済されていることがある。これ自体は合法だが、ちゃっかり店側に有利な為替レートになっていたりするので注意したい。サインする前には通貨と為替レートを確認すること。店側の説明なしで勝手に決済されたときは、帰国後でも発行金融機関に相談を。

**クレジットカードをなくしたら**

大至急カード発行金融機関に連絡し、無効化すること。万一の場合に備え、カード裏面の発行金融機関、緊急連絡先を控えておこう。現地警察に届け出て紛失・盗難届出証明書を発行してもらっておくと、帰国後の再発行の手続きがスムーズ。

おもな海外専用プリペイドカード

**トラベレックスジャパン発行「Travelex Money Card トラベレックスマネーカード」**
URL www.travelex.co.jp/travel-money-card

**三井住友カード発行「Visaプリペ」**
URL www.smbc-card.com/prepaid/visaprepaid/index.jsp

旅の準備

# 出発までの手続き

ニュージーランドへ出発する前に、まず必要なのはパスポートの取得。ビザは3ヵ月以内の観光目的や留学滞在であれば不要だ。また、海外旅行保険にもぜひ加入しておこう。

## パスポート（旅券）の取得

パスポートは、海外で持ち主の身元を公的に証明する唯一の書類。これがないと日本を出国することもできないので、海外に出かける際はまずパスポートを取得しよう。パスポートは5年間有効と10年間有効の2種類がある。ただし、18歳未満の人は5年旅券しか取得することができない。パスポート申請は、代理人でも行うことができるが、受け取りは必ず本人が行かなければならない。

パスポートの申請は、原則として住民登録している都道府県のパスポートセンターで行う。申請から受領までの期間は、パスポートセンターの休業日を除いて1～2週間程度。申請時に渡される旅券引替書に記載された交付予定日に従って6ヵ月以内に受け取りに行くこと。受領時には旅券引換書と手数料が必要となる。発給手数料は5年用が1万1000円（12歳未満は6000円）、10年用は1万6000円。

申請書の「所持人自署」欄に署名したサインがそのままパスポートのサインになる。署名は漢字でもローマ字でもかまわないがクレジットカードなどと同じにしておいたほうが無難。また、パスポートの名前と航空券などのローマ字表記が1文字でも違うと、航空機などに搭乗できないので気をつけよう。結婚などで姓名が変わったときは、パスポートを返納し、記載の内容を変更したパスポートの発給を申請する必要がある。

**ニュージーランド入国の注意点**
観光目的でニュージーランドに入国の際には、パスポートの有効期限が滞在期間プラス3ヵ月以上必要。

**パスポートに関する情報**
**外務省パスポート情報ページ**
URL www.mofa.go.jp/mofaj/toko/passport
※問い合わせは住民登録をしている都道府県のパスポートセンターへ。

**パスポートに関する注意**
国際民間航空機関（ICAO）の決定により、2015年11月25日以降は機械読取式でない旅券（パスポート）は原則使用不可となっている。日本ではすでにすべてのパスポートが機械読取式に置き換えられたが、機械読取式でも2014年3月19日以前にパスポートの身分事項に変更のあった人は、ICチップに反映されていない。渡航先によっては国際標準外と判断される可能性もあるので注意が必要。

**パスポートの電子申請について**
URL www.mofa.go.jp/mofaj/toko/passport/page22_004036.html

### ● パスポート申請に必要な書類 ●

**①一般旅券発給申請書（1通）**
用紙は各都道府県のパスポートセンターなどで手に入る。5年用と10年用では申請書用紙が異なる。ウェブサイトからダウンロードも可能。

**②戸籍謄本（1通）**
6ヵ月以内に発行されたもの。本籍地の市区町村の役所で発行してくれる。代理人の受領、郵送での取り寄せも可。有効期間内の旅券を切り替える場合、戸籍の記載内容に変更がなければ省略可。家族で申請する場合は、家族全員の載った謄本1通でよい。

**③顔写真（1枚）**
タテ4.5cm×ヨコ3.5cmの縁なし、無背景、無帽、正面向き、上半身の入ったもので6ヵ月以内に撮影されたもの。白黒でもカラーでもよい。スナップ写真不可。

**④身元を確認するための書類**
失効後6ヵ月以内のパスポート、運転免許証、住民基本台帳カード、個人番号カード（マイナンバーカード）など官公庁発行の写真付きの身分証明書ならひとつでOK。健康保険証や年金手帳などならふたつ必要（うち1点は、写真付きの学生証、会社の身分証明書でも可）。コピーは不可。

**⑤旅券を以前に取得した人は、その旅券**

※住民票は、住民基本台帳ネットワークシステム（住基ネット）運用の自治体では、原則として不要。居所申請など特別な場合は必要となる。
※残存有効期間が1年未満のパスポートを切り替える場合や、査証欄の余白が見開き3ページ以下になった場合、マイナポータルを通じて電子申請が可能。

## ビザの取得

ニュージーランド入国は、日本国民の場合、3ヵ月以内の観光や留学であればビザは必要ない。

ただし、2019年10月より、電子渡航認証NZeTAと環境保護・観光税IVLが導入され、3ヵ月以内の観光や留学などのほか、ニュージーランド以外の国へ乗り継ぐために入国する場合も手続きが必要となった。NZeTAの費用は、専用モバイルアプリからの支払いの場合$17、ニュージーランド移民局ホームページからは$23。IVLは一律$35。いずれも取得から2年間有効。

長期滞在の場合は、ビザの申請が必要。例えば、ワーキングホリデーメーカーはワーキングホリデービザ（ワーキングホリデーについての詳細は→P.483)、3ヵ月を超える留学の場合には学生ビザ、働く目的なら就労ビザを申請しなければならない。ビザに関する詳細は、ニュージーランドビザ申請センター(→P.440)へ問い合わせること。

## 海外旅行保険に加入する

**海外旅行保険は安心料だと思って加入する**

海外旅行保険は、海外で被るけがや病気、その他旅行中に発生する予期せぬ事故を補償する保険だ。海外では、治療費や入院費は日本と比べてはるかにかかる。保険に加入していれば、ほとんどの保険会社で日本語によるサービスも受けられ心強い。

**保険の種類と加入タイプ**

保険料は保険金額、補償限度額、旅行地域、期間、目的によって変わってくる。加入タイプは、旅行中に発生すると予想されるアクシデントやトラブルに対しての補償が組み合わせてある「セット型」、旅行者のニーズに合わせ、各種保険のなかから予算に合わせて補償内容を選択できる「オーダーメイド型」(いわゆるバラ掛け）保険に大別される。海外旅行保険は、旅行会社のほか、空港、インターネットなどで加入できる。近年は「セット型」にもさまざまなタイプがあり、健康な単身者向けや子供連れのファミリー向けなど、ニーズに合わせて選べる。

**クレジットカード付帯保険の“落とし穴”**

クレジットカード付帯保険では、「疾病死亡補償」がない、補償金額が不足して多額の自己負担金がかかった、旅行代金をカードで決済していないと対象にならないなどといった“落とし穴”に注意。補償金額や内容が不十分な場合は、それを補うようなかたちで別途保険を掛けるとよい。

**「地球の歩き方」ホームページで海外旅行保険について知ろう**

「地球の歩き方」ホームページでは海外旅行保険情報を紹介している(URL www.arukikata.co.jp/web/article/item/3000681)。保険のタイプや加入方法の参考にしよう。

**NZeTA・IVLに関する情報**
**移民局NZeTA情報ページ**
URL www.immigration.govt.nz/new-zealand-visas/visas/visa/nzeta

**おもな保険会社**
**損保ジャパン**
新・海外旅行保険【off!】
URL www.sompo-japan.co.jp/kinsurance/leisure/off
**東京海上日動**
URL www.tokiomarine-nichido.co.jp
**AIG損保**
URL www.aig.co.jp/sonpo

**警察や病院では証明書をもらっておく**

加入すると渡される保険証書、保険金領収書、保険についての小冊子は必ず携行すること。また、大半の保険会社は24時間体制の緊急ダイヤルを備えているので、緊急時の電話番号も控えておこう。現地で盗難などに遭った場合、すぐに警察に届けて証明書をもらっておくこと。病院を利用した場合は、支払った金額の領収書や診断書を発行してもらう。証明書がないと、帰国後の払い戻し手続きができないので注意。保険会社指定の用紙に医師の診断を書くようになっている場合もあるので、医者にかかる事態が起こったら、まず保険会社に連絡を取ろう。また、保険会社の提携病院ではキャッシュレスで診てもらえることもあるので、目的地に提携病院があるかどうか、保険を申し込む際に確認しておくとよい。

国外運転免許証に関する問い合わせ先
**警察庁運転免許本部**
URL www.keishicho.metro.tokyo.lg.jp/menkyo/menkyo/kokugai/index.html
**警視庁運転免許テレホン・サービス(東京)**
☎(03)3450-5000

**国外運転免許証申請に必要なもの**
①有効な運転免許証(有効期限の切れた国際免許を持っている場合は、その免許証)
②写真1枚(タテ4.5cm×ヨコ3.5cm、枠なし。上三分身、正面、無帽、無背景、6ヵ月以内に撮影されたもの。白黒でもカラーでもよい。)
※パスポート用写真とはサイズが異なるので注意。
③有効なパスポート(コピー、申請中の場合には、旅券引換書でも可)
④備え付けの申請書。発行手数料は2350円

**ISICカードに関する問い合わせ先**
**ISIC Japan**
アイジック・ジャパン
URL isicjapan.jp
e-mail contact@isicjapan.jp

**ISIC、IYTC、ITICカードの申請方法**
①PayPalに登録
②公式サイトの購入ページから、取得したいカードの種類を選択
③個人情報を半角英数字で入力
④パスポート掲載写真に準じて撮影した証明写真をアップロード。サイズは450×540px以上
⑤ISICカードの場合は、スマートフォンなどで撮影した学生証の写真をアップロード。有効期限などが記載されている場合は裏面も一緒にアップロードする
⑥規約に同意して「注文する」をクリック
⑦PayPalにログインして注文を確定。料金は一律2,200円
⑧ISICから届いたメールに従ってカードをアクティベートする

**(一財)日本ユースホステル協会**
住 東京都渋谷区代々木神園町3-1 国立オリンピック記念青少年総合センター内
☎(03)5738-0546
URL jyh.or.jp
**YHA New Zealand**
URL www.yha.co.nz

## 国外(国際)運転免許証の取得

現地で車を運転するなら、国外運転免許証International Driving Permitを取得する必要がある。所持する日本の運転免許証を発行している都道府県の運転免許更新センターまたは運転免許試験場で手続きすると、同日に取得できる。出発まで期間がある場合は、住所地を管轄する指定警察署でも取得することができるので、問い合わせてみよう。日本の運転免許証の有効期限が1年未満の場合は、原則、手続きをしてから取得することになるが、短期間の旅行の場合には特例もあるので、窓口で相談を。現地には日本の運転免許証も携帯すること。有効期限は1年間。

発行されたら顔写真の下にサインをすること

## ISIC(国際学生証)

ユネスコ認証のISIC(国際学生証)は、12歳以上で学校(中学校、高等学校、高等専門学校)、専門学校、短大、大学、大学院に通う学生が申請できるカード。国際的に共通の学生身分証明書として有効なほか、国内、海外で美術館や博物館などの入館料、交通機関の割引きなど世界中で約15万以上の特典が適用される。

130以上の国と地域で発行されているが、日本ではISICアプリのバーチャル形式で提供。公式サイトから申し込み、PayPalで決済すれば手続き完了だ。アプリをダウンロードし、手順に従ってカードをアクティベートしよう。

有効期限は発行日から翌年の発行月末日まで。国際学生証の資格条件がなくても、30歳以下の人はIYTC(国際青年証)を取得することができる。また、専任の教師や教授として働いている人は、ITIC(国際教員証)を申請できる。

## YHA(ユースホステル協会)会員証の取得

ユースホステル協会は格安の宿泊施設を提供する国際的組織。ユースホステルに会員料金で宿泊できるほか、交通機関や観光施設、ツアー、アクティビティなどで会員割引の特典を受けられることが多いので、取得しておきたい。会員証の発行はユースホステル協会本部や支部、入会案内所のほか、オンラインでも受け付けている。会員証は年齢などによって発行手数料が異なる。満19歳以上の「成人パス」の新規発行手数料は2500円、1年間有効。継続の場合は2000円。

日本で取得できなくても、現地のYHAで直接会員申し込みができる。世界中のYHAを利用できるホステリング・インターナショナル・カードHostelling International Cardは新規の場合、大人$30(1年間有効)。カードの発行はデジタルのみ。

# 旅の準備 航空券の手配

日本とニュージーランドを結ぶ航空便には、直行便のほか、アジア諸国やオーストラリアに立ち寄る経由便がある。直行便は経由便に比べて短時間でアクセスでき便利だが、料金は経由便よりも高め。予算やスケジュールと相談して航空会社を決めよう。

## 航空会社を選ぶ

### 直行便の場合

ニュージーランドの玄関口となるのはオークランド。ニュージーランド航空（NZ）と全日空（ANA）の共同運航で成田国際空港から直行便が出ている。2023年9月末まではデイリーでの運航を継続する予定。ただし、乗務員・空港スタッフの不足などにより、突然の減便などフライトスケジュールが変更されることもあるので、事前に確認しよう。

ニュージーランド航空の飛行機

### 国際観光旅客税について

日本からの出国には、1回につき1000円の国際観光旅客税がかかる。原則として支払いは航空券代に上乗せされる。

**日本出発便（～2023年9月30日）** 2023年4月現在

| | 月 | 火 | 水 | 木 | 金 | 土 | 日 |
|---|---|---|---|---|---|---|---|
| 便名 | NZ90 | NZ90 | NZ90 | NZ90 | NZ90 | NZ90 | NZ90 |
| 成田発 | 18:30 | 18:30 | 18:30 | 18:30 | 18:30 | 18:30 | 18:30 |
| オークランド着※ | 8:05 +1 | 8:05 +1 | 8:05 +1 | 8:05 +1 | 8:05 +1 | 8:05 +1 | 8:05 +1 |

※2023年9月23日以降、オークランド到着時刻は9:05。

**日本到着便（～2023年9月30日）** 2023年4月現在

| | 月 | 火 | 水 | 木 | 金 | 土 | 日 |
|---|---|---|---|---|---|---|---|
| 便名 | NZ99 | NZ99 | NZ99 | NZ99 | NZ99 | NZ99 | NZ99 |
| オークランド発 | 8:50 | 8:50 | 8:50 | 8:50 | 8:50 | 8:50 | 8:50 |
| 成田着※ | 16:50 | 16:50 | 16:50 | 16:50 | 16:50 | 16:50 | 16:50 |

※2023年9月23日まで、オークランド出発時刻は9:50。

## ニュージーランド航空のアプリを活用しよう

ニュージーランド航空を利用するなら、スマートフォンにアプリ（→P.485）をダウンロードしておくのがおすすめ。航空券はもちろん、タクシー、ホテル、レンタカー、アクティビティなどの予約もでき、アプリでまとめて管理できるのでスケジュールが立てやすい。また、パスポート情報を登録しておけば、オンラインチェックインの際にいちいち入力しなくて済むから便利。搭乗券の発行もペーパーレスで可能だ。

おもな航空会社
(日本の問い合わせ先)

**ニュージーランド航空**
☎0570-015-424
URL www.airnewzealand.jp

**全日空（ANA）**
☎0570-029-333
URL www.ana.co.jp

**ジェットスター航空**
☎0570-550-538
URL www.jetstar.com

**カンタス航空**
☎(03)6833-0700
無料0120-207-020
(市外局番03、04以外)
URL www.qantas.com

**シンガポール航空**
☎(03)4578-4088
URL www.singaporeair.com

**マレーシア航空**
☎(03)4477-4938
URL www.malaysiaairlines.com

**タイ国際航空**
☎0570-064-015
URL www.thaiairways.com

**大韓航空**
☎(06)6648-8201
☎0570-05-2001
URL www.koreanair.com

**キャセイパシフィック航空**
☎(03)4578-4132
URL www.cathaypacific.com

**経由便の場合**

ジェットスター航空(JQ)、カンタス航空(QF)、シンガポール航空(SQ)、マレーシア航空(MH)、タイ国際航空(TG)、大韓航空(KE)、キャセイパシフィック航空(CX)など数多くの航空会社が、経由便を運航している。QFの場合、オーストラリアのシドニー、ブリスベンなどを経由。MHの場合、マレーシアのクアラルンプール経由という具合に、オセアニア系の航空会社はオセアニア経由、アジア系の航空会社はアジア経由となる。

**出入国の最新情報は「地球の歩き方」ホームページもチェック！**

**海外再出発！ガイドブック更新&最新情報**

URL www.arukikata.co.jp/travel-support

# 旅の持ち物

**機内に持ち込めないもの**
万能ナイフやはさみなどの刃物は、受託手荷物に入れること。ガスやオイル(ライター詰替用も)、キャンピング用ガスボンベは受託手荷物に入れても輸送不可。

**自転車を飛行機で運ぶ場合**
飛行機に自転車を持ち込む方法は、国際線でも国内線でも基本的に同じ。分解するなどして自分の手荷物としてチェックインするのが最もポピュラーで簡単な方法だろう。自転車は以下のように的確に梱包されている場合は、受託手荷物の許容範囲内で預かってもらえる。マウンテンバイクは圧縮窒素のガス圧が200キロパスカルまたは29ポンド・スクエア・インチを超えない場合のみ可。
①ハンドルとペダルを内側に折り曲げる、もしくは取り外す。
②自転車を自転車専用ケースや梱包箱などに入れる。
ニュージーランドのすべての空港で梱包箱($25)を購入できる。

**国土交通省航空局**
URL www.mlit.go.jp/koku

## 受託手荷物

ニュージーランド航空を利用する場合の受託手荷物(Checked in Baggage)は、国際線、国内線とも、エコノミークラスの場合はひとり23kg以内のものを1個(縦+横+高さの総寸法158cm以内)までという制限がある。小児にも同様の許容量が適用される。

また、ベビーカーやチャイルドシートは無料で預けることができる。許容量を超える手荷物(32kg未満)を預ける場合は、個数、重量、サイズによって超過料金が発生する。ゴルフクラブ、スキー、スノーボード、自転車、サーフボードなどのスポーツ用品は、通常の手荷物と同様に扱われる。そのほかの詳細は、各利用航空会社に問い合わせのこと。

## 機内持ち込み手荷物

ニュージーランド航空の国際線エコノミークラスもしくは国内線を利用する場合、機内持ち込み手荷物(Cabin Baggage)はひとり7kg以内、総寸法は118cm以内で個数は1個まで。ハンドバッグや薄型のノートパソコン、カメラなどは身の回り品として、手荷物のほかに1個持ち込むことができる。

また、国際線においては100mℓ以上の容器に入った液体物の機内持ち込みが制限されている。ただし、100mℓ以下の容器に入った液体を、容量1ℓ以下のジッパー付きの透明プラスチック製の袋(ひとりにつき1枚)に入れれば持ち込むことができる。詳細は国土交通省や各利用航空会社へ問い合わせのこと。

## 持ち物チェックリスト

| | 品名 | 重要度 | コメント |
|---|---|---|---|
| 貴重品 | パスポート | ◎ | コピーを取っておこう |
| | 航空券(eチケット) | ◎ | コピーを取っておこう |
| | 現金(日本円) | ◎ | 自宅からの往復交通費も必要 |
| | 現金(NZドル) | △ | 現地でも両替できる |
| | クレジットカード | ◎ | 身分証明書代わりにもなる |
| | 海外旅行保険証 | ◎ | 万一に備え加入しよう |
| | 国際運転免許証 | ○ | 日本の運転免許証も忘れずに |
| | 国際学生証、YH会員証 | △ | 使用する人は忘れずに |
| | ホテルのバウチャーもしくは予約確認書 | ○ | パッケージツアーでは、ないこともある |
| | 顔写真 | ○ | パスポート紛失などに備えて2、3枚 |
| 衣類 | 下着類 | ◎ | なるべく最小限を使い回そう |
| | 運動着 | △ | アクティビティに参加する場合 |
| | 上着 | ○ | セーターやフリースなどが便利 |
| | 水着 | ○ | 温泉は水着着用なので注意 |
| | サンダル | △ | 部屋で履くのも快適 |
| | 帽子、サングラス | ○ | 日差しはかなり強烈 |
| | パジャマ | △ | 必要に応じて |
| 日用品 | 洗面用具 | ◎ | 歯ブラシ、洗顔料など |
| | めがね、コンタクトレンズ用品 | △ | 必要に応じて |
| | 化粧品 | △ | 乾燥対策、日差し対策も |
| | 日焼け止め | ◎ | 日差しが強いので必携 |
| | 石鹸、シャンプー | △ | たいていのホテルに備わっている |
| | ティッシュペーパー | ○ | ウエットティッシュも便利 |
| | 洗剤 | ○ | 洗剤は小袋に分けておこう |
| | 旅行用物干し | ○ | 靴下や下着を干すのに便利 |
| | 生理用品 | △ | 持っていったほうが安心 |
| 薬品類 | 常備薬 | ◎ | 自分に合ったものを用意していこう |
| | ファーストエイド | ◎ | 応急手当のために |
| | 虫除けスプレー | △ | 現地で買えるもののほうが効果的 |
| | かゆみ止め | ○ | 外国の薬は体質に合わないことも |
| その他 | ガイドブック | ◎ | 『地球の歩き方』など |
| | 会話集、辞書 | ○ | ポケットタイプのもの |
| | スマホ | ◎ | 海外での使用については事前に確認を |
| | デジタルカメラ | △ | 小型で軽いもの。使い慣れたもの |
| | 充電器、バッテリー | ◎ | スマホなどの電子機器用に |
| | プラグアダプター | ◎ | 変圧器など小型のものがあると便利 |
| | メモリーカード | △ | 予備がひとつあると安心 |
| | 雨具 | ○ | 折りたたみ傘やレインウエアなど |
| | ノート、筆記用具 | ○ | 買い物の記録や日記を書こう |
| | 目覚まし時計 | △ | ホテルにある場合も多い |
| | ドライヤー | △ | ホテルにある場合も多い |
| | 爪切り、耳かき | △ | 綿棒は何かと重宝する |
| | エコバッグ | ○ | ちょっとしたお出かけに便利 |
| | お箸 | ◎ | ちょっとした食事に便利。スプーンやフォークも |
| | 十徳ナイフ | ◎ | 機内持ち込み不可なので注意 |

旅の技術

# 出入国の手続き

日本からニュージーランドへの直行便は、成田空港から運航。空港で出国手続きを行い、ニュージーランドへ。到着前に、機内で入国審査カードの記入を済ませておこう。

## 日本を出国

ニュージーランド航空（全日空との共同運航）が成田国際空港からオークランドへ直行便を運航。ジェットスター航空やカンタス航空などの経由便もある。

**出国手続き**

**❶出発空港に到着**　チェックイン時刻は通常出発の2時間前から。事前に公式サイトやアプリでオンラインチェックインを済ませておくとスムーズ。

**❷搭乗手続き**　利用する航空会社のカウンター、または自動チェックイン機にてチェックイン。パスポートと旅程表（eチケット控え）を提示。持ち込み手荷物以外を預けて、搭乗券とクレームタグ（荷物引換証）を受け取る。

**❸手荷物検査**　ハイジャック防止のため金属探知器、持ち込み手荷物のX線検査を受ける。

**❹税関**　日本から外国製の時計、カメラ、貴金属などの高価な品物を持ち出す場合は、「外国製品の持出し届」に記入し、係官に提出する必要がある。

**❺出国審査**　原則として顔認証ゲートを利用し、本人照合を行う。パスポートにスタンプは押されないが、希望者は別のカウンターで押してもらえる。

**❻搭乗**　案内時刻に遅れずゲートに集合しよう。搭乗開始は通常、出発時刻の40分前から。なお、搭乗時間やゲートは変更になることがあるので、こまめにモニター画面などでチェックしよう。

## ニュージーランドに入国

飛行機の中で入国審査カードが配られるので、到着する前までに記入を済ませよう。牧畜国ニュージーランドでは口蹄疫や狂牛病感染阻止のために、検疫は非常に厳しくなっている。従来の持ち込み禁止品に加え、持ち込む食品すべてに対して申告が必要。クッキー、せんべいなどのスナック類も必ず申告しよう（→P.456記入例⑳アの質問）。申告といっても、質問のYES欄にチェックを入れ、検査官の前で見せるか、口頭で説明すれば問題ない。食料を持参したのに、していないと申告し見つかった場合は、その場で多額の罰金が科せられる。また、入国審査カードには荷物の中身を把握しているか（荷造りは自分でしたか）、という項目もあるが、これは上記の内容確認のためや麻薬など持ち込み禁止物のチェックでもある（→P.456記入例⑲と㉒イの質問）。

※2023年4月現在、ニュージーランド入国に際し、新型コロナウイルスのワクチン接種証明および陰性証明は不要になっている。ただし、今後の状況により変更される可能性もあるので必ず旅行前に確認すること。

**成田国際空港**
総合案内(24時間対応)
☎(0476)34-8000(自動音声)
URL www.narita-airport.jp

ニュージーランド航空(全日空との共同運航)を利用する場合、搭乗手続きは第1ターミナル南ウイングの自動チェックイン機、またはBカウンターで行う。ジェットスター航空は第3ターミナルのGカウンター。便によって変更される場合もあるので事前に各航空会社に確認しよう。

**入国手続きの流れ**

**①入国審査**
到着後、Passport Controlの順路に従って入国審査の自動端末機に並ぶ。パスポートをかざし、必要事項を入力する。

**②受託手荷物の受け取り**
モニターで便名を確認し、ターンテーブルで荷物が出てくるのを待つ。荷物の破損や紛失は窓口へ。

**③税関・検疫**
検査官に入国審査カードを見せ、持ち込む食品を申告する。荷物をすべて食品検査用のX線にかける。検疫官により持ち込み禁止の物品と判断された場合、その場で処分もしくは有料で日本に返送する手続きをとる。持ち込み禁止の物品として、乳製品、肉製品、植物、鳥類、魚類、動物類など。詳しくは在日ニュージーランド大使館のウェブサイトを参照。

**在日ニュージーランド大使館**
URL www.mfat.govt.nz/jp/countries-and-regions/north-asia/japan/new-zealand-embassy

**ニュージーランド免税範囲(17歳以上の旅行者)**

**酒類**
アルコール飲料はビールまたはワインが4.5ℓ(6×750㎖ボトル)、スピリットまたはリキュールは1125㎖ボトル3本まで。

**たばこ**
50本まで。葉巻、刻みたばこは50g。ほかは合計金額$700相当額までの物品。

**ニュージーランド税関のホームページ**
URL www.customs.govt.nz



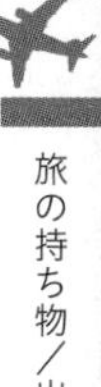

## 入国審査

飛行機の中で2つ折りの入国審査カードNew Zealand Passenger Arrival Cardが配られるので、ニュージーランドに到着する前に記入を済ませよう。

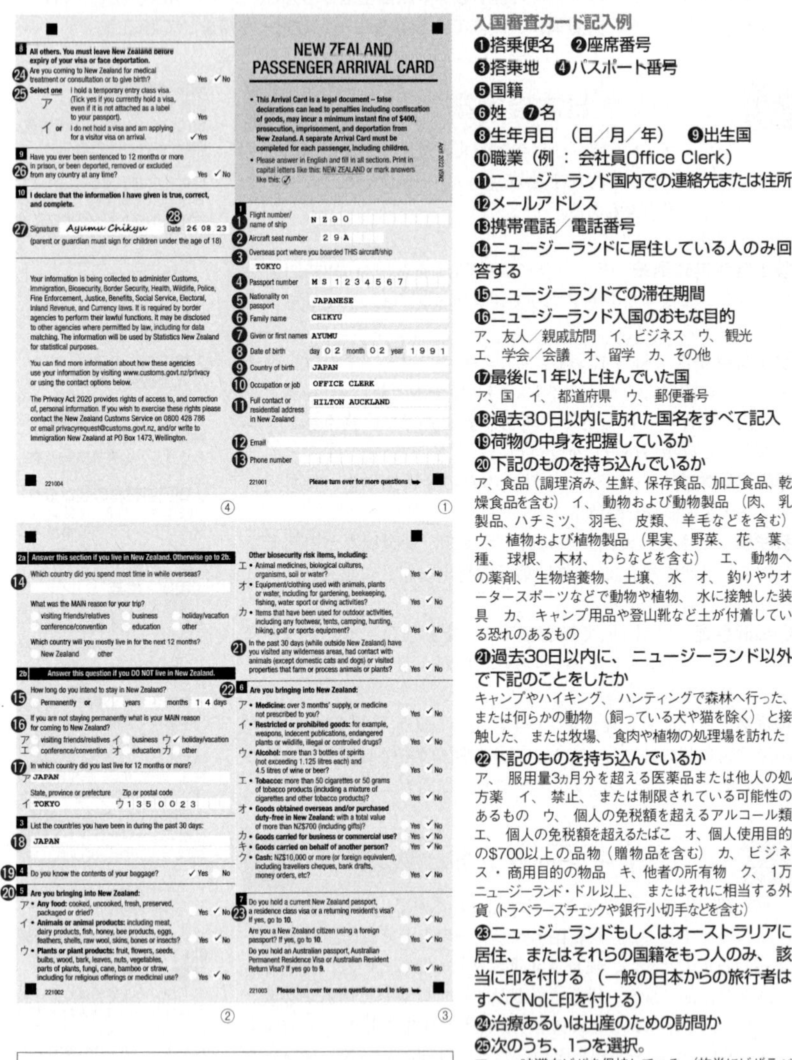
**8** All others. You must leave New Zealand before expiry of your visa or face deportation.

24 Are you coming to New Zealand for medical treatment or consultation or to give birth? Yes ✓No

25 Select one
ア I hold a temporary entry class visa. (Tick yes if you currently hold a visa, even if it is not attached as a label to your passport). Yes
イ or I do not hold a visa and am applying for a visitor visa on arrival. ✓Yes

**9** 26 Have you ever been sentenced to 12 months or more in prison, or been deported, removed or excluded from any country at any time? Yes ✓No

**10** I declare that the information I have given is true, correct, and complete.

27 Signature *Ayumu Chikyu* 28 Date 26 08 23
(parent or guardian must sign for children under the age of 18)

Your information is being collected to administer Customs, Immigration, Biosecurity, Border Security, Health, Wildlife, Police, Fine Enforcement, Justice, Benefits, Social Service, Electoral, Inland Revenue, and Currency laws. It is required by border agencies to perform their lawful functions. It may be disclosed to other agencies where permitted by law, including for data matching. The information will be used by Statistics New Zealand for statistical purposes.

You can find more information about how these agencies use your information by visiting www.customs.govt.nz/privacy or using the contact options below.

The Privacy Act 2020 provides rights of access to, and correction of, personal information. If you wish to exercise these rights please contact the New Zealand Customs Service on 0800 428 786 or email privacyrequest@customs.govt.nz, and/or write to Immigration New Zealand at PO Box 1473, Wellington.

221004

④

NEW ZEALAND PASSENGER ARRIVAL CARD

- This Arrival Card is a legal document – false declarations can lead to penalties including confiscation of goods, may incur a minimum instant fine of $400, prosecution, imprisonment, and deportation from New Zealand. A separate Arrival Card must be completed for each passenger, including children.
- Please answer in English and fill in all sections. Print in capital letters like this: NEW ZEALAND or mark answers like this: ✓

April 2022 V5N2

**1**
1 Flight number/name of ship N Z 9 0
2 Aircraft seat number 2 9 A
3 Overseas port where you boarded THIS aircraft/ship TOKYO
4 Passport number M S 1 2 3 4 5 6 7
5 Nationality on passport JAPANESE
6 Family name CHIKYU
7 Given or first names AYUMU
8 Date of birth day 0 2 month 0 2 year 1 9 9 1
9 Country of birth JAPAN
10 Occupation or job OFFICE CLERK
11 Full contact or residential address in New Zealand HILTON AUCKLAND
12 Email
13 Phone number

221001 Please turn over for more questions

①

**2a** Answer this section if you live in New Zealand. Otherwise go to 2b.

14 Which country did you spend most time in while overseas?

What was the MAIN reason for your trip?
visiting friends/relatives business holiday/vacation conference/convention education other

Which country will you mostly live in for the next 12 months?
New Zealand other

**2b** Answer this question if you DO NOT live in New Zealand.

15 How long do you intend to stay in New Zealand?
Permanently or years months 1 4 days

16 If you are not staying permanently what is your MAIN reason for coming to New Zealand?
ア visiting friends/relatives イ business ウ ✓ holiday/vacation
エ conference/convention オ education カ other

17 In which country did you last live for 12 months or more?
ア JAPAN
State, province or prefecture Zip or postal code
イ TOKYO ウ 1 3 5 0 0 2 3

**3** List the countries you have been in during the past 30 days:
18 JAPAN

19 **4** Do you know the contents of your baggage? ✓Yes No

20 **5** Are you bringing into New Zealand:
ア • Any food: cooked, uncooked, fresh, preserved, packaged or dried? Yes ✓No
イ • Animals or animal products: including meat, dairy products, fish, honey, bee products, eggs, feathers, shells, raw wool, skins, bones or insects? Yes ✓No
ウ • Plants or plant products: fruit, flowers, seeds, bulbs, wood, bark, leaves, nuts, vegetables, parts of plants, fungi, cane, bamboo or straw, including for religious offerings or medicinal use? Yes ✓No

221002

②

Other biosecurity risk items, including:
エ • Animal medicines, biological cultures, organisms, soil or water? Yes ✓No
オ • Equipment/clothing used with animals, plants or water, including for gardening, beekeeping, fishing, water sport or diving activities? Yes ✓No
カ • Items that have been used for outdoor activities, including any footwear, tents, camping, hunting, hiking, golf or sports equipment? Yes ✓No

21 In the past 30 days (while outside New Zealand) have you visited any wilderness areas, had contact with animals (except domestic cats and dogs) or visited properties that farm or process animals or plants? Yes ✓No

22 **6** Are you bringing into New Zealand:
ア • Medicine: over 3 months' supply, or medicine not prescribed to you? Yes ✓No
イ • Restricted or prohibited goods: for example, weapons, indecent publications, endangered plants or wildlife, illegal or controlled drugs? Yes ✓No
ウ • Alcohol: more than 3 bottles of spirits (not exceeding 1.125 litres each) and 4.5 litres of wine or beer? Yes ✓No
エ • Tobacco: more than 50 cigarettes or 50 grams of tobacco products (including a mixture of cigarettes and other tobacco products)? Yes ✓No
オ • Goods obtained overseas and/or purchased duty-free in New Zealand: with a total value of more than NZ$700 (including gifts)? Yes ✓No
カ • Goods carried for business or commercial use? Yes ✓No
キ • Goods carried on behalf of another person? Yes ✓No
ク • Cash: NZ$10,000 or more (or foreign equivalent), including travellers cheques, bank drafts, money orders, etc? Yes ✓No

**7** 23 Do you hold a current New Zealand passport, a residence class visa or a returning resident's visa? If yes, go to 10. Yes ✓No
Are you a New Zealand citizen using a foreign passport? If yes, go to 10. Yes ✓No
Do you hold an Australian passport, Australian Permanent Residence Visa or Australian Resident Return Visa? If yes go to 9. Yes ✓No

221003 Please turn over for more questions and to sign

③

### 入国審査カード記入例

❶搭乗便名　❷座席番号
❸搭乗地　❹パスポート番号
❺国籍
❻姓　❼名
❽生年月日　（日／月／年）　❾出生国
❿職業（例：会社員Office Clerk）
⓫ニュージーランド国内での連絡先または住所
⓬メールアドレス
⓭携帯電話／電話番号
⓮ニュージーランドに居住している人のみ回答する
⓯ニュージーランドでの滞在期間
⓰ニュージーランド入国のおもな目的
ア、友人／親戚訪問　イ、ビジネス　ウ、観光　エ、学会／会議　オ、留学　カ、その他
⓱最後に1年以上住んでいた国
ア、国　イ、都道府県　ウ、郵便番号
⓲過去30日以内に訪れた国名をすべて記入
⓳荷物の中身を把握しているか
⓴下記のものを持ち込んでいるか
ア、食品（調理済み、生鮮、保存食品、加工食品、乾燥食品を含む）　イ、動物および動物製品（肉、乳製品、ハチミツ、羽毛、皮類、羊毛などを含む）　ウ、植物および植物製品（果実、野菜、花、葉、種、球根、木材、わらなどを含む）　エ、動物への薬剤、生物培養物、土壌、水　オ、釣りやウオータースポーツなどで動物や植物、水に接触した装具　カ、キャンプ用品や登山靴など土が付着している恐れのあるもの
㉑過去30日以内に、ニュージーランド以外で下記のことをしたか
キャンプやハイキング、ハンティングで森林へ行った、または何らかの動物（飼っている犬や猫を除く）と接触した、または牧場、食肉や植物の処理場を訪れた
㉒下記のものを持ち込んでいるか
ア、服用量3ヵ月分を超える医薬品または他人の処方薬　イ、禁止、または制限されている可能性のあるもの　ウ、個人の免税額を超えるアルコール類　エ、個人の免税額を超えるたばこ　オ、個人使用目的の$700以上の品物（贈物品を含む）　カ、ビジネス・商用目的の物品　キ、他者の所有物　ク、1万ニュージーランド・ドル以上、またはそれに相当する外貨（トラベラーズチェックや銀行小切手などを含む）
㉓ニュージーランドもしくはオーストラリアに居住、またはそれらの国籍をもつ人のみ、該当に印を付ける（一般の日本からの旅行者はすべてNoに印を付ける）
㉔治療あるいは出産のための訪問か
㉕次のうち、1つを選択。
ア、一時滞在ビザを保持している（旅券にビザラベルが貼られていない場合でも、ビザの保持者は印をつける）
イ、ビザを保持しておらず、ニュージーランド到着時に短期訪問ビザを申請する（3ヵ月以内の滞在を予定している人はこちらに印をつける）
㉖刑務所で12ヵ月以上の服役、もしくは国外への追放、移送をされたことがあるか
㉗署名（パスポートと同じもの）
㉘日付（日／月／年）

### 新型コロナウイルス感染症について

ニュージーランド到着時に新型コロナウイルス感染症の症状が見られた場合、RAT検査（迅速抗原検査）を行うことが推奨されている。無料のRAT検査キットは空港で入手可能。RAT検査の結果が陽性だった場合、空港で無料のPCR検査を受けることができる（2023年4月現在）。

URL covid19.govt.nz/international-travel

## ニュージーランドを出国

空港へは3時間くらい前に到着するようにしよう。搭乗手続きを航空会社のカウンターや自動チェックイン機で済ませ、セキュリティチェックへ向かう。

日本からの出国と同様に、ニュージーランドを出国する際も機内への液体物の持ち込みには制限がある（→P.454）。おみやげで購入したワインなどは受託手荷物に入れること。

日本語にも対応している

オークランド国際空港の自動チェックイン機

## 日本に入国

### 日本入国時の注意点

2023年4月29日に、それまで行われていた新型コロナウイルスに関しての水際措置（陰性証明やワクチン接種証明書の提示）が廃止された。ただし、新型コロナウイルスの日本における水際対策は状況により随時変更されることがあるので、必ず旅行前に確認しておこう。

### 日本到着後の手続き

携帯品・別送品がある場合は、機内で配られる「携帯品・別送品申告書」に記入するかVisit Japan Webに登録して申告する。免税範囲を超える物品や別送品の有無にかかわらず申告する必要がある。

飛行機を降りたらまず検疫を通過。体に不調がある人は検疫のオフィスに相談しよう。

入国審査では、顔認証ゲートを利用する場合はそこでパスポートを読み取り、本人確認を行う。従来のようにスタンプをうける必要はない（希望者はパスポートに押してもらえる）。

受託手荷物を、搭乗便名が表示されているターンテーブルからピックアップする。荷物を受け取ったら税関手続きへ。免税範囲内の場合には緑のサインの列に、免税範囲を超えている場合には赤のサインの列に並ぶ。このとき、Visit Japan Webの税関のQRコードをスキャン、または携帯品・別送品申告書を提出する。別送品がある場合は2通を税関に提出。確認印が押されて1通控えを渡されるが、これは後日別送品を受け取る際に必要になるので保管しておこう。免税範囲を超えている場合には、用紙をもらい窓口で税金を支払う。

**リコンファーム**
航空会社によっては帰国便のリコンファーム（予約再確認）が必要。出発の72時間前までに航空会社へ連絡を。なお、ニュージーランド航空は不要。

**空港での免税品受け取り**
オークランドとクライストチャーチの空港では、市内や空港内の免税店で購入した品物の受け渡しが行われる。出国審査のあと、商品受け取りカウンターに寄るのを忘れずに。受け取りの際には購入時のレシートを提示するので、すぐ出せるようにしておく。カウンターは非常に混み合うので、時間には余裕をもって。

**輸入規制のかかる品目**
ワシントン条約に基づき、規制の対象になっている動植物および加工品（象牙、ワニやヘビ、トカゲなどの皮革製品、トラ・ヒョウ・クマなどの動物の毛皮や敷物など）は、輸出許可証がなければ日本国内には持ち込めない。また検疫証明書の添付がない肉、ハム、ソーセージなどの加工品、ビーフジャーキーなど牛肉加工品、一部の植物類も日本に持ち込めない。そして個人で使用する医薬品2ヵ月分以内（処方せん医薬品は1ヵ月分以内）、化粧品1品目24個以内など、一定数量を超える医薬品類は厚生労働省の輸入手続きが必要。

**経済産業省**
URL www.meti.go.jp
**厚生労働省**
URL www.mhlw.go.jp
**植物防疫所**
URL www.maff.go.jp/pps
**動物検疫所**
URL www.maff.go.jp/aqs

**ニュージーランドでのコロナ自費検査機関**
**Rako science**
URL www.rakoscience.com
**Test to Travel**
URL testtotravel.co.nz/find-a-testing-clinic

**コピー商品の購入は厳禁！**
旅行中も、有名ブランドのロゴやデザイン、キャラクターなどを模倣した偽ブランド品や、ゲーム、音楽ソフトを違法に複製した「コピー商品」を絶対に購入しないように。帰国時に空港の税関で没収されるだけでなく、損害賠償請求を受けることもある。

**Visit Japan Webについて**
日本入国時の手続き「入国審査」「税関申告」をウェブで行うことができるサービス。必要な情報を登録することでスピーディに入国できる。

**Visit Japan Web**
URL vjw-lp.digital.go.jp

**免税範囲を超えた場合の簡易税率**

| 品　名 | | 税率 |
|---|---|---|
| 1.酒類 | ウイスキー、ブランデー | 800円/ℓ |
| | ラム、ジン、ウオッカ | 500円/ℓ |
| | リキュール | 400円/ℓ |
| | 焼酎 | 300円/ℓ |
| | その他(ビール、ワインなど) | 200円/ℓ |
| 2.紙巻きたばこ | | 1本につき15円 |
| 3.その他の物品 | | 15% |

**〈日本入国時の免税範囲(成人ひとり当たり)〉**

| 品名 | 数量または価格 | 備考 |
|---|---|---|
| 酒類 | 3本 | 1本760mℓのもの |
| たばこ | 紙巻たばこ200本<br>葉巻たばこ50本<br>加熱式たばこ個装等10個<br>その他のたばこ250g | ※免税数量は、それぞれの種類のたばこのみを購入した場合の数量<br>※加熱式たばこの免税数量は、紙巻たばこ200本に相当 |
| 香水 | 2オンス | 1オンス約28mℓ(オーデコロンなどは含まない) |
| その他の物品 | 20万円(海外市価の合計金額) | 同一品目の海外市価の合計金額が1万円以下のものは、原則免税。 |

※上記は携帯品と別送品（帰国後6ヵ月以内に輸入するもの）を合わせた範囲。
詳しくは、税関のホームページURL www.customs.go.jpを参照。

# 空港へのおもなアクセス

## 成田国際空港へのおもなアクセス

第2・3ターミナル〈空港第2ビル駅〉、第1ターミナル〈成田空港駅〉

| 手段／出発地 | | | 時間 | 問合せ先 |
|---|---|---|---|---|
| JR | JR特急成田エクスプレス | 東京駅 | 約55分 | JR東日本<br>お問い合わせセンター<br>☎(050)2016-1600<br>URL www.jreast.co.jp |
| | | 新宿駅 | 約80分 | |
| | | 横浜駅 | 約90分 | |
| | JR成田線快速 | 東京駅 | 約85分 | |
| | | 横浜駅 | 約120分 | |
| 京成電鉄 | 京成スカイライナー | 京成上野駅 | 約45分 | 京成お客様ダイヤル<br>☎0570-081-160<br>URL www.keisei.co.jp |
| | | 日暮里駅 | 約40分 | |
| | 京成アクセス特急 | 京成上野駅 | 約75分 | |
| | | 品川駅 | 約80分 | |
| | 京成電鉄特急 | 京成上野駅 | 約80分 | |
| | | 日暮里駅 | 約75分 | |
| リムジンバス | ①東京エアシティターミナル<br>②羽田空港<br>③バスタ新宿<br>④銀座・汐留<br>⑤日比谷(帝国ホテル)<br>⑥六本木(グランドハイアット東京)<br>⑦渋谷<br>⑧横浜エアシティターミナル | | ①約70分<br>②約80分<br>③約120分<br>④約90分<br>⑤約110分<br>⑥約120分<br>⑦約110分<br>⑧約115分 | リムジンバス<br>予約・案内センター<br>☎(03)3665-7220<br>URL www.limousinebus.co.jp |
| 京成バス | ①東京駅<br>②池袋駅<br>③大崎駅<br>ほか | | ①約65分<br>②約80分〜<br>③約70分〜 | 京成バス、成田空港交通、京成バスシステム、リムジン・パッセンジャーサービスによる共同運行<br>URL www.keiseibus.co.jp/kousoku/nrt16.html |

※2023年3月現在。

旅の技術

# 現地での国内移動

## 飛行機で移動する

ニュージーランドの面積は日本よりひと回り小さいとはいえ、主要な観光ポイントは国内各所に点在している。限られた日数で効率よく見どころを回るためには、国内線の飛行機利用もひとつの手段。おもなフライトはフライトマップ（→P.461）を参照。

### ニュージーランドの航空会社

ニュージーランド航空（NZ）、ジェットスター航空（JQ）の便が主要都市間を結んでいる。この2社と提携航空会社を含め、地方都市まできめ細かな国内線航空ネットワークがある。

**ニュージーランド航空　Air New Zealand（NZ）**

日本からの国際線のキャリアとしてよく使われており、ニュージーランド国内の路線も多い。傘下の中小航空会社の路線はエア・ニュージーランド・リンクAir New Zealand Linkと呼び分けているが、これらもウェブサイトなどからニュージーランド航空のフライトと同様に予約し、利用することができる。

国内の路線網の細かさでは一番のニュージーランド航空

**ジェットスター航空　Jetstar Airways（JQ）**

オーストラリアとニュージーランドを拠点に運航しているジェットスター航空が、カンタス航空（QF）とのコードシェア便を運航。オークランド、ウェリントン、クライストチャーチ、クイーンズタウン、ダニーデンの5都市間を結んでいる。

### 国内線航空券の購入方法

**日本国内で手配する**

日本からニュージーランドへの国際線チケットを旅行会社で手配した場合、国内線のチケットも一括して頼むのがいい。この方法が最も簡単で、割引運賃が適用されるメリットもある。

また、各航空会社のウェブサイトやアプリからも予約ができる。ニュージーランド航空の場合、受託手荷物の有無や、フライトの変更ができるかどうかなどによって、4つのオプションから運賃体系を選択できるシステムとなっている（2023年3月現在）。チケットはeチケットなので印刷して持っていけば問題ない。また、アプリを使えばペーパーレスでOK。ほかに、ジェットスター航空などローコストキャリア（LCC）も低価格な運賃が魅力だ。

おもな航空会社(ニュージーランドの問い合わせ先)

**ニュージーランド航空**
FREE 0800-737-000
URL www.airnewzealand.jp

**ジェットスター航空**
FREE 0800-800-995
URL www.jetstar.com

**カンタス航空**
FREE 0800-808-767
URL www.qantas.com

**国内線の搭乗方法**
基本的な搭乗の流れは以下のとおり。
**①チェックイン**
出発の1時間前までに空港に到着し、基本的に自動チェックイン機で行う。自動チェックイン機の場合、eチケット控え(バーコード)をかざし、氏名や座席、荷物などの情報をタッチパネルで入力すると搭乗券が発行される。受託手荷物がある場合にはタグが出てくるので自分で荷物に付けてベルトコンベヤーに乗せる。受託手荷物がない場合は直接搭乗ゲートへ。
**②搭乗**
チェックインが済んだら早めに搭乗ゲートへ。搭乗ゲートの番号はロビーにあるテレビモニターで確認できる。
**③到着**
Baggage ClaimもしくはBaggage Pick-upなどと表示された場所へ向かい、受託手荷物をピックアップする。いずれの空港でも受け取った荷物と、預かり証半券との照合は行われない。

**グラブアシート**
URL grabaseat.co.nz

### ニュージーランド国内で購入する

長期の旅行などでは出発前に詳細な行動予定が立たず、旅行中に国内線航空券を購入することもあるかもしれない。その場合は現地にある航空会社のオフィスや、全国各地にある代理店などに発券してもらうのが便利。航空会社の予約デスクに直接電話をかけて予約することもできる。また、ウェブサイトやアプリからのオンライン予約ももちろん可能だ。いずれもクレジットカード情報が必要。

### 国際線の格安航空券を探す

LCCとはローコストキャリアの略で、業務やサービスなどを簡略化することで、安いチケット代を実現させた航空会社のこと。ニュージーランド国内でおもに運航しているLCCはジェットスター航空。ニュージーランド航空と比べて運賃は低く設定されているが、預ける荷物に追加料金がかかったり、便の変更ができない、取り消しができない（または手数料がかかる）という条件があったりするので、それらを理解したうえで上手に利用したい。

また、ニュージーランド航空の格安航空券を販売する、グラブアシートGrabaseatという英語のウェブサイトがある。路線、利用可能期間が限定されたチケットを販売する、いわばタイムセールのようなもので、希望のチケットがいつも見つかるという保証はないものの、格安で購入することができる。正規運賃で購入した場合とサービスは変わらない。

## 主要都市間のおもなフライト（直行便のみ）

NZ：ニュージーランド航空／JQ：ジェットスター航空

| 区間 | 所要時間 | 1日あたりの便数(航空会社) |
|---|---|---|
| クライストチャーチ ～ クイーンズタウン | 約1時間15分 | 3～4便(NZ) |
| クライストチャーチ ～ オークランド | 約1時間25分 | 12～16便(NZ)<br>3～6便(JQ) |
| クライストチャーチ ～ ウェリントン | 約50分～1時間 | 8～12便(NZ)<br>1～2便(JQ) |
| クライストチャーチ ～ ダニーデン | 約1時間5分 | 4～6便(NZ) |
| クライストチャーチ ～ ネルソン | 約55分 | 4～6便(NZ) |
| クライストチャーチ ～ ロトルア | 約1時間45分 | 1～2便(NZ) |
| クライストチャーチ ～ ニュー・プリマス | 約1時間30分 | 1～2便(NZ) |
| クイーンズタウン ～ オークランド | 約1時間50分 | 7～9便(NZ)<br>2～3便(JQ) |
| クイーンズタウン ～ ウェリントン | 約1時間20分 | 1～2便(NZ)、1～2便(JQ) |
| オークランド ～ ウェリントン | 約1時間10分 | 11～19便(NZ)<br>3～5便(JQ) |
| オークランド ～ ダニーデン | 約1時間50分 | 3便(NZ)、0～1便(JQ) |
| オークランド ～ ネルソン | 約1時間25分 | 7～9便(NZ) |
| オークランド ～ ロトルア | 約45分 | 1～3便(NZ) |
| オークランド ～ ニュー・プリマス | 約50分 | 6～8便(NZ) |
| ウェリントン ～ ダニーデン | 約1時間20分 | 2～3便(NZ) |
| ウェリントン ～ ネルソン | 約40分 | 7～9便(NZ) |
| ウェリントン ～ ロトルア | 約1時間15分 | 1～3便(NZ) |
| ウェリントン ～ ニュー・プリマス | 約1時間 | 1～3便(NZ) |

※2023年3月現在。所要時間や便数は時季や日によって異なる。

## フライトマップ

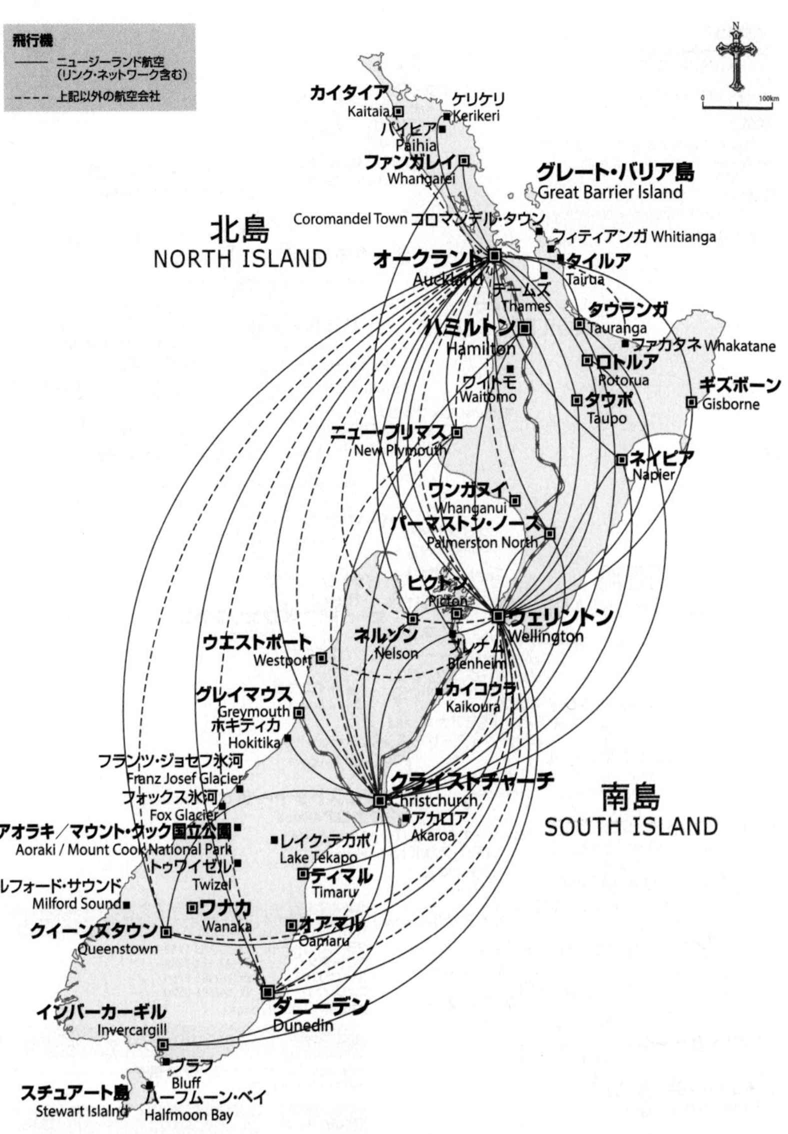

**飛行機 ニュージーランド航空** P.459

FREE 0800-737-000（ニュージーランド国内）
URL www.airnewzealand.jp

★2023年3月現在。本書掲載地域に関連し、定期的に運行（航）する交通機関を掲載。それ以外については割愛した区間もあります。

## 長距離バス・鉄道マップ

**長距離バス インターシティ** P.463

クライストチャーチ ☎(03)365-1113
ダニーデン ☎(03)471-7143
オークランド ☎(09)583-5780
ウェリントン ☎(04)385-0520
URL www.intercity.co.nz

**鉄道 キーウィ・レイル** P.466

FREE 0800-872-467(ニュージーランド国内)
URL www.kiwirail.co.nz

**フェリー インターアイランダー** P.230

FREE 0800-802-802(ニュージーランド国内)
URL www.interislander.co.nz

**フェリー ブルーブリッジ** P.230

FREE 0800-844-844(ニュージーランド国内)
URL www.bluebridge.co.nz

★2023年3月現在。本書掲載地域に関連し、定期的に運行(航)する交通機関を掲載。一部季節限定の運行(航)路線もあり。それ以外については割愛した区間もあります。

# 長距離バスで移動する

国内の交通機関のうち、最も細かくネットワークが整備され、かつ低料金で利用できるのが長距離バスだ。主要都市やおもな観光地の間を網羅し、予算に応じてバス会社を選ぶこともできる。移動の途中でさまざまな風景に出合いながら、ニュージーランドの素顔をじっくり見てみよう。おもなルートは長距離バス・鉄道マップ（→P.462）を参照。

## おもなバス会社

### 全土をカバーするインターシティ・コーチラインズ

ニュージーランド国内で最大手のバス会社は、インターシティ・コーチラインズ InterCity Coachlines（通称インターシティ）。前身は旧ニュージーランド国鉄で、現在は民営化され、南北両島で主要都市間を中心としたサービスを行っている。自社便のほか、各地で地方のバス会社と提携しており、それらを含めたネットワークは相当に細かい。大手バス会社のグレイ・ライン Gray Line、グレート・サイツGreat Sightsとも提携関係にあり、バス停の数は国内600ヵ所以上、1日の運行本数は130以上を誇る。車内で無料Wi-Fiが使え、自転車などを運べるのも便利。何度も利用する場合はポイントが貯まるインターシティ・リワード（→P.464欄外）に参加しよう。

提携会社が多く利用しやすいインターシティ

### シャトルバス

南島にはアトミック・トラベルAtomic Travelやリッチーズ Ritchiesなど、中小のバス会社もある。特徴は大手バス会社が運行していないエリアへアクセスできること。

短距離間ではミニバスやバンを使用することもあるが、長距離になると大手と同様の大型バスを採用している。

### バックパッカーズバス

都市間輸送ではなく、観光地を巡ることを主目的にしたのがバックパッカーズバス。キーウィ・エクスペリエンスKiwi Experienceがその代表格だ。これらのバスは、北島・南島それぞれに主要都市と観光ポイントを巡るルートで運行している。利用者はルートごとに有効なパスを買えば、そのルート上の同一方向のバスに何度でも乗り降り自由になるという、ホップオン・ホップオフと呼ばれる仕組み。2つのメインルートのほか、細かいサブルートがあり、自在に組み合わせが可能だ。

旅行者同士の交流も楽しいバックパッカーズバス

**インターシティ・コーチラインズ**
URL www.intercity.co.nz
クライストチャーチ
☎(03)365-1113
クイーンズタウン
☎(03)442-4922
ダニーデン
☎(03)471-7143
オークランド
☎(09)583-5780
ウェリントン
☎(04)385-0520

**長距離バスの料金**
インターシティ・コーチラインズでは季節や便によって料金が変動する。運賃は予約時に電話かウェブサイトで確認すること。

**シャトルバス**
**アトミック・トラベル**
e-mail info@atomictravel.co.nz
URL www.atomictravel.co.nz

**バックパッカーズバス**
**キーウィ・エクスペリエンス**
☎(09)336-4286
URL www.kiwiexperience.com

**キーウィ・エクスペリエンスのおもなホップオン・ホップオフ・パス**
料 Funky Chicken　$1419
出発地、最終地ともにの設定は自由で、ニュージーランド全土の指定ルートを巡る。最少日数は23日間。
Sheepdog　$1320
オークランド発、クライストチャーチ着で、ニュージーランド全土の指定ルートを周遊する。最少日数は17日間。
Queen Bee　$510
クイーンズタウン発、オークランド着で、ニュージーランド全土の指定ルートを巡る。最少日数は9日間。

## 割引運賃／お得な周遊パス

### インターシティ・コーチラインズの割引運賃

長距離移動に便利なインターシティのバス

手軽に利用できるバックパッカー割引は、YHA、BBH、VIPなどの各バックパッカーズ組織の会員証（→P.480）をチケット購入時に提示するだけでノーマル運賃の10〜15%割引になるというもの。また、払い戻し不可なスタンダード料金Standard Fareは、払い戻し可能なフレキシー料金Flexi Fareより15%程度割引きされる。お得な周遊パスは、以下のとおり。

### トラベルパス　TravelPass

トラベルパスはあらかじめルートが決まっており、そのルート間で乗り放題になるパスだ。6〜14種類のルートが用意されており、好みのものを選択できる。訪れるのはニュージーランドのなかでも人気の観光スポットばかり。南島のルートにはミルフォード・サウンド1日ツアーが含まれているものもある。自分の行きたい場所と、ルートが重なっている人には適しているだろう。また、有効期限が12ヵ月あるため、ルートが決まっているとはいえ、自分のペースで楽しむことができる。

### フレキシーパス　FlexiPass

フレキシーパスは全国乗り降り自由で、10〜80時間の時間単位を購入するプリペイドシステム。購入した時間分のバスに乗ることができる。有効期限は12ヵ月で、時間の追加購入や南北間を移動するフェリーにも利用可能。また、ミルフォード・サウンド1日ツアーに充てることもできる。自分の好きなときに、好きな場所に行くことができるため、バックパッカーや、自由気ままに旅行を楽しみたい人に向いているだろう。ウェブサイトに都市間を移動するための所要時間が記載されているおり、時間単位を購入する目安になる。

### チケットの予約

トラベルパス、フレキシーパスとも予約方法はほとんど同じだ

バスは完全予約制となっており、インターシティ・コーチラインズのウェブサイト（→P.463）またはアプリから予約できる。チケットの追加などもウェブサイトを通してできる。バスまたはフェリーの予約の変更やキャンセルは、出発の2時間前までに行う必要がある。

---

**インターシティ・リワード InterCity Rewards**

支払った運賃に応じてポイントが貯まる無料の会員制プログラム。貯まったポイントでバス運賃が無料になるなどの特典あり。予約や便の変更などもできるのでポイントを貯めない場合も会員登録しておくと便利。下記のトラベルパスとフレキシーパスはポイント対象外。

URL www.intercity.co.nz/frequent-travellers/about-intercity-rewards

**トラベルパス**

URL www.intercity.co.nz/bus-pass/travelpass

料 Natural North Island　$145

オークランドからタウランガ、ロトルア、タウポを経てウェリントンまで、北島を縦断するパス。ウェリントンからオークランドへ北上するルートも選べる。最少日数は2〜3日間。

Alps Explorer　$229

クライストチャーチ発、クイーンズタウン着の黄金ルート。ルート上なら出発地点の設定自由。ミルフォード・サウンド1日ツアーあり。最少日数は2日間。

Ultimate New Zealand　$529

オークランドからクイーンズタウンまで、インターアイランダーを含む全域ルート。出発地点はどちらからでもOK。ミルフォード・サウンド1日ツアーあり。最少日数は6〜7日間。

**フレキシーパス**

URL www.intercity.co.nz/bus-pass/flexipass

料 10時間$139
15時間$169
20時間$203
25時間$239
30時間$269
35時間$314
40時間$355
45時間$395
50時間$436
55時間$477
60時間$518
65時間$559
70時間$589
75時間$610
80時間$641

## チケット購入の手順

**❶ウェブサイトにアクセス**

インターシティ・コーチラインズのウェブサイトにアクセスし、出発地・目的地・希望日時・人数などの必要項目を入力して検索。あるいはトップ画面をスクロールダウンしてフレキシーパスかトラベルパスをクリック。

**❷目的地やルートを確認してチケットを購入**

乗りたいバスを選び、スタンダードとフレキシーいずれかを選んで予約・決済に進む。フレキシーパスの場合はView Passes→Buy your FlexiPassの順にクリックし、時間を選択して購入。トラベルパスの場合はView Passesで販売中のパス一覧を確認し、希望のルートを選択して購入する。フレキシーパス、トラベルパスは選択・購入・予約の3ステップをHow FlexiPass/TravelPass worksという項目でわかりやすく解説している。

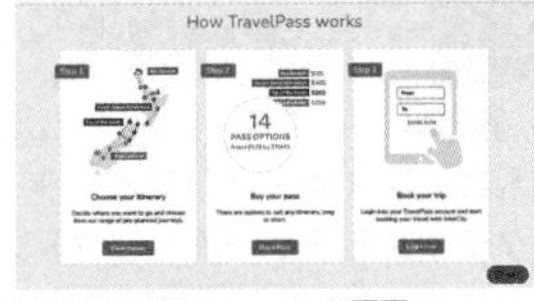

How TravelPass worksの画面

**❸乗車便の予約（フレキシーパス、トラベルパス）**

フレキシーパス、トラベルパスの場合は予約番号とアクセスコードを使ってアカウントにログインし、乗車するバスを予約する。

**格安チケットGoTicket**

インターシティには期間限定で毎週リリースされる格安チケット、ゴーチケットGoTicketがある。路線はそのつど変わるが、スケジュールが合えばかなり割安なので要チェック。公式サイトにメールアドレスを登録しておけばリリース時に詳細な内容が記されたメールが届く。チケット料金のほかに予約手数料が必要。

URL www.intercity.co.nz/gotickets

## 長距離バスの利用方法

**予約は必ずしておこう**

インターシティ・コーチラインズに限らず、路線バスは完全予約制なので、予約を忘れないようにしよう。電話や各バス会社のウェブサイトで予約できるほか、観光案内所アイサイトやアコモデーションなどでチケットを購入することも可能。特に観光シーズンの12～3月は、観光名所を結ぶ路線では2～3日前までの予約を心がけよう。また大都市以外の町や小さなバス会社では、それぞれのホテルを回って乗客を乗せてくれることもある。

**バスの乗り方**

長距離バスの発着場所は、大都市では専用ターミナル、それ以外の小さな町では観光案内所アイサイト前や、一般の商店、ガソリンスタンドなどに業務を委託していることが多い。

バスの乗り場には発車時刻の15分前までに集合することになっている。荷物は、手回り品以外すべてトランクに預ける。

**のどかなバスの旅**

一部のシャトルバスを除き、バスは大型で座席はゆったりしている。道中ドライバーが見どころのアナウンスをしたり、写真を撮るためしばし停車してくれたりもする。また2時間に1回程度の割合で、途中の町のカフェなどに立ち寄り30分程度のトイレ休憩がある。到着地の町では乗客の要望に応じて、目的の場所に近い所で降ろしてもらえることもある。

ゆったりとしたインターシティの車内

バスは町なかに発着するので便利

# 鉄道で移動する

車社会のニュージーランドにあって鉄道の路線は数少ないが、キーウィ・レイルKiwi Railによって、展望車両の導入や車内サービスのグレードアップなど工夫を凝らした観光列車が運行されている。ゆったりとした座席でくつろぎながら、のんびりとのどかな車窓風景を楽しむ……そんな鉄道の旅をぜひ体験してみたい。

**キーウィ・レイル**
FREE 0800-872-467
URL www.kiwirail.co.nz
URL www.greatjourneysnz.com

海沿いを走る爽快なコースタル・パシフィック号。写真協力／Kiwi Rail

## キーウィ・レイルの列車

**［南島］**

### 1.コースタル・パシフィック　Coastal Pacific号
### クライストチャーチ～ピクトン

夏季の間のみ、毎日1往復の運行。上記の区間を約5時間40分で結ぶ列車で、車窓からは気持ちのいい海沿いの景色を楽しめる。ホエールウオッチングで有名なカイコウラは、この区間のほぼ中間に位置している。ピクトンの手前のブレナム付近はワイン産地として知られており、ブドウ畑が広がる美景も見られる。

### 2.トランツ・アルパイン　The TranzAlpine号
### クライストチャーチ～グレイマウス

こちらも毎日1往復、通年で運行する。ただし、冬季は減便され、週4本程度。片道4時間50分。サザンアルプスを横断する車窓の山岳風景がすばらしく、国内の列車のなかで人気、知名度ともに高い。途中、山越えのピーク部分に位置するアーサーズ・パス国立公園（→P.212）は、トレッキングの拠点としてよく利用されている。アーサーズ・パス国立公園からの日帰りを楽しむほか、クライストチャーチからウエストコースト方面への移動手段としても便利だ。

山あいに位置するアーサーズ・パス駅

**そのほかの鉄道**
ここに挙げたキーウィ・レイルの列車のほか、観光客に人気の高い鉄道には、ダニーデン～ヒンドンを運行するザ・インランダー（→P.165）などがある。

ダニーデン駅に停車するザ・インランダー

各列車にはオープンデッキの展望車両がある
Photo/Robin Heyworth

**［北島］**

### 3. ノーザン・エクスプローラー　Nothern Explorer号
### オークランド～ウェリントン

キーウィ・レイルkiwi Railの長距離列車。途中、トンガリロ国立公園最寄りのナショナル・パーク駅やハミルトン駅、パーマストン・ノース駅などを通る。片道10時間40～55分。運行はオークランド・ストランド駅発が月・木・土曜、ウェリントン発は水・金・日曜のそれぞれ1日1便。

オークランド・ストランド駅に停車するノーザン・エクスプローラー号

## 4. キャピタル・コネクション　Capital Connection号

### パーマストン・ノース〜ウェリントン

車窓からは雄大な景色を堪能できる

月〜金曜の朝6時15発の上り、夕方17時15発の下りの1往復で、旅を楽しむというより、どちらかというと通勤や通学の利用者をメインに考えた列車。片道約2時間。途中、海沿いのワイカナエ駅や有名ゴルフコースがあるパラパラウム駅などに停車する。

**キャピタル・コネクション号**
運賃の支払は現金のみ。ICカード乗車券のスナッパーは使用不可なので注意。車内のカフェではクレジットカードが利用できる。
URL www.greatjourneysnz.com/capital-connection

## 長距離列車の利用方法

チェックインは早めに行おう

### 予約は必ず入れておく

列車は通常それほど混むことはないが、予約は必ずしなくてはならない。予約した乗降客のいない途中駅は、通過してしまうこともあるからだ。夏季は乗車の2〜3日前までに予約することが望ましい。左ページの電話およびウェブサイトで、あるいは各地の観光案内所アイサイトでも予約とチケットの購入ができる。

### 出発20分前までにチェックイン

乗車当日は、定刻の20分前までに駅に到着するようにしたい。駅に改札口はなく、ホームへの出入りも自由だ。スーツケースやバックパックなど大きな荷物は列車の荷物室に預けるので、駅のカウンターにてチェックインする。荷物室には自転車も積み込み可能。予約時に自転車の積み込みを伝え、荷物料金を当日支払うことが規定となっている。

ホームへは自由に出入りでき、見学も可能だ

大きな荷物は、あらかじめ荷物室にチェックインする

すべての乗客が乗り込むと、列車は静かに発車する。日本では考えられないことだが、予約した乗客がすべて乗ったことが確認されると、定刻より早くても列車は出発してしまうこともある。発車すると間もなく車掌の検札が行われる。

### 割引運賃のいろいろ

列車の運賃にはいくつかの割引制度がある。ピークシーズン以外の時季には、席数を限定して大幅な割引運賃で販売される。早めにチケットを買ったほうが有利になるので、予定が決まったら問い合わせてみよう。ただし払い戻しなどに条件が付くので、必ずチェックしておくこと。

列車とフェリー（ウェリントン〜ピクトン間）を通しで利用する際にも、割引運賃が設定されている。さらに、列車を思いきり利用したいという人には、3〜21日間有効のトラベル・レイル・パスTravel Rail Passがおすすめ。どの列車も乗り放題で、インターアイランダーのフェリー乗船も含まれている。使用開始日から1ヵ月（6日間以上は2ヵ月、14日間以上は制限なし）以内に有効日数分を消費すればよいので融通が利くが、席の予約は出発の72時間前まで。ピークシーズンは使えないパスもあるので購入時に確認を。

**トラベル・レイル・パスの販売サイト**
Scenic Rail Pass
URL scenicrailpass.com
Rail Bus New Zealand
URL railbusnewzealand.com/passes
New Zealand Rail
URL newzealandrail.com/passes/passlist/14

## 列車時刻表（2023年3月現在）

## 南島 South Island

### 1.コースタル・パシフィック号
（クライストチャーチ～ピクトン）

| | おもな停車駅 | |
|---|---|---|
| 07:00 | クライストチャーチ | 19:30 |
| 07:30 | ランギオラ | 18:45 |
| 10:00 | カイコウラ | 16:25 |
| 12:10 | ブレナム | 14:05 |
| 12:40 | ピクトン | 13:40 |

### 2.トランツ・アルパイン号
（クライストチャーチ～グレイマウス）

| | おもな停車駅 | |
|---|---|---|
| 08:15 | クライストチャーチ | 17:00 |
| 09:20 | スプリングフィールド | 17:45 |
| 10:40 | アーサーズ・パス | 16:20 |
| 12:05 | モアナ | 15:05 |
| 13:05 | グレイマウス | 14:05 |

**●主要区間の運賃**
**クライストチャーチ～アーサーズ･パス大人 $145～**
**クライストチャーチ～グレイマウス大人 $199～**
**クライストチャーチ～ピクトン 大人 $177**

トランツ・アルパイン号では車窓からサザンアルプスの山々に囲まれた美しい渓谷風景が楽しめる

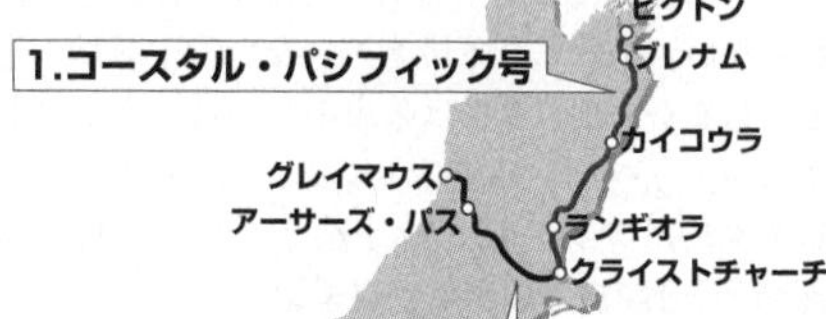


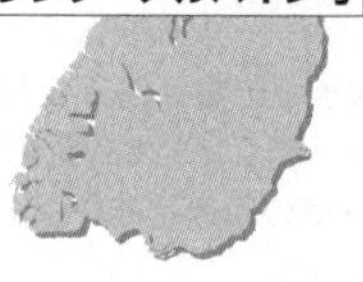

## 北島 North Island

### 3.ノーザン・エクスプローラー号
（オークランド～ウェリントン）

※オークランド発は月・木・土曜、
ウェリントン発は水・金・日曜

| | おもな停車駅 | |
|---|---|---|
| 07:45 | オークランド | 19:00 |
| 10:15 | ハミルトン | 16:25 |
| 13:15 | ナショナル・パーク | 13:15 |
| 13:45 | オハクニ | 12:45 |
| 16:20 | パーマストン・ノース | 10:00 |
| 18:25 | ウェリントン | 07:55 |

**●主要区間の運賃**
**オークランド～ナショナル・パーク大人 $124**
**オークランド～ウェリントン大人 $199**
**ウェリントン～ナショナル・パーク大人 $124**

ウェリントン駅の外観

※時刻・料金は2023年3月現在のもの。

### 4.キャピタル・コネクション号
（ウェリントン～パーマストン・ノース）

＊月～金曜運行

| | おもな停車駅 | |
|---|---|---|
| 06:15 | パーマストン・ノース | 19:20 |
| 08:20 | ウェリントン | 17:15 |

**●運賃**
**ウェリントン～パーマストン・ノース 1人 $35**

# レンタカーで移動する

日本と同じ左側通行であるうえ、全般的に交通量が少なく渋滞もほとんどないので、ドライブ旅行に非常に適した国だといえる。国中をカバーする道路網を利用して、快適で効率のいい旅を楽しめる。なお、ニュージーランドで車のことはビークルVehicleが一般的。

## レンタカーの手続き

### レンタカー会社の種類

大手レンタカー会社として、ハーツHertz、エイビスAvis、バジェットBudgetなどがある。これらの会社は空港ロビーや、町の中心部にオフィスを構えているので便利だ。車のクオリティや整備、事故や故障時のバックアップ体制もしっかりしているうえ、国内各地にオフィスがあるので、プランによっては"乗り捨て"(One Way Rentalという)もできる。上記の大手3社はいずれも日本国内にも予約窓口がある。日本での予約を条件とする割引きもあるので、出発前に各社に問い合わせてみよう。

これら大手のほか、ジューシー・レンタルJucy Rentalなど中小規模のレンタカー会社もある。全般に大手よりも料金は割安なので、限られた地域内でのドライブ旅行には好都合だ。

### レンタカーの料金システム

大手・中小を問わず、ほとんどのレンタカーは走行距離無制限(Unlimited Kilometres)、すなわち走った距離に関係なく料金は一定。ただ、安さをうたった期間限定のキャンペーン料金などでは、走行距離によって料金が変わるものもある。

料金はすべて1日(24時間)が単位だ。これ以下の時間単位の設定はない。ガソリンは料金に含まれないので、満タンにして返却する。乗り捨て料金は、区間などによってかかるかどうかが違うので、これも要確認だ。一般的に大都市間(例えばオークランド～ウェリントン間など)は乗り捨て無料とする会社が多い。

### レンタカーを予約する

予約する際に伝えることは、以下の3つ。これは日本で予約する場合でも、ニュージーランド国内で予約する場合でも同じだ。

#### 1. レンタル開始・終了の日にちと時刻

料金設定は24時間単位になっているので、例えば月曜の正午から3日間借りる場合、返却のタイムリミットは木曜の正午ということになる。期限の時間を過ぎると追加料金がかかるので、ある程度の計画を立ててからレンタル日数を決めよう。

#### 2. 借りる場所と返す場所

乗り捨て料金の有無、金額はこの段階で確認をしておこう。

#### 3. 車のタイプ

レンタカー会社では車をクラスによって分けており、予約の際は車種でなくクラスによって指定する。レンタカーのほとんどは日本車だ。チャイルドシートやタイヤのスノーチェーンなどを借りたい場合はこの際にリクエストしよう。

**国外運転免許証について**
(→P.452)
国外運転免許証は、日本の運転免許証と一緒に携帯しなければならない。

**日本国内での予約先**

**ハーツ**
無料 0800-999-1406
URL www.hertz-japan.com

**エイビス**
無料 0120-311-911
URL www.avis-japan.com

**バジェット**
☎ 0570-054-317
URL www.budgetrentacar.co.jp

**レンタカーの年齢制限**
会社によって25歳または21歳以上の年齢制限を設けている。上記の大手3社の日本窓口では以下のように対応している。
ハーツ=21歳以上
エイビス=21歳以上
バジェット=21歳以上
※上記3社とも車種によっては25歳以上のこともある。また、上記は日本国内の規定であり、ニュージーランド国内で予約手続きを行う場合は同じ会社でも対応が異なることがある。

**レンタル料金の相場**
会社や時季、利用期間によって異なるが、コンパクトカー(トヨタカローラのクラス)の場合、1日$100～150くらいが大まかな目安。保険やカーナビなどのオプションを追加すると1日$10～20程度が加わる。また、25歳未満の場合、別途ヤングドライバー料金が必要な場合もある。

おもな空港内には大手レンタカー会社のカウンターが並んでいる

**南北両島にまたがるレンタル**
**Interisland Rental**

最初に借りる際にフェリー乗船予定日を聞かれる。そして、乗船する日時が確定した段階で、再度レンタカー会社に連絡し予約番号を伝える。

**クレジットカードについて**

どこのレンタカー会社でも、アメリカン・エキスプレス、MasterCard、VISAが使える。

**レンタカー乗り入れ禁止のおもな区域**

会社によってはレンタカーの乗り入れを禁止している区域がある。下記は多くのレンタカー会社が乗り入れを禁止している区域。

**南島**

- クイーンズタウン近郊のスキッパー・ロード
- アオラキ／マウント・クック国立公園周辺のタスマン・バレー・ロード

**北島**

- コロマンデル半島最北端部（コルビル以北）
- レインガ岬にいたる90マイルビーチの砂浜

バスや四輪駆動車でなければ砂に埋まってしまうので90マイルビーチは走行不可

**JAF海外サポートについて**

JAF（日本自動車連盟）は国際自動車連盟（FIA）に加盟しており、同じく加盟国であるニュージーランドの自動車クラブ、NZAA（ニュージーランド自動車協会）と相互サポートを提携している（FIAグローバル・サービス）。JAF会員は、NZAAのロードサービスや旅行・道路情報サービスなどを受けることができる。サービスの利用法などはJAFのホームページ URL www.jaf.or.jpで確認しておこう。

**NZAA（オークランド本社）**
FREE 0800-500-222（24時間救援）
URL www.aa.co.nz

## 南北島間のレンタル

ニュージーランドは南島と北島とのふたつに分かれた国である。そこでニュージーランド全土をレンタカーでドライブする際には、いくつか知っておくべきことがある。

まずレンタカー会社によっては、島をまたいでの乗り捨てプランに対応していないということ。例えばハーツでは、南北両島をまたいで片道レンタルする場合、乗船前にいったん車を返し、フェリーで海峡を渡ったあとに別の車を新たに借りるという手続きを踏む。レンタルの契約がひと続きの場合は、返却時に精算の手続きなどはなく、単純に車を返すだけ。再レンタル時も同様に契約書へのサインなどは必要なく、新たな車のキーを受け取るだけでいい。なお、乗船するフェリーの詳細は事前にレンタカー会社に伝えておくこと。便を変更した場合は乗船の5日間前までに連絡が必要だ。

ただし、多くの会社ではそのまま車でフェリーへ乗り入れることが可能。どちらのケースに当たるのか、レンタル開始時に確認を忘れずに。

ピクトン発のフェリーに乗船する

## レンタカーを借りる

予約を入れ、ピックアップ場所に指定した空港や町のレンタカー会社のカウンターへ。その際に必要なのは、国外運転免許証（→P.452）。これはもちろん、日本出発前に取得しておく。またクレジットカードも必要となる。これは支払いの手段だけではなく、信用保証のためにも求められるもの。日本で料金前払いのクーポンを購入した場合でも、やはりクレジットカードなしには車を借りることができないので注意が必要だ。

そのほか借りる際に聞かれることは、任意保険（対人・対物）をどうするかということ。必要に応じて選択する。日本で予約済みの場合は、契約内容に含まれる保険と重複していないかも確認したい。また契約本人以外に車を運転する人がいる場合、その人の名前も契約書に記載する。以上で手続きは終わりだが、借りた車に大きなキズや凹みがないかのチェックは忘れずに。見つけた場合はその場で申告すること。

## レンタカーの返却方法

期間内のレンタルを終了して、目的地のオフィスに車を返却する。ここでの手続きはごく簡単だ。時間帯などによってオフィスが無人の場合は車を駐車場に停めて鍵を返却ボックスに投入するだけでいい。ガソリンはあらかじめ満タンにしておく。もし何らかの事情でできなかった場合は、一般のガソリンスタンドよりはやや割高になるが、精算時に上乗せして支払うこともできる。走行距離が制限されている場合は、帰着時点のキロ数をメーターどおりに記入してカウンターに持っていく。料金はレンタル時に登録したクレジットカードによって後日引き落とされる。

## ニュージーランドの道路事情

### ハイウエイとモーターウエイ

ニュージーランドの道は日本と同じ左側通行で日本人には運転しやすい。といっても、日本とは交通事情や法規の違う部分も少なくない。

ニュージーランドでは国中にステート・ハイウエイ網が整備されている。日本ではハイウエイHighwayというと高速道路を意味するが、英語では一般国道を指す。乗用車の制限時速は、原則として市街地では50キロ、郊外では100キロと定められている。しかし実際には郊外では120キロ以上で飛ばす車も少なくなく、車の流れは相当に速い。カーブやアップダウンが多い道でこのスピードなのだから、日本の感覚だと最初はかなりとまどうかもしれない。慣れないうちは無理に飛ばさず、速い車は先に行かせればいい。ただし極端に遅いのは逆に危険で、時速50〜60キロで走っていては、流れに乗ることができない。

これとは別にトール・ロードTollRoadと呼ばれる有料の高速道路、モーターウエイMotorwayという無料の自動車専用道路がある。緊急時以外の一時停止は禁止され、自転車、歩行者は入れない。高速道路は北島に3ヵ所ある。日本のように高速道路の入口はなく、国道を走っていると高速道路に入る。

## 交通ルールやマナーなど

### ラウンドアバウト　Roundabout

日本の駅前によくあるロータリーと形は似ているが、信号がなくても交差点の車をスムーズに流す働きをもつ。基本は「自分の右側にいる車が優先」。先にラウンドアバウトに入っている車が優先なので、右から来る車をやり過ごしてから進入する。ラウンドアバウト内を走っている間は、一時停止の必要はない。

### ギブウエイ　Give Way

優先道路に合流する手前にある。「道を譲れ」のサインで、合流先の道路が優先であることを示す。路面には白い停止線が引かれているが、完全な一時停止が義務付けられているわけではない。見通しがよく、安全が確認できれば、そのまま進入していい。ラウンドアバウト進入時にもこのルールが適用される。

### 右折と左折

交差点では日本と同様に左折車が優先となる。なお、このルールは2012年3月に変更されたものなので、これ以前にニュージーランドで運転したことがある人は要注意。

### キープレフト　Keep Left

日本同様、常に左側を通行するというルール。特にモーターウエイは、追い越し以外は必ず左側車線を走行しなくてはならない。

### 踏切

踏切での一時停止は必要ない。幹線道路にある踏切はすべて警報器付きだが、郊外の田舎道では警報器がない場合もある。踏切手前の標識（Railway Crossing）に注意すること。

**3つの高速道路**

**オークランド・ノーザン・ゲートウエイ**
**Auckland Notherm Gateway**

ノースランドに行く際に利用することになる高速道路。オークランドから北に延びる国道1号の、シルバーデールSilverdaleとプーホイPuhoiの7.5kmの区間。

料一般乗用車＄2.4

**タウランガ・イースタン・リンク・トール・ロード**
**Tauranga Eastern Link Toll Road**

タウランガ郊外のパパモアPapamoaとパエンガロアPaengaroaを結ぶ、国道2号の15km区間。

料一般乗用車＄2.1

**タキトゥム・ドライブ・トール・ロード**
**Takitumu Drive Toll Road**

タウランガから南に延びる国道29号沿いの5km区間。

料一般乗用車＄1.9

**高速道路のサイト**

URL nzta.govt.nz

**高速道路の支払い方法**

高速道路の入口で支払うのではなく、事前、または通行後に支払う。

- 事前にオンライン決済
- 通行後5日以内にオンラインで支払い
- 有料道路手前のガソリンスタンドで支払い

通行前か通行後にオンラインで決算するのが一般的。方法は以下の通り。

1. 以下のサイトにアクセス
   URL nzta.govt.nz/roads-and-rail/toll-roads
2. Buy or Pay a tollをクリック
3. Declarationのチェックボックスにチェックを入れてContinue
4. 車のナンバーを入力してContinue
5. 車両情報を確認してContinue
6. 通る道と回数を選びContinue
7. クレジットカード支払いの手続きへ。使えるカードはVISAとMaster Cardのみ

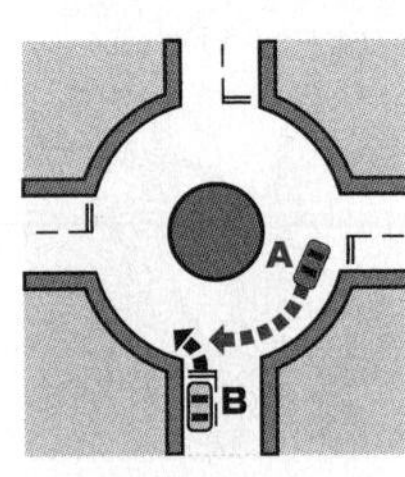


**ラウンドアバウト**

Aのほうが優先。Bは右から車が来ないことを確認してから進入する。右側の車はもちろん、正面にいる車も左折して優先車となるので注意すること。

### 1車線の橋（One Lane Bridge）

郊外の道では、対面の2車線道路でも橋だけ1車線になることがある。この場合いずれかの側に、橋の手前にギブウエイの標識があるので、これに従う。見通しの悪いことが多いので、優先側でも注意をすること。

### 横断歩道

横断歩道上での歩行者優先は、かなり徹底している。渡ろうとしている人を見たら必ず停まり道を譲ること。

### 運転のマナー

クラクションは非常時を除いて使わない。停車中、不要なアイドリングは禁物。エンジンのかけっぱなしは、騒音と排気ガスの両面で非常に嫌われる。

1車線の橋の手前ではどちらが優先車か確認すること

コインパーキングは現金のほかクレジットカードや専用アプリでも支払いが可能

**ガソリンの入れ方**

1.ガソリンの種類を確認する。レンタカーの場合はレギュラー（アンレディッド）が一般的。

2.給油する料金を入力する（リットルではないので注意）。満タンにする場合はFULLボタンを押す。

3.ノズルを上げ給油を行う。給油量を満たすと自動的にストップするのでノズルを戻す。店内のレジで給油ナンバーを告げて支払いをする。給油機やその周辺にカード専用の自動支払い機がある場合も。

## そのほか、知っておきたいこと

### 駐車時の注意

町なかでは、駐車できる場所と可能な時間などが細かく決められ、標識に示されている。違法駐車はもちろん、時間超過も係官が厳しくチェックしているので注意しよう。パーキングメーターも多いが、ある程度長くなる場合は駐車場に入れたほうが割安だ。場所によって夜間・休日はパーキングメーターは無料で開放され、その曜日や時間は個々に表示されている。

なお車上荒らしも多いので、車を離れる際に荷物を車内の見える場所に放置するのは危険だ。

### ガソリンについて

ニュージーランドではガソリンのことをペトロルPetrol、ガソリンスタンドはPetrol Stationと呼ぶ。土・日曜はほとんどの商店が閉まるニュージーランドでも、ガソリンスタンドだけは毎日営業している。軽食やドリンクなども売っており、ちょっとしたコンビニ的役割を果たしている。人家の少ない地域では、ガソリンスタンドの間隔も数十km以上ということが珍しくないので、郊外に出たら早めの給油を心がけよう。給油は基本的にセルフサービスで、ガソリンの値段はリットル当たり＄2.5くらいから。レンタカーの場合、ガソリンはレギュラー（無鉛アンレディッドUnleaded）が一般的。車を借りる際に確認しておこう。

### 事故に遭遇してしまったら

万一事故に遭った場合にどうするか。さまざまな状況があるので一概に決めるのは難しいが、基本的には現場を保存すること。日本ではほかの交通に配慮してすぐに事故車を移動することが多いが、ニュージーランドでは事故が起こると現場周辺の交通はただちに停まるのが通例。もちろん負傷者がいれば、応急手当を最優先して行う。

そのほかでは、事故関係者の連絡先、ナンバープレートなどを控えること、警察やレンタカー会社に連絡することなどが必要となる。会話力が不十分な場合、その場での交渉ごとは避けるべきだ。

## キャンピングカー（モーターホーム）

ニュージーランドを旅していると、キャンピングカー（モーターホームMotor Home、キャンパーバンCamper Vanなどと呼ぶ）をよく見かける。車に寝台、キッチンなど居住空間を備えた車で、各地にあるホリデーパーク（→下記、P.480）を泊まり歩くのは、旅のスタイルとしてポピュラーなものだ。

### キャンピングカーの設備と使い方

キャンピングカーのおもな設備は、ベッド、キッチン（食器、調理器具一式含む）、ダイニングテーブルなど。大型のものにはトイレ、シャワーも付いている。2、4、6人用のタイプが一般的。レンタル料金は季節により変動するので要チェック。ニュージーランド各地にあるホリデーパークでは、キャンピングカー用に電源付きのスペース（Power Site）が用意されているので、充電することで、照明、冷蔵庫などを使用できる。利用料金はひとりにつき＄15〜40。

### キャンピングカーのレンタル

ニュージーランドでは、キャンピングカー専門のレンタル会社がいくつかある。日本に支店はないので、自分で現地のオフィスに直接コンタクトを取って予約しなければならない。レンタルは21歳以上が対象となる。夏のシーズンはかなり需要が高いので、日本をたつ前に予約を済ませておきたい。

## ホリデーパーク

ニュージーランド各地にはホリデーパークHoliday Park（Caravan Park、Motor Camp、Motor Parkも同意）と呼ばれる自動車利用型のキャンプ場がある。キャンピングカー用の電源施設や水道、排水施設をもつキャンプ地をパワーサイトPower Site、通常のテント用の芝地をノンパワーサイトNon-Power Siteといい、その他ベッドが付いた個室（キャビンCabin）や、牽引型のキャンピングカーを地面に固定した宿泊施設（オンサイトキャラバンOn-Site Caravan）、モーテルに近い大型ユニットタイプの客室（ツーリストフラットTourist Flat）などさまざまな宿泊施設が用意されている。共同施設はキッチン、バスルーム（シャワー、トイレ）、ラウンジ（場所によっては兼ダイニングルーム）、ランドリー（洗濯機、乾燥機、屋外での物干し場）などが一般的だ。

寝袋やバスタオルは有料でのレンタルを行っているところもあるが、基本的には自分で用意する必要がある。共同キッチンには電熱式の調理台、湯沸かしポット、トースター、冷蔵庫などがあり、自由に使うことができる。また、キッチン付きユニットにはひととおりの調理器具と食器類が室内に揃っている。パークのオフィスに貸し出し用の調理道具類があることも。なお、車で長旅をする人はクーラーボックスを買っておけば、飲み物や生鮮食料品の保管に重宝する。

**キャンピングカーのレンタル会社**

**Maui**
FREE 0800-688-558
URL www.maui-rentals.com

**Tui Campers**
☎(03)359-7410
URL www.tuicampers.co.nz

**New Zealand Motorhomes**
☎(07)578-9895
FREE 0800-579-222
URL www.newzealand-motorhomes.com

**キャンピングカーの注意点**

キャンピングカーの多くはディーゼルエンジンなので燃料はガソリンではなく軽油になる。ただしガソリン車もあるので事前に確認を。

暮らすように移動できるキャンピングカー

**DOCのフリーダムキャンピング**

ニュージーランド国内67ヵ所に、DOCが運営する無料のキャンプサイトがある。これらはフリーダムキャンピングと呼ばれ、最低限度の設備しかないが無料で宿泊可能。キャンピングカーもしくはテントを用意すること。詳細はDOCのウェブサイト（→P.441）を参照。

**ホリデーパークのリスト**

ホリデーパークのリストとして信頼性が高いのは、New Zealand Holiday Parks Associationが発行している小冊子。主要都市の観光案内所アイサイトなどに置いてあり、無料で手に入る。各ホリデーパークが略図入りで紹介され、特色や施設などがコンパクトに記されている。また、ウェブサイトではエリア別に検索できて便利だ。
URL www.holidayparks.co.nz

アウトドア派におすすめのホリデーパーク

# 旅の技術 ショッピングの基礎知識

ウール製品やマオリの工芸品など、ニュージーランドならではのおみやげ（→P.32）を探してみよう。それぞれの地方では、地元のアーティストによる作品も見つかるだろう。スーパーマーケット（→P.20）の食品コーナーをのぞいてみるのもいい。

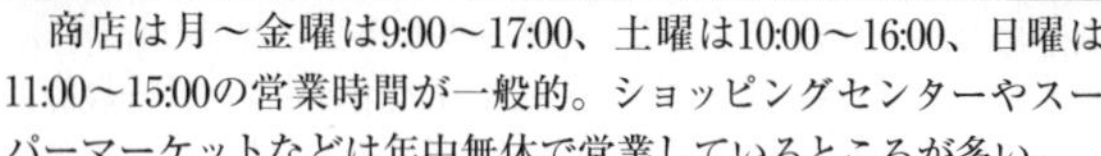

## ショッピングタイム

商店は月～金曜は9:00～17:00、土曜は10:00～16:00、日曜は11:00～15:00の営業時間が一般的。ショッピングセンターやスーパーマーケットなどは年中無休で営業しているところが多い。

## ニュージーランドならではのおみやげ

### ウール製品

羊の国といわれているだけあって、セーターや帽子、手袋、ぬいぐるみなど上質のウール製品を購入することができる。専門店も数多く、日本では手に入れることができないデザインのものが見つかるだろう。近年では、害獣として駆除の対象となっている有袋類の樹上動物ポッサムの毛を混紡したものが、軽くて暖かいと人気。国産の上質なメリノウールを使ったアウトドアブランド、アイスブレーカーIcebreaker社の製品も注目されている。

### シープスキン製品

人気が高い羊皮のコートやジャケットは、内側がふわふわで、外側はバックスキンで肌触りがよい。日本に比べると安いし、その温かさは抜群だ。室内履きやシープスキンブーツも手頃な価格でおみやげにおすすめ。また、シープスキンの敷物はいろいろなインテリアに重宝し、とても暖かいと好評だ。品質も段階別に表示されているので購入の目安にしたい。

### マオリの工芸品

精巧な技術で彫り込まれた木彫りの工芸品が多数ある。マオリが海洋民族であったことをしのばせるカヌーや船具のミニチュアに、ワハイカ（平たい棍棒）、テコテコ（マオリの神の像）、ティキ（胎児の形をした人形でマオリの幸運のお守り）などの置物だけでなく、ペーパーナイフなど実用品もあり、手作りのぬくもりを味わえるおみやげとして喜ばれている。このほか、麻で編んだ手提げや籠もマオリ独特の工芸品として、ニュージーランドの思い出となるだろう。牛の骨などを削って作ったボーンカービングのアクセサリーもおもしろい。

南島のウエストコーストで産出し、その昔マオリの人々が武器を作っていたことで知られるニュージーランドヒスイ（グリーンストーン）は、現在では数々のアクセサリーに利用されており、プレゼントされたヒスイを持つと、幸せになれるという言い伝えもある。ただし、安く売られているものはニュージーランド産ではない場合もあるので気をつけよう。

**荷物が多くなったら**

免税店や大きなみやげ物店では、日本への配送サービスを行っている。送付の際に、別送品として帰国者本人の宛先に送ってもらうと、税関での手続きがスムーズだ。ただし、帰国便の飛行機内で「別送品申告書」の記入を忘れずに。また日本入国の際の免税範囲は、携帯品と別送品を合わせたものであることに注意しよう。

質のいいニットは安くはないがそれだけの価値がある

**ニュージーランドならではのスキンケアはいかが**

羊毛からとれるラノリンを使用した化粧品や、温泉に沈殿した泥を主成分としたスキンケア製品などが知られている。近年ではマヌカハニーを配合したスキンケアや、オーガニックコスメも注目を集めている。（→P.34）

コスメの値段はピンキリ

**国民的人気の料理本**

ニュージーランドで知らない人はいないといっても過言ではない料理本が『The Edmonds Cookery Book』。1908年の初版発行から現在までの累計発行部数はなんと300万部以上の大ヒットセラー。幅広いジャンルのレシピがわかりやすく掲載され、書店やスーパーマーケットで売っているので、おみやげにもおすすめだ。

### スポーツグッズ

ヨット、ゴルフ、釣り、ラグビーなどのスポーツ用品はたいへん充実している。特にラグビーで世界的に有名なチーム「オールブラックス」のユニホームやロゴ入りのグッズは、ニュージーランドならではのおみやげになるだろう。ニュージーランドのシンボルでもあるシダの葉をかたどったマークが目印だ。

アウトドア派は、防寒着やキャンプ用品などの専門店も要チェック。機能的なアイテムを日本で買うよりもリーズナブルに手に入れられるだろう。おすすめはニュージーランド各地に店舗展開するアウトドアメーカー、カトマンドゥKathmanduなど。

### ワイン

温暖な気候を利用して造られているワイン（→P.98）は、ここ数十年で飛躍的にその地位を確立し、「世界のワイン100選」にも選ばれるほどになった。特にソーヴィニヨン・ブランは世界的にも評価が高い。また、変わり種のキーウィフルーツワインやフェイジョアは、甘口のフルーティな口当たりで人気がある。

**サイズ比較表**

| | 日本 | ニュージーランド | |
|---|---|---|---|
| 紳士服（シャツ） | 34 | S | 13 |
| | 35 | | 13½ |
| | 36 | | 14 |
| | 37 | | 14½ |
| | 38 | M | 15 |
| | 39 | | 15½ |
| | 40 | | 16 |
| | 41 | | 16½ |
| | 42 | | 17 |
| | 43 | | 17½ |
| | 44 | L | 18 |
| 婦人服 | 7 | 6 | |
| | 9 | 8 | 36 |
| | 11 | 10 | 38 |
| | 13 | 12 | 40 |
| | 15 | 14 | 42 |
| | | 16 | 44 |

| | 日本（単位:cm） | ニュージーランド（単位:inch） |
|---|---|---|
| 紳士靴 | 24 | 6 |
| | 24.5 | 6½ |
| | 25 | 7 |
| | 25.5 | 7½ |
| | 26 | 8 |
| | 26.5 | 8½ |
| | 27 | 9 |
| | 27.5 | 9½ |
| | 28 | 10 |
| | 28.5 | 10½ |
| 婦人靴 | 21 | |
| | 21.5 | 4½ |
| | 22 | 5 |
| | 22.5 | 5½ |
| | 23 | 6 |
| | 23.5 | 6½ |
| | 24 | 7 |
| | 24.5 | 7½ |
| | 25 | 8 |

## スーパーマーケットに行ってみよう

スーパーマーケット（→P.20）にはニュージーランドらしいお菓子や雑貨もあって、友達へのみやげ物や、話のネタ集めに、一度寄ってみたい。品物が充実しているスーパーマーケットは、カウントダウンCountdownやニュー・ワールドNew Worldなど。食料品だけでなく、日用品や衣料、電化製品まで幅広い品揃えだ。価格の安さではパックンセーブPak'nSaveなどがある。

## スーパー健康食品、マヌカハニー

#### マヌカとは

ニュージーランドを旅していると、さまざまな種類のハチミツが売られているのを目にするだろう。数あるニュージーランド産のハチミツのなかでも、最も有名なのがマヌカハニーだ。

マヌカハニーとは、ニュージーランドに自生するフトモモ科の植物、マヌカManuka(英語ではティー・ツリーTea Tree）の花から取れるハチミツのことで、古くから万能の薬としてマオリ人の間で珍重されてきた。抗菌作用があり、消化不良や炎症を和らげる効果があるとされることから、現在では高品質なオーガニックハーブとして認知されている。

#### 胃ガンの救世主!?アクティブ・マヌカハニー

ニュージーランドで民間療法として愛用されてきたマヌカハニーだが、近年、医学的に優れた効果をもつと注目を浴びている。

ニュージーランドのハチミツ研究の第一人者、国立ワイカト大学のピーラー・モラン教授の研究によって、マヌカハニーにはサルモネラ菌やぶどう球菌などの食中毒菌に対して抗菌性があることが学術的に証明されたのだ。マヌカハニーのなかでも特にこの抗菌性が強いものをアクティブ・マヌカハニーActive Manuka Honeyと呼び、その抗菌作用をUMF（ユニーク・マヌカ・ファクター）という数値で表す。

アクティブ・マヌカハニーはニュージーランドで生産されるマヌカハニー全体のなかでも2割から3割ほどしか収穫されないとても希少なハチミツで、UMF値が高いほど抗菌活性度が強い。

また、モラン教授は1994年に「UMFは胃潰瘍の原因であるヘリコバクター・ピロリ菌を死滅させる」と発表。世界的にも胃潰瘍や胃ガンの予防への効果が期待されている。

#### 効果的な食べ方

さわやかな香りとハチミツ特有のコクのある濃厚な風味が特徴のマヌカハニー。温かいものと一緒に摂取すると熱によって成分が壊れてしまうので、生で食べるのがおすすめ。1日3～4回程度、空腹時にスプーン1杯を食べるのが効果的という。もちろん、普通のハチミツのようにパンに塗ったり、ヨーグルトに入れてもよい。吹き出物には直接塗布してもよいというので、ぜひお試しを。

スーパーマーケットや薬局などで販売されているマヌカハニー

# 旅の技術 レストランの基礎知識

何といってもニュージーランドは牧畜王国。ラム肉やビーフステーキなどの肉料理は、新鮮で上質なものが日本より安価に食べられる（→P.30）。海に囲まれているのでシーフードもおいしい。近年人気が高まっているニュージーランドワインも見逃せない。

## レストランの種類と探し方

食糧自給率の高いニュージーランドのレストランでは、さまざまな食材を楽しむことができる。特に“これぞニュージーランド料理”といったものはないが、ラムやビーフなどの肉料理や、イギリスから伝わってきた料理が基本となっている。また、各国からの移民を受け入れてきた国だけあって、いろいろな国の民族料理を手頃な価格で味わうことができる。

ラム（仔羊）肉にビーフ、ポークと、肉類はどれもポピュラーで、ステーキで食べたり、ローストにしたりといろいろな調理法で食されている。

また、日本と同様に新鮮なシーフードも豊富で、専門レストランも多い。特産品といえばカイコウラのクレイフィッシュをはじめ、ムール貝（グリーンマッスル）やカキ、ブリ、マダイ、ウナギなどさまざまなものが挙げられる。よく脂がのっていて口の中でとろけるような感じのアカロア産のサーモンも絶品だ。

レストラン選びは本書で紹介しているほか、空港や観光案内所アイサイトに置いてあるフリーペーパーなどを活用できる。また、宿のレセプションで、どんな食べ物を、どんな雰囲気で食べたいか、予算はどのくらいかを伝えれば、近所にある地元の人のおすすめレストランをいくつか候補に挙げてくれるはずだ。

## レストランのライセンス

ニュージーランドでは各レストランが店内で酒類を提供するにはライセンスが必要とされており、ライセンスをもっているか否かは広告や看板に、“Fully Licensed”あるいは“BYO”という表示で書かれている。

“Fully Licensed”とは、店内でアルコールの販売が許可されていることを意味する。高級レストランはだいたい“Fully Licensed”で、ニュージーランド産のビールやワインなどを揃えている。

“BYO”とは“Bring Your Own”の略。これは大衆的な店に多く、アルコール類を飲みたい場合は、客が酒類を持参して飲んでよいということを意味している。“BYOW”という表示もあるが、これは“Bring Your Own Wine”の略で、ワインやシャンパンの持ち込みだけを許可しているところ。“Fully Licensed & BYOW”という店も多い。持ち込みの場合、無料でグラスを貸してくれる店もあるが、高級レストランではグラス代やワインを開ける手数料としてひとり当たり$5～7加算されるのが一般的。

**レストランの営業時間**

ニュージーランドのレストランは昼から夜まで通しでオープンしているところと、ランチタイム、ディナータイムと分けてオープンしているところがある。閉店時間はただ“Till Late”と書いてあるところも多く、これは客の入り次第で遅くまでやってるという意味で、はっきりした閉店時間は決められていない。

**ニュージーランドの飲酒ルール**

飲酒に関するルールは日本より厳しく、特定の場所以外の公共の場所での飲酒は禁止され、お酒の自動販売機はない。ビール、ワインはスーパーマーケットでも購入できる。

飲酒禁止のステッカー

**レストランの祝日料金**

ニュージーランドのレストランでは、祝日に働く従業員に1.5倍の給料を出さなくてはならないことが、法律で定められている。そのため、祝日には閉める店や、10～15%の割増料金を加算する店が多いので注意しよう。

地域によってさまざまなビールがある（→P.30）

それでもレストランで注文するより、割安になることが多い。

## ニュージーランドのファストフード

手軽で安価な人気の食べ物といえば、フィッシュ&チップス。これは、白身魚のフライにチップス（フライドポテト）をこんもりと盛り合わせたもので、ボリュームがあって値段は$15前後。そのほか、ステーキパイ、ミンスパイなど種類豊富なパイは、かなりボリュームがあっておいしい。街角のベーカリーや雑貨屋などの一角で売られており、手軽に味わうことができる。また、サーモンの寿司をはじめ、握り寿司や巻き寿司もヘルシーフードとして人気が高い。ファストフードとして思わぬところで目にするだろう。

ついつい食べたくなるフィッシュ&チップス

## ニュージーランドのカフェ

町を歩いているとおしゃれなオープンカフェを多く目にするはず。こうしたカフェではたいていおいしいコーヒーを飲むことができる。コーヒーのメニューは日本とはちょっと異なり、一般的によく飲まれているのが、エスプレッソ3分の2にスチームミルク3分の1を加えたフラット・ホワイトFlat White。ラテLatte（カフェオレと同じ）、カプチーノCappuccinoなどもおいしい。ブラックで飲みたい場合は、ロング・ブラックLong Blackやアメリカーノ Americanoを。アルコールのライセンスのあるカフェでは、ワインやビールも注文でき、サンドイッチやパスタ、シーフードなどの食事を取ることもできる。

## キーウィはアルコール好き

ニュージーランド人はビールとワイン好きが多く、国内での生産も盛んだ。ビールは地方によって扱う銘柄も異なっており、オークランドならライオン・レッドLion Red、クライストチャーチならカンタベリー・ドラフトCanterbury Draughtが人気。また、スタインラガーSteinlager（通称スタイニー）は全国に流通しているポピュラーなビールだ。地域限定ビールや、キーウィ・ラガーKiwi Lagerなどニュージーランドらしい名前の付いたビールもある。普通に買うと1缶（350ml）　$2～3くらい。ワインでは、北島のホークス・ベイやギズボーン一帯、南島のマールボロ地方などが良質のワインの産地として知られている。値段は1本$10前後から$100以上するものまでさまざま。ほかに、ウオッカやジンといった蒸留酒も人気。ニュージーランド産のものもあるので、酒屋などでチェックしてみよう。また、クイーンズタウンでは全黒という酒造が日本酒を製造している。

**シカ肉も人気**
日本人にはあまりなじみのないシカ肉（ベニソンVenison）もニュージーランドではよく食べられる。たたきやステーキなどにして食べるのが人気。値段はビーフよりやや高いが、一度試してみては？

**クレイフィッシュ**
「フィッシュ」といっても魚ではなく、ロブスターの仲間で日本のイセエビに近い。これはさすがに値が張り、１匹まるごとの料理は高級レストランで$50以上。

**ブラフ・オイスター**
南島南端のブラフで捕れるブラフ・オイスターは、4月に解禁され、冬季の短い期間だけ出回る。通常のパシフィックオイスターより小ぶりで価格も高いが、クリーミーでおいしいと大人気だ。

冬季にニュージーランドを訪れるなら、必ず食べたいブラフ・オイスター

**テイクアウエイ**
日本でいう「テイクアウト」のことをニュージーランドでは“テイクアウエイTake Away”という。ピザや中華料理のテイクアウエイもあって、いろいろな味を格安で楽しめる。テイクアウエイしてホテルや公園で食事するのもいい。

ニュージーランドでポピュラーなフラット・ホワイト

ニュージーランドの代表的なワイン“マトゥア”

# 旅の技術 ホテルの基礎知識

旅行者の多いニュージーランドには、さまざまな種類の宿（アコモデーション）がある。バリエーションが豊富なので、旅のスタイルや予算に合わせて、賢い宿探しをしよう。

## アコモデーションのタイプ

### ホテル

高・中級ホテルの多くはクライストチャーチ、クイーンズタウン、オークランド、ウェリントンなど主要都市に集中している。高級ホテルは1泊$300くらいからで、客室や建物の高級感はもちろん、サービスがきめ細かく、レストランやバー、プールなどの設備が整っている。200室以下の中規模ホテルが主流。

クライストチャーチには新しいホテルがどんどん建っている

### モーテル

総数はホテルよりも多く、より一般的な宿泊施設。客室内に簡単なキッチンを備えたところが多い。駐車スペースが広く、部屋の近くに車を停められる。モーテルの多くはダブル（ツイン）ルーム1室で、だいたい$150〜200。2〜3のベッドルームがある3〜4人用のグループ、ファミリー向けユニットを備えたところもある。

モーテルなら深夜の到着に対応してくれることが多い

道路に面して、VACANCY（空室あり）やNO VACANCY（空室なし）の看板が出ているのでドライブしながら空室を探すことができる。車がない旅行者にとっても便利な宿泊施設だ。

### ベッド&ブレックファスト（B & B）

朝食付きで客室を提供している宿でB & Bと略称される。一般家庭の空室を利用しているところ、客室数や設備を整えホテル形式で経営しているところなど、雰囲気はさまざま。朝食の内容もシリアル、トースト、飲み物のみのコンチネンタルブレックファストから、ゲストの好みに合わせて焼きたてのパンや卵料理を出してくれるところまで、千差万別だ。一般的にひとり1泊$150くらいだが、高級B & Bになると高・中級ホテル並みになる。

都市の郊外や地方にあるB & Bには、歴史的な建物をアンティークで飾っていたり、ガーデニングにこだわっていたりと、優雅な雰囲気のところも多い。ホスピタリティあふれるホストとの交流も、B & B滞在の楽しみのひとつだ。

コロニアルな一軒家タイプのB&Bも多い。ニュー・プリマスのエアリー・ハウスB&B

**オンスイート**
安いホテル、B&B、ホステルの個室では、シャワー、トイレは共用となる場合が多い。客室内にシャワー、トイレ設備を備えている場合は、オンスイートEnsuiteと表示され、当然料金は高くなる。

**モーテルの料金システム**
基本的にふたり1室の料金で表示されることが多い。3人以上の場合はひとりにつき$20〜30程度を追加する。シングルルームはなく、料金はふたり利用の場合と同じか、若干安くなるだけ。たいていのモーテルでは、ひとつの部屋に4〜6人泊まれる大型のファミリーユニットがある。

**キーデポジット**
ホステルではカギの保証金として最初に$5〜20ほど払うことがあるが、これはカギを返すときに全額戻ってくる。また都市では玄関ドアに暗証番号を設定している宿も多いので番号は忘れないようにしよう。

**貴重品はしっかり管理**
残念ながら、ドミトリーでは盗難がよく起きるという事実がある。カメラや財布など、貴重品は肌身離さず、あれば金庫に入れる。なければ抱いて眠るくらいの気持ちでしっかりと管理することだ。

**客室のタイプ**

**Double & Twin**
**ダブルとツイン**
ふたり用の寝室で、ダブルベッドがひとつの部屋と、シングルベッドがふたつあるタイプのものとがある。

**Unit & Studio**
**ユニットとステュディオ**
トイレ、シャワー、キッチン付きのユニット（客室）のことをいう。モーテルはたいていこのタイプだ。

**Dormitory & Share**
**ドミトリーとシェア**
ドミトリーはドームDormとも呼ばれる。大部屋に2段ベッドが並んでいて5〜10人ぐらいで利用するタイプをバンクルームといい、小さな部屋を2〜4人の相部屋で利用するものをシェアルームと呼んで区別する場合もある。

### バックパッカーズホステル

最も安い料金帯の宿で、どの町に行っても数多く揃っている。部屋は基本的にドミトリーと呼ばれる相部屋で、料金はひとり$25前後から。女性のみのドミトリールームを用意しているところもある。トイレ、シャワーは共用が基本。共同キッチンや、テレビが置いてあるゲストラウンジもある。庭にBBQスペースを設けているところも多い。衛生上の問題から寝袋の利用は原則禁止されており、ほとんどのホステルで枕やシーツは無料で利用できる。

低料金が魅力的なバックパッカーズホステル

レセプションにトラベルデスクを設け、ツアーやアクティビティ、長距離バスなどの予約ができるホステルもある。

### ファームステイ

ニュージーランドならではの体験をしたいという人におすすめの農場・牧場滞在。ファームでの作業や暮らしぶりを見学しながら過ごしてもよいし、実際に家畜の世話などを手伝わせてもらうのもいい経験になるだろう。料金は3食込みでひとり1泊$199くらいから。現地の観光案内所で紹介してもらえる。ほかに、有機農場で農業体験というかたちで手助けをする代わりに、農場に宿泊できるウーフWWOOFがあり、滞在費は無料。

かわいい動物に癒やされよう

餌やりは定番の体験メニュー

**ファームステイの斡旋組織**
**WWOOFジャパン**
URL www.wwoofjapan.com

**WWOOF New Zealand**
住 Aniseed Valley, Richmond, Tasman
☎ (03) 544-9890
URL wwoof.nz

**Rural Holidays New Zealand**
URL www.ruralholidays.co.nz

**Rural Tours**
住 P.O. Box 228, Cambridge
☎ (07) 827-8055
URL www.ruraltours.co.nz



## クォールマークを有効に活用

ニュージーランド政府観光局とNZAA（ニュージーランド・オートモービル・アソシエーション）によるニュージーランド国内の信頼できる観光業者を厳しく審査した品質表示が、クォールマークQualmarkだ。5段階の★が付けられており、どの観光業者のサービスが信頼できるか迷った際の参考になる。従来はアコモデーションのみに適用されていたが、現在はアクティビティや文化施設、交通機関などにまで審査対象が拡大され、ますます便利なシステムとなった。旅行中に、シダをモチーフにしたロゴを幾度となく見かけることだろう。

このシステムが優れているのは、例えばアコモデーションなら「Hotel（ホテル）」「Motel（モーテル）」「Holiday Parks（ホリデーパーク）」「Bed & Breakfast（B&Bなど）」「Backpacker（ホステル）」などのカテゴリーに分けられているところ。各カテゴリーのなかで5段階の等級が付けられるので、必要なサービスをひとめで見分けることができる。ただし、クォールマークがないから信用できないと判断するのは早計。あくまでもひとつの判断材料として利用したい。

URL www.qualmark.co.nz

### YHAホステルの予約

多くのYHAホステルでは、次に泊まるホステルの予約をしてくれるサービスがある。YHAホステルには協会直営のホステル以外に、民間の宿泊施設と契約した協定ホステル（Associate Hostel）もあり、ニュージーランドのYHAホステルはすべて後者。各ホステルの所在地は、協会のウェブサイトに掲載されている。
URL www.yha.co.nz

### ユースホステル協会の会員証の取得

→P.452
入会は18歳以上のみ。会費は1年間＄30。

### ワンランク上の滞在ができるラグジュアリー・ロッジ

ニュージーランドには各地にラグジュアリー・ロッジと呼ばれる最高級ランクの宿泊施設があり、豪華な設備と一流のサービスが受けられる。ほとんどが20室以下と客室数が少なく、セレブやVIPが借り切って泊まることも。ノースランドのカウリ・クリフス、ロトルアのツリートップス、ホークス・ベイのザ・ファーム・アット・キッドナッパーズなどが有名。
URL www.newzealand.com/jp/feature/luxury-lodges/

### PurePods

URL www.purepods.com

クライストチャーチ郊外ワイパラにあるグレイストーン・ピュアポッド

## YHAホステル（ユースホステル）

テカポ湖畔に立つYHAレイク・テカポはモダンな設備が充実

青少年が自由に旅行することを趣旨として、ユースホステル協会（YHA）が運営しているホステル。設備の内容はバックパッカーズホステルと同様だが、全体的に水準が高い。ニュージーランド国内には25ヵ所のネットワークがあり、会費を払ってYHAの会員になればすべてのホステルの全客室がいつでも10％割引きで利用できる。

さらに国内のアクティビティや交通機関のなかには、YHA会員を対象とした割引きも多数ある。公式ホームページ（URL www.yha.co.nz）で確認してみよう。

青少年の交流を目的のひとつに掲げているとはいえ、利用するのに年齢制限はなく、誰でも宿泊可能だ。キッチンやラウンジは共用で、バックパッカーズホステルと同様、無料で利用できる調理器具や食器、調味料が置かれている。門限もなく自由に出入りできるのもうれしい。

部屋のタイプはドミトリーのほか、シングル、ツイン、ダブルなどの個室、グループ用の客室などがある。また、シャワー、トイレ付きの個室もあり、こちらはホテル感覚で利用できる。

ニュージーランドのYHAは、バックパッカーズホステルからYHAのネットワークに加わったホステルも多い。そのため宿の造りやサービス内容も均一的ではなく、個性的なホステルが多いのが特長だ。ホステル独自のサービスがあるので、チェックしてみよう。

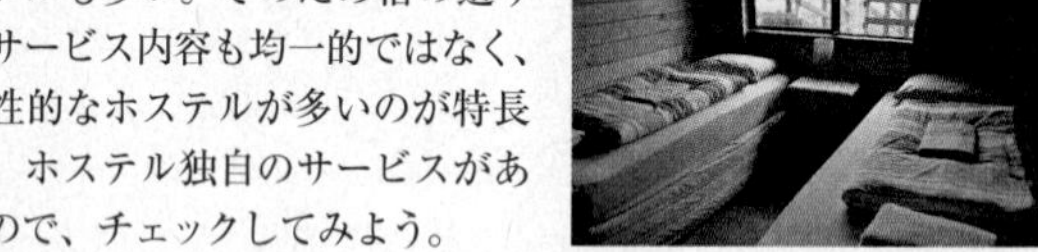
人気の高いマウント・クックYHA

## ホリデーパーク（キャンプ場）

テントサイトのほか、キャンピングカー専用のスペース、ロッジ、キャビン、コテージなど、同じ敷地にさまざまなタイプの宿泊施設があり、選ぶことができる。共同のキッチンスペースやシャワー、プール、ランドリー設備があるホリデーパークもあり、特にレンタカーで回る旅行者には利用価値が高い。ただし、人気の高いホリデーパークは早くから予約でいっぱいになってしまうので、事前の予約が必須だ。

テントサイトやモーテルのあるレイク・テカポ・モーテル&ホリデーパーク

## ピュアポッド

人里離れた大自然のなかにポツンとたたずむキャビンタイプの宿泊施設。全面ガラス張りで部屋の中から絶景を楽しめ、周囲に道路もほかの建物もない私有地のため、完全にプライベートな滞在ができる。環境に配慮して設計されていることも特徴。また、シャワー、水洗トイレ、高級ホテル並みのベッドなど、快適な設備が整っている。

## アコモデーションの探し方と予約

観光シーズンやホリデーシーズン中は混雑し、宿が取りにくくなることもあるということを念頭におこう。観光シーズンのピークは、夏季に当たる12月から3月いっぱいくらいまで。南島ではクイーンズタウン、テ・アナウ、ワナカ、北島ではロトルア、タウポといったリゾート地が特に混雑している。たいていは2～3日前の予約で問題ないが、予定がはっきりと決まっている場合は早めに予約するに越したことはない。冬季も、人気のあるスキー場の拠点となる都市は、半年も前から予約でいっぱいになるので気をつけよう。

また、クリスマスから年明けの10日間余り、次いで3月下旬～4月中旬のイースター休暇（年ごとに変わる）の時季に限っては、ホテルやモーテルなどは数週間前に満室になってしまうため、確実に早めの予約が必要だ。

**予約方法**

最も簡単なのは、宿の公式ウェブサイトから予約フォームを利用して、直接予約する方法だ。時季によっては割引料金が設定されていることもある。予約フォームがない場合は、eメールを利用して予約をしよう。予約内容、料金の明細、支払い方法、キャンセル条件についてはしっかり確認を。トラブルを避けるため、予約確認書は必ず持参しよう。

また、日本語や英語で運営されているアコモデーション予約ウェブサイトやアプリも便利だ。さまざまアコモデーションを取り扱っているので比較検討しやすく、クチコミ情報もアコモデーション選びの参考になる。料金も"最低価格保証"をうたっているところもあり、直接予約するよりも安い場合が多い。支払いは現地アコモデーションや、ウェブサイトでのクレジットカード決済などサイトによりまちまち。

そのほか、各地の観光案内所アイサイトでは、アコモデーションの紹介から予約まで行ってくれる。

## ホテルのインターネット設備

高級ホテルからホステルまで、ニュージーランドにあるほとんどの宿泊施設でWi-Fiによるインターネット接続が可能。その大半が無料で、最近は光ファイバー（光回線）を使って高速接続できるところも増えてきた。しかし、通信速度が遅かったり、無料で使える容量が1日2GB程度しかない宿もあるので、動画の視聴などは状況を見て判断しよう。また、こうした無料Wi-Fiのなかにはセキュリティが甘いケースもあるので、個人情報のやりとりなどはあまりおすすめできない。常に快適につなぎたいなら、海外専用モバイルWi-Fiルーターのレンタル（→P.486）がおすすめ。ホテルやバックパッカーズによっては宿泊客が自由に使えるPCを備えたビジネスセンターやコンピュータルームが用意されている。

**クレジットカードのデータとは**

カードの種類や番号、有効期限など。最初からカード番号を伝えるのではなく、予約が確実に取れてから後送するようにしよう。

**キャンセルする場合**

宿を予約するときにクレジットカード番号を告げた場合、その宿をキャンセルしたいときは予約日の1日前の夕方(16:00)までにその旨を伝えないと、初日分の料金をカードから引かれることが多い。宿ごとにキャンセルポリシーが決められているので、予約時に必ず確認するようにしたい。

**便利なホテル予約サイト**

**Booking.com**
URL www.booking.com
**Expedia**
URL www.expedia.co.jp
**Agoda**
URL www.agoda.com
**Trivago**
URL www.trivago.jp

旅の技術

# チップとマナー

海外旅行をすると日本では見慣れない習慣やマナーに戸惑うことも多いはず。渡航前に予習して、現地ではそれぞれの国の習慣に従うようにしよう。ニュージーランドにはあまりかしこまった決まりはないが、以下の基本的なことは押さえておきたい。

## チップについて

チップとは受けたサービスに対する感謝の気持ちを表す少額の金銭のこと。日本にも旅館などで部屋の担当に心付けを渡す程度のことはあるが、欧米諸国をはじめ海外では習慣としてより日常的にチップの受け渡しを行う国も多い。そのような国では、タクシーやレストランでの会計時、ホテルでの荷物の持ち運びや客室の清掃をしてもらった際に小銭を渡すのが常識とされている。ただし、ニュージーランドには基本的にチップの習慣がないのであまり堅苦しく考える必要はなく、好感のもてるサービスを受けたと感じたときに個々の判断で渡す程度でよい。レストランならクレジットカードで支払いする際に、渡されたレシートの「Tip」欄にチップの金額を記入するか、「Total」欄にチップを含めた合計金額を記すのがスマートだろう。

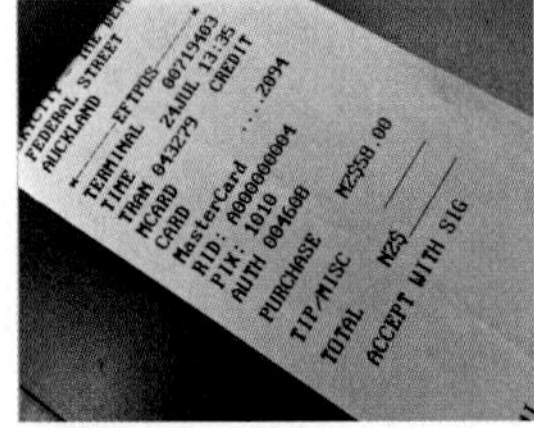

端数を切り上げた額を記入してもいい

## マナーについて

### 厳しい喫煙マナーにご注意を

愛煙家にとってニュージーランドは非常に厳しい国のひとつである。禁煙への意識が高く、たばこの平均価格は1箱$36（約2966円）もする。「禁煙環境改正法」という法律によってレストランやバー、ナイトクラブなども含めたすべての屋内の公共施設で喫煙が禁じられており、違反者には罰金が科せられる。喫煙する場合は灰皿が設置された屋外へ。無論、歩きたばこも厳禁。「Smoke Free」は禁煙という意味なので注意しよう。

知らなかったでは済まされないのでしっかり守ろう

### アクティビティでは環境への配慮が必要

環境保全の先進国でもあるニュージーランド。トランピングなど自然のなかでアクティビティを楽しむ際には、野生動物に餌づけしない、ゴミは残さず持ち帰るなどの常識的なマナーを心にとどめておこう（→P.418）。

**日本とは異なるマナーを身に付けよう**

日本車だらけのニュージーランドだが、タクシーは日本のような自動ドアではない。慣れるまでとまどうこともあるが、自分でドアを開閉するのを忘れないようにしよう。乗車は後部座席と助手席のどちらでもかまわないが、ひとりで乗るなら助手席に座るのが一般的。タクシーやバスを降りる際には、「Thank You, Driver!」とひと声かけるのもニュージーランド流のマナーだ。

環境に配慮したタクシーも走る

**服装について**

服装には比較的寛容なお国柄。気持ちよさそうに裸足で道を歩くキーウィも少なくない。ただし、アクティビティ帰りにショップやレストランに立ち寄る場合など、最低限のTPOはわきまえておきたい。ディナーで中級以上のレストランを利用するなら、スマートカジュアルがベターだ。

旅の技術

# 長期滞在の基礎知識

旅行だけでなく、留学やワーキングホリデー、リタイア後の移住といったかたちでの渡航者も増加しているニュージーランド。豊かな自然環境と治安のよさ、そして経済的に過ごせるという好条件が長期滞在をより身近なものにしている。

## 長期滞在に必要なビザ

日本人が3ヵ月以上の長期の滞在を希望する場合は、「訪問者ビザ」、「就労ビザ」、「学生ビザ」、「ガーディアンビザ（保護者のビザ）」、そして「ワーキングホリデービザ」などのビザの取得が必要となる。「訪問者ビザ」であれば18ヵ月の間に最長で9ヵ月の滞在が可能だが、9ヵ月滞在した場合はニュージーランド出国後9ヵ月間の再入国ができない。就労は認められていないが、観光はもちろん3ヵ月までのフルタイム通学も可能だ。

2019年10月より入国に際して、電子渡航認証NZeTAと環境保護・観光税IVL（→P.451）が必要となったので、ビザ申請時に詳細を確認すること。

## ワーキングホリデー

ワーキングホリデーとは、18～30歳の若者を対象に、お互いの国の生活や文化などを相互理解するために設けられた国際交流制度のひとつで、入国時から1年間ニュージーランドに滞在できる。観光や6ヵ月までの就学・研修以外に滞在期間中アルバイトをすることもできる。ビザの取得申請は、ニュージーランド移民局のウェブサイトで行う。

ワーキングホリデーの過ごし方は、国内を旅行したり、語学学校に通ったり、アルバイトをしたりと人それぞれ。アルバイトの場合、最低賃金が時給$22.7と決められている。なお、ビザ申請条件として「滞在費として申請時に最低$4200ほどの資金を所有していること」となっている。滞在中の生活資金はあらかじめ一定以上用意しておくこと。

### 現地での住まい

一戸建てからアパート（フラットあるいはユニットと呼ばれる）までさまざまな住居形態がある。若者に人気の経済的な方法はフラッティングと呼ばれる共同生活。また、ホームステイをしながら英語学校に通うケースも増えている。さらにニュージーランドならではの滞在を望むなら、ファームステイという方法もある。

**ビザに関する問い合わせ**
**ニュージーランド**
**ビザ申請センター**（→P.440）

**滞在延長を希望する場合**
ビザ不要の3ヵ月、あるいは訪問者ビザの9ヵ月以降も滞在を希望する場合は、ニュージーランド国内の移民局で所定の手続きを行えば、延長が可能になる場合もある。しかし、就労者には適用されない。
**ニュージーランド移民局**
URL www.immigration.govt.nz

**ワーキングホリデービザの取得条件**
- 滞在予定期間プラス3ヵ月以上の残存有効期間があるパスポートを所有していること。
- 健康で犯罪歴がないこと。
- 日本国籍を有する18歳から30歳までの独身者および子供を同伴しない既婚者。
- 申請は同一申請者に対して1回のみに限る。

**ワーキングホリデービザを延長する**
滞在中、ブドウ栽培や園芸関連などの季節労働に3ヵ月以上従事した場合、ワーキングホリデービザを3ヵ月延長できる。延長期間中に季節労働をする必要はない。

**ワーキングホリデーに関する情報**
ニュージーランド政府観光局公式ウェブサイトの「ワーキング・ホリデー」情報
URL www.newzealand.com/jp/working-holiday

**ロングステイ全般に関する情報**
**ロングステイ財団**
住 〒102-0084
東京都千代田区二番町9-3
THE BASE麹町
☎ (03)6910-0681
FAX (03)6910-0682
URL www.longstay.or.jp

# 通信と郵便

ニュージーランド国内の公衆電話
Spark
URL www.spark.co.nz/shop/landline/payphones

日本での国際電話会社の問い合わせ先
au
☎157（auの携帯電話から無料）
URL www.au.com
NTTドコモ
☎151（ドコモの携帯電話から無料）
URL www.docomo.ne.jp
ソフトバンク
☎157（ソフトバンクの携帯電話から無料）
URL www.softbank.jp

日本語オペレーターに申し込むコレクトコール
KDDIジャパンダイレクト
FREE 0800-88-1810
URL www.kddi.com/phone/international/with-operator

## 電話

### 国内電話

ニュージーランドの市外局番は5種類（北島04、06、07、09。南島03）。同じ局番同士でもごく近いエリア以外は市外局番からプッシュする。0800や0508で始まる番号は、ニュージーランド国内のみで使える無料番号。ホテル予約時などに使える。

### 国際電話

国際電話はホテルの客室にあるほとんどの電話からダイヤル直通でかけられるほか、公衆電話からもかけることができる。大手通信会社Sparkの公衆電話（ペイフォンPayphones）ブースが国内約2000ヵ所に設置されており、プリペイドのテレホンカード（フォンカードと呼ばれている）を使用して電話がかけられる。コインが使えるタイプもあるが、数は少ない。クレジットカードは使用不可。フォンカードにはICチップが埋め込まれており、電話に差し込めばすぐに通話可能。$5、10、20の3種類で、スーパーマーケットやコンビニエンスストアで購入できる。

空港やショッピングモールにある公衆電話

### 日本の電話会社の各種サービス

KDDIジャパンダイレクトを利用すれば、日本語オペレーターを通して、ニュージーランドから日本へ電話がかけられる。支払いは通話相手払いのコレクトコール。通話料金は一律で、最初の3分2160円、追加1分ごと460円。

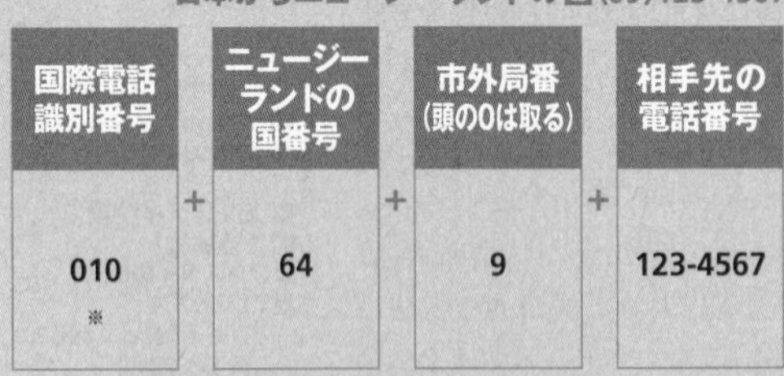

日本からニュージーランドの☎(09)123-4567に電話をかける場合
国際電話識別番号
010
※
+
ニュージーランドの国番号
64
+
市外局番（頭の0は取る）
9
+
相手先の電話番号
123-4567


※携帯電話の場合は010のかわりに「0」を長押しして「+」を表示させると、国番号からかけられる。
※NTTドコモ（携帯電話）は事前にWORLD CALLの登録が必要。

ニュージーランドから日本の☎(03)1234-5678または📱(090)1234-5678に電話をかける場合

| 国際電話識別番号 | | 日本の国番号 | | 市外局番と携帯電話の最初の0を除いた番号 | | 相手先の電話番号 |
|---|---|---|---|---|---|---|
| 00 ※1 | + | 81 | + | 3または90 | + | 1234-5678 |

※1　公衆電話から日本へかける場合は上記のとおり。ホテルの部屋からは、外線につながる番号を頭に付ける。

### SIMフリー携帯電話

インターネットを使う機会が多い場合は、日本からSIMフリーの携帯電話などを持参し、現地でプリペイドの旅行者用SIMカードを購入するのもおすすめだ。SparkやOne NZといった主要ブランドは、空港内の店舗で購入でき、スタッフが設定を教えてくれるので安心。費用は3ヵ月有効2GB・100分間の国際通話付きで$29など。

## 郵便

町なかにある郵便局

ニュージーランドの郵便には、国営のNew Zealand Postのほかに、Fastway Couriersという民間会社も参入。営業時間は一般的に月～金曜の8:00～17:30と土曜の9:00～12:00。国際郵便は、1～5日で配達されるエクスプレス便Expressと、2～6日ほどかかるクーリエ便Courier、3～10日間ほどかかる通常のエコノミー便Economyがある。エクスプレス便とクーリエ便は追跡調査が可能。

### 郵便料金

国内郵便は大きさ13cm×23.5cm、厚さ6mm、重さ500g未満の普通郵便が$1.7。以降、サイズが大きくなるほど高くなる。

通常の国際郵便の場合、日本へははがき$3、封書（大きさ13cm×23.5cm、厚さ0.5cm、重さ100g以内）$3.8。小形包装物はサイズ、重量、内容物の価格などで料金が異なり、例えば大きさ23.5×16.5×7cm、重量500g、価格$100であればエコノミー便で$32.7、クーリエ便で$64.42、エクスプレス便で$126.66。万一の破損や紛失に備える場合は、補償額設定や追跡調査サービスを利用しよう。

日本と同じ赤色のポスト

### ニュージーランド旅行に役立つおすすめアプリ

●Google Map
ルートや道路の混雑状況が表示され、カーナビにもなる地図アプリ。ショップやレストラン情報も充実。

●Google翻訳
カメラや音声入力もできる翻訳アプリ（→P.491）。

●LINE
無料通話やメッセージを受信できる。ほかに「Skype」や「カカオトーク」などのメッセンジャーアプリもおすすめ。

●ニュージーランド航空
航空券の予約、エアポイント（マイレージ）の管理、オンラインチェックイン、搭乗券発行などの機能あり。

●Uber
主要都市で使えるタクシー配車アプリ。オークランドでは「DiDi」も使用可能。

●MetServices
天気予報アプリ。1時間単位から10日間先の予報まで見られる。海の状況もチェック可能。オフライン利用もできる。

●CamperMate
ドライブ旅行に役立つアプリ。山道の道路状況や、公衆トイレ、スーパー、ガソリンスタンド、宿泊施設などの検索ができる。

●InterCity
長距離バス旅行をする人向け。バスの予約、バス停検索、リアルな運行状況、ポイントの管理などができる。

**ニュージーランドの通信会社**

**Spark NZ**
URL www.spark.co.nz
**One NZ**
URL one.nz
**Skinny Mobile**
URL www.skinny.co.nz
**2 degrees**
URL www.2degrees.nz

**New Zealand Post**
FREE 0800-501-501
URL www.nzpost.co.nz

**おみやげに切手はいかが**

ニュージーランドの切手は、日本と比べてサイズが大きく、きれいな絵が映えるものが多い。美しい風景から野鳥、映画『アバター』の切手まで、幅広い品揃え。ちょっとしたおみやげにもぴったりだ。
URL stamps.nzpost.co.nz

**携帯電話の紛失について**

携帯電話を紛失した際の、ニュージーランドからの連絡先（利用停止の手続き。全社24時間対応）

**au**
**（国際電話識別番号00）**
**☎+81-3-6670-6944** ※1
**NTTドコモ**
**（国際電話識別番号00）**
**☎+81-3-6832-6600** ※2
**ソフトバンク**
**（国際電話識別番号00）**
**☎+81-92-687-0025** ※3

※1 auの携帯から無料、一般電話からは有料。
※2 NTTドコモの携帯から無料、一般電話からは有料。
※3 ソフトバンクの携帯から無料、一般電話からは有料。


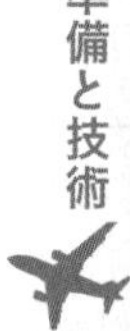

ニュージーランドの無線LANネットワーク
Zenbu
URL www.zenbu.net.nz

海外向けモバイルWi-Fiルーターのレンタル会社
グローバルWiFi
無料 0120-510-670
URL townwifi.com
イモトのWiFi
無料 0120-800-540
URL imotonowifi.jp

耳寄り情報
「地球の歩き方」ホームページでは、海外でのスマートフォンなどの利用にあたって、各携帯電話会社の「パケット定額」や海外用モバイルWi-Fiルーターのレンタルなどの情報をまとめた特集ページを公開中。
URL www.arukikata.co.jp/net

## ニュージーランドのインターネット事情

日本から持ち込んだスマートフォンやパソコンで、インターネットにつなげるかどうかは気になるところ。無線LANのWi-Fiが使えるところが増えているが、携帯電話会社の海外パケット定額サービスや、モバイルWi-Fiルーターをレンタルする方法もある。

ニュージーランドではWi-Fiが広く普及している。高速接続できる場所も多く、オークランド、ウェリントン、クライストチャーチといった都市部を中心に無料のWi-Fiスポットも完備。ただし、時間制限や容量制限などが設けられている場合もある。

観光案内所アイサイトや図書館でも無料Wi-Fiの利用が可能。とくにアイサイトの無料Wi-Fiは基本的に営業時間外でもアイサイトの建物の周辺で使えるので重宝するだろう。

そのほか、マクドナルドやバーガーキング、スターバックスなどのファストフードチェーンや、一部のカフェで無料Wi-Fiを提供している。ただし、こうした無料スポットはセキュリティ面に不安があるので決済などに使用する際は十分注意を。

宿泊施設でも宿泊者向けのWi-Fiがあり、チェックイン時にネットワーク名とパスワードを教えてもらえる。なかには無料で使えるPCの用意がある場合も。また、ホテルによって容量制限や電波状況が異なるのでレセプションで確認しよう。

INFORMATION

## ニュージーランドでスマホ、ネットを使うには

スマホ利用やインターネットアクセスをするための方法はいろいろあるが、一番手軽なのはホテルなどのネットサービス（有料または無料）、Wi-Fiスポット（インターネットアクセスポイント。無料）を活用することだろう。主要ホテルや町なかにWi-Fiスポットがあるので、宿泊ホテルでの利用可否やどこにWi-Fiスポットがあるかなどの情報を事前にネットなどで調べておくとよい。ただしWi-Fiスポットでは、通信速度が不安定だったり、繋がらない場合があったり、利用できる場所が限定されたりするというデメリットもある。そのほか契約している携帯電話会社の「パケット定額」を利用したり、現地キャリアに対応したSIMカードを使用したりと選択肢は豊富だが、ストレスなく安心してスマホやネットを使うなら、以下の方法も検討したい。

### ☆海外用モバイルWi-Fi ルーターをレンタル

ニュージーランドで利用できる「Wi-Fiルーター」をレンタルする方法がある。定額料金で利用できるもので、「グローバルWiFi（【URL】https://townwifi.com/）」など各社が提供している。Wi-Fiルーターとは、現地でもスマホやタブレット、PCなどでネットを利用するための機器のことをいい、事前に予約しておいて、空港などで受け取る。利用料金が安く、ルーター1台で複数の機器と接続できる（同行者とシェアできる）ほか、いつでもどこでも、移動しながらでも快適にネットを利用できるとして、利用者が増えている。

▼グローバルWiFi

海外旅行先のスマホ接続、ネット利用の詳しい情報は「地球の歩き方」ホームページで確認してほしい。
【URL】http://www.arukikata.co.jp/net/

# 旅の技術　旅のトラブルと安全対策

安全なイメージの強いニュージーランドといえども、犯罪が起こり得る。自分の身は自分で守ることが鉄則だ。万一に備えて緊急時の連絡先や対処法を心得ておこう。

## トラブルに遭わないために

### ニュージーランドの治安状況

かつてはとても治安のよい国とされていたニュージーランドだが、現在は人口の集中しているオークランドやクライストチャーチなどの都市部を中心に窃盗や空き巣が多くなっている。また、犯罪の多くをスリや置き引きなどの軽犯罪が占めている一方で、殺人や強盗などの重犯罪も増加している。特に都市部では人口も観光客も増加しているにもかかわらず、警察官の数が足りないというのが現状のようだ。

事故や事件はどこで待ち受けているかわからない。安全な国だからと過信しないで、自分の身は自分で守る気構えでいよう。

### トラブルの事例と対策

人災ばかりでなく、天災など何が起こるかわからない。海外に長期滞在する場合、日本の家族に居場所を教えておくことが大切だ。また、3ヵ月以上滞在する場合はニュージーランドの日本大使館や領事館に在留届けを出さなければならない。緊急時の身元の確認や事故に巻き込まれた場合の手続きや身分証明などが迅速に行われることにもなる。

**●置き引き・盗難**

都市部に限らず全国で頻繁に起こっており、盗難に遭う場所はさまざまだ。ホテルのロビーで荷物を置いたまま一瞬そばを離れた、レストランで荷物を椅子の背にかけておいた、ホステルで寝ている間（または外出時）に管理を怠ったなどちょっとした油断が盗難を誘発する。また、長距離バスで移動中に荷物を盗まれた例もある。特に夜間、暗い車内などは注意が必要だ。対応策としては大きな荷物は足で挟む、ハンドバッグは肩からたすきがけにして提げる、レストランでは荷物から目を離さない、宿泊先（特にホステルのドミトリー部屋など）では荷物にカギをかけ、貴重品は身に付けるなどが挙げられる。

**●ひとり歩き**

ニュージーランドの治安は一般的に良好だが、都市部で暗い路地をひとりで歩くのはたいへん危険。窃盗や強姦事件は、こうした路地やひと気のない場所で起こることが多い。特に女性の夜のひとり歩きは避けたい。

**●車の窃盗**

車の窃盗事件にも注意したい。都市部では停めてある車の窓を割って車内に残したものを盗む、いわゆる車上荒らしも頻発している。具体的な対策としては、カギのかけ忘れをしない、ひと気のない路上に駐車しないで、多少なりとも管理されたパ

**警察・救急車・消防の緊急電話**
すべて☎111（警察・消防は無料、救急車は有料）

**日本外務省の海外安全情報サービス**
**外務省領事局**
**領事サービスセンター**
住〒100-8919
東京都千代田区霞が関2-2-1
☎(03)3580-3311
URL www.anzen.mofa.go.jp
（海外安全ホームページ）
開9:00～12:30、
13:30～17:00
休土・日、祝

**大使館などの連絡先**
**在ニュージーランド日本国大使館**
**Embassy of Japan in New Zealand**
住Level 18, The Majestic Centre, 100 Willis St. Wellington
☎(04)473-1540
URL www.nz.emb-japan.go.jp
開9:00～17:00
休土・日、祝
領事班
開月～金　9:00～12:00
13:30～16:00

**在クライストチャーチ領事事務所**
**Consular Office of Japan in Christchurch**
住172 Hereford St. Christchurch
☎(03)366-5680
URL www.nz.emb-japan.go.jp/itpr_ja/consular_office_j.html
開9:00～12:30、
13:30～17:00
休土・日、祝
領事事務受付
開月～金　9:15～12:15
13:30～16:00

**在オークランド日本国総領事館**
**Consulate-General of Japan in Auckland**
住Level 15 AIG Building, 41 Shortland St. Auckland
☎(09)303-4106
URL www.auckland.nz.emb-japan.go.jp
開9:00～17:00
休土・日、祝
領事部
開月～金　9:00～12:00
13:00～15:30

ーキングに停めるなどが挙げられる。また、車内の目に付く所にガイドブックや地図など、すぐに観光客とわかるようなものを残さないように気をつけること。

**●女性に対する誘惑**

近年増加しているのが、女性に対する誘惑。特にワーキングホリデーや留学で滞在している女性の被害が増えている。共通している手口はカフェやクラブでカタコトの日本語で親しげに話しかけてくること。アルコールに薬物を混入させ飲ませたあと乱暴したうえ、クレジットカードや現金を強奪するようなケースも起こっている。ニュージーランドでは日本人女性は人気があるが、自分の身は自分で守り、人物を見分ける賢明さが必要である。

**●車の事故**

ニュージーランドの国道の制限速度は原則として都市部で時速50キロ、郊外では時速100キロ。車の数は日本より少ないとはいえ、アップダウンやカーブが多いことに加え、慣れない土地での運転は十分注意しよう。時速100キロ前後のスピードで事故を起こせば、生命にかかわるダメージを受けることは言うまでもない。また、街灯がほとんどないので、夜間の長距離移動は極力避けたほうがいいだろう。

また、山間部以外は積雪がほとんどないとはいえ、冬季の夜間や早朝は路面が凍結する所もある。スピードを抑え車間距離をしっかり取って運転しよう。

## トラブルに遭ったらどうするか

### 盗難・紛失

**●現金**

現金をなくしたら戻ってくることはまずない。また、現金の盗難・紛失に関しては補償対象外としている海外旅行保険がほとんど。そのため、現金の持ち歩きは最低限度にとどめたい。現金をなくした場合は、警察に盗難届けを出し、その後に必要な現金はクレジットカードのキャッシングなどを利用する。また、世界各地に拠点を持つ国際送金サービス会社ウエスタン・ユニオンWestern Unionなどを利用して日本から送金してもらうことも可能。ただし事前登録が必須で、登録完了までに7～10日かかる。

**●クレジットカード**

すぐにカード発行会社に連絡をして、カードの無効手続きをとる。アメリカン・エキスプレスの場合、公式アプリからカードの利用を停止することもできる。きちんと紛失や盗難の届けが出ていればカードが不正使用されても、通常、保険でカバーされるので、カード番号などのデータと各カード発行会社の緊急時連絡先は控えて、カードとは別に保管しておこう。

海外で緊急仮カードの発行を希望する場合はその手続きもとる。手続きや所要日数はカード会社によって異なり、カード番号と有効期限、パスポートなどの身分証明書が必要。日数は2日～1週間程度。なお、仮カードは日本では使用不可。本カードの再

駐車時に注意を促す警察の看板

**飛行機から荷物が出てこない場合**

自分の荷物が出てこなかった場合には、航空会社のカウンターに行って紛失届を提出する。見つかるまでの荷物の補償と見つかった場合の対処方法を確認する必要がある。航空会社によって、荷物相当の現金や当座の衣類などを補償してくれるなど対応はさまざまだ。

**出てきた荷物が壊れていた場合**

飛行機から出てきた荷物が壊れていたときには、その場で航空会社のカウンターに行って、航空会社に書類を作成してもらう。航空会社が補償金を支払ってくれる場合もあるが、海外旅行保険（携帯品の破損）に加入していれば、後日、保険会社への書類提出のために、航空会社の責任者のサインのある事故証明書が必要。破損した荷物の写真なども撮っておく。

**ウエスタン・ユニオン**
URL wu-moneytransfer.com/jp

**主要クレジットカード紛失時の連絡先**
**アメリカン・エキスプレス**
FREE 0800-44-9348
**ダイナースクラブ**
☎ 81-3-6770-2796
**JCB**
☎ (09)379-0530（JCBプラザ・オークランド）
**MasterCard**
FREE 800-441-671
**VISA**
FREE 0800-103-297

発行は帰国後になる。

**●持ち物、貴重品**

持ち物や貴重品を紛失、または盗難に遭った場合、最寄りの警察署で紛失・盗難届出証明書を作成してもらう。この証明書がないと海外旅行保険に加入していても、補償が受けられなくなるので忘れずに取得しよう。作成の際、紛失、盗難された日にちや場所、物の特徴などを聞かれるので、最低限の内容は伝えられるようにしておくこと。特にバッグや財布の被害の場合、中身について把握していれば手続きがスムーズに進む。

帰国後は各保険会社に連絡をし、保険金請求書類と紛失・盗難届出証明書を提出し、保険金の請求を行うこと。

**●携帯電話・端末（スマートフォン）**

まずは契約しているキャリアに連絡をし、回線利用を中断する（→P.485）。その後の手順は持ち物、貴重品と同じ。なくした端末が戻ってくることはほぼないので、大切な写真やデータはあらかじめクラウドストレージに保存しておこう。

**●パスポート（旅券）をなくしたら**

万一パスポート（旅券）をなくしたら、まず現地の警察署へ行き、紛失・盗難届出証明書を発行してもらう。次に日本大使館・領事館でパスポートの失効手続きをし、新規パスポートの発給（※1）または、帰国のための渡航書の発給を申請する。

パスポートの顔写真があるページと航空券や日程表のコピーがあると手続きが早い。コピーは原本とは別の場所に保管しておこう。

**交通事故**

**●事故補償金制度（ACC）について**

ニュージーランドには、国内で起こった事故によるけがの治療にかかる補償金や医療費を、国が補償するという制度（ACC = Accident Rehabilitation and Compensation Insurance Corporation）がある。旅行者やワーキングホリデーメーカーにも適用される補償制度だが、すべての事故が対象となっているわけではない。基本的な支給対象は救急車（有料）を含む緊急時の交通費、治療費、入院費などである。補償請求は医師が申請をし、適用になるかはACCの判断に委ねられる。

**●レンタカー運転中の事故**

道路事情はよく、車の量も少ないので走りやすいが、交通事故には十分気をつけよう。事故を起こしたら、まずレンタカーを借りる際に加入した保険の緊急連絡先と警察へ電話をして指示を仰ぐ。警察の事故証明は必ずもらっておくこと。

## 病気になってしまったら

ACCの補償金制度では、病気は補償対象外なので、治療費は自己負担になる。入院や手術になると高額な費用がかかるので、海外旅行保険の加入は忘れずにしておきたい（→P.451）。また、保険会社への請求の際に必要なので、診療を受けたあとは領収

**渡航先で最新の安全情報を確認できる「たびレジ」に登録しよう**

URL www.ezairyu.mofa.go.jp/tabireg

外務省の提供する「たびレジ」に登録すれば、渡航先の安全情報メールや緊急連絡を無料で受け取ることができる。出発前にぜひ登録しよう。

**パスポート申請に必要な書類および費用**

**■失効手続き**

- 紛失一般旅券等届出書
- 共通：写真（縦45mm×横35mm） 1枚 ※3

**■発給手続き**

- 新規パスポート：一般パスポート発給申請書、手数料（10年用旅券1万6000円、5年用旅券1万1000円）※1 ※2
- 帰国のための渡航書：渡航書発給申請書、手数料（2500円）※2
- 共通：現地警察署の発行した紛失・盗難届出証明書
- 共通：写真（縦45mm×横35mm） 1枚 ※3
- 共通：戸籍謄本 1通 ※4
- 帰国のための渡航書：旅行日程が確認できる書類（旅行会社にもらった日程表または帰りの航空券）

※1：改正旅券法の施行により、紛失したパスポートの「再発給」制度は廃止

※2：支払いは現地通貨の現金で

※3：撮影から6ヵ月以内、ICパスポート作成機が設置されていない在外公館での申請では、写真が3枚必要

※4：発行から6ヵ月以内。帰国のための渡航書の場合は原本が必要

「パスポート申請手続きに必要な書類」の詳細や「ICパスポート作成機が設置されていない在外公館」は、外務省のウェブサイトで確認を。

**外務省**

URL www.mofa.go.jp/mofaj/toko/passport/pass_5.html

**ACC**

FREE 0800-101-996

URL www.acc.co.nz

**主要都市のおもな警察署**

**クライストチャーチ**

住 40 Lichfield St.

**クイーンズタウン**

住 11 Camp St.

**オークランド**

住 13-15 College Hill

**ウェリントン**

住 41 Victoria St.

電 105（共通番号）

※緊急時は 電 111

**医療費の目安**
救急車を呼ぶ　$800～
クリニックで診察　$76～
病院で緊急治療　$76～
入院（1日当たり）　$1300～
※料金は病院によって異なる。

**主要都市の医療サービスと病院**

**ヘルスライン**
**Healthline**
FREE 0800-611-116（24時間）
URL www.health.govt.nz

**クライストチャーチ**
**Christchurch Hospital**
住 Riccarton Ave.
電 (03) 364-0640

**クイーンズタウン**
**Lakes District Hospital**
住 20 Douglas St. Frankton
電 (03) 441-0015

**ダニーデン**
**Dunedin Hospital**
住 201 Great King St.
電 (03) 474-0999

**オークランド**
**Auckland City Hospital**
住 2 Park Rd. Grafton
電 (09) 367-0000

**Ascot White Cross**
（24時間対応メディカルセンター）
住 Ground Floor, Ascot Hospital, 90 Greenlane E.
電 (09) 520-9555

**ロトルア**
**Lakes Care Medical Centre**
住 1165 Tutanekai St.
電 (07) 348-1000

**ウェリントン**
**City Medical Centre**
住 Level 2, 190 Lambton Quay
電 (04) 471-2161

町なかにあるメディカルセンター

**コロナ関連情報**
**Unite against COVID-19**
FREE 0800-358-5453
電 (09) 358-5453
URL covid19.govt.nz

**コロナ自費検査機関**
**ラコ・サイエンス**
**Rako Science**
FREE 0800-122-355
URL www.rakoscience.com
料 PCR検査・陰性証明発行 $175～

品揃え豊富な薬局チェーンのユニチェム・ファーマシー

書や診断書は必ずもらうようにする。

**●新型コロナウイルスに感染した場合**

症状が出たら、まず抗原検査（RAT）を受ける。無料の検査キットはネット注文すれば、所定の場所で受け取りができる。あるいは薬局やスーパーでの購入も可能だ。

キットで陽性だった場合は、検査会場でPCR検査を受ける。また、ヘルスラインのコロナ専用フリーダイヤル（FREE 0800-358-5453、24時間受付）に電話して検査結果を報告。日本大使館（領事館）、海外旅行保険会社、航空会社へも連絡して必要な手続きを行う。回復まで7日間の自主隔離が求められるため、滞在先の手配も必要。7日後に無症状なら再検査不要で隔離を終了できる（随時変更の可能性があるので旅行前に確認のこと）。

## 病院で治療を受けるには

ニュージーランドの医療システムは、1次医療のプライマリーケア（GP＝General Practitionerが対応）と2次医療のセカンダリーケア（病院や専門医が対応）のふたつのステップに分かれている。病気でもけがでも医師の診察が必要なときにはまず最初にGPと呼ばれる一般開業医の診察を受け、そこで治療が難しいと判断された場合のみ病院や専門医にかかるという仕組みだ。GPの紹介がないとセカンダリーケアが受けられないので、まずはプライマリーケアを受診しよう。

プライマリーケアは基本的に予約制。週末や祝日は休診する場合が多いので、夜間や急を要する場合は時間外診察を行っているメディカルセンターや救急外来病院を訪ねよう。治療を受ける際には、いつから、どのくらいの頻度で、どのような症状が出ているかを英文でメモして持参するとスムーズだ。常用している薬があればあらかじめその薬に含まれている成分の英語名を調べておき、診察の際、必ず医師に伝えるといい。

英語で治療を受けることに不安を感じる場合、日本語の医療通訳者を依頼することができる。セカンダリーケア機関であればどこでも医療通訳者の派遣が可能。プライマリーケアでも通訳サービスが整いつつあるので、GPに尋ねてみるといいだろう。緊急時の医療会話（→P.495）も参照のこと。

## 薬を購入するには

医療機関で処方箋を発行してもらったら、薬局（Pharmacy、またはChemist）へ行こう。処方箋受付場所には「Prescription」と明記されているので、そこで薬剤師に処方箋を見せればよい。薬局では、市販の風邪薬や頭痛薬、胃腸薬なども扱っており、こうした薬なら日本と同様に処方箋なしでも購入できる。どの薬がいいかわからないときは、薬剤師に相談するといいだろう。ほかに、スーパーマーケットなどでも処方箋のいらない一般的な薬が販売されている。

# 旅の英会話

### キーウィ・イングリッシュのABC

ヨーロッパの影響が大きいニュージーランド英語は、キーウィ・イングリッシュと呼ばれている。アメリカよりもイギリス英語に近いが、発音などではイギリスとも異なる場合もある。同じ英語といえども私たちが習ったアメリカ英語との違いに、最初はとまどうこともあるだろう。

### イギリス式の言い回し

日常的かつ重要な言い回しの違いに、時刻の表現がある。例えば2時45分は、「two forty five」ではなく、「クオーター・トゥ・スリーquarter to three (3時15分前)」という言い方をする場合が多い。また、4時50分は「テン・トゥ・ファイヴten to five (5時10分前)」、9時10分は「テン・パスト・ナインten past nine」になる。単語の綴りもイギリス式で、Center→Centre、Theater→Theatreとなる。また、1階はグラウンドフロアGround Floor、2階をファーストフロアFirst Floorと呼ぶ。ファストフード店などではテイクアウトTake OutのことをテイクアウエイTake Awayと言う。

### 発音の違い

発音はオーストラリア英語に近い。代表的なものとしては、「エイ」が「アイ」に聞こえる場合や (例:Todayトゥデイ→トゥダァイ)、「エ」の音を「イィ」と伸びるように発音する (例:Penペン→ピィン、Yesイエス→イィース) などが挙げられる。また、「イ」が「エ」に近い発音になることもあるので、数字のシックスSixなど聞き間違えて思わず赤面してしまわないように。

**アメリカ英語と違う単語**

| | |
|---|---|
| 薬局 | drugstore(米) |
| | chemist(NZ) |
| エレベーター | elevator(米) |
| | lift(NZ) |
| アパート | apartment(米) |
| | flat(NZ) |
| 水着 | swimming suit(米) |
| | togs(NZ) |
| トレッキング | trekking(米) |
| | tramping(NZ) |
| ガソリン | gasoline(米) |
| | petrol(NZ) |
| ゴミ箱 | trash can(米) |
| | rubbish bin(NZ) |

**ニュージーランド国内にもある方言**

日本語に各地方で異なる発音や言葉の違いがあるように、ニュージーランドでもウェリントン中心部などと地方の言葉を比べると、その地方の方言が入っていることがわかる。違いを聞き比べてみるのもおもしろい。

**便利なアプリ Google翻訳を活用!**

テキストを入力しての翻訳はもちろん、レストランのメニューにかざすと画面上で翻訳してくれるカメラ入力や、日本語で話しかけると現地語の音声で返してくれる音声入力など便利な機能が満載。

## マオリ語の基礎知識

英語と並んでニュージーランドの公用語になっているマオリ語。これは先住民マオリが話す言語で、白人との邂逅までは文字をもたず、歴史や伝説なども口承口伝により伝えられていた。もともとは普通の、自然の、という意味である「マオリ」という言葉が彼ら自身の民族を指すようになったのも、白人種と交流が始まった頃からである。

マオリ語の音節の基本は、母音のみか、母音と子音の組み合わせになっている。ローマ字読みに近いので、日本人にも発音しやすく親しみやすい。ニュージーランドの書店には、コンパクトサイズのマオリ語会話集や地名辞典なども販売されているので興味のある人は見てみよう。

【マオリ語の基本単語と会話】

Aotearoa アオテアロア=細長く白い雲のたなびく国(ニュージーランドのこと)
Pakeha パケハ=イギリス系ニュージーランド人
Maori マオリ=普通の、通常の、自然の
Kia Ora キアオラ=こんにちは、ありがとう
Tena Koe テナ コエ=はじめまして、ごあいさつ申し上げます(相手がひとりの場合)
Haere mai ハエレ マイ=ようこそ
E Noho Ra イ ノーラ=さようなら
Ae アエ=はい
Kaoreカオレ=いいえ
Whānau ファナウ=家族(広い意味で非常に親しい友人なども含む)

## ●飛行機内／空港で●

| | |
|---|---|
| 3月16日のオークランド発クライストチャーチ行きの便を予約したいのですが | アイド ライク トゥ メイカ リザベイション フォー ア フライト<br>I'd like to make a reservation for a flight<br>フロム オークランド トゥ クライストチャーチ マーチ シックスティーンス<br>from Auckland to Christchuch, March 16th. |
| 通路側／窓側の席にしてください | アナイル／ア ウィンドウ シート プリーズ<br>An aisle／A window seat, please. |
| 私たちを隣り合わせの席にしてください | ウィド ライク トゥ スィット トゥゲザァ<br>We'd like to sit together. |
| 荷物を預かってもらえますか | クッジュー ストア マイ バゲッジ<br>Could you store my baggage? |
| ニュージーランド航空118便の搭乗口はどこでしょうか | ホウェアズ ザ ボゥディング ゲイト フォー<br>Where's the boarding gate for<br>エア ニュージーランド ワンワンエイト<br>Air New Zealand 118? |
| すみません、前を通らせていただけますか | エクスキューズ ミー キャナイ ゲッ スルー<br>Excuse me, can I get through? |
| 毛布をもう1枚いただけませんか | メイ アイ ハヴ アナザー ブランケット<br>May I have another blanket? |
| すみませんシートを倒してもいいですか | エクスキューズミー メイ アイ プット マイ シート バック<br>Excuse me, may I put my seat back? |
| 日本語の新聞はありますか | ドゥー ユー ハヴァ ジャパニーズ ニュースペーパー<br>Do you have a Japanese newspaper? |
| この書類の書き方を教えていただけますか | クッジュー テル ミー ハウトゥーフィル イン ディス フォーム<br>Could you tell me how to fill in this form? |
| 申告するものはありません | アイ ハヴ ナッスィング トゥ デクレア<br>I have nothing to declare. |
| 旅行の目的は何ですか | ワッツ ザ パーパス オブ ユア ヴィジッ<br>What's the purpose of your visit? |
| 観光です | サイトスィーイング<br>Sightseeing. |
| 1週間滞在する予定です | アイルステイ ヒア アバウト ア ウィーク<br>I'll stay here about a week. |
| 荷物が出てきません | マイ ラゲィジ イズ ナッ カミング アウト イエッ<br>My luggage is not coming out yet. |

## ●交通手段●

| | |
|---|---|
| 道に迷ってしまいました。 | アイ スィンク アイム ロスト<br>I think I'm lost. |
| 大聖堂スクエアはこの地図でどこですか | ホウェアズ ザ キャスィドゥラル スクエア オン ディス マップ<br>Where's the Cathedral Square on this map? |
| 駅／バスターミナル／フェリー乗り場はどこですか | ホウェアズ ザ ステイション バス ターミナル<br>Where's the station／bus terminal／<br>ボーディング ゲイト<br>bording gate? |
| ここからクイーンズタウンまではどのくらいかかりますか | ハウ ロング ダズ イッ テイク フロム ヒア トゥ クイーンズタウン<br>How long does it take from here to Queenstown? |
| クイーンズタウンまでの片道／往復切符をください | ワンウェイ （シングル） ラウンド トリップ （リターン） トゥ<br>One-way（Single）／Round trip（Return） to<br>クイーンズタウン プリーズ<br>Queenstown, please. |
| どれがオークランド行きのバス／電車ですか | フウィッチ バス トレイン ゴウズ トゥ オークランド<br>Which bus／train goes to Auckland? |
| こんにちは。車を借りたいのですが | ハロウアイド ライク トゥレント ア カー<br>Hello. I'd like to rent a car. |
| ウェリントンで乗り捨てできますか | キャナイ ドロップ ザ カー オフ イン ウェリントン<br>Can I drop the car off in Wellington? |
| どこでタクシーをひろえますか | ホウェア キャナイ ゲッタ タクシ<br>Where can I get a taxi? |
| トランクを開けてください | キャン ユー オープン ザ トランク<br>Can you open the trunk? |
| 空港までどのくらいかかりますか | ハウ ロング ダ ズイットテイク トゥ ゴートゥー ジ エアポート<br>How long does it take to go to the airport? |

## ●観光／町歩き●

| | |
|---|---|
| ここは何という通りですか | ホワッツ ズィス ストリート<br>What's this street? |
| この住所に行きたいのですが | アイドライク トゥ ゴー トゥ ディス アドレス<br>I'd like to go to this address. |
| すみません、無料の市街図をもらえますか | エクスキューズ ミー メイ アイ ハヴ ア フリー シティ マップ<br>Excuse me. May I have a free city map? |
| 私／私たちの写真を撮ってもらえますか | クッジュー テイク ア ピクチャー オヴ ミー アス<br>Could you take a picture of me／us? |

| | |
|---|---|
| 近くの公衆電話はどこですか | ホェア イズア ペイ フォン ニア ヒア<br>Where is a pay phone near here? |
| この近くに公衆トイレはありますか | イズ ゼア ア パブリック レストルーム アラウンド ヒア<br>Is there a public restroom around here? |
| ペンギン・ウオッチングツアーに参加したいのですが | アイド ライク トゥ テイク ア ペングィン ウォッチング トゥア<br>I'd like to take a penguin watching tour. |
| 予約はここでできますか | キャナイ メイク ア リザベーション ヒア<br>Can I make a reservation here? |
| ツアーの出発は何時／どこからですか | ホウェア ホウェン ダズ ザ トゥア スタート<br>Where／When does the tour start? |

## ●宿泊●

| | |
|---|---|
| 日本で予約をしました | アイ メ イ ダ リザベーション イン ジャパン<br>I made a reservation in Japan. |
| 今夜シングルルームの空きはありますか | ドゥ ユー ハヴ ア シングルルーム トゥナイト<br>Do you have a single room tonight? |
| 今日から3日間インターネットで予約していたんですが。名前は○○です | アイ ハヴ ア リザベイション ゲッティング バイ インターネット フォー<br>I have a reservation getting by internet for<br>スリー ナイツ フロム トゥナイト マイ ネーム イズ<br>3 nights from tonight. My name is ○○. |
| 予約をキャンセルしたいのですが、<br>キャンセル料はかかりますか | アイド ライク トゥ キャンセル ザ リザベイション<br>I'd like to cancel the reservation.<br>ウィル アイ ハフ トゥ ペイ キャンセレイション フィー<br>Will I have to pay cancellation fee? |
| チェックイン／アウトをしたいのですが | チェック イン／アウト プリーズ<br>Check in／out, please. |
| エアコンの調子が悪いので、修理してください | ズィ エア コンディショナー ダズント ワーク クッジュー フィクス イット<br>The air conditioner doesn't work. Could you fix it? |
| 部屋のカギをなくしてしまいました | アイ ロスト マイ ルーム キィ<br>I lost my room key. |
| カギを部屋に忘れてしまいました | アイム ロックト アウト<br>I'm locked out. |
| お湯が出ません | ザ ホット ウォーター イズント ラニング<br>The hot water isn't running. |
| トイレの水が流れません | ザ トイレット ダズント フラッシュ<br>The toilet doesn't flush. |
| 明朝7:30にモーニングコールをお願いできますか | キャナイ ハヴ ウェイク アップ コール トゥモロウ モーニング アット セヴン サーティ<br>Can I have wake up call tomorrow morning at 7:30? |
| もう1日滞在を延ばしたいのですが | アイ ウッド ライク トゥ ステイ ワン モア ナイト<br>I would like to stay one more night. |
| 貴重品を預かっていただけますか | クッジュー キープ マイ バリュアブルズ<br>Could you keep my valuables? |

## ●ショッピング●

| | |
|---|---|
| いえ、見ているだけです | ノー センキュー アイム ジャスト ルッキング<br>No, thank you. I'm just looking. |
| おみやげ用のマヌカハニーはありますか | ドゥ ユー ハヴ ア マヌカ ハニー フォー スーベニアーズ<br>Do you have a Manuka Honey for souvenirs? |
| これをください | キャナイ ハヴ ディス ワン<br>Can I have this one? |
| あれを見せてもらえますか | クッジュー ショウ ミー ダッ<br>Could you show me that? |
| これを試着してもいいですか | キャナイ トライ ディス オン<br>Can I try this on? |
| 手に取ってみてもいいですか | メイ アイ ホールド イット<br>May I hold it? |
| もう少し大きいサイズはありますか | ドゥ ユー ハ ヴ エニイ ラージャー ワン<br>Do you have any larger one? |
| 合計金額が正しくありません | ディス トータル コスト イズント コレクト<br>This total cost isn't correct. |

## ●レストランで●

| | |
|---|---|
| 今晩8:00に、3名で夕食を予約したいのですが | アイド ライク トゥ リザーヴ ア テーブル フォー スリー ピーポゥ トゥナイト アット エイト<br>I'd like to reserve a table for 3 people tonight at eight. |
| メニューをお願いします | メ イ アイ ハ ヴ ザ メニュー<br>May I have the menu? |
| この土地の名物料理はありますか | ドゥ ユー ハ ヴ エニイ ローカル スペシャリティズ<br>Do you have any local specialties? |
| ラム肉のローストをください | アイル テイクアロースト ラ ム<br>I'll take a roast lamb. |
| 取り分けて食べたいので皿をください | キャン ウィー ハ ヴ サ ム スモール プレイツ フォー シェアリング<br>Can we have some small plates for sharing? |

| | | |
|---|---|---|
| これを持ち帰りにできますか | キャナイ テイク ディス アウェイ | Can I take this away? |
| これは注文したものと違います | ディス イズ ナッ マイ オゥダァ | This is not my order. |

## ●トラブル●

| | | |
|---|---|---|
| 旅行を続けてもいいですか | キ ャ ナ イ コンティニュー マイ トリップ | Can I continue my trip? |
| パスポートをなくしました | アイ ロスト マイ パスポート | I lost my passport. |
| 財布を盗まれました | サ ム ワ ン ストール マイ ウォリット | Someone stole my wallet. |
| 盗難／紛失証明書を発行してください | ク ッ ジ ュ ー メ イ ク ア リポート オ ヴ ザ セフト ロ ス | Could you make a report of the theft／loss? |
| タイヤがパンクしてしまいました | アイ ハヴ ア フラット タイアァ | I have a flat tire. |
| 交通事故に遭いました | アイ ハド ア トラフィック アクシデント | I had a traffic accident. |

## ●英単語●

**【飛行機／空港】**

| | | |
|---|---|---|
| 片道／往復 | ワン ウェイ リターン | one way／return |
| 通過 | トランジット | transit |
| 乗り換え | トランスファー | transfer |
| 搭乗券 | ボーディング パス | boarding pass |
| 料金 | フェア(フィー) | fare (fee) |
| 予約再確認 | リコンファーム | reconfirm |
| 出発 | デパーチャー | departure |
| 到着 | アライヴァル | arrival |
| 目的地 | ディスティネーション | destination |
| 荷物受取所 | バゲッジ クレイム | baggage claim |

**【バス／電車／レンタカーなど】**

| | | |
|---|---|---|
| 時刻表 | タイムテーブル | timetable |
| 乗車 | ゲット オン | get on |
| 下車 | ゲット オフ | get off |
| 交差点 | クロッシング | crossing |
| 距離 | ディスタンス | distance |
| タイヤ交換 | リタイア ザ タイアァ | retire the tire |

**【宿泊】**

| | | |
|---|---|---|
| 予約 | リザベイション | reservation |
| 空室／満室 | ベイキャンシィ ノー ベイキャンシィ | vacancy／no vacancy |

**【ショッピング】**

| | | |
|---|---|---|
| シャツ | シャート | shirt |
| ネクタイ | タイ | tie |
| ズボン | トラウザァズ | trousers |
| パウア貝 | パウア シェル | paua shell |
| ヒスイ | ジェイド | jade |
| 羊のなめし革 | シープスキン | sheepskin |
| 羊毛セーター | ウール スウェタァ | wool sweater |

**【食材】**

| | | |
|---|---|---|
| 仔羊肉 | ラム | lamb |
| 仔牛肉 | ヴィール | veal |
| シカ肉 | ヴェニソン | venison |
| エビ | シュリンプ プロウン | shrimp/prawn |
| カキ | オイスター | oyster |
| ムール貝 | マッソーズ | mussels |

**【両替】**

| | | |
|---|---|---|
| 両替 | マニー エクスチェインジ | money exchange |
| 手数料 | コミッション | commission |
| 暗証番号 | ピン ナンバー | PIN number |
| 現金引き出し | ウィズドロー | withdraw |

**【トラブル】**

| | | |
|---|---|---|
| 警察 | ポリース | police |
| 救急車 | アンビュランス | ambulance |
| 旅行者保険 | トラヴェル インシュアランス | travel insuarance |
| 再発行 | リイシュー | reissue |
| 発行の控え | レコード オブ チェックス | record of checks |
| 日本大使館 | エンバシィ オブ ジャパン | embassy of Japan |
| 日本総領事館 | コンスリット ジェネラル オブ ジャパン | Consulate-General of Japan |
| 盗難証明書 | サフト サティフィケイト | theft certificate |
| 遺失証明書 | ロス サティフィケイト | loss certificate |

### ニュージーランドで食べられるおもな魚

| | | | |
|---|---|---|---|
| メカジキ | Swordfish | タイ、マダイ | Snapper |
| マカジキ | Striped Marlin | タラキヒ(フエダイ) | Tarakihi |
| ミナミマグロ | Southern Bluefin Tuna | ホウボウ | Gurnard |
| キハダマグロ | Yellowfin Tuna | ブルーコッド | Blue Cod |
| カツオ | Skipjack Tuna | ミシマオコゼ | Monkfish |
| ヒラマサ | Kingfish | シタビラメ | New Zealand Sole |
| マトウダイ | John Dory | サケ | Salmon |
| ハプカ（アラ） | Groper | マス | Trout |

# 緊急時の医療会話

**●ホテルで薬をもらう**

具合が悪い。
アイ フィール イル
**I feel ill.**

下痢止めの薬はありますか。
ドゥ ユー ハ ヴ アン アンティダイリエル メ ディ ス ン
**Do you have an antidiarrheal medicine?**

**●病院へ行く**

近くに病院はありますか。
イズ ゼア ア ホスピタル ニア ヒア
**Is there a hospital near here?**

日本人のお医者さんはいますか？
アー ゼア エニー ジャパニーズ ドクターズ
**Are there any Japanese doctors?**

病院へ連れて行ってください。
クッデュー テイク ミー トゥ ザ ホスピタル
**Could you take me to the hospital?**

**●病院での会話**

診察を予約したい。
アイドゥ ライク トゥ メ イ ク アン アポイントメント
**I' d like to make an appointment.**

グリーンホテルからの紹介で来ました。
グリーン ホテル イントロデュースド ユー トゥ ミー
**Green Hotel introduced you to me.**

私の名前が呼ばれたら教えてください。
プリーズ レッ ミー ノ ウ ウェン マイ ネイム イズ コールド
**Please let me know when my name is called.**

**●診察室にて**

入院する必要がありますか。
ドゥ アイ ハ フ トゥ ビー アドミッテド
**Do I have to be admitted?**

次はいつ来ればいいですか。
ホェン シュッダイ カム ヒア ネクスト
**When should I come here next?**

通院する必要がありますか。
ドゥ アイ ハフ トゥ ゴー トゥ ホスピタル レギュラリー
**Do I have to go to hospital regularly?**

ここにはあと2週間滞在する予定です。
アイル ステイ ヒ ア フォー ア ナ ザ ー ト ゥ ウィークス
**I' ll stay here for another two weeks.**

**●診察を終えて**

診察代はいくらですか。
ハ ウ マッチ イズイット フォー ザ ド ク タ ー ズ フィー
**How much is it for the doctor' s fee?**

保険が使えますか。
ダズ マイ インシュアランス カバー イット
**Does my insurance cover it?**

クレジットカードでの支払いができますか。
キャナイ ペイ イット ウィズ マイ クレディットカード
**Can I pay it with my credit card?**

保険の書類にサインをしてください。
プリーズ サイン オン ザ インシュアランス ペーパー
**Please sign on the insurance papar.**

**※該当する症状があれば、チェックをしてお医者さんに見せよう**

| | | |
|---|---|---|
| □吐き気 nausea | □悪寒 chill | □食欲不振 poor appetite |
| □めまい dizziness | □動悸 palpitation | □胸痛 chest pain |
| □熱 fever | □脇の下で測った armpit | ______°C／°F |
| | □口中で測った oral | ______°C／°F |
| □下痢 diarrhea | □便秘 constipation | |
| □水様便 watery stool | □軟便 loose stool | 1日に　回　times a day |
| □ときどき sometimes | □頻繁に frequently | 絶え間なく continually |
| □風邪 common cold | | |
| □鼻詰まり stuffy nose | □鼻水 running nose | □くしゃみ sneeze |
| □咳 cough | □痰 sputum | □血痰 bloody sputum |
| □耳鳴り tinnitus | □難聴 loss of hearing | □耳だれ ear discharge |
| □目やに eye discharge | □目の充血 redness in the eye(s) | □見えにくい visual disturbance |

**※下記の単語を使ってお医者さんに必要なことを伝えましょう**

**●どんな状態のものを**
生の raw
野生の wild
油っこい oily
よく火が通っていない uncooked
調理後時間がたった a long time after it was cooked

**●けがをした**
刺された・噛まれた bitten
切った cut
転んだ fall down
打った hit
ひねった twist
落ちた fall
やけどした burn

**●痛み**
ヒリヒリする burning
刺すように sharp
鋭く keen
ひどく severe

**●原因**
蚊 mosquito
スズメバチ wasp
アブ gadfly
毒虫 poisonous insect
サソリ scorpion
クラゲ jellyfish
毒蛇 viper
リス squirrel
（野）犬 (stray)dog

**●何をしているときに**
ジャングルに行った went to the jungle
ダイビングをした diving
キャンプをした went camping
登山をした went hiking (climbling)
川で水浴びをした swimming in the river

# イエローページ

## ●航空会社●

### 【ニュージーランド航空 Air New Zealand】
☎0570-015-424(日本)
FREE 0800-737-000
URL www.airnewzealand.jp
日本から直行便を運航する、ニュージーランド最大手の航空会社。ニュージーランド国内20都市以上を結んでいる。

### 【ジェットスター航空 Jetstar Airways】
☎0570-550-538(日本)
FREE 0800-800-995
URL www.jetstar.com
オーストラリアとニュージーランドを拠点に運航している航空会社。オークランド～ウェリントン間など主要区間を運航する。

## ●空港●

### 【クライストチャーチ国際空港 Christchurch International Airport】
☎(03) 353-7777
URL www.christchurchairport.co.nz

### 【オークランド国際空港 Auckland International Airport】
☎(09) 275-0789
FREE 0800-247-767
URL www.aucklandairport.co.nz

## ●長距離バス会社●

### 【インターシティ・コーチラインズ Intercity Coachlines】
| | |
|---|---|
| クライストチャーチ | ☎(03) 365-1113 |
| クイーンズタウン | ☎(03) 442-4922 |
| ダニーデン | ☎(03) 471-7143 |
| オークランド | ☎(09) 583-5780 |
| ウェリントン | ☎(04) 385-0520 |

URL www.intercity.co.nz
通称インターシティ。国内最大手のバス会社として、南北両島を網羅しており、ニューマンズ・コーチラインズやグレートサイツ、ノースライナー・エクスプレスなどと提携する。

### 【グレートサイツ Great Sights】
☎(09) 583-5790
FREE 0800-744-487
URL www.greatsights.co.nz
オークランド～ワイトモ間など、南島、北島の主要都市間の各種デイツアーを催行する。車内では目的地到着ごとにドライバーによるガイドがアナウンスされる。

### 【アトミック・トラベル Atomic Travel】
✆021-0867-6001
URL www.atomictravel.co.nz
クライストチャーチ～ホキティカを結ぶシャトルバス。途中アーサーズ・パスやグレイマウスを経由する。

### 【リッチーズ Ritchies】
URL www.ritchies.co.nz
クイーンズタウン～ワナカの定期便やオークランド空港バスなど、ニュージーランド各地で運行。

### 【イースト・ウエスト・コーチス East West Coaches】
✆027-201-8825
URL www.eastwestcoaches.co.nz
ウエストコースト(グレイマウス、ウエストポートなど)～クライストチャーチをシャトルバスで運行。途中アーサーズ・パスを経由する。

## ●鉄道会社●

### 【キーウィ・レイル Kiwi Rail】
FREE 0800-872-467
URL www.greatjourneysnz.com
クライストチャーチ～グレイマウス間のトランツ・アルパインTranz Alpine号、クライストチャーチ～ピクトン間のコースタル・パシフィックCoastal Pacific号、オークランド～ウェリントン間のノーザン・エクスプローラーNorthern Explorer号、パーマストン・ノース～ウェリントン間のキャピタル・コネクションCapital Connection号を運行する。

## ●フェリー会社●

### 【インターアイランダー Interislander】
FREE 0800-802-802
URL www.interislander.co.nz
ウェリントン～ピクトン間を所要約3時間30分で行き来するフェリーを運航。

### 【ブルーブリッジ Bluebridge】
FREE 0800-844-844
URL www.bluebridge.co.nz
ウェリントン～ピクトン間を所要約3時間30分で行き来するフェリーを運航。

## ●大使館・領事館●

### 【在ニュージーランド日本国大使館】
**Embassy of Japan in New Zealand**
**Map P.394-C1**
住 Level 18, The Majestic Centre
100 Willis St. Wellington
☎(04)473-1540 開9:00～17:00 休土・日、祝
(領事班) 開9:00～12:00、13:30～16:00

### 【在クライストチャーチ領事事務所】
**Consular Office of Japan in Christchurch**
**Map P.48-B3**
住172 Hereford St. Christchurch
☎(03)366-5680
開9:00～12:30、13:30～17:00 休土・日、祝
(領事事務受付) 開9:15～12:15、13:30～16:00

### 【在オークランド日本国総領事館】
**Consulate-General of Japan in Auckland**
**Map P.246-D2**
住Level 15 AIG Building, 41 Shortland St. Auckland
☎(09) 303-4106 開9:00～17:00 休土・日、祝
(領事部) 開9:00～12:00、13:00～15:30

## ●クレジットカード紛失時の緊急連絡先●

| | |
|---|---|
| アメリカン・エキスプレス | FREE 0800-44-9348 |
| ダイナースクラブ | ☎81-3-6770-2796 |
| JCB | ☎(09)379-0530<br>(JCBプラザ・オークランド) |
| MasterCard | FREE 800-441-671 |
| VISA | FREE 0800-103-297 |

## ●緊急時の連絡先●

### 【警察・救急車・消防】
☎111 (警察・消防は無料、救急車は有料)

# 旅の技術 映画&書籍で知るニュージーランド

**[映画]**

**『戦場のメリークリスマス』(1983年)**

監督/大島渚
出演/デビット・ボウイ、坂本龍一、ビートたけし

日新英豪の合作映画。オークランドなどで撮影が行われた。

**『ピアノ・レッスン』(1993年)**

監督・脚本/ジェーン・カンピオン
出演/ホリー・ハンター、ハーヴェイ・カイテル

カンピオン監督はウェリントン出身。カンヌ国際映画祭パルムドール受賞。

**『ワンス・ウォリアーズ』(1994年)**

監督/リー・タマホリ
出演/レナ・オーウェン、テムエラ・モリソン

監督はマオリの血を引くリー・タマホリ。現代マオリ社会の問題を描いた作品。

**『ピートと秘密の友達』(2016年)**

監督/デヴィッド・ロウリー
出演/オークス・フェグリー

ニュージーランドで初めて製作されたディズニー映画。ロトルアなどで撮影が行われた。

**『ゴースト・イン・ザ・シェル』(2017年)**

監督/ルパート・サンダース
出演/スカーレット・ヨハンソン、ビートたけし

日本の漫画『攻殻機動隊』を原作に製作。ウェリントンを拠点に約5ヵ月間撮影された。

**『ロード・オブ・ザ・リング』3部作 (2001~2003年)**

監督/ピーター・ジャクソン
出演/イライジャ・ウッド、イアン・マッケラン

ニュージーランド映画ブームの火付け役。映像化不可能といわれた世界を、ニュージーランド各地の自然を背景に、見事に再現。

**『クジラの島の少女』(2003年)**

監督/ニキ・カーロ
出演/ケイシャ・キャッスル=ヒューズ

マオリの女流作家の原作小説を、同じくマオリの血を引く女性監督が映像化した作品。

**『ラスト サムライ』(2003年)**

監督・脚本・製作/エドワード・ズウィック
出演/トム・クルーズ、渡辺謙、真田広之

富士山によく似たタラナキ山を背景に、19世紀の日本の古い農村を忠実に再現。

**『ナルニア国物語』第1章・第2章 (2006・2008年)**

監督/アンドリュー・アダムソン
出演/ウィリアム・モーズリー、アナ・ポップルウェル

オークランドやクライストチャーチ近郊、北島のコロマンデル半島で撮影が行われた。

**『ホビット』(2012~2014年)**

監督/ピーター・ジャクソン
出演/マーティン・フリーマン、イアン・マッケラン

『ロード・オブ・ザ・リング』の60年前を舞台としたファンタジー映画。全3部作。

**『光をくれた人』(2016年)**

監督/デレク・シアンフランス
出演/マイケル・ファスベンダー、アリシア・ヴィキャンデル

ベストセラー小説『海を照らす光』を映画化。ダニーデン周辺で撮影が行われた。

**『ウルヴァリン:X-MEN ZERO』(2009年)**

監督/ギャビン・フッド
出演/ヒュー・ジャックマン

X-MENオリジナル三部作のスピンオフ。クイーンズタウン周辺でロケが行われた。

**『アバター』シリーズ (2009年、2022年)**

監督/ジェームズ・キャメロン
出演/サム・ワーシントン、ゾーイ・サルダナ

実写パートをウェリントン周辺で撮影。ウェタ・ワークショップがCGシーンを担当。

**[書籍]**

**『「小さな大国」ニュージーランドの教えるもの―世界と日本を先導した南の理想郷』(2012年)**

論創社 日本ニュージーランド学会ほか編

反核、社会保障・福祉、女性の権利、子供の保護など多彩なテーマを検証。

**『LOVELY GREEN NEW ZEALAND 未来の国を旅するガイドブック』(2018年)**

ダイヤモンド社
四角大輔、富松卓哉、長田雅史、野澤哲夫

本当のニュージーランドを知ってほしいという思いの詰まった新視点ガイドブック。

**『大自然と街を遊び尽くすニュージーランドへ』(2020年)**

イカロス出版 グルービー美子

ニュージーランド在住ライターがえりすぐりのおすすめスポットを紹介。

# ニュージーランドの歴史

**マオリ・タンガ**
マオリ・タンガとはマオリの文化のこと。マオリ村には、今も伝統芸術や儀式などが残されており、マオリ・タンガのひとつとして訪れる人々に紹介されている。
マオリのあいさつは、ホンギと呼ばれる鼻と鼻をくっつける親しみのあるもの。マオリ戦士の勇敢さは有名だが、昔、よそ者を迎えるときには、大きく目をむき、舌をべろりと出すポーズで威嚇した。マオリ人の集会場の柱の彫刻には、魔除けとしてこの「おどかしのポーズ」が彫られている。

**マオリであることを自分で選ぶ**
現在、ニュージーランドの統計では、自分がマオリであると認識している人が全体の約16.5%程度いるとされている。この「認識している」という曖昧な表現の背景には、マオリの定義が時代によって変化しているという事実がある。
本来、マオリとはマオリ族の血を半分以上受け継ぐ人々を指してきた。しかし、1986年、1991年の国勢調査では、「ソロ・マオリ 」という定義が用いられ、このソロ・マオリを選択した人はすべて、ニュージーランド・マオリであるとされた。
前回の2018年に行われた国勢調査によると、マオリの子孫だと認識している人の割合が過去5年間で1.4%増加した。ただしこの調査では、ひとりで複数のエスニックグループに所属することが認められたため、全体数と回答数が一致しない結果となった。

## カヌーで移住してきたマオリ

この国土に最初に到来した人間は、今からおよそ1000年前、南太平洋ポリネシア方面からカヌーで移住してきたマオリとされている。本格的なマオリの移住は13～14世紀頃。巨大な双胴のカヌーに乗り、星の位置や風、波の向きから方角を決める、優秀な航海術でやってきたのだという。彼らは森や草原を火で焼いて開墾する焼畑農耕と狩猟の生活で、タロイモやヤムイモ、サツマイモなどの作物、鳥や魚介などを食していたようである。マオリは部族で暮らし、時代とともに一部族の構成人数が増えるといくつにも分かれていった。彼らの村ではマラエ（集会場）で大事な儀式などが行われ、それが今も各地に残っている。また、マオリにとって土地は部族共有の大切な財産だった。マオリの戦士は誇り高く勇敢な戦いぶりで知られている。当時のマオリは鉄などの金属は未開発で、石でいろいろな道具や装身具を作っていたが、その細工は極めて精巧なものである。マオリはヨーロッパ人と出会うまで文字を知らず、自分たちの歴史は口伝えで残してきた。

## 18世紀の終わりに西欧人が

先住民マオリが住むこの島国に、最初にやってきたのはオランダの帆船航海者エイベル・ジャンツーン・タスマンで、1642年のことである（→P.211）。しかし、彼はマオリ戦士の襲撃などで上陸を断念し、この地を去った。後にこの島はオランダの地名にちなんでノヴォ・ゼーランディアNovo Zeelandiaと呼ばれるようになったが、長らく忘れられた存在となっていた。そして 100余年後の1769年、イギリス人ジェームス・クックが半年がかりでニュージーランド全周の沿岸を調査し、正確な地図を作成した（→P.368）。1790年頃から捕鯨やアザラシの毛皮、木材や麻などの資源を求めて多くのヨーロッパ人たちがやってくるようになり、西欧人とマオリとの交流が活発化していった。マオリは豚肉やイモ類の食料を提供する代わりに、斧、釘などの鉄製品、鉄砲、火薬、毛布などを物々交換で手に入れた。

## イギリス人入植とワイタンギ条約

西欧人とマオリとの交流活発化につれて、この地への本格的な移民を事業化しようとエドワード・ギボン・ウェイクフィールドが1838年、ロンドンにニュージーランド会社を設立し、組織移民を始めた。この事業展開に対する懸念などから、イギリス政府は1840年にニュージーランド統治に乗り出し、ウィリアム・ホブソン海軍大佐に植民地化への施策を命じた。2月5日、北島北部のワイタンギに集まったマオリの各部族の酋長たちが協議の結果、条約へのサインが行われた。これがニュージーランドをイギリスの植民地とすることを約束したワイタンギ条約である。条約は次のわずか3項目の簡単な内容。「ニュージーランドの主権はイギリス国王にある」「マオリの土地所有は引き続き認められる。ただし、土地の売却はイギリス政府へのみとする」「マオリはイギリス国民としての権利を認められる」。

ニュージーランドが正式にイギリスの植民地となったことで、移民の流入が盛んになり、1840年に最初の移民がウェリントンに入ってからわずか6年後には、その数は9000人に及んだ。

## 土地をめぐる紛争でマオリ戦争

条約締結の結果、1850年代後半にはイギリス人の数はマオリの人口を超え、土地の需要は急増した。しかしマオリの多くは土地を容易に売ろうとはせず、特に土地が肥沃で農耕に適したワイカト、タラナキ地方では、双方の対立が激化し、ついにイギリス人は兵力で強引に土地を接収。このため1860年、イギリス軍とマオリとの戦争になった。これは12年も続いたが、結局マオリの敗北に終わり、この間にマオリの人口も減った。これは戦争のためばかりではなく、ヨーロッパ人がこの国にもたらした病気も原因だった。戦争はおもにマオリが多く住む北島で行われたが、この間、南島では牧畜農業が盛んになったばかりでなく、金鉱が発見され、移民も増えて発展した。

## 本格的な政党政治で近代国家へ

19世紀後半になって、国内では鉄道や通信網の整備が始まり、これまで各地に入植地が点在するのみだったニュージーランドも、しだいに国家としての姿を整えてきた。また、それまで南島に比べてはるかに優位だった北島も、ゴールドラッシュで起きた南島への人口流出、マオリ戦争による荒廃などで、政治の中心となり得なくなってきた。そこで南北両島のバランスを考えて、当時オークランドにあった首都が1865年にウェリントンへ移転された。これを機にニュージーランドは本格的な政党政治の時代を迎え、特に1890年、総選挙で圧勝した自由党が次々と政治改革を行ったことが、大きな転換期となった。世界最初の女性参政権の確立、土地改革、老齢年金法などが制定され、安定した政権下で経済も好況を呈した。移民の増加にともない人口も増え、1890年の約50万人が1912年には約100万人に倍増した。現在のニュージーランドは地理的・経済的につながりの深いオーストラリア、アメリカや日本、アジア諸国との関係を強化している。輸出総額の半分以上が農・畜産物で、石油や工業製品の多くは輸入に依存。日本との貿易では農・畜産物のほかアルミニウムなどの非鉄金属、魚介類、羊毛などを輸出、自動車、通信機械、鉄鋼などを輸入している。近年では豊かな自然にスポットを当てた観光事業にも力を入れ、観光大国としての一面も見せている。

**イギリスの「海外農園」**

1860～1870年代は、この国の風土に合った羊の品種改良や小麦栽培が軌道にのり、牧畜農業の基礎ができた。1880年代には、集約的農業が発展し、バターやチーズなどの輸出が増え、また冷凍技術の進歩で、イギリスへ冷凍船による羊肉輸出が伸びた。20世紀に入ってからも羊毛や羊肉、酪農製品の輸出は盛んで、農産物輸出国の地位が確立し、なかでもその絆の強さから、ニュージーランドはイギリスの「海外農園」とまでいわれた。

**ゴールドラッシュ**

1861年、オーストラリアの鉱山師がダニーデンに近いローレンス付近で多量の金を発見し、ゴールドラッシュが起こった。その後、クイーンズタウン周辺でも発見され、オタゴ地方の人口は2年ほどで5倍になったというが、その金はわずか3年足らずで掘り尽くされた。これに前後して南島西海岸や北島コロマンデル・タウンなどでも金が発見されたが、埋蔵量は少なく、1868年頃にはゴールドラッシュはまさに夢のように消え去った。

**世界初の女性参政権**

ニュージーランドが世界で初めて女性の参政権を認めたのは1893年。アメリカ、イギリスがこれに続いたのは25年後のこと。ちなみに日本での婦人参政権行使は戦後の1946年で、ニュージーランドに遅れること53年である。

# 索引

# 地球の歩き方 旅の図鑑シリーズ

見て読んで海外のことを学ぶことができ、旅気分を楽しめる新シリーズ。
1979年の創刊以来、長年蓄積してきた世界各国の情報と取材経験を生かし、
従来の「地球の歩き方」には載せきれなかった、
旅にぐっと深みが増すような雑学や豆知識が盛り込まれています。

W01
世界244の国と地域
¥1760

W07
世界のグルメ図鑑
¥1760

W02
世界の指導者図鑑
¥1650

W03
世界の魅力的な
奇岩と巨石139選
¥1760

W04
世界246の首都と
主要都市
¥1760

W05
世界のすごい島300
¥1760

W06
世界なんでも
ランキング
¥1760

W08
世界のすごい巨像
¥1760

W09
世界のすごい城と
宮殿333
¥1760

W11
世界の祝祭
¥1760

- W10 世界197ヵ国のふしぎな聖地&パワースポット ¥1870
- W13 世界遺産　絶景でめぐる自然遺産　完全版 ¥1980
- W16 世界の中華料理図鑑 ¥1980
- W18 世界遺産の歩き方 ¥1980
- W20 世界のすごい駅 ¥1980
- W22 いつか旅してみたい世界の美しい古都 ¥1980
- W24 日本の凄い神木 ¥2200
- W26 世界の麺図鑑 ¥1980
- W28 世界の魅力的な道 178 選 ¥1980
- W30 すごい地球！ ¥2200
- W32 日本のグルメ図鑑 ¥1980
- W34 日本の虫旅 ¥2200
- W12 世界のカレー図鑑 ¥1980
- W15 地球の果ての歩き方 ¥1980
- W17 世界の地元メシ図鑑 ¥1980
- W19 世界の魅力的なビーチと湖 ¥1980
- W21 世界のおみやげ図鑑 ¥1980
- W23 世界のすごいホテル ¥1980
- W25 世界のお菓子図鑑 ¥1980
- W27 世界のお酒図鑑 ¥1980
- W29 世界の映画の舞台&ロケ地 ¥2090
- W31 世界のすごい墓 ¥1980

※表示価格は定価（税込）です。改訂時に価格が変更になる場合があります。

# 地球の歩き方 関連書籍のご案内

オセアニアに魅せられたなら、他の国へも行ってみよう!

## 地球の歩き方　ガイドブック

C05 地球の歩き方　タヒチ イースター島 ¥1870

C06 地球の歩き方　フィジー ¥1650

C07 地球の歩き方　ニューカレドニア ¥1650

C10 地球の歩き方　ニュージーランド ¥2200

C11 地球の歩き方　オーストラリア ¥2750

C12 地球の歩き方　ゴールドコースト&ケアンズ ¥1870

C13 地球の歩き方　シドニー&メルボルン ¥1760

## 地球の歩き方　aruco

25 地球の歩き方 aruco オーストラリア ¥1760

## 地球の歩き方　Plat

26 地球の歩き方 Plat パース ¥1320

## 地球の歩き方　BOOKS

LOVELY GREEN NEW ZEALAND ¥1760

※表示価格は定価（税込）です。改訂時に価格が変更になる場合があります。

# 地球の歩き方 シリーズ一覧

2024年6月現在

＊地球の歩き方ガイドブックは、改訂時に価格が変わることがあります。＊表示価格は定価（税込）です。＊最新情報は、ホームページをご覧ください。www.arukikata.co.jp/guidebook

## 地球の歩き方　ガイドブック

### A　ヨーロッパ

| | | |
|---|---|---|
| A01 | ヨーロッパ | ¥1870 |
| A02 | イギリス | ¥2530 |
| A03 | ロンドン | ¥1980 |
| A04 | 湖水地方&スコットランド | ¥1870 |
| A05 | アイルランド | ¥2310 |
| A06 | フランス | ¥2420 |
| A07 | パリ&近郊の町 | ¥2200 |
| A08 | 南仏プロヴァンス　コート・ダジュール&モナコ | ¥1760 |
| A09 | イタリア | ¥2530 |
| A10 | ローマ | ¥1760 |
| A11 | ミラノ　ヴェネツィアと湖水地方 | ¥1870 |
| A12 | フィレンツェとトスカーナ | ¥1870 |
| A13 | 南イタリアとシチリア | ¥1870 |
| A14 | ドイツ | ¥1980 |
| A15 | 南ドイツ　フランクフルト　ミュンヘン　ロマンチック街道　古城街道 | ¥2090 |
| A16 | ベルリンと北ドイツ　ハンブルク　ドレスデン　ライプツィヒ | ¥1870 |
| A17 | ウィーンとオーストリア | ¥2090 |
| A18 | スイス | ¥2200 |
| A19 | オランダ　ベルギー　ルクセンブルク | ¥2420 |
| A20 | スペイン | ¥2420 |
| A21 | マドリードとアンダルシア | ¥1760 |
| A22 | バルセロナ&近郊の町　イビサ島／マヨルカ島 | ¥1760 |
| A23 | ポルトガル | ¥2200 |
| A24 | ギリシアとエーゲ海の島々&キプロス | ¥1870 |
| A25 | 中欧 | ¥1980 |
| A26 | チェコ　ポーランド　スロヴァキア | ¥1870 |
| A27 | ハンガリー | ¥1870 |
| A28 | ブルガリア　ルーマニア | ¥1980 |
| A29 | 北欧　デンマーク　ノルウェー　スウェーデン　フィンランド | ¥2640 |
| A30 | バルトの国々　エストニア　ラトヴィア　リトアニア | ¥1870 |
| A31 | ロシア　ベラルーシ　ウクライナ　モルドヴァ　コーカサスの国々 | ¥2090 |
| A32 | 極東ロシア　シベリア　サハリン | ¥1980 |
| A34 | クロアチア　スロヴェニア | ¥2200 |

### B　南北アメリカ

| | | |
|---|---|---|
| B01 | アメリカ | ¥2090 |
| B02 | アメリカ西海岸 | ¥2200 |
| B03 | ロスアンゼルス | ¥2090 |
| B04 | サンフランシスコとシリコンバレー | ¥1870 |
| B05 | シアトル　ポートランド | ¥2420 |
| B06 | ニューヨーク　マンハッタン&ブルックリン | ¥2200 |
| B07 | ボストン | ¥1980 |
| B08 | ワシントンDC | ¥2420 |
| B09 | ラスベガス　セドナ&グランドキャニオンと大西部 | ¥2090 |
| B10 | フロリダ | ¥2310 |
| B11 | シカゴ | ¥1870 |
| B12 | アメリカ南部 | ¥1980 |
| B13 | アメリカの国立公園 | ¥2640 |
| B14 | ダラス　ヒューストン　デンバー　グランドサークル　フェニックス　サンタフェ | ¥1980 |
| B15 | アラスカ | ¥1980 |
| B16 | カナダ | ¥2420 |
| B17 | カナダ西部　カナディアン・ロッキーとバンクーバー | ¥2090 |
| B18 | カナダ東部　ナイアガラ・フォールズ　メープル街道　プリンス・エドワード島　トロント・オタワ　モントリオール　ケベック・シティ | ¥2090 |
| B19 | メキシコ | ¥1980 |
| B20 | 中米 | ¥2090 |
| B21 | ブラジル　ベネズエラ | ¥2200 |
| B22 | アルゼンチン　チリ　パラグアイ　ウルグアイ | ¥2200 |
| B23 | ペルー　ボリビア　エクアドル　コロンビア | ¥2200 |
| B24 | キューバ　バハマ　ジャマイカ　カリブの島々 | ¥2035 |
| B25 | アメリカ・ドライブ | ¥1980 |

### C　太平洋 / インド洋島々

| | | |
|---|---|---|
| C01 | ハワイ　オアフ島&ホノルル | ¥2200 |
| C02 | ハワイ島 | ¥2200 |
| C03 | サイパン　ロタ&テニアン | ¥1540 |
| C04 | グアム | ¥1980 |
| C05 | タヒチ　イースター島 | ¥1870 |
| C06 | フィジー | ¥1650 |
| C07 | ニューカレドニア | ¥1650 |
| C08 | モルディブ | ¥1870 |
| C10 | ニュージーランド | ¥2200 |
| C11 | オーストラリア | ¥2750 |
| C12 | ゴールドコースト&ケアンズ | ¥2420 |
| C13 | シドニー&メルボルン | ¥1760 |

### D　アジア

| | | |
|---|---|---|
| D01 | 中国 | ¥2090 |
| D02 | 上海　杭州　蘇州 | ¥1870 |
| D03 | 北京 | ¥1760 |
| D04 | 大連　瀋陽　ハルビン　中国東北部の自然と文化 | ¥1980 |
| D05 | 広州　アモイ　桂林　珠江デルタと華南地方 | ¥1980 |
| D06 | 成都　重慶　九寨溝　麗江　四川　雲南 | ¥1980 |
| D07 | 西安　敦煌　ウルムチ　シルクロードと中国北西部 | ¥1980 |
| D08 | チベット | ¥2090 |
| D09 | 香港　マカオ　深圳 | ¥2420 |
| D10 | 台湾 | ¥2090 |
| D11 | 台北 | ¥1980 |
| D13 | 台南　高雄　屏東&南台湾の町 | ¥1980 |
| D14 | モンゴル | ¥2420 |
| D15 | 中央アジア　サマルカンドとシルクロードの国々 | ¥2090 |
| D16 | 東南アジア | ¥1870 |
| D17 | タイ | ¥2200 |
| D18 | バンコク | ¥1980 |
| D19 | マレーシア　ブルネイ | ¥2090 |
| D20 | シンガポール | ¥1980 |
| D21 | ベトナム | ¥2090 |
| D22 | アンコール・ワットとカンボジア | ¥2200 |
| D23 | ラオス | |
| D24 | ミャンマー（ビルマ） | |
| D25 | インドネシア | |
| D26 | バリ島 | |
| D27 | フィリピン　マニラ　セブ　ボラカイ　ボホール　エルニド | |
| D28 | インド | |
| D29 | ネパールとヒマラヤトレッキング | |
| D30 | スリランカ | |
| D31 | ブータン | |
| D33 | マカオ | |
| D34 | 釜山　慶州 | |
| D35 | バングラデシュ | |
| D37 | 韓国 | |
| D38 | ソウル | |

### E　中近東　アフリカ

| | |
|---|---|
| E01 | ドバイとアラビア半島の国々 |
| E02 | エジプト |
| E03 | イスタンブールとトルコの大地 |
| E04 | ペトラ遺跡とヨルダン　レバノン |
| E05 | イスラエル |
| E06 | イラン　ペルシアの旅 |
| E07 | モロッコ |
| E08 | チュニジア |
| E09 | 東アフリカ　ウガンダ　エチオピア　ケニア　タンザニア　ルワンダ |
| E10 | 南アフリカ |
| E11 | リビア |
| E12 | マダガスカル |

### J　国内版

| | |
|---|---|
| J00 | 日本 |
| J01 | 東京　23区 |
| J02 | 東京　多摩地域 |
| J03 | 京都 |
| J04 | 沖縄 |
| J05 | 北海道 |
| J06 | 神奈川 |
| J07 | 埼玉 |
| J08 | 千葉 |
| J09 | 札幌・小樽 |
| J10 | 愛知 |
| J11 | 世田谷区 |
| J12 | 四国 |
| J13 | 北九州市 |
| J14 | 東京の島々 |

## 地球の歩き方　aruco

●海外

| | | |
|---|---|---|
| 1 | パリ | ¥1650 |
| 2 | ソウル | ¥1650 |
| 3 | 台北 | ¥1650 |
| 4 | トルコ | ¥1430 |
| 5 | インド | ¥1540 |
| 6 | ロンドン | ¥1650 |
| 7 | 香港 | ¥1320 |
| 9 | ニューヨーク | ¥1650 |
| 10 | ホーチミン　ダナン　ホイアン | ¥1650 |
| 11 | ホノルル | ¥1650 |
| 12 | バリ島 | ¥1650 |
| 13 | 上海 | ¥1320 |
| 14 | モロッコ | ¥1540 |
| 15 | チェコ | ¥1320 |
| 16 | ベルギー | ¥1430 |
| 17 | ウィーン　ブダペスト | ¥1320 |
| 18 | イタリア | ¥1760 |
| 19 | スリランカ | ¥1540 |
| 20 | クロアチア　スロヴェニア | ¥1430 |
| 21 | スペイン | ¥1320 |
| 22 | シンガポール | ¥1650 |
| 23 | バンコク | ¥1650 |
| 24 | グアム | ¥1320 |
| 25 | オーストラリア | ¥1760 |
| 26 | フィンランド　エストニア | ¥1430 |
| 27 | アンコール・ワット | ¥1430 |
| 28 | ドイツ | ¥1760 |
| 29 | ハノイ | ¥1650 |
| 30 | 台湾 | ¥1650 |
| 31 | カナダ | ¥1320 |
| 33 | サイパン　テニアン　ロタ | ¥1320 |
| 34 | セブ　ボホール　エルニド | ¥1320 |
| 35 | ロスアンゼルス | ¥1320 |
| 36 | フランス | ¥1430 |
| 37 | ポルトガル | ¥1650 |
| 38 | ダナン　ホイアン　フエ | ¥1430 |

●国内

| | |
|---|---|
| 北海道 | ¥1760 |
| 京都 | ¥1760 |
| 沖縄 | ¥1760 |
| 東京 | ¥1540 |
| 東京で楽しむフランス | ¥1430 |
| 東京で楽しむ韓国 | ¥1430 |
| 東京で楽しむ台湾 | ¥1430 |
| 東京の手みやげ | ¥1430 |
| 東京おやつさんぽ | ¥1430 |
| 東京のパン屋さん | ¥1430 |
| 東京で楽しむ北欧 | ¥1430 |
| 東京のカフェめぐり | ¥1480 |
| 東京で楽しむハワイ | ¥1480 |
| nyaruco　東京ねこさんぽ | ¥1480 |
| 東京で楽しむイタリア&スペイン | ¥1480 |
| 東京で楽しむアジアの国々 | ¥1480 |
| 東京ひとりさんぽ | ¥1480 |
| 東京パワースポットさんぽ | ¥1599 |
| 東京で楽しむ英国 | ¥1599 |

## 地球の歩き方　Plat

| | | |
|---|---|---|
| 1 | パリ | ¥1320 |
| 2 | ニューヨーク | ¥1320 |
| 3 | 台北 | ¥1100 |
| 4 | ロンドン | ¥1650 |
| 6 | ドイツ | ¥1320 |
| 7 | ホーチミン／ハノイ／ダナン／ホイアン | ¥1320 |
| 8 | スペイン | ¥1320 |
| 9 | バンコク | ¥1540 |
| 10 | シンガポール | ¥1540 |
| 11 | アイスランド | ¥1540 |
| 13 | マニラ　セブ | ¥1650 |
| 14 | マルタ | ¥1540 |
| 15 | フィンランド | ¥1320 |
| 16 | クアラルンプール　マラッカ | ¥1650 |
| 17 | ウラジオストク／ハバロフスク | ¥1430 |
| 18 | サンクトペテルブルク／モスクワ | ¥1540 |
| 19 | エジプト | ¥1320 |
| 20 | 香港 | ¥1100 |
| 22 | ブルネイ | ¥1430 |
| 23 | ウズベキスタン　サマルカンド　ブハラ　ヒヴァ　タシケント | ¥ |
| 24 | ドバイ | ¥ |
| 25 | サンフランシスコ | ¥ |
| 26 | パース／西オーストラリア | ¥ |
| 27 | ジョージア | ¥ |
| 28 | 台南 | ¥ |

## 地球の歩き方　リゾートスタ

| | | |
|---|---|---|
| R02 | ハワイ島 | ¥ |
| R03 | マウイ島 | ¥ |
| R04 | カウアイ島 | ¥ |
| R05 | こどもと行くハワイ | ¥ |
| R06 | ハワイ　ドライブ・マップ | ¥ |
| R07 | ハワイ　バスの旅 | ¥ |
| R08 | グアム | ¥ |
| R09 | こどもと行くグアム | ¥ |
| R10 | パラオ | ¥ |
| R12 | プーケット　サムイ島　ピピ島 | ¥ |
| R13 | ペナン　ランカウイ　クアラルンプール | ¥ |
| R14 | バリ島 | ¥ |
| R15 | セブ&ボラカイ　ボホール　シキホール | ¥ |
| R16 | テーマパークｉｎオーランド | ¥ |
| R17 | カンクン　コスメル　イスラ・ムヘーレス | ¥ |
| R20 | ダナン　ホイアン　ホーチミン　ハノイ | ¥ |

## 地球の歩き方　御朱印

| | |
|---|---|
| 御朱印でめぐる鎌倉のお寺　三十三観音完全掲載　三訂版 | ¥1650 |
| 御朱印でめぐる京都のお寺　改訂版 | ¥1650 |
| 御朱印でめぐる奈良のお寺 | ¥1760 |
| 御朱印でめぐる東京のお寺 | ¥1650 |
| 日本全国この御朱印が凄い！　第壱集　増補改訂版 | ¥1650 |
| 日本全国この御朱印が凄い！　第弐集　都道府県網羅版 | ¥1650 |
| 御朱印でめぐる全国の神社　開運さんぽ | ¥1430 |
| 御朱印でめぐる高野山　三訂版 | ¥1760 |
| 御朱印でめぐる関東の神社　週末開運さんぽ | ¥1430 |
| 御朱印でめぐる秩父の寺社　三十四観音完全掲載　改訂版 | ¥1650 |
| 御朱印でめぐる関東の百寺　坂東三十三観音と古寺 | ¥1650 |
| 御朱印でめぐる関西の神社　週末開運さんぽ | ¥1430 |
| 御朱印でめぐる関西の百寺　西国三十三所と古寺 | ¥1650 |
| 御朱印でめぐる東京の神社　週末開運さんぽ　改訂版 | ¥1540 |
| 御朱印でめぐる神奈川の神社　週末開運さんぽ　改訂版 | ¥1540 |
| 御朱印でめぐる埼玉の神社　週末開運さんぽ　改訂版 | ¥1540 |
| 御朱印でめぐる北海道の神社　週末開運さんぽ | ¥1430 |
| 御朱印でめぐる九州の神社　週末開運さんぽ　改訂版 | ¥1540 |
| 御朱印でめぐる千葉の神社　週末開運さんぽ　改訂版 | ¥1540 |
| 御朱印でめぐる東海の神社　週末開運さんぽ | ¥1430 |
| 御朱印でめぐる京都の神社　週末開運さんぽ　改訂版 | ¥1540 |
| 御朱印でめぐる神奈川のお寺 | ¥1650 |
| 御朱印でめぐる大阪　兵庫の神社　週末開運さんぽ | ¥1430 |
| 御朱印でめぐる愛知の神社　週末開運さんぽ　改訂版 | ¥1540 |
| 御朱印でめぐる栃木　日光の神社　週末開運さんぽ | ¥1430 |
| 御朱印でめぐる福岡の神社　週末開運さんぽ　改訂版 | ¥1540 |
| 御朱印でめぐる広島　岡山の神社　週末開運さんぽ | ¥1430 |
| 御朱印でめぐる山陰　山陽の神社　週末開運さんぽ | ¥1430 |
| 御朱印でめぐる埼玉のお寺 | ¥1650 |
| 御朱印でめぐる千葉のお寺 | ¥1650 |
| 御朱印でめぐる東京の七福神 | ¥1540 |
| 御朱印でめぐる東北の神社　週末開運さんぽ　改訂版 | ¥1540 |
| 御朱印でめぐる全国の稲荷神社　週末開運さんぽ | ¥1430 |
| 御朱印でめぐる新潟 佐渡の神社　週末開運さんぽ | ¥1430 |
| 御朱印でめぐる静岡 富士 伊豆の神社　週末開運さんぽ　改訂版 | ¥1540 |
| 御朱印でめぐる四国の神社　週末開運さんぽ | ¥1430 |
| 御朱印でめぐる中央線沿線の寺社　週末開運さんぽ | ¥1540 |
| 御朱印でめぐる東急線沿線の寺社　週末開運さんぽ | ¥1540 |
| 御朱印でめぐる茨城の神社　週末開運さんぽ | ¥1430 |
| 御朱印でめぐる関東の聖地　週末開運さんぽ | ¥1430 |
| 御朱印でめぐる東海のお寺 | ¥1650 |
| 日本全国ねこの御朱印＆お守りめぐり　週末開運にゃんさんぽ | ¥1760 |
| 御朱印でめぐる信州 甲州の神社　週末開運さんぽ | ¥1430 |
| 御朱印でめぐる全国の聖地　週末開運さんぽ | ¥1430 |
| 御朱印でめぐる茨城のお寺 | ¥1650 |
| 御朱印でめぐる全国のお寺　週末開運さんぽ | ¥1540 |
| 日本全国 日本酒でめぐる　酒蔵＆ちょこっと御朱印〈東日本編〉 | ¥1760 |
| 日本全国 日本酒でめぐる　酒蔵＆ちょこっと御朱印〈西日本編〉 | ¥1760 |
| 関東版ねこの御朱印＆お守りめぐり　週末開運にゃんさんぽ | ¥1760 |

| | | |
|---|---|---|
| 52 | 一生に一度は参りたい！　御朱印でめぐる全国の絶景寺社図鑑 | ¥2479 |
| 53 | 御朱印でめぐる東北のお寺　週末開運さんぽ | ¥1650 |
| 54 | 御朱印でめぐる関西のお寺　週末開運さんぽ | ¥1760 |
| D51 | 鉄印帳でめぐる全国の魅力的な鉄道４０ | ¥1650 |
| | 御朱印はじめました　関東の神社　週末開運さんぽ | ¥1210 |

## 地球の歩き方　島旅

| | | |
|---|---|---|
| 1 | 五島列島　3訂版 | ¥1650 |
| 2 | 奄美大島　喜界島　加計呂麻島（奄美群島①）4訂版 | ¥1650 |
| 3 | 与論島　沖永良部島　徳之島（奄美群島②）改訂版 | ¥1650 |
| 4 | 利尻　礼文　4訂版 | ¥1650 |
| 5 | 天草　改訂版 | ¥1760 |
| 6 | 壱岐　4訂版 | ¥1650 |
| 7 | 種子島　3訂版 | ¥1650 |
| 8 | 小笠原　父島　母島　3訂版 | ¥1650 |
| 9 | 隠岐　3訂版 | ¥1870 |
| 10 | 佐渡　3訂版 | ¥1650 |
| 11 | 宮古島　伊良部島　下地島　来間島　池間島　多良間島　大神島　改訂版 | ¥1650 |
| 12 | 久米島　渡名喜島　改訂版 | ¥1650 |
| 13 | 小豆島～瀬戸内の島々１～　改訂版 | ¥1650 |
| 14 | 直島　豊島　女木島　男木島　犬島～瀬戸内の島々２～ | ¥1650 |
| 15 | 伊豆大島　利島～伊豆諸島１～　改訂版 | ¥1650 |
| 16 | 新島　式根島　神津島～伊豆諸島２～改訂版 | ¥1650 |
| 17 | 沖縄本島周辺１５離島 | ¥1650 |
| 18 | たけとみの島々　竹富島　西表島　波照間島　小浜島　黒島　鳩間島　新城島　由布島　加屋 | ¥1650 |
| 19 | 淡路島～瀬戸内の島々３～　改訂版 | ¥1760 |
| 20 | 石垣島　竹富島 西表島 小浜島 由布島 新城島 波照間島 | ¥1650 |
| 21 | 対馬 | ¥1650 |
| 22 | 島旅ねこ　にゃんこの島の歩き方 | ¥1344 |
| 23 | 屋久島 | ¥1760 |

## 地球の歩き方　旅の図鑑

| | | |
|---|---|---|
| W01 | 世界２４４の国と地域 | ¥1760 |
| W02 | 世界の指導者図鑑 | ¥1650 |
| W03 | 世界の魅力的な奇岩と巨石１３９選 | ¥1760 |
| W04 | 世界２４６の首都と主要都市 | ¥1760 |
| W05 | 世界のすごい島３００ | ¥1760 |
| W06 | 地球の歩き方的！　世界なんでもランキング | ¥1760 |
| W07 | 世界のグルメ図鑑　１１６の国と地域の名物料理を食の雑学とともに解説 | ¥1760 |
| W08 | 世界のすごい巨像 | ¥1760 |
| W09 | 世界のすごい城と宮殿３３３ | ¥1760 |
| W10 | 世界197ヵ国のふしぎな聖地＆パワースポット | ¥1870 |
| W11 | 世界の祝祭 | ¥1760 |
| W12 | 世界のカレー図鑑 | ¥1980 |
| W13 | 世界遺産　絶景でめぐる自然遺産　完全版 | ¥1980 |
| W15 | 地球の果ての歩き方 | ¥1980 |
| W16 | 世界の中華料理図鑑 | ¥1980 |
| W17 | 世界の地元メシ図鑑 | ¥1980 |
| W18 | 世界遺産の歩き方　学んで旅する！　すごい世界遺産190選 | ¥1980 |
| W19 | 世界の魅力的なビーチと湖 | ¥1980 |
| W20 | 世界のすごい駅 | ¥1980 |
| W21 | 世界のおみやげ図鑑 | ¥1980 |
| W22 | いつか旅してみたい世界の美しい古都 | ¥1980 |
| W23 | 世界のすごいホテル | ¥1980 |
| W24 | 日本の凄い神木 | ¥2200 |
| W25 | 世界のお菓子図鑑 | ¥1980 |
| W26 | 世界の麺図鑑 | ¥1980 |
| W27 | 世界のお酒図鑑 | ¥1980 |
| W28 | 世界の魅力的な道 | ¥1980 |
| W29 | 世界の映画の舞台＆ロケ地 | ¥2090 |
| W30 | すごい地球！ | ¥2200 |
| W31 | 世界のすごい墓 | ¥1980 |
| W32 | 日本のグルメ図鑑 | ¥1980 |
| W34 | 日本の虫旅 | ¥2200 |

## 地球の歩き方　旅の名言 & 絶景

| | |
|---|---|
| ALOHAを感じるハワイのことばと絶景100 | ¥1650 |
| 自分らしく生きるフランスのことばと絶景100 | ¥1650 |
| 人生観が変わるインドのことばと絶景100 | ¥1650 |
| 生きる知恵を授かるアラブのことばと絶景100 | ¥1650 |
| 心に寄り添う台湾のことばと絶景100 | ¥1650 |
| 道しるべとなるドイツのことばと絶景100 | ¥1650 |
| 共感と勇気がわく韓国のことばと絶景100 | ¥1650 |
| 人生を楽しみ尽くすイタリアのことばと絶景100 | ¥1650 |
| 今すぐ旅に出たくなる！　地球の歩き方のことばと絶景100 | ¥1650 |
| 悠久の教えをひもとく　中国のことばと絶景100 | ¥1650 |

## 地球の歩き方　旅と健康

| | |
|---|---|
| 地球のなぞり方 旅地図 アメリカ大陸編 | ¥1430 |
| 地球のなぞり方 旅地図 ヨーロッパ編 | ¥1430 |
| 地球のなぞり方 旅地図 アジア編 | ¥1430 |
| 地球のなぞり方 旅地図 日本編 | ¥1430 |
| 脳がどんどん強くなる！　すごい地球の歩き方 | ¥1650 |

## 地球の歩き方　旅の読み物

| | |
|---|---|
| 今こそ学びたい日本のこと | ¥1760 |
| 週末だけで70ヵ国159都市を旅したリーマントラベラーが教える自分の時間の作り方 | ¥1540 |
| 史跡と神話の舞台をホロホロ！　ハワイ・カルチャーさんぽ | ¥1760 |

## 地球の歩き方　BOOKS

| | |
|---|---|
| ハワイ ランキング＆マル得テクニック！ | ¥1430 |
| 台湾 ランキング＆マル得テクニック！ | ¥1430 |
| 御船印でめぐる船旅 | ¥1870 |
| BRAND NEW HAWAII　とびきりリアルな最新ハワイガイド | ¥1650 |
| FAMILY TAIWAN TRIP　#子連れ台湾 | ¥1518 |
| GIRL'S GETAWAY TO LOS ANGELES | ¥1760 |
| HAWAII RISA'S FAVORiTES　大人女子はハワイで美味しく美しく | ¥1650 |
| LOVELY GREEN NEW ZEALAND　未来の国を旅するガイドブック | ¥1760 |
| MAKI'S DEAREST HAWAII | ¥1540 |
| MY TRAVEL, MY LIFE Maki's Family Travel Book | ¥1760 |
| いろはに北欧 | ¥1760 |
| ヴィクトリア朝が教えてくれる英国の魅力 | ¥1320 |
| ダナン＆ホイアン　PHOTO TRAVEL GUIDE | ¥1650 |
| とっておきのフィンランド | ¥1760 |
| フィンランドでかなえる100の夢 | ¥1760 |
| マレーシア　地元で愛される名物食堂 | ¥1430 |
| 香港　地元で愛される名物食堂 | ¥1540 |
| 最高のハワイの過ごし方 | ¥1540 |
| 子連れで沖縄　旅のアドレス＆テクニック１１７ | ¥1100 |
| 食事作りに手間暇かけないドイツ人、手料理神話にこだわり続ける日本人 | ¥1100 |
| 台北　メトロさんぽ　MRTを使って、おいしいとかわいいを巡る旅 | ¥1518 |
| 北欧が好き！　フィンランド・スウェーデン・デンマーク・ノルウェーの素敵な町めぐり | ¥1210 |
| 北欧が好き！２　建築＆デザインでめぐるフィンランド・スウェーデン・デンマーク・ノルウェー | ¥1210 |
| 日本全国　開運神社　このお守りがすごい！ | ¥1522 |
| 地球の歩き方　ディズニーの世界　名作アニメーション映画の舞台 | ¥2420 |

## 地球の歩き方　スペシャルコラボ BOOK

| | |
|---|---|
| 地球の歩き方　ムー | ¥2420 |
| 地球の歩き方　JOJO　ジョジョの奇妙な冒険 | ¥2420 |
| 地球の歩き方　宇宙兄弟　We are Space Travelers! | ¥2420 |
| 地球の歩き方　ムーJAPAN　～神秘の国の歩き方～ | ¥2420 |

## あとがき

本書は何十年という長い期間、毎年ニュージーランドを取材して得た情報が積み重なっています。ここ３年、はじめて取材に行くことのできない期間がありましたが、それもふまえて情報のアップデートをかけました。変わらないこと、新しく生まれ変わったこと、進化したことなど、新鮮な気持ちでニュージーランドの旅を楽しんでください！

## STAFF


| | |
|---|---|
| 制　作：河村保之 | Producer： Yasuyuki Kawamura |
| 編　集：(有) グルーポ ピコ 今福直子<br>竹島絵美子 | Editors： Grupo PICO Naoko Imafuku<br>Emiko Takeshima |
| 取材協力：グルービー美子、岩崎麻友子 | Reporters： Miko Grooby、Mayuko Iwasaki |
| 撮　影：武居台三（グルーポ ピコ）、グルービー美子 | Photographers：Taizo Takei（Grupo PICO）、Miko Grooby |
| デザイン：株式会社明昌堂 | Designers： Meishodo Co., Ltd. |
| 地　図：フロマージュ、株式会社平凡社 | Maps： fromage、Heibonsha Co., Ltd. |
| 校　正：東京出版サービスセンター | Proofreading： Tokyo Syuppan Service Center |
| 表　紙：日出嶋昭男 | Cover Design： Akio Hidejima |

協力・写真提供：在日ニュージーランド大使館、ニュージーランド政府観光局、ニュージーランド航空、Qbook、Auckland Tourism, Events and Economic Development、Dark Sky Project、Explore NZ、Hobbiton Movie Set Tours、Hairy Feet Waitomo、IS GLOBAL SERVICES、Japan Connect NZ Ltd.、Real NZ、佐藤圭樹（ウィルダネス）、KIWIsh JaM Tour、Japan Tourist Service、Best Inn Rotorua、ゆめらんどNZ.com、外山みのる、©Getty Images、iStock、shutterstock、Franz Josef Glacier Guides、Hukafalls Jet、All Blacks Experience、Agrodome、Wētā Workshop、Rotorua NZ、Kiwi Rail、Pure Glenorchy、Shamarra Alpacas
※敬称略



本書についてのご意見・ご感想はこちらまで
**読者投稿**　〒141-8425　東京都品川区西五反田2-11-8
株式会社地球の歩き方
地球の歩き方サービスデスク「ニュージーランド編」投稿係
https://www.arukikata.co.jp/guidebook/toukou.html
**地球の歩き方ホームページ**（海外・国内旅行の総合情報）
https://www.arukikata.co.jp/
**ガイドブック『地球の歩き方』公式サイト**
https://www.arukikata.co.jp/guidebook/


# 地球の歩き方 C10
# ニュージーランド 2024～2025年版


2023年6月27日　初版第１刷発行
**2024年7月10日　初版第２刷発行**

Published by Arukikata. Co., Ltd.
2-11-8 Nishigotanda, Shinagawa-ku, Tokyo, 141-8425, Japan

著作編集　地球の歩き方編集室
発行人　新井邦弘
編集人　由良暁世
発行所　株式会社地球の歩き方
〒141-8425　東京都品川区西五反田2-11-8
発売元　株式会社Gakken
〒141-8416　東京都品川区西五反田2-11-8
印刷製本　株式会社ダイヤモンド・グラフィック社

※本書は基本的に2022年11月～2023年3月の取材データに基づいて作られています。
発行後に料金、営業時間、定休日などが変更になる場合がありますのでご了承ください。
更新・訂正情報：https://www.arukikata.co.jp/travel-support/

●この本に関する各種お問い合わせ先
・本の内容については、下記サイトのお問い合わせフォームよりお願いします。
URL ▶ https://www.arukikata.co.jp/guidebook/contact.html
・広告については、下記サイトのお問い合わせフォームよりお願いします。
URL ▶ https://www.arukikata.co.jp/ad_contact/
・在庫については Tel ▶ 03-6431-1250（販売部）
・不良品（落丁、乱丁）については Tel ▶ 0570-000577
学研業務センター 〒354-0045　埼玉県入間郡三芳町上富279-1
・上記以外のお問い合わせは Tel ▶ 0570-056-710（学研グループ総合案内）





※本書は株式会社ダイヤモンド・ビッグ社より1986年に初版発行したもの（2019年10月に改訂第34版）の最新・改訂版です。
学研グループの書籍・雑誌についての新刊情報・詳細情報は、下記をご覧ください。
学研出版サイト　URL ▶ https://hon.gakken.jp/